Steel Building Design:
Design Data
In accordance with Eurocodes and the UK National Annexes

Jointly published by:

The Steel Construction Institute

Silwood Park, Ascot, Berkshire, SL5 7QN

Telephone: 01344 636525
Fax: 01344 636570

The British Constructional Steelwork Association Limited

4 Whitehall Court, London, SW1A 2ES

Telephone: 020 7839 8566
Fax: 020 7976 1634

© The Steel Construction Institute and The British Constructional Steelwork Association Ltd., 2009, 2011

Apart from any fair dealing for the purposes of research or private study or criticism or review, as permitted under the Copyright Designs and Patents Act, 1988, this publication may not be reproduced, stored, or transmitted, in any form or by any means, without the prior permission in writing of the publishers, or in the case of reprographic reproduction only in accordance with the terms of the licences issued by the UK Copyright Licensing Agency, or in accordance with the terms of licences issued by the appropriate Reproduction Rights Organisation outside the UK.

Enquiries concerning reproduction outside the terms stated here should be sent to the publishers, at the addresses given on the title page.

Although care has been taken to ensure, to the best of our knowledge, that all data and information contained herein are accurate to the extent that they relate to either matters of fact or accepted practice or matters of opinion at the time of publication, The Steel Construction Institute and The British Constructional Steelwork Association Limited assume no responsibility for any errors in or misinterpretations of such data and/or information or any loss or damage arising from or related to their use.

Publications supplied to the Members of SCI and BCSA at a discount are not for resale by them.

Publication Number: SCI P363   ISBN 978-1-85942-186-4

British Library Cataloguing-in-Publication Data.

A catalogue record for this book is available from the British Library.

FOREWORD

This publication presents design data derived in accordance with the following Parts of Eurocode 3 and their National Annexes:

- BS EN 1993-1-1:2005: Design of steel structures. Part 1-1: General rules and rules for buildings.
- BS EN 1993-1-5:2006: Design of steel structures. Part 1-5: Plated structural elements.
- BS EN 1993-1-8:2005: Design of steel structures. Part 1-8: Design of joints.

Where these Parts do not give all the necessary expressions for the evaluation of data, reference is made to other published sources.

The resistances in this publication have been calculated using the partial factors for resistance given in the UK National Annexes for the Eurocodes (NA to BS EN 1993-1-1:2005 as published in December 2008, NA to BS EN 1993-1-5:2006 as published in May 2008 and NA to BS EN 1993-1-8:2005 as published in November 2008). The partial factors are listed in Section 5.1. The other parameters given in the National Annex that have been used when calculating member resistances are given in the relevant section of this publication.

The following structural sections are covered in this publication:

- Universal beams, universal columns, joists, bearing piles, parallel flange channels and structural tees cut from universal beams and universal columns to BS 4-1
- Universal beams and universal columns produced by Tata Steel* but not included in BS 4-1
- Asymmetric Slimflor® beams (ASB) produced by Tata Steel*
- Equal and unequal angles to BS EN 10056-1
- Hot-finished structural hollow sections to BS EN 10210-2
- Cold-formed structural hollow sections to BS EN 10219-2

Section ranges listed cover sections that are readily available at the time of printing.

The preparation and editorial work for this Edition was carried out by Miss E Nunez Moreno and Mr E Yandzio, both of the SCI, with technical assistance from Mr A S Malik of the SCI and Mr C M King, formerly of the SCI. The project was coordinated by Mr D G Brown, also of the SCI.

The work leading to this publication has been jointly funded by Tata Steel*, SCI and BCSA and their support is gratefully acknowledged.

Reprint - May 2011

Several corrections have been made, including clarification in the explanatory notes. Ratios used for the classification of tees and cold formed sections have been corrected. The only changes to tabulated member resistances are the shear resistances of parallel flange channels. A few minor formatting errors have been corrected in the design tables.

---

* This publication includes references to Corus, which is a former name of Tata Steel in Europe

CONTENTS

			Page No (White pages)
A	**EXPLANATORY NOTES**		**A-1**
1	**GENERAL**		**A-1**
	1.1	Material, section dimensions and tolerances	A-1
	1.2	Dimensional units	A-2
	1.3	Property units	A-2
	1.4	Mass and force units	A-2
	1.5	Axis convention	A-2
2	**DIMENSIONS OF SECTIONS**		**A-2**
	2.1	Masses	A-2
	2.2	Ratios for local buckling	A-2
	2.3	Dimensions for detailing	A-3
		2.3.1 UB sections, UC sections and bearing piles	A-3
		2.3.2 Joists	A-3
		2.3.3 Parallel flange channels	A-3
3	**SECTION PROPERTIES**		**A-3**
	3.1	General	A-3
	3.2	Sections other than hollow sections	A-3
		3.2.1 Second moment of area (I)	A-3
		3.2.2 Radius of gyration (i)	A-4
		3.2.3 Elastic section modulus (Wel)	A-4
		3.2.4 Plastic section modulus (Wpl)	A-4
		3.2.5 Buckling parameter (U) and torsional index (X)	A-4
		3.2.6 Warping constant (Iw) and torsional constant (IT)	A-5
		3.2.7 Equivalent slenderness coefficient (ϕ) and monosymmetry index (ψ)	A-7
	3.3	Hollow sections	A-9
		3.3.1 Common properties	A-9
		3.3.2 Plastic section modulus of hollow sections (Wpl)	A-9
		3.3.3 Torsional constant (IT)	A-9
		3.3.4 Torsional section modulus (Wt)	A-10
4	**EFFECTIVE SECTION PROPERTIES**		**A-10**
	4.1	General	A-10
	4.2	Effective section properties of members subject to compression	A-10
	4.3	Effective section properties of members subject to pure bending	A-11
5	**INTRODUCTION TO RESISTANCE TABLES**		**A-12**
	5.1	General	A-12
	5.2	Yield strength	A-12

6	**COMPRESSION TABLES**	**A-13**
	6.1 Compression members: UB and UC sections	A-13
	6.2 Compression members: hollow sections	A-15
	6.3 Compression members: parallel flange channels	A-17
	6.4 Compression members: single angles	A-19
7	**TENSION TABLES**	**A-21**
	7.1 Tension members: Single angles	A-21
8	**BENDING TABLES**	**A-22**
	8.1 Bending: UB sections, UC sections, joists and parallel flange channels	A-22
	8.2 Bending: Hollow sections	A-25
	8.2.1 Circular and square hollow sections	A-25
	8.2.2 Rectangular hollow sections	A-25
	8.2.3 Elliptical hollow sections	A-26
9	**RESISTANCE TO TRANSVERSE FORCES TABLES (WEB BEARING AND BUCKLING)**	**A-27**
	9.1 UB sections, UC sections, joists and parallel flange channels	A-27
	9.2 Square and rectangular hollow sections	A-28
10	**AXIAL FORCE & BENDING TABLES**	**A-31**
	10.1 Axial force and bending: UB sections, UC sections, joists and parallel flange channels	A-31
	10.1.1 Cross section resistance check	A-31
	10.1.2 Member buckling check	A-34
	10.2 Axial force and bending: hollow sections	A-35
	10.2.1 Cross section resistance check	A-35
	10.2.2 Member buckling check	A-37
11	**BOLTS AND WELDS**	**A-38**
	11.1 Bolt resistances	A-38
	11.2 Welds	A-41
12	**SECTION DESIGNATIONS AND STEEL GRADES**	**A-43**
	12.1 Open Sections	A-43
	12.2 Hollow Sections	A-44
13	**REFERENCES**	**A-47**

B.1 TABLES OF DIMENSIONS AND GROSS SECTION PROPERTIES

	(Yellow pages)
Universal beams	B-2
Universal columns	B-8
Joists	B-10
Universal bearing piles	B-12
Hot-finished circular hollow sections	B-14
Hot-finished square hollow sections	B-16
Hot-finished rectangular hollow sections	B-19
Hot-finished elliptical hollow sections	B-23
Cold-formed circular hollow sections	B-24
Cold-formed square hollow sections	B-26
Cold-formed rectangular hollow sections	B-28
ASB (Asymmetric beams)	B-32
Parallel flange channels	B-34
Two parallel flange channels laced	B-36
Two parallel flange channels back to back	B-37
Equal angles	B-39
Unequal angles	B-40
Equal angles back to back	B-42
Unequal angles long leg back to back	B-43
Structural tees cut from universal beams	B-44
Structural tees cut from universal columns	B-50

B.2 TABLES OF EFFECTIVE SECTION PROPERTIES

(Blue pages)

Universal beams subject to compression	B-54
Hot-finished square hollow sections subject to compression	B-57
Cold-formed square hollow sections subject to compression	B-57
Hot-finished rectangular hollow sections subject to compression	B-58
Cold-formed rectangular hollow sections subject to compression	B-60
Equal angles subject to compression	B-61
Unequal angles subject to compression	B-62
Hot-finished square hollow sections subject to bending about y-y axis	B-65
Cold-formed square hollow sections subject to bending about y-y axis	B-66
Hot-finished rectangular hollow sections subject bending about y-y axis	B-67
Cold-formed rectangular hollow sections subject bending about y-y axis	B-69

C,D MEMBER RESISTANCE TABLES

	Steel Grade	
	S275 (Pink pages)	**S355** (Green pages)
Compression		
Universal beams	C-2	D-2
Universal columns	C-11	D-11
Hot-finished circular hollow sections	*	D-14
Hot-finished square hollow sections	*	D-16
Hot-finished rectangular hollow sections	*	D-19
Hot-finished elliptical hollow sections	*	D-28
Cold-formed circular hollow sections	*	D-30
Cold-formed square hollow sections	*	D-32
Cold-formed rectangular hollow sections	*	D-34
Parallel flange channels - subject to concentric axial compression	C-41	D-41
Parallel flange channels - connected through web	C-43	D-43
Equal angles	C-45	D-45
Unequal angles - Short leg attached	C-47	D-47
Unequal angles - Long leg attached	C-49	D-49
Tension:		
Equal angles	C-51	D-51
Unequal angles - Short leg attached	C-54	D-54
Unequal angles - Long leg attached	C-57	D-57
Bending		
Universal beams	C-60	D-60
Universal columns	C-74	D-74
Joists	C-79	D-79
Hot-finished circular hollow sections	*	D-81
Hot-finished square hollow sections	*	D-83
Hot-finished rectangular hollow sections	*	D-86
Hot-finished elliptical hollow sections	*	D-90
Cold-formed circular hollow sections	*	D-91
Cold-formed square hollow sections	*	D-93
Cold-formed rectangular hollow sections	*	D-95
Parallel flange channels	C-98	D-98

* Tables for these structural sections in S275 have not been prepared.
See notes on pages C-14 and C-81.

C,D MEMBER RESISTANCE TABLES

	Steel Grade	
	S275 (Pink pages)	**S355** (Green pages)
Web bearing and buckling		
Universal beams	C-100	D-100
Universal columns	C-109	D-109
Joists	C-112	D-112
Hot-finished square hollow sections	*	D-113
Hot-finished rectangular hollow sections	*	D-116
Cold-formed square hollow sections	*	D-121
Cold-formed rectangular hollow sections	*	D-124
Parallel flange channels	C-128	D-128
Axial force and bending		
Universal beams	C-130	D-130
Universal columns	C-158	D-158
Joists	C-168	D-168
Hot-finished circular hollow sections	*	D-172
Hot-finished square hollow sections	*	D-182
Hot-finished rectangular hollow sections	*	D-194
Hot-finished elliptical hollow sections	*	D-238
Cold-formed circular hollow sections	*	D-242
Cold-formed square hollow sections	*	D-254
Cold-formed rectangular hollow sections	*	D-266
Parallel flange channels	C-298	D-298
Bolt resistances		
Non-preloaded bolts – hexagon head	C-302	D-302
Non-preloaded bolts – countersunk	C-305	D-305
Preloaded bolts at serviceability limit state – hexagon head	C-308	D-308
Preloaded bolts at ultimate limit state – hexagon head	C-310	D-310
Preloaded bolts at serviceability limit state – countersunk	C-312	D-312
Preloaded bolts at ultimate limit state – countersunk	C-314	D-314
Fillet Welds		
Design weld resistances	C-316	D-316

* Tables for these structural sections in S275 have not been prepared.
See notes on pages C-172 and C-242.

[Blank Page]

A EXPLANATORY NOTES

1 GENERAL

This publication presents design data in tabular formats as assistance to engineers who are designing buildings in accordance with BS EN 1993-1-1: 2005[1], BS EN 1993-1-5: 2006[1] and BS EN 1993-1-8: 2005[1], and their respective National Annexes. Where these Parts do not give all the necessary expressions for the evaluation of data, reference is made to other published sources.

The symbols used are generally the same as those in these standards or the referred product standards. Where a symbol does not appear in the standards, a symbol has been chosen following the designation convention as closely as possible.

1.1 Material, section dimensions and tolerances

The structural sections referred to in this design guide are of weldable structural steels conforming to the relevant British Standards given in the table below:

Table – Structural steel products

Product	Technical delivery requirements		Dimensions	Tolerances
	Non alloy steels	Fine grain steels		
Universal beams, Universal columns, and universal bearing piles	BS EN 10025-2[2]	BS EN 10025-3[2] BS EN 10025-4[2]	BS 4-1[3]	BS EN 10034[4]
Joists			BS 4-1	BS 4-1 BS EN 10024[5]
Parallel flange channels			BS 4-1	BS EN 10279[6]
Angles			BS EN 10056-1[7]	BS EN 10056-2[7]
Structural tees cut from universal beams and universal columns			BS 4-1	—
ASB (asymmetric beams) Slimflor® beam	Generally BS EN 10025, but see note b)		See note a)	Generally BS EN 10034[4], but also see note b)
Hot finished structural hollow sections	BS EN 10210-1[8]		BS EN 10210-2[8]	BS EN 10210-2[8]
Cold formed hollow sections	BS EN 10219-1[9]		BS EN 10219-2[9]	BS EN 10219-2[9]

Notes:
For full details of the British Standards, see the reference list at the end of the Explanatory Notes.
a) See Corus publication, *Advance™ Sections: CE marked structural sections* [11].
b) For further details, consult Corus.
Note that EN 1993 refers to the product standards by their CEN designation, e.g. EN 10025-2. The CEN standards are published in the UK by BSI with their prefix to the designation, e.g. BS EN 10025-2.

1.2 Dimensional units

The dimensions of sections are given in millimetres (mm).

1.3 Property units

Generally, the centimetre (cm) is used for the calculated properties but for surface areas and for the warping constant (I_w), the metre (m) and the decimetre (dm) respectively are used.

Note: 1 dm = 0.1 m = 100 mm

1 dm^6 = 1×10^{-6} m^6 = 1×10^{12} mm^6

1.4 Mass and force units

The units used are the kilogram (kg), the Newton (N) and the metre per second squared (m/s²), so that 1 N = 1 kg × 1 m/s². For convenience, a standard value of the acceleration due to gravity has been accepted as 9.80665 m/s². Thus, the force exerted by 1 kg under the action of gravity is 9.80665 N and the force exerted by 1 tonne (1000 kg) is 9.80665 kiloNewtons (kN).

1.5 Axis convention

The axis system used in BS EN 1993 is:

x along the member

y major axis, or axis perpendicular to web

z minor axis, or axis parallel to web

This system is convenient for structural analysis using computer programs. However, it is different from the axis system previously used in UK standards such as BS 5950.

2 DIMENSIONS OF SECTIONS

2.1 Masses

The masses per metre have been calculated assuming that the density of steel is 7850 kg/m³.

In all cases, including compound sections, the tabulated masses are for the steel section alone and no allowance has been made for connecting material or fittings.

2.2 Ratios for local buckling

The ratios of the flange outstand to thickness (c_f / t_f) and the web depth to thickness (c_w / t_w) are given for I, H and channel sections.

$$c_f = \frac{1}{2}[b - (t_w + 2r)] \quad \text{for I and H sections}$$

$$c_f = [b - (t_w + r)] \quad \text{for channels}$$

$$c_w = d = [h - 2(t_f + r)] \quad \text{for I, H and channel sections}$$

For circular hollow sections the ratios of the outside diameter to thickness (d / t) are given.

For square and rectangular hollow sections the ratios (c_f / t) and (c_w / t) are given where:

$$c_f = b - 3t \quad \text{and} \quad c_w = h - 3t$$

For square hollow sections c_f and c_w are equal. Note that these relationships for c_f and c_w are applicable to both hot-finished and cold-formed sections.

The dimensions c_f and c_w are not precisely defined in EN 1993-1-1 and the internal profile of the corners is not specified in either EN 10210-2 or EN 10219-2. The above expressions give conservative values of the ratio for both hot-finished and cold-formed sections.

2.3 Dimensions for detailing

The dimensions C, N and n have the meanings given in the figures at the heads of the tables and have been calculated according to the formulae below. The formulae for N and C make allowance for rolling tolerances, whereas the formulae for n make no such allowance.

2.3.1 UB sections, UC sections and bearing piles

$N = (b - t_w)/2 + 10$ mm (rounded to the nearest 2 mm above)

$n = (h - d)/2$ (rounded to the nearest 2 mm above)

$C = t_w/2 + 2$ mm (rounded to the nearest mm)

2.3.2 Joists

$N = (b - t_w)/2 + 6$ mm (rounded to the nearest 2 mm above)

$n = (h - d)/2$ (rounded to the nearest 2 mm above)

$C = t_w/2 + 2$ mm (rounded to the nearest mm)

Note: Flanges of BS 4-1 joists have an 8° taper.

2.3.3 Parallel flange channels

$N = (b - t_w) + 6$ mm (rounded up to the nearest 2 mm above)

$n = (h - d)/2$ (taken to the next higher multiple of 2 mm)

$C = t_w + 2$ mm (rounded up to the nearest mm)

3 SECTION PROPERTIES

3.1 General

All section properties have been accurately calculated and rounded to three significant figures. They have been calculated from the metric dimensions given in the appropriate standards (see Section 1.1). For angles, BS EN 10056-1 assumes that the toe radius equals half the root radius.

3.2 Sections other than hollow sections

3.2.1 Second moment of area (*I*)

The second moment of area has been calculated taking into account all tapers, radii and fillets of the sections. Values are given about both the y-y and z-z axes.

3.2.2 Radius of gyration (i)

The radius of gyration is a parameter used in the calculation of buckling resistance and is derived as follows:

$$i = [I/A]^{1/2}$$

where:

    I is the second moment of area about the relevant axis

    A is the area of the cross section.

3.2.3 Elastic section modulus (W_{el})

The elastic section modulus is used to calculate the elastic design resistance for bending or to calculate the stress at the extreme fibre of the section due to a moment. It is derived as follows:

$$W_{el,y} = I_y / z$$
$$W_{el,z} = I_z / y$$

where:

    z, y are the distances to the extreme fibres of the section from the elastic y-y and z-z axes, respectively.

For parallel flange channels, the elastic section modulus about the minor (z-z) axis is given for the extreme fibre at the toe of the section only.

For angles, the elastic section moduli about both axes are given for the extreme fibres at the toes of the section only. For elastic section moduli about the principal axes u-u and v-v, see AD340.

For asymmetric beams, the elastic section moduli about the y-y axis are given for both top and bottom extreme fibres, and about the z-z axis for the extreme fibre.

3.2.4 Plastic section modulus (W_{pl})

The plastic section moduli about both y-y and z-z axes are tabulated for all sections except angle sections.

3.2.5 Buckling parameter (U) and torsional index (X)

UB sections, UC sections, joists and parallel flange channels

The buckling parameter (U) and torsional index (X) have been calculated using expressions in Access Steel document SN002 *Determination of non-dimensional slenderness of I and H sections*[20].

$$U = \left(\frac{W_{pl,y}\, g}{A}\right)^{0.5} \times \left(\frac{I_z}{I_w}\right)^{0.25}$$

$$X = \sqrt{\frac{\pi^2 E A I_w}{20 G I_T I_z}}$$

where:

    $W_{pl,y}$ is the plastic modulus about the major axis

    g $= \sqrt{1 - \dfrac{I_z}{I_y}}$

    I_y is the second moment of area about the major axis

    I_z is the second moment of area about the minor axis

E = 210 000 N/mm² is the modulus of elasticity

G is the shear modulus where $G = \dfrac{E}{2(1+v)}$

v is Poisson's ratio (= 0.3)

A is the cross-sectional area

I_w is the warping constant

I_T is the torsional constant.

Tee sections and ASB sections

The buckling parameter (U) and the torsional index (X) have been calculated using the following expressions:

$U = [(4\,W_{pl,y}^2\,g^2 / (A^2\,h^2)]^{1/4}$

$X = 0.566\,h\,[A/I_T]^{1/2}$

where:

$W_{pl,y}$ is the plastic modulus about the major axis

$g = \sqrt{1 - \dfrac{I_z}{I_y}}$

I_y is the second moment of area about the major axis

I_z is the second moment of area about the minor axis

A is the cross sectional area

h is the distance between shear centres of flanges (for T sections, h is the distance between the shear centre of the flange and the toe of the web)

I_T is the torsional constant.

3.2.6 Warping constant (I_w) and torsional constant (I_T)

Rolled I sections

The warping constant and St Venant torsional constant for rolled I sections have been calculated using the formulae given in the SCI publication P057 *Design of members subject to combined bending and torsion*[12].

In Eurocode 3 terminology, these formulae are as follows:

$I_w = \dfrac{I_z h_s^2}{4}$

where:

I_z is the second moment of area about the minor axis

h_s is the distance between shear centres of flanges (i.e. $h_s = h - t_f$)

$I_T = \dfrac{2}{3} b t_f^3 + \dfrac{1}{3}(h - 2t_f) t_w^3 + 2\alpha_1 D_1^4 - 0.420 t_f^4$

where:

$\alpha_1 = -0.042 + 0.2204 \dfrac{t_w}{t_f} + 0.1355 \dfrac{r}{t_f} - 0.0865 \dfrac{r t_w}{t_f^2} - 0.0725 \dfrac{t_w^2}{t_f^2}$

$$D_1 = \frac{(t_f + r)^2 + (r + 0.25\, t_w)\, t_w}{2r + t_f}$$

- b is the width of the section
- h is the depth of the section
- t_f is the flange thickness
- t_w is the web thickness
- r is the root radius.

Tee sections

For Tee sections cut from UB and UC sections, the warping constant (I_w) and torsional constant (I_T) have been derived as given below.

$$I_w = \frac{1}{144} t_f^3 b^3 + \frac{1}{36}\left(h - \frac{t_f}{2}\right)^3 t_w^3$$

$$I_T = \frac{1}{3} b t_f^3 + \frac{1}{3}(h - t_f) t_w^3 + \alpha_1 D_1^4 - 0.21\, t_f^4 - 0.105\, t_w^4$$

where:

$$\alpha_1 = -0.042 + 0.2204 \frac{t_w}{t_f} + 0.1355 \frac{r}{t_f} - 0.0865 \frac{t_w\, r}{t_f^2} - 0.0725 \frac{t_w^2}{t_f^2}$$

D_1 is as defined above

Note: These formulae do not apply to tee sections cut from joists, which have tapered flanges. For such sections, expressions are given in SCI Publication 057[12].

Parallel flange channels

For parallel flange channels, the warping constant (I_w) and torsional constant (I_T) have been calculated as follows:

$$I_w = \frac{(h - t_f)^2}{4}\left[I_z - A\left(c_z - \frac{t_w}{2}\right)^2 \left(\frac{(h - t_f)^2 A}{4 I_y} - 1\right)\right]$$

$$I_T = \frac{2}{3} b t_f^3 + \frac{1}{3}(h - 2t_f) t_w^3 + 2\alpha_3 D_3^4 - 0.42\, t_f^4$$

where:

c_z is the distance from the back of the web to the centroidal axis

$$\alpha_3 = -0.0908 + 0.2621 \frac{t_w}{t_f} + 0.1231 \frac{r}{t_f} - 0.0752 \frac{t_w\, r}{t_f^2} - 0.0945 \left(\frac{t_w}{t_f}\right)^2$$

$$D_3 = 2\left[(3r + t_w + t_f) - \sqrt{2(2r + t_w)(2r + t_f)}\right]$$

Note: The formula for the torsional constant (I_T) is applicable to parallel flange channels only and does not apply to tapered flange channels.

Angles

For angles, the torsional constant (I_T) is calculated as follows:

$$I_T = \frac{1}{3}bt^3 + \frac{1}{3}(h-t)t^3 + \alpha_3 D_3^4 - 0.21t^4$$

where:

$$\alpha_3 = 0.0768 + 0.0479\frac{r}{t}$$

$$D_3 = 2\left[(3r+2t) - \sqrt{2(2r+t)^2}\right]$$

ASB sections

For ASB sections the warping constant (I_w) and torsional constant (I_T) are as given in Corus brochure, *Advance™ sections* [11].

3.2.7 Equivalent slenderness coefficient (ϕ) and monosymmetry index (ψ)

Angles

The buckling resistance moments for angles have not been included in the bending resistance tables of this publication as angles are predominantly used in compression and tension only. Where the designer wishes to use an angle section in bending, BS EN 1993-1-1, 6.3.2 enables the buckling resistance moment for angles to be determined. The procedure is quite involved.

As an alternative to the procedure in BS EN 1993-1-1, supplementary section properties have been included for angle sections in this publication which enable the designer to adopt a much simplified method for determining the buckling resistance moment. The method is based on that given in BS 5950-1:2000 Annex B.2.9 and makes use of the equivalent slenderness coefficient and the monosymmetry index.

The equivalent slenderness coefficient (ϕ_a) is tabulated for both equal and unequal angles. Two values of the equivalent slenderness coefficient are given for each unequal angle. The larger value is based on the major axis elastic section modulus ($W_{el,u}$) to the toe of the short leg and the lower value is based on the major axis elastic section modulus to the toe of the long leg.

The equivalent slenderness coefficient (ϕ_a) is calculated as follows:

$$\phi_a = \frac{W_{el,u}\, g}{\sqrt{A I_T}}$$

where:

$W_{el,u}$ is the elastic section modulus about the major axis u-u

$$g = \sqrt{1 - \frac{I_v}{I_u}}$$

I_v is the second moment of area about the minor axis

I_u is the second moment of area about the major axis

A is the area of the cross section

I_T is the torsional constant.

The monosymmetry index (ψ_a) is calculated as follows:

$$\psi_a = \left[2v_0 - \frac{\int v_i \left(u_i^2 + v_i^2\right) dA}{I_u} \right] \frac{1}{t}$$

where:

- u_i and v_i are the coordinates of an element of the cross section
- v_0 is the coordinate of the shear centre along the v-v axis, relative to the centroid
- t is the thickness of the angle.

Tee sections

The monosymmetry index is tabulated for Tee sections cut from UBs and UCs. It has been calculated as:

$$\psi = \left(2z_0 - \frac{z_0 b^3 t_f / 12 + b t_f z_0^3 + \frac{t_w}{4}\left[(c - t_f)^4 - (h - c)^4\right]}{I_y} \right) \frac{1}{(h - t_f / 2)}$$

where:

- $z_0 \quad = c - t_f / 2$
- c is the width of the flange outstand ($= (b - t_w - 2r)/2$)
- b is the flange width
- t_f is the flange thickness
- t_w is the web thickness
- h is the depth of the section.

The above expression is based on BS 5950-1, Annex B.2.8.2.

ASB sections

The monosymmetry index is tabulated for ASB sections. It has been calculated using the equation in BS 5950-1, Annex B.2.4.1, re-expressed in BS EN 1993-1-1 nomenclature:

$$\psi = \frac{1}{h_s} \left(\frac{2(I_{zc} h_c - I_{zt} h_t)}{(I_{zc} + I_{zt})} - \frac{(I_{zc} h_c - I_{zt} h_t) + \left(b_c t_c h_c^3 - b_t t_t h_t^3\right) + \frac{t}{4}\left(d_c^4 - d_t^4\right)}{I_y} \right)$$

where:

- $h_s \quad = \left(h - \frac{t_c + t_t}{2} \right)$
- $d_c \quad = h_c - t_c / 2$
- $d_t \quad = h_t - t_t / 2$
- $I_{zc} \quad = b_c^3 t_c / 12$
- $I_{zt} \quad = b_t^3 t_t / 12$
- h_c is the distance from the centre of the compression flange to the centroid of the section
- h_t is the distance from the centre of the tension flange to the centroid of the section

b_c is the width of the compression flange

b_t is the width of the tension flange

t_c is the thickness of the compression flange

t_t is the thickness of the tension flange.

For ASB sections $t_c = t_t$ and this is shown as t_f in the tables.

3.3 Hollow sections

Section properties are given for both hot-finished and cold-formed hollow sections (but not for cold-formed elliptical hollow sections). For the same overall dimensions and wall thickness, the section properties for square and rectangular hot-finished and cold-formed sections are different because the corner radii are different.

3.3.1 Common properties

For general comment on second moment of area, radius of gyration, elastic and plastic modulus, see Sections 3.2.1, 3.2.2, 3.2.3 and 3.2.4.

For hot-finished square and rectangular hollow sections, the section properties have been calculated using corner radii of $1.5t$ externally and $1.0t$ internally, as specified by BS EN 10210-2[8].

For cold-formed square and rectangular hollow sections, the section properties have been calculated using the external corner radii of $2t$ if $t \leq 6$ mm, $2.5t$ if 6 mm $< t \leq 10$ mm and $3t$ if $t > 10$ mm, as specified by BS EN 10219-2[9]. The internal corner radii used are $1.0t$ if $t \leq 6$ mm, $1.5t$ if 6 mm $< t \leq 10$ mm and $2t$ if $t > 10$ mm, as specified by BS EN 10219-2[9].

3.3.2 Plastic section modulus of hollow sections (W_{pl})

The plastic section moduli (W_{pl}) about both principal axes are given in the tables.

3.3.3 Torsional constant (I_T)

For circular hollow sections:

$$I_T = 2I$$

For square, rectangular and elliptical hollow sections:

$$I_T = \frac{4A_p^2 t}{p} + \frac{t^3 p}{3}$$

where:

I is the second moment of area of a CHS

t is the thickness of the section

p is the mean perimeter length

For square and rectangular hollow sections: $p = 2[(b-t) + (h-t)] - 2R_c(4-\pi)$

For elliptical hollow sections: $p = \frac{\pi}{2}(h+b-2t)\left(1 + 0.25\left(\frac{h-b}{h+b-2t}\right)^2\right)$

A_p is the area enclosed by the mean perimeter

For square and rectangular hollow sections: $A_p = (b-t)(h-t) - R_c^2(4-\pi)$

For elliptical hollow sections: $$A_p = \frac{\pi(h-t)(b-t)}{4}$$

R_c is the average of the internal and external corner radii

3.3.4 Torsional section modulus (W_t)

$W_t = 2W_{el}$ for circular hollow sections

$W_t = \dfrac{I_T}{\left(t + \dfrac{2A_p}{p}\right)}$ for square, rectangular and elliptical hollow sections

where:

W_{el} is the elastic modulus and I_T, t, A_p and p are as defined in Section 3.3.3.

4 EFFECTIVE SECTION PROPERTIES

4.1 General

In BS EN 1993-1-1:2005, effective section properties are required for the design of members with Class 4 cross sections. In this publication, effective section properties are given for sections subject to compression only and bending only. Effective section properties depend on the grade of steel used and are given for rolled I sections and angles in S275 and S355. Channels are not Class 4 and therefore no effective section properties are provided. For hot-finished and cold-formed hollow sections, effective section properties are only given for S355.

4.2 Effective section properties of members subject to compression

The effective cross section properties of Class 4 cross sections are based on the effective widths of the compression parts.

The effective cross-sectional area A_{eff} of Class 4 sections in compression is calculated in accordance with BS EN 1993-1-1, 6.2.2.5 and BS EN 1993-1-5:2006, 4.3 and 4.4.

The effective section properties tables list the sections that can be Class 4 and the identifier 'W', 'F' or 'W, F' indicates whether the section is Class 4 due to the web, the flange or both. In rectangular hollow sections subject to bending about the major axis, the flanges are the short sides and the webs are the long sides.

The effective area of the section is calculated from:

For UB, UC and joists: $A_{eff} = A - 4t_f(1-\rho_f)c_f - t_w(1-\rho_w)c_w$

For rectangular hollow sections and square hollow sections:

$$A_{eff} = A - 2t_f(1-\rho_f)c_f - 2t_w(1-\rho_w)c_w$$

For parallel flange channels: $A_{eff} = A - 2t_f(1-\rho_f)c_f - t_w(1-\rho_w)c_w$

For equal angles: $A_{eff} = A - 2t(1-\rho)h$

For unequal angles: $A_{eff} = A - t(1-\rho)(h+b)$

For circular hollow sections: Effective areas are not tabulated for circular hollow sections in this publication. BS EN 1993-1-1 6.2.2.5(5) refers the reader to BS EN 1993-1-6.

For elliptical hollow sections: Effective areas are not tabulated in this publication, but may be calculated from:[14]

$$A_{\text{eff}} = A\left(\frac{90t}{D_e}\frac{235}{f_y}\right)^{0.5}$$

where:

D_e is the equivalent diameter $= \dfrac{h^2}{b}$

Expressions for the reduction factors ρ_f, ρ_w and ρ are given in BS EN 1993-1-5, 4.4.

The ratio of effective area to gross area (A_{eff}/A) is also given in the tables to provide a guide as to how much of the section is effective. Note that although BS EN 1993-1-1 classifies some sections as Class 4, their effective area according to BS EN 1993-1-5 is equal to the gross area.

4.3 Effective section properties of members subject to pure bending

The effective cross section properties of Class 4 cross sections are based on the effective widths of the compression parts. The effective cross-sectional properties for Class 4 sections in bending have been calculated in accordance with BS EN 1993-1-1, 6.2.2.5 and BS EN 1993-1-5:2006, 4.3 and 4.4.

Cross section properties are given for the effective second moment of area I_{eff} and the effective elastic section modulus $W_{\text{el,eff}}$. The identifier 'W' or 'F' indicates whether the web or the flange controls the section Class 4 classification.

Equations for the effective section properties are not shown here because the process for determining these properties requires iteration. Also the equations are dependent on the classification status of each component part.

For the range of sections covered by this publication, only a selection of the hollow sections become Class 4 when subject to bending alone.

For cross sections with a Class 3 web and Class 1 or 2 flanges, an effective plastic modulus $W_{\text{pl,eff}}$ can be calculated, following the recommendations given in BS EN 1993-1-1, 6.2.2.4 (1). This clause is applicable to open sections (UB, UC, joists and channels) and hollow sections.

For the range of sections covered by this publication, only a limited number of the hollow sections can be used with an effective plastic modulus $W_{\text{pl,eff}}$, when subject to bending alone.

5 INTRODUCTION TO RESISTANCE TABLES

5.1 General

The design resistances given in the tables have been calculated using exact values of the section properties calculated from the specified dimensions. The values obtained have then been rounded to 3 significant figures.

Design resistance tables are given for steel grades S275 and S355, except for hollow sections where tables are given for grade S355 only (both hot finished and cold formed).

The following partial factors for resistance have been used throughout the publication for the calculation of the design resistances. The values are those given in the relevant UK National Annexes to Eurocode 3:

γ_{M0} = 1.0   for the resistance of cross sections

γ_{M1} = 1.0   for the resistance of members

γ_{M2} = 1.25   for bolts

γ_{M2} = 1.25   for welds

γ_{M3} = 1.25   for slip resistance at ULS

$\gamma_{M3,ser}$ = 1.1   for slip resistance at SLS

5.2 Yield strength

The member resistance tables are based on the following values of yield strength f_y.

Steel Grade	Maximum Thickness less than or equal to (mm)	Yield strength f_y (N/mm²)
S275	16	275
	40	265
	63	255
	80	245
S355	16	355
	40	345
	63	335
	80	325

The above values are those given in the product standards BS 10025-2:2004 for open sections, BS EN 10210-1:2006 for hot-finished hollow sections and BS EN 10219-1:2006 for cold-formed hollow sections. The use of the values in the product standards is specified in the National Annex to BS EN 1993-1-1.

Reference

EN 1993-1-1 unless otherwise noted

3.2.1

EN 10025-2

EN 10210-1

EN 10219-1

6 COMPRESSION TABLES

6.1 Compression members: UB and UC sections

6.2.4

(a) Design resistance of the cross section $N_{c,Rd}$

6.2.4 (2)

The design resistance is given by:

(i) For Class 1, 2 or 3 cross sections:

$$N_{c,Rd} = \frac{A f_y}{\gamma_{M0}}$$

(ii) For Class 4 cross sections:

$$N_{c,Rd} = \frac{A_{eff} f_y}{\gamma_{M0}}$$

where:

A is the gross area of the cross section

f_y is the yield strength

A_{eff} is the effective area of the cross section in compression

γ_{M0} is the partial factor for resistance of cross sections ($\gamma_{M0} = 1.0$ as given in the National Annex)

For Class 1, 2 and 3 cross sections the value of $N_{c,Rd}$ is the same as the plastic resistance, $N_{pl,Rd}$ given in the tables for axial force and bending, and is therefore not given in the compression tables.

For Class 4 sections the value of $N_{c,Rd}$ can be calculated using the effective areas tabulated in section B of this publication. The values are not shown in the tables.

None of the universal columns are Class 4 under axial compression alone according to BS EN 1993-1-1, but some universal beams are Class 4 and these sections are marked thus *.

The sections concerned are UB where the width to thickness ratio for the web in compression is:

Table 5.2

$$c / t = d / t_w > 42\varepsilon$$

where:

d is the depth of straight portion of the web (i.e. the depth between fillets)

t_w is the thickness of the web

ε = $(235/f_y)^{0.5}$

f_y is the yield strength.

(b) Design buckling resistance

6.3.1.1

Design buckling resistances for two modes of buckling are given in the tables:

- Flexural buckling resistance, about each of the two principal axes: $N_{b,y,Rd}$ and $N_{b,z,Rd}$
- Torsional buckling resistance, $N_{b,T,Rd}$

No resistances are given for torsional-flexural buckling because this mode of buckling does not occur in doubly symmetrical cross sections.

(i) Design flexural buckling resistance, $N_{b,y,Rd}$ and $N_{b,z,Rd}$

The design flexural buckling resistances $N_{b,y,Rd}$ and $N_{b,z,Rd}$ depend on the non-dimensional slenderness ($\bar{\lambda}$), which in turn depends on:

- The buckling lengths (L_{cr}) given at the head of the table
- The properties of the cross section.

The non-dimensional slenderness has been calculated as follows: 6.3.1.3

For Class 1, 2 or 3 cross sections:

$$\bar{\lambda}_y = \frac{L_{cr,y}}{93.9\varepsilon i_y} \qquad \text{for } y\text{-}y \text{ axis buckling}$$

$$\bar{\lambda}_z = \frac{L_{cr,z}}{93.9\varepsilon i_z} \qquad \text{for } z\text{-}z \text{ axis buckling}$$

For Class 4 cross sections:

$$\bar{\lambda}_y = \frac{L_{cr,y}}{93.9\varepsilon i_y}\sqrt{\frac{A_{eff}}{A}} \qquad \text{for } y\text{-}y \text{ axis buckling}$$

$$\bar{\lambda}_z = \frac{L_{cr,z}}{93.9\varepsilon i_z}\sqrt{\frac{A_{eff}}{A}} \qquad \text{for } z\text{-}z \text{ axis buckling}$$

where:

$L_{cr,y}$, $L_{cr,z}$ are the buckling lengths for the y-y and z-z axes respectively

i_y, i_z are the radii of gyration about y-y and z-z axes respectively.

The tabulated buckling resistance is only based on Class 4 cross section properties if this value of force is sufficient to make the cross section Class 4 under combined axial force and bending. The value of n ($= N_{Ed}/N_{pl,Rd}$) at which the cross section becomes Class 4 is shown in the tables for axial force and bending. Otherwise, the buckling resistance is based on Class 3 cross section properties. Tabulated values based on the Class 4 cross section properties are printed in italic type.

An example is given below:

533 × 210 × 101 UB S275

For this section, $c/t = d/t_w = 44.1 > 42\varepsilon = 39.6$

Hence, the cross section is Class 4 under compression alone.

The value of axial force at which the section becomes Class 4 is $N_{Ed} = 2890$ kN (see axial force and bending table, where $n = 0.845$ and $N_{pl,Rd} = 3420$ kN).

For $L_{cr,y} = 4$ m, $N_{b,y,Rd} = 3270$ kN

The table shows *3270* kN in italic type because the value is greater than the value at which the cross section becomes Class 4

For $L_{cr,y} = 14$ m, $N_{b,y,Rd} = 2860$ kN

The table shows 2860 kN in normal type because the value is less than the value at which cross-section becomes Class 4 (2890 kN).

(ii) Design torsional buckling resistance, $N_{b,T,Rd}$

The design torsional buckling resistance $N_{b,T,Rd}$ depends on the non-dimensional slenderness ($\bar{\lambda}_T$), which in turn depends on:

- The buckling lengths (L_{cr}) given at the head of the table
- The properties of the cross section.

The non-dimensional slenderness has been calculated as follows:

$$\bar{\lambda}_T = \sqrt{\frac{A f_y}{N_{cr,T}}} \quad \text{for Class 1, 2 or 3 cross sections}$$

$$\bar{\lambda}_T = \sqrt{\frac{A_{eff} f_y}{N_{cr,T}}} \quad \text{for Class 4 cross sections}$$

where:

$N_{cr,T}$ is the elastic torsional buckling force, given by $\dfrac{1}{i_0^2}\left(GI_T + \dfrac{\pi^2 EI_w}{L_{cr}^2}\right)$

where:

$i_0 = \sqrt{i_y^2 + i_z^2 + y_0^2}$

y_0 is the distance from the shear centre to the centroid of the gross cross section along the y-y axis (zero for doubly symmetric sections).

6.2 Compression members: hollow sections

(a) Design resistance of the cross section $N_{c,Rd}$

The design resistance is given by:

(i) For Class 1, 2 or 3 cross sections:

$$N_{c,Rd} = \frac{A f_y}{\gamma_{M0}}$$

(ii) For Class 4 cross sections:

$$N_{c,Rd} = \frac{A_{eff} f_y}{\gamma_{M0}}$$

where:

A is the gross area of the cross section

f_y is the yield strength

A_{eff} is the effective area of the cross section in compression

γ_{M0} is the partial factor for resistance of cross sections ($\gamma_{M0} = 1.0$ as given in the National Annex).

For Class 1, 2 and 3 cross sections, the value of $N_{c,Rd}$ is the same as the plastic resistance, $N_{pl,Rd}$ given in the tables for axial force and bending, and is therefore not given in the compression tables.

For Class 4 sections, the value of $N_{c,Rd}$ can be calculated using the effective areas tabulated in Section B of this publication. The values are not shown in the tables.

Sections that are Class 4 under axial compression are marked thus *. The sections concerned are:

- Square hollow sections, where $\quad c/t > 42\varepsilon$ and $c = h - 3t$ Table 5.2
- Rectangular hollow sections, where $\quad c_w/t > 42\varepsilon$ and $c_w = h - 3t$
- Circular hollow sections, where $\quad d/t > 90\varepsilon^2$

where:

$\quad h\quad$ is the overall depth of the cross section

$\quad t\quad$ is the thickness of the wall

$\quad \varepsilon\quad = (235/f_y)^{0.5}$

$\quad f_y\quad$ is the yield strength.

Elliptical hollow sections, where $\dfrac{D_e}{t} > 90\varepsilon^2$ (See Reference 15)

where D_e is defined in Section 4.2.

(b) Design buckling resistance

6.3.1.1

Design buckling resistances for flexural buckling are given in the tables.

The design flexural buckling resistances $N_{b,y,Rd}$ and $N_{b,z,Rd}$ depend on the non-dimensional slenderness ($\bar{\lambda}$), which in turn depends on:

- The buckling lengths (L_{cr}) given at the head of the table
- The properties of the cross section.

The non-dimensional slenderness has been calculated as follows: 6.3.1.3

For Class 1, 2 or 3 cross sections:

$$\bar{\lambda}_y = \frac{L_{cr,y}}{93.9\varepsilon i_y} \quad \text{for } y\text{-}y \text{ axis buckling}$$

$$\bar{\lambda}_z = \frac{L_{cr,z}}{93.9\varepsilon i_z} \quad \text{for } z\text{-}z \text{ axis buckling}$$

For Class 4 cross sections:

$$\bar{\lambda}_y = \frac{L_{cr,y}}{93.9\varepsilon i_y}\sqrt{\frac{A_{eff}}{A}} \quad \text{for } y\text{-}y \text{ axis buckling}$$

$$\bar{\lambda}_z = \frac{L_{cr,z}}{93.9\varepsilon i_z}\sqrt{\frac{A_{eff}}{A}} \quad \text{for } z\text{-}z \text{ axis buckling}$$

where:

$\quad L_{cr,y}, L_{cr,z}\quad$ are the buckling lengths for the y-y and z-z axes respectively.

$\quad i_y, i_z\quad$ are the radii of gyration about the y-y and z-z axes respectively.

The tabulated buckling resistance is only based on Class 4 cross section properties when the value of the force is sufficient to make the cross section Class 4 under combined axial force and bending. The value of n ($= N_{Ed} / N_{pl,Rd}$) at which the cross section becomes Class 4 is shown in the tables for axial force and bending. Otherwise, the buckling resistance is based on Class 3 cross section properties. Tabulated values based on the Class 4 cross section properties are printed in italic type.

For Class 4 circular hollow sections, BS EN 1993-1-1 refers the user to BS EN 1993-1-6. Resistance values for these sections have not been calculated and the symbol $ is shown instead.

For Class 4 elliptical hollow sections, the design buckling resistance has been taken as the greater of:

1. The design buckling resistance based on an effective area (see Section 4.2) and

2. The design buckling resistance based on the gross area, but reducing the design strength such that the section remains Class 3. The reduced design strength $f_{y,reduced}$ is given by $f_{y,reduced} = \dfrac{235 \times 90 \times t}{D_e}$

D_e is defined in Section 4.2.

6.3 Compression members: parallel flange channels   6.2.4

(a) Design resistance of the cross section $N_{c,Rd}$ 6.2.4(2)

The design resistance is given by:

$$N_{c,Rd} = \frac{A f_y}{\gamma_{M0}}$$

where:

    A is the gross area of the cross section

    f_y is the yield strength

    γ_{M0} is the partial factor for resistance of cross sections ($\gamma_{M0} = 1.0$ as given in the National Annex).

The value of $N_{c,Rd}$ is the same as the plastic resistance, $N_{pl,Rd}$ given in the tables for axial force and bending, and is therefore not given in the compression tables.

(b) Design buckling resistance   6.3.1

Design buckling resistance values are given for the following cases:

- Single channel subject to concentric axial force

- Single channel connected only through its web, by two or more bolts arranged symmetrically in a single row across the web.

1. Single channel subject to concentric axial force

Design buckling resistances for two modes of buckling are given in the tables:

- Flexural buckling resistance about the two principal axes: $N_{b,y,Rd}$ and $N_{b,z,Rd}$

- Torsional or torsional-flexural buckling resistance, whichever is less, $N_{b,T,Rd}$

(i) Design flexural buckling resistance, $N_{b,y,Rd}$ and $N_{b,z,Rd}$

The design flexural buckling resistances $N_{b,y,Rd}$ and $N_{b,z,Rd}$ depend on the non-dimensional slenderness ($\bar{\lambda}$) which in turn depends on:

- The buckling lengths (L_{cr}) given at the head of the table
- The properties of the cross section.
- The non-dimensional slenderness, which has been calculated as follows:

$$\bar{\lambda}_y = \frac{L_{cr,y}}{93.9\varepsilon i_y} \quad \text{for } y\text{-}y \text{ axis buckling}$$

$$\bar{\lambda}_z = \frac{L_{cr,z}}{93.9\varepsilon i_z} \quad \text{for } z\text{-}z \text{ axis buckling}$$

6.3.1.3

where:

$L_{cr,y}, L_{cr,z}$ are the buckling lengths for the y-y and z-z axes respectively.

(ii) Design torsional and torsional-flexural buckling resistance, $N_{b,T,Rd}$

6.3.1.4

The resistance tables give the lesser of the torsional and the torsional-flexural buckling resistances. These resistances depend on the non-dimensional slenderness ($\bar{\lambda}_T$), which in turn depends on:

- The buckling lengths (L_{cr}) given at the head of the table
- The properties of the cross section
- The non-dimensional slenderness, which has been calculated as follows:

$$\bar{\lambda}_T = \max\left(\sqrt{\frac{Af_y}{N_{cr,T}}}; \sqrt{\frac{Af_y}{N_{cr,TF}}}\right)$$

where:

$N_{cr,T}$ is the elastic torsional buckling force, $= \dfrac{1}{i_0^2}\left(GI_T + \dfrac{\pi^2 EI_w}{L_{cr}^2}\right)$

$i_0 = \sqrt{i_y^2 + i_z^2 + y_0^2}$

y_0 is the distance along the y- axis from the shear centre to the centroid of the gross cross section.

$N_{cr,TF}$ is the elastic torsional-flexural buckling force, $= A\sigma_{TF}$

$\sigma_{TF} = \dfrac{1}{2\beta}\left((\sigma_{Ey} + \sigma_T) - \sqrt{(\sigma_{Ey} + \sigma_T)^2 - 4\beta\sigma_{Ey}\sigma_T}\right)$

$\sigma_{Ey} = \dfrac{\pi^2 E}{(L_{ey}/i_y)^2}$

$\sigma_T = N_{cr,T}/A$

$\beta = 1 - (y_0/i_0)^2$

L_{ey} is the unrestrained length considering buckling about the y-y axis.

2. Single channel connected only through its web, by two or more bolts arranged symmetrically in a single row across the web

Design buckling resistances for two modes of buckling are given in the tables:

- Flexural buckling resistance about each of the two principal axes: $N_{b,y,Rd}$ and $N_{b,z,Rd}$ 6.3.1
- Torsional or torsional-flexural buckling resistance, whichever is less, $N_{b,T,Rd}$

(i) Design flexural buckling resistance, $N_{b,y,Rd}$ and $N_{b,z,Rd}$

The design flexural buckling resistances $N_{b,y,Rd}$ and $N_{b,z,Rd}$ depend on the non-dimensional slenderness ($\bar{\lambda}$), which in turn depends on:

- The system length (L) given at the head of the tables. L is the distance between intersections of the centroidal axes of the channel and the members to which it is connected.
- The properties of the cross section.
- The non-dimensional slenderness, which has been calculated as follows:

$$\bar{\lambda}_y = \frac{L_y}{93.9\varepsilon i_y} \quad \text{for } y\text{-}y \text{ axis buckling}$$ Annex BB.1.2

$$\bar{\lambda}_{eff,z} \geq 0.5 + 0.7\bar{\lambda}_z \quad \text{where} \quad \bar{\lambda}_z = \frac{L_z}{93.9\varepsilon i_z} \quad \text{for } z\text{-}z \text{ axis buckling}$$

(Based on a similar rationale given in Annex BB.1.2 for angles)

where:

$L_{cr,y}$, $L_{cr,z}$ are the lengths between intersections

i_y, i_z are the radii of gyration about the y-y and z-z axes.

ε $= (235/f_y)^{0.5}$.

(ii) Design torsional and torsional-flexural buckling resistance, $N_{b,T,Rd}$ 6.3.1.4

The torsional and torsional-flexural buckling resistance has been calculated as given above for single channels subject to concentric force.

6.4 Compression members: single angles

(a) Design buckling resistance
6.3.1.1

Design buckling resistances for 2 modes of buckling, noted as F and T, are given in the tables:

- F: Flexural buckling resistance (taking torsional-flexural buckling effects into account), $N_{b,y,Rd}$ and $N_{b,z,Rd}$
- T: Torsional buckling resistance, $N_{b,T,Rd}$.

(i) Design flexural buckling resistance, $N_{b,y,Rd}$, $N_{b,z,Rd}$

The tables give the lesser of the design flexural buckling resistance and the torsional flexural buckling resistance.

The design flexural buckling resistances $N_{b,y,Rd}$ and $N_{b,z,Rd}$ depend on the non-dimensional slenderness ($\bar{\lambda}_{eff}$), which in turn depends on:

- The system length (L) given at the head of the tables. L is the distance between intersections of the centroidal axes (or setting out line of the bolts) of the angle and the members to which it is connected.
- The properties of the cross section.
- The non-dimensional slenderness, which has been calculated as follows:

For two or more bolts in standard clearance holes in line along the angle at each end or an equivalent welded connection, the slenderness has been taken as:

For Class 3 cross sections:

$\bar{\lambda}_{eff,y} = 0.5 + 0.7\bar{\lambda}_y$ where $\bar{\lambda}_y = \dfrac{L_y}{93.9\varepsilon i_y}$ EN 1993-1-1 BB.1.2(2

$\bar{\lambda}_{eff,z} = 0.5 + 0.7\bar{\lambda}_z$ where $\bar{\lambda}_z = \dfrac{L_z}{93.9\varepsilon i_z}$

$\bar{\lambda}_{eff,v} = 0.35 + 0.7\bar{\lambda}_v$ where $\bar{\lambda}_v = \dfrac{L_v}{93.9\varepsilon i_v}$

For Class 4 cross sections:

$\bar{\lambda}_{eff,y} = 0.5 + 0.7\bar{\lambda}_y$ where $\bar{\lambda}_y = \dfrac{L_y}{93.9\varepsilon i_y}\sqrt{\dfrac{A_{eff}}{A}}$

$\bar{\lambda}_{eff,z} = 0.5 + 0.7\bar{\lambda}_z$ where $\bar{\lambda}_z = \dfrac{L_z}{93.9\varepsilon i_z}\sqrt{\dfrac{A_{eff}}{A}}$

$\bar{\lambda}_{eff,v} = 0.35 + 0.7\bar{\lambda}_v$ where $\bar{\lambda}_v = \dfrac{L_v}{93.9\varepsilon i_v}\sqrt{\dfrac{A_{eff}}{A}}$

where:

    L_y, L_z and L_v are the system lengths between intersections.

These expressions take account of the torsional flexural buckling effects as well as the flexural buckling effects.

For the case of a single bolt at each end, BS EN 1993-1-1 refers the user to 6.2.9 to take account of the eccentricity. (Note: no values are given for this case).

(ii) Design torsional buckling resistance, $N_{b,T,Rd}$

The design torsional buckling resistance $N_{b,T,Rd}$ depends on the non-dimensional slenderness ($\bar{\lambda}_T$), which in turn depends on: 6.3.1.3

- The system length (L) given at the head of the table
- The properties of the cross section
- The non-dimensional slenderness, which has been calculated as follows:

$\bar{\lambda}_T = \sqrt{\dfrac{Af_y}{N_{cr,T}}}$ for Class 1, 2 or 3 cross sections   6.3.1.4(2)

$$\bar{\lambda}_T = \sqrt{\frac{A_{\text{eff}} f_y}{N_{\text{cr,T}}}} \qquad \text{for Class 4 cross sections}$$

where:

$N_{\text{cr,T}}$ is the elastic torsional buckling force $= \dfrac{AGI_T}{I_0}$

$G = \dfrac{E}{2(1+v)}$ is the shear modulus

E is the modulus of elasticity

v is Poisson's ratio ($= 0.3$)

I_T is the torsional constant

$I_0 = I_u + I_v + A(u_0^2 + v_0^2)$

I_u is the second moment of area about the u-u axis

I_v is the second moment of area about the v-v axis

u_0 is the distance from shear centre to the v-v axis

v_0 is the distance from shear centre to the u-u axis.

7 TENSION TABLES

EN 1993-1-1

7.1 Tension members: Single angles

6.2.3

For angles in tension connected through one leg, BS EN 1993-1-1, 6.2.3(5) refers to BS EN 1993-1-8, 3.10.3. However the Eurocode does not cover the case of more than one bolt in the direction perpendicular to the applied load. Therefore the resistance has been calculated using expressions from BS 5950-1 for angles bolted and welded through one leg. The resistance is independent of the number of bolts along the angle and their spacing. Tables only give values for the cross-sectional check; see AD351 for more information.

The value of the design resistance to tension $N_{t,Rd}$ has been calculated as follows:

6.2.3(2)

$$N_{t,Rd} = \frac{A_{eq} f_y}{\gamma_{M0}}$$

where:

A_{eq} is the equivalent tension area of the angle

f_y is the yield strength

γ_{M0} is the partial factor for resistance of cross sections ($\gamma_{M0} = 1.0$, as given in the National Annex).

The equivalent tension area of the section A_{eq} is given by:

For bolted sections: $A_{eq} = A_e - 0.5 a_2$

For welded sections: $A_{eq} = A_e - 0.3 a_2$

where:

$A_e = a_{e1} + a_{e2}$ but $A_e \leq 1.2(a_{n1} + a_{n2})$

$a_{e1} = K_e\, a_{n1}$ but $a_{e1} \leq a_1$

$a_{e2} = K_e\, a_{n2}$ but $a_{e2} \leq a_2$

$K_e = 1.2$ for grade S275
$ = 1.1$ for grade S355

$a_{n1} = a_1 - n_{bolts}\, d_0 t$

$a_1 = h \times t$ if the long leg is connected
$ = b \times t$ if the short leg is connected

n_{bolts} is the number of bolts across the angle

d_0 is the diameter of the hole

$a_{n2} = a_2$

$a_2 = A - a_1$

A is the gross area of a single angle.

Note: A block tearing check (BS EN 1993-1-8, 3.10.2) is also required for tension members. However, block tearing resistances have not been tabulated, as there are too many variables in the possible bolt arrangements.

8 BENDING TABLES

8.1 Bending: UB sections, UC sections, joists and parallel flange channels

6.2.5 (2)

(a) Design resistance of cross section

The design resistances for bending about the principal axes of the cross section are given by:

6.2.8 (2)

(i) For Class 1, 2 cross sections:

$$M_{c,y,Rd} = \frac{W_{pl,y}\, f_y}{\gamma_{M0}} \qquad M_{c,z,Rd} = \frac{W_{pl,z}\, f_y}{\gamma_{M0}}$$

(ii) For Class 3 cross sections with a Class 1 or 2 flange:

$$M_{c,y,Rd} = \frac{W_{pl,eff,y}\, f_y}{\gamma_{M0}}$$

where $W_{pl,eff,y}$ is calculated according to BS EN 1993-1-5, 4.4.

(iii) For other Class 3 cross sections:

$$M_{c,y,Rd} = \frac{W_{el,y}\, f_y}{\gamma_{M0}} \qquad M_{c,z,Rd} = \frac{W_{el,z}\, f_y}{\gamma_{M0}}$$

(iv) For Class 4 cross sections:

$$M_{c,y,Rd} = \frac{W_{eff,y}\, f_y}{\gamma_{M0}} \qquad M_{c,z,Rd} = \frac{W_{eff,z}\, f_y}{\gamma_{M0}}$$

Notes:
- None of the universal beams, universal columns, joists or parallel flange channels in grade S275 or S355 are Class 4 under bending alone.
- Where the design shear force is high (> 50% of the shear resistance), a reduced value of resistance for bending $M_{v,y,Rd}$ and $M_{v,z,Rd}$ should be calculated. No values are tabulated in this publication. Values of the design shear resistance $V_{c,Rd}$ are given in the tables of web bearing and buckling resistance (see section 9.1).   6.2.8 (3)

(b) Design lateral torsional buckling resistance moment   6.3.2

The lateral torsional buckling resistance moment $M_{b,Rd}$ is given in the tables for a range of values of the following parameters:

- The length between lateral restraints, L, given at the head of the tables
- The value of factor C_1

The lateral torsional buckling resistance moment, $M_{b,Rd}$, is given by: 6.3.2.1 (3)

$$M_{b,Rd} = \chi_{LT} W_y \frac{f_y}{\gamma_{M1}}$$

where:

$W_y = W_{pl,y}$ for Class 1, 2 cross sections

$W_y = W_{pl,eff,y}$ for Class 3 cross sections with Class 1 or 2 flanges   6.3.2.3 (1)

$W_y = W_{el,y}$ for other Class 3 cross sections

$W_y = W_{eff,y}$ for Class 4 cross sections

χ_{LT} is the reduction factor for lateral-torsional buckling. It depends on the non-dimensional slenderness $\bar{\lambda}_{LT} = \sqrt{\dfrac{W_y f_y}{M_{cr}}}$ and the imperfection factor corresponding to the appropriate buckling curve.

M_{cr} is the elastic critical moment for lateral-torsional buckling based on gross section properties and takes into account the following:
- the moment distribution
- the length between lateral restraints.

$$M_{cr} = C_1 \frac{\pi^2 E I_z}{L^2} \sqrt{\frac{I_w}{I_z} + \frac{L^2 G I_t}{\pi^2 E I_z}}$$

C_1 is a factor that takes into account the shape of the bending moment diagram (influences the stability of the member). Values of C_1 given in the tables include 1.0; 1.5; 2.0; 2.5 and 2.75. Access Steel document SN003 *Elastic critical moment for lateral torsional buckling*[22] gives background information related to this factor.

The reduction factor χ_{LT} is calculated for the 'rolled sections' case, using buckling curves 'b' or 'c' as appropriate and the values of $\overline{\lambda}_{LT,0}$ and β given by the National Annex. The UK National Annex gives the following values: 6.3.2.3 (1)

$\overline{\lambda}_{LT,0} = 0.4$

$\beta = 0.75$

The reduction factor is modified to take account of the moment distribution between the lateral restraints of members using the modification factor f: 6.3.2.3(2) and the UK NA

$$\chi_{LT,mod} = \frac{\chi_{LT}}{f} \quad \text{but} \quad \chi_{LT,mod} \leq 1 \text{ and } \chi_{LT,mod} \leq \frac{1}{\overline{\lambda}_{LT}^2}$$

$f = 1 - 0.5(1 - k_c)[1 - 2.0(\overline{\lambda}_{LT} - 0.8)^2]$ but $f \leq 1.0$

$k_c = \dfrac{1}{\sqrt{C_1}}$

The alternative expression for $\overline{\lambda}_{LT}$ given in Access Steel document SN002[20] can be used to calculate the lateral torsional buckling resistance moment:

$$\overline{\lambda}_{LT} = \frac{1}{\sqrt{C_1}} UV \overline{\lambda}_z \sqrt{\beta}$$

where:

    U is as given in Section 3.2.5

    $V = \dfrac{1}{\sqrt[4]{1 + 0.05\left(\dfrac{\lambda_z}{X}\right)^2}}$

    X is tabulated in the section dimensions and properties tables (see section 3.2.5)

    $\overline{\lambda}_z = \dfrac{L/i_z}{\pi \sqrt{\dfrac{E}{f_y}}}$

    i_z is the radius of gyration about the z-z axis

    E is the modulus of elasticity = 210 000N/mm^2

    f_y is the yield strength

    $\beta = \dfrac{W_y}{W_{pl,y}}$

    $W_y = W_{pl,y}$ for Class 1 and 2 sections

        $= W_{el,y}$ for Class 3 sections.

For further information regarding $\overline{\lambda}_z$ and the use of U and X see Access Steel document SN002[20].

8.2 Bending: Hollow sections

8.2.1 Circular and square hollow sections

The design resistances for bending $M_{c,Rd}$ and the design shear resistance $V_{c,Rd}$ are tabulated for circular and square hollow sections in S355 steel. No values have been calculated for S275 circular and square hollow sections. $M_{c,Rd}$ has been calculated as detailed in Section 8.1 (a) above.

$V_{c,Rd}$ is given by: 6.2.6 (2)

$$V_{c,Rd} = \frac{A_v \left(\frac{f_y}{\sqrt{3}}\right)}{\gamma_{M0}}$$

where: 6.2.6 (3)

A_v is the shear area

       For circular hollow sections $A_v = 2A/\pi$

       For square hollow sections $A_v = A/2$

f_y is the yield strength

γ_{M0} is the partial factor for resistance of cross sections ($\gamma_{M0} = 1.0$ as given in the National Annex).

The second moment of area (I) is included in the tables because it is required for deflection checks.

For Class 4 CHS, BS EN 1993-1-4 refers the user to BS EN 1993-1-6. Moment resistance values for these sections have not been calculated and the symbol $ is shown instead.

8.2.2 Rectangular hollow sections

The following information is presented in the tables for rectangular hollow sections in S355 steel. No values have been calculated for S275 rectangular hollow sections.

(i) Design resistance for bending about the y-y and z-z axes and design shear resistance:

The values of $M_{c,y,Rd}$ and $M_{c,z,Rd}$ and $V_{c,Rd}$ have been calculated as detailed in Section 8.1 (a) and section 8.2.1 respectively, with the shear area for bending about the major axis taken as $A_v = A h / (b + h)$

(ii) The section classification given in the tables applies to members subject to bending only about the appropriate axes. Sections may be Class 4 for pure bending about the y-y or z-z axis. It should be noted that a section may be Class 4 when bending about the z-z axis and not Class 4 when bending about the y-y axis.

(iii) The limiting length, L_c, is the length above which the design buckling resistance moment is reduced below the cross-sectional resistance due to lateral torsional buckling. The value of the limiting length is that at which the slenderness $\overline{\lambda}_{LT} = 0.4$, which is the value of $\overline{\lambda}_{LT,0}$ according to the UK National Annex.

The slenderness for lateral torsional buckling has been calculated as follows:

$$\overline{\lambda}_{LT} = \sqrt{\frac{W_y f_y}{M_{cr}}}$$

And for RHS the elastic critical buckling moment is:

$$M_{cr} = C_1 \frac{\pi^2 EI_z}{L^2} \sqrt{\frac{L^2 GI_T}{\pi^2 EI_z}}$$

From these expressions, conservatively assuming $C_1 = 1.0$, the limiting length above which LTB needs to be checked can be derived as follows:

$$L_c = \frac{\overline{\lambda}_{LT,0}^2 \pi \sqrt{EGI_z I_T}}{W_y f_y}$$

For lengths up to the limiting length, $M_{b,Rd}$ is equal to $M_{c,y,Rd}$.

In the resistance tables for bending alone, no values of $M_{b,Rd}$ are tabulated for lengths in excess of the limiting length. Values for lengths in excess of the limiting length are provided in the tables of combined bending and compression.

(iv) The second moment of area (I) is repeated in the tables as it is required for deflection checks.

8.2.3 Elliptical hollow sections

The following information is presented in the tables for hot rolled elliptical hollow sections in S355 steel. No values have been calculated for S275 elliptical hollow sections:

(i) Design resistance for bending about the y-y axis

For Class 1, 2 and 3 sections, the design resistances are calculated in accordance with Section 8.1.

(ii) Design resistance for bending about the z-z axis

For Class 1, 2 and 3 sections, the design resistances are calculated in accordance with Section 8.1.

For Class 4 sections, the design resistances are calculated as if the section were Class 3, using a reduced design strength such that the section remains Class 3.

The reduced design strength is taken as $\dfrac{235 \times 90 \times t}{D_{e,minor}}$

where $D_{e,minor}$ is the equivalent diameter for buckling about the minor axis and is given by:

$$D_{e,minor} = \frac{h^2}{b}$$

(iii) Design resistance for shear

The design resistance for shear in the major axis of the elliptical section is calculated in accordance with Section 8.2.1. For an elliptical section, the shear area A_v is taken as:

$A_v = (2h - 2t)/t$ [25]

(iv) Limiting length, L_c

The limiting length, L_c above which the design buckling resistance moment is reduced below the cross-sectional resistance due to lateral torsional buckling has been calculated in accordance with Section 8.2.2.

9 RESISTANCE TO TRANSVERSE FORCES TABLES (WEB BEARING AND BUCKLING)

9.1 UB sections, UC sections, joists and parallel flange channels

(a) The design shear resistance
6.2.6 (1), (2)

The design shear resistance $V_{c,Rd}$ is given by:

$$V_{c,Rd} = V_{pl,Rd} = \frac{A_v \left(\frac{f_y}{\sqrt{3}}\right)}{\gamma_{M0}}$$

where:

A_v is the shear area ($A_v = A - 2bt_f + (t_w + 2r)\,t_f$ but not less than $\eta h_w t_w$ for rolled I sections, $A_v = A - 2bt_f + (t_w + r)\,t_f$ for parallel flange channels)

f_y is the yield strength

γ_{M0} is the partial factor for resistance of cross sections ($\gamma_{M0} = 1.0$ as given in the National Annex).

(b) Design resistance to local buckling
EN 1993-1-5

The design resistance of an unstiffened web, F_{Rd}, to local buckling under transverse forces is given by:

6.2 (1)

$$F_{Rd} = \frac{f_y \, L_{eff} \, t_w}{\gamma_{M1}}$$

where:

f_y is the yield strength

t_w is the thickness of the web

L_{eff} is the effective length for resistance to transverse force ($= \chi_F \ell_y$)

$\chi_F = \dfrac{0.5}{\overline{\lambda}_F} \leq 1.0$

ℓ_y is the effective loaded length

γ_{M1} is the partial factor for resistance of members ($\gamma_{M1} = 1.0$ as given in the National Annex)

$\overline{\lambda}_F = \sqrt{\dfrac{\ell_y t_w f_y}{F_{cr}}}$

$F_{cr} = 0.9 k_F E \dfrac{t_w^3}{h_w}$

Figure 6.1

$k_F = 2 + 6\left(\dfrac{s_s + c}{h_w}\right)$ but $k_F \leq 6$

h_w is the depth between flanges $= h - 2t_f$

s_s is the length of stiff bearing (see figure 6.2 of BS EN 1993-1-5)

c is the distance from the end of the stiff bearing to the end of the section.

The effective loaded length ℓ_y has been calculated as the least value given by the following three expressions:

$$\ell_{y1} = s_s + 2t_f\left(1 + \sqrt{m_1 + m_2}\right) \qquad \text{Eq (6.10)}$$

$$\ell_{y2} = \ell_e + t_f\sqrt{\frac{m_1}{2} + \left(\frac{\ell_e}{t_f}\right)^2 + m_2} \qquad \text{Eq (6.11)}$$

$$\ell_{y3} = \ell_e + t_f\sqrt{m_1 + m_2} \qquad \text{Eq (6.12)}$$

where:

$$\ell_e = \frac{k_F E t_w^2}{2 f_y h_w} \leq s_s + c \qquad \text{Eq (6.13)}$$

$$m_1 = \frac{b_f}{t_w}$$

$$m_2 = 0.02\left(\frac{h_w}{t_f}\right)^2 \qquad \text{if } \overline{\lambda}_F > 0.5$$

$$m_2 = 0 \qquad \text{if } \overline{\lambda}_F \leq 0.5$$

(Note that, at present, BS EN 1993-1-5, 6.5(3) erroneously refers to Equations 6.11, 6.12 and 6.13. This error is due to be corrected by CEN.)

Values of F_{Rd} have been calculated for two values of c, where c is the distance from the end of the member to the adjacent edge of the stiff bearing length, as shown in Figure 6.1 of EN 1993-1-5. The values are:

EN 1993-1-5
6.1 (4)

$c = 0$ for a stiff bearing positioned at the end of the section

$c = c_{lim}$ for a stiff bearing positioned at a distance c_{lim} from the end of the section. This position represents the minimum value of c at which the maximum resistance of the web for a given stiff bearing length, s_s is attained.

where:

$$c_{lim} = \max(c_{buckling}; c_{bearing})$$

$$c_{buckling} = \frac{2h_w}{3} - s_s$$

$$c_{bearing} = 2t_f + t_f\sqrt{m_1 + m_2}$$

For the case where the stiff bearing is positioned at an intermediate distance (i.e. $c < c_{lim}$) the resistance given for $c = 0$ is conservative.

9.2 Square and rectangular hollow sections

BS EN 1993-1-5 does not cover the resistance to transverse forces for hollow sections. Therefore in this publication the approach previously presented in P202 *Volume 1 Section properties member capacities*[23] has been adopted and is presented below in terminology consistent with BS EN 1993-1-1.

(a) Bearing

The bearing resistance, $F_{Rd,bearing}$, of the unstiffened web may be calculated using the factors C_1 and C_2 in the tables, using:

$$F_{Rd,bearing} = (b_1 + nk)2t\,f_y / \gamma_{M0}$$
$$= b_1 C_2 + C_1 \quad \text{(Resistance table notation)}$$

where:

- b_1 is the effective bearing length (see figures below)
- n = 5, for continuous web over bearing
      = 2, for end bearing
- k = t for hollow sections
- t is the wall thickness
- f_y is the yield strength.

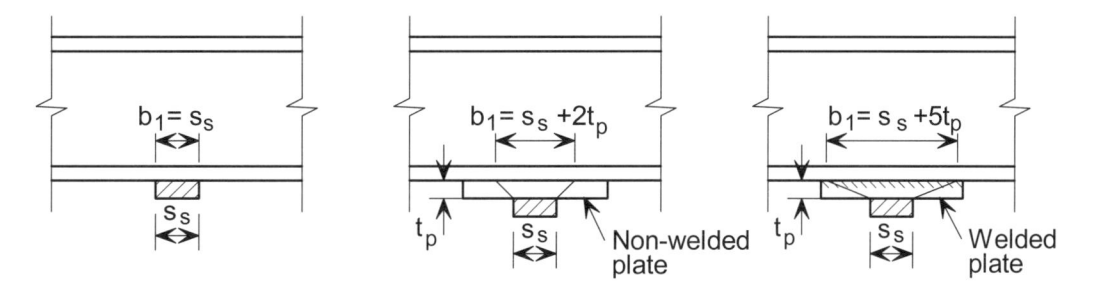

Figure illustrating examples of stiff bearing length, b_1

The bearing factor C_1 represents the contribution from the flanges, adjacent to both webs, and is given by:

$C_1 = 2\,n\,k\,t\,f_y / \gamma_{M0}$ Generally

$C_1 = 2 \times 5\,t^2 f_y / \gamma_{M0}$ For a section continuous over the bearing

$C_1 = 2 \times 2\,t^2 f_y / \gamma_{M0}$ For end bearing

The bearing factor C_2 is equal to $2tf_y / \gamma_{M0}$ representing the stiff bearing contribution for both webs.

(b) Buckling resistance

The buckling resistance $F_{Rd,buckling}$ of the two unstiffened webs is given by:

$$F_{Rd,buckling} = (b_1 + n_1)\,2\,t\,\chi f_y / \gamma_{M1}$$
$$= b_1 C_2 + C_1 \quad \text{(Resistance table notation)}$$

where:

- b_1 is the stiff bearing length
- n_1 is the length obtained by dispersion at 45° through half the depth of the section
- t is the wall thickness
- χ is the reduction factor for buckling resistance, based on the slenderness $\bar{\lambda}$ as given in section 6.1
- f_y is the yield strength of the hollow section.

Unless loads or reactions are applied through welded flange plates, the additional effects of moments in the web due to eccentric loading must be taken into account, which will result in lower buckling values.

The buckling factor C_2 is the stiff bearing component factor and is equal to C_1/h

The buckling factor C_1 is the portion of $(n_1\,t\,\chi f_y/\gamma_{M1})$ due to the beam alone.

$C_1 = 4D\,t\,\chi f_y/2\gamma_{M1}$ for welded flange plates

$C_1 = 4F$ for non-welded flange plates

where:

F is the limiting force in each web (derived below).

The factor of 4 allows for two webs and dispersion of load in two directions and applies to a member that is continuous over a bearing or an end bearing member with a continuously welded sealing plate.

For non-welded flange plates, the limiting force F depends on the equivalent eccentricity of loading from the centreline of the web given by:

$e = 0.026b + 0.978t + 0.002h$

This expression has been derived from research[13] and is also applicable to cold-formed hollow sections [16]

If the flange is considered as a fixed-ended beam of length $b - t$, the two forces F create a fixed end moment M;

$$M = Fe\left[\frac{b-t-e}{b-t}\right]$$

and thus the moment at mid-height of the web M_z can be found as follows [24]:

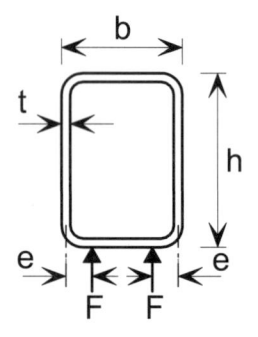

$$M_z = \frac{0.5M\,(3+a)}{a^2+4a+3} = \frac{0.5\left[Fe\left(\frac{b-t-e}{b-t}\right)\right](3+a)}{a^2+4a+3}$$

$$\frac{M_z}{F} = \frac{0.5\left[e\left(\frac{b-t-e}{b-t}\right)\right](3+a)}{a^2+4a+3}$$

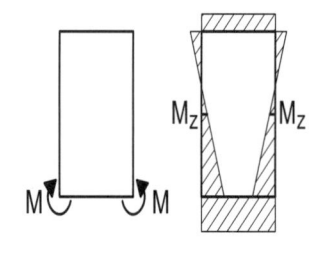

where:

$a = h/b$

Using the interaction criterion $\dfrac{F_{Ed}}{A\chi f_y/\gamma_{M1}} + \dfrac{M_{z,Ed}}{f_y\,W_{el,z}/\gamma_{M1}} \leq 1$

The limiting value of F is given when the left hand side of this criterion $=1$.

A-30

If the length of the wall resisting F and M is $h/2$, given by a 45° dispersal in one direction, $A = ht/2$ and $W_{el,z} = ht^2/12$. Substituting these values, introducing $k = M_z/F$, and rearranging, the limiting value becomes:

$$F = \frac{ht^2 n_b}{2t + 12\,k\chi}$$

where:

$$n_b = \frac{\chi f_y}{\gamma_{M1}}$$

and k is given by the expression for M_z/F above.

(c) Shear resistance

The shear resistance is given by: 6.2.6(2)

$$V_{c,Rd} = \frac{A_v f_y/\sqrt{3}}{\gamma_{M0}}$$

where:

- A_v is the shear area ($= Ah/(b+h)$)
- A is the area of the cross section
- h is the overall depth
- b is the overall width.

10 AXIAL FORCE & BENDING TABLES

EN 1993-1-1

Generally, members subject to axial compression forces and bending should be verified for cross section resistance (BS EN 1993-1-1, 6.2.9) and for member buckling resistance (BS EN 1993-1-1, 6.3.3.(4)).

The relevant parameters required to evaluate the interaction equations given in the above clauses are presented in tabular form.

The tables are applicable to members subject to combined tension and bending and to members subject to combined compression and bending. However, the values in the tables are conservative for tension, as the more onerous compression section classification limits have been used for calculating resistances to axial force.

Tables are given for cross-section resistances and for member buckling resistances, as explained below.

10.1 Axial force and bending: UB sections, UC sections, joists and parallel flange channels

6.2.9

10.1.1 Cross section resistance check

For Class 1, 2 and 3 cross sections the following conservative approximation may be used: 6.2.1(7)

$$\frac{N_{Ed}}{N_{pl,Rd}} + \frac{M_{y,Ed}}{M_{c,y,Rd}} + \frac{M_{z,Ed}}{M_{c,z,Rd}} \leq 1.0 \qquad \text{Eq (6.2)}$$

Values of $N_{pl,Rd}$, $M_{c,y,Rd}$ and $M_{c,z,Rd}$ are given in the tables. The section classification depends on the axial force applied and therefore $M_{c,Rd}$ values are given for different values of $N_{Ed}/N_{pl,Rd}$. The values of these resistances have been calculated as given in the following sections.

No values are given for combined axial force and bending on Class 4 sections. Refer to BS EN 1993-1-1, 6.2.9.3(2).

(a) Design resistance for axial force

$$N_{pl,Rd} = \frac{A f_y}{\gamma_{M0}} \qquad \text{Eq (6.6)}$$

where:

- A is the gross area of the cross section
- f_y is the yield strength
- γ_{M0} is the partial factor for cross sections ($\gamma_{M0} = 1.0$ as given in the National Annex).

(b) Design resistances for bending about the principal axes of the cross section

The design resistances for bending about the major and minor axes, $M_{c,y,Rd}$ and $M_{c,z,Rd}$ have been calculated as in Section 8.1 using $W_{pl,y}$, $W_{el,y}$, $W_{pl,z}$ and $W_{el,z}$ as appropriate. No values are given for the reduced resistances in the presence of high shear. 6.2.5 (2)

$M_{c,Rd}$ values for Class 4 cross sections are not given in the tables. For checks of Class 4 cross sections, see BS EN 1993-1-1, 6.2.9.3(2).

The symbol ✘ indicates that the section is Class 4 for a given value of $N_{Ed}/N_{pl,Rd}$.

The symbol $ indicates that the section is Class 4 and that it would be overloaded due to compressive axial force alone i.e. the section is Class 4 and $N_{Ed} > A_{eff} f_y$ for the given value of $N_{Ed} / N_{pl,Rd}$.

The Class 2 and Class 3 limits for the section subject to bending and compression are the maximum values of $N_{Ed} / N_{pl,Rd}$ up to which the section is either Class 2 or Class 3 respectively. The Class 2 limit is given in bold type. 5.5.2 (8)

As an alternative to Equation (6.2) for Class 1 and 2 sections a less conservative criterion may be used as follows: 6.2.9.1(2)

$$M_{Ed} \leq M_{N,Rd} \qquad \text{Eq (6.31)}$$

Values of $M_{N,Rd}$ are given in the tables.

(c) Design moment resistance about the y-y axis reduced due to axial force

6.2.9

The reduced moment resistance $M_{N,y,Rd}$ has been calculated as follows:

(i) Where both the following criteria are satisfied:

$$N_{Ed} \leq 0.25 N_{pl,Rd} \quad \text{and} \quad N_{Ed} \leq \frac{0.5 h_w t_w f_y}{\gamma_{M0}} \qquad \text{Eq (6.33 and 6.34)}$$

where:

h_w is the clear web depth between flanges $= h - 2t_f$ 6.2.9.1(4)

γ_{M0} is a partial factor ($\gamma_{M0} = 1.0$ as given in the National Annex).

The reduced design moment resistance is equal to the plastic resistance moment

$$M_{N,y,Rd} = M_{pl,y,Rd}$$

(ii) Where the above criteria are not satisfied the reduced design moment resistance is given by:

$$M_{N,y,Rd} = M_{pl,y,Rd} \left(\frac{1-n}{1-0.5a} \right) \quad \text{but} \quad \leq M_{pl,y,Rd} \quad \text{Eq (6.36)}$$ 6.2.9.1(5)

where:

$M_{pl,y,Rd}$ is the plastic resistance moment about the y-y axis

n is the ratio $N_{Ed} / N_{pl,Rd}$

a $= (A - 2bt_f)/A$ but ≤ 0.5.

(d) Design moment resistance about the *z-z* axis reduced due to axial force

The reduced moment resistance $M_{N,z,Rd}$ has been calculated as follows:

(i) Where the following criteria is satisfied:

$$N_{Ed} \leq \frac{h_w t_w f_y}{\gamma_{M0}} \quad \text{Eq (6.35)}$$ 6.2.9.1(4)

where:

h_w is the clear web depth between flanges $= h - 2t_f$

γ_{M0} is the partial factor for cross sections ($\gamma_{M0} = 1.0$ as given in the National Annex)

In this case, no allowance has been made for the effect of the axial force on the plastic resistance moment about the *z-z* axis and the reduced design moment resistance in this case is equal to the plastic resistance moment

$$M_{N,z,Rd} = M_{pl,z,Rd}$$

(ii) Where the above criterion is not satisfied the reduced design moment resistance is given by: 6.2.9.1(5)

For $n \leq a$ $M_{N,z,Rd} = M_{pl,z,Rd}$ Eq (6.37)

For $n > a$ $M_{N,z,Rd} = M_{pl,z,Rd} \left[1 - \left(\frac{n-a}{1-a} \right)^2 \right]$ but $\leq M_{pl,z,Rd}$ Eq (6.38)   6.2.9.5

where:

$M_{pl,z,Rd}$ is the plastic resistance moment about the z-z axis

n is the ratio $N_{Ed} / N_{pl,Rd}$

a is as given in (c)

Because the values of $M_{N,y,Rd}$ and $M_{N,z,Rd}$ are only valid for Class 1 and Class 2 sections, no values are shown when $N_{Ed} / N_{pl,Rd}$ exceeds the limit for a Class 2 section (shown as the symbol ' – ' in the tables).

Reduced design moment resistances for parallel flange channels are not presented in the tables. This is because BS EN 1993-1-1, 6.2.9 does not specifically cover the requirements for parallel flange channels.

10.1.2 Member buckling check

Interaction equations (6.61) and (6.62) from BS EN 1993-1-1, 6.3.3(4) must be satisfied for members subject to combined axial compression and bending. To check these interaction equations the following parameters given in (a), (b) and (c) are needed:

(a) $\quad \chi_y \dfrac{N_{Rk}}{\gamma_{M1}}$ and $\chi_z \dfrac{N_{Rk}}{\gamma_{M1}}$

These are given in the tables as $N_{b,y,Rd}$ and $N_{b,z,Rd}$. They are the compression resistances for buckling about the y-y and the z-z axis respectively. The adjacent $N_{Ed} / N_{pl,Rd}$ limit ensures that the section is not Class 4 and has been calculated as in Section 6.1.

(b) $\quad \chi_{LT} \dfrac{M_{y,Rk}}{\gamma_{M1}}$

This term is given in the tables as $M_{b,Rd}$. Values are given for two $N_{Ed} / N_{pl,Rd}$ limits. The higher limit indicates when the section is Class 3 and the lower limit (in bold) indicates when the section is Class 2. $M_{b,Rd}$ is calculated accordingly, as described in Section 8.1. In both cases it is conservatively assumed that $C_1 = 1.0$.

(c) $\quad \dfrac{M_{z,Rk}}{\gamma_{M1}}$

$M_{z,Rk}$ may be based on the elastic or plastic modulus, depending on the section classification, as shown in Table 6.7 of BS EN 1993-1-1. Values of $f_y W_{el,z}$ are given. Values of $f_y W_{pl,z}$ are given as $M_{c,z,Rd}$ in the tables for cross section resistance check. Values are quoted with $\gamma_{M1} = 1.0$, as given in the National Annex.

In addition, values of $f_y W_{el,y}$ and $N_{pl,Rd}$ are given in the tables for completeness.

According to the National Annex, either Annex A or Annex B of BS EN 1993-1-1 should be used to calculate the interaction factors k for UB, UC and joists. Annex B of BS EN 1993-1-1 should be used to calculate the interaction factors k for parallel flange channels

The symbol * denotes that the cross section is Class 4 under axial compression only (due to the web becoming Class 4). None of the sections listed are Class 4 due to the flanges being Class 4. Under combined axial compression and bending, the class of the cross section depends on the axial force, expressed in terms of n ($= N_{Ed}/N_{pl,Rd}$). Values of n are given, up to which the cross section would be Class 2 or Class 3.

The limits in normal and bold type are the maximum values up to which the section is either Class 3 or Class 2, respectively. The tabulated resistances are only valid up to the given $N_{Ed} / N_{pl,Rd}$ limit.

10.2 Axial force and bending: hollow sections

10.2.1 Cross section resistance check

For Class 1, 2 and 3 cross sections the following conservative approximation may be used: 6.2.1(7)

$$\frac{N_{Ed}}{N_{pl,Rd}} + \frac{M_{y,Ed}}{M_{c,y,Rd}} + \frac{M_{z,Ed}}{M_{c,z,Rd}} \leq 1.0 \qquad \text{Eq (6.2)}$$

Values of $N_{pl,Rd}$, $M_{c,y,Rd}$ and $M_{c,z,Rd}$ are given in the tables. The section classification depends on the axial force applied and therefore $M_{c,Rd}$ values are given for different values of $N_{Ed}/N_{pl,Rd}$. The values of these resistances have been calculated as described in the following sections.

No $M_{c,y,Rd}$ and $M_{c,z,Rd}$ values are given for combined axial force and bending on Class 4 sections. Refer to BS EN 1993-1-1, 6.2.9.3(2).

If a section is Class 4, the design resistances are calculated based on the section modulus appropriate for a Class 3 section and a reduced design strength such that the section is Class 3.

The symbol * denotes that the section is Class 4 when fully stressed under axial compression only.

(a) Design resistance for axial force

$$N_{pl,Rd} = \frac{Af_y}{\gamma_{M0}}$$

where:

- A is the gross area of the cross section
- f_y is the yield strength
- γ_{M0} is the partial factor for cross sections ($\gamma_{M0} = 1.0$ as given in the National Annex).

(b) Design resistances for bending about the principal axes of the cross section

The design resistances for bending about the major and minor axes, $M_{c,Rd}$, $M_{c,y,Rd}$ and $M_{c,z,Rd}$ have been calculated as in Section 8.1 using $W_{pl,y}$, $W_{el,y}$ and $W_{pl,z}$ and $W_{el,z}$ as appropriate. No values are given for the reduced resistance in the presence of high shear. 6.2.5 (2)

$M_{c,Rd}$ values for Class 4 cross sections are not given in the tables. For checks of Class 4 cross sections, see BS EN 1993-1-1, 6.2.9.3(2).

If a section is Class 4, the design resistances are calculated based on the section modulus appropriate for a Class 3 section and a reduced design strength such that the section is Class 3. When subject to combined axial compression and bending, elliptical hollow sections are classified for axial compression, which may be more onerous than major axis bending.

The symbol ✗ indicates that the section is Class 4 for a given value of $N_{Ed}/N_{pl,Rd}$.

The symbol $ indicates that the section is Class 4 and that it would be overloaded due to compressive axial force alone i.e. the section is Class 4 and $N_{Ed} > A_{eff} f_y$ for the given value of $N_{Ed}/N_{pl,Rd}$.

The Class 2 and Class 3 limits for the section subject to bending and compression are the maximum values of $N_{Ed} / N_{pl,Rd}$ up to which the section is either Class 2 or Class 3, respectively. The Class 2 limit is given in bold type.

5.5.2 (8)

As an alternative to Equation (6.2) for Class 1 and 2 sections a less conservative criterion may be used as follows:

6.2.9.1(2)

$$M_{Ed} \leq M_{N,Rd} \qquad \text{Eq (6.31)}$$

Values of $M_{N,Rd}$ are given in the tables.

(c) Design moment resistance reduced due to axial force

The reduced design resistances for bending have been calculated as follows:

(i) Circular hollow sections

No information is available in BS EN 1993-1-1 or BS EN 1993-1-6 for the resistance of cross sections of circular hollow sections under combined axial force and bending. The values of $M_{N,Rd}$ have been calculated using the methodology adopted in P202 *Volume 1 Section properties member capacities*[23]. For Class 1 and 2 sections, the expression is as follows:

$$M_{N,Rd} = W_{pl} \cos\left(n\frac{\pi}{2}\right) f_y$$

where:

$n = N_{Ed} / N_{pl,Rd}$.

(ii) Rectangular and square hollow sections

6.2.9.1(5)

For bending about the y-y axis

$$M_{N,y,Rd} = M_{pl,y,Rd} \left(\frac{1-n}{1-0.5 a_w}\right) \qquad \text{but} \quad \leq M_{pl,y,Rd} \quad \text{Eq (6.39)}$$

where:

$$a_w = \frac{(A - 2bt)}{A} \text{ but } \leq 0.5$$

$M_{pl,y,Rd}$ is the plastic resistance moment about the y-y axis

n is the ratio $N_{Ed} / N_{pl,Rd}$.

Because the values of $M_{N,y,Rd}$ are only valid for Class 1 and Class 2 sections, no values are shown when $N_{Ed} / N_{pl,Rd}$ exceeds the limit for a Class 2 section (shown as the symbol ' – ' in the tables).

For square hollow sections, the reduced moment resistance is the same for both axes, and is displayed as $M_{N,Rd}$.

For bending about the z-z axis

6.2.9.1(5)

$$M_{N,z,Rd} = M_{pl,z,Rd} \left(\frac{1-n}{1-0.5 a_f}\right) \qquad \text{but} \quad \leq M_{pl,z,Rd} \qquad \text{Eq (6.40)}$$

where:

$$a_f = \frac{(A - 2ht)}{A} \quad \text{but} \quad \leq 0.5$$

$M_{pl,z,Rd}$ is the plastic resistance moment about the z-z axis

n is the ratio $N_{Ed} / N_{pl,Rd}$

Because the values of $M_{N,z,Rd}$ are only valid for Class 1 and Class 2 sections, no values are shown when $N_{Ed} / N_{pl,Rd}$ exceeds the limit for a Class 2 section (shown as the symbol ' – ' in tables).

10.2.2 Member buckling check

Interaction equations (6.61) and (6.62) from BS EN 1993-1-1, 6.3.3(4) must be satisfied for members subject to combined axial compression and bending. To check these interaction equations the following parameters given in (a), (b) and (c) are needed:

(a) $\chi_y \dfrac{N_{Rk}}{\gamma_{M1}}$ and $\chi_z \dfrac{N_{Rk}}{\gamma_{M1}}$

These are given in the tables as $N_{b,y,Rd}$ and $N_{b,z,Rd}$ for rectangular hollow sections and elliptical hollow sections, and as $N_{b,Rd}$ for circular and square hollow sections. They are the compression resistances for buckling about the y-y and the z-z axis respectively. The adjacent n limit (i.e. $N_{Ed} / N_{pl,Rd}$) ensures that the section is not Class 4 and has been calculated as in Section 6.1.

If a section is Class 4, the design resistances are calculated based on the section modulus appropriate for a Class 3 section and a reduced design strength such that the section is Class 3. When subject to combined axial compression and bending, elliptical hollow sections are classified for axial compression, which may be more onerous than major axis bending.

(b) $\chi_{LT} \dfrac{M_{y,Rk}}{\gamma_{M1}}$

This term is given in the table as $M_{b,Rd}$ for rectangular and elliptical hollow sections. Values are given for two $N_{Ed}/ N_{pl,Rd}$ limits. The higher limit ensures the section is Class 3 and the lower limit (in bold) ensures the section is Class 2, $M_{b,Rd}$ is calculated accordingly. See Section 8.1. For circular and square hollow sections, this term is not applicable and is therefore not given in the tables.

(c) $\dfrac{M_{z,Rk}}{\gamma_{M1}}$

$M_{z,Rk}$ may be based on the elastic or plastic modulus, depending on the section classification, as shown in Table 6.7 of BS EN 1993-1-1. Values of $f_y W_{el,z}$ are given (for Class 4 elliptical hollow sections, a reduced value of f_y is used with the elastic modulus). Values of $f_y W_{pl,z}$ are given as $M_{c,z,Rd}$ ($M_{c,Rd}$ for CHS) in the tables for cross section resistance check. Values are quoted with $\gamma_{M1} = 1.0$, as given in the National Annex.

In addition, values of $f_y W_{el,y}$ and $N_{pl,Rd}$ are given in the tables for completeness.

According to the National Annex, Annex A of BS EN 1993-1-1 should be used to calculate the interaction factors k for circular, square and rectangular hollow sections.

The symbol * denotes that the cross section is Class 4 under axial compression only (due to the web becoming Class 4). Under combined axial compression and bending, the class of the cross section depends on the axial force, expressed in terms of n ($= N_{Ed} / N_{pl,Rd}$). Values of n are given, up to which the cross sections would be Class 2 or Class 3.

The limits in normal and bold type are the maximum values up to which the section is either Class 3 or Class 2, respectively. The tabulated resistances are only valid up to the given $N_{Ed} / N_{pl,Rd}$ limit.

For certain rectangular hollow sections, webs and flanges are Class 4. In these cases section resistances provided are based on effective section properties. These sections are indicated by the ♦ symbol.

11 BOLTS AND WELDS

BS EN 1993-1-8

11.1 Bolt resistances

The types of bolts covered are:

- Classes 4.6, 8.8 and 10.9, as specified in BS EN ISO 4014[27], BS EN ISO 4016[29], BS EN ISO 4017[28] and BS EN ISO 4018[30], assembled with a nut conforming to BS EN ISO 4032[31] or BS EN ISO 4034[32]. Such bolts should be specified as also complying with BS EN 15048[19].

- Countersunk non-preloaded bolts as specified in BS 4933[26], assembled with a nut conforming to BS EN ISO 4032[31] or BS EN ISO 4034[32]. Such bolts should be specified as also complying with BS EN 15048[19] and, for grade 8.8 and grade 10.9, with the mechanical property requirements of BS EN ISO 898-1[33].

- Preloaded bolts as specified in BS EN 14399[18]. In the UK, either system HR bolts to BS EN 14399-3 or HRC bolts to EN 14399-10 should be used, with appropriate nuts and washers (including direct tension indicators to BS EN 14399-9, where required). Countersunk bolts to BS EN 14399-7 may alternatively be used. Bolts should be tightened in accordance with BS EN 1090-2[17].

(a) Non Preloaded Hexagon Head bolts and Countersunk bolts

For each grade:

- The first table gives the tensile stress area, the design tension resistance, the design shear resistance and the minimum thickness of ply passed through in order to avoid failure due to punching shear.

- The second table (and where applicable the third table) gives the design bearing resistance for the given bolt configurations.

(i) The values of the tensile stress area A_s are those given in the relevant product standard.

(ii) The design tension resistance of a bolt is given by: Table 3.4

$$F_{t,Rd} = \frac{k_2 f_{ub} A_s}{\gamma_{M2}}$$

where:

k_2 = 0.63 for countersunk bolts
         = 0.9 for other bolts

f_{ub} is the ultimate tensile strength of the bolt from the relevant product standard

A_s is the tensile stress area of the bolt

γ_{M2} is the partial factor for bolts ($\gamma_{M2} = 1.25$, as given in the National Annex).

(iii) The shear resistance of the bolt is given by:

$$F_{v,Rd} = \frac{\alpha_v \, f_{ub} \, A_s}{\gamma_{M2}}$$ Table 3.4

where:

α_v = 0.6 for Classes 4.6 and 8.8
         = 0.5 for Class 10.9

f_{ub} is the ultimate tensile strength of the bolt

A_s is the tensile stress area of the bolt.

(iv) The punching shear resistance is expressed in terms of the minimum thickness of the ply for which the design punching shear resistance would be equal to the design tension resistance. The value has been derived from the expression for the punching shear resistance given in BS EN 1993-1-8, table 3.4. The minimum thickness is given by: Table 3.4

$$t_{min} = \frac{B_{p,Rd} \, \gamma_{M2}}{0.6 \, \pi \, d_m \, f_u}$$

where:

$B_{p,Rd} = F_{t,Rd}$

$F_{t,Rd}$ is the design tension resistance per bolt

$$d_m = \min\left(\left[\frac{e+s}{2}\right]_{head} ; \left[\frac{e+s}{2}\right]_{nut}\right)$$

e is the width across points of the bolt head or the nut

s is the width across flats of the bolt head or the nut

f_u is the ultimate tensile strength of the ply under the bolt head or nut

A_s is the tensile stress area of the bolt.

(v) The bearing resistance of a bolt is given by:

$$F_{b,Rd} = \frac{k_1 \, \alpha_b \, f_u \, d \, t}{\gamma_{M2}}$$ Table 3.4

where:

k_1 $\min\left(2.8\dfrac{e_2}{d_0} - 1.7; \ 1.4\dfrac{p_2}{d_0} - 1.7; \ 2.5\right)$

e_2 is the edge distance measured perpendicular to the direction of load transfer

p_2 is the gauge measured perpendicular to the direction of load transfer

d_0 is the hole diameter

$$\alpha_b \quad \min\left(\frac{e_1}{3d_0};\ \frac{p_1}{3d_0} - \frac{1}{4};\ \frac{f_{ub}}{f_u};\ 1.0\right)$$

f_{ub} is the ultimate tensile strength of the bolt

f_u is the ultimate tensile strength of the ply passed through

e_1 is the end distance measured in the direction of load transfer

p_1 is the pitch measured in the direction of load transfer

Bearing resistances have been calculated for end distances of $e_1 = 2d$ in the second table and $e_1 = 3d$ in the third table.

The values of e_2 in the second table are based on typical connections used in the UK and values of e_2 in the third for Class 8.8 and 10.9 bolts table have been chosen to give increased resistances.

The values of pitch, p_1 and p_2, have been chosen such that resistance values based on them are not more critical than those based on e_1 and e_2.

Values of e_1 e_2, p_1 and p_2 given in the tables have then been rounded up to the nearest 5 mm. Further details about the layout of the bolts are given in AD348.

Clause 3.6.1(3) of BS EN 1993-1-8 states that where the threads do not comply with EN 1090 the relevant bolt resistances should be multiplied by a factor of 0.85.

Note 1 in Table 3.4 of BS EN 1993-1-8 gives the reduction factors that should to be applied to the bearing resistance for oversize holes and slotted holes.

(b) Preloaded hexagon head bolts and countersunk bolts at serviceability and ultimate limit states

(i) The tensile stress area, A_s, tension resistance, shear resistance, punching shear resistance and bearing resistance are calculated as given above.

(ii) The tension resistance has been calculated as for non-preloaded bolts.

(iii) The bearing resistance has been calculated as for non-preloaded bolts.

(iv) The slip resistance of the bolt is given by: BS EN 1993-1-8, 3.9.1(1)

$$F_{s,Rd} = \frac{k_s n \mu}{\gamma_{M3,ser}} F_{p,C} \qquad \text{at SLS}$$

$$F_{s,Rd} = \frac{k_s n \mu}{\gamma_{M3}} F_{p,C} \qquad \text{at ULS}$$

where: Table 3.6

k_s is taken as 1.0

n is the number of friction surfaces Table 3.7

μ is the slip factor

$F_{p,C} = 0.7 f_{ub} A_s$ is the preloading force

γ_{M3} is the partial factor for slip resistance (According to the National Annex, $\gamma_{M3} = 1.25$ at ultimate limit state, and $\gamma_{M3,ser} = 1.1$ at serviceability limit state).

Tables are provided for connections which are non-slip at the serviceability state and those that are non-slip at the ultimate limit state. In both cases, according to BS EN 1993-1-8, 3.4.1, bearing resistance must be checked, and resistance values are provided for this purpose.

Note that for connections which are non-slip at the serviceability limit state, the slip resistance must be equal to or greater than the design force due to the SLS values of actions (i.e. not the design force due to ULS actions). For connections which are non-slip at the serviceability limit state, the calculated resistances are based on a slip factor, μ of 0.5. Designers should ensure this value is appropriate for the surfaces to be fastened, or should calculate revised resistances.

11.2 Welds

BS EN 1993-1-8

Design resistances of fillet welds per unit length are tabulated. The design resistance of fillet welds will be sufficient if the following criteria are both satisfied:

4.5.3.3

$$\sqrt{\sigma_\perp^2 + 3\left(\tau_\perp^2 + \tau_{//}^2\right)} \leq \frac{f_u}{\beta_w \gamma_{M2}} \quad \text{and} \quad \sigma_\perp \leq 0.9 f_u / \gamma_{M2} \qquad \text{Eq (4.1)}$$

Each of these components of the stress in the weld can be expressed in terms of the longitudinal and transverse resistance of the weld per unit length as follows:

$$\sigma_\perp = \frac{F_{w,T,Ed} \sin\theta}{a}$$

$$\tau_\perp = \frac{F_{w,T,Ed} \cos\theta}{a}$$

$$\tau_{//} = \frac{F_{w,L,Ed}}{a}$$

Therefore:

$$\sqrt{\left(\frac{F_{w,T,Ed} \sin\theta}{a}\right)^2 + 3\left[\left(\frac{F_{w,T,Ed} \cos\theta}{a}\right)^2 + \left(\frac{F_{w,L,Ed}}{a}\right)^2\right]} \leq \frac{f_u}{\beta_w \gamma_{M2}}$$

$$\frac{1}{a}\sqrt{F_{w,T,Ed}^2 \left(\sin^2\theta + 3\cos^2\theta\right) + 3 F_{w,L,Ed}^2} \leq \frac{f_u}{\beta_w \gamma_{M2}}$$

$$\frac{1}{a}\sqrt{F_{w,T,Ed}^2 \left(1 + 2\cos^2\theta\right) + 3 F_{w,L,Ed}^2} \leq \frac{f_u}{\beta_w \gamma_{M2}}$$

$$\frac{1}{a}\sqrt{\frac{F_{w,T,Ed}^2}{K^2} + F_{w,L,Ed}^2} \leq \frac{f_u}{\sqrt{3}\beta_w \gamma_{M2}} \quad \text{with} \quad K = \sqrt{\frac{3}{\left(1 + 2\cos^2\theta\right)}}$$

From this equation, taking each of the components in turn as zero, the following expressions can be derived for the longitudinal and the transverse resistances of welds:

BS EN 1993-1-8 4.5.3.3(2)

Design weld resistance, longitudinal: $\quad F_{w,L,Rd} = f_{vw,d}\, a$

Design weld resistance, transverse: $\quad F_{w,T,Rd} = K F_{w,L,Rd}$

where:

$f_{vw,d}\quad$ is the design shear strength of the weld $= \dfrac{f_u}{\sqrt{3}\, \beta_w\, \gamma_{M2}}$

BS EN 1993-1-8 4.5.3.3(3)

$f_u \quad = 410$ N/mm^2 for S275

$\quad\quad = 470$ N/mm^2 for S355

These values are valid for thicknesses up to 100mm

$\beta_w \quad = 0.85$ for S275

$\quad\quad = 0.9$ for S355

BS EN 1993-1-8, Table 4.1

$\gamma_{M2}\quad$ is the partial factor for the resistance of welds ($\gamma_{M2} = 1.25$ according to the National Annex)

$a \quad$ is the throat thickness of the fillet weld

$$K = \sqrt{\dfrac{3}{\left(1 + 2\cos^2 \theta\right)}}$$

The above expression for transverse weld resistance is valid where the plates are at 90° and therefore $\theta = 45°$ and $K = 1.225$.

12 SECTION DESIGNATIONS AND STEEL GRADES

12.1 Open Sections

The dimension and member resistance tables given in this publication are dual titled. The tables give the name of the section type, as given in the relevant British Standard (e.g. universal beams and universal columns, for I sections to BS 4-1 and equal leg angles and unequal leg angles to BS EN 10056-1), followed by the Corus designation in their Advance range of sections. An example of this dual titling is given below:

UNIVERSAL BEAMS

Advance UKB

The Advance range of sections encompasses all the UB, UC, Tee and PFC sections in BS 4-1 and most of the angle sections in BS EN 10056-1. The dimensions and properties of the Advance sections are the same as those of the corresponding British Standard sections and the same standards for dimensional tolerance apply. The Advance range also includes additional beam and column sections that are not in BS 4-1 and angle sections not in BS EN 10056-1; these are designated by '+' in the tables. These sections are manufactured to the same tolerances as those in the British Standards and the nominal dimensions may be taken as characteristic values and used in design.

The difference between Advance sections and BS sections is that the Advance sections are always CE Marked.

The table below shows the relationship between the BS 4-1 section designation and the section designation for the Advance sections.

Comparison of section designation systems

BS designation		Corus Advance designation	
Universal beam	UB*	UK Beam	UKB
Universal column	UC*	UK Column	UKC
Parallel flange channel	PFC*	UK Parallel flange channel	UKPFC
Tee		UK Tee	UKT
Equal leg angle Unequal leg angle	L	UK Angle	UKA
* These abbreviations are commonly used but are not a BS designation			

Tables are also included for Asymmetric *Slimflor* Beams. These sections are manufactured by Corus; they are part of the Advance range and they are CE Marked. These beams are manufactured to the same tolerances as those in the British Standards and the nominal dimensions may be used for design.

Tables are included for joist sections to BS 4-1. These are not part of the Advance range.

Where resistance tables cover Advance sections, the steel grade is also dual titled. The strength grade designation in BS EN 10025-2: 2004 is given first, followed by the grade designation for the Advance sections. An example of this dual titling of the steel grade is given below:

S 275 / Advance275

The Advance designation is a simplified designation that encompasses the specification to BS EN 10025 and the additional quality control procedures to ensure CE Marking. It also enables a shorter form of designating the grade when ordering. The table below shows the corresponding designations in the two systems.

Steel grade designations

BS Designation	Advance Sections designation
BS EN 10025-2:2004 S275JR	Advance275JR
BS EN 10025-2:2004 S275J0	Advance275J0
BS EN 10025-2:2004 S275J2	Advance275J2
BS EN 10025-2:2004 S355JR	Advance355JR
BS EN 10025-2:2004 S355J0	Advance355J0
BS EN 10025-2:2004 S355J2	Advance355J2
BS EN 10025-2:2004 S355K2	Advance355K2

12.2 Hollow Sections

The dimension and member resistance tables given in this publication are dual titled. The tables give the name of the section type, as given in the relevant British Standard (e.g. Hot finished circular hollow section, for a circular section to BS EN 10210-2, and Cold formed square hollow section, for a square section to BS EN 10219-2), followed by the Corus designation from the Celsius® range of hot finished sections or from the Hybox® range of high strength cold formed sections. An example of this dual titling, for hot finished circular hollow sections, is as follows:

HOT FINISHED CIRCULAR HOLLOW SECTIONS

Celsius® CHS

The tables include circular, square, rectangular and elliptical hollow sections available in the Celsius® and Hybox® ranges and the dimensional and sectional properties are either as tabulated in the Standards or are calculated in accordance with the Standards. The only difference between a section to BS EN 10210-2 or to BS EN 10219-2 and its equivalent Celsius® or Hybox® sections is that the Corus section will always be CE Marked.

The table below shows the relationship between section designations in BS EN 10210: 2006 and BS EN 10219: 2006, and those for Celsius® and Hybox® sections produced by Corus.

Comparison of designation systems for hollow sections

BS EN 10210: 2006	Corus designation
Hot finished circular hollow section	Celsius® CHS
Hot finished square hollow section	Celsius® SHS
Hot finished rectangular hollow section	Celsius® RHS
Hot finished elliptical hollow section	Celsius® OHS
BS EN 10219: 2006	
Cold formed circular hollow section	Hybox® CHS
Cold formed square hollow section	Hybox® SHS
Cold formed rectangular hollow section	Hybox® RHS

In the resistance tables the steel grade is also dual titled. The strength grade designation given in BS EN 10210-1 or BS EN 10219-1 is given first, followed by the grade designation for the Celsius® or Hybox® sections. An example of this dual titling of the steel grade is given below:

S 355 / Celsius® 355

In all cases, the mechanical properties of Celsius® or Hybox® hollow sections meet all the requirements given in BS EN 10210-1:2006 or BS EN 10219-1:2006, as appropriate. The table below shows the relationship between the steel grades given in the standards and those for Celsius® and Hybox® sections from Corus.

Comparison of designations for hollow sections

BS Designation	Corus designation
BS EN 10210-1:2006 S355J2H	Celsius® 355
BS EN 10219-1:2006 S355J2H	Hybox® 355

Note that a limited range of sections is also available in grade S355K2H – consult Corus for availability

[BLANK PAGE]

13 REFERENCES

1. BS EN 1993: Eurocode 3: Design of steel structures
   BS EN 1993-1-1:2005: Part 1-1: General rules and rules for buildings
   BS EN 1993-1-2:2005: Part 1-2: Structural fire design
   BS EN 1993-1-3:2006: Part 1-3: Cold-formed thin gauge members and sheeting
   BS EN 1993-1-4:2006: Part 1-4: Stainless steels
   BS EN 1993-1-5:2006: Part 1-5: Plated structural elements
   BS EN 1993-1-6:2007: Part 1-6: Strength and stability of shell structures
   BS EN 1993-1-7:2007: Part 1-7: Strength and stability of planar plated structures transversely loaded
   BS EN 1993-1-8:2005: Part 1-8: Design of joints
   BS EN 1993-1-9:2005: Part 1-9: Fatigue strength of steel structures
   BS EN 1993-1-10:2005: Part 1-10: Selection of steel for fracture toughness and through-thickness properties
   BS EN 1993-1-11:2006: Part 1-11: Design of structures with tension components made of steel
   BS EN 1993-1-12:2007: Part 1-12: Supplementary rules for high strength steel

2. BS EN 10025: Hot rolled products of structural steels.
   BS EN 10025:2004: Part 1: General technical delivery conditions.
   BS EN 10025:2004: Part 2: Technical delivery conditions for non-alloy structural steels.
   BS EN 10025:2004: Part 3: Technical delivery conditions for normalized/normalized rolled weldable fine grain structural steels.
   BS EN 10025:2004: Part 4: Technical delivery conditions for thermomechanical rolled weldable fine grain structural steels.
   BS EN 10025:2004: Part 5: Technical delivery conditions for structural steels with improved atmospheric corrosion resistance.
   BS EN 10025:2004: Part 6: Technical delivery conditions for flat products of high yield strength structural steels in the quenched and tempered condition.

3. BS 4 Structural steel sections
   BS 4-1:2005: Specification for hot rolled sections

4. BS EN 10034:1993: Structural steel I and H sections. Tolerances on shape and dimensions (Replaces BS 4-1:1980)

5. BS EN 10024:1995: Hot rolled taper flange I sections. Tolerances on shape and dimensions

6. BS EN 10279:2000: Hot rolled steel channels. Tolerances on shape, dimension and mass (Including amendment 1, amendment 2:2000)

7. BS EN 10056: Specification for structural steel equal and unequal angles
   BS EN 10056-1:1999: Part 1: Dimensions (Replaces BS 4848-4: 1972)
   BS EN 10056-2:1993: Part 2: Tolerances on shape and dimensions
   (Replaces BS 4848-4:1972)

8. BS EN 10210 Hot finished structural hollow sections of non-alloy and fine grain structural steels
   BS EN 10210-1:2006: Part 1: Technical delivery requirements (Replaces BS 4360:1990)
   BS EN 10210-2:2006: Part 2: Tolerances, dimensions and sectional properties

9. BS EN 10219 Cold formed welded structural sections of non-alloy and fine grain steels
   BS EN 10219-1:2006:   Part 1: Technical delivery requirements
   BS EN 10219-2:2006:   Part 2: Tolerances and sectional properties

10. National Structural Steelwork Specification for Building Construction, 5th Edition
    The British Constructional Steelwork Association Ltd., 2007

11. Advance™ Sections: CE marked structural sections
    Corus Construction & Industrial, 2006

12. NETHERCOT, D. A., SALTER, P. R. and MALIK, A. S.
    Design of members subject to combined bending and torsion (P057)
    The Steel Construction Institute, 1989

13. MORREL, P. J. B.
    The behaviour of rectangular hollow section steel beams under concentrated flange loading.
    PhD Thesis, CNAA
    Brighton University, January 1971.

14. CHAN, T. M. and GARDNER, L.
    Compressive resistance of hot-rolled elliptical hollow sections.
    Engineering Structures, Vol 30, No 2. (Elsevier Ltd, 2008) 522-532

15. GARDNER, L. and CHAN, T. M.
    Cross section classification of elliptical hollow sections
    Steel and Composite Structures, Vol. 7, No. 3 (2007) 185-200

16. SALTER, P. R.
    Assessment of design using cold-formed hollow sections
    SCI Report, RT652
    The Steel Construction Institute, 1998

17. BS EN 1090-2:2008 Execution of steel structures and aluminium structures. Technical requirements for the execution of steel structures

18. BS EN 14399 High-strength structural bolting assemblies for preloading.
    BS EN 14399-1:2005: Part 1: General requirements
    BS EN 14399-2:2005: Part 2: Suitability test for preloading
    BS EN 14399-3:2005: Part 3: System HR. Hexagon bolt and nut assemblies
    BS EN 14399-4:2005: Part 4: System HV. Hexagon bolt and nut assemblies
    BS EN 14399-5:2005: Part 5: Plain washers
    BS EN 14399-6:2005: Part 6: Plain chamfered washers
    BS EN 14399-9:2009: Part 9: System HR or HV. Bolt and nut assemblies with direct tension indicators.
    BS EN 14399-10:2009: Part 10: System HRC. Bolt and nut assemblies with calibrated preload

19. BS EN 15048 Non-preloaded structural bolting assemblies
    BS EN 15048-1:2007:   Part 1: General requirements
    BS EN 15048-2:2007:   Part 2: Suitability test

20. Access steel document SN002
    NCCI: Determination of non-dimensional slenderness of I and H sections
    Available from www.access-steel.com

21. Access steel document SN001
    NCCI: Critical axial load for torsional and flexural torsional buckling modes
    Available from www.access-steel.com

22. Access steel document SN003
    NCCI: Elastic critical moment for lateral torsional buckling
    Available from www.access-steel.com

23. Steelwork design guide to BS 5950-1:2000. Volume 1: Section properties, member capacities, 7th edition (P202)
    The Steel Construction Institute and The British Constructional Steelwork Association Ltd, 2007

24. KLEINLOGEL, A.
    Rigid frame formulas (translated from German: page 418)
    Fredrick Ungar Publishing Co., 1958

25. GARDNER, L., CHAN, T. M. and WADEE, M A.
    Shear resistance of elliptical hollow sections
    Proceedings of the Institution of Civil Engineers - Structures and Buildings Vol 161, Issue 6 (December 2008).

26. BS 4933:1973 Specification for ISO metric black cup and countersunk head bolts and screws with hexagon nuts

27. BS EN ISO 4014:2001 Hexagon head bolts. Product grades A and B

28. BS EN ISO 4017:2001 Hexagon head screws. Product grades A and B

29. BS EN ISO 4016:2001 Hexagon head bolts. Product grade C

30. BS EN ISO 4018:2001 Hexagon head screws. Product grade C

31. BS EN ISO 4032:2001 Hexagon nuts, style 1. Product grades A and B

32. BS EN ISO 4034:2001 Hexagon nuts. Product grade C

33. BS EN ISO 898-1:1999 Mechanical properties of fasteners made of carbon steel and alloy steel. Bolts, screws and studs

[BLANK PAGE]

[BLANK PAGE]

[BLANK PAGE]

[BLANK PAGE]

B.1. TABLES OF DIMENSIONS AND GROSS SECTION PROPERTIES

UNIVERSAL BEAMS

Advance UKB

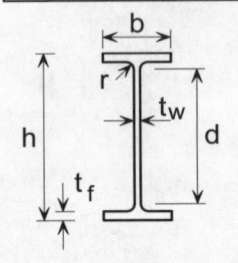

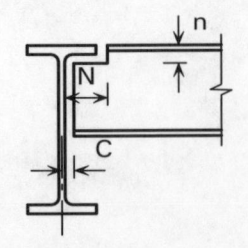

Dimensions

Section Designation	Mass per Metre	Depth of Section	Width of Section	Thickness		Root Radius	Depth between Fillets	Ratios for Local Buckling		Dimensions for Detailing			Surface Area	
				Web	Flange			Flange	Web	End Clearance	Notch		Per Metre	Per Tonne
		h	b	t_w	t_f	r	d	c_f/t_f	c_w/t_w	C	N	n		
	kg/m	mm	mm	mm	mm	mm	mm			mm	mm	mm	m²	m²
1016x305x487 +	486.7	1036.3	308.5	30.0	54.1	30.0	868.1	2.02	28.9	17	150	86	3.20	6.58
1016x305x437 +	437.0	1026.1	305.4	26.9	49.0	30.0	868.1	2.23	32.3	15	150	80	3.17	7.25
1016x305x393 +	392.7	1015.9	303.0	24.4	43.9	30.0	868.1	2.49	35.6	14	150	74	3.14	8.00
1016x305x349 +	349.4	1008.1	302.0	21.1	40.0	30.0	868.1	2.76	41.1	13	152	70	3.13	8.96
1016x305x314 +	314.3	999.9	300.0	19.1	35.9	30.0	868.1	3.08	45.5	12	152	66	3.11	9.89
1016x305x272 +	272.3	990.1	300.0	16.5	31.0	30.0	868.1	3.60	52.6	10	152	62	3.10	11.4
1016x305x249 +	248.7	980.1	300.0	16.5	26.0	30.0	868.1	4.30	52.6	10	152	56	3.08	12.4
1016x305x222 +	222.0	970.3	300.0	16.0	21.1	30.0	868.1	5.31	54.3	10	152	52	3.06	13.8
914x419x388	388.0	921.0	420.5	21.4	36.6	24.1	799.6	4.79	37.4	13	210	62	3.44	8.87
914x419x343	343.3	911.8	418.5	19.4	32.0	24.1	799.6	5.48	41.2	12	210	58	3.42	9.96
914x305x289	289.1	926.6	307.7	19.5	32.0	19.1	824.4	3.91	42.3	12	156	52	3.01	10.4
914x305x253	253.4	918.4	305.5	17.3	27.9	19.1	824.4	4.48	47.7	11	156	48	2.99	11.8
914x305x224	224.2	910.4	304.1	15.9	23.9	19.1	824.4	5.23	51.8	10	156	44	2.97	13.2
914x305x201	200.9	903.0	303.3	15.1	20.2	19.1	824.4	6.19	54.6	10	156	40	2.96	14.7
838x292x226	226.5	850.9	293.8	16.1	26.8	17.8	761.7	4.52	47.3	10	150	46	2.81	12.4
838x292x194	193.8	840.7	292.4	14.7	21.7	17.8	761.7	5.58	51.8	9	150	40	2.79	14.4
838x292x176	175.9	834.9	291.7	14.0	18.8	17.8	761.7	6.44	54.4	9	150	38	2.78	15.8
762x267x197	196.8	769.8	268.0	15.6	25.4	16.5	686.0	4.32	44.0	10	138	42	2.55	13.0
762x267x173	173.0	762.2	266.7	14.3	21.6	16.5	686.0	5.08	48.0	9	138	40	2.53	14.6
762x267x147	146.9	754.0	265.2	12.8	17.5	16.5	686.0	6.27	53.6	8	138	34	2.51	17.1
762x267x134	133.9	750.0	264.4	12.0	15.5	16.5	686.0	7.08	57.2	8	138	32	2.51	18.7
686x254x170	170.2	692.9	255.8	14.5	23.7	15.2	615.1	4.45	42.4	9	132	40	2.35	13.8
686x254x152	152.4	687.5	254.5	13.2	21.0	15.2	615.1	5.02	46.6	9	132	38	2.34	15.4
686x254x140	140.1	683.5	253.7	12.4	19.0	15.2	615.1	5.55	49.6	8	132	36	2.33	16.6
686x254x125	125.2	677.9	253.0	11.7	16.2	15.2	615.1	6.51	52.6	8	132	32	2.32	18.5
610x305x238	238.1	635.8	311.4	18.4	31.4	16.5	540.0	4.14	29.3	11	158	48	2.45	10.3
610x305x179	179.0	620.2	307.1	14.1	23.6	16.5	540.0	5.51	38.3	9	158	42	2.41	13.5
610x305x149	149.2	612.4	304.8	11.8	19.7	16.5	540.0	6.60	45.8	8	158	38	2.39	16.0
610x229x140	139.9	617.2	230.2	13.1	22.1	12.7	547.6	4.34	41.8	9	120	36	2.11	15.1
610x229x125	125.1	612.2	229.0	11.9	19.6	12.7	547.6	4.89	46.0	8	120	34	2.09	16.7
610x229x113	113.0	607.6	228.2	11.1	17.3	12.7	547.6	5.54	49.3	8	120	30	2.08	18.4
610x229x101	101.2	602.6	227.6	10.5	14.8	12.7	547.6	6.48	52.2	7	120	28	2.07	20.5
610x178x100 +	100.3	607.4	179.2	11.3	17.2	12.7	547.6	4.14	48.5	8	94	30	1.89	18.8
610x178x92 +	92.2	603.0	178.8	10.9	15.0	12.7	547.6	4.75	50.2	7	94	28	1.88	20.4
610x178x82 +	81.8	598.6	177.9	10.0	12.8	12.7	547.6	5.57	54.8	7	94	26	1.87	22.9
533x312x273 +	273.3	577.1	320.2	21.1	37.6	12.7	476.5	3.64	22.6	13	160	52	2.37	8.67
533x312x219 +	218.8	560.3	317.4	18.3	29.2	12.7	476.5	4.69	26.0	11	160	42	2.33	10.7
533x312x182 +	181.5	550.7	314.5	15.2	24.4	12.7	476.5	5.61	31.3	10	160	38	2.31	12.7
533x312x151 +	150.6	542.5	312.0	12.7	20.3	12.7	476.5	6.75	37.5	8	160	34	2.29	15.2

BS EN 1993-1-1:2005
BS 4-1:2005

Advance and UKB are trademarks of Corus. A fuller description of the relationship between Universal Beams (UB) and the Advance range of sections manufactured by Corus is given in section 12.

+ These sections are in addition to the range of BS 4 sections.

FOR EXPLANATION OF TABLES SEE NOTE 2

UNIVERSAL BEAMS

Advance UKB

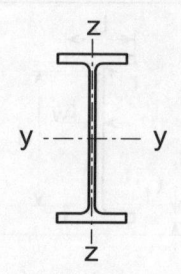

Properties

Section Designation	Second Moment of Area		Radius of Gyration		Elastic Modulus		Plastic Modulus		Buckling Parameter	Torsional Index	Warping Constant	Torsional Constant	Area of Section
	Axis y-y	Axis z-z	Axis y-y	Axis z-z	Axis y-y	Axis z-z	Axis y-y	Axis z-z	U	X	I_w	I_T	A
	cm^4	cm^4	cm	cm	cm^3	cm^3	cm^3	cm^3			dm^6	cm^4	cm^2
1016x305x487 +	1022000	26700	40.6	6.57	19700	1730	23200	2800	0.867	21.1	64.4	4300	620
1016x305x437 +	910000	23400	40.4	6.49	17700	1540	20800	2470	0.868	23.1	56.0	3190	557
1016x305x393 +	808000	20500	40.2	6.40	15900	1350	18500	2170	0.868	25.5	48.4	2330	500
1016x305x349 +	723000	18500	40.3	6.44	14300	1220	16600	1940	0.872	27.9	43.3	1720	445
1016x305x314 +	644000	16200	40.1	6.37	12900	1080	14800	1710	0.872	30.7	37.7	1260	400
1016x305x272 +	554000	14000	40.0	6.35	11200	934	12800	1470	0.872	35.0	32.2	835	347
1016x305x249 +	481000	11800	39.0	6.09	9820	784	11300	1240	0.861	39.9	26.8	582	317
1016x305x222 +	408000	9550	38.0	5.81	8410	636	9810	1020	0.850	45.7	21.5	390	283
914x419x388	720000	45400	38.2	9.59	15600	2160	17700	3340	0.885	26.7	88.9	1730	494
914x419x343	626000	39200	37.8	9.46	13700	1870	15500	2890	0.883	30.1	75.8	1190	437
914x305x289	504000	15600	37.0	6.51	10900	1010	12600	1600	0.867	31.9	31.2	926	368
914x305x253	436000	13300	36.8	6.42	9500	871	10900	1370	0.865	36.2	26.4	626	323
914x305x224	376000	11200	36.3	6.27	8270	739	9530	1160	0.860	41.3	22.1	422	286
914x305x201	325000	9420	35.7	6.07	7200	621	8350	982	0.853	46.9	18.4	291	256
838x292x226	340000	11400	34.3	6.27	7980	773	9160	1210	0.869	35.0	19.3	514	289
838x292x194	279000	9070	33.6	6.06	6640	620	7640	974	0.862	41.6	15.2	306	247
838x292x176	246000	7800	33.1	5.90	5890	535	6810	842	0.856	46.5	13.0	221	224
762x267x197	240000	8170	30.9	5.71	6230	610	7170	958	0.869	33.1	11.3	404	251
762x267x173	205000	6850	30.5	5.58	5390	514	6200	807	0.865	38.0	9.39	267	220
762x267x147	169000	5460	30.0	5.40	4470	411	5160	647	0.858	45.2	7.40	159	187
762x267x134	151000	4790	29.7	5.30	4020	362	4640	570	0.853	49.8	6.46	119	171
686x254x170	170000	6630	28.0	5.53	4920	518	5630	811	0.872	31.8	7.42	308	217
686x254x152	150000	5780	27.8	5.46	4370	455	5000	710	0.871	35.4	6.42	220	194
686x254x140	136000	5180	27.6	5.39	3990	409	4560	638	0.870	38.6	5.72	169	178
686x254x125	118000	4380	27.2	5.24	3480	346	3990	542	0.863	43.8	4.80	116	159
610x305x238	209000	15800	26.3	7.23	6590	1020	7490	1570	0.886	21.3	14.5	785	303
610x305x179	153000	11400	25.9	7.07	4930	743	5550	1140	0.885	27.7	10.2	340	228
610x305x149	126000	9310	25.7	7.00	4110	611	4590	937	0.886	32.7	8.17	200	190
610x229x140	112000	4510	25.0	5.03	3620	391	4140	611	0.875	30.6	3.99	216	178
610x229x125	98600	3930	24.9	4.97	3220	343	3680	535	0.875	34.0	3.45	154	159
610x229x113	87300	3430	24.6	4.88	2870	301	3280	469	0.870	38.0	2.99	111	144
610x229x101	75800	2910	24.2	4.75	2520	256	2880	400	0.863	43.0	2.52	77.0	129
610x178x100 +	72500	1660	23.8	3.60	2390	185	2790	296	0.854	38.7	1.44	95.0	128
610x178x92 +	64600	1440	23.4	3.50	2140	161	2510	258	0.850	42.7	1.24	71.0	117
610x178x82 +	55900	1210	23.2	3.40	1870	136	2190	218	0.843	48.5	1.04	48.8	104
533x312x273 +	199000	20600	23.9	7.69	6890	1290	7870	1990	0.891	15.9	15.0	1290	348
533x312x219 +	151000	15600	23.3	7.48	5400	982	6120	1510	0.884	19.8	11.0	642	279
533x312x182 +	123000	12700	23.1	7.40	4480	806	5040	1240	0.886	23.4	8.77	373	231
533x312x151 +	101000	10300	22.9	7.32	3710	659	4150	1010	0.885	27.8	7.01	216	192

Advance and UKB are trademarks of Corus. A fuller description of the relationship between Universal Beams (UB) and the Advance range of sections manufactured by Corus is given in section 12.

+ These sections are in addition to the range of BS 4 sections.

FOR EXPLANATION OF TABLES SEE NOTE 3

BS EN 1993-1-1:2005
BS 4-1:2005

UNIVERSAL BEAMS

Advance UKB

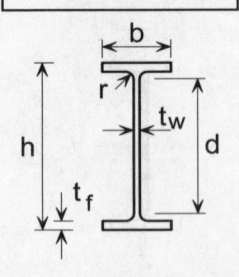

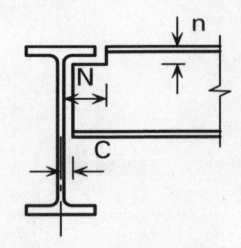

Dimensions

Section Designation	Mass per Metre	Depth of Section	Width of Section	Thickness		Root Radius	Depth between Fillets	Ratios for Local Buckling		Dimensions for Detailing			Surface Area	
				Web	Flange			Flange	Web	End Clearance	Notch		Per Metre	Per Tonne
		h	b	t_w	t_f	r	d	c_f/t_f	c_w/t_w	C	N	n		
	kg/m	mm	mm	mm	mm	mm	mm			mm	mm	mm	m^2	m^2
533x210x138 +	138.3	549.1	213.9	14.7	23.6	12.7	476.5	3.68	32.4	9	110	38	1.90	13.7
533x210x122	122.0	544.5	211.9	12.7	21.3	12.7	476.5	4.08	37.5	8	110	34	1.89	15.5
533x210x109	109.0	539.5	210.8	11.6	18.8	12.7	476.5	4.62	41.1	8	110	32	1.88	17.2
533x210x101	101.0	536.7	210.0	10.8	17.4	12.7	476.5	4.99	44.1	7	110	32	1.87	18.5
533x210x92	92.1	533.1	209.3	10.1	15.6	12.7	476.5	5.57	47.2	7	110	30	1.86	20.2
533x210x82	82.2	528.3	208.8	9.6	13.2	12.7	476.5	6.58	49.6	7	110	26	1.85	22.5
533x165x85 +	84.8	534.9	166.5	10.3	16.5	12.7	476.5	3.96	46.3	7	90	30	1.69	19.9
533x165x75 +	74.7	529.1	165.9	9.7	13.6	12.7	476.5	4.81	49.1	7	90	28	1.68	22.5
533x165x66 +	65.7	524.7	165.1	8.9	11.4	12.7	476.5	5.74	53.5	6	90	26	1.67	25.4
457x191x161 +	161.4	492.0	199.4	18.0	32.0	10.2	407.6	2.52	22.6	11	102	44	1.73	10.7
457x191x133 +	133.3	480.6	196.7	15.3	26.3	10.2	407.6	3.06	26.6	10	102	38	1.70	12.8
457x191x106 +	105.8	469.2	194.0	12.6	20.6	10.2	407.6	3.91	32.3	8	102	32	1.67	15.8
457x191x98	98.3	467.2	192.8	11.4	19.6	10.2	407.6	4.11	35.8	8	102	30	1.67	17.0
457x191x89	89.3	463.4	191.9	10.5	17.7	10.2	407.6	4.55	38.8	7	102	28	1.66	18.6
457x191x82	82.0	460.0	191.3	9.9	16.0	10.2	407.6	5.03	41.2	7	102	28	1.65	20.1
457x191x74	74.3	457.0	190.4	9.0	14.5	10.2	407.6	5.55	45.3	7	102	26	1.64	22.1
457x191x67	67.1	453.4	189.9	8.5	12.7	10.2	407.6	6.34	48.0	6	102	24	1.63	24.3
457x152x82	82.1	465.8	155.3	10.5	18.9	10.2	407.6	3.29	38.8	7	84	30	1.51	18.4
457x152x74	74.2	462.0	154.4	9.6	17.0	10.2	407.6	3.66	42.5	7	84	28	1.50	20.2
457x152x67	67.2	458.0	153.8	9.0	15.0	10.2	407.6	4.15	45.3	7	84	26	1.50	22.3
457x152x60	59.8	454.6	152.9	8.1	13.3	10.2	407.6	4.68	50.3	6	84	24	1.49	24.9
457x152x52	52.3	449.8	152.4	7.6	10.9	10.2	407.6	5.71	53.6	6	84	22	1.48	28.3
406x178x85 +	85.3	417.2	181.9	10.9	18.2	10.2	360.4	4.14	33.1	7	96	30	1.52	17.8
406x178x74	74.2	412.8	179.5	9.5	16.0	10.2	360.4	4.68	37.9	7	96	28	1.51	20.4
406x178x67	67.1	409.4	178.8	8.8	14.3	10.2	360.4	5.23	41.0	6	96	26	1.50	22.3
406x178x60	60.1	406.4	177.9	7.9	12.8	10.2	360.4	5.84	45.6	6	96	24	1.49	24.8
406x178x54	54.1	402.6	177.7	7.7	10.9	10.2	360.4	6.86	46.8	6	96	22	1.48	27.3
406x140x53 +	53.3	406.6	143.3	7.9	12.9	10.2	360.4	4.46	45.6	6	78	24	1.35	25.3
406x140x46	46.0	403.2	142.2	6.8	11.2	10.2	360.4	5.13	53.0	5	78	22	1.34	29.1
406x140x39	39.0	398.0	141.8	6.4	8.6	10.2	360.4	6.69	56.3	5	78	20	1.33	34.1
356x171x67	67.1	363.4	173.2	9.1	15.7	10.2	311.6	4.58	34.2	7	94	26	1.38	20.6
356x171x57	57.0	358.0	172.2	8.1	13.0	10.2	311.6	5.53	38.5	6	94	24	1.37	24.1
356x171x51	51.0	355.0	171.5	7.4	11.5	10.2	311.6	6.25	42.1	6	94	22	1.36	26.7
356x171x45	45.0	351.4	171.1	7.0	9.7	10.2	311.6	7.41	44.5	6	94	20	1.36	30.2
356x127x39	39.1	353.4	126.0	6.6	10.7	10.2	311.6	4.63	47.2	5	70	22	1.18	30.2
356x127x33	33.1	349.0	125.4	6.0	8.5	10.2	311.6	5.82	51.9	5	70	20	1.17	35.4
305x165x54	54.0	310.4	166.9	7.9	13.7	8.9	265.2	5.15	33.6	6	90	24	1.26	23.3
305x165x46	46.1	306.6	165.7	6.7	11.8	8.9	265.2	5.98	39.6	5	90	22	1.25	27.1
305x165x40	40.3	303.4	165.0	6.0	10.2	8.9	265.2	6.92	44.2	5	90	20	1.24	30.8

Advance and UKB are trademarks of Corus. A fuller description of the relationship between Universal Beams (UB) and the Advance range of sections manufactured by Corus is given in section 12.

+ These sections are in addition to the range of BS 4 sections.

FOR EXPLANATION OF TABLES SEE NOTE 2

BS EN 1993-1-1:2005
BS 4-1:2005

UNIVERSAL BEAMS

Advance UKB

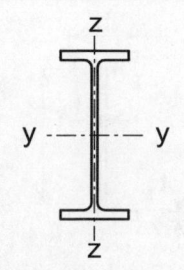

Properties

Section Designation	Second Moment of Area		Radius of Gyration		Elastic Modulus		Plastic Modulus		Buckling Parameter	Torsional Index	Warping Constant	Torsional Constant	Area of Section
	Axis y-y	Axis z-z	Axis y-y	Axis z-z	Axis y-y	Axis z-z	Axis y-y	Axis z-z	U	X	I_w	I_T	A
	cm^4	cm^4	cm	cm	cm^3	cm^3	cm^3	cm^3			dm^6	cm^4	cm^2
533x210x138 +	86100	3860	22.1	4.68	3140	361	3610	568	0.874	24.9	2.67	250	176
533x210x122	76000	3390	22.1	4.67	2790	320	3200	500	0.878	27.6	2.32	178	155
533x210x109	66800	2940	21.9	4.60	2480	279	2830	436	0.875	30.9	1.99	126	139
533x210x101	61500	2690	21.9	4.57	2290	256	2610	399	0.874	33.1	1.81	101	129
533x210x92	55200	2390	21.7	4.51	2070	228	2360	355	0.873	36.4	1.60	75.7	117
533x210x82	47500	2010	21.3	4.38	1800	192	2060	300	0.863	41.6	1.33	51.5	105
533x165x85 +	48500	1270	21.2	3.44	1820	153	2100	243	0.861	35.5	0.857	73.8	108
533x165x75 +	41100	1040	20.8	3.30	1550	125	1810	200	0.853	41.1	0.691	47.9	95.2
533x165x66 +	35000	859	20.5	3.20	1340	104	1560	166	0.847	47.0	0.566	32.0	83.7
457x191x161 +	79800	4250	19.7	4.55	3240	426	3780	672	0.881	16.5	2.25	515	206
457x191x133 +	63800	3350	19.4	4.44	2660	341	3070	535	0.879	19.6	1.73	292	170
457x191x106 +	48900	2510	19.0	4.32	2080	259	2390	405	0.876	24.4	1.27	146	135
457x191x98	45700	2350	19.1	4.33	1960	243	2230	379	0.881	25.8	1.18	121	125
457x191x89	41000	2090	19.0	4.29	1770	218	2010	338	0.878	28.3	1.04	90.7	114
457x191x82	37100	1870	18.8	4.23	1610	196	1830	304	0.879	30.8	0.922	69.2	104
457x191x74	33300	1670	18.8	4.20	1460	176	1650	272	0.877	33.8	0.818	51.8	94.6
457x191x67	29400	1450	18.5	4.12	1300	153	1470	237	0.873	37.8	0.705	37.1	85.5
457x152x82	36600	1180	18.7	3.37	1570	153	1810	240	0.872	27.4	0.591	89.2	105
457x152x74	32700	1050	18.6	3.33	1410	136	1630	213	0.872	30.1	0.518	65.9	94.5
457x152x67	28900	913	18.4	3.27	1260	119	1450	187	0.868	33.6	0.448	47.7	85.6
457x152x60	25500	795	18.3	3.23	1120	104	1290	163	0.868	37.5	0.387	33.8	76.2
457x152x52	21400	645	17.9	3.11	950	84.6	1100	133	0.859	43.8	0.311	21.4	66.6
406x178x85 +	31700	1830	17.1	4.11	1520	201	1730	313	0.880	24.4	0.728	93.0	109
406x178x74	27300	1550	17.0	4.04	1320	172	1500	267	0.882	27.5	0.608	62.8	94.5
406x178x67	24300	1360	16.9	3.99	1190	153	1350	237	0.880	30.4	0.533	46.1	85.5
406x178x60	21600	1200	16.8	3.97	1060	135	1200	209	0.880	33.7	0.466	33.3	76.5
406x178x54	18700	1020	16.5	3.85	930	115	1050	178	0.871	38.3	0.392	23.1	69.0
406x140x53 +	18300	635	16.4	3.06	899	88.6	1030	139	0.870	34.1	0.246	29.0	67.9
406x140x46	15700	538	16.4	3.03	778	75.7	888	118	0.871	39.0	0.207	19.0	58.6
406x140x39	12500	410	15.9	2.87	629	57.8	724	90.8	0.858	47.4	0.155	10.7	49.7
356x171x67	19500	1360	15.1	3.99	1070	157	1210	243	0.886	24.4	0.412	55.7	85.5
356x171x57	16000	1110	14.9	3.91	896	129	1010	199	0.882	28.8	0.330	33.4	72.6
356x171x51	14100	968	14.8	3.86	796	113	896	174	0.881	32.1	0.286	23.8	64.9
356x171x45	12100	811	14.5	3.76	687	94.8	775	147	0.874	36.8	0.237	15.8	57.3
356x127x39	10200	358	14.3	2.68	576	56.8	659	89.0	0.871	35.2	0.105	15.1	49.8
356x127x33	8250	280	14.0	2.58	473	44.7	543	70.2	0.863	42.1	0.081	8.79	42.1
305x165x54	11700	1060	13.0	3.93	754	127	846	196	0.889	23.6	0.234	34.8	68.8
305x165x46	9900	896	13.0	3.90	646	108	720	166	0.890	27.1	0.195	22.2	58.7
305x165x40	8500	764	12.9	3.86	560	92.6	623	142	0.889	31.0	0.164	14.7	51.3

Advance and UKB are trademarks of Corus. A fuller description of the relationship between Universal Beams (UB) and the Advance range of sections manufactured by Corus is given in section 12.

+ These sections are in addition to the range of BS 4 sections.

FOR EXPLANATION OF TABLES SEE NOTE 3

UNIVERSAL BEAMS

Advance UKB

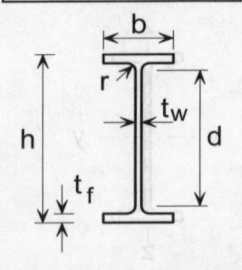

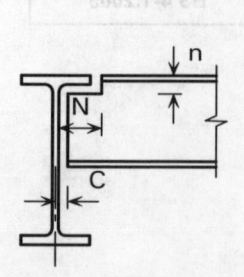

Dimensions

Section Designation	Mass per Metre	Depth of Section	Width of Section	Thickness		Root Radius	Depth between Fillets	Ratios for Local Buckling		Dimensions for Detailing			Surface Area	
				Web	Flange			Flange	Web	End Clearance	Notch		Per Metre	Per Tonne
		h	b	t_w	t_f	r	d	c_f/t_f	c_w/t_w	C	N	n		
	kg/m	mm	mm	mm	mm	mm	mm			mm	mm	mm	m^2	m^2
305x127x48	48.1	311.0	125.3	9.0	14.0	8.9	265.2	3.52	29.5	7	70	24	1.09	22.7
305x127x42	41.9	307.2	124.3	8.0	12.1	8.9	265.2	4.07	33.2	6	70	22	1.08	25.8
305x127x37	37.0	304.4	123.4	7.1	10.7	8.9	265.2	4.60	37.4	6	70	20	1.07	28.9
305x102x33	32.8	312.7	102.4	6.6	10.8	7.6	275.9	3.73	41.8	5	58	20	1.01	30.8
305x102x28	28.2	308.7	101.8	6.0	8.8	7.6	275.9	4.58	46.0	5	58	18	1.00	35.5
305x102x25	24.8	305.1	101.6	5.8	7.0	7.6	275.9	5.76	47.6	5	58	16	0.992	40.0
254x146x43	43.0	259.6	147.3	7.2	12.7	7.6	219.0	4.92	30.4	6	82	22	1.08	25.1
254x146x37	37.0	256.0	146.4	6.3	10.9	7.6	219.0	5.73	34.8	5	82	20	1.07	28.9
254x146x31	31.1	251.4	146.1	6.0	8.6	7.6	219.0	7.26	36.5	5	82	18	1.06	34.0
254x102x28	28.3	260.4	102.2	6.3	10.0	7.6	225.2	4.04	35.7	5	58	18	0.904	31.9
254x102x25	25.2	257.2	101.9	6.0	8.4	7.6	225.2	4.80	37.5	5	58	16	0.897	35.7
254x102x22	22.0	254.0	101.6	5.7	6.8	7.6	225.2	5.93	39.5	5	58	16	0.890	40.5
203x133x30	30.0	206.8	133.9	6.4	9.6	7.6	172.4	5.85	26.9	5	74	18	0.923	30.8
203x133x25	25.1	203.2	133.2	5.7	7.8	7.6	172.4	7.20	30.2	5	74	16	0.915	36.5
203x102x23	23.1	203.2	101.8	5.4	9.3	7.6	169.4	4.37	31.4	5	60	18	0.790	34.2
178x102x19	19.0	177.8	101.2	4.8	7.9	7.6	146.8	5.14	30.6	4	60	16	0.738	38.7
152x89x16	16.0	152.4	88.7	4.5	7.7	7.6	121.8	4.48	27.1	4	54	16	0.638	40.0
127x76x13	13.0	127.0	76.0	4.0	7.6	7.6	96.6	3.74	24.2	4	46	16	0.537	41.4

Advance and UKB are trademarks of Corus. A fuller description of the relationship between Universal Beams (UB) and the Advance range of sections manufactured by Corus is given in section 12.
FOR EXPLANATION OF TABLES SEE NOTE 2

BS EN 1993-1-1:2005
BS 4-1:2005

UNIVERSAL BEAMS

Advance UKB

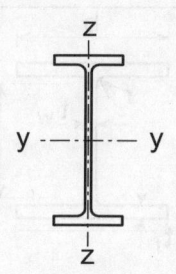

Properties

Section Designation	Second Moment of Area		Radius of Gyration		Elastic Modulus		Plastic Modulus		Buckling Parameter	Torsional Index	Warping Constant	Torsional Constant	Area of Section
	Axis y-y	Axis z-z	Axis y-y	Axis z-z	Axis y-y	Axis z-z	Axis y-y	Axis z-z	U	X	I_w	I_T	A
	cm^4	cm^4	cm	cm	cm^3	cm^3	cm^3	cm^3			dm^6	cm^4	cm^2
305x127x48	9570	461	12.5	2.74	616	73.6	711	116	0.873	23.3	0.102	31.8	61.2
305x127x42	8200	389	12.4	2.70	534	62.6	614	98.4	0.872	26.5	0.0846	21.1	53.4
305x127x37	7170	336	12.3	2.67	471	54.5	539	85.4	0.872	29.7	0.0725	14.8	47.2
305x102x33	6500	194	12.5	2.15	416	37.9	481	60.0	0.867	31.6	0.0442	12.2	41.8
305x102x28	5370	155	12.2	2.08	348	30.5	403	48.4	0.859	37.3	0.0349	7.40	35.9
305x102x25	4460	123	11.9	1.97	292	24.2	342	38.8	0.846	43.4	0.027	4.77	31.6
254x146x43	6540	677	10.9	3.52	504	92.0	566	141	0.891	21.1	0.103	23.9	54.8
254x146x37	5540	571	10.8	3.48	433	78.0	483	119	0.890	24.3	0.0857	15.3	47.2
254x146x31	4410	448	10.5	3.36	351	61.3	393	94.1	0.879	29.6	0.0660	8.55	39.7
254x102x28	4000	179	10.5	2.22	308	34.9	353	54.8	0.873	27.5	0.0280	9.57	36.1
254x102x25	3410	149	10.3	2.15	266	29.2	306	46.0	0.866	31.4	0.0230	6.42	32.0
254x102x22	2840	119	10.1	2.06	224	23.5	259	37.3	0.856	36.3	0.0182	4.15	28.0
203x133x30	2900	385	8.71	3.17	280	57.5	314	88.2	0.882	21.5	0.0374	10.3	38.2
203x133x25	2340	308	8.56	3.10	230	46.2	258	70.9	0.876	25.6	0.0294	5.96	32.0
203x102x23	2100	164	8.46	2.36	207	32.2	234	49.7	0.888	22.4	0.0154	7.02	29.4
178x102x19	1360	137	7.48	2.37	153	27.0	171	41.6	0.886	22.6	0.0099	4.41	24.3
152x89x16	834	89.8	6.41	2.10	109	20.2	123	31.2	0.890	19.5	0.00470	3.56	20.3
127x76x13	473	55.7	5.35	1.84	74.6	14.7	84.2	22.6	0.894	16.3	0.00200	2.85	16.5

Advance and UKB are trademarks of Corus. A fuller description of the relationship between Universal Beams (UB) and the Advance range of sections manufactured by Corus is given in section 12.

FOR EXPLANATION OF TABLES SEE NOTE 3

UNIVERSAL COLUMNS

Advance UKC

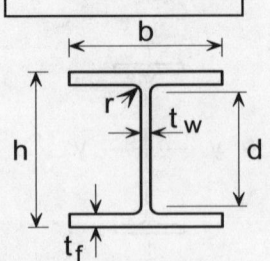

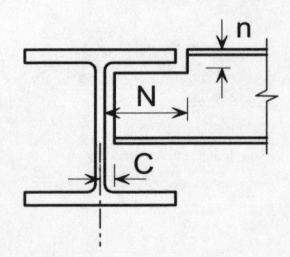

BS EN 1993-1-1:2005
BS 4-1:2005

Dimensions

Section Designation	Mass per Metre	Depth of Section	Width of Section	Thickness Web	Thickness Flange	Root Radius	Depth between Fillets	Ratios for Local Buckling Flange	Ratios for Local Buckling Web	Dimensions for Detailing End Clearance	Dimensions for Detailing Notch N	Dimensions for Detailing Notch n	Surface Area Per Metre	Surface Area Per Tonne
		h	b	t_w	t_f	r	d	c_f/t_f	c_w/t_w	C	N	n		
	kg/m	mm	mm	mm	mm	mm	mm			mm	mm	mm	m²	m²
356x406x634	633.9	474.6	424.0	47.6	77.0	15.2	290.2	2.25	6.10	26	200	94	2.52	3.98
356x406x551	551.0	455.6	418.5	42.1	67.5	15.2	290.2	2.56	6.89	23	200	84	2.47	4.48
356x406x467	467.0	436.6	412.2	35.8	58.0	15.2	290.2	2.98	8.11	20	200	74	2.42	5.18
356x406x393	393.0	419.0	407.0	30.6	49.2	15.2	290.2	3.52	9.48	17	200	66	2.38	6.06
356x406x340	339.9	406.4	403.0	26.6	42.9	15.2	290.2	4.03	10.9	15	200	60	2.35	6.91
356x406x287	287.1	393.6	399.0	22.6	36.5	15.2	290.2	4.74	12.8	13	200	52	2.31	8.05
356x406x235	235.1	381.0	394.8	18.4	30.2	15.2	290.2	5.73	15.8	11	200	46	2.28	9.70
356x368x202	201.9	374.6	374.7	16.5	27.0	15.2	290.2	6.07	17.6	10	190	44	2.19	10.8
356x368x177	177.0	368.2	372.6	14.4	23.8	15.2	290.2	6.89	20.2	9	190	40	2.17	12.3
356x368x153	152.9	362.0	370.5	12.3	20.7	15.2	290.2	7.92	23.6	8	190	36	2.16	14.1
356x368x129	129.0	355.6	368.6	10.4	17.5	15.2	290.2	9.4	27.9	7	190	34	2.14	16.6
305x305x283	282.9	365.3	322.2	26.8	44.1	15.2	246.7	3.00	9.21	15	158	60	1.94	6.86
305x305x240	240.0	352.5	318.4	23.0	37.7	15.2	246.7	3.51	10.7	14	158	54	1.91	7.96
305x305x198	198.1	339.9	314.5	19.1	31.4	15.2	246.7	4.22	12.9	12	158	48	1.87	9.44
305x305x158	158.1	327.1	311.2	15.8	25.0	15.2	246.7	5.30	15.6	10	158	42	1.84	11.6
305x305x137	136.9	320.5	309.2	13.8	21.7	15.2	246.7	6.11	17.90	9	158	38	1.82	13.3
305x305x118	117.9	314.5	307.4	12.0	18.7	15.2	246.7	7.09	20.6	8	158	34	1.81	15.4
305x305x97	96.9	307.9	305.3	9.9	15.4	15.2	246.7	8.60	24.9	7	158	32	1.79	18.5
254x254x167	167.1	289.1	265.2	19.2	31.7	12.7	200.3	3.48	10.4	12	134	46	1.58	9.46
254x254x132	132.0	276.3	261.3	15.3	25.3	12.7	200.3	4.36	13.1	10	134	38	1.55	11.7
254x254x107	107.1	266.7	258.8	12.8	20.5	12.7	200.3	5.38	15.6	8	134	34	1.52	14.2
254x254x89	88.9	260.3	256.3	10.3	17.3	12.7	200.3	6.38	19.4	7	134	30	1.50	16.9
254x254x73	73.1	254.1	254.6	8.6	14.2	12.7	200.3	7.77	23.3	6	134	28	1.49	20.4
203x203x127 +	127.5	241.4	213.9	18.1	30.1	10.2	160.8	2.91	8.88	11	108	42	1.28	10.0
203x203x113 +	113.5	235.0	212.1	16.3	26.9	10.2	160.8	3.26	9.87	10	108	38	1.27	11.2
203x203x100 +	99.6	228.6	210.3	14.5	23.7	10.2	160.8	3.70	11.1	9	108	34	1.25	12.6
203x203x86	86.1	222.2	209.1	12.7	20.5	10.2	160.8	4.29	12.7	8	110	32	1.24	14.4
203x203x71	71.0	215.8	206.4	10.0	17.3	10.2	160.8	5.09	16.1	7	110	28	1.22	17.2
203x203x60	60.0	209.6	205.8	9.4	14.2	10.2	160.8	6.20	17.1	7	110	26	1.21	20.2
203x203x52	52.0	206.2	204.3	7.9	12.5	10.2	160.8	7.04	20.4	6	110	24	1.20	23.1
203x203x46	46.1	203.2	203.6	7.2	11.0	10.2	160.8	8.00	22.3	6	110	22	1.19	25.8
152x152x51 +	51.2	170.2	157.4	11.0	15.7	7.6	123.6	4.18	11.2	8	84	24	0.935	18.3
152x152x44 +	44.0	166.0	155.9	9.5	13.6	7.6	123.6	4.82	13.0	7	84	22	0.924	21.0
152x152x37	37.0	161.8	154.4	8.0	11.5	7.6	123.6	5.70	15.5	6	84	20	0.912	24.7
152x152x30	30.0	157.6	152.9	6.5	9.4	7.6	123.6	6.98	19.0	5	84	18	0.901	30.0
152x152x23	23.0	152.4	152.2	5.8	6.8	7.6	123.6	9.65	21.3	5	84	16	0.889	38.7

Advance and UKC are trademarks of Corus. A fuller description of the relationship between Universal Columns (UC) and the Advance range of sections manufactured by Corus is given in section 12.

+ These sections are in addition to the range of BS 4 sections.

FOR EXPLANATION OF TABLES SEE NOTE 2

BS EN 1993-1-1:2005
BS 4-1:2005

UNIVERSAL COLUMNS

Advance UKC

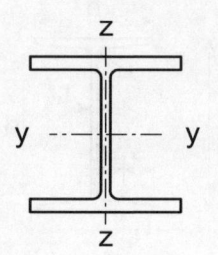

Properties

Section Designation	Second Moment of Area		Radius of Gyration		Elastic Modulus		Plastic Modulus		Buckling Parameter	Torsional Index	Warping Constant	Torsional Constant	Area of Section
	Axis y-y	Axis z-z	Axis y-y	Axis z-z	Axis y-y	Axis z-z	Axis y-y	Axis z-z	U	X	I_w	I_T	A
	cm^4	cm^4	cm	cm	cm^3	cm^3	cm^3	cm^3			dm^6	cm^4	cm^2
356x406x634	275000	98100	18.4	11.0	11600	4630	14200	7110	0.843	5.46	38.8	13700	808
356x406x551	227000	82700	18.0	10.9	9960	3950	12100	6060	0.841	6.05	31.1	9240	702
356x406x467	183000	67800	17.5	10.7	8380	3290	10000	5030	0.839	6.85	24.3	5810	595
356x406x393	147000	55400	17.1	10.5	7000	2720	8220	4150	0.837	7.86	18.9	3550	501
356x406x340	123000	46900	16.8	10.4	6030	2330	7000	3540	0.836	8.84	15.5	2340	433
356x406x287	99900	38700	16.5	10.3	5070	1940	5810	2950	0.835	10.17	12.3	1440	366
356x406x235	79100	31000	16.3	10.2	4150	1570	4690	2380	0.834	12.04	9.54	812	299
356x368x202	66300	23700	16.1	9.60	3540	1260	3970	1920	0.844	13.35	7.16	558	257
356x368x177	57100	20500	15.9	9.54	3100	1100	3460	1670	0.844	15.00	6.09	381	226
356x368x153	48600	17600	15.8	9.49	2680	948	2960	1430	0.844	17.01	5.11	251	195
356x368x129	40200	14600	15.6	9.43	2260	793	2480	1200	0.844	19.81	4.18	153	164
305x305x283	78900	24600	14.8	8.27	4320	1530	5110	2340	0.855	7.64	6.35	2030	360
305x305x240	64200	20300	14.5	8.15	3640	1280	4250	1950	0.854	8.73	5.03	1270	306
305x305x198	50900	16300	14.2	8.04	3000	1040	3440	1580	0.854	10.23	3.88	734	252
305x305x158	38700	12600	13.9	7.90	2370	808	2680	1230	0.851	12.46	2.87	378	201
305x305x137	32800	10700	13.7	7.83	2050	692	2300	1050	0.851	14.13	2.39	249	174
305x305x118	27700	9060	13.6	7.77	1760	589	1960	895	0.850	16.14	1.98	161	150
305x305x97	22200	7310	13.4	7.69	1450	479	1590	726	0.850	19.19	1.56	91.2	123
254x254x167	30000	9870	11.9	6.81	2080	744	2420	1140	0.851	8.48	1.63	626	213
254x254x132	22500	7530	11.6	6.69	1630	576	1870	878	0.850	10.32	1.19	319	168
254x254x107	17500	5930	11.3	6.59	1310	458	1480	697	0.848	12.38	0.898	172	136
254x254x89	14300	4860	11.2	6.55	1100	379	1220	575	0.850	14.46	0.717	102	113
254x254x73	11400	3910	11.1	6.48	898	307	992	465	0.849	17.24	0.562	57.6	93.1
203x203x127 +	15400	4920	9.75	5.50	1280	460	1520	704	0.854	7.38	0.549	427	162
203x203x113 +	13300	4290	9.59	5.45	1130	404	1330	618	0.853	8.11	0.464	305	145
203x203x100 +	11300	3680	9.44	5.39	988	350	1150	534	0.852	9.02	0.386	210	127
203x203x86	9450	3130	9.28	5.34	850	299	977	456	0.850	10.20	0.318	137	110
203x203x71	7620	2540	9.18	5.30	706	246	799	374	0.853	11.90	0.250	80.2	90.4
203x203x60	6120	2060	8.96	5.20	584	201	656	305	0.846	14.10	0.197	47.2	76.4
203x203x52	5260	1780	8.91	5.18	510	174	567	264	0.848	15.80	0.167	31.8	66.3
203x203x46	4570	1550	8.82	5.13	450	152	497	231	0.847	17.70	0.143	22.2	58.7
152x152x51 +	3230	1020	7.04	3.96	379	130	438	199	0.848	10.10	0.061	48.8	65.2
152x152x44 +	2700	860	6.94	3.92	326	110	372	169	0.848	11.50	0.050	31.7	56.1
152x152x37	2210	706	6.85	3.87	273	91.5	309	140	0.848	13.30	0.040	19.2	47.1
152x152x30	1750	560	6.76	3.83	222	73.3	248	112	0.849	16.00	0.031	10.5	38.3
152x152x23	1250	400	6.54	3.70	164	52.6	182	80.1	0.840	20.70	0.021	4.63	29.2

Advance and UKC are trademarks of Corus. A fuller description of the relationship between Universal Columns (UC) and the Advance range of sections manufactured by Corus is given in section 12.

+ These sections are in addition to the range of BS 4 sections.

FOR EXPLANATION OF TABLES SEE NOTE 3

BS EN 1993-1-1:2005
BS 4-1:2005

JOISTS

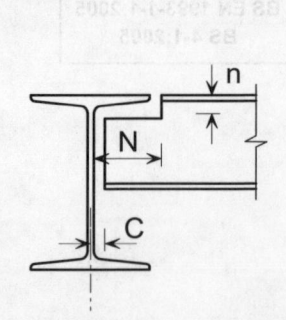

Dimensions

Section Designation	Mass per Metre	Depth of Section	Width of Section	Thickness		Radii		Depth between Fillets	Ratios for Local Buckling		Dimensions for Detailing			Surface Area	
				Web	Flange	Root	Toe		Flange	Web	End Clearance	Notch		Per Metre	Per Tonne
		h	b	t_w	t_f	r_1	r_2	d	c_f/t_f	c_w/t_w	C	N	n		
	kg/m	mm	mm	mm	mm	mm	mm	mm			mm	mm	mm	m²	m²
254x203x82	82.0	254.0	203.2	10.2	19.9	19.6	9.7	166.6	3.86	16.3	7	104	44	1.21	14.8
254x114x37	37.2	254.0	114.3	7.6	12.8	12.4	6.1	199.3	3.20	26.2	6	60	28	0.899	24.2
203x152x52	52.3	203.2	152.4	8.9	16.5	15.5	7.6	133.2	3.41	15.0	6	78	36	0.932	17.8
152x127x37	37.3	152.4	127.0	10.4	13.2	13.5	6.6	94.3	3.39	9.07	7	66	30	0.737	19.8
127x114x29	29.3	127.0	114.3	10.2	11.5	9.9	4.8	79.5	3.67	7.79	7	60	24	0.646	22.0
127x114x27	26.9	127.0	114.3	7.4	11.4	9.9	5.0	79.5	3.82	10.7	6	60	24	0.650	24.2
127x76x16	16.5	127.0	76.2	5.6	9.6	9.4	4.6	86.5	2.70	15.4	5	42	22	0.512	31.0
114x114x27	27.1	114.3	114.3	9.5	10.7	14.2	3.2	60.8	3.57	6.40	7	60	28	0.618	22.8
102x102x23	23.0	101.6	101.6	9.5	10.3	11.1	3.2	55.2	3.39	5.81	7	54	24	0.549	23.9
102x44x7	7.5	101.6	44.5	4.3	6.1	6.9	3.3	74.6	2.16	17.3	4	28	14	0.350	46.6
89x89x19	19.5	88.9	88.9	9.5	9.9	11.1	3.2	44.2	2.89	4.65	7	46	24	0.476	24.4
76x76x15	15.0	76.2	80.0	8.9	8.4	9.4	4.6	38.1	3.11	4.28	6	42	20	0.419	27.9
76x76x13	12.8	76.2	76.2	5.1	8.4	9.4	4.6	38.1	3.11	7.47	5	42	20	0.411	32.1

FOR EXPLANATION OF TABLES SEE NOTE 2

BS EN 1993-1-1:2005
BS 4-1:2005

JOISTS

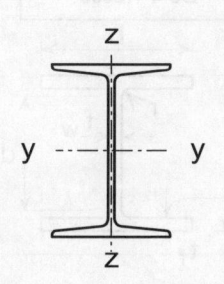

Properties

Section Designation	Second Moment of Area		Radius of Gyration		Elastic Modulus		Plastic Modulus		Buckling Parameter	Torsional Index	Warping Constant	Torsional Constant	Area of Section
	Axis y-y	Axis z-z	Axis y-y	Axis z-z	Axis y-y	Axis z-z	Axis y-y	Axis z-z	U	X	I_w	I_T	A
	cm^4	cm^4	cm	cm	cm^3	cm^3	cm^3	cm^3			dm^6	cm^4	cm^2
254x203x82	12000	2280	10.7	4.67	947	224	1080	371	0.888	11.0	0.312	152	105
254x114x37	5080	269	10.4	2.39	400	47.1	459	79.1	0.884	18.7	0.0392	25.2	47.3
203x152x52	4800	816	8.49	3.50	472	107	541	176	0.890	10.7	0.0711	64.8	66.6
152x127x37	1820	378	6.19	2.82	239	59.6	279	99.8	0.867	9.3	0.0183	33.9	47.5
127x114x29	979	242	5.12	2.54	154	42.3	181	70.8	0.853	8.8	0.00807	20.8	37.4
127x114x27	946	236	5.26	2.63	149	41.3	172	68.2	0.868	9.3	0.00788	16.9	34.2
127x76x16	571	60.8	5.21	1.70	90.0	16.0	104	26.4	0.890	11.8	0.00210	6.72	21.1
114x114x27	736	224	4.62	2.55	129	39.2	151	65.8	0.839	7.9	0.00601	18.9	34.5
102x102x23	486	154	4.07	2.29	95.6	30.3	113	50.6	0.836	7.4	0.00321	14.2	29.3
102x44x7	153	7.82	4.01	0.907	30.1	3.51	35.4	6.03	0.872	14.9	0.000178	1.25	9.50
89x89x19	307	101	3.51	2.02	69.0	22.8	82.7	38.0	0.829	6.6	0.00158	11.5	24.9
76x76x15	172	60.9	3.00	1.78	45.2	15.2	54.2	25.8	0.820	6.4	0.000700	6.83	19.1
76x76x13	158	51.8	3.12	1.79	41.5	13.6	48.7	22.4	0.853	7.2	0.000595	4.59	16.2

FOR EXPLANATION OF TABLES SEE NOTE 3

UNIVERSAL BEARING PILES

Advance UKBP

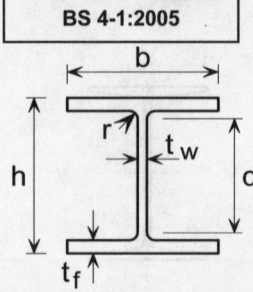

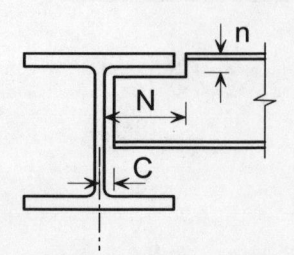

Dimensions

Section Designation	Mass per Metre	Depth of Section	Width of Section	Thickness		Root Radius	Depth between Fillets	Ratios for Local Buckling		Dimensions for Detailing			Surface Area	
				Web	Flange			Flange	Web	End Clearance	Notch		Per Metre	Per Tonne
		H	b	t_w	t_f	r	d	c_f/t_f	c_w/t_w	C	N	n		
	kg/m	mm	mm	mm	mm	mm	mm			mm	mm	mm	m^2	m^2
356x368x174	173.9	361.4	378.5	20.3	20.4	15.2	290.2	8.03	14.3	12	190	36	2.17	12.5
356x368x152	152.0	356.4	376.0	17.8	17.9	15.2	290.2	9.16	16.3	11	190	34	2.16	14.2
356x368x133	133.0	352.0	373.8	15.6	15.7	15.2	290.2	10.44	18.6	10	190	32	2.14	16.1
356x368x109	108.9	346.4	371.0	12.8	12.9	15.2	290.2	12.71	22.7	8	190	30	2.13	19.5
305x305x223	222.9	337.9	325.7	30.3	30.4	15.2	246.7	4.36	8.14	17	158	46	1.89	8.49
305x305x186	186.0	328.3	320.9	25.5	25.6	15.2	246.7	5.18	9.67	15	158	42	1.86	10.0
305x305x149	149.1	318.5	316.0	20.6	20.7	15.2	246.7	6.40	12.0	12	158	36	1.83	12.3
305x305x126	126.1	312.3	312.9	17.5	17.6	15.2	246.7	7.53	14.1	11	158	34	1.82	14.4
305x305x110	110.0	307.9	310.7	15.3	15.4	15.2	246.7	8.60	16.1	10	158	32	1.80	16.4
305x305x95	94.9	303.7	308.7	13.3	13.3	15.2	246.7	9.96	18.5	9	158	30	1.79	18.9
305x305x88	88.0	301.7	307.8	12.4	12.3	15.2	246.7	10.77	19.9	8	158	28	1.78	20.3
305x305x79	78.9	299.3	306.4	11.0	11.1	15.2	246.7	11.94	22.4	8	158	28	1.78	22.5
254x254x85	85.1	254.3	260.4	14.4	14.3	12.7	200.3	7.71	13.9	9	134	28	1.50	17.6
254x254x71	71.0	249.7	258.0	12.0	12.0	12.7	200.3	9.19	16.7	8	134	26	1.49	20.9
254x254x63	63.0	247.1	256.6	10.6	10.7	12.7	200.3	10.31	18.9	7	134	24	1.48	23.5
203x203x54	53.9	204.0	207.7	11.3	11.4	10.2	160.8	7.72	14.2	8	110	22	1.20	22.2
203x203x45	44.9	200.2	205.9	9.5	9.5	10.2	160.8	9.26	16.9	7	110	20	1.19	26.4

Advance and UKBP are trademarks of Corus. A fuller description of the relationship between Universal Bearing Piles (UBP) and the Advance range of sections manufactured by Corus is given in section 12.

FOR EXPLANATION OF TABLES SEE NOTE 2

BS EN 1993-1-1:2005
BS 4-1:2005

UNIVERSAL BEARING PILES

Advance UKBP

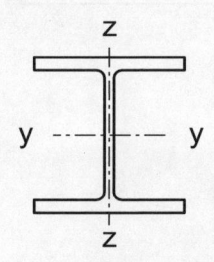

Properties

Section Designation	Second Moment of Area		Radius of Gyration		Elastic Modulus		Plastic Modulus		Buckling Parameter	Torsional Index	Warping Constant	Torsional Constant	Area of Section
	Axis y-y	Axis z-z	Axis y-y	Axis z-z	Axis y-y	Axis z-z	Axis y-y	Axis z-z	U	X	I_w	I_T	A
	cm^4	cm^4	cm	cm	cm^3	cm^3	cm^3	cm^3			dm^6	cm^4	cm^2
356x368x174	51000	18500	15.2	9.13	2820	976	3190	1500	0.822	15.8	5.37	330	221
356x368x152	44000	15900	15.1	9.05	2470	845	2770	1290	0.821	17.9	4.55	223	194
356x368x133	38000	13700	15.0	8.99	2160	732	2410	1120	0.823	20.1	3.87	151	169
356x368x109	30600	11000	14.9	8.90	1770	592	1960	903	0.822	24.2	3.05	84.6	139
305x305x223	52700	17600	13.6	7.87	3120	1080	3650	1680	0.827	9.5	4.15	943	284
305x305x186	42600	14100	13.4	7.73	2600	881	3000	1370	0.827	11.1	3.24	560	237
305x305x149	33100	10900	13.2	7.58	2080	691	2370	1070	0.828	13.5	2.42	295	190
305x305x126	27400	9000	13.1	7.49	1760	575	1990	885	0.829	15.7	1.95	182	161
305x305x110	23600	7710	13.0	7.42	1530	496	1720	762	0.830	17.7	1.65	122	140
305x305x95	20000	6530	12.9	7.35	1320	423	1470	648	0.829	20.2	1.38	80.0	121
305x305x88	18400	5980	12.8	7.31	1220	389	1360	595	0.831	21.6	1.25	64.2	112
305x305x79	16400	5330	12.8	7.28	1100	348	1220	531	0.833	23.8	1.11	46.9	100
254x254x85	12300	4220	10.6	6.24	966	324	1090	498	0.826	15.6	0.607	81.8	108
254x254x71	10100	3440	10.6	6.17	807	267	904	409	0.826	18.4	0.486	48.4	90.4
254x254x63	8860	3020	10.5	6.13	717	235	799	360	0.828	20.4	0.421	34.3	80.2
203x203x54	5030	1710	8.55	4.98	493	164	557	252	0.827	15.8	0.158	32.7	68.7
203x203x45	4100	1380	8.46	4.92	410	134	459	206	0.827	18.6	0.126	19.2	57.2

Advance and UKBP are trademarks of Corus. A fuller description of the relationship between Universal Bearing Piles (UBP) and the Advance range of sections manufactured by Corus is given in section 12.

FOR EXPLANATION OF TABLES SEE NOTE 3

HOT-FINISHED CIRCULAR HOLLOW SECTIONS

Celsius® CHS

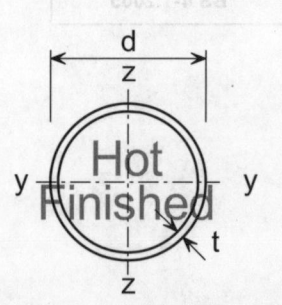

Dimensions and properties

Section Designation		Mass per Metre	Area of Section	Ratio for Local Buckling	Second Moment of Area	Radius of Gyration	Elastic Modulus	Plastic Modulus	Torsional Constants		Surface Area	
Outside Diameter d mm	Thickness t mm	kg/m	A cm²	d/t	I cm⁴	i cm	W_{el} cm³	W_{pl} cm³	I_T cm⁴	W_t cm³	Per Metre m²	Per Tonne m²
26.9	3.2	1.87	2.38	8.41	1.70	0.846	1.27	1.81	3.41	2.53	0.085	45.2
33.7	2.6	1.99	2.54	13.0	3.09	1.10	1.84	2.52	6.19	3.67	0.106	53.1
	3.2	2.41	3.07	10.5	3.60	1.08	2.14	2.99	7.21	4.28	0.106	44.0
	4.0	2.93	3.73	8.43	4.19	1.06	2.49	3.55	8.38	4.97	0.106	36.1
42.4	2.6	2.55	3.25	16.3	6.46	1.41	3.05	4.12	12.9	6.10	0.133	52.2
	3.2	3.09	3.94	13.3	7.62	1.39	3.59	4.93	15.2	7.19	0.133	43.1
	4.0	3.79	4.83	10.6	8.99	1.36	4.24	5.92	18.0	8.48	0.133	35.2
	5.0	4.61	5.87	8.48	10.5	1.33	4.93	7.04	20.9	9.86	0.133	28.9
48.3	3.2	3.56	4.53	15.1	11.6	1.60	4.80	6.52	23.2	9.59	0.152	42.6
	4.0	4.37	5.57	12.1	13.8	1.57	5.70	7.87	27.5	11.4	0.152	34.7
	5.0	5.34	6.80	9.66	16.2	1.54	6.69	9.42	32.3	13.4	0.152	28.4
60.3	3.2	4.51	5.74	18.8	23.5	2.02	7.78	10.4	46.9	15.6	0.189	42.0
	4.0	5.55	7.07	15.1	28.2	2.00	9.34	12.7	56.3	18.7	0.189	34.1
	5.0	6.82	8.69	12.1	33.5	1.96	11.1	15.3	67.0	22.2	0.189	27.8
76.1	2.9	5.24	6.67	26.2	44.7	2.59	11.8	15.5	89.5	23.5	0.239	45.7
	3.2	5.75	7.33	23.8	48.8	2.58	12.8	17.0	97.6	25.6	0.239	41.6
	4.0	7.11	9.06	19.0	59.1	2.55	15.5	20.8	118	31.0	0.239	33.6
	5.0	8.77	11.2	15.2	70.9	2.52	18.6	25.3	142	37.3	0.239	27.3
88.9	3.2	6.76	8.62	27.8	79.2	3.03	17.8	23.5	158	35.6	0.279	41.3
	4.0	8.38	10.7	22.2	96.3	3.00	21.7	28.9	193	43.3	0.279	33.3
	5.0	10.3	13.2	17.8	116	2.97	26.2	35.2	233	52.4	0.279	27.0
	6.3	12.8	16.3	14.1	140	2.93	31.5	43.1	280	63.1	0.279	21.8
114.3	3.2	8.77	11.2	35.7	172	3.93	30.2	39.5	345	60.4	0.359	41.0
	3.6	9.83	12.5	31.8	192	3.92	33.6	44.1	384	67.2	0.359	36.5
	4.0	10.9	13.9	28.6	211	3.90	36.9	48.7	422	73.9	0.359	33.0
	5.0	13.5	17.2	22.9	257	3.87	45.0	59.8	514	89.9	0.359	26.6
	6.3	16.8	21.4	18.1	313	3.82	54.7	73.6	625	109	0.359	21.4
139.7	5.0	16.6	21.2	27.9	481	4.77	68.8	90.8	961	138	0.439	26.4
	6.3	20.7	26.4	22.2	589	4.72	84.3	112	1180	169	0.439	21.2
	8.0	26.0	33.1	17.5	720	4.66	103	139	1440	206	0.439	16.9
	10.0	32.0	40.7	14.0	862	4.60	123	169	1720	247	0.439	13.7
168.3	5.0	20.1	25.7	33.7	856	5.78	102	133	1710	203	0.529	26.3
	6.3	25.2	32.1	26.7	1050	5.73	125	165	2110	250	0.529	21.0
	8.0	31.6	40.3	21.0	1300	5.67	154	206	2600	308	0.529	16.7
	10.0	39.0	49.7	16.8	1560	5.61	186	251	3130	372	0.529	13.5
	12.5	48.0	61.2	13.5	1870	5.53	222	304	3740	444	0.529	11.0
193.7	5.0	23.3	29.6	38.7	1320	6.67	136	178	2640	273	0.609	26.2
	6.3	29.1	37.1	30.7	1630	6.63	168	221	3260	337	0.609	20.9
	8.0	36.6	46.7	24.2	2020	6.57	208	276	4030	416	0.609	16.6
	10.0	45.3	57.7	19.4	2440	6.50	252	338	4880	504	0.609	13.4
	12.5	55.9	71.2	15.5	2930	6.42	303	411	5870	606	0.609	10.9

Celsius® is a trademark of Corus. A fuller description of the relationship between Hot Finished Circular Hollow Sections (HFCHS) and the Celsius® range of sections manufactured by Corus is given in section 12.

▇ Check availability

FOR EXPLANATION OF TABLES SEE NOTES 2 AND 3

HOT-FINISHED CIRCULAR HOLLOW SECTIONS

Celsius® CHS

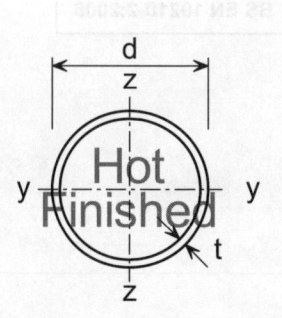

BS EN 1993-1-1:2005
BS EN 10210-2:2006

Dimensions and properties

Section Designation		Mass per Metre	Area of Section	Ratio for Local Buckling	Second Moment of Area	Radius of Gyration	Elastic Modulus	Plastic Modulus	Torsional Constants		Surface Area	
Outside Diameter d mm	Thickness t mm	kg/m	A cm²	d/t	I cm⁴	i cm	W_{el} cm³	W_{pl} cm³	I_T cm⁴	W_t cm³	Per Metre m²	Per Tonne m²
219.1	5.0	26.4	33.6	43.8	1930	7.57	176	229	3860	352	0.688	26.1
	6.3	33.1	42.1	34.8	2390	7.53	218	285	4770	436	0.688	20.8
	8.0	41.6	53.1	27.4	2960	7.47	270	357	5920	540	0.688	16.5
	10.0	51.6	65.7	21.9	3600	7.40	328	438	7200	657	0.688	13.3
	12.5	63.7	81.1	17.5	4350	7.32	397	534	8690	793	0.688	10.8
	14.2	71.8	91.4	15.4	4820	7.26	440	597	9640	880	0.688	9.59
	16.0	80.1	102	13.7	5300	7.20	483	661	10600	967	0.688	8.59
244.5	8.0	46.7	59.4	30.6	4160	8.37	340	448	8320	681	0.768	16.5
	10.0	57.8	73.7	24.5	5070	8.30	415	550	10100	830	0.768	13.3
	12.5	71.5	91.1	19.6	6150	8.21	503	673	12300	1010	0.768	10.7
	14.2	80.6	103	17.2	6840	8.16	559	754	13700	1120	0.768	9.52
	16.0	90.2	115	15.3	7530	8.10	616	837	15100	1230	0.768	8.52
273.0	6.3	41.4	52.8	43.3	4700	9.43	344	448	9390	688	0.858	20.7
	8.0	52.3	66.6	34.1	5850	9.37	429	562	11700	857	0.858	16.4
	10.0	64.9	82.6	27.3	7150	9.31	524	692	14300	1050	0.858	13.2
	12.5	80.3	102	21.8	8700	9.22	637	849	17400	1270	0.858	10.7
	14.2	90.6	115	19.2	9700	9.16	710	952	19400	1420	0.858	9.46
	16.0	101	129	17.1	10700	9.10	784	1060	21400	1570	0.858	8.46
323.9	6.3	49.3	62.9	51.4	7930	11.2	490	636	15900	979	1.02	20.6
	8.0	62.3	79.4	40.5	9910	11.2	612	799	19800	1220	1.02	16.3
	10.0	77.4	98.6	32.4	12200	11.1	751	986	24300	1500	1.02	13.1
	12.5	96.0	122	25.9	14800	11.0	917	1210	29700	1830	1.02	10.6
	14.2	108	138	22.8	16600	11.0	1030	1360	33200	2050	1.02	9.38
	16.0	121	155	20.2	18400	10.9	1140	1520	36800	2270	1.02	8.38
355.6	14.2	120	152	25.0	22200	12.1	1250	1660	44500	2500	1.12	9.34
	16.0	134	171	22.2	24700	12.0	1390	1850	49300	2770	1.12	8.34
406.4	6.3	62.2	79.2	64.5	15800	14.1	780	1010	31700	1560	1.28	20.5
	8.0	78.6	100	50.8	19900	14.1	978	1270	39700	1960	1.28	16.2
	10.0	97.8	125	40.6	24500	14.0	1210	1570	49000	2410	1.28	13.1
	12.5	121	155	32.5	30000	13.9	1480	1940	60100	2960	1.28	10.5
	14.2	137	175	28.6	33700	13.9	1660	2190	67400	3320	1.28	9.30
	16.0	154	196	25.4	37400	13.8	1840	2440	74900	3690	1.28	8.29
457.0	8.0	88.6	113	57.1	28400	15.9	1250	1610	56900	2490	1.44	16.2
	10.0	110	140	45.7	35100	15.8	1540	2000	70200	3070	1.44	13.0
	12.5	137	175	36.6	43100	15.7	1890	2470	86300	3780	1.44	10.5
	14.2	155	198	32.2	48500	15.7	2120	2790	96900	4240	1.44	9.26
	16.0	174	222	28.6	54000	15.6	2360	3110	108000	4720	1.44	8.25
508.0	10.0	123	156	50.8	48500	17.6	1910	2480	97000	3820	1.60	13.0
	12.5	153	195	40.6	59800	17.5	2350	3070	120000	4710	1.60	10.4
	14.2	173	220	35.8	67200	17.5	2650	3460	134000	5290	1.60	9.23
	16.0	194	247	31.8	74900	17.4	2950	3870	150000	5900	1.60	8.22

Celsius® is a trademark of Corus. A fuller description of the relationship between Hot Finished Circular Hollow Sections (HFCHS) and the Celsius® range of sections manufactured by Corus is given in section 12.

▓ Check availability

FOR EXPLANATION OF TABLES SEE NOTES 2 AND 3

BS EN 1993-1-1:2005
BS EN 10210-2:2006

HOT-FINISHED SQUARE HOLLOW SECTIONS

Celsius® SHS

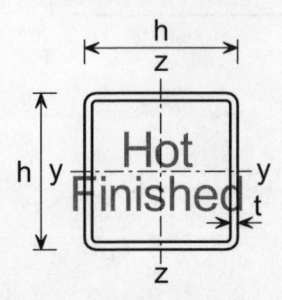

Dimensions and properties

Section Designation		Mass per Metre	Area of Section	Ratio for Local Buckling	Second Moment of Area	Radius of Gyration	Elastic Modulus	Plastic Modulus	Torsional Constants		Surface Area	
Size $h \times h$ mm	Thickness t mm	kg/m	A cm^2	c/t [1]	I cm^4	i cm	W_{el} cm^3	W_{pl} cm^3	I_T cm^4	W_t cm^3	Per Metre m^2	Per Tonne m^2
40 x 40	3.0	3.41	4.34	10.3	9.78	1.50	4.89	5.97	15.7	7.10	0.152	44.7
	3.2	3.61	4.60	9.50	10.2	1.49	5.11	6.28	16.5	7.42	0.152	42.0
	4.0	4.39	5.59	7.00	11.8	1.45	5.91	7.44	19.5	8.54	0.150	34.1
	5.0	5.28	6.73	5.00	13.4	1.41	6.68	8.66	22.5	9.60	0.147	27.8
50 x 50	3.0	4.35	5.54	13.7	20.2	1.91	8.08	9.70	32.1	11.8	0.192	44.2
	3.2	4.62	5.88	12.6	21.2	1.90	8.49	10.2	33.8	12.4	0.192	41.5
	4.0	5.64	7.19	9.50	25.0	1.86	9.99	12.3	40.4	14.5	0.190	33.6
	5.0	6.85	8.73	7.00	28.9	1.82	11.6	14.5	47.6	16.7	0.187	27.3
	6.3	8.31	10.6	4.94	32.8	1.76	13.1	17.0	55.2	18.8	0.184	22.1
60 x 60	3.0	5.29	6.74	17.0	36.2	2.32	12.1	14.3	56.9	17.7	0.232	43.9
	3.2	5.62	7.16	15.8	38.2	2.31	12.7	15.2	60.2	18.6	0.232	41.2
	4.0	6.90	8.79	12.0	45.4	2.27	15.1	18.3	72.5	22.0	0.230	33.3
	5.0	8.42	10.7	9.00	53.3	2.23	17.8	21.9	86.4	25.7	0.227	27.0
	6.3	10.3	13.1	6.52	61.6	2.17	20.5	26.0	102	29.6	0.224	21.7
	8.0	12.5	16.0	4.50	69.7	2.09	23.2	30.4	118	33.4	0.219	17.5
70 x 70	3.6	7.40	9.42	16.4	68.6	2.70	19.6	23.3	108	28.7	0.271	36.6
	5.0	9.99	12.7	11.0	88.5	2.64	25.3	30.8	142	36.8	0.267	26.7
	6.3	12.3	15.6	8.11	104	2.58	29.7	36.9	169	42.9	0.264	21.5
	8.0	15.0	19.2	5.75	120	2.50	34.2	43.8	200	49.2	0.259	17.3
80 x 80	3.6	8.53	10.9	19.2	105	3.11	26.2	31.0	164	38.5	0.311	36.4
	4.0	9.41	12.0	17.0	114	3.09	28.6	34.0	180	41.9	0.310	32.9
	5.0	11.6	14.7	13.0	137	3.05	34.2	41.1	217	49.8	0.307	26.6
	6.3	14.2	18.1	9.70	162	2.99	40.5	49.7	262	58.7	0.304	21.3
	8.0	17.5	22.4	7.00	189	2.91	47.3	59.5	312	68.3	0.299	17.1
90 x 90	3.6	9.66	12.3	22.0	152	3.52	33.8	39.7	237	49.7	0.351	36.3
	4.0	10.7	13.6	19.5	166	3.50	37.0	43.6	260	54.2	0.350	32.8
	5.0	13.1	16.7	15.0	200	3.45	44.4	53.0	316	64.8	0.347	26.4
	6.3	16.2	20.7	11.3	238	3.40	53.0	64.3	382	77.0	0.344	21.2
	8.0	20.1	25.6	8.25	281	3.32	62.6	77.6	459	90.5	0.339	16.9

Celsius® is a trademark of Corus. A fuller description of the relationship between Hot Finished Square Hollow Sections (HFSHS) and the Celsius® range of sections manufactured by Corus is given in section 12.

(1) For local buckling calculation $c = h - 3t$.

FOR EXPLANATION OF TABLES SEE NOTES 2 AND 3

BS EN 1993-1-1:2005
BS EN 10210-2:2006

HOT-FINISHED SQUARE HOLLOW SECTIONS

Celsius® SHS

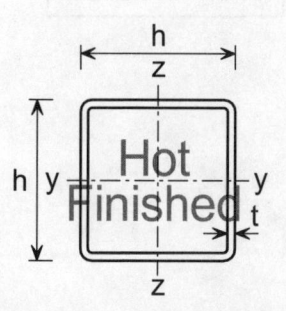

Dimensions and properties

Section Designation		Mass per Metre	Area of Section	Ratio for Local Buckling	Second Moment of Area	Radius of Gyration	Elastic Modulus	Plastic Modulus	Torsional Constants		Surface Area	
Size	Thickness										Per Metre	Per Tonne
$h \times h$	t		A	c/t [1]	I	i	W_{el}	W_{pl}	I_T	W_t		
mm	mm	kg/m	cm^2		cm^4	cm	cm^3	cm^3	cm^4	cm^3	m^2	m^2
100 x 100	4.0	11.9	15.2	22.0	232	3.91	46.4	54.4	361	68.2	0.390	32.7
	5.0	14.7	18.7	17.0	279	3.86	55.9	66.4	439	81.8	0.387	26.3
	6.3	18.2	23.2	12.9	336	3.80	67.1	80.9	534	97.8	0.384	21.1
	8.0	22.6	28.8	9.50	400	3.73	79.9	98.2	646	116	0.379	16.8
	10.0	27.4	34.9	7.00	462	3.64	92.4	116	761	133	0.374	13.6
120 x 120	5.0	17.8	22.7	21.0	498	4.68	83.0	97.6	777	122	0.467	26.2
	6.3	22.2	28.2	16.0	603	4.62	100	120	950	147	0.464	20.9
	8.0	27.6	35.2	12.0	726	4.55	121	146	1160	176	0.459	16.6
	10.0	33.7	42.9	9.00	852	4.46	142	175	1380	206	0.454	13.5
	12.5	40.9	52.1	6.60	982	4.34	164	207	1620	236	0.448	11.0
140 x 140	5.0	21.0	26.7	25.0	807	5.50	115	135	1250	170	0.547	26.1
	6.3	26.1	33.3	19.2	984	5.44	141	166	1540	206	0.544	20.8
	8.0	32.6	41.6	14.5	1200	5.36	171	204	1890	249	0.539	16.5
	10.0	40.0	50.9	11.0	1420	5.27	202	246	2270	294	0.534	13.4
	12.5	48.7	62.1	8.20	1650	5.16	236	293	2700	342	0.528	10.8
150 x 150	5.0	22.6	28.7	27.0	1000	5.90	134	156	1550	197	0.587	26.0
	6.3	28.1	35.8	20.8	1220	5.85	163	192	1910	240	0.584	20.8
	8.0	35.1	44.8	15.8	1490	5.77	199	237	2350	291	0.579	16.5
	10.0	43.1	54.9	12.0	1770	5.68	236	286	2830	344	0.574	13.3
	12.5	52.7	67.1	9.00	2080	5.57	277	342	3380	402	0.568	10.8
160 x 160	5.0	24.1	30.7	29.0	1230	6.31	153	178	1890	226	0.627	26.0
	6.3	30.1	38.3	22.4	1500	6.26	187	220	2330	275	0.624	20.7
	8.0	37.6	48.0	17.0	1830	6.18	229	272	2880	335	0.619	16.5
	10.0	46.3	58.9	13.0	2190	6.09	273	329	3480	398	0.614	13.3
	12.5	56.6	72.1	9.80	2580	5.98	322	395	4160	467	0.608	10.7
	14.2	63.3	80.7	8.27	2810	5.90	351	436	4580	508	0.603	9.53
180 x 180	6.3	34.0	43.3	25.6	2170	7.07	241	281	3360	355	0.704	20.7
	8.0	42.7	54.4	19.5	2660	7.00	296	349	4160	434	0.699	16.4
	10.0	52.5	66.9	15.0	3190	6.91	355	424	5050	518	0.694	13.2
	12.5	64.4	82.1	11.4	3790	6.80	421	511	6070	613	0.688	10.7
	14.2	72.2	92.0	9.68	4150	6.72	462	566	6710	670	0.683	9.46
	16.0	80.2	102	8.25	4500	6.64	500	621	7340	724	0.679	8.46
200 x 200	5.0	30.4	38.7	37.0	2450	7.95	245	283	3760	362	0.787	25.9
	6.3	38.0	48.4	28.7	3010	7.89	301	350	4650	444	0.784	20.6
	8.0	47.7	60.8	22.0	3710	7.81	371	436	5780	545	0.779	16.3
	10.0	58.8	74.9	17.0	4470	7.72	447	531	7030	655	0.774	13.2
	12.5	72.3	92.1	13.0	5340	7.61	534	643	8490	778	0.768	10.6
	14.2	81.1	103	11.1	5870	7.54	587	714	9420	854	0.763	9.41
	16.0	90.3	115	9.50	6390	7.46	639	785	10300	927	0.759	8.40

Celsius® is a trademark of Corus. A fuller description of the relationship between Hot Finished Square Hollow Sections (HFSHS) and the Celsius® range of sections manufactured by Corus is given in section 12.

(1) For local buckling calculation $c = h - 3t$.

▓▓▓ Check availability

FOR EXPLANATION OF TABLES SEE NOTES 2 AND 3

HOT-FINISHED SQUARE HOLLOW SECTIONS

Celsius® SHS

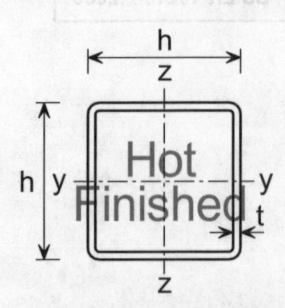

Dimensions and properties

Section Designation		Mass per Metre	Area of Section	Ratio for Local Buckling	Second Moment of Area	Radius of Gyration	Elastic Modulus	Plastic Modulus	Torsional Constants		Surface Area	
Size h x h mm	Thickness t mm	kg/m	A cm^2	c/t [1]	I cm^4	i cm	W_{el} cm^3	W_{pl} cm^3	I_T cm^4	W_t cm^3	Per Metre m^2	Per Tonne m^2
250 x 250	6.3	47.9	61.0	36.7	6010	9.93	481	556	9240	712	0.984	20.5
	8.0	60.3	76.8	28.3	7460	9.86	596	694	11500	880	0.979	16.3
	10.0	74.5	94.9	22.0	9060	9.77	724	851	14100	1070	0.974	13.1
	12.5	91.9	117	17.0	10900	9.66	873	1040	17200	1280	0.968	10.5
	14.2	103	132	14.6	12100	9.58	967	1160	19100	1410	0.963	9.31
	16.0	115	147	12.6	13300	9.50	1060	1280	21100	1550	0.959	8.31
260 x 260	6.3	49.9	63.5	38.3	6790	10.3	522	603	10400	773	1.02	20.5
	8.0	62.8	80.0	29.5	8420	10.3	648	753	13000	956	1.02	16.2
	10.0	77.7	98.9	23.0	10200	10.2	788	924	15900	1160	1.01	13.1
	12.5	95.8	122	17.8	12400	10.1	951	1130	19400	1390	1.01	10.5
	14.2	108	137	15.3	13700	9.99	1060	1260	21700	1540	1.00	9.30
	16.0	120	153	13.3	15100	9.91	1160	1390	23900	1690	0.999	8.29
300 x 300	6.3	57.8	73.6	44.6	10500	12.0	703	809	16100	1040	1.18	20.5
	8.0	72.8	92.8	34.5	13100	11.9	875	1010	20200	1290	1.18	16.2
	10.0	90.2	115	27.0	16000	11.8	1070	1250	24800	1580	1.17	13.0
	12.5	112	142	21.0	19400	11.7	1300	1530	30300	1900	1.17	10.5
	14.2	126	160	18.1	21600	11.6	1440	1710	33900	2110	1.16	9.25
	16.0	141	179	15.8	23900	11.5	1590	1900	37600	2330	1.16	8.25
350 x 350	8.0	85.4	109	40.8	21100	13.9	1210	1390	32400	1790	1.38	16.2
	10.0	106	135	32.0	25900	13.9	1480	1720	39900	2190	1.37	13.0
	12.5	131	167	25.0	31500	13.7	1800	2110	48900	2650	1.37	10.4
	14.2	148	189	21.6	35200	13.7	2010	2360	54900	2960	1.36	9.21
	16.0	166	211	18.9	38900	13.6	2230	2630	61000	3260	1.36	8.20
400 x 400	10.0	122	155	37.0	39100	15.9	1960	2260	60100	2900	1.57	12.9
	12.5	151	192	29.0	47800	15.8	2390	2780	73900	3530	1.57	10.4
	14.2	170	217	25.2	53500	15.7	2680	3130	83000	3940	1.56	9.18
	16.0	191	243	22.0	59300	15.6	2970	3480	92400	4360	1.56	8.17
	20.0 ^	235	300	17.0	71500	15.4	3580	4250	112000	5240	1.55	6.58

Celsius® is a trademark of Corus. A fuller description of the relationship between Hot Finished Square Hollow Sections (HFSHS) and the Celsius® range of sections manufactured by Corus is given in section 12.

(1) For local buckling calculation c = h - 3t.

^ SAW process (single longitudinal seam weld, slightly proud)

▓ Check availability

FOR EXPLANATION OF TABLES SEE NOTES 2 AND 3

BS EN 1993-1-1:2005
BS EN 10210-2:2006

HOT-FINISHED RECTANGULAR HOLLOW SECTIONS

Celsius® RHS

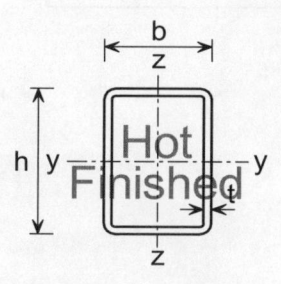

BS EN 1993-1-1:2005
BS EN 10210-2:2006

Dimensions and properties

Section Designation		Mass per Metre	Area of Section	Ratios for Local Buckling		Second Moment of Area		Radius of Gyration		Elastic Modulus		Plastic Modulus		Torsional Constants		Surface Area	
Size	Thickness					Axis y-y	Axis z-z	Axis y-y	Axis z-z	Axis y-y	Axis z-z	Axis y-y	Axis z-z			Per Metre	Per Tonne
h x b mm	t mm	kg/m	A cm²	c_w/t [1]	c_f/t [1]	cm⁴	cm⁴	cm	cm	cm³	cm³	cm³	cm³	I_T cm⁴	W_t cm³	m²	m²
50x30	3.2	3.61	4.60	12.6	6.38	14.2	6.20	1.76	1.16	5.68	4.13	7.25	5.00	14.2	6.80	0.152	42.1
60x40	3.0	4.35	5.54	17.0	10.3	26.5	13.9	2.18	1.58	8.82	6.95	10.9	8.19	29.2	11.2	0.192	44.1
	4.0	5.64	7.19	12.0	7.00	32.8	17.0	2.14	1.54	10.9	8.52	13.8	10.3	36.7	13.7	0.190	33.7
	5.0	6.85	8.73	9.00	5.00	38.1	19.5	2.09	1.50	12.7	9.77	16.4	12.2	43.0	15.7	0.187	27.3
80x40	3.2	5.62	7.16	22.0	9.50	57.2	18.9	2.83	1.63	14.3	9.46	18.0	11.0	46.2	16.1	0.232	41.3
	4.0	6.90	8.79	17.0	7.00	68.2	22.2	2.79	1.59	17.1	11.1	21.8	13.2	55.2	18.9	0.230	33.3
	5.0	8.42	10.7	13.0	5.00	80.3	25.7	2.74	1.55	20.1	12.9	26.1	15.7	65.1	21.9	0.227	27.0
	6.3	10.3	13.1	9.70	3.35	93.3	29.2	2.67	1.49	23.3	14.6	31.1	18.4	75.6	24.8	0.224	21.7
	8.0	12.5	16.0	7.00	2.00	106	32.1	2.58	1.42	26.5	16.1	36.5	21.2	85.8	27.4	0.219	17.5
90x50	3.6	7.40	9.42	22.0	10.9	98.3	38.7	3.23	2.03	21.8	15.5	27.2	18.0	89.4	25.9	0.271	36.6
	5.0	9.99	12.7	15.0	7.00	127	49.2	3.16	1.97	28.3	19.7	36.0	23.5	116	32.9	0.267	26.7
	6.3	12.3	15.6	11.3	4.94	150	57.0	3.10	1.91	33.3	22.8	43.2	28.0	138	38.1	0.264	21.5
100x50	3.0	6.71	8.54	30.3	13.7	110	36.8	3.58	2.08	21.9	14.7	27.3	16.8	88.4	25.0	0.292	43.5
	3.2	7.13	9.08	28.3	12.6	116	38.8	3.57	2.07	23.2	15.5	28.9	17.7	93.4	26.4	0.292	41.0
	4.0	8.78	11.2	22.0	9.50	140	46.2	3.53	2.03	27.9	18.5	35.2	21.5	113	31.4	0.290	33.0
	5.0	10.8	13.7	17.0	7.00	167	54.3	3.48	1.99	33.3	21.7	42.6	25.8	135	36.9	0.287	26.6
	6.3	13.3	16.9	12.9	4.94	197	63.0	3.42	1.93	39.4	25.2	51.3	30.8	160	42.9	0.284	21.4
	8.0	16.3	20.8	9.50	3.25	230	71.7	3.33	1.86	46.0	28.7	61.4	36.3	186	48.9	0.279	17.1
100x60	3.6	8.53	10.9	24.8	13.7	145	64.8	3.65	2.44	28.9	21.6	35.6	24.9	142	35.6	0.311	36.5
	5.0	11.6	14.7	17.0	9.00	189	83.6	3.58	2.38	37.8	27.9	47.4	32.9	188	45.9	0.307	26.5
	6.3	14.2	18.1	12.9	6.52	225	98.1	3.52	2.33	45.0	32.7	57.3	39.5	224	53.8	0.304	21.4
	8.0	17.5	22.4	9.50	4.50	264	113	3.44	2.25	52.8	37.8	68.7	47.1	265	62.2	0.299	17.1
120x60	3.6	9.66	12.3	30.3	13.7	227	76.3	4.30	2.49	37.9	25.4	47.2	28.9	183	43.3	0.351	36.3
	5.0	13.1	16.7	21.0	9.00	299	98.8	4.23	2.43	49.9	32.9	63.1	38.4	242	56.0	0.347	26.5
	6.3	16.2	20.7	16.0	6.52	358	116	4.16	2.37	59.7	38.8	76.7	46.3	290	65.9	0.344	21.2
	8.0	20.1	25.6	12.0	4.50	425	135	4.08	2.30	70.8	45.0	92.7	55.4	344	76.6	0.339	16.9
120x80	5.0	14.7	18.7	21.0	13.0	365	193	4.42	3.21	60.9	48.2	74.6	56.1	401	77.9	0.387	26.3
	6.3	18.2	23.2	16.0	9.70	440	230	4.36	3.15	73.3	57.6	91.0	68.2	487	92.9	0.384	21.1
	8.0	22.6	28.8	12.0	7.00	525	273	4.27	3.08	87.5	68.1	111	82.6	587	110	0.379	16.8
	10.0	27.4	34.9	9.00	5.00	609	313	4.18	2.99	102	78.1	131	97.3	688	126	0.374	13.6
150x100	5.0	18.6	23.7	27.0	17.0	739	392	5.58	4.07	98.5	78.5	119	90.1	807	127	0.487	26.2
	6.3	23.1	29.5	20.8	12.9	898	474	5.52	4.01	120	94.8	147	110	986	153	0.484	21.0
	8.0	28.9	36.8	15.8	9.50	1090	569	5.44	3.94	145	114	180	135	1200	183	0.479	16.6
	10.0	35.3	44.9	12.0	7.00	1280	665	5.34	3.85	171	133	216	161	1430	214	0.474	13.4
	12.5	42.8	54.6	9.00	5.00	1490	763	5.22	3.74	198	153	256	190	1680	246	0.468	10.9
150x125	4.0	16.6	21.2	34.5	28.3	714	539	5.80	5.04	95.2	86.3	112	98.9	949	133	0.540	32.5
	5.0	20.6	26.2	27.0	22.0	870	656	5.76	5.00	116	105	138	121	1160	162	0.537	26.1
	6.3	25.6	32.6	20.8	16.8	1060	798	5.70	4.94	141	128	169	149	1430	196	0.534	20.9
	8.0	32.0	40.8	15.8	12.6	1290	966	5.62	4.87	172	155	208	183	1750	237	0.529	16.5
	10.0	39.2	49.9	12.0	9.50	1530	1140	5.53	4.78	204	183	251	221	2100	279	0.524	13.4
	12.5	47.7	60.8	9.00	7.00	1780	1330	5.42	4.67	238	212	299	262	2490	324	0.518	10.9

Celsius® is a trademark of Corus. A fuller description of the relationship between Hot Finished Rectangular Hollow Sections (HFRHS) and the Celsius® range of sections manufactured by Corus is given in section 12.

(1) For local buckling calculation $c_w = h - 3t$ and $c_f = b - 3t$.

▓ Check availability

FOR EXPLANATION OF TABLES SEE NOTES 2 AND 3

BS EN 1993-1-1:2005
BS EN 10210-2:2006

HOT-FINISHED RECTANGULAR HOLLOW SECTIONS

Celsius® RHS

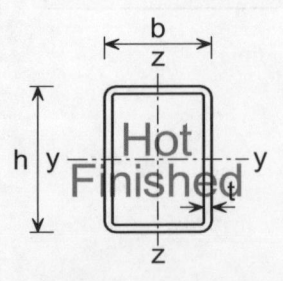

Dimensions and properties

Section Designation		Mass per Metre	Area of Section	Ratios for Local Buckling		Second Moment of Area		Radius of Gyration		Elastic Modulus		Plastic Modulus		Torsional Constants		Surface Area	
Size	Thickness					Axis y-y	Axis z-z	Axis y-y	Axis z-z	Axis y-y	Axis z-z	Axis y-y	Axis z-z			Per Metre	Per Tonne
h x b mm	t mm	kg/m	A cm²	c_w/t [1]	c_f/t [1]	cm⁴	cm⁴	cm	cm	cm³	cm³	cm³	cm³	I_T cm⁴	W_t cm³	m²	m²
160x80	4.0	14.4	18.4	37.0	17.0	612	207	5.77	3.35	76.5	51.7	94.7	58.3	493	88.1	0.470	32.6
	5.0	17.8	22.7	29.0	13.0	744	249	5.72	3.31	93.0	62.3	116	71.1	600	106	0.467	26.2
	6.3	22.2	28.2	22.4	9.70	903	299	5.66	3.26	113	74.8	142	86.8	730	127	0.464	20.9
	8.0	27.6	35.2	17.0	7.00	1090	356	5.57	3.18	136	89.0	175	106	883	151	0.459	16.6
	10.0	33.7	42.9	13.0	5.00	1280	411	5.47	3.10	161	103	209	125	1040	175	0.454	13.5
200x100	5.0	22.6	28.7	37.0	17.0	1500	505	7.21	4.19	149	101	185	114	1200	172	0.587	26.0
	6.3	28.1	35.8	28.7	12.9	1830	613	7.15	4.14	183	123	228	140	1480	208	0.584	20.8
	8.0	35.1	44.8	22.0	9.50	2230	739	7.06	4.06	223	148	282	172	1800	251	0.579	16.5
	10.0	43.1	54.9	17.0	7.00	2660	869	6.96	3.98	266	174	341	206	2160	295	0.574	13.3
	12.5	52.7	67.1	13.0	5.00	3140	1000	6.84	3.87	314	201	408	245	2540	341	0.568	10.8
200x120	5.0	24.1	30.7	37.0	21.0	1690	762	7.40	4.98	168	127	205	144	1650	210	0.627	26.0
	6.3	30.1	38.3	28.7	16.0	2070	929	7.34	4.92	207	155	253	177	2030	255	0.624	20.7
	8.0	37.6	48.0	22.0	12.0	2530	1130	7.26	4.85	253	188	313	218	2500	310	0.619	16.5
	10.0	46.3	58.9	17.0	9.00	3030	1340	7.17	4.76	303	223	379	263	3000	367	0.614	13.3
	14.2	63.3	80.7	11.1	5.45	3910	1690	6.96	4.58	391	282	503	346	3920	464	0.603	9.53
200x150	8.0	41.4	52.8	22.0	15.8	2970	1890	7.50	5.99	297	253	359	294	3640	398	0.679	16.4
	10.0	51.0	64.9	17.0	12.0	3570	2260	7.41	5.91	357	302	436	356	4410	475	0.674	13.2
250x120	10.0	54.1	68.9	22.0	9.00	5310	1640	8.78	4.88	425	273	539	318	4090	468	0.714	13.2
	12.5	66.4	84.6	17.0	6.60	6330	1930	8.65	4.77	506	321	651	381	4880	549	0.708	10.7
	14.2	74.5	94.9	14.6	5.45	6960	2090	8.56	4.70	556	349	722	421	5360	597	0.703	9.44
250x150	5.0	30.4	38.7	47.0	27.0	3360	1530	9.31	6.28	269	204	324	228	3280	337	0.787	25.9
	6.3	38.0	48.4	36.7	20.8	4140	1870	9.25	6.22	331	250	402	283	4050	413	0.784	20.6
	8.0	47.7	60.8	28.3	15.8	5110	2300	9.17	6.15	409	306	501	350	5020	506	0.779	16.3
	10.0	58.8	74.9	22.0	12.0	6170	2760	9.08	6.06	494	367	611	426	6090	605	0.774	13.2
	12.5	72.3	92.1	17.0	9.00	7390	3270	8.96	5.96	591	435	740	514	7330	717	0.768	10.6
	14.2	81.1	103	14.6	7.56	8140	3580	8.87	5.88	651	477	823	570	8100	784	0.763	9.41
	16.0	90.3	115	12.6	6.38	8880	3870	8.79	5.80	710	516	906	625	8870	849	0.759	8.41
250x200	10.0	66.7	84.9	22.0	17.0	7610	5370	9.47	7.95	609	537	731	626	9890	835	0.874	13.1
	12.5	82.1	105	17.0	13.0	9150	6440	9.35	7.85	732	644	888	760	12000	997	0.868	10.6
	14.2	92.3	118	14.6	11.1	10100	7100	9.28	7.77	809	710	990	846	13300	1100	0.863	9.35
260x140	5.0	30.4	38.7	49.0	25.0	3530	1350	9.55	5.91	272	193	331	216	3080	326	0.787	25.9
	6.3	38.0	48.4	38.3	19.2	4360	1660	9.49	5.86	335	237	411	267	3800	399	0.784	20.6
	8.0	47.7	60.8	29.5	14.5	5370	2030	9.40	5.78	413	290	511	331	4700	488	0.779	16.3
	10.0	58.8	74.9	23.0	11.0	6490	2430	9.31	5.70	499	347	624	402	5700	584	0.774	13.2
	12.5	72.3	92.1	17.8	8.20	7770	2880	9.18	5.59	597	411	756	485	6840	690	0.768	10.6
	14.2	81.1	103	15.3	6.86	8560	3140	9.10	5.52	658	449	840	537	7560	754	0.763	9.41
	16.0	90.3	115	13.3	5.75	9340	3400	9.01	5.44	718	486	925	588	8260	815	0.759	8.41
300x100	8.0	47.7	60.8	34.5	9.50	6310	1080	10.2	4.21	420	216	546	245	3070	387	0.779	16.3
	10.0	58.8	74.9	27.0	7.00	7610	1280	10.1	4.13	508	255	666	296	3680	458	0.774	13.2
	14.2	81.1	103	18.1	4.04	10000	1610	9.85	3.94	669	321	896	390	4760	578	0.763	9.41

Celsius® is a trademark of Corus. A fuller description of the relationship between Hot Finished Rectangular Hollow Sections (HFRHS) and the Celsius® range of sections manufactured by Corus is given in section 12.
(1) For local buckling calculation $c_w = h - 3t$ and $c_f = b - 3t$.

▓ Check availability

FOR EXPLANATION OF TABLES SEE NOTES 2 AND 3

BS EN 1993-1-1:2005
BS EN 10210-2:2006

HOT-FINISHED RECTANGULAR HOLLOW SECTIONS

Celsius® RHS

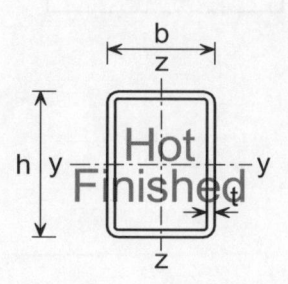

Dimensions and properties

Section Designation		Mass per Metre	Area of Section	Ratios for Local Buckling		Second Moment of Area		Radius of Gyration		Elastic Modulus		Plastic Modulus		Torsional Constants		Surface Area	
Size	Thickness					Axis y-y	Axis z-z	Axis y-y	Axis z-z	Axis y-y	Axis z-z	Axis y-y	Axis z-z			Per Metre	Per Tonne
h x b mm	t mm	A kg/m	A cm^2	c_w/t [1]	c_f/t [1]	cm^4	cm^4	cm	cm	cm^3	cm^3	cm^3	cm^3	I_T cm^4	W_t cm^3	m^2	m^2
300x150	8.0	54.0	68.8	34.5	15.8	8010	2700	10.8	6.27	534	360	663	407	6450	613	0.879	16.3
	10.0	66.7	84.9	27.0	12.0	9720	3250	10.7	6.18	648	433	811	496	7840	736	0.874	13.1
	12.5	82.1	105	21.0	9.00	11700	3860	10.6	6.07	779	514	986	600	9450	874	0.868	10.6
	14.2	92.3	118	18.1	7.56	12900	4230	10.5	6.00	862	564	1100	666	10500	959	0.863	9.35
	16.0	103	131	15.8	6.38	14200	4600	10.4	5.92	944	613	1210	732	11500	1040	0.859	8.34
300x200	6.3	47.9	61.0	44.6	28.7	7830	4190	11.3	8.29	522	419	624	472	8480	681	0.984	20.5
	8.0	60.3	76.8	34.5	22.0	9720	5180	11.3	8.22	648	518	779	589	10600	840	0.979	16.2
	10.0	74.5	94.9	27.0	17.0	11800	6280	11.2	8.13	788	628	956	721	12900	1020	0.974	13.1
	12.5	91.9	117	21.0	13.0	14300	7540	11.0	8.02	952	754	1170	877	15700	1220	0.968	10.5
	14.2	103	132	18.1	11.1	15800	8330	11.0	7.95	1060	833	1300	978	17500	1340	0.963	9.35
	16.0	115	147	15.8	9.50	17400	9110	10.9	7.87	1160	911	1440	1080	19300	1470	0.959	8.34
300x250	5.0	42.2	53.7	57.0	47.0	7410	5610	11.7	10.2	494	449	575	508	9770	697	1.09	25.8
	6.3	52.8	67.3	44.6	36.7	9190	6950	11.7	10.2	613	556	716	633	12200	862	1.08	20.5
	8.0	66.5	84.8	34.5	28.3	11400	8630	11.6	10.1	761	690	896	791	15200	1070	1.08	16.2
	10.0	82.4	105	27.0	22.0	13900	10500	11.5	10.0	928	840	1100	971	18600	1300	1.07	13.0
	12.5	102	130	21.0	17.0	16900	12700	11.4	9.89	1120	1010	1350	1190	22700	1560	1.07	10.5
	14.2	115	146	18.1	14.6	18700	14100	11.3	9.82	1250	1130	1510	1330	25400	1730	1.06	9.22
	16.0	128	163	15.8	12.6	20600	15500	11.2	9.74	1380	1240	1670	1470	28100	1900	1.06	8.28
350x150	5.0	38.3	48.7	67.0	27.0	7660	2050	12.5	6.49	437	274	543	301	5160	477	0.987	25.8
	6.3	47.9	61.0	52.6	20.8	9480	2530	12.5	6.43	542	337	676	373	6390	586	0.984	20.5
	8.0	60.3	76.8	40.8	15.8	11800	3110	12.4	6.36	673	414	844	464	7930	721	0.979	16.2
	10.0	74.5	94.9	32.0	12.0	14300	3740	12.3	6.27	818	498	1040	566	9630	867	0.974	13.1
	12.5	91.9	117	25.0	9.00	17300	4450	12.2	6.17	988	593	1260	686	11600	1030	0.968	10.5
	14.2	103	132	21.6	7.56	19200	4890	12.1	6.09	1100	652	1410	763	12900	1130	0.963	9.35
	16.0	115	147	18.9	6.38	21100	5320	12.0	6.01	1210	709	1560	840	14100	1230	0.959	8.34
350x250	5.0	46.1	58.7	67.0	47.0	10600	6360	13.5	10.4	607	509	716	569	12200	817	1.19	25.8
	6.3	57.8	73.6	52.6	36.7	13200	7890	13.4	10.4	754	631	892	709	15200	1010	1.18	20.4
	8.0	72.8	92.8	40.8	28.3	16400	9800	13.3	10.3	940	784	1120	888	19000	1250	1.18	16.2
	10.0	90.2	115	32.0	22.0	20100	11900	13.2	10.2	1150	955	1380	1090	23400	1530	1.17	13.0
	12.5	112	142	25.0	17.0	24400	14400	13.1	10.1	1400	1160	1690	1330	28500	1840	1.17	10.4
	14.2	126	160	21.6	14.6	27200	16000	13.0	10.0	1550	1280	1890	1490	31900	2040	1.16	9.21
	16.0	141	179	18.9	12.6	30000	17700	12.9	9.93	1720	1410	2100	1660	35300	2250	1.16	8.23
400x120	5.0	39.8	50.7	77.0	21.0	9520	1420	13.7	5.30	476	237	612	259	4090	430	1.03	25.9
	6.3	49.9	63.5	60.5	16.0	11800	1740	13.6	5.24	590	291	762	320	5040	527	1.02	20.4
	8.0	62.8	80.0	47.0	12.0	14600	2130	13.5	5.17	732	356	952	397	6220	645	1.02	16.2
	10.0	77.7	98.9	37.0	9.00	17800	2550	13.4	5.08	891	425	1170	483	7510	771	1.01	13.0
	12.5	95.8	122	29.0	6.60	21600	3010	13.3	4.97	1080	502	1430	583	8980	911	1.01	10.5
	14.2	108	137	25.2	5.45	23900	3290	13.2	4.89	1200	549	1590	646	9890	996	1.00	9.26
	16.0	120	153	22.0	4.50	26300	3560	13.1	4.82	1320	593	1760	709	10800	1080	0.999	8.33

Celsius® is a trademark of Corus. A fuller description of the relationship between Hot Finished Rectangular Hollow Sections (HFRHS) and the Celsius® range of sections manufactured by Corus is given in section 12.
(1) For local buckling calculation $c_w = h - 3t$ and $c_f = b - 3t$.

▓ Check availability

FOR EXPLANATION OF TABLES SEE NOTES 2 AND 3

HOT-FINISHED RECTANGULAR HOLLOW SECTIONS

Celsius® RHS

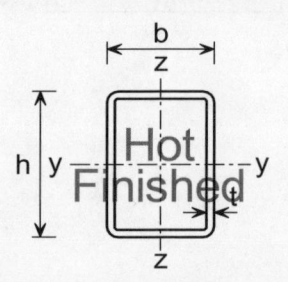

BS EN 1993-1-1:2005
BS EN 10210-2:2006

Dimensions and properties

Section Designation		Mass per Metre	Area of Section	Ratios for Local Buckling		Second Moment of Area		Radius of Gyration		Elastic Modulus		Plastic Modulus		Torsional Constants		Surface Area	
Size	Thickness					Axis y-y	Axis z-z	Axis y-y	Axis z-z	Axis y-y	Axis z-z	Axis y-y	Axis z-z			Per Metre	Per Tonne
h x b mm	t mm	kg/m	A cm²	c_w/t [1]	c_f/t [1]	cm⁴	cm⁴	cm	cm	cm³	cm³	cm³	cm³	I_T cm⁴	W_t cm³	m²	m²
400x150	5.0	42.2	53.7	77.0	27.0	10700	2320	14.1	6.57	534	309	671	337	6130	547	1.09	25.8
	6.3	52.8	67.3	60.5	20.8	13300	2850	14.0	6.51	663	380	836	418	7600	673	1.08	20.5
	8.0	66.5	84.8	47.0	15.8	16500	3510	13.9	6.43	824	468	1050	521	9420	828	1.08	16.2
	10.0	82.4	105	37.0	12.0	20100	4230	13.8	6.35	1010	564	1290	636	11500	998	1.07	13.0
	12.5	102	130	29.0	9.00	24400	5040	13.7	6.24	1220	672	1570	772	13800	1190	1.07	10.5
	14.2	115	146	25.2	7.56	27100	5550	13.6	6.16	1360	740	1760	859	15300	1310	1.06	9.22
	16.0	128	163	22.0	6.38	29800	6040	13.5	6.09	1490	805	1950	947	16800	1430	1.06	8.28
400x200	8.0	72.8	92.8	47.0	22.0	19600	6660	14.5	8.47	978	666	1200	743	15700	1140	1.18	16.2
	10.0	90.2	115	37.0	17.0	23900	8080	14.4	8.39	1200	808	1480	911	19300	1380	1.17	13.0
	12.5	112	142	29.0	13.0	29100	9740	14.3	8.28	1450	974	1810	1110	23400	1660	1.17	10.4
	14.2	126	160	25.2	11.1	32400	10800	14.2	8.21	1620	1080	2030	1240	26100	1830	1.16	9.21
	16.0	141	179	22.0	9.50	35700	11800	14.1	8.13	1790	1180	2260	1370	28900	2010	1.16	8.23
400x300	8.0	85.4	109	47.0	34.5	25700	16500	15.4	12.3	1290	1100	1520	1250	31000	1750	1.38	16.2
	10.0	106	135	37.0	27.0	31500	20200	15.3	12.2	1580	1350	1870	1540	38200	2140	1.37	12.9
	12.5	131	167	29.0	21.0	38500	24600	15.2	12.1	1920	1640	2300	1880	46800	2590	1.37	10.5
	14.2	148	189	25.2	18.1	43000	27400	15.1	12.1	2150	1830	2580	2110	52500	2890	1.36	9.19
	16.0	166	211	22.0	15.8	47500	30300	15.0	12.0	2380	2020	2870	2350	58300	3180	1.36	8.19
450x250	8.0	85.4	109	53.3	28.3	30100	12100	16.6	10.6	1340	971	1620	1080	27100	1630	1.38	16.2
	10.0	106	135	42.0	22.0	36900	14800	16.5	10.5	1640	1190	2000	1330	33300	1990	1.37	12.9
	12.5	131	167	33.0	17.0	45000	18000	16.4	10.4	2000	1440	2460	1630	40700	2410	1.37	10.5
	14.2	148	189	28.7	14.6	50300	20000	16.3	10.3	2240	1600	2760	1830	45600	2680	1.36	9.19
	16.0	166	211	25.1	12.6	55700	22000	16.2	10.2	2480	1760	3070	2030	50500	2950	1.36	8.19
500x200	8.0	85.4	109	59.5	22.0	34000	8140	17.7	8.65	1360	814	1710	896	21100	1430	1.38	16.2
	10.0	106	135	47.0	17.0	41800	9890	17.6	8.56	1670	989	2110	1100	25900	1740	1.37	12.9
	12.5	131	167	37.0	13.0	51000	11900	17.5	8.45	2040	1190	2590	1350	31500	2100	1.37	10.5
	14.2	148	189	32.2	11.1	56900	13200	17.4	8.38	2280	1320	2900	1510	35200	2320	1.36	9.19
	16.0	166	211	28.3	9.50	63000	14500	17.3	8.30	2520	1450	3230	1670	38900	2550	1.36	8.19
500x300	8.0	97.9	125	59.5	34.5	43700	20000	18.7	12.6	1750	1330	2100	1480	42600	2200	1.58	16.1
	10.0	122	155	47.0	27.0	53800	24400	18.6	12.6	2150	1630	2600	1830	52500	2700	1.57	12.9
	12.5	151	192	37.0	21.0	65800	29800	18.5	12.5	2630	1990	3200	2240	64400	3280	1.57	10.4
	14.2	170	217	32.2	18.1	73700	33200	18.4	12.4	2950	2220	3590	2520	72200	3660	1.56	9.18
	16.0	191	243	28.3	15.8	81800	36800	18.3	12.3	3270	2450	4010	2800	80300	4040	1.56	8.17
	20.0 ^	235	300	22.0	12.0	98800	44100	18.2	12.1	3950	2940	4890	3410	97400	4840	1.55	6.58

Celsius® is a trademark of Corus. A fuller description of the relationship between Hot Finished Rectangular Hollow Sections (HFRHS) and the Celsius® range of sections manufactured by Corus is given in section 12.

(1) For local buckling calculation $c_w = h - 3t$ and $c_f = b - 3t$.

^ SAW process (single longitudinal seam weld, slightly proud)

▓ Check availability

FOR EXPLANATION OF TABLES SEE NOTES 2 AND 3

BS EN 1993-1-1:2005
BS EN 10210-2:2006

HOT-FINISHED ELLIPTICAL HOLLOW SECTIONS

Celsius® OHS

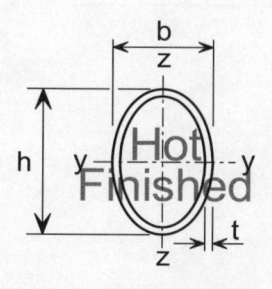

Dimensions and properties

Section Designation		Mass per Metre	Area of Section	Second Moment of Area		Radius of Gyration		Elastic Modulus		Plastic Modulus		Torsional Constants		Surface Area	
Size	Thickness			Axis y-y	Axis z-z	Axis y-y	Axis z-z	Axis y-y	Axis z-z	Axis y-y	Axis z-z			Per Metre	Per Tonne
h x b mm	t mm	kg/m	A cm^2	cm^4	cm^4	cm	cm	cm^3	cm^3	cm^3	cm^3	I_T cm^4	W_t cm^3	m^2	m^2
150 x 75	4.0	10.7	13.6	301	101	4.70	2.72	40.1	26.9	56.1	34.4	303	60.1	0.363	33.9
150 x 75	5.0	13.3	16.9	367	122	4.66	2.69	48.9	32.5	68.9	42.0	367	72.2	0.363	27.4
150 x 75	6.3	16.5	21.0	448	147	4.62	2.64	59.7	39.1	84.9	51.5	443	86.3	0.363	22.0
200 x 100	5.0	17.9	22.8	897	302	6.27	3.64	89.7	60.4	125	76.8	905	135	0.484	27.1
200 x 100	6.3	22.3	28.4	1100	368	6.23	3.60	110	73.5	155	94.7	1110	163	0.484	21.7
200 x 100	8.0	28.0	35.7	1360	446	6.17	3.54	136	89.3	193	117	1350	197	0.484	17.3
200 x 100	10.0	34.5	44.0	1640	529	6.10	3.47	164	106	235	141	1610	232	0.484	14.0
250 x 125	6.3	28.2	35.9	2210	742	7.84	4.55	176	119	246	151	2220	265	0.605	21.5
250 x 125	8.0	35.4	45.1	2730	909	7.78	4.49	219	145	307	188	2730	323	0.605	17.1
250 x 125	10.0	43.8	55.8	3320	1090	7.71	4.42	265	174	376	228	3290	385	0.605	13.8
250 x 125	12.5	53.9	68.7	4000	1290	7.63	4.34	320	207	458	276	3920	453	0.605	11.2
300 x 150	8.0	42.8	54.5	4810	1620	9.39	5.44	321	215	449	275	4850	481	0.726	17.0
300 x 150	10.0	53.0	67.5	5870	1950	9.32	5.37	391	260	551	336	5870	577	0.726	13.7
300 x 150	12.5	65.5	83.4	7120	2330	9.24	5.29	475	311	674	409	7050	686	0.726	11.1
300 x 150	16.0	82.5	105	8730	2810	9.12	5.17	582	374	837	503	8530	818	0.726	8.81
400 x 200	8.0	57.6	73.4	11700	3970	12.6	7.35	584	397	811	500	11900	890	0.969	16.8
400 x 200	10.0	71.5	91.1	14300	4830	12.5	7.28	717	483	1000	615	14500	1080	0.969	13.5
400 x 200	12.5	88.6	113	17500	5840	12.5	7.19	877	584	1230	753	17600	1300	0.969	10.9
400 x 200	16.0	112	143	21700	7140	12.3	7.07	1090	714	1540	936	21600	1580	0.969	8.64
500 x 250	10.0	90	115	28539	9682	15.8	9.2	1142	775	1585	976	28950	1739	1.21	13.5
500 x 250	12.5	112	142	35000	11800	15.7	9.10	1400	943	1960	1200	35300	2110	1.21	10.8
500 x 250	16.0	142	180	43700	14500	15.6	8.98	1750	1160	2460	1500	43700	2590	1.21	8.55

Celsius® is a trademark of Corus. A fuller description of the relationship between Hot Finished Elliptical Hollow Sections (HFEHS) and the Celsius® range of sections manufactured by Corus is given in section 12.

FOR EXPLANATION OF TABLES SEE NOTES 2 AND 3

BS EN 1993-1-1:2005
BS EN 10219-2:2006

COLD-FORMED CIRCULAR HOLLOW SECTIONS

Hybox® CHS

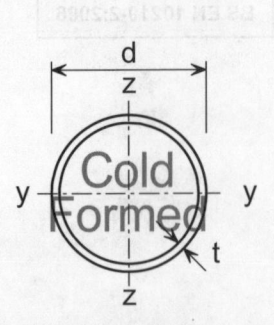

Dimensions and properties

Section Designation		Mass per Metre	Area of Section	Ratio for Local Buckling	Second Moment of Area	Radius of Gyration	Elastic Modulus	Plastic Modulus	Torsional Constants		Surface Area	
Outside Diameter	Thickness										Per Metre	Per Tonne
d	t		A	d/t	I	i	W_{el}	W_{pl}	I_T	W_t		
mm	mm	kg/m	cm²		cm⁴	cm	cm³	cm³	cm⁴	cm³	m²	m²
33.7	3.0	2.27	2.89	11.2	3.44	1.09	2.04	2.84	6.88	4.08	0.106	46.6
42.4	4.0	3.79	4.83	10.6	8.99	1.36	4.24	5.92	18.0	8.48	0.133	35.2
48.3	3.0	3.35	4.27	16.1	11.0	1.61	4.55	6.17	22.0	9.11	0.152	45.3
48.3	3.5	3.87	4.93	13.8	12.4	1.59	5.15	7.04	24.9	10.3	0.152	39.2
48.3	4.0	4.37	5.57	12.1	13.8	1.57	5.70	7.87	27.5	11.4	0.152	34.7
60.3	3.0	4.24	5.40	20.1	22.2	2.03	7.37	9.86	44.4	14.7	0.189	44.7
60.3	4.0	5.55	7.07	15.1	28.2	2.00	9.34	12.7	56.3	18.7	0.189	34.1
76.1	3.0	5.41	6.89	25.4	46.1	2.59	12.1	16.0	92.2	24.2	0.239	44.2
76.1	4.0	7.11	9.06	19.0	59.1	2.55	15.5	20.8	118	31.0	0.239	33.6
88.9	3.0	6.36	8.10	29.6	74.8	3.04	16.8	22.1	150	33.6	0.279	43.9
88.9	3.5	7.37	9.39	25.4	85.7	3.02	19.3	25.5	171	38.6	0.279	37.9
88.9	4.0	8.38	10.7	22.2	96.3	3.00	21.7	28.9	193	43.3	0.279	33.3
88.9	5.0	10.3	13.2	17.8	116	2.97	26.2	35.2	233	52.4	0.279	27.0
88.9	6.3	12.8	16.3	14.1	140	2.93	31.5	43.1	280	63.1	0.279	21.8
114.3	3.0	8.23	10.5	38.1	163	3.94	28.4	37.2	325	56.9	0.359	43.6
114.3	3.5	9.56	12.2	32.7	187	3.92	32.7	43.0	374	65.5	0.359	37.5
114.3	4.0	10.9	13.9	28.6	211	3.90	36.9	48.7	422	73.9	0.359	33.0
114.3	5.0	13.5	17.2	22.9	257	3.87	45.0	59.8	514	89.9	0.359	26.6
114.3	6.0	16.0	20.4	19.1	300	3.83	52.5	70.4	600	105	0.359	22.4
139.7	4.0	13.4	17.1	34.9	393	4.80	56.2	73.7	786	112	0.439	32.8
139.7	5.0	16.6	21.2	27.9	481	4.77	68.8	90.8	961	138	0.439	26.4
139.7	6.0	19.8	25.2	23.3	564	4.73	80.8	107	1130	162	0.439	22.2
139.7	8.0	26.0	33.1	17.5	720	4.66	103	139	1440	206	0.439	16.9
139.7	10.0	32.0	40.7	14.0	862	4.60	123	169	1720	247	0.439	13.7
168.3	4.0	16.2	20.6	42.1	697	5.81	82.8	108	1390	166	0.529	32.6
168.3	5.0	20.1	25.7	33.7	856	5.78	102	133	1710	203	0.529	26.3
168.3	6.0	24.0	30.6	28.1	1010	5.74	120	158	2020	240	0.529	22.0
168.3	8.0	31.6	40.3	21.0	1300	5.67	154	206	2600	308	0.529	16.7
168.3	10.0	39.0	49.7	16.8	1560	5.61	186	251	3130	372	0.529	13.5
168.3	12.5	48.0	61.2	13.5	1870	5.53	222	304	3740	444	0.529	11.0
193.7	4.0	18.7	23.8	48.4	1070	6.71	111	144	2150	222	0.609	32.5
193.7	4.5	21.0	26.7	43.0	1200	6.69	124	161	2400	247	0.609	29.0
193.7	5.0	23.3	29.6	38.7	1320	6.67	136	178	2640	273	0.609	26.2
193.7	6.0	27.8	35.4	32.3	1560	6.64	161	211	3120	322	0.609	21.9
193.7	8.0	36.6	46.7	24.2	2020	6.57	208	276	4030	416	0.609	16.6
193.7	10.0	45.3	57.7	19.4	2440	6.50	252	338	4880	504	0.609	13.4
193.7	12.5	55.9	71.2	15.5	2930	6.42	303	411	5870	606	0.609	10.9
219.1	4.5	23.8	30.3	48.7	1750	7.59	159	207	3490	319	0.688	28.9
219.1	5.0	26.4	33.6	43.8	1930	7.57	176	229	3860	352	0.688	26.1
219.1	6.0	31.5	40.2	36.5	2280	7.54	208	273	4560	417	0.688	21.8
219.1	8.0	41.6	53.1	27.4	2960	7.47	270	357	5920	540	0.688	16.5
219.1	10.0	51.6	65.7	21.9	3600	7.40	328	438	7200	657	0.688	13.3
219.1	12.0	61.3	78.1	18.3	4200	7.33	383	515	8400	767	0.688	11.2
219.1	12.5	63.7	81.1	17.5	4350	7.32	397	534	8690	793	0.688	10.8
219.1	16.0	80.1	102	13.7	5300	7.20	483	661	10600	967	0.688	8.59

Hybox® is a trademark of Corus. A fuller description of the relationship between Cold Formed Circular Hollow Sections (CFCHS) and the Hybox® range of sections manufactured by Corus is given in section 12.

FOR EXPLANATION OF TABLES SEE NOTES 2 AND 3

BS EN 1993-1-1:2005
BS EN 10219-2:2006

COLD-FORMED CIRCULAR HOLLOW SECTIONS

Hybox® CHS

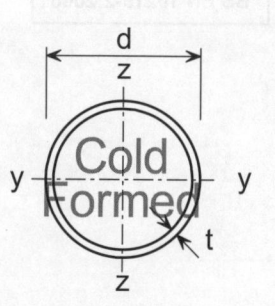

Dimensions and properties

Section Designation		Mass per Metre	Area of Section	Ratio for Local Buckling	Second Moment of Area	Radius of Gyration	Elastic Modulus	Plastic Modulus	Torsional Constants		Surface Area	
Outside Diameter d mm	Thickness t mm	kg/m	A cm²	d/t	I cm⁴	i cm	W_{el} cm³	W_{pl} cm³	I_T cm⁴	W_t cm³	Per Metre m²	Per Tonne m²
244.5	5.0	29.5	37.6	48.9	2700	8.47	221	287	5400	441	0.768	26.0
244.5	6.0	35.3	45.0	40.8	3200	8.43	262	341	6400	523	0.768	21.8
244.5	8.0	46.7	59.4	30.6	4160	8.37	340	448	8320	681	0.768	16.5
244.5	10.0	57.8	73.7	24.5	5070	8.30	415	550	10100	830	0.768	13.3
244.5	12.0	68.8	87.7	20.4	5940	8.23	486	649	11900	972	0.768	11.2
244.5	12.5	71.5	91.1	19.6	6150	8.21	503	673	12300	1010	0.768	10.7
244.5	16.0	90.2	115	15.3	7530	8.10	616	837	15100	1230	0.768	8.52
273.0	5.0	33.0	42.1	54.6	3780	9.48	277	359	7560	554	0.858	26.0
273.0	6.0	39.5	50.3	45.5	4490	9.44	329	428	8970	657	0.858	21.7
273.0	8.0	52.3	66.6	34.1	5850	9.37	429	562	11700	857	0.858	16.4
273.0	10.0	64.9	82.6	27.3	7150	9.31	524	692	14300	1050	0.858	13.2
273.0	12.0	77.2	98.4	22.8	8400	9.24	615	818	16800	1230	0.858	11.1
273.0	12.5	80.3	102	21.8	8700	9.22	637	849	17400	1270	0.858	10.7
273.0	16.0	101	129	17.1	10700	9.10	784	1060	21400	1570	0.858	8.46
323.9	5.0	39.3	50.1	64.8	6370	11.3	393	509	12700	787	1.02	25.9
323.9	6.0	47.0	59.9	54.0	7570	11.2	468	606	15100	935	1.02	21.6
323.9	8.0	62.3	79.4	40.5	9910	11.2	612	799	19800	1220	1.02	16.3
323.9	10.0	77.4	98.6	32.4	12200	11.1	751	986	24300	1500	1.02	13.1
323.9	12.0	92.3	118	27.0	14300	11.0	884	1170	28600	1770	1.02	11.0
323.9	12.5	96.0	122	25.9	14800	11.0	917	1210	29700	1830	1.02	10.6
323.9	16.0	121	155	20.2	18400	10.9	1140	1520	36800	2270	1.02	8.38
355.6	5.0	43.2	55.1	71.1	8460	12.4	476	615	16900	952	1.12	25.8
355.6	6.0	51.7	65.9	59.3	10100	12.4	566	733	20100	1130	1.12	21.6
355.6	8.0	68.6	87.4	44.5	13200	12.3	742	967	26400	1490	1.12	16.3
355.6	10.0	85.2	109	35.6	16200	12.2	912	1200	32400	1830	1.12	13.1
355.6	12.0	102	130	29.6	19100	12.2	1080	1420	38300	2150	1.12	11.0
355.6	12.5	106	135	28.4	19900	12.1	1120	1470	39700	2230	1.12	10.6
355.6	16.0	134	171	22.2	24700	12.0	1390	1850	49300	2770	1.12	8.34
406.4	6.0	59.2	75.5	67.7	15100	14.2	745	962	30300	1490	1.28	21.5
406.4	8.0	78.6	100	50.8	19900	14.1	978	1270	39700	1960	1.28	16.2
406.4	10.0	97.8	125	40.6	24500	14.0	1210	1570	49000	2410	1.28	13.1
406.4	12.0	117	149	33.9	28900	14.0	1420	1870	57900	2850	1.28	10.9
406.4	12.5	121	155	32.5	30000	13.9	1480	1940	60100	2960	1.28	10.5
406.4	16.0	154	196	25.4	37400	13.8	1840	2440	74900	3690	1.28	8.29
457.0	6.0	66.7	85.0	76.2	21600	15.9	946	1220	43200	1890	1.44	21.5
457.0	8.0	88.6	113	57.1	28400	15.9	1250	1610	56900	2490	1.44	16.2
457.0	10.0	110	140	45.7	35100	15.8	1540	2000	70200	3070	1.44	13.0
457.0	12.0	132	168	38.1	41600	15.7	1820	2380	83100	3640	1.44	10.9
457.0	12.5	137	175	36.6	43100	15.7	1890	2470	86300	3780	1.44	10.5
457.0	16.0	174	222	28.6	54000	15.6	2360	3110	108000	4720	1.44	8.25
508.0	6.0	74.3	94.6	84.7	29800	17.7	1170	1510	59600	2350	1.60	21.5
508.0	8.0	98.6	126	63.5	39300	17.7	1550	2000	78600	3090	1.60	16.2
508.0	10.0	123	156	50.8	48500	17.6	1910	2480	97000	3820	1.60	13.0
508.0	12.0	147	187	42.3	57500	17.5	2270	2950	115000	4530	1.60	10.9
508.0	12.5	153	195	40.6	59800	17.5	2350	3070	120000	4710	1.60	10.4
508.0	16.0	194	247	31.8	74900	17.4	2950	3870	150000	5900	1.60	8.22

Hybox® is a trademark of Corus. A fuller description of the relationship between Cold Formed Circular Hollow Sections (CFCHS) and the Hybox® range of sections manufactured by Corus is given in section 12.
FOR EXPLANATION OF TABLES SEE NOTES 2 AND 3

BS EN 1993-1-1:2005
BS EN 10219-2:2006

COLD-FORMED SQUARE HOLLOW SECTIONS

Hybox® SHS

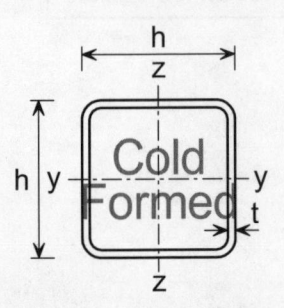

Dimensions and properties

Section Designation		Mass per Metre	Area of Section	Ratio for Local Buckling	Second Moment of Area	Radius of Gyration	Elastic Modulus	Plastic Modulus	Torsional Constants		Surface Area	
Size h x h mm	Thickness t mm	kg/m	A cm²	c/t (1)	I cm⁴	i cm	W_{el} cm³	W_{pl} cm³	I_T cm⁴	W_t cm³	Per Metre m²	Per Tonne m²
25x25	2.0	1.36	1.74	9.50	1.48	0.924	1.19	1.47	2.53	1.80	0.093	68.3
	2.5	1.64	2.09	7.00	1.69	0.899	1.35	1.71	2.97	2.07	0.091	55.7
	3.0	1.89	2.41	5.33	1.84	0.874	1.47	1.91	3.33	2.27	0.090	47.4
30x30	2.5	2.03	2.59	9.00	3.16	1.10	2.10	2.61	5.40	3.20	0.111	54.8
	3.0	2.36	3.01	7.00	3.50	1.08	2.34	2.96	6.15	3.58	0.110	46.5
40x40	2.0	2.31	2.94	17.0	6.94	1.54	3.47	4.13	11.3	5.23	0.153	66.4
	2.5	2.82	3.59	13.0	8.22	1.51	4.11	4.97	13.6	6.21	0.151	53.7
	3.0	3.30	4.21	10.3	9.32	1.49	4.66	5.72	15.8	7.07	0.150	45.3
	4.0	4.20	5.35	7.00	11.1	1.44	5.54	7.01	19.4	8.48	0.146	34.8
50x50	2.5	3.60	4.59	17.0	16.9	1.92	6.78	8.07	27.5	10.2	0.191	53.1
	3.0	4.25	5.41	13.7	19.5	1.90	7.79	9.39	32.1	11.8	0.190	44.7
	4.0	5.45	6.95	9.50	23.7	1.85	9.49	11.7	40.4	14.4	0.186	34.2
	5.0	6.56	8.36	7.00	27.0	1.80	10.8	13.7	47.5	16.6	0.183	27.9
60x60	3.0	5.19	6.61	17.0	35.1	2.31	11.7	14.0	57.1	17.7	0.230	44.3
	4.0	6.71	8.55	12.0	43.6	2.26	14.5	17.6	72.6	22.0	0.226	33.7
	5.0	8.13	10.4	9.00	50.5	2.21	16.8	20.9	86.4	25.6	0.223	27.4
70x70	2.5	5.17	6.59	25.0	49.4	2.74	14.1	16.5	78.5	21.2	0.271	52.5
	3.0	6.13	7.81	20.3	57.5	2.71	16.4	19.4	92.4	24.7	0.270	44.0
	3.5	7.06	8.99	17.0	65.1	2.69	18.6	22.2	106	28.0	0.268	38.0
	4.0	7.97	10.1	14.5	72.1	2.67	20.6	24.8	119	31.1	0.266	33.4
	5.0	9.70	12.4	11.0	84.6	2.62	24.2	29.6	142	36.7	0.263	27.1
80x80	3.0	7.07	9.01	23.7	87.8	3.12	22.0	25.8	140	33.0	0.310	43.8
	3.5	8.16	10.4	19.9	99.8	3.10	25.0	29.5	161	37.6	0.308	37.7
	4.0	9.22	11.7	17.0	111	3.07	27.8	33.1	180	41.8	0.306	33.2
	5.0	11.3	14.4	13.0	131	3.03	32.9	39.7	218	49.7	0.303	26.9
	6.0	13.2	16.8	10.3	149	2.98	37.3	45.8	252	56.6	0.299	22.7
90x90	3.0	8.01	10.2	27.0	127	3.53	28.3	33.0	201	42.5	0.350	43.6
	3.5	9.26	11.8	22.7	145	3.51	32.2	37.9	232	48.5	0.348	37.6
	4.0	10.5	13.3	19.5	162	3.48	36.0	42.6	261	54.2	0.346	33.0
	5.0	12.8	16.4	15.0	193	3.43	42.9	51.4	316	64.7	0.343	26.7
	6.0	15.1	19.2	12.0	220	3.39	49.0	59.5	368	74.2	0.339	22.5
100x100	3.0	8.96	11.4	30.3	177	3.94	35.4	41.2	279	53.2	0.390	43.5
	4.0	11.7	14.9	22.0	226	3.89	45.3	53.3	362	68.1	0.386	32.9
	5.0	14.4	18.4	17.0	271	3.84	54.2	64.6	441	81.7	0.383	26.6
	6.0	17.0	21.6	13.7	311	3.79	62.3	75.1	514	94.1	0.379	22.3
	8.0	21.4	27.2	9.50	366	3.67	73.2	91.1	645	114	0.366	17.1
120x120	4.0	14.2	18.1	27.0	402	4.71	67.0	78.3	637	101	0.466	32.7
	5.0	17.5	22.4	21.0	485	4.66	80.9	95.4	778	122	0.463	26.4
	6.0	20.7	26.4	17.0	562	4.61	93.7	112	913	141	0.459	22.1
	8.0	26.4	33.6	12.0	677	4.49	113	138	1160	175	0.446	16.9
	10.0	31.8	40.6	9.00	777	4.38	129	162	1380	203	0.437	13.7

Hybox® is a trademark of Corus. A fuller description of the relationship between Cold Formed Square Hollow Sections (CFSHS) and the Hybox® range of sections manufactured by Corus is given in section 12.

(1) For local buckling calculation c = h - 3t.

FOR EXPLANATION OF TABLES SEE NOTES 2 AND 3

BS EN 1993-1-1:2005
BS EN 10219-2:2006

COLD-FORMED SQUARE HOLLOW SECTIONS

Hybox® SHS

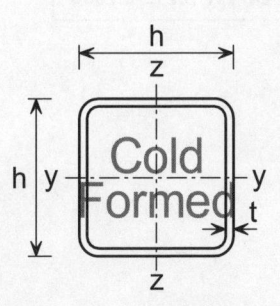

Dimensions and properties

Section Designation		Mass per Metre	Area of Section	Ratio for Local Buckling	Second Moment of Area	Radius of Gyration	Elastic Modulus	Plastic Modulus	Torsional Constants		Surface Area	
Size h x h mm	Thickness t mm	kg/m	A cm²	c/t [1]	I cm⁴	i cm	W_{el} cm³	W_{pl} cm³	I_T cm⁴	W_t cm³	Per Metre m²	Per Tonne m²
140x140	4.0	16.8	21.3	32.0	652	5.52	93.1	108	1020	140	0.546	32.6
	5.0	20.7	26.4	25.0	791	5.48	113	132	1260	170	0.543	26.2
	6.0	24.5	31.2	20.3	920	5.43	131	155	1480	198	0.539	22.0
	8.0	31.4	40.0	14.5	1130	5.30	161	194	1900	248	0.526	16.7
	10.0	38.1	48.6	11.0	1310	5.20	187	230	2270	291	0.517	13.6
150x150	4.0	18.0	22.9	34.5	808	5.93	108	125	1270	162	0.586	32.5
	5.0	22.3	28.4	27.0	982	5.89	131	153	1550	197	0.583	26.2
	6.0	26.4	33.6	22.0	1150	5.84	153	180	1830	230	0.579	21.9
	8.0	33.9	43.2	15.8	1410	5.71	188	226	2360	289	0.566	16.7
	10.0	41.3	52.6	12.0	1650	5.61	220	269	2840	341	0.557	13.5
160x160	4.0	19.3	24.5	37.0	987	6.34	123	143	1540	185	0.626	32.5
	5.0	23.8	30.4	29.0	1200	6.29	150	175	1900	226	0.623	26.1
	6.0	28.3	36.0	23.7	1410	6.25	176	206	2240	264	0.619	21.9
	8.0	36.5	46.4	17.0	1740	6.12	218	260	2900	334	0.606	16.6
	10.0	44.4	56.6	13.0	2050	6.02	256	311	3490	395	0.597	13.4
180x180	5.0	27.0	34.4	33.0	1740	7.11	193	224	2720	290	0.703	26.1
	6.0	32.1	40.8	27.0	2040	7.06	226	264	3220	340	0.699	21.8
	8.0	41.5	52.8	19.5	2550	6.94	283	336	4190	432	0.686	16.5
	10.0	50.7	64.6	15.0	3020	6.84	335	404	5070	515	0.677	13.4
	12.0	58.5	74.5	12.0	3320	6.68	369	454	5870	584	0.658	11.3
	12.5	60.5	77.0	11.4	3410	6.65	378	467	6050	600	0.656	10.8
200x200	5.0	30.1	38.4	37.0	2410	7.93	241	279	3760	362	0.783	26.0
	6.0	35.8	45.6	30.3	2830	7.88	283	330	4460	426	0.779	21.8
	8.0	46.5	59.2	22.0	3570	7.76	357	421	5820	544	0.766	16.5
	10.0	57.0	72.6	17.0	4250	7.65	425	508	7070	651	0.757	13.3
	12.0	66.0	84.1	13.7	4730	7.50	473	576	8230	743	0.738	11.2
	12.5	68.3	87.0	13.0	4860	7.47	486	594	8500	765	0.736	10.8
250x250	6.0	45.2	57.6	38.7	5670	9.92	454	524	8840	681	0.979	21.6
	8.0	59.1	75.2	28.3	7230	9.80	578	676	11600	878	0.966	16.3
	10.0	72.7	92.6	22.0	8710	9.70	697	822	14200	1060	0.957	13.2
	12.0	84.8	108	17.8	9860	9.55	789	944	16700	1230	0.938	11.1
	12.5	88.0	112	17.0	10200	9.52	813	975	17300	1270	0.936	10.6
300x300	6.0	54.7	69.6	47.0	9960	12.0	664	764	15400	997	1.18	21.6
	8.0	71.6	91.2	34.5	12800	11.8	853	991	20300	1290	1.17	16.3
	10.0	88.4	113	27.0	15500	11.7	1040	1210	25000	1570	1.16	13.1
	12.0	104	132	22.0	17800	11.6	1180	1400	29500	1830	1.14	11.0
	12.5	108	137	21.0	18300	11.6	1220	1450	30600	1890	1.14	10.6
350x350	8.0	84.2	107	40.8	20700	13.9	1180	1370	32600	1790	1.37	16.2
	10.0	104	133	32.0	25200	13.8	1440	1680	40100	2180	1.36	13.0
	12.0	123	156	26.2	29100	13.6	1660	1950	47600	2550	1.34	10.9
	12.5	127	162	25.0	30000	13.6	1720	2020	49400	2640	1.34	10.5
400x400	8.0	96.7	123	47.0	31300	15.9	1560	1800	48900	2360	1.57	16.2
	10.0	120	153	37.0	38200	15.8	1910	2210	60400	2890	1.56	13.0
	12.0	141	180	30.3	44300	15.7	2220	2590	71800	3400	1.54	10.9
	12.5	147	187	29.0	45900	15.7	2290	2680	74600	3520	1.54	10.5

Hybox® is a trademark of Corus. A fuller description of the relationship between Cold Formed Square Hollow Sections (CFSHS) and the Hybox® range of sections manufactured by Corus is given in section 12.

(1) For local buckling calculation c = h − 3t.

FOR EXPLANATION OF TABLES SEE NOTES 2 AND 3

BS EN 1993-1-1:2005
BS EN 10219-2:2006

COLD-FORMED RECTANGULAR HOLLOW SECTIONS

Hybox® RHS

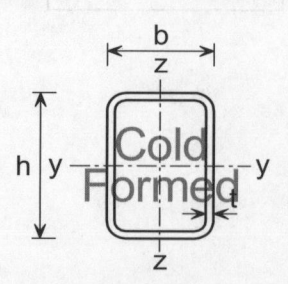

Dimensions and properties

Section Designation		Mass per Metre	Area of Section	Ratios for Local Buckling		Second Moment of Area		Radius of Gyration		Elastic Modulus		Plastic Modulus		Torsional Constants		Surface Area	
Size	Thickness					Axis y-y	Axis z-z	Axis y-y	Axis z-z	Axis y-y	Axis z-z	Axis y-y	Axis z-z			Per Metre	Per Tonne
h x b mm	t mm	kg/m	A cm²	c_w/t [1]	c_f/t [1]	cm⁴	cm⁴	cm	cm	cm³	cm³	cm³	cm³	I_T cm⁴	W_t cm³	m²	m²
50 x 25	2.0	2.15	2.74	22.0	9.50	8.38	2.81	1.75	1.01	3.35	2.25	4.26	2.62	7.06	3.92	0.143	66.6
50 x 25	3.0	3.07	3.91	13.7	5.33	11.2	3.67	1.69	0.969	4.47	2.93	5.86	3.56	9.64	5.18	0.140	45.5
50 x 30	2.5	2.82	3.59	17.0	9.00	11.3	5.05	1.77	1.19	4.52	3.37	5.70	3.98	11.7	5.72	0.151	53.7
	3.0	3.30	4.21	13.7	7.00	12.8	5.70	1.75	1.16	5.13	3.80	6.57	4.58	13.5	6.49	0.150	45.3
	4.0	4.20	5.35	9.50	4.50	15.3	6.69	1.69	1.12	6.10	4.46	8.05	5.58	16.5	7.71	0.146	34.8
60 x 30	3.0	3.77	4.81	17.0	7.00	20.5	6.80	2.06	1.19	6.83	4.53	8.82	5.39	17.5	7.95	0.170	45.0
	4.0	4.83	6.15	12.0	4.50	24.7	8.06	2.00	1.14	8.23	5.37	10.9	6.62	21.5	9.52	0.166	34.5
60 x 40	3.0	4.25	5.41	17.0	10.3	25.4	13.4	2.17	1.58	8.46	6.72	10.5	7.94	29.3	11.2	0.190	44.7
	4.0	5.45	6.95	12.0	7.00	31.0	16.3	2.11	1.53	10.3	8.14	13.2	9.89	36.7	13.7	0.186	34.2
	5.0	6.56	8.36	9.00	5.00	35.3	18.4	2.06	1.48	11.8	9.21	15.4	11.5	42.8	15.6	0.183	27.9
70 x 40	3.0	4.72	6.01	20.3	10.3	37.3	15.5	2.49	1.61	10.7	7.75	13.4	9.05	36.5	13.2	0.210	44.5
	4.0	6.08	7.75	14.5	7.00	46.0	18.9	2.44	1.56	13.1	9.44	16.8	11.3	45.8	16.2	0.206	33.9
70 x 50	3.0	5.19	6.61	20.3	13.7	44.1	26.1	2.58	1.99	12.6	10.4	15.4	12.2	53.6	17.1	0.230	44.3
	4.0	6.71	8.55	14.5	9.50	54.7	32.2	2.53	1.94	15.6	12.9	19.5	15.4	68.1	21.2	0.226	33.7
80 x 40	3.0	5.19	6.61	23.7	10.3	52.3	17.6	2.81	1.63	13.1	8.78	16.5	10.2	43.9	15.3	0.230	44.3
	4.0	6.71	8.55	17.0	7.00	64.8	21.5	2.75	1.59	16.2	10.7	20.9	12.8	55.2	18.8	0.226	33.7
	5.0	8.13	10.4	13.0	5.00	75.1	24.6	2.69	1.54	18.8	12.3	24.7	15.0	65.0	21.7	0.223	27.4
80 x 50	3.0	5.66	7.21	23.7	13.7	61.1	29.4	2.91	2.02	15.3	11.8	18.8	13.6	65.0	19.7	0.250	44.1
	4.0	7.34	9.35	17.0	9.50	76.4	36.5	2.86	1.98	19.1	14.6	24.0	17.2	82.7	24.6	0.246	33.6
	5.0	8.91	11.4	13.0	9.00	89.2	42.3	2.80	1.93	22.3	16.9	28.5	20.5	98.4	28.7	0.243	27.2
80 x 60	3.0	6.13	7.81	23.7	17.0	70.0	44.9	3.00	2.40	17.5	15.0	21.2	17.4	88.3	24.1	0.270	44.0
	4.0	7.97	10.1	17.0	12.0	87.9	56.1	2.94	2.35	22.0	18.7	27.0	22.1	113	30.3	0.266	33.4
	5.0	9.70	12.4	13.0	9.00	103	65.7	2.89	2.31	25.8	21.9	32.2	26.4	136	35.7	0.263	27.1
90 x 50	3.0	6.13	7.81	27.0	13.7	81.9	32.7	3.24	2.05	18.2	13.1	22.6	15.0	76.7	22.4	0.270	44.0
	4.0	7.97	10.1	19.5	9.50	103	40.7	3.18	2.00	22.8	16.3	28.8	19.1	97.7	28.0	0.266	33.4
	5.0	9.70	12.4	15.0	7.00	121	47.4	3.12	1.96	26.8	18.9	34.4	22.7	116	32.7	0.263	27.1
100 x 40	3.0	6.13	7.81	30.3	10.3	92.3	21.7	3.44	1.67	18.5	10.8	23.7	12.4	59.0	19.4	0.270	44.0
	4.0	7.97	10.1	22.0	7.00	116	26.7	3.38	1.62	23.1	13.3	30.3	15.7	74.5	24.0	0.266	33.4
	5.0	9.70	12.4	17.0	5.00	136	30.8	3.31	1.58	27.1	15.4	36.1	18.5	87.9	27.9	0.263	27.1
100 x 50	3.0	6.60	8.41	30.3	13.7	106	36.1	3.56	2.07	21.3	14.4	26.7	16.4	88.6	25.0	0.290	43.9
	4.0	8.59	10.9	22.0	9.50	134	44.9	3.50	2.03	26.8	18.0	34.1	20.9	113	31.3	0.286	33.3
	5.0	10.5	13.4	17.0	7.00	158	52.5	3.44	1.98	31.6	21.0	40.8	25.0	135	36.8	0.283	27.0
	6.0	12.3	15.6	13.7	5.33	179	58.7	3.38	1.94	35.8	23.5	46.9	28.5	154	41.4	0.279	22.8
100 x 60	3.0	7.07	9.01	30.3	17.0	121	54.6	3.66	2.46	24.1	18.2	29.6	20.8	122	30.6	0.310	43.8
	3.5	8.16	10.4	25.6	14.1	137	61.9	3.63	2.44	27.4	20.6	33.8	23.8	139	34.8	0.308	37.7
	4.0	9.22	11.7	22.0	12.0	153	68.7	3.60	2.42	30.5	22.9	37.9	26.6	156	38.7	0.306	33.2
	5.0	11.3	14.4	17.0	9.00	181	80.8	3.55	2.37	36.2	26.9	45.6	31.9	188	45.8	0.303	26.9
	6.0	13.2	16.8	13.7	7.00	205	91.2	3.49	2.33	41.1	30.4	52.5	36.6	216	51.9	0.299	22.7
100 x 80	3.0	8.01	10.2	30.3	23.7	149	106	3.82	3.22	29.8	26.4	35.4	30.4	196	41.9	0.350	43.6
	4.0	10.5	13.3	22.0	17.0	189	134	3.77	3.17	37.9	33.5	45.6	39.2	254	53.4	0.346	33.0
	5.0	12.8	16.4	17.0	13.0	226	160	3.72	3.12	45.2	39.9	55.1	47.2	308	63.7	0.343	26.7

Hybox® is a trademark of Corus. A fuller description of the relationship between Cold Formed Rectangular Hollow Sections (CFRHS) and the Hybox® range of sections manufactured by Corus is given in section 12.
(1) For local buckling calculation $c_w = d - 3t$ and $c_f = h - 3t$.
FOR EXPLANATION OF TABLES SEE NOTES 2 AND 3

COLD-FORMED RECTANGULAR HOLLOW SECTIONS

Hybox® RHS

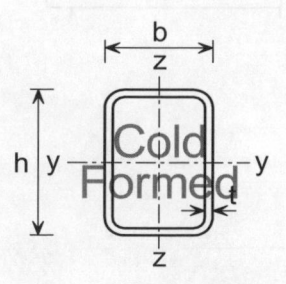

BS EN 1993-1-1:2005
BS EN 10219-2:2006

Dimensions and properties

Section Designation		Mass per Metre	Area of Section	Ratios for Local Buckling		Second Moment of Area		Radius of Gyration		Elastic Modulus		Plastic Modulus		Torsional Constants		Surface Area	
Size	Thickness					Axis y-y	Axis z-z	Axis y-y	Axis z-z	Axis y-y	Axis z-z	Axis y-y	Axis z-z			Per Metre	Per Tonne
h x b mm	t mm	kg/m	A cm²	c_w/t [1]	c_f/t [1]	cm⁴	cm⁴	cm	cm	cm³	cm³	cm³	cm³	I_T cm⁴	W_t cm³	m²	m²
120 x 40	3.0	7.07	9.01	37.0	10.3	148	25.8	4.05	1.69	24.7	12.9	32.2	14.6	74.6	23.5	0.310	43.8
	4.0	9.22	11.7	27.0	7.00	187	31.9	3.99	1.65	31.1	15.9	41.2	18.5	94.2	29.2	0.306	33.2
	5.0	11.3	14.4	21.0	5.00	221	36.9	3.92	1.60	36.8	18.5	49.4	22.0	111	34.1	0.303	26.9
120 x 60	3.0	8.01	10.2	37.0	17.0	189	64.4	4.30	2.51	31.5	21.5	39.2	24.2	156	37.1	0.350	43.6
	3.5	9.26	11.8	31.3	14.1	216	73.1	4.28	2.49	35.9	24.4	44.9	27.7	179	42.2	0.348	37.6
	4.0	10.5	13.3	27.0	12.0	241	81.2	4.25	2.47	40.1	27.1	50.5	31.1	201	47.0	0.346	33.0
	5.0	12.8	16.4	21.0	9.00	287	96.0	4.19	2.42	47.8	32.0	60.9	37.4	242	55.8	0.343	26.7
	6.0	15.1	19.2	17.0	7.00	328	109	4.13	2.38	54.7	36.3	70.6	43.1	280	63.6	0.339	22.5
120 x 80	4.0	11.7	14.9	27.0	17.0	295	157	4.44	3.24	49.1	39.3	59.8	45.2	331	64.9	0.386	32.9
	5.0	14.4	18.4	21.0	13.0	353	188	4.39	3.20	58.9	46.9	72.4	54.7	402	77.8	0.383	26.6
	6.0	17.0	21.6	17.0	10.3	406	215	4.33	3.15	67.7	53.8	84.3	63.5	469	89.4	0.379	22.3
	8.0	21.4	27.2	12.0	7.00	476	252	4.18	3.04	79.3	62.9	102	76.9	584	108	0.366	17.1
140 x 80	3.0	9.90	12.6	43.7	23.7	334	141	5.15	3.35	47.8	35.3	58.2	39.6	317	59.7	0.430	43.4
	4.0	13.0	16.5	32.0	17.0	430	180	5.10	3.30	61.4	45.1	75.5	51.3	412	76.5	0.426	32.8
	5.0	16.0	20.4	25.0	13.0	517	216	5.04	3.26	73.9	54.0	91.8	62.2	501	91.8	0.423	26.5
	6.0	18.9	24.0	20.3	10.3	597	248	4.98	3.21	85.3	62.0	107	72.4	584	106	0.419	22.2
	8.0	23.9	30.4	14.5	7.00	708	293	4.82	3.10	101	73.3	131	88.4	731	129	0.406	17.0
	10.0	28.7	36.6	11.0	5.00	804	330	4.69	3.01	115	82.6	152	103	851	147	0.397	13.8
150 x 100	3.0	11.3	14.4	47.0	30.3	461	248	5.65	4.15	61.4	49.5	73.5	55.8	507	81.4	0.490	43.3
	4.0	14.9	18.9	34.5	22.0	595	319	5.60	4.10	79.3	63.7	95.7	72.5	662	105	0.486	32.7
	5.0	18.3	23.4	27.0	17.0	719	384	5.55	4.05	95.9	76.8	117	88.3	809	127	0.483	26.3
	6.0	21.7	27.6	22.0	13.7	835	444	5.50	4.01	111	88.8	137	103	948	147	0.479	22.1
	8.0	27.7	35.2	15.8	9.50	1010	536	5.35	3.90	134	107	169	128	1210	182	0.466	16.8
	10.0	33.4	42.6	12.0	7.00	1160	614	5.22	3.80	155	123	199	150	1430	211	0.457	13.7
160 x 80	4.0	14.2	18.1	37.0	17.0	598	204	5.74	3.35	74.7	50.9	92.9	57.4	494	88.0	0.466	32.7
	5.0	17.5	22.4	29.0	13.0	722	244	5.68	3.30	90.2	61.0	113	69.7	601	106	0.463	26.4
	6.0	20.7	26.4	23.7	10.3	836	281	5.62	3.26	105	70.2	132	81.3	702	122	0.459	22.1
	8.0	26.4	33.6	17.0	7.00	1000	335	5.46	3.16	125	83.7	163	100	882	150	0.446	16.9
180 x 80	4.0	15.5	19.7	42.0	17.0	802	227	6.37	3.39	89.1	56.7	112	63.5	578	99.6	0.506	32.7
	5.0	19.1	24.4	33.0	13.0	971	272	6.31	3.34	108	68.1	137	77.2	704	120	0.503	26.3
	6.0	22.6	28.8	27.0	10.3	1130	314	6.25	3.30	125	78.5	160	90.2	823	139	0.499	22.1
	8.0	28.9	36.8	19.5	7.00	1360	377	6.08	3.20	151	94.1	198	111	1040	170	0.486	16.8
	10.0	35.0	44.6	15.0	5.00	1570	429	5.94	3.10	174	107	234	131	1210	196	0.477	13.6
180 x 100	4.0	16.8	21.3	42.0	22.0	926	374	6.59	4.18	103	74.8	126	84.0	854	127	0.546	32.6
	5.0	20.7	26.4	33.0	17.0	1120	452	6.53	4.14	125	90.4	154	103	1050	154	0.543	26.2
	6.0	24.5	31.2	27.0	13.7	1310	524	6.48	4.10	146	105	181	120	1230	179	0.539	22.0
	8.0	31.4	40.0	19.5	9.50	1600	637	6.32	3.99	178	127	226	150	1570	222	0.526	16.7
	10.0	38.1	48.6	15.0	7.00	1860	736	6.19	3.89	207	147	268	177	1860	260	0.517	13.6

Hybox® is a trademark of Corus. A fuller description of the relationship between Cold Formed Rectangular Hollow Sections (CFRHS) and the Hybox® range of sections manufactured by Corus is given in section 12.
(1) For local buckling calculation $c_w = d - 3t$ and $c_f = h - 3t$.
FOR EXPLANATION OF TABLES SEE NOTES 2 AND 3

COLD-FORMED RECTANGULAR HOLLOW SECTIONS

Hybox® RHS

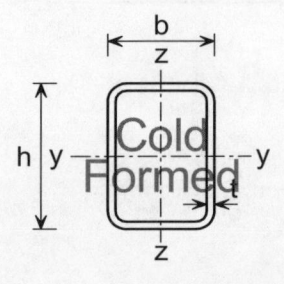

BS EN 1993-1-1:2005
BS EN 10219-2:2006

Dimensions and properties

Section Designation		Mass per Metre	Area of Section	Ratios for Local Buckling		Second Moment of Area		Radius of Gyration		Elastic Modulus		Plastic Modulus		Torsional Constants		Surface Area	
Size h x b mm	Thickness t mm	kg/m	A cm²	c_w/t (1)	c_f/t (1)	Axis y-y cm⁴	Axis z-z cm⁴	Axis y-y cm	Axis z-z cm	Axis y-y cm³	Axis z-z cm³	Axis y-y cm³	Axis z-z cm³	I_T cm⁴	W_t cm³	Per Metre m²	Per Tonne m²
200 x 100	4.0	18.0	22.9	47.0	22.0	1200	411	7.23	4.23	120	82.2	148	91.7	985	142	0.586	32.5
	5.0	22.3	28.4	37.0	17.0	1460	497	7.17	4.19	146	99.4	181	112	1210	172	0.583	26.2
	6.0	26.4	33.6	30.3	13.7	1700	577	7.12	4.14	170	115	213	132	1420	200	0.579	21.9
	8.0	33.9	43.2	22.0	9.50	2090	705	6.95	4.04	209	141	267	165	1810	250	0.566	16.7
	10.0	41.3	52.6	17.0	7.00	2440	818	6.82	3.94	244	164	318	195	2150	292	0.557	13.5
200 x 120	4.0	19.3	24.5	47.0	27.0	1350	618	7.43	5.02	135	103	164	115	1350	172	0.626	32.5
	5.0	23.8	30.4	37.0	21.0	1650	750	7.37	4.97	165	125	201	141	1650	210	0.623	26.1
	6.0	28.3	36.0	30.3	17.0	1930	874	7.32	4.93	193	146	237	166	1950	245	0.619	21.9
	8.0	36.5	46.4	22.0	12.0	2390	1080	7.17	4.82	239	180	298	209	2510	308	0.606	16.6
	10.0	44.4	56.6	17.0	9.00	2810	1260	7.04	4.72	281	210	356	250	3010	364	0.597	13.4
200 x 150	4.0	21.2	26.9	47.0	34.5	1580	1020	7.67	6.16	158	136	187	154	1940	219	0.686	32.4
	5.0	26.2	33.4	37.0	27.0	1940	1250	7.62	6.11	193	166	230	189	2390	267	0.683	26.1
	6.0	31.1	39.6	30.3	22.0	2270	1460	7.56	6.06	227	194	271	223	2830	313	0.679	21.8
	8.0	40.2	51.2	22.0	15.8	2830	1820	7.43	5.95	283	242	344	283	3670	396	0.666	16.5
	10.0	49.1	62.6	17.0	12.0	3350	2140	7.31	5.85	335	286	413	339	4430	471	0.657	13.4
250 x 150	5.0	30.1	38.4	47.0	27.0	3300	1510	9.28	6.27	264	201	320	225	3290	337	0.783	26.0
	6.0	35.8	45.6	38.7	22.0	3890	1770	9.23	6.23	311	236	378	266	3890	396	0.779	21.8
	8.0	46.5	59.2	28.3	15.8	4890	2220	9.08	6.12	391	296	482	340	5050	504	0.766	16.5
	10.0	57.0	72.6	22.0	12.0	5830	2630	8.96	6.02	466	351	582	409	6120	602	0.757	13.3
	12.0	66.0	84.1	17.8	9.50	6460	2930	8.77	5.90	517	390	658	463	7090	684	0.738	11.2
	12.5	68.3	87.0	17.0	9.00	6630	3000	8.73	5.87	531	400	678	477	7320	704	0.736	10.8
300 x 100	6.0	35.8	45.6	47.0	13.7	4780	842	10.2	4.30	318	168	411	188	2400	306	0.779	21.8
	8.0	46.5	59.2	34.5	9.50	5980	1050	10.0	4.20	399	209	523	238	3080	385	0.766	16.5
	10.0	57.0	72.6	27.0	7.00	7110	1220	9.90	4.11	474	245	631	285	3680	455	0.757	13.3
	12.5	68.3	87.0	21.0	5.00	8010	1370	9.59	3.97	534	275	732	330	4290	521	0.736	10.8
300 x 200	6.0	45.2	57.6	47.0	30.3	7370	3960	11.3	8.29	491	396	588	446	8120	651	0.979	21.6
	8.0	59.1	75.2	34.5	22.0	9390	5040	11.2	8.19	626	504	757	574	10600	838	0.966	16.3
	10.0	72.7	92.6	27.0	17.0	11300	6060	11.1	8.09	754	606	921	698	13000	1010	0.957	13.2
	12.0	84.8	108	22.0	13.7	12800	6850	10.9	7.96	853	685	1060	801	15200	1170	0.938	11.1
	12.5	88.0	112	21.0	13.0	13200	7060	10.8	7.94	879	706	1090	828	15800	1200	0.936	10.6
400 x 200	8.0	71.6	91.2	47.0	22.0	19000	6520	14.4	8.45	949	652	1170	728	15800	1130	1.17	16.3
	10.0	88.4	113	37.0	17.0	23000	7860	14.3	8.36	1150	786	1430	888	19400	1370	1.16	13.1
	12.0	104	132	30.3	13.7	26200	8980	14.1	8.24	1310	898	1660	1030	22800	1590	1.14	11.0
	12.5	108	137	29.0	13.0	27100	9260	14.1	8.22	1360	926	1710	1060	23600	1640	1.14	10.6
450 x 250	8.0	84.2	107	53.3	28.3	29300	11900	16.5	10.5	1300	953	1590	1060	27200	1630	1.37	16.2
	10.0	104	133	42.0	22.0	35700	14500	16.4	10.4	1590	1160	1950	1300	33500	1980	1.36	13.0
	12.0	123	156	34.5	17.8	41100	16700	16.2	10.3	1830	1330	2260	1520	39600	2310	1.34	10.9
	12.5	127	162	33.0	17.0	42500	17200	16.2	10.3	1890	1380	2350	1570	41100	2390	1.34	10.5
500 x 300	8.0	96.7	123	59.5	34.5	42800	19600	18.6	12.6	1710	1310	2060	1460	42800	2200	1.57	16.2
	10.0	120	153	47.0	27.0	52300	23900	18.5	12.5	2090	1600	2540	1790	52700	2690	1.56	13.0
	12.0	141	180	38.7	22.0	60600	27700	18.3	12.4	2420	1850	2960	2090	62600	3160	1.54	10.9
	12.5	147	187	37.0	21.0	62700	28700	18.3	12.4	2510	1910	3070	2170	65000	3270	1.54	10.5

Hybox® is a trademark of Corus. A fuller description of the relationship between Cold Formed Rectangular Hollow Sections (CFRHS) and the Hybox® range of sections manufactured by Corus is given in section 12.

(1) For local buckling calculation $c_w = d - 3t$ and $c_f = h - 3t$.

FOR EXPLANATION OF TABLES SEE NOTES 2 AND 3

[BLANK PAGE]

ASB (ASYMMETRIC BEAMS)

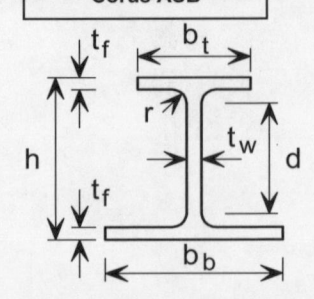

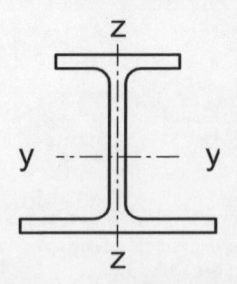

BS EN 1993-1-1:2005
Corus ASB

Dimensions and properties

Section Designation	Mass per Metre	Depth of Section	Width of Flange		Thickness		Root Radius	Depth between Fillets	Ratios for Local Buckling			Second Moment of Area		Surface Area	
			Top	Bottom	Web	Flange			Flanges		Web	Axis y-y	Axis z-z	Per Metre	Per Tonne
		h	b_t	b_b	t_w	t_f	r	d	c_{ft}/t_f	c_{fb}/t_f	c_w/t_w				
	kg/m	mm	mm	mm	mm	mm	mm	mm				cm^4	cm^4	m^2	m^2
300 ASB 249 ^	249	342	203	313	40.0	40.0	27.0	208	1.36	2.74	5.20	52900	13200	1.59	6.38
300 ASB 196	196	342	183	293	20.0	40.0	27.0	208	1.36	2.74	10.4	45900	10500	1.55	7.93
300 ASB 185 ^	185	320	195	305	32.0	29.0	27.0	208	1.88	3.78	6.50	35700	8750	1.53	8.29
300 ASB 155	155	326	179	289	16.0	32.0	27.0	208	1.70	3.42	13.0	34500	7990	1.51	9.71
300 ASB 153 ^	153	310	190	300	27.0	24.0	27.0	208	2.27	4.56	7.70	28400	6840	1.50	9.81
280 ASB 136 ^	136	288	190	300	25.0	22.0	24.0	196	2.66	5.16	7.84	22200	6260	1.46	10.7
280 ASB 124	124	296	178	288	13.0	26.0	24.0	196	2.25	4.37	15.1	23500	6410	1.46	11.8
280 ASB 105	105	288	176	286	11.0	22.0	24.0	196	2.66	5.16	17.8	19200	5300	1.44	13.7
280 ASB 100 ^	100	276	184	294	19.0	16.0	24.0	196	3.66	7.09	10.3	15500	4250	1.43	14.2
280 ASB 74	73.6	272	175	285	10.0	14.0	24.0	196	4.18	8.11	19.6	12200	3330	1.40	19.1

^ Sections are fire engineered with thick webs.
FOR EXPLANATION OF TABLES SEE NOTES 2 AND 3

ASB (ASYMMETRIC BEAMS)

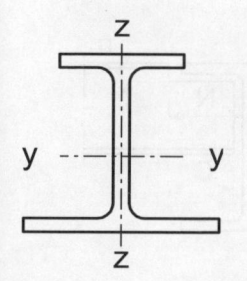

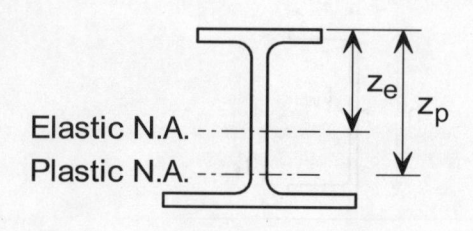

Properties (Continued)

Section Designation	Radius of Gyration		Elastic Modulus			Neutral Axis Position		Plastic Modulus		Buckling Parameter	Torsional Index	Mono-symmetry index*	Warping Constant	Torsional Constant	Area of Section
	Axis y-y	Axis z-z	Axis y-y Top	Axis y-y Bottom	Axis z-z	Elastic z_e	Plastic z_p	Axis y-y	Axis z-z	U	X	ψ	I_w	I_T	A
	cm	cm	cm³	cm³	cm³	cm	cm	cm³	cm³				dm⁶	cm⁴	cm²
300 ASB 249 ^	12.9	6.40	2760	3530	843	19.2	22.6	3760	1510	0.820	6.80	0.663	2.00	2000	318
300 ASB 196	13.6	6.48	2320	3180	714	19.8	28.1	3060	1230	0.840	7.86	0.895	1.50	1180	249
300 ASB 185 ^	12.3	6.10	1980	2540	574	18.0	21.0	2660	1030	0.820	8.56	0.662	1.20	871	235
300 ASB 155	13.2	6.35	1830	2520	553	18.9	27.3	2360	950	0.840	9.40	0.868	1.07	620	198
300 ASB 153 ^	12.1	5.93	1630	2090	456	17.4	20.4	2160	817	0.820	9.97	0.643	0.895	513	195
280 ASB 136 ^	11.3	6.00	1370	1770	417	16.3	19.2	1810	741	0.810	10.2	0.628	0.710	379	174
280 ASB 124	12.2	6.37	1360	1900	445	17.3	25.7	1730	761	0.830	10.5	0.807	0.721	332	158
280 ASB 105	12.0	6.30	1150	1610	370	16.8	25.3	1440	633	0.830	12.1	0.777	0.574	207	133
280 ASB 100 ^	11.0	5.76	995	1290	289	15.6	18.4	1290	511	0.810	13.2	0.616	0.451	160	128
280 ASB 74	11.4	5.96	776	1060	234	15.7	21.3	978	403	0.830	16.7	0.699	0.338	72.0	93.7

^ Sections are fire engineered with thick webs.
* Monosymmetry index is positive when the wide flange is in compression and negative when the narrow flange is in compression
FOR EXPLANATION OF TABLES SEE NOTES 2 AND 3

PARALLEL FLANGE CHANNELS

Advance UKPFC

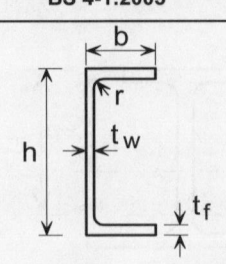

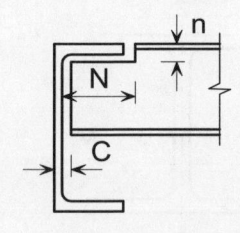

BS EN 1993-1-1:2005
BS 4-1:2005

Dimensions

Section Designation	Mass per Metre	Depth of Section	Width of Section	Thickness Web	Thickness Flange	Root Radius	Depth between Fillets	Ratios for Local Buckling Flange	Ratios for Local Buckling Web	Distance	Dimensions for Detailing End Clearance	Dimensions for Detailing Notch N	Dimensions for Detailing Notch n	Surface Area Per Metre	Surface Area Per Tonne
		h	b	t_w	t_f	r	d	c_f/t_f	c_w/t_w	e_o	C	N	n		
	kg/m	mm	mm	mm	mm	mm	mm			cm	mm	mm	mm	m^2	m^2
430x100x64	64.4	430	100	11.0	19.0	15	362	3.89	32.9	3.27	13	96	36	1.23	19.0
380x100x54	54.0	380	100	9.5	17.5	15	315	4.31	33.2	3.48	12	98	34	1.13	20.9
300x100x46	45.5	300	100	9.0	16.5	15	237	4.61	26.3	3.68	11	98	32	0.969	21.3
300x90x41	41.4	300	90	9.0	15.5	12	245	4.45	27.2	3.18	11	88	28	0.932	22.5
260x90x35	34.8	260	90	8.0	14.0	12	208	5.00	26.0	3.32	10	88	28	0.854	24.5
260x75x28	27.6	260	75	7.0	12.0	12	212	4.67	30.3	2.62	9	74	26	0.796	28.8
230x90x32	32.2	230	90	7.5	14.0	12	178	5.04	23.7	3.46	10	90	28	0.795	24.7
230x75x26	25.7	230	75	6.5	12.5	12	181	4.52	27.8	2.78	9	76	26	0.737	28.7
200x90x30	29.7	200	90	7.0	14.0	12	148	5.07	21.1	3.60	9	90	28	0.736	24.8
200x75x23	23.4	200	75	6.0	12.5	12	151	4.56	25.2	2.91	8	76	26	0.678	28.9
180x90x26	26.1	180	90	6.5	12.5	12	131	5.72	20.2	3.64	9	90	26	0.697	26.7
180x75x20	20.3	180	75	6.0	10.5	12	135	5.43	22.5	2.87	8	76	24	0.638	31.4
150x90x24	23.9	150	90	6.5	12.0	12	102	5.96	15.7	3.71	9	90	26	0.637	26.7
150x75x18	17.9	150	75	5.5	10.0	12	106	5.75	19.3	2.99	8	76	24	0.579	32.4
125x65x15	14.8	125	65	5.5	9.5	12	82.0	5.00	14.9	2.56	8	66	22	0.489	33.1
100x50x10	10.2	100	50	5.0	8.5	9	65.0	4.24	13.0	1.94	7	52	18	0.382	37.5

Advance and UKPFC are trademarks of Corus. A fuller description of the relationship between Parallel Flange Channels (PFC) and the Advance range of sections manufactured by Corus is given in section 12.

e_0 is the distance from the centre of the web to the shear centre

FOR EXPLANATION OF TABLES SEE NOTE 2

PARALLEL FLANGE CHANNELS

Advance UKPFC

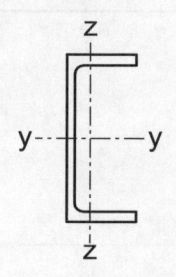

Properties

Section Designation	Second Moment of Area		Radius of Gyration		Elastic Modulus		Plastic Modulus		Buckling Parameter	Torsional Index	Warping Constant	Torsional Constant	Area of Section
	Axis y-y	Axis z-z	Axis y-y	Axis z-z	Axis y-y	Axis z-z	Axis y-y	Axis z-z	U	X	I_w	I_T	A
	cm^4	cm^4	cm	cm	cm^3	cm^3	cm^3	cm^3			dm^6	cm^4	cm^2
430x100x64	21900	722	16.3	2.97	1020	97.9	1220	176	0.917	22.5	0.219	63.0	82.1
380x100x54	15000	643	14.8	3.06	791	89.2	933	161	0.933	21.2	0.150	45.7	68.7
300x100x46	8230	568	11.9	3.13	549	81.7	641	148	0.944	17.0	0.0813	36.8	58.0
300x90x41	7220	404	11.7	2.77	481	63.1	568	114	0.934	18.3	0.0581	28.8	52.7
260x90x35	4730	353	10.3	2.82	364	56.3	425	102	0.943	17.2	0.0379	20.6	44.4
260x75x28	3620	185	10.1	2.30	278	34.4	328	62.0	0.932	20.5	0.0203	11.7	35.1
230x90x32	3520	334	9.27	2.86	306	55.0	355	98.9	0.949	15.1	0.0279	19.3	41.0
230x75x26	2750	181	9.17	2.35	239	34.8	278	63.2	0.945	17.3	0.0153	11.8	32.7
200x90x30	2520	314	8.16	2.88	252	53.4	291	94.5	0.952	12.9	0.0197	18.3	37.9
200x75x23	1960	170	8.11	2.39	196	33.8	227	60.6	0.956	14.7	0.0107	11.1	29.9
180x90x26	1820	277	7.40	2.89	202	47.4	232	83.5	0.950	12.8	0.0141	13.3	33.2
180x75x20	1370	146	7.27	2.38	152	28.8	176	51.8	0.945	15.3	0.00754	7.34	25.9
150x90x24	1160	253	6.18	2.89	155	44.4	179	76.9	0.937	10.8	0.00890	11.8	30.4
150x75x18	861	131	6.15	2.40	115	26.6	132	47.2	0.945	13.1	0.00467	6.10	22.8
125x65x15	483	80.0	5.07	2.06	77.3	18.8	89.9	33.2	0.942	11.1	0.00194	4.72	18.8
100x50x10	208	32.3	4.00	1.58	41.5	9.89	48.9	17.5	0.942	10.0	0.000491	2.53	13.0

Advance and UKPFC are trademarks of Corus. A fuller description of the relationship between Parallel Flange Channels (PFC) and the Advance range of sections manufactured by Corus is given in section 12.

FOR EXPLANATION OF TABLES SEE NOTE 3

BS EN 1993-1-1:2005
BS 4-1:2005

TWO PARALLEL FLANGE CHANNELS LACED

TWO Advance UKPFC LACED

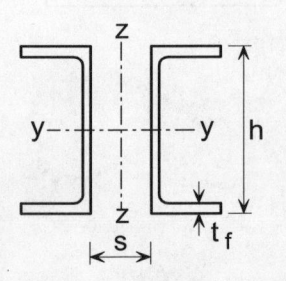

Dimensions and properties

Composed of Two Channels	Total Mass per Metre	Total Area	Space between Webs s	Second Moment of Area		Radius of Gyration		Elastic Modulus		Plastic Modulus	
				Axis y-y	Axis z-z	Axis y-y	Axis z-z	Axis y-y	Axis z-z	Axis y-y	Axis z-z
	kg/m	cm^2	mm	cm^4	cm^4	cm	cm	cm^3	cm^3	cm^3	cm^3
430x100x64	129	164	270	43900	44100	16.3	16.4	2040	1880	2440	2650
380x100x54	108	137	235	30100	30400	14.8	14.9	1580	1400	1870	2000
300x100x46	91.1	116	170	16500	16600	11.9	12.0	1100	898	1280	1340
300x90x41	82.8	105	175	14400	14400	11.7	11.7	962	811	1140	1200
260x90x35	69.7	88.8	145	9460	9560	10.3	10.4	727	588	849	886
260x75x28	55.2	70.3	155	7240	7190	10.1	10.1	557	472	656	692
230x90x32	64.3	81.9	120	7040	7190	9.27	9.37	612	479	709	731
230x75x26	51.3	65.4	135	5500	5720	9.17	9.35	478	401	557	592
200x90x30	59.4	75.7	90.0	5050	5030	8.16	8.15	505	372	583	577
200x75x23	46.9	59.7	105	3930	3910	8.11	8.09	393	306	454	462
180x90x26	52.1	66.4	75.0	3640	3730	7.40	7.49	404	292	464	459
180x75x20	40.7	51.8	90.0	2740	2770	7.27	7.31	304	231	352	358
150x90x24	47.7	60.8	45.0	2320	2380	6.18	6.26	310	212	357	338
150x75x18	35.7	45.5	65.0	1720	1810	6.15	6.30	230	168	264	265
125x65x15	29.5	37.6	50.0	966	1010	5.07	5.18	155	112	180	178
100x50x10	20.4	26.0	40.0	415	427	4.00	4.05	83.1	61.0	97.7	97.1

Advance and UKPFC are trademarks of Corus. A fuller description of the relationship between Parallel Flange Channels (PFC) and the Advance range of sections manufactured by Corus is given in section 12.
FOR EXPLANATION OF TABLES SEE NOTES 2 AND 3

TWO PARALLEL FLANGE CHANNELS BACK TO BACK

TWO Advance UKPFC BACK TO BACK

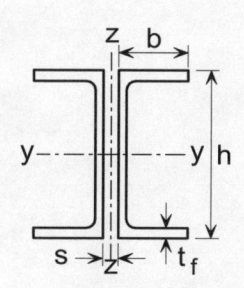

BS EN 1993-1-1:2005
BS 4-1:2005

Dimensions and properties

Composed of Two Channels	Total Mass per Metre	Total Area	Properties about Axis y-y				Radius of Gyration i_z about Axis z-z (cm)				
			I_y	i_y	$W_{el,y}$	$W_{pl,y}$	Space between webs, s (mm)				
	kg/m	cm^2	cm^4	cm	cm^3	cm^3	0	8	10	12	15
430x100x64	129	164	43900	16.3	2040	2440	3.96	4.23	4.31	4.38	4.49
380x100x54	108	137	30100	14.8	1580	1870	4.14	4.42	4.49	4.57	4.68
300x100x46	91.1	116	16500	11.9	1100	1280	4.37	4.66	4.73	4.81	4.92
300x90x41	82.8	105	14400	11.7	962	1140	3.80	4.08	4.16	4.23	4.35
260x90x35	69.7	88.8	9460	10.3	727	849	3.93	4.22	4.29	4.37	4.48
260x75x28	55.2	70.3	7240	10.1	557	656	3.11	3.40	3.47	3.55	3.66
230x90x32	64.3	81.9	7040	9.27	612	709	4.09	4.38	4.46	4.53	4.65
230x75x26	51.3	65.4	5500	9.17	478	557	3.29	3.58	3.66	3.73	3.85
200x90x30	59.4	75.7	5050	8.16	505	583	4.25	4.55	4.63	4.71	4.83
200x75x23	46.9	59.7	3930	8.11	393	454	3.44	3.74	3.82	3.89	4.01
180x90x26	52.1	66.4	3640	7.40	404	464	4.29	4.59	4.67	4.75	4.87
180x75x20	40.7	51.8	2740	7.27	304	352	3.39	3.68	3.76	3.84	3.95
150x90x24	47.7	60.8	2320	6.18	310	357	4.39	4.69	4.77	4.85	4.98
150x75x18	35.7	45.5	1720	6.15	230	264	3.52	3.82	3.90	3.98	4.10
125x65x15	29.5	37.6	966	5.07	155	180	3.05	3.36	3.44	3.52	3.64
100x50x10	20.4	26.0	415	4.00	83.1	97.7	2.34	2.65	2.73	2.82	2.94

Advance and UKPFC are trademarks of Corus. A fuller description of the relationship between Parallel Flange Channels (PFC) and the Advance range of sections manufactured by Corus is given in section 12.

Properties about y axis:

$I_z = (\text{Total Area}).(i_z)^2$

$W_{el,z} = I_z/(b+0.5s)$

where s is the space between webs.

FOR EXPLANATION OF TABLES SEE NOTES 2 AND 3

EQUAL ANGLES

Advance UKA - Equal Angles

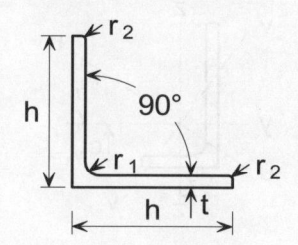

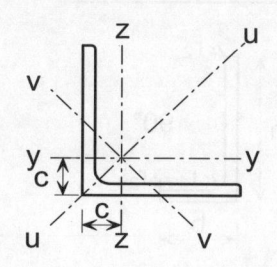

BS EN 1993-1-1:2005
BS EN 10056-1:1999

Dimensions and properties

Section Designation		Mass per Metre	Radius		Area of Section	Distance to centroid	Second Moment of Area			Radius of Gyration			Elastic Modulus	Torsional Constant	Equivalent Slenderness Coefficient
Size h x h mm	Thickness t mm	kg/m	Root r_1 mm	Toe r_2 mm	cm²	c cm	Axis y-y, z-z cm⁴	Axis u-u cm⁴	Axis v-v cm⁴	Axis y-y, z-z cm	Axis u-u cm	Axis v-v cm	Axis y-y, z-z cm³	I_T cm⁴	ϕ_a
200x200	24	71.1	18.0	9.00	90.6	5.84	3330	5280	1380	6.06	7.64	3.90	235	182	2.50
	20	59.9	18.0	9.00	76.3	5.68	2850	4530	1170	6.11	7.70	3.92	199	107	3.05
	18	54.3	18.0	9.00	69.1	5.60	2600	4150	1050	6.13	7.75	3.90	181	78.9	3.43
	16	48.5	18.0	9.00	61.8	5.52	2340	3720	960	6.16	7.76	3.94	162	56.1	3.85
150x150	18 +	40.1	16.0	8.00	51.2	4.38	1060	1680	440	4.55	5.73	2.93	99.8	58.6	2.48
	15	33.8	16.0	8.00	43.0	4.25	898	1430	370	4.57	5.76	2.93	83.5	34.6	3.01
	12	27.3	16.0	8.00	34.8	4.12	737	1170	303	4.60	5.80	2.95	67.7	18.2	3.77
	10	23.0	16.0	8.00	29.3	4.03	624	990	258	4.62	5.82	2.97	56.9	10.8	4.51
120x120	15 +	26.6	13.0	6.50	34.0	3.52	448	710	186	3.63	4.57	2.34	52.8	27.0	2.37
	12	21.6	13.0	6.50	27.5	3.40	368	584	152	3.65	4.60	2.35	42.7	14.2	2.99
	10	18.2	13.0	6.50	23.2	3.31	313	497	129	3.67	4.63	2.36	36.0	8.41	3.61
	8 +	14.7	13.0	6.50	18.8	3.24	259	411	107	3.71	4.67	2.38	29.5	4.44	4.56
100x100	15 +	21.9	12.0	6.00	28.0	3.02	250	395	105	2.99	3.76	1.94	35.8	22.3	1.92
	12	17.8	12.0	6.00	22.7	2.90	207	328	85.7	3.02	3.80	1.94	29.1	11.8	2.44
	10	15.0	12.0	6.00	19.2	2.82	177	280	73.0	3.04	3.83	1.95	24.6	6.97	2.94
	8	12.2	12.0	6.00	15.5	2.74	145	230	59.9	3.06	3.85	1.96	19.9	3.68	3.70
90x90	12 +	15.9	11.0	5.50	20.3	2.66	149	235	62.0	2.71	3.40	1.75	23.5	10.5	2.17
	10	13.4	11.0	5.50	17.1	2.58	127	201	52.6	2.72	3.42	1.75	19.8	6.20	2.64
	8	10.9	11.0	5.50	13.9	2.50	104	166	43.1	2.74	3.45	1.76	16.1	3.28	3.33
	7	9.61	11.0	5.50	12.2	2.45	92.6	147	38.3	2.75	3.46	1.77	14.1	2.24	3.80
80x80	10	11.9	10.0	5.00	15.1	2.34	87.5	139	36.4	2.41	3.03	1.55	15.4	5.45	2.33
	8	9.63	10.0	5.00	12.3	2.26	72.2	115	29.9	2.43	3.06	1.56	12.6	2.88	2.94
75x75	8	8.99	9.00	4.50	11.4	2.14	59.1	93.8	24.5	2.27	2.86	1.46	11.0	2.65	2.76
	6	6.85	9.00	4.50	8.73	2.05	45.8	72.7	18.9	2.29	2.89	1.47	8.41	1.17	3.70
70x70	7	7.38	9.00	4.50	9.40	1.97	42.3	67.1	17.5	2.12	2.67	1.36	8.41	1.69	2.92
	6	6.38	9.00	4.50	8.13	1.93	36.9	58.5	15.3	2.13	2.68	1.37	7.27	1.09	3.41
65x65	7	6.83	9.00	4.50	8.73	2.05	33.4	53.0	13.8	1.96	2.47	1.26	7.18	1.58	2.67
60x60	8	7.09	8.00	4.00	9.03	1.77	29.2	46.1	12.2	1.80	2.26	1.16	6.89	2.09	2.14
	6	5.42	8.00	4.00	6.91	1.69	22.8	36.1	9.44	1.82	2.29	1.17	5.29	0.922	2.90
	5	4.57	8.00	4.00	5.82	1.64	19.4	30.7	8.03	1.82	2.30	1.17	4.45	0.550	3.48
50x50	6	4.47	7.00	3.50	5.69	1.45	12.8	20.3	5.34	1.50	1.89	0.968	3.61	0.755	2.38
	5	3.77	7.00	3.50	4.80	1.40	11.0	17.4	4.55	1.51	1.90	0.973	3.05	0.450	2.88
	4	3.06	7.00	3.50	3.89	1.36	8.97	14.2	3.73	1.52	1.91	0.979	2.46	0.240	3.57
45x45	5	3.06	7.00	3.50	3.90	1.25	7.14	11.4	2.94	1.35	1.71	0.870	2.20	0.304	2.84
40x40	5	2.97	6.00	3.00	3.79	1.16	5.43	8.60	2.26	1.20	1.51	0.773	1.91	0.352	2.26
	4	2.42	6.00	3.00	3.08	1.12	4.47	7.09	1.86	1.21	1.52	0.777	1.55	0.188	2.83
35x35	4	2.09	5.00	2.50	2.67	1.00	2.95	4.68	1.23	1.05	1.32	0.678	1.18	0.158	2.50
30x30	4	1.78	5.00	2.50	2.27	0.878	1.80	2.85	0.754	0.892	1.12	0.577	0.850	0.137	2.07
	3	1.36	5.00	2.50	1.74	0.835	1.40	2.22	0.585	0.899	1.13	0.581	0.649	0.0613	2.75
25x25	4	1.45	3.50	1.75	1.85	0.762	1.02	1.61	0.430	0.741	0.931	0.482	0.586	0.1070	1.75
	3	1.12	3.50	1.75	1.42	0.723	0.803	1.27	0.334	0.751	0.945	0.484	0.452	0.0472	2.38
20x20	3	0.882	3.50	1.75	1.12	0.598	0.392	0.618	0.165	0.590	0.742	0.383	0.279	0.0382	1.81

Advance and UKA are trademarks of Corus. A fuller description of the relationship between Angles and the Advance range of sections manufactured by Corus is given in section 12.
+ These sections are in addition to the range of BS EN 10056-1 sections.
c is the distance from the back of the leg to the centre of gravity.
FOR EXPLANATION OF TABLES SEE NOTES 2 AND 3

UNEQUAL ANGLES

Advance UKA - Unequal Angles

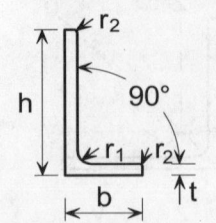

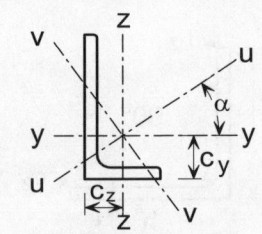

Dimensions and properties

Section Designation		Mass per Metre	Radius		Dimension		Second Moment of Area				Radius of Gyration			
Size	Thickness		Root	Toe			Axis y-y	Axis z-z	Axis u-u	Axis v-v	Axis y-y	Axis z-z	Axis u-u	Axis v-v
h x b mm	t mm	kg/m	r_1 mm	r_2 mm	c_y cm	c_z cm	cm^4	cm^4	cm^4	cm^4	cm	cm	cm	cm
200x150	18 +	47.1	15.0	7.50	6.33	3.85	2380	1150	2920	623	6.29	4.37	6.97	3.22
	15	39.6	15.0	7.50	6.21	3.73	2020	979	2480	526	6.33	4.40	7.00	3.23
	12	32.0	15.0	7.50	6.08	3.61	1650	803	2030	430	6.36	4.44	7.04	3.25
200x100	15	33.8	15.0	7.50	7.16	2.22	1760	299	1860	193	6.40	2.64	6.59	2.12
	12	27.3	15.0	7.50	7.03	2.10	1440	247	1530	159	6.43	2.67	6.63	2.14
	10	23.0	15.0	7.50	6.93	2.01	1220	210	1290	135	6.46	2.68	6.65	2.15
150x90	15	33.9	12.0	6.00	5.21	2.23	761	205	841	126	4.74	2.46	4.98	1.93
	12	21.6	12.0	6.00	5.08	2.12	627	171	694	104	4.77	2.49	5.02	1.94
	10	18.2	12.0	6.00	5.00	2.04	533	146	591	88.3	4.80	2.51	5.05	1.95
150x75	15	24.8	12.0	6.00	5.52	1.81	713	119	753	78.6	4.75	1.94	4.88	1.58
	12	20.2	12.0	6.00	5.40	1.69	588	99.6	623	64.7	4.78	1.97	4.92	1.59
	10	17.0	12.0	6.00	5.31	1.61	501	85.6	531	55.1	4.81	1.99	4.95	1.60
125x75	12	17.8	11.0	5.50	4.31	1.84	354	95.5	391	58.5	3.95	2.05	4.15	1.61
	10	15.0	11.0	5.50	4.23	1.76	302	82.1	334	49.9	3.97	2.07	4.18	1.61
	8	12.2	11.0	5.50	4.14	1.68	247	67.6	274	40.9	4.00	2.09	4.21	1.63
100x75	12	15.4	10.0	5.00	3.27	2.03	189	90.2	230	49.5	3.10	2.14	3.42	1.59
	10	13.0	10.0	5.00	3.19	1.95	162	77.6	197	42.2	3.12	2.16	3.45	1.59
	8	10.6	10.0	5.00	3.10	1.87	133	64.1	162	34.6	3.14	2.18	3.47	1.60
100x65	10 +	12.3	10.0	5.00	3.36	1.63	154	51.0	175	30.1	3.14	1.81	3.35	1.39
	8 +	9.94	10.0	5.00	3.27	1.55	127	42.2	144	24.8	3.16	1.83	3.37	1.40
	7 +	8.77	10.0	5.00	3.23	1.51	113	37.6	128	22.0	3.17	1.83	3.39	1.40
100x50	8	8.97	8.00	4.00	3.60	1.13	116	19.7	123	12.8	3.19	1.31	3.28	1.06
	6	6.84	8.00	4.00	3.51	1.05	89.9	15.4	95.4	9.92	3.21	1.33	3.31	1.07
80x60	7	7.36	8.00	4.00	2.51	1.52	59.0	28.4	72.0	15.4	2.51	1.74	2.77	1.28
80x40	8	7.07	7.00	3.50	2.94	0.963	57.6	9.61	60.9	6.34	2.53	1.03	2.60	0.838
	6	5.41	7.00	3.50	2.85	0.884	44.9	7.59	47.6	4.93	2.55	1.05	2.63	0.845
75x50	8	7.39	7.00	3.50	2.52	1.29	52.0	18.4	59.6	10.8	2.35	1.40	2.52	1.07
	6	5.65	7.00	3.50	2.44	1.21	40.5	14.4	46.6	8.36	2.37	1.42	2.55	1.08
70x50	6	5.41	7.00	3.50	2.23	1.25	33.4	14.2	39.7	7.92	2.20	1.43	2.40	1.07
65x50	5	4.35	6.00	3.00	1.99	1.25	23.2	11.9	28.8	6.32	2.05	1.47	2.28	1.07
60x40	6	4.46	6.00	3.00	2.00	1.01	20.1	7.12	23.1	4.16	1.88	1.12	2.02	0.855
	5	3.76	6.00	3.00	1.96	0.972	17.2	6.11	19.7	3.54	1.89	1.13	2.03	0.860
60x30	5	3.36	5.00	2.50	2.17	0.684	15.6	2.63	16.5	1.71	1.91	0.784	1.97	0.633
50x30	5	2.96	5.00	2.50	1.73	0.741	9.36	2.51	10.3	1.54	1.57	0.816	1.65	0.639
45x30	4	2.25	4.50	2.25	1.48	0.740	5.78	2.05	6.65	1.18	1.42	0.850	1.52	0.640
40x25	4	1.93	4.00	2.00	1.36	0.623	3.89	1.16	4.35	0.700	1.26	0.687	1.33	0.534
40x20	4	1.77	4.00	2.00	1.47	0.480	3.59	0.600	3.80	0.393	1.26	0.514	1.30	0.417
30x20	4	1.46	4.00	2.00	1.03	0.541	1.59	0.553	1.81	0.330	0.925	0.546	0.988	0.421
	3	1.12	4.00	2.00	0.990	0.502	1.25	0.437	1.43	0.256	0.935	0.553	1.00	0.424

BS EN 1993-1-1:2005
BS EN 10056-1:1999

Advance and UKA are trademarks of Corus. A fuller description of the relationship between Angles and the Advance range of sections manufactured by Corus is given in section 12.
+ These sections are in addition to the range of BS EN 10056-1 sections.
c_x is the distance from the back of the short leg to the centre of gravity.
c_y is the distance from the back of the long leg to the centre of gravity.
FOR EXPLANATION OF TABLES SEE NOTES 2 AND 3

UNEQUAL ANGLES

Advance UKA - Unequal Angles

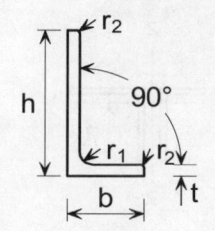

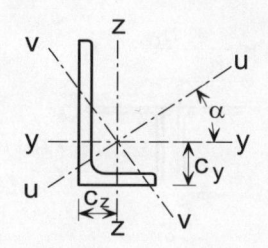

Dimensions and properties (continued)

Section Designation		Elastic Modulus		Angle Axis y-y to Axis u-u	Torsional Constant	Equivalent Slenderness Coefficient		Mono-symmetry Index	Area of Section
Size	Thickness	Axis y-y	Axis z-z			Min	Max		
$h \times b$	t			$\tan \alpha$	I_T	ϕ_a	ϕ_a	ψ_a	
mm	mm	cm³	cm³		cm⁴				cm²
200x150	18 +	174	103	0.549	67.9	2.93	3.72	4.60	60.0
	15	147	86.9	0.551	39.9	3.53	4.50	5.55	50.5
	12	119	70.5	0.552	20.9	4.43	5.70	6.97	40.8
200x100	15	137	38.5	0.260	34.3	3.54	5.17	9.19	43.0
	12	111	31.3	0.262	18.0	4.42	6.57	11.5	34.8
	10	93.2	26.3	0.263	10.66	5.26	7.92	13.9	29.2
150x90	15	77.7	30.4	0.354	26.8	2.58	3.59	5.96	33.9
	12	63.3	24.8	0.358	14.1	3.24	4.58	7.50	27.5
	10	53.3	21.0	0.360	8.30	3.89	5.56	9.03	23.2
150x75	15	75.2	21.0	0.253	25.1	2.62	3.74	6.84	31.7
	12	61.3	17.1	0.258	13.2	3.30	4.79	8.60	25.7
	10	51.6	14.5	0.261	7.80	3.95	5.83	10.4	21.7
125x75	12	43.2	16.9	0.354	11.6	2.66	3.73	6.23	22.7
	10	36.5	14.3	0.357	6.87	3.21	4.55	7.50	19.1
	8	29.6	11.6	0.360	3.62	4.00	5.75	9.43	15.5
100x75	12	28.0	16.5	0.540	10.05	2.10	2.64	3.46	19.7
	10	23.8	14.0	0.544	5.95	2.54	3.22	4.17	16.6
	8	19.3	11.4	0.547	3.13	3.18	4.08	5.24	13.5
100x65	10 +	23.2	10.5	0.410	5.61	2.52	3.43	5.45	15.6
	8 +	18.9	8.54	0.413	2.96	3.14	4.35	6.86	12.7
	7 +	16.6	7.53	0.415	2.02	3.58	5.00	7.85	11.2
100x50	8	18.2	5.08	0.258	2.61	3.30	4.80	8.61	11.4
	6	13.8	3.89	0.262	1.14	4.38	6.52	11.6	8.71
80x60	7	10.7	6.34	0.546	1.66	2.92	3.72	4.78	9.38
80x40	8	11.4	3.16	0.253	2.05	2.61	3.73	6.85	9.01
	6	8.73	2.44	0.258	0.899	3.48	5.12	9.22	6.89
75x50	8	10.4	4.95	0.430	2.14	2.36	3.18	4.92	9.41
	6	8.01	3.81	0.435	0.935	3.18	4.34	6.60	7.19
70x50	6	7.01	3.78	0.500	0.899	2.96	3.89	5.44	6.89
65x50	5	5.14	3.19	0.577	0.498	3.38	4.26	5.08	5.54
60x40	6	5.03	2.38	0.431	0.735	2.51	3.39	5.26	5.68
	5	4.25	2.02	0.434	0.435	3.02	4.11	6.34	4.79
60x30	5	4.07	1.14	0.257	0.382	3.15	4.56	8.26	4.28
50x30	5	2.86	1.11	0.352	0.340	2.51	3.52	5.99	3.78
45x30	4	1.91	0.910	0.436	0.166	2.85	3.87	5.92	2.87
40x25	4	1.47	0.619	0.380	0.142	2.51	3.48	5.75	2.46
40x20	4	1.42	0.393	0.252	0.131	2.57	3.68	6.86	2.26
30x20	4	0.807	0.379	0.421	0.1096	1.79	2.39	3.95	1.86
	3	0.621	0.292	0.427	0.0486	2.40	3.28	5.31	1.43

Advance and UKA are trademarks of Corus. A fuller description of the relationship between Angles and the Advance range of sections manufactured by Corus is given in section 12.

+ These sections are in addition to the range of BS EN 10056-1 sections.

FOR EXPLANATION OF TABLES SEE NOTES 2 AND 3

EQUAL ANGLES BACK TO BACK

BS EN 1993-1-1:2005
BS EN 10056-1:1999

Advance UKA - Equal Angles BACK TO BACK

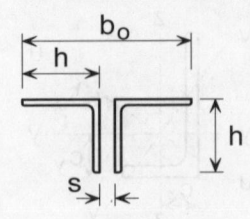

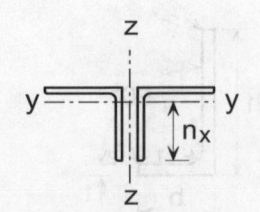

Dimensions and properties

Composed of Two Angles		Total Mass per Metre	Distance n_y	Total Area	Properties about Axis y-y			Radius of Gyration i_z about Axis z-z (cm)				
					I_y	i_y	$W_{el,y}$	Space between angles, s, (mm)				
h x h mm	t mm	kg/m	cm	cm²	cm⁴	cm	cm³	0	8	10	12	15
200x200	24	142	14.2	181	6660	6.06	470	8.42	8.70	8.77	8.84	8.95
	20	120	14.3	153	5700	6.11	398	8.34	8.62	8.69	8.76	8.87
	18	109	14.4	138	5200	6.13	362	8.31	8.58	8.65	8.72	8.83
	16	97.0	14.5	124	4680	6.16	324	8.27	8.54	8.61	8.68	8.79
150x150	18 +	80.2	10.6	102	2120	4.55	200	6.32	6.60	6.67	6.75	6.86
	15	67.6	10.8	86.0	1800	4.57	167	6.24	6.52	6.59	6.66	6.77
	12	54.6	10.9	69.6	1470	4.60	135	6.18	6.45	6.52	6.59	6.70
	10	46.0	11.0	58.6	1250	4.62	114	6.13	6.40	6.47	6.54	6.64
120x120	15 +	53.2	8.48	68.0	896	3.63	106	5.06	5.34	5.42	5.49	5.60
	12	43.2	8.60	55.0	736	3.65	85.4	4.99	5.27	5.35	5.42	5.53
	10	36.4	8.69	46.4	626	3.67	72.0	4.94	5.22	5.29	5.36	5.47
	8 +	29.4	8.76	37.6	518	3.71	59.0	4.93	5.20	5.27	5.34	5.45
100x100	15 +	43.8	6.98	56.0	500	2.99	71.6	4.25	4.54	4.62	4.69	4.81
	12	35.6	7.10	45.4	414	3.02	58.2	4.19	4.47	4.55	4.62	4.74
	10	30.0	7.18	38.4	354	3.04	49.2	4.14	4.43	4.50	4.57	4.69
	8	24.4	7.26	31.0	290	3.06	39.8	4.11	4.38	4.46	4.53	4.64
90x90	12 +	31.8	6.34	40.6	298	2.71	47.0	3.80	4.09	4.16	4.24	4.36
	10	26.8	6.42	34.2	254	2.72	39.6	3.75	4.04	4.11	4.19	4.30
	8	21.8	6.50	27.8	208	2.74	32.2	3.71	3.99	4.06	4.13	4.25
	7	19.2	6.55	24.4	185	2.75	28.2	3.69	3.96	4.04	4.11	4.22
80x80	10	23.8	5.66	30.2	175	2.41	30.8	3.36	3.65	3.72	3.80	3.92
	8	19.3	5.74	24.6	144	2.43	25.2	3.31	3.60	3.67	3.75	3.86
75x75	8	18.0	5.36	22.8	118	2.27	22.0	3.12	3.41	3.49	3.56	3.68
	6	13.7	5.45	17.5	91.6	2.29	16.8	3.07	3.35	3.43	3.50	3.62
70x70	7	14.8	5.03	18.8	84.6	2.12	16.8	2.89	3.18	3.26	3.33	3.45
	6	12.8	5.07	16.3	73.8	2.13	14.5	2.87	3.16	3.23	3.31	3.42
65x65	7	13.7	4.45	17.5	66.8	1.96	14.4	2.83	3.14	3.21	3.29	3.42
60x60	8	14.2	4.23	18.1	58.4	1.80	13.8	2.52	2.82	2.90	2.97	3.10
	6	10.8	4.31	13.8	45.6	1.82	10.6	2.48	2.77	2.85	2.92	3.04
	5	9.14	4.36	11.6	38.8	1.82	8.90	2.45	2.74	2.81	2.89	3.01
50x50	6	8.94	3.55	11.4	25.6	1.50	7.22	2.09	2.38	2.46	2.54	2.66
	5	7.54	3.60	9.60	22.0	1.51	6.10	2.06	2.35	2.43	2.51	2.63
	4	6.12	3.64	7.78	17.9	1.52	4.92	2.04	2.32	2.40	2.48	2.60

Advance and UKA are trademarks of Corus. A fuller description of the relationship between Angles and the Advance range of sections manufactured by Corus is given in section 12.

+ These sections are in addition to the range of BS EN 10056-1 sections.

Properties about y-y axis:

I_z = (Total Area).$(i_z)^2$

$W_{el,z}$ = I_z / (0.5b_o)

FOR EXPLANATION OF TABLES SEE NOTES 2 AND 3

UNEQUAL ANGLES BACK TO BACK

Advance UKA - Unequal Angles BACK TO BACK

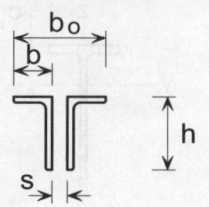

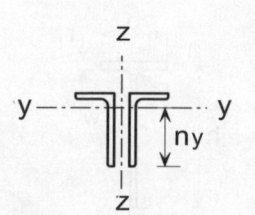

Dimensions and properties

Composed of Two Angles		Total Mass per Metre	Distance n_y	Total Area	Properties about Axis y-y			Radius of Gyration i_z about Axis z-z (cm)				
					I_y	i_y	$W_{el,y}$	Space between angles, s, (mm)				
h x b mm	t mm	kg/m	cm	cm²	cm⁴	cm	cm³	0	8	10	12	15
200x150	18 +	94.2	13.7	120	4750	6.29	348	5.84	6.11	6.18	6.25	6.36
	15	79.2	13.8	101	4040	6.33	294	5.77	6.04	6.11	6.18	6.28
	12	64.0	13.9	81.6	3300	6.36	238	5.72	5.98	6.05	6.12	6.22
200x100	15	67.5	12.8	86.0	3520	6.40	274	3.45	3.72	3.79	3.86	3.97
	12	54.6	13.0	69.6	2880	6.43	222	3.39	3.65	3.72	3.79	3.90
	10	46.0	13.1	58.4	2440	6.46	186	3.35	3.61	3.67	3.74	3.85
150x90	15	53.2	9.79	67.8	1522	4.74	155	3.32	3.60	3.67	3.75	3.86
	12	43.2	9.92	55.0	1250	4.77	127	3.27	3.55	3.62	3.69	3.80
	10	36.4	10.0	46.4	1070	4.80	107	3.23	3.50	3.57	3.64	3.75
150x75	15	49.6	9.48	63.4	1430	4.75	150	2.65	2.94	3.01	3.09	3.21
	12	40.4	9.60	51.4	1180	4.78	123	2.59	2.87	2.94	3.02	3.14
	10	34.0	9.69	43.4	1000	4.81	103	2.56	2.83	2.90	2.97	3.08
125x75	12	35.6	8.19	45.4	708	3.95	86.4	2.76	3.04	3.11	3.19	3.30
	10	30.0	8.27	38.2	604	3.97	73.0	2.72	2.99	3.07	3.14	3.26
	8	24.4	8.36	31.0	494	4.00	59.2	2.68	2.95	3.02	3.09	3.20
100x75	12	30.8	6.73	39.4	378	3.10	56.0	2.95	3.24	3.31	3.39	3.51
	10	26.0	6.81	33.2	324	3.12	47.6	2.91	3.19	3.27	3.34	3.46
	8	21.2	6.90	27.0	266	3.14	38.6	2.87	3.15	3.22	3.29	3.41
100x65	10 +	24.6	6.64	31.2	308	3.14	46.4	2.43	2.72	2.79	2.87	2.99
	8 +	19.9	6.73	25.4	254	3.16	37.8	2.39	2.67	2.74	2.82	2.93
	7 +	17.5	6.77	22.4	226	3.17	33.2	2.37	2.65	2.72	2.79	2.91
100x50	8	17.9	6.40	22.8	232	3.19	36.4	1.73	2.02	2.09	2.17	2.29
	6	13.7	6.49	17.4	180	3.21	27.6	1.69	1.97	2.04	2.12	2.24
80x60	7	14.7	5.49	18.8	118	2.51	21.4	2.31	2.59	2.67	2.74	2.86
80x40	8	14.1	5.06	18.0	115	2.53	22.8	1.41	1.71	1.79	1.87	2.00
	6	10.8	5.15	13.8	89.8	2.55	17.5	1.37	1.66	1.74	1.82	1.94
75x50	8	14.8	4.98	18.8	104	2.35	20.8	1.90	2.19	2.27	2.35	2.47
	6	11.3	5.06	14.4	81.0	2.37	16.0	1.86	2.14	2.22	2.30	2.42
70x50	6	10.8	4.77	13.8	66.8	2.20	14.0	1.90	2.19	2.26	2.34	2.46
65x50	5	8.70	4.51	11.1	46.4	2.05	10.3	1.93	2.21	2.28	2.36	2.48
60x40	6	8.92	4.00	11.4	40.2	1.88	10.1	1.51	1.80	1.88	1.96	2.09
	5	7.52	4.04	9.58	34.4	1.89	8.50	1.49	1.78	1.86	1.94	2.06

Advance and UKA are trademarks of Corus. A fuller description of the relationship between Angles and the Advance range of sections manufactured by Corus is given in section 12.

+ These sections are in addition to the range of BS EN 10056-1 sections.

Properties about y-y axis:

I_z = (Total Area).$(i_z)^2$

$W_{el,z}$ = I_z / $(0.5 b_o)$

FOR EXPLANATION OF TABLES SEE NOTES 2 AND 3

STRUCTURAL TEES CUT FROM UNIVERSAL BEAMS

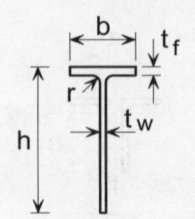

Advance UKT split from Advance UKB

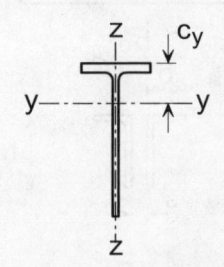

BS EN 1993-1-1:2005
BS 4-1:2005

Dimensions and properties

Section Designation	Cut from Universal Beam Section Designation	Mass per Metre kg/m	Width of Section b mm	Depth of Section h mm	Thickness Web t_w mm	Thickness Flange t_f mm	Root Radius r mm	Ratios for Local Buckling Flange c_f/t_f	Ratios for Local Buckling Web c_w/t_w	Dimension c_y cm	Second Moment of Area Axis y-y cm^4	Second Moment of Area Axis z-z cm^4
305x457x127	914x305x253	126.7	305.5	459.1	17.3	27.9	19.1	4.48	26.5	12.0	32700	6650
305x457x112	914x305x224	112.1	304.1	455.1	15.9	23.9	19.1	5.23	28.6	12.1	29100	5620
305x457x101	914x305x201	100.4	303.3	451.4	15.1	20.2	19.1	6.19	29.9	12.5	26400	4710
292x419x113	838x292x226	113.3	293.8	425.4	16.1	26.8	17.8	4.52	26.4	10.8	24600	5680
292x419x97	838x292x194	96.9	292.4	420.3	14.7	21.7	17.8	5.58	28.6	11.1	21300	4530
292x419x88	838x292x176	87.9	291.7	417.4	14.0	18.8	17.8	6.44	29.8	11.4	19600	3900
267x381x99	762x267x197	98.4	268.0	384.8	15.6	25.4	16.5	4.32	24.7	9.89	17500	4090
267x381x87	762x267x173	86.5	266.7	381.0	14.3	21.6	16.5	5.08	26.6	9.98	15500	3430
267x381x74	762x267x147	73.5	265.2	376.9	12.8	17.5	16.5	6.27	29.4	10.2	13200	2730
267x381x67	762x267x134	66.9	264.4	374.9	12.0	15.5	16.5	7.08	31.2	10.3	12100	2390
254x343x85	686x254x170	85.1	255.8	346.4	14.5	23.7	15.2	4.45	23.9	8.67	12100	3320
254x343x76	686x254x152	76.2	254.5	343.7	13.2	21.0	15.2	5.02	26.0	8.61	10800	2890
254x343x70	686x254x140	70.0	253.7	341.7	12.4	19.0	15.2	5.55	27.6	8.63	9910	2590
254x343x63	686x254x125	62.6	253.0	338.9	11.7	16.2	15.2	6.51	29.0	8.85	8980	2190
305x305x119	610x305x238	119.0	311.4	317.9	18.4	31.4	16.5	4.14	17.3	7.11	12400	7920
305x305x90	610x305x179	89.5	307.1	310.0	14.1	23.6	16.5	5.51	22.0	6.69	9040	5700
305x305x75	610x305x149	74.6	304.8	306.1	11.8	19.7	16.5	6.60	25.9	6.45	7410	4650
229x305x70	610x229x140	69.9	230.2	308.5	13.1	22.1	12.7	4.34	23.5	7.61	7740	2250
229x305x63	610x229x125	62.5	229.0	306.0	11.9	19.6	12.7	4.89	25.7	7.54	6900	1970
229x305x57	610x229x113	56.5	228.2	303.7	11.1	17.3	12.7	5.54	27.4	7.58	6270	1720
229x305x51	610x229x101	50.6	227.6	301.2	10.5	14.8	12.7	6.48	28.7	7.78	5690	1460
178x305x50 +	610x178x100	50.1	179.2	303.7	11.3	17.2	12.7	4.14	26.9	8.57	5890	829
178x305x46 +	610x178x92	46.1	178.8	301.5	10.9	15.0	12.7	4.75	27.7	8.78	5450	718
178x305x41 +	610x178x82	40.9	177.9	299.3	10.0	12.8	12.7	5.57	29.9	8.88	4840	603
312x267x136 +	533x312x272	136.6	320.2	288.8	21.1	37.6	12.7	3.64	13.7	6.28	10600	10300
312x267x110 +	533x312x219	109.4	317.4	280.4	18.3	29.2	12.7	4.69	15.3	6.09	8530	7790
312x267x91 +	533x312x182	90.7	314.5	275.6	15.2	24.4	12.7	5.61	18.1	5.78	6890	6330
312x267x75 +	533x312x151	75.3	312.0	271.5	12.7	20.3	12.7	6.75	21.4	5.54	5620	5140

Advance, UKT and UKB are trademarks of Corus. A fuller description of the relationship between Structural Tees and the Advance range of sections manufactured by Corus is given in section 12.

+ These sections are in addition to the range of BS 4 sections

FOR EXPLANATION OF TABLES SEE NOTES 2 AND 3

STRUCTURAL TEES CUT FROM UNIVERSAL BEAMS

Advance UKT split from Advance UKB

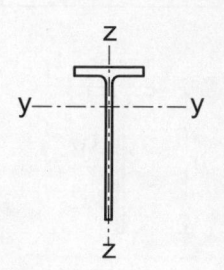

BS EN 1993-1-1:2005
BS 4-1:2005

Properties (continued)

Section Designation	Radius of Gyration		Elastic Modulus			Plastic Modulus		Buckling Parameter	Torsional Index	Mono-symmetry Index	Warping Constant (*)	Torsional Constant	Area of Section
	Axis y-y	Axis z-z	Axis y-y Flange	Axis y-y Toe	Axis z-z	Axis y-y	Axis z-z	U	X	ψ	I_w	I_t	A
	cm	cm	cm^3	cm^3	cm^3	cm^3	cm^3				cm^6	cm^4	cm^2
305x457x127	14.2	6.42	2720	965	435	1730	685	0.656	18.1	0.749	17000	313	161
305x457x112	14.3	6.27	2400	871	369	1570	582	0.666	20.6	0.753	12400	211	143
305x457x101	14.4	6.07	2110	808	311	1460	491	0.685	23.4	0.759	9820	146	128
292x419x113	13.1	6.27	2280	776	387	1380	606	0.640	17.5	0.742	11500	257	144
292x419x97	13.1	6.06	1930	689	310	1240	487	0.660	20.8	0.747	7830	153	123
292x419x88	13.2	5.90	1720	644	267	1160	421	0.675	23.2	0.751	6320	111	112
267x381x99	11.8	5.71	1770	613	305	1090	479	0.641	16.6	0.741	7620	202	125
267x381x87	11.9	5.58	1550	550	257	986	404	0.654	19.0	0.745	5450	134	110
267x381x74	11.9	5.40	1300	481	206	867	324	0.670	22.6	0.749	3600	79.5	93.6
267x381x67	11.9	5.30	1180	445	181	806	285	0.679	24.9	0.753	2850	59.2	85.3
254x343x85	10.5	5.53	1390	464	259	826	406	0.624	15.9	0.731	4720	154	108
254x343x76	10.5	5.46	1250	417	227	743	355	0.627	17.7	0.732	3420	110	97.0
254x343x70	10.5	5.39	1150	388	204	691	319	0.633	19.3	0.734	2720	84.3	89.2
254x343x63	10.6	5.24	1010	358	173	643	271	0.651	21.9	0.740	2090	57.9	79.7
305x305x119	9.03	7.23	1740	501	509	894	787	0.483	10.6	0.662	11300	391	152
305x305x90	8.91	7.07	1350	372	371	656	572	0.484	13.8	0.664	4710	170	114
305x305x75	8.83	7.00	1150	307	305	538	469	0.483	16.4	0.666	2690	99.8	95.0
229x305x70	9.32	5.03	1020	333	196	592	306	0.613	15.3	0.727	2560	108	89.1
229x305x63	9.31	4.97	915	299	172	531	268	0.617	17.1	0.728	1840	76.9	79.7
229x305x57	9.33	4.88	826	275	150	489	235	0.626	19.0	0.731	1400	55.5	72.0
229x305x51	9.40	4.76	732	255	128	456	200	0.644	21.6	0.736	1080	38.3	64.4
178x305x50 +	9.60	3.60	688	270	92.5	490	148	0.694	19.4	0.768	1230	47.3	63.9
178x305x46 +	9.64	3.50	621	255	80.3	468	129	0.710	21.5	0.774	1050	35.3	58.7
178x305x41 +	9.64	3.40	545	230	67.8	425	109	0.722	24.3	0.778	780	24.3	52.1
312x267x136 +	7.81	7.69	1690	469	644	857	993	0.247	7.96	0.613	17300	642	174
312x267x110 +	7.82	7.48	1400	389	491	696	757	0.332	9.93	0.617	8730	320	139
312x267x91 +	7.72	7.40	1190	317	403	562	619	0.324	11.7	0.618	4920	186	116
312x267x75 +	7.65	7.32	1010	260	330	458	505	0.326	14.0	0.619	2780	108	95.9

Advance, UKT and UKB are trademarks of Corus. A fuller description of the relationship between Structural Tees and the Advance range of sections manufactured by Corus is given in section 12.

+ These sections are in addition to the range of BS 4 sections

(*) Note units are cm^6 and not dm^6.

FOR EXPLANATION OF TABLES SEE NOTES 2 AND 3

BS EN 1993-1-1:2005
BS 4-1:2005

STRUCTURAL TEES CUT FROM UNIVERSAL BEAMS

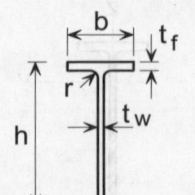

Advance UKT split from Advance UKB

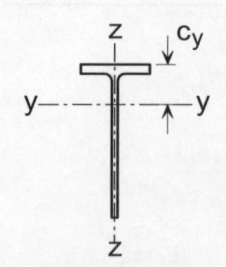

Dimensions and properties

Section Designation	Cut from Universal Beam Section Designation	Mass per Metre kg/m	Width of Section b mm	Depth of Section h mm	Thickness Web t_w mm	Thickness Flange t_f mm	Root Radius r mm	Ratios for Local Buckling Flange c_f/t_f	Ratios for Local Buckling Web c_w/t_w	Dimension c_y cm	Second Moment of Area Axis y-y cm^4	Second Moment of Area Axis z-z cm^4
210x267x69 +	533x210x138	69.1	213.9	274.5	14.7	23.6	12.7	3.68	18.7	6.94	5990	1930
210x267x61	533x210x122	61.0	211.9	272.2	12.7	21.3	12.7	4.08	21.4	6.66	5160	1690
210x267x55	533x210x109	54.5	210.8	269.7	11.6	18.8	12.7	4.62	23.3	6.61	4600	1470
210x267x51	533x210x101	50.5	210.0	268.3	10.8	17.4	12.7	4.99	24.8	6.53	4250	1350
210x267x46	533x210x92	46.0	209.3	266.5	10.1	15.6	12.7	5.57	26.4	6.55	3880	1190
210x267x41	533x210x82	41.1	208.8	264.1	9.6	13.2	12.7	6.58	27.5	6.75	3530	1000
165x267x43 +	533x165x85	42.3	166.5	267.1	10.3	16.5	12.7	3.96	25.9	7.23	3750	637
165x267x37 +	533x165x75	37.3	165.9	264.5	9.7	13.6	12.7	4.81	27.3	7.46	3350	520
165x267x33 +	533x165x66	32.8	165.1	262.4	8.9	11.4	12.7	5.74	29.5	7.59	2960	429
191x229x81 +	457x191x161	80.7	199.4	246.0	18.0	32.0	10.2	2.52	13.7	6.22	5160	2130
191x229x67 +	457x191x133	66.6	196.7	240.3	15.3	26.3	10.2	3.06	15.7	5.96	4180	1670
191x229x53 +	457x191x106	52.9	194.0	234.6	12.6	20.6	10.2	3.91	18.6	5.73	3260	1260
191x229x49	457x191x98	49.1	192.8	233.5	11.4	19.6	10.2	4.11	20.5	5.53	2970	1170
191x229x45	457x191x89	44.6	191.9	231.6	10.5	17.7	10.2	4.55	22.1	5.47	2680	1040
191x229x41	457x191x82	41.0	191.3	229.9	9.9	16.0	10.2	5.03	23.2	5.47	2470	935
191x229x37	457x191x74	37.1	190.4	228.4	9.0	14.5	10.2	5.55	25.4	5.38	2220	836
191x229x34	457x191x67	33.5	189.9	226.6	8.5	12.7	10.2	6.34	26.7	5.46	2030	726
152x229x41	457x152x82	41.0	155.3	232.8	10.5	18.9	10.2	3.29	22.2	5.96	2600	592
152x229x37	457x152x74	37.1	154.4	230.9	9.6	17.0	10.2	3.66	24.1	5.88	2330	523
152x229x34	457x152x67	33.6	153.8	228.9	9.0	15.0	10.2	4.15	25.4	5.91	2120	456
152x229x30	457x152x60	29.9	152.9	227.2	8.1	13.3	10.2	4.68	28.0	5.84	1880	397
152x229x26	457x152x52	26.1	152.4	224.8	7.6	10.9	10.2	5.71	29.6	6.04	1670	322
178x203x43 +	406x178x85	42.6	181.9	208.6	10.9	18.2	10.2	4.14	19.1	4.91	2030	915
178x203x37	406x178x74	37.1	179.5	206.3	9.5	16.0	10.2	4.68	21.7	4.76	1740	773
178x203x34	406x178x67	33.5	178.8	204.6	8.8	14.3	10.2	5.23	23.3	4.73	1570	682
178x203x30	406x178x60	30.0	177.9	203.1	7.9	12.8	10.2	5.84	25.7	4.64	1400	602
178x203x27	406x178x54	27.0	177.7	201.2	7.7	10.9	10.2	6.86	26.1	4.83	1290	511
140x203x27 +	406x140x53	26.6	143.3	203.3	7.9	12.9	10.2	4.46	25.7	5.16	1320	317
140x203x23	406x140x46	23.0	142.2	201.5	6.8	11.2	10.2	5.13	29.6	5.02	1120	269
140x203x20	406x140x39	19.5	141.8	198.9	6.4	8.6	10.2	6.69	31.1	5.32	979	205

Advance, UKT and UKB are trademarks of Corus. A fuller description of the relationship between Structural Tees and the Advance range of sections manufactured by Corus is given in section 12.

+ These sections are in addition to the range of BS 4 sections

FOR EXPLANATION OF TABLES SEE NOTES 2 AND 3

BS EN 1993-1-1:2005
BS 4-1:2005

STRUCTURAL TEES CUT FROM UNIVERSAL BEAMS

Advance UKT split from Advance UKB

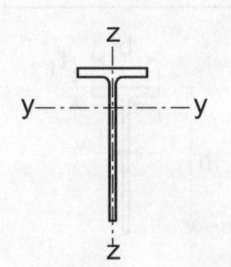

Properties (continued)

Section Designation	Radius of Gyration		Elastic Modulus			Plastic Modulus		Buckling Parameter	Torsional Index	Mono-symmetry Index	Warping Constant (*)	Torsional Constant	Area of Section
	Axis y-y	Axis z-z	Axis y-y Flange	Axis y-y Toe	Axis z-z	Axis y-y	Axis z-z	U	X	ψ	I_w	I_t	A
	cm	cm	cm³	cm³	cm³	cm³	cm³				cm⁶	cm⁴	cm²
210x267x69 +	8.24	4.68	862	292	181	520	284	0.609	12.5	0.719	2490	125	88.1
210x267x61	8.15	4.67	775	251	160	446	250	0.600	13.8	0.719	1660	88.9	77.7
210x267x55	8.14	4.60	697	226	140	401	218	0.605	15.5	0.721	1200	63.0	69.4
210x267x51	8.12	4.57	650	209	128	371	200	0.606	16.6	0.722	951	50.3	64.3
210x267x46	8.14	4.51	593	193	114	343	178	0.613	18.3	0.724	737	37.7	58.7
210x267x41	8.21	4.38	523	179	96.1	320	150	0.634	20.8	0.730	565	25.7	52.3
165x267x43 +	8.34	3.44	519	192	76.6	346	122	0.672	17.7	0.758	670	36.8	54.0
165x267x37 +	8.39	3.30	449	176	62.7	321	100	0.693	20.6	0.765	514	23.9	47.6
165x267x33 +	8.41	3.20	390	159	52.0	291	83.1	0.708	23.6	0.771	378	15.9	41.9
191x229x81 +	7.09	4.55	830	281	213	507	336	0.573	8.24	0.699	3780	256	103
191x229x67 +	7.01	4.44	702	231	170	414	267	0.576	9.82	0.702	2130	146	84.9
191x229x53 +	6.96	4.32	569	184	130	328	203	0.583	12.2	0.706	1070	72.6	67.4
191x229x49	6.88	4.33	536	167	122	296	189	0.573	12.9	0.705	835	60.5	62.6
191x229x45	6.87	4.29	491	152	109	269	169	0.576	14.1	0.706	628	45.2	56.9
191x229x41	6.88	4.23	452	141	97.8	250	152	0.583	15.5	0.709	494	34.5	52.2
191x229x37	6.86	4.20	413	127	87.8	225	136	0.583	16.9	0.709	365	25.8	47.3
191x229x34	6.90	4.12	372	118	76.5	209	119	0.597	18.9	0.713	280	18.5	42.7
152x229x41	7.05	3.37	436	150	76.3	267	120	0.634	13.7	0.740	534	44.5	52.3
152x229x37	7.03	3.33	397	135	67.8	242	107	0.636	15.1	0.742	396	32.9	47.2
152x229x34	7.04	3.27	359	125	59.3	223	93.3	0.646	16.8	0.745	305	23.8	42.8
152x229x30	7.02	3.23	322	111	52.0	199	81.5	0.648	18.8	0.746	217	16.9	38.1
152x229x26	7.08	3.11	276	102	42.3	183	66.6	0.671	22.0	0.753	161	10.7	33.3
178x203x43 +	6.11	4.11	413	127	101	226	157	0.556	12.2	0.694	538	46.3	54.3
178x203x37	6.06	4.04	365	109	86.1	194	133	0.555	13.8	0.696	350	31.3	47.2
178x203x34	6.07	3.99	332	100	76.3	177	118	0.561	15.2	0.698	262	23.0	42.8
178x203x30	6.04	3.97	301	89.0	67.6	157	104	0.561	16.9	0.699	186	16.6	38.3
178x203x27	6.13	3.85	268	84.6	57.5	150	89.1	0.588	19.2	0.705	146	11.5	34.5
140x203x27 +	6.23	3.06	256	87.0	44.3	155	69.5	0.636	17.1	0.739	148	14.4	34.0
140x203x23	6.19	3.03	224	74.2	37.8	132	59.0	0.633	19.5	0.740	93.7	9.49	29.3
140x203x20	6.28	2.87	184	67.2	28.9	121	45.4	0.668	23.8	0.750	66.3	5.33	24.8

Advance, UKT and UKB are trademarks of Corus. A fuller description of the relationship between Structural Tees and the Advance range of sections manufactured by Corus is given in section 12.

+ These sections are in addition to the range of BS 4 sections

(*) Note units are cm⁶ and not dm⁶.

FOR EXPLANATION OF TABLES SEE NOTES 2 AND 3

STRUCTURAL TEES CUT FROM UNIVERSAL BEAMS

Advance UKT split from Advance UKB

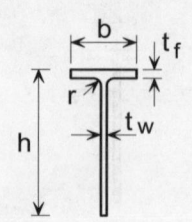

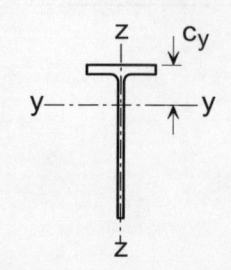

BS EN 1993-1-1:2005
BS 4-1:2005

Dimensions and properties

Section Designation	Cut from Universal Beam Section Designation	Mass per Metre (kg/m)	Width of Section b (mm)	Depth of Section h (mm)	Thickness Web t_w (mm)	Thickness Flange t_f (mm)	Root Radius r (mm)	Ratios for Local Buckling Flange c_f/t_f	Ratios for Local Buckling Web c_w/t_w	Dimension c_y (cm)	Second Moment of Area Axis y-y (cm^4)	Second Moment of Area Axis z-z (cm^4)
171x178x34	356x171x67	33.5	173.2	181.6	9.1	15.7	10.2	4.58	20.0	4.00	1150	681
171x178x29	356x171x57	28.5	172.2	178.9	8.1	13.0	10.2	5.53	22.1	3.97	986	554
171x178x26	356x171x51	25.5	171.5	177.4	7.4	11.5	10.2	6.25	24.0	3.94	882	484
171x178x23	356x171x45	22.5	171.1	175.6	7.0	9.7	10.2	7.41	25.1	4.05	798	406
127x178x20	356x127x39	19.5	126.0	176.6	6.6	10.7	10.2	4.63	26.8	4.43	728	179
127x178x17	356x127x33	16.5	125.4	174.4	6.0	8.5	10.2	5.82	29.1	4.56	626	140
165x152x27	305x165x54	27.0	166.9	155.1	7.9	13.7	8.9	5.15	19.6	3.21	642	531
165x152x23	305x165x46	23.0	165.7	153.2	6.7	11.8	8.9	5.98	22.9	3.07	536	448
165x152x20	305x165x40	20.1	165.0	151.6	6.0	10.2	8.9	6.92	25.3	3.03	468	382
127x152x24	305x127x48	24.0	125.3	155.4	9.0	14.0	8.9	3.52	17.3	3.94	662	231
127x152x21	305x127x42	20.9	124.3	153.5	8.0	12.1	8.9	4.07	19.2	3.87	573	194
127x152x19	305x127x37	18.5	123.4	152.1	7.1	10.7	8.9	4.60	21.4	3.78	501	168
102x152x17	305x102x33	16.4	102.4	156.3	6.6	10.8	7.6	3.73	23.7	4.14	487	97.1
102x152x14	305x102x28	14.1	101.8	154.3	6.0	8.8	7.6	4.58	25.7	4.20	420	77.7
102x152x13	305x102x25	12.4	101.6	152.5	5.8	7.0	7.6	5.76	26.3	4.43	377	61.5
146x127x22	254x146x43	21.5	147.3	129.7	7.2	12.7	7.6	4.92	18.0	2.64	343	339
146x127x19	254x146x37	18.5	146.4	127.9	6.3	10.9	7.6	5.73	20.3	2.55	292	285
146x127x16	254x146x31	15.5	146.1	125.6	6.0	8.6	7.6	7.26	20.9	2.66	259	224
102x127x14	254x102x28	14.1	102.2	130.1	6.3	10.0	7.6	4.04	20.7	3.24	277	89.3
102x127x13	254x102x25	12.6	101.9	128.5	6.0	8.4	7.6	4.80	21.4	3.32	250	74.3
102x127x11	254x102x22	11.0	101.6	126.9	5.7	6.8	7.6	5.93	22.3	3.45	223	59.7
133x102x15	203x133x30	15.0	133.9	103.3	6.4	9.6	7.6	5.85	16.1	2.11	154	192
133x102x13	203x133x25	12.5	133.2	101.5	5.7	7.8	7.6	7.20	17.8	2.10	131	154

Advance, UKT and UKB are trademarks of Corus. A fuller description of the relationship between Structural Tees and the Advance range of sections manufactured by Corus is given in section 12.

FOR EXPLANATION OF TABLES SEE NOTES 2 AND 3

STRUCTURAL TEES CUT FROM UNIVERSAL BEAMS

Advance UKT split from Advance UKB

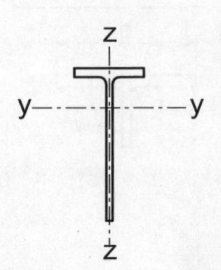

Properties (continued)

Section Designation	Radius of Gyration		Elastic Modulus			Plastic Modulus		Buckling Parameter	Torsional Index	Mono-symmetry Index	Warping Constant (*)	Torsional Constant	Area of Section
	Axis y-y	Axis z-z	Axis y-y Flange	Axis y-y Toe	Axis z-z	Axis y-y	Axis z-z	U	X	ψ	I_w	I_t	A
	cm	cm	cm^3	cm^3	cm^3	cm^3	cm^3				cm^6	cm^4	cm^2
171x178x34	5.20	3.99	288	81.5	78.6	145	121	0.500	12.2	0.672	249	27.8	42.7
171x178x29	5.21	3.91	248	70.9	64.4	125	99.4	0.514	14.4	0.676	154	16.6	36.3
171x178x26	5.21	3.86	224	63.9	56.5	113	87.1	0.521	16.1	0.677	110	11.9	32.4
171x178x23	5.28	3.76	197	59.1	47.4	104	73.3	0.546	18.4	0.683	79.2	7.90	28.7
127x178x20	5.41	2.68	164	55.0	28.4	98.0	44.5	0.632	17.6	0.739	57.1	7.53	24.9
127x178x17	5.45	2.58	137	48.6	22.3	87.2	35.1	0.655	21.1	0.746	38.0	4.38	21.1
165x152x27	4.32	3.93	200	52.2	63.7	92.8	97.8	0.389	11.8	0.636	128	17.3	34.4
165x152x23	4.27	3.91	174	43.7	54.1	77.1	82.8	0.380	13.6	0.636	78.6	11.1	29.4
165x152x20	4.27	3.86	155	38.6	46.3	67.6	70.9	0.393	15.5	0.638	52.0	7.35	25.7
127x152x24	4.65	2.74	168	57.1	36.8	102	58.0	0.602	11.7	0.714	104	15.8	30.6
127x152x21	4.63	2.70	148	49.9	31.3	88.9	49.2	0.606	13.3	0.716	69.2	10.5	26.7
127x152x19	4.61	2.67	132	43.8	27.2	77.9	42.7	0.606	14.9	0.718	47.4	7.36	23.6
102x152x17	4.82	2.15	118	42.3	19.0	75.8	30.0	0.656	15.8	0.749	36.8	6.08	20.9
102x152x14	4.84	2.08	100.0	37.4	15.3	67.5	24.2	0.673	18.7	0.756	25.2	3.69	17.9
102x152x13	4.88	1.97	85.0	34.8	12.1	63.9	19.4	0.705	21.8	0.766	20.4	2.37	15.8
146x127x22	3.54	3.52	130	33.2	46.0	59.5	70.5	0.202	10.6	0.613	64.9	11.9	27.4
146x127x19	3.52	3.48	115	28.5	39.0	50.7	59.7	0.233	12.2	0.616	41.0	7.65	23.6
146x127x16	3.61	3.36	97.4	26.2	30.6	46.0	47.1	0.376	14.8	0.623	24.5	4.26	19.8
102x127x14	3.92	2.22	85.5	28.3	17.5	50.4	27.4	0.607	13.8	0.720	21.0	4.77	18.0
102x127x13	3.95	2.15	75.3	26.2	14.6	46.9	23.0	0.628	15.8	0.727	15.9	3.20	16.0
102x127x11	3.99	2.06	64.5	24.1	11.7	43.5	18.6	0.656	18.2	0.736	12.0	2.06	14.0
133x102x15	2.84	3.17	73.1	18.8	28.7	33.5	44.1	-	-	0.569	21.7	5.13	19.1
133x102x13	2.86	3.10	62.4	16.2	23.1	28.7	35.5	-	-	0.572	12.6	2.97	16.0

Advance, UKT and UKB are trademarks of Corus. A fuller description of the relationship between Structural Tees and the Advance range of sections manufactured by Corus is given in section 12.

(*) Note units are cm^6 and not dm^6.

– Indicates that no values of U and X are given, as lateral torsional buckling due to bending about the y-y axis is not possible, because the second moment of area about the z-z axis exceeds the second moment of area about the y-y axis.

FOR EXPLANATION OF TABLES SEE NOTES 2 AND 3

STRUCTURAL TEES CUT FROM UNIVERSAL COLUMNS

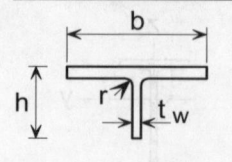

Advance UKT split from Advance UKC

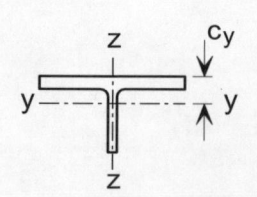

Dimensions

Section Designation	Cut from Universal Beam Section Designation	Mass per Metre kg/m	Width of Section b mm	Depth of Section h mm	Thickness Web t_w mm	Thickness Flange t_f mm	Root Radius r mm	Ratios for Local Buckling Flange c_f/t_f	Ratios for Local Buckling Web c_w/t_w	Dimension c_y cm
406x178x118	356x406x235	117.5	394.8	190.4	18.4	30.2	15.2	5.73	10.3	3.40
368x178x101	356x368x202	100.9	374.7	187.2	16.5	27.0	15.2	6.07	11.3	3.29
368x178x89	356x368x177	88.5	372.6	184.0	14.4	23.8	15.2	6.89	12.8	3.09
368x178x77	356x368x153	76.5	370.5	180.9	12.3	20.7	15.2	7.92	14.7	2.88
368x178x65	356x368x129	64.5	368.6	177.7	10.4	17.5	15.2	9.37	17.1	2.69
305x152x79	305x305x158	79.0	311.2	163.5	15.8	25.0	15.2	5.30	10.3	3.04
305x152x69	305x305x137	68.4	309.2	160.2	13.8	21.7	15.2	6.11	11.6	2.86
305x152x59	305x305x118	58.9	307.4	157.2	12.0	18.7	15.2	7.09	13.1	2.69
305x152x49	305x305x97	48.4	305.3	153.9	9.9	15.4	15.2	8.60	15.5	2.50
254x127x84	254x254x167	83.5	265.2	144.5	19.2	31.7	12.7	3.48	7.53	3.07
254x127x66	254x254x132	66.0	261.3	138.1	15.3	25.3	12.7	4.36	9.03	2.70
254x127x54	254x254x107	53.5	258.8	133.3	12.8	20.5	12.7	5.38	10.4	2.45
254x127x45	254x254x89	44.4	256.3	130.1	10.3	17.3	12.7	6.38	12.6	2.21
254x127x37	254x254x73	36.5	254.6	127.0	8.6	14.2	12.7	7.77	14.8	2.05
203x102x64 +	203x203x127	63.7	213.9	120.7	18.1	30.1	10.2	2.91	6.67	2.73
203x102x57 +	203x203x113	56.7	212.1	117.5	16.3	26.9	10.2	3.26	7.21	2.56
203x102x50 +	203x203x100	49.8	210.3	114.3	14.5	23.7	10.2	3.70	7.88	2.38
203x102x43	203x203x86	43.0	209.1	111.0	12.7	20.5	10.2	4.29	8.74	2.20
203x102x36	203x203x71	35.5	206.4	107.8	10.0	17.3	10.2	5.09	10.8	1.95
203x102x30	203x203x60	30.0	205.8	104.7	9.4	14.2	10.2	6.20	11.1	1.89
203x102x26	203x203x52	26.0	204.3	103.0	7.9	12.5	10.2	7.04	13.0	1.75
203x102x23	203x203x46	23.0	203.6	101.5	7.2	11.0	10.2	8.00	14.1	1.69
152x76x26 +	152x152x51	25.6	157.4	85.1	11.0	15.7	7.6	4.18	7.74	1.79
152x76x22 +	152x152x44	22.0	155.9	83.0	9.5	13.6	7.6	4.82	8.74	1.66
152x76x19	152x152x37	18.5	154.4	80.8	8.0	11.5	7.6	5.70	10.1	1.53
152x76x15	152x152x30	15.0	152.9	78.7	6.5	9.4	7.6	6.98	12.1	1.41
152x76x12	152x152x23	11.5	152.2	76.1	5.8	6.8	7.6	9.65	13.1	1.39

Advance, UKT and UKC are trademarks of Corus. A fuller description of the relationship between Structural Tees and the Advance range of sections manufactured by Corus is given in section 12.

+ These sections are in addition to the range of BS 4 sections

FOR EXPLANATION OF TABLES SEE NOTES 2 AND 3

BS EN 1993-1-1:2005
BS 4-1:2005

STRUCTURAL TEES CUT FROM UNIVERSAL COLUMNS

Advance UKT split from Advance UKC

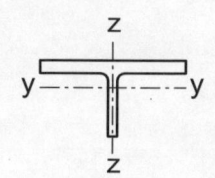

Properties

Section Designation	Second Moment of Area		Radius of Gyration		Elastic Modulus			Plastic Modulus		Mono-symmetry Index	Warping Constant (*)	Torsional Constant	Area of Section
	Axis y-y cm^4	Axis z-z cm^4	Axis y-y cm	Axis z-z cm	Axis y-y Flange cm^3	Axis y-y Toe cm^3	Axis z-z cm^3	Axis y-y cm^3	Axis z-z cm^3	ψ	I_w cm^6	I_t cm^4	A cm^2
406x178x118	2860	15500	4.37	10.2	843	183	785	367	1190	0.165	12700	405	150
368x178x101	2460	11800	4.38	9.60	749	160	632	312	960	0.216	7840	278	129
368x178x89	2090	10300	4.30	9.54	676	136	551	263	835	0.212	5270	190	113
368x178x77	1730	8780	4.22	9.49	601	114	474	216	717	0.209	3390	125	97.4
368x178x65	1420	7310	4.16	9.43	527	94.1	396	175	600	0.207	2010	76.2	82.2
305x152x79	1530	6280	3.90	7.90	503	115	404	225	615	0.268	3650	188	101
305x152x69	1290	5350	3.84	7.83	450	97.7	346	188	526	0.263	2340	124	87.2
305x152x59	1080	4530	3.79	7.77	401	82.8	295	156	448	0.262	1470	80.3	75.1
305x152x49	858	3650	3.73	7.69	343	66.5	239	123	363	0.258	806	45.5	61.7
254x127x84	1200	4930	3.36	6.81	391	105	372	220	569	0.261	4540	312	106
254x127x66	871	3770	3.22	6.69	323	78.3	288	159	439	0.250	2200	159	84.1
254x127x54	676	2960	3.15	6.59	276	62.1	229	122	348	0.245	1150	85.9	68.2
254x127x45	524	2430	3.04	6.55	237	48.5	190	94.0	288	0.242	660	51.1	56.7
254x127x37	417	1950	2.99	6.48	204	39.2	153	74.0	233	0.236	359	28.8	46.5
203x102x64 +	637	2460	2.80	5.50	233	68.2	230	145	352	0.279	2050	212	81.2
203x102x57 +	540	2140	2.73	5.45	211	58.8	202	123	309	0.270	1430	152	72.3
203x102x50 +	453	1840	2.67	5.39	190	50.0	175	103	267	0.266	951	104	63.4
203x102x43	373	1560	2.61	5.34	169	41.9	150	84.6	228	0.257	605	68.1	54.8
203x102x36	280	1270	2.49	5.30	143	31.8	123	63.6	187	0.254	343	40.0	45.2
203x102x30	244	1030	2.53	5.20	129	28.4	100	54.3	153	0.245	195	23.5	38.2
203x102x26	200	889	2.46	5.18	115	23.4	87.0	44.5	132	0.243	128	15.8	33.1
203x102x23	177	774	2.45	5.13	105	20.9	76.0	39.0	115	0.242	87.2	11.0	29.4
152x76x26 +	141	511	2.08	3.96	79.0	21.0	64.9	41.4	99.5	0.281	122	24.3	32.6
152x76x22 +	116	430	2.04	3.92	70.0	17.5	55.2	34.0	84.4	0.281	76.7	15.8	28.0
152x76x19	93.1	353	1.99	3.87	60.7	14.2	45.7	27.1	69.8	0.277	44.9	9.54	23.5
152x76x15	72.2	280	1.94	3.83	51.4	11.2	36.7	20.9	55.8	0.269	23.7	5.24	19.1
152x76x12	58.5	200	2.00	3.70	41.9	9.41	26.3	16.9	40.1	0.278	9.78	2.30	14.6

Advance, UKT and UKC are trademarks of Corus. A fuller description of the relationship between Structural Tees and the Advance range of sections manufactured by Corus is given in section 12.

+ These sections are in addition to the range of BS 4 sections

(*) Note units are cm^6 and not dm^6.

Values of U and X are not given, as lateral torsional buckling due to bending about the y-y axis is not possible, because the second moment of area about the z-z axis exceeds the second moment of area about the y-y axis.

FOR EXPLANATION OF TABLES SEE NOTES 2 AND 3

B.2. TABLES OF
EFFECTIVE SECTION PROPERTIES

EFFECTIVE SECTION PROPERTIES

UNIVERSAL BEAMS
Advance UKB

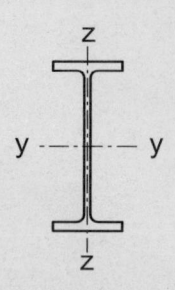

BS EN 1993-1-1:2005
BS 4-1:2005

Classification and effective area for sections subject to axial compression

Section Designation	S275 / Advance275					S355 / Advance355				
	Classification		Gross Area A cm^2	Effective Area A_{eff} cm^2	A_{eff}/A	Classification		Gross Area A cm^2	Effective Area A_{eff} cm^2	A_{eff}/A
1016x305x393 +	Not class 4		500	500	1.00	Class 4	W	500	**488**	0.976
1016x305x349 +	Class 4	W	445	**432**	0.970	Class 4	W	445	**418**	0.940
1016x305x314 +	Class 4	W	400	**379**	0.947	Class 4	W	400	**366**	0.916
1016x305x272 +	Class 4	W	347	**317**	0.913	Class 4	W	347	**306**	0.883
1016x305x249 +	Class 4	W	317	**287**	0.905	Class 4	W	317	**276**	0.872
1016x305x222 +	Class 4	W	283	**251**	0.888	Class 4	W	283	**241**	0.853
914x419x388	Not class 4		494	494	1.00	Class 4	W	494	**478**	0.968
914x419x343	Class 4	W	437	**426**	0.974	Class 4	W	437	**414**	0.948
914x305x289	Class 4	W	368	**354**	0.962	Class 4	W	368	**342**	0.929
914x305x253	Class 4	W	323	**301**	0.932	Class 4	W	323	**290**	0.899
914x305x224	Class 4	W	286	**259**	0.907	Class 4	W	286	**250**	0.874
914x305x201	Class 4	W	256	**227**	0.887	Class 4	W	256	**218**	0.852
838x292x226	Class 4	W	289	**271**	0.936	Class 4	W	289	**261**	0.904
838x292x194	Class 4	W	247	**224**	0.908	Class 4	W	247	**216**	0.875
838x292x176	Class 4	W	224	**200**	0.891	Class 4	W	224	**192**	0.856
762x267x197	Class 4	W	251	**239**	0.953	Class 4	W	251	**231**	0.922
762x267x173	Class 4	W	220	**204**	0.929	Class 4	W	220	**197**	0.896
762x267x147	Class 4	W	187	**168**	0.896	Class 4	W	187	**161**	0.862
762x267x134	Class 4	W	171	**149**	0.871	Class 4	W	171	**143**	0.839
686x254x170	Class 4	W	217	**209**	0.963	Class 4	W	217	**202**	0.933
686x254x152	Class 4	W	194	**182**	0.941	Class 4	W	194	**176**	0.909
686x254x140	Class 4	W	178	**164**	0.924	Class 4	W	178	**159**	0.892
686x254x125	Class 4	W	159	**144**	0.905	Class 4	W	159	**139**	0.872
610x305x179	Not class 4		228	228	1.00	Class 4	W	228	**220**	0.965
610x305x149	Class 4	W	190	**182**	0.956	Class 4	W	190	**177**	0.931
610x229x140	Class 4	W	178	**172**	0.968	Class 4	W	178	**167**	0.937
610x229x125	Class 4	W	159	**150**	0.945	Class 4	W	159	**145**	0.914
610x229x113	Class 4	W	144	**133**	0.926	Class 4	W	144	**129**	0.895
610x229x101	Class 4	W	129	**117**	0.904	Class 4	W	129	**113**	0.872
610x178x100 +	Class 4	W	128	**118**	0.921	Class 4	W	128	**113**	0.885
610x178x92 +	Class 4	W	117	**105**	0.900	Class 4	W	117	**101**	0.864
610x178x82 +	Class 4	W	104	**90.7**	0.872	Class 4	W	104	**86.9**	0.835
533x312x150 +	Not class 4		192	192	1.00	Class 4	W	192	**186**	0.970
533x210x122	Not class 4		155	155	1.00	Class 4	W	155	**149**	0.963
533x210x109	Class 4	W	139	**135**	0.972	Class 4	W	139	**131**	0.942
533x210x101	Class 4	W	129	**123**	0.956	Class 4	W	129	**119**	0.926
533x210x92	Class 4	W	117	**109**	0.934	Class 4	W	117	**106**	0.905
533x210x82	Class 4	W	105	**96.4**	0.918	Class 4	W	105	**93.1**	0.887

Advance and UKB are trademarks of Corus. A fuller description of the relationship between Universal Beams (UB) and the Advance range of sections manufactured by Corus is given in note 12.

+ These sections are in addition to the range of BS 4-1 sections

W indicates that the section classification is controlled by the web.

Values of A_{eff} not in **bold type** are the same as the gross area.

Only the sections which can be class 4 under axial compression are given in the table.

FOR EXPLANATION OF TABLES SEE NOTE 4

EFFECTIVE SECTION PROPERTIES

UNIVERSAL BEAMS
Advance UKB

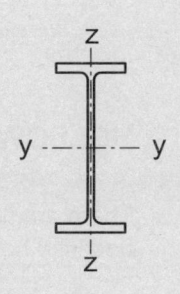

BS EN 1993-1-1:2005
BS 4-1:2005

Classification and effective area for sections subject to axial compression

Section Designation	S275 / Advance275					S355 / Advance355				
	Classification		Gross Area A cm²	Effective Area A_{eff} cm²	A_{eff}/A	Classification		Gross Area A cm²	Effective Area A_{eff} cm²	A_{eff}/A
533x165x85 +	Class 4	W	108	**101**	0.937	Class 4	W	108	**97.6**	0.903
533x165x74 +	Class 4	W	95.2	**86.8**	0.911	Class 4	W	95.2	**83.5**	0.877
533x165x66 +	Class 4	W	83.7	**73.9**	0.883	Class 4	W	83.7	**70.9**	0.848
457x191x98	Not class 4		125	125	1.00	Class 4	W	125	**122**	0.975
457x191x89	Not class 4		114	114	1.00	Class 4	W	114	**109**	0.957
457x191x82	Class 4	W	104	**101**	0.968	Class 4	W	104	**97.8**	0.940
457x191x74	Class 4	W	94.6	**89.6**	0.947	Class 4	W	94.6	**86.9**	0.919
457x191x67	Class 4	W	85.5	**79.7**	0.932	Class 4	W	85.5	**77.2**	0.903
457x152x82	Not class 4		105	105	1.00	Class 4	W	105	**100**	0.954
457x152x74	Class 4	W	94.5	**91.0**	0.963	Class 4	W	94.5	**88.1**	0.932
457x152x67	Class 4	W	85.6	**80.6**	0.942	Class 4	W	85.6	**77.9**	0.911
457x152x60	Class 4	W	76.2	**69.7**	0.915	Class 4	W	76.2	**67.4**	0.884
457x152x52	Class 4	W	66.6	**59.4**	0.892	Class 4	W	66.6	**57.3**	0.860
406x178x74	Not class 4		94.5	94.5	1.00	Class 4	W	94.5	**90.8**	0.961
406x178x67	Class 4	W	85.5	**83.0**	0.970	Class 4	W	85.5	**80.7**	0.944
406x178x60	Class 4	W	76.5	**72.5**	0.948	Class 4	W	76.5	**70.4**	0.921
406x178x54	Class 4	W	69.0	**64.7**	0.938	Class 4	W	69.0	**62.7**	0.909
406x140x53 +	Class 4	W	67.9	**63.9**	0.941	Class 4	W	67.9	**61.8**	0.911
406x140x46	Class 4	W	58.6	**53.1**	0.906	Class 4	W	58.6	**51.4**	0.876
406x140x39	Class 4	W	49.7	**43.7**	0.880	Class 4	W	49.7	**42.1**	0.848
356x171x67	Not class 4		85.5	85.5	1.00	Class 4	W	85.5	**84.1**	0.983
356x171x57	Not class 4		72.6	72.6	1.00	Class 4	W	72.6	**69.7**	0.960
356x171x51	Class 4	W	64.9	**62.7**	0.966	Class 4	W	64.9	**61.0**	0.940
356x171x45	Class 4	W	57.3	**54.5**	0.952	Class 4	W	57.3	**53.0**	0.924
356x127x39	Class 4	W	49.8	**46.5**	0.934	Class 4	W	49.8	**45.0**	0.904
356x127x33	Class 4	W	42.1	**38.1**	0.905	Class 4	W	42.1	**36.8**	0.874
305x165x46	Class 4	W	58.7	**57.6**	0.982	Class 4	W	58.7	**56.3**	0.960
305x165x40	Class 4	W	51.3	**49.4**	0.962	Class 4	W	51.3	**48.2**	0.940
305x127x37	Not class 4		47.2	47.2	1.00	Class 4	W	47.2	**45.3**	0.960
305x102x33	Class 4	W	41.8	**40.1**	0.960	Class 4	W	41.8	**38.8**	0.929
305x102x28	Class 4	W	35.9	**33.5**	0.933	Class 4	W	35.9	**32.3**	0.900
305x102x25	Class 4	W	31.6	**29.0**	0.917	Class 4	W	31.6	**27.8**	0.880
254x146x37	Not class 4		47.2	47.2	1.00	Class 4	W	47.2	**46.4**	0.983
254x146x31	Not class 4		39.7	39.7	1.00	Class 4	W	39.7	**38.6**	0.971
254x102x28	Not class 4		36.1	36.1	1.00	Class 4	W	36.1	**35.0**	0.971
254x102x25	Not class 4		32.0	32.0	1.00	Class 4	W	32.0	**30.6**	0.957
254x102x22	Class 4	W	28.0	**27.2**	0.973	Class 4	W	28.0	**26.3**	0.940

Advance and UKB are trademarks of Corus. A fuller description of the relationship between Universal Beams (UB) and the Advance range of sections manufactured by Corus is given in note 12.

+ These sections are in addition to the range of BS 4-1 sections

W indicates that the section classification is controlled by the web.

Values of A_{eff} not in **bold type** are the same as the gross area.

Only the sections which can be class 4 under axial compression are given in the table.

FOR EXPLANATION OF TABLES SEE NOTE 4

EFFECTIVE SECTION PROPERTIES

Classification and effective area for sections subject to axial compression

HOLLOW SECTIONS - S275

There are no effective property tables given for hot finished hollow sections in S275, because hot finished hollow sections are normally available in S355 only.

There are no effective property tables given for cold-formed hollow sections in S275, because cold-formed hollow sections are normally available in S235 and S355 only. No effective property tables are given for S235 either, because sections available may not be manufactured to BS EN 10219-2: 2006.

BS EN 1993-1-1:2005
BS EN 10210-2:2005

EFFECTIVE SECTION PROPERTIES

S355 / Celsius® 355

HOT-FINISHED SQUARE HOLLOW SECTIONS

Celsius® SHS

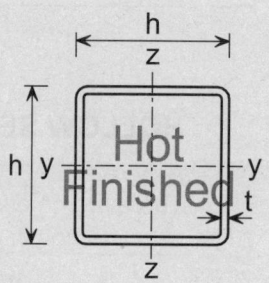

Classification and effective area for sections subject to axial compression

Designation		S355 / Celsius®355			
Size h x h mm	Wall Thickness t mm	Classification	Gross Area A cm^2	Effective Area A_{eff} cm^2	A_{eff}/A
200x200	5.0	Class 4	38.7	**35.2**	0.910
250x250	6.3	Class 4	61.0	**55.8**	0.915
260x260	6.3	Class 4	63.5	**56.6**	0.892
300x300	6.3	Class 4	73.6	**59.4**	0.807
	8.0	Class 4	92.8	**87.9**	0.947
350x350	8.0	Class 4	109	**93.5**	0.858
400x400	10.0	Class 4	155	**141**	0.910

Celsius® is a trademark of Corus. A fuller description of the relationship between Hot Finished Square Hollow Sections (HFSHS) and the Celsius® range of sections manufactured by Corus is given in note 12.

Values of A_{eff} not in **bold type** are the same as the gross area.

Only the sections which can be class 4 under axial compression are given in the table.

FOR EXPLANATION OF TABLES SEE NOTE 4.

BS EN 1993-1-1:2005
BS EN 10219-2:2005

EFFECTIVE SECTION PROPERTIES

S355 / Hybox® 355

COLD-FORMED SQUARE HOLLOW SECTIONS

Hybox® SHS

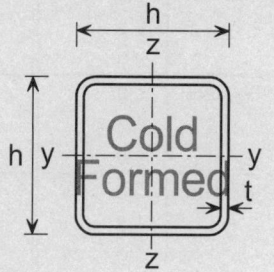

Classification and effective area for sections subject to axial compression

Designation		S355 / Hybox®355			
Size h x h mm	Wall Thickness t mm	Classification	Gross Area A cm^2	Effective Area A_{eff} cm^2	A_{eff}/A
150x150	4.0	Class 4	22.9	**21.7**	0.947
160x160	4.0	Class 4	24.5	**22.3**	0.909
200x200	5.0	Class 4	38.4	**34.9**	0.909
250x250	6.0	Class 4	57.6	**51.0**	0.885
300x300	6.0	Class 4	69.6	**54.1**	0.777
	8.0	Class 4	91.2	**86.3**	0.947
350x350	8.0	Class 4	107	**91.5**	0.855
400x400	8.0	Class 4	123	**95.4**	0.776
	10.0	Class 4	153	**139**	0.909

Hybox® is a trademark of Corus. A fuller description of the relationship between Cold Formed Square Hollow Sections (CFSHS) and the Hybox® range of sections manufactured by Corus is given in note 12.

Values of A_{eff} not in **bold type** are the same as the gross area.

Only the sections which can be class 4 under axial compression are given in the table.

FOR EXPLANATION OF TABLES SEE NOTE 4.

EFFECTIVE SECTION PROPERTIES

S355 / Celsius®355

BS EN 1993-1-1:2005
BS EN 10210-2:2006

HOT-FINISHED RECTANGULAR HOLLOW SECTIONS

Celsius® RHS

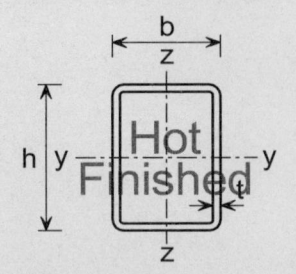

Classification and effective area for sections subject to axial compression

Designation		S355 / Celsius®355				
Size h x b mm	Wall Thickness t mm	Classification		Gross Area A cm²	Effective Area A_{eff} cm²	A_{eff}/A
150x125	4.0	Class 4	W	21.2	20.6	0.971
160x80	4.0	Class 4	W	18.4	17.3	0.939
200x100	5.0	Class 4	W	28.7	27.0	0.939
200x120	5.0	Class 4	W	30.7	29.0	0.943
250x150	5.0	Class 4	W	38.7	33.3	0.861
	6.3	Class 4	W	48.4	45.8	0.946
260x140	5.0	Class 4	W	38.7	32.5	0.840
	6.3	Class 4	W	48.4	45.0	0.929
300x100	8.0	Class 4	W	60.8	58.4	0.960
300x150	8.0	Class 4	W	68.8	66.4	0.965
300x200	6.3	Class 4	W	61.0	53.9	0.884
	8.0	Class 4	W	76.8	74.4	0.968
300x250	5.0	Class 4	F,W	53.7	38.8	0.722
	6.3	Class 4	F,W	67.3	57.6	0.856
	8.0	Class 4	W	84.8	82.4	0.971
350x150	5.0	Class 4	W	48.7	34.8	0.715
	6.3	Class 4	W	61.0	48.9	0.801
	8.0	Class 4	W	76.8	69.0	0.899
350x250	5.0	Class 4	F,W	58.7	39.4	0.671
	6.3	Class 4	F,W	73.6	58.9	0.800
	8.0	Class 4	W	92.8	85.0	0.916
400x120	5.0	Class 4	W	50.7	32.3	0.636
	6.3	Class 4	W	63.5	46.0	0.724
	8.0	Class 4	W	80.0	66.2	0.827
	10.0	Class 4	W	98.9	91.9	0.930
400x150	5.0	Class 4	W	53.7	35.3	0.657
	6.3	Class 4	W	67.3	49.8	0.740
	8.0	Class 4	W	84.8	71.0	0.837
	10.0	Class 4	W	105	98.0	0.934

Celsius® is a trademark of Corus. A fuller description of the relationship between Hot Finished Rectangular Hollow Sections (HFRHS) and the Celsius® range of sections manufactured by Corus is given in note 12.
W indicates that the section classification is controlled by the web.
F,W indicates that the section classification is controlled by both flange and web.
Values of A_{eff} not in **bold type** are the same as the gross area.
Only the sections which can be class 4 under axial compression are given in the table.
FOR EXPLANATION OF TABLES SEE NOTE 4.

BS EN 1993-1-1:2005
BS EN 10210-2:2006

EFFECTIVE SECTION PROPERTIES

S355 / Celsius® 355

HOT-FINISHED RECTANGULAR HOLLOW SECTIONS

Celsius® RHS

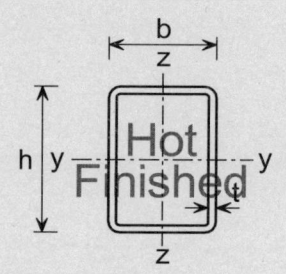

Classification and effective area for sections subject to axial compression

Designation		S355 / Celsius®355				
Size h x b mm	Wall Thickness t mm	Classification		Gross Area A cm^2	Effective Area A_{eff} cm^2	A_{eff}/A
400x200	8.0	Class 4	W	92.8	**79.0**	0.851
	10.0	Class 4	W	115	**108**	0.939
400x300	8.0	Class 4	F,W	109	**92.8**	0.851
	10.0	Class 4	W	135	**128**	0.948
450x250	8.0	Class 4	W	109	**88.7**	0.814
	10.0	Class 4	W	135	**121**	0.897
500x200	8.0	Class 4	W	109	**81.9**	0.751
	10.0	Class 4	W	135	**113**	0.840
	12.5	Class 4	W	167	**156**	0.935
500x300	8.0	Class 4	F,W	125	**95.4**	0.764
	10.0	Class 4	W	155	**133**	0.861
	12.5	Class 4	W	192	**181**	0.943

Celsius® is a trademark of Corus. A fuller description of the relationship between Hot Finished Rectangular Hollow Sections (HFRHS) and the Celsius® range of sections manufactured by Corus is given in note 12.

W indicates that the section classification is controlled by the web.

F,W indicates that the section classification is controlled by both flange and web.

Values of A_{eff} not in **bold type** are the same as the gross area.

Only the sections which can be class 4 under axial compression are given in the table.

FOR EXPLANATION OF TABLES SEE NOTE 4.

BS EN 1993-1-1:2005
BS EN 10219-2:2006

EFFECTIVE SECTION PROPERTIES

S355 / Hybox®355

COLD-FORMED RECTANGULAR HOLLOW SECTIONS

Hybox® RHS

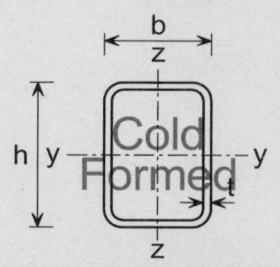

Classification and effective area for sections subject to axial compression

Designation		S355 / Hybox®355				
Size h x b mm	Wall Thickness t mm	Classification		Gross Area A cm²	Effective Area A_{eff} cm²	A_{eff}/A
120x40	3.0	Class 4	W	9.01	**8.38**	0.930
120x60	3.0	Class 4	W	10.2	**9.57**	0.938
140x80	3.0	Class 4	W	12.6	**11.1**	0.883
150x100	3.0	Class 4	W	14.4	**12.5**	0.865
	4.0	Class 4	W	18.9	**18.3**	0.968
160x80	4.0	Class 4	W	18.1	**17.0**	0.938
180x80	4.0	Class 4	W	19.7	**17.5**	0.887
180x100	4.0	Class 4	W	21.3	**19.1**	0.895
200x100	4.0	Class 4	W	22.9	**19.4**	0.849
	5.0	Class 4	W	28.4	**26.7**	0.939
200x120	4.0	Class 4	W	24.5	**21.0**	0.859
	5.0	Class 4	W	30.4	**28.7**	0.943
200x150	4.0	Class 4	F,W	26.9	**22.8**	0.849
	5.0	Class 4	W	33.4	**31.7**	0.948
250x150	5.0	Class 4	W	38.4	**33.0**	0.860
	6.0	Class 4	W	45.6	**42.3**	0.927
300x100	6.0	Class 4	W	45.6	**37.8**	0.830
	8.0	Class 4	W	59.2	**56.8**	0.959
300x200	6.0	Class 4	W	57.6	**49.8**	0.865
	8.0	Class 4	W	75.2	**72.8**	0.968
400x200	8.0	Class 4	W	91.2	**77.4**	0.849
	10.0	Class 4	W	113	**106**	0.938
450x250	8.0	Class 4	W	107	**86.7**	0.810
	10.0	Class 4	W	133	**119**	0.895
	12.0	Class 4	W	156	**151**	0.965
500x300	8.0	Class 4	F,W	123	**93.4**	0.760
	10.0	Class 4	W	153	**131**	0.859
	12.0	Class 4	W	180	**167**	0.926
	12.5	Class 4	W	187	**176**	0.942

Hybox® is a trademark of Corus. A fuller description of the relationship between Cold Formed Rectangular Hollow Sections (CFRHS) and the Hybox® range of sections manufactured by Corus is given in note 12.
W indicates that the section classification is controlled by the web.
F,W indicates that the section classification is controlled by both flange and web.
Values of A_{eff} not in **bold type** are the same as the gross area.
Only the sections which can be class 4 under axial compression are given in the table.
FOR EXPLANATION OF TABLES SEE NOTE 4.

| BS EN 1993-1-1:2005 |
| BS EN 10056-1:1999 |

EFFECTIVE SECTION PROPERTIES

EQUAL ANGLES
Advance UKA - Equal Angles

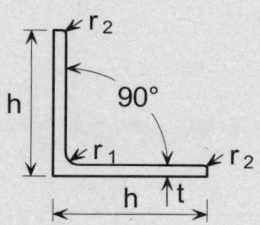

Classification and effective area for sections subject to axial compression

Designation		S275 / Advance275				S355 / Advance355			
Size $h \times h$ mm	Thickness t mm	Classification	Gross Area A cm²	Effective Area A_{eff} cm²	A_{eff}/A	Classification	Gross Area A cm²	Effective Area A_{eff} cm²	A_{eff}/A
200x200	20.0	Not class 4	76.3	76.3	1.00	Class 4	76.3	76.3	1.00
	18.0	Class 4	69.1	69.1	1.00	Class 4	69.1	69.1	1.00
	16.0	Class 4	61.8	61.8	1.00	Class 4	61.8	**57.7**	0.934
150x150	15.0	Not class 4	43.0	43.0	1.00	Class 4	43.0	43.0	1.00
	12.0	Class 4	34.8	34.8	1.00	Class 4	34.8	**32.5**	0.934
	10.0	Class 4	29.3	**26.3**	0.898	Class 4	29.3	**23.8**	0.814
120x120	12.0	Not class 4	27.5	27.5	1.00	Class 4	27.5	27.5	1.00
	10.0	Class 4	23.2	23.2	1.00	Class 4	23.2	**22.3**	0.962
	8.0 +	Class 4	18.8	**16.9**	0.898	Class 4	18.8	**15.3**	0.814
100x100	10.0	Not class 4	19.2	19.2	1.00	Class 4	19.2	19.2	1.00
	8.0	Class 4	15.5	15.5	1.00	Class 4	15.5	**14.5**	0.934
90x90	8.0	Class 4	13.9	13.9	1.00	Class 4	13.9	13.9	1.00
	7.0	Class 4	12.2	12.2	1.00	Class 4	12.2	**11.2**	0.915
80x80	8.0	Not class 4	12.3	12.3	1.00	Class 4	12.3	12.3	1.00
75x75	8.0	Not class 4	11.4	11.4	1.00	Class 4	11.4	11.4	1.00
	6.0	Class 4	8.73	8.73	1.00	Class 4	8.73	**8.15**	0.934
70x70	7.0	Not class 4	9.40	9.40	1.00	Class 4	9.40	9.40	1.00
	6.0	Class 4	8.13	8.13	1.00	Class 4	8.13	**7.98**	0.981
60x60	6.0	Not class 4	6.91	6.91	1.00	Class 4	6.91	6.91	1.00
	5.0	Class 4	5.82	5.82	1.00	Class 4	5.82	**5.60**	0.962
50x50	5.0	Not class 4	4.80	4.80	1.00	Class 4	4.80	4.80	1.00
	4.0	Class 4	3.89	3.89	1.00	Class 4	3.89	**3.63**	0.934
45x45	4.5	Not class 4	3.90	3.90	1.00	Class 4	3.90	3.90	1.00
40x40	4.0	Not class 4	3.08	3.08	1.00	Class 4	3.08	3.08	1.00
30x30	3.0	Not class 4	1.74	1.74	1.00	Class 4	1.74	1.74	1.00

Advance and UKA are trademarks of Corus. A fuller description of the relationship between Equal Angles and the Advance range of sections manufactured by Corus is given in note 12.

+ These sections are in addition to the range of BS EN 10056-1 sections.

Values of A_{eff} not in **bold type** are the same as the gross area.

Only the sections which can be class 4 under axial compression are given in the table.

FOR EXPLANATION OF TABLES SEE NOTE 4.

EFFECTIVE SECTION PROPERTIES

BS EN 1993-1-1:2005
BS EN 10056-1:1999

UNEQUAL ANGLES
Advance UKA - Unequal Angles

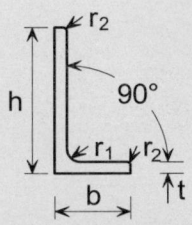

Classification and effective area for sections subject to axial compression

Designation		S275 / Advance275				S355 / Advance355			
Size $h \times b$ mm	Thickness t mm	Classification	Gross Area A cm^2	Effective Area A_{eff} cm^2	A_{eff}/A	Classification	Gross Area A cm^2	Effective Area A_{eff} cm^2	A_{eff}/A
200x150	18.0 +	Not class 4	60.1	60.1	1.00	Class 4	60.1	60.1	1.00
	15.0	Class 4	50.5	**49.3**	0.977	Class 4	50.5	**44.9**	0.889
	12.0	Class 4	40.8	**33.8**	0.827	Class 4	40.8	**30.5**	0.746
200x100	15.0	Not class 4	43.0	43.0	1.00	Class 4	43.0	**38.2**	0.889
	12.0	Class 4	34.8	**28.8**	0.827	Class 4	34.8	**25.9**	0.745
	10.0	Class 4	29.2	**20.8**	0.714	Class 4	29.2	**18.7**	0.640
150x90	12.0	Not class 4	27.5	27.5	1.00	Class 4	27.5	**25.7**	0.933
	10.0	Class 4	23.2	**20.8**	0.897	Class 4	23.2	**18.8**	0.812
150x75	12.0	Not class 4	25.7	25.7	1.00	Class 4	25.7	**24.0**	0.933
	10.0	Class 4	21.7	**19.5**	0.896	Class 4	21.7	**17.6**	0.812
125x75	10.0	Not class 4	19.1	19.1	1.00	Class 4	19.1	**17.8**	0.933
	8.0	Class 4	15.5	**13.5**	0.869	Class 4	15.5	**12.2**	0.786
100x75	8.0	Class 4	13.5	13.5	1.00	Class 4	13.5	**12.6**	0.934
100x65	8.0 +	Not class 4	12.7	12.7	1.00	Class 4	12.7	**11.9**	0.933
	7.0 +	Class 4	11.2	**10.4**	0.930	Class 4	11.2	**9.46**	0.844
100x50	8.0	Not class 4	11.4	11.4	1.00	Class 4	11.4	**10.6**	0.933
	6.0	Class 4	8.71	**7.20**	0.827	Class 4	8.71	**6.49**	0.746
80x60	7.0	Not class 4	9.38	9.38	1.00	Class 4	9.38	**9.33**	0.995
80x40	6.0	Not class 4	6.89	6.89	1.00	Class 4	6.89	**6.12**	0.889
75x50	6.0	Not class 4	7.19	7.19	1.00	Class 4	7.19	**6.71**	0.933
70x50	6.0	Not class 4	6.89	6.89	1.00	Class 4	6.89	**6.76**	0.981
65x50	5.0	Class 4	5.54	**5.51**	0.994	Class 4	5.54	**5.02**	0.907
60x40	5.0	Not class 4	4.79	4.79	1.00	Class 4	4.79	**4.60**	0.961
45x30	4.0	Not class 4	2.87	2.87	1.00	Class 4	2.87	2.87	1.00

Advance and UKA are trademarks of Corus. A fuller description of the relationship between Unequal Angles and the Advance range of sections manufactured by Corus is given in note 12.

Classification done when section loaded to capacity.

+ These sections are in addition to the range of BS EN 10056-1 sections.

Values of A_{eff} not in **bold type** are the same as the gross area.

Only the sections which can be class 4 under axial compression are given in the table.

FOR EXPLANATION OF TABLES SEE NOTE 4

[BLANK PAGE]

EFFECTIVE SECTION PROPERTIES

Classification and effective section properties for sections subject to bending

HOLLOW SECTIONS - S275

There are no effective property tables given for hot finished hollow sections in S275, because hot finished hollow sections are normally available in S355 only.

There are no effective property tables given for cold-formed hollow sections in S275, because normally cold-formed hollow sections are normally available in S235 and S355 only. No effective property tables are given for S235 either, because sections available may not be manufactured to BS EN 10219-2: 2006.

BS EN 1993-1-1:2005
BS EN 10210-2:2006

EFFECTIVE SECTION PROPERTIES

S355 / Celsius® 355

HOT-FINISHED SQUARE HOLLOW SECTIONS

Celsius® SHS

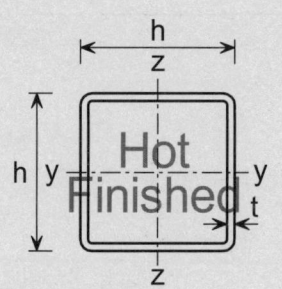

Classification and effective section properties for sections subject to bending about y-y axis

Designation		S355 / Celsius®355				
Size	Wall Thickness	Classification		Properties		
h x h mm	t mm			$I_{eff,y}$ cm^4	$W_{el,eff,y}$ cm^3	$W_{pl,eff,y}$ cm^3
200 x 200	5.0	Class 4	F	2360	231	*
250 x 250	6.3	Class 4	F	5817	456	*
260 x 260	6.3	Class 4	F	6503	487	*
300 x 300	6.3	Class 4	F	9743	619	*
300 x 300	8.0	Class 4	F	12865	847	*
350 x 350	8.0	Class 4	F	19952	1100	*
400 x 400	10.0	Class 4	F	37772	1847	*

Celsius® is a trademark of Corus. A fuller description of the relationship between Hot Finished Square Hollow Sections (HFSHS) and the Celsius® range of sections manufactured by Corus is given in note 12.

F indicates that the section classification is controlled by the flange.

$W_{el,eff,y}$ is the minimum value of the effective elastic modulus about the y-y axis for a class 4 section.

$W_{pl,eff,y}$ is the effective plastic modulus about the y-y axis for a class 3 section.

* Indicates that this parameter is not applicable to the section

Only the sections which can be class 3 or class 4 when subject to pure bending are given in the table.

FOR EXPLANATION OF TABLES SEE NOTE 4.

EFFECTIVE SECTION PROPERTIES

S355 / Hybox®355

BS EN 1993-1-1:2005
BS EN 10219-2:2006

COLD-FORMED SQUARE HOLLOW SECTIONS

Hybox® SHS

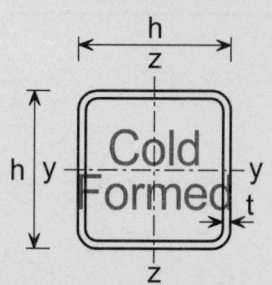

Classification and effective section properties for sections subject to bending about y-y axis

Designation		S355 / Hybox®355				
Size	Wall Thickness	Classification		Properties		
h x h mm	t mm			$I_{eff,y}$ cm^4	$W_{el,eff,y}$ cm^3	$W_{pl,eff,y}$ cm^3
150 x 150	4.0	Class 4	F	792	104	*
160 x 160	4.0	Class 4	F	952	116	*
200 x 200	5.0	Class 4	F	2325	227	*
250 x 250	6.0	Class 4	F	5418	421	*
300 x 300	6.0	Class 4	F	9075	572	*
300 x 300	8.0	Class 4	F	12537	825	*
350 x 350	8.0	Class 4	F	19503	1075	*
400 x 400	8.0	Class 4	F	28460	1345	*
400 x 400	10.0	Class 4	F	36860	1802	*

Hybox® is a trademark of Corus. A fuller description of the relationship between Cold Formed Square Hollow Sections (CFSHS) and the Hybox® range of sections manufactured by Corus is given in note 12.

F indicates that the section classification is controlled by the flange.

$W_{el,eff,y}$ is the minimum value of the effective elastic modulus about the y-y axis for a class 4 section.

$W_{pl,eff,y}$ is the effective plastic modulus about the y-y axis for a class 3 section.

* Indicates that this parameter is not applicable to the section

FOR EXPLANATION OF TABLES SEE NOTE 4.

EFFECTIVE SECTION PROPERTIES

S355 / Celsius® 355

BS EN 1993-1-1:2005
BS EN 10210-2:2006

HOT-FINISHED RECTANGULAR HOLLOW SECTIONS

Celsius® RHS

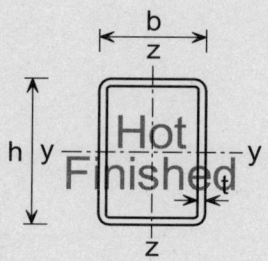

Classification and effective section properties for sections subject to bending about y-y axis

Designation		Classification		Properties		
Size h x b mm	Wall Thickness t mm			$I_{eff,y}$ cm^4	$W_{el,eff,y}$ cm^3	$W_{pl,eff,y}$ cm^3
300 x 250	5.0	Class 4	F	6792	430	*
300 x 250	6.3	Class 4	F	8902	582	*
350 x 250	5.0	Class 4	F	9790	534	*
350 x 250	6.3	Class 4	F	12812	719	*
400 x 120	5.0	Class 3	W	-	-	566
400 x 150	5.0	Class 3	W	-	-	626
400 x 300	8.0	Class 4	F	25235	1248	*
500 x 300	8.0	Class 4	F	42983	1703	*

Celsius® is a trademark of Corus. A fuller description of the relationship between Hot Finished Rectangular Hollow Sections (HFRHS) and the Celsius® range of sections manufactured by Corus is given in note 12.

- Indicates that the effective section property is not applicable due to the section classification and the gross property should be used.

W indicates that the section classification is controlled by the web.
F indicates that the section classification is controlled by the flange.
$W_{el,eff,y}$ is the minimum value of the effective elastic modulus about the y-y axis for a class 4 section.
$W_{pl,eff,y}$ is the effective plastic modulus about the y-y axis for a class 3 section.
* Indicates that this parameter is not applicable to the section
▓▓▓ Check availability
Only the sections which can be class 3 or class 4 when subject to pure bending are given in the table.

FOR EXPLANATION OF TABLES SEE NOTE 4.

EFFECTIVE SECTION PROPERTIES

S355 / Celsius® 355

BS EN 1993-1-1:2005
BS EN 10210-2:2006

HOT-FINISHED RECTANGULAR HOLLOW SECTIONS

Celsius® RHS

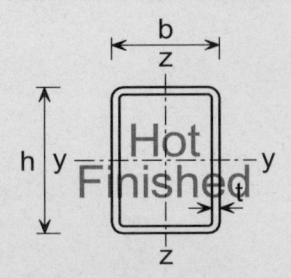

Classification and effective section properties for sections subject to bending about z-z axis

Designation		Classification		S355 / Celsius®355 Properties		
Size h x b mm	Wall Thickness t mm			$I_{eff,z}$ cm^4	$W_{el,eff,z}$ cm^3	$W_{pl,eff,z}$ cm^3
300 x 250	5.0	Class 4	F	4828	353	*
300 x 250	6.3	Class 4	F	6394	485	*
350 x 250	5.0	Class 4	F	5179	366	*
350 x 250	6.3	Class 4	F	6903	508	*
400 x 120	5.0	Class 4	F	1051	144	-
400 x 150	5.0	Class 4	F	1731	192	-
400 x 300	8.0	Class 4	F	14969	936	*
500 x 300	8.0	Class 4	F	16709	996	*

Celsius® is a trademark of Corus. A fuller description of the relationship between Hot Finished Rectangular Hollow Sections (HFRHS) and the Celsius® range of sections manufactured by Corus is given in note 12.

- Indicates that the effective section property is not applicable due to the section classification and the gross property should be used.

F indicates that the section classification is controlled by the flange.
$W_{el,eff,z}$ is the minimum value of the effective elastic modulus about the z-z axis for a class 4 section.
$W_{pl,eff,z}$ is not applicable for RHS.
Only the sections which can be class 3 or class 4 when subject to pure bending are given in the table.
* Indicates that this parameter is not applicable to the section
            Check availability
FOR EXPLANATION OF TABLES SEE NOTE 4.

EFFECTIVE SECTION PROPERTIES

S355 / Hybox®355

BS EN 1993-1-1:2005
BS EN 10219-2:2006

COLD-FORMED RECTANGULAR HOLLOW SECTIONS

Hybox® RHS

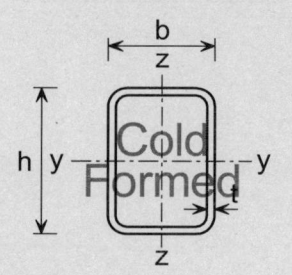

Classification and effective section properties for sections subject to bending about y-y axis

Designation		Classification		S355 / Hybox®355 Properties		
Size h x b mm	Wall Thickness t mm			$I_{eff,y}$ cm^4	$W_{el,eff,y}$ cm^3	$W_{pl,eff,y}$ cm^3
200 x 150	4.0	Class 4	F	1554	154	*
500 x 300	8.0	Class 4	F	42060	1666	*

Hybox® is a trademark of Corus. A fuller description of the relationship between Cold Formed Rectangular Hollow Sections (CFRHS) and the Hybox® range of sections manufactured by Corus is given in note 12.

F indicates that the section classification is controlled by the flange.

$W_{el,eff,y}$ is the minimum value of the effective elastic modulus about the y-y axis for a class 4 section.

$W_{pl,eff,y}$ is the effective plastic modulus about the y-y axis for a class 3 section.

* Indicates that this parameter is not applicable to the section

Only the sections which can be class 3 or class 4 when subject to pure bending are given in the table.

FOR EXPLANATION OF TABLES SEE NOTE 4.

BS EN 1993-1-1:2005
BS EN 10219-2:2006

EFFECTIVE SECTION PROPERTIES

S355 / Hybox®355

COLD-FORMED RECTANGULAR HOLLOW SECTIONS

Hybox® RHS

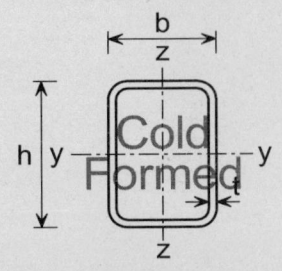

Classification and effective section properties for sections subject to bending about z-z axis

Designation		Classification		S355 / Hybox®355 Properties		
Size h x b mm	Wall Thickness t mm			$I_{eff,z}$ cm^4	$W_{el,eff,z}$ cm^3	$W_{pl,eff,z}$ cm^3
200 x 150	4.0	Class 4	F	923	115	*
500 x 300	8.0	Class 4	F	16375	974	*

Hybox® is a trademark of Corus. A fuller description of the relationship between Cold Formed Rectangular Hollow Sections (CFRHS) and the Hybox® range of sections manufactured by Corus is given in note 12.

F indicates that the section classification is controlled by the flange.

$W_{el,eff,z}$ is the minimum value of the effective elastic modulus about the z-z axis for a class 4 section.

$W_{pl,eff,z}$ is not applicable for RHS.

* Indicates that this parameter is not applicable to the section

Only the sections which can be class 3 or class 4 when subject to pure bending are given in the table.

FOR EXPLANATION OF TABLES SEE NOTE 4.

[BLANK PAGE]

[BLANK PAGE]

C. MEMBER RESISTANCES

S275

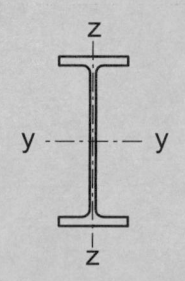

| BS EN 1993-1-1:2005 / BS 4-1:2005 | **COMPRESSION** | **S275 / Advance275** |

UNIVERSAL BEAMS
Advance UKB

Section Designation	Axis	Compression resistance $N_{b,y,Rd}$, $N_{b,z,Rd}$, $N_{b,T,Rd}$ (kN) for Buckling lengths L_{cr} (m)												
		2.0	3.0	4.0	5.0	6.0	7.0	8.0	9.0	10.0	11.0	12.0	13.0	14.0
1016x305x487 +	$N_{b,y,Rd}$	15800	15800	15800	15800	15800	15800	15700	15600	15400	15200	15100	14900	14700
	$N_{b,z,Rd}$	14700	13300	11700	10000	8420	7000	5820	4870	4120	3520	3030	2640	2310
	$N_{b,T,Rd}$	15300	14300	13500	12900	12300	11900	11500	11200	11000	10800	10700	10500	10400
1016x305x437 +	$N_{b,y,Rd}$	14200	14200	14200	14200	14200	14200	14100	14000	13800	13700	13500	13400	13200
	$N_{b,z,Rd}$	13200	11900	10400	8920	7460	6180	5140	4300	3630	3100	2670	2320	2030
	$N_{b,T,Rd}$	13700	12800	12000	11400	10800	10300	9970	9670	9420	9220	9060	8920	8810
1016x305x393 +	$N_{b,y,Rd}$	12800	12800	12800	12800	12800	12800	12700	12500	12400	12300	12100	12000	11900
	$N_{b,z,Rd}$	11800	10600	9290	7910	6590	5450	4520	3770	3180	2710	2340	2030	1780
	$N_{b,T,Rd}$	12200	11400	10700	10000	9450	8980	8580	8260	8000	7780	7610	7460	7340
* 1016x305x349 +	$N_{b,y,Rd}$	11400	11400	11400	11400	11400	11400	11400	11300	11200	11200	11100	11100	11100
	$N_{b,z,Rd}$	11100	10300	9230	7960	6640	5450	4480	3710	3100	2630	2250	1950	1700
	$N_{b,T,Rd}$	11100	10600	10000	9470	8960	8500	8100	7760	7470	7230	7020	6860	6710
* 1016x305x314 +	$N_{b,y,Rd}$	*10000*	*10000*	*10000*	*10000*	*10000*	*10000*	*10000*	*9930*	*9870*	*9810*	*9740*	*9680*	*9610*
	$N_{b,z,Rd}$	*9510*	*8790*	*8250*	*7090*	*5900*	*4830*	*3960*	*3270*	*2740*	*2320*	*1980*	*1710*	*1500*
	$N_{b,T,Rd}$	*9740*	*9240*	*8740*	*8240*	*7750*	*7300*	*6900*	*6550*	*6260*	*6020*	*5810*	*5640*	*5500*
* 1016x305x272 +	$N_{b,y,Rd}$	*8400*	*8400*	*8400*	*8400*	*8400*	*8400*	*8370*	*8320*	*8260*	*8210*	*8160*	*8100*	*8050*
	$N_{b,z,Rd}$	*7970*	*7380*	*6670*	*5810*	*5100*	*4170*	*3420*	*2820*	*2360*	*2000*	*1710*	*1480*	*1290*
	$N_{b,T,Rd}$	*8150*	*7730*	*7300*	*6850*	*6400*	*5970*	*5580*	*5230*	*4940*	*4700*	*4490*	*4320*	*4180*
* 1016x305x249 +	$N_{b,y,Rd}$	*7600*	*7600*	*7600*	*7600*	*7600*	*7600*	*7570*	*7520*	*7470*	*7420*	*7370*	*7320*	*7270*
	$N_{b,z,Rd}$	*7180*	*6620*	*5930*	*5270*	*4430*	*3590*	*2920*	*2400*	*2010*	*1690*	*1450*	*1250*	*1090*
	$N_{b,T,Rd}$	*7360*	*6970*	*6550*	*6110*	*5660*	*5220*	*4830*	*4480*	*4180*	*3940*	*3730*	*3560*	*3420*
* 1016x305x222 +	$N_{b,y,Rd}$	*6660*	*6660*	*6660*	*6660*	*6660*	*6660*	*6620*	*6580*	*6540*	*6500*	*6450*	*6410*	*6360*
	$N_{b,z,Rd}$	*6250*	*5740*	*5090*	*4450*	*3720*	*2980*	*2410*	*1980*	*1650*	*1390*	*1190*	*1020*	*893*
	$N_{b,T,Rd}$	*6440*	*6080*	*5690*	*5280*	*4840*	*4420*	*4030*	*3700*	*3420*	*3180*	*2990*	*2830*	*2700*
914x419x388	$N_{b,y,Rd}$	13100	13100	13100	13100	13100	13100	13000	12900	12800	12700	12600	12500	12400
	$N_{b,z,Rd}$	12900	12400	11700	11000	10200	9280	8290	7310	6410	5610	4910	4320	3820
	$N_{b,T,Rd}$	13100	12600	12100	11700	11200	10800	10300	9930	9550	9210	8900	8630	8390
* 914x419x343	$N_{b,y,Rd}$	*11300*	*11300*	*11300*	*11300*	*11300*	*11300*	*11200*	*11100*	*11000*	*11000*	*10900*	*10900*	*10900*
	$N_{b,z,Rd}$	*11100*	10900	10400	9710	8960	8120	7240	6370	5570	4860	4260	3740	3310
	$N_{b,T,Rd}$	11300	10900	10500	10000	9630	9210	8790	8390	8020	7670	7360	7090	6840

Advance and UKB are trademarks of Corus. A fuller description of the relationship between Universal Beams (UB) and the Advance range of sections manufactured by Corus is given in note 12.

+ These sections are in addition to the range of BS 4 sections.

* Section may be a Class 4 section under axial compression.

Values in *italic* type indicate that the section is a class 4 section in pure compression and allowance has been made in calculating the resistance.

For values of the compression cross-sectional resistance, $N_{c,Rd}$, see values of $N_{pl,Rd}$ in tables for axial force and bending and also see explanatory note 6.

FOR EXPLANATION OF TABLES SEE NOTE 6.

BS EN 1993-1-1:2005
BS 4-1:2005

COMPRESSION

UNIVERSAL BEAMS
Advance UKB

S275 / Advance275

Section Designation	Axis	Compression resistance $N_{b,y,Rd}$, $N_{b,z,Rd}$, $N_{b,T,Rd}$ (kN) for Buckling lengths L_{cr} (m)												
		2.0	3.0	4.0	5.0	6.0	7.0	8.0	9.0	10.0	11.0	12.0	13.0	14.0
* 914x305x289	$N_{b,y,Rd}$	9380	9380	9380	9380	9380	9360	9300	9240	9170	9100	9040	8960	8890
	$N_{b,z,Rd}$	8900	8530	7670	6640	5560	4580	3760	3120	2610	2210	1900	1640	1430
	$N_{b,T,Rd}$	9110	8660	8190	7710	7240	6800	6400	6050	5750	5510	5300	5120	4970
* 914x305x253	$N_{b,y,Rd}$	7970	7970	7970	7970	7970	7960	7910	7860	7800	7750	7690	7630	7570
	$N_{b,z,Rd}$	7570	7020	6380	5770	4810	3940	3230	2680	2240	1900	1620	1400	1230
	$N_{b,T,Rd}$	7750	7350	6930	6500	6060	5640	5250	4910	4620	4370	4170	4000	3850
* 914x305x224	$N_{b,y,Rd}$	6880	6880	6880	6880	6880	6860	6820	6770	6730	6680	6630	6580	6520
	$N_{b,z,Rd}$	6520	6030	5440	4880	4140	3380	2760	2280	1900	1610	1380	1190	1040
	$N_{b,T,Rd}$	6680	6330	5960	5560	5150	4740	4370	4040	3760	3520	3330	3160	3020
* 914x305x201	$N_{b,y,Rd}$	6020	6020	6020	6020	6020	6010	5970	5930	5890	5840	5800	5760	5710
	$N_{b,z,Rd}$	5690	5250	4710	4070	3560	2880	2350	1930	1610	1360	1160	1000	876
	$N_{b,T,Rd}$	5840	5530	5190	4820	4430	4050	3690	3380	3110	2890	2700	2540	2410
* 838x292x226	$N_{b,y,Rd}$	7170	7170	7170	7170	7170	7130	7080	7030	6980	6920	6860	6800	6740
	$N_{b,z,Rd}$	6780	6260	5770	5050	4180	3410	2790	2300	1920	1630	1390	1200	1050
	$N_{b,T,Rd}$	6940	6570	6190	5790	5390	5010	4670	4370	4130	3920	3750	3600	3480
* 838x292x194	$N_{b,y,Rd}$	5950	5950	5950	5950	5950	5910	5870	5830	5780	5740	5690	5640	5590
	$N_{b,z,Rd}$	5610	5170	4620	4190	3430	2770	2260	1860	1550	1310	1120	966	843
	$N_{b,T,Rd}$	5750	5430	5100	4730	4360	4000	3670	3390	3150	2950	2780	2640	2530
* 838x292x176	$N_{b,y,Rd}$	5290	5290	5290	5290	5290	5260	5220	5180	5140	5100	5060	5010	4960
	$N_{b,z,Rd}$	4980	4570	4070	3500	3000	2420	1960	1610	1340	1130	966	834	727
	$N_{b,T,Rd}$	5110	4820	4510	4170	3820	3480	3160	2890	2660	2470	2310	2180	2070
* 762x267x197	$N_{b,y,Rd}$	6340	6340	6340	6340	6320	6270	6220	6170	6110	6050	5990	5930	5860
	$N_{b,z,Rd}$	5910	5590	4850	4010	3220	2580	2080	1710	1420	1190	1020	880	767
	$N_{b,T,Rd}$	6070	5710	5340	4960	4590	4260	3980	3750	3560	3400	3280	3170	3080
* 762x267x173	$N_{b,y,Rd}$	5420	5420	5420	5420	5400	5360	5310	5270	5220	5170	5120	5070	5010
	$N_{b,z,Rd}$	5040	4570	4190	3430	2740	2180	1760	1440	1190	1000	857	739	644
	$N_{b,T,Rd}$	5180	4870	4530	4170	3820	3510	3230	3000	2810	2660	2540	2430	2350
* 762x267x147	$N_{b,y,Rd}$	4440	4440	4440	4440	4430	4390	4360	4320	4280	4240	4200	4150	4110
	$N_{b,z,Rd}$	4120	3730	3240	2810	2220	1760	1410	1150	956	804	686	591	514
	$N_{b,T,Rd}$	4240	3980	3680	3360	3040	2750	2490	2270	2100	1960	1840	1750	1670
* 762x267x134	$N_{b,y,Rd}$	4100	4100	4100	4100	4080	4050	4020	3980	3940	3910	3870	3820	3780
	$N_{b,z,Rd}$	3790	3410	2940	2440	2000	1570	1260	1020	848	713	607	523	455
	$N_{b,T,Rd}$	3910	3650	3360	3050	2730	2430	2180	1970	1800	1670	1560	1470	1390

Advance and UKB are trademarks of Corus. A fuller description of the relationship between Universal Beams (UB) and the Advance range of sections manufactured by Corus is given in note 12.

* Section may be a Class 4 section under axial compression.

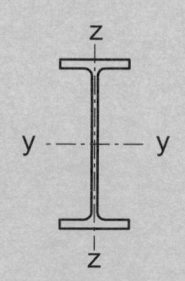

Values in *italic* type indicate that the section is a class 4 section in pure compression and allowance has been made in calculating the resistance.

For values of the compression cross-sectional resistance, $N_{c,Rd}$, see values of $N_{pl,Rd}$ in tables for axial force and bending and also see explanatory note 6.

FOR EXPLANATION OF TABLES SEE NOTE 6.

BS EN 1993-1-1:2005													
BS 4-1:2005													

COMPRESSION

UNIVERSAL BEAMS
Advance UKB

S275 / Advance275

Section Designation	Axis	Compression resistance $N_{b,y,Rd}$, $N_{b,z,Rd}$, $N_{b,T,Rd}$ (kN) for Buckling lengths L_{cr} (m)											
		2.0	3.0	4.0	5.0	6.0	7.0	8.0	9.0	10.0	11.0	12.0	13.0	14.0
* 686x254x170	$N_{b,y,Rd}$	5540	5540	5540	5540	5490	5440	5390	5340	5280	5220	5170	5170	5170
	$N_{b,z,Rd}$	5170	4770	4100	3350	2670	2120	1710	1390	1160	975	831	717	624
	$N_{b,T,Rd}$	5280	4950	4610	4270	3950	3680	3450	3260	3100	2980	2880	2800	2730
* 686x254x152	$N_{b,y,Rd}$	*4840*	*4840*	*4840*	*4840*	*4800*	*4750*	*4710*	*4660*	*4610*	*4560*	*4510*	*4450*	*4390*
	$N_{b,z,Rd}$	*4470*	*4040*	*3630*	*2950*	*2340*	*1860*	*1490*	*1220*	*1010*	*851*	*726*	*626*	*545*
	$N_{b,T,Rd}$	4600	4310	4000	3680	3380	3110	2880	2690	2540	2410	2320	2230	2170
* 686x254x140	$N_{b,y,Rd}$	*4360*	*4360*	*4360*	*4360*	*4320*	*4280*	*4240*	*4200*	*4160*	*4110*	*4060*	*4010*	*3960*
	$N_{b,z,Rd}$	*4030*	*3640*	*3280*	*2670*	*2110*	*1670*	*1340*	*1090*	*907*	*763*	*650*	*561*	*488*
	$N_{b,T,Rd}$	4150	3880	3590	3290	2990	2730	2510	2320	2170	2050	1960	1880	1810
* 686x254x125	$N_{b,y,Rd}$	*3810*	*3810*	*3810*	*3810*	*3780*	*3750*	*3710*	*3680*	*3640*	*3600*	*3550*	*3510*	*3460*
	$N_{b,z,Rd}$	*3510*	*3160*	*2710*	*2310*	*1810*	*1430*	*1140*	*930*	*770*	*647*	*551*	*475*	*413*
	$N_{b,T,Rd}$	3620	3380	3110	2830	2550	2290	2080	1900	1760	1650	1550	1480	1420
610x305x238	$N_{b,y,Rd}$	8030	8030	8030	8000	7930	7850	7760	7680	7590	7490	7380	7270	7140
	$N_{b,z,Rd}$	7700	7210	6620	5910	5110	4320	3620	3040	2570	2190	1880	1630	1430
	$N_{b,T,Rd}$	7830	7470	7140	6840	6570	6330	6130	5960	5820	5700	5610	5530	5460
610x305x179	$N_{b,y,Rd}$	6040	6040	6040	6020	5960	5900	5830	5770	5700	5620	5540	5450	5350
	$N_{b,z,Rd}$	5780	5400	4930	4380	3760	3160	2640	2210	1860	1580	1360	1180	1030
	$N_{b,T,Rd}$	5870	5580	5280	4990	4700	4430	4190	3990	3810	3670	3540	3440	3350
* 610x305x149	$N_{b,y,Rd}$	*4810*	*4810*	*4810*	*4800*	*4750*	*4700*	*4650*	*4600*	*4550*	*4490*	*4420*	*4350*	*4280*
	$N_{b,z,Rd}$	*4610*	*4310*	*4010*	*3620*	*3100*	*2600*	*2170*	*1810*	*1530*	*1300*	*1110*	*966*	*845*
	$N_{b,T,Rd}$	4680	4440	4190	3930	3670	3430	3200	3000	2820	2680	2560	2460	2370
* 610x229x140	$N_{b,y,Rd}$	4560	4560	4560	4540	4500	4450	4400	4350	4340	4340	4290	4220	4140
	$N_{b,z,Rd}$	4270	3760	3120	2460	1910	1490	1190	968	800	672	572	493	428
	$N_{b,T,Rd}$	4290	3990	3690	3400	3140	2930	2760	2620	2510	2430	2360	2300	2260
* 610x229x125	$N_{b,y,Rd}$	*3980*	*3980*	*3980*	*3960*	*3920*	*3880*	*3840*	*3800*	*3750*	*3700*	*3640*	*3580*	*3510*
	$N_{b,z,Rd}$	*3620*	*3330*	*2760*	*2160*	*1670*	*1310*	*1040*	*846*	*699*	*587*	*500*	*430*	*374*
	$N_{b,T,Rd}$	3740	3470	3190	2910	2650	2440	2270	2130	2030	1940	1870	1820	1770
* 610x229x113	$N_{b,y,Rd}$	*3540*	*3540*	*3540*	*3520*	*3480*	*3450*	*3410*	*3370*	*3330*	*3280*	*3230*	*3180*	*3120*
	$N_{b,z,Rd}$	*3210*	*2830*	*2460*	*1910*	*1470*	*1150*	*914*	*742*	*613*	*514*	*437*	*376*	*327*
	$N_{b,T,Rd}$	3320	3070	2800	2540	2290	2080	1910	1780	1670	1590	1520	1460	1420
* 610x229x101	$N_{b,y,Rd}$	*3210*	*3210*	*3210*	*3190*	*3150*	*3120*	*3090*	*3050*	*3010*	*2970*	*2920*	*2870*	*2810*
	$N_{b,z,Rd}$	*2890*	*2530*	*2190*	*1670*	*1270*	*989*	*784*	*635*	*524*	*439*	*373*	*321*	*279*
	$N_{b,T,Rd}$	3000	2760	2500	2230	1980	1760	1600	1460	1360	1280	1210	1160	1120

Advance and UKB are trademarks of Corus. A fuller description of the relationship between Universal Beams (UB) and the Advance range of sections manufactured by Corus is given in note 12.

* Section may be a Class 4 section under axial compression.

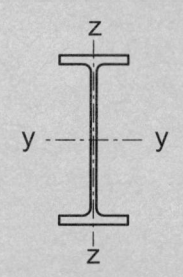

Values in *italic* type indicate that the section is a class 4 section in pure compression and allowance has been made in calculating the resistance.

For values of the compression cross-sectional resistance, $N_{c,Rd}$, see values of $N_{pl,Rd}$ in tables for axial force and bending and also see explanatory note 6.

FOR EXPLANATION OF TABLES SEE NOTE 6.

| BS EN 1993-1-1:2005 | COMPRESSION | S275 / Advance275 |
| BS 4-1:2005 | | |

UNIVERSAL BEAMS
Advance UKB

Section Designation	Axis	Compression resistance $N_{b,y,Rd}$, $N_{b,z,Rd}$, $N_{b,T,Rd}$ (kN) for Buckling lengths L_{cr} (m)												
		2.0	3.0	4.0	5.0	6.0	7.0	8.0	9.0	10.0	11.0	12.0	13.0	14.0
* 610x178x100 +	$N_{b,y,Rd}$	3120	3120	3120	3100	3070	3040	3000	2970	2930	2880	2840	2790	2730
	$N_{b,z,Rd}$	2610	2150	1520	1080	789	599	469	377	309	258	219	188	163
	$N_{b,T,Rd}$	2800	2510	2210	1940	1740	1590	1470	1390	1330	1280	1240	1210	1190
* 610x178x92 +	$N_{b,y,Rd}$	2900	2900	2900	2880	2850	2810	2780	2740	2710	2670	2620	2570	2520
	$N_{b,z,Rd}$	2390	1950	1350	945	689	522	408	328	269	224	190	163	141
	$N_{b,T,Rd}$	2590	2290	1980	1720	1510	1360	1250	1170	1110	1060	1030	997	973
* 610x178x82 +	$N_{b,y,Rd}$	2490	2490	2490	2480	2450	2420	2390	2360	2330	2300	2260	2220	2170
	$N_{b,z,Rd}$	2050	1610	1150	800	582	440	344	276	226	188	160	137	119
	$N_{b,T,Rd}$	2220	1950	1670	1420	1230	1090	985	910	854	811	778	751	730
533x312x272 +	$N_{b,y,Rd}$	9220	9220	9220	9150	9050	8950	8840	8720	8600	8460	8320	8150	7970
	$N_{b,z,Rd}$	8910	8390	7770	7040	6200	5330	4530	3830	3260	2790	2410	2090	1830
	$N_{b,T,Rd}$	9040	8690	8390	8140	7930	7770	7640	7530	7450	7380	7330	7280	7250
533x312x219 +	$N_{b,y,Rd}$	7390	7390	7390	7320	7240	7160	7070	6970	6870	6750	6630	6490	6340
	$N_{b,z,Rd}$	7120	6690	6170	5550	4850	4140	3500	2950	2500	2130	1840	1600	1400
	$N_{b,T,Rd}$	7220	6900	6610	6350	6110	5910	5750	5610	5490	5400	5320	5250	5190
533x312x182 +	$N_{b,y,Rd}$	6120	6120	6120	6060	5990	5920	5850	5770	5680	5580	5480	5360	5230
	$N_{b,z,Rd}$	5890	5520	5090	4570	3980	3390	2850	2400	2030	1730	1490	1300	1140
	$N_{b,T,Rd}$	5960	5680	5410	5150	4910	4690	4490	4330	4190	4080	3980	3900	3830
533x312x150 +	$N_{b,y,Rd}$	5090	5090	5090	5040	4980	4920	4850	4790	4710	4630	4540	4440	4330
	$N_{b,z,Rd}$	4890	4580	4210	3770	3280	2780	2340	1960	1660	1420	1220	1060	926
	$N_{b,T,Rd}$	4950	4700	4450	4200	3950	3720	3510	3330	3170	3040	2930	2840	2760
533x210x138 +	$N_{b,y,Rd}$	4660	4660	4660	4610	4550	4490	4430	4370	4290	4210	4130	4030	3920
	$N_{b,z,Rd}$	4160	3590	2880	2210	1690	1310	1040	841	694	582	494	425	370
	$N_{b,T,Rd}$	4340	4040	3760	3520	3330	3180	3060	2970	2900	2840	2800	2760	2730
533x210x122	$N_{b,y,Rd}$	4110	4110	4100	4060	4010	3960	3900	3850	3780	3710	3630	3550	3450
	$N_{b,z,Rd}$	3660	3160	2530	1940	1480	1150	910	737	608	510	434	373	324
	$N_{b,T,Rd}$	3810	3530	3250	3000	2800	2630	2510	2410	2340	2280	2230	2190	2160
* 533x210x109	$N_{b,y,Rd}$	3580	3580	3580	3540	3490	3480	3480	3440	3390	3320	3250	3170	3080
	$N_{b,z,Rd}$	3270	2810	2240	1700	1290	1000	795	643	531	445	378	325	282
	$N_{b,T,Rd}$	3320	3060	2790	2550	2340	2180	2050	1950	1870	1810	1770	1730	1700
* 533x210x101	$N_{b,y,Rd}$	3270	3270	3270	3230	3190	3150	3110	3060	3010	2960	2900	2890	2860
	$N_{b,z,Rd}$	2910	2600	2060	1570	1190	921	729	590	487	408	346	298	259
	$N_{b,T,Rd}$	3020	2780	2520	2280	2080	1920	1790	1690	1610	1550	1510	1470	1440
* 533x210x92	$N_{b,y,Rd}$	3010	3010	3000	2970	2930	2900	2860	2810	2770	2710	2660	2590	2520
	$N_{b,z,Rd}$	2670	2360	1880	1410	1060	820	649	524	432	362	307	264	229
	$N_{b,T,Rd}$	2780	2540	2280	2040	1830	1660	1530	1430	1360	1300	1250	1210	1180
* 533x210x82	$N_{b,y,Rd}$	2650	2650	2650	2620	2580	2550	2520	2480	2430	2390	2340	2280	2210
	$N_{b,z,Rd}$	2340	1990	1630	1210	910	700	552	446	367	307	261	224	195
	$N_{b,T,Rd}$	2440	2220	1980	1740	1530	1370	1240	1150	1070	1020	972	936	907

Advance and UKB are trademarks of Corus. A fuller description of the relationship between Universal Beams (UB) and the Advance range of sections manufactured by Corus is given in note 12.

+ These sections are in addition to the range of BS 4 sections.

* Section may be a Class 4 section under axial compression.

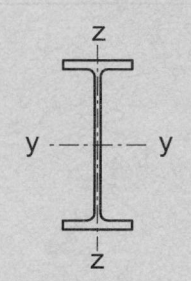

Values in *italic* type indicate that the section is a class 4 section in pure compression and allowance has been made in calculating the resistance.

For values of the compression cross-sectional resistance, $N_{c,Rd}$, see values of $N_{pl,Rd}$ in tables for axial force and bending and also see explanatory note 6.

FOR EXPLANATION OF TABLES SEE NOTE 6.

COMPRESSION

BS EN 1993-1-1:2005
BS 4-1:2005

S275 / Advance275

UNIVERSAL BEAMS
Advance UKB

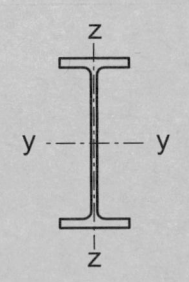

Section Designation	Axis	\multicolumn{13}{c}{Compression resistance $N_{b,y,Rd}$, $N_{b,z,Rd}$, $N_{b,T,Rd}$ (kN) for Buckling lengths L_{cr} (m)}
		2.0	3.0	4.0	5.0	6.0	7.0	8.0	9.0	10.0	11.0	12.0	13.0	14.0
* 533x165x85 +	$N_{b,y,Rd}$	2680	2680	2680	2650	2620	2580	2550	2510	2470	2420	2370	2310	2240
	$N_{b,z,Rd}$	2240	1730	1200	842	614	465	364	292	239	200	169	145	126
	$N_{b,T,Rd}$	2380	2110	1860	1650	1490	1380	1300	1240	1190	1160	1130	1110	1090
* 533x165x74 +	$N_{b,y,Rd}$	2390	2390	2380	2350	2320	2290	2260	2220	2180	2140	2090	2040	1980
	$N_{b,z,Rd}$	1910	1490	1000	696	505	381	298	239	195	163	138	118	102
	$N_{b,T,Rd}$	2090	1830	1560	1350	1190	1080	1000	941	898	865	839	818	802
* 533x165x66 +	$N_{b,y,Rd}$	2030	2030	2030	2000	1980	1950	1920	1890	1860	1820	1780	1740	1680
	$N_{b,z,Rd}$	1620	1260	841	580	420	317	247	198	162	135	114	98.0	84.9
	$N_{b,T,Rd}$	1780	1540	1290	1090	946	843	770	716	677	646	623	604	590
457x191x161 +	$N_{b,y,Rd}$	5460	5460	5420	5350	5280	5200	5110	5020	4910	4790	4660	4500	4330
	$N_{b,z,Rd}$	4830	4130	3280	2490	1890	1460	1160	935	771	646	549	472	410
	$N_{b,T,Rd}$	5110	4850	4670	4550	4460	4400	4350	4320	4300	4280	4260	4250	4240
457x191x133 +	$N_{b,y,Rd}$	4500	4500	4470	4410	4350	4280	4210	4130	4040	3940	3820	3690	3540
	$N_{b,z,Rd}$	3960	3360	2640	1980	1500	1150	913	738	608	509	432	372	323
	$N_{b,T,Rd}$	4180	3920	3720	3570	3450	3370	3310	3270	3230	3210	3190	3170	3160
457x191x106 +	$N_{b,y,Rd}$	3580	3580	3550	3500	3450	3390	3330	3270	3190	3110	3010	2900	2780
	$N_{b,z,Rd}$	3130	2620	2030	1510	1140	874	690	557	459	384	326	280	243
	$N_{b,T,Rd}$	3290	3040	2820	2640	2500	2390	2310	2250	2200	2170	2140	2120	2100
457x191x98	$N_{b,y,Rd}$	3310	3310	3290	3240	3190	3140	3090	3030	2960	2880	2790	2690	2580
	$N_{b,z,Rd}$	2900	2430	1880	1400	1060	813	642	518	427	357	303	261	226
	$N_{b,T,Rd}$	3040	2800	2570	2390	2240	2130	2050	1980	1940	1900	1870	1840	1830
457x191x89	$N_{b,y,Rd}$	3020	3020	3000	2950	2910	2860	2810	2760	2690	2620	2540	2450	2340
	$N_{b,z,Rd}$	2630	2210	1700	1260	948	729	576	465	383	320	272	234	203
	$N_{b,T,Rd}$	2760	2520	2290	2100	1940	1830	1740	1670	1620	1580	1550	1520	1500
* 457x191x82	$N_{b,y,Rd}$	2770	2770	2740	2710	2660	2620	2620	2600	2530	2460	2380	2280	2180
	$N_{b,z,Rd}$	2470	2040	1550	1140	850	652	514	414	341	285	242	208	180
	$N_{b,T,Rd}$	2520	2290	2060	1860	1700	1580	1490	1420	1370	1330	1300	1270	1250
* 457x191x74	$N_{b,y,Rd}$	2460	2460	2440	2410	2370	2340	2290	2250	2200	2140	2070	2040	1980
	$N_{b,z,Rd}$	2140	1850	1400	1020	764	586	461	372	306	256	217	187	162
	$N_{b,T,Rd}$	2240	2020	1810	1610	1450	1330	1240	1170	1120	1080	1040	1020	999
* 457x191x67	$N_{b,y,Rd}$	2190	2190	2170	2140	2110	2070	2040	2000	1950	1900	1830	1770	1690
	$N_{b,z,Rd}$	1900	1650	1230	899	669	512	403	324	267	223	189	163	141
	$N_{b,T,Rd}$	1990	1790	1580	1390	1230	1110	1020	956	905	866	836	811	791

Advance and UKB are trademarks of Corus. A fuller description of the relationship between Universal Beams (UB) and the Advance range of sections manufactured by Corus is given in note 12.

+ These sections are in addition to the range of BS 4 sections.

* Section may be a Class 4 section under axial compression.

Values in *italic* type indicate that the section is a class 4 section in pure compression and allowance has been made in calculating the resistance.

For values of the compression cross-sectional resistance, $N_{c,Rd}$, see values of $N_{pl,Rd}$ in tables for axial force and bending and also see explanatory note 6.

FOR EXPLANATION OF TABLES SEE NOTE 6.

| | | BS EN 1993-1-1:2005 BS 4-1:2005 | COMPRESSION | | S275 / Advance275 |

COMPRESSION

UNIVERSAL BEAMS
Advance UKB

Section Designation	Axis	\multicolumn{13}{c}{Compression resistance $N_{b,y,Rd}$, $N_{b,z,Rd}$, $N_{b,T,Rd}$ (kN) for Buckling lengths L_{cr} (m)}
		1.0	1.5	2.0	2.5	3.0	3.5	4.0	5.0	6.0	7.0	8.0	9.0	10.0
457x152x82	$N_{b,y,Rd}$	2780	2780	2780	2780	2780	2780	2760	2720	2680	2630	2590	2530	2470
	$N_{b,z,Rd}$	2650	2460	2230	1950	1650	1370	1130	791	576	436	341	273	224
	$N_{b,T,Rd}$	2700	2570	2440	2310	2190	2080	1980	1820	1710	1630	1570	1530	1500
* 457x152x74	$N_{b,y,Rd}$	2410	2410	2410	2410	2410	2410	2390	2360	2320	2290	2250	2250	2220
	$N_{b,z,Rd}$	2300	2200	1990	1740	1470	1210	1000	698	507	384	300	240	197
	$N_{b,T,Rd}$	2350	2230	2110	2000	1880	1770	1680	1520	1410	1330	1280	1240	1210
* 457x152x67	$N_{b,y,Rd}$	2220	2220	2220	2220	2220	2210	2200	2160	2130	2100	2060	2010	1970
	$N_{b,z,Rd}$	2100	1950	1840	1590	1320	1080	889	616	447	337	263	211	173
	$N_{b,T,Rd}$	2150	2040	1920	1810	1690	1570	1470	1310	1190	1110	1050	1010	976
* 457x152x60	$N_{b,y,Rd}$	*1920*	*1920*	*1920*	*1920*	*1920*	*1910*	*1900*	*1870*	*1850*	*1820*	*1780*	*1750*	*1700*
	$N_{b,z,Rd}$	*1820*	*1690*	*1520*	*1380*	*1160*	*948*	*777*	*537*	*389*	*293*	*229*	*183*	*150*
	$N_{b,T,Rd}$	1860	1760	1660	1550	1440	1340	1240	1080	964	885	828	788	757
* 457x152x52	$N_{b,y,Rd}$	*1630*	*1630*	*1630*	*1630*	*1630*	*1630*	*1620*	*1600*	*1570*	*1550*	*1520*	*1490*	*1450*
	$N_{b,z,Rd}$	*1540*	*1430*	*1280*	*1110*	*968*	*785*	*639*	*439*	*317*	*239*	*186*	*149*	*122*
	$N_{b,T,Rd}$	1580	1500	1410	1310	1200	1100	1010	856	748	673	621	583	555
406x178x85 +	$N_{b,y,Rd}$	2890	2890	2890	2890	2890	2870	2850	2800	2750	2700	2640	2580	2500
	$N_{b,z,Rd}$	2810	2660	2490	2280	2050	1790	1540	1130	844	647	509	411	338
	$N_{b,T,Rd}$	2850	2740	2620	2510	2410	2310	2220	2070	1960	1880	1810	1770	1730
406x178x74	$N_{b,y,Rd}$	2600	2600	2600	2600	2600	2580	2560	2520	2470	2420	2370	2300	2230
	$N_{b,z,Rd}$	2520	2380	2210	2020	1790	1550	1330	964	715	546	429	346	284
	$N_{b,T,Rd}$	2560	2450	2340	2230	2110	2010	1910	1740	1610	1520	1450	1400	1360
* 406x178x67	$N_{b,y,Rd}$	*2280*	*2280*	*2280*	*2280*	*2280*	*2260*	*2250*	*2210*	*2170*	*2170*	*2140*	*2080*	*2010*
	$N_{b,z,Rd}$	*2210*	*2150*	*1990*	*1810*	*1610*	*1390*	*1180*	*855*	*633*	*483*	*380*	*306*	*251*
	$N_{b,T,Rd}$	2240	2150	2050	1950	1840	1740	1650	1480	1350	1260	1190	1140	1100
* 406x178x60	$N_{b,y,Rd}$	*1990*	*1990*	*1990*	*1990*	*1990*	*1980*	*1960*	*1930*	*1900*	*1860*	*1820*	*1770*	*1720*
	$N_{b,z,Rd}$	*1930*	*1830*	*1700*	*1620*	*1430*	*1240*	*1050*	*759*	*562*	*429*	*337*	*271*	*223*
	$N_{b,T,Rd}$	1960	1880	1790	1700	1600	1510	1410	1250	1130	1030	965	914	876
* 406x178x54	$N_{b,y,Rd}$	*1780*	*1780*	*1780*	*1780*	*1780*	*1760*	*1750*	*1720*	*1690*	*1660*	*1620*	*1580*	*1530*
	$N_{b,z,Rd}$	*1720*	*1620*	*1510*	*1410*	*1260*	*1080*	*910*	*652*	*480*	*366*	*287*	*231*	*190*
	$N_{b,T,Rd}$	1750	1670	1590	1500	1410	1320	1220	1060	938	847	780	731	694

Advance and UKB are trademarks of Corus. A fuller description of the relationship between Universal Beams (UB) and the Advance range of sections manufactured by Corus is given in note 12.

+ These sections are in addition to the range of BS 4 sections.

* Section may be a Class 4 section under axial compression.

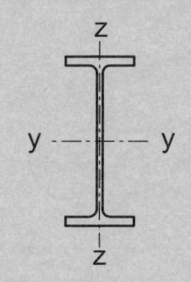

Values in *italic* type indicate that the section is a class 4 section in pure compression and allowance has been made in calculating the resistance.

For values of the compression cross-sectional resistance, $N_{c,Rd}$, see values of $N_{pl,Rd}$ in tables for axial force and bending and also see explanatory note 6.

FOR EXPLANATION OF TABLES SEE NOTE 6.

BS EN 1993-1-1:2005
BS 4-1:2005

COMPRESSION

S275 / Advance275

UNIVERSAL BEAMS
Advance UKB

Section Designation	Axis	Compression resistance $N_{b,y,Rd}$, $N_{b,z,Rd}$, $N_{b,T,Rd}$ (kN) for Buckling lengths L_{cr} (m)												
		1.0	1.5	2.0	2.5	3.0	3.5	4.0	5.0	6.0	7.0	8.0	9.0	10.0
* 406x140x53 +	$N_{b,y,Rd}$	1760	1760	1760	1760	1760	1740	1730	1700	1670	1640	1600	1550	1500
	$N_{b,z,Rd}$	1650	1520	1410	1190	967	781	635	435	314	237	184	148	121
	$N_{b,T,Rd}$	1690	1600	1500	1390	1290	1200	1120	987	899	838	795	765	742
* 406x140x46	$N_{b,y,Rd}$	1460	1460	1460	1460	1460	1450	1440	1410	1390	1360	1330	1300	1260
	$N_{b,z,Rd}$	1370	1260	1120	965	824	665	539	369	266	200	156	125	102
	$N_{b,T,Rd}$	1410	1330	1240	1150	1060	967	889	766	682	625	584	556	534
* 406x140x39	$N_{b,y,Rd}$	1200	1200	1200	1200	1200	1190	1180	1160	1140	1120	1090	1060	1030
	$N_{b,z,Rd}$	1120	1030	905	763	650	519	418	284	204	154	120	95.6	78.2
	$N_{b,T,Rd}$	1160	1090	1010	927	840	757	684	569	493	441	405	379	360
356x171x67	$N_{b,y,Rd}$	2350	2350	2350	2350	2340	2320	2300	2250	2200	2150	2080	2010	1920
	$N_{b,z,Rd}$	2280	2150	1990	1810	1610	1390	1180	855	633	483	380	306	251
	$N_{b,T,Rd}$	2310	2210	2110	2010	1920	1830	1760	1630	1530	1470	1420	1380	1350
356x171x57	$N_{b,y,Rd}$	2000	2000	2000	2000	1980	1970	1950	1910	1870	1820	1760	1700	1620
	$N_{b,z,Rd}$	1930	1810	1680	1520	1340	1150	978	703	519	396	311	250	205
	$N_{b,T,Rd}$	1960	1870	1770	1680	1590	1500	1420	1280	1170	1100	1040	1000	972
* 356x171x51	$N_{b,y,Rd}$	1720	1720	1720	1720	1710	1700	1680	1650	1610	1580	1570	1510	1440
	$N_{b,z,Rd}$	1670	1580	1500	1350	1190	1020	859	616	454	346	271	218	179
	$N_{b,T,Rd}$	1690	1610	1530	1450	1360	1280	1200	1060	961	888	834	794	765
* 356x171x45	$N_{b,y,Rd}$	1500	1500	1500	1500	1490	1480	1460	1430	1400	1370	1320	1270	1260
	$N_{b,z,Rd}$	1450	1360	1270	1170	1020	870	732	521	383	291	228	183	151
	$N_{b,T,Rd}$	1470	1400	1330	1250	1170	1090	1010	877	777	705	652	614	585
* 356x127x39	$N_{b,y,Rd}$	1280	1280	1280	1280	1270	1260	1250	1220	1190	1160	1130	1080	1030
	$N_{b,z,Rd}$	1180	1060	941	754	592	466	373	252	181	135	105	84.0	68.7
	$N_{b,T,Rd}$	1210	1130	1050	959	876	804	744	656	599	561	535	517	503
* 356x127x33	$N_{b,y,Rd}$	1050	1050	1050	1050	1040	1030	1020	1000	978	952	922	886	844
	$N_{b,z,Rd}$	960	857	727	608	473	371	296	199	142	107	82.7	66.1	54.0
	$N_{b,T,Rd}$	991	922	846	765	687	619	562	479	426	391	367	350	338

Advance and UKB are trademarks of Corus. A fuller description of the relationship between Universal Beams (UB) and the Advance range of sections manufactured by Corus is given in note 12.

+ These sections are in addition to the range of BS 4 sections.

* Section may be a Class 4 section under axial compression.

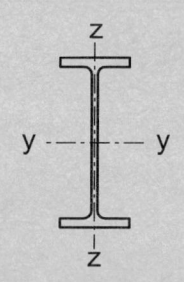

Values in *italic* type indicate that the section is a class 4 section in pure compression and allowance has been made in calculating the resistance.

For values of the compression cross-sectional resistance, $N_{c,Rd}$, see values of $N_{pl,Rd}$ in tables for axial force and bending and also see explanatory note 6.

FOR EXPLANATION OF TABLES SEE NOTE 6.

| BS EN 1993-1-1:2005 |
| BS 4-1:2005 |

COMPRESSION

UNIVERSAL BEAMS
Advance UKB

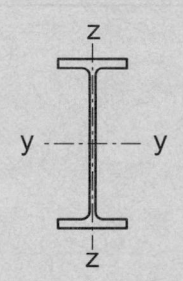

S275 / Advance275

Section Designation	Axis	Compression resistance $N_{b,y,Rd}$, $N_{b,z,Rd}$, $N_{b,T,Rd}$ (kN) for Buckling lengths L_{cr} (m)											
		1.0	1.5	2.0	2.5	3.0	3.5	4.0	5.0	6.0	7.0	8.0	9.0	10.0
305x165x54	$N_{b,y,Rd}$	1890	1890	1890	1880	1860	1840	1820	1780	1730	1670	1600	1510	1410
	$N_{b,z,Rd}$	1830	1720	1600	1450	1280	1100	933	672	496	379	297	239	196
	$N_{b,T,Rd}$	1850	1770	1690	1610	1530	1460	1400	1300	1230	1180	1140	1120	1090
* 305x165x46	$N_{b,y,Rd}$	*1580*	*1580*	*1580*	*1580*	*1570*	*1570*	*1560*	*1520*	*1480*	*1420*	*1360*	*1290*	*1200*
	$N_{b,z,Rd}$	1560	1470	1360	1230	1080	929	788	566	418	319	250	201	165
	$N_{b,T,Rd}$	1550	1480	1400	1330	1260	1190	1130	1020	945	891	851	821	799
* 305x165x40	$N_{b,y,Rd}$	*1360*	*1360*	*1360*	*1350*	*1340*	*1320*	*1310*	*1280*	*1240*	*1200*	*1150*	*1120*	*1040*
	$N_{b,z,Rd}$	*1310*	*1240*	*1150*	*1070*	*937*	*803*	*679*	*487*	*359*	*273*	*214*	*173*	*142*
	$N_{b,T,Rd}$	1330	1260	1200	1130	1060	993	930	825	747	692	651	622	600
305x127x48	$N_{b,y,Rd}$	1680	1680	1680	1670	1650	1640	1620	1580	1530	1470	1400	1310	1210
	$N_{b,z,Rd}$	1540	1380	1180	951	751	594	477	322	231	173	135	108	88.0
	$N_{b,T,Rd}$	1600	1500	1420	1340	1270	1220	1180	1110	1080	1050	1030	1020	1010
305x127x42	$N_{b,y,Rd}$	1470	1470	1470	1460	1440	1430	1410	1370	1330	1280	1210	1140	1050
	$N_{b,z,Rd}$	1340	1200	1010	816	641	506	406	274	196	147	114	91.4	74.7
	$N_{b,T,Rd}$	1390	1300	1210	1130	1060	1000	953	885	841	812	792	778	767
305x127x37	$N_{b,y,Rd}$	1300	1300	1300	1290	1270	1260	1250	1210	1170	1130	1070	1000	921
	$N_{b,z,Rd}$	1190	1050	889	711	558	439	352	237	170	127	99.0	79.1	64.6
	$N_{b,T,Rd}$	1220	1140	1060	975	902	840	790	718	672	642	621	606	596
* 305x102x33	$N_{b,y,Rd}$	*1100*	*1100*	*1100*	*1100*	*1090*	*1070*	*1060*	*1040*	1030	1000	954	895	827
	$N_{b,z,Rd}$	998	830	635	469	351	270	213	141	100	74.8	57.9	46.2	37.7
	$N_{b,T,Rd}$	1010	928	842	764	700	651	612	561	530	510	496	487	480
* 305x102x28	$N_{b,y,Rd}$	*921*	*921*	*921*	*916*	*906*	*896*	*886*	*864*	*837*	*806*	*768*	756	695
	$N_{b,z,Rd}$	*800*	696	524	383	285	219	172	114	80.9	60.3	46.7	37.2	30.3
	$N_{b,T,Rd}$	844	767	687	611	548	499	461	411	381	361	348	339	332
* 305x102x25	$N_{b,y,Rd}$	797	797	797	791	783	774	765	745	722	694	659	629	598
	$N_{b,z,Rd}$	*683*	587	430	310	229	175	137	90.7	64.2	47.9	37.0	29.5	24.0
	$N_{b,T,Rd}$	726	654	576	502	441	394	359	312	284	266	255	246	240

Advance and UKB are trademarks of Corus. A fuller description of the relationship between Universal Beams (UB) and the Advance range of sections manufactured by Corus is given in note 12.

* Section may be a Class 4 section under axial compression.

Values in *italic* type indicate that the section is a class 4 section in pure compression and allowance has been made in calculating the resistance.

For values of the compression cross-sectional resistance, $N_{c,Rd}$, see values of $N_{pl,Rd}$ in tables for axial force and bending and also see explanatory note 6.

FOR EXPLANATION OF TABLES SEE NOTE 6.

| BS EN 1993-1-1:2005 |
| BS 4-1:2005 |

COMPRESSION

UNIVERSAL BEAMS
Advance UKB

S275 / Advance275

Section Designation	Axis	Compression resistance $N_{b,y,Rd}$, $N_{b,z,Rd}$, $N_{b,T,Rd}$ (kN) for Buckling lengths L_{cr} (m)												
		1.0	1.5	2.0	2.5	3.0	3.5	4.0	5.0	6.0	7.0	8.0	9.0	10.0
254x146x43	$N_{b,y,Rd}$	1510	1510	1500	1490	1470	1450	1430	1380	1320	1250	1160	1050	943
	$N_{b,z,Rd}$	1440	1340	1220	1070	917	766	637	447	326	247	193	155	127
	$N_{b,T,Rd}$	1460	1390	1320	1260	1200	1150	1110	1050	1010	983	963	949	938
254x146x37	$N_{b,y,Rd}$	1300	1300	1290	1280	1260	1250	1230	1190	1130	1070	991	900	803
	$N_{b,z,Rd}$	1240	1150	1040	918	781	650	539	378	275	208	163	131	107
	$N_{b,T,Rd}$	1250	1190	1120	1060	1000	949	905	836	789	756	734	717	705
254x146x31	$N_{b,y,Rd}$	1090	1090	1090	1070	1060	1040	1030	992	946	888	817	736	653
	$N_{b,z,Rd}$	1040	958	864	752	632	522	430	299	217	164	128	103	84.3
	$N_{b,T,Rd}$	1050	992	931	869	808	752	703	627	576	540	515	497	484
254x102x28	$N_{b,y,Rd}$	993	993	989	976	964	950	935	902	860	808	743	669	594
	$N_{b,z,Rd}$	869	732	569	425	320	246	195	129	92.0	68.7	53.2	42.4	34.6
	$N_{b,T,Rd}$	913	839	768	707	658	620	591	551	528	512	502	495	489
254x102x25	$N_{b,y,Rd}$	880	880	875	864	853	840	827	796	758	709	649	582	513
	$N_{b,z,Rd}$	764	635	486	359	269	207	163	108	76.8	57.3	44.4	35.4	28.8
	$N_{b,T,Rd}$	805	733	662	598	546	505	475	434	410	394	383	376	371
* 254x102x22	$N_{b,y,Rd}$	750	750	750	750	745	734	722	694	658	613	559	498	438
	$N_{b,z,Rd}$	660	539	404	295	219	168	132	87.4	62.0	46.2	35.7	28.5	23.2
	$N_{b,T,Rd}$	681	616	548	485	434	395	366	327	304	289	279	272	267
203x133x30	$N_{b,y,Rd}$	1050	1050	1040	1020	1000	983	961	909	840	753	657	563	481
	$N_{b,z,Rd}$	988	907	807	689	568	463	378	260	188	142	111	88.7	72.6
	$N_{b,T,Rd}$	1000	947	894	847	805	771	743	702	675	658	645	636	630
203x133x25	$N_{b,y,Rd}$	880	880	866	853	838	821	803	757	696	621	539	460	392
	$N_{b,z,Rd}$	825	755	668	565	463	375	306	210	152	114	89.0	71.3	58.3
	$N_{b,T,Rd}$	838	786	735	686	641	603	571	524	493	472	458	448	440
203x102x23	$N_{b,y,Rd}$	809	808	795	783	769	753	736	693	635	564	488	416	353
	$N_{b,z,Rd}$	719	619	495	378	288	223	177	118	84.1	62.9	48.7	38.9	31.7
	$N_{b,T,Rd}$	746	692	644	605	574	551	534	510	495	486	480	475	472
178x102x19	$N_{b,y,Rd}$	668	664	652	639	625	609	591	543	480	408	341	284	238
	$N_{b,z,Rd}$	595	513	411	314	239	186	147	98.3	70.1	52.4	40.6	32.4	26.4
	$N_{b,T,Rd}$	615	569	528	494	468	448	433	412	400	392	387	383	380
152x89x16	$N_{b,y,Rd}$	558	550	538	524	509	491	468	410	341	276	223	183	151
	$N_{b,z,Rd}$	481	396	300	220	164	126	99.0	65.6	46.6	34.7	26.9	21.4	17.5
	$N_{b,T,Rd}$	506	469	440	419	404	393	386	376	370	366	363	362	360
127x76x13	$N_{b,y,Rd}$	452	441	429	414	396	373	344	278	215	168	133	107	88.2
	$N_{b,z,Rd}$	374	289	204	145	106	80.7	63.2	41.6	29.5	21.9	16.9	13.5	11.0
	$N_{b,T,Rd}$	406	382	366	356	349	345	342	338	336	334	333	333	332

Advance and UKB are trademarks of Corus. A fuller description of the relationship between Universal Beams (UB) and the Advance range of sections manufactured by Corus is given in note 12.

* Section may be a Class 4 section under axial compression.

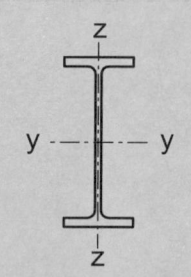

For values of the compression cross-sectional resistance, $N_{c,Rd}$, see values of $N_{pl,Rd}$ in tables for axial force and bending and also see explanatory note 6.

FOR EXPLANATION OF TABLES SEE NOTE 6.

BS EN 1993-1-1:2005
BS 4-1:2005

COMPRESSION

S275 / Advance275

UNIVERSAL COLUMNS
Advance UKC

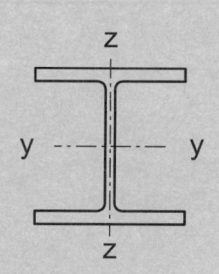

Section Designation	Axis	Compression resistance $N_{b,y,Rd}$, $N_{b,z,Rd}$, $N_{b,T,Rd}$ (kN) for Buckling lengths L_{cr} (m)												
		2.0	3.0	4.0	5.0	6.0	7.0	8.0	9.0	10.0	11.0	12.0	13.0	14.0
356x406x634	$N_{b,y,Rd}$	19800	19800	19500	19100	18700	18200	17700	17200	16700	16100	15400	14700	14000
	$N_{b,z,Rd}$	19800	18800	17800	16800	15600	14400	13200	12000	10800	9720	8720	7820	7030
	$N_{b,T,Rd}$	19800	19700	19400	19300	19200	19100	19100	19000	19000	19000	19000	19000	19000
356x406x551	$N_{b,y,Rd}$	17200	17200	16900	16600	16200	15800	15300	14900	14400	13800	13200	12600	12000
	$N_{b,z,Rd}$	17200	16300	15400	14500	13500	12500	11400	10300	9310	8350	7480	6710	6030
	$N_{b,T,Rd}$	17200	17000	16700	16500	16400	16400	16300	16300	16300	16200	16200	16200	16200
356x406x467	$N_{b,y,Rd}$	15200	15200	14900	14500	14200	13800	13400	12900	12400	11900	11400	10800	10200
	$N_{b,z,Rd}$	15100	14300	13500	12600	11700	10800	9770	8790	7870	7030	6270	5600	5020
	$N_{b,T,Rd}$	15200	14800	14500	14300	14200	14100	14100	14000	14000	14000	14000	14000	13900
356x406x393	$N_{b,y,Rd}$	12800	12800	12500	12200	11900	11500	11200	10800	10400	9910	9420	8910	8380
	$N_{b,z,Rd}$	12700	12000	11300	10600	9770	8940	8100	7270	6490	5780	5140	4590	4110
	$N_{b,T,Rd}$	12800	12300	12100	11900	11700	11600	11600	11500	11500	11500	11400	11400	11400
356x406x340	$N_{b,y,Rd}$	11000	11000	10800	10500	10200	9940	9620	9270	8900	8490	8050	7590	7130
	$N_{b,z,Rd}$	11000	10400	9750	9100	8410	7680	6940	6220	5550	4930	4390	3910	3500
	$N_{b,T,Rd}$	11000	10600	10300	10100	9950	9840	9770	9710	9660	9630	9600	9580	9560
356x406x287	$N_{b,y,Rd}$	9700	9680	9440	9200	8940	8660	8360	8040	7680	7300	6890	6470	6040
	$N_{b,z,Rd}$	9600	9060	8500	7910	7270	6610	5950	5300	4710	4170	3700	3290	2940
	$N_{b,T,Rd}$	9600	9190	8880	8650	8480	8350	8260	8190	8130	8090	8050	8020	8000
356x406x235	$N_{b,y,Rd}$	7920	7900	7700	7500	7290	7060	6810	6530	6240	5920	5580	5230	4880
	$N_{b,z,Rd}$	7840	7390	6930	6430	5910	5370	4820	4290	3800	3360	2980	2650	2360
	$N_{b,T,Rd}$	7810	7440	7140	6900	6710	6560	6450	6360	6290	6230	6190	6150	6120
356x368x202	$N_{b,y,Rd}$	6810	6780	6610	6440	6250	6050	5830	5590	5330	5050	4750	4450	4140
	$N_{b,z,Rd}$	6690	6280	5850	5390	4910	4400	3910	3440	3030	2660	2340	2070	1840
	$N_{b,T,Rd}$	6670	6330	6050	5820	5640	5490	5380	5290	5220	5160	5110	5080	5040
356x368x177	$N_{b,y,Rd}$	5990	5960	5810	5650	5480	5300	5100	4890	4660	4400	4140	3860	3590
	$N_{b,z,Rd}$	5880	5510	5130	4730	4300	3850	3420	3010	2640	2320	2040	1810	1610
	$N_{b,T,Rd}$	5860	5540	5270	5040	4850	4690	4570	4460	4380	4310	4260	4210	4180
356x368x153	$N_{b,y,Rd}$	5170	5140	5010	4870	4720	4570	4400	4210	4000	3780	3550	3320	3080
	$N_{b,z,Rd}$	5070	4750	4420	4070	3700	3310	2930	2580	2260	1990	1750	1550	1370
	$N_{b,T,Rd}$	5040	4750	4500	4270	4080	3910	3780	3660	3570	3490	3430	3380	3330
356x368x129	$N_{b,y,Rd}$	4350	4320	4210	4090	3960	3830	3680	3520	3340	3160	2960	2750	2550
	$N_{b,z,Rd}$	4260	3990	3710	3410	3100	2770	2450	2150	1890	1660	1460	1290	1140
	$N_{b,T,Rd}$	4230	3980	3750	3530	3340	3170	3020	2900	2800	2710	2640	2580	2530

Advance and UKC are trademarks of Corus. A fuller description of the relationship between Universal Columns (UC) and the Advance range of sections manufactured by Corus is given in note 12.

For values of the compression cross-sectional resistance, $N_{c,Rd}$, see values of $N_{pl,Rd}$ in tables for axial force and bending and also see explanatory note 6.

FOR EXPLANATION OF TABLES SEE NOTE 6.

BS EN 1993-1-1:2005
BS 4-1:2005

COMPRESSION

UNIVERSAL COLUMNS
Advance UKC

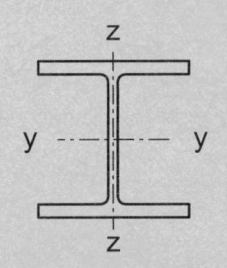

S275 / Advance275

Section Designation	Axis	\multicolumn{13}{c}{Compression resistance $N_{b,y,Rd}$, $N_{b,z,Rd}$, $N_{b,T,Rd}$ (kN) for Buckling lengths L_{cr} (m)}
		2.0	3.0	4.0	5.0	6.0	7.0	8.0	9.0	10.0	11.0	12.0	13.0	14.0
305x305x283	$N_{b,y,Rd}$	9180	9100	8850	8590	8320	8020	7690	7320	6930	6510	6070	5630	5200
	$N_{b,z,Rd}$	8860	8230	7550	6820	6050	5290	4580	3950	3410	2960	2580	2270	2000
	$N_{b,T,Rd}$	9030	8750	8590	8480	8420	8370	8340	8320	8310	8290	8290	8280	8270
305x305x240	$N_{b,y,Rd}$	8110	8010	7780	7540	7280	7000	6690	6350	5970	5580	5170	4770	4380
	$N_{b,z,Rd}$	7790	7210	6580	5910	5200	4510	3880	3330	2870	2480	2160	1890	1670
	$N_{b,T,Rd}$	7910	7610	7420	7300	7220	7170	7130	7100	7080	7060	7050	7040	7030
305x305x198	$N_{b,y,Rd}$	6680	6590	6390	6190	5970	5730	5460	5170	4850	4520	4180	3840	3510
	$N_{b,z,Rd}$	6400	5910	5390	4830	4240	3670	3150	2690	2320	2000	1740	1530	1350
	$N_{b,T,Rd}$	6470	6180	5980	5850	5750	5690	5640	5600	5580	5560	5540	5530	5520
305x305x158	$N_{b,y,Rd}$	5330	5240	5090	4920	4740	4540	4320	4080	3810	3540	3260	2990	2730
	$N_{b,z,Rd}$	5090	4700	4270	3810	3330	2870	2450	2100	1800	1550	1350	1180	1040
	$N_{b,T,Rd}$	5120	4850	4640	4490	4380	4290	4230	4180	4150	4120	4100	4080	4070
305x305x137	$N_{b,y,Rd}$	4610	4530	4390	4250	4090	3910	3710	3500	3270	3020	2780	2540	2320
	$N_{b,z,Rd}$	4400	4060	3680	3280	2860	2460	2100	1790	1540	1330	1150	1010	888
	$N_{b,T,Rd}$	4420	4160	3950	3790	3670	3580	3510	3450	3410	3370	3350	3320	3310
305x305x118	$N_{b,y,Rd}$	3980	3910	3780	3660	3520	3360	3190	3000	2800	2590	2380	2170	1980
	$N_{b,z,Rd}$	3790	3490	3160	2810	2450	2100	1790	1530	1310	1130	980	857	755
	$N_{b,T,Rd}$	3790	3550	3350	3180	3050	2940	2860	2800	2740	2700	2670	2640	2620
305x305x97	$N_{b,y,Rd}$	3380	3310	3210	3090	2970	2830	2670	2500	2320	2140	1950	1770	1610
	$N_{b,z,Rd}$	3210	2950	2660	2350	2030	1730	1470	1250	1070	917	795	695	611
	$N_{b,T,Rd}$	3210	2980	2770	2590	2450	2320	2230	2150	2090	2040	1990	1960	1930
254x254x167	$N_{b,y,Rd}$	5640	5470	5270	5050	4810	4530	4230	3890	3550	3210	2890	2590	2330
	$N_{b,z,Rd}$	5260	4760	4210	3630	3060	2550	2130	1790	1510	1290	1110	970	851
	$N_{b,T,Rd}$	5410	5220	5110	5040	5000	4980	4960	4940	4930	4930	4920	4920	4910
254x254x132	$N_{b,y,Rd}$	4450	4300	4140	3960	3760	3530	3280	3010	2730	2460	2200	1970	1770
	$N_{b,z,Rd}$	4140	3740	3290	2820	2370	1970	1640	1370	1160	989	852	742	650
	$N_{b,T,Rd}$	4220	4020	3900	3820	3770	3730	3710	3690	3670	3660	3650	3650	3640
254x254x107	$N_{b,y,Rd}$	3600	3470	3340	3190	3020	2820	2610	2380	2150	1930	1720	1540	1370
	$N_{b,z,Rd}$	3340	3010	2640	2260	1880	1560	1300	1080	915	780	672	585	513
	$N_{b,T,Rd}$	3380	3190	3060	2960	2900	2850	2820	2790	2780	2760	2750	2740	2730
254x254x89	$N_{b,y,Rd}$	2990	2880	2770	2640	2500	2340	2150	1960	1770	1580	1410	1260	1130
	$N_{b,z,Rd}$	2770	2490	2190	1860	1560	1290	1070	891	752	642	553	481	421
	$N_{b,T,Rd}$	2790	2600	2460	2360	2280	2230	2190	2160	2130	2110	2100	2090	2080
254x254x73	$N_{b,y,Rd}$	2550	2460	2360	2240	2110	1970	1810	1640	1470	1310	1160	1030	922
	$N_{b,z,Rd}$	2360	2110	1840	1550	1290	1060	873	728	613	522	449	390	342
	$N_{b,T,Rd}$	2360	2170	2020	1900	1800	1730	1680	1640	1610	1590	1570	1550	1540

Advance and UKC are trademarks of Corus. A fuller description of the relationship between Universal Columns (UC) and the Advance range of sections manufactured by Corus is given in note 12.

For values of the compression cross-sectional resistance, $N_{c,Rd}$, see values of $N_{pl,Rd}$ in tables for axial force and bending and also see explanatory note 6.

FOR EXPLANATION OF TABLES SEE NOTE 6.

| BS EN 1993-1-1:2005 BS 4-1:2005 | COMPRESSION UNIVERSAL COLUMNS Advance UKC | | | | | | | | | | | | S275 / Advance275 |

COMPRESSION — UNIVERSAL COLUMNS Advance UKC — S275 / Advance275

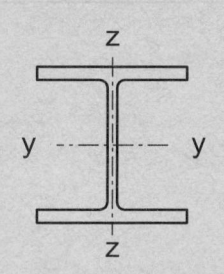

Section Designation	Axis	Compression resistance $N_{b,y,Rd}$, $N_{b,z,Rd}$, $N_{b,T,Rd}$ (kN) for Buckling lengths L_{cr} (m)												
		1.0	1.5	2.0	2.5	3.0	3.5	4.0	5.0	6.0	7.0	8.0	9.0	10.0
203x203x127 +	$N_{b,y,Rd}$	4290	4290	4240	4150	4060	3970	3860	3640	3370	3080	2760	2440	2150
	$N_{b,z,Rd}$	4280	4060	3830	3590	3330	3060	2780	2250	1790	1440	1170	961	803
	$N_{b,T,Rd}$	4290	4180	4090	4030	3990	3960	3940	3920	3900	3890	3890	3880	3880
203x203x113 +	$N_{b,y,Rd}$	3840	3840	3790	3710	3630	3540	3440	3240	2990	2720	2430	2150	1880
	$N_{b,z,Rd}$	3830	3630	3420	3200	2970	2720	2470	1990	1590	1270	1030	847	707
	$N_{b,T,Rd}$	3840	3720	3630	3560	3520	3490	3470	3440	3420	3410	3400	3400	3390
203x203x100 +	$N_{b,y,Rd}$	3370	3370	3320	3250	3170	3090	3010	2820	2600	2360	2100	1850	1610
	$N_{b,z,Rd}$	3350	3170	2980	2790	2580	2370	2150	1720	1370	1090	886	728	608
	$N_{b,T,Rd}$	3360	3240	3150	3080	3030	3000	2970	2940	2920	2910	2900	2890	2890
203x203x86	$N_{b,y,Rd}$	2920	2920	2870	2810	2740	2670	2590	2430	2230	2010	1790	1570	1360
	$N_{b,z,Rd}$	2900	2740	2580	2410	2230	2040	1840	1480	1170	934	755	621	518
	$N_{b,T,Rd}$	2900	2780	2690	2630	2570	2540	2510	2470	2440	2430	2420	2410	2400
203x203x71	$N_{b,y,Rd}$	2400	2400	2360	2300	2250	2190	2130	1990	1820	1640	1450	1270	1100
	$N_{b,z,Rd}$	2380	2250	2120	1970	1820	1670	1510	1200	952	758	613	504	420
	$N_{b,T,Rd}$	2380	2270	2180	2120	2060	2020	1980	1940	1910	1880	1870	1860	1850
203x203x60	$N_{b,y,Rd}$	2100	2100	2060	2010	1960	1900	1840	1710	1560	1390	1220	1050	911
	$N_{b,z,Rd}$	2080	1960	1840	1710	1570	1420	1280	1010	791	627	506	414	345
	$N_{b,T,Rd}$	2070	1970	1880	1810	1750	1700	1660	1600	1550	1530	1510	1490	1480
203x203x52	$N_{b,y,Rd}$	1820	1820	1790	1740	1700	1650	1600	1480	1350	1200	1050	908	785
	$N_{b,z,Rd}$	1800	1700	1590	1480	1360	1230	1110	871	683	541	436	357	297
	$N_{b,T,Rd}$	1800	1700	1620	1550	1490	1430	1390	1320	1280	1240	1220	1200	1190
203x203x46	$N_{b,y,Rd}$	1610	1610	1580	1540	1500	1460	1410	1310	1190	1050	918	794	684
	$N_{b,z,Rd}$	1590	1500	1410	1300	1200	1080	970	762	596	472	380	311	259
	$N_{b,T,Rd}$	1590	1500	1430	1350	1290	1240	1190	1120	1070	1030	1010	986	971
152x152x51 +	$N_{b,y,Rd}$	1790	1760	1710	1650	1590	1520	1450	1280	1090	912	758	632	532
	$N_{b,z,Rd}$	1710	1570	1430	1270	1110	949	809	591	442	341	270	219	180
	$N_{b,T,Rd}$	1730	1660	1600	1570	1540	1530	1510	1500	1490	1480	1480	1480	1470
152x152x44 +	$N_{b,y,Rd}$	1540	1520	1470	1420	1370	1310	1240	1090	925	770	638	531	447
	$N_{b,z,Rd}$	1470	1350	1220	1080	943	808	687	501	374	288	228	185	152
	$N_{b,T,Rd}$	1480	1410	1350	1320	1290	1270	1250	1240	1220	1220	1210	1210	1210
152x152x37	$N_{b,y,Rd}$	1300	1270	1230	1190	1140	1090	1030	905	766	635	525	437	367
	$N_{b,z,Rd}$	1230	1130	1020	903	782	668	568	412	308	237	187	151	125
	$N_{b,T,Rd}$	1240	1170	1110	1070	1040	1020	1000	976	962	952	946	941	938
152x152x30	$N_{b,y,Rd}$	1050	1030	999	964	926	883	836	729	614	508	419	348	292
	$N_{b,z,Rd}$	999	916	826	729	630	537	455	330	246	189	149	121	99.7
	$N_{b,T,Rd}$	1000	937	882	838	803	775	754	724	706	693	685	679	674
152x152x23	$N_{b,y,Rd}$	803	785	759	731	700	665	627	541	451	370	303	251	210
	$N_{b,z,Rd}$	758	692	620	543	465	393	331	238	177	136	107	86.5	71.3
	$N_{b,T,Rd}$	759	703	652	607	569	538	514	478	454	439	428	420	415

Advance and UKC are trademarks of Corus. A fuller description of the relationship between Universal Columns (UC) and the Advance range of sections manufactured by Corus is given in note 12.

+ These sections are in addition to the range of BS 4 sections.

For values of the compression cross-sectional resistance, $N_{c,Rd}$, see values of $N_{pl,Rd}$ in tables for axial force and bending and also see explanatory note 6.

FOR EXPLANATION OF TABLES SEE NOTE 6.

COMPRESSION

HOT-FINISHED HOLLOW SECTIONS - S275

There are no resistance tables given for hot-finished hollow sections in S275, because hot finished hollow sections are normally available in S355 only.

S355 resistance tables are given for hot-finished hollow sections in part D (pages D - 14 to D - 27). However, to maintain consistent page numbering between S275 resistance tables and S355 resistance tables, pages C - 14 to C - 27 are omitted here.

COLD-FORMED HOLLOW SECTIONS - S275

There are no resistance tables given for cold-formed hollow sections in S275, because normally cold-formed hollow sections are normally available in S235 and S355 only. No resistance tables are given for S235 either, because sections available may not be manufactured to BS EN 10219-2: 2006.

S355 resistance tables are given for cold-formed hollow sections in part D (pages D - 28 to D - 40). However, to maintain consistent page numbering between S275 resistance tables and S355 resistance tables, pages C - 28 to C - 40 are omitted here.

BS EN 1993-1-1:2005
BS 4-1:2005

COMPRESSION

S275 / Advance275

PARALLEL FLANGE CHANNELS
Advance UKPFC

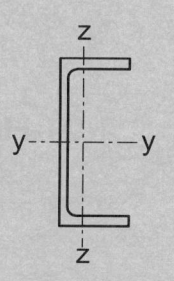

Subject to concentric axial compression

Section Designation	Axis	Compression resistance $N_{b,y,Rd}$, $N_{b,z,Rd}$, $N_{b,T,Rd}$ (kN) for Buckling lengths L_{cr} (m)												
		1.0	1.5	2.0	2.5	3.0	3.5	4.0	5.0	6.0	7.0	8.0	9.0	10.0
430x100x64	$N_{b,y,Rd}$	2180	2180	2180	2180	2170	2130	2090	2010	1930	1850	1770	1680	1590
	$N_{b,z,Rd}$	1970	1750	1490	1240	1010	817	668	464	338	257	201	162	133
	$N_{b,T,Rd}$	2000	1820	1660	1530	1430	1350	1280	1200	1140	1100	1070	1050	1030
380x100x54	$N_{b,y,Rd}$	1820	1820	1820	1820	1790	1760	1720	1650	1580	1500	1420	1330	1250
	$N_{b,z,Rd}$	1660	1480	1270	1070	873	713	586	409	298	227	178	143	118
	$N_{b,T,Rd}$	1660	1510	1380	1270	1180	1110	1060	989	942	909	883	860	838
300x100x46	$N_{b,y,Rd}$	1540	1540	1540	1510	1470	1430	1400	1320	1230	1150	1060	964	875
	$N_{b,z,Rd}$	1410	1260	1090	919	758	621	512	358	262	199	156	126	104
	$N_{b,T,Rd}$	1390	1270	1170	1090	1030	982	946	894	855	819	783	743	700
300x90x41	$N_{b,y,Rd}$	1450	1450	1450	1420	1380	1340	1310	1230	1150	1060	971	882	795
	$N_{b,z,Rd}$	1290	1120	931	750	597	477	387	266	193	146	114	91.4	74.9
	$N_{b,T,Rd}$	1290	1160	1060	983	926	884	853	807	773	743	713	679	640
260x90x35	$N_{b,y,Rd}$	1220	1220	1210	1170	1140	1100	1060	988	907	822	736	655	579
	$N_{b,z,Rd}$	1090	950	795	644	515	413	336	231	168	127	99.1	79.6	65.3
	$N_{b,T,Rd}$	1070	963	878	813	766	731	704	662	628	594	558	518	477
260x75x28	$N_{b,y,Rd}$	965	965	951	923	895	867	837	775	709	640	572	506	447
	$N_{b,z,Rd}$	813	669	520	395	303	237	189	127	91.5	68.8	53.5	42.8	35.1
	$N_{b,T,Rd}$	820	722	647	593	555	528	508	479	458	438	416	392	364
230x90x32	$N_{b,y,Rd}$	1130	1130	1100	1060	1030	991	952	871	785	697	613	535	467
	$N_{b,z,Rd}$	1010	883	743	604	485	390	317	219	159	120	94.0	75.5	61.9
	$N_{b,T,Rd}$	980	882	808	755	716	685	661	619	578	536	490	444	399
230x75x26	$N_{b,y,Rd}$	899	899	876	847	818	788	757	691	622	551	483	421	367
	$N_{b,z,Rd}$	763	632	496	379	292	228	182	123	88.7	66.7	51.9	41.6	34.0
	$N_{b,T,Rd}$	759	674	613	570	541	519	501	473	447	419	387	352	317

Advance and UKPFC are trademarks of Corus. A fuller description of the relationship between Parallel Flange Channels and the Advance range of sections manufactured by Corus is given in note 12.

$N_{b,T,Rd}$ is the lower of torsional and torsional-flexural buckling resistance

For values of the compression cross-sectional resistance, $N_{c,Rd}$, see values of $N_{pl,Rd}$ in tables for axial force and bending and also see explanatory note 6.

FOR EXPLANATION OF TABLES SEE NOTE 6.

| BS EN 1993-1-1:2005 / BS 4-1:2005 | COMPRESSION | S275 / Advance275 |

PARALLEL FLANGE CHANNELS
Advance UKPFC

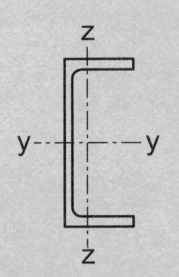

Subject to concentric axial compression

Section Designation	Axis	Compression resistance $N_{b,y,Rd}$, $N_{b,z,Rd}$, $N_{b,T,Rd}$ (kN) for Buckling lengths L_{cr} (m)												
		1.0	1.5	2.0	2.5	3.0	3.5	4.0	5.0	6.0	7.0	8.0	9.0	10.0
200x90x30	$N_{b,y,Rd}$	1040	1040	999	961	922	882	840	751	659	570	489	418	359
	$N_{b,z,Rd}$	935	819	690	563	452	364	296	204	149	112	88.0	70.7	58.0
	$N_{b,T,Rd}$	894	807	745	700	667	639	614	565	514	461	409	360	317
200x75x23	$N_{b,y,Rd}$	822	817	787	757	726	694	661	591	518	447	383	327	281
	$N_{b,z,Rd}$	701	584	461	355	274	215	172	116	83.6	62.9	49.0	39.2	32.1
	$N_{b,T,Rd}$	687	615	566	532	508	488	471	439	403	364	324	286	251
180x90x26	$N_{b,y,Rd}$	913	897	861	824	786	746	705	617	529	447	377	318	271
	$N_{b,z,Rd}$	820	718	606	495	398	320	261	180	131	99.1	77.6	62.3	51.1
	$N_{b,T,Rd}$	769	687	629	586	554	527	502	454	405	358	313	273	238
180x75x20	$N_{b,y,Rd}$	712	699	670	641	610	578	545	475	405	341	287	242	206
	$N_{b,z,Rd}$	607	505	398	306	235	185	148	100.0	71.9	54.1	42.1	33.7	27.6
	$N_{b,T,Rd}$	587	520	472	440	416	397	380	347	312	276	242	211	184
150x90x24	$N_{b,y,Rd}$	836	802	762	720	677	630	582	485	397	323	265	220	185
	$N_{b,z,Rd}$	751	658	555	453	364	293	239	165	120	90.8	71.0	57.1	46.8
	$N_{b,T,Rd}$	686	612	561	523	491	461	432	374	320	271	230	195	167
150x75x18	$N_{b,y,Rd}$	627	601	571	540	506	471	435	362	296	241	198	164	138
	$N_{b,z,Rd}$	536	447	353	272	210	165	132	89.3	64.3	48.3	37.7	30.2	24.7
	$N_{b,T,Rd}$	504	446	407	379	357	336	317	277	238	203	172	146	125
125x65x15	$N_{b,y,Rd}$	510	480	449	416	381	344	307	241	188	148	119	97.6	81.2
	$N_{b,z,Rd}$	418	330	245	181	136	105	83.5	55.9	40.0	30.0	23.3	18.6	15.2
	$N_{b,T,Rd}$	407	368	341	319	297	274	251	205	166	135	111	91.9	77.3
100x50x10	$N_{b,y,Rd}$	342	315	286	255	222	191	163	120	89.7	69.2	54.8	44.4	36.6
	$N_{b,z,Rd}$	253	174	117	82.1	60.0	45.6	35.8	23.7	16.8	12.5	9.70	7.73	6.30
	$N_{b,T,Rd}$	275	253	234	213	190	167	146	110	84.5	66.1	52.9	43.1	35.8

Advance and UKPFC are trademarks of Corus. A fuller description of the relationship between Parallel Flange Channels and the Advance range of sections manufactured by Corus is given in note 12.

$N_{b,T,Rd}$ is the lower of torsional and torsional-flexural buckling resistance

For values of the compression cross-sectional resistance, $N_{c,Rd}$, see values of $N_{pl,Rd}$ in tables for axial force and bending and also see explanatory note 6.

FOR EXPLANATION OF TABLES SEE NOTE 6.

BS EN 1993-1-1:2005
BS 4-1:2005

COMPRESSION

S275 / Advance275

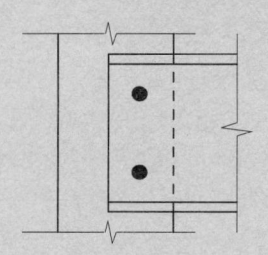

PARALLEL FLANGE CHANNELS
Advance UKPFC

Connected through web

One row of fasteners with
two or more fasteners across the web

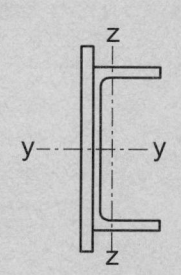

Section Designation	Axis	Compression resistance $N_{b,y,Rd}$, $N_{b,z,Rd}$, $N_{b,T,Rd}$ (kN) for System length, L (m)												
		1.0	1.5	2.0	2.5	3.0	3.5	4.0	5.0	6.0	7.0	8.0	9.0	10.0
430x100x64	$N_{b,y,Rd}$	2180	2180	2180	2180	2170	2130	2090	2010	1930	1850	1770	1680	1590
	$N_{b,z,Rd}$	1490	1310	1130	979	846	734	640	464	338	257	201	162	133
	$N_{b,T,Rd}$	2000	1820	1660	1530	1430	1350	1280	1200	1140	1100	1070	1050	1030
380x100x54	$N_{b,y,Rd}$	1820	1820	1820	1820	1790	1760	1720	1650	1580	1500	1420	1330	1250
	$N_{b,z,Rd}$	1250	1110	965	837	727	632	553	409	298	227	178	143	118
	$N_{b,T,Rd}$	1660	1510	1380	1270	1180	1110	1060	989	942	909	883	860	838
300x100x46	$N_{b,y,Rd}$	1540	1540	1540	1510	1470	1430	1400	1320	1230	1150	1060	964	875
	$N_{b,z,Rd}$	1060	941	825	718	625	545	478	358	262	199	156	126	104
	$N_{b,T,Rd}$	1390	1270	1170	1090	1030	982	946	894	855	819	783	743	700
300x90x41	$N_{b,y,Rd}$	1450	1450	1450	1420	1380	1340	1310	1230	1150	1060	971	882	795
	$N_{b,z,Rd}$	968	837	716	610	521	447	387	266	193	146	114	91.4	74.9
	$N_{b,T,Rd}$	1290	1160	1060	983	926	884	853	807	773	743	713	679	640
260x90x35	$N_{b,y,Rd}$	1220	1220	1210	1170	1140	1100	1060	988	907	822	736	655	579
	$N_{b,z,Rd}$	819	711	610	521	446	384	332	231	168	127	99.1	79.6	65.3
	$N_{b,T,Rd}$	1070	963	878	813	766	731	704	662	628	594	558	518	477
260x75x28	$N_{b,y,Rd}$	965	965	951	923	895	867	837	775	709	640	572	506	447
	$N_{b,z,Rd}$	609	507	418	346	288	237	189	127	91.5	68.8	53.5	42.8	35.1
	$N_{b,T,Rd}$	820	722	647	593	555	528	508	479	458	438	416	392	364
230x90x32	$N_{b,y,Rd}$	1130	1130	1100	1060	1030	991	952	871	785	697	613	535	467
	$N_{b,z,Rd}$	759	660	568	486	417	359	312	219	159	120	94.0	75.5	61.9
	$N_{b,T,Rd}$	980	882	808	755	716	685	661	619	578	536	490	444	399
230x75x26	$N_{b,y,Rd}$	899	899	876	847	818	788	757	691	622	551	483	421	367
	$N_{b,z,Rd}$	571	478	396	328	274	228	182	123	88.7	66.7	51.9	41.6	34.0
	$N_{b,T,Rd}$	759	674	613	570	541	519	501	473	447	419	387	352	317

Advance and UKPFC are trademarks of Corus. A fuller description of the relationship between Parallel Flange Channels and the Advance range of sections manufactured by Corus is given in note 12.

$N_{b,T,Rd}$ is the lower of torsional and torsional-flexural buckling resistance

For values of the compression cross-sectional resistance, $N_{c,Rd}$, see values of $N_{pl,Rd}$ in tables for axial force and bending and also see explanatory note 6.

FOR EXPLANATION OF TABLES SEE NOTE 6.

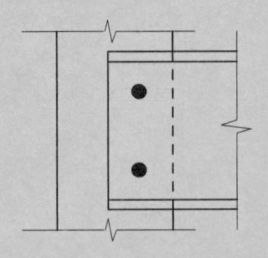

COMPRESSION

BS EN 1993-1-1:2005
BS 4-1:2005

S275 / Advance275

PARALLEL FLANGE CHANNELS
Advance UKPFC

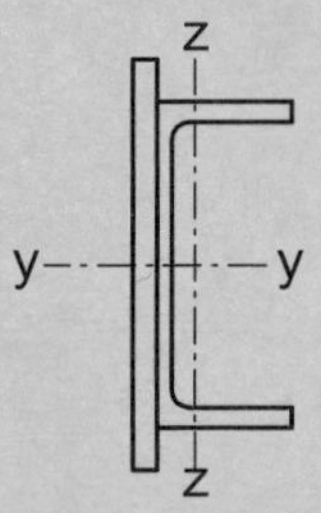

Connected through web

One row of fasteners with
two or more fasteners across the web

Section Designation	Axis	Compression resistance $N_{b,y,Rd}$, $N_{b,z,Rd}$, $N_{b,T,Rd}$ (kN) for System length, L (m)												
		1.0	1.5	2.0	2.5	3.0	3.5	4.0	5.0	6.0	7.0	8.0	9.0	10.0
200x90x30	$N_{b,y,Rd}$	1040	1040	999	961	922	882	840	751	659	570	489	418	359
	$N_{b,z,Rd}$	703	612	527	452	388	335	290	204	149	112	88.0	70.7	58.0
	$N_{b,T,Rd}$	894	807	745	700	667	639	614	565	514	461	409	360	317
200x75x23	$N_{b,y,Rd}$	822	817	787	757	726	694	661	591	518	447	383	327	281
	$N_{b,z,Rd}$	525	441	367	305	255	215	172	116	83.6	62.9	49.0	39.2	32.1
	$N_{b,T,Rd}$	687	615	566	532	508	488	471	439	403	364	324	286	251
180x90x26	$N_{b,y,Rd}$	913	897	861	824	786	746	705	617	529	447	377	318	271
	$N_{b,z,Rd}$	617	537	463	397	341	294	255	180	131	99.1	77.6	62.3	51.1
	$N_{b,T,Rd}$	769	687	629	586	554	527	502	454	405	358	313	273	238
180x75x20	$N_{b,y,Rd}$	712	699	670	641	610	578	545	475	405	341	287	242	206
	$N_{b,z,Rd}$	454	381	317	263	220	185	148	100.0	71.9	54.1	42.1	33.7	27.6
	$N_{b,T,Rd}$	587	520	472	440	416	397	380	347	312	276	242	211	184
150x90x24	$N_{b,y,Rd}$	836	802	762	720	677	630	582	485	397	323	265	220	185
	$N_{b,z,Rd}$	565	492	424	364	312	269	234	165	120	90.8	71.0	57.1	46.8
	$N_{b,T,Rd}$	686	612	561	523	491	461	432	374	320	271	230	195	167
150x75x18	$N_{b,y,Rd}$	627	601	571	540	506	471	435	362	296	241	198	164	138
	$N_{b,z,Rd}$	401	337	280	233	196	165	132	89.3	64.3	48.3	37.7	30.2	24.7
	$N_{b,T,Rd}$	504	446	407	379	357	336	317	277	238	203	172	146	125
125x65x15	$N_{b,y,Rd}$	510	480	449	416	381	344	307	241	188	148	119	97.6	81.2
	$N_{b,z,Rd}$	313	254	205	166	136	105	83.5	55.9	40.0	30.0	23.3	18.6	15.2
	$N_{b,T,Rd}$	407	368	341	319	297	274	251	205	166	135	111	91.9	77.3
100x50x10	$N_{b,y,Rd}$	342	315	286	255	222	191	163	120	89.7	69.2	54.8	44.4	36.6
	$N_{b,z,Rd}$	191	144	110	82.1	60.0	45.6	35.8	23.7	16.8	12.5	9.70	7.73	6.30
	$N_{b,T,Rd}$	275	253	234	213	190	167	146	110	84.5	66.1	52.9	43.1	35.8

Advance and UKPFC are trademarks of Corus. A fuller description of the relationship between Parallel Flange Channels and the Advance range of sections manufactured by Corus is given in note 12.

$N_{b,T,Rd}$ is the lower of torsional and torsional-flexural buckling resistance

For values of the compression cross-sectional resistance, $N_{c,Rd}$, see values of $N_{pl,Rd}$ in tables for axial force and bending and also see explanatory note 6.

FOR EXPLANATION OF TABLES SEE NOTE 6.

BS EN 1993-1-1:2005
BS EN 10056-1:1999

COMPRESSION

S275 / Advance275

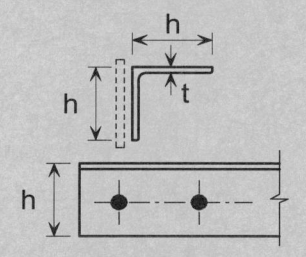

EQUAL ANGLES
Advance UKA - Equal Angles

Two or more bolts in line
or equivalent welded at each end

Section Designation		Area	Radius of Gyration			Buckling mode	Flexural (F) and torsional (T) buckling resistances (kN) for System length, L (m)											
			Axis a-a	Axis b-b	Axis v-v													
h x h mm	t mm	cm²	cm	cm	cm		1.0	1.5	2.0	2.5	3.0	3.5	4.0	5.0	6.0	7.0	8.0	9.0	10.0
200x200	24	90.6	6.06	6.06	3.90	F	1970	1890	1800	1650	1500	1340	1200	953	764	622	515	432	367
						T	2190	2190	2190	2190	2190	2190	2190	2190	2190	2190	2190	2190	2190
	20	76.3	6.11	6.11	3.92	F	1660	1590	1520	1400	1260	1140	1010	807	648	528	437	367	312
						T	1760	1760	1760	1760	1760	1760	1760	1760	1760	1760	1760	1760	1760
	* 18	69.1	6.13	6.13	3.90	F	*1510*	*1440*	*1370*	*1260*	*1140*	*1020*	*914*	*727*	*583*	*475*	*393*	*329*	*280*
						T	*1550*	*1550*	*1550*	*1550*	*1550*	*1550*	*1550*	*1550*	*1550*	*1550*	*1550*	*1550*	*1550*
	* 16	61.8	6.16	6.16	3.94	F	*1400*	*1340*	*1270*	*1170*	*1050*	*944*	*842*	*668*	*535*	*436*	*360*	*302*	*257*
						T	*1360*	*1360*	*1360*	*1360*	*1360*	*1360*	*1360*	*1360*	*1360*	*1360*	*1360*	*1360*	*1360*
150x150	18 +	51.2	4.55	4.55	2.93	F	1080	1020	905	788	678	582	501	377	292	232	188	155	131
						T	1240	1240	1240	1240	1240	1240	1240	1240	1240	1240	1240	1240	1240
	15	43.0	4.57	4.57	2.93	F	942	882	781	678	581	497	427	320	247	196	159	131	110
						T	1030	1030	1030	1030	1030	1030	1030	1030	1030	1030	1030	1030	1030
	* 12	34.8	4.60	4.60	2.95	F	*763*	*715*	*635*	*551*	*473*	*405*	*348*	*262*	*202*	*160*	*130*	*108*	*90.4*
						T	*771*	*771*	*771*	*771*	*771*	*771*	*771*	*771*	*771*	*771*	*771*	*771*	*771*
	* 10	29.3	4.62	4.62	2.97	F	*581*	*547*	*495*	*435*	*378*	*327*	*283*	*215*	*167*	*133*	*108*	*89.7*	*75.5*
						T	*547*	*547*	*547*	*547*	*547*	*547*	*547*	*547*	*547*	*547*	*547*	*547*	*547*
120x120	15 +	34.0	3.63	3.63	2.34	F	721	638	535	441	363	301	253	184	139	109	87.0	71.3	59.5
						T	857	857	857	857	857	857	857	857	857	857	857	857	857
	12	27.5	3.65	3.65	2.35	F	584	517	434	358	295	245	206	150	113	88.4	70.9	58.1	48.5
						T	659	659	659	659	659	659	659	659	659	659	659	659	659
	* 10	23.2	3.67	3.67	2.36	F	*493*	*437*	*367*	*304*	*250*	*208*	*174*	*127*	*96.1*	*75.1*	*60.2*	*49.4*	*41.2*
						T	*523*	*523*	*523*	*523*	*523*	*523*	*523*	*523*	*523*	*523*	*523*	*523*	*523*
	* 8 +	18.8	3.71	3.71	2.38	F	*362*	*327*	*279*	*234*	*195*	*163*	*138*	*101*	*77.0*	*60.4*	*48.6*	*39.9*	*33.4*
						T	*350*	*350*	*350*	*350*	*350*	*350*	*350*	*350*	*350*	*350*	*350*	*350*	*350*
100x100	15 +	28.0	2.99	2.99	1.94	F	572	473	376	297	238	193	159	113	84.6	65.5	52.1	42.5	35.2
						T	729	729	729	729	729	729	729	729	729	729	729	729	729
	12	22.7	3.02	3.02	1.94	F	465	383	305	241	193	157	129	92.0	68.6	53.1	42.2	34.4	28.6
						T	569	569	569	569	569	569	569	569	569	569	569	569	569
	10	19.2	3.04	3.04	1.95	F	394	325	259	205	164	133	110	78.4	58.5	45.3	36.1	29.4	24.4
						T	461	461	461	461	461	461	461	461	461	461	461	461	461
	* 8	15.5	3.06	3.06	1.96	F	*318*	*263*	*210*	*167*	*133*	*108*	*89.6*	*63.8*	*47.6*	*36.9*	*29.4*	*23.9*	*19.9*
						T	*345*	*345*	*345*	*345*	*345*	*345*	*345*	*345*	*345*	*345*	*345*	*345*	*345*

Advance and UKA are trademarks of Corus. A fuller description of the relationship between Angles and the Advance range of sections manufactured by Corus is given in note 12.

+ These sections are in addition to the range of BS EN 10056-1 sections.

* Section is Class 4 under axial compression.

Values in *italic* type indicate that the section is a class 4 section in pure compression and allowance has been made in calculating the resistance.

For values of the compression cross-sectional resistance, $N_{c,Rd}$, see values of $N_{pl,Rd}$ in tables for axial force and bending and also see explanatory note 6.

FOR EXPLANATION OF TABLES SEE NOTE 6.

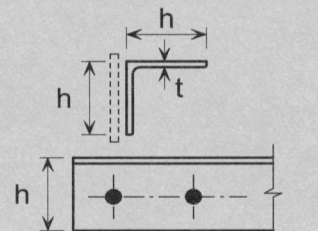

COMPRESSION

BS EN 1993-1-1:2005
BS EN 10056-1:1999

S275 / Advance275

EQUAL ANGLES
Advance UKA - Equal Angles

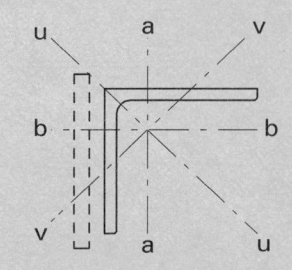

Two or more bolts in line
or equivalent welded at each end

Section Designation		Area	Radius of Gyration			Buckling mode	Flexural (F) and torsional (T) buckling resistances (kN) for System length, L (m)												
h x h mm	t mm	cm²	Axis a-a cm	Axis b-b cm	Axis v-v cm		1.0	1.5	2.0	2.5	3.0	3.5	4.0	5.0	6.0	7.0	8.0	9.0	10.0
90x90	12 +	20.3	2.71	2.71	1.75	F	401	319	246	191	150	121	99.1	69.8	51.7	39.8	31.6	25.7	21.3
						T	519	519	519	519	519	519	519	519	519	519	519	519	519
	10	17.1	2.72	2.72	1.75	F	338	269	207	161	127	102	83.5	58.8	43.6	33.5	26.6	21.6	17.9
						T	422	422	422	422	422	422	422	422	422	422	422	422	422
	* 8	13.9	2.74	2.74	1.76	F	*275*	*219*	*169*	*131*	*104*	*83.5*	*68.4*	*48.2*	*35.7*	*27.5*	*21.8*	*17.7*	*14.7*
						T	*322*	*322*	*322*	*322*	*322*	*322*	*322*	*322*	*322*	*322*	*322*	*322*	*322*
	* 7	12.2	2.75	2.75	1.77	F	*242*	*193*	*150*	*116*	*91.7*	*73.9*	*60.6*	*42.7*	*31.7*	*24.4*	*19.4*	*15.7*	*13.0*
						T	*269*	*269*	*269*	*269*	*269*	*269*	*269*	*269*	*269*	*269*	*269*	*269*	*269*
80x80	10	15.1	2.41	2.41	1.55	F	282	215	160	121	94.3	75.1	61.1	42.6	31.3	24.0	19.0	15.4	12.7
						T	382	382	382	382	382	382	382	382	382	382	382	382	382
	8	12.3	2.43	2.43	1.56	F	231	176	131	99.7	77.5	61.8	50.3	35.1	25.8	19.8	15.6	12.7	10.5
						T	296	296	296	296	296	296	296	296	296	296	296	296	296
75x75	8	11.4	2.27	2.27	1.46	F	207	154	113	84.5	65.3	51.7	41.9	29.1	21.3	16.3	12.9	10.4	8.59
						T	279	279	279	279	279	279	279	279	279	279	279	279	279
	* 6	8.73	2.29	2.29	1.47	F	*159*	*118*	*87.0*	*65.3*	*50.5*	*40.0*	*32.5*	*22.5*	*16.5*	*12.6*	*9.98*	*8.07*	*6.66*
						T	*195*	*195*	*195*	*195*	*195*	*195*	*195*	*195*	*195*	*195*	*195*	*195*	*195*
70x70	7	9.40	2.12	2.12	1.36	F	164	118	85.1	63.2	48.4	38.2	30.8	21.3	15.6	11.9	9.34	7.55	6.22
						T	226	226	226	226	226	226	226	226	226	226	226	226	226
	* 6	8.13	2.13	2.13	1.37	F	*142*	*103*	*74.3*	*55.2*	*42.3*	*33.4*	*27.0*	*18.6*	*13.6*	*10.4*	*8.19*	*6.61*	*5.45*
						T	*187*	*187*	*187*	*187*	*187*	*187*	*187*	*187*	*187*	*187*	*187*	*187*	*187*
65x65	7	8.73	1.96	1.96	1.26	F	145	101	71.7	52.6	40.0	31.4	25.3	17.4	12.6	9.61	7.56	6.09	5.02
						T	212	212	212	212	212	212	212	212	212	212	212	212	212
60x60	8	9.03	1.80	1.80	1.16	F	141	95.5	66.3	48.2	36.4	28.4	22.8	15.6	11.3	8.57	6.72	5.41	4.45
						T	231	231	231	231	231	231	231	231	231	231	231	231	231
	6	6.91	1.82	1.82	1.17	F	109	73.8	51.4	37.3	28.2	22.1	17.7	12.1	8.78	6.66	5.23	4.21	3.46
						T	167	167	167	167	167	167	167	167	167	167	167	167	167
	* 5	5.82	1.82	1.82	1.17	F	*91.6*	*62.2*	*43.3*	*31.4*	*23.8*	*18.6*	*14.9*	*10.2*	*7.39*	*5.61*	*4.40*	*3.54*	*2.92*
						T	*133*	*133*	*133*	*133*	*133*	*133*	*133*	*133*	*133*	*133*	*133*	*133*	*133*
50x50	6	5.69	1.50	1.50	0.968	F	76.3	48.2	32.3	23.0	17.1	13.3	10.6	7.14	5.14	3.88	3.03	2.44	2.00
						T	143	143	143	143	143	143	143	143	143	143	143	143	143
	5	4.80	1.51	1.51	0.973	F	64.6	40.9	27.5	19.5	14.6	11.3	8.98	6.08	4.38	3.31	2.58	2.08	1.70
						T	116	116	116	116	116	116	116	116	116	116	116	116	116
	* 4	3.89	1.52	1.52	0.979	F	*52.7*	*33.4*	*22.5*	*16.0*	*11.9*	*9.24*	*7.36*	*4.98*	*3.59*	*2.71*	*2.12*	*1.70*	*1.40*
						T	*87.6*	*87.6*	*87.6*	*87.6*	*87.6*	*87.6*	*87.6*	*87.6*	*87.6*	*87.6*	*87.6*	*87.6*	*87.6*

Advance and UKA are trademarks of Corus. A fuller description of the relationship between Angles and the Advance range of sections manufactured by Corus is given in note 12.

+ These sections are in addition to the range of BS EN 10056-1 sections.

* Section is Class 4 under axial compression.

Values in *italic* type indicate that the section is a class 4 section in pure compression and allowance has been made in calculating the resistance.

For values of the compression cross-sectional resistance, $N_{c,Rd}$, see values of $N_{pl,Rd}$ in tables for axial force and bending and also see explanatory note 6.

FOR EXPLANATION OF TABLES SEE NOTE 6.

COMPRESSION

BS EN 1993-1-1:2005
BS EN 10056-1:1999

UNEQUAL ANGLES
Advance UKA - Unequal Angles

S275 / Advance275

Short leg attached

Two or more bolts in line
or equivalent welded at each end

Section Designation		Area	Radius of Gyration			Buckling mode	Flexural (F) and torsional (T) buckling resistances (kN) for System length, L (m)												
h x b mm	t mm	cm²	Axis a-a cm	Axis b-b cm	Axis v-v cm		1.0	1.5	2.0	2.5	3.0	3.5	4.0	5.0	6.0	7.0	8.0	9.0	10.0
200x150	18 +	60.1	6.30	4.38	3.22	F	1270	1180	1090	987	864	752	655	501	392	313	256	213	179
						T	1380	1380	1380	1380	1380	1380	1380	1380	1380	1380	1380	1380	1380
	* 15	50.5	6.33	4.40	3.23	F	*1080*	*1010*	*930*	*839*	*734*	*639*	*555*	*425*	*332*	*266*	*217*	*180*	*152*
						T	*1090*	*1090*	*1090*	*1090*	*1090*	*1090*	*1090*	*1090*	*1090*	*1090*	*1090*	*1090*	*1090*
	* 12	40.8	6.36	4.44	3.25	F	*745*	*702*	*655*	*605*	*538*	*475*	*418*	*325*	*257*	*207*	*170*	*142*	*120*
						T	*693*	*693*	*693*	*693*	*693*	*693*	*693*	*693*	*693*	*693*	*693*	*693*	*693*
200x100	15	43.0	6.40	2.64	2.12	F	853	738	625	504	409	335	278	200	150	117	93.2	76.1	63.3
						T	964	964	964	964	964	964	964	964	964	964	964	964	964
	* 12	34.8	6.43	2.67	2.14	F	*585*	*517*	*448*	*375*	*309*	*257*	*216*	*157*	*119*	*92.7*	*74.4*	*60.9*	*50.8*
						T	*604*	*604*	*604*	*604*	*604*	*604*	*604*	*604*	*604*	*604*	*604*	*604*	*604*
	* 10	29.2	6.46	2.68	2.15	F	*431*	*386*	*339*	*293*	*244*	*205*	*173*	*127*	*97.0*	*76.2*	*61.3*	*50.4*	*42.1*
						T	*408*	*408*	*408*	*408*	*408*	*408*	*408*	*408*	*408*	*408*	*408*	*408*	*408*
150x90	15	33.9	4.74	2.46	1.93	F	659	561	453	358	286	232	192	136	102	78.6	62.5	50.9	42.3
						T	833	833	833	833	833	833	833	833	833	833	833	833	833
	12	27.5	4.77	2.49	1.94	F	537	458	369	292	234	190	157	111	83.1	64.3	51.2	41.7	34.6
						T	632	632	632	632	632	632	632	632	632	632	632	632	632
	* 10	23.2	4.80	2.51	1.95	F	*413*	*357*	*295*	*236*	*191*	*156*	*129*	*92.5*	*69.3*	*53.8*	*42.9*	*35.0*	*29.1*
						T	*452*	*452*	*452*	*452*	*452*	*452*	*452*	*452*	*452*	*452*	*452*	*452*	*452*
150x75	15	31.7	4.75	1.94	1.58	F	568	454	344	261	203	162	132	92.3	68.0	52.1	41.2	33.4	27.6
						T	780	780	780	780	780	780	780	780	780	780	780	780	780
	12	25.7	4.78	1.97	1.59	F	463	372	281	214	166	133	108	75.6	55.7	42.7	33.8	27.4	22.6
						T	591	591	591	591	591	591	591	591	591	591	591	591	591
	* 10	21.7	4.81	1.99	1.60	F	*359*	*294*	*227*	*175*	*137*	*110*	*90.0*	*63.2*	*46.7*	*35.9*	*28.5*	*23.1*	*19.1*
						T	*423*	*423*	*423*	*423*	*423*	*423*	*423*	*423*	*423*	*423*	*423*	*423*	*423*
125x75	12	22.7	3.95	2.05	1.61	F	415	334	251	192	150	120	97.4	68.1	50.2	38.5	30.5	24.7	20.4
						T	552	552	552	552	552	552	552	552	552	552	552	552	552
	10	19.1	3.97	2.07	1.61	F	351	281	212	161	126	101	82.0	57.3	42.3	32.4	25.7	20.8	17.2
						T	439	439	439	439	439	439	439	439	439	439	439	439	439
	* 8	15.5	4.00	2.09	1.63	F	*255*	*211*	*163*	*126*	*99.6*	*80.1*	*65.7*	*46.3*	*34.3*	*26.4*	*20.9*	*17.0*	*14.1*
						T	*289*	*289*	*289*	*289*	*289*	*289*	*289*	*289*	*289*	*289*	*289*	*289*	*289*

Advance and UKA are trademarks of Corus. A fuller description of the relationship between Angles and the Advance range of sections manufactured by Corus is given in note 12.

+ These sections are in addition to the range of BS EN 10056-1 sections.

* Section is Class 4 under axial compression.

Values in *italic* type indicate that the section is a class 4 section in pure compression and allowance has been made in calculating the resistance.

For values of the compression cross-sectional resistance, $N_{c,Rd}$, see values of $N_{pl,Rd}$ in tables for axial force and bending and also see explanatory note 6.

FOR EXPLANATION OF TABLES SEE NOTE 6.

BS EN 1993-1-1:2005
BS EN 10056-1:1999

COMPRESSION

UNEQUAL ANGLES
Advance UKA - Unequal Angles

S275 / Advance275

Short leg attached

Two or more bolts in line
or equivalent welded at each end

Section Designation		Area	Radius of Gyration			Buckling mode	Flexural (F) and torsional (T) buckling resistances (kN) for System length, L (m)												
h x b	t		Axis a-a	Axis b-b	Axis v-v		1.0	1.5	2.0	2.5	3.0	3.5	4.0	5.0	6.0	7.0	8.0	9.0	10.0
mm	mm	cm^2	cm	cm	cm														
100x75	12	19.7	3.10	2.14	1.59	F	366	286	215	164	128	102	82.9	57.9	42.7	32.7	25.9	21.0	17.3
						T	500	500	500	500	500	500	500	500	500	500	500	500	500
	10	16.6	3.12	2.16	1.59	F	310	241	181	138	108	85.8	69.9	48.8	36.0	27.6	21.8	17.7	14.6
						T	405	405	405	405	405	405	405	405	405	405	405	405	405
	* 8	13.5	3.14	2.18	1.60	F	*253*	*197*	*148*	*113*	*88.2*	*70.4*	*57.4*	*40.1*	*29.6*	*22.7*	*17.9*	*14.5*	*12.0*
						T	*307*	*307*	*307*	*307*	*307*	*307*	*307*	*307*	*307*	*307*	*307*	*307*	*307*
100x65	10 +	15.6	3.14	1.81	1.39	F	271	200	145	108	83.0	65.6	53.0	36.7	26.8	20.5	16.1	13.0	10.7
						T	383	383	383	383	383	383	383	383	383	383	383	383	383
	8 +	12.7	3.16	1.83	1.40	F	222	164	119	88.9	68.3	54.0	43.7	30.2	22.1	16.9	13.3	10.7	8.87
						T	292	292	292	292	292	292	292	292	292	292	292	292	292
	* 7 +	11.2	3.17	1.83	1.40	F	*185*	*140*	*102*	*76.6*	*59.1*	*46.8*	*38.0*	*26.3*	*19.3*	*14.8*	*11.6*	*9.41*	*7.77*
						T	*230*	*230*	*230*	*230*	*230*	*230*	*230*	*230*	*230*	*230*	*230*	*230*	*230*
100x50	8	11.4	3.19	1.31	1.06	F	165	108	73.8	53.0	39.8	30.9	24.7	16.8	12.1	9.19	7.19	5.78	4.75
						T	262	262	262	262	262	262	262	262	262	262	262	262	262
	* 6	8.71	3.21	1.33	1.07	F	*112*	*77.5*	*53.9*	*39.2*	*29.7*	*23.2*	*18.6*	*12.7*	*9.24*	*7.01*	*5.50*	*4.43*	*3.65*
						T	*151*	*151*	*151*	*151*	*151*	*151*	*151*	*151*	*151*	*151*	*151*	*151*	*151*
80x60	7	9.38	2.51	1.74	1.28	F	157	111	78.6	57.8	44.1	34.6	27.9	19.2	14.0	10.6	8.35	6.74	5.55
						T	220	220	220	220	220	220	220	220	220	220	220	220	220
80x40	8	9.01	2.53	1.03	0.84	F	104	62.8	41.2	28.9	21.3	16.4	13.0	8.73	6.26	4.71	3.67	2.94	2.41
						T	222	222	222	222	222	222	222	222	222	222	222	222	222
	6	6.89	2.55	1.05	0.85	F	80.5	48.6	31.9	22.4	16.6	12.7	10.1	6.77	4.86	3.66	2.85	2.29	1.87
						T	155	155	155	155	155	155	155	155	155	155	155	155	155
75x50	8	9.41	2.35	1.40	1.07	F	138	90.4	61.8	44.4	33.4	25.9	20.7	14.1	10.2	7.71	6.04	4.86	3.99
						T	234	234	234	234	234	234	234	234	234	234	234	234	234
	6	7.19	2.37	1.42	1.08	F	106	69.9	47.8	34.4	25.9	20.1	16.1	10.9	7.92	5.99	4.69	3.78	3.10
						T	165	165	165	165	165	165	165	165	165	165	165	165	165
70x50	6	6.89	2.20	1.43	1.07	F	101	66.2	45.2	32.5	24.4	19.0	15.2	10.3	7.46	5.65	4.42	3.56	2.92
						T	161	161	161	161	161	161	161	161	161	161	161	161	161
65x50	* 5	5.54	2.05	1.47	1.07	F	*80.9*	*53.1*	*36.3*	*26.1*	*19.6*	*15.2*	*12.2*	*8.29*	*6.00*	*4.54*	*3.55*	*2.86*	*2.35*
						T	*123*	*123*	*123*	*123*	*123*	*123*	*123*	*123*	*123*	*123*	*123*	*123*	*123*
60x40	6	5.68	1.88	1.12	0.86	F	67.2	40.7	26.8	18.8	13.9	10.7	8.49	5.70	4.10	3.08	2.40	1.93	1.58
						T	139	139	139	139	139	139	139	139	139	139	139	139	139
	5	4.79	1.89	1.13	0.86	F	57.0	34.6	22.8	16.0	11.9	9.12	7.23	4.86	3.49	2.63	2.05	1.64	1.35
						T	111	111	111	111	111	111	111	111	111	111	111	111	111

Advance and UKA are trademarks of Corus. A fuller description of the relationship between Angles and the Advance range of sections manufactured by Corus is given in note 12.

+ These sections are in addition to the range of BS EN 10056-1 sections.

* Section is Class 4 under axial compression.

Values in *italic* type indicate that the section is a class 4 section in pure compression and allowance has been made in calculating the resistance.

For values of the compression cross-sectional resistance, $N_{c,Rd}$, see values of $N_{pl,Rd}$ in tables for axial force and bending and also see explanatory note 6.

FOR EXPLANATION OF TABLES SEE NOTE 6.

| BS EN 1993-1-1:2005 |
| BS EN 10056-1:1999 |

COMPRESSION

S275 / Advance275

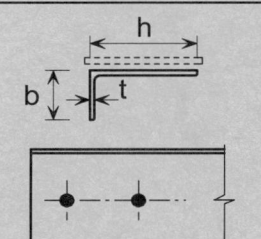

UNEQUAL ANGLES
Advance UKA - Unequal Angles

Long leg attached

Two or more bolts in line
or equivalent welded at each end

Section Designation		Area	Radius of Gyration			Buckling mode	Flexural (F) and torsional (T) buckling resistances (kN) for System length, L (m)												
h x b	t		Axis a-a	Axis b-b	Axis v-v		1.0	1.5	2.0	2.5	3.0	3.5	4.0	5.0	6.0	7.0	8.0	9.0	10.0
mm	mm	cm²	cm	cm	cm														
200x150	18 +	60.1	4.38	6.30	3.22	F	1270	1180	1090	987	864	752	655	501	392	313	256	213	179
						T	1380	1380	1380	1380	1380	1380	1380	1380	1380	1380	1380	1380	1380
	* 15	50.5	4.40	6.33	3.23	F	*1080*	*1010*	*930*	*839*	*734*	*639*	*555*	*425*	*332*	*266*	*217*	*180*	*152*
						T	*1090*	*1090*	*1090*	*1090*	*1090*	*1090*	*1090*	*1090*	*1090*	*1090*	*1090*	*1090*	*1090*
	* 12	40.8	4.44	6.36	3.25	F	*745*	*702*	*655*	*605*	*538*	*475*	*418*	*325*	*257*	*207*	*170*	*142*	*120*
						T	*693*	*693*	*693*	*693*	*693*	*693*	*693*	*693*	*693*	*693*	*693*	*693*	*693*
200x100	15	43.0	2.64	6.40	2.12	F	853	738	625	504	409	335	278	200	150	117	93.2	76.1	63.3
						T	964	964	964	964	964	964	964	964	964	964	964	964	964
	* 12	34.8	2.67	6.43	2.14	F	*585*	*517*	*448*	*375*	*309*	*257*	*216*	*157*	*119*	*92.7*	*74.4*	*60.9*	*50.8*
						T	*604*	*604*	*604*	*604*	*604*	*604*	*604*	*604*	*604*	*604*	*604*	*604*	*604*
	* 10	29.2	2.68	6.46	2.15	F	*431*	*386*	*339*	*293*	*244*	*205*	*173*	*127*	*97.0*	*76.2*	*61.3*	*50.4*	*42.1*
						T	*408*	*408*	*408*	*408*	*408*	*408*	*408*	*408*	*408*	*408*	*408*	*408*	*408*
150x90	15	33.9	2.46	4.74	1.93	F	659	561	453	358	286	232	192	136	102	78.6	62.5	50.9	42.3
						T	833	833	833	833	833	833	833	833	833	833	833	833	833
	12	27.5	2.49	4.77	1.94	F	537	458	369	292	234	190	157	111	83.1	64.3	51.2	41.7	34.6
						T	632	632	632	632	632	632	632	632	632	632	632	632	632
	* 10	23.2	2.51	4.80	1.95	F	*413*	*357*	*295*	*236*	*191*	*156*	*129*	*92.5*	*69.3*	*53.8*	*42.9*	*35.0*	*29.1*
						T	*452*	*452*	*452*	*452*	*452*	*452*	*452*	*452*	*452*	*452*	*452*	*452*	*452*
150x75	15	31.7	1.94	4.75	1.58	F	568	454	344	261	203	162	132	92.3	68.0	52.1	41.2	33.4	27.6
						T	780	780	780	780	780	780	780	780	780	780	780	780	780
	12	25.7	1.97	4.78	1.59	F	463	372	281	214	166	133	108	75.6	55.7	42.7	33.8	27.4	22.6
						T	591	591	591	591	591	591	591	591	591	591	591	591	591
	* 10	21.7	1.99	4.81	1.60	F	*359*	*294*	*227*	*175*	*137*	*110*	*90.0*	*63.2*	*46.7*	*35.9*	*28.5*	*23.1*	*19.1*
						T	*423*	*423*	*423*	*423*	*423*	*423*	*423*	*423*	*423*	*423*	*423*	*423*	*423*
125x75	12	22.7	2.05	3.95	1.61	F	415	334	251	192	150	120	97.4	68.1	50.2	38.5	30.5	24.7	20.4
						T	552	552	552	552	552	552	552	552	552	552	552	552	552
	10	19.1	2.07	3.97	1.61	F	351	281	212	161	126	101	82.0	57.3	42.3	32.4	25.7	20.8	17.2
						T	439	439	439	439	439	439	439	439	439	439	439	439	439
	* 8	15.5	2.09	4.00	1.63	F	*255*	*211*	*163*	*126*	*99.6*	*80.1*	*65.7*	*46.3*	*34.3*	*26.4*	*20.9*	*17.0*	*14.1*
						T	*289*	*289*	*289*	*289*	*289*	*289*	*289*	*289*	*289*	*289*	*289*	*289*	*289*

Advance and UKA are trademarks of Corus. A fuller description of the relationship between Angles and the Advance range of sections manufactured by Corus is given in note 12.

+ These sections are in addition to the range of BS EN 10056-1 sections.

* Section is Class 4 under axial compression.

Values in *italic* type indicate that the section is a class 4 section in pure compression and allowance has been made in calculating the resistance.

For values of the compression cross-sectional resistance, $N_{c,Rd}$, see values of $N_{pl,Rd}$ in tables for axial force and bending and also see explanatory note 6.

FOR EXPLANATION OF TABLES SEE NOTE 6.

BS EN 1993-1-1:2005
BS EN 10056-1:1999

COMPRESSION

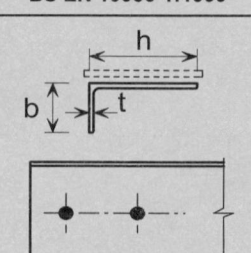

UNEQUAL ANGLES
Advance UKA - Unequal Angles

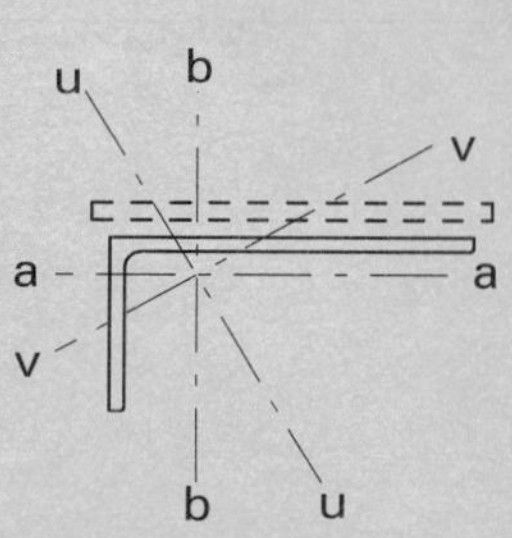

S275 / Advance275

Long leg attached

Two or more bolts in line
or equivalent welded at each end

Section Designation		Area	Radius of Gyration			Buckling mode	Flexural (F) and torsional (T) buckling resistances (kN) for System length, L (m)											
h x b mm	t mm	cm²	Axis a-a cm	Axis b-b cm	Axis v-v cm		1.0	1.5	2.0	2.5	3.0	3.5	4.0	5.0	6.0	7.0	8.0	9.0	10.0
100x75	12	19.7	2.14	3.10	1.59	F	366	286	215	164	128	102	82.9	57.9	42.7	32.7	25.9	21.0	17.3
						T	500	500	500	500	500	500	500	500	500	500	500	500	500
	10	16.6	2.16	3.12	1.59	F	310	241	181	138	108	85.8	69.9	48.8	36.0	27.6	21.8	17.7	14.6
						T	405	405	405	405	405	405	405	405	405	405	405	405	405
	* 8	13.5	2.18	3.14	1.60	F	*253*	*197*	*148*	*113*	*88.2*	*70.4*	*57.4*	*40.1*	*29.6*	*22.7*	*17.9*	*14.5*	*12.0*
						T	*307*	*307*	*307*	*307*	*307*	*307*	*307*	*307*	*307*	*307*	*307*	*307*	*307*
100x65	10 +	15.6	1.81	3.14	1.39	F	271	200	145	108	83.0	65.6	53.0	36.7	26.8	20.5	16.1	13.0	10.7
						T	383	383	383	383	383	383	383	383	383	383	383	383	383
	8 +	12.7	1.83	3.16	1.40	F	222	164	119	88.9	68.3	54.0	43.7	30.2	22.1	16.9	13.3	10.7	8.87
						T	292	292	292	292	292	292	292	292	292	292	292	292	292
	* 7 +	11.2	1.83	3.17	1.40	F	*185*	*140*	*102*	*76.6*	*59.1*	*46.8*	*38.0*	*26.3*	*19.3*	*14.8*	*11.6*	*9.41*	*7.77*
						T	*230*	*230*	*230*	*230*	*230*	*230*	*230*	*230*	*230*	*230*	*230*	*230*	*230*
100x50	8	11.4	1.31	3.19	1.06	F	165	108	73.8	53.0	39.8	30.9	24.7	16.8	12.1	9.19	7.19	5.78	4.75
						T	262	262	262	262	262	262	262	262	262	262	262	262	262
	* 6	8.71	1.33	3.21	1.07	F	*112*	*77.5*	*53.9*	*39.2*	*29.7*	*23.2*	*18.6*	*12.7*	*9.24*	*7.01*	*5.50*	*4.43*	*3.65*
						T	*151*	*151*	*151*	*151*	*151*	*151*	*151*	*151*	*151*	*151*	*151*	*151*	*151*
80x60	7	9.38	1.74	2.51	1.28	F	157	111	78.6	57.8	44.1	34.6	27.9	19.2	14.0	10.6	8.35	6.74	5.55
						T	220	220	220	220	220	220	220	220	220	220	220	220	220
80x40	8	9.01	1.03	2.53	0.838	F	104	62.8	41.2	28.9	21.3	16.4	13.0	8.73	6.26	4.71	3.67	2.94	2.41
						T	222	222	222	222	222	222	222	222	222	222	222	222	222
	6	6.89	1.05	2.55	0.845	F	80.5	48.6	31.9	22.4	16.6	12.7	10.1	6.77	4.86	3.66	2.85	2.29	1.87
						T	155	155	155	155	155	155	155	155	155	155	155	155	155
75x50	8	9.41	1.40	2.35	1.07	F	138	90.4	61.8	44.4	33.4	25.9	20.7	14.1	10.2	7.71	6.04	4.86	3.99
						T	234	234	234	234	234	234	234	234	234	234	234	234	234
	6	7.19	1.42	2.37	1.08	F	106	69.9	47.8	34.4	25.9	20.1	16.1	10.9	7.92	5.99	4.69	3.78	3.10
						T	165	165	165	165	165	165	165	165	165	165	165	165	165
70x50	6	6.89	1.43	2.20	1.07	F	101	66.2	45.2	32.5	24.4	19.0	15.2	10.3	7.46	5.65	4.42	3.56	2.92
						T	161	161	161	161	161	161	161	161	161	161	161	161	161
65x50	* 5	5.54	1.47	2.05	1.07	F	*80.9*	*53.1*	*36.3*	*26.1*	*19.6*	*15.2*	*12.2*	*8.29*	*6.00*	*4.54*	*3.55*	*2.86*	*2.35*
						T	*123*	*123*	*123*	*123*	*123*	*123*	*123*	*123*	*123*	*123*	*123*	*123*	*123*
60x40	6	5.68	1.12	1.88	0.855	F	67.2	40.7	26.8	18.8	13.9	10.7	8.49	5.70	4.10	3.08	2.40	1.93	1.58
						T	139	139	139	139	139	139	139	139	139	139	139	139	139
	5	4.79	1.13	1.89	0.860	F	57.0	34.6	22.8	16.0	11.9	9.12	7.23	4.86	3.49	2.63	2.05	1.64	1.35
						T	111	111	111	111	111	111	111	111	111	111	111	111	111

Advance and UKA are trademarks of Corus. A fuller description of the relationship between Angles and the Advance range of sections manufactured by Corus is given in note 12.

+ These sections are in addition to the range of BS EN 10056-1 sections.

* Section is Class 4 under axial compression.

Values in *italic* type indicate that the section is a class 4 section in pure compression and allowance has been made in calculating the resistance.

For values of the compression cross-sectional resistance, $N_{c,Rd}$, see values of $N_{pl,Rd}$ in tables for axial force and bending and also see explanatory note 6.

FOR EXPLANATION OF TABLES SEE NOTE 6.

BS EN 1993-1-1:2005 BS EN 10056-1:1999									

TENSION

EQUAL ANGLES
Advance UKA - Equal Angles

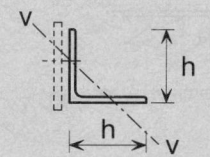

S275 / Advance275

Section Designation		Mass per Metre	Radius of Gyration Axis v-v	Gross Area	Weld or Bolt Size	Holes Deducted From Angle		Equivalent Tension Area	Tension Resistance
h x h mm	t mm	kg	cm	cm²		No.	Diameter mm	cm²	$N_{t,Rd}$ kN
200x200	24	71.1	3.90	90.6	Weld	0	-	77.8	2060
					M24	1	26	69.3	1840
					M24	2	26	63.9	1690
					M20	3	22	59.9	1590
	20	59.9	3.92	76.3	Weld	0	-	65.4	1730
					M24	1	26	58.2	1540
					M24	2	26	53.7	1420
					M20	3	22	50.3	1330
	18	54.3	3.90	69.1	Weld	0	-	59.2	1570
					M24	1	26	52.5	1390
					M24	2	26	48.5	1290
					M20	3	22	45.5	1210
	16	48.5	3.94	61.8	Weld	0	-	52.9	1450
					M24	1	26	46.9	1290
					M24	2	26	43.3	1190
					M20	3	22	40.6	1120
150x150	18 +	40.1	2.93	51.2	Weld	0	-	43.9	1160
					M24	1	26	38.9	1030
					M20	2	22	35.0	927
	15	33.8	2.93	43.0	Weld	0	-	36.9	1010
					M24	1	26	32.6	896
					M20	2	22	29.3	807
	12	27.3	2.95	34.8	Weld	0	-	29.8	818
					M24	1	26	26.3	722
					M20	2	22	23.7	651
	10	23.0	2.97	29.3	Weld	0	-	25.0	688
					M24	1	26	22.0	606
					M20	2	22	19.9	546
120x120	15 +	26.6	2.34	34.0	Weld	0	-	29.2	803
					M24	1	26	24.9	685
					M20	1	22	25.6	705
	12	21.6	2.35	27.5	Weld	0	-	23.6	648
					M24	1	26	20.1	552
					M20	1	22	20.7	568
	10	18.2	2.36	23.2	Weld	0	-	19.8	546
					M24	1	26	16.9	464
					M20	1	22	17.4	477
	8 +	14.7	2.38	18.8	Weld	0	-	16.0	441
					M24	1	26	13.6	375
					M20	1	22	14.0	385

Advance and UKA are trademarks of Corus. A fuller description of the relationship between Angles and the Advance range of sections manufactured by Corus is given in note 12.

+ These sections are in addition to the range of BS EN 10056-1 sections

FOR EXPLANATION OF TABLES SEE NOTE 7.

BS EN 1993-1-1:2005										
BS EN 10056-1:1999			**TENSION**						**S275 / Advance275**	

EQUAL ANGLES
Advance UKA - Equal Angles

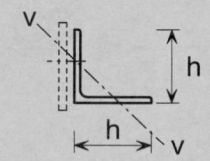

Section Designation		Mass per Metre	Radius of Gyration Axis v-v	Gross Area	Weld or Bolt Size	Holes Deducted From Angle		Equivalent Tension Area	Tension Resistance
						No.	Diameter		$N_{t,Rd}$
h x h mm	t mm	kg	cm	cm²			mm	cm²	kN
100x100	15 +	21.9	1.94	28.0	Weld	0	-	24.1	663
					M24	1	26	19.8	545
					M20	1	22	20.5	565
	12	17.8	1.94	22.7	Weld	0	-	19.5	536
					M24	1	26	16.0	440
					M20	1	22	16.6	456
	10	15.0	1.95	19.2	Weld	0	-	16.4	452
					M24	1	26	13.5	371
					M20	1	22	14.0	384
	8	12.2	1.96	15.5	Weld	0	-	13.3	364
					M24	1	26	10.9	298
					M20	1	22	11.2	309
90x90	12 +	15.9	1.75	20.3	Weld	0	-	17.5	480
					M20	1	22	14.5	400
					M16	1	18	15.1	416
	10	13.4	1.75	17.1	Weld	0	-	14.7	403
					M20	1	22	12.2	336
					M16	1	18	12.7	349
	8	10.9	1.76	13.9	Weld	0	-	11.9	327
					M20	1	22	9.88	272
					M16	1	18	10.3	282
	7	9.61	1.77	12.2	Weld	0	-	10.4	287
					M20	1	22	8.66	238
					M16	1	18	9.00	247
80x80	10	11.9	1.55	15.1	Weld	0	-	13.0	357
					M20	1	22	10.5	289
					M16	1	18	11.0	302
	8	9.63	1.56	12.3	Weld	0	-	10.5	290
					M20	1	22	8.52	234
					M16	1	18	8.90	245
75x75	8	8.99	1.46	11.4	Weld	0	-	9.78	269
					M20	1	22	7.79	214
					M16	1	18	8.17	225
	6	6.85	1.47	8.73	Weld	0	-	7.46	205
					M20	1	22	5.93	163
					M16	1	18	6.22	171

Advance and UKA are trademarks of Corus. A fuller description of the relationship between Angles and the Advance range of sections manufactured by Corus is given in note 12.

+ These sections are in addition to the range of BS EN 10056-1 sections

FOR EXPLANATION OF TABLES SEE NOTE 7.

BS EN 1993-1-1:2005
BS EN 10056-1:1999

TENSION

S275 / Advance275

EQUAL ANGLES
Advance UKA - Equal Angles

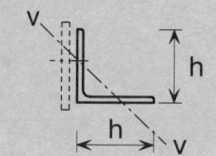

Section Designation		Mass per Metre	Radius of Gyration Axis v-v	Gross Area	Weld or Bolt Size	Holes Deducted From Angle		Equivalent Tension Area	Tension Resistance
h x h	t					No.	Diameter		$N_{t,Rd}$
mm	mm	kg	cm	cm²			mm	cm²	kN
70x70	7	7.38	1.36	9.40	Weld	0	-	8.05	221
					M20	1	22	6.28	173
					M16	1	18	6.62	182
	6	6.38	1.37	8.13	Weld	0	-	6.95	191
					M20	1	22	5.42	149
					M16	1	18	5.71	157
65x65	7	6.83	1.26	8.73	Weld	0	-	7.48	206
					M20	1	22	5.70	157
					M16	1	18	6.04	166
60x60	8	7.09	1.16	9.03	Weld	0	-	7.76	213
					M16	1	18	6.15	169
	6	5.42	1.17	6.91	Weld	0	-	5.92	163
					M16	1	18	4.68	129
	5	4.57	1.17	5.82	Weld	0	-	4.97	137
					M16	1	18	3.93	108
50x50	6	4.47	0.968	5.69	Weld	0	-	4.88	134
					M12	1	14	3.94	108
	5	3.77	0.973	4.80	Weld	0	-	4.11	113
					M12	1	14	3.31	91.0
	4	3.06	0.979	3.89	Weld	0	-	3.32	91.4
					M12	1	14	2.67	73.5
45x45	4.5	3.06	0.870	3.90	Weld	0	-	3.34	91.8
					M12	1	14	2.61	71.8
40x40	5	2.97	0.773	3.79	Weld	0	-	3.25	89.5
					M12	1	14	2.46	67.5
	4	2.42	0.777	3.08	Weld	0	-	2.64	72.5
					M12	1	14	1.99	54.7
35x35	4	2.09	0.678	2.67	Weld	0	-	2.29	62.9
					M12	1	14	1.64	45.2
30x30	4	1.78	0.577	2.27	Weld	0	-	1.95	53.6
					M12	1	14	1.30	35.8
	3	1.36	0.581	1.74	Weld	0	-	1.49	40.9
					M12	1	14	0.996	27.4
25x25	4	1.45	0.482	1.85	Weld	0	-	1.60	43.9
					M12	1	14	0.953	26.2
	3	1.12	0.484	1.42	Weld	0	-	1.22	33.5
					M12	1	14	0.731	20.1
20x20	3	0.882	0.383	1.12	Weld	0	-	0.964	26.5
					M12	1	14	0.476	13.1

Advance and UKA are trademarks of Corus. A fuller description of the relationship between Angles and the Advance range of sections manufactured by Corus is given in note 12.

FOR EXPLANATION OF TABLES SEE NOTE 7.

BS EN 1993-1-1:2005 / BS EN 10056-1:1999		TENSION						S275 / Advance275	

UNEQUAL ANGLES
Advance UKA - Unequal Angles

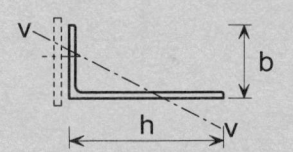

Short leg attached

Section Designation		Mass per Metre	Radius of Gyration Axis v-v	Gross Area	Weld or Bolt Size	Holes Deducted From Angle		Equivalent Tension Area	Tension Resistance $N_{t,Rd}$
h x b mm	t mm	kg	cm	cm²		No.	Diameter mm	cm²	kN
200x150	18 +	47.1	3.22	60.1	Weld	0	-	50.2	1330
					M24	1	26	43.3	1150
					M20	2	22	39.4	1050
	15	39.6	3.23	50.5	Weld	0	-	42.1	1160
					M24	1	26	36.3	999
					M20	2	22	33.1	910
	12	32.0	3.25	40.8	Weld	0	-	34.0	934
					M24	1	26	29.3	805
					M20	2	22	26.7	733
200x100	15	33.8	2.12	43.0	Weld	0	-	34.6	952
					M24	1	26	27.3	751
					M20	1	22	28.0	771
	12	27.3	2.14	34.8	Weld	0	-	28.0	769
					M24	1	26	22.1	607
					M20	1	22	22.6	622
	10	23.0	2.15	29.2	Weld	0	-	23.4	645
					M24	1	26	18.5	508
					M20	1	22	19.0	521
150x90	15	26.6	1.93	33.9	Weld	0	-	27.8	764
					M20	1	22	22.4	617
					M16	1	18	23.2	637
	12	21.6	1.94	27.5	Weld	0	-	22.5	618
					M20	1	22	18.1	499
					M16	1	18	18.7	515
	10	18.2	1.95	23.2	Weld	0	-	18.9	521
					M20	1	22	15.3	420
					M16	1	18	15.7	433
150x75	15	24.8	1.58	31.7	Weld	0	-	25.6	703
					M20	1	22	19.8	544
					M16	1	18	20.5	563
	12	20.2	1.59	25.7	Weld	0	-	20.7	569
					M20	1	22	16.0	440
					M16	1	18	16.6	455
	10	17.0	1.60	21.7	Weld	0	-	17.4	480
					M20	1	22	13.5	370
					M16	1	18	13.9	383

Advance and UKA are trademarks of Corus. A fuller description of the relationship between Angles and the Advance range of sections manufactured by Corus is given in note 12.

+ These sections are in addition to the range of BS EN 10056-1 sections
FOR EXPLANATION OF TABLES SEE NOTE 7.

BS EN 1993-1-1:2005
BS EN 10056-1:1999

TENSION

S275 / Advance275

UNEQUAL ANGLES
Advance UKA - Unequal Angles

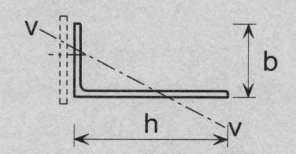

Short leg attached

Section Designation		Mass per Metre	Radius of Gyration Axis v-v	Gross Area	Weld or Bolt Size	Holes Deducted From Angle		Equivalent Tension Area	Tension Resistance $N_{t,Rd}$
h x b mm	t mm	kg	cm	cm^2		No.	Diameter mm	cm^2	kN
125x75	12	17.8	1.61	22.7	Weld	0	-	18.6	511
					M20	1	22	14.5	398
					M16	1	18	15.1	414
	10	15.0	1.61	19.1	Weld	0	-	15.6	430
					M20	1	22	12.2	334
					M16	1	18	12.6	348
	8	12.2	1.63	15.5	Weld	0	-	12.7	348
					M20	1	22	9.84	271
					M16	1	18	10.2	281
100x75	12	15.4	1.59	19.7	Weld	0	-	16.5	453
					M20	1	22	13.0	357
					M16	1	18	13.6	373
	10	13.0	1.59	16.6	Weld	0	-	13.9	381
					M20	1	22	10.9	300
					M16	1	18	11.4	313
	8	10.6	1.60	13.5	Weld	0	-	11.3	309
					M20	1	22	8.84	243
					M16	1	18	9.22	254
100x65	10 +	12.3	1.39	15.6	Weld	0	-	12.9	354
					M20	1	22	9.71	267
					M16	1	18	10.2	280
	8 +	9.94	1.40	12.7	Weld	0	-	10.5	287
					M20	1	22	7.88	217
					M16	1	18	8.26	227
	7 +	8.77	1.40	11.2	Weld	0	-	9.21	253
					M20	1	22	6.94	191
					M16	1	18	7.27	200
100x50	8	8.97	1.06	11.4	Weld	0	-	9.18	252
					M12	1	14	7.16	197
	6	6.84	1.07	8.71	Weld	0	-	7.0	192
					M12	1	14	5.45	150
80x60	7	7.36	1.28	9.38	Weld	0	-	7.83	215
					M16	1	18	6.12	168

Advance and UKA are trademarks of Corus. A fuller description of the relationship between Angles and the Advance range of sections manufactured by Corus is given in note 12.

+ These sections are in addition to the range of BS EN 10056-1 sections

FOR EXPLANATION OF TABLES SEE NOTE 7.

BS EN 1993-1-1:2005					TENSION				S275 / Advance275	
BS EN 10056-1:1999										

UNEQUAL ANGLES
Advance UKA - Unequal Angles

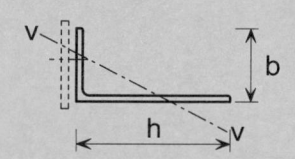

Short leg attached

Section Designation		Mass per Metre	Radius of Gyration Axis v-v	Gross Area	Weld or Bolt Size	Holes Deducted From Angle		Equivalent Tension Area	Tension Resistance
						No.	Diameter		$N_{t,Rd}$
h x b mm	t mm	kg	cm	cm^2			mm	cm^2	kN
80x40	8	7.07	0.838	9.01	Weld	0	-	7.27	200
					M12	1	14	5.4	149
	6	5.41	0.845	6.89	Weld	0	-	5.54	152
					M12	1	14	4.12	113
75x50	8	7.39	1.07	9.41	Weld	0	-	7.79	214
					M12	1	14	6.16	169
	6	5.65	1.08	7.19	Weld	0	-	5.93	163
					M12	1	14	4.69	129
70x50	6	5.41	1.07	6.89	Weld	0	-	5.72	157
					M12	1	14	4.54	125
65x50	5	4.35	1.07	5.54	Weld	0	-	4.63	127
					M12	1	14	3.68	101
60x40	6	4.46	0.855	5.68	Weld	0	-	4.7	129
					M12	1	14	3.51	96.6
	5	3.76	0.860	4.79	Weld	0	-	3.95	109
					M12	1	14	2.95	81.3
60x30	5	3.36	0.633	4.28	Weld	0	-	3.45	94.8
					M12	1	14	2.35	64.6
50x30	5	2.96	0.639	3.78	Weld	0	-	3.1	85.1
					M12	1	14	2.1	57.8
45x30	4	2.25	0.640	2.87	Weld	0	-	2.37	65.1
					M12	1	14	1.6	44.1
40x25	4	1.93	0.534	2.46	Weld	0	-	2.02	55.6
					M12	1	14	1.26	34.6
40x20	4	1.77	0.417	2.26	Weld	0	-	1.82	50.1
					M12	1	14	1.02	28.0
30x20	4	1.46	0.421	1.86	Weld	0	-	1.54	42.4
					M12	1	14	0.818	22.5
	3	1.12	0.424	1.43	Weld	0	-	1.18	32.5
					M12	1	14	0.631	17.4

Advance and UKA are trademarks of Corus. A fuller description of the relationship between Angles and the Advance range of sections manufactured by Corus is given in note 12.

FOR EXPLANATION OF TABLES SEE NOTE 7.

BS EN 1993-1-1:2005
BS EN 10056-1:1999

TENSION

S275 / Advance275

UNEQUAL ANGLES
Advance UKA - Unequal Angles

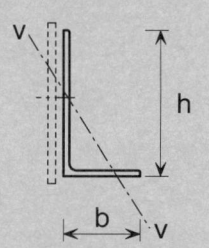

Long leg attached

Section Designation		Mass per Metre	Radius of Gyration Axis v-v	Gross Area	Weld or Bolt Size	Holes Deducted From Angle		Equivalent Tension Area	Tension Resistance
h x b	t					No.	Diameter		$N_{t,Rd}$
mm	mm	kg	cm	cm²			mm	cm²	kN
200x150	18 +	47.1	3.22	60.1	Weld	0	-	52.9	1400
					M24	1	26	48.1	1270
					M24	2	26	44.0	1170
					M20	3	22	41.0	1090
	15	39.6	3.23	50.5	Weld	0	-	44.4	1220
					M24	1	26	40.3	1110
					M24	2	26	36.9	1010
					M20	3	22	34.4	945
	12	32.0	3.25	40.8	Weld	0	-	35.8	983
					M24	1	26	32.4	891
					M24	2	26	29.7	817
					M20	3	22	27.7	762
200x100	15	33.8	2.12	43.0	Weld	0	-	39.1	1080
					M24	1	26	36.5	1000
					M24	2	26	33.1	911
					M20	3	22	30.6	842
	12	27.3	2.14	34.8	Weld	0	-	31.6	868
					M24	1	26	29.4	808
					M24	2	26	26.7	735
					M20	3	22	24.7	679
	10	23.0	2.15	29.2	Weld	0	-	26.4	727
					M24	1	26	24.6	676
					M24	2	26	22.4	615
					M20	3	22	20.7	569
150x90	15	26.6	1.93	33.9	Weld	0	-	30.5	838
					M24	1	26	28.0	771
					M20	2	22	24.8	681
	12	21.6	1.94	27.5	Weld	0	-	24.7	678
					M24	1	26	22.6	622
					M20	2	22	20.0	550
	10	18.2	1.95	23.2	Weld	0	-	20.7	570
					M24	1	26	19.0	522
					M20	2	22	16.8	463
150x75	15	24.8	1.58	31.7	Weld	0	-	28.9	796
					M24	1	26	26.9	740
					M20	2	22	23.7	651
	12	20.2	1.59	25.7	Weld	0	-	23.4	643
					M24	1	26	21.7	597
					M20	2	22	19.1	526
	10	17.0	1.60	21.7	Weld	0	-	19.7	541
					M24	1	26	18.2	501
					M20	2	22	16.1	442

Advance and UKA are trademarks of Corus. A fuller description of the relationship between Angles and the Advance range of sections manufactured by Corus is given in note 12.

+ These sections are in addition to the range of BS EN 10056-1 sections

FOR EXPLANATION OF TABLES SEE NOTE 7.

BS EN 1993-1-1:2005
BS EN 10056-1:1999

TENSION

S275 / Advance275

UNEQUAL ANGLES
Advance UKA - Unequal Angles

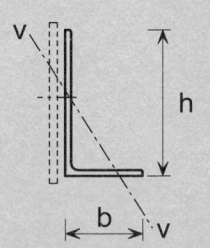

Long leg attached

Section Designation h x b mm	t mm	Mass per Metre kg	Radius of Gyration Axis v-v cm	Gross Area cm²	Weld or Bolt Size	Holes Deducted From Angle No.	Holes Deducted From Angle Diameter mm	Equivalent Tension Area cm²	Tension Resistance $N_{t,Rd}$ kN
125x75	12	17.8	1.61	22.7	Weld	0	-	20.4	561
					M24	1	26	18.1	498
					M20	2	22	15.5	427
	10	15.0	1.61	19.1	Weld	0	-	17.1	471
					M24	1	26	15.2	417
					M20	2	22	13.0	358
	8	12.2	1.63	15.5	Weld	0	-	13.9	381
					M24	1	26	12.3	337
					M20	2	22	10.5	289
100x75	12	15.4	1.59	19.7	Weld	0	-	17.4	478
					M24	1	26	14.5	399
					M20	1	22	15.1	415
	10	13.0	1.59	16.6	Weld	0	-	14.6	402
					M24	1	26	12.2	335
					M20	1	22	12.7	348
	8	10.6	1.60	13.5	Weld	0	-	11.9	326
					M24	1	26	9.85	271
					M20	1	22	10.2	282
100x65	10 +	12.3	1.39	15.6	Weld	0	-	13.9	383
					M24	1	26	11.7	321
					M20	1	22	12.2	334
	8 +	9.94	1.40	12.7	Weld	0	-	11.3	310
					M24	1	26	9.45	260
					M20	1	22	9.84	271
	7 +	8.77	1.40	11.2	Weld	0	-	9.94	273
					M24	1	26	8.32	229
					M20	1	22	8.65	238
100x50	8	8.97	1.06	11.4	Weld	0	-	10.4	285
					M24	1	26	8.80	242
					M20	1	22	9.19	253
	6	6.84	1.07	8.71	Weld	0	-	7.90	217
					M24	1	26	6.68	184
					M20	1	22	6.97	192
80x60	7	7.36	1.28	9.38	Weld	0	-	8.25	227
					M20	1	22	6.76	186
					M16	1	18	7.10	195

Advance and UKA are trademarks of Corus. A fuller description of the relationship between Angles and the Advance range of sections manufactured by Corus is given in note 12.

+ These sections are in addition to the range of BS EN 10056-1 sections
FOR EXPLANATION OF TABLES SEE NOTE 7.

BS EN 1993-1-1:2005
BS EN 10056-1:1999

TENSION

S275 / Advance275

UNEQUAL ANGLES
Advance UKA - Unequal Angles

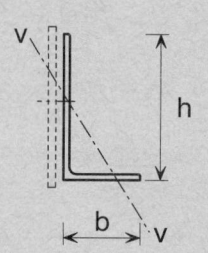

Long leg attached

Section Designation		Mass per Metre	Radius of Gyration Axis v-v	Gross Area	Weld or Bolt Size	Holes Deducted From Angle		Equivalent Tension Area	Tension Resistance $N_{t,Rd}$
h x b mm	t mm	kg	cm	cm^2		No.	Diameter mm	cm^2	kN
80x40	8	7.07	0.838	9.01	Weld	0	-	8.23	226
					M20	1	22	6.87	189
					M16	1	18	7.26	200
	6	5.41	0.845	6.89	Weld	0	-	6.26	172
					M20	1	22	5.22	144
					M16	1	18	5.51	151
75x50	8	7.39	1.07	9.41	Weld	0	-	8.39	231
					M20	1	22	6.79	187
					M16	1	18	7.18	197
	6	5.65	1.08	7.19	Weld	0	-	6.38	176
					M20	1	22	5.16	142
					M16	1	18	5.45	150
70x50	6	5.41	1.07	6.89	Weld	0	-	6.08	167
					M20	1	22	4.80	132
					M16	1	18	5.09	140
65x50	5	4.35	1.07	5.54	Weld	0	-	4.85	133
					M20	1	22	3.72	102
					M16	1	18	3.96	109
60x40	6	4.46	0.855	5.68	Weld	0	-	5.06	139
					M16	1	18	4.06	112
	5	3.76	0.860	4.79	Weld	0	-	4.25	117
					M16	1	18	3.42	93.9
60x30	5	3.36	0.633	4.28	Weld	0	-	3.90	107
					M16	1	18	3.16	86.9
50x30	5	2.96	0.639	3.78	Weld	0	-	3.40	93.4
					M12	1	14	2.80	77.0
45x30	4	2.25	0.640	2.87	Weld	0	-	2.55	70.1
					M12	1	14	2.02	55.6
40x25	4	1.93	0.534	2.46	Weld	0	-	2.20	60.6
					M12	1	14	1.68	46.1
40x20	4	1.77	0.417	2.26	Weld	0	-	2.06	56.7
					M12	1	14	1.58	43.4
30x20	4	1.46	0.421	1.86	Weld	0	-	1.66	45.7
					M12	1	14	1.10	30.2
	3	1.12	0.424	1.43	Weld	0	-	1.27	35.0
					M12	1	14	0.841	23.1

Advance and UKA are trademarks of Corus. A fuller description of the relationship between Angles and the Advance range of sections manufactured by Corus is given in note 12.

FOR EXPLANATION OF TABLES SEE NOTE 7.

BS EN 1993-1-1:2005
BS 4-1:2005

BENDING

S275 / Advance275

UNIVERSAL BEAMS
Advance UKB

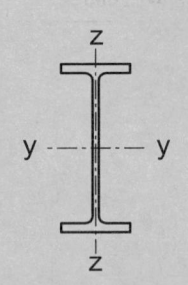

Designation Cross section resistance (kNm) Classification	$C_1^{(1)}$	Buckling Resistance Moment $M_{b,Rd}$ (kNm) for Length between lateral restraints, L (m)													Second Moment of Area y-y axis I_y cm^4
		2.0	3.0	4.0	5.0	6.0	7.0	8.0	9.0	10.0	11.0	12.0	13.0	14.0	
1016x305x487 +	1.00	5920	5820	5220	4710	4280	3900	3590	3310	3080	2870	2700	2540	2400	1020000
	1.50	5920	5920	5920	5720	5340	5000	4690	4410	4150	3920	3700	3510	3330	
$M_{c,y,Rd}$ = 5920	2.00	5920	5920	5920	5920	5920	5740	5470	5220	4970	4750	4540	4340	4150	
$M_{c,z,Rd}$ = 714	2.50	5920	5920	5920	5920	5920	5920	5920	5800	5590	5390	5190	5010	4830	
Class = 1	2.75	5920	5920	5920	5920	5920	5920	5920	5920	5840	5650	5470	5290	5120	
1016x305x437 +	1.00	5300	5170	4620	4150	3740	3390	3100	2850	2630	2450	2290	2150	2020	910000
	1.50	5300	5300	5300	5060	4700	4380	4080	3820	3570	3360	3160	2980	2820	
$M_{c,y,Rd}$ = 5300	2.00	5300	5300	5300	5300	5300	5050	4790	4550	4320	4100	3900	3710	3540	
$M_{c,z,Rd}$ = 629	2.50	5300	5300	5300	5300	5300	5300	5300	5090	4880	4690	4500	4320	4150	
Class = 1	2.75	5300	5300	5300	5300	5300	5300	5300	5300	5110	4930	4750	4580	4410	
1016x305x393 +	1.00	4730	4580	4070	3640	3260	2940	2660	2430	2240	2070	1930	1800	1690	808000
	1.50	4730	4730	4730	4460	4120	3820	3540	3290	3060	2860	2670	2510	2360	
$M_{c,y,Rd}$ = 4730	2.00	4730	4730	4730	4730	4700	4430	4180	3950	3730	3520	3330	3160	2990	
$M_{c,z,Rd}$ = 553	2.50	4730	4730	4730	4730	4730	4730	4650	4440	4240	4050	3870	3700	3540	
Class = 1	2.75	4730	4730	4730	4730	4730	4730	4730	4640	4460	4270	4100	3930	3770	
1016x305x349 +	1.00	4400	4220	3730	3310	2940	2630	2370	2150	1960	1810	1670	1560	1460	723000
	1.50	4400	4400	4400	4080	3750	3450	3170	2920	2700	2500	2330	2170	2030	
$M_{c,y,Rd}$ = 4400	2.00	4400	4400	4400	4400	4300	4030	3780	3540	3320	3120	2930	2760	2600	
$M_{c,z,Rd}$ = 514	2.50	4400	4400	4400	4400	4400	4400	4230	4020	3810	3620	3430	3260	3100	
Class = 1	2.75	4400	4400	4400	4400	4400	4400	4400	4210	4020	3830	3650	3480	3320	
1016x305x314 +	1.00	3940	3750	3310	2910	2580	2290	2050	1850	1680	1540	1420	1320	1230	644000
	1.50	3940	3940	3940	3620	3310	3020	2760	2530	2320	2140	1980	1830	1700	
$M_{c,y,Rd}$ = 3940	2.00	3940	3940	3940	3940	3800	3550	3310	3080	2870	2680	2500	2340	2190	
$M_{c,z,Rd}$ = 454	2.50	3940	3940	3940	3940	3940	3930	3720	3510	3320	3130	2960	2790	2640	
Class = 1	2.75	3940	3940	3940	3940	3940	3940	3890	3690	3500	3320	3150	2990	2840	
1016x305x272 +	1.00	3400	3230	2840	2490	2180	1920	1710	1530	1380	1260	1150	1070	989	554000
	1.50	3400	3400	3390	3100	2820	2550	2320	2100	1920	1750	1610	1480	1370	
$M_{c,y,Rd}$ = 3400	2.00	3400	3400	3400	3400	3250	3020	2790	2580	2390	2210	2050	1900	1770	
$M_{c,z,Rd}$ = 389	2.50	3400	3400	3400	3400	3400	3350	3160	2960	2780	2600	2440	2290	2140	
Class = 1	2.75	3400	3400	3400	3400	3400	3400	3300	3120	2940	2770	2610	2460	2320	
1016x305x249 +	1.00	3010	2820	2460	2140	1860	1630	1430	1280	1140	1040	945	868	803	481000
	1.50	3010	3010	2960	2690	2420	2180	1960	1760	1590	1440	1310	1200	1100	
$M_{c,y,Rd}$ = 3010	2.00	3010	3010	3010	3010	2820	2600	2380	2190	2000	1840	1690	1550	1430	
$M_{c,z,Rd}$ = 330	2.50	3010	3010	3010	3010	3010	2900	2710	2530	2350	2180	2030	1880	1750	
Class = 1	2.75	3010	3010	3010	3010	3010	3010	2850	2670	2500	2330	2180	2040	1900	

Advance and UKB are trademarks of Corus. A fuller description of the relationship between Universal Beams (UB) and the Advance range of sections manufactured by Corus is given in note 12.

+ These sections are in addition to the range of BS 4 sections.

[1] C_1 is the factor dependent on the loading and end restraints.

Section classification given applies to members subject to bending about the y-y axis.

FOR EXPLANATION OF TABLES SEE NOTE 8.

| BS EN 1993-1-1:2005 |
| BS 4-1:2005 |

BENDING

S275 / Advance275

UNIVERSAL BEAMS
Advance UKB

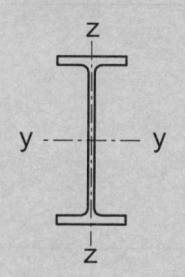

Designation / Cross section resistance (kNm) / Classification	$C_1^{(1)}$	Buckling Resistance Moment $M_{b,Rd}$ (kNm) for Length between lateral restraints, L (m)												Second Moment of Area y-y axis I_y cm^4
		2.0	3.0	4.0	5.0	6.0	7.0	8.0	9.0	10.0	11.0	12.0	13.0	14.0	
1016x305x222 +	1.00	2600	2400	2080	1790	1540	1340	1170	1030	919	826	750	686	632	408000
	1.50	2600	2600	2520	2270	2030	1810	1610	1430	1280	1150	1030	936	856	
$M_{c,y,Rd}$ = 2600	2.00	2600	2600	2600	2580	2370	2170	1970	1790	1620	1470	1340	1220	1120	
$M_{c,z,Rd}$ = 270	2.50	2600	2600	2600	2600	2600	2440	2260	2090	1920	1770	1630	1500	1380	
Class = 1	2.75	2600	2600	2600	2600	2600	2550	2380	2220	2050	1900	1760	1630	1500	
914x419x388	1.00	4680	4680	4650	4400	4150	3910	3670	3440	3220	3020	2830	2660	2500	720000
	1.50	4680	4680	4680	4680	4680	4630	4460	4270	4090	3910	3730	3550	3390	
$M_{c,y,Rd}$ = 4680	2.00	4680	4680	4680	4680	4680	4680	4680	4680	4660	4510	4360	4210	4060	
$M_{c,z,Rd}$ = 885	2.50	4680	4680	4680	4680	4680	4680	4680	4680	4680	4680	4680	4680	4560	
Class = 1	2.75	4680	4680	4680	4680	4680	4680	4680	4680	4680	4680	4680	4680	4680	
914x419x343	1.00	4100	4100	4060	3830	3600	3380	3160	2950	2740	2560	2380	2230	2080	626000
	1.50	4100	4100	4100	4100	4100	4030	3860	3690	3520	3340	3170	3000	2850	
$M_{c,y,Rd}$ = 4100	2.00	4100	4100	4100	4100	4100	4100	4100	4100	4030	3880	3740	3600	3450	
$M_{c,z,Rd}$ = 766	2.50	4100	4100	4100	4100	4100	4100	4100	4100	4100	4100	4100	4030	3900	
Class = 1	2.75	4100	4100	4100	4100	4100	4100	4100	4100	4100	4100	4100	4100	4080	
914x305x289	1.00	3330	3250	2990	2730	2470	2230	2020	1820	1660	1520	1400	1290	1200	504000
	1.50	3330	3330	3330	3260	3060	2860	2650	2460	2270	2100	1940	1800	1680	
$M_{c,y,Rd}$ = 3330	2.00	3330	3330	3330	3330	3330	3270	3100	2930	2760	2600	2440	2290	2150	
$M_{c,z,Rd}$ = 424	2.50	3330	3330	3330	3330	3330	3330	3330	3280	3140	2990	2840	2700	2560	
Class = 1	2.75	3330	3330	3330	3330	3330	3330	3330	3330	3290	3150	3010	2880	2740	
914x305x253	1.00	2900	2820	2580	2340	2110	1890	1690	1520	1370	1240	1140	1050	967	436000
	1.50	2900	2900	2900	2810	2630	2440	2250	2060	1890	1730	1590	1460	1350	
$M_{c,y,Rd}$ = 2900	2.00	2900	2900	2900	2900	2900	2810	2650	2480	2320	2160	2010	1870	1740	
$M_{c,z,Rd}$ = 363	2.50	2900	2900	2900	2900	2900	2900	2900	2800	2660	2510	2370	2230	2100	
Class = 1	2.75	2900	2900	2900	2900	2900	2900	2900	2900	2790	2660	2520	2390	2260	
914x305x224	1.00	2530	2440	2230	2010	1800	1600	1420	1260	1130	1020	924	845	778	376000
	1.50	2530	2530	2530	2430	2260	2080	1900	1720	1560	1420	1290	1180	1080	
$M_{c,y,Rd}$ = 2530	2.00	2530	2530	2530	2530	2530	2410	2260	2100	1940	1790	1650	1520	1410	
$M_{c,z,Rd}$ = 308	2.50	2530	2530	2530	2530	2530	2530	2510	2380	2240	2100	1970	1840	1710	
Class = 1	2.75	2530	2530	2530	2530	2530	2530	2530	2500	2370	2230	2100	1980	1850	
914x305x201	1.00	2210	2120	1930	1730	1530	1350	1190	1050	931	834	754	686	628	325000
	1.50	2210	2210	2210	2100	1940	1770	1600	1440	1300	1170	1050	950	861	
$M_{c,y,Rd}$ = 2210	2.00	2210	2210	2210	2210	2210	2070	1920	1780	1630	1490	1360	1240	1130	
$M_{c,z,Rd}$ = 260	2.50	2210	2210	2210	2210	2210	2210	2160	2030	1900	1760	1630	1510	1390	
Class = 1	2.75	2210	2210	2210	2210	2210	2210	2210	2130	2010	1880	1750	1630	1520	

Advance and UKB are trademarks of Corus. A fuller description of the relationship between Universal Beams (UB) and the Advance range of sections manufactured by Corus is given in note 12.

[1] C_1 is the factor dependent on the loading and end restraints

Section classification given applies to members subject to bending about the y-y axis.

FOR EXPLANATION OF TABLES SEE NOTE 8.

BS EN 1993-1-1:2005
BS 4-1:2005

BENDING

UNIVERSAL BEAMS
Advance UKB

S275 / Advance275

Designation Cross section resistance (kNm) Classification	$C_1^{(1)}$	Buckling Resistance Moment $M_{b,Rd}$ (kNm) for Length between lateral restraints, L (m)													Second Moment of Area y-y axis I_y cm^4
		2.0	3.0	4.0	5.0	6.0	7.0	8.0	9.0	10.0	11.0	12.0	13.0	14.0	
838x292x226 $M_{c,y,Rd}$ = 2430 $M_{c,z,Rd}$ = 321 Class = 1	1.00	2430	2340	2140	1930	1740	1550	1390	1250	1120	1020	935	861	798	340000
	1.50	2430	2430	2430	2330	2180	2010	1850	1700	1560	1420	1310	1200	1110	
	2.00	2430	2430	2430	2430	2430	2330	2190	2050	1920	1780	1660	1550	1440	
	2.50	2430	2430	2430	2430	2430	2430	2430	2320	2200	2080	1960	1850	1740	
	2.75	2430	2430	2430	2430	2430	2430	2430	2430	2320	2200	2090	1980	1870	
838x292x194 $M_{c,y,Rd}$ = 2020 $M_{c,z,Rd}$ = 258 Class = 1	1.00	2020	1940	1760	1580	1400	1240	1090	970	866	780	708	647	596	279000
	1.50	2020	2020	2020	1920	1780	1620	1480	1340	1210	1090	988	899	820	
	2.00	2020	2020	2020	2020	2020	1900	1770	1640	1510	1390	1270	1170	1080	
	2.50	2020	2020	2020	2020	2020	2020	1980	1870	1750	1640	1520	1420	1320	
	2.75	2020	2020	2020	2020	2020	2020	2020	1960	1850	1740	1630	1530	1430	
838x292x176 $M_{c,y,Rd}$ = 1800 $M_{c,z,Rd}$ = 223 Class = 1	1.00	1800	1710	1550	1380	1220	1070	937	825	733	656	593	539	494	246000
	1.50	1800	1800	1800	1690	1560	1410	1270	1140	1020	917	825	744	679	
	2.00	1800	1800	1800	1800	1780	1660	1540	1410	1290	1180	1070	974	889	
	2.50	1800	1800	1800	1800	1800	1800	1730	1620	1510	1400	1290	1190	1100	
	2.75	1800	1800	1800	1800	1800	1800	1800	1710	1600	1500	1390	1290	1200	
762x267x197 $M_{c,y,Rd}$ = 1900 $M_{c,z,Rd}$ = 254 Class = 1	1.00	1900	1790	1610	1440	1280	1140	1010	907	819	745	683	630	584	240000
	1.50	1900	1900	1900	1770	1640	1500	1370	1250	1140	1040	954	877	809	
	2.00	1900	1900	1900	1900	1870	1760	1650	1530	1420	1320	1220	1140	1060	
	2.50	1900	1900	1900	1900	1900	1900	1850	1750	1650	1550	1460	1370	1290	
	2.75	1900	1900	1900	1900	1900	1900	1900	1840	1750	1650	1560	1480	1390	
762x267x173 $M_{c,y,Rd}$ = 1640 $M_{c,z,Rd}$ = 214 Class = 1	1.00	1640	1530	1380	1220	1080	943	831	737	660	596	543	498	460	205000
	1.50	1640	1640	1630	1510	1380	1260	1140	1020	922	833	756	688	630	
	2.00	1640	1640	1640	1640	1600	1490	1380	1270	1160	1070	980	900	829	
	2.50	1640	1640	1640	1640	1640	1640	1560	1460	1360	1270	1180	1100	1020	
	2.75	1640	1640	1640	1640	1640	1640	1630	1540	1450	1360	1270	1190	1110	
762x267x147 $M_{c,y,Rd}$ = 1370 $M_{c,z,Rd}$ = 171 Class = 1	1.00	1370	1260	1130	989	859	744	647	568	504	451	408	371	341	169000
	1.50	1370	1370	1340	1240	1120	1000	892	792	704	628	562	510	472	
	2.00	1370	1370	1370	1370	1300	1200	1100	995	900	814	736	667	606	
	2.50	1370	1370	1370	1370	1370	1340	1250	1160	1070	982	901	825	757	
	2.75	1370	1370	1370	1370	1370	1370	1320	1230	1140	1060	976	900	830	
762x267x134 $M_{c,y,Rd}$ = 1280 $M_{c,z,Rd}$ = 157 Class = 1	1.00	1280	1170	1030	897	770	660	569	496	437	389	350	317	289	151000
	1.50	1280	1280	1240	1130	1020	899	790	693	609	537	480	439	404	
	2.00	1280	1280	1280	1280	1190	1090	981	880	786	703	628	564	507	
	2.50	1280	1280	1280	1280	1280	1220	1130	1040	945	857	777	704	639	
	2.75	1280	1280	1280	1280	1280	1280	1200	1100	1020	928	846	772	704	

Advance and UKB are trademarks of Corus. A fuller description of the relationship between Universal Beams (UB) and the Advance range of sections manufactured by Corus is given in note 12.

[1] C_1 is the factor dependent on the loading and end restraints.

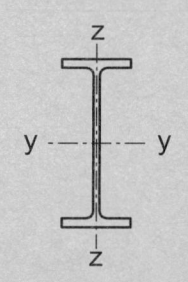

Section classification given applies to members subject to bending about the y-y axis.

FOR EXPLANATION OF TABLES SEE NOTE 8.

BS EN 1993-1-1:2005
BS 4-1:2005

BENDING

UNIVERSAL BEAMS
Advance UKB

S275 / Advance275

Designation / Cross section resistance (kNm) / Classification	$C_1^{(1)}$	Buckling Resistance Moment $M_{b,Rd}$ (kNm) for Length between lateral restraints, L (m)													Second Moment of Area y-y axis I_y cm⁴
		2.0	3.0	4.0	5.0	6.0	7.0	8.0	9.0	10.0	11.0	12.0	13.0	14.0	
686x254x170	1.00	1490	1390	1250	1110	987	874	778	697	630	574	527	487	453	170000
	1.50	1490	1490	1480	1380	1270	1160	1060	963	878	803	736	677	625	
$M_{c,y,Rd}$ = 1490	2.00	1490	1490	1490	1490	1460	1370	1280	1190	1100	1020	947	879	818	
$M_{c,z,Rd}$ = 215	2.50	1490	1490	1490	1490	1490	1490	1440	1360	1280	1200	1130	1060	998	
Class = 1	2.75	1490	1490	1490	1490	1490	1490	1490	1430	1360	1280	1210	1140	1080	
686x254x152	1.00	1320	1230	1100	973	854	750	662	589	529	479	438	403	373	150000
	1.50	1320	1320	1310	1210	1110	1000	906	818	739	670	610	557	511	
$M_{c,y,Rd}$ = 1330	2.00	1320	1320	1320	1320	1280	1190	1100	1020	934	859	790	728	672	
$M_{c,z,Rd}$ = 188	2.50	1320	1320	1320	1320	1320	1320	1250	1170	1100	1020	954	888	828	
Class = 1	2.75	1320	1320	1320	1320	1320	1320	1310	1240	1170	1100	1030	962	900	
686x254x140	1.00	1210	1110	993	874	763	666	584	516	461	416	379	347	320	136000
	1.50	1210	1210	1180	1090	993	895	803	719	645	581	525	476	441	
$M_{c,y,Rd}$ = 1210	2.00	1210	1210	1210	1210	1150	1070	982	899	821	749	684	626	574	
$M_{c,z,Rd}$ = 169	2.50	1210	1210	1210	1210	1210	1190	1120	1040	970	899	832	769	712	
Class = 1	2.75	1210	1210	1210	1210	1210	1210	1180	1100	1030	965	898	836	778	
686x254x125	1.00	1060	968	858	749	647	559	485	426	378	339	306	280	257	118000
	1.50	1060	1060	1030	942	850	758	672	595	528	470	421	385	356	
$M_{c,y,Rd}$ = 1060	2.00	1060	1060	1060	1060	992	912	830	751	678	612	553	501	455	
$M_{c,z,Rd}$ = 144	2.50	1060	1060	1060	1060	1060	1020	954	881	809	741	679	621	570	
Class = 1	2.75	1060	1060	1060	1060	1060	1060	1000	936	867	800	737	679	625	
610x305x238	1.00	1980	1980	1840	1720	1590	1480	1370	1280	1190	1110	1040	983	928	209000
	1.50	1980	1980	1980	1980	1920	1830	1740	1660	1570	1490	1420	1350	1280	
$M_{c,y,Rd}$ = 1980	2.00	1980	1980	1980	1980	1980	1980	1980	1910	1840	1770	1710	1640	1580	
$M_{c,z,Rd}$ = 417	2.50	1980	1980	1980	1980	1980	1980	1980	1980	1980	1980	1920	1860	1810	
Class = 1	2.75	1980	1980	1980	1980	1980	1980	1980	1980	1980	1980	1980	1950	1900	
610x305x179	1.00	1470	1450	1340	1240	1140	1040	947	866	794	732	677	630	588	153000
	1.50	1470	1470	1470	1460	1390	1310	1230	1150	1070	1000	937	877	822	
$M_{c,y,Rd}$ = 1470	2.00	1470	1470	1470	1470	1470	1470	1420	1350	1280	1220	1160	1100	1040	
$M_{c,z,Rd}$ = 303	2.50	1470	1470	1470	1470	1470	1470	1470	1470	1440	1380	1330	1270	1220	
Class = 1	2.75	1470	1470	1470	1470	1470	1470	1470	1470	1470	1450	1400	1350	1300	
610x305x149	1.00	1220	1200	1100	1010	920	832	751	680	617	563	517	477	443	126000
	1.50	1220	1220	1220	1200	1130	1060	984	912	843	779	720	667	619	
$M_{c,y,Rd}$ = 1220	2.00	1220	1220	1220	1220	1220	1210	1150	1080	1020	961	901	845	793	
$M_{c,z,Rd}$ = 248	2.50	1220	1220	1220	1220	1220	1220	1220	1210	1160	1100	1050	995	944	
Class = 1	2.75	1220	1220	1220	1220	1220	1220	1220	1220	1210	1160	1110	1060	1010	

Advance and UKB are trademarks of Corus. A fuller description of the relationship between Universal Beams (UB) and the Advance range of sections manufactured by Corus is given in note 12.

(1) C_1 is the factor dependent on the loading and end restraints.

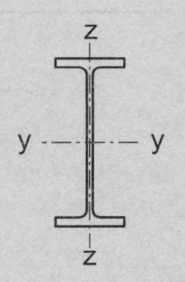

Section classification given applies to members subject to bending about the y-y axis.

FOR EXPLANATION OF TABLES SEE NOTE 8.

BS EN 1993-1-1:2005 / BS 4-1:2005		**BENDING** UNIVERSAL BEAMS Advance UKB												**S275 / Advance275**

Designation / Cross section resistance (kNm) / Classification	$C_1^{(1)}$	Buckling Resistance Moment $M_{b,Rd}$ (kNm) for Length between lateral restraints, L (m)												Second Moment of Area y-y axis I_y cm⁴
		2.0	3.0	4.0	5.0	6.0	7.0	8.0	9.0	10.0	11.0	12.0	13.0	14.0	
610x229x140	1.00	1100	991	880	774	678	597	529	474	429	391	359	332	309	112000
	1.50	1100	1100	1060	975	888	805	728	659	599	546	500	459	423	
$M_{c,y,Rd}$ = 1100	2.00	1100	1100	1100	1100	1040	963	891	823	760	701	648	600	557	
$M_{c,z,Rd}$ = 162	2.50	1100	1100	1100	1100	1100	1080	1020	955	895	837	783	733	686	
Class = 1	2.75	1100	1100	1100	1100	1100	1100	1070	1010	953	897	844	794	746	
610x229x125	1.00	974	874	771	672	583	509	447	398	357	324	296	273	253	98600
	1.50	974	974	933	853	770	691	619	555	499	451	410	374	349	
$M_{c,y,Rd}$ = 974	2.00	974	974	974	970	903	833	764	699	639	584	536	492	453	
$M_{c,z,Rd}$ = 142	2.50	974	974	974	974	974	939	879	818	760	705	653	606	563	
Class = 1	2.75	974	974	974	974	974	974	925	868	812	758	707	660	615	
610x229x113	1.00	869	774	679	587	505	436	380	336	300	270	246	226	209	87300
	1.50	869	869	826	750	671	596	528	469	418	374	337	312	290	
$M_{c,y,Rd}$ = 869	2.00	869	869	869	857	792	725	658	596	539	489	444	404	369	
$M_{c,z,Rd}$ = 124	2.50	869	869	869	869	869	822	762	703	647	594	546	502	463	
Class = 1	2.75	869	869	869	869	869	860	805	749	695	642	594	549	508	
610x229x101	1.00	785	694	601	511	433	369	319	279	247	221	200	182	165	75800
	1.50	792	792	738	662	584	510	445	389	342	303	277	255	236	
$M_{c,y,Rd}$ = 792	2.00	792	792	792	764	697	628	562	501	446	398	357	321	295	
$M_{c,z,Rd}$ = 110	2.50	792	792	792	792	780	721	659	599	542	491	445	404	367	
Class = 1	2.75	792	792	792	792	792	758	700	642	586	534	487	444	406	
610x178x100 +	1.00	660	524	417	339	282	241	209	186	167	151	139	128	119	72500
	1.50	738	658	554	465	392	335	288	251	227	208	192	178	166	
$M_{c,y,Rd}$ = 738	2.00	738	738	654	569	493	429	374	329	291	260	237	221	207	
$M_{c,z,Rd}$ = 78.4	2.50	738	738	728	651	578	513	455	405	363	326	294	266	244	
Class = 1	2.75	738	738	738	685	615	550	492	442	397	358	324	295	269	
610x178x92 +	1.00	604	472	370	297	244	206	179	157	141	127	116	107	99	64600
	1.50	691	599	497	410	340	286	243	214	193	176	161	149	139	
$M_{c,y,Rd}$ = 691	2.00	691	683	592	507	432	369	318	275	240	218	201	187	175	
$M_{c,z,Rd}$ = 71.0	2.50	691	691	663	585	511	446	390	342	302	268	239	221	207	
Class = 1	2.75	691	691	691	617	546	481	424	375	332	296	265	238	222	
610x178x82 +	1.00	522	403	312	247	201	169	145	127	113	101	92.4	84.8	78.5	55900
	1.50	603	515	421	343	280	232	196	174	155	141	129	119	110	
$M_{c,y,Rd}$ = 603	2.00	603	590	506	427	358	302	256	218	193	176	161	149	139	
$M_{c,z,Rd}$ = 60.0	2.50	603	603	569	496	427	367	316	273	238	208	190	177	165	
Class = 1	2.75	603	603	594	525	458	398	345	300	263	231	204	190	177	

Advance and UKB are trademarks of Corus. A fuller description of the relationship between Universal Beams (UB) and the Advance range of sections manufactured by Corus is given in note 12.

+ These sections are in addition to the range of BS 4 sections.

[1] C_1 is the factor dependent on the loading and end restraints.

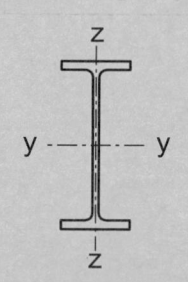

Section classification given applies to members subject to bending about the y-y axis.

FOR EXPLANATION OF TABLES SEE NOTE 8.

| BS EN 1993-1-1:2005 | **BENDING** | **S275 / Advance275** |
| BS 4-1:2005 | | |

UNIVERSAL BEAMS
Advance UKB

Designation / Cross section resistance (kNm) / Classification	$C_1^{(1)}$	Buckling Resistance Moment $M_{b,Rd}$ (kNm) for Length between lateral restraints, L (m)												Second Moment of Area y-y axis I_y cm⁴
		2.0	3.0	4.0	5.0	6.0	7.0	8.0	9.0	10.0	11.0	12.0	13.0	14.0	
533x312x272 +	1.00	2080	2080	2020	1930	1850	1770	1690	1620	1540	1480	1410	1350	1290	199000
	1.50	2080	2080	2080	2080	2080	2080	2030	1980	1920	1870	1810	1760	1700	
$M_{c,y,Rd}$ = 2080	2.00	2080	2080	2080	2080	2080	2080	2080	2080	2080	2080	2080	2040	1990	
$M_{c,z,Rd}$ = 526	2.50	2080	2080	2080	2080	2080	2080	2080	2080	2080	2080	2080	2080	2080	
Class = 1	2.75	2080	2080	2080	2080	2080	2080	2080	2080	2080	2080	2080	2080	2080	
533x312x219 +	1.00	1620	1620	1550	1480	1400	1330	1250	1180	1110	1050	989	935	885	151000
	1.50	1620	1620	1620	1620	1620	1590	1530	1480	1420	1370	1310	1260	1210	
$M_{c,y,Rd}$ = 1620	2.00	1620	1620	1620	1620	1620	1620	1620	1620	1620	1580	1540	1500	1450	
$M_{c,z,Rd}$ = 401	2.50	1620	1620	1620	1620	1620	1620	1620	1620	1620	1620	1620	1620	1620	
Class = 1	2.75	1620	1620	1620	1620	1620	1620	1620	1620	1620	1620	1620	1620	1620	
533x312x182 +	1.00	1340	1330	1270	1200	1130	1060	992	925	862	803	751	703	661	123000
	1.50	1340	1340	1340	1340	1330	1290	1230	1180	1120	1070	1020	964	915	
$M_{c,y,Rd}$ = 1330	2.00	1340	1340	1340	1340	1340	1340	1340	1340	1300	1260	1210	1170	1120	
$M_{c,z,Rd}$ = 328	2.50	1340	1340	1340	1340	1340	1340	1340	1340	1340	1340	1340	1320	1280	
Class = 1	2.75	1340	1340	1340	1340	1340	1340	1340	1340	1340	1340	1340	1340	1340	
533x312x150 +	1.00	1100	1090	1040	978	916	851	786	724	666	615	569	528	492	101000
	1.50	1100	1100	1100	1100	1090	1040	991	939	886	833	782	734	689	
$M_{c,y,Rd}$ = 1100	2.00	1100	1100	1100	1100	1100	1100	1100	1080	1040	997	952	907	863	
$M_{c,z,Rd}$ = 267	2.50	1100	1100	1100	1100	1100	1100	1100	1100	1100	1100	1080	1040	1000	
Class = 1	2.75	1100	1100	1100	1100	1100	1100	1100	1100	1100	1100	1100	1090	1060	
533x210x138 +	1.00	951	850	755	667	590	526	472	427	390	359	333	310	290	86100
	1.50	957	957	915	844	774	708	647	593	545	502	464	431	400	
$M_{c,y,Rd}$ = 957	2.00	957	957	957	957	902	845	789	736	687	641	598	559	524	
$M_{c,z,Rd}$ = 151	2.50	957	957	957	957	957	944	897	850	804	759	717	677	640	
Class = 1	2.75	957	957	957	957	957	957	940	897	853	810	769	730	693	
533x210x122	1.00	839	747	658	576	504	445	396	356	324	296	273	254	237	76000
	1.50	847	847	802	734	667	604	547	497	452	414	380	350	324	
$M_{c,y,Rd}$ = 847	2.00	847	847	847	838	783	727	673	622	576	533	494	458	426	
$M_{c,z,Rd}$ = 132	2.50	847	847	847	847	847	819	772	725	680	638	598	560	526	
Class = 1	2.75	847	847	847	847	847	847	812	768	725	684	644	607	572	
533x210x109	1.00	739	655	572	496	429	375	331	295	267	243	223	206	192	66800
	1.50	750	750	702	637	573	513	460	413	373	338	308	283	265	
$M_{c,y,Rd}$ = 750	2.00	750	750	750	732	678	624	572	523	479	439	403	371	343	
$M_{c,z,Rd}$ = 116	2.50	750	750	750	750	750	707	661	615	572	531	493	459	427	
Class = 1	2.75	750	750	750	750	750	741	698	655	612	572	535	499	467	

Advance and UKB are trademarks of Corus. A fuller description of the relationship between Universal Beams (UB) and the Advance range of sections manufactured by Corus is given in section 12.

+ These sections are in addition to the range of BS 4 sections.

[1] C_1 is the factor dependent on the loading and end restraints.

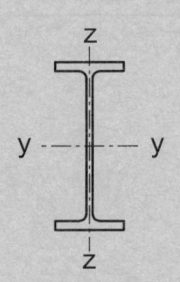

Section classification given applies to members subject to bending about the y-y axis.

FOR EXPLANATION OF TABLES SEE NOTE 8.

| BS EN 1993-1-1:2005 / BS 4-1:2005 | | **BENDING** | | | | | | | | | | | | | S275 / Advance275 |

UNIVERSAL BEAMS
Advance UKB

Designation / Cross section resistance (kNm) / Classification	$C_1{}^{(1)}$	Buckling Resistance Moment $M_{b,Rd}$ (kNm) for Length between lateral restraints, L (m)													Second Moment of Area y-y axis I_y cm^4
		2.0	3.0	4.0	5.0	6.0	7.0	8.0	9.0	10.0	11.0	12.0	13.0	14.0	
533x210x101	1.00	681	602	523	450	387	336	295	262	236	214	196	181	168	61500
	1.50	692	692	644	581	519	462	411	367	329	297	269	250	233	
$M_{c,y,Rd}$ = 692	2.00	692	692	692	670	618	565	514	467	425	387	354	324	298	
$M_{c,z,Rd}$ = 106	2.50	692	692	692	692	689	643	598	553	511	471	435	402	373	
Class = 1	2.75	692	692	692	692	692	675	632	590	549	510	473	440	409	
533x210x92	1.00	634	556	478	406	344	296	257	227	203	183	167	154	140	55200
	1.50	649	649	593	530	467	409	359	317	281	251	231	213	199	
$M_{c,y,Rd}$ = 649	2.00	649	649	649	616	561	506	455	408	366	330	298	270	248	
$M_{c,z,Rd}$ = 97.6	2.50	649	649	649	649	630	583	534	488	445	406	371	340	312	
Class = 1	2.75	649	649	649	649	649	614	568	524	481	442	406	373	344	
533x210x82	1.00	549	479	407	341	286	243	209	183	163	146	132	119	109	47500
	1.50	566	565	510	450	391	338	292	254	223	201	184	170	157	
$M_{c,y,Rd}$ = 566	2.00	566	566	566	527	474	422	374	331	293	261	233	212	197	
$M_{c,z,Rd}$ = 82.5	2.50	566	566	566	566	537	490	444	400	360	324	293	265	240	
Class = 1	2.75	566	566	566	566	562	519	475	432	391	355	322	293	267	
533x165x85 +	1.00	487	383	304	247	207	178	155	138	125	114	105	97	90.4	48500
	1.50	558	485	407	341	288	247	214	187	170	156	144	134	126	
$M_{c,y,Rd}$ = 558	2.00	558	553	483	419	364	317	278	245	218	195	179	167	157	
$M_{c,z,Rd}$ = 64.4	2.50	558	558	540	482	428	380	338	302	271	244	221	201	185	
Class = 1	2.75	558	558	558	508	456	408	366	329	297	269	244	223	204	
533x165x74 +	1.00	422	325	253	202	166	141	122	108	97	87.6	80.2	74.1	68.8	41100
	1.50	497	417	342	280	231	194	165	147	133	121	112	103	97	
$M_{c,y,Rd}$ = 497	2.00	497	480	411	349	296	252	216	187	165	151	139	130	121	
$M_{c,z,Rd}$ = 55.0	2.50	497	497	464	406	352	306	267	234	206	182	164	153	144	
Class = 1	2.75	497	497	485	430	378	331	291	256	227	202	181	164	154	
533x165x66 +	1.00	359	272	209	164	134	112	97	84.8	75.6	68.2	62.2	57.3	53.1	35000
	1.50	428	352	284	229	186	153	132	117	105	95	87.0	80.4	74.7	
$M_{c,y,Rd}$ = 429	2.00	429	408	345	287	239	200	169	144	130	119	109	101	94	
$M_{c,z,Rd}$ = 45.7	2.50	429	429	391	337	287	245	210	181	157	140	129	120	112	
Class = 1	2.75	429	429	410	358	309	267	230	200	174	153	139	129	121	
457x191x161 +	1.00	995	901	819	746	682	627	578	536	499	466	437	412	389	79800
	1.50	1000	1000	979	923	869	818	770	725	683	644	608	575	544	
$M_{c,y,Rd}$ = 1000	2.00	1000	1000	1000	1000	991	950	909	869	831	793	757	723	691	
$M_{c,z,Rd}$ = 178	2.50	1000	1000	1000	1000	1000	1000	1000	976	943	910	877	845	814	
Class = 1	2.75	1000	1000	1000	1000	1000	1000	1000	1000	988	957	927	897	867	

Advance and UKB are trademarks of Corus. A fuller description of the relationship between Universal Beams (UB) and the Advance range of sections manufactured by Corus is given in note 12.

+ These sections are in addition to the range of BS 4 sections.

$^{(1)}$ C_1 is the factor dependent on the loading and end restraints.

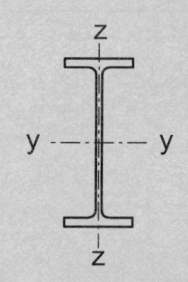

Section classification given applies to members subject to bending about the y-y axis.

FOR EXPLANATION OF TABLES SEE NOTE 8.

| BS EN 1993-1-1:2005 / BS 4-1:2005 | | BENDING UNIVERSAL BEAMS Advance UKB | | | | | | | | | | | | S275 / Advance275 |

Designation Cross section resistance (kNm) Classification	$C_1^{(1)}$	Buckling Resistance Moment $M_{b,Rd}$ (kNm) for Length between lateral restraints, L (m)												Second Moment of Area y-y axis I_y cm^4
		2.0	3.0	4.0	5.0	6.0	7.0	8.0	9.0	10.0	11.0	12.0	13.0	14.0	
457x191x133 +	1.00	801	718	642	575	517	468	426	391	360	335	312	292	275	63800
	1.50	814	814	778	724	672	623	579	538	500	467	436	409	384	
$M_{c,y,Rd}$ = 814	2.00	814	814	814	814	778	737	697	659	622	587	555	524	496	
$M_{c,z,Rd}$ = 142	2.50	814	814	814	814	814	814	785	752	719	687	655	625	597	
Class = 1	2.75	814	814	814	814	814	814	814	790	759	728	698	669	641	
457x191x106 +	1.00	617	545	479	419	368	327	293	265	242	222	206	192	180	48900
	1.50	633	633	589	538	489	445	405	369	338	311	286	265	246	
$M_{c,y,Rd}$ = 633	2.00	633	633	633	618	578	537	499	463	430	400	372	347	324	
$M_{c,z,Rd}$ = 107	2.50	633	633	633	633	633	607	573	540	508	478	450	423	398	
Class = 1	2.75	633	633	633	633	633	633	603	572	542	513	485	458	433	
457x191x98	1.00	575	507	443	386	337	297	265	239	218	200	185	172	161	45700
	1.50	591	591	547	498	450	407	368	334	304	278	256	236	221	
$M_{c,y,Rd}$ = 591	2.00	591	591	591	573	533	494	456	421	389	360	334	310	288	
$M_{c,z,Rd}$ = 100	2.50	591	591	591	591	591	560	526	494	463	433	406	380	357	
Class = 1	2.75	591	591	591	591	591	586	555	524	494	466	439	413	389	
457x191x89	1.00	517	454	393	339	293	256	227	204	185	169	155	144	135	41000
	1.50	534	534	488	440	395	353	316	285	258	234	214	198	186	
$M_{c,y,Rd}$ = 534	2.00	534	534	534	510	471	432	396	362	332	305	281	259	239	
$M_{c,z,Rd}$ = 89.6	2.50	534	534	534	534	527	493	460	428	398	370	344	320	299	
Class = 1	2.75	534	534	534	534	534	518	487	457	427	400	374	349	327	
457x191x82	1.00	484	421	360	305	261	226	199	177	159	145	133	123	114	37100
	1.50	504	499	451	402	355	313	277	247	221	199	183	171	160	
$M_{c,y,Rd}$ = 504	2.00	504	504	504	470	429	389	351	318	288	262	239	218	200	
$M_{c,z,Rd}$ = 83.6	2.50	504	504	504	504	484	448	413	380	350	322	296	273	252	
Class = 1	2.75	504	504	504	504	504	473	440	408	377	349	323	300	278	
457x191x74	1.00	435	377	320	269	228	195	171	151	135	123	112	103	94.5	33300
	1.50	455	448	403	356	311	272	238	210	187	169	156	144	135	
$M_{c,y,Rd}$ = 455	2.00	455	455	455	419	379	340	304	272	245	221	199	181	168	
$M_{c,z,Rd}$ = 74.8	2.50	455	455	455	455	429	395	360	329	299	273	249	228	210	
Class = 1	2.75	455	455	455	455	450	417	385	354	324	298	273	251	232	
457x191x67	1.00	385	331	278	231	194	165	143	125	112	101	91.6	82.9	75.8	29400
	1.50	405	396	353	309	267	230	199	174	154	140	128	119	110	
$M_{c,y,Rd}$ = 405	2.00	405	405	402	366	327	290	256	227	201	180	161	148	139	
$M_{c,z,Rd}$ = 65.2	2.50	405	405	405	405	373	339	306	276	249	224	203	184	167	
Class = 1	2.75	405	405	405	405	392	360	328	298	271	246	223	203	186	

Advance and UKB are trademarks of Corus. A fuller description of the relationship between Universal Beams (UB) and the Advance range of sections manufactured by Corus is given in note 12.

+ These sections are in addition to the range of BS 4 sections.

$^{(1)}$ C_1 is the factor dependent on the loading and end restraints.

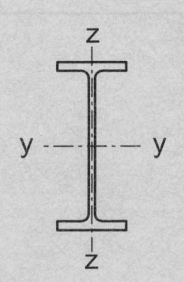

Section classification given applies to members subject to bending about the y-y axis.

FOR EXPLANATION OF TABLES SEE NOTE 8.

BS EN 1993-1-1:2005
BS 4-1:2005

BENDING

UNIVERSAL BEAMS
Advance UKB

S275 / Advance275

Designation / Cross section resistance (kNm) / Classification	$C_1^{(1)}$	Buckling Resistance Moment $M_{b,Rd}$ (kNm) for Length between lateral restraints, L (m)												Second Moment of Area y-y axis I_y cm⁴
		1.0	1.5	2.0	2.5	3.0	3.5	4.0	5.0	6.0	7.0	8.0	9.0	10.0	
457x152x82	1.00	480	472	436	401	367	335	306	257	220	191	169	152	138	36600
	1.50	480	480	480	476	450	424	398	348	304	267	237	211	189	
$M_{c,y,Rd}$ = 480	2.00	480	480	480	480	480	480	460	417	376	338	304	275	249	
$M_{c,z,Rd}$ = 63.6	2.50	480	480	480	480	480	480	480	468	432	397	364	333	306	
Class = 1	2.75	480	480	480	480	480	480	480	480	455	422	390	360	332	
457x152x74	1.00	431	422	389	356	325	294	267	221	187	162	142	127	115	32700
	1.50	431	431	431	424	400	375	349	302	260	226	198	175	158	
$M_{c,y,Rd}$ = 431	2.00	431	431	431	431	431	427	407	365	325	289	257	229	206	
$M_{c,z,Rd}$ = 56.4	2.50	431	431	431	431	431	431	431	412	377	342	310	281	255	
Class = 1	2.75	431	431	431	431	431	431	431	431	398	365	334	305	279	
457x152x67	1.00	400	388	355	323	291	261	235	191	159	136	119	106	94.9	28900
	1.50	400	400	400	388	363	337	311	263	223	190	164	145	132	
$M_{c,y,Rd}$ = 400	2.00	400	400	400	400	400	388	366	323	282	245	215	189	167	
$M_{c,z,Rd}$ = 51.4	2.50	400	400	400	400	400	400	400	369	331	295	263	235	210	
Class = 1	2.75	400	400	400	400	400	400	400	387	352	317	285	256	231	
457x152x60	1.00	354	342	313	283	253	226	201	162	133	113	97.9	86.3	76.3	25500
	1.50	354	354	354	341	318	293	269	224	187	157	134	120	108	
$M_{c,y,Rd}$ = 354	2.00	354	354	354	354	354	339	319	277	238	204	176	153	135	
$M_{c,z,Rd}$ = 44.8	2.50	354	354	354	354	354	354	354	318	282	247	217	191	169	
Class = 1	2.75	354	354	354	354	354	354	354	335	301	267	237	210	187	
457x152x52	1.00	301	289	263	236	209	185	163	128	104	87.1	74.8	64.5	56.3	21400
	1.50	301	301	301	287	265	242	220	179	145	120	104	91.5	82.0	
$M_{c,y,Rd}$ = 301	2.00	301	301	301	301	301	283	263	223	187	157	133	114	103	
$M_{c,z,Rd}$ = 36.6	2.50	301	301	301	301	301	301	295	260	225	193	166	143	124	
Class = 1	2.75	301	301	301	301	301	301	301	275	241	210	182	158	138	
406x178x85 +	1.00	459	459	441	413	387	361	336	292	255	225	202	182	166	31700
	1.50	459	459	459	459	457	438	418	379	343	309	280	254	232	
$M_{c,y,Rd}$ = 459	2.00	459	459	459	459	459	459	459	439	408	377	349	322	298	
$M_{c,z,Rd}$ = 82.9	2.50	459	459	459	459	459	459	459	459	455	429	403	378	355	
Class = 1	2.75	459	459	459	459	459	459	459	459	459	450	426	402	379	
406x178x74	1.00	413	413	392	365	339	313	289	246	212	185	163	146	133	27300
	1.50	413	413	413	413	404	385	365	325	289	256	228	204	184	
$M_{c,y,Rd}$ = 413	2.00	413	413	413	413	413	413	413	382	349	318	289	263	239	
$M_{c,z,Rd}$ = 73.4	2.50	413	413	413	413	413	413	413	413	395	367	340	314	290	
Class = 1	2.75	413	413	413	413	413	413	413	413	413	387	361	336	313	

Advance and UKB are trademarks of Corus. A fuller description of the relationship between Universal Beams (UB) and the Advance range of sections manufactured by Corus is given in note 12.

+ These sections are in addition to the range of BS 4 sections.

(1) C_1 is the factor dependent on the loading and end restraints.

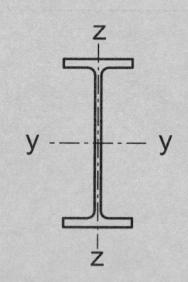

Section classification given applies to members subject to bending about the y-y axis.

FOR EXPLANATION OF TABLES SEE NOTE 8.

| BS EN 1993-1-1:2005 / BS 4-1:2005 | **BENDING** | **S275 / Advance275** |

UNIVERSAL BEAMS
Advance UKB

Designation / Cross section resistance (kNm) / Classification	$C_1^{(1)}$	Buckling Resistance Moment $M_{b,Rd}$ (kNm) for Length between lateral restraints, L (m)													Second Moment of Area y-y axis I_y cm^4
		1.0	1.5	2.0	2.5	3.0	3.5	4.0	5.0	6.0	7.0	8.0	9.0	10.0	
406x178x67	1.00	370	370	350	325	301	277	254	214	182	157	138	123	111	24300
	1.50	370	370	370	370	360	342	323	285	249	219	193	171	153	
$M_{c,y,Rd}$ = 370	2.00	370	370	370	370	370	370	368	336	304	274	246	222	200	
$M_{c,z,Rd}$ = 65.2	2.50	370	370	370	370	370	370	370	370	346	319	292	267	245	
Class = 1	2.75	370	370	370	370	370	370	370	370	363	337	312	288	265	
406x178x60	1.00	330	330	310	288	265	243	222	185	155	133	116	103	92.1	21600
	1.50	330	330	330	330	319	302	284	248	214	186	162	142	126	
$M_{c,y,Rd}$ = 330	2.00	330	330	330	330	330	330	325	294	264	234	208	185	166	
$M_{c,z,Rd}$ = 57.5	2.50	330	330	330	330	330	330	330	328	302	275	249	226	204	
Class = 1	2.75	330	330	330	330	330	330	330	330	317	292	267	244	222	
406x178x54	1.00	290	290	271	250	229	209	189	155	129	109	94.4	83.0	74.0	18700
	1.50	290	290	290	290	278	261	244	210	179	153	131	114	102	
$M_{c,y,Rd}$ = 290	2.00	290	290	290	290	290	290	281	252	222	195	170	150	132	
$M_{c,z,Rd}$ = 49.0	2.50	290	290	290	290	290	290	290	283	257	231	206	184	164	
Class = 1	2.75	290	290	290	290	290	290	290	290	271	246	222	200	180	
406x140x53 +	1.00	284	270	245	221	197	175	156	126	105	89.2	77.8	69.0	61.3	18300
	1.50	284	284	284	269	249	229	210	175	146	124	107	95.7	86.7	
$M_{c,y,Rd}$ = 284	2.00	284	284	284	284	283	267	250	217	187	161	140	122	108	
$M_{c,z,Rd}$ = 38.2	2.50	284	284	284	284	284	284	280	251	222	196	173	153	136	
Class = 1	2.75	284	284	284	284	284	284	284	265	237	212	188	168	150	
406x140x46	1.00	244	232	210	187	166	146	129	102	83.9	70.8	61.2	53.3	46.8	15700
	1.50	244	244	244	229	211	193	175	143	117	97.3	84.6	75.3	67.8	
$M_{c,y,Rd}$ = 244	2.00	244	244	244	244	241	226	210	179	151	128	109	93.8	85.1	
$M_{c,z,Rd}$ = 32.5	2.50	244	244	244	244	244	244	237	209	181	157	136	118	104	
Class = 1	2.75	244	244	244	244	244	244	244	221	195	170	149	130	115	
406x140x39	1.00	199	186	167	148	129	112	97.4	75.5	60.8	50.5	42.6	36.4	31.7	12500
	1.50	199	199	198	183	167	150	134	106	84.0	69.8	60.4	53.1	47.5	
$M_{c,y,Rd}$ = 199	2.00	199	199	199	199	192	178	163	134	110	90.1	75.3	66.9	60.1	
$M_{c,z,Rd}$ = 25.0	2.50	199	199	199	199	199	198	186	159	134	112	94.5	80.1	71.4	
Class = 1	2.75	199	199	199	199	199	199	195	170	145	123	104	89.1	76.7	

Advance and UKB are trademarks of Corus. A fuller description of the relationship between Universal Beams (UB) and the Advance range of sections manufactured by Corus is given in note 12.

+ These sections are in addition to the range of BS 4 sections.

[1] C_1 is the factor dependent on the loading and end restraints.

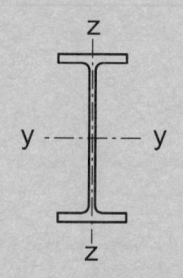

Section classification given applies to members subject to bending about the y-y axis.

FOR EXPLANATION OF TABLES SEE NOTE 8.

BS EN 1993-1-1:2005
BS 4-1:2005

BENDING

S275 / Advance275

UNIVERSAL BEAMS
Advance UKB

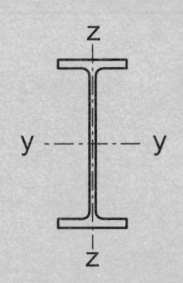

Designation Cross section resistance (kNm) Classification	$C_1^{(1)}$	Buckling Resistance Moment $M_{b,Rd}$ (kNm) for Length between lateral restraints, L (m)												Second Moment of Area y-y axis I_y cm^4
		1.0	1.5	2.0	2.5	3.0	3.5	4.0	5.0	6.0	7.0	8.0	9.0	10.0	
356x171x67 $M_{c,y,Rd}$ = 333 $M_{c,z,Rd}$ = 66.8 Class = 1	1.00	333	333	315	294	273	253	235	202	175	154	137	124	113	19500
	1.50	333	333	333	333	326	311	296	266	238	213	192	173	157	
	2.00	333	333	333	333	333	333	333	311	286	263	241	221	203	
	2.50	333	333	333	333	333	333	333	333	322	302	282	262	244	
	2.75	333	333	333	333	333	333	333	333	333	318	299	280	263	
356x171x57 $M_{c,y,Rd}$ = 278 $M_{c,z,Rd}$ = 54.7 Class = 1	1.00	278	278	260	242	223	205	188	159	135	117	103	92.4	83.5	16000
	1.50	278	278	278	278	269	255	240	212	186	164	145	129	115	
	2.00	278	278	278	278	278	278	274	251	227	205	185	167	151	
	2.50	278	278	278	278	278	278	278	259	238	219	201	184		
	2.75	278	278	278	278	278	278	278	278	271	253	234	216	200	
356x171x51 $M_{c,y,Rd}$ = 246 $M_{c,z,Rd}$ = 47.9 Class = 1	1.00	246	246	230	213	196	179	163	136	114	98.2	85.9	76.2	68.6	14100
	1.50	246	246	246	246	236	223	209	183	158	137	120	106	94.0	
	2.00	246	246	246	246	246	246	241	218	195	174	154	138	123	
	2.50	246	246	246	246	246	246	246	243	224	204	185	168	152	
	2.75	246	246	246	246	246	246	246	246	235	217	198	181	166	
356x171x45 $M_{c,y,Rd}$ = 213 $M_{c,z,Rd}$ = 40.4 Class = 1	1.00	213	213	197	182	166	151	136	112	92.9	78.8	68.2	60.1	53.7	12100
	1.50	213	213	213	213	202	190	177	152	129	110	94.8	82.3	74.3	
	2.00	213	213	213	213	213	213	205	183	161	141	123	108	95.7	
	2.50	213	213	213	213	213	213	213	206	186	167	149	133	119	
	2.75	213	213	213	213	213	213	213	213	197	179	161	145	131	
356x127x39 $M_{c,y,Rd}$ = 181 $M_{c,z,Rd}$ = 24.5 Class = 1	1.00	181	166	148	130	113	99.0	87.1	69.4	57.3	48.8	42.5	36.9	32.7	10200
	1.50	181	181	177	163	148	133	120	97.0	79.5	67.1	59.1	52.9	47.8	
	2.00	181	181	181	181	172	159	147	123	104	87.6	74.8	66.1	60.2	
	2.50	181	181	181	181	181	178	168	146	126	108	94.0	81.9	71.9	
	2.75	181	181	181	181	181	181	176	155	136	118	103	90.6	79.9	
356x127x33 $M_{c,y,Rd}$ = 149 $M_{c,z,Rd}$ = 19.3 Class = 1	1.00	149	135	119	103	88.6	76.3	66.3	51.6	41.9	35.3	29.7	25.6	22.6	8250
	1.50	149	149	144	131	117	104	92.0	72.0	57.4	49.0	42.7	37.9	33.9	
	2.00	149	149	149	149	138	126	114	92.9	75.5	62.1	53.5	47.8	43.2	
	2.50	149	149	149	149	149	142	132	111	93.1	78.0	65.8	56.6	51.5	
	2.75	149	149	149	149	149	149	139	120	101	85.7	72.9	62.4	55.3	

Advance and UKB are trademarks of Corus. A fuller description of the relationship between Universal Beams (UB) and the Advance range of sections manufactured by Corus is given in note 12.

[1] C_1 is the factor dependent on the loading and end restraints.
Section classification given applies to members subject to bending about the y-y axis.
FOR EXPLANATION OF TABLES SEE NOTE 8.

BS EN 1993-1-1:2005
BS 4-1:2005

BENDING

S275 / Advance275

UNIVERSAL BEAMS
Advance UKB

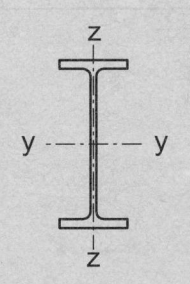

Designation Cross section resistance (kNm) Classification	$C_1^{(1)}$	Buckling Resistance Moment $M_{b,Rd}$ (kNm) for Length between lateral restraints, L (m)													Second Moment of Area y-y axis I_y cm^4
		1.0	1.5	2.0	2.5	3.0	3.5	4.0	5.0	6.0	7.0	8.0	9.0	10.0	
305x165x54 $M_{c,y,Rd}$ = 233 $M_{c,z,Rd}$ = 53.9 Class = 1	1.00	233	233	223	212	200	188	176	153	134	118	105	94.1	85.2	11700
	1.50	233	233	233	233	233	226	217	199	180	162	147	133	120	
	2.00	233	233	233	233	233	233	233	229	214	199	183	169	156	
	2.50	233	233	233	233	233	233	233	233	233	226	213	199	187	
	2.75	233	233	233	233	233	233	233	233	233	233	224	212	200	
305x165x46 $M_{c,y,Rd}$ = 198 $M_{c,z,Rd}$ = 45.7 Class = 1	1.00	198	198	189	179	168	157	146	125	107	92.7	81.6	72.5	63.9	9900
	1.50	198	198	198	198	198	190	182	164	146	129	115	102	91.7	
	2.00	198	198	198	198	198	198	198	191	176	161	146	132	120	
	2.50	198	198	198	198	198	198	198	198	198	185	172	159	146	
	2.75	198	198	198	198	198	198	198	198	198	195	182	170	158	
305x165x40 $M_{c,y,Rd}$ = 171 $M_{c,z,Rd}$ = 39.1 Class = 1	1.00	171	171	163	153	144	133	123	103	87.0	74.5	64.9	56.0	49.2	8500
	1.50	171	171	171	171	170	163	155	137	120	105	91.4	80.3	71.5	
	2.00	171	171	171	171	171	171	171	162	147	132	118	105	94.3	
	2.50	171	171	171	171	171	171	171	171	167	154	140	128	116	
	2.75	171	171	171	171	171	171	171	171	171	163	150	138	127	
305x127x48 $M_{c,y,Rd}$ = 196 $M_{c,z,Rd}$ = 31.9 Class = 1	1.00	196	182	165	149	134	121	110	92.0	79.0	69.2	61.6	55.5	50.5	9580
	1.50	196	196	195	183	170	158	147	127	110	96.6	85.4	76.0	69.7	
	2.00	196	196	196	196	194	184	175	156	139	124	111	100	90.3	
	2.50	196	196	196	196	196	196	195	179	163	148	135	123	112	
	2.75	196	196	196	196	196	196	196	188	173	159	146	134	123	
305x127x42 $M_{c,y,Rd}$ = 169 $M_{c,z,Rd}$ = 27.0 Class = 1	1.00	169	156	140	125	111	99.5	89.3	73.6	62.4	54.2	47.9	43.0	38.9	8200
	1.50	169	169	166	155	143	132	121	102	87.3	75.3	65.7	59.4	54.3	
	2.00	169	169	169	169	165	155	146	128	112	97.9	86.4	76.7	68.4	
	2.50	169	169	169	169	169	169	164	148	133	119	106	95.6	86.1	
	2.75	169	169	169	169	169	169	169	156	142	128	116	105	94.8	
305x127x37 $M_{c,y,Rd}$ = 148 $M_{c,z,Rd}$ = 23.4 Class = 1	1.00	148	136	121	108	94.9	84.0	74.7	60.7	51.0	43.9	38.6	34.5	30.6	7170
	1.50	148	148	145	134	123	112	102	84.7	71.1	60.5	53.3	48.0	43.7	
	2.00	148	148	148	148	142	133	124	107	91.8	79.3	69.1	60.6	54.6	
	2.50	148	148	148	148	148	148	140	125	110	97.1	85.9	76.2	67.9	
	2.75	148	148	148	148	148	148	147	132	118	105	93.8	83.8	75.1	

Advance and UKB are trademarks of Corus. A fuller description of the relationship between Universal Beams (UB) and the Advance range of sections manufactured by Corus is given in note 12.

[1] C_1 is the factor dependent on the loading and end restraints.

Section classification given applies to members subject to bending about the y-y axis.

FOR EXPLANATION OF TABLES SEE NOTE 8.

BENDING

UNIVERSAL BEAMS
Advance UKB

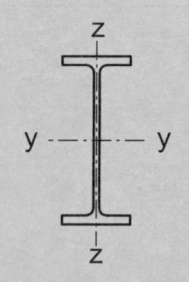

BS EN 1993-1-1:2005
BS 4-1:2005

S275 / Advance275

Designation / Cross section resistance (kNm) / Classification	$C_1^{(1)}$	Buckling Resistance Moment $M_{b,Rd}$ (kNm) for Length between lateral restraints, L (m)													Second Moment of Area y-y axis I_y cm^4
		1.0	1.5	2.0	2.5	3.0	3.5	4.0	5.0	6.0	7.0	8.0	9.0	10.0	
305x102x33	1.00	128	112	96.6	82.4	70.7	61.3	53.8	43.2	36.1	31.0	26.6	23.4	20.8	6500
	1.50	132	132	120	108	95.6	84.7	75.2	60.1	49.5	43.1	38.2	34.3	31.2	
$M_{c,y,Rd}$ = 132	2.00	132	132	132	125	115	104	94.7	78.0	64.8	54.5	47.8	43.3	39.5	
$M_{c,z,Rd}$ = 16.5	2.50	132	132	132	132	129	120	111	94.3	80.2	68.5	59.0	51.3	47.0	
Class = 1	2.75	132	132	132	132	132	126	118	102	87.4	75.4	65.4	57.0	50.5	
305x102x28	1.00	106	92.2	78.2	65.5	55.2	47.2	40.9	32.2	26.6	22.1	18.9	16.5	14.7	5370
	1.50	111	110	98.5	86.8	75.6	65.7	57.2	44.3	36.9	31.8	27.9	24.8	22.0	
$M_{c,y,Rd}$ = 111	2.00	111	111	111	102	92.0	82.2	73.2	58.2	46.9	39.8	35.3	31.7	28.8	
$M_{c,z,Rd}$ = 13.2	2.50	111	111	111	111	104	95.6	86.9	71.4	58.9	49.0	41.8	37.8	34.4	
Class = 1	2.75	111	111	111	111	109	101	92.9	77.5	64.6	54.3	46.0	40.6	37.1	
305x102x25	1.00	89.3	76.5	63.7	52.5	43.5	36.7	31.5	24.5	19.6	16.1	13.7	12.0	10.6	4460
	1.50	94.1	91.6	81.3	70.4	60.2	51.3	44.0	33.7	27.9	23.8	20.6	18.0	15.9	
$M_{c,y,Rd}$ = 94.1	2.00	94.1	94.1	92.9	83.8	74.2	65.1	56.9	43.7	34.9	30.1	26.4	23.6	21.2	
$M_{c,z,Rd}$ = 10.7	2.50	94.1	94.1	94.1	93.5	85.2	76.7	68.5	54.4	43.5	35.7	31.6	28.3	25.7	
Class = 1	2.75	94.1	94.1	94.1	94.1	89.7	81.6	73.7	59.4	48.1	39.3	33.9	30.5	27.8	
254x146x43	1.00	156	154	146	138	129	121	113	97.9	85.5	75.5	67.4	60.9	54.8	6540
	1.50	156	156	156	156	154	148	142	129	116	105	94.7	85.7	77.9	
$M_{c,y,Rd}$ = 156	2.00	156	156	156	156	156	156	156	150	140	129	119	110	101	
$M_{c,z,Rd}$ = 38.8	2.50	156	156	156	156	156	156	156	156	156	148	139	130	122	
Class = 1	2.75	156	156	156	156	156	156	156	156	156	155	147	139	131	
254x146x37	1.00	133	131	124	116	108	100	92.6	78.8	67.6	59.0	52.2	46.1	40.9	5540
	1.50	133	133	133	133	130	124	118	105	93.3	82.6	73.4	65.6	58.9	
$M_{c,y,Rd}$ = 133	2.00	133	133	133	133	133	133	133	124	114	104	94.1	85.4	77.6	
$M_{c,z,Rd}$ = 32.7	2.50	133	133	133	133	133	133	133	133	129	120	112	103	95.1	
Class = 1	2.75	133	133	133	133	133	133	133	133	133	127	119	111	103	
254x146x31	1.00	108	106	99.5	92.7	85.5	78.2	71.1	58.8	49.4	42.3	36.2	31.4	27.7	4410
	1.50	108	108	108	108	104	98.2	92.3	80.1	69.0	59.6	51.8	45.5	41.3	
$M_{c,y,Rd}$ = 108	2.00	108	108	108	108	108	108	106	96.5	86.1	76.4	67.7	60.1	53.6	
$M_{c,z,Rd}$ = 25.9	2.50	108	108	108	108	108	108	108	108	99.6	90.6	82.0	74.1	66.9	
Class = 1	2.75	108	108	108	108	108	108	108	108	105	96.6	88.4	80.5	73.3	
254x102x28	1.00	94.7	83.5	72.8	63.1	54.8	48.1	42.7	34.8	29.3	25.4	22.4	19.7	17.6	4000
	1.50	97.1	97.1	89.8	81.5	73.4	65.9	59.3	48.6	40.5	35.0	31.2	28.2	25.7	
$M_{c,y,Rd}$ = 97.1	2.00	97.1	97.1	97.1	93.9	87.1	80.3	73.8	62.4	53.0	45.5	39.3	35.3	32.3	
$M_{c,z,Rd}$ = 15.1	2.50	97.1	97.1	97.1	97.1	96.9	91.2	85.4	74.4	64.8	56.5	49.5	43.6	38.6	
Class = 1	2.75	97.1	97.1	97.1	97.1	97.1	95.6	90.2	79.7	70.1	61.7	54.5	48.3	43.0	

Advance and UKB are trademarks of Corus. A fuller description of the relationship between Universal Beams (UB) and the Advance range of sections manufactured by Corus is given in note 12.

[1] C_1 is the factor dependent on the loading and end restraints.

Section classification given applies to members subject to bending about the y-y axis.

FOR EXPLANATION OF TABLES SEE NOTE 8.

| BS EN 1993-1-1:2005 |
| BS 4-1:2005 |

BENDING S275 / Advance275

UNIVERSAL BEAMS
Advance UKB

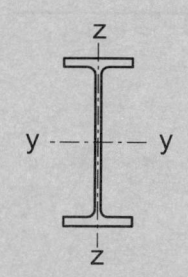

Designation / Cross section resistance (kNm) / Classification	$C_1^{(1)}$	Buckling Resistance Moment $M_{b,Rd}$ (kNm) for Length between lateral restraints, L (m)													Second Moment of Area y-y axis I_y cm^4
		1.0	1.5	2.0	2.5	3.0	3.5	4.0	5.0	6.0	7.0	8.0	9.0	10.0	
254x102x25	1.00	81.5	71.3	61.3	52.3	44.9	38.9	34.2	27.4	22.9	19.7	16.9	14.8	13.2	3420
	1.50	84.2	84.0	76.4	68.4	60.7	53.8	47.7	38.2	31.5	27.4	24.3	21.8	19.8	
$M_{c,y,Rd}$ = 84.2	2.00	84.2	84.2	84.2	79.6	72.9	66.3	60.2	49.5	41.2	34.6	30.4	27.5	25.1	
$M_{c,z,Rd}$ = 12.7	2.50	84.2	84.2	84.2	84.2	81.9	76.2	70.5	59.9	50.9	43.5	37.5	32.6	29.9	
Class = 1	2.75	84.2	84.2	84.2	84.2	84.2	80.2	74.8	64.5	55.5	47.9	41.5	36.2	32.1	
254x102x22	1.00	68.3	59.1	50.1	42.1	35.5	30.4	26.4	20.9	17.3	14.4	12.3	10.8	9.59	2840
	1.50	71.2	70.3	63.2	55.7	48.6	42.3	36.9	28.7	23.9	20.6	18.2	16.2	14.4	
$M_{c,y,Rd}$ = 71.2	2.00	71.2	71.2	71.2	65.5	59.1	52.9	47.2	37.7	30.5	25.8	22.9	20.6	18.7	
$M_{c,z,Rd}$ = 10.2	2.50	71.2	71.2	71.2	71.2	67.1	61.5	56.0	46.2	38.2	31.9	27.2	24.6	22.4	
Class = 1	2.75	71.2	71.2	71.2	71.2	70.3	65.1	59.8	50.1	42.0	35.4	30.0	26.4	24.2	
203x133x30	1.00	86.4	83.9	79.0	73.8	68.7	63.6	58.7	50.2	43.5	38.2	34.0	30.2	26.9	2900
	1.50	86.4	86.4	86.4	86.4	83.1	79.3	75.4	67.5	60.1	53.5	47.8	43.0	38.8	
$M_{c,y,Rd}$ = 86.4	2.00	86.4	86.4	86.4	86.4	86.4	86.4	86.3	80.0	73.5	67.2	61.3	55.9	51.0	
$M_{c,z,Rd}$ = 24.2	2.50	86.4	86.4	86.4	86.4	86.4	86.4	86.4	86.4	83.6	78.1	72.6	67.4	62.4	
Class = 1	2.75	86.4	86.4	86.4	86.4	86.4	86.4	86.4	86.4	86.4	82.6	77.5	72.4	67.5	
203x133x25	1.00	71.0	68.5	64.1	59.4	54.6	49.8	45.3	37.8	32.0	27.7	24.0	20.9	18.6	2340
	1.50	71.0	71.0	71.0	70.4	67.0	63.2	59.3	51.7	44.8	39.0	34.2	30.3	27.6	
$M_{c,y,Rd}$ = 71.0	2.00	71.0	71.0	71.0	71.0	71.0	71.0	68.9	62.5	56.1	50.1	44.7	40.0	35.9	
$M_{c,z,Rd}$ = 19.5	2.50	71.0	71.0	71.0	71.0	71.0	71.0	71.0	70.4	65.0	59.4	54.1	49.2	44.8	
Class = 1	2.75	71.0	71.0	71.0	71.0	71.0	71.0	71.0	71.0	68.6	63.4	58.3	53.5	49.0	
203x102x23	1.00	63.7	58.7	53.5	48.3	43.3	38.8	35.0	29.0	24.7	20.9	18.1	16.0	14.3	2100
	1.50	64.4	64.4	63.6	59.8	55.8	51.7	47.7	40.6	34.8	30.0	26.4	23.9	21.4	
$M_{c,y,Rd}$ = 64.4	2.00	64.4	64.4	64.4	64.4	64.0	60.8	57.4	50.8	44.7	39.4	34.8	30.8	27.5	
$M_{c,z,Rd}$ = 13.8	2.50	64.4	64.4	64.4	64.4	64.4	64.4	64.4	58.9	53.2	47.9	43.0	38.7	34.9	
Class = 1	2.75	64.4	64.4	64.4	64.4	64.4	64.4	64.4	62.1	56.8	51.7	46.8	42.4	38.5	
178x102x19	1.00	46.6	42.9	39.1	35.2	31.6	28.3	25.5	21.1	17.9	15.2	13.1	11.6	10.3	1360
	1.50	47.0	47.0	46.5	43.7	40.7	37.7	34.8	29.5	25.3	21.8	19.2	17.3	15.5	
$M_{c,y,Rd}$ = 47.0	2.00	47.0	47.0	47.0	47.0	46.7	44.4	41.9	37.0	32.5	28.6	25.2	22.4	19.9	
$M_{c,z,Rd}$ = 11.6	2.50	47.0	47.0	47.0	47.0	47.0	47.0	47.0	42.9	38.7	34.8	31.2	28.1	25.3	
Class = 1	2.75	47.0	47.0	47.0	47.0	47.0	47.0	47.0	45.3	41.4	37.6	34.0	30.8	27.9	
152x89x16	1.00	32.9	30.1	27.2	24.4	21.9	19.7	17.8	14.9	12.7	10.8	9.39	8.31	7.45	834
	1.50	33.8	33.8	32.8	30.7	28.5	26.4	24.4	20.8	17.9	15.5	13.8	12.5	11.2	
$M_{c,y,Rd}$ = 33.8	2.00	33.8	33.8	33.8	33.8	33.0	31.3	29.6	26.2	23.1	20.4	18.1	16.1	14.4	
$M_{c,z,Rd}$ = 8.53	2.50	33.8	33.8	33.8	33.8	33.8	33.8	33.4	30.5	27.6	24.9	22.4	20.2	18.2	
Class = 1	2.75	33.8	33.8	33.8	33.8	33.8	33.8	33.8	32.3	29.5	26.9	24.4	22.1	20.1	
127x76x13	1.00	22.0	20.0	18.1	16.3	14.7	13.3	12.1	10.2	8.78	7.52	6.55	5.81	5.22	473
	1.50	23.1	23.1	22.0	20.6	19.2	17.9	16.6	14.3	12.4	10.8	9.55	8.69	7.82	
$M_{c,y,Rd}$ = 23.1	2.00	23.1	23.1	23.1	23.1	22.4	21.3	20.1	17.9	15.9	14.1	12.6	11.2	10.1	
$M_{c,z,Rd}$ = 6.33	2.50	23.1	23.1	23.1	23.1	23.1	23.1	22.8	20.9	19.0	17.2	15.5	14.1	12.7	
Class = 1	2.75	23.1	23.1	23.1	23.1	23.1	23.1	23.1	22.1	20.3	18.6	16.9	15.4	14.0	

Advance and UKB are trademarks of Corus. A fuller description of the relationship between Universal Beams (UB) and the Advance range of sections manufactured by Corus is given in note 12.

[1] C_1 is the factor dependent on the loading and end restraints.

Section classification given applies to members subject to bending about the y-y axis.

FOR EXPLANATION OF TABLES SEE NOTE 8.

BS EN 1993-1-1:2005
BS 4-1:2005

BENDING

UNIVERSAL COLUMNS
Advance UKC

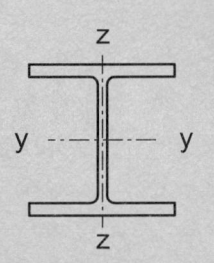

S275 / Advance275

Designation / Cross section resistance (kNm) / Classification	C_1 [1]	Buckling Resistance Moment $M_{b,Rd}$ (kNm) for Length between lateral restraints, L (m)													Second Moment of Area y-y axis I_y cm⁴
		2.0	3.0	4.0	5.0	6.0	7.0	8.0	9.0	10.0	11.0	12.0	13.0	14.0	
356x406x634	1.00	3490	3490	3490	3490	3490	3490	3460	3420	3390	3350	3320	3280	3250	275000
	1.50	3490	3490	3490	3490	3490	3490	3490	3490	3490	3490	3490	3490	3490	
$M_{c,y,Rd}$ = 3490	2.00	3490	3490	3490	3490	3490	3490	3490	3490	3490	3490	3490	3490	3490	
$M_{c,z,Rd}$ = 1740	2.50	3490	3490	3490	3490	3490	3490	3490	3490	3490	3490	3490	3490	3490	
Class = 1	2.75	3490	3490	3490	3490	3490	3490	3490	3490	3490	3490	3490	3490	3490	
356x406x551	1.00	2960	2960	2960	2960	2960	2950	2910	2870	2840	2810	2780	2740	2720	227000
	1.50	2960	2960	2960	2960	2960	2960	2960	2960	2960	2960	2960	2960	2960	
$M_{c,y,Rd}$ = 2960	2.00	2960	2960	2960	2960	2960	2960	2960	2960	2960	2960	2960	2960	2960	
$M_{c,z,Rd}$ = 1480	2.50	2960	2960	2960	2960	2960	2960	2960	2960	2960	2960	2960	2960	2960	
Class = 1	2.75	2960	2960	2960	2960	2960	2960	2960	2960	2960	2960	2960	2960	2960	
356x406x467	1.00	2550	2550	2550	2550	2540	2500	2470	2430	2400	2370	2340	2300	2280	183000
	1.50	2550	2550	2550	2550	2550	2550	2550	2550	2550	2550	2550	2550	2550	
$M_{c,y,Rd}$ = 2550	2.00	2550	2550	2550	2550	2550	2550	2550	2550	2550	2550	2550	2550	2550	
$M_{c,z,Rd}$ = 1280	2.50	2550	2550	2550	2550	2550	2550	2550	2550	2550	2550	2550	2550	2550	
Class = 1	2.75	2550	2550	2550	2550	2550	2550	2550	2550	2550	2550	2550	2550	2550	
356x406x393	1.00	2100	2100	2100	2100	2070	2030	2000	1970	1940	1910	1880	1850	1820	147000
	1.50	2100	2100	2100	2100	2100	2100	2100	2100	2100	2100	2100	2100	2100	
$M_{c,y,Rd}$ = 2100	2.00	2100	2100	2100	2100	2100	2100	2100	2100	2100	2100	2100	2100	2100	
$M_{c,z,Rd}$ = 1060	2.50	2100	2100	2100	2100	2100	2100	2100	2100	2100	2100	2100	2100	2100	
Class = 1	2.75	2100	2100	2100	2100	2100	2100	2100	2100	2100	2100	2100	2100	2100	
356x406x340	1.00	1780	1780	1780	1780	1750	1710	1680	1650	1620	1590	1560	1540	1510	123000
	1.50	1780	1780	1780	1780	1780	1780	1780	1780	1780	1780	1780	1780	1780	
$M_{c,y,Rd}$ = 1780	2.00	1780	1780	1780	1780	1780	1780	1780	1780	1780	1780	1780	1780	1780	
$M_{c,z,Rd}$ = 904	2.50	1780	1780	1780	1780	1780	1780	1780	1780	1780	1780	1780	1780	1780	
Class = 1	2.75	1780	1780	1780	1780	1780	1780	1780	1780	1780	1780	1780	1780	1780	
356x406x287	1.00	1540	1540	1540	1520	1490	1450	1420	1390	1360	1330	1300	1270	1240	99900
	1.50	1540	1540	1540	1540	1540	1540	1540	1540	1540	1540	1530	1520	1500	
$M_{c,y,Rd}$ = 1540	2.00	1540	1540	1540	1540	1540	1540	1540	1540	1540	1540	1540	1540	1540	
$M_{c,z,Rd}$ = 782	2.50	1540	1540	1540	1540	1540	1540	1540	1540	1540	1540	1540	1540	1540	
Class = 1	2.75	1540	1540	1540	1540	1540	1540	1540	1540	1540	1540	1540	1540	1540	
356x406x235	1.00	1240	1240	1240	1220	1180	1150	1120	1090	1060	1030	1010	979	953	79100
	1.50	1240	1240	1240	1240	1240	1240	1240	1240	1240	1230	1210	1190	1170	
$M_{c,y,Rd}$ = 1240	2.00	1240	1240	1240	1240	1240	1240	1240	1240	1240	1240	1240	1240	1240	
$M_{c,z,Rd}$ = 632	2.50	1240	1240	1240	1240	1240	1240	1240	1240	1240	1240	1240	1240	1240	
Class = 1	2.75	1240	1240	1240	1240	1240	1240	1240	1240	1240	1240	1240	1240	1240	

Advance and UKC are trademarks of Corus. A fuller description of the relationship between Universal Columns (UC) and the Advance range of sections manufactured by Corus is given in note 12.

[1] C_1 is the factor dependent on the loading and end restraints.

Section classification given applies to members subject to bending about the y-y axis.

FOR EXPLANATION OF TABLES SEE NOTE 8.

| BS EN 1993-1-1:2005 | **BENDING** | **S275 / Advance275** |
| BS 4-1:2005 | | |

UNIVERSAL COLUMNS
Advance UKC

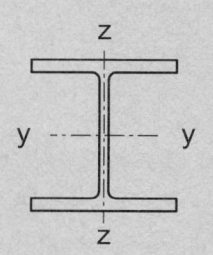

Designation Cross section resistance (kNm) Classification	$C_1^{(1)}$	Buckling Resistance Moment $M_{b,Rd}$ (kNm) for Length between lateral restraints, L (m)												Second Moment of Area y-y axis I_y cm^4
		2.0	3.0	4.0	5.0	6.0	7.0	8.0	9.0	10.0	11.0	12.0	13.0	14.0	
356x368x202	1.00	1050	1050	1050	1020	987	956	927	898	870	842	815	789	764	66300
	1.50	1050	1050	1050	1050	1050	1050	1050	1050	1040	1020	998	978	958	
$M_{c,y,Rd}$ = 1050	2.00	1050	1050	1050	1050	1050	1050	1050	1050	1050	1050	1050	1050	1050	
$M_{c,z,Rd}$ = 509	2.50	1050	1050	1050	1050	1050	1050	1050	1050	1050	1050	1050	1050	1050	
Class = 1	2.75	1050	1050	1050	1050	1050	1050	1050	1050	1050	1050	1050	1050	1050	
356x368x177	1.00	916	916	911	881	851	822	793	765	738	711	685	660	635	57100
	1.50	916	916	916	916	916	916	916	907	888	869	850	830	810	
$M_{c,y,Rd}$ = 916	2.00	916	916	916	916	916	916	916	916	916	916	916	916	916	
$M_{c,z,Rd}$ = 443	2.50	916	916	916	916	916	916	916	916	916	916	916	916	916	
Class = 1	2.75	916	916	916	916	916	916	916	916	916	916	916	916	916	
356x368x153	1.00	786	786	779	751	723	696	668	641	615	589	564	540	518	48600
	1.50	786	786	786	786	786	786	786	768	750	730	711	691	671	
$M_{c,y,Rd}$ = 786	2.00	786	786	786	786	786	786	786	786	786	786	786	786	774	
$M_{c,z,Rd}$ = 380	2.50	786	786	786	786	786	786	786	786	786	786	786	786	786	
Class = 1	2.75	786	786	786	786	786	786	786	786	786	786	786	786	786	
356x368x129	1.00	657	657	649	624	599	573	547	522	496	472	448	426	405	40200
	1.50	657	657	657	657	657	657	650	632	614	594	575	556	536	
$M_{c,y,Rd}$ = 657	2.00	657	657	657	657	657	657	657	657	657	657	657	643	628	
$M_{c,z,Rd}$ = 318	2.50	657	657	657	657	657	657	657	657	657	657	657	657	657	
Class = 2	2.75	657	657	657	657	657	657	657	657	657	657	657	657	657	
305x305x283	1.00	1300	1300	1300	1280	1250	1230	1200	1180	1160	1140	1120	1100	1070	78900
	1.50	1300	1300	1300	1300	1300	1300	1300	1300	1300	1300	1300	1300	1280	
$M_{c,y,Rd}$ = 1300	2.00	1300	1300	1300	1300	1300	1300	1300	1300	1300	1300	1300	1300	1300	
$M_{c,z,Rd}$ = 597	2.50	1300	1300	1300	1300	1300	1300	1300	1300	1300	1300	1300	1300	1300	
Class = 1	2.75	1300	1300	1300	1300	1300	1300	1300	1300	1300	1300	1300	1300	1300	
305x305x240	1.00	1130	1130	1120	1090	1060	1040	1020	991	968	946	924	903	882	64200
	1.50	1130	1130	1130	1130	1130	1130	1130	1130	1130	1120	1100	1090	1070	
$M_{c,y,Rd}$ = 1130	2.00	1130	1130	1130	1130	1130	1130	1130	1130	1130	1130	1130	1130	1130	
$M_{c,z,Rd}$ = 517	2.50	1130	1130	1130	1130	1130	1130	1130	1130	1130	1130	1130	1130	1130	
Class = 1	2.75	1130	1130	1130	1130	1130	1130	1130	1130	1130	1130	1130	1130	1130	
305x305x198	1.00	912	912	899	872	847	823	800	778	756	735	714	694	674	50900
	1.50	912	912	912	912	912	912	912	912	900	885	870	855	840	
$M_{c,y,Rd}$ = 912	2.00	912	912	912	912	912	912	912	912	912	912	912	912	912	
$M_{c,z,Rd}$ = 419	2.50	912	912	912	912	912	912	912	912	912	912	912	912	912	
Class = 1	2.75	912	912	912	912	912	912	912	912	912	912	912	912	912	

Advance and UKC are trademarks of Corus. A fuller description of the relationship between Universal Columns (UC) and the Advance range of sections manufactured by Corus is given in note 12.

[1] C_1 is the factor dependent on the loading and end restraints.

Section classification given applies to members subject to bending about the y-y axis.

FOR EXPLANATION OF TABLES SEE NOTE 8.

BS EN 1993-1-1:2005
BS 4-1:2005

BENDING

S275 / Advance275

UNIVERSAL COLUMNS
Advance UKC

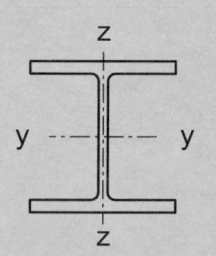

Designation Cross section resistance (kNm) Classification	$C_1^{(1)}$	Buckling Resistance Moment $M_{b,Rd}$ (kNm) for Length between lateral restraints, L (m)													Second Moment of Area y-y axis I_y cm^4
		2.0	3.0	4.0	5.0	6.0	7.0	8.0	9.0	10.0	11.0	12.0	13.0	14.0	
305x305x158	1.00	710	710	693	668	645	622	601	580	559	539	520	501	483	38700
	1.50	710	710	710	710	710	710	709	694	680	665	650	635	620	
$M_{c,y,Rd}$ = 710	2.00	710	710	710	710	710	710	710	710	710	710	710	710	710	
$M_{c,z,Rd}$ = 326	2.50	710	710	710	710	710	710	710	710	710	710	710	710	710	
Class = 1	2.75	710	710	710	710	710	710	710	710	710	710	710	710	710	
305x305x137	1.00	609	609	590	567	544	523	502	481	461	442	424	406	390	32800
	1.50	609	609	609	609	609	609	598	584	569	555	540	525	510	
$M_{c,y,Rd}$ = 609	2.00	609	609	609	609	609	609	609	609	609	609	609	603	592	
$M_{c,z,Rd}$ = 279	2.50	609	609	609	609	609	609	609	609	609	609	609	609	609	
Class = 1	2.75	609	609	609	609	609	609	609	609	609	609	609	609	609	
305x305x118	1.00	519	519	500	478	457	436	416	396	377	358	341	325	310	27700
	1.50	519	519	519	519	519	516	502	487	473	458	443	428	414	
$M_{c,y,Rd}$ = 519	2.00	519	519	519	519	519	519	519	519	519	519	511	499	488	
$M_{c,z,Rd}$ = 237	2.50	519	519	519	519	519	519	519	519	519	519	519	519	519	
Class = 1	2.75	519	519	519	519	519	519	519	519	519	519	519	519	519	
305x305x97	1.00	438	437	417	396	375	354	333	313	294	277	260	246	232	22200
	1.50	438	438	438	438	438	426	411	395	379	363	348	333	318	
$M_{c,y,Rd}$ = 438	2.00	438	438	438	438	438	438	438	438	435	423	411	398	385	
$M_{c,z,Rd}$ = 200	2.50	438	438	438	438	438	438	438	438	438	438	438	438	434	
Class = 2	2.75	438	438	438	438	438	438	438	438	438	438	438	438	438	
254x254x167	1.00	642	642	627	609	592	576	561	546	531	517	503	489	476	30000
	1.50	642	642	642	642	642	642	642	642	633	623	613	603	592	
$M_{c,y,Rd}$ = 642	2.00	642	642	642	642	642	642	642	642	642	642	642	642	642	
$M_{c,z,Rd}$ = 301	2.50	642	642	642	642	642	642	642	642	642	642	642	642	642	
Class = 1	2.75	642	642	642	642	642	642	642	642	642	642	642	642	642	
254x254x132	1.00	495	495	476	460	444	429	415	401	387	374	361	348	336	22500
	1.50	495	495	495	495	495	495	491	482	472	462	452	442	432	
$M_{c,y,Rd}$ = 495	2.00	495	495	495	495	495	495	495	495	495	495	495	495	495	
$M_{c,z,Rd}$ = 233	2.50	495	495	495	495	495	495	495	495	495	495	495	495	495	
Class = 1	2.75	495	495	495	495	495	495	495	495	495	495	495	495	495	
254x254x107	1.00	393	389	373	357	342	328	314	301	288	276	264	253	243	17500
	1.50	393	393	393	393	393	389	380	370	360	351	341	331	321	
$M_{c,y,Rd}$ = 393	2.00	393	393	393	393	393	393	393	393	393	393	391	384	376	
$M_{c,z,Rd}$ = 185	2.50	393	393	393	393	393	393	393	393	393	393	393	393	393	
Class = 1	2.75	393	393	393	393	393	393	393	393	393	393	393	393	393	

Advance and UKC are trademarks of Corus. A fuller description of the relationship between Universal Columns (UC) and the Advance range of sections manufactured by Corus is given in note 12.

[1] C_1 is the factor dependent on the loading and end restraints.

Section classification given applies to members subject to bending about the y-y axis.

FOR EXPLANATION OF TABLES SEE NOTE 8.

BS EN 1993-1-1:2005	BS 4-1:2005

BENDING

S275 / Advance275

UNIVERSAL COLUMNS
Advance UKC

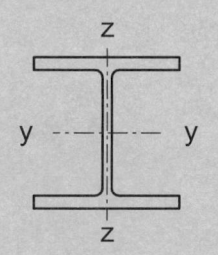

Designation Cross section resistance (kNm) Classification	C_1 [1]	Buckling Resistance Moment $M_{b,Rd}$ (kNm) for Length between lateral restraints, L (m)												Second Moment of Area y-y axis I_y cm⁴
		1.0	1.5	2.0	2.5	3.0	3.5	4.0	5.0	6.0	7.0	8.0	9.0	10.0	
254x254x89 $M_{c,y,Rd}$ = 324 $M_{c,z,Rd}$ = 152 Class = 1	1.00	324	324	324	324	319	311	304	289	275	261	248	235	223	14300
	1.50	324	324	324	324	324	324	324	324	324	315	305	295	286	
	2.00	324	324	324	324	324	324	324	324	324	324	324	324	324	
	2.50	324	324	324	324	324	324	324	324	324	324	324	324	324	
	2.75	324	324	324	324	324	324	324	324	324	324	324	324	324	
254x254x73 $M_{c,y,Rd}$ = 273 $M_{c,z,Rd}$ = 128 Class = 1	1.00	273	273	273	273	266	258	251	237	222	208	195	182	171	11400
	1.50	273	273	273	273	273	273	273	273	266	256	246	235	225	
	2.00	273	273	273	273	273	273	273	273	273	273	273	271	262	
	2.50	273	273	273	273	273	273	273	273	273	273	273	273	273	
	2.75	273	273	273	273	273	273	273	273	273	273	273	273	273	
203x203x127 + $M_{c,y,Rd}$ = 402 $M_{c,z,Rd}$ = 187 Class = 1	1.00	402	402	402	402	399	393	387	375	364	354	344	334	325	15400
	1.50	402	402	402	402	402	402	402	402	402	402	402	397	391	
	2.00	402	402	402	402	402	402	402	402	402	402	402	402	402	
	2.50	402	402	402	402	402	402	402	402	402	402	402	402	402	
	2.75	402	402	402	402	402	402	402	402	402	402	402	402	402	
203x203x113 + $M_{c,y,Rd}$ = 352 $M_{c,z,Rd}$ = 164 Class = 1	1.00	352	352	352	352	347	341	335	324	314	304	295	285	276	13300
	1.50	352	352	352	352	352	352	352	352	352	352	349	343	336	
	2.00	352	352	352	352	352	352	352	352	352	352	352	352	352	
	2.50	352	352	352	352	352	352	352	352	352	352	352	352	352	
	2.75	352	352	352	352	352	352	352	352	352	352	352	352	352	
203x203x100 + $M_{c,y,Rd}$ = 304 $M_{c,z,Rd}$ = 142 Class = 1	1.00	304	304	304	304	298	292	286	276	266	256	247	238	230	11300
	1.50	304	304	304	304	304	304	304	304	304	303	297	290	284	
	2.00	304	304	304	304	304	304	304	304	304	304	304	304	304	
	2.50	304	304	304	304	304	304	304	304	304	304	304	304	304	
	2.75	304	304	304	304	304	304	304	304	304	304	304	304	304	
203x203x86 $M_{c,y,Rd}$ = 259 $M_{c,z,Rd}$ = 121 Class = 1	1.00	259	259	259	257	251	246	240	230	221	212	203	194	186	9450
	1.50	259	259	259	259	259	259	259	259	259	253	247	241	234	
	2.00	259	259	259	259	259	259	259	259	259	259	259	259	259	
	2.50	259	259	259	259	259	259	259	259	259	259	259	259	259	
	2.75	259	259	259	259	259	259	259	259	259	259	259	259	259	
203x203x71 $M_{c,y,Rd}$ = 212 $M_{c,z,Rd}$ = 99.0 Class = 1	1.00	212	212	212	209	203	198	193	183	174	165	157	149	142	7620
	1.50	212	212	212	212	212	212	212	212	208	202	195	189	183	
	2.00	212	212	212	212	212	212	212	212	212	212	212	212	210	
	2.50	212	212	212	212	212	212	212	212	212	212	212	212	212	
	2.75	212	212	212	212	212	212	212	212	212	212	212	212	212	

Advance and UKC are trademarks of Corus. A fuller description of the relationship between Universal Columns (UC) and the Advance range of sections manufactured by Corus is given in note 12.

[1] C_1 is the factor dependent on the loading and end restraints.

Section classification given applies to members subject to bending about the y-y axis.

FOR EXPLANATION OF TABLES SEE NOTE 8.

| BS EN 1993-1-1:2005 BS 4-1:2005 | | **BENDING** | | | | | | | | | | | | S275 / Advance275 |

UNIVERSAL COLUMNS
Advance UKC

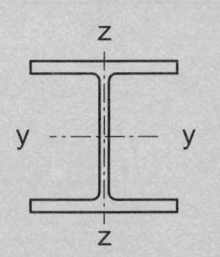

Designation Cross section resistance (kNm) Classification	$C_1^{(1)}$	Buckling Resistance Moment $M_{b,Rd}$ (kNm) for Length between lateral restraints, L (m)												Second Moment of Area y-y axis I_y cm^4
		1.0	1.5	2.0	2.5	3.0	3.5	4.0	5.0	6.0	7.0	8.0	9.0	10.0	
203x203x60	1.00	180	180	180	176	171	165	160	150	141	132	124	116	109	6120
	1.50	180	180	180	180	180	180	180	179	172	165	158	152	145	
$M_{c,y,Rd}$ = 180	2.00	180	180	180	180	180	180	180	180	180	180	180	176	170	
$M_{c,z,Rd}$ = 84.0	2.50	180	180	180	180	180	180	180	180	180	180	180	180	180	
Class = 1	2.75	180	180	180	180	180	180	180	180	180	180	180	180	180	
203x203x52	1.00	156	156	156	151	146	142	137	127	118	109	102	94.4	88.0	5260
	1.50	156	156	156	156	156	156	156	152	146	139	132	126	119	
$M_{c,y,Rd}$ = 156	2.00	156	156	156	156	156	156	156	156	156	156	153	148	142	
$M_{c,z,Rd}$ = 72.7	2.50	156	156	156	156	156	156	156	156	156	156	156	156	156	
Class = 1	2.75	156	156	156	156	156	156	156	156	156	156	156	156	156	
203x203x46	1.00	137	137	137	132	127	123	118	109	100	92.0	84.5	78.0	72.2	4570
	1.50	137	137	137	137	137	137	137	132	125	119	112	105	99.0	
$M_{c,y,Rd}$ = 137	2.00	137	137	137	137	137	137	137	137	137	136	131	125	120	
$M_{c,z,Rd}$ = 63.5	2.50	137	137	137	137	137	137	137	137	137	137	137	137	135	
Class = 1	2.75	137	137	137	137	137	137	137	137	137	137	137	137	137	
152x152x51 +	1.00	120	120	118	115	111	108	105	99.2	93.6	88.3	83.2	78.5	74.1	3230
	1.50	120	120	120	120	120	120	120	118	114	110	106	102	98.1	
$M_{c,y,Rd}$ = 120	2.00	120	120	120	120	120	120	120	120	120	120	120	118	115	
$M_{c,z,Rd}$ = 54.7	2.50	120	120	120	120	120	120	120	120	120	120	120	120	120	
Class = 1	2.75	120	120	120	120	120	120	120	120	120	120	120	120	120	
152x152x44 +	1.00	102	102	99.8	96.4	93.2	90.1	87.1	81.4	76.0	71.0	66.3	62.1	58.2	2700
	1.50	102	102	102	102	102	102	102	98.6	94.6	90.5	86.5	82.5	78.6	
$M_{c,y,Rd}$ = 102	2.00	102	102	102	102	102	102	102	102	102	102	100	96.9	93.7	
$M_{c,z,Rd}$ = 46.5	2.50	102	102	102	102	102	102	102	102	102	102	102	102	102	
Class = 1	2.75	102	102	102	102	102	102	102	102	102	102	102	102	102	
152x152x37	1.00	84.9	84.9	82.1	78.9	75.9	72.9	70.0	64.6	59.5	54.8	50.6	46.9	43.7	2210
	1.50	84.9	84.9	84.9	84.9	84.9	84.9	83.5	79.6	75.6	71.6	67.6	63.8	60.1	
$M_{c,y,Rd}$ = 84.9	2.00	84.9	84.9	84.9	84.9	84.9	84.9	84.9	84.9	84.9	82.9	79.7	76.5	73.3	
$M_{c,z,Rd}$ = 38.4	2.50	84.9	84.9	84.9	84.9	84.9	84.9	84.9	84.9	84.9	84.9	84.9	84.9	83.0	
Class = 1	2.75	84.9	84.9	84.9	84.9	84.9	84.9	84.9	84.9	84.9	84.9	84.9	84.9	84.9	
152x152x30	1.00	68.1	68.1	65.2	62.3	59.5	56.6	53.9	48.7	44.0	39.9	36.3	33.3	30.7	1750
	1.50	68.1	68.1	68.1	68.1	68.1	67.3	65.4	61.4	57.4	53.5	49.7	46.2	43.0	
$M_{c,y,Rd}$ = 68.1	2.00	68.1	68.1	68.1	68.1	68.1	68.1	68.1	68.1	66.5	63.3	60.1	56.9	53.8	
$M_{c,z,Rd}$ = 30.7	2.50	68.1	68.1	68.1	68.1	68.1	68.1	68.1	68.1	68.1	68.1	67.7	65.0	62.3	
Class = 1	2.75	68.1	68.1	68.1	68.1	68.1	68.1	68.1	68.1	68.1	68.1	68.1	68.1	65.8	
152x152x23	1.00	45.1	45.1	43.2	41.1	39.0	36.8	34.8	30.8	27.3	24.4	21.9	19.9	18.2	1250
	1.50	45.1	45.1	45.1	45.1	45.1	44.1	42.6	39.5	36.3	33.3	30.5	27.9	25.6	
$M_{c,y,Rd}$ = 45.1	2.00	45.1	45.1	45.1	45.1	45.1	45.1	45.1	42.7	40.1	37.5	35.1	32.7		
$M_{c,z,Rd}$ = 14.5	2.50	45.1	45.1	45.1	45.1	45.1	45.1	45.1	45.1	45.1	42.9	40.8	38.6		
Class = 3	2.75	45.1	45.1	45.1	45.1	45.1	45.1	45.1	45.1	45.1	45.1	43.1	41.1		

Advance and UKC are trademarks of Corus. A fuller description of the relationship between Universal Columns (UC) and the Advance range of sections manufactured by Corus is given in note 12.

+ These sections are in addition to the range of BS 4 sections.

(1) C_1 is the factor dependent on the loading and end restraints.

Section classification given applies to members subject to bending about the y-y axis.

FOR EXPLANATION OF TABLES SEE NOTE 8.

BS EN 1993-1-1:2005 / BS 4-1:2005		**BENDING** JOISTS													**S275**

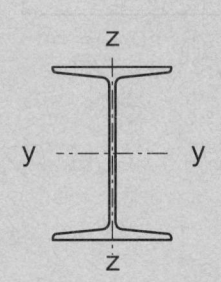

Designation Cross section resistance (kNm) Classification	$C_1^{(1)}$	Buckling Resistance Moment $M_{b,Rd}$ (kNm) for Length between lateral restraints, L (m)													Second Moment of Area y-y axis I_y cm⁴
		1.0	1.5	2.0	2.5	3.0	3.5	4.0	5.0	6.0	7.0	8.0	9.0	10.0	
254x203x82	1.00	285	285	285	278	270	263	256	243	231	219	208	197	187	12000
	1.50	285	285	285	285	285	285	285	285	278	269	260	251	243	
$M_{c,y,Rd}$ = 285	2.00	285	285	285	285	285	285	285	285	285	285	285	285	280	
$M_{c,z,Rd}$ = 98.3	2.50	285	285	285	285	285	285	285	285	285	285	285	285	285	
Class = 1	2.75	285	285	285	285	285	285	285	285	285	285	285	285	285	
254x114x37	1.00	126	113	102	92.0	83.2	75.6	69.1	58.8	51.1	45.1	40.4	36.6	33.5	5080
	1.50	126	126	123	115	107	99.8	93.1	81.2	71.3	63.0	56.1	50.3	46.1	
$M_{c,y,Rd}$ = 126	2.00	126	126	126	126	123	117	111	100	89.9	80.9	73.0	66.1	60.0	
$M_{c,z,Rd}$ = 21.8	2.50	126	126	126	126	126	126	124	115	105	96.6	88.5	81.1	74.5	
Class = 1	2.75	126	126	126	126	126	126	126	121	112	103	95.5	88.1	81.3	
203x152x52	1.00	143	143	139	134	129	125	121	113	106	98.7	92.2	86.3	80.9	4800
	1.50	143	143	143	143	143	143	143	137	132	126	121	115	109	
$M_{c,y,Rd}$ = 143	2.00	143	143	143	143	143	143	143	143	143	143	140	135	131	
$M_{c,z,Rd}$ = 46.6	2.50	143	143	143	143	143	143	143	143	143	143	143	143	143	
Class = 1	2.75	143	143	143	143	143	143	143	143	143	143	143	143	143	
152x127x37	1.00	76.7	75.5	72.6	69.9	67.5	65.1	62.8	58.4	54.3	50.4	46.9	43.7	40.9	1820
	1.50	76.7	76.7	76.7	76.7	76.7	76.7	75.1	72.0	68.7	65.5	62.2	59.0	56.0	
$M_{c,y,Rd}$ = 76.7	2.00	76.7	76.7	76.7	76.7	76.7	76.7	76.7	76.7	76.7	75.5	73.0	70.3	67.7	
$M_{c,z,Rd}$ = 27.4	2.50	76.7	76.7	76.7	76.7	76.7	76.7	76.7	76.7	76.7	76.7	76.7	76.7	76.2	
Class = 1	2.75	76.7	76.7	76.7	76.7	76.7	76.7	76.7	76.7	76.7	76.7	76.7	76.7	76.7	
127x114x29	1.00	49.8	48.5	46.7	44.9	43.3	41.8	40.2	37.3	34.6	32.1	29.8	27.7	25.9	979
	1.50	49.8	49.8	49.8	49.8	49.8	49.4	48.4	46.3	44.1	41.9	39.7	37.6	35.6	
$M_{c,y,Rd}$ = 49.8	2.00	49.8	49.8	49.8	49.8	49.8	49.8	49.8	49.8	49.8	48.6	46.8	45.1	43.3	
$M_{c,z,Rd}$ = 19.5	2.50	49.8	49.8	49.8	49.8	49.8	49.8	49.8	49.8	49.8	49.8	49.8	49.8	48.9	
Class = 1	2.75	49.8	49.8	49.8	49.8	49.8	49.8	49.8	49.8	49.8	49.8	49.8	49.8	49.8	
127x114x27	1.00	47.3	46.0	44.1	42.3	40.7	39.1	37.6	34.7	32.0	29.5	27.3	25.3	23.6	946
	1.50	47.3	47.3	47.3	47.3	47.3	46.6	45.5	43.3	41.1	38.9	36.7	34.6	32.6	
$M_{c,y,Rd}$ = 47.3	2.00	47.3	47.3	47.3	47.3	47.3	47.3	47.3	47.3	47.1	45.4	43.6	41.8	40.0	
$M_{c,z,Rd}$ = 18.8	2.50	47.3	47.3	47.3	47.3	47.3	47.3	47.3	47.3	47.3	47.3	47.3	47.1	45.6	
Class = 1	2.75	47.3	47.3	47.3	47.3	47.3	47.3	47.3	47.3	47.3	47.3	47.3	47.3	47.3	
127x76x16	1.00	27.4	25.3	23.5	21.7	20.1	18.6	17.2	14.9	13.1	11.6	10.4	9.23	8.30	571
	1.50	28.6	28.6	28.0	26.8	25.5	24.2	22.9	20.5	18.3	16.4	14.7	13.3	12.0	
$M_{c,y,Rd}$ = 28.6	2.00	28.6	28.6	28.6	28.6	28.6	28.0	27.0	24.9	22.8	20.9	19.0	17.4	15.9	
$M_{c,z,Rd}$ = 7.26	2.50	28.6	28.6	28.6	28.6	28.6	28.6	28.6	28.1	26.4	24.6	22.8	21.2	19.6	
Class = 1	2.75	28.6	28.6	28.6	28.6	28.6	28.6	28.6	28.6	27.8	26.2	24.5	22.9	21.3	

[1] C_1 is the factor dependent on the loading and end restraints.

Section classification given applies to members subject to bending about the y-y axis.

FOR EXPLANATION OF TABLES SEE NOTE 8.

BENDING

JOISTS

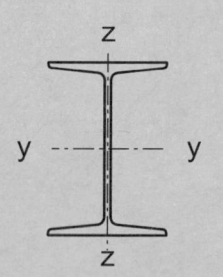

S275

BS EN 1993-1-1:2005
BS 4-1:2005

Designation Cross section resistance (kNm) Classification	$C_1{}^{(1)}$	Buckling Resistance Moment $M_{b,Rd}$ (kNm) for Length between lateral restraints, L (m)													Second Moment of Area y-y axis I_y cm^4
		1.0	1.5	2.0	2.5	3.0	3.5	4.0	5.0	6.0	7.0	8.0	9.0	10.0	
114x114x27 $M_{c,y,Rd}$ = 41.5 $M_{c,z,Rd}$ = 18.1 Class = 1	1.00	41.5	40.7	39.3	38.0	36.7	35.5	34.4	32.1	30.0	28.0	26.2	24.5	23.0	736
	1.50	41.5	41.5	41.5	41.5	41.5	41.5	40.9	39.4	37.7	36.1	34.4	32.8	31.2	
	2.00	41.5	41.5	41.5	41.5	41.5	41.5	41.5	41.5	41.5	41.4	40.1	38.8	37.4	
	2.50	41.5	41.5	41.5	41.5	41.5	41.5	41.5	41.5	41.5	41.5	41.5	41.5	41.5	
	2.75	41.5	41.5	41.5	41.5	41.5	41.5	41.5	41.5	41.5	41.5	41.5	41.5	41.5	
102x102x23 $M_{c,y,Rd}$ = 31.1 $M_{c,z,Rd}$ = 13.9 Class = 1	1.00	31.1	30.3	29.2	28.2	27.2	26.3	25.4	23.7	22.1	20.5	19.1	17.9	16.7	486
	1.50	31.1	31.1	31.1	31.1	31.1	31.0	30.4	29.2	27.9	26.6	25.3	24.1	22.9	
	2.00	31.1	31.1	31.1	31.1	31.1	31.1	31.1	31.1	31.1	30.7	29.7	28.6	27.6	
	2.50	31.1	31.1	31.1	31.1	31.1	31.1	31.1	31.1	31.1	31.1	31.1	31.1	31.0	
	2.75	31.1	31.1	31.1	31.1	31.1	31.1	31.1	31.1	31.1	31.1	31.1	31.1	31.1	
102x44x7 $M_{c,y,Rd}$ = 9.74 $M_{c,z,Rd}$ = 1.66 Class = 1	1.00	7.39	6.05	5.07	4.35	3.80	3.38	3.03	2.53	2.14	1.83	1.60	1.42	1.28	153
	1.50	9.08	7.91	6.90	6.04	5.32	4.71	4.20	3.48	3.02	2.66	2.39	2.14	1.92	
	2.00	9.74	9.21	8.32	7.49	6.74	6.07	5.48	4.51	3.76	3.35	3.01	2.74	2.51	
	2.50	9.74	9.74	9.38	8.64	7.94	7.28	6.67	5.61	4.75	4.05	3.58	3.27	3.01	
	2.75	9.74	9.74	9.74	9.12	8.45	7.81	7.21	6.14	5.24	4.50	3.89	3.52	3.25	
89x89x19 $M_{c,y,Rd}$ = 22.7 $M_{c,z,Rd}$ = 10.5 Class = 1	1.00	22.7	22.1	21.3	20.5	19.9	19.2	18.5	17.3	16.1	15.0	14.0	13.0	12.2	307
	1.50	22.7	22.7	22.7	22.7	22.7	22.7	22.2	21.3	20.4	19.4	18.5	17.6	16.7	
	2.00	22.7	22.7	22.7	22.7	22.7	22.7	22.7	22.7	22.7	22.4	21.7	20.9	20.1	
	2.50	22.7	22.7	22.7	22.7	22.7	22.7	22.7	22.7	22.7	22.7	22.7	22.7	22.7	
	2.75	22.7	22.7	22.7	22.7	22.7	22.7	22.7	22.7	22.7	22.7	22.7	22.7	22.7	
76x76x15 $M_{c,y,Rd}$ = 14.9 $M_{c,z,Rd}$ = 7.10 Class = 1	1.00	14.9	14.3	13.7	13.2	12.8	12.3	11.8	10.9	10.1	9.37	8.68	8.07	7.53	172
	1.50	14.9	14.9	14.9	14.9	14.9	14.7	14.3	13.7	13.0	12.3	11.7	11.0	10.4	
	2.00	14.9	14.9	14.9	14.9	14.9	14.9	14.9	14.9	14.9	14.4	13.8	13.3	12.7	
	2.50	14.9	14.9	14.9	14.9	14.9	14.9	14.9	14.9	14.9	14.9	14.9	14.9	14.5	
	2.75	14.9	14.9	14.9	14.9	14.9	14.9	14.9	14.9	14.9	14.9	14.9	14.9	14.9	
76x76x13 $M_{c,y,Rd}$ = 13.4 $M_{c,z,Rd}$ = 6.16 Class = 1	1.00	13.2	12.6	12.0	11.5	11.0	10.5	10.0	9.15	8.34	7.63	7.00	6.46	5.98	158
	1.50	13.4	13.4	13.4	13.4	13.1	12.8	12.5	11.7	11.0	10.3	9.62	8.98	8.38	
	2.00	13.4	13.4	13.4	13.4	13.4	13.4	13.4	13.4	12.9	12.3	11.7	11.1	10.5	
	2.50	13.4	13.4	13.4	13.4	13.4	13.4	13.4	13.4	13.4	13.4	13.2	12.7	12.2	
	2.75	13.4	13.4	13.4	13.4	13.4	13.4	13.4	13.4	13.4	13.4	13.4	13.3	12.9	

[1] C_1 is the factor dependent on the loading and end restraints.

Section classification given applies to members subject to bending about the y-y axis.

FOR EXPLANATION OF TABLES SEE NOTE 8.

BENDING

HOT-FINISHED HOLLOW SECTIONS - S275

There are no resistance tables given for hot finished hollow sections in S275, because hot finished hollow sections are normally available in S355 only.

S355 resistance tables are given for hot finished hollow sections in part D (pages D - 81 to D - 90). However, to maintain consistent page numbering between S275 resistance tables and S355 resistance tables, pages C - 81 to C - 90 are omitted here.

COLD-FORMED HOLLOW SECTIONS - S275

There are no resistance tables given for cold-formed hollow sections in S275, because cold-formed hollow sections are normally available in S235 and S355 only. No resistance tables are given for S235 either, because sections available may not be manufactured to BS EN 10219-2: 2006.

S355 resistance tables are given for cold formed hollow sections in part D (pages D - 91 to D - 97). However, to maintain consistent page numbering between S275 resistance tables and S355 resistance tables, pages C - 91 to C - 97 are omitted here.

| BS EN 1993-1-1:2005 / BS 4-1:2005 | **BENDING** | **S275 / Advance275** |

PARALLEL FLANGE CHANNELS
Advance UKPFC

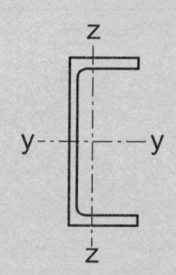

Designation / Cross section resistance (kNm) / Classification	$C_1^{(1)}$	\multicolumn{13}{c}{Buckling Resistance Moment $M_{b,Rd}$ (kNm) for Length between lateral restraints, L (m)}	Second Moment of Area y-y axis I_y cm^4
		1.0	1.5	2.0	2.5	3.0	3.5	4.0	5.0	6.0	7.0	8.0	9.0	10.0	
430x100x64 $M_{c,y,Rd}$ = 324 $M_{c,z,Rd}$ = 46.6 Class = 1	1.00	324	297	260	229	204	182	165	138	119	105	94.0	85.2	78.0	21900
	1.50	324	324	315	288	264	242	223	191	166	146	130	116	106	
	2.00	324	324	324	324	306	286	269	237	210	187	168	152	138	
	2.50	324	324	324	324	324	319	303	273	247	224	204	186	170	
	2.75	324	324	324	324	324	324	317	289	263	241	220	202	186	
380x100x54 $M_{c,y,Rd}$ = 247 $M_{c,z,Rd}$ = 42.7 Class = 1	1.00	247	228	200	177	158	142	129	109	94.0	83.0	74.4	67.5	61.8	15000
	1.50	247	247	242	222	204	188	174	150	131	116	103	92.5	83.7	
	2.00	247	247	247	247	236	221	208	185	165	148	133	120	110	
	2.50	247	247	247	247	247	246	234	212	193	176	161	147	135	
	2.75	247	247	247	247	247	247	244	224	205	188	173	159	147	
300x100x46 $M_{c,y,Rd}$ = 170 $M_{c,z,Rd}$ = 39.2 Class = 1	1.00	170	159	141	126	114	104	95.8	82.4	72.4	64.6	58.4	53.4	49.2	8230
	1.50	170	170	169	157	146	136	127	112	100	89.9	81.4	74.1	67.8	
	2.00	170	170	170	170	167	158	150	136	124	113	104	95.3	87.9	
	2.50	170	170	170	170	170	170	167	155	143	133	123	114	107	
	2.75	170	170	170	170	170	170	170	162	151	141	132	123	115	
300x90x41 $M_{c,y,Rd}$ = 156 $M_{c,z,Rd}$ = 31.4 Class = 1	1.00	156	138	121	106	95.0	85.7	78.1	66.3	57.7	51.2	46.1	41.9	38.5	7220
	1.50	156	156	148	135	124	114	106	91.7	80.4	71.2	63.7	57.3	52.1	
	2.00	156	156	156	154	145	136	128	114	102	91.2	82.4	74.8	68.1	
	2.50	156	156	156	156	156	152	145	131	119	109	99.7	91.4	84.1	
	2.75	156	156	156	156	156	156	151	139	127	117	108	99.2	91.7	
260x90x35 $M_{c,y,Rd}$ = 117 $M_{c,z,Rd}$ = 28.0 Class = 1	1.00	117	104	91.1	80.8	72.4	65.6	59.9	51.1	44.7	39.7	35.8	32.6	30.0	4730
	1.50	117	117	111	102	94.2	87.2	81.0	70.5	62.1	55.3	49.6	44.8	40.8	
	2.00	117	117	117	116	109	103	97.3	87.0	78.1	70.6	64.0	58.3	53.3	
	2.50	117	117	117	117	117	115	110	100	91.6	83.9	77.1	71.0	65.5	
	2.75	117	117	117	117	117	117	115	106	97.4	89.9	83.1	76.9	71.3	
260x75x28 $M_{c,y,Rd}$ = 90.2 $M_{c,z,Rd}$ = 17.0 Class = 1	1.00	86.3	72.5	61.6	53.1	46.6	41.4	37.3	31.2	26.9	23.7	21.2	19.2	17.6	3620
	1.50	90.2	87.7	78.2	69.9	62.8	56.8	51.7	43.5	37.2	32.3	28.8	26.3	24.2	
	2.00	90.2	90.2	89.1	82.0	75.4	69.6	64.3	55.3	48.1	42.2	37.3	33.2	29.9	
	2.50	90.2	90.2	90.2	90.2	84.9	79.5	74.6	65.7	58.2	51.7	46.2	41.5	37.5	
	2.75	90.2	90.2	90.2	90.2	88.7	83.7	78.9	70.3	62.7	56.2	50.5	45.6	41.3	
230x90x32 $M_{c,y,Rd}$ = 97.6 $M_{c,z,Rd}$ = 27.2 Class = 1	1.00	97.6	87.6	77.5	69.4	62.8	57.3	52.7	45.5	40.1	35.8	32.4	29.7	27.3	3520
	1.50	97.6	97.6	94.1	87.1	80.9	75.5	70.6	62.3	55.5	49.9	45.1	41.1	37.6	
	2.00	97.6	97.6	97.6	97.6	93.4	88.6	84.1	76.1	69.1	63.1	57.7	53.0	48.9	
	2.50	97.6	97.6	97.6	97.6	97.6	97.6	94.1	86.8	80.3	74.3	68.9	64.0	59.5	
	2.75	97.6	97.6	97.6	97.6	97.6	97.6	97.6	91.3	85.0	79.2	73.8	68.9	64.4	
230x75x26 $M_{c,y,Rd}$ = 76.4 $M_{c,z,Rd}$ = 17.4 Class = 1	1.00	73.8	62.7	54.0	47.3	42.0	37.8	34.3	29.1	25.3	22.5	20.2	18.4	16.8	2750
	1.50	76.5	75.3	67.9	61.6	56.1	51.4	47.3	40.5	35.2	31.0	27.6	24.9	23.0	
	2.00	76.5	76.5	76.5	71.5	66.6	62.1	58.0	51.0	45.1	40.2	36.0	32.4	29.3	
	2.50	76.5	76.5	76.5	76.5	74.3	70.3	66.6	59.8	53.8	48.6	44.1	40.1	36.6	
	2.75	76.5	76.5	76.5	76.5	76.5	73.6	70.1	63.5	57.7	52.5	47.9	43.8	40.1	

Advance and UKPFC are trademarks of Corus. A fuller description of the relationship between Parallel Flange Channels and the Advance range of sections manufactured by Corus is given in note 12.

(1) C_1 is the factor dependent on the loading and end restraints.

Section classification given applies to members subject to bending about the y-y axis.

FOR EXPLANATION OF TABLES SEE NOTE 8.

BS EN 1993-1-1:2005
BS 4-1:2005

BENDING

PARALLEL FLANGE CHANNELS
Advance UKPFC

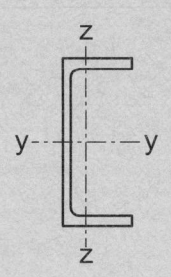

S275 / Advance275

Designation Cross section resistance (kNm) Classification	$C_1^{(1)}$	Buckling Resistance Moment $M_{b,Rd}$ (kNm) for Length between lateral restraints, L (m)													Second Moment of Area y-y axis I_y cm⁴
		1.0	1.5	2.0	2.5	3.0	3.5	4.0	5.0	6.0	7.0	8.0	9.0	10.0	
200x90x30	1.00	80.0	72.7	65.0	58.9	53.8	49.5	45.9	40.1	35.6	32.1	29.2	26.8	24.8	2520
	1.50	80.0	80.0	78.4	73.2	68.6	64.5	60.8	54.4	49.1	44.6	40.7	37.3	34.4	
$M_{c,y,Rd}$ = 80.0	2.00	80.0	80.0	80.0	80.0	78.4	74.9	71.6	65.6	60.4	55.7	51.5	47.7	44.3	
$M_{c,z,Rd}$ = 26.0	2.50	80.0	80.0	80.0	80.0	80.0	80.0	79.4	74.2	69.3	64.8	60.7	56.9	53.3	
Class = 1	2.75	80.0	80.0	80.0	80.0	80.0	80.0	80.0	77.6	73.0	68.7	64.7	60.9	57.4	
200x75x23	1.00	60.6	52.0	45.5	40.3	36.2	32.9	30.1	25.8	22.7	20.2	18.2	16.6	15.3	1960
	1.50	62.4	62.2	56.7	51.9	47.8	44.2	41.1	35.8	31.6	28.1	25.2	22.7	20.7	
$M_{c,y,Rd}$ = 62.4	2.00	62.4	62.4	62.4	59.8	56.2	52.9	49.9	44.5	39.9	36.0	32.6	29.7	27.1	
$M_{c,z,Rd}$ = 16.7	2.50	62.4	62.4	62.4	62.4	62.3	59.4	56.6	51.6	47.1	43.1	39.5	36.3	33.5	
Class = 1	2.75	62.4	62.4	62.4	62.4	62.4	62.0	59.4	54.6	50.3	46.3	42.7	39.4	36.5	
180x90x26	1.00	63.8	58.0	51.9	47.0	42.9	39.5	36.7	32.0	28.5	25.7	23.4	21.4	19.8	1820
	1.50	63.8	63.8	62.5	58.4	54.7	51.4	48.5	43.5	39.2	35.6	32.5	29.9	27.5	
$M_{c,y,Rd}$ = 63.8	2.00	63.8	63.8	63.8	63.8	62.6	59.8	57.1	52.4	48.2	44.5	41.1	38.1	35.4	
$M_{c,z,Rd}$ = 23.0	2.50	63.8	63.8	63.8	63.8	63.8	63.8	63.4	59.2	55.3	51.8	48.5	45.4	42.6	
Class = 1	2.75	63.8	63.8	63.8	63.8	63.8	63.8	63.8	61.9	58.3	54.9	51.7	48.7	45.9	
180x75x20	1.00	46.9	40.2	35.0	31.0	27.8	25.2	23.0	19.7	17.3	15.4	13.9	12.6	11.6	1370
	1.50	48.4	48.1	43.7	40.0	36.8	33.9	31.5	27.3	24.0	21.3	19.1	17.2	15.8	
$M_{c,y,Rd}$ = 48.4	2.00	48.4	48.4	48.4	46.2	43.3	40.7	38.3	34.1	30.5	27.4	24.8	22.5	20.5	
$M_{c,z,Rd}$ = 14.2	2.50	48.4	48.4	48.4	48.4	48.0	45.7	43.6	39.6	36.0	32.9	30.1	27.6	25.4	
Class = 1	2.75	48.4	48.4	48.4	48.4	48.4	47.8	45.7	41.9	38.5	35.4	32.5	30.0	27.7	
150x90x24	1.00	49.2	45.4	41.1	37.6	34.8	32.3	30.2	26.7	24.0	21.7	19.9	18.4	17.0	1160
	1.50	49.2	49.2	49.1	46.2	43.7	41.4	39.4	35.8	32.7	30.0	27.6	25.6	23.7	
$M_{c,y,Rd}$ = 49.2	2.00	49.2	49.2	49.2	49.2	49.2	47.6	45.8	42.5	39.6	36.9	34.5	32.2	30.2	
$M_{c,z,Rd}$ = 21.1	2.50	49.2	49.2	49.2	49.2	49.2	49.2	49.2	47.5	44.9	42.4	40.1	37.9	35.9	
Class = 1	2.75	49.2	49.2	49.2	49.2	49.2	49.2	49.2	49.2	47.1	44.7	42.5	40.4	38.4	
150x75x18	1.00	35.5	30.7	27.1	24.3	22.0	20.1	18.5	16.0	14.2	12.7	11.5	10.5	9.69	861
	1.50	36.3	36.3	33.6	31.0	28.8	26.8	25.1	22.1	19.7	17.7	16.0	14.5	13.2	
$M_{c,y,Rd}$ = 36.3	2.00	36.3	36.3	36.3	35.5	33.8	31.8	30.1	27.2	24.7	22.5	20.5	18.8	17.3	
$M_{c,z,Rd}$ = 13.0	2.50	36.3	36.3	36.3	36.3	36.3	35.5	34.0	31.3	28.8	26.6	24.6	22.8	21.2	
Class = 1	2.75	36.3	36.3	36.3	36.3	36.3	36.3	35.5	33.0	30.6	28.5	26.5	24.6	23.0	
125x65x15	1.00	23.3	20.3	18.0	16.2	14.7	13.5	12.5	10.9	9.62	8.64	7.84	7.18	6.63	483
	1.50	24.7	24.4	22.4	20.8	19.3	18.1	16.9	15.0	13.4	12.0	10.9	9.91	9.06	
$M_{c,y,Rd}$ = 24.7	2.00	24.7	24.7	24.7	23.9	22.6	21.5	20.4	18.5	16.8	15.3	14.0	12.8	11.8	
$M_{c,z,Rd}$ = 9.13	2.50	24.7	24.7	24.7	24.7	24.7	24.0	23.0	21.2	19.6	18.1	16.8	15.6	14.5	
Class = 1	2.75	24.7	24.7	24.7	24.7	24.7	24.7	24.1	22.4	20.8	19.4	18.0	16.8	15.7	
100x50x10	1.00	11.8	10.2	8.99	8.05	7.29	6.67	6.14	5.31	4.68	4.18	3.79	3.46	3.19	208
	1.50	13.4	12.6	11.5	10.6	9.76	9.06	8.44	7.38	6.52	5.81	5.21	4.70	4.33	
$M_{c,y,Rd}$ = 13.4	2.00	13.4	13.4	13.1	12.3	11.6	10.9	10.3	9.23	8.29	7.47	6.77	6.15	5.61	
$M_{c,z,Rd}$ = 4.81	2.50	13.4	13.4	13.4	13.4	13.0	12.4	11.8	10.8	9.83	8.99	8.24	7.56	6.96	
Class = 1	2.75	13.4	13.4	13.4	13.4	13.4	13.0	12.4	11.4	10.5	9.67	8.91	8.22	7.60	

Advance and UKPFC are trademarks of Corus. A fuller description of the relationship between Parallel Flange Channels and the Advance range of sections manufactured by Corus is given in note 12.

[1] C_1 is the factor dependent on the loading and end restraints.

Section classification given applies to members subject to bending about the y-y axis.

FOR EXPLANATION OF TABLES SEE NOTE 8.

WEB BEARING AND BUCKLING S275 / Advance275

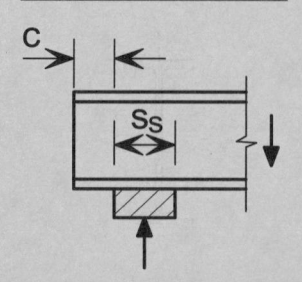

UNIVERSAL BEAMS
Advance UKB

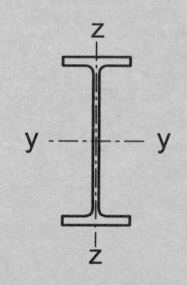

BS EN 1993-1-5: 2006
BS 4-1: 2005

Unstiffened webs

Section Designation	Design Shear Resistance $V_{c,Rd}$ kN		Design resistance of unstiffened web, F_{Rd} (kN) and limiting length, c_{lim} (mm)											
			Stiff bearing length, s_s (mm)											
			0	10	20	30	40	50	75	100	150	200	250	300	350
1016x305x487 +	4930	F_{Rd} (c = 0)	938	1020	1100	1200	1290	1400	1670	1980	2480	2860	3240	3620	4000
		c_{lim} (mm)	620	610	600	590	580	570	550	520	470	420	370	320	290
		F_{Rd} (c ≥ c_{lim})	3480	3560	3640	3710	3790	3860	4060	4250	4630	5010	5400	5780	6160
1016x305x437 +	4420	F_{Rd} (c = 0)	801	872	950	1030	1120	1210	1470	1740	2160	2500	2850	3190	3530
		c_{lim} (mm)	620	610	600	590	580	570	550	520	470	420	370	320	270
		F_{Rd} (c ≥ c_{lim})	2940	3010	3070	3140	3210	3280	3450	3620	3970	4310	4650	5000	5340
1016x305x393 +	3990	F_{Rd} (c = 0)	681	746	816	892	974	1060	1290	1540	1900	2470	2740	3020	3290
		c_{lim} (mm)	620	610	600	590	580	570	550	520	470	420	370	320	300
		F_{Rd} (c ≥ c_{lim})	2470	2530	2600	2660	2720	2780	2940	3090	3400	3720	4530	4680	4830
1016x305x349 +	3610	F_{Rd} (c = 0)	598	996	1040	1090	1140	1190	1320	1450	1670	1880	2090	2300	2500
		c_{lim} (mm)	620	610	600	590	580	570	550	520	470	420	370	320	290
		F_{Rd} (c ≥ c_{lim})	2140	2200	2250	2310	2890	2920	2990	3050	3180	3300	3420	3540	3650
1016x305x314 +	3260	F_{Rd} (c = 0)	771	807	845	883	923	964	1070	1180	1350	1520	1700	1870	2040
		c_{lim} (mm)	620	610	600	590	580	570	550	520	470	420	370	320	270
		F_{Rd} (c ≥ c_{lim})	2220	2250	2270	2300	2320	2340	2400	2450	2560	2660	2760	2860	2950
1016x305x272 +	2830	F_{Rd} (c = 0)	568	595	623	652	682	713	792	870	999	1130	1260	1380	1510
		c_{lim} (mm)	620	610	600	590	580	570	550	520	470	420	370	320	270
		F_{Rd} (c ≥ c_{lim})	1620	1630	1650	1670	1690	1700	1750	1790	1870	1950	2030	2100	2170
1016x305x249 +	2770	F_{Rd} (c = 0)	553	580	609	638	669	700	781	848	978	1110	1240	1360	1490
		c_{lim} (mm)	620	610	600	590	580	570	550	520	470	420	370	320	270
		F_{Rd} (c ≥ c_{lim})	1540	1560	1580	1600	1620	1640	1680	1720	1810	1890	1970	2040	2120
1016x305x222 +	2640	F_{Rd} (c = 0)	509	535	562	590	619	648	718	780	902	1020	1140	1270	1390
		c_{lim} (mm)	620	610	600	590	580	570	550	520	470	420	370	320	270
		F_{Rd} (c ≥ c_{lim})	1390	1400	1420	1440	1460	1480	1520	1570	1650	1730	1800	1870	1940
914x419x388	3240	F_{Rd} (c = 0)	651	710	774	843	916	993	1420	1570	1830	2060	2300	2530	2770
		c_{lim} (mm)	570	560	550	540	530	520	500	470	420	370	320	280	280
		F_{Rd} (c ≥ c_{lim})	2260	2310	2370	2420	2480	2540	2680	2820	3410	3550	3680	3800	3920
914x419x343	2920	F_{Rd} (c = 0)	817	858	900	943	988	1030	1150	1280	1480	1670	1860	2060	2250
		c_{lim} (mm)	570	560	550	540	530	520	500	470	420	370	320	270	260
		F_{Rd} (c ≥ c_{lim})	1860	1910	1960	2440	2470	2500	2560	2620	2740	2850	2960	3060	3160

Advance and UKB are trademarks of Corus. A fuller description of the relationship between Universal Beams (UB) and the Advance range of sections manufactured by Corus is given in note 12.
+ These sections are in addition to the range of BS 4 sections
If c < c_{lim}, then use F_{Rd} value for c = 0.
FOR EXPLANATION OF TABLES SEE NOTE 9.

WEB BEARING AND BUCKLING   S275 / Advance275

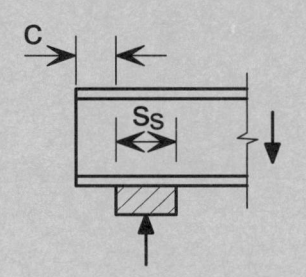

UNIVERSAL BEAMS
Advance UKB

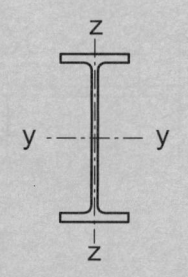

BS EN 1993-1-5: 2006
BS 4-1: 2005

Unstiffened webs

Section Designation	Design Shear Resistance $V_{c,Rd}$ kN		Design resistance of unstiffened web, F_{Rd} (kN) and limiting length, c_{lim} (mm)												
			Stiff bearing length, s_s (mm)												
			0	10	20	30	40	50	75	100	150	200	250	300	350
914x305x289	2900	F_{Rd} (c = 0)	464	519	881	925	970	1020	1140	1250	1440	1640	1830	2020	2210
		c_{lim} (mm)	580	570	560	550	540	530	510	480	430	380	330	280	250
		F_{Rd} (c ≥ c_{lim})	1640	1700	1750	1800	1850	1900	2490	2550	2670	2790	2900	3000	3110
914x305x253	2570	F_{Rd} (c = 0)	619	652	685	720	756	792	888	971	1120	1280	1430	1580	1730
		c_{lim} (mm)	580	570	560	550	540	530	510	480	430	380	330	280	230
		F_{Rd} (c ≥ c_{lim})	1750	1780	1800	1820	1840	1860	1910	1960	2060	2150	2240	2330	2410
914x305x224	2350	F_{Rd} (c = 0)	514	542	571	600	631	662	742	807	937	1060	1190	1320	1450
		c_{lim} (mm)	580	570	560	550	540	530	510	480	430	380	330	280	230
		F_{Rd} (c ≥ c_{lim})	1430	1450	1470	1490	1510	1530	1570	1620	1700	1780	1860	1930	2000
914x305x201	2210	F_{Rd} (c = 0)	456	481	507	534	562	590	657	716	833	949	1060	1180	1300
		c_{lim} (mm)	580	570	560	550	540	530	510	480	430	380	330	280	230
		F_{Rd} (c ≥ c_{lim})	1250	1270	1280	1300	1320	1340	1380	1420	1500	1570	1640	1710	1770
838x292x226	2220	F_{Rd} (c = 0)	541	572	603	636	669	704	794	870	1010	1160	1300	1440	1580
		c_{lim} (mm)	540	530	520	510	500	490	460	440	390	340	290	240	220
		F_{Rd} (c ≥ c_{lim})	1540	1560	1580	1600	1620	1640	1690	1730	1820	1910	1990	2070	2140
838x292x194	2000	F_{Rd} (c = 0)	440	465	492	519	548	577	648	708	828	947	1060	1180	1300
		c_{lim} (mm)	540	530	520	510	500	490	460	440	390	340	290	240	200
		F_{Rd} (c ≥ c_{lim})	1220	1240	1260	1280	1290	1310	1350	1390	1470	1540	1610	1680	1740
838x292x176	1890	F_{Rd} (c = 0)	393	416	441	466	492	518	579	634	742	850	958	1060	1170
		c_{lim} (mm)	540	530	520	510	500	490	460	440	390	340	290	240	190
		F_{Rd} (c ≥ c_{lim})	1080	1100	1110	1130	1140	1160	1200	1230	1310	1370	1440	1500	1560
762x267x197	1950	F_{Rd} (c = 0)	510	541	574	609	644	680	774	849	997	1140	1290	1440	1590
		c_{lim} (mm)	480	470	460	450	440	430	410	380	330	280	230	200	200
		F_{Rd} (c ≥ c_{lim})	1080	1120	1500	1520	1540	1560	1610	1660	1750	1830	1920	2000	2070
762x267x173	1760	F_{Rd} (c = 0)	420	447	475	504	534	565	638	701	826	950	1070	1200	1320
		c_{lim} (mm)	480	470	460	450	440	430	410	380	330	280	230	190	190
		F_{Rd} (c ≥ c_{lim})	1180	1200	1220	1240	1250	1270	1310	1350	1430	1510	1580	1640	1710
762x267x147	1560	F_{Rd} (c = 0)	330	351	374	397	422	447	501	551	651	751	851	951	1050
		c_{lim} (mm)	480	470	460	450	440	430	410	380	330	280	230	180	170
		F_{Rd} (c ≥ c_{lim})	907	922	937	952	967	981	1020	1050	1120	1180	1230	1290	1340
762x267x134	1520	F_{Rd} (c = 0)	292	312	332	353	375	398	444	489	579	668	758	847	936
		c_{lim} (mm)	480	470	460	450	440	430	410	380	330	280	230	180	160
		F_{Rd} (c ≥ c_{lim})	795	809	823	836	850	863	895	926	984	1040	1090	1140	1150

Advance and UKB are trademarks of Corus. A fuller description of the relationship between Universal Beams (UB) and the Advance range of sections manufactured by Corus is given in note 12.
If c < c_{lim}, then use F_{Rd} value for c = 0.
FOR EXPLANATION OF TABLES SEE NOTE 9.

WEB BEARING AND BUCKLING S275 / Advance275

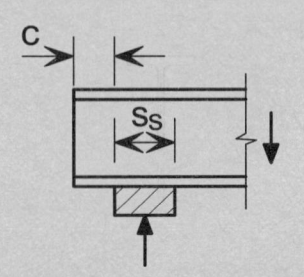

UNIVERSAL BEAMS
Advance UKB

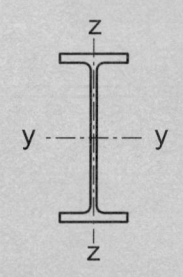

Unstiffened webs

Section Designation	Design Shear Resistance $V_{c,Rd}$ kN		Design resistance of unstiffened web, F_{Rd} (kN) and limiting length, c_{lim} (mm)											
			Stiff bearing length, s_s (mm)											
			0	10	20	30	40	50	75	100	150	200	250	300	350
686x254x170	1630	F_{Rd} (c = 0)	270	475	507	540	574	609	697	768	911	1050	1200	1340	1480
		c_{lim} (mm)	440	430	420	410	400	390	360	340	290	240	190	190	190
		F_{Rd} (c ≥ c_{lim})	947	986	1020	1060	1360	1380	1420	1470	1550	1630	1710	1780	1850
686x254x152	1470	F_{Rd} (c = 0)	363	389	415	443	471	501	570	630	748	866	983	1100	1220
		c_{lim} (mm)	440	430	420	410	400	390	360	340	290	240	190	180	180
		F_{Rd} (c ≥ c_{lim})	1030	1050	1070	1080	1100	1110	1150	1190	1260	1330	1400	1460	1520
686x254x140	1370	F_{Rd} (c = 0)	317	340	363	388	413	439	498	550	655	759	863	967	1070
		c_{lim} (mm)	440	430	420	410	400	390	360	340	290	240	190	170	170
		F_{Rd} (c ≥ c_{lim})	891	907	922	937	951	965	1000	1030	1100	1160	1220	1270	1330
686x254x125	1280	F_{Rd} (c = 0)	277	297	318	340	363	387	435	482	575	668	761	853	946
		c_{lim} (mm)	440	430	420	410	400	390	360	340	290	240	190	160	160
		F_{Rd} (c ≥ c_{lim})	766	780	794	808	821	834	866	897	956	1010	1060	1110	1160
610x305x238	1890	F_{Rd} (c = 0)	445	497	553	615	681	752	942	1120	1360	1600	1850	2090	2340
		c_{lim} (mm)	390	380	370	360	350	340	310	290	240	200	200	200	200
		F_{Rd} (c ≥ c_{lim})	1570	1620	1660	1710	1760	1810	1930	2050	2300	2540	2780	3110	3230
610x305x179	1440	F_{Rd} (c = 0)	291	331	375	541	577	614	711	789	940	1090	1240	1390	1540
		c_{lim} (mm)	390	380	370	360	350	340	310	290	240	190	190	190	190
		F_{Rd} (c ≥ c_{lim})	999	1040	1070	1110	1150	1190	1430	1480	1560	1640	1720	1790	1860
610x305x149	1200	F_{Rd} (c = 0)	302	324	348	373	398	425	490	543	649	755	861	966	1070
		c_{lim} (mm)	390	380	370	360	350	340	310	290	240	190	170	170	170
		F_{Rd} (c ≥ c_{lim})	869	883	898	912	926	939	972	1000	1070	1120	1180	1230	1280
610x229x140	1300	F_{Rd} (c = 0)	227	394	423	454	486	519	596	661	792	923	1050	1180	1310
		c_{lim} (mm)	390	380	370	360	350	340	310	290	240	190	170	170	170
		F_{Rd} (c ≥ c_{lim})	797	831	866	901	1130	1150	1190	1230	1300	1380	1440	1510	1570
610x229x125	1170	F_{Rd} (c = 0)	298	321	345	371	397	425	486	540	648	756	863	971	1080
		c_{lim} (mm)	390	380	370	360	350	340	310	290	240	190	160	160	160
		F_{Rd} (c ≥ c_{lim})	851	866	881	896	911	925	960	994	1060	1120	1180	1230	1280
610x229x113	1090	F_{Rd} (c = 0)	255	275	297	319	342	366	417	464	558	652	745	839	933
		c_{lim} (mm)	390	380	370	360	350	340	310	290	240	190	150	150	150
		F_{Rd} (c ≥ c_{lim})	720	733	747	760	773	786	817	847	904	957	1010	1060	1100
610x229x101	1060	F_{Rd} (c = 0)	228	247	267	287	308	330	373	416	502	588	673	759	844
		c_{lim} (mm)	390	380	370	360	350	340	310	290	240	190	140	140	140
		F_{Rd} (c ≥ c_{lim})	633	646	659	671	683	695	724	752	806	855	902	947	951

Advance and UKB are trademarks of Corus. A fuller description of the relationship between Universal Beams (UB) and the Advance range of sections manufactured by Corus is given in note 12.
+ These sections are in addition to the range of BS 4 sections
If c < c_{lim}, then use F_{Rd} value for c = 0.
FOR EXPLANATION OF TABLES SEE NOTE 9.

WEB BEARING AND BUCKLING   S275 / Advance275

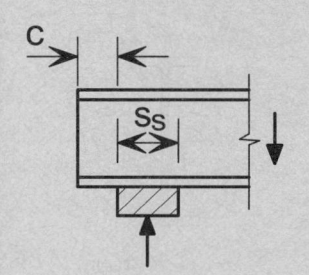

UNIVERSAL BEAMS
Advance UKB

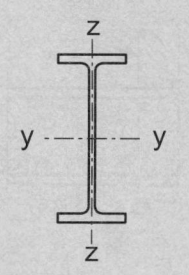

BS EN 1993-1-5: 2006
BS 4-1: 2005

Unstiffened webs

Section Designation	Design Shear Resistance $V_{c,Rd}$ kN		Design resistance of unstiffened web, F_{Rd} (kN) and limiting length, c_{lim} (mm)											
			Stiff bearing length, s_s (mm)											
			0	10	20	30	40	50	75	100	150	200	250	300	350
610x178x100 +	1110	F_{Rd} (c = 0)	259	281	303	326	350	375	424	473	571	668	765	863	959
		c_{lim} (mm)	390	380	370	360	350	340	310	290	240	190	150	150	150
		F_{Rd} (c ≥ c_{lim})	726	741	755	769	783	796	829	861	921	977	1030	1080	1130
610x178x92 +	1090	F_{Rd} (c = 0)	242	262	284	306	329	350	396	443	536	628	721	813	905
		c_{lim} (mm)	390	380	370	360	350	340	310	290	240	190	140	140	140
		F_{Rd} (c ≥ c_{lim})	668	683	696	710	724	737	769	799	857	911	963	1010	1050
610x178x82 +	1000	F_{Rd} (c = 0)	202	219	237	256	275	290	330	369	448	525	603	681	758
		c_{lim} (mm)	390	380	370	360	350	340	310	290	240	190	140	130	130
		F_{Rd} (c ≥ c_{lim})	548	560	572	584	595	606	634	660	710	756	800	822	822
533x312x272 +	1910	F_{Rd} (c = 0)	579	638	702	771	844	923	1130	1360	1660	1940	2220	2500	2780
		c_{lim} (mm)	340	330	320	310	300	290	260	240	230	230	230	230	230
		F_{Rd} (c ≥ c_{lim})	2060	2110	2170	2230	2280	2340	2480	2620	2900	3180	3460	3740	4020
533x312x219 +	1630	F_{Rd} (c = 0)	417	468	525	587	654	725	917	1080	1320	1560	1800	2040	2290
		c_{lim} (mm)	340	330	320	310	300	290	260	240	190	190	190	190	190
		F_{Rd} (c ≥ c_{lim})	1460	1510	1560	1610	1660	1700	1830	1950	2190	2430	2680	2920	3160
533x312x182 +	1340	F_{Rd} (c = 0)	316	359	407	459	516	576	739	850	1050	1250	1450	1660	1860
		c_{lim} (mm)	340	330	320	310	300	290	260	240	190	160	160	160	160
		F_{Rd} (c ≥ c_{lim})	1090	1130	1170	1210	1250	1290	1390	1490	1700	1900	2080	2170	2260
533x312x150 +	1120	F_{Rd} (c = 0)	239	275	316	361	488	523	610	680	819	959	1100	1240	1360
		c_{lim} (mm)	340	330	320	310	300	290	260	240	190	170	170	170	170
		F_{Rd} (c ≥ c_{lim})	814	848	881	915	949	982	1190	1230	1300	1380	1440	1510	1570
533x210x138 +	1290	F_{Rd} (c = 0)	248	290	338	391	449	510	643	740	935	1130	1320	1520	1800
		c_{lim} (mm)	340	330	320	310	300	290	260	240	190	140	140	140	170
		F_{Rd} (c ≥ c_{lim})	885	924	963	1000	1040	1080	1180	1280	1470	1660	1870	1960	2090
533x210x122	1120	F_{Rd} (c = 0)	207	243	285	331	478	514	593	664	804	943	1080	1220	1340
		c_{lim} (mm)	340	330	320	310	300	290	260	240	190	160	160	160	160
		F_{Rd} (c ≥ c_{lim})	729	763	796	830	864	897	981	1200	1280	1350	1420	1490	1550
533x210x109	1020	F_{Rd} (c = 0)	174	312	338	366	395	425	488	547	664	780	897	1010	1110
		c_{lim} (mm)	340	330	320	310	300	290	260	240	190	150	150	150	150
		F_{Rd} (c ≥ c_{lim})	608	639	670	701	889	904	941	976	1040	1110	1170	1220	1280
533x210x101	952	F_{Rd} (c = 0)	246	268	291	315	341	367	420	471	572	674	775	876	962
		c_{lim} (mm)	340	330	320	310	300	290	260	240	190	140	140	140	140
		F_{Rd} (c ≥ c_{lim})	539	719	733	747	760	774	806	837	896	951	1000	1050	1100
533x210x92	909	F_{Rd} (c = 0)	216	236	257	278	301	324	370	415	506	596	686	776	853
		c_{lim} (mm)	340	330	320	310	300	290	260	240	190	140	140	140	140
		F_{Rd} (c ≥ c_{lim})	612	625	638	651	663	675	704	733	786	836	883	927	957
533x210x82	865	F_{Rd} (c = 0)	191	209	228	248	269	287	328	369	451	533	614	696	765
		c_{lim} (mm)	340	330	320	310	300	290	260	240	190	140	130	130	130
		F_{Rd} (c ≥ c_{lim})	532	544	556	568	579	591	618	644	693	739	783	824	824

Advance and UKB are trademarks of Corus. A fuller description of the relationship between Universal Beams (UB) and the Advance range of sections manufactured by Corus is given in note 12.

+ These sections are in addition to the range of BS 4 sections

If c < c_{lim}, then use F_{Rd} value for c = 0.

FOR EXPLANATION OF TABLES SEE NOTE 9.

BS EN 1993-1-5: 2006
BS 4-1: 2005

WEB BEARING AND BUCKLING   S275 / Advance275

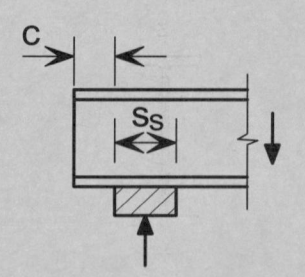

UNIVERSAL BEAMS
Advance UKB

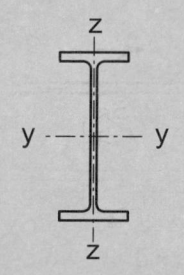

Unstiffened webs

Section Designation	Design Shear Resistance $V_{c,Rd}$ kN		Design resistance of unstiffened web, F_{Rd} (kN) and limiting length, c_{lim} (mm)											
			Stiff bearing length, s_s (mm)											
			0	10	20	30	40	50	75	100	150	200	250	300	350
533x165x85 +	902	F_{Rd} (c = 0)	219	239	260	282	306	328	374	421	513	606	698	790	868
		c_{lim} (mm)	340	330	320	310	300	290	260	240	190	140	140	140	140
		F_{Rd} (c ≥ c_{lim})	619	633	646	659	671	684	714	743	798	849	897	943	987
533x165x74 +	871	F_{Rd} (c = 0)	193	211	231	251	272	289	332	374	457	541	624	707	778
		c_{lim} (mm)	340	330	320	310	300	290	260	240	190	140	120	120	120
		F_{Rd} (c ≥ c_{lim})	535	548	560	572	584	596	624	651	702	749	794	836	846
533x165x66 +	793	F_{Rd} (c = 0)	160	176	192	209	225	240	275	311	382	452	522	592	652
		c_{lim} (mm)	340	330	320	310	300	290	260	240	190	140	110	110	110
		F_{Rd} (c ≥ c_{lim})	436	447	458	469	479	489	513	537	580	621	659	661	661
457x191x161 +	1390	F_{Rd} (c = 0)	359	410	467	530	598	670	865	985	1220	1460	1700	1940	2180
		c_{lim} (mm)	290	280	270	260	250	240	220	190	180	180	180	180	180
		F_{Rd} (c ≥ c_{lim})	1320	1370	1420	1460	1510	1560	1680	1800	2040	2280	2510	2750	2990
457x191x133 +	1160	F_{Rd} (c = 0)	270	314	363	418	477	541	686	788	991	1190	1400	1600	1800
		c_{lim} (mm)	290	280	270	260	250	240	220	190	150	150	150	150	150
		F_{Rd} (c ≥ c_{lim})	978	1020	1060	1100	1140	1180	1280	1380	1590	1790	1990	2190	2420
457x191x106 +	947	F_{Rd} (c = 0)	191	227	269	316	366	421	520	604	771	938	1100	1330	1410
		c_{lim} (mm)	290	280	270	260	250	240	220	190	140	130	130	150	150
		F_{Rd} (c ≥ c_{lim})	677	711	744	778	811	844	928	1010	1180	1370	1450	1550	1620
457x191x98	852	F_{Rd} (c = 0)	172	205	243	285	331	443	515	581	713	845	977	1090	1160
		c_{lim} (mm)	290	280	270	260	250	240	220	190	150	150	150	150	150
		F_{Rd} (c ≥ c_{lim})	605	636	666	696	726	756	832	1000	1080	1140	1210	1270	1320
457x191x89	789	F_{Rd} (c = 0)	149	179	215	316	344	373	432	488	600	712	824	920	976
		c_{lim} (mm)	290	280	270	260	250	240	220	190	140	140	140	140	140
		F_{Rd} (c ≥ c_{lim})	520	547	575	603	631	772	806	838	899	957	1010	1060	1110
457x191x82	756	F_{Rd} (c = 0)	135	236	259	284	309	335	386	437	539	640	742	829	880
		c_{lim} (mm)	290	280	270	260	250	240	220	190	140	130	130	130	130
		F_{Rd} (c ≥ c_{lim})	470	497	645	658	671	684	716	745	802	855	905	952	997
457x191x74	693	F_{Rd} (c = 0)	175	193	212	233	254	275	317	359	443	527	611	683	725
		c_{lim} (mm)	290	280	270	260	250	240	220	190	140	120	120	120	120
		F_{Rd} (c ≥ c_{lim})	500	512	523	535	546	556	583	608	655	699	741	780	791
457x191x67	650	F_{Rd} (c = 0)	153	169	187	205	224	241	278	316	391	466	541	605	643
		c_{lim} (mm)	290	280	270	260	250	240	220	190	140	120	120	120	120
		F_{Rd} (c ≥ c_{lim})	432	442	453	463	474	484	508	530	573	614	651	670	670

Advance and UKB are trademarks of Corus. A fuller description of the relationship between Universal Beams (UB) and the Advance range of sections manufactured by Corus is given in note 12.
+ These sections are in addition to the range of BS 4 sections
If c < c_{lim}, then use F_{Rd} value for c = 0.
FOR EXPLANATION OF TABLES SEE NOTE 9.

BS EN 1993-1-5: 2006
BS 4-1: 2005

WEB BEARING AND BUCKLING

S275 / Advance275

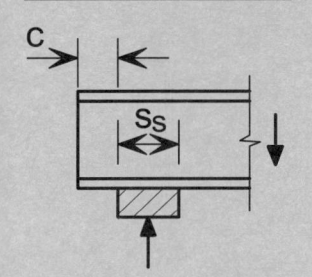

UNIVERSAL BEAMS
Advance UKB

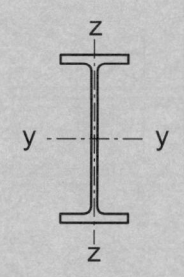

Unstiffened webs

Section Designation	Design Shear Resistance $V_{c,Rd}$ kN		Design resistance of unstiffened web, F_{Rd} (kN) and limiting length, c_{lim} (mm)											
			Stiff bearing length, s_s (mm)											
			0	10	20	30	40	50	75	100	150	200	250	300	350
457x152x82	798	F_{Rd} (c = 0)	143	174	209	314	343	372	429	485	597	709	821	918	974
		c_{lim} (mm)	290	280	270	260	250	240	220	190	140	140	140	140	140
		F_{Rd} (c ≥ c_{lim})	510	538	565	593	621	769	803	835	897	954	1010	1060	1110
457x152x74	721	F_{Rd} (c = 0)	196	216	238	261	284	308	355	402	496	590	683	764	811
		c_{lim} (mm)	290	280	270	260	250	240	220	190	140	130	130	130	130
		F_{Rd} (c ≥ c_{lim})	433	459	594	606	618	630	659	687	739	788	834	877	919
457x152x67	697	F_{Rd} (c = 0)	173	191	210	231	252	271	313	356	440	524	608	680	722
		c_{lim} (mm)	290	280	270	260	250	240	220	190	140	120	120	120	120
		F_{Rd} (c ≥ c_{lim})	493	505	517	528	539	550	577	602	650	694	736	776	788
457x152x60	624	F_{Rd} (c = 0)	138	153	169	186	203	217	252	286	354	422	490	549	583
		c_{lim} (mm)	290	280	270	260	250	240	220	190	140	120	120	120	120
		F_{Rd} (c ≥ c_{lim})	390	400	410	419	428	437	459	480	519	556	584	584	584
457x152x52	578	F_{Rd} (c = 0)	119	132	146	161	175	187	217	247	308	368	427	479	485
		c_{lim} (mm)	290	280	270	260	250	240	220	190	140	100	100	100	100
		F_{Rd} (c ≥ c_{lim})	328	337	346	355	363	372	392	411	446	479	485	485	485
406x178x85 +	742	F_{Rd} (c = 0)	152	183	220	261	306	354	431	504	648	835	971	1040	1110
		c_{lim} (mm)	260	250	240	230	220	210	180	160	120	130	130	130	130
		F_{Rd} (c ≥ c_{lim})	535	564	592	621	650	679	751	824	991	1080	1140	1200	1260
406x178x74	664	F_{Rd} (c = 0)	128	157	248	274	300	327	380	432	537	642	747	804	855
		c_{lim} (mm)	260	250	240	230	220	210	180	160	120	120	120	120	120
		F_{Rd} (c ≥ c_{lim})	447	473	499	525	643	656	687	717	773	825	874	920	965
406x178x67	612	F_{Rd} (c = 0)	170	189	210	232	255	276	322	367	457	547	637	687	730
		c_{lim} (mm)	260	250	240	230	220	210	180	160	120	120	120	120	120
		F_{Rd} (c ≥ c_{lim})	381	405	516	527	539	550	577	603	652	698	740	781	819
406x178x60	549	F_{Rd} (c = 0)	135	151	168	186	205	220	257	293	366	439	511	551	586
		c_{lim} (mm)	260	250	240	230	220	210	180	160	110	110	110	110	110
		F_{Rd} (c ≥ c_{lim})	387	397	407	417	426	436	458	479	519	556	591	603	603
406x178x54	529	F_{Rd} (c = 0)	125	140	157	174	191	205	239	274	343	412	481	520	553
		c_{lim} (mm)	260	250	240	230	220	210	180	160	110	100	100	100	100
		F_{Rd} (c ≥ c_{lim})	352	362	372	381	391	400	422	442	481	517	551	557	557

Advance and UKB are trademarks of Corus. A fuller description of the relationship between Universal Beams (UB) and the Advance range of sections manufactured by Corus is given in note 12.

+ These sections are in addition to the range of BS 4 sections

If c < c_{lim}, then use F_{Rd} value for c = 0.

FOR EXPLANATION OF TABLES SEE NOTE 9.

WEB BEARING AND BUCKLING

S275 / Advance275

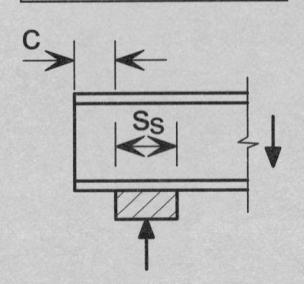

BS EN 1993-1-5: 2006
BS 4-1: 2005

UNIVERSAL BEAMS
Advance UKB

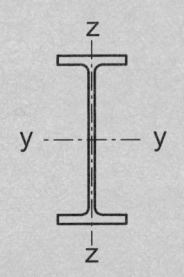

Unstiffened webs

Section Designation	Design Shear Resistance $V_{c,Rd}$ kN		Design resistance of unstiffened web, F_{Rd} (kN) and limiting length, c_{lim} (mm)											
			Stiff bearing length, s_s (mm)											
			0	10	20	30	40	50	75	100	150	200	250	300	350
406x140x53 +	549	F_{Rd} (c = 0)	133	149	166	184	202	217	253	290	363	435	508	548	583
		c_{lim} (mm)	260	250	240	230	220	210	180	160	110	110	110	110	110
		F_{Rd} (c ≥ c_{lim})	379	389	399	409	419	428	451	472	513	550	585	601	601
406x140x46	473	F_{Rd} (c = 0)	97.3	109	122	135	148	159	186	213	267	321	375	393	393
		c_{lim} (mm)	260	250	240	230	220	210	180	160	110	100	100	100	100
		F_{Rd} (c ≥ c_{lim})	274	282	289	297	304	311	328	344	375	393	393	393	393
406x140x39	438	F_{Rd} (c = 0)	83.6	94.2	106	117	127	137	161	185	233	281	325	328	328
		c_{lim} (mm)	260	250	240	230	220	210	180	160	110	90	90	90	90
		F_{Rd} (c ≥ c_{lim})	228	236	243	250	257	263	279	294	322	328	328	328	328
356x171x67	568	F_{Rd} (c = 0)	121	149	181	218	294	322	377	432	543	653	732	785	835
		c_{lim} (mm)	230	220	210	200	190	180	150	130	120	120	120	120	120
		F_{Rd} (c ≥ c_{lim})	421	446	471	496	521	547	662	692	748	800	849	895	939
356x171x57	501	F_{Rd} (c = 0)	94.4	119	185	207	230	248	292	336	424	511	574	617	656
		c_{lim} (mm)	230	220	210	200	190	180	150	130	110	110	110	110	110
		F_{Rd} (c ≥ c_{lim})	325	347	369	459	470	480	506	530	576	618	658	695	731
356x171x51	455	F_{Rd} (c = 0)	120	136	153	171	190	204	241	278	351	424	477	512	546
		c_{lim} (mm)	230	220	210	200	190	180	150	130	100	100	100	100	100
		F_{Rd} (c ≥ c_{lim})	272	354	364	374	383	392	414	435	473	509	543	563	563
356x171x45	425	F_{Rd} (c = 0)	104	119	134	151	166	179	212	245	310	375	423	455	478
		c_{lim} (mm)	230	220	210	200	190	180	150	130	90	90	90	90	90
		F_{Rd} (c ≥ c_{lim})	294	304	313	322	330	339	359	378	414	447	477	478	478
356x127x39	408	F_{Rd} (c = 0)	92.4	105	119	134	147	158	188	217	275	333	375	404	404
		c_{lim} (mm)	230	220	210	200	190	180	150	130	90	90	90	90	90
		F_{Rd} (c ≥ c_{lim})	262	270	278	286	294	301	319	336	368	397	404	404	404
356x127x33	366	F_{Rd} (c = 0)	74.3	85.0	96.6	108	118	128	152	176	225	273	307	307	307
		c_{lim} (mm)	230	220	210	200	190	180	150	130	80	80	80	80	80
		F_{Rd} (c ≥ c_{lim})	206	213	220	227	233	240	255	270	297	307	307	307	307
305x165x54	422	F_{Rd} (c = 0)	96.7	121	149	182	239	261	310	359	456	543	590	634	675
		c_{lim} (mm)	190	180	170	160	150	140	120	110	110	110	110	110	110
		F_{Rd} (c ≥ c_{lim})	333	355	377	398	420	442	520	545	592	636	677	715	752
305x165x46	357	F_{Rd} (c = 0)	103	118	135	152	170	185	220	255	325	388	422	454	483
		c_{lim} (mm)	190	180	170	160	150	140	120	100	100	100	100	100	100
		F_{Rd} (c ≥ c_{lim})	303	312	321	330	338	346	366	384	419	451	480	491	491
305x165x40	319	F_{Rd} (c = 0)	81.0	93.2	106	121	135	146	174	202	259	309	336	358	358
		c_{lim} (mm)	190	180	170	160	150	140	120	90	90	90	90	90	90
		F_{Rd} (c ≥ c_{lim})	234	242	249	256	263	270	286	301	329	356	358	358	358

Advance and UKB are trademarks of Corus. A fuller description of the relationship between Universal Beams (UB) and the Advance range of sections manufactured by Corus is given in note 12.

If c < c_{lim}, then use F_{Rd} value for c = 0.

FOR EXPLANATION OF TABLES SEE NOTE 9.

WEB BEARING AND BUCKLING

S275 / Advance275

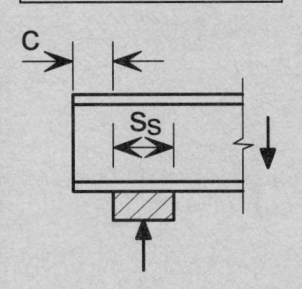

BS EN 1993-1-5: 2006
BS 4-1: 2005

UNIVERSAL BEAMS
Advance UKB

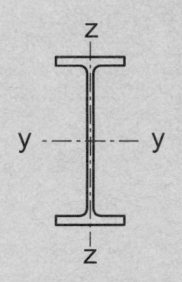

Unstiffened webs

Section Designation	Design Shear Resistance $V_{c,Rd}$ kN		Design resistance of unstiffened web, F_{Rd} (kN) and limiting length, c_{lim} (mm)											
			Stiff bearing length, s_s (mm)											
			0	10	20	30	40	50	75	100	150	200	250	300	350
305x127x48	474	F_{Rd} (c = 0)	91.4	119	153	192	228	253	315	377	501	624	756	813	867
		c_{lim} (mm)	190	180	170	160	150	140	120	90	90	90	100	100	100
		F_{Rd} (c ≥ c_{lim})	328	353	377	402	427	452	514	575	731	791	860	911	960
305x127x42	420	F_{Rd} (c = 0)	74.2	99.4	130	165	193	215	270	355	455	544	594	639	682
		c_{lim} (mm)	190	180	170	160	150	140	120	90	90	90	90	90	90
		F_{Rd} (c ≥ c_{lim})	263	285	307	329	351	373	428	530	581	627	671	712	750
305x127x37	372	F_{Rd} (c = 0)	61.6	84.1	145	166	182	198	238	277	356	427	466	502	536
		c_{lim} (mm)	190	180	170	160	150	140	120	90	90	90	90	90	90
		F_{Rd} (c ≥ c_{lim})	216	236	255	275	294	366	389	411	452	489	523	556	572
305x102x33	350	F_{Rd} (c = 0)	54.6	108	124	141	154	167	201	234	300	363	396	427	452
		c_{lim} (mm)	200	190	180	170	160	150	120	100	90	90	90	90	90
		F_{Rd} (c ≥ c_{lim})	194	212	285	294	302	311	331	349	384	416	445	452	452
305x102x28	315	F_{Rd} (c = 0)	74.9	87.2	101	113	124	136	163	191	246	297	325	343	343
		c_{lim} (mm)	200	190	180	170	160	150	120	100	80	80	80	80	80
		F_{Rd} (c ≥ c_{lim})	149	218	226	234	241	248	265	281	310	337	343	343	343
305x102x25	299	F_{Rd} (c = 0)	68.2	79.8	92.5	103	114	124	150	176	227	276	302	309	309
		c_{lim} (mm)	200	190	180	170	160	150	120	100	70	70	70	70	70
		F_{Rd} (c ≥ c_{lim})	116	195	202	210	217	224	240	255	283	309	309	309	309
254x146x43	321	F_{Rd} (c = 0)	80.4	103	129	159	192	213	262	312	411	488	532	572	610
		c_{lim} (mm)	160	150	140	130	120	110	90	90	90	100	100	100	100
		F_{Rd} (c ≥ c_{lim})	278	298	317	337	357	377	426	472	517	566	604	640	674
254x146x37	280	F_{Rd} (c = 0)	64.4	84.0	127	146	164	179	217	254	329	371	405	436	465
		c_{lim} (mm)	160	150	140	130	120	110	90	90	90	90	90	90	90
		F_{Rd} (c ≥ c_{lim})	220	237	254	304	312	321	340	359	394	426	456	484	486
254x146x31	260	F_{Rd} (c = 0)	49.5	68.7	112	129	143	157	191	225	293	331	362	391	417
		c_{lim} (mm)	160	150	140	130	120	110	90	80	80	80	80	80	80
		F_{Rd} (c ≥ c_{lim})	168	185	201	218	267	275	294	311	344	374	402	419	419

Advance and UKB are trademarks of Corus. A fuller description of the relationship between Universal Beams (UB) and the Advance range of sections manufactured by Corus is given in note 12.

If c < c_{lim}, then use F_{Rd} value for c = 0.

FOR EXPLANATION OF TABLES SEE NOTE 9.

WEB BEARING AND BUCKLING

BS EN 1993-1-5: 2006
BS 4-1: 2005

S275 / Advance275

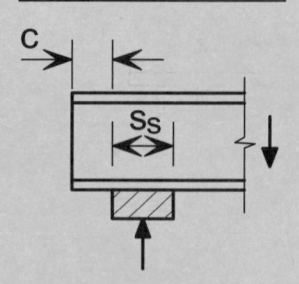

UNIVERSAL BEAMS
Advance UKB

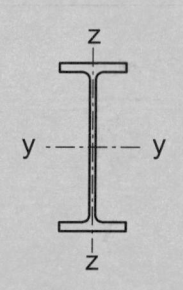

Unstiffened webs

Section Designation	Design Shear Resistance $V_{c,Rd}$ kN		Design resistance of unstiffened web, F_{Rd} (kN) and limiting length, c_{lim} (mm) Stiff bearing length, s_s (mm)											
			0	10	20	30	40	50	75	100	150	200	250	300	350
254x102x28	283	F_{Rd} (c = 0)	49.3	69.6	94.9	139	154	169	205	242	315	359	393	424	454
		c_{lim} (mm)	170	160	150	140	130	120	90	80	80	80	80	80	80
		F_{Rd} (c ≥ c_{lim})	174	192	209	226	244	299	320	339	375	408	438	466	469
254x102x25	265	F_{Rd} (c = 0)	40.4	60.1	108	123	136	150	183	216	283	323	354	383	406
		c_{lim} (mm)	170	160	150	140	130	120	90	70	70	70	70	70	70
		F_{Rd} (c ≥ c_{lim})	142	158	175	191	208	262	282	300	333	363	391	406	406
254x102x22	248	F_{Rd} (c = 0)	31.8	51.1	95.8	108	120	132	162	193	252	289	318	343	348
		c_{lim} (mm)	170	160	150	140	130	120	90	70	60	60	60	60	60
		F_{Rd} (c ≥ c_{lim})	111	127	143	158	221	229	247	263	294	322	347	348	348
203x133x30	231	F_{Rd} (c = 0)	54.6	75.0	100	129	148	165	209	253	341	419	458	495	529
		c_{lim} (mm)	130	120	110	100	90	80	70	70	70	80	80	80	80
		F_{Rd} (c ≥ c_{lim})	188	206	224	241	259	276	320	364	429	474	509	542	574
203x133x25	204	F_{Rd} (c = 0)	41.8	60.3	83.6	106	122	137	177	216	293	329	360	390	417
		c_{lim} (mm)	130	120	110	100	90	80	60	60	70	70	70	70	70
		F_{Rd} (c ≥ c_{lim})	143	158	174	190	205	221	260	296	336	367	396	423	441
203x102x23	197	F_{Rd} (c = 0)	42.4	59.8	81.5	105	119	134	181	216	267	298	327	354	378
		c_{lim} (mm)	130	120	110	100	90	80	70	70	70	70	70	70	70
		F_{Rd} (c ≥ c_{lim})	148	162	177	192	207	243	261	278	308	336	362	384	384
178x102x19	157	F_{Rd} (c = 0)	33.9	49.5	69.3	87.5	101	114	155	186	222	249	274	296	307
		c_{lim} (mm)	110	100	90	80	70	60	60	60	60	60	60	60	60
		F_{Rd} (c ≥ c_{lim})	117	130	143	156	169	196	212	227	254	278	300	307	307
152x89x16	130	F_{Rd} (c = 0)	29.9	44.7	63.6	79.4	91.8	104	135	166	210	236	260	281	297
		c_{lim} (mm)	100	90	80	70	60	50	50	50	60	60	60	60	60
		F_{Rd} (c ≥ c_{lim})	104	116	128	141	153	166	196	210	239	262	283	297	297
127x76x13	102	F_{Rd} (c = 0)	25.8	39.0	55.9	69.4	80.4	91.4	119	146	183	206	226	245	255
		c_{lim} (mm)	80	70	60	50	50	50	50	50	60	60	60	60	60
		F_{Rd} (c ≥ c_{lim})	89.6	101	112	123	134	145	169	182	206	227	246	255	255

Advance and UKB are trademarks of Corus. A fuller description of the relationship between Universal Beams (UB) and the Advance range of sections manufactured by Corus is given in note 12.

If c < c_{lim}, then use F_{Rd} value for c = 0.

FOR EXPLANATION OF TABLES SEE NOTE 9.

WEB BEARING AND BUCKLING

BS EN 1993-1-5: 2006
BS 4-1: 2005

S275 / Advance275

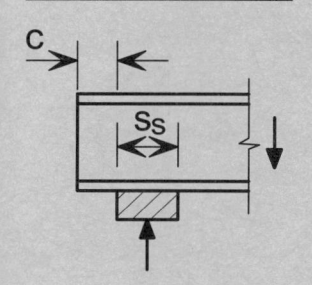

UNIVERSAL COLUMNS
Advance UKC

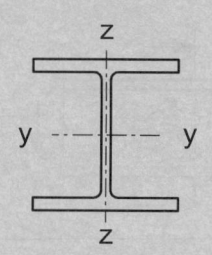

Unstiffened webs

Section Designation	Design Shear Resistance $V_{c,Rd}$ kN		Design resistance of unstiffened web, F_{Rd} (kN) and limiting length, c_{lim} (mm)												
			Stiff bearing length, s_s (mm)												
			0	10	20	30	40	50	75	100	150	200	250	300	350
356x406x634	3040	F_{Rd} (c = 0)	1900	2020	2140	2280	2420	2570	2960	3390	4330	5010	5600	6180	6760
		c_{lim} (mm)	390	390	390	390	390	390	390	390	390	390	390	390	390
		F_{Rd} (c ≥ c_{lim})	7160	7270	7390	7510	7620	7740	8030	8320	8900	9490	10100	10700	11200
356x406x551	2630	F_{Rd} (c = 0)	1550	1660	1770	1890	2020	2150	2510	2900	3740	4260	4770	5290	5800
		c_{lim} (mm)	350	350	350	350	350	350	350	350	350	350	350	350	350
		F_{Rd} (c ≥ c_{lim})	5780	5890	5990	6090	6200	6300	6560	6810	7330	7850	8360	8880	9390
356x406x467	2290	F_{Rd} (c = 0)	1270	1360	1470	1570	1690	1810	2130	2480	3170	3620	4080	4540	4990
		c_{lim} (mm)	320	320	320	320	320	320	320	320	320	320	320	320	320
		F_{Rd} (c ≥ c_{lim})	4650	4740	4840	4930	5020	5110	5340	5560	6020	6480	6940	7390	7850
356x406x393	1920	F_{Rd} (c = 0)	990	1070	1160	1250	1350	1450	1740	2040	2570	2960	3350	3740	4130
		c_{lim} (mm)	280	280	280	280	280	280	280	280	280	280	280	280	280
		F_{Rd} (c ≥ c_{lim})	3570	3650	3720	3800	3880	3960	4150	4350	4740	5130	5520	5910	6300
356x406x340	1640	F_{Rd} (c = 0)	801	872	948	1030	1120	1210	1460	1730	2150	2490	2830	3170	3510
		c_{lim} (mm)	260	260	260	260	260	260	260	260	260	260	260	260	260
		F_{Rd} (c ≥ c_{lim})	2850	2920	2980	3050	3120	3190	3360	3530	3860	4200	4540	4880	5220
356x406x287	1440	F_{Rd} (c = 0)	649	712	780	854	932	1020	1240	1480	1820	2120	2420	2720	3020
		c_{lim} (mm)	230	230	230	230	230	230	230	230	230	230	230	230	230
		F_{Rd} (c ≥ c_{lim})	2270	2330	2390	2450	2510	2570	2720	2870	3170	3470	3770	4070	4370
356x406x235	1150	F_{Rd} (c = 0)	482	534	590	650	715	784	971	1170	1410	1660	1900	2140	2390
		c_{lim} (mm)	220	210	210	210	210	210	210	210	210	210	210	210	210
		F_{Rd} (c ≥ c_{lim})	1660	1710	1760	1800	1850	1900	2020	2150	2390	2630	2880	3120	3360
356x368x202	1030	F_{Rd} (c = 0)	398	444	495	550	609	673	843	1000	1220	1440	1660	1870	2090
		c_{lim} (mm)	220	210	200	190	190	190	190	190	190	190	190	190	190
		F_{Rd} (c ≥ c_{lim})	1360	1400	1450	1490	1540	1580	1690	1800	2020	2240	2450	2670	2890
356x368x177	907	F_{Rd} (c = 0)	327	367	412	461	513	569	721	844	1030	1220	1420	1610	1800
		c_{lim} (mm)	220	210	200	190	180	170	170	170	170	170	170	170	170
		F_{Rd} (c ≥ c_{lim})	1110	1140	1180	1220	1260	1300	1390	1490	1680	1870	2060	2250	2440
356x368x153	772	F_{Rd} (c = 0)	262	296	335	377	423	471	603	696	859	1020	1180	1350	1510
		c_{lim} (mm)	220	210	200	190	180	170	160	160	160	160	160	160	160
		F_{Rd} (c ≥ c_{lim})	876	908	941	973	1010	1040	1120	1200	1360	1530	1680	1760	1830
356x368x129	645	F_{Rd} (c = 0)	203	232	266	302	341	383	494	563	701	838	998	1060	1130
		c_{lim} (mm)	220	210	200	190	180	170	140	140	140	140	150	150	150
		F_{Rd} (c ≥ c_{lim})	671	698	726	753	781	809	877	946	1050	1110	1180	1240	1300

Advance and UKC are trademarks of Corus. A fuller description of the relationship between Universal Columns (UC) and the Advance range of sections manufactured by Corus is given in note 12.
If c < c_{lim}, then use F_{Rd} value for c = 0.
FOR EXPLANATION OF TABLES SEE NOTE 9.

| BS EN 1993-1-5: 2006 / BS 4-1: 2005 | WEB BEARING AND BUCKLING | S275 / Advance275 |

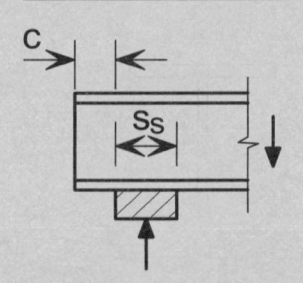

UNIVERSAL COLUMNS
Advance UKC

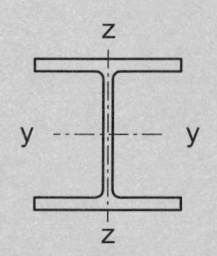

Unstiffened webs

Section Designation	Design Shear Resistance $V_{c,Rd}$ kN		Design resistance of unstiffened web, F_{Rd} (kN) and limiting length, c_{lim} (mm)											
			Stiff bearing length, s_s (mm)											
			0	10	20	30	40	50	75	100	150	200	250	300	350
305x305x283	1490	F_{Rd} (c = 0)	739	810	888	972	1060	1160	1410	1690	2070	2410	2750	3100	3440
		c_{lim} (mm)	250	250	250	250	250	250	250	250	250	250	250	250	250
		F_{Rd} (c ≥ c_{lim})	2690	2760	2830	2900	2970	3030	3200	3380	3720	4060	4400	4740	5080
305x305x240	1320	F_{Rd} (c = 0)	605	669	739	814	896	982	1220	1460	1770	2070	2380	2680	2990
		c_{lim} (mm)	220	220	220	220	220	220	220	220	220	220	220	220	220
		F_{Rd} (c ≥ c_{lim})	2170	2230	2290	2350	2410	2470	2630	2780	3080	3390	3690	4000	4300
305x305x198	1070	F_{Rd} (c = 0)	456	509	568	632	701	775	973	1150	1400	1660	1910	2160	2420
		c_{lim} (mm)	200	200	200	200	200	200	200	200	200	200	200	200	200
		F_{Rd} (c ≥ c_{lim})	1610	1660	1710	1760	1810	1860	1990	2110	2370	2620	2870	3130	3380
305x305x158	871	F_{Rd} (c = 0)	328	373	423	477	536	599	768	883	1090	1300	1510	1720	1930
		c_{lim} (mm)	190	180	170	170	170	170	170	170	170	170	170	170	170
		F_{Rd} (c ≥ c_{lim})	1140	1180	1220	1260	1310	1350	1450	1560	1770	1980	2180	2400	2600
305x305x137	756	F_{Rd} (c = 0)	266	305	349	397	450	505	650	741	924	1110	1290	1470	1660
		c_{lim} (mm)	190	180	170	160	150	150	150	150	150	150	150	150	150
		F_{Rd} (c ≥ c_{lim})	910	947	983	1020	1060	1090	1180	1280	1460	1640	1820	2010	2190
305x305x118	657	F_{Rd} (c = 0)	213	247	286	329	375	425	539	619	778	937	1100	1260	1410
		c_{lim} (mm)	190	180	170	160	150	140	140	140	140	140	140	140	140
		F_{Rd} (c ≥ c_{lim})	721	753	784	816	848	880	959	1040	1200	1360	1520	1680	1810
305x305x97	558	F_{Rd} (c = 0)	165	194	228	265	306	350	437	505	641	777	913	1030	1100
		c_{lim} (mm)	190	180	170	160	150	140	120	120	120	120	120	130	130
		F_{Rd} (c ≥ c_{lim})	550	577	604	631	658	686	754	822	958	1050	1120	1180	1240
254x254x167	903	F_{Rd} (c = 0)	424	478	538	603	674	749	952	1110	1360	1620	1870	2130	2380
		c_{lim} (mm)	190	190	190	190	190	190	190	190	190	190	190	190	190
		F_{Rd} (c ≥ c_{lim})	1520	1570	1620	1670	1720	1780	1900	2030	2280	2540	2790	3050	3300
254x254x132	705	F_{Rd} (c = 0)	300	343	392	445	503	565	728	829	1030	1240	1440	1640	1840
		c_{lim} (mm)	160	160	160	160	160	160	160	160	160	160	160	160	160
		F_{Rd} (c ≥ c_{lim})	1050	1090	1130	1180	1220	1260	1360	1460	1660	1860	2070	2270	2470
254x254x107	577	F_{Rd} (c = 0)	221	258	299	345	395	448	567	652	821	991	1160	1330	1500
		c_{lim} (mm)	160	150	140	140	140	140	140	140	140	140	140	140	140
		F_{Rd} (c ≥ c_{lim})	764	798	832	866	900	934	1020	1100	1270	1440	1610	1780	1950
254x254x89	467	F_{Rd} (c = 0)	167	196	230	267	308	352	440	509	645	781	918	1050	1190
		c_{lim} (mm)	160	150	140	130	130	130	130	130	130	130	130	130	130
		F_{Rd} (c ≥ c_{lim})	566	593	620	647	675	702	770	838	975	1110	1250	1390	1450
254x254x73	407	F_{Rd} (c = 0)	129	155	185	218	255	293	360	419	537	656	774	851	905
		c_{lim} (mm)	160	150	140	130	120	110	110	110	110	110	110	120	120
		F_{Rd} (c ≥ c_{lim})	433	456	480	504	527	551	610	669	801	858	911	968	1020

Advance and UKC are trademarks of Corus. A fuller description of the relationship between Universal Columns (UC) and the Advance range of sections manufactured by Corus is given in note 12.

If c < c_{lim}, then use F_{Rd} value for c = 0.

FOR EXPLANATION OF TABLES SEE NOTE 9.

WEB BEARING AND BUCKLING

BS EN 1993-1-5: 2006
BS 4-1: 2005

S275 / Advance275

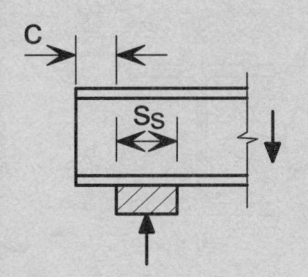

UNIVERSAL COLUMNS
Advance UKC

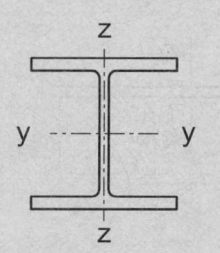

Unstiffened webs

Section Designation	Design Shear Resistance $V_{c,Rd}$ kN		Design resistance of unstiffened web, F_{Rd} (kN) and limiting length, c_{lim} (mm)												
			Stiff bearing length, s_s (mm)												
			0	10	20	30	40	50	75	100	150	200	250	300	350
203x203x127 +	686	F_{Rd} (c = 0)	351	402	460	523	592	665	856	976	1220	1460	1700	1940	2180
		c_{lim} (mm)	170	170	170	170	170	170	170	170	170	170	170	170	170
		F_{Rd} (c ≥ c_{lim})	1280	1330	1380	1420	1470	1520	1640	1760	2000	2240	2480	2720	2960
203x203x113 +	624	F_{Rd} (c = 0)	296	343	395	453	516	583	743	851	1070	1280	1500	1720	1930
		c_{lim} (mm)	160	160	160	160	160	160	160	160	160	160	160	160	160
		F_{Rd} (c ≥ c_{lim})	1070	1110	1160	1200	1240	1290	1400	1500	1720	1940	2150	2370	2580
203x203x100 +	545	F_{Rd} (c = 0)	245	287	334	386	443	504	635	731	923	1120	1310	1500	1690
		c_{lim} (mm)	140	140	140	140	140	140	140	140	140	140	140	140	140
		F_{Rd} (c ≥ c_{lim})	876	914	953	991	1030	1070	1160	1260	1450	1640	1840	2030	2220
203x203x86	475	F_{Rd} (c = 0)	198	234	276	323	374	428	532	616	785	953	1120	1290	1460
		c_{lim} (mm)	130	130	130	130	130	130	130	130	130	130	130	130	130
		F_{Rd} (c ≥ c_{lim})	698	732	765	799	833	866	950	1030	1200	1370	1540	1710	1880
203x203x71	371	F_{Rd} (c = 0)	147	176	210	247	287	331	407	473	606	738	871	1000	1140
		c_{lim} (mm)	130	120	120	120	120	120	120	120	120	120	120	120	120
		F_{Rd} (c ≥ c_{lim})	508	535	561	588	614	641	707	773	906	1040	1170	1300	1440
203x203x60	352	F_{Rd} (c = 0)	121	150	184	222	263	301	366	430	560	689	818	947	1080
		c_{lim} (mm)	130	120	110	100	100	100	100	100	100	100	100	100	100
		F_{Rd} (c ≥ c_{lim})	417	443	469	494	520	546	611	675	805	934	1060	1190	1320
203x203x52	298	F_{Rd} (c = 0)	97.7	122	150	183	218	247	301	355	464	573	681	786	838
		c_{lim} (mm)	130	120	110	100	90	90	90	90	90	90	90	100	100
		F_{Rd} (c ≥ c_{lim})	331	352	374	396	417	439	493	548	656	774	826	880	926
203x203x46	269	F_{Rd} (c = 0)	81.9	104	131	161	193	215	264	314	413	512	602	649	692
		c_{lim} (mm)	130	120	110	100	90	90	90	90	90	90	90	90	90
		F_{Rd} (c ≥ c_{lim})	275	295	315	335	354	374	424	473	572	631	680	721	760
152x152x51 +	316	F_{Rd} (c = 0)	127	161	201	247	296	331	407	482	633	785	936	1090	1240
		c_{lim} (mm)	100	100	100	100	100	100	100	100	100	100	100	100	100
		F_{Rd} (c ≥ c_{lim})	454	485	515	545	575	606	681	757	908	1060	1210	1360	1510
152x152x44 +	271	F_{Rd} (c = 0)	102	131	167	207	248	275	340	405	536	666	797	928	1060
		c_{lim} (mm)	100	90	90	90	90	90	90	90	90	90	90	90	90
		F_{Rd} (c ≥ c_{lim})	359	385	411	437	463	490	555	620	751	881	1010	1140	1270
152x152x37	226	F_{Rd} (c = 0)	78.6	104	134	169	199	221	276	331	441	551	661	771	881
		c_{lim} (mm)	100	90	80	80	80	80	80	80	80	80	80	80	80
		F_{Rd} (c ≥ c_{lim})	273	295	317	339	361	383	438	493	603	713	823	933	1050
152x152x30	184	F_{Rd} (c = 0)	57.6	78.2	104	132	153	171	216	260	350	439	528	592	633
		c_{lim} (mm)	100	90	80	70	70	70	70	70	70	70	70	70	70
		F_{Rd} (c ≥ c_{lim})	197	214	232	250	268	286	331	375	465	561	604	647	685
152x152x23	158	F_{Rd} (c = 0)	39.3	58.4	82.5	103	119	135	175	215	295	375	429	465	498
		c_{lim} (mm)	100	90	80	70	60	50	50	50	50	50	60	60	60
		F_{Rd} (c ≥ c_{lim})	133	149	165	181	197	213	252	292	372	428	467	500	531

Advance and UKC are trademarks of Corus. A fuller description of the relationship between Universal Columns (UC) and the Advance range of sections manufactured by Corus is given in note 12.
+ These sections are in addition to the range of BS 4 sections
If c < c_{lim}, then use F_{Rd} value for c = 0.
FOR EXPLANATION OF TABLES SEE NOTE 9.

WEB BEARING AND BUCKLING

JOISTS

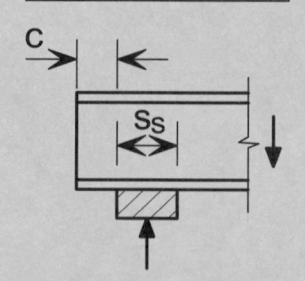

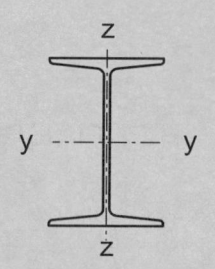

S275

BS EN 1993-1-5: 2006
BS 4-1: 2005

Unstiffened webs

Section Designation	Design Shear Resistance $V_{c,Rd}$ kN		Design resistance of unstiffened web, F_{Rd} (kN) and limiting length, c_{lim} (mm) Stiff bearing length, s_s (mm)											
			0	10	20	30	40	50	75	100	150	200	250	300	350
254x203x82	520	F_{Rd} (c = 0)	170	199	232	269	309	352	443	510	646	781	916	1050	1190
		c_{lim} (mm)	150	140	130	130	130	130	130	130	130	130	130	130	130
		F_{Rd} (c ≥ c_{lim})	588	615	642	669	696	723	790	858	993	1130	1260	1410	1470
254x114x37	352	F_{Rd} (c = 0)	73.4	97.2	126	159	187	208	260	313	417	522	593	640	683
		c_{lim} (mm)	160	150	140	130	120	110	80	80	80	80	90	90	90
		F_{Rd} (c ≥ c_{lim})	261	282	303	324	345	365	418	470	569	617	670	711	750
203x152x52	350	F_{Rd} (c = 0)	114	140	170	205	242	279	338	397	515	633	751	869	987
		c_{lim} (mm)	120	110	110	110	110	110	110	110	110	110	110	110	110
		F_{Rd} (c ≥ c_{lim})	400	423	447	471	494	518	577	636	754	872	990	1110	1200
152x127x37	300	F_{Rd} (c = 0)	93.3	126	167	213	246	275	346	418	561	704	847	990	1130
		c_{lim} (mm)	90	80	80	80	80	80	80	80	80	80	80	80	80
		F_{Rd} (c ≥ c_{lim})	339	368	397	425	454	482	554	625	768	911	1050	1200	1340
127x114x29	231	F_{Rd} (c = 0)	76.4	109	151	192	220	248	318	388	529	669	809	949	1090
		c_{lim} (mm)	70	70	70	70	70	70	70	70	70	70	70	70	70
		F_{Rd} (c ≥ c_{lim})	280	309	337	365	393	421	491	561	701	841	982	1120	1260
127x114x27	178	F_{Rd} (c = 0)	64.5	88.0	117	150	173	193	244	295	396	498	600	702	803
		c_{lim} (mm)	70	70	70	70	70	70	70	70	70	70	70	70	70
		F_{Rd} (c ≥ c_{lim})	229	249	269	290	310	330	381	432	534	636	737	839	941
127x76x16	140	F_{Rd} (c = 0)	38.6	56.9	80.2	101	116	132	170	209	286	363	440	491	526
		c_{lim} (mm)	80	70	60	60	60	60	60	60	60	60	60	60	60
		F_{Rd} (c ≥ c_{lim})	139	154	169	185	200	216	254	293	370	447	494	531	563
114x114x27	224	F_{Rd} (c = 0)	68.6	99.5	138	175	201	228	293	358	489	619	750	881	1010
		c_{lim} (mm)	70	60	60	60	60	60	60	60	60	60	60	60	60
		F_{Rd} (c ≥ c_{lim})	250	276	302	328	354	380	446	511	642	772	903	1030	1160
102x102x23	185	F_{Rd} (c = 0)	62.2	93.6	134	166	192	219	284	349	480	610	741	872	1000
		c_{lim} (mm)	60	60	60	60	60	60	60	60	60	60	60	60	60
		F_{Rd} (c ≥ c_{lim})	230	256	282	308	334	360	426	491	622	752	883	1010	1140
102x44x7	82.2	F_{Rd} (c = 0)	16.4	32.1	46.9	58.7	70.5	82.3	112	141	201	258	285	310	334
		c_{lim} (mm)	60	50	40	40	40	40	40	40	40	40	40	40	40
		F_{Rd} (c ≥ c_{lim})	60.8	72.7	84.5	96.3	108	120	150	179	238	278	303	327	349
89x89x19	166	F_{Rd} (c = 0)	55.9	87.9	129	157	184	210	275	340	471	602	732	863	993
		c_{lim} (mm)	60	60	60	60	60	60	60	60	60	60	60	60	60
		F_{Rd} (c ≥ c_{lim})	210	236	262	288	314	341	406	471	602	732	863	994	1120
76x76x15	127	F_{Rd} (c = 0)	43.6	74.5	111	135	160	184	245	306	429	551	674	796	918
		c_{lim} (mm)	50	50	50	50	50	50	50	50	50	50	50	50	50
		F_{Rd} (c ≥ c_{lim})	164	189	213	238	262	287	348	409	532	654	776	899	1020
76x76x13	85.8	F_{Rd} (c = 0)	32.2	49.1	70.8	87.6	102	116	151	186	256	326	396	466	536
		c_{lim} (mm)	50	50	50	50	50	50	50	50	50	50	50	50	50
		F_{Rd} (c ≥ c_{lim})	115	129	143	157	171	185	220	255	325	395	465	535	606

If c < c_{lim}, then use F_{Rd} value for c = 0.
FOR EXPLANATION OF TABLES SEE NOTE 9.

WEB BEARING AND BUCKLING

HOT-FINISHED HOLLOW SECTIONS - S275

There are no resistance tables given for hot-finished hollow sections in S275, because hot finished hollow sections are normally available in S355 only.

S355 resistance tables are given for hot-finished hollow sections in part D (pages D - 113 to D - 120). However, to maintain consistent page numbering between S275 resistance tables and S355 resistance tables, pages C - 113 to C - 120 are omitted here.

COLD-FORMED HOLLOW SECTIONS - S275

There are no resistance tables given for cold-formed hollow sections in S275, because normally cold-formed hollow sections are normally available in S235 and S355 only. No resistance tables are given for S235 either, because sections available may not be manufactured to BS EN 10219-2: 2006.

S355 resistance tables are given for cold-formed hollow sections in part D (pages D - 121 to D - 127). However, to maintain consistent page numbering between S275 resistance tables and S355 resistance tables, pages C - 121 to C - 127 are omitted here.

WEB BEARING AND BUCKLING

BS EN 1993-1-5: 2006
BS 4-1: 2005

S275 / Advance275

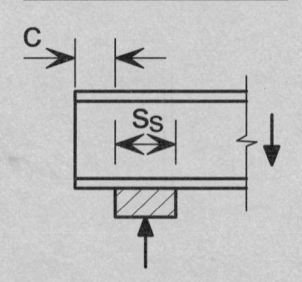

PARALLEL FLANGE CHANNELS
Advance UKPFC

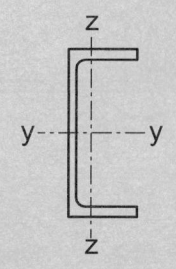

Unstiffened webs

Section Designation	Design Shear Resistance $V_{c,Rd}$ kN		Design resistance of unstiffened web, F_{Rd} (kN) and limiting length, c_{lim} (mm)											
			Stiff bearing length, s_s (mm)												
			0	10	20	30	40	50	75	100	150	200	250	300	350
430x100x64	750	F_{Rd} (c = 0)	118	151	190	234	283	313	386	458	604	814	948	1030	1100
		c_{lim} (mm)	270	260	250	240	230	220	190	170	120	120	120	120	120
		F_{Rd} (c ≥ c_{lim})	445	474	503	532	561	591	663	736	978	1060	1120	1180	1240
380x100x54	581	F_{Rd} (c = 0)	101	129	163	202	243	269	332	440	553	667	759	815	868
		c_{lim} (mm)	230	220	210	200	190	180	160	130	110	110	110	110	110
		F_{Rd} (c ≥ c_{lim})	374	399	424	450	475	500	563	711	771	826	878	927	974
300x100x46	443	F_{Rd} (c = 0)	92.8	120	152	189	227	250	310	370	489	608	727	823	877
		c_{lim} (mm)	180	170	160	150	140	130	110	90	90	90	90	100	100
		F_{Rd} (c ≥ c_{lim})	341	365	389	413	436	460	520	580	699	809	864	928	976
300x90x41	445	F_{Rd} (c = 0)	85.8	114	149	188	220	245	307	369	493	616	770	830	885
		c_{lim} (mm)	180	170	160	150	140	130	110	90	90	90	100	100	100
		F_{Rd} (c ≥ c_{lim})	319	344	369	394	418	443	505	567	691	806	878	930	980
260x90x35	349	F_{Rd} (c = 0)	73.0	98.3	129	164	191	213	268	323	433	543	650	701	749
		c_{lim} (mm)	160	150	140	130	120	110	80	80	80	80	90	90	90
		F_{Rd} (c ≥ c_{lim})	268	290	312	334	356	378	433	488	598	676	735	780	823
260x75x28	308	F_{Rd} (c = 0)	53.5	76.1	104	133	153	172	220	268	364	447	489	528	564
		c_{lim} (mm)	160	150	140	130	120	110	90	70	70	80	80	80	80
		F_{Rd} (c ≥ c_{lim})	197	217	236	255	274	294	342	413	458	509	547	582	615
230x90x32	294	F_{Rd} (c = 0)	70.7	94.3	123	156	183	203	255	306	409	513	612	660	704
		c_{lim} (mm)	140	130	120	110	100	90	80	80	80	80	90	90	90
		F_{Rd} (c ≥ c_{lim})	258	278	299	320	340	361	412	464	567	637	691	733	774
230x75x26	258	F_{Rd} (c = 0)	53.7	74.4	100	129	147	165	210	255	344	413	452	488	522
		c_{lim} (mm)	140	130	120	110	100	90	70	70	70	80	80	80	80
		F_{Rd} (c ≥ c_{lim})	196	214	232	250	268	286	331	385	427	472	506	539	570
200x90x30	244	F_{Rd} (c = 0)	68.3	90.2	117	147	174	193	241	289	385	482	577	622	665
		c_{lim} (mm)	120	110	100	90	80	80	80	80	80	80	90	90	90
		F_{Rd} (c ≥ c_{lim})	247	266	286	305	324	343	392	440	536	603	651	692	730
200x75x23	213	F_{Rd} (c = 0)	51.6	70.6	94.2	121	139	155	197	238	320	380	417	450	481
		c_{lim} (mm)	120	110	100	90	80	70	70	70	70	80	80	80	80
		F_{Rd} (c ≥ c_{lim})	187	204	220	237	253	270	311	356	395	434	466	496	524

Advance and UKPFC are trademarks of Corus. A fuller description of the relationship between Parallel Flange Channels (PFC) and the Advance range of sections manufactured by Corus is given in note 12.

If c < c_{lim}, then use F_{Rd} value for c = 0.

Resistances assume no eccentricity of the applied force relative to the web.

FOR EXPLANATION OF TABLES SEE NOTE 9.

WEB BEARING AND BUCKLING

BS EN 1993-1-5: 2006
BS 4-1: 2005

S275 / Advance275

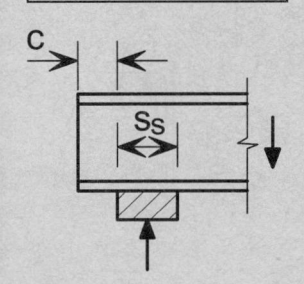

PARALLEL FLANGE CHANNELS
Advance UKPFC

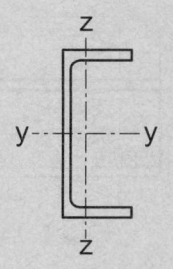

Unstiffened webs

Section Designation	Design Shear Resistance $V_{c,Rd}$ kN		Design resistance of unstiffened web, F_{Rd} (kN) and limiting length, c_{lim} (mm)												
			Stiff bearing length, s_s (mm)												
			0	10	20	30	40	50	75	100	150	200	250	300	350
180x90x26	207	F_{Rd} (c = 0)	58.8	79.3	105	133	155	173	217	262	351	441	520	562	600
		c_{lim} (mm)	110	100	90	80	80	80	80	80	80	80	80	80	80
		F_{Rd} (c ≥ c_{lim})	211	229	247	265	282	300	345	390	479	538	582	620	655
180x75x20	191	F_{Rd} (c = 0)	43.3	62.8	87.5	111	127	144	185	226	309	393	432	467	500
		c_{lim} (mm)	110	100	90	80	70	60	60	60	60	70	70	70	70
		F_{Rd} (c ≥ c_{lim})	157	174	190	207	223	240	281	322	400	442	477	509	539
150x90x24	175	F_{Rd} (c = 0)	56.4	77.1	103	131	151	169	214	259	348	437	527	620	663
		c_{lim} (mm)	90	80	70	70	70	70	70	70	70	70	70	80	80
		F_{Rd} (c ≥ c_{lim})	203	220	238	256	274	292	337	381	471	560	636	681	721
150x75x18	152	F_{Rd} (c = 0)	39.5	57.4	80.0	101	116	131	169	207	283	364	400	433	463
		c_{lim} (mm)	90	80	70	60	60	60	60	60	60	70	70	70	70
		F_{Rd} (c ≥ c_{lim})	142	157	172	187	202	218	255	293	369	407	440	470	498
125x65x15	129	F_{Rd} (c = 0)	34.9	53.2	76.5	94.8	110	125	163	201	276	352	428	475	510
		c_{lim} (mm)	80	70	60	60	60	60	60	60	60	60	60	60	60
		F_{Rd} (c ≥ c_{lim})	128	143	158	173	188	203	241	279	354	430	477	513	545
100x50x10	90.3	F_{Rd} (c = 0)	26.1	43.3	64.5	78.2	92.0	106	140	174	243	312	381	440	472
		c_{lim} (mm)	60	50	50	50	50	50	50	50	50	50	50	50	50
		F_{Rd} (c ≥ c_{lim})	97.3	111	125	139	152	166	200	235	304	372	436	470	500

Advance and UKPFC are trademarks of Corus. A fuller description of the relationship between Parallel Flange Channels (PFC) and the Advance range of sections manufactured by Corus is given in note 12.

If c < c_{lim}, then use F_{Rd} value for c = 0.

Resistances assume no eccentricity of the applied force relative to the web.

FOR EXPLANATION OF TABLES SEE NOTE 9.

| BS EN 1993-1-1:2005 | | AXIAL FORCE & BENDING | | S275 / Advance275 |

AXIAL FORCE & BENDING
UNIVERSAL BEAMS
Advance UKB

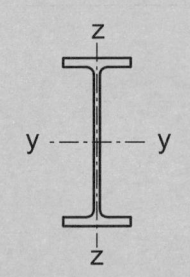

Cross-section resistance check

Section Designation and Axial Resistance $N_{pl,Rd}$ (kN)	n Limit Class 3 Class 2	Moment Resistance $M_{c,y,Rd}$, $M_{c,z,Rd}$ (kNm) and Reduced Moment Resistance $M_{N,y,Rd}$, $M_{N,z,Rd}$ (kNm) for Ratios of Design Axial Force to Design Axial Plastic Resistance $n = N_{Ed} / N_{pl,Rd}$											
		n	0.0	0.1	0.2	0.3	0.4	0.5	0.6	0.7	0.8	0.9	1.0
1016x305x487 + $N_{pl,Rd}$ = 15800	n/a 1.00	$M_{c,y,Rd}$	5920	5920	5920	5920	5920	5920	5920	5920	5920	5920	5920
		$M_{c,z,Rd}$	714	714	714	714	714	714	714	714	714	714	714
		$M_{N,y,Rd}$	5920	5920	5920	5390	4620	3850	3080	2310	1540	769	0
		$M_{N,z,Rd}$	714	714	714	714	714	710	667	574	432	241	0
1016x305x437 + $N_{pl,Rd}$ = 14200	n/a 1.00	$M_{c,y,Rd}$	5300	5300	5300	5300	5300	5300	5300	5300	5300	5300	5300
		$M_{c,z,Rd}$	629	629	629	629	629	629	629	629	629	629	629
		$M_{N,y,Rd}$	5300	5300	5300	4820	4130	3440	2760	2070	1380	689	0
		$M_{N,z,Rd}$	629	629	629	629	629	626	588	506	381	212	0
1016x305x393 + $N_{pl,Rd}$ = 12800	n/a 1.00	$M_{c,y,Rd}$	4730	4730	4730	4730	4730	4730	4730	4730	4730	4730	4730
		$M_{c,z,Rd}$	553	553	553	553	553	553	553	553	553	553	553
		$M_{N,y,Rd}$	4730	4730	4730	4320	3700	3090	2470	1850	1230	617	0
		$M_{N,z,Rd}$	553	553	553	553	553	551	519	447	337	188	0
1016x305x349 + $N_{pl,Rd}$ = 11800	0.942 0.313	$M_{c,y,Rd}$	4400	4400	4400	4400	3800	3800	3800	3800	3800	3800	$
		$M_{c,z,Rd}$	514	514	514	514	324	324	324	324	324	324	$
		$M_{N,y,Rd}$	4400	4400	4400	3990	-	-	-	-	-	-	-
		$M_{N,z,Rd}$	514	514	514	514	-	-	-	-	-	-	-
1016x305x314 + $N_{pl,Rd}$ = 10600	0.805 0.252	$M_{c,y,Rd}$	3940	3940	3940	3410	3410	3410	3410	3410	3410	✗	$
		$M_{c,z,Rd}$	454	454	454	287	287	287	287	287	287	✗	$
		$M_{N,y,Rd}$	3940	3940	3940	-	-	-	-	-	-	-	-
		$M_{N,z,Rd}$	454	454	454	-	-	-	-	-	-	-	-
1016x305x272 + $N_{pl,Rd}$ = 9200	0.628 0.169	$M_{c,y,Rd}$	3400	3400	2970	2970	2970	2970	2970	✗	✗	✗	$
		$M_{c,z,Rd}$	389	389	248	248	248	248	248	✗	✗	✗	$
		$M_{N,y,Rd}$	3400	3400	-	-	-	-	-	-	-	-	-
		$M_{N,z,Rd}$	389	389	-	-	-	-	-	-	-	-	-
1016x305x249 + $N_{pl,Rd}$ = 8400	0.628 0.185	$M_{c,y,Rd}$	3010	3010	2600	2600	2600	2600	2600	✗	✗	✗	$
		$M_{c,z,Rd}$	330	330	208	208	208	208	208	✗	✗	✗	$
		$M_{N,y,Rd}$	3010	3010	-	-	-	-	-	-	-	-	-
		$M_{N,z,Rd}$	330	330	-	-	-	-	-	-	-	-	-

Advance and UKB are trademarks of Corus. A fuller description of the relationship between Universal Beams (UB) and the Advance range of sections manufactured by Corus is given in note 12.

\+ These sections are in addition to the range of BS 4 sections

N_{Ed} = Design value of the axial force.

$n = N_{Ed} / N_{pl,Rd}$

✗ Section becomes class 4, see note 10.

$ For these values of $N_{Ed} / N_{pl,Rd}$ the section would be overloaded due to N_{Ed} alone even when M_{Ed} is zero, because N_{Ed} would exceed the local buckling resistance of the section.

\- Not applicable for class 3 and class 4 sections.

The values in this table are conservative for tension as the more onerous compression section classification limits have been used.

FOR EXPLANATION OF TABLES SEE NOTE 10.

BS EN 1993-1-1:2005
BS 4-1:2005

AXIAL FORCE & BENDING

S275 / Advance275

UNIVERSAL BEAMS
Advance UKB

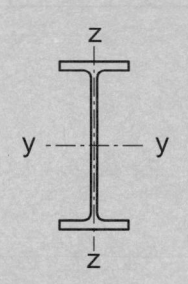

Member buckling check

Section Designation and Resistances (kN, kNm)	n Limit		Compression Resistance $N_{b,y,Rd}$, $N_{b,z,Rd}$ (kN) and Buckling Resistance Moment $M_{b,Rd}$ (kNm) for Varying buckling lengths L (m) within the limiting value of $n = N_{Ed} / N_{pl,Rd}$												
		L (m)	2.0	3.0	4.0	5.0	6.0	7.0	8.0	9.0	10.0	11.0	12.0	13.0	14.0
1016x305x487 + $N_{pl,Rd}$ = 15800 $f_y W_{el,y}$ = 5030 $f_y W_{el,z}$ = 442	1.00 1.00	$N_{b,y,Rd}$ $N_{b,z,Rd}$ $M_{b,Rd}$	15800 14700 5920	15800 13300 5820	15800 11700 5220	15800 10000 4710	15800 8420 4280	15800 7000 3900	15700 5820 3590	15600 4870 3310	15400 4120 3080	15200 3520 2870	15100 3030 2700	14900 2640 2540	14700 2310 2400
1016x305x437 + $N_{pl,Rd}$ = 14200 $f_y W_{el,y}$ = 4520 $f_y W_{el,z}$ = 391	1.00 1.00	$N_{b,y,Rd}$ $N_{b,z,Rd}$ $M_{b,Rd}$	14200 13200 5300	14200 11900 5170	14200 10400 4620	14200 8920 4150	14200 7460 3740	14200 6180 3390	14100 5140 3100	14000 4300 2850	13800 3630 2630	13700 3100 2450	13500 2670 2290	13400 2320 2150	13200 2030 2020
1016x305x393 + $N_{pl,Rd}$ = 12800 $f_y W_{el,y}$ = 4050 $f_y W_{el,z}$ = 345	1.00 1.00	$N_{b,y,Rd}$ $N_{b,z,Rd}$ $M_{b,Rd}$	12800 11800 4730	12800 10600 4580	12800 9290 4070	12800 7910 3640	12800 6590 3260	12800 5450 2940	12700 4520 2660	12500 3770 2430	12400 3180 2240	12300 2710 2070	12100 2340 1930	12000 2030 1800	11900 1780 1690
* 1016x305x349 + $N_{pl,Rd}$ = 11800 $f_y W_{el,y}$ = 3800 $f_y W_{el,z}$ = 324	0.942 0.942 **0.313**	$N_{b,y,Rd}$ $N_{b,z,Rd}$ $M_{b,Rd}$ $M_{b,Rd}$	11800 11100 3800 4400	11800 10300 3750 4220	11800 9230 3350 3730	11800 7960 3000 3310	11800 6640 2700 2940	11800 5450 2430 2630	11700 4480 2210 2370	11700 3710 2020 2150	11600 3100 1850 1960	11500 2630 1710 1810	11400 2250 1590 1670	11300 1950 1490 1560	11300 1700 1400 1460
* 1016x305x314 + $N_{pl,Rd}$ = 10600 $f_y W_{el,y}$ = 3410 $f_y W_{el,z}$ = 287	0.805 0.805 **0.252**	$N_{b,y,Rd}$ $N_{b,z,Rd}$ $M_{b,Rd}$ $M_{b,Rd}$	10600 10000 3410 3940	10600 9220 3350 3750	10600 8250 2980 3310	10600 7090 2650 2910	10600 5900 2370 2580	10600 4830 2130 2290	10500 3960 1920 2050	10500 3270 1740 1850	10400 2740 1590 1680	10300 2320 1460 1540	10300 1980 1350 1420	10200 1710 1260 1320	10100 1500 1180 1230
* 1016x305x272 + $N_{pl,Rd}$ = 9200 $f_y W_{el,y}$ = 2970 $f_y W_{el,z}$ = 248	0.628 0.628 **0.169**	$N_{b,y,Rd}$ $N_{b,z,Rd}$ $M_{b,Rd}$ $M_{b,Rd}$	9200 8670 2970 3400	9200 7990 2890 3230	9200 7140 2570 2840	9200 6140 2280 2490	9200 5100 2020 2180	9200 4170 1800 1920	9140 3420 1610 1710	9080 2820 1450 1530	9030 2360 1320 1380	8960 2000 1200 1260	8900 1710 1110 1150	8840 1480 1020 1070	8770 1290 954 989
* 1016x305x249 + $N_{pl,Rd}$ = 8400 $f_y W_{el,y}$ = 2600 $f_y W_{el,z}$ = 208	0.628 0.628 **0.185**	$N_{b,y,Rd}$ $N_{b,z,Rd}$ $M_{b,Rd}$ $M_{b,Rd}$	8400 7870 2600 3010	8400 7210 2510 2820	8400 6380 2220 2460	8400 5400 1950 2140	8400 4430 1720 1860	8400 3590 1520 1630	8340 2920 1350 1430	8290 2400 1210 1280	8230 2010 1090 1140	8170 1690 990 1040	8110 1450 906 945	8050 1250 836 868	7990 1090 775 803

Advance and UKB are trademarks of Corus. A fuller description of the relationship between Universal Beams (UB) and the Advance range of sections manufactured by Corus is given in note 12.

+ These sections are in addition to the range of BS 4 sections

$n = N_{Ed} / N_{pl,Rd}$

* The section can become class 4 under axial compression only. Under combined axial compression and bending the section becomes class 4 when the class 3 $N_{Ed} / N_{pl,Rd}$ limit is exceeded.

Under combined axial compression and bending the resistances are only valid up to the given $N_{Ed}/N_{pl,Rd}$ limit. For higher values of $n=N_{Ed}/N_{pl,Rd}$ the section would be overloaded due to N_{Ed} alone even when M_{Ed} is zero, because N_{Ed} would exceed the local buckling resistance of the section.

FOR EXPLANATION OF TABLES SEE NOTE 10.

| BS EN 1993-1-1:2005 |
| BS 4-1:2005 |

AXIAL FORCE & BENDING

S275 / Advance275

UNIVERSAL BEAMS
Advance UKB

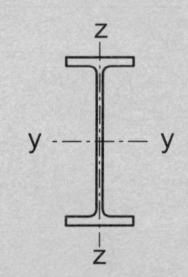

Cross-section resistance check

Section Designation and Axial Resistance $N_{pl,Rd}$ (kN)	n Limit Class 3 / Class 2		Moment Resistance $M_{c,y,Rd}$, $M_{c,z,Rd}$ (kNm) and Reduced Moment Resistance $M_{N,y,Rd}$, $M_{N,z,Rd}$ (kNm) for Ratios of Design Axial Force to Design Axial Plastic Resistance $n = N_{Ed} / N_{pl,Rd}$										
		n	0.0	0.1	0.2	0.3	0.4	0.5	0.6	0.7	0.8	0.9	1.0
1016x305x222 + $N_{pl,Rd}$ = 7500	0.593 **0.182**	$M_{c,y,Rd}$	2600	2600	2230	2230	2230	2230	✗	✗	✗	$	$
		$M_{c,z,Rd}$	270	270	169	169	169	169	✗	✗	✗	$	$
		$M_{N,y,Rd}$	2600	2600	-	-	-	-	-	-	-	-	-
		$M_{N,z,Rd}$	270	270	-	-	-	-	-	-	-	-	-
914x419x388 $N_{pl,Rd}$ = 13100	1.00 **0.319**	$M_{c,y,Rd}$	4680	4680	4680	4680	4140	4140	4140	4140	4140	4140	4140
		$M_{c,z,Rd}$	885	885	885	885	573	573	573	573	573	573	573
		$M_{N,y,Rd}$	4680	4680	4610	4040	-	-	-	-	-	-	-
		$M_{N,z,Rd}$	885	885	885	885	-	-	-	-	-	-	-
914x419x343 $N_{pl,Rd}$ = 11600	0.939 **0.269**	$M_{c,y,Rd}$	4100	4100	4100	3640	3640	3640	3640	3640	3640	3640	$
		$M_{c,z,Rd}$	766	766	766	496	496	496	496	496	496	496	$
		$M_{N,y,Rd}$	4100	4100	4070	-	-	-	-	-	-	-	-
		$M_{N,z,Rd}$	766	766	766	-	-	-	-	-	-	-	-
914x305x289 $N_{pl,Rd}$ = 9750	0.903 **0.313**	$M_{c,y,Rd}$	3330	3330	3330	3330	2880	2880	2880	2880	2880	2880	$
		$M_{c,z,Rd}$	424	424	424	424	269	269	269	269	269	269	$
		$M_{N,y,Rd}$	3330	3330	3330	3040	-	-	-	-	-	-	-
		$M_{N,z,Rd}$	424	424	424	424	-	-	-	-	-	-	-
914x305x253 $N_{pl,Rd}$ = 8560	0.745 **0.239**	$M_{c,y,Rd}$	2900	2900	2900	2520	2520	2520	2520	2520	✗	✗	$
		$M_{c,z,Rd}$	363	363	363	231	231	231	231	231	✗	✗	$
		$M_{N,y,Rd}$	2900	2900	2900	-	-	-	-	-	-	-	-
		$M_{N,z,Rd}$	363	363	363	-	-	-	-	-	-	-	-
914x305x224 $N_{pl,Rd}$ = 7580	0.644 **0.196**	$M_{c,y,Rd}$	2530	2530	2190	2190	2190	2190	2190	✗	✗	✗	$
		$M_{c,z,Rd}$	308	308	196	196	196	196	196	✗	✗	✗	$
		$M_{N,y,Rd}$	2530	2530	-	-	-	-	-	-	-	-	-
		$M_{N,z,Rd}$	308	308	-	-	-	-	-	-	-	-	-
914x305x201 $N_{pl,Rd}$ = 6780	0.587 **0.177**	$M_{c,y,Rd}$	2210	2210	1910	1910	1910	1910	✗	✗	✗	$	$
		$M_{c,z,Rd}$	260	260	165	165	165	165	✗	✗	✗	$	$
		$M_{N,y,Rd}$	2210	2210	-	-	-	-	-	-	-	-	-
		$M_{N,z,Rd}$	260	260	-	-	-	-	-	-	-	-	-

Advance and UKB are trademarks of Corus. A fuller description of the relationship between Universal Beams (UB) and the Advance range of sections manufactured by Corus is given in note 12.

+ These sections are in addition to the range of BS 4 sections

N_{Ed} = Design value of the axial force.

$n = N_{Ed} / N_{pl,Rd}$

✗ Section becomes class 4, see note 10.

$ For these values of $N_{Ed} / N_{pl,Rd}$ the section would be overloaded due to N_{Ed} alone even when M_{Ed} is zero, because N_{Ed} would exceed the local buckling resistance of the section.

- Not applicable for class 3 and class 4 sections.

The values in this table are conservative for tension as the more onerous compression section classification limits have been used.

FOR EXPLANATION OF TABLES SEE NOTE 10.

BS EN 1993-1-1:2005
BS 4-1:2005

AXIAL FORCE & BENDING

S275 / Advance275

UNIVERSAL BEAMS
Advance UKB

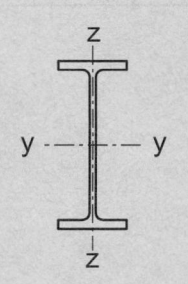

Member buckling check

Section Designation and Resistances (kN, kNm)	n Limit		Compression Resistance $N_{b,y,Rd}$, $N_{b,z,Rd}$ (kN) and Buckling Resistance Moment $M_{b,Rd}$ (kNm) for Varying buckling lengths L (m) within the limiting value of $n = N_{Ed} / N_{pl,Rd}$												
		L (m)	2.0	3.0	4.0	5.0	6.0	7.0	8.0	9.0	10.0	11.0	12.0	13.0	14.0
* 1016x305x222 +	0.593	$N_{b,y,Rd}$	7500	7500	7500	7500	7500	7490	7440	7390	7330	7280	7230	7170	7110
$N_{pl,Rd}$ = 7500		$N_{b,z,Rd}$	6980	6340	5530	4610	3720	2980	2410	1980	1650	1390	1190	1020	893
$f_y W_{el,y}$ = 2230	0.593	$M_{b,Rd}$	2230	2120	1860	1630	1420	1250	1100	976	875	790	720	660	610
$f_y W_{el,z}$ = 169	**0.182**	$M_{b,Rd}$	2600	2400	2080	1790	1540	1340	1170	1030	919	826	750	686	632
914x419x388	1.00	$N_{b,y,Rd}$	13100	13100	13100	13100	13100	13100	13000	12900	12800	12700	12600	12500	12400
$N_{pl,Rd}$ = 13100		$N_{b,z,Rd}$	12900	12400	11700	11000	10200	9280	8290	7310	6410	5610	4910	4320	3820
$f_y W_{el,y}$ = 4140	1.00	$M_{b,Rd}$	4140	4140	4140	3960	3760	3560	3360	3170	2990	2820	2660	2510	2380
$f_y W_{el,z}$ = 573	**0.319**	$M_{b,Rd}$	4680	4680	4650	4400	4150	3910	3670	3440	3220	3020	2830	2660	2500
* 914x419x343	0.939	$N_{b,y,Rd}$	11600	11600	11600	11600	11600	11600	11500	11400	11300	11200	11200	11100	11000
$N_{pl,Rd}$ = 11600		$N_{b,z,Rd}$	11400	10900	10400	9710	8960	8120	7240	6370	5570	4860	4260	3740	3310
$f_y W_{el,y}$ = 3640	0.939	$M_{b,Rd}$	3640	3640	3640	3460	3270	3090	2910	2730	2560	2400	2250	2110	1990
$f_y W_{el,z}$ = 496	**0.269**	$M_{b,Rd}$	4100	4100	4060	3830	3610	3380	3160	2950	2740	2560	2380	2230	2090
* 914x305x289	0.903	$N_{b,y,Rd}$	9750	9750	9750	9750	9750	9720	9660	9590	9520	9450	9370	9300	9220
$N_{pl,Rd}$ = 9750		$N_{b,z,Rd}$	9230	8530	7670	6640	5560	4580	3760	3120	2610	2210	1900	1640	1430
$f_y W_{el,y}$ = 2880	0.903	$M_{b,Rd}$	2880	2860	2650	2450	2240	2050	1870	1710	1570	1440	1330	1240	1150
$f_y W_{el,z}$ = 269	**0.313**	$M_{b,Rd}$	3330	3250	2990	2730	2470	2230	2010	1820	1660	1520	1390	1290	1200
* 914x305x253	0.745	$N_{b,y,Rd}$	8560	8560	8560	8560	8560	8530	8470	8410	8350	8290	8220	8160	8090
$N_{pl,Rd}$ = 8560		$N_{b,z,Rd}$	8090	7460	6690	5770	4810	3940	3230	2680	2240	1900	1620	1400	1230
$f_y W_{el,y}$ = 2520	0.745	$M_{b,Rd}$	2520	2490	2300	2110	1920	1740	1580	1430	1300	1190	1090	1010	935
$f_y W_{el,z}$ = 231	**0.239**	$M_{b,Rd}$	2900	2820	2580	2340	2110	1890	1690	1520	1370	1240	1140	1050	967
* 914x305x224	0.644	$N_{b,y,Rd}$	7580	7580	7580	7580	7580	7550	7500	7440	7390	7330	7270	7210	7150
$N_{pl,Rd}$ = 7580		$N_{b,z,Rd}$	7130	6560	5850	5000	4140	3380	2760	2280	1900	1610	1380	1190	1040
$f_y W_{el,y}$ = 2190	0.644	$M_{b,Rd}$	2190	2150	1980	1810	1640	1480	1330	1190	1070	975	889	816	754
$f_y W_{el,z}$ = 196	**0.196**	$M_{b,Rd}$	2530	2440	2230	2010	1800	1590	1420	1260	1130	1020	924	845	778
* 914x305x201	0.587	$N_{b,y,Rd}$	6780	6780	6780	6780	6780	6750	6700	6650	6600	6550	6500	6440	6380
$N_{pl,Rd}$ = 6780		$N_{b,z,Rd}$	6360	5810	5140	4350	3560	2880	2350	1930	1610	1360	1160	1000	876
$f_y W_{el,y}$ = 1910	0.587	$M_{b,Rd}$	1910	1870	1710	1560	1400	1250	1110	992	889	801	727	664	610
$f_y W_{el,z}$ = 165	**0.177**	$M_{b,Rd}$	2210	2120	1930	1730	1530	1350	1190	1050	931	834	754	686	628

Advance and UKB are trademarks of Corus. A fuller description of the relationship between Universal Beams (UB) and the Advance range of sections manufactured by Corus is given in note 12.

+ These sections are in addition to the range of BS 4 sections

$n = N_{Ed} / N_{pl,Rd}$

* The section can become class 4 under axial compression only. Under combined axial compression and bending the section becomes class 4 when the class 3 $N_{Ed} / N_{pl,Rd}$ limit is exceeded.

Under combined axial compression and bending the resistances are only valid up to the given $N_{Ed}/N_{pl,Rd}$ limit. For higher values of $n=N_{Ed}/N_{pl,Rd}$ the section would be overloaded due to N_{Ed} alone even when M_{Ed} is zero, because N_{Ed} would exceed the local buckling resistance of the section.

FOR EXPLANATION OF TABLES SEE NOTE 10.

| BS EN 1993-1-1:2005 / BS 4-1:2005 | **AXIAL FORCE & BENDING** | | | | | | | | | | **S275 / Advance275** | |

UNIVERSAL BEAMS
Advance UKB

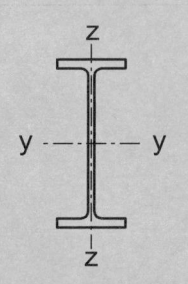

Cross-section resistance check

Section Designation and Axial Resistance $N_{pl,Rd}$ (kN)	n Limit Class 3 / Class 2	Moment Resistance $M_{c,y,Rd}$, $M_{c,z,Rd}$ (kNm) and Reduced Moment Resistance $M_{N,y,Rd}$, $M_{N,z,Rd}$ (kNm) for Ratios of Design Axial Force to Design Axial Plastic Resistance $n = N_{Ed}/N_{pl,Rd}$											
		n	0.0	0.1	0.2	0.3	0.4	0.5	0.6	0.7	0.8	0.9	1.0
838x292x226 $N_{pl,Rd}$ = 7660	0.754 **0.233**	$M_{c,y,Rd}$	2430	2430	2430	2120	2120	2120	2120	2120	✖	✖	$
		$M_{c,z,Rd}$	321	321	321	205	205	205	205	205	✖	✖	$
		$M_{N,y,Rd}$	2430	2430	2430	-	-	-	-	-	-	-	-
		$M_{N,z,Rd}$	321	321	321	-	-	-	-	-	-	-	-
838x292x194 $N_{pl,Rd}$ = 6550	0.645 **0.194**	$M_{c,y,Rd}$	2020	2020	1760	1760	1760	1760	1760	✖	✖	✖	$
		$M_{c,z,Rd}$	258	258	164	164	164	164	164	✖	✖	✖	$
		$M_{N,y,Rd}$	2020	2020	-	-	-	-	-	-	-	-	-
		$M_{N,z,Rd}$	258	258	-	-	-	-	-	-	-	-	-
838x292x176 $N_{pl,Rd}$ = 5940	0.590 **0.175**	$M_{c,y,Rd}$	1800	1800	1560	1560	1560	1560	✖	✖	✖	$	$
		$M_{c,z,Rd}$	223	223	142	142	142	142	✖	✖	✖	$	$
		$M_{N,y,Rd}$	1800	1800	-	-	-	-	-	-	-	-	-
		$M_{N,z,Rd}$	223	223	-	-	-	-	-	-	-	-	-
762x267x197 $N_{pl,Rd}$ = 6650	0.849 **0.280**	$M_{c,y,Rd}$	1900	1900	1900	1650	1650	1650	1650	1650	1650	✖	$
		$M_{c,z,Rd}$	254	254	254	162	162	162	162	162	162	✖	$
		$M_{N,y,Rd}$	1900	1900	1900	-	-	-	-	-	-	-	-
		$M_{N,z,Rd}$	254	254	254	-	-	-	-	-	-	-	-
762x267x173 $N_{pl,Rd}$ = 5830	0.737 **0.237**	$M_{c,y,Rd}$	1640	1640	1640	1430	1430	1430	1430	1430	✖	✖	$
		$M_{c,z,Rd}$	214	214	214	136	136	136	136	136	✖	✖	$
		$M_{N,y,Rd}$	1640	1640	1640	-	-	-	-	-	-	-	-
		$M_{N,z,Rd}$	214	214	214	-	-	-	-	-	-	-	-
762x267x147 $N_{pl,Rd}$ = 4960	0.607 **0.181**	$M_{c,y,Rd}$	1370	1370	1180	1180	1180	1180	1180	✖	✖	$	$
		$M_{c,z,Rd}$	171	171	109	109	109	109	109	✖	✖	$	$
		$M_{N,y,Rd}$	1370	1370	-	-	-	-	-	-	-	-	-
		$M_{N,z,Rd}$	171	171	-	-	-	-	-	-	-	-	-
762x267x134 $N_{pl,Rd}$ = 4700	0.519 **0.139**	$M_{c,y,Rd}$	1280	1280	1100	1100	1100	1100	✖	✖	✖	$	$
		$M_{c,z,Rd}$	157	157	99.6	99.6	99.6	99.6	✖	✖	✖	$	$
		$M_{N,y,Rd}$	1280	1280	-	-	-	-	-	-	-	-	-
		$M_{N,z,Rd}$	157	157	-	-	-	-	-	-	-	-	-

Advance and UKB are trademarks of Corus. A fuller description of the relationship between Universal Beams (UB) and the Advance range of sections manufactured by Corus is given in note 12.

N_{Ed} = Design value of the axial force.

$n = N_{Ed}/N_{pl,Rd}$

✖ Section becomes class 4, see note 10.

$ For these values of $N_{Ed}/N_{pl,Rd}$ the section would be overloaded due to N_{Ed} alone even when M_{Ed} is zero, because N_{Ed} would exceed the local buckling resistance of the section.

- Not applicable for class 3 and class 4 sections.

The values in this table are conservative for tension as the more onerous compression section classification limits have been used.

FOR EXPLANATION OF TABLES SEE NOTE 10.

BS EN 1993-1-1:2005
BS 4-1:2005

AXIAL FORCE & BENDING

S275 / Advance275

UNIVERSAL BEAMS
Advance UKB

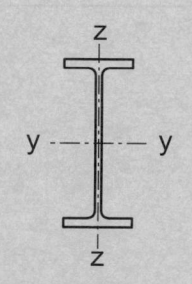

Member buckling check

Section Designation and Resistances (kN, kNm)	n Limit	Compression Resistance $N_{b,y,Rd}$, $N_{b,z,Rd}$ (kN) and Buckling Resistance Moment $M_{b,Rd}$ (kNm) for Varying buckling lengths L (m) within the limiting value of $n = N_{Ed} / N_{pl,Rd}$													
		L (m)	2.0	3.0	4.0	5.0	6.0	7.0	8.0	9.0	10.0	11.0	12.0	13.0	14.0
* 838x292x226	0.754	$N_{b,y,Rd}$	7660	7660	7660	7660	7660	7610	7550	7490	7430	7370	7310	7240	7170
$N_{pl,Rd}$ = 7660		$N_{b,z,Rd}$	7210	6630	5910	5050	4180	3410	2790	2300	1920	1630	1390	1200	1050
$f_y W_{el,y}$ = 2120	0.754	$M_{b,Rd}$	2120	2080	1910	1750	1590	1440	1300	1180	1070	979	900	831	772
$f_y W_{el,z}$ = 205	**0.233**	$M_{b,Rd}$	2430	2340	2140	1930	1740	1550	1390	1250	1120	1020	935	861	798
* 838x292x194	0.645	$N_{b,y,Rd}$	6550	6550	6550	6550	6540	6490	6440	6390	6340	6290	6230	6170	6110
$N_{pl,Rd}$ = 6550		$N_{b,z,Rd}$	6130	5610	4950	4190	3430	2770	2260	1860	1550	1310	1120	966	843
$f_y W_{el,y}$ = 1760	0.645	$M_{b,Rd}$	1760	1710	1570	1430	1290	1150	1030	920	828	750	683	627	578
$f_y W_{el,z}$ = 164	**0.194**	$M_{b,Rd}$	2020	1940	1760	1580	1400	1240	1090	970	866	780	708	647	596
* 838x292x176	0.590	$N_{b,y,Rd}$	5940	5940	5940	5940	5930	5880	5840	5790	5740	5690	5640	5580	5530
$N_{pl,Rd}$ = 5940		$N_{b,z,Rd}$	5540	5040	4420	3700	3000	2420	1960	1610	1340	1130	966	834	727
$f_y W_{el,y}$ = 1560	0.590	$M_{b,Rd}$	1560	1510	1380	1250	1120	995	882	785	702	632	573	523	481
$f_y W_{el,z}$ = 142	**0.175**	$M_{b,Rd}$	1800	1710	1550	1380	1220	1070	937	825	733	656	593	539	494
* 762x267x197	0.849	$N_{b,y,Rd}$	6650	6650	6650	6650	6620	6570	6510	6460	6400	6330	6270	6200	6120
$N_{pl,Rd}$ = 6650		$N_{b,z,Rd}$	6170	5590	4850	4010	3220	2580	2080	1710	1420	1190	1020	880	767
$f_y W_{el,y}$ = 1650	0.849	$M_{b,Rd}$	1650	1590	1450	1310	1180	1060	954	861	783	715	658	609	567
$f_y W_{el,z}$ = 162	**0.280**	$M_{b,Rd}$	1900	1790	1610	1440	1280	1140	1010	907	819	745	683	630	584
* 762x267x173	0.737	$N_{b,y,Rd}$	5830	5830	5830	5830	5800	5750	5700	5650	5600	5540	5480	5420	5350
$N_{pl,Rd}$ = 5830		$N_{b,z,Rd}$	5390	4860	4190	3430	2740	2180	1760	1440	1190	1000	857	739	644
$f_y W_{el,y}$ = 1430	0.737	$M_{b,Rd}$	1430	1360	1240	1110	992	882	785	703	633	575	525	483	448
$f_y W_{el,z}$ = 136	**0.237**	$M_{b,Rd}$	1640	1530	1380	1220	1070	943	831	737	660	596	543	498	460
* 762x267x147	0.607	$N_{b,y,Rd}$	4960	4960	4960	4960	4930	4890	4840	4800	4750	4700	4650	4600	4540
$N_{pl,Rd}$ = 4960		$N_{b,z,Rd}$	4550	4080	3470	2810	2220	1760	1410	1150	956	804	686	591	514
$f_y W_{el,y}$ = 1180	0.607	$M_{b,Rd}$	1180	1120	1010	902	795	698	614	544	485	436	395	361	333
$f_y W_{el,z}$ = 109	**0.181**	$M_{b,Rd}$	1370	1260	1130	989	859	744	647	568	504	451	408	371	341
* 762x267x134	0.519	$N_{b,y,Rd}$	4700	4700	4700	4700	4670	4630	4590	4540	4500	4450	4400	4340	4280
$N_{pl,Rd}$ = 4700		$N_{b,z,Rd}$	4290	3810	3200	2550	2000	1570	1260	1020	848	713	607	523	455
$f_y W_{el,y}$ = 1100	0.519	$M_{b,Rd}$	1100	1030	927	819	715	622	542	476	421	377	340	309	283
$f_y W_{el,z}$ = 99.6	**0.139**	$M_{b,Rd}$	1280	1170	1030	897	770	660	569	496	437	389	350	317	289

Advance and UKB are trademarks of Corus. A fuller description of the relationship between Universal Beams (UB) and the Advance range of sections manufactured by Corus is given in note 12.

$n = N_{Ed} / N_{pl,Rd}$

* The section can become class 4 under axial compression only. Under combined axial compression and bending the section becomes class 4 when the class 3 $N_{Ed} / N_{pl,Rd}$ limit is exceeded.

Under combined axial compression and bending the resistances are only valid up to the given $N_{Ed}/N_{pl,Rd}$ limit. For higher values of $n=N_{Ed}/N_{pl,Rd}$ the section would be overloaded due to N_{Ed} alone even when M_{Ed} is zero, because N_{Ed} would exceed the local buckling resistance of the section.

FOR EXPLANATION OF TABLES SEE NOTE 10.

| BS EN 1993-1-1:2005 / BS 4-1:2005 | **AXIAL FORCE & BENDING** | **S275 / Advance275** |

UNIVERSAL BEAMS
Advance UKB

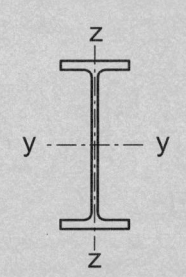

Cross-section resistance check

Section Designation and Axial Resistance $N_{pl,Rd}$ (kN)	n Limit Class 3 / Class 2		Moment Resistance $M_{c,y,Rd}$, $M_{c,z,Rd}$ (kNm) and Reduced Moment Resistance $M_{N,y,Rd}$, $M_{N,z,Rd}$ (kNm) for Ratios of Design Axial Force to Design Axial Plastic Resistance $n = N_{Ed}/N_{pl,Rd}$										
		n	0.0	0.1	0.2	0.3	0.4	0.5	0.6	0.7	0.8	0.9	1.0
686x254x170 $N_{pl,Rd}$ = 5750	0.899 0.292	$M_{c,y,Rd}$	1490	1490	1490	1300	1300	1300	1300	1300	1300	✖	$
		$M_{c,z,Rd}$	215	215	215	137	137	137	137	137	137	✖	$
		$M_{N,y,Rd}$	1490	1490	1490	-	-	-	-	-	-	-	-
		$M_{N,z,Rd}$	215	215	215	-	-	-	-	-	-	-	-
686x254x152 $N_{pl,Rd}$ = 5140	0.773 0.239	$M_{c,y,Rd}$	1330	1330	1330	1160	1160	1160	1160	1160	✖	✖	$
		$M_{c,z,Rd}$	188	188	188	121	121	121	121	121	✖	✖	$
		$M_{N,y,Rd}$	1330	1330	1330	-	-	-	-	-	-	-	-
		$M_{N,z,Rd}$	188	188	188	-	-	-	-	-	-	-	-
686x254x140 $N_{pl,Rd}$ = 4720	0.696 0.208	$M_{c,y,Rd}$	1210	1210	1210	1060	1060	1060	1060	✖	✖	✖	$
		$M_{c,z,Rd}$	169	169	169	108	108	108	108	✖	✖	✖	$
		$M_{N,y,Rd}$	1210	1210	1210	-	-	-	-	-	-	-	-
		$M_{N,z,Rd}$	169	169	169	-	-	-	-	-	-	-	-
686x254x125 $N_{pl,Rd}$ = 4210	0.628 0.186	$M_{c,y,Rd}$	1060	1060	922	922	922	922	922	✖	✖	✖	$
		$M_{c,z,Rd}$	144	144	91.7	91.7	91.7	91.7	91.7	✖	✖	✖	$
		$M_{N,y,Rd}$	1060	1060	-	-	-	-	-	-	-	-	-
		$M_{N,z,Rd}$	144	144	-	-	-	-	-	-	-	-	-
610x305x238 $N_{pl,Rd}$ = 8030	n/a 1.00	$M_{c,y,Rd}$	1980	1980	1980	1980	1980	1980	1980	1980	1980	1980	1980
		$M_{c,z,Rd}$	417	417	417	417	417	417	417	417	417	417	417
		$M_{N,y,Rd}$	1980	1980	1930	1690	1450	1210	965	723	482	241	0
		$M_{N,z,Rd}$	417	417	417	417	415	396	357	298	218	119	0
610x305x179 $N_{pl,Rd}$ = 6040	1.00 0.293	$M_{c,y,Rd}$	1470	1470	1470	1310	1310	1310	1310	1310	1310	1310	1310
		$M_{c,z,Rd}$	303	303	303	197	197	197	197	197	197	197	197
		$M_{N,y,Rd}$	1470	1470	1440	-	-	-	-	-	-	-	-
		$M_{N,z,Rd}$	303	303	303	-	-	-	-	-	-	-	-
610x305x149 $N_{pl,Rd}$ = 5040	0.796 0.200	$M_{c,y,Rd}$	1220	1220	1220	1090	1090	1090	1090	1090	✖	✖	$
		$M_{c,z,Rd}$	248	248	248	162	162	162	162	162	✖	✖	$
		$M_{N,y,Rd}$	1220	1220	1190	-	-	-	-	-	-	-	-
		$M_{N,z,Rd}$	248	248	248	-	-	-	-	-	-	-	-

Advance and UKB are trademarks of Corus. A fuller description of the relationship between Universal Beams (UB) and the Advance range of sections manufactured by Corus is given in note 12.

N_{Ed} = Design value of the axial force.

$n = N_{Ed}/N_{pl,Rd}$

✖ Section becomes class 4, see note 10.

$ For these values of $N_{Ed}/N_{pl,Rd}$ the section would be overloaded due to N_{Ed} alone even when M_{Ed} is zero, because N_{Ed} would exceed the local buckling resistance of the section.

- Not applicable for class 3 and class 4 sections.

The values in this table are conservative for tension as the more onerous compression section classification limits have been used.

FOR EXPLANATION OF TABLES SEE NOTE 10.

| BS EN 1993-1-1:2005 / BS 4-1:2005 | AXIAL FORCE & BENDING | S275 / Advance275 |

UNIVERSAL BEAMS
Advance UKB

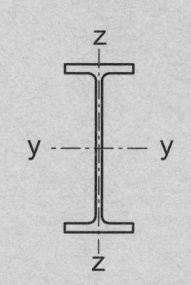

Member buckling check

Section Designation and Resistances (kN, kNm)	n Limit	Compression Resistance $N_{b,y,Rd}$, $N_{b,z,Rd}$ (kN) and Buckling Resistance Moment $M_{b,Rd}$ (kNm) for Varying buckling lengths L (m) within the limiting value of $n = N_{Ed} / N_{pl,Rd}$													
		L (m)	2.0	3.0	4.0	5.0	6.0	7.0	8.0	9.0	10.0	11.0	12.0	13.0	14.0
* 686x254x170	0.899	$N_{b,y,Rd}$	5750	5750	5750	5750	5700	5640	5590	5530	5470	5410	5340	5270	5190
$N_{pl,Rd}$ = 5750		$N_{b,z,Rd}$	5300	4770	4100	3350	2670	2120	1710	1390	1160	975	831	717	624
$f_y W_{el,y}$ = 1300	0.899	$M_{b,Rd}$	1300	1240	1130	1020	913	818	735	664	604	553	509	472	440
$f_y W_{el,z}$ = 137	0.292	$M_{b,Rd}$	1490	1390	1250	1110	987	874	778	697	630	574	527	487	453
* 686x254x152	0.773	$N_{b,y,Rd}$	5140	5140	5140	5140	5090	5040	4990	4940	4890	4830	4770	4700	4630
$N_{pl,Rd}$ = 5140		$N_{b,z,Rd}$	4730	4250	3630	2950	2340	1860	1490	1220	1010	851	726	626	545
$f_y W_{el,y}$ = 1160	0.773	$M_{b,Rd}$	1160	1100	993	891	793	705	628	563	509	463	424	391	363
$f_y W_{el,z}$ = 121	0.239	$M_{b,Rd}$	1330	1230	1100	973	854	750	662	589	529	479	438	403	373
* 686x254x140	0.696	$N_{b,y,Rd}$	4720	4720	4720	4710	4670	4630	4580	4530	4480	4430	4370	4310	4240
$N_{pl,Rd}$ = 4720		$N_{b,z,Rd}$	4330	3880	3300	2670	2110	1670	1340	1090	907	763	650	561	488
$f_y W_{el,y}$ = 1060	0.696	$M_{b,Rd}$	1060	995	898	802	710	627	555	495	444	403	367	338	312
$f_y W_{el,z}$ = 108	0.208	$M_{b,Rd}$	1210	1110	993	874	763	666	584	516	461	416	379	347	320
* 686x254x125	0.628	$N_{b,y,Rd}$	4210	4210	4210	4210	4170	4130	4090	4040	4000	3950	3900	3840	3780
$N_{pl,Rd}$ = 4210		$N_{b,z,Rd}$	3850	3420	2880	2310	1810	1430	1140	930	770	647	551	475	413
$f_y W_{el,y}$ = 922	0.628	$M_{b,Rd}$	922	863	775	687	602	527	463	409	365	328	298	272	251
$f_y W_{el,z}$ = 91.7	0.186	$M_{b,Rd}$	1060	968	858	749	647	559	485	426	378	339	306	280	257
610x305x238	1.00	$N_{b,y,Rd}$	8030	8030	8030	8000	7930	7850	7760	7680	7590	7490	7380	7270	7140
$N_{pl,Rd}$ = 8030		$N_{b,z,Rd}$	7700	7210	6620	5910	5110	4320	3620	3040	2570	2190	1880	1630	1430
$f_y W_{el,y}$ = 1750	1.00	$M_{b,Rd}$	1980	1980	1840	1720	1590	1480	1370	1280	1190	1110	1050	983	928
$f_y W_{el,z}$ = 270															
610x305x179	1.00	$N_{b,y,Rd}$	6040	6040	6040	6020	5960	5900	5830	5770	5700	5620	5540	5450	5350
$N_{pl,Rd}$ = 6040		$N_{b,z,Rd}$	5780	5400	4930	4380	3760	3160	2640	2210	1860	1580	1360	1180	1030
$f_y W_{el,y}$ = 1310	1.00	$M_{b,Rd}$	1310	1310	1220	1130	1050	964	888	818	755	699	650	607	569
$f_y W_{el,z}$ = 197	0.293	$M_{b,Rd}$	1470	1450	1350	1240	1140	1040	947	866	794	732	677	630	588
* 610x305x149	0.796	$N_{b,y,Rd}$	5040	5040	5040	5010	4960	4910	4860	4800	4740	4680	4610	4530	4450
$N_{pl,Rd}$ = 5040		$N_{b,z,Rd}$	4810	4490	4090	3620	3100	2600	2170	1810	1530	1300	1110	966	845
$f_y W_{el,y}$ = 1090	0.796	$M_{b,Rd}$	1090	1090	1010	930	853	779	709	646	591	542	499	462	430
$f_y W_{el,z}$ = 162	0.200	$M_{b,Rd}$	1220	1200	1100	1010	920	832	751	680	617	563	517	477	443

Advance and UKB are trademarks of Corus. A fuller description of the relationship between Universal Beams (UB) and the Advance range of sections manufactured by Corus is given in note 12.

$n = N_{Ed} / N_{pl,Rd}$

* The section can become class 4 under axial compression only. Under combined axial compression and bending the section becomes class 4 when the class 3 $N_{Ed} / N_{pl,Rd}$ limit is exceeded.

Under combined axial compression and bending the resistances are only valid up to the given $N_{Ed}/N_{pl,Rd}$ limit. For higher values of $n=N_{Ed}/N_{pl,Rd}$ the section would be overloaded due to N_{Ed} alone even when M_{Ed} is zero, because N_{Ed} would exceed the local buckling resistance of the section.

FOR EXPLANATION OF TABLES SEE NOTE 10.

BS EN 1993-1-1:2005 BS 4-1:2005		AXIAL FORCE & BENDING										S275 / Advance275	

UNIVERSAL BEAMS
Advance UKB

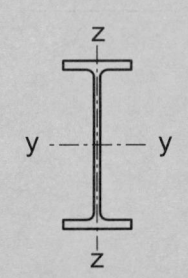

Cross-section resistance check

Section Designation and Axial Resistance $N_{pl,Rd}$ (kN)	n Limit Class 3 Class 2	Moment Resistance $M_{c,y,Rd}$, $M_{c,z,Rd}$ (kNm) and Reduced Moment Resistance $M_{N,y,Rd}$, $M_{N,z,Rd}$ (kNm) for Ratios of Design Axial Force to Design Axial Plastic Resistance $n = N_{Ed} / N_{pl,Rd}$											
		n	0.0	0.1	0.2	0.3	0.4	0.5	0.6	0.7	0.8	0.9	1.0
610x229x140 $N_{pl,Rd}$ = 4720	0.919 **0.296**	$M_{c,y,Rd}$	1100	1100	1100	960	960	960	960	960	960	960	$
		$M_{c,z,Rd}$	162	162	162	104	104	104	104	104	104	104	$
		$M_{N,y,Rd}$	1100	1100	1100	-	-	-	-	-	-	-	-
		$M_{N,z,Rd}$	162	162	162	-	-	-	-	-	-	-	-
610x229x125 $N_{pl,Rd}$ = 4210	0.789 **0.242**	$M_{c,y,Rd}$	974	974	974	854	854	854	854	854	✗	✗	$
		$M_{c,z,Rd}$	142	142	142	90.9	90.9	90.9	90.9	90.9	✗	✗	$
		$M_{N,y,Rd}$	974	974	974	-	-	-	-	-	-	-	-
		$M_{N,z,Rd}$	142	142	142	-	-	-	-	-	-	-	-
610x229x113 $N_{pl,Rd}$ = 3820	0.703 **0.208**	$M_{c,y,Rd}$	869	869	869	762	762	762	762	✗	✗	✗	$
		$M_{c,z,Rd}$	124	124	124	79.8	79.8	79.8	79.8	✗	✗	✗	$
		$M_{N,y,Rd}$	869	869	869	-	-	-	-	-	-	-	-
		$M_{N,z,Rd}$	124	124	124	-	-	-	-	-	-	-	-
610x229x101 $N_{pl,Rd}$ = 3550	0.617 **0.177**	$M_{c,y,Rd}$	792	792	692	692	692	692	692	✗	✗	✗	$
		$M_{c,z,Rd}$	110	110	70.4	70.4	70.4	70.4	70.4	✗	✗	✗	$
		$M_{N,y,Rd}$	792	792	-	-	-	-	-	-	-	-	-
		$M_{N,z,Rd}$	110	110	-	-	-	-	-	-	-	-	-
610x178x100 + $N_{pl,Rd}$ = 3390	0.724 **0.250**	$M_{c,y,Rd}$	738	738	738	633	633	633	633	633	✗	✗	$
		$M_{c,z,Rd}$	78.4	78.4	78.4	49.0	49.0	49.0	49.0	49.0	✗	✗	$
		$M_{N,y,Rd}$	738	738	738	-	-	-	-	-	-	-	-
		$M_{N,z,Rd}$	78.4	78.4	78.4	-	-	-	-	-	-	-	-
610x178x92 + $N_{pl,Rd}$ = 3220	0.659 **0.227**	$M_{c,y,Rd}$	691	691	691	589	589	589	589	✗	✗	✗	$
		$M_{c,z,Rd}$	71.0	71.0	71.0	44.3	44.3	44.3	44.3	✗	✗	✗	$
		$M_{N,y,Rd}$	691	691	691	-	-	-	-	-	-	-	-
		$M_{N,z,Rd}$	71.0	71.0	71.0	-	-	-	-	-	-	-	-
610x178x82 + $N_{pl,Rd}$ = 2860	0.564 **0.178**	$M_{c,y,Rd}$	603	603	513	513	513	513	✗	✗	✗	$	$
		$M_{c,z,Rd}$	60.0	60.0	37.4	37.4	37.4	37.4	✗	✗	✗	$	$
		$M_{N,y,Rd}$	603	603	-	-	-	-	-	-	-	-	-
		$M_{N,z,Rd}$	60.0	60.0	-	-	-	-	-	-	-	-	-

Advance and UKB are trademarks of Corus. A fuller description of the relationship between Universal Beams (UB) and the Advance range of sections manufactured by Corus is given in note 12.

+ These sections are in addition to the range of BS 4 sections

N_{Ed} = Design value of the axial force.

$n = N_{Ed} / N_{pl,Rd}$

✗ Section becomes class 4, see note 10.

$ For these values of $N_{Ed} / N_{pl,Rd}$ the section would be overloaded due to N_{Ed} alone even when M_{Ed} is zero, because N_{Ed} would exceed the local buckling resistance of the section.

- Not applicable for class 3 and class 4 sections.

The values in this table are conservative for tension as the more onerous compression section classification limits have been used.

FOR EXPLANATION OF TABLES SEE NOTE 10.

BS EN 1993-1-1:2005
BS 4-1:2005

AXIAL FORCE & BENDING

S275 / Advance275

UNIVERSAL BEAMS
Advance UKB

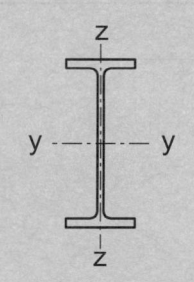

Member buckling check

Section Designation and Resistances (kN, kNm)	n Limit		Compression Resistance $N_{b,y,Rd}$, $N_{b,z,Rd}$ (kN) and Buckling Resistance Moment $M_{b,Rd}$ (kNm) for Varying buckling lengths L (m) within the limiting value of $n = N_{Ed}/N_{pl,Rd}$												
		L (m)	2.0	3.0	4.0	5.0	6.0	7.0	8.0	9.0	10.0	11.0	12.0	13.0	14.0
* 610x229x140	0.919	$N_{b,y,Rd}$	4720	4720	4720	4690	4640	4590	4540	4490	4430	4360	4290	4220	4140
$N_{pl,Rd}$ = 4720		$N_{b,z,Rd}$	4270	3760	3120	2460	1910	1490	1190	968	800	672	572	493	428
$f_y W_{el,y}$ = 960	0.919	$M_{b,Rd}$	960	887	798	711	632	563	503	454	412	377	348	323	301
$f_y W_{el,z}$ = 104	0.296	$M_{b,Rd}$	1100	991	880	774	678	597	529	474	429	391	359	332	309
* 610x229x125	0.789	$N_{b,y,Rd}$	4210	4210	4210	4190	4150	4100	4050	4000	3950	3890	3830	3770	3690
$N_{pl,Rd}$ = 4210		$N_{b,z,Rd}$	3810	3340	2760	2160	1670	1310	1040	846	699	587	500	430	374
$f_y W_{el,y}$ = 854	0.789	$M_{b,Rd}$	854	784	701	620	546	481	427	382	345	314	288	266	247
$f_y W_{el,z}$ = 90.9	0.242	$M_{b,Rd}$	974	874	771	672	583	509	447	398	357	324	296	273	253
* 610x229x113	0.703	$N_{b,y,Rd}$	3820	3820	3820	3790	3750	3710	3670	3620	3570	3520	3460	3400	3330
$N_{pl,Rd}$ = 3820		$N_{b,z,Rd}$	3430	3000	2460	1910	1470	1150	914	742	613	514	437	376	327
$f_y W_{el,y}$ = 762	0.703	$M_{b,Rd}$	762	695	618	543	473	414	364	323	290	262	240	221	204
$f_y W_{el,z}$ = 79.8	0.208	$M_{b,Rd}$	869	774	679	587	505	436	380	336	300	270	246	226	209
* 610x229x101	0.617	$N_{b,y,Rd}$	3550	3550	3550	3520	3480	3440	3400	3350	3300	3250	3190	3130	3060
$N_{pl,Rd}$ = 3550		$N_{b,z,Rd}$	3160	2720	2190	1670	1270	989	784	635	524	439	373	321	279
$f_y W_{el,y}$ = 692	0.617	$M_{b,Rd}$	692	622	547	474	408	352	306	269	239	215	195	179	165
$f_y W_{el,z}$ = 70.4	0.177	$M_{b,Rd}$	785	694	601	511	433	369	319	279	247	221	200	182	165
* 610x178x100 +	0.724	$N_{b,y,Rd}$	3390	3390	3390	3360	3330	3290	3250	3210	3160	3110	3060	3000	2930
$N_{pl,Rd}$ = 3390		$N_{b,z,Rd}$	2790	2150	1520	1080	789	599	469	377	309	258	219	188	163
$f_y W_{el,y}$ = 633	0.724	$M_{b,Rd}$	586	475	386	318	268	230	201	179	161	147	135	125	116
$f_y W_{el,z}$ = 49.0	0.250	$M_{b,Rd}$	660	524	417	339	282	241	209	186	167	151	139	128	119
* 610x178x92 +	0.659	$N_{b,y,Rd}$	3220	3220	3220	3180	3150	3110	3070	3030	2980	2930	2870	2810	2740
$N_{pl,Rd}$ = 3220		$N_{b,z,Rd}$	2600	1950	1350	945	689	522	408	328	269	224	190	163	141
$f_y W_{el,y}$ = 589	0.659	$M_{b,Rd}$	536	429	343	279	232	198	172	152	136	123	113	104	97
$f_y W_{el,z}$ = 44.3	0.227	$M_{b,Rd}$	604	472	370	297	244	206	179	157	141	127	116	107	99
* 610x178x82 +	0.564	$N_{b,y,Rd}$	2860	2860	2860	2830	2800	2760	2730	2690	2650	2600	2550	2490	2430
$N_{pl,Rd}$ = 2860		$N_{b,z,Rd}$	2280	1680	1150	800	582	440	344	276	226	188	160	137	119
$f_y W_{el,y}$ = 513	0.564	$M_{b,Rd}$	462	366	290	233	192	162	140	123	109	99	89.9	82.7	76.6
$f_y W_{el,z}$ = 37.4	0.178	$M_{b,Rd}$	522	403	312	247	201	169	145	127	113	101	92.4	84.8	78.5

Advance and UKB are trademarks of Corus. A fuller description of the relationship between Universal Beams (UB) and the Advance range of sections manufactured by Corus is given in note 12.

+ These sections are in addition to the range of BS 4 sections

$n = N_{Ed} / N_{pl,Rd}$

* The section can become class 4 under axial compression only. Under combined axial compression and bending the section becomes class 4 when the class 3 $N_{Ed} / N_{pl,Rd}$ limit is exceeded.

Under combined axial compression and bending the resistances are only valid up to the given $N_{Ed}/N_{pl,Rd}$ limit. For higher values of $n=N_{Ed}/N_{pl,Rd}$ the section would be overloaded due to N_{Ed} alone even when M_{Ed} is zero, because N_{Ed} would exceed the local buckling resistance of the section.

FOR EXPLANATION OF TABLES SEE NOTE 10.

| BS EN 1993-1-1:2005 / BS 4-1:2005 | **AXIAL FORCE & BENDING** | **S275 / Advance275** |

UNIVERSAL BEAMS
Advance UKB

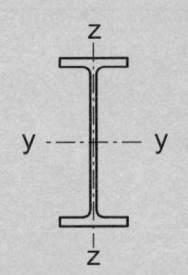

Cross-section resistance check

Section Designation and Axial Resistance $N_{pl,Rd}$ (kN)	n Limit Class 3 / Class 2	Moment Resistance $M_{c,y,Rd}$, $M_{c,z,Rd}$ (kNm) and Reduced Moment Resistance $M_{N,y,Rd}$, $M_{N,z,Rd}$ (kNm) for Ratios of Design Axial Force to Design Axial Plastic Resistance $n = N_{Ed} / N_{pl,Rd}$											
		n	0.0	0.1	0.2	0.3	0.4	0.5	0.6	0.7	0.8	0.9	1.0
533x312x272 + $N_{pl,Rd}$ = 9220	n/a 1.00	$M_{c,y,Rd}$	2080	2080	2080	2080	2080	2080	2080	2080	2080	2080	2080
		$M_{c,z,Rd}$	526	526	526	526	526	526	526	526	526	526	526
		$M_{N,y,Rd}$	2080	2080	1970	1730	1480	1230	986	739	493	246	0
		$M_{N,z,Rd}$	526	526	526	526	517	486	432	357	260	141	0
533x312x219 + $N_{pl,Rd}$ = 7390	n/a 1.00	$M_{c,y,Rd}$	1620	1620	1620	1620	1620	1620	1620	1620	1620	1620	1620
		$M_{c,z,Rd}$	401	401	401	401	401	401	401	401	401	401	401
		$M_{N,y,Rd}$	1620	1620	1560	1360	1170	974	779	584	390	195	0
		$M_{N,z,Rd}$	401	401	401	401	397	377	338	281	205	112	0
533x312x182 + $N_{pl,Rd}$ = 6120	n/a 1.00	$M_{c,y,Rd}$	1330	1330	1330	1330	1330	1330	1330	1330	1330	1330	1330
		$M_{c,z,Rd}$	328	328	328	328	328	328	328	328	328	328	328
		$M_{N,y,Rd}$	1330	1330	1280	1120	962	802	641	481	321	160	0
		$M_{N,z,Rd}$	328	328	328	328	325	308	276	229	168	91.3	0
533x312x150 + $N_{pl,Rd}$ = 5090	1.00 0.288	$M_{c,y,Rd}$	1100	1100	1100	984	984	984	984	984	984	984	984
		$M_{c,z,Rd}$	267	267	267	175	175	175	175	175	175	175	175
		$M_{N,y,Rd}$	1100	1100	1060	-	-	-	-	-	-	-	-
		$M_{N,z,Rd}$	267	267	267	-	-	-	-	-	-	-	-
533x210x138 + $N_{pl,Rd}$ = 4660	n/a 1.00	$M_{c,y,Rd}$	957	957	957	957	957	957	957	957	957	957	957
		$M_{c,z,Rd}$	151	151	151	151	151	151	151	151	151	151	151
		$M_{N,y,Rd}$	957	957	957	852	730	608	487	365	243	122	0
		$M_{N,z,Rd}$	151	151	151	151	151	148	137	116	86.7	47.9	0
533x210x122 $N_{pl,Rd}$ = 4110	1.00 0.357	$M_{c,y,Rd}$	847	847	847	847	740	740	740	740	740	740	740
		$M_{c,z,Rd}$	133	133	133	133	84.8	84.8	84.8	84.8	84.8	84.8	84.8
		$M_{N,y,Rd}$	847	847	847	749	-	-	-	-	-	-	-
		$M_{N,z,Rd}$	133	133	133	133	-	-	-	-	-	-	-
533x210x109 $N_{pl,Rd}$ = 3680	0.944 0.303	$M_{c,y,Rd}$	750	750	750	750	656	656	656	656	656	656	$
		$M_{c,z,Rd}$	116	116	116	116	73.9	73.9	73.9	73.9	73.9	73.9	$
		$M_{N,y,Rd}$	750	750	750	668	-	-	-	-	-	-	-
		$M_{N,z,Rd}$	116	116	116	116	-	-	-	-	-	-	-

Advance and UKB are trademarks of Corus. A fuller description of the relationship between Universal Beams (UB) and the Advance range of sections manufactured by Corus is given in note 12.

+ These sections are in addition to the range of BS 4 sections

N_{Ed} = Design value of the axial force.

$n = N_{Ed} / N_{pl,Rd}$

$ For these values of $N_{Ed} / N_{pl,Rd}$ the section would be overloaded due to N_{Ed} alone even when M_{Ed} is zero, because N_{Ed} would exceed the local buckling resistance of the section.

- Not applicable for class 3 and class 4 sections.

The values in this table are conservative for tension as the more onerous compression section classification limits have been used.

FOR EXPLANATION OF TABLES SEE NOTE 10.

| BS EN 1993-1-1:2005 BS 4-1:2005 | **AXIAL FORCE & BENDING** | **S275 / Advance275** |

UNIVERSAL BEAMS
Advance UKB

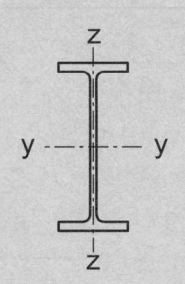

Member buckling check

Section Designation and Resistances (kN, kNm)	n Limit	Compression Resistance $N_{b,y,Rd}$, $N_{b,z,Rd}$ (kN) and Buckling Resistance Moment $M_{b,Rd}$ (kNm) for Varying buckling lengths L (m) within the limiting value of $n = N_{Ed} / N_{pl,Rd}$													
		L (m)	2.0	3.0	4.0	5.0	6.0	7.0	8.0	9.0	10.0	11.0	12.0	13.0	14.0
533x312x272 + $N_{pl,Rd}$ = 9220 $f_y W_{el,y}$ = 1830 $f_y W_{el,z}$ = 341	1.00 1.00	$N_{b,y,Rd}$	9220	9220	9220	9150	9050	8950	8840	8720	8600	8460	8320	8150	7970
		$N_{b,z,Rd}$	8910	8390	7770	7040	6200	5330	4530	3830	3260	2790	2410	2090	1830
		$M_{b,Rd}$	2080	2080	2020	1930	1850	1770	1690	1620	1550	1480	1410	1350	1290
533x312x219 + $N_{pl,Rd}$ = 7390 $f_y W_{el,y}$ = 1430 $f_y W_{el,z}$ = 260	1.00 1.00	$N_{b,y,Rd}$	7390	7390	7390	7320	7240	7160	7070	6970	6870	6750	6630	6490	6340
		$N_{b,z,Rd}$	7120	6690	6170	5550	4850	4140	3500	2950	2500	2130	1840	1600	1400
		$M_{b,Rd}$	1620	1620	1550	1480	1400	1330	1250	1180	1110	1050	989	935	885
533x312x182 + $N_{pl,Rd}$ = 6120 $f_y W_{el,y}$ = 1190 $f_y W_{el,z}$ = 214	1.00 1.00	$N_{b,y,Rd}$	6120	6120	6120	6060	5990	5920	5850	5770	5680	5580	5480	5360	5230
		$N_{b,z,Rd}$	5890	5520	5090	4570	3980	3390	2850	2400	2030	1730	1490	1300	1140
		$M_{b,Rd}$	1330	1330	1270	1200	1130	1060	992	925	862	803	751	703	661
533x312x150 + $N_{pl,Rd}$ = 5090 $f_y W_{el,y}$ = 984 $f_y W_{el,z}$ = 175	1.00 1.00 0.288	$N_{b,y,Rd}$	5090	5090	5090	5040	4980	4920	4850	4790	4710	4630	4540	4440	4330
		$N_{b,z,Rd}$	4890	4580	4210	3770	3280	2780	2340	1960	1660	1420	1220	1060	926
		$M_{b,Rd}$	984	984	941	893	841	788	735	683	634	588	547	510	477
		$M_{b,Rd}$	1100	1090	1040	978	916	851	786	724	666	615	569	528	492
533x210x138 + $N_{pl,Rd}$ = 4660 $f_y W_{el,y}$ = 831 $f_y W_{el,z}$ = 95.7	1.00 1.00	$N_{b,y,Rd}$	4660	4660	4660	4610	4550	4490	4430	4370	4290	4210	4130	4030	3920
		$N_{b,z,Rd}$	4160	3590	2880	2210	1690	1310	1040	841	694	582	494	425	370
		$M_{b,Rd}$	951	850	755	667	590	526	472	427	390	359	333	310	290
533x210x122 $N_{pl,Rd}$ = 4110 $f_y W_{el,y}$ = 740 $f_y W_{el,z}$ = 84.8	1.00 1.00 0.357	$N_{b,y,Rd}$	4110	4110	4100	4060	4010	3960	3900	3850	3780	3710	3630	3550	3450
		$N_{b,z,Rd}$	3660	3160	2530	1940	1480	1150	910	737	608	510	434	373	324
		$M_{b,Rd}$	740	670	598	531	472	420	377	342	312	286	265	246	230
		$M_{b,Rd}$	839	747	658	576	504	445	396	356	324	296	273	254	237
* 533x210x109 $N_{pl,Rd}$ = 3680 $f_y W_{el,y}$ = 656 $f_y W_{el,z}$ = 73.9	0.944 0.944 0.303	$N_{b,y,Rd}$	3680	3680	3680	3640	3590	3550	3500	3440	3390	3320	3250	3170	3080
		$N_{b,z,Rd}$	3270	2810	2240	1700	1290	1000	795	643	531	445	378	325	282
		$M_{b,Rd}$	656	589	522	459	403	356	317	284	258	236	217	201	188
		$M_{b,Rd}$	739	655	572	496	429	375	331	295	267	243	223	206	192

Advance and UKB are trademarks of Corus. A fuller description of the relationship between Universal Beams (UB) and the Advance range of sections manufactured by Corus is given in note 12.

+ These sections are in addition to the range of BS 4 sections

$n = N_{Ed} / N_{pl,Rd}$

* The section can become class 4 under axial compression only. Under combined axial compression and bending the section becomes class 4 when the class 3 $N_{Ed} / N_{pl,Rd}$ limit is exceeded.

Under combined axial compression and bending the resistances are only valid up to the given $N_{Ed}/N_{pl,Rd}$ limit. For higher values of $n=N_{Ed}/N_{pl,Rd}$ the section would be overloaded due to N_{Ed} alone even when M_{Ed} is zero, because N_{Ed} would exceed the local buckling resistance of the section.

FOR EXPLANATION OF TABLES SEE NOTE 10.

| BS EN 1993-1-1:2005 / BS 4-1:2005 | | AXIAL FORCE & BENDING UNIVERSAL BEAMS Advance UKB | | | | | | | | | | | S275 / Advance275 |

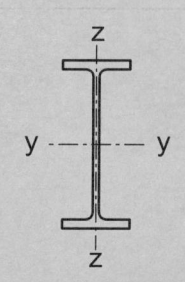

Cross-section resistance check

Section Designation and Axial Resistance $N_{pl,Rd}$ (kN)	n Limit Class 3 / Class 2	\multicolumn{12}{c}{Moment Resistance $M_{c,y,Rd}$, $M_{c,z,Rd}$ (kNm) and Reduced Moment Resistance $M_{N,y,Rd}$, $M_{N,z,Rd}$ (kNm) for Ratios of Design Axial Force to Design Axial Plastic Resistance $n = N_{Ed}/N_{pl,Rd}$}
		n	0.0	0.1	0.2	0.3	0.4	0.5	0.6	0.7	0.8	0.9	1.0
533x210x101 $N_{pl,Rd}$ = 3420	0.845 / 0.260	$M_{c,y,Rd}$	692	692	692	607	607	607	607	607	607	✗	$
		$M_{c,z,Rd}$	106	106	106	67.8	67.8	67.8	67.8	67.8	67.8	✗	$
		$M_{N,y,Rd}$	692	692	692	-	-	-	-	-	-	-	-
		$M_{N,z,Rd}$	106	106	106	-	-	-	-	-	-	-	-
533x210x92 $N_{pl,Rd}$ = 3220	0.734 / 0.217	$M_{c,y,Rd}$	649	649	649	570	570	570	570	570	✗	✗	$
		$M_{c,z,Rd}$	97.6	97.6	97.6	62.7	62.7	62.7	62.7	62.7	✗	✗	$
		$M_{N,y,Rd}$	649	649	649	-	-	-	-	-	-	-	-
		$M_{N,z,Rd}$	97.6	97.6	97.6	-	-	-	-	-	-	-	-
533x210x82 $N_{pl,Rd}$ = 2890	0.673 / 0.201	$M_{c,y,Rd}$	566	566	566	495	495	495	495	✗	✗	✗	$
		$M_{c,z,Rd}$	82.5	82.5	82.5	52.8	52.8	52.8	52.8	✗	✗	✗	$
		$M_{N,y,Rd}$	566	566	566	-	-	-	-	-	-	-	-
		$M_{N,z,Rd}$	82.5	82.5	82.5	-	-	-	-	-	-	-	-
533x165x85 + $N_{pl,Rd}$ = 2860	0.782 / 0.264	$M_{c,y,Rd}$	558	558	558	481	481	481	481	481	✗	✗	$
		$M_{c,z,Rd}$	64.4	64.4	64.4	40.5	40.5	40.5	40.5	40.5	✗	✗	$
		$M_{N,y,Rd}$	558	558	558	-	-	-	-	-	-	-	-
		$M_{N,z,Rd}$	64.4	64.4	64.4	-	-	-	-	-	-	-	-
533x165x74 + $N_{pl,Rd}$ = 2620	0.686 / 0.230	$M_{c,y,Rd}$	497	497	497	427	427	427	427	✗	✗	✗	$
		$M_{c,z,Rd}$	55.0	55.0	55.0	34.4	34.4	34.4	34.4	✗	✗	✗	$
		$M_{N,y,Rd}$	497	497	497	-	-	-	-	-	-	-	-
		$M_{N,z,Rd}$	55.0	55.0	55.0	-	-	-	-	-	-	-	-
533x165x66 + $N_{pl,Rd}$ = 2300	0.588 / 0.185	$M_{c,y,Rd}$	429	429	367	367	367	367	✗	✗	✗	$	$
		$M_{c,z,Rd}$	45.7	45.7	28.6	28.6	28.6	28.6	✗	✗	✗	$	$
		$M_{N,y,Rd}$	429	429	-	-	-	-	-	-	-	-	-
		$M_{N,z,Rd}$	45.7	45.7	-	-	-	-	-	-	-	-	-
457x191x161 + $N_{pl,Rd}$ = 5460	n/a / 1.00	$M_{c,y,Rd}$	1000	1000	1000	1000	1000	1000	1000	1000	1000	1000	1000
		$M_{c,z,Rd}$	178	178	178	178	178	178	178	178	178	178	178
		$M_{N,y,Rd}$	1000	1000	989	865	742	618	495	371	247	124	0
		$M_{N,z,Rd}$	178	178	178	178	178	171	156	131	96.4	52.9	0

Advance and UKB are trademarks of Corus. A fuller description of the relationship between Universal Beams (UB) and the Advance range of sections manufactured by Corus is given in note 12.

+ These sections are in addition to the range of BS 4 sections

N_{Ed} = Design value of the axial force.

$n = N_{Ed} / N_{pl,Rd}$

✗ Section becomes class 4, see note 10.

$ For these values of $N_{Ed} / N_{pl,Rd}$ the section would be overloaded due to N_{Ed} alone even when M_{Ed} is zero, because N_{Ed} would exceed the local buckling resistance of the section.

- Not applicable for class 3 and class 4 sections.

The values in this table are conservative for tension as the more onerous compression section classification limits have been used.

FOR EXPLANATION OF TABLES SEE NOTE 10.

BS EN 1993-1-1:2005
BS 4-1:2005

AXIAL FORCE & BENDING

S275 / Advance275

UNIVERSAL BEAMS
Advance UKB

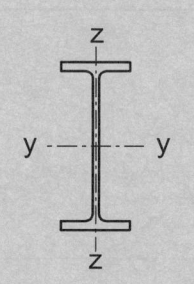

Member buckling check

Section Designation and Resistances (kN, kNm)	n Limit		Compression Resistance $N_{b,y,Rd}$, $N_{b,z,Rd}$ (kN) and Buckling Resistance Moment $M_{b,Rd}$ (kNm) for Varying buckling lengths L (m) within the limiting value of $n = N_{Ed} / N_{pl,Rd}$												
		L (m)	2.0	3.0	4.0	5.0	6.0	7.0	8.0	9.0	10.0	11.0	12.0	13.0	14.0
* 533x210x101	0.845	$N_{b,y,Rd}$	3420	3420	3410	3370	3330	3290	3250	3200	3140	3080	3020	2940	2860
$N_{pl,Rd}$ = 3420		$N_{b,z,Rd}$	3030	2600	2060	1570	1190	921	729	590	487	408	346	298	259
$f_y W_{el,y}$ = 607	0.845	$M_{b,Rd}$	607	542	479	418	365	320	283	253	228	208	191	177	164
$f_y W_{el,z}$ = 67.8	0.260	$M_{b,Rd}$	681	602	523	450	387	336	295	262	236	214	196	181	168
* 533x210x92	0.734	$N_{b,y,Rd}$	3220	3220	3210	3170	3130	3090	3040	3000	2940	2880	2820	2740	2660
$N_{pl,Rd}$ = 3220		$N_{b,z,Rd}$	2830	2400	1880	1410	1060	820	649	524	432	362	307	264	229
$f_y W_{el,y}$ = 570	0.734	$M_{b,Rd}$	565	502	438	378	326	282	248	220	197	178	163	150	139
$f_y W_{el,z}$ = 62.7	0.217	$M_{b,Rd}$	634	556	478	406	344	296	257	227	203	183	167	154	140
* 533x210x82	0.673	$N_{b,y,Rd}$	2890	2890	2880	2840	2810	2770	2730	2680	2630	2580	2510	2440	2370
$N_{pl,Rd}$ = 2890		$N_{b,z,Rd}$	2520	2110	1630	1210	910	700	552	446	367	307	261	224	195
$f_y W_{el,y}$ = 495	0.673	$M_{b,Rd}$	488	431	373	319	271	232	202	177	158	142	130	119	109
$f_y W_{el,z}$ = 52.8	0.201	$M_{b,Rd}$	549	479	407	341	286	243	209	183	163	146	132	119	109
* 533x165x85 +	0.782	$N_{b,y,Rd}$	2860	2860	2850	2820	2780	2750	2710	2660	2610	2560	2500	2430	2360
$N_{pl,Rd}$ = 2860		$N_{b,z,Rd}$	2310	1730	1200	842	614	465	364	292	239	200	169	145	126
$f_y W_{el,y}$ = 481	0.782	$M_{b,Rd}$	435	350	283	233	197	170	150	134	121	110	102	94.4	88.1
$f_y W_{el,z}$ = 40.5	0.264	$M_{b,Rd}$	487	383	304	247	207	178	155	138	125	114	105	97.0	90.4
* 533x165x74 +	0.686	$N_{b,y,Rd}$	2620	2620	2610	2570	2540	2500	2460	2420	2370	2320	2260	2190	2120
$N_{pl,Rd}$ = 2620		$N_{b,z,Rd}$	2050	1490	1000	696	505	381	298	239	195	163	138	118	102
$f_y W_{el,y}$ = 427	0.686	$M_{b,Rd}$	377	297	236	191	159	135	118	104	93.8	85.2	78.2	72.2	67.2
$f_y W_{el,z}$ = 34.4	0.230	$M_{b,Rd}$	422	325	253	202	166	141	122	108	96.6	87.6	80.2	74.1	68.8
* 533x165x66 +	0.588	$N_{b,y,Rd}$	2300	2300	2290	2260	2230	2200	2160	2120	2080	2030	1980	1920	1850
$N_{pl,Rd}$ = 2300		$N_{b,z,Rd}$	1780	1260	841	580	420	317	247	198	162	135	114	98.0	84.9
$f_y W_{el,y}$ = 367	0.588	$M_{b,Rd}$	320	249	195	156	128	108	93.4	82.2	73.4	66.4	60.7	55.9	51.9
$f_y W_{el,z}$ = 28.6	0.185	$M_{b,Rd}$	359	272	209	164	134	112	96.6	84.8	75.6	68.2	62.2	57.3	53.1
457x191x161 +	1.00	$N_{b,y,Rd}$	5460	5460	5420	5350	5280	5200	5110	5020	4910	4790	4660	4500	4330
$N_{pl,Rd}$ = 5460		$N_{b,z,Rd}$	4830	4130	3280	2490	1890	1460	1160	935	771	646	549	472	410
$f_y W_{el,y}$ = 859	1.00	$M_{b,Rd}$	995	901	819	746	682	627	578	536	499	466	437	412	389
$f_y W_{el,z}$ = 113															

Advance and UKB are trademarks of Corus. A fuller description of the relationship between Universal Beams (UB) and the Advance range of sections manufactured by Corus is given in note 12.

+ These sections are in addition to the range of BS 4 sections

$n = N_{Ed} / N_{pl,Rd}$

* The section can become class 4 under axial compression only. Under combined axial compression and bending the section becomes class 4 when the class 3 $N_{Ed} / N_{pl,Rd}$ limit is exceeded.

Under combined axial compression and bending the resistances are only valid up to the given $N_{Ed}/N_{pl,Rd}$ limit. For higher values of $n=N_{Ed}/N_{pl,Rd}$ the section would be overloaded due to N_{Ed} alone even when M_{Ed} is zero, because N_{Ed} would exceed the local buckling resistance of the section.

FOR EXPLANATION OF TABLES SEE NOTE 10.

| BS EN 1993-1-1:2005 |
| BS 4-1:2005 |

AXIAL FORCE & BENDING — S275 / Advance275

UNIVERSAL BEAMS
Advance UKB

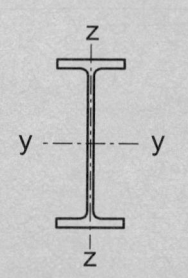

Cross-section resistance check

Section Designation and Axial Resistance $N_{pl,Rd}$ (kN)	n Limit Class 3 Class 2		Moment Resistance $M_{c,y,Rd}$, $M_{c,z,Rd}$ (kNm) and Reduced Moment Resistance $M_{N,y,Rd}$, $M_{N,z,Rd}$ (kNm) for Ratios of Design Axial Force to Design Axial Plastic Resistance $n = N_{Ed}/N_{pl,Rd}$										
		n	0.0	0.1	0.2	0.3	0.4	0.5	0.6	0.7	0.8	0.9	1.0
457x191x133 + $N_{pl,Rd}$ = 4500	n/a 1.00	$M_{c,y,Rd}$	814	814	814	814	814	814	814	814	814	814	814
		$M_{c,z,Rd}$	142	142	142	142	142	142	142	142	142	142	142
		$M_{N,y,Rd}$	814	814	809	708	607	506	405	303	202	101	0
		$M_{N,z,Rd}$	142	142	142	142	142	137	125	105	77.9	42.8	0
457x191x106 + $N_{pl,Rd}$ = 3580	n/a 1.00	$M_{c,y,Rd}$	633	633	633	633	633	633	633	633	633	633	633
		$M_{c,z,Rd}$	107	107	107	107	107	107	107	107	107	107	107
		$M_{N,y,Rd}$	633	633	633	557	477	398	318	239	159	79.5	0
		$M_{N,z,Rd}$	107	107	107	107	107	105	96.0	81.2	60.3	33.2	0
457x191x98 $N_{pl,Rd}$ = 3310	n/a 1.00	$M_{c,y,Rd}$	591	591	591	591	591	591	591	591	591	591	591
		$M_{c,z,Rd}$	100	100	100	100	100	100	100	100	100	100	100
		$M_{N,y,Rd}$	591	591	590	516	442	369	295	221	147	73.7	0
		$M_{N,z,Rd}$	100	100	100	100	100	97.4	88.9	74.9	55.5	30.5	0
457x191x89 $N_{pl,Rd}$ = 3020	1.00 0.321	$M_{c,y,Rd}$	534	534	534	534	469	469	469	469	469	469	469
		$M_{c,z,Rd}$	89.6	89.6	89.6	89.6	57.8	57.8	57.8	57.8	57.8	57.8	57.8
		$M_{N,y,Rd}$	534	534	534	468	-	-	-	-	-	-	-
		$M_{N,z,Rd}$	89.6	89.6	89.6	89.6	-	-	-	-	-	-	-
457x191x82 $N_{pl,Rd}$ = 2860	0.915 0.283	$M_{c,y,Rd}$	504	504	504	443	443	443	443	443	443	443	$
		$M_{c,z,Rd}$	83.6	83.6	83.6	53.9	53.9	53.9	53.9	53.9	53.9	53.9	$
		$M_{N,y,Rd}$	504	504	504	-	-	-	-	-	-	-	-
		$M_{N,z,Rd}$	83.6	83.6	83.6	-	-	-	-	-	-	-	-
457x191x74 $N_{pl,Rd}$ = 2600	0.786 0.227	$M_{c,y,Rd}$	455	455	455	401	401	401	401	401	✖	✖	$
		$M_{c,z,Rd}$	74.8	74.8	74.8	48.4	48.4	48.4	48.4	48.4	✖	✖	$
		$M_{N,y,Rd}$	455	455	455	-	-	-	-	-	-	-	-
		$M_{N,z,Rd}$	74.8	74.8	74.8	-	-	-	-	-	-	-	-
457x191x67 $N_{pl,Rd}$ = 2350	0.714 0.205	$M_{c,y,Rd}$	405	405	405	356	356	356	356	356	✖	✖	$
		$M_{c,z,Rd}$	65.2	65.2	65.2	42.1	42.1	42.1	42.1	42.1	✖	✖	$
		$M_{N,y,Rd}$	405	405	405	-	-	-	-	-	-	-	-
		$M_{N,z,Rd}$	65.2	65.2	65.2	-	-	-	-	-	-	-	-

Advance and UKB are trademarks of Corus. A fuller description of the relationship between Universal Beams (UB) and the Advance range of sections manufactured by Corus is given in note 12.

+ These sections are in addition to the range of BS 4 sections

N_{Ed} = Design value of the axial force.

$n = N_{Ed}/N_{pl,Rd}$

✖ Section becomes class 4, see note 10.

$ For these values of $N_{Ed}/N_{pl,Rd}$ the section would be overloaded due to N_{Ed} alone even when M_{Ed} is zero, because N_{Ed} would exceed the local buckling resistance of the section.

- Not applicable for class 3 and class 4 sections.

The values in this table are conservative for tension as the more onerous compression section classification limits have been used.

FOR EXPLANATION OF TABLES SEE NOTE 10.

| BS EN 1993-1-1:2005 / BS 4-1:2005 | **AXIAL FORCE & BENDING** | S275 / Advance275 |

UNIVERSAL BEAMS
Advance UKB

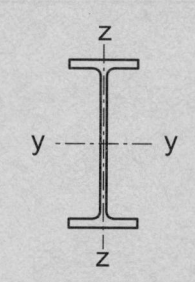

Member buckling check

Section Designation and Resistances (kN, kNm)	n Limit		Compression Resistance $N_{b,y,Rd}$, $N_{b,z,Rd}$ (kN) and Buckling Resistance Moment $M_{b,Rd}$ (kNm) for Varying buckling lengths L (m) within the limiting value of $n = N_{Ed} / N_{pl,Rd}$											
		L (m)	2.0	3.0	4.0	5.0	6.0	7.0	8.0	9.0	10.0	11.0	12.0	13.0	14.0
457x191x133 + $N_{pl,Rd}$ = 4500 $f_y W_{el,y}$ = 704 $f_y W_{el,z}$ = 90.4	1.00 1.00	$N_{b,y,Rd}$ $N_{b,z,Rd}$ $M_{b,Rd}$	4500 3960 801	4500 3360 718	4470 2640 642	4410 1980 575	4350 1500 517	4280 1150 468	4210 913 426	4130 738 391	4040 608 360	3940 509 335	3820 432 312	3690 372 292	3540 323 275
457x191x106 + $N_{pl,Rd}$ = 3580 $f_y W_{el,y}$ = 552 $f_y W_{el,z}$ = 68.6	1.00 1.00	$N_{b,y,Rd}$ $N_{b,z,Rd}$ $M_{b,Rd}$	3580 3130 617	3580 2620 545	3550 2030 479	3500 1510 419	3450 1140 368	3390 874 327	3330 690 293	3270 557 265	3190 459 242	3110 384 222	3010 326 206	2900 280 192	2780 243 180
457x191x98 $N_{pl,Rd}$ = 3310 $f_y W_{el,y}$ = 519 $f_y W_{el,z}$ = 64.4	1.00 1.00	$N_{b,y,Rd}$ $N_{b,z,Rd}$ $M_{b,Rd}$	3310 2900 575	3310 2430 507	3290 1880 443	3240 1400 386	3190 1060 337	3140 813 297	3090 642 265	3030 518 239	2960 427 218	2880 357 200	2790 303 185	2690 261 172	2580 226 161
457x191x89 $N_{pl,Rd}$ = 3020 $f_y W_{el,y}$ = 469 $f_y W_{el,z}$ = 57.8	1.00 1.00 0.321	$N_{b,y,Rd}$ $N_{b,z,Rd}$ $M_{b,Rd}$ $M_{b,Rd}$	3020 2630 462 517	3020 2210 410 454	3000 1700 361 393	2950 1260 316 339	2910 948 277 293	2860 729 244 256	2810 576 218 227	2760 465 197 204	2690 383 179 185	2620 320 164 169	2540 272 151 155	2450 234 141 144	2340 203 131 135
* 457x191x82 $N_{pl,Rd}$ = 2860 $f_y W_{el,y}$ = 443 $f_y W_{el,z}$ = 53.9	0.915 0.915 0.283	$N_{b,y,Rd}$ $N_{b,z,Rd}$ $M_{b,Rd}$ $M_{b,Rd}$	2860 2470 433 484	2860 2040 381 421	2830 1550 332 360	2790 1140 286 305	2750 850 248 261	2700 652 216 226	2650 514 191 199	2600 414 171 177	2530 341 155 159	2460 285 141 145	2380 242 130 133	2280 208 120 123	2180 180 112 114
* 457x191x74 $N_{pl,Rd}$ = 2600 $f_y W_{el,y}$ = 401 $f_y W_{el,z}$ = 48.4	0.786 0.786 0.227	$N_{b,y,Rd}$ $N_{b,z,Rd}$ $M_{b,Rd}$ $M_{b,Rd}$	2600 2240 390 435	2600 1850 343 377	2580 1400 296 320	2540 1020 253 269	2500 764 217 228	2460 586 188 195	2410 461 165 171	2360 372 147 151	2300 306 132 135	2240 256 120 123	2160 217 110 112	2080 187 102 103	1980 162 94.4 94.5
* 457x191x67 $N_{pl,Rd}$ = 2350 $f_y W_{el,y}$ = 356 $f_y W_{el,z}$ = 42.1	0.714 0.714 0.205	$N_{b,y,Rd}$ $N_{b,z,Rd}$ $M_{b,Rd}$ $M_{b,Rd}$	2350 2020 346 385	2350 1650 302 331	2330 1230 258 278	2290 899 218 231	2260 669 185 194	2220 512 159 165	2170 403 138 143	2130 324 122 125	2070 267 109 112	2010 223 98.8 101	1940 189 90.2 91.6	1860 163 82.9 82.9	1770 141 75.8 75.8

Advance and UKB are trademarks of Corus. A fuller description of the relationship between Universal Beams (UB) and the Advance range of sections manufactured by Corus is given in note 12.

+ These sections are in addition to the range of BS 4 sections

$n = N_{Ed} / N_{pl,Rd}$

* The section can become class 4 under axial compression only. Under combined axial compression and bending the section becomes class 4 when the class 3 $N_{Ed} / N_{pl,Rd}$ limit is exceeded.

Under combined axial compression and bending the resistances are only valid up to the given $N_{Ed}/N_{pl,Rd}$ limit. For higher values of $n=N_{Ed}/N_{pl,Rd}$ the section would be overloaded due to N_{Ed} alone even when M_{Ed} is zero, because N_{Ed} would exceed the local buckling resistance of the section.

FOR EXPLANATION OF TABLES SEE NOTE 10.

| BS EN 1993-1-1:2005 BS 4-1:2005 | | | AXIAL FORCE & BENDING | | | | | | | | | | S275 / Advance275 |

UNIVERSAL BEAMS
Advance UKB

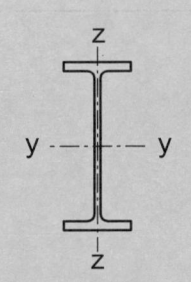

Cross-section resistance check

Section Designation and Axial Resistance $N_{pl,Rd}$ (kN)	n Limit Class 3 Class 2		Moment Resistance $M_{c,y,Rd}$, $M_{c,z,Rd}$ (kNm) and Reduced Moment Resistance $M_{N,y,Rd}$, $M_{N,z,Rd}$ (kNm) for Ratios of Design Axial Force to Design Axial Plastic Resistance $n = N_{Ed}/N_{pl,Rd}$										
		n	0.0	0.1	0.2	0.3	0.4	0.5	0.6	0.7	0.8	0.9	1.0
457x152x82 $N_{pl,Rd}$ = 2780	1.00 0.349	$M_{c,y,Rd}$	480	480	480	480	416	416	416	416	416	416	416
		$M_{c,z,Rd}$	63.6	63.6	63.6	63.6	40.5	40.5	40.5	40.5	40.5	40.5	40.5
		$M_{N,y,Rd}$	480	480	480	431	-	-	-	-	-	-	-
		$M_{N,z,Rd}$	63.6	63.6	63.6	63.6	-	-	-	-	-	-	-
457x152x74 $N_{pl,Rd}$ = 2500	0.897 0.294	$M_{c,y,Rd}$	431	431	431	375	375	375	375	375	375	✗	$
		$M_{c,z,Rd}$	56.4	56.4	56.4	36.0	36.0	36.0	36.0	36.0	36.0	✗	$
		$M_{N,y,Rd}$	431	431	431	-	-	-	-	-	-	-	-
		$M_{N,z,Rd}$	56.4	56.4	56.4	-	-	-	-	-	-	-	-
457x152x67 $N_{pl,Rd}$ = 2350	0.786 0.251	$M_{c,y,Rd}$	400	400	400	347	347	347	347	347	✗	✗	$
		$M_{c,z,Rd}$	51.4	51.4	51.4	32.7	32.7	32.7	32.7	32.7	✗	✗	$
		$M_{N,y,Rd}$	400	400	400	-	-	-	-	-	-	-	-
		$M_{N,z,Rd}$	51.4	51.4	51.4	-	-	-	-	-	-	-	-
457x152x60 $N_{pl,Rd}$ = 2100	0.657 0.192	$M_{c,y,Rd}$	354	354	309	309	309	309	309	✗	✗	✗	$
		$M_{c,z,Rd}$	44.8	44.8	28.6	28.6	28.6	28.6	28.6	✗	✗	✗	$
		$M_{N,y,Rd}$	354	354	-	-	-	-	-	-	-	-	-
		$M_{N,z,Rd}$	44.8	44.8	-	-	-	-	-	-	-	-	-
457x152x52 $N_{pl,Rd}$ = 1830	0.586 0.169	$M_{c,y,Rd}$	301	301	261	261	261	261	✗	✗	✗	$	$
		$M_{c,z,Rd}$	36.6	36.6	23.4	23.4	23.4	23.4	✗	✗	✗	$	$
		$M_{N,y,Rd}$	301	301	-	-	-	-	-	-	-	-	-
		$M_{N,z,Rd}$	36.6	36.6	-	-	-	-	-	-	-	-	-
406x178x85 + $N_{pl,Rd}$ = 2890	n/a 1.00	$M_{c,y,Rd}$	459	459	459	459	459	459	459	459	459	459	459
		$M_{c,z,Rd}$	82.9	82.9	82.9	82.9	82.9	82.9	82.9	82.9	82.9	82.9	82.9
		$M_{N,y,Rd}$	459	459	457	400	343	286	229	171	114	57.1	0
		$M_{N,z,Rd}$	82.9	82.9	82.9	82.9	82.9	80.3	73.3	61.7	45.6	25.1	0
406x178x74 $N_{pl,Rd}$ = 2600	1.00 0.313	$M_{c,y,Rd}$	413	413	413	413	364	364	364	364	364	364	364
		$M_{c,z,Rd}$	73.4	73.4	73.4	73.4	47.3	47.3	47.3	47.3	47.3	47.3	47.3
		$M_{N,y,Rd}$	413	413	411	359	-	-	-	-	-	-	-
		$M_{N,z,Rd}$	73.4	73.4	73.4	73.4	-	-	-	-	-	-	-

Advance and UKB are trademarks of Corus. A fuller description of the relationship between Universal Beams (UB) and the Advance range of sections manufactured by Corus is given in note 12.

+ These sections are in addition to the range of BS 4 sections

N_{Ed} = Design value of the axial force.

$n = N_{Ed} / N_{pl,Rd}$

✗ Section becomes class 4, see note 10.

$ For these values of $N_{Ed} / N_{pl,Rd}$ the section would be overloaded due to N_{Ed} alone even when M_{Ed} is zero, because N_{Ed} would exceed the local buckling resistance of the section.

- Not applicable for class 3 and class 4 sections.

The values in this table are conservative for tension as the more onerous compression section classification limits have been used.

FOR EXPLANATION OF TABLES SEE NOTE 10.

| BS EN 1993-1-1:2005 | | | AXIAL FORCE & BENDING | | | | | | | | | | | S275 / Advance275 | |
| BS 4-1:2005 | | | | | | | | | | | | | | | |

UNIVERSAL BEAMS
Advance UKB

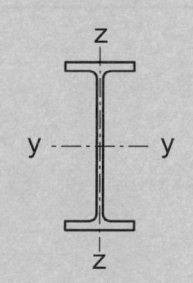

Member buckling check

Section Designation and Resistances (kN, kNm)	n Limit		Compression Resistance $N_{b,y,Rd}$, $N_{b,z,Rd}$ (kN) and Buckling Resistance Moment $M_{b,Rd}$ (kNm) for Varying buckling lengths L (m) within the limiting value of $n = N_{Ed} / N_{pl,Rd}$												
			L (m)	1.0	1.5	2.0	2.5	3.0	3.5	4.0	5.0	6.0	7.0	8.0	9.0	10.0
457x152x82	1.00		$N_{b,y,Rd}$	2780	2780	2780	2780	2780	2780	2760	2720	2680	2630	2590	2530	2470
$N_{pl,Rd}$ = 2780			$N_{b,z,Rd}$	2650	2460	2230	1950	1650	1370	1130	791	576	436	341	273	224
$f_y W_{el,y}$ = 416	1.00		$M_{b,Rd}$	416	416	388	360	333	307	283	242	209	183	163	147	134
$f_y W_{el,z}$ = 40.5	**0.349**		$M_{b,Rd}$	480	472	436	401	367	335	306	257	220	191	169	152	138
* 457x152x74	0.897		$N_{b,y,Rd}$	2500	2500	2500	2500	2500	2500	2480	2450	2410	2370	2330	2280	2220
$N_{pl,Rd}$ = 2500			$N_{b,z,Rd}$	2380	2200	1990	1740	1470	1210	1000	698	507	384	300	240	197
$f_y W_{el,y}$ = 375	0.897		$M_{b,Rd}$	375	373	347	321	295	271	248	209	179	156	138	123	112
$f_y W_{el,z}$ = 36.0	**0.294**		$M_{b,Rd}$	431	422	389	356	325	294	267	221	187	162	142	127	115
* 457x152x67	0.786		$N_{b,y,Rd}$	2350	2350	2350	2350	2350	2340	2330	2290	2260	2220	2180	2130	2070
$N_{pl,Rd}$ = 2350			$N_{b,z,Rd}$	2220	2050	1840	1590	1320	1080	889	616	447	337	263	211	173
$f_y W_{el,y}$ = 347	0.786		$M_{b,Rd}$	347	343	317	291	266	241	219	181	153	132	115	103	92.7
$f_y W_{el,z}$ = 32.7	**0.251**		$M_{b,Rd}$	400	388	355	323	291	261	235	191	159	136	119	106	94.9
* 457x152x60	0.657		$N_{b,y,Rd}$	2100	2100	2100	2100	2100	2090	2070	2040	2010	1970	1930	1890	1840
$N_{pl,Rd}$ = 2100			$N_{b,z,Rd}$	1980	1820	1630	1400	1160	948	777	537	389	293	229	183	150
$f_y W_{el,y}$ = 309	0.657		$M_{b,Rd}$	309	304	280	256	232	210	189	154	128	109	95.3	84.3	75.6
$f_y W_{el,z}$ = 28.6	**0.192**		$M_{b,Rd}$	354	342	313	283	253	226	201	162	133	113	97.9	86.3	76.3
* 457x152x52	0.586		$N_{b,y,Rd}$	1830	1830	1830	1830	1830	1820	1810	1780	1750	1720	1680	1640	1600
$N_{pl,Rd}$ = 1830			$N_{b,z,Rd}$	1720	1570	1390	1180	968	785	639	439	317	239	186	149	122
$f_y W_{el,y}$ = 261	0.586		$M_{b,Rd}$	261	255	234	213	192	171	153	123	101	84.6	72.9	64.0	56.3
$f_y W_{el,z}$ = 23.4	**0.169**		$M_{b,Rd}$	301	289	263	236	209	185	163	128	104	87.1	74.8	64.5	56.3
406x178x85 +	1.00		$N_{b,y,Rd}$	2890	2890	2890	2890	2890	2870	2850	2800	2750	2700	2640	2580	2500
$N_{pl,Rd}$ = 2890			$N_{b,z,Rd}$	2810	2660	2490	2280	2050	1790	1540	1130	844	647	509	411	338
$f_y W_{el,y}$ = 403	**1.00**		$M_{b,Rd}$	459	459	441	413	387	361	336	292	255	225	202	182	166
$f_y W_{el,z}$ = 53.3																
406x178x74	1.00		$N_{b,y,Rd}$	2600	2600	2600	2600	2600	2580	2560	2520	2470	2420	2370	2300	2230
$N_{pl,Rd}$ = 2600			$N_{b,z,Rd}$	2520	2380	2210	2020	1790	1550	1330	964	715	546	429	346	284
$f_y W_{el,y}$ = 364	1.00		$M_{b,Rd}$	364	364	351	330	308	287	267	231	201	177	157	142	129
$f_y W_{el,z}$ = 47.3	**0.313**		$M_{b,Rd}$	413	413	392	365	339	313	289	246	212	185	163	146	133

Advance and UKB are trademarks of Corus. A fuller description of the relationship between Universal Beams (UB) and the Advance range of sections manufactured by Corus is given in note 12.

+ These sections are in addition to the range of BS 4 sections

$n = N_{Ed} / N_{pl,Rd}$

* The section can become class 4 under axial compression only. Under combined axial compression and bending the section becomes class 4 when the class 3 $N_{Ed} / N_{pl,Rd}$ limit is exceeded.

Under combined axial compression and bending the resistances are only valid up to the given $N_{Ed}/N_{pl,Rd}$ limit. For higher values of $n=N_{Ed}/N_{pl,Rd}$ the section would be overloaded due to N_{Ed} alone even when M_{Ed} is zero, because N_{Ed} would exceed the local buckling resistance of the section.

FOR EXPLANATION OF TABLES SEE NOTE 10.

| BS EN 1993-1-1:2005 / BS 4-1:2005 | **AXIAL FORCE & BENDING** | **S275 / Advance275** |

UNIVERSAL BEAMS
Advance UKB

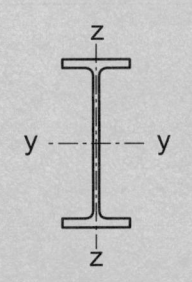

Cross-section resistance check

Section Designation and Axial Resistance $N_{pl,Rd}$ (kN)	n Limit Class 3 / **Class 2**		n	0.0	0.1	0.2	0.3	0.4	0.5	0.6	0.7	0.8	0.9	1.0
406x178x67 $N_{pl,Rd}$ = 2350	0.922 **0.274**	$M_{c,y,Rd}$		370	370	370	327	327	327	327	327	327	327	$
		$M_{c,z,Rd}$		65.2	65.2	65.2	42.1	42.1	42.1	42.1	42.1	42.1	42.1	$
		$M_{N,y,Rd}$		370	370	370	-	-	-	-	-	-	-	-
		$M_{N,z,Rd}$		65.2	65.2	65.2	-	-	-	-	-	-	-	-
406x178x60 $N_{pl,Rd}$ = 2100	0.777 **0.214**	$M_{c,y,Rd}$		330	330	330	292	292	292	292	292	✕	✕	$
		$M_{c,z,Rd}$		57.5	57.5	57.5	37.1	37.1	37.1	37.1	37.1	✕	✕	$
		$M_{N,y,Rd}$		330	330	330	-	-	-	-	-	-	-	-
		$M_{N,z,Rd}$		57.5	57.5	57.5	-	-	-	-	-	-	-	-
406x178x54 $N_{pl,Rd}$ = 1900	0.744 **0.217**	$M_{c,y,Rd}$		290	290	290	256	256	256	256	256	✕	✕	$
		$M_{c,z,Rd}$		49.0	49.0	49.0	31.6	31.6	31.6	31.6	31.6	✕	✕	$
		$M_{N,y,Rd}$		290	290	290	-	-	-	-	-	-	-	-
		$M_{N,z,Rd}$		49.0	49.0	49.0	-	-	-	-	-	-	-	-
406x140x53 + $N_{pl,Rd}$ = 1870	0.777 **0.241**	$M_{c,y,Rd}$		284	284	284	247	247	247	247	247	✕	✕	$
		$M_{c,z,Rd}$		38.2	38.2	38.2	24.5	24.5	24.5	24.5	24.5	✕	✕	$
		$M_{N,y,Rd}$		284	284	284	-	-	-	-	-	-	-	-
		$M_{N,z,Rd}$		38.2	38.2	38.2	-	-	-	-	-	-	-	-
406x140x46 $N_{pl,Rd}$ = 1610	0.599 **0.158**	$M_{c,y,Rd}$		244	244	214	214	214	214	✕	✕	✕	✕	$
		$M_{c,z,Rd}$		32.5	32.5	20.9	20.9	20.9	20.9	✕	✕	✕	✕	$
		$M_{N,y,Rd}$		244	244	-	-	-	-	-	-	-	-	-
		$M_{N,z,Rd}$		32.5	32.5	-	-	-	-	-	-	-	-	-
406x140x39 $N_{pl,Rd}$ = 1370	0.534 **0.142**	$M_{c,y,Rd}$		199	199	173	173	173	173	✕	✕	✕	$	$
		$M_{c,z,Rd}$		25.0	25.0	16.0	16.0	16.0	16.0	✕	✕	✕	$	$
		$M_{N,y,Rd}$		199	199	-	-	-	-	-	-	-	-	-
		$M_{N,z,Rd}$		25.0	25.0	-	-	-	-	-	-	-	-	-

Advance and UKB are trademarks of Corus. A fuller description of the relationship between Universal Beams (UB) and the Advance range of sections manufactured by Corus is given in note 12.

+ These sections are in addition to the range of BS 4 sections

N_{Ed} = Design value of the axial force.

n = N_{Ed} / $N_{pl,Rd}$

✕ Section becomes class 4, see note 10.

$ For these values of N_{Ed} / $N_{pl,Rd}$ the section would be overloaded due to N_{Ed} alone even when M_{Ed} is zero, because N_{Ed} would exceed the local buckling resistance of the section.

- Not applicable for class 3 and class 4 sections.

The values in this table are conservative for tension as the more onerous compression section classification limits have been used.
FOR EXPLANATION OF TABLES SEE NOTE 10.

| BS EN 1993-1-1:2005 / BS 4-1:2005 | | **AXIAL FORCE & BENDING** | | | | | | | | | | | | | S275 / Advance275 |

UNIVERSAL BEAMS
Advance UKB

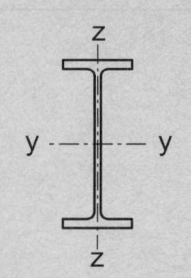

Member buckling check

Section Designation and Resistances (kN, kNm)	n Limit		Compression Resistance $N_{b,y,Rd}$, $N_{b,z,Rd}$ (kN) and Buckling Resistance Moment $M_{b,Rd}$ (kNm) for Varying buckling lengths L (m) within the limiting value of $n = N_{Ed} / N_{pl,Rd}$											
		L (m)	1.0	1.5	2.0	2.5	3.0	3.5	4.0	5.0	6.0	7.0	8.0	9.0	10.0
* 406x178x67	0.922	$N_{b,y,Rd}$	2350	2350	2350	2350	2350	2330	2310	2280	2230	2190	2140	2080	2010
$N_{pl,Rd}$ = 2350		$N_{b,z,Rd}$	2280	2150	1990	1810	1610	1390	1180	855	633	483	380	306	251
$f_y W_{el,y}$ = 327	0.922	$M_{b,Rd}$	327	327	314	294	274	255	236	202	173	151	133	119	108
$f_y W_{el,z}$ = 42.1	**0.274**	$M_{b,Rd}$	370	370	350	325	301	277	254	214	182	157	138	123	111
* 406x178x60	0.777	$N_{b,y,Rd}$	2100	2100	2100	2100	2100	2090	2070	2030	2000	1960	1910	1860	1800
$N_{pl,Rd}$ = 2100		$N_{b,z,Rd}$	2040	1920	1780	1620	1430	1240	1050	759	562	429	337	271	223
$f_y W_{el,y}$ = 292	0.777	$M_{b,Rd}$	292	292	280	261	243	224	207	175	149	128	112	99.9	89.9
$f_y W_{el,z}$ = 37.1	**0.214**	$M_{b,Rd}$	330	330	310	288	265	243	222	185	155	133	116	103	92.1
* 406x178x54	0.744	$N_{b,y,Rd}$	1900	1900	1900	1900	1890	1880	1860	1830	1800	1760	1720	1670	1610
$N_{pl,Rd}$ = 1900		$N_{b,z,Rd}$	1830	1720	1590	1430	1260	1080	910	652	480	366	287	231	190
$f_y W_{el,y}$ = 256	0.744	$M_{b,Rd}$	256	256	243	227	209	193	176	147	124	106	91.7	80.9	72.4
$f_y W_{el,z}$ = 31.6	**0.217**	$M_{b,Rd}$	290	290	271	250	229	209	189	155	129	109	94.4	83.0	74.0
* 406x140x53 +	0.777	$N_{b,y,Rd}$	1870	1870	1870	1870	1860	1850	1830	1800	1770	1730	1690	1640	1580
$N_{pl,Rd}$ = 1870		$N_{b,z,Rd}$	1750	1600	1410	1190	967	781	635	435	314	237	184	148	121
$f_y W_{el,y}$ = 247	0.777	$M_{b,Rd}$	247	240	220	200	181	163	147	120	101	86.5	75.7	67.4	60.7
$f_y W_{el,z}$ = 24.5	**0.241**	$M_{b,Rd}$	284	270	245	221	197	175	156	126	105	89.2	77.8	69.0	61.3
* 406x140x46	0.599	$N_{b,y,Rd}$	1610	1610	1610	1610	1610	1600	1580	1560	1530	1490	1460	1410	1360
$N_{pl,Rd}$ = 1610		$N_{b,z,Rd}$	1500	1370	1210	1010	824	665	539	369	266	200	156	125	102
$f_y W_{el,y}$ = 214	0.599	$M_{b,Rd}$	214	207	189	171	153	137	122	98.2	81.2	68.9	59.8	52.8	46.8
$f_y W_{el,z}$ = 20.9	**0.158**	$M_{b,Rd}$	244	232	210	187	166	146	129	102	83.9	70.8	61.2	53.3	46.8
* 406x140x39	0.534	$N_{b,y,Rd}$	1370	1370	1370	1370	1360	1350	1340	1320	1290	1260	1230	1190	1140
$N_{pl,Rd}$ = 1370		$N_{b,z,Rd}$	1260	1140	988	813	650	519	418	284	204	154	120	95.6	78.2
$f_y W_{el,y}$ = 173	0.534	$M_{b,Rd}$	173	165	150	134	119	105	92.3	72.6	58.9	49.3	42.3	36.4	31.7
$f_y W_{el,z}$ = 16.0	**0.142**	$M_{b,Rd}$	199	186	167	148	129	112	97.4	75.5	60.8	50.5	42.6	36.4	31.7

Advance and UKB are trademarks of Corus. A fuller description of the relationship between Universal Beams (UB) and the Advance range of sections manufactured by Corus is given in note 12.

+ These sections are in addition to the range of BS 4 sections

$n = N_{Ed} / N_{pl,Rd}$

* The section can become class 4 under axial compression only. Under combined axial compression and bending the section becomes class 4 when the class 3 $N_{Ed} / N_{pl,Rd}$ limit is exceeded.

Under combined axial compression and bending the resistances are only valid up to the given $N_{Ed}/N_{pl,Rd}$ limit. For higher values of $n=N_{Ed}/N_{pl,Rd}$ the section would be overloaded due to N_{Ed} alone even when M_{Ed} is zero, because N_{Ed} would exceed the local buckling resistance of the section.

FOR EXPLANATION OF TABLES SEE NOTE 10.

| BS EN 1993-1-1:2005 / BS 4-1:2005 | **AXIAL FORCE & BENDING** | | | | | | | | | | | **S275 / Advance275** |

UNIVERSAL BEAMS
Advance UKB

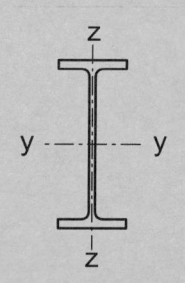

Cross-section resistance check

Section Designation and Axial Resistance $N_{pl,Rd}$ (kN)	n Limit Class 3 Class 2	Moment Resistance $M_{c,y,Rd}$, $M_{c,z,Rd}$ (kNm) and Reduced Moment Resistance $M_{N,y,Rd}$, $M_{N,z,Rd}$ (kNm) for Ratios of Design Axial Force to Design Axial Plastic Resistance $n = N_{Ed} / N_{pl,Rd}$											
		n	0.0	0.1	0.2	0.3	0.4	0.5	0.6	0.7	0.8	0.9	1.0
356x171x67 $N_{pl,Rd}$ = 2350	n/a **1.00**	$M_{c,y,Rd}$	333	333	333	333	333	333	333	333	333	333	333
		$M_{c,z,Rd}$	66.8	66.8	66.8	66.8	66.8	66.8	66.8	66.8	66.8	66.8	66.8
		$M_{N,y,Rd}$	333	333	326	285	244	204	163	122	81.4	40.7	0
		$M_{N,z,Rd}$	66.8	66.8	66.8	66.8	66.6	63.8	57.6	48.2	35.4	19.4	0
356x171x57 $N_{pl,Rd}$ = 2000	1.00 **0.292**	$M_{c,y,Rd}$	278	278	278	246	246	246	246	246	246	246	246
		$M_{c,z,Rd}$	54.7	54.7	54.7	35.5	35.5	35.5	35.5	35.5	35.5	35.5	35.5
		$M_{N,y,Rd}$	278	278	275	-	-	-	-	-	-	-	-
		$M_{N,z,Rd}$	54.7	54.7	54.7	-	-	-	-	-	-	-	-
356x171x51 $N_{pl,Rd}$ = 1780	0.883 **0.247**	$M_{c,y,Rd}$	246	246	246	219	219	219	219	219	219	✖	$
		$M_{c,z,Rd}$	47.9	47.9	47.9	31.1	31.1	31.1	31.1	31.1	31.1	✖	$
		$M_{N,y,Rd}$	246	246	245	-	-	-	-	-	-	-	-
		$M_{N,z,Rd}$	47.9	47.9	47.9	-	-	-	-	-	-	-	-
356x171x45 $N_{pl,Rd}$ = 1580	0.808 **0.232**	$M_{c,y,Rd}$	213	213	213	189	189	189	189	189	189	✖	$
		$M_{c,z,Rd}$	40.4	40.4	40.4	26.1	26.1	26.1	26.1	26.1	26.1	✖	$
		$M_{N,y,Rd}$	213	213	213	-	-	-	-	-	-	-	-
		$M_{N,z,Rd}$	40.4	40.4	40.4	-	-	-	-	-	-	-	-
356x127x39 $N_{pl,Rd}$ = 1370	0.734 **0.218**	$M_{c,y,Rd}$	181	181	181	158	158	158	158	158	✖	✖	$
		$M_{c,z,Rd}$	24.5	24.5	24.5	15.7	15.7	15.7	15.7	15.7	✖	✖	$
		$M_{N,y,Rd}$	181	181	181	-	-	-	-	-	-	-	-
		$M_{N,z,Rd}$	24.5	24.5	24.5	-	-	-	-	-	-	-	-
356x127x33 $N_{pl,Rd}$ = 1160	0.621 **0.179**	$M_{c,y,Rd}$	149	149	130	130	130	130	130	✖	✖	✖	$
		$M_{c,z,Rd}$	19.3	19.3	12.4	12.4	12.4	12.4	12.4	✖	✖	✖	$
		$M_{N,y,Rd}$	149	149	-	-	-	-	-	-	-	-	-
		$M_{N,z,Rd}$	19.3	19.3	-	-	-	-	-	-	-	-	-

Advance and UKB are trademarks of Corus. A fuller description of the relationship between Universal Beams (UB) and the Advance range of sections manufactured by Corus is given in note 12.

N_{Ed} = Design value of the axial force.

$n = N_{Ed} / N_{pl,Rd}$

✖ Section becomes class 4, see note 10.

$ For these values of $N_{Ed} / N_{pl,Rd}$ the section would be overloaded due to N_{Ed} alone even when M_{Ed} is zero, because N_{Ed} would exceed the local buckling resistance of the section.

- Not applicable for class 3 and class 4 sections.

The values in this table are conservative for tension as the more onerous compression section classification limits have been used.

FOR EXPLANATION OF TABLES SEE NOTE 10.

| BS EN 1993-1-1:2005 / BS 4-1:2005 | **AXIAL FORCE & BENDING** | S275 / Advance275 |

UNIVERSAL BEAMS
Advance UKB

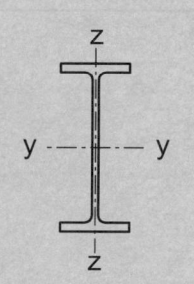

Member buckling check

Section Designation and Resistances (kN, kNm)	n Limit		Compression Resistance $N_{b,y,Rd}$, $N_{b,z,Rd}$ (kN) and Buckling Resistance Moment $M_{b,Rd}$ (kNm) for Varying buckling lengths L (m) within the limiting value of $n = N_{Ed} / N_{pl,Rd}$												
		L (m)	1.0	1.5	2.0	2.5	3.0	3.5	4.0	5.0	6.0	7.0	8.0	9.0	10.0
356x171x67	1.00	$N_{b,y,Rd}$	2350	2350	2350	2350	2340	2320	2300	2250	2200	2150	2080	2010	1920
$N_{pl,Rd}$ = 2350		$N_{b,z,Rd}$	2280	2150	1990	1810	1610	1390	1180	855	633	483	380	306	251
$f_y W_{el,y}$ = 295	1.00	$M_{b,Rd}$	333	333	315	294	273	253	235	202	175	154	137	124	113
$f_y W_{el,z}$ = 43.2															
356x171x57	1.00	$N_{b,y,Rd}$	2000	2000	2000	2000	1980	1970	1950	1910	1870	1820	1760	1700	1620
$N_{pl,Rd}$ = 2000		$N_{b,z,Rd}$	1930	1810	1680	1520	1340	1150	978	703	519	396	311	250	205
$f_y W_{el,y}$ = 246	1.00	$M_{b,Rd}$	246	246	235	220	204	190	175	150	129	113	100	89.8	81.4
$f_y W_{el,z}$ = 35.5	0.292	$M_{b,Rd}$	278	278	260	242	223	205	188	159	135	117	103	92.4	83.5
* 356x171x51	0.883	$N_{b,y,Rd}$	1780	1780	1780	1780	1770	1760	1740	1710	1670	1620	1570	1510	1440
$N_{pl,Rd}$ = 1780		$N_{b,z,Rd}$	1720	1620	1500	1350	1190	1020	859	616	454	346	271	218	179
$f_y W_{el,y}$ = 219	0.883	$M_{b,Rd}$	219	219	208	194	180	166	152	129	110	94.9	83.4	74.3	67.0
$f_y W_{el,z}$ = 31.1	0.247	$M_{b,Rd}$	246	246	230	213	196	179	163	136	114	98.2	85.9	76.2	68.6
* 356x171x45	0.808	$N_{b,y,Rd}$	1580	1580	1580	1580	1560	1550	1530	1500	1470	1430	1380	1320	1260
$N_{pl,Rd}$ = 1580		$N_{b,z,Rd}$	1520	1420	1310	1170	1020	870	732	521	383	291	228	183	151
$f_y W_{el,y}$ = 189	0.808	$M_{b,Rd}$	189	189	178	165	153	140	128	106	89.3	76.3	66.4	58.7	52.6
$f_y W_{el,z}$ = 26.1	0.232	$M_{b,Rd}$	213	213	197	182	166	151	136	112	92.9	78.8	68.2	60.1	53.7
* 356x127x39	0.734	$N_{b,y,Rd}$	1370	1370	1370	1370	1360	1340	1330	1300	1270	1240	1190	1140	1090
$N_{pl,Rd}$ = 1370		$N_{b,z,Rd}$	1250	1110	941	754	592	466	373	252	181	135	105	84.0	68.7
$f_y W_{el,y}$ = 158	0.734	$M_{b,Rd}$	158	148	134	119	105	93.3	82.9	66.8	55.6	47.6	41.6	36.9	32.7
$f_y W_{el,z}$ = 15.7	0.218	$M_{b,Rd}$	181	166	148	130	113	99.0	87.1	69.4	57.3	48.8	42.5	36.9	32.7
* 356x127x33	0.621	$N_{b,y,Rd}$	1160	1160	1160	1160	1150	1130	1120	1100	1070	1040	1000	958	906
$N_{pl,Rd}$ = 1160		$N_{b,z,Rd}$	1050	927	771	608	473	371	296	199	142	107	82.7	66.1	54.0
$f_y W_{el,y}$ = 130	0.621	$M_{b,Rd}$	130	120	108	94.8	82.8	72.2	63.2	49.9	40.8	34.5	29.7	25.6	22.6
$f_y W_{el,z}$ = 12.4	0.179	$M_{b,Rd}$	149	135	119	103	88.6	76.3	66.3	51.6	41.9	35.3	29.7	25.6	22.6

Advance and UKB are trademarks of Corus. A fuller description of the relationship between Universal Beams (UB) and the Advance range of sections manufactured by Corus is given in note 12.

$n = N_{Ed} / N_{pl,Rd}$

* The section can become class 4 under axial compression only. Under combined axial compression and bending the section becomes class 4 when the class 3 $N_{Ed} / N_{pl,Rd}$ limit is exceeded.

Under combined axial compression and bending the resistances are only valid up to the given $N_{Ed}/N_{pl,Rd}$ limit. For higher values of $n=N_{Ed}/N_{pl,Rd}$ the section would be overloaded due to N_{Ed} alone even when M_{Ed} is zero, because N_{Ed} would exceed the local buckling resistance of the section.

FOR EXPLANATION OF TABLES SEE NOTE 10.

BS EN 1993-1-1:2005 BS 4-1:2005	**AXIAL FORCE & BENDING**										**S275 / Advance275**

UNIVERSAL BEAMS
Advance UKB

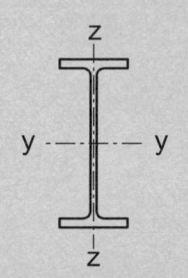

Cross-section resistance check

Section Designation and Axial Resistance $N_{pl,Rd}$ (kN)	n Limit Class 3 Class 2	Moment Resistance $M_{c,y,Rd}$, $M_{c,z,Rd}$ (kNm) and Reduced Moment Resistance $M_{N,y,Rd}$, $M_{N,z,Rd}$ (kNm) for Ratios of Design Axial Force to Design Axial Plastic Resistance $n = N_{Ed} / N_{pl,Rd}$											
		n	0.0	0.1	0.2	0.3	0.4	0.5	0.6	0.7	0.8	0.9	1.0
305x165x54 $N_{pl,Rd}$ = 1890	n/a 1.00	$M_{c,y,Rd}$	233	233	233	233	233	233	233	233	233	233	233
		$M_{c,z,Rd}$	53.9	53.9	53.9	53.9	53.9	53.9	53.9	53.9	53.9	53.9	53.9
		$M_{N,y,Rd}$	233	233	224	196	168	140	112	83.9	55.9	28.0	0
		$M_{N,z,Rd}$	53.9	53.9	53.9	53.9	53.4	50.6	45.4	37.7	27.6	15.0	0
305x165x46 $N_{pl,Rd}$ = 1610	0.971 0.240	$M_{c,y,Rd}$	198	198	198	178	178	178	178	178	178	178	$
		$M_{c,z,Rd}$	45.7	45.7	45.7	29.7	29.7	29.7	29.7	29.7	29.7	29.7	$
		$M_{N,y,Rd}$	198	198	190	-	-	-	-	-	-	-	-
		$M_{N,z,Rd}$	45.7	45.7	45.7	-	-	-	-	-	-	-	-
305x165x40 $N_{pl,Rd}$ = 1410	0.818 0.193	$M_{c,y,Rd}$	171	171	154	154	154	154	154	154	154	✘	$
		$M_{c,z,Rd}$	39.1	39.1	25.6	25.6	25.6	25.6	25.6	25.6	25.6	✘	$
		$M_{N,y,Rd}$	171	171	-	-	-	-	-	-	-	-	-
		$M_{N,z,Rd}$	39.1	39.1	-	-	-	-	-	-	-	-	-
305x127x48 $N_{pl,Rd}$ = 1680	n/a 1.00	$M_{c,y,Rd}$	196	196	196	196	196	196	196	196	196	196	196
		$M_{c,z,Rd}$	31.9	31.9	31.9	31.9	31.9	31.9	31.9	31.9	31.9	31.9	31.9
		$M_{N,y,Rd}$	196	196	196	174	149	124	99.4	74.6	49.7	24.9	0
		$M_{N,z,Rd}$	31.9	31.9	31.9	31.9	31.9	31.4	29.0	24.7	18.4	10.2	0
305x127x42 $N_{pl,Rd}$ = 1470	n/a 1.00	$M_{c,y,Rd}$	169	169	169	169	169	169	169	169	169	169	169
		$M_{c,z,Rd}$	27.0	27.0	27.0	27.0	27.0	27.0	27.0	27.0	27.0	27.0	27.0
		$M_{N,y,Rd}$	169	169	169	151	130	108	86.4	64.8	43.2	21.6	0
		$M_{N,z,Rd}$	27.0	27.0	27.0	27.0	27.0	26.6	24.7	21.1	15.7	8.72	0
305x127x37 $N_{pl,Rd}$ = 1300	1.00 0.355	$M_{c,y,Rd}$	148	148	148	148	130	130	130	130	130	130	130
		$M_{c,z,Rd}$	23.4	23.4	23.4	23.4	14.9	14.9	14.9	14.9	14.9	14.9	14.9
		$M_{N,y,Rd}$	148	148	148	133	-	-	-	-	-	-	-
		$M_{N,z,Rd}$	23.4	23.4	23.4	23.4	-	-	-	-	-	-	-

Advance and UKB are trademarks of Corus. A fuller description of the relationship between Universal Beams (UB) and the Advance range of sections manufactured by Corus is given in note 12.

N_{Ed} = Design value of the axial force.

$n = N_{Ed} / N_{pl,Rd}$

✘ Section becomes class 4, see note 10.

$ For these values of $N_{Ed} / N_{pl,Rd}$ the section would be overloaded due to N_{Ed} alone even when M_{Ed} is zero, because N_{Ed} would exceed the local buckling resistance of the section.

- Not applicable for class 3 and class 4 sections.

The values in this table are conservative for tension as the more onerous compression section classification limits have been used.

FOR EXPLANATION OF TABLES SEE NOTE 10.

| BS EN 1993-1-1:2005 / BS 4-1:2005 | **AXIAL FORCE & BENDING** | **S275 / Advance275** |

UNIVERSAL BEAMS
Advance UKB

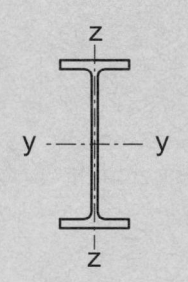

Member buckling check

Section Designation and Resistances (kN, kNm)	n Limit		Compression Resistance $N_{b,y,Rd}$, $N_{b,z,Rd}$ (kN) and Buckling Resistance Moment $M_{b,Rd}$ (kNm) for Varying buckling lengths L (m) within the limiting value of $n = N_{Ed} / N_{pl,Rd}$											
		L (m)	1.0	1.5	2.0	2.5	3.0	3.5	4.0	5.0	6.0	7.0	8.0	9.0	10.0
305x165x54 $N_{pl,Rd}$ = 1890 $f_y W_{el,y}$ = 207 $f_y W_{el,z}$ = 34.9	1.00 1.00	$N_{b,y,Rd}$ $N_{b,z,Rd}$ $M_{b,Rd}$	1890 1830 233	1890 1720 233	1890 1600 223	1880 1450 212	1860 1280 200	1840 1100 188	1820 933 176	1780 672 153	1730 496 134	1670 379 118	1600 297 105	1510 239 94.1	1410 196 85.2
* 305x165x46 $N_{pl,Rd}$ = 1610 $f_y W_{el,y}$ = 178 $f_y W_{el,z}$ = 29.7	0.971 0.971 0.240	$N_{b,y,Rd}$ $N_{b,z,Rd}$ $M_{b,Rd}$ $M_{b,Rd}$	1610 1560 178 198	1610 1470 178 198	1610 1360 171 189	1610 1230 163 179	1590 1080 154 168	1570 929 145 157	1560 788 136 146	1520 566 118 125	1480 418 103 107	1420 319 89.7 92.7	1360 250 79.4 81.6	1290 201 71.1 72.5	1200 165 63.9 63.9
* 305x165x40 $N_{pl,Rd}$ = 1410 $f_y W_{el,y}$ = 154 $f_y W_{el,z}$ = 25.6	0.818 0.818 0.193	$N_{b,y,Rd}$ $N_{b,z,Rd}$ $M_{b,Rd}$ $M_{b,Rd}$	1410 1360 154 171	1410 1280 154 171	1410 1180 148 163	1400 1070 140 153	1390 937 132 144	1370 803 124 133	1360 679 115 123	1330 487 98.2 103	1290 359 83.9 87.0	1240 273 72.4 74.5	1190 214 63.4 64.9	1120 173 56.0 56.0	1040 142 49.2 49.2
305x127x48 $N_{pl,Rd}$ = 1680 $f_y W_{el,y}$ = 169 $f_y W_{el,z}$ = 20.4	1.00 1.00	$N_{b,y,Rd}$ $N_{b,z,Rd}$ $M_{b,Rd}$	1680 1540 196	1680 1380 182	1680 1180 165	1670 951 149	1650 751 134	1640 594 121	1620 477 110	1580 322 92.0	1530 231 79.0	1470 173 69.2	1400 135 61.6	1310 108 55.5	1210 88.0 50.5
305x127x42 $N_{pl,Rd}$ = 1470 $f_y W_{el,y}$ = 147 $f_y W_{el,z}$ = 17.3	1.00 1.00	$N_{b,y,Rd}$ $N_{b,z,Rd}$ $M_{b,Rd}$	1470 1340 169	1470 1200 156	1470 1010 140	1460 816 125	1440 641 111	1430 506 99.5	1410 406 89.3	1370 274 73.6	1330 196 62.4	1280 147 54.2	1210 114 47.9	1140 91.4 43.0	1050 74.7 38.9
305x127x37 $N_{pl,Rd}$ = 1300 $f_y W_{el,y}$ = 130 $f_y W_{el,z}$ = 14.9	1.00 1.00 0.355	$N_{b,y,Rd}$ $N_{b,z,Rd}$ $M_{b,Rd}$ $M_{b,Rd}$	1300 1190 130 148	1300 1050 121 136	1300 889 110 121	1290 711 98.6 108	1270 558 88.1 94.9	1260 439 78.8 84.0	1250 352 70.8 74.7	1210 237 58.3 60.7	1170 170 49.3 51.0	1130 127 42.7 43.9	1070 99.0 37.7 38.6	1000 79.1 33.7 34.5	921 64.6 30.6 30.6

Advance and UKB are trademarks of Corus. A fuller description of the relationship between Universal Beams (UB) and the Advance range of sections manufactured by Corus is given in note 12.

$n = N_{Ed} / N_{pl,Rd}$

* The section can become class 4 under axial compression only. Under combined axial compression and bending the section becomes class 4 when the class 3 $N_{Ed} / N_{pl,Rd}$ limit is exceeded.

Under combined axial compression and bending the resistances are only valid up to the given $N_{Ed}/N_{pl,Rd}$ limit. For higher values of $n=N_{Ed}/N_{pl,Rd}$ the section would be overloaded due to N_{Ed} alone even when M_{Ed} is zero, because N_{Ed} would exceed the local buckling resistance of the section.

FOR EXPLANATION OF TABLES SEE NOTE 10.

| BS EN 1993-1-1:2005 |
| BS 4-1:2005 |

AXIAL FORCE & BENDING

S275 / Advance275

UNIVERSAL BEAMS
Advance UKB

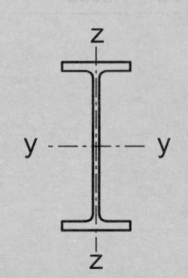

Cross-section resistance check

Section Designation and Axial Resistance $N_{pl,Rd}$ (kN)	n Limit Class 3 Class 2	Moment Resistance $M_{c,y,Rd}$, $M_{c,z,Rd}$ (kNm) and Reduced Moment Resistance $M_{N,y,Rd}$, $M_{N,z,Rd}$ (kNm) for Ratios of Design Axial Force to Design Axial Plastic Resistance $n = N_{Ed}/N_{pl,Rd}$											
		n	0.0	0.1	0.2	0.3	0.4	0.5	0.6	0.7	0.8	0.9	1.0
305x102x33 $N_{pl,Rd}$ = 1150	0.893 **0.307**	$M_{c,y,Rd}$	132	132	132	132	114	114	114	114	114	✗	$
		$M_{c,z,Rd}$	16.5	16.5	16.5	16.5	10.5	10.5	10.5	10.5	10.5	✗	$
		$M_{N,y,Rd}$	132	132	132	121	-	-	-	-	-	-	-
		$M_{N,z,Rd}$	16.5	16.5	16.5	16.5	-	-	-	-	-	-	-
305x102x28 $N_{pl,Rd}$ = 987	0.767 **0.260**	$M_{c,y,Rd}$	111	111	111	95.7	95.7	95.7	95.7	95.7	✗	✗	$
		$M_{c,z,Rd}$	13.2	13.2	13.2	8.53	8.53	8.53	8.53	8.53	✗	✗	$
		$M_{N,y,Rd}$	111	111	111	-	-	-	-	-	-	-	-
		$M_{N,z,Rd}$	13.2	13.2	13.2	-	-	-	-	-	-	-	-
305x102x25 $N_{pl,Rd}$ = 869	0.724 **0.262**	$M_{c,y,Rd}$	94.1	94.1	94.1	80.3	80.3	80.3	80.3	80.3	✗	✗	$
		$M_{c,z,Rd}$	10.7	10.7	10.7	6.60	6.60	6.60	6.60	6.60	✗	✗	$
		$M_{N,y,Rd}$	94.1	94.1	94.1	-	-	-	-	-	-	-	-
		$M_{N,z,Rd}$	10.7	10.7	10.7	-	-	-	-	-	-	-	-
254x146x43 $N_{pl,Rd}$ = 1510	n/a **1.00**	$M_{c,y,Rd}$	156	156	156	156	156	156	156	156	156	156	156
		$M_{c,z,Rd}$	38.8	38.8	38.8	38.8	38.8	38.8	38.8	38.8	38.8	38.8	38.8
		$M_{N,y,Rd}$	156	156	148	129	111	92.5	74.0	55.5	37.0	18.5	0
		$M_{N,z,Rd}$	38.8	38.8	38.8	38.8	38.2	36.0	32.1	26.6	19.4	10.5	0
254x146x37 $N_{pl,Rd}$ = 1300	n/a **1.00**	$M_{c,y,Rd}$	133	133	133	133	133	133	133	133	133	133	133
		$M_{c,z,Rd}$	32.7	32.7	32.7	32.7	32.7	32.7	32.7	32.7	32.7	32.7	32.7
		$M_{N,y,Rd}$	133	133	127	111	95.1	79.2	63.4	47.5	31.7	15.8	0
		$M_{N,z,Rd}$	32.7	32.7	32.7	32.7	32.3	30.5	27.3	22.6	16.5	8.96	0
254x146x31 $N_{pl,Rd}$ = 1090	1.00 **0.308**	$M_{c,y,Rd}$	108	108	108	108	96.5	96.5	96.5	96.5	96.5	96.5	96.5
		$M_{c,z,Rd}$	25.9	25.9	25.9	25.9	16.8	16.8	16.8	16.8	16.8	16.8	16.8
		$M_{N,y,Rd}$	108	108	106	92.7	-	-	-	-	-	-	-
		$M_{N,z,Rd}$	25.9	25.9	25.9	25.9	-	-	-	-	-	-	-
254x102x28 $N_{pl,Rd}$ = 993	1.00 **0.380**	$M_{c,y,Rd}$	97.1	97.1	97.1	97.1	84.7	84.7	84.7	84.7	84.7	84.7	84.7
		$M_{c,z,Rd}$	15.1	15.1	15.1	15.1	9.63	9.63	9.63	9.63	9.63	9.63	9.63
		$M_{N,y,Rd}$	97.1	97.1	97.1	86.8	-	-	-	-	-	-	-
		$M_{N,z,Rd}$	15.1	15.1	15.1	15.1	-	-	-	-	-	-	-

Advance and UKB are trademarks of Corus. A fuller description of the relationship between Universal Beams (UB) and the Advance range of sections manufactured by Corus is given in note 12.

N_{Ed} = Design value of the axial force.

$n = N_{Ed} / N_{pl,Rd}$

✗ Section becomes class 4, see note 10.

$ For these values of $N_{Ed} / N_{pl,Rd}$ the section would be overloaded due to N_{Ed} alone even when M_{Ed} is zero, because N_{Ed} would exceed the local buckling resistance of the section.

- Not applicable for class 3 and class 4 sections.

The values in this table are conservative for tension as the more onerous compression section classification limits have been used.

FOR EXPLANATION OF TABLES SEE NOTE 10.

| BS EN 1993-1-1:2005 | | | AXIAL FORCE & BENDING | | | | | | | | | | | S275 / Advance275 |
| BS 4-1:2005 | | | | | | | | | | | | | | |

UNIVERSAL BEAMS
Advance UKB

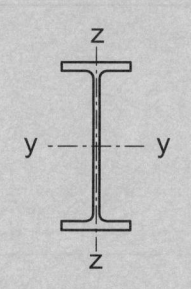

Member buckling check

Section Designation and Resistances (kN, kNm)	n Limit		Compression Resistance $N_{b,y,Rd}$, $N_{b,z,Rd}$ (kN) and Buckling Resistance Moment $M_{b,Rd}$ (kNm) for Varying buckling lengths L (m) within the limiting value of $n = N_{Ed} / N_{pl,Rd}$											
		L (m)	1.0	1.5	2.0	2.5	3.0	3.5	4.0	5.0	6.0	7.0	8.0	9.0	10.0
* 305x102x33	0.893	$N_{b,y,Rd}$	1150	1150	1150	1140	1130	1120	1100	1080	1040	1000	954	895	827
$N_{pl,Rd}$ = 1150		$N_{b,z,Rd}$	998	830	635	469	351	270	213	141	100	74.8	57.9	46.2	37.7
$f_y W_{el,y}$ = 114	0.893	$M_{b,Rd}$	113	100	87.8	76.3	66.4	58.2	51.5	41.8	35.1	30.3	26.6	23.4	20.8
$f_y W_{el,z}$ = 10.5	0.307	$M_{b,Rd}$	128	112	96.6	82.4	70.7	61.3	53.8	43.2	36.1	31.0	26.6	23.4	20.8
* 305x102x28	0.767	$N_{b,y,Rd}$	987	987	987	979	969	958	946	921	891	854	810	756	695
$N_{pl,Rd}$ = 987		$N_{b,z,Rd}$	849	696	524	383	285	219	172	114	80.9	60.3	46.7	37.2	30.3
$f_y W_{el,y}$ = 95.7	0.767	$M_{b,Rd}$	93.7	82.5	71.3	60.9	52.1	45.0	39.4	31.3	25.9	22.1	18.9	16.5	14.7
$f_y W_{el,z}$ = 8.53	0.260	$M_{b,Rd}$	106	92.2	78.2	65.5	55.2	47.2	40.9	32.2	26.6	22.1	18.9	16.5	14.7
* 305x102x25	0.724	$N_{b,y,Rd}$	869	869	869	861	851	841	831	807	780	746	704	654	598
$N_{pl,Rd}$ = 869		$N_{b,z,Rd}$	734	587	430	310	229	175	137	90.7	64.2	47.9	37.0	29.5	24.0
$f_y W_{el,y}$ = 80.3	0.724	$M_{b,Rd}$	78.0	68.0	58.0	48.8	41.1	35.1	30.4	23.8	19.5	16.1	13.7	12.0	10.6
$f_y W_{el,z}$ = 6.60	0.262	$M_{b,Rd}$	89.3	76.5	63.7	52.5	43.5	36.7	31.5	24.5	19.6	16.1	13.7	12.0	10.6
254x146x43	1.00	$N_{b,y,Rd}$	1510	1510	1500	1490	1470	1450	1430	1380	1320	1250	1160	1050	943
$N_{pl,Rd}$ = 1510		$N_{b,z,Rd}$	1440	1340	1220	1070	917	766	637	447	326	247	193	155	127
$f_y W_{el,y}$ = 139	1.00	$M_{b,Rd}$	156	154	146	138	129	121	113	97.9	85.5	75.5	67.4	60.9	54.8
$f_y W_{el,z}$ = 25.3															
254x146x37	1.00	$N_{b,y,Rd}$	1300	1300	1290	1280	1260	1250	1230	1190	1130	1070	991	900	803
$N_{pl,Rd}$ = 1300		$N_{b,z,Rd}$	1240	1150	1040	918	781	650	539	378	275	208	163	131	107
$f_y W_{el,y}$ = 119	1.00	$M_{b,Rd}$	133	131	124	116	108	100	92.6	78.8	67.6	59.0	52.2	46.1	40.9
$f_y W_{el,z}$ = 21.5															
254x146x31	1.00	$N_{b,y,Rd}$	1090	1090	1090	1070	1060	1040	1030	992	946	888	817	736	653
$N_{pl,Rd}$ = 1090		$N_{b,z,Rd}$	1040	958	864	752	632	522	430	299	217	164	128	103	84.3
$f_y W_{el,y}$ = 96.5	1.00	$M_{b,Rd}$	96.5	95.5	90.3	84.7	78.9	72.9	67.0	56.3	47.8	41.2	36.2	31.4	27.7
$f_y W_{el,z}$ = 16.8	0.308	$M_{b,Rd}$	108	106	99.5	92.7	85.5	78.2	71.1	58.8	49.4	42.3	36.2	31.4	27.7
254x102x28	1.00	$N_{b,y,Rd}$	993	993	989	976	964	950	935	902	860	808	743	669	594
$N_{pl,Rd}$ = 993		$N_{b,z,Rd}$	869	732	569	425	320	246	195	129	92.0	68.7	53.2	42.4	34.6
$f_y W_{el,y}$ = 84.7	1.00	$M_{b,Rd}$	84.0	75.0	66.4	58.4	51.5	45.6	40.8	33.6	28.5	24.8	21.9	19.7	17.6
$f_y W_{el,z}$ = 9.63	0.380	$M_{b,Rd}$	94.7	83.5	72.8	63.1	54.8	48.1	42.7	34.8	29.3	25.4	22.4	19.7	17.6

Advance and UKB are trademarks of Corus. A fuller description of the relationship between Universal Beams (UB) and the Advance range of sections manufactured by Corus is given in note 12.

$n = N_{Ed} / N_{pl,Rd}$

* The section can become class 4 under axial compression only. Under combined axial compression and bending the section becomes class 4 when the class 3 $N_{Ed} / N_{pl,Rd}$ limit is exceeded.

Under combined axial compression and bending the resistances are only valid up to the given $N_{Ed}/N_{pl,Rd}$ limit. For higher values of $n=N_{Ed}/N_{pl,Rd}$ the section would be overloaded due to N_{Ed} alone even when M_{Ed} is zero, because N_{Ed} would exceed the local buckling resistance of the section.

FOR EXPLANATION OF TABLES SEE NOTE 10.

| BS EN 1993-1-1:2005 |
| BS 4-1:2005 |

AXIAL FORCE & BENDING — S275 / Advance275

UNIVERSAL BEAMS
Advance UKB

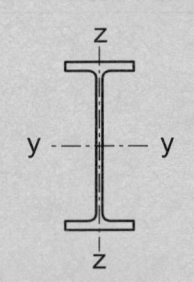

Cross-section resistance check

Section Designation and Axial Resistance $N_{pl,Rd}$ (kN)	n Limit Class 3 / Class 2		Moment Resistance $M_{c,y,Rd}$, $M_{c,z,Rd}$ (kNm) and Reduced Moment Resistance $M_{N,y,Rd}$, $M_{N,z,Rd}$ (kNm) for Ratios of Design Axial Force to Design Axial Plastic Resistance $n = N_{Ed}/N_{pl,Rd}$										
		n	0.0	0.1	0.2	0.3	0.4	0.5	0.6	0.7	0.8	0.9	1.0
254x102x25 $N_{pl,Rd} = 880$	1.00 **0.372**	$M_{c,y,Rd}$	84.2	84.2	84.2	84.2	73.2	73.2	73.2	73.2	73.2	73.2	73.2
		$M_{c,z,Rd}$	12.7	12.7	12.7	12.7	7.98	7.98	7.98	7.98	7.98	7.98	7.98
		$M_{N,y,Rd}$	84.2	84.2	84.2	76.8	-	-	-	-	-	-	-
		$M_{N,z,Rd}$	12.7	12.7	12.7	12.7	-	-	-	-	-	-	-
254x102x22 $N_{pl,Rd} = 770$	0.974 **0.365**	$M_{c,y,Rd}$	71.2	71.2	71.2	71.2	61.6	61.6	61.6	61.6	61.6	61.6	$
		$M_{c,z,Rd}$	10.2	10.2	10.2	10.2	6.33	6.33	6.33	6.33	6.33	6.33	$
		$M_{N,y,Rd}$	71.2	71.2	71.2	66.5	-	-	-	-	-	-	-
		$M_{N,z,Rd}$	10.2	10.2	10.2	10.2	-	-	-	-	-	-	-
203x133x30 $N_{pl,Rd} = 1050$	n/a **1.00**	$M_{c,y,Rd}$	86.4	86.4	86.4	86.4	86.4	86.4	86.4	86.4	86.4	86.4	86.4
		$M_{c,z,Rd}$	24.2	24.2	24.2	24.2	24.2	24.2	24.2	24.2	24.2	24.2	24.2
		$M_{N,y,Rd}$	86.4	86.4	82.6	72.3	61.9	51.6	41.3	31.0	20.6	10.3	0
		$M_{N,z,Rd}$	24.2	24.2	24.2	24.2	23.9	22.6	20.2	16.8	12.2	6.66	0
203x133x25 $N_{pl,Rd} = 880$	n/a **1.00**	$M_{c,y,Rd}$	71.0	71.0	71.0	71.0	71.0	71.0	71.0	71.0	71.0	71.0	71.0
		$M_{c,z,Rd}$	19.5	19.5	19.5	19.5	19.5	19.5	19.5	19.5	19.5	19.5	19.5
		$M_{N,y,Rd}$	71.0	71.0	68.8	60.2	51.6	43.0	34.4	25.8	17.2	8.60	0
		$M_{N,z,Rd}$	19.5	19.5	19.5	19.5	19.4	18.5	16.6	13.9	10.2	5.55	0
203x102x23 $N_{pl,Rd} = 809$	n/a **1.00**	$M_{c,y,Rd}$	64.4	64.4	64.4	64.4	64.4	64.4	64.4	64.4	64.4	64.4	64.4
		$M_{c,z,Rd}$	13.8	13.8	13.8	13.8	13.8	13.8	13.8	13.8	13.8	13.8	13.8
		$M_{N,y,Rd}$	64.4	64.4	62.6	54.8	47.0	39.1	31.3	23.5	15.7	7.83	0
		$M_{N,z,Rd}$	13.8	13.8	13.8	13.8	13.7	13.1	11.8	9.83	7.21	3.94	0
178x102x19 $N_{pl,Rd} = 668$	n/a **1.00**	$M_{c,y,Rd}$	47.0	47.0	47.0	47.0	47.0	47.0	47.0	47.0	47.0	47.0	47.0
		$M_{c,z,Rd}$	11.6	11.6	11.6	11.6	11.6	11.6	11.6	11.6	11.6	11.6	11.6
		$M_{N,y,Rd}$	47.0	47.0	45.4	39.7	34.0	28.4	22.7	17.0	11.3	5.67	0
		$M_{N,z,Rd}$	11.6	11.6	11.6	11.6	11.5	10.9	9.77	8.13	5.95	3.24	0
152x89x16 $N_{pl,Rd} = 558$	n/a **1.00**	$M_{c,y,Rd}$	33.8	33.8	33.8	33.8	33.8	33.8	33.8	33.8	33.8	33.8	33.8
		$M_{c,z,Rd}$	8.53	8.53	8.53	8.53	8.53	8.53	8.53	8.53	8.53	8.53	8.53
		$M_{N,y,Rd}$	33.8	33.8	32.4	28.3	24.3	20.2	16.2	12.1	8.09	4.04	0
		$M_{N,z,Rd}$	8.53	8.53	8.53	8.53	8.42	7.96	7.12	5.91	4.31	2.35	0
127x76x13 $N_{pl,Rd} = 454$	n/a **1.00**	$M_{c,y,Rd}$	23.1	23.1	23.1	23.1	23.1	23.1	23.1	23.1	23.1	23.1	23.1
		$M_{c,z,Rd}$	6.33	6.33	6.33	6.33	6.33	6.33	6.33	6.33	6.33	6.33	6.33
		$M_{N,y,Rd}$	23.1	23.1	21.7	19.0	16.3	13.6	10.9	8.15	5.43	2.72	0
		$M_{N,z,Rd}$	6.33	6.33	6.33	6.32	6.20	5.81	5.16	4.26	3.10	1.68	0

Advance and UKB are trademarks of Corus. A fuller description of the relationship between Universal Beams (UB) and the Advance range of sections manufactured by Corus is given in note 12.

N_{Ed} = Design value of the axial force.

$n = N_{Ed} / N_{pl,Rd}$

$ For these values of $N_{Ed} / N_{pl,Rd}$ the section would be overloaded due to N_{Ed} alone even when M_{Ed} is zero, because N_{Ed} would exceed the local buckling resistance of the section.

- Not applicable for class 3 and class 4 sections.

The values in this table are conservative for tension as the more onerous compression section classification limits have been used.

FOR EXPLANATION OF TABLES SEE NOTE 10.

BS EN 1993-1-1:2005
BS 4-1:2005

AXIAL FORCE & BENDING

S275 / Advance275

UNIVERSAL BEAMS
Advance UKB

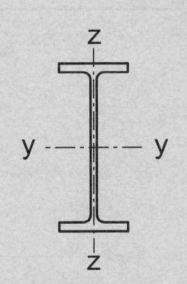

Member buckling check

Section Designation and Resistances (kN, kNm)	n Limit		Compression Resistance $N_{b,y,Rd}$, $N_{b,z,Rd}$ (kN) and Buckling Resistance Moment $M_{b,Rd}$ (kNm) for Varying buckling lengths L (m) within the limiting value of $n = N_{Ed} / N_{pl,Rd}$											
		L (m)	1.0	1.5	2.0	2.5	3.0	3.5	4.0	5.0	6.0	7.0	8.0	9.0	10.0
254x102x25 $N_{pl,Rd}$ = 880 $f_y W_{el,y}$ = 73.2 $f_y W_{el,z}$ = 7.98	1.00 1.00 0.372	$N_{b,y,Rd}$ $N_{b,z,Rd}$ $M_{b,Rd}$ $M_{b,Rd}$	880 764 72.1 81.5	880 635 63.9 71.3	875 486 56.0 61.3	864 359 48.6 52.3	853 269 42.2 44.9	840 207 37.0 38.9	827 163 32.8 34.2	796 108 26.6 27.4	758 76.8 22.3 22.9	709 57.3 19.2 19.7	649 44.4 16.9 16.9	582 35.4 14.8 14.8	513 28.8 13.2 13.2
* 254x102x22 $N_{pl,Rd}$ = 770 $f_y W_{el,y}$ = 61.6 $f_y W_{el,z}$ = 6.33	0.974 0.974 0.365	$N_{b,y,Rd}$ $N_{b,z,Rd}$ $M_{b,Rd}$ $M_{b,Rd}$	770 660 60.2 68.3	770 539 53.0 59.1	765 404 45.8 50.1	755 295 39.1 42.1	745 219 33.5 35.5	734 168 29.0 30.4	722 132 25.4 26.4	694 87.4 20.2 20.9	658 62.0 16.8 17.3	613 46.2 14.4 14.4	559 35.7 12.3 12.3	498 28.5 10.8 10.8	438 23.2 9.59 9.59
203x133x30 $N_{pl,Rd}$ = 1050 $f_y W_{el,y}$ = 77.0 $f_y W_{el,z}$ = 15.7	1.00 1.00	$N_{b,y,Rd}$ $N_{b,z,Rd}$ $M_{b,Rd}$	1050 988 86.4	1050 907 83.9	1040 807 79.0	1020 689 73.8	1000 568 68.7	983 463 63.6	961 378 58.7	909 260 50.2	840 188 43.5	753 142 38.2	657 111 34.0	563 88.7 30.2	481 72.6 26.9
203x133x25 $N_{pl,Rd}$ = 880 $f_y W_{el,y}$ = 63.3 $f_y W_{el,z}$ = 12.7	1.00 1.00	$N_{b,y,Rd}$ $N_{b,z,Rd}$ $M_{b,Rd}$	880 825 71.0	880 755 68.5	866 668 64.1	853 565 59.4	838 463 54.6	821 375 49.8	803 306 45.3	757 210 37.8	696 152 32.0	621 114 27.7	539 89.0 24.0	460 71.3 20.9	392 58.3 18.6
203x102x23 $N_{pl,Rd}$ = 809 $f_y W_{el,y}$ = 56.9 $f_y W_{el,z}$ = 8.80	1.00 1.00	$N_{b,y,Rd}$ $N_{b,z,Rd}$ $M_{b,Rd}$	809 719 63.7	808 619 58.7	795 495 53.5	783 378 48.3	769 288 43.3	753 223 38.8	736 177 35.0	693 118 29.0	635 84.1 24.7	564 62.9 20.9	488 48.7 18.1	416 38.9 16.0	353 31.7 14.3
178x102x19 $N_{pl,Rd}$ = 668 $f_y W_{el,y}$ = 42.1 $f_y W_{el,z}$ = 7.43	1.00 1.00	$N_{b,y,Rd}$ $N_{b,z,Rd}$ $M_{b,Rd}$	668 595 46.6	664 513 42.9	652 411 39.1	639 314 35.2	625 239 31.6	609 186 28.3	591 147 25.5	543 98.3 21.1	480 70.1 17.9	408 52.4 15.2	341 40.6 13.1	284 32.4 11.6	238 26.4 10.3
152x89x16 $N_{pl,Rd}$ = 558 $f_y W_{el,y}$ = 30.0 $f_y W_{el,z}$ = 5.50	1.00 1.00	$N_{b,y,Rd}$ $N_{b,z,Rd}$ $M_{b,Rd}$	558 481 32.9	550 396 30.1	538 300 27.2	524 220 24.4	509 164 21.9	491 126 19.7	468 99.0 17.8	410 65.6 14.9	341 46.6 12.7	276 34.7 10.8	223 26.9 9.39	183 21.4 8.31	151 17.5 7.45
127x76x13 $N_{pl,Rd}$ = 454 $f_y W_{el,y}$ = 20.6 $f_y W_{el,z}$ = 4.13	1.00 1.00	$N_{b,y,Rd}$ $N_{b,z,Rd}$ $M_{b,Rd}$	452 374 22.0	441 289 20.0	429 204 18.1	414 145 16.3	396 106 14.7	373 80.7 13.3	344 63.2 12.1	278 41.6 10.2	215 29.5 8.78	168 21.9 7.52	133 16.9 6.55	107 13.5 5.81	88.2 11.0 5.22

Advance and UKB are trademarks of Corus. A fuller description of the relationship between Universal Beams (UB) and the Advance range of sections manufactured by Corus is given in note 12.

$n = N_{Ed} / N_{pl,Rd}$

* The section can become class 4 under axial compression only. Under combined axial compression and bending the section becomes class 4 when the class 3 $N_{Ed} / N_{pl,Rd}$ limit is exceeded.

Under combined axial compression and bending the resistances are only valid up to the given $N_{Ed}/N_{pl,Rd}$ limit. For higher values of $n = N_{Ed}/N_{pl,Rd}$ the section would be overloaded due to N_{Ed} alone even when M_{Ed} is zero, because N_{Ed} would exceed the local buckling resistance of the section.

FOR EXPLANATION OF TABLES SEE NOTE 10.

BS EN 1993-1-1:2005	**AXIAL FORCE & BENDING**	**S275 / Advance275**
BS 4-1:2005		

UNIVERSAL COLUMNS
Advance UKC

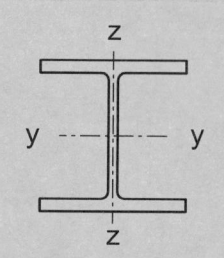

Cross-section resistance check

Section Designation and Axial Resistance $N_{pl,Rd}$ (kN)	n Limit Class 3 Class 2	Moment Resistance $M_{c,y,Rd}$, $M_{c,z,Rd}$ (kNm) and Reduced Moment Resistance $M_{N,y,Rd}$, $M_{N,z,Rd}$ (kNm) for Ratios of Design Axial Force to Design Axial Plastic Resistance $n = N_{Ed} / N_{pl,Rd}$											
		n	0.0	0.1	0.2	0.3	0.4	0.5	0.6	0.7	0.8	0.9	1.0
356x406x634 $N_{pl,Rd}$ = 19800	n/a 1.00	$M_{c,y,Rd}$	3490	3490	3490	3490	3490	3490	3490	3490	3490	3490	3490
		$M_{c,z,Rd}$	1740	1740	1740	1740	1740	1740	1740	1740	1740	1740	1740
		$M_{N,y,Rd}$	3490	3470	3090	2700	2310	1930	1540	1160	772	386	0
		$M_{N,z,Rd}$	1740	1740	1740	1710	1630	1490	1300	1050	755	404	0
356x406x551 $N_{pl,Rd}$ = 17200	n/a 1.00	$M_{c,y,Rd}$	2960	2960	2960	2960	2960	2960	2960	2960	2960	2960	2960
		$M_{c,z,Rd}$	1480	1480	1480	1480	1480	1480	1480	1480	1480	1480	1480
		$M_{N,y,Rd}$	2960	2950	2620	2300	1970	1640	1310	984	656	328	0
		$M_{N,z,Rd}$	1480	1480	1480	1460	1390	1270	1110	900	646	346	0
356x406x467 $N_{pl,Rd}$ = 15200	n/a 1.00	$M_{c,y,Rd}$	2550	2550	2550	2550	2550	2550	2550	2550	2550	2550	2550
		$M_{c,z,Rd}$	1280	1280	1280	1280	1280	1280	1280	1280	1280	1280	1280
		$M_{N,y,Rd}$	2550	2550	2260	1980	1700	1410	1130	849	566	283	0
		$M_{N,z,Rd}$	1280	1280	1280	1260	1200	1100	960	780	559	300	0
356x406x393 $N_{pl,Rd}$ = 12800	n/a 1.00	$M_{c,y,Rd}$	2100	2100	2100	2100	2100	2100	2100	2100	2100	2100	2100
		$M_{c,z,Rd}$	1060	1060	1060	1060	1060	1060	1060	1060	1060	1060	1060
		$M_{N,y,Rd}$	2100	2100	1860	1630	1400	1170	932	699	466	233	0
		$M_{N,z,Rd}$	1060	1060	1060	1040	993	911	795	646	464	248	0
356x406x340 $N_{pl,Rd}$ = 11000	n/a 1.00	$M_{c,y,Rd}$	1780	1780	1780	1780	1780	1780	1780	1780	1780	1780	1780
		$M_{c,z,Rd}$	904	904	904	904	904	904	904	904	904	904	904
		$M_{N,y,Rd}$	1780	1780	1590	1390	1190	992	794	595	397	198	0
		$M_{N,z,Rd}$	904	904	904	890	848	777	679	551	396	212	0
356x406x287 $N_{pl,Rd}$ = 9700	n/a 1.00	$M_{c,y,Rd}$	1540	1540	1540	1540	1540	1540	1540	1540	1540	1540	1540
		$M_{c,z,Rd}$	782	782	782	782	782	782	782	782	782	782	782
		$M_{N,y,Rd}$	1540	1540	1370	1200	1030	858	686	515	343	172	0
		$M_{N,z,Rd}$	782	782	782	770	734	674	588	478	343	184	0
356x406x235 $N_{pl,Rd}$ = 7920	n/a 1.00	$M_{c,y,Rd}$	1240	1240	1240	1240	1240	1240	1240	1240	1240	1240	1240
		$M_{c,z,Rd}$	632	632	632	632	632	632	632	632	632	632	632
		$M_{N,y,Rd}$	1240	1240	1110	967	829	691	553	415	276	138	0
		$M_{N,z,Rd}$	632	632	632	622	593	544	475	386	277	148	0

Advance and UKC are trademarks of Corus. A fuller description of the relationship between Universal Columns (UC) and the Advance range of sections manufactured by Corus is given in note 12.

N_{Ed} = Design value of the axial force.

$n = N_{Ed} / N_{pl,Rd}$

The values in this table are conservative for tension as the more onerous compression section classification limits have been used.
FOR EXPLANATION OF TABLES SEE NOTE 10.

BS EN 1993-1-1:2005
BS 4-1:2005

AXIAL FORCE & BENDING

S275 / Advance275

UNIVERSAL COLUMNS
Advance UKC

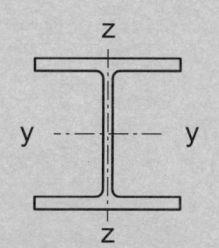

Member buckling check

Section Designation and Resistances (kN, kNm)	n Limit		Compression Resistance $N_{b,y,Rd}$, $N_{b,z,Rd}$ (kN) and Buckling Resistance Moment $M_{b,Rd}$ (kNm) for Varying buckling lengths L (m) within the limiting value of $n = N_{Ed} / N_{pl,Rd}$												
		L (m)	2.0	3.0	4.0	5.0	6.0	7.0	8.0	9.0	10.0	11.0	12.0	13.0	14.0
356x406x634 $N_{pl,Rd}$ = 19800 $f_y W_{el,y}$ = 2840 $f_y W_{el,z}$ = 1130	1.00 1.00	$N_{b,y,Rd}$ $N_{b,z,Rd}$ $M_{b,Rd}$	19800 19800 3490	19800 18800 3490	19500 17800 3490	19100 16800 3490	18700 15600 3490	18200 14400 3490	17700 13200 3460	17200 12000 3420	16700 10800 3390	16100 9720 3350	15400 8720 3320	14700 7820 3280	14000 7030 3250
356x406x551 $N_{pl,Rd}$ = 17200 $f_y W_{el,y}$ = 2440 $f_y W_{el,z}$ = 968	1.00 1.00	$N_{b,y,Rd}$ $N_{b,z,Rd}$ $M_{b,Rd}$	17200 17200 2960	17200 16300 2960	16900 15400 2960	16600 14500 2960	16200 13500 2960	15800 12500 2950	15300 11400 2910	14900 10300 2870	14400 9310 2840	13800 8350 2810	13200 7480 2780	12600 6710 2750	12000 6030 2720
356x406x467 $N_{pl,Rd}$ = 15200 $f_y W_{el,y}$ = 2140 $f_y W_{el,z}$ = 839	1.00 1.00	$N_{b,y,Rd}$ $N_{b,z,Rd}$ $M_{b,Rd}$	15200 15100 2550	15200 14300 2550	14900 13500 2550	14500 12600 2550	14200 11700 2540	13800 10800 2500	13400 9770 2470	12900 8790 2430	12400 7870 2400	11900 7030 2370	11400 6270 2340	10800 5600 2310	10200 5020 2280
356x406x393 $N_{pl,Rd}$ = 12800 $f_y W_{el,y}$ = 1780 $f_y W_{el,z}$ = 694	1.00 1.00	$N_{b,y,Rd}$ $N_{b,z,Rd}$ $M_{b,Rd}$	12800 12700 2100	12800 12000 2100	12500 11300 2100	12200 10600 2100	11900 9770 2070	11500 8940 2030	11200 8100 2000	10800 7270 1970	10400 6490 1940	9910 5780 1910	9420 5140 1880	8910 4590 1850	8380 4110 1820
356x406x340 $N_{pl,Rd}$ = 11000 $f_y W_{el,y}$ = 1540 $f_y W_{el,z}$ = 593	1.00 1.00	$N_{b,y,Rd}$ $N_{b,z,Rd}$ $M_{b,Rd}$	11000 11000 1780	11000 10400 1780	10800 9750 1780	10500 9100 1780	10200 8410 1750	9940 7680 1710	9620 6940 1680	9270 6220 1650	8900 5550 1620	8490 4930 1590	8050 4390 1560	7590 3910 1540	7130 3500 1510
356x406x287 $N_{pl,Rd}$ = 9700 $f_y W_{el,y}$ = 1340 $f_y W_{el,z}$ = 514	1.00 1.00	$N_{b,y,Rd}$ $N_{b,z,Rd}$ $M_{b,Rd}$	9700 9600 1540	9680 9060 1540	9440 8500 1540	9200 7910 1520	8940 7270 1490	8660 6610 1450	8360 5950 1420	8040 5300 1390	7680 4710 1360	7300 4170 1330	6890 3700 1300	6470 3290 1270	6040 2940 1240
356x406x235 $N_{pl,Rd}$ = 7920 $f_y W_{el,y}$ = 1100 $f_y W_{el,z}$ = 416	1.00 1.00	$N_{b,y,Rd}$ $N_{b,z,Rd}$ $M_{b,Rd}$	7920 7840 1240	7900 7390 1240	7700 6930 1240	7500 6430 1220	7290 5910 1180	7060 5370 1150	6810 4820 1120	6530 4290 1090	6240 3800 1060	5920 3360 1030	5580 2980 1010	5230 2650 979	4880 2360 953

Advance and UKC are trademarks of Corus. A fuller description of the relationship between Universal Columns (UC) and the Advance range of sections manufactured by Corus is given in note 12.

$n = N_{Ed} / N_{pl,Rd}$

Under combined axial compression and bending the resistances are only valid up to the given $N_{Ed} / N_{pl,Rd}$ limit. For higher values of $n = N_{Ed}/N_{pl,Rd}$ the section would be overloaded due to N_{Ed} alone even when M_{Ed} is zero, because N_{Ed} would exceed the local buckling resistance of the section.

FOR EXPLANATION OF TABLES SEE NOTE 10.

BS EN 1993-1-1:2005
BS 4-1:2005

AXIAL FORCE & BENDING

S275 / Advance275

UNIVERSAL COLUMNS
Advance UKC

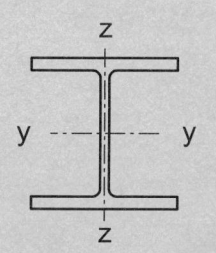

Cross-section resistance check

Section Designation and Axial Resistance $N_{pl,Rd}$ (kN)	n Limit Class 3 Class 2		Moment Resistance $M_{c,y,Rd}$, $M_{c,z,Rd}$ (kNm) and Reduced Moment Resistance $M_{N,y,Rd}$, $M_{N,z,Rd}$ (kNm) for Ratios of Design Axial Force to Design Axial Plastic Resistance $n = N_{Ed} / N_{pl,Rd}$										
		n	0.0	0.1	0.2	0.3	0.4	0.5	0.6	0.7	0.8	0.9	1.0
356x368x202 $N_{pl,Rd} = 6810$	n/a 1.00	$M_{c,y,Rd}$	1050	1050	1050	1050	1050	1050	1050	1050	1050	1050	1050
		$M_{c,z,Rd}$	509	509	509	509	509	509	509	509	509	509	509
		$M_{N,y,Rd}$	1050	1050	942	824	707	589	471	353	236	118	0
		$M_{N,z,Rd}$	509	509	509	502	480	441	386	314	226	121	0
356x368x177 $N_{pl,Rd} = 5990$	n/a 1.00	$M_{c,y,Rd}$	916	916	916	916	916	916	916	916	916	916	916
		$M_{c,z,Rd}$	443	443	443	443	443	443	443	443	443	443	443
		$M_{N,y,Rd}$	916	916	821	718	616	513	410	308	205	103	0
		$M_{N,z,Rd}$	443	443	443	438	418	384	336	274	197	106	0
356x368x153 $N_{pl,Rd} = 5170$	n/a 1.00	$M_{c,y,Rd}$	786	786	786	786	786	786	786	786	786	786	786
		$M_{c,z,Rd}$	380	380	380	380	380	380	380	380	380	380	380
		$M_{N,y,Rd}$	786	786	704	616	528	440	352	264	176	88.0	0
		$M_{N,z,Rd}$	380	380	380	376	359	330	288	235	169	90.5	0
356x368x129 $N_{pl,Rd} = 4350$	n/a 1.00	$M_{c,y,Rd}$	657	657	657	657	657	657	657	657	657	657	657
		$M_{c,z,Rd}$	318	318	318	318	318	318	318	318	318	318	318
		$M_{N,y,Rd}$	657	657	588	515	441	368	294	221	147	73.6	0
		$M_{N,z,Rd}$	318	318	318	314	300	276	241	196	141	75.7	0
305x305x283 $N_{pl,Rd} = 9180$	n/a 1.00	$M_{c,y,Rd}$	1300	1300	1300	1300	1300	1300	1300	1300	1300	1300	1300
		$M_{c,z,Rd}$	597	597	597	597	597	597	597	597	597	597	597
		$M_{N,y,Rd}$	1300	1300	1160	1020	873	728	582	437	291	146	0
		$M_{N,z,Rd}$	597	597	597	590	563	517	452	368	264	142	0
305x305x240 $N_{pl,Rd} = 8110$	n/a 1.00	$M_{c,y,Rd}$	1130	1130	1130	1130	1130	1130	1130	1130	1130	1130	1130
		$M_{c,z,Rd}$	517	517	517	517	517	517	517	517	517	517	517
		$M_{N,y,Rd}$	1130	1130	1010	883	757	631	505	378	252	126	0
		$M_{N,z,Rd}$	517	517	517	511	488	449	393	320	230	123	0
305x305x198 $N_{pl,Rd} = 6680$	n/a 1.00	$M_{c,y,Rd}$	912	912	912	912	912	912	912	912	912	912	912
		$M_{c,z,Rd}$	419	419	419	419	419	419	419	419	419	419	419
		$M_{N,y,Rd}$	912	912	818	716	613	511	409	307	204	102	0
		$M_{N,z,Rd}$	419	419	419	414	396	364	318	259	186	100	0

Advance and UKC are trademarks of Corus. A fuller description of the relationship between Universal Columns (UC) and the Advance range of sections manufactured by Corus is given in note 12.

N_{Ed} = Design value of the axial force.

$n = N_{Ed} / N_{pl,Rd}$

The values in this table are conservative for tension as the more onerous compression section classification limits have been used.
FOR EXPLANATION OF TABLES SEE NOTE 10.

| BS EN 1993-1-1:2005 BS 4-1:2005 | **AXIAL FORCE & BENDING** | **S275 / Advance275** |

UNIVERSAL COLUMNS
Advance UKC

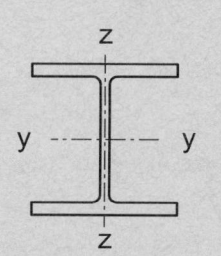

Member buckling check

Section Designation and Resistances (kN, kNm)	n Limit	Compression Resistance $N_{b,y,Rd}$, $N_{b,z,Rd}$ (kN) and Buckling Resistance Moment $M_{b,Rd}$ (kNm) for Varying buckling lengths L (m) within the limiting value of $n = N_{Ed}/N_{pl,Rd}$												
		L (m)	2.0	3.0	4.0	5.0	6.0	7.0	8.0	9.0	10.0	11.0	12.0	13.0	14.0
356x368x202 $N_{pl,Rd}$ = 6810 $f_y W_{el,y}$ = 937 $f_y W_{el,z}$ = 335	1.00 1.00	$N_{b,y,Rd}$ $N_{b,z,Rd}$ $M_{b,Rd}$	6810 6690 1050	6780 6280 1050	6610 5850 1050	6440 5390 1020	6250 4910 987	6050 4400 956	5830 3910 927	5590 3440 898	5330 3030 870	5050 2660 842	4750 2340 815	4450 2070 789	4140 1840 764
356x368x177 $N_{pl,Rd}$ = 5990 $f_y W_{el,y}$ = 822 $f_y W_{el,z}$ = 292	1.00 1.00	$N_{b,y,Rd}$ $N_{b,z,Rd}$ $M_{b,Rd}$	5990 5880 916	5960 5510 916	5810 5130 911	5650 4730 881	5480 4300 851	5300 3850 822	5100 3420 793	4890 3010 765	4660 2640 738	4400 2320 711	4140 2040 685	3860 1810 660	3590 1610 635
356x368x153 $N_{pl,Rd}$ = 5170 $f_y W_{el,y}$ = 711 $f_y W_{el,z}$ = 251	1.00 1.00	$N_{b,y,Rd}$ $N_{b,z,Rd}$ $M_{b,Rd}$	5170 5070 786	5140 4750 786	5010 4420 779	4870 4070 751	4720 3700 723	4570 3310 696	4400 2930 668	4210 2580 641	4000 2260 615	3780 1990 589	3550 1750 564	3320 1550 540	3080 1370 518
356x368x129 $N_{pl,Rd}$ = 4350 $f_y W_{el,y}$ = 600 $f_y W_{el,z}$ = 210	1.00 1.00	$N_{b,y,Rd}$ $N_{b,z,Rd}$ $M_{b,Rd}$	4350 4260 657	4320 3990 657	4210 3710 649	4090 3410 624	3960 3100 599	3830 2770 573	3680 2450 547	3520 2150 522	3340 1890 496	3160 1660 472	2960 1460 448	2750 1290 426	2550 1140 405
305x305x283 $N_{pl,Rd}$ = 9180 $f_y W_{el,y}$ = 1100 $f_y W_{el,z}$ = 390	1.00 1.00	$N_{b,y,Rd}$ $N_{b,z,Rd}$ $M_{b,Rd}$	9180 8860 1300	9100 8230 1300	8850 7550 1300	8590 6820 1280	8320 6050 1250	8020 5290 1230	7690 4580 1200	7320 3950 1180	6930 3410 1160	6510 2960 1140	6070 2580 1120	5630 2270 1090	5200 2000 1070
305x305x240 $N_{pl,Rd}$ = 8110 $f_y W_{el,y}$ = 965 $f_y W_{el,z}$ = 338	1.00 1.00	$N_{b,y,Rd}$ $N_{b,z,Rd}$ $M_{b,Rd}$	8110 7790 1130	8010 7210 1130	7780 6580 1120	7540 5910 1090	7280 5200 1060	7000 4510 1040	6690 3880 1010	6350 3330 991	5970 2870 968	5580 2480 946	5170 2160 924	4770 1890 903	4380 1670 882
305x305x198 $N_{pl,Rd}$ = 6680 $f_y W_{el,y}$ = 794 $f_y W_{el,z}$ = 275	1.00 1.00	$N_{b,y,Rd}$ $N_{b,z,Rd}$ $M_{b,Rd}$	6680 6400 912	6590 5910 912	6390 5390 899	6190 4830 872	5970 4240 847	5730 3670 823	5460 3150 800	5170 2690 778	4850 2320 756	4520 2000 735	4180 1740 714	3840 1530 694	3510 1350 674

Advance and UKC are trademarks of Corus. A fuller description of the relationship between Universal Columns (UC) and the Advance range of sections manufactured by Corus is given in note 12.

$n = N_{Ed} / N_{pl,Rd}$

Under combined axial compression and bending the resistances are only valid up to the given $N_{Ed} / N_{pl,Rd}$ limit. For higher values of $n = N_{Ed}/N_{pl,Rd}$ the section would be overloaded due to N_{Ed} alone even when M_{Ed} is zero, because N_{Ed} would exceed the local buckling resistance of the section.

FOR EXPLANATION OF TABLES SEE NOTE 10.

| BS EN 1993-1-1:2005 / BS 4-1:2005 | **AXIAL FORCE & BENDING** | S275 / Advance275 |

UNIVERSAL COLUMNS
Advance UKC

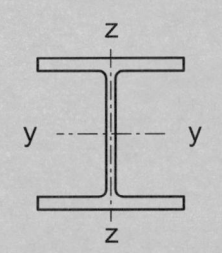

Cross-section resistance check

Section Designation and Axial Resistance $N_{pl,Rd}$ (kN)	n Limit Class 3 Class 2		Moment Resistance $M_{c,y,Rd}$, $M_{c,z,Rd}$ (kNm) and Reduced Moment Resistance $M_{N,y,Rd}$, $M_{N,z,Rd}$ (kNm) for Ratios of Design Axial Force to Design Axial Plastic Resistance $n = N_{Ed} / N_{pl,Rd}$										
		n	0.0	0.1	0.2	0.3	0.4	0.5	0.6	0.7	0.8	0.9	1.0
305x305x158 $N_{pl,Rd}$ = 5330	n/a 1.00	$M_{c,y,Rd}$	710	710	710	710	710	710	710	710	710	710	710
		$M_{c,z,Rd}$	326	326	326	326	326	326	326	326	326	326	326
		$M_{N,y,Rd}$	710	710	641	561	480	400	320	240	160	80.1	0
		$M_{N,z,Rd}$	326	326	326	323	309	285	250	204	147	78.8	0
305x305x137 $N_{pl,Rd}$ = 4610	n/a 1.00	$M_{c,y,Rd}$	609	609	609	609	609	609	609	609	609	609	609
		$M_{c,z,Rd}$	279	279	279	279	279	279	279	279	279	279	279
		$M_{N,y,Rd}$	609	609	550	481	412	344	275	206	137	68.7	0
		$M_{N,z,Rd}$	279	279	279	277	265	244	214	175	126	67.6	0
305x305x118 $N_{pl,Rd}$ = 3980	n/a 1.00	$M_{c,y,Rd}$	519	519	519	519	519	519	519	519	519	519	519
		$M_{c,z,Rd}$	237	237	237	237	237	237	237	237	237	237	237
		$M_{N,y,Rd}$	519	519	470	411	352	294	235	176	117	58.7	0
		$M_{N,z,Rd}$	237	237	237	235	226	209	183	149	108	57.9	0
305x305x97 $N_{pl,Rd}$ = 3380	n/a 1.00	$M_{c,y,Rd}$	438	438	438	438	438	438	438	438	438	438	438
		$M_{c,z,Rd}$	200	200	200	200	200	200	200	200	200	200	200
		$M_{N,y,Rd}$	438	438	397	347	298	248	199	149	99.3	49.6	0
		$M_{N,z,Rd}$	200	200	200	198	190	176	154	126	90.8	48.8	0
254x254x167 $N_{pl,Rd}$ = 5640	n/a 1.00	$M_{c,y,Rd}$	642	642	642	642	642	642	642	642	642	642	642
		$M_{c,z,Rd}$	301	301	301	301	301	301	301	301	301	301	301
		$M_{N,y,Rd}$	642	642	574	503	431	359	287	215	144	71.8	0
		$M_{N,z,Rd}$	301	301	301	297	284	261	228	186	133	71.5	0
254x254x132 $N_{pl,Rd}$ = 4450	n/a 1.00	$M_{c,y,Rd}$	495	495	495	495	495	495	495	495	495	495	495
		$M_{c,z,Rd}$	233	233	233	233	233	233	233	233	233	233	233
		$M_{N,y,Rd}$	495	495	444	388	333	277	222	166	111	55.4	0
		$M_{N,z,Rd}$	233	233	233	230	220	202	176	144	103	55.4	0
254x254x107 $N_{pl,Rd}$ = 3600	n/a 1.00	$M_{c,y,Rd}$	393	393	393	393	393	393	393	393	393	393	393
		$M_{c,z,Rd}$	185	185	185	185	185	185	185	185	185	185	185
		$M_{N,y,Rd}$	393	393	354	309	265	221	177	133	88.4	44.2	0
		$M_{N,z,Rd}$	185	185	185	183	175	161	141	115	82.6	44.3	0

Advance and UKC are trademarks of Corus. A fuller description of the relationship between Universal Columns (UC) and the Advance range of sections manufactured by Corus is given in note 12.

N_{Ed} = Design value of the axial force.

$n = N_{Ed} / N_{pl,Rd}$

The values in this table are conservative for tension as the more onerous compression section classification limits have been used.
FOR EXPLANATION OF TABLES SEE NOTE 10.

BS EN 1993-1-1:2005 BS 4-1:2005															

AXIAL FORCE & BENDING
UNIVERSAL COLUMNS
Advance UKC

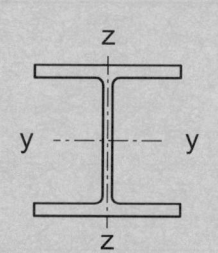

S275 / Advance275

Member buckling check

Section Designation and Resistances (kN, kNm)	n Limit	Compression Resistance $N_{b,y,Rd}$, $N_{b,z,Rd}$ (kN) and Buckling Resistance Moment $M_{b,Rd}$ (kNm) for Varying buckling lengths L (m) within the limiting value of $n = N_{Ed} / N_{pl,Rd}$													
		L (m)	1.0	1.5	2.0	2.5	3.0	3.5	4.0	5.0	6.0	7.0	8.0	9.0	10.0
305x305x158 $N_{pl,Rd} = 5330$ $f_y W_{el,y} = 628$ $f_y W_{el,z} = 214$	1.00 1.00	$N_{b,y,Rd}$ $N_{b,z,Rd}$ $M_{b,Rd}$	5330 5330 710	5330 5290 710	5330 5090 710	5320 4900 710	5240 4700 710	5160 4490 706	5090 4270 693	4920 3810 668	4740 3330 645	4540 2870 622	4320 2450 601	4080 2100 580	3810 1800 559
305x305x137 $N_{pl,Rd} = 4610$ $f_y W_{el,y} = 543$ $f_y W_{el,z} = 183$	1.00 1.00	$N_{b,y,Rd}$ $N_{b,z,Rd}$ $M_{b,Rd}$	4610 4610 609	4610 4570 609	4610 4400 609	4600 4230 609	4530 4060 609	4460 3870 602	4390 3680 590	4250 3280 567	4090 2860 544	3910 2460 523	3710 2100 502	3500 1790 481	3270 1540 461
305x305x118 $N_{pl,Rd} = 3980$ $f_y W_{el,y} = 466$ $f_y W_{el,z} = 156$	1.00 1.00	$N_{b,y,Rd}$ $N_{b,z,Rd}$ $M_{b,Rd}$	3980 3980 519	3980 3940 519	3980 3790 519	3960 3640 519	3910 3490 519	3850 3330 511	3780 3160 500	3660 2810 478	3520 2450 457	3360 2100 436	3190 1790 416	3000 1530 396	2800 1310 377
305x305x97 $N_{pl,Rd} = 3380$ $f_y W_{el,y} = 397$ $f_y W_{el,z} = 132$	1.00 1.00	$N_{b,y,Rd}$ $N_{b,z,Rd}$ $M_{b,Rd}$	3380 3380 438	3380 3340 438	3380 3210 438	3360 3080 438	3310 2950 437	3260 2810 427	3210 2660 417	3090 2350 396	2970 2030 375	2830 1730 354	2670 1470 333	2500 1250 313	2320 1070 294
254x254x167 $N_{pl,Rd} = 5640$ $f_y W_{el,y} = 550$ $f_y W_{el,z} = 197$	1.00 1.00	$N_{b,y,Rd}$ $N_{b,z,Rd}$ $M_{b,Rd}$	5640 5640 642	5640 5500 642	5640 5260 642	5570 5020 642	5470 4760 642	5370 4500 637	5270 4210 627	5050 3630 609	4810 3060 592	4530 2550 576	4230 2130 561	3890 1790 546	3550 1510 531
254x254x132 $N_{pl,Rd} = 4450$ $f_y W_{el,y} = 432$ $f_y W_{el,z} = 153$	1.00 1.00	$N_{b,y,Rd}$ $N_{b,z,Rd}$ $M_{b,Rd}$	4450 4450 495	4450 4330 495	4450 4140 495	4380 3940 495	4300 3740 495	4220 3520 485	4140 3290 476	3960 2820 460	3760 2370 444	3530 1970 429	3280 1640 415	3010 1370 401	2730 1160 387
254x254x107 $N_{pl,Rd} = 3600$ $f_y W_{el,y} = 348$ $f_y W_{el,z} = 121$	1.00 1.00	$N_{b,y,Rd}$ $N_{b,z,Rd}$ $M_{b,Rd}$	3600 3600 393	3600 3500 393	3600 3340 393	3540 3180 393	3470 3010 393	3410 2830 389	3340 2640 381	3190 2260 373	3020 1880 357	2820 1560 342	2610 1300 328	2380 1080 314	2150 915 301

Advance and UKC are trademarks of Corus. A fuller description of the relationship between Universal Columns (UC) and the Advance range of sections manufactured by Corus is given in note 12.

$n = N_{Ed} / N_{pl,Rd}$

Under combined axial compression and bending the resistances are only valid up to the given $N_{Ed} / N_{pl,Rd}$ limit. For higher values of $n = N_{Ed}/N_{pl,Rd}$ the section would be overloaded due to N_{Ed} alone even when M_{Ed} is zero, because N_{Ed} would exceed the local buckling resistance of the section.

FOR EXPLANATION OF TABLES SEE NOTE 10.

BS EN 1993-1-1:2005
BS 4-1:2005

AXIAL FORCE & BENDING

S275 / Advance275

UNIVERSAL COLUMNS
Advance UKC

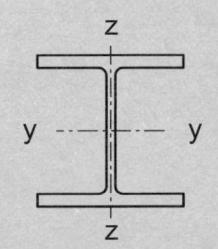

Cross-section resistance check

Section Designation and Axial Resistance $N_{pl,Rd}$ (kN)	n Limit Class 3 / Class 2	Moment Resistance $M_{c,y,Rd}$, $M_{c,z,Rd}$ (kNm) and Reduced Moment Resistance $M_{N,y,Rd}$, $M_{N,z,Rd}$ (kNm) for Ratios of Design Axial Force to Design Axial Plastic Resistance $n = N_{Ed} / N_{pl,Rd}$											
		n	0.0	0.1	0.2	0.3	0.4	0.5	0.6	0.7	0.8	0.9	1.0
254x254x89 $N_{pl,Rd}$ = 2990	n/a 1.00	$M_{c,y,Rd}$	324	324	324	324	324	324	324	324	324	324	324
		$M_{c,z,Rd}$	152	152	152	152	152	152	152	152	152	152	152
		$M_{N,y,Rd}$	324	324	291	254	218	182	145	109	72.7	36.3	0
		$M_{N,z,Rd}$	152	152	152	151	144	132	116	94.3	67.8	36.4	0
254x254x73 $N_{pl,Rd}$ = 2560	n/a 1.00	$M_{c,y,Rd}$	273	273	273	273	273	273	273	273	273	273	273
		$M_{c,z,Rd}$	128	128	128	128	128	128	128	128	128	128	128
		$M_{N,y,Rd}$	273	273	246	215	184	154	123	92.1	61.4	30.7	0
		$M_{N,z,Rd}$	128	128	128	127	121	112	97.9	79.8	57.4	30.8	0
203x203x127 + $N_{pl,Rd}$ = 4290	n/a 1.00	$M_{c,y,Rd}$	402	402	402	402	402	402	402	402	402	402	402
		$M_{c,z,Rd}$	187	187	187	187	187	187	187	187	187	187	187
		$M_{N,y,Rd}$	402	402	358	314	269	224	179	134	89.6	44.8	0
		$M_{N,z,Rd}$	187	187	187	184	175	161	141	114	82.1	44.0	0
203x203x113 + $N_{pl,Rd}$ = 3840	n/a 1.00	$M_{c,y,Rd}$	352	352	352	352	352	352	352	352	352	352	352
		$M_{c,z,Rd}$	164	164	164	164	164	164	164	164	164	164	164
		$M_{N,y,Rd}$	352	352	315	276	237	197	158	118	78.8	39.4	0
		$M_{N,z,Rd}$	164	164	164	162	155	142	124	101	72.7	39.0	0
203x203x100 + $N_{pl,Rd}$ = 3370	n/a 1.00	$M_{c,y,Rd}$	304	304	304	304	304	304	304	304	304	304	304
		$M_{c,z,Rd}$	142	142	142	142	142	142	142	142	142	142	142
		$M_{N,y,Rd}$	304	304	273	239	205	170	136	102	68.2	34.1	0
		$M_{N,z,Rd}$	142	142	142	140	134	123	107	87.5	62.9	33.8	0
203x203x86 $N_{pl,Rd}$ = 2920	n/a 1.00	$M_{c,y,Rd}$	259	259	259	259	259	259	259	259	259	259	259
		$M_{c,z,Rd}$	121	121	121	121	121	121	121	121	121	121	121
		$M_{N,y,Rd}$	259	259	233	204	175	146	116	87.3	58.2	29.1	0
		$M_{N,z,Rd}$	121	121	121	120	114	105	92.2	75.1	54.1	29.0	0
203x203x71 $N_{pl,Rd}$ = 2400	n/a 1.00	$M_{c,y,Rd}$	212	212	212	212	212	212	212	212	212	212	212
		$M_{c,z,Rd}$	99.0	99.0	99.0	99.0	99.0	99.0	99.0	99.0	99.0	99.0	99.0
		$M_{N,y,Rd}$	212	212	189	166	142	118	94.6	71.0	47.3	23.7	0
		$M_{N,z,Rd}$	99.0	99.0	99.0	97.7	93.3	85.7	74.9	60.9	43.8	23.5	0

Advance and UKC are trademarks of Corus. A fuller description of the relationship between Universal Columns (UC) and the Advance range of sections manufactured by Corus is given in note 12.

+ These sections are in addition to the range of BS 4 sections

N_{Ed} = Design value of the axial force.

$n = N_{Ed} / N_{pl,Rd}$

The values in this table are conservative for tension as the more onerous compression section classification limits have been used.

FOR EXPLANATION OF TABLES SEE NOTE 10.

BS EN 1993-1-1:2005
BS 4-1:2005

AXIAL FORCE & BENDING

S275 / Advance275

UNIVERSAL COLUMNS
Advance UKC

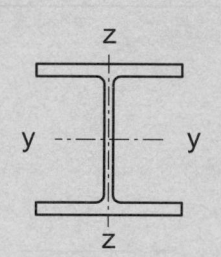

Member buckling check

Section Designation and Resistances (kN, kNm)	n Limit	Compression Resistance $N_{b,y,Rd}$, $N_{b,z,Rd}$ (kN) and Buckling Resistance Moment $M_{b,Rd}$ (kNm) for Varying buckling lengths L (m) within the limiting value of $n = N_{Ed} / N_{pl,Rd}$													
		L (m)	1.0	1.5	2.0	2.5	3.0	3.5	4.0	5.0	6.0	7.0	8.0	9.0	10.0
254x254x89 $N_{pl,Rd}$ = 2990 $f_y W_{el,y}$ = 291 $f_y W_{el,z}$ = 100	1.00 1.00	$N_{b,y,Rd}$ $N_{b,z,Rd}$ $M_{b,Rd}$	2990 2990 324	2990 2900 324	2990 2770 324	2940 2640 324	2880 2490 319	2830 2340 311	2770 2190 304	2640 1860 289	2500 1560 275	2340 1290 261	2150 1070 248	1960 891 235	1770 752 223
254x254x73 $N_{pl,Rd}$ = 2560 $f_y W_{el,y}$ = 247 $f_y W_{el,z}$ = 84.4	1.00 1.00	$N_{b,y,Rd}$ $N_{b,z,Rd}$ $M_{b,Rd}$	2560 2560 273	2560 2470 273	2550 2360 273	2510 2240 273	2460 2110 266	2410 1980 258	2360 1840 251	2240 1550 237	2110 1290 222	1970 1060 208	1810 873 195	1640 728 182	1470 613 171
203x203x127 + $N_{pl,Rd}$ = 4290 $f_y W_{el,y}$ = 339 $f_y W_{el,z}$ = 122	1.00 1.00	$N_{b,y,Rd}$ $N_{b,z,Rd}$ $M_{b,Rd}$	4290 4280 402	4290 4060 402	4240 3830 402	4150 3590 402	4060 3330 399	3970 3060 393	3860 2780 387	3640 2250 375	3370 1790 364	3080 1440 354	2760 1170 344	2440 961 334	2150 803 325
203x203x113 + $N_{pl,Rd}$ = 3840 $f_y W_{el,y}$ = 300 $f_y W_{el,z}$ = 107	1.00 1.00	$N_{b,y,Rd}$ $N_{b,z,Rd}$ $M_{b,Rd}$	3840 3830 352	3840 3630 352	3790 3420 352	3710 3200 352	3630 2970 347	3540 2720 341	3440 2470 335	3240 1990 324	2990 1590 314	2720 1270 304	2430 1030 295	2150 847 285	1880 707 276
203x203x100 + $N_{pl,Rd}$ = 3370 $f_y W_{el,y}$ = 262 $f_y W_{el,z}$ = 92.8	1.00 1.00	$N_{b,y,Rd}$ $N_{b,z,Rd}$ $M_{b,Rd}$	3370 3350 304	3370 3170 304	3320 2980 304	3250 2790 304	3170 2580 298	3090 2370 292	3010 2150 286	2820 1720 276	2600 1370 266	2360 1090 256	2100 886 247	1850 728 238	1610 608 230
203x203x86 $N_{pl,Rd}$ = 2920 $f_y W_{el,y}$ = 225 $f_y W_{el,z}$ = 79.2	1.00 1.00	$N_{b,y,Rd}$ $N_{b,z,Rd}$ $M_{b,Rd}$	2920 2900 259	2920 2740 259	2870 2580 259	2810 2410 257	2740 2230 251	2670 2040 246	2590 1840 240	2430 1480 230	2230 1170 221	2010 934 212	1790 755 203	1570 621 194	1360 518 186
203x203x71 $N_{pl,Rd}$ = 2400 $f_y W_{el,y}$ = 187 $f_y W_{el,z}$ = 65.2	1.00 1.00	$N_{b,y,Rd}$ $N_{b,z,Rd}$ $M_{b,Rd}$	2400 2380 212	2400 2250 212	2360 2120 212	2300 1970 209	2250 1820 203	2190 1670 198	2130 1510 193	1990 1200 183	1820 952 174	1640 758 165	1450 613 157	1270 504 149	1100 420 142

Advance and UKC are trademarks of Corus. A fuller description of the relationship between Universal Columns (UC) and the Advance range of sections manufactured by Corus is given in note 12.

+ These sections are in addition to the range of BS 4 sections

$n = N_{Ed} / N_{pl,Rd}$

Under combined axial compression and bending the resistances are only valid up to the given $N_{Ed} / N_{pl,Rd}$ limit. For higher values of $n = N_{Ed}/N_{pl,Rd}$ the section would be overloaded due to N_{Ed} alone even when M_{Ed} is zero, because N_{Ed} would exceed the local buckling resistance of the section.

FOR EXPLANATION OF TABLES SEE NOTE 10.

| BS EN 1993-1-1:2005 / BS 4-1:2005 | | AXIAL FORCE & BENDING | | | | | | | | | | | S275 / Advance275 |

UNIVERSAL COLUMNS
Advance UKC

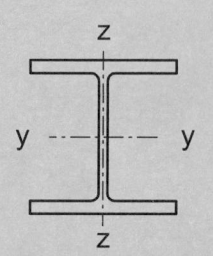

Cross-section resistance check

Section Designation and Axial Resistance $N_{pl,Rd}$ (kN)	n Limit Class 3 Class 2	Moment Resistance $M_{c,y,Rd}$, $M_{c,z,Rd}$ (kNm) and Reduced Moment Resistance $M_{N,y,Rd}$, $M_{N,z,Rd}$ (kNm) for Ratios of Design Axial Force to Design Axial Plastic Resistance $n = N_{Ed} / N_{pl,Rd}$											
		n	0.0	0.1	0.2	0.3	0.4	0.5	0.6	0.7	0.8	0.9	1.0
203x203x60 $N_{pl,Rd} = 2100$	n/a 1.00	$M_{c,y,Rd}$	180	180	180	180	180	180	180	180	180	180	180
		$M_{c,z,Rd}$	84.0	84.0	84.0	84.0	84.0	84.0	84.0	84.0	84.0	84.0	84.0
		$M_{N,y,Rd}$	180	180	164	143	123	102	81.8	61.3	40.9	20.4	0
		$M_{N,z,Rd}$	84.0	84.0	84.0	83.3	80.0	73.9	64.8	52.9	38.2	20.5	0
203x203x52 $N_{pl,Rd} = 1820$	n/a 1.00	$M_{c,y,Rd}$	156	156	156	156	156	156	156	156	156	156	156
		$M_{c,z,Rd}$	72.7	72.7	72.7	72.7	72.7	72.7	72.7	72.7	72.7	72.7	72.7
		$M_{N,y,Rd}$	156	156	141	123	106	88.1	70.5	52.9	35.3	17.6	0
		$M_{N,z,Rd}$	72.7	72.7	72.7	72.0	69.1	63.7	55.9	45.6	32.8	17.6	0
203x203x46 $N_{pl,Rd} = 1610$	n/a 1.00	$M_{c,y,Rd}$	137	137	137	137	137	137	137	137	137	137	137
		$M_{c,z,Rd}$	63.5	63.5	63.5	63.5	63.5	63.5	63.5	63.5	63.5	63.5	63.5
		$M_{N,y,Rd}$	137	137	124	109	93.1	77.6	62.1	46.6	31.0	15.5	0
		$M_{N,z,Rd}$	63.5	63.5	63.5	63.0	60.6	55.9	49.1	40.1	28.9	15.5	0
152x152x51 + $N_{pl,Rd} = 1790$	n/a 1.00	$M_{c,y,Rd}$	120	120	120	120	120	120	120	120	120	120	120
		$M_{c,z,Rd}$	54.7	54.7	54.7	54.7	54.7	54.7	54.7	54.7	54.7	54.7	54.7
		$M_{N,y,Rd}$	120	120	110	95.9	82.2	68.5	54.8	41.1	27.4	13.7	0
		$M_{N,z,Rd}$	54.7	54.7	54.7	54.4	52.3	48.4	42.5	34.7	25.1	13.5	0
152x152x44 + $N_{pl,Rd} = 1540$	n/a 1.00	$M_{c,y,Rd}$	102	102	102	102	102	102	102	102	102	102	102
		$M_{c,z,Rd}$	46.5	46.5	46.5	46.5	46.5	46.5	46.5	46.5	46.5	46.5	46.5
		$M_{N,y,Rd}$	102	102	93.2	81.6	69.9	58.3	46.6	35.0	23.3	11.7	0
		$M_{N,z,Rd}$	46.5	46.5	46.5	46.2	44.5	41.1	36.2	29.6	21.3	11.5	0
152x152x37 $N_{pl,Rd} = 1300$	n/a 1.00	$M_{c,y,Rd}$	84.9	84.9	84.9	84.9	84.9	84.9	84.9	84.9	84.9	84.9	84.9
		$M_{c,z,Rd}$	38.4	38.4	38.4	38.4	38.4	38.4	38.4	38.4	38.4	38.4	38.4
		$M_{N,y,Rd}$	84.9	84.9	77.5	67.8	58.1	48.4	38.7	29.0	19.4	9.68	0
		$M_{N,z,Rd}$	38.4	38.4	38.4	38.2	36.8	34.0	29.9	24.5	17.7	9.51	0
152x152x30 $N_{pl,Rd} = 1050$	n/a 1.00	$M_{c,y,Rd}$	68.1	68.1	68.1	68.1	68.1	68.1	68.1	68.1	68.1	68.1	68.1
		$M_{c,z,Rd}$	30.7	30.7	30.7	30.7	30.7	30.7	30.7	30.7	30.7	30.7	30.7
		$M_{N,y,Rd}$	68.1	68.1	62.3	54.5	46.7	38.9	31.1	23.3	15.6	7.78	0
		$M_{N,z,Rd}$	30.7	30.7	30.7	30.5	29.4	27.3	24.0	19.6	14.2	7.63	0
152x152x23 $N_{pl,Rd} = 803$	1.00 0.00	$M_{c,y,Rd}$	45.1	45.1	45.1	45.1	45.1	45.1	45.1	45.1	45.1	45.1	45.1
		$M_{c,z,Rd}$	14.5	14.5	14.5	14.5	14.5	14.5	14.5	14.5	14.5	14.5	14.5
		$M_{N,y,Rd}$	-	-	-	-	-	-	-	-	-	-	-
		$M_{N,z,Rd}$	-	-	-	-	-	-	-	-	-	-	-

Advance and UKC are trademarks of Corus. A fuller description of the relationship between Universal Columns (UC) and the Advance range of sections manufactured by Corus is given in note 12.

+ These sections are in addition to the range of BS 4 sections

N_{Ed} = Design value of the axial force.

$n = N_{Ed} / N_{pl,Rd}$

- Not applicable for class 3 and class 4 sections.

The values in this table are conservative for tension as the more onerous compression section classification limits have been used.

FOR EXPLANATION OF TABLES SEE NOTE 10.

| BS EN 1993-1-1:2005 | AXIAL FORCE & BENDING | S275 / Advance275 |
| BS 4-1:2005 | | |

UNIVERSAL COLUMNS
Advance UKC

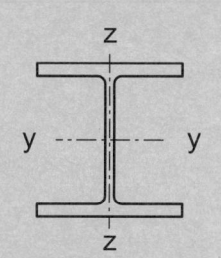

Member buckling check

Section Designation and Resistances (kN, kNm)	n Limit		Compression Resistance $N_{b,y,Rd}$, $N_{b,z,Rd}$ (kN) and Buckling Resistance Moment $M_{b,Rd}$ (kNm) for Varying buckling lengths L (m) within the limiting value of $n = N_{Ed} / N_{pl,Rd}$											
		L (m)	1.0	1.5	2.0	2.5	3.0	3.5	4.0	5.0	6.0	7.0	8.0	9.0	10.0
203x203x60 $N_{pl,Rd}$ = 2100 $f_y W_{el,y}$ = 161 $f_y W_{el,z}$ = 55.2	1.00 1.00	$N_{b,y,Rd}$ $N_{b,z,Rd}$ $M_{b,Rd}$	2100 2080 180	2100 1960 180	2060 1840 180	2010 1710 176	1960 1570 171	1900 1420 165	1840 1280 160	1710 1010 150	1560 791 141	1390 627 132	1220 506 124	1050 414 116	911 345 109
203x203x52 $N_{pl,Rd}$ = 1820 $f_y W_{el,y}$ = 140 $f_y W_{el,z}$ = 47.9	1.00 1.00	$N_{b,y,Rd}$ $N_{b,z,Rd}$ $M_{b,Rd}$	1820 1800 156	1820 1700 156	1790 1590 156	1740 1480 151	1700 1360 146	1650 1230 142	1600 1110 137	1480 871 127	1350 683 118	1200 541 109	1050 436 102	908 357 94.4	785 297 88.0
203x203x46 $N_{pl,Rd}$ = 1610 $f_y W_{el,y}$ = 124 $f_y W_{el,z}$ = 41.8	1.00 1.00	$N_{b,y,Rd}$ $N_{b,z,Rd}$ $M_{b,Rd}$	1610 1590 137	1610 1500 137	1580 1410 137	1540 1300 132	1500 1200 127	1460 1080 123	1410 970 118	1310 762 109	1190 596 100	1050 472 92.0	918 380 84.5	794 311 78.0	684 259 72.2
152x152x51 + $N_{pl,Rd}$ = 1790 $f_y W_{el,y}$ = 104 $f_y W_{el,z}$ = 35.8	1.00 1.00	$N_{b,y,Rd}$ $N_{b,z,Rd}$ $M_{b,Rd}$	1790 1710 120	1760 1570 120	1710 1430 118	1650 1270 115	1590 1110 111	1520 949 108	1450 809 105	1280 591 99.2	1090 442 93.6	912 341 88.3	758 270 83.2	632 219 78.5	532 180 74.1
152x152x44 + $N_{pl,Rd}$ = 1540 $f_y W_{el,y}$ = 89.7 $f_y W_{el,z}$ = 30.3	1.00 1.00	$N_{b,y,Rd}$ $N_{b,z,Rd}$ $M_{b,Rd}$	1540 1470 102	1520 1350 102	1470 1220 99.8	1420 1080 96.4	1370 943 93.2	1310 808 90.1	1240 687 87.1	1090 501 81.4	925 374 76.0	770 288 71.0	638 228 66.3	531 185 62.1	447 152 58.2
152x152x37 $N_{pl,Rd}$ = 1300 $f_y W_{el,y}$ = 75.1 $f_y W_{el,z}$ = 25.2	1.00 1.00	$N_{b,y,Rd}$ $N_{b,z,Rd}$ $M_{b,Rd}$	1300 1230 84.9	1270 1130 84.9	1230 1020 82.1	1190 903 78.9	1140 782 75.9	1090 668 72.9	1030 568 70.0	905 412 64.6	766 308 59.5	635 237 54.8	525 187 50.6	437 151 46.9	367 125 43.7
152x152x30 $N_{pl,Rd}$ = 1050 $f_y W_{el,y}$ = 61.0 $f_y W_{el,z}$ = 20.2	1.00 1.00	$N_{b,y,Rd}$ $N_{b,z,Rd}$ $M_{b,Rd}$	1050 999 68.1	1030 916 68.1	999 826 65.2	964 729 62.3	926 630 59.5	883 537 56.6	836 455 53.9	729 330 48.7	614 246 44.0	508 189 39.9	419 149 36.3	348 121 33.3	292 99.7 30.7
152x152x23 $N_{pl,Rd}$ = 803 $f_y W_{el,y}$ = 45.1 $f_y W_{el,z}$ = 14.5	1.00 1.00	$N_{b,y,Rd}$ $N_{b,z,Rd}$ $M_{b,Rd}$	803 758 45.1	785 692 45.1	759 620 43.2	731 543 41.1	700 465 39.0	665 393 36.8	627 331 34.8	541 238 30.8	451 177 27.3	370 136 24.4	303 107 21.9	251 86.5 19.9	210 71.3 18.2

Advance and UKC are trademarks of Corus. A fuller description of the relationship between Universal Columns (UC) and the Advance range of sections manufactured by Corus is given in note 12.

+ These sections are in addition to the range of BS 4 sections

$n = N_{Ed} / N_{pl,Rd}$

Under combined axial compression and bending the resistances are only valid up to the given $N_{Ed} / N_{pl,Rd}$ limit. For higher values of $n = N_{Ed}/N_{pl,Rd}$ the section would be overloaded due to N_{Ed} alone even when M_{Ed} is zero, because N_{Ed} would exceed the local buckling resistance of the section.

FOR EXPLANATION OF TABLES SEE NOTE 10.

BS EN 1993-1-1:2005					
BS 4-1:2005					

AXIAL FORCE & BENDING S275

JOISTS

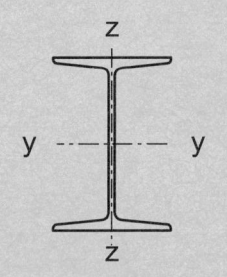

Cross-section resistance check

Section Designation and Axial Resistance $N_{pl,Rd}$ (kN)	n Limit Class 3 Class 2	Moment Resistance $M_{c,y,Rd}$, $M_{c,z,Rd}$ (kNm) and Reduced Moment Resistance $M_{N,y,Rd}$, $M_{N,z,Rd}$ (kNm) for Ratios of Design Axial Force to Design Axial Plastic Resistance $n = N_{Ed}/N_{pl,Rd}$											
		n	0.0	0.1	0.2	0.3	0.4	0.5	0.6	0.7	0.8	0.9	1.0
254x203x82 $N_{pl,Rd}$ = 2780	n/a 1.00	$M_{c,y,Rd}$	285	285	285	285	285	285	285	285	285	285	285
		$M_{c,z,Rd}$	98.3	98.3	98.3	98.3	98.3	98.3	98.3	98.3	98.3	98.3	98.3
		$M_{N,y,Rd}$	285	285	258	226	193	161	129	96.7	64.5	32.2	0
		$M_{N,z,Rd}$	98.3	98.3	98.3	97.5	93.5	86.2	75.6	61.7	44.4	23.9	0
254x114x37 $N_{pl,Rd}$ = 1300	n/a 1.00	$M_{c,y,Rd}$	126	126	126	126	126	126	126	126	126	126	126
		$M_{c,z,Rd}$	21.8	21.8	21.8	21.8	21.8	21.8	21.8	21.8	21.8	21.8	21.8
		$M_{N,y,Rd}$	126	126	125	109	93.6	78.0	62.4	46.8	31.2	15.6	0
		$M_{N,z,Rd}$	21.8	21.8	21.8	21.8	21.7	21.0	19.0	16.0	11.8	6.46	0
203x152x52 $N_{pl,Rd}$ = 1760	n/a 1.00	$M_{c,y,Rd}$	143	143	143	143	143	143	143	143	143	143	143
		$M_{c,z,Rd}$	46.6	46.6	46.6	46.6	46.6	46.6	46.6	46.6	46.6	46.6	46.6
		$M_{N,y,Rd}$	143	143	131	114	98.0	81.7	65.3	49.0	32.7	16.3	0
		$M_{N,z,Rd}$	46.6	46.6	46.6	46.4	44.7	41.3	36.3	29.7	21.4	11.5	0
152x127x37 $N_{pl,Rd}$ = 1310	n/a 1.00	$M_{c,y,Rd}$	76.7	76.7	76.7	76.7	76.7	76.7	76.7	76.7	76.7	76.7	76.7
		$M_{c,z,Rd}$	27.4	27.4	27.4	27.4	27.4	27.4	27.4	27.4	27.4	27.4	27.4
		$M_{N,y,Rd}$	76.7	76.7	72.0	63.0	54.0	45.0	36.0	27.0	18.0	9.00	0
		$M_{N,z,Rd}$	27.4	27.4	27.4	27.4	26.8	25.1	22.3	18.4	13.3	7.23	0
127x114x29 $N_{pl,Rd}$ = 1030	n/a 1.00	$M_{c,y,Rd}$	49.8	49.8	49.8	49.8	49.8	49.8	49.8	49.8	49.8	49.8	49.8
		$M_{c,z,Rd}$	19.5	19.5	19.5	19.5	19.5	19.5	19.5	19.5	19.5	19.5	19.5
		$M_{N,y,Rd}$	49.8	49.8	46.8	40.9	35.1	29.2	23.4	17.5	11.7	5.85	0
		$M_{N,z,Rd}$	19.5	19.5	19.5	19.5	19.1	17.8	15.9	13.1	9.50	5.15	0
127x114x27 $N_{pl,Rd}$ = 941	n/a 1.00	$M_{c,y,Rd}$	47.3	47.3	47.3	47.3	47.3	47.3	47.3	47.3	47.3	47.3	47.3
		$M_{c,z,Rd}$	18.8	18.8	18.8	18.8	18.8	18.8	18.8	18.8	18.8	18.8	18.8
		$M_{N,y,Rd}$	47.3	47.3	43.0	37.6	32.2	26.8	21.5	16.1	10.7	5.37	0
		$M_{N,z,Rd}$	18.8	18.8	18.8	18.6	17.9	16.5	14.5	11.9	8.55	4.60	0
127x76x16 $N_{pl,Rd}$ = 580	n/a 1.00	$M_{c,y,Rd}$	28.6	28.6	28.6	28.6	28.6	28.6	28.6	28.6	28.6	28.6	28.6
		$M_{c,z,Rd}$	7.26	7.26	7.26	7.26	7.26	7.26	7.26	7.26	7.26	7.26	7.26
		$M_{N,y,Rd}$	28.6	28.6	27.0	23.6	20.3	16.9	13.5	10.1	6.76	3.38	0
		$M_{N,z,Rd}$	7.26	7.26	7.26	7.26	7.13	6.70	5.96	4.92	3.58	1.94	0

N_{Ed} = Design value of the axial force.

$n = N_{Ed}/N_{pl,Rd}$

The values in this table are conservative for tension as the more onerous compression section classification limits have been used.

FOR EXPLANATION OF TABLES SEE NOTE 10.

BS EN 1993-1-1:2005
BS 4-1:2005

AXIAL FORCE & BENDING
JOISTS

S275

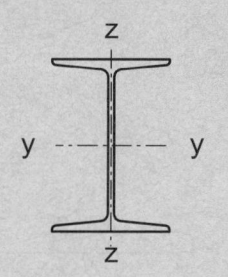

Member buckling check

Section Designation and Resistances (kN, kNm)	n Limit	Compression Resistance $N_{b,y,Rd}$, $N_{b,z,Rd}$ (kN) and Buckling Resistance Moment $M_{b,Rd}$ (kNm) for Varying buckling lengths L (m) within the limiting value of $n = N_{Ed} / N_{pl,Rd}$												
		L (m)	1.0	1.5	2.0	2.5	3.0	3.5	4.0	5.0	6.0	7.0	8.0	9.0	10.0
254x203x82 $N_{pl,Rd}$ = 2780 $f_y W_{el,y}$ = 251 $f_y W_{el,z}$ = 59.4	1.00 / 1.00	$N_{b,y,Rd}$ $N_{b,z,Rd}$ $M_{b,Rd}$	2780 2740 285	2780 2620 285	2780 2480 285	2740 2320 278	2710 2140 270	2670 1930 263	2630 1720 256	2550 1310 243	2440 1000 231	2300 777 219	2140 617 208	1950 500 197	1740 412 187
254x114x37 $N_{pl,Rd}$ = 1300 $f_y W_{el,y}$ = 110 $f_y W_{el,z}$ = 13.0	1.00 / 1.00	$N_{b,y,Rd}$ $N_{b,z,Rd}$ $M_{b,Rd}$	1300 1160 126	1300 1000 113	1290 806 102	1280 618 92.0	1260 472 83.2	1240 366 75.6	1220 291 69.1	1180 194 58.8	1120 139 51.1	1050 104 45.1	966 80.3 40.4	869 64.1 36.6	768 52.3 33.5
203x152x52 $N_{pl,Rd}$ = 1760 $f_y W_{el,y}$ = 125 $f_y W_{el,z}$ = 28.4	1.00 / 1.00	$N_{b,y,Rd}$ $N_{b,z,Rd}$ $M_{b,Rd}$	1760 1690 143	1760 1570 143	1740 1440 139	1710 1270 134	1680 1090 129	1650 912 125	1610 760 121	1520 535 113	1410 391 106	1260 296 98.7	1090 232 92.2	937 186 86.3	799 153 80.9
152x127x37 $N_{pl,Rd}$ = 1310 $f_y W_{el,y}$ = 65.7 $f_y W_{el,z}$ = 16.4	1.00 / 1.00	$N_{b,y,Rd}$ $N_{b,z,Rd}$ $M_{b,Rd}$	1310 1170 76.7	1270 1020 75.5	1220 851 72.6	1170 689 69.9	1120 551 67.5	1060 442 65.1	990 359 62.8	838 247 58.4	686 179 54.3	556 136 50.4	452 106 46.9	372 85.1 43.7	311 69.9 40.9
127x114x29 $N_{pl,Rd}$ = 1030 $f_y W_{el,y}$ = 42.4 $f_y W_{el,z}$ = 11.6	1.00 / 1.00	$N_{b,y,Rd}$ $N_{b,z,Rd}$ $M_{b,Rd}$	1020 893 49.8	977 758 48.5	932 612 46.7	880 480 44.9	820 375 43.3	753 296 41.8	680 238 40.2	535 162 37.3	415 117 34.6	325 88.1 32.1	259 68.7 29.8	211 55.1 27.7	174 45.1 25.9
127x114x27 $N_{pl,Rd}$ = 941 $f_y W_{el,y}$ = 41.0 $f_y W_{el,z}$ = 11.4	1.00 / 1.00	$N_{b,y,Rd}$ $N_{b,z,Rd}$ $M_{b,Rd}$	934 825 47.3	897 706 46.0	857 578 44.1	811 458 42.3	759 360 40.7	701 286 39.1	636 231 37.6	506 158 34.7	395 114 32.0	311 85.9 29.5	248 67.1 27.3	202 53.8 25.3	167 44.1 23.6
127x76x16 $N_{pl,Rd}$ = 580 $f_y W_{el,y}$ = 24.8 $f_y W_{el,z}$ = 4.40	1.00 / 1.00	$N_{b,y,Rd}$ $N_{b,z,Rd}$ $M_{b,Rd}$	578 462 27.4	563 340 25.3	546 233 23.5	526 162 21.7	502 118 20.1	470 89.3 18.6	432 69.8 17.2	344 45.8 14.9	264 32.4 13.1	205 24.1 11.6	162 18.6 10.4	131 14.8 9.23	107 12.0 8.30

$n = N_{Ed} / N_{pl,Rd}$

Under combined axial compression and bending the resistances are only valid up to the given $N_{Ed} / N_{pl,Rd}$ limit. For higher values of $n = N_{Ed}/N_{pl,Rd}$ the section would be overloaded due to N_{Ed} alone even when M_{Ed} is zero, because N_{Ed} would exceed the local buckling resistance of the section.

FOR EXPLANATION OF TABLES SEE NOTE 10.

| BS EN 1993-1-1:2005 / BS 4-1:2005 | **AXIAL FORCE & BENDING** | **S275** |

JOISTS

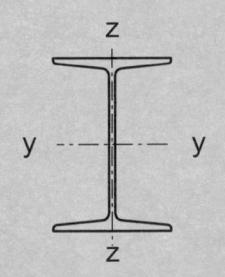

Cross-section resistance check

Section Designation and Axial Resistance $N_{pl,Rd}$ (kN)	n Limit Class 3 Class 2	Moment Resistance $M_{c,y,Rd}$, $M_{c,z,Rd}$ (kNm) and Reduced Moment Resistance $M_{N,y,Rd}$, $M_{N,z,Rd}$ (kNm) for Ratios of Design Axial Force to Design Axial Plastic Resistance $n = N_{Ed} / N_{pl,Rd}$											
		n	0.0	0.1	0.2	0.3	0.4	0.5	0.6	0.7	0.8	0.9	1.0
114x114x27 $N_{pl,Rd} = 949$	n/a 1.00	$M_{c,y,Rd}$	41.5	41.5	41.5	41.5	41.5	41.5	41.5	41.5	41.5	41.5	41.5
		$M_{c,z,Rd}$	18.1	18.1	18.1	18.1	18.1	18.1	18.1	18.1	18.1	18.1	18.1
		$M_{N,y,Rd}$	41.5	41.5	38.9	34.0	29.2	24.3	19.4	14.6	9.72	4.86	0
		$M_{N,z,Rd}$	18.1	18.1	18.1	18.1	17.7	16.5	14.7	12.1	8.77	4.74	0
102x102x23 $N_{pl,Rd} = 806$	n/a 1.00	$M_{c,y,Rd}$	31.1	31.1	31.1	31.1	31.1	31.1	31.1	31.1	31.1	31.1	31.1
		$M_{c,z,Rd}$	13.9	13.9	13.9	13.9	13.9	13.9	13.9	13.9	13.9	13.9	13.9
		$M_{N,y,Rd}$	31.1	31.1	29.0	25.4	21.8	18.1	14.5	10.9	7.25	3.63	0
		$M_{N,z,Rd}$	13.9	13.9	13.9	13.9	13.6	12.7	11.2	9.23	6.70	3.62	0
102x44x7 $N_{pl,Rd} = 261$	n/a 1.00	$M_{c,y,Rd}$	9.74	9.74	9.74	9.74	9.74	9.74	9.74	9.74	9.74	9.74	9.74
		$M_{c,z,Rd}$	1.66	1.66	1.66	1.66	1.66	1.66	1.66	1.66	1.66	1.66	1.66
		$M_{N,y,Rd}$	9.74	9.74	9.74	8.67	7.43	6.19	4.96	3.72	2.48	1.24	0
		$M_{N,z,Rd}$	1.66	1.66	1.66	1.66	1.66	1.63	1.51	1.28	0.958	0.530	0
89x89x19 $N_{pl,Rd} = 685$	n/a 1.00	$M_{c,y,Rd}$	22.7	22.7	22.7	22.7	22.7	22.7	22.7	22.7	22.7	22.7	22.7
		$M_{c,z,Rd}$	10.5	10.5	10.5	10.5	10.5	10.5	10.5	10.5	10.5	10.5	10.5
		$M_{N,y,Rd}$	22.7	22.7	21.3	18.7	16.0	13.3	10.7	7.99	5.33	2.66	0
		$M_{N,z,Rd}$	10.5	10.5	10.5	10.4	10.2	9.55	8.48	6.99	5.08	2.75	0
76x76x15 $N_{pl,Rd} = 525$	n/a 1.00	$M_{c,y,Rd}$	14.9	14.9	14.9	14.9	14.9	14.9	14.9	14.9	14.9	14.9	14.9
		$M_{c,z,Rd}$	7.10	7.10	7.10	7.10	7.10	7.10	7.10	7.10	7.10	7.10	7.10
		$M_{N,y,Rd}$	14.9	14.9	14.0	12.2	10.5	8.75	7.00	5.25	3.50	1.75	0
		$M_{N,z,Rd}$	7.10	7.10	7.10	7.09	6.94	6.50	5.77	4.76	3.46	1.87	0
76x76x13 $N_{pl,Rd} = 446$	n/a 1.00	$M_{c,y,Rd}$	13.4	13.4	13.4	13.4	13.4	13.4	13.4	13.4	13.4	13.4	13.4
		$M_{c,z,Rd}$	6.16	6.16	6.16	6.16	6.16	6.16	6.16	6.16	6.16	6.16	6.16
		$M_{N,y,Rd}$	13.4	13.4	12.0	10.5	8.98	7.48	5.98	4.49	2.99	1.50	0
		$M_{N,z,Rd}$	6.16	6.16	6.16	6.08	5.80	5.33	4.66	3.79	2.72	1.46	0

N_{Ed} = Design value of the axial force.

$n = N_{Ed} / N_{pl,Rd}$

The values in this table are conservative for tension as the more onerous compression section classification limits have been used.

FOR EXPLANATION OF TABLES SEE NOTE 10.

| BS EN 1993-1-1:2005 BS 4-1:2005 | **AXIAL FORCE & BENDING** | | | | | | | | | | | | | S275 |

JOISTS

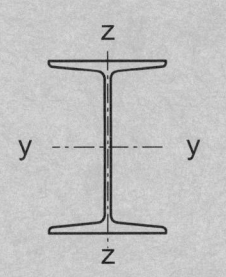

Member buckling check

Section Designation and Resistances (kN, kNm)	n Limit	Compression Resistance $N_{b,y,Rd}$, $N_{b,z,Rd}$ (kN) and Buckling Resistance Moment $M_{b,Rd}$ (kNm) for Varying buckling lengths L (m) within the limiting value of $n = N_{Ed} / N_{pl,Rd}$												
		L (m)	1.0	1.5	2.0	2.5	3.0	3.5	4.0	5.0	6.0	7.0	8.0	9.0	10.0
114x114x27 $N_{pl,Rd}$ = 949 $f_y W_{el,y}$ = 35.5 $f_y W_{el,z}$ = 10.8	1.00 1.00	$N_{b,y,Rd}$ $N_{b,z,Rd}$ $M_{b,Rd}$	932 825 41.5	888 701 40.7	839 567 39.3	783 445 38.0	717 347 36.7	644 275 35.5	568 221 34.4	430 151 32.1	326 109 30.0	252 81.9 28.0	200 63.9 26.2	162 51.2 24.5	133 41.9 23.0
102x102x23 $N_{pl,Rd}$ = 806 $f_y W_{el,y}$ = 26.3 $f_y W_{el,z}$ = 8.33	1.00 1.00	$N_{b,y,Rd}$ $N_{b,z,Rd}$ $M_{b,Rd}$	782 678 31.1	738 556 30.3	688 432 29.2	628 328 28.2	559 251 27.2	486 196 26.3	416 156 25.4	302 106 23.7	224 75.8 22.1	172 56.9 20.5	135 44.3 19.1	109 35.5 17.9	89.3 29.0 16.7
102x44x7 $N_{pl,Rd}$ = 261 $f_y W_{el,y}$ = 8.28 $f_y W_{el,z}$ = 0.965	1.00 1.00	$N_{b,y,Rd}$ $N_{b,z,Rd}$ $M_{b,Rd}$	256 115 7.39	247 59.6 6.05	235 35.4 5.07	219 23.3 4.35	198 16.5 3.80	173 12.3 3.38	147 9.49 3.03	105 6.15 2.53	76.3 4.31 2.14	57.6 3.18 1.83	44.9 2.45 1.60	36.0 1.94 1.42	29.4 1.58 1.28
89x89x19 $N_{pl,Rd}$ = 685 $f_y W_{el,y}$ = 19.0 $f_y W_{el,z}$ = 6.27	1.00 1.00	$N_{b,y,Rd}$ $N_{b,z,Rd}$ $M_{b,Rd}$	653 550 22.7	608 430 22.1	553 317 21.3	487 233 20.5	416 175 19.9	347 135 19.2	288 107 18.5	202 71.5 17.3	147 51.0 16.1	112 38.2 15.0	87.3 29.7 14.0	70.1 23.7 13.0	57.5 19.4 12.2
76x76x15 $N_{pl,Rd}$ = 525 $f_y W_{el,y}$ = 12.4 $f_y W_{el,z}$ = 4.18	1.00 1.00	$N_{b,y,Rd}$ $N_{b,z,Rd}$ $M_{b,Rd}$	490 398 14.9	446 293 14.3	391 205 13.7	327 147 13.2	265 108 12.8	213 82.9 12.3	173 65.3 11.8	118 43.4 10.9	85.2 30.9 10.1	64.1 23.1 9.37	49.9 17.9 8.68	40.0 14.3 8.07	32.7 11.7 7.53
76x76x13 $N_{pl,Rd}$ = 446 $f_y W_{el,y}$ = 11.4 $f_y W_{el,z}$ = 3.74	1.00 1.00	$N_{b,y,Rd}$ $N_{b,z,Rd}$ $M_{b,Rd}$	418 338 13.2	383 250 12.6	339 176 12.0	288 125 11.5	236 92.8 11.0	192 71.0 10.5	156 56.0 10.0	107 37.2 9.15	77.6 26.5 8.34	58.5 19.8 7.63	45.6 15.4 7.00	36.5 12.2 6.46	29.9 10.0 5.98

$n = N_{Ed} / N_{pl,Rd}$

Under combined axial compression and bending the resistances are only valid up to the given $N_{Ed} / N_{pl,Rd}$ limit. For higher values of $n = N_{Ed}/N_{pl,Rd}$ the section would be overloaded due to N_{Ed} alone even when M_{Ed} is zero, because N_{Ed} would exceed the local buckling resistance of the section.

FOR EXPLANATION OF TABLES SEE NOTE 10.

AXIAL FORCE & BENDING

HOT-FINISHED HOLLOW SECTIONS - S275

There are no resistance tables given for hot-finished hollow sections in S275, because hot finished hollow sections are normally available in S355 only.

S355 resistance tables are given for hot-finished hollow sections in part D (pages D - 172 to D - 241). However, to maintain consistent page numbering between S275 resistance tables and S355 resistance tables, pages C - 172 to C - 241 are omitted here.

AXIAL FORCE & BENDING

COLD-FORMED HOLLOW SECTIONS - S275

There are no resistance tables given for cold-formed hollow sections in S275, because cold-formed hollow sections are normally available in S235 and S355 only. No resistance tables are given for S235 either, because sections available may not be manufactured to BS EN 10219-2: 2006.

S355 resistance tables are given for cold-formed hollow sections in part D (pages D - 242 to D - 297). However, to maintain consistent page numbering between S275 resistance tables and S355 resistance tables, pages C - 242 to C - 297 are omitted here.

| BS EN 1993-1-1:2005 / BS 4-1:2005 | **AXIAL FORCE & BENDING** | | | | | | | | | | S275 / Advance275 | |

PARALLEL FLANGE CHANNEL
Advance UKPFC

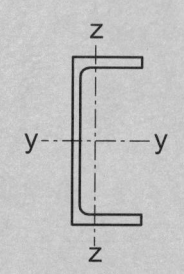

Cross-section resistance check

Section Designation and Axial Resistance $N_{pl,Rd}$ (kN)	n Limit Class 3 Class 2	Moment Resistance $M_{c,y,Rd}$, $M_{c,z,Rd}$ (kNm) and Reduced Moment Resistance $M_{N,y,Rd}$, $M_{N,z,Rd}$ (kNm) for Ratios of Design Axial Force to Design Axial Plastic Resistance $n = N_{Ed} / N_{pl,Rd}$											
		n	0.0	0.1	0.2	0.3	0.4	0.5	0.6	0.7	0.8	0.9	1.0
430x100x64 $N_{pl,Rd}$ = 2180	n/a 1.00	$M_{c,y,Rd}$	324	324	324	324	324	324	324	324	324	324	324
		$M_{c,z,Rd}$	46.6	46.6	46.6	46.6	46.6	46.6	46.6	46.6	46.6	46.6	46.6
		$M_{N,y,Rd}$											
		$M_{N,z,Rd}$											
380x100x54 $N_{pl,Rd}$ = 1820	n/a 1.00	$M_{c,y,Rd}$	247	247	247	247	247	247	247	247	247	247	247
		$M_{c,z,Rd}$	42.7	42.7	42.7	42.7	42.7	42.7	42.7	42.7	42.7	42.7	42.7
		$M_{N,y,Rd}$											
		$M_{N,z,Rd}$											
300x100x46 $N_{pl,Rd}$ = 1540	n/a 1.00	$M_{c,y,Rd}$	170	170	170	170	170	170	170	170	170	170	170
		$M_{c,z,Rd}$	39.2	39.2	39.2	39.2	39.2	39.2	39.2	39.2	39.2	39.2	39.2
		$M_{N,y,Rd}$											
		$M_{N,z,Rd}$											
300x90x41 $N_{pl,Rd}$ = 1450	n/a 1.00	$M_{c,y,Rd}$	156	156	156	156	156	156	156	156	156	156	156
		$M_{c,z,Rd}$	31.4	31.4	31.4	31.4	31.4	31.4	31.4	31.4	31.4	31.4	31.4
		$M_{N,y,Rd}$											
		$M_{N,z,Rd}$											
260x90x35 $N_{pl,Rd}$ = 1220	n/a 1.00	$M_{c,y,Rd}$	117	117	117	117	117	117	117	117	117	117	117
		$M_{c,z,Rd}$	28.1	28.1	28.1	28.1	28.1	28.1	28.1	28.1	28.1	28.1	28.1
		$M_{N,y,Rd}$											
		$M_{N,z,Rd}$											
260x75x28 $N_{pl,Rd}$ = 965	n/a 1.00	$M_{c,y,Rd}$	90.2	90.2	90.2	90.2	90.2	90.2	90.2	90.2	90.2	90.2	90.2
		$M_{c,z,Rd}$	17.1	17.1	17.1	17.1	17.1	17.1	17.1	17.1	17.1	17.1	17.1
		$M_{N,y,Rd}$											
		$M_{N,z,Rd}$											
230x90x32 $N_{pl,Rd}$ = 1130	n/a 1.00	$M_{c,y,Rd}$	97.6	97.6	97.6	97.6	97.6	97.6	97.6	97.6	97.6	97.6	97.6
		$M_{c,z,Rd}$	27.2	27.2	27.2	27.2	27.2	27.2	27.2	27.2	27.2	27.2	27.2
		$M_{N,y,Rd}$											
		$M_{N,z,Rd}$											
230x75x26 $N_{pl,Rd}$ = 899	n/a 1.00	$M_{c,y,Rd}$	76.5	76.5	76.5	76.5	76.5	76.5	76.5	76.5	76.5	76.5	76.5
		$M_{c,z,Rd}$	17.4	17.4	17.4	17.4	17.4	17.4	17.4	17.4	17.4	17.4	17.4
		$M_{N,y,Rd}$											
		$M_{N,z,Rd}$											

Advance and UKPFC are trademarks of Corus. A fuller description of the relationship between Parallel Flange Channels and the Advance range of sections manufactured by Corus is given in note 12.

N_{Ed} = Design value of the axial force.

$n = N_{Ed} / N_{pl,Rd}$

The values in this table are conservative for tension as the more onerous compression section classification limits have been used.

Reduced moment resistance $M_{N,y,Rd}$ and $M_{N,z,Rd}$ are not calculated for channels.

FOR EXPLANATION OF TABLES SEE NOTE 10.

BS EN 1993-1-1:2005
BS 4-1:2005

AXIAL FORCE & BENDING

S275 / Advance275

PARALLEL FLANGE CHANNEL
Advance UKPFC

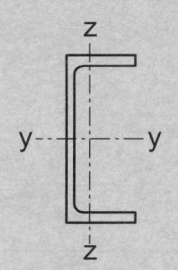

Member buckling check

Section Designation and Resistances (kN, kNm)	n Limit	Compression Resistance $N_{b,y,Rd}$, $N_{b,z,Rd}$ (kN) and Buckling Resistance Moment $M_{b,Rd}$ (kNm) for Varying buckling lengths L (m) within the limiting value of $n = N_{Ed} / N_{pl,Rd}$												
		L (m)	2.0	3.0	4.0	5.0	6.0	7.0	8.0	9.0	10.0	11.0	12.0	13.0	14.0
430x100x64 $N_{pl,Rd}$ = 2180 $f_y W_{el,y}$ = 270 $f_y W_{el,z}$ = 25.9	1.00 — 1.00	$N_{b,y,Rd}$ $N_{b,z,Rd}$ $M_{b,Rd}$	2180 1490 260	2170 1010 204	2090 668 165	2010 464 138	1930 338 119	1850 257 105	1770 201 94.0	1680 162 85.2	1590 133 78.0	1490 111 71.9	1400 94.1 66.8	1300 80.8 62.4	1210 70.1 58.5
380x100x54 $N_{pl,Rd}$ = 1820 $f_y W_{el,y}$ = 210 $f_y W_{el,z}$ = 23.6	1.00 — 1.00	$N_{b,y,Rd}$ $N_{b,z,Rd}$ $M_{b,Rd}$	1820 1270 200	1790 873 158	1720 586 129	1650 409 109	1580 298 94.0	1500 227 83.0	1420 178 74.4	1330 143 67.5	1250 118 61.8	1160 98.3 57.1	1070 83.3 53.1	990 71.6 49.6	911 62.1 46.6
300x100x46 $N_{pl,Rd}$ = 1540 $f_y W_{el,y}$ = 145 $f_y W_{el,z}$ = 21.7	1.00 — 1.00	$N_{b,y,Rd}$ $N_{b,z,Rd}$ $M_{b,Rd}$	1540 1090 141	1470 758 114	1400 512 95.8	1320 358 82.4	1230 262 72.4	1150 199 64.6	1060 156 58.4	964 126 53.4	875 104 49.2	790 86.6 45.6	712 73.4 42.5	641 63.1 39.9	578 54.8 37.5
300x90x41 $N_{pl,Rd}$ = 1450 $f_y W_{el,y}$ = 132 $f_y W_{el,z}$ = 17.4	1.00 — 1.00	$N_{b,y,Rd}$ $N_{b,z,Rd}$ $M_{b,Rd}$	1450 931 121	1380 597 95.0	1310 387 78.1	1230 266 66.3	1150 193 57.7	1060 146 51.2	971 114 46.1	882 91.4 41.9	795 74.9 38.5	715 62.5 35.6	642 53.0 33.1	576 45.5 31.0	518 39.5 29.1
260x90x35 $N_{pl,Rd}$ = 1220 $f_y W_{el,y}$ = 100 $f_y W_{el,z}$ = 15.5	1.00 — 1.00	$N_{b,y,Rd}$ $N_{b,z,Rd}$ $M_{b,Rd}$	1210 795 91.1	1140 515 72.4	1060 336 59.9	988 231 51.1	907 168 44.7	822 127 39.7	736 99.1 35.8	655 79.6 32.6	579 65.3 30.0	512 54.5 27.8	454 46.2 25.9	403 39.7 24.2	359 34.4 22.8
260x75x28 $N_{pl,Rd}$ = 965 $f_y W_{el,y}$ = 76.5 $f_y W_{el,z}$ = 9.46	1.00 — 1.00	$N_{b,y,Rd}$ $N_{b,z,Rd}$ $M_{b,Rd}$	951 520 61.6	895 303 46.6	837 189 37.3	775 127 31.2	709 91.5 26.9	640 68.8 23.7	572 53.5 21.2	506 42.8 19.2	447 35.1 17.6	394 29.2 16.2	348 24.7 15.0	309 21.2 14.0	275 18.4 13.2
230x90x32 $N_{pl,Rd}$ = 1130 $f_y W_{el,y}$ = 84.2 $f_y W_{el,z}$ = 15.1	1.00 — 1.00	$N_{b,y,Rd}$ $N_{b,z,Rd}$ $M_{b,Rd}$	1100 743 77.5	1030 485 62.8	952 317 52.7	871 219 45.5	785 159 40.1	697 120 35.8	613 94.0 32.4	535 75.5 29.7	467 61.9 27.3	408 51.7 25.4	358 43.8 23.7	316 37.6 22.2	280 32.6 20.9
230x75x26 $N_{pl,Rd}$ = 899 $f_y W_{el,y}$ = 65.7 $f_y W_{el,z}$ = 9.57	1.00 — 1.00	$N_{b,y,Rd}$ $N_{b,z,Rd}$ $M_{b,Rd}$	876 496 54.0	818 292 42.0	757 182 34.3	691 123 29.1	622 88.7 25.3	551 66.7 22.5	483 51.9 20.2	421 41.6 18.4	367 34.0 16.8	320 28.4 15.6	281 24.0 14.5	247 20.6 13.6	219 17.8 12.7

Advance and UKPFC are trademarks of Corus. A fuller description of the relationship between Parallel Flange Channels and the Advance range of sections manufactured by Corus is given in note 12.

$n = N_{Ed} / N_{pl,Rd}$

Under combined axial compression and bending the resistances are only valid up to the given $N_{Ed} / N_{pl,Rd}$ limit. For higher values of $n = N_{Ed}/N_{pl,Rd}$ the section would be overloaded due to N_{Ed} alone even when M_{Ed} is zero, because N_{Ed} would exceed the local buckling resistance of the section.

FOR EXPLANATION OF TABLES SEE NOTE 10.

| BS EN 1993-1-1:2005 / BS 4-1:2005 | **AXIAL FORCE & BENDING** | S275 / Advance275 |

PARALLEL FLANGE CHANNEL
Advance UKPFC

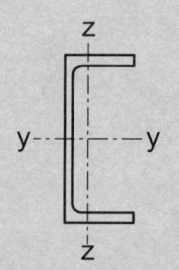

Cross-section resistance check

Section Designation and Axial Resistance $N_{pl,Rd}$ (kN)	n Limit Class 3 Class 2	Moment Resistance $M_{c,y,Rd}$, $M_{c,z,Rd}$ (kNm) and Reduced Moment Resistance $M_{N,y,Rd}$, $M_{N,z,Rd}$ (kNm) for Ratios of Design Axial Force to Design Axial Plastic Resistance $n = N_{Ed}/N_{pl,Rd}$											
		n	0.0	0.1	0.2	0.3	0.4	0.5	0.6	0.7	0.8	0.9	1.0
200x90x30 $N_{pl,Rd}$ = 1040	n/a **1.00**	$M_{c,y,Rd}$	80.0	80.0	80.0	80.0	80.0	80.0	80.0	80.0	80.0	80.0	80.0
		$M_{c,z,Rd}$	26.0	26.0	26.0	26.0	26.0	26.0	26.0	26.0	26.0	26.0	26.0
		$M_{N,y,Rd}$											
		$M_{N,z,Rd}$											
200x75x23 $N_{pl,Rd}$ = 822	n/a **1.00**	$M_{c,y,Rd}$	62.4	62.4	62.4	62.4	62.4	62.4	62.4	62.4	62.4	62.4	62.4
		$M_{c,z,Rd}$	16.7	16.7	16.7	16.7	16.7	16.7	16.7	16.7	16.7	16.7	16.7
		$M_{N,y,Rd}$											
		$M_{N,z,Rd}$											
180x90x26 $N_{pl,Rd}$ = 913	n/a **1.00**	$M_{c,y,Rd}$	63.8	63.8	63.8	63.8	63.8	63.8	63.8	63.8	63.8	63.8	63.8
		$M_{c,z,Rd}$	23.0	23.0	23.0	23.0	23.0	23.0	23.0	23.0	23.0	23.0	23.0
		$M_{N,y,Rd}$											
		$M_{N,z,Rd}$											
180x75x20 $N_{pl,Rd}$ = 712	n/a **1.00**	$M_{c,y,Rd}$	48.4	48.4	48.4	48.4	48.4	48.4	48.4	48.4	48.4	48.4	48.4
		$M_{c,z,Rd}$	14.2	14.2	14.2	14.2	14.2	14.2	14.2	14.2	14.2	14.2	14.2
		$M_{N,y,Rd}$											
		$M_{N,z,Rd}$											
150x90x24 $N_{pl,Rd}$ = 836	n/a **1.00**	$M_{c,y,Rd}$	49.2	49.2	49.2	49.2	49.2	49.2	49.2	49.2	49.2	49.2	49.2
		$M_{c,z,Rd}$	21.1	21.1	21.1	21.1	21.1	21.1	21.1	21.1	21.1	21.1	21.1
		$M_{N,y,Rd}$											
		$M_{N,z,Rd}$											
150x75x18 $N_{pl,Rd}$ = 627	n/a **1.00**	$M_{c,y,Rd}$	36.3	36.3	36.3	36.3	36.3	36.3	36.3	36.3	36.3	36.3	36.3
		$M_{c,z,Rd}$	13.0	13.0	13.0	13.0	13.0	13.0	13.0	13.0	13.0	13.0	13.0
		$M_{N,y,Rd}$											
		$M_{N,z,Rd}$											
125x65x15 $N_{pl,Rd}$ = 517	n/a **1.00**	$M_{c,y,Rd}$	24.7	24.7	24.7	24.7	24.7	24.7	24.7	24.7	24.7	24.7	24.7
		$M_{c,z,Rd}$	9.13	9.13	9.13	9.13	9.13	9.13	9.13	9.13	9.13	9.13	9.13
		$M_{N,y,Rd}$											
		$M_{N,z,Rd}$											
100x50x10 $N_{pl,Rd}$ = 358	n/a **1.00**	$M_{c,y,Rd}$	13.4	13.4	13.4	13.4	13.4	13.4	13.4	13.4	13.4	13.4	13.4
		$M_{c,z,Rd}$	4.81	4.81	4.81	4.81	4.81	4.81	4.81	4.81	4.81	4.81	4.81
		$M_{N,y,Rd}$											
		$M_{N,z,Rd}$											

Advance and UKPFC are trademarks of Corus. A fuller description of the relationship between Parallel Flange Channels and the Advance range of sections manufactured by Corus is given in note 12.

N_{Ed} = Design value of the axial force.

$n = N_{Ed}/N_{pl,Rd}$

The values in this table are conservative for tension as the more onerous compression section classification limits have been used.

Reduced moment resistance $M_{N,y,Rd}$ and $M_{N,z,Rd}$ are not calculated for channels.

FOR EXPLANATION OF TABLES SEE NOTE 10.

| BS EN 1993-1-1:2005 BS 4-1:2005 | | AXIAL FORCE & BENDING | | | | | | | | | | | | | S275 / Advance275 |

PARALLEL FLANGE CHANNEL
Advance UKPFC

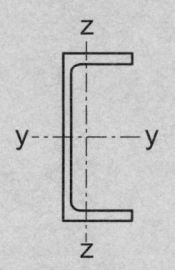

Member buckling check

Section Designation and Resistances (kN, kNm)	n Limit	Compression Resistance $N_{b,y,Rd}$, $N_{b,z,Rd}$ (kN) and Buckling Resistance Moment $M_{b,Rd}$ (kNm) for Varying buckling lengths L (m) within the limiting value of $n = N_{Ed} / N_{pl,Rd}$												
		L (m)	1.0	1.5	2.0	2.5	3.0	3.5	4.0	5.0	6.0	7.0	8.0	9.0	10.0
200x90x30 $N_{pl,Rd}$ = 1040 $f_y W_{el,y}$ = 69.3 $f_y W_{el,z}$ = 14.7	1.00 1.00	$N_{b,y,Rd}$ $N_{b,z,Rd}$ $M_{b,Rd}$	1040 935 80.0	1040 819 72.7	999 690 65.0	961 563 58.9	922 452 53.8	882 364 49.5	840 296 45.9	751 204 40.1	659 149 35.6	570 112 32.1	489 88.0 29.2	418 70.7 26.8	359 58.0 24.8
200x75x23 $N_{pl,Rd}$ = 822 $f_y W_{el,y}$ = 53.9 $f_y W_{el,z}$ = 9.30	1.00 1.00	$N_{b,y,Rd}$ $N_{b,z,Rd}$ $M_{b,Rd}$	822 701 60.6	817 584 52.0	787 461 45.5	757 355 40.3	726 274 36.2	694 215 32.9	661 172 30.1	591 116 25.8	518 83.6 22.7	447 62.9 20.2	383 49.0 18.2	327 39.2 16.6	281 32.1 15.3
180x90x26 $N_{pl,Rd}$ = 913 $f_y W_{el,y}$ = 55.6 $f_y W_{el,z}$ = 13.0	1.00 1.00	$N_{b,y,Rd}$ $N_{b,z,Rd}$ $M_{b,Rd}$	913 820 63.8	897 718 58.0	861 606 51.9	824 495 47.0	786 398 42.9	746 320 39.5	705 261 36.7	617 180 32.0	529 131 28.5	447 99.1 25.7	377 77.6 23.4	318 62.3 21.4	271 51.1 19.8
180x75x20 $N_{pl,Rd}$ = 712 $f_y W_{el,y}$ = 41.8 $f_y W_{el,z}$ = 7.92	1.00 1.00	$N_{b,y,Rd}$ $N_{b,z,Rd}$ $M_{b,Rd}$	712 607 46.9	699 505 40.2	670 398 35.0	641 306 31.0	610 235 27.8	578 185 25.2	545 148 23.0	475 100.0 19.7	405 71.9 17.3	341 54.1 15.4	287 42.1 13.9	242 33.7 12.6	206 27.6 11.6
150x90x24 $N_{pl,Rd}$ = 836 $f_y W_{el,y}$ = 42.6 $f_y W_{el,z}$ = 12.2	1.00 1.00	$N_{b,y,Rd}$ $N_{b,z,Rd}$ $M_{b,Rd}$	836 751 49.2	802 658 45.4	762 555 41.1	720 453 37.6	677 364 34.8	630 293 32.3	582 239 30.2	485 165 26.7	397 120 24.0	323 90.8 21.7	265 71.0 19.9	220 57.1 18.4	185 46.8 17.0
150x75x18 $N_{pl,Rd}$ = 627 $f_y W_{el,y}$ = 31.6 $f_y W_{el,z}$ = 7.32	1.00 1.00	$N_{b,y,Rd}$ $N_{b,z,Rd}$ $M_{b,Rd}$	627 536 35.5	601 447 30.7	571 353 27.1	540 272 24.3	506 210 22.0	471 165 20.1	435 132 18.5	362 89.3 16.0	296 64.3 14.2	241 48.3 12.7	198 37.7 11.5	164 30.2 10.5	138 24.7 9.69
125x65x15 $N_{pl,Rd}$ = 517 $f_y W_{el,y}$ = 21.3 $f_y W_{el,z}$ = 5.17	1.00 1.00	$N_{b,y,Rd}$ $N_{b,z,Rd}$ $M_{b,Rd}$	510 418 23.3	480 330 20.3	449 245 18.0	416 181 16.2	381 136 14.7	344 105 13.5	307 83.5 12.5	241 55.9 10.9	188 40.0 9.62	148 30.0 8.64	119 23.3 7.84	97.6 18.6 7.18	81.2 15.2 6.63
100x50x10 $N_{pl,Rd}$ = 358 $f_y W_{el,y}$ = 11.4 $f_y W_{el,z}$ = 2.72	1.00 1.00	$N_{b,y,Rd}$ $N_{b,z,Rd}$ $M_{b,Rd}$	342 253 11.8	315 174 10.2	286 117 8.99	255 82.1 8.05	222 60.0 7.29	191 45.6 6.67	163 35.8 6.14	120 23.7 5.31	89.7 16.8 4.68	69.2 12.5 4.18	54.8 9.70 3.79	44.4 7.73 3.46	36.6 6.30 3.19

Advance and UKPFC are trademarks of Corus. A fuller description of the relationship between Parallel Flange Channels and the Advance range of sections manufactured by Corus is given in note 12.

$n = N_{Ed} / N_{pl,Rd}$

Under combined axial compression and bending the resistances are only valid up to the given $N_{Ed} / N_{pl,Rd}$ limit. For higher values of $n=N_{Ed}/N_{pl,Rd}$ the section would be overloaded due to N_{Ed} alone even when M_{Ed} is zero, because N_{Ed} would exceed the local buckling resistance of the section.

FOR EXPLANATION OF TABLES SEE NOTE 10.

BS EN 1993-1-8:2005
BS EN ISO 4016
BS EN ISO 4018

BOLT RESISTANCES

S275

Non Preloaded bolts

Class 4.6 hexagon head bolts

Diameter of Bolt	Tensile Stress Area	Tension Resistance	Shear Resistance		Bolts in tension
			Single Shear	Double Shear	Min thickness for punching shear
d mm	A_s mm²	$F_{t,Rd}$ kN	$F_{v,Rd}$ kN	$2 \times F_{v,Rd}$ kN	t_{min} mm
12	84.3	24.3	13.8	27.5	2.1
16	157	45.2	30.1	60.3	3.2
20	245	70.6	47.0	94.1	3.9
24	353	102	67.8	136	4.7
30	561	162	108	215	5.8

Diameter of Bolt	Minimum				Bearing Resistance (kN)										
	Edge distance	End distance	Pitch	Gauge											
					Thickness in mm of ply, t.										
d mm	e_2 mm	e_1 mm	p_1 mm	p_2 mm	5	6	7	8	9	10	12	15	20	25	30
12	20	25	35	40	25.9	*31.0*	*36.2*	*41.4*	*46.6*	*51.7*	*62.1*	*77.6*	*103*	*129*	*155*
16	25	35	50	50	34.0	40.8	47.7	54.5	61.3	68.1	*81.7*	*102*	*136*	*170*	*204*
20	30	40	60	60	**42.1**	50.5	58.9	67.4	75.8	84.2	*101*	*126*	*168*	*211*	*253*
24	35	50	70	70	**50.1**	**60.1**	70.2	80.2	90.2	100	120	*150*	*200*	*251*	*301*
30	45	60	85	90	**63.2**	**75.8**	**88.4**	**101**	114	126	152	189	*253*	*316*	*379*

For M12 bolts the design shear resistance $F_{v,Rd}$ has been calculated as 0.85 times the value given in BS EN 1993-1-8, Table 3.4 (§3.6.1(5))
See clause 3.7(1) of BS EN 1993-1-8: 2005 for calculation of the design resistance of a group of fasteners.
For bolts with cut threads that do not comply with EN 1090, the given values for tension and shear should be multiplied by 0.85
Values of bearing resistance in **bold** are less than the single shear resistance of the bolt.
Values of bearing resistance in *italic* are greater than the double shear resistance of the bolt.
Bearing values assume standard clearance holes.
If oversize or short slotted holes are used, bearing values should be multiplied by 0.8.
If long slotted or kidney shaped holes are used, bearing values should be multiplied by 0.6.
In single lap joints with only one bolt row, the design bearing resistance for each bolt should be limited to $1.5 f_u \, d \, t / \gamma_{M2}$
FOR EXPLANATION OF TABLES SEE NOTE 11.

| BS EN 1993-1-8:2005, BS EN ISO 4014, BS EN ISO 4017 | **BOLT RESISTANCES** | S275 |

BOLT RESISTANCES

Non Preloaded bolts

Class 8.8 hexagon head bolts

Diameter of Bolt	Tensile Stress Area	Tension Resistance	Shear Resistance		Bolts in tension Min thickness for punching shear
			Single Shear	Double Shear	
d mm	A_s mm^2	$F_{t,Rd}$ kN	$F_{v,Rd}$ kN	$2 \times F_{v,Rd}$ kN	t_{min} mm
12	84.3	48.6	27.5	55.0	4.3
16	157	90.4	60.3	121	6.3
20	245	141	94.1	188	7.8
24	353	203	136	271	9.4
30	561	323	215	431	11.6

Diameter of Bolt	Minimum				Bearing Resistance (kN)										
	Edge distance	End distance	Pitch	Gauge	Thickness in mm of ply, t.										
d mm	e_2 mm	e_1 mm	p_1 mm	p_2 mm	5	6	7	8	9	10	12	15	20	25	30
12	20	25	35	40	**25.9**	**31.0**	**36.2**	**41.4**	**46.6**	**51.7**	**62.1**	**77.6**	*103*	*129*	*155*
16	25	35	50	50	**34.0**	**40.8**	**47.7**	**54.5**	**61.3**	**68.1**	**81.7**	102	*136*	*170*	*204*
20	30	40	60	60	**42.1**	**50.5**	**58.9**	**67.4**	**75.8**	**84.2**	101	126	168	*211*	*253*
24	35	50	70	70	**50.1**	**60.1**	**70.2**	**80.2**	**90.2**	**100**	120	150	200	251	*301*
30	45	60	85	90	**63.2**	**75.8**	**88.4**	**101**	**114**	**126**	152	189	253	316	379

Diameter of Bolt	Minimum				Bearing Resistance (kN)										
	Edge distance	End distance	Pitch	Gauge	Thickness in mm of ply, t.										
d mm	e_2 mm	e_1 mm	p_1 mm	p_2 mm	5	6	7	8	9	10	12	15	20	25	30
12	25	40	50	45	42.2	50.6	59.0	67.5	75.9	84.3	*101*	*127*	*169*	*211*	*253*
16	30	50	65	55	**58.3**	**70.0**	81.6	93.3	105	117	*140*	*175*	*233*	*292*	*350*
20	35	60	80	70	**74.5**	**89.5**	104	119	134	149	179	*224*	*298*	*373*	*447*
24	40	75	95	80	**90.8**	**109**	127	145	163	182	218	272	*363*	*454*	*545*
30	50	90	115	100	**112**	**134**	**157**	**179**	**201**	224	268	335	447	559	671

For M12 bolts the design shear resistance $F_{v,Rd}$ has been calculated as 0.85 times the value given in BS EN 1993-1-8, Table 3.4 (§3.6.1(5))

See clause 3.7(1) of BS EN 1993-1-8: 2005 for calculation of the design resistance of a group of fasteners.

For bolts with cut threads that do not comply with EN 1090, the given values for tension and shear should be multiplied by 0.85

Values of bearing resistance in **bold** are less than the single shear resistance of the bolt.

Values of bearing resistance in *italic* are greater than the double shear resistance of the bolt.

Bearing values assume standard clearance holes.

If oversize or short slotted holes are used, bearing values should be multiplied by 0.8.

If long slotted or kidney shaped holes are used, bearing values should be multiplied by 0.6.

In single lap joints with only one bolt row, the design bearing resistance for each bolt should be limited to $1.5 f_u d \, t/\gamma_{M2}$

FOR EXPLANATION OF TABLES SEE NOTE 11.

BS EN 1993-1-8:2005
BS EN ISO 4014
BS EN ISO 4017

BOLT RESISTANCES

S275

Non Preloaded bolts

Class 10.9 hexagon head bolts

Diameter of Bolt	Tensile Stress Area	Tension Resistance	Shear Resistance		Bolts in tension
			Single Shear	Double Shear	Min thickness for punching shear
d mm	A_s mm^2	$F_{t,Rd}$ kN	$F_{v,Rd}$ kN	$2 \times F_{v,Rd}$ kN	t_{min} mm
12	84.3	60.7	28.7	57.3	5.3
16	157	113	62.8	126	7.9
20	245	176	98.0	196	9.8
24	353	254	141	282	11.7
30	561	404	224	449	14.5

Diameter of Bolt	Minimum				Bearing Resistance (kN)										
	Edge distance	End distance	Pitch	Gauge											
					Thickness in mm of ply, t.										
d mm	e_2 mm	e_1 mm	p_1 mm	p_2 mm	5	6	7	8	9	10	12	15	20	25	30
12	20	25	35	40	**25.9**	**31.0**	**36.2**	**41.4**	**46.6**	**51.7**	*62.1*	*77.6*	*103*	*129*	*155*
16	25	35	50	50	**34.0**	**40.8**	**47.7**	**54.5**	**61.3**	**68.1**	**81.7**	102	*136*	*170*	*204*
20	30	40	60	60	**42.1**	**50.5**	**58.9**	**67.4**	**75.8**	**84.2**	101	126	168	*211*	*253*
24	35	50	70	70	**50.1**	**60.1**	**70.2**	**80.2**	**90.2**	**100**	**120**	150	200	251	*301*
30	45	60	85	90	**63.2**	**75.8**	**88.4**	**101**	**114**	**126**	**152**	**189**	253	316	379

Diameter of Bolt	Minimum				Bearing Resistance (kN)										
	Edge distance	End distance	Pitch	Gauge											
					Thickness in mm of ply, t.										
d mm	e_2 mm	e_1 mm	p_1 mm	p_2 mm	5	6	7	8	9	10	12	15	20	25	30
12	25	40	50	45	42.2	50.6	*59.0*	*67.5*	*75.9*	*84.3*	*101*	*127*	*169*	*211*	*253*
16	30	50	65	55	**58.3**	70.0	81.6	93.3	105	117	*140*	*175*	*233*	*292*	*350*
20	35	60	80	70	**74.5**	**89.5**	104	119	134	149	179	*224*	*298*	*373*	*447*
24	40	75	95	80	**90.8**	**109**	**127**	145	163	182	218	272	*363*	*454*	*545*
30	50	90	115	100	**112**	**134**	**157**	**179**	**201**	**224**	268	335	447	559	*671*

For M12 bolts the design shear resistance $F_{v,Rd}$ has been calculated as 0.85 times the value given in BS EN 1993-1-8, Table 3.4 (§3.6.1(5))
See clause 3.7(1) of BS EN 1993-1-8: 2005 for calculation of the design resistance of a group of fasteners.
For bolts with cut threads that do not comply with EN 1090, the given values for tension and shear should be multiplied by 0.85
Values of bearing resistance in **bold** are less than the single shear resistance of the bolt.
Values of bearing resistance in *italic* are greater than the double shear resistance of the bolt.
Bearing values assume standard clearance holes.
If oversize or short slotted holes are used, bearing values should be multiplied by 0.8.
If long slotted or kidney shaped holes are used, bearing values should be multiplied by 0.6.
In single lap joints with only one bolt row, the design bearing resistance for each bolt should be limited to $1.5 f_u d\, t/\gamma_{M2}$
FOR EXPLANATION OF TABLES SEE NOTE 11.

BOLT RESISTANCES

S275

BS EN 1993-1-8:2005
BS EN ISO 4016
BS EN ISO 4018

Non Preloaded bolts

Class 4.6 countersunk bolts

Diameter of Bolt	Tensile Stress Area	Tension Resistance	Shear Resistance		Bolts in tension
			Single Shear	Double Shear	Min thickness for punching shear
d mm	A_s mm^2	$F_{t,Rd}$ kN	$F_{v,Rd}$ kN	$2 \times F_{v,Rd}$ kN	t_{min} mm
12	84.3	17.0	13.8	27.5	1.5
16	157	31.7	30.1	60.3	2.2
20	245	49.4	47.0	94.1	2.7
24	353	71.2	67.8	136	3.3
30	561	113	108	215	4.1

Diameter of Bolt	Minimum				Bearing Resistance (kN)										
	Edge distance	End distance	Pitch	Gauge											
					Thickness in mm of ply, t.										
d mm	e_2 mm	e_1 mm	p_1 mm	p_2 mm	5	6	7	8	9	10	12	15	20	25	30
12	20	25	35	40	**10.3**	15.5	20.7	25.9	*31.0*	*36.2*	*46.6*	*62.1*	*87.9*	*114*	*140*
16	25	35	50	50	**6.81**	**13.6**	**20.4**	**27.2**	34.0	40.8	54.5	*74.9*	*109*	*143*	*177*
20	30	40	60	60	**0**	**8.42**	**16.8**	**25.3**	**33.7**	42.1	58.9	84.2	*126*	*168*	*211*
24	35	50	70	70	**0**	**0**	**10.0**	**20.0**	**30.1**	**40.1**	60.1	90.2	*140*	*190*	*241*
30	45	60	85	90	**0**	**0**	**0**	**6.32**	**18.9**	**31.6**	**56.8**	**94.7**	158	*221*	*284*

For M12 bolts the design shear resistance $F_{v,Rd}$ has been calculated as 0.85 times the value given in BS EN 1993-1-8, Table 3.4 (§3.6.1(5))

See clause 3.7(1) of BS EN 1993-1-8: 2005 for calculation of the design resistance of a group of fasteners.

For bolts with cut threads that do not comply with EN 1090, the given values for tension and shear should be multiplied by 0.85

Values of bearing resistance in **bold** are less than the single shear resistance of the bolt.

Values of bearing resistance in *italic* are greater than the double shear resistance of the bolt.

Bearing values assume standard clearance holes.

If oversize or short slotted holes are used, bearing values should be multiplied by 0.8.

If long slotted or kidney shaped holes are used, bearing values should be multiplied by 0.6.

In single lap joints with only one bolt row, the design bearing resistance for each bolt should be limited to $1.5 f_u d\, t/\gamma_{M2}$

FOR EXPLANATION OF TABLES SEE NOTE 11

BS EN 1993-1-8:2005
BS EN ISO 4014
BS EN ISO 4017

BOLT RESISTANCES

S275

Non Preloaded bolts

Class 8.8 countersunk bolts

Diameter of Bolt	Tensile Stress Area	Tension Resistance	Shear Resistance		Bolts in tension
			Single Shear	Double Shear	Min thickness for punching shear
d mm	A_s mm²	$F_{t,Rd}$ kN	$F_{v,Rd}$ kN	$2 \times F_{v,Rd}$ kN	t_{min} mm
12	84.3	34.0	27.5	55.0	3.0
16	157	63.3	60.3	121	4.4
20	245	98.8	94.1	188	5.5
24	353	142	136	271	6.6
30	561	226	215	431	8.1

Diameter of Bolt	Minimum				Bearing Resistance (kN)										
	Edge distance	End distance	Pitch	Gauge											
					Thickness in mm of ply, t.										
d mm	e_2 mm	e_1 mm	p_1 mm	p_2 mm	5	6	7	8	9	10	12	15	20	25	30
12	20	25	35	40	**10.3**	**15.5**	**20.7**	**25.9**	**31.0**	**36.2**	**46.6**	**62.1**	*87.9*	*114*	*140*
16	25	35	50	50	**6.81**	**13.6**	**20.4**	**27.2**	**34.0**	**40.8**	**54.5**	**74.9**	109	*143*	*177*
20	30	40	60	60	0	**8.42**	**16.8**	**25.3**	**33.7**	**42.1**	**58.9**	**84.2**	126	168	*211*
24	35	50	70	70	0	0	**10.0**	**20.0**	**30.1**	**40.1**	**60.1**	**90.2**	140	190	241
30	45	60	85	90	0	0	0	**6.32**	**18.9**	**31.6**	**56.8**	**94.7**	158	221	284

Diameter of Bolt	Minimum				Bearing Resistance (kN)										
	Edge distance	End distance	Pitch	Gauge											
					Thickness in mm of ply, t.										
d mm	e_2 mm	e_1 mm	p_1 mm	p_2 mm	5	6	7	8	9	10	12	15	20	25	30
12	25	45	55	45	**19.7**	**29.5**	**39.4**	**49.2**	*59.0*	*68.9*	*88.6*	*118*	*167*	*216*	*266*
16	30	55	70	55	**13.1**	**26.2**	**39.4**	**52.5**	**65.6**	**78.7**	105	*144*	*210*	*276*	*341*
20	35	70	85	70	0	**16.4**	**32.8**	**49.2**	**65.6**	**82.0**	115	164	*246*	*328*	*410*
24	40	80	100	80	0	0	**19.7**	**39.4**	**59.0**	**78.7**	**118**	177	*276*	*374*	*472*
30	50	100	125	100	0	0	0	**12.3**	**36.9**	**61.5**	**111**	**185**	308	431	554

For M12 bolts the design shear resistance $F_{v,Rd}$ has been calculated as 0.85 times the value given in BS EN 1993-1-8, Table 3.4 (§3.6.1(5))
See clause 3.7(1) of BS EN 1993-1-8: 2005 for calculation of the design resistance of a group of fasteners.
For bolts with cut threads that do not comply with EN 1090, the given values for tension and shear should be multiplied by 0.85
Values of bearing resistance in **bold** are less than the single shear resistance of the bolt.
Values of bearing resistance in *italic* are greater than the double shear resistance of the bolt.
Bearing values assume standard clearance holes.
If oversize or short slotted holes are used, bearing values should be multiplied by 0.8.
If long slotted or kidney shaped holes are used, bearing values should be multiplied by 0.6.
In single lap joints with only one bolt row, the design bearing resistance for each bolt should be limited to $1.5 f_u \, d \, t / \gamma_{M2}$
FOR EXPLANATION OF TABLES SEE NOTE 11

BS EN 1993-1-8:2005
BS EN ISO 4014
BS EN ISO 4017

BOLT RESISTANCES

S275

Non Preloaded bolts

Class 10.9 countersunk bolts

Diameter of Bolt	Tensile Stress Area	Tension Resistance	Shear Resistance		Bolts in tension
			Single Shear	Double Shear	Min thickness for punching shear
d mm	A_s mm²	$F_{t,Rd}$ kN	$F_{v,Rd}$ kN	$2 \times F_{v,Rd}$ kN	t_{min} mm
12	84.3	42.5	28.7	57.3	3.7
16	157	79.1	62.8	126	5.5
20	245	123	98.0	196	6.9
24	353	178	141	282	8.2
30	561	283	224	449	10.2

Diameter of Bolt	Minimum				Bearing Resistance (kN)										
	Edge distance	End distance	Pitch	Gauge	Thickness in mm of ply, t.										
d mm	e_2 mm	e_1 mm	p_1 mm	p_2 mm	5	6	7	8	9	10	12	15	20	25	30
12	20	25	35	40	10.3	15.5	20.7	25.9	31.0	36.2	46.6	*62.1*	*87.9*	*114*	*140*
16	25	35	50	50	**6.81**	13.6	20.4	27.2	34.0	40.8	54.5	74.9	109	*143*	*177*
20	30	40	60	60	0	**8.42**	16.8	25.3	33.7	42.1	58.9	84.2	126	168	*211*
24	35	50	70	70	0	0	**10.0**	20.0	30.1	40.1	60.1	90.2	140	190	*241*
30	45	60	85	90	0	0	0	**6.32**	18.9	31.6	56.8	94.7	158	221	284

Diameter of Bolt	Minimum				Bearing Resistance (kN)										
	Edge distance	End distance	Pitch	Gauge	Thickness in mm of ply, t.										
d mm	e_2 mm	e_1 mm	p_1 mm	p_2 mm	5	6	7	8	9	10	12	15	20	25	30
12	25	45	55	45	**19.7**	29.5	39.4	49.2	*59.0*	*68.9*	*88.6*	*118*	*167*	*216*	*266*
16	30	55	70	55	**13.1**	26.2	39.4	52.5	65.6	78.7	105	*144*	*210*	*276*	*341*
20	35	70	85	70	0	16.4	32.8	49.2	65.6	82.0	115	164	*246*	*328*	*410*
24	40	80	100	80	0	0	**19.7**	39.4	59.0	78.7	118	177	276	*374*	*472*
30	50	100	125	100	0	0	0	**12.3**	36.9	61.5	111	185	308	431	554

For M12 bolts the design shear resistance $F_{v,Rd}$ has been calculated as 0.85 times the value given in BS EN 1993-1-8, Table 3.4 (§3.6.1(5))

See clause 3.7(1) of BS EN 1993-1-8: 2005 for calculation of the design resistance of a group of fasteners.

For bolts with cut threads that do not comply with EN 1090, the given values for tension and shear should be multiplied by 0.85

Values of bearing resistance in **bold** are less than the single shear resistance of the bolt.

Values of bearing resistance in *italic* are greater than the double shear resistance of the bolt.

Bearing values assume standard clearance holes.

If oversize or short slotted holes are used, bearing values should be multiplied by 0.8.

If long slotted or kidney shaped holes are used, bearing values should be multiplied by 0.6.

In single lap joints with only one bolt row, the design bearing resistance for each bolt should be limited to $1.5 f_u \, d \, t / \gamma_{M2}$

FOR EXPLANATION OF TABLES SEE NOTE 11

BS EN 1993-1-8:2005
BS EN 14399:2005
EN 1090:2008

BOLT RESISTANCES

S275

Preloaded bolts at serviceability limit state

Class 8.8 hexagon head bolts

Diameter of Bolt	Tensile Stress Area	Tension Resistance	Shear Resistance		Bolts in tension	Slip Resistance $\mu = 0.5$	
			Single Shear	Double Shear	Min thickness for punching shear	Single Shear	Double Shear
d mm	A_s mm²	$F_{t,Rd}$ kN	$F_{v,Rd}$ kN	$2 \times F_{v,Rd}$ kN	t_{min} mm	kN	kN
12	84.3	48.6	27.5	55.0	3.71	21.5	42.9
16	157	90.4	60.3	121	5.59	40.0	79.9
20	245	141	94.1	188	7.36	62.4	125
24	353	203	136	271	8.22	89.9	180
30	561	323	215	431	10.7	143	286

Diameter of Bolt	Minimum				Bearing Resistance (kN)										
	Edge distance	End distance	Pitch	Gauge											
					Thickness in mm of ply, t.										
d mm	e_2 mm	e_1 mm	p_1 mm	p_2 mm	5	6	7	8	9	10	12	15	20	25	30
12	20	40	50	40	38.8	46.6	54.3	62.1	69.8	77.6	93.1	*116*	*155*	*194*	*233*
16	25	50	65	50	**51.1**	61.3	71.5	81.7	91.9	102	123	*153*	*204*	*255*	*306*
20	30	60	80	60	**63.2**	**75.8**	**88.4**	101	114	126	152	*189*	*253*	*316*	*379*
24	35	75	95	70	**75.2**	**90.2**	**105**	**120**	**135**	150	180	226	*301*	*376*	*451*
30	45	90	115	90	**94.7**	**114**	**133**	**152**	**171**	**189**	227	284	379	*474*	*568*

For M12 bolts the design shear resistance $F_{v,Rd}$ has been calculated as 0.85 times the value given in BS EN 1993-1-8, Table 3.4 (§3.6.1(5))
See clause 3.7(1) of BS EN 1993-1-8: 2005 for calculation of the design resistance of a group of fasteners.
For bolts with cut threads that do not comply with EN 1090, the given values for tension and shear should be multiplied by 0.85
Values of bearing resistance in **bold** are less than the single shear resistance of the bolt.
Values of bearing resistance in *italic* are greater than the double shear resistance of the bolt.
The tension resistance, the shear resistance and the bearing resistance should be greater than the design ultimate force
The slip resistance should be greater than the design force at serviceability
In single lap joints with only one bolt row, the design bearing resistance for each bolt should be limited to $1.5 f_u \, d \, t / \gamma_{M2}$
Values have been calculated assuming $k_s = 1$ and $\mu = 0.5$. See BS EN 1993-1-8, section 3.9 for other values of k_s and μ
FOR EXPLANATION OF TABLES SEE NOTE 11

BS EN 1993-1-8:2005
BS EN 14399:2005
EN 1090:2008

BOLT RESISTANCES

S275

Preloaded bolts at serviceability limit state

Class 10.9 hexagon head bolts

Diameter of Bolt	Tensile Stress Area	Tension Resistance	Shear Resistance		Bolts in tension	Slip Resistance $\mu = 0.5$	
			Single Shear	Double Shear	Min thickness for punching shear	Single Shear	Double Shear
d mm	A_s mm^2	$F_{t,Rd}$ kN	$F_{v,Rd}$ kN	$2 \times F_{v,Rd}$ kN	t_{min} mm	kN	kN
16	157	113	62.8	126	6.99	50.0	99.9
20	245	176	98.0	196	9.20	78.0	156
24	353	254	141	282	10.3	112	225
30	561	404	224	449	13.3	179	357

Diameter of Bolt	Minimum				Bearing Resistance (kN)										
	Edge distance	End distance	Pitch	Gauge											
					Thickness in mm of ply, t.										
d mm	e_2 mm	e_1 mm	p_1 mm	p_2 mm	5	6	7	8	9	10	12	15	20	25	30
16	25	50	65	50	**51.1**	**61.3**	71.5	81.7	91.9	102	123	*153*	*204*	*255*	*306*
20	30	60	80	60	**63.2**	**75.8**	**88.4**	101	114	126	152	189	*253*	*316*	*379*
24	35	75	95	70	**75.2**	**90.2**	**105**	**120**	**135**	150	180	226	*301*	*376*	*451*
30	45	90	115	90	**94.7**	**114**	**133**	**152**	**171**	**189**	227	284	379	*474*	*568*

For M12 bolts the design shear resistance $F_{v,Rd}$ has been calculated as 0.85 times the value given in BS EN 1993-1-8, Table 3.4 (§3.6.1(5))
See clause 3.7(1) of BS EN 1993-1-8: 2005 for calculation of the design resistance of a group of fasteners.
For bolts with cut threads that do not comply with EN 1090, the given values for tension and shear should be multiplied by 0.85
Values of bearing resistance in **bold** are less than the single shear resistance of the bolt.
Values of bearing resistance in *italic* are greater than the double shear resistance of the bolt.
The tension resistance, the shear resistance and the bearing resistance should be greater than the design ultimate force
The slip resistance should be greater than the design force at serviceability
In single lap joints with only one bolt row, the design bearing resistance for each bolt should be limited to $1.5 f_u d t / \gamma_{M2}$
Values have been calculated assuming $k_s = 1$ and $\mu = 0.5$. See BS EN 1993-1-8, section 3.9 for other values of k_s and μ
FOR EXPLANATION OF TABLES SEE NOTE 11

BS EN 1993-1-8:2005
BS EN 14399:2005
EN 1090:2008

BOLT RESISTANCES

S275

Preloaded bolts at ultimate limit state

Class 8.8 hexagon head bolts

Diameter of Bolt	Tensile Stress Area	Bolts in tension		Slip Resistance							
		Tension Resistance	Min thcks for punching shear	$\mu = 0.2$		$\mu = 0.3$		$\mu = 0.4$		$\mu = 0.5$	
				Single Shear	Double Shear	Single Shear	Double Shear	Single Shear	Double Shear	Single Shear	Double Shear
d mm	A_s mm^2	$F_{t,Rd}$ kN	t_{min} mm	kN	kN	kN	kN	kN	kN	kN	kN
12	84.3	48.6	3.71	7.55	15.1	11.3	22.7	15.1	30.2	18.9	37.8
16	157	90.4	5.59	14.1	28.1	21.1	42.2	28.1	56.3	35.2	70.3
20	245	141	7.36	22.0	43.9	32.9	65.9	43.9	87.8	54.9	110
24	353	203	8.22	31.6	63.3	47.4	94.9	63.3	127	79.1	158
30	561	323	10.7	50.3	101	75.4	151	101	201	126	251

Diameter of Bolt	Minimum				Bearing Resistance (kN)									
	Edge distance	End distance	Pitch	Gauge										
					Thickness in mm of ply, t.									
d mm	e_2 mm	e_1 mm	p_1 mm	p_2 mm	5	6	7	8	9	10	12	15	20	25	30
12	20	40	50	40	38.8	46.6	54.3	62.1	69.8	77.6	93.1	*116*	*155*	*194*	*233*
16	25	50	65	50	**51.1**	61.3	71.5	81.7	91.9	102	*123*	*153*	*204*	*255*	*306*
20	30	60	80	60	**63.2**	**75.8**	**88.4**	101	114	126	152	*189*	*253*	*316*	*379*
24	35	75	95	70	**75.2**	**90.2**	**105**	**120**	**135**	150	180	226	*301*	*376*	*451*
30	45	90	115	90	**94.7**	**114**	**133**	**152**	**171**	**189**	227	284	379	*474*	*568*

For bolts with cut threads that do not comply with EN 1090, the given values for tension resistance and minimum thickness to avoid punching should be multiplied by 0.85

Values of bearing resistance in **bold** are less than the single shear resistance of the bolt.

Values of bearing resistance in *italic* are greater than the double shear resistance of the bolt.

In single lap joints with only one bolt row, the design bearing resistance for each bolt should be limited to $1.5 f_u d\, t/\gamma_{M2}$

FOR EXPLANATION OF TABLES SEE NOTE 11

BS EN 1993-1-8:2005
BS EN 14399:2005
EN 1090:2008

BOLT RESISTANCES

S275

Preloaded bolts at ultimate limit state

Class 10.9 hexagon head bolts

Diameter of Bolt	Tensile Stress Area	Bolts in tension		Slip Resistance							
		Tension Resistance	Min thcks for punching shear	$\mu = 0.2$		$\mu = 0.3$		$\mu = 0.4$		$\mu = 0.5$	
				Single Shear	Double Shear	Single Shear	Double Shear	Single Shear	Double Shear	Single Shear	Double Shear
d mm	A_s mm²	$F_{t,Rd}$ kN	t_{min} mm	kN	kN	kN	kN	kN	kN	kN	kN
16	157	113	6.99	17.6	35.2	26.4	52.8	35.2	70.3	44.0	87.9
20	245	176	9.20	27.4	54.9	41.2	82.3	54.9	110	68.6	137
24	353	254	10.3	39.5	79.1	59.3	119	79.1	158	98.8	198
30	561	404	13.3	62.8	126	94.2	188	126	251	157	314

Diameter of Bolt	Minimum				Bearing Resistance (kN)										
	Edge distance	End distance	Pitch	Gauge											
					Thickness in mm of ply, t.										
d mm	e_2 mm	e_1 mm	p_1 mm	p_2 mm	5	6	7	8	9	10	12	15	20	25	30
16	25	50	65	50	**51.1**	**61.3**	71.5	81.7	91.9	102	123	*153*	*204*	*255*	*306*
20	30	60	80	60	**63.2**	**75.8**	**88.4**	101	114	126	152	189	*253*	*316*	*379*
24	35	75	95	70	**75.2**	**90.2**	**105**	**120**	135	150	180	226	*301*	*376*	*451*
30	45	90	115	90	**94.7**	**114**	**133**	**152**	**171**	**189**	227	284	379	*474*	*568*

For bolts with cut threads that do not comply with EN 1090, the given values for tension resistance and minimum thickness to avoid punching should be multiplied by 0.85

Values of bearing resistance in **bold** are less than the single shear resistance of the bolt.

Values of bearing resistance in *italic* are greater than the double shear resistance of the bolt.

In single lap joints with only one bolt row, the design bearing resistance for each bolt should be limited to $1.5 f_u d\, t/\gamma_{M2}$

FOR EXPLANATION OF TABLES SEE NOTE 11

BS EN 1993-1-8:2005
BS EN 14399:2005
EN 1090:2008

BOLT RESISTANCES

S275

Preloaded bolts at serviceability limit state

Class 8.8 countersunk bolts

Diameter of Bolt	Tensile Stress Area	Tension Resistance	Shear Resistance		Bolts in tension	Slip Resistance $\mu = 0.5$	
			Single Shear	Double Shear	Min thickness for punching shear	Single Shear	Double Shear
d mm	A_s mm^2	kN	$F_{v,Rd}$ kN	$2 \times F_{v,Rd}$ kN	t_{min} mm	kN	kN
12	84.3	34.0	27.5	55.0	2.60	21.5	42.9
16	157	63.3	60.3	121	3.91	40.0	79.9
20	245	98.8	94.1	188	5.15	62.4	125
24	353	142	136	271	5.76	89.9	180
30	561	226	215	431	7.47	143	286

Diameter of Bolt	Minimum				Bearing Resistance (kN)										
	Edge distance	End distance	Pitch	Gauge											
					Thickness in mm of ply, t.										
d mm	e_2 mm	e_1 mm	p_1 mm	p_2 mm	5	6	7	8	9	10	12	15	20	25	30
12	20	40	50	40	15.5	23.3	31.0	38.8	46.6	54.3	69.8	93.1	*132*	*171*	*210*
16	25	50	65	50	10.2	20.4	30.6	40.8	51.1	61.3	81.7	112	*163*	*214*	*265*
20	30	60	80	60	0	12.6	25.3	37.9	50.5	63.2	88.4	126	*189*	*253*	*316*
24	35	75	95	70	0	0	15.0	30.1	45.1	60.1	90.2	135	211	*286*	*361*
30	45	90	115	90	0	0	0	9.47	28.4	47.4	85.3	142	237	332	426

For M12 bolts the design shear resistance $F_{v,Rd}$ has been calculated as 0,85 times the value given in BS EN 1993-1-8, Table 3.4 (§3.6.1(5))
See clause 3.7(1) of BS EN 1993-1-8: 2005 for calculation of the design resistance of a group of fasteners.
For bolts with cut threads that do not comply with EN 1090, the given values for tension and shear should be multiplied by 0.85
Values of bearing resistance in **bold** are less than the single shear resistance of the bolt.
Values of bearing resistance in *italic* are greater than the double shear resistance of the bolt.
The tension resistance, the shear resistance and the bearing resistance should be greater than the design ultimate force
The slip resistance should be greater than the design force at serviceability
In single lap joints with only one bolt row, the design bearing resistance for each bolt should be limited to $1.5 f_u \, d \, t/\gamma_{M2}$
Values have been calculated assuming $k_s=1$ and $\mu=0.5$. See BS EN 1993-1-8, section 3.9 for other values of k_s and μ
FOR EXPLANATION OF TABLES SEE NOTE 11

BS EN 1993-1-8:2005
BS EN 14399:2005
EN 1090:2008

BOLT RESISTANCES   S275

Preloaded bolts at serviceability limit state

Class 10.9 countersunk bolts

Diameter of Bolt	Tensile Stress Area	Tension Resistance	Shear Resistance		Bolts in tension	Slip Resistance $\mu = 0.5$	
			Single Shear	Double Shear	Min thickness for punching shear	Single Shear	Double Shear
d mm	A_s mm²	kN	$F_{v,Rd}$ kN	$2 \times F_{v,Rd}$ kN	t_{min} mm	kN	kN
16	157	79.1	62.8	126	4.89	50.0	99.9
20	245	123	98.0	196	6.44	78.0	156
24	353	178	141	282	7.19	112	225
30	561	283	224	449	9.33	179	357

Diameter of Bolt	Minimum				Bearing Resistance (kN)										
	Edge distance	End distance	Pitch	Gauge	Thickness in mm of ply, t.										
d mm	e_2 mm	e_1 mm	p_1 mm	p_2 mm	5	6	7	8	9	10	12	15	20	25	30
16	25	50	65	50	10.2	20.4	30.6	40.8	51.1	61.3	81.7	112	*163*	*214*	*265*
20	30	60	80	60	0	12.6	25.3	37.9	50.5	63.2	88.4	126	189	*253*	*316*
24	35	75	95	70	0	0	15.0	30.1	45.1	60.1	90.2	**135**	211	*286*	*361*
30	45	90	115	90	0	0	0	9.47	28.4	47.4	85.3	**142**	237	332	426

For M12 bolts the design shear resistance $F_{v,Rd}$ has been calculated as 0,85 times the value given in BS EN 1993-1-8, Table 3.4 (§3.6.1(5))
See clause 3.7(1) of BS EN 1993-1-8: 2005 for calculation of the design resistance of a group of fasteners.
For bolts with cut threads that do not comply with EN 1090, the given values for tension and shear should be multiplied by 0.85
Values of bearing resistance in **bold** are less than the single shear resistance of the bolt.
Values of bearing resistance in *italic* are greater than the double shear resistance of the bolt.
The tension resistance, the shear resistance and the bearing resistance should be greater than the design ultimate force
The slip resistance should be greater than the design force at serviceability
In single lap joints with only one bolt row, the design bearing resistance for each bolt should be limited to $1.5 f_u d t/\gamma_{M2}$
Values have been calculated assuming $k_s=1$ and $\mu=0.5$. See BS EN 1993-1-8, section 3.9 for other values of k_s and μ
FOR EXPLANATION OF TABLES SEE NOTE 11

BOLT RESISTANCES

S275

BS EN 1993-1-8:2005
BS EN 14399:2005
EN 1090:2008

Preloaded bolts at ultimate limit state

Class 8.8 countersunk bolts

Diameter of Bolt	Tensile Stress Area	Bolts in tension		Slip Resistance							
		Tension Resistance	Min thcks for punching shear	$\mu = 0.2$		$\mu = 0.3$		$\mu = 0.4$		$\mu = 0.5$	
				Single Shear	Double Shear	Single Shear	Double Shear	Single Shear	Double Shear	Single Shear	Double Shear
d	A_s	$F_{t,Rd}$	t_{min}								
mm	mm²	kN	mm	kN	kN	kN	kN	kN	kN	kN	kN
12	84.3	34.0	2.60	7.55	15.1	11.3	22.7	15.1	30.2	18.9	37.8
16	157	63.3	3.91	14.1	28.1	21.1	42.2	28.1	56.3	35.2	70.3
20	245	98.8	5.15	22.0	43.9	32.9	65.9	43.9	87.8	54.9	110
24	353	142	5.76	31.6	63.3	47.4	94.9	63.3	127	79.1	158
30	561	226	7.47	50.3	101	75.4	151	101	201	126	251

Diameter of Bolt	Edge distance	End distance	Pitch	Gauge	Bearing Resistance (kN)									
					Thickness in mm of ply, t.									
d	e_2	e_1	p_1	p_2	5	6	7	8	9	10	12	15	20	25	30
mm	mm	mm	mm	mm										
12	20	40	50	40	**15.5**	**23.3**	31.0	38.8	46.6	54.3	*69.8*	*93.1*	*132*	*171*	*210*
16	25	50	65	50	**10.2**	**20.4**	**30.6**	40.8	51.1	61.3	81.7	112	*163*	*214*	*265*
20	30	60	80	60	**0**	**12.6**	**25.3**	**37.9**	50.5	63.2	88.4	126	*189*	*253*	*316*
24	35	75	95	70	**0**	**0**	**15.0**	**30.1**	**45.1**	60.1	90.2	**135**	211	*286*	*361*
30	45	90	115	90	**0**	**0**	**0**	**9.47**	**28.4**	**47.4**	**85.3**	**142**	237	332	426

For bolts with cut threads that do not comply with EN 1090, the given values for tension resistance and minimum thickness to avoid punching should be multiplied by 0.85

Values of bearing resistance in **bold** are less than the single shear resistance of the bolt.

Values of bearing resistance in *italic* are greater than the double shear resistance of the bolt.

In single lap joints with only one bolt row, the design bearing resistance for each bolt should be limited to $1.5 f_u\, d\, t / \gamma_{M2}$

FOR EXPLANATION OF TABLES SEE NOTE 11

| BS EN 1993-1-8:2005 |
| BS EN 14399:2005 |
| EN 1090:2008 |

BOLT RESISTANCES

S275

Preloaded bolts at ultimate limit state

Class 10.9 countersunk bolts

Diameter of Bolt	Tensile Stress Area	Bolts in tension		Slip Resistance							
		Tension Resistance	Min thcks for punching shear	$\mu = 0.2$		$\mu = 0.3$		$\mu = 0.4$		$\mu = 0.5$	
				Single Shear	Double Shear	Single Shear	Double Shear	Single Shear	Double Shear	Single Shear	Double Shear
d	A_s	$F_{t,Rd}$	t_{min}								
mm	mm^2	kN	mm	kN	kN	kN	kN	kN	kN	kN	kN
16	157	79.1	4.89	17.6	35.2	26.4	52.8	35.2	70.3	44.0	87.9
20	245	123	6.44	27.4	54.9	41.2	82.3	54.9	110	68.6	137
24	353	178	7.19	39.5	79.1	59.3	119	79.1	158	98.8	198
30	561	283	9.33	62.8	126	94.2	188	126	251	157	314

Diameter of Bolt	Edge distance	End distance	Pitch	Gauge	Bearing Resistance (kN)									
					Thickness in mm of ply, t.									
d	e_2	e_1	p_1	p_2	5	6	7	8	9	10	12	15	20	25	30
mm	mm	mm	mm	mm										
16	25	50	65	50	10.2	20.4	30.6	40.8	51.1	61.3	81.7	112	*163*	*214*	*265*
20	30	60	80	60	0	12.6	25.3	37.9	50.5	63.2	88.4	126	189	*253*	*316*
24	35	75	95	70	0	0	15.0	30.1	45.1	60.1	90.2	**135**	211	*286*	*361*
30	45	90	115	90	0	0	0	9.47	28.4	47.4	85.3	**142**	237	332	*426*

For bolts with cut threads that do not comply with EN 1090, the given values for tension resistance and minimum thickness to avoid punching should be multiplied by 0.85

Values of bearing resistance in **bold** are less than the single shear resistance of the bolt.

Values of bearing resistance in *italic* are greater than the double shear resistance of the bolt.

In single lap joints with only one bolt row, the design bearing resistance for each bolt should be limited to $1.5 f_u\, d\, t/\gamma_{M2}$

FOR EXPLANATION OF TABLES SEE NOTE 11

FILLET WELDS

BS EN 1993-1-8 — **S275**

Design weld resistances

Leg Length s mm	Throat Thickness a mm	Longitudinal resistance $F_{w,L,Rd}$ kN/mm	Transverse resistance $F_{w,T,Rd}$ kN/mm
3.0	2.1	0.47	0.57
4.0	2.8	0.62	0.76
5.0	3.5	0.78	0.96
6.0	4.2	0.94	1.15
8.0	5.6	1.25	1.53
10.0	7.0	1.56	1.91
12.0	8.4	1.87	2.29
15.0	10.5	2.34	2.87
18.0	12.6	2.81	3.44
20.0	14.0	3.12	3.82
22.0	15.4	3.43	4.20
25.0	17.5	3.90	4.78

FOR EXPLANATION OF TABLES SEE NOTE 11.2

D. MEMBER RESISTANCES

S355

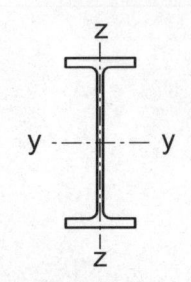

BS EN 1993-1-1:2005
BS 4-1:2005

COMPRESSION

S355 / Advance355

UNIVERSAL BEAMS
Advance UKB

Section Designation	Axis	Compression resistance $N_{b,y,Rd}$, $N_{b,z,Rd}$, $N_{b,T,Rd}$ (kN) for Buckling lengths L_{cr} (m)												
		2.0	3.0	4.0	5.0	6.0	7.0	8.0	9.0	10.0	11.0	12.0	13.0	14.0
1016x305x487 +	$N_{b,y,Rd}$	20800	20800	20800	20800	20800	20600	20400	20200	19900	19700	19400	19200	18900
	$N_{b,z,Rd}$	18800	16500	14100	11600	9400	7610	6220	5140	4310	3660	3140	2720	2380
	$N_{b,T,Rd}$	19600	18200	17000	15900	15100	14400	13800	13400	13000	12800	12500	12400	12200
1016x305x437 +	$N_{b,y,Rd}$	18700	18700	18700	18700	18700	18500	18300	18100	17900	17700	17400	17200	17000
	$N_{b,z,Rd}$	16800	14800	12500	10300	8320	6720	5480	4530	3790	3220	2760	2390	2090
	$N_{b,T,Rd}$	17600	16200	15100	14000	13100	12400	11800	11400	11000	10700	10500	10300	10100
* 1016x305x393 +	$N_{b,y,Rd}$	16500	16500	16500	16500	16500	16500	16400	16200	16000	15800	15600	15400	15200
	$N_{b,z,Rd}$	15100	13200	11100	9110	7330	5910	4810	3970	3320	2820	2420	2090	1830
	$N_{b,T,Rd}$	15400	14200	13100	12100	11200	10500	9950	9490	9130	8830	8590	8400	8240
* 1016x305x349 +	$N_{b,y,Rd}$	14400	14400	14400	14400	14400	14400	14300	14200	14100	14000	13800	13700	13600
	$N_{b,z,Rd}$	13400	12200	11100	9150	7320	5840	4710	3860	3210	2700	2300	1990	1730
	$N_{b,T,Rd}$	13800	13000	12200	11300	10600	9870	9280	8790	8380	8050	7780	7560	7370
* 1016x305x314 +	$N_{b,y,Rd}$	12600	12600	12600	12600	12600	12600	12500	12400	12300	12200	12100	12000	11900
	$N_{b,z,Rd}$	11800	10700	9350	8130	6480	5160	4160	3400	2830	2380	2030	1750	1520
	$N_{b,T,Rd}$	12100	11400	10600	9840	9090	8420	7840	7350	6950	6630	6360	6150	5960
* 1016x305x272 +	$N_{b,y,Rd}$	10600	10600	10600	10600	10600	10500	10500	10400	10300	10200	10200	10100	10000
	$N_{b,z,Rd}$	9860	8990	7890	6620	5600	4460	3590	2940	2440	2050	1750	1510	1320
	$N_{b,T,Rd}$	10100	9520	8860	8160	7470	6830	6280	5810	5430	5120	4860	4650	4480
* 1016x305x249 +	$N_{b,y,Rd}$	9530	9530	9530	9530	9530	9500	9440	9370	9300	9230	9160	9080	9000
	$N_{b,z,Rd}$	8850	8010	6960	5760	4820	3810	3060	2490	2070	1740	1480	1280	1110
	$N_{b,T,Rd}$	9120	8540	7910	7240	6550	5920	5370	4910	4540	4240	3990	3790	3620
* 1016x305x222 +	$N_{b,y,Rd}$	8320	8320	8320	8320	8320	8290	8230	8170	8110	8050	7980	7920	7840
	$N_{b,z,Rd}$	7680	6900	5930	4840	4020	3150	2520	2050	1690	1420	1210	1040	908
	$N_{b,T,Rd}$	7940	7420	6840	6200	5560	4960	4440	4010	3670	3390	3160	2980	2830
* 914x419x388	$N_{b,y,Rd}$	16500	16500	16500	16500	16500	16400	16300	16100	16000	15900	15700	15600	15400
	$N_{b,z,Rd}$	16100	15300	14800	13600	12300	10800	9360	8050	6910	5960	5170	4510	3970
	$N_{b,T,Rd}$	16300	15700	15000	14300	13600	12900	12200	11600	11000	10500	10100	9710	9380
* 914x419x343	$N_{b,y,Rd}$	14300	14300	14300	14300	14300	14200	14100	14000	13900	13700	13600	13500	13400
	$N_{b,z,Rd}$	14000	13200	12400	11500	10700	9440	8150	6990	5990	5160	4470	3900	3430
	$N_{b,T,Rd}$	14100	13500	13000	12300	11700	11000	10400	9770	9220	8720	8280	7900	7570

Advance and UKB are trademarks of Corus. A fuller description of the relationship between Universal Beams (UB) and the Advance range of sections manufactured by Corus is given in note 12.

+ These sections are in addition to the range of BS 4 sections.

* Section may be a Class 4 section under axial compression.

Values in *italic* type indicate that the section is a class 4 section in pure compression and allowance has been made in calculating the resistance.

For values of the compression cross-sectional resistance, $N_{c,Rd}$, see values of $N_{pl,Rd}$ in tables for axial force and bending and also see explanatory note 6.

FOR EXPLANATION OF TABLES SEE NOTE 6.

BS EN 1993-1-1:2005
BS 4-1:2005

COMPRESSION

UNIVERSAL BEAMS
Advance UKB

S355 / Advance355

Section Designation	Axis	Compression resistance $N_{b,y,Rd}$, $N_{b,z,Rd}$, $N_{b,T,Rd}$ (kN) for Buckling lengths L_{cr} (m)												
		2.0	3.0	4.0	5.0	6.0	7.0	8.0	9.0	10.0	11.0	12.0	13.0	14.0
* 914x305x289	$N_{b,y,Rd}$	11800	11800	11800	11800	11800	11700	11600	11500	11400	11300	11200	11100	11000
	$N_{b,z,Rd}$	11000	10000	9250	7650	6140	4910	3970	3250	2700	2280	1940	1680	1460
	$N_{b,T,Rd}$	11300	10600	9940	9200	8480	7820	7250	6760	6370	6040	5770	5550	5370
* 914x305x253	$N_{b,y,Rd}$	10000	10000	10000	10000	10000	9940	9870	9790	9710	9630	9550	9460	9360
	$N_{b,z,Rd}$	9350	8520	7490	6590	5290	4220	3400	2780	2310	1950	1660	1430	1250
	$N_{b,T,Rd}$	9610	9030	8400	7730	7060	6440	5890	5430	5060	4750	4490	4280	4110
* 914x305x224	$N_{b,y,Rd}$	*8620*	*8620*	*8620*	*8620*	*8620*	*8560*	*8490*	*8430*	*8360*	*8290*	*8220*	*8140*	*8060*
	$N_{b,z,Rd}$	*8030*	*7310*	*6410*	*5360*	*4530*	*3600*	*2900*	*2370*	*1960*	*1650*	*1410*	*1220*	*1060*
	$N_{b,T,Rd}$	8260	7760	7200	6590	5970	5380	4860	4430	4070	3780	3550	3350	3190
* 914x305x201	$N_{b,y,Rd}$	*7530*	*7530*	*7530*	*7530*	*7530*	*7470*	*7420*	*7360*	*7300*	*7240*	*7170*	*7100*	*7030*
	$N_{b,z,Rd}$	*6990*	*6340*	*5520*	*4580*	*3880*	*3060*	*2450*	*2000*	*1660*	*1390*	*1190*	*1020*	*891*
	$N_{b,T,Rd}$	7210	6760	6250	5690	5110	4560	4070	3670	3340	3070	2860	2680	2530
* 838x292x226	$N_{b,y,Rd}$	*9020*	*9020*	*9020*	*9020*	*8990*	*8920*	*8840*	*8770*	*8690*	*8610*	*8520*	*8430*	*8330*
	$N_{b,z,Rd}$	*8380*	*7610*	*6630*	*5770*	*4580*	*3640*	*2930*	*2390*	*1980*	*1670*	*1420*	*1230*	*1070*
	$N_{b,T,Rd}$	8610	8070	7490	6870	6260	5710	5230	4840	4510	4250	4040	3860	3720
* 838x292x194	$N_{b,y,Rd}$	*7460*	*7460*	*7460*	*7460*	*7430*	*7370*	*7310*	*7250*	*7180*	*7120*	*7040*	*6970*	*6890*
	$N_{b,z,Rd}$	*6910*	*6250*	*5420*	*4470*	*3730*	*2950*	*2360*	*1930*	*1600*	*1340*	*1140*	*985*	*857*
	$N_{b,T,Rd}$	7120	6650	6140	5590	5030	4510	4060	3690	3390	3150	2960	2800	2670
* 838x292x176	$N_{b,y,Rd}$	*6620*	*6620*	*6620*	*6620*	*6590*	*6540*	*6490*	*6430*	*6370*	*6310*	*6250*	*6180*	*6110*
	$N_{b,z,Rd}$	*6120*	*5520*	*4760*	*3900*	*3250*	*2560*	*2050*	*1670*	*1380*	*1160*	*987*	*850*	*739*
	$N_{b,T,Rd}$	6310	5890	5430	4910	4380	3890	3480	3130	2850	2620	2440	2290	2170
* 762x267x197	$N_{b,y,Rd}$	*7980*	*7980*	*7980*	*7980*	*7910*	*7840*	*7760*	*7680*	*7600*	*7510*	*7420*	*7320*	*7220*
	$N_{b,z,Rd}$	*7280*	*6470*	*5700*	*4480*	*3470*	*2720*	*2170*	*1760*	*1460*	*1220*	*1040*	*896*	*779*
	$N_{b,T,Rd}$	7520	6990	6420	5830	5290	4820	4430	4120	3880	3680	3530	3400	3300
* 762x267x173	$N_{b,y,Rd}$	*6800*	*6800*	*6800*	*6800*	*6740*	*6680*	*6620*	*6550*	*6480*	*6410*	*6330*	*6240*	*6150*
	$N_{b,z,Rd}$	*6190*	*5490*	*4600*	*3810*	*2940*	*2290*	*1820*	*1480*	*1220*	*1030*	*873*	*752*	*654*
	$N_{b,T,Rd}$	6410	5940	5420	4880	4370	3920	3550	3260	3030	2850	2700	2580	2480
* 762x267x147	$N_{b,y,Rd}$	*5560*	*5560*	*5560*	*5560*	*5510*	*5460*	*5410*	*5360*	*5300*	*5240*	*5180*	*5110*	*5030*
	$N_{b,z,Rd}$	*5050*	*4460*	*3720*	*3030*	*2370*	*1840*	*1460*	*1190*	*979*	*821*	*698*	*601*	*522*
	$N_{b,T,Rd}$	5240	4840	4390	3910	3440	3040	2710	2440	2230	2070	1940	1830	1750
* 762x267x134	$N_{b,y,Rd}$	*5090*	*5090*	*5090*	*5090*	*5040*	*5000*	*4950*	*4900*	*4850*	*4790*	*4730*	*4670*	*4600*
	$N_{b,z,Rd}$	*4610*	*4050*	*3350*	*2630*	*2120*	*1640*	*1300*	*1050*	*867*	*727*	*618*	*531*	*462*
	$N_{b,T,Rd}$	4780	4410	3980	3510	3060	2660	2350	2100	1900	1750	1630	1530	1450

Advance and UKB are trademarks of Corus. A fuller description of the relationship between Universal Beams (UB) and the Advance range of sections manufactured by Corus is given in note 12.

* Section may be a Class 4 section under axial compression.

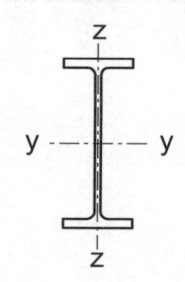

Values in *italic* type indicate that the section is a class 4 section in pure compression and allowance has been made in calculating the resistance.

For values of the compression cross-sectional resistance, $N_{c,Rd}$, see values of $N_{pl,Rd}$ in tables for axial force and bending and also see explanatory note 6.

FOR EXPLANATION OF TABLES SEE NOTE 6.

| BS EN 1993-1-1:2005 BS 4-1:2005 | COMPRESSION | S355 / Advance355 |

UNIVERSAL BEAMS
Advance UKB

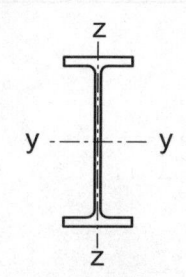

Section Designation	Axis	Compression resistance $N_{b,y,Rd}$, $N_{b,z,Rd}$, $N_{b,T,Rd}$ (kN) for Buckling lengths L_{cr} (m)												
		2.0	3.0	4.0	5.0	6.0	7.0	8.0	9.0	10.0	11.0	12.0	13.0	14.0
* 686x254x170	$N_{b,y,Rd}$	6980	6980	6980	6950	6880	6810	6730	6650	6570	6480	6380	6270	6150
	$N_{b,z,Rd}$	6320	5570	4790	3720	2860	2230	1770	1440	1190	996	847	729	634
	$N_{b,T,Rd}$	6540	6050	5530	5010	4540	4140	3830	3580	3380	3230	3100	3000	2920
* 686x254x152	$N_{b,y,Rd}$	6090	6090	6090	6060	6000	5940	5870	5800	5730	5650	5560	5470	5370
	$N_{b,z,Rd}$	5510	4850	4120	3270	2500	1950	1550	1260	1040	870	740	636	553
	$N_{b,T,Rd}$	5700	5260	4780	4300	3850	3470	3170	2930	2740	2590	2470	2370	2300
* 686x254x140	$N_{b,y,Rd}$	5480	5480	5480	5450	5400	5340	5290	5220	5160	5090	5010	4930	4840
	$N_{b,z,Rd}$	4960	4360	3610	2950	2250	1750	1390	1130	929	779	662	570	495
	$N_{b,T,Rd}$	5130	4730	4290	3820	3400	3030	2740	2510	2330	2190	2070	1980	1910
* 686x254x125	$N_{b,y,Rd}$	4780	4780	4780	4760	4710	4660	4610	4560	4500	4440	4370	4300	4220
	$N_{b,z,Rd}$	4310	3780	3100	2530	1920	1490	1180	955	788	660	561	483	419
	$N_{b,T,Rd}$	4470	4110	3700	3270	2870	2530	2250	2040	1870	1740	1630	1550	1480
610x305x238	$N_{b,y,Rd}$	10500	10500	10500	10300	10200	10100	9980	9840	9690	9530	9350	9150	8930
	$N_{b,z,Rd}$	9860	9080	8110	6960	5780	4730	3870	3200	2670	2260	1940	1670	1460
	$N_{b,T,Rd}$	10000	9500	8970	8480	8030	7640	7320	7050	6830	6650	6500	6380	6280
* 610x305x179	$N_{b,y,Rd}$	7590	7590	7590	7510	7430	7340	7250	7150	7040	6920	6790	6750	6680
	$N_{b,z,Rd}$	7150	6750	6030	5140	4230	3440	2810	2320	1940	1640	1400	1210	1060
	$N_{b,T,Rd}$	7280	6850	6410	5950	5510	5110	4770	4480	4240	4050	3890	3750	3650
* 610x305x149	$N_{b,y,Rd}$	6100	6100	6100	6040	5980	5910	5830	5750	5670	5570	5470	5360	5230
	$N_{b,z,Rd}$	5760	5300	4740	4170	3480	2830	2310	1900	1590	1340	1150	990	863
	$N_{b,T,Rd}$	5850	5500	5120	4720	4310	3940	3610	3340	3110	2920	2770	2650	2540
* 610x229x140	$N_{b,y,Rd}$	5760	5760	5760	5690	5630	5560	5490	5410	5320	5230	5120	5010	4880
	$N_{b,z,Rd}$	5100	4560	3570	2670	2020	1550	1230	993	818	685	582	500	434
	$N_{b,T,Rd}$	5310	4860	4390	3950	3580	3280	3050	2870	2730	2630	2540	2470	2420
* 610x229x125	$N_{b,y,Rd}$	5010	5010	5010	4960	4900	4850	4780	4710	4640	4560	4470	4370	4270
	$N_{b,z,Rd}$	4440	3800	3140	2350	1770	1360	1070	868	714	598	508	437	379
	$N_{b,T,Rd}$	4620	4210	3780	3360	2990	2700	2480	2310	2180	2080	1990	1930	1880
* 610x229x113	$N_{b,y,Rd}$	4450	4450	4450	4400	4350	4300	4240	4180	4120	4040	3970	3880	3780
	$N_{b,z,Rd}$	3930	3360	2750	2070	1550	1190	941	760	626	524	444	382	332
	$N_{b,T,Rd}$	4100	3720	3310	2910	2560	2280	2070	1900	1780	1680	1600	1540	1490
* 610x229x101	$N_{b,y,Rd}$	3990	3990	3990	3950	3900	3850	3800	3750	3690	3620	3550	3460	3370
	$N_{b,z,Rd}$	3510	2960	2310	1790	1330	1020	805	649	534	447	379	325	283
	$N_{b,T,Rd}$	3660	3310	2920	2520	2180	1910	1710	1550	1430	1340	1270	1210	1160

Advance and UKB are trademarks of Corus. A fuller description of the relationship between Universal Beams (UB) and the Advance range of sections manufactured by Corus is given in note 12.

* Section may be a Class 4 section under axial compression.

Values in *italic* type indicate that the section is a class 4 section in pure compression and allowance has been made in calculating the resistance.

For values of the compression cross-sectional resistance, $N_{c,Rd}$, see values of $N_{pl,Rd}$ in tables for axial force and bending and also see explanatory note 6.

FOR EXPLANATION OF TABLES SEE NOTE 6.

| BS EN 1993-1-1:2005 | COMPRESSION | S355 / Advance355 |
| BS 4-1:2005 | UNIVERSAL BEAMS Advance UKB | |

UNIVERSAL BEAMS — Advance UKB

Compression resistance $N_{b,y,Rd}$, $N_{b,z,Rd}$, $N_{b,T,Rd}$ (kN) for Buckling lengths L_{cr} (m)

Section Designation	Axis	2.0	3.0	4.0	5.0	6.0	7.0	8.0	9.0	10.0	11.0	12.0	13.0	14.0
* 610x178x100 +	$N_{b,y,Rd}$	3910	3910	3900	3860	3810	3770	3710	3660	3600	3530	3460	3380	3290
	$N_{b,z,Rd}$	3120	2430	1620	1120	812	613	478	383	314	261	221	190	164
	$N_{b,T,Rd}$	3410	2960	2510	2150	1890	1700	1570	1470	1400	1350	1300	1270	1240
* 610x178x92 +	$N_{b,y,Rd}$	3590	3590	3580	3540	3500	3450	3400	3350	3290	3230	3160	3080	2990
	$N_{b,z,Rd}$	2820	2160	1430	980	707	533	415	332	272	227	192	164	142
	$N_{b,T,Rd}$	3120	2680	2230	1880	1620	1440	1320	1230	1160	1110	1070	1030	1010
* 610x178x82 +	$N_{b,y,Rd}$	3080	3080	3080	3040	3010	2970	2930	2880	2840	2780	2720	2660	2580
	$N_{b,z,Rd}$	2410	1730	1210	828	596	449	349	280	229	191	161	138	120
	$N_{b,T,Rd}$	2670	2270	1870	1540	1310	1140	1030	947	886	840	804	775	753
533x312x272 +	$N_{b,y,Rd}$	12000	12000	12000	11800	11700	11500	11300	11100	10900	10700	10500	10200	9840
	$N_{b,z,Rd}$	11400	10600	9600	8410	7120	5910	4890	4060	3410	2900	2480	2150	1880
	$N_{b,T,Rd}$	11600	11100	10600	10200	9860	9590	9380	9210	9070	8960	8870	8800	8740
533x312x219 +	$N_{b,y,Rd}$	9630	9630	9580	9460	9340	9200	9060	8900	8730	8530	8310	8070	7790
	$N_{b,z,Rd}$	9120	8440	7600	6600	5530	4560	3760	3110	2610	2210	1900	1640	1430
	$N_{b,T,Rd}$	9260	8780	8320	7890	7500	7180	6900	6680	6500	6350	6220	6120	6040
533x312x182 +	$N_{b,y,Rd}$	7970	7970	7930	7830	7720	7610	7490	7360	7210	7050	6860	6660	6420
	$N_{b,z,Rd}$	7540	6960	6260	5410	4530	3720	3060	2530	2120	1800	1540	1330	1160
	$N_{b,T,Rd}$	7650	7220	6790	6360	5960	5600	5300	5040	4830	4660	4520	4410	4310
* 533x312x150 +	$N_{b,y,Rd}$	6430	6430	6400	6320	6230	6140	6050	5940	5870	5840	5690	5510	5310
	$N_{b,z,Rd}$	6080	5770	5170	4460	3720	3050	2500	2070	1730	1470	1250	1090	948
	$N_{b,T,Rd}$	6170	5810	5430	5040	4650	4300	4000	3740	3530	3350	3210	3090	3000
533x210x138 +	$N_{b,y,Rd}$	6070	6070	6030	5950	5860	5770	5670	5560	5440	5300	5150	4970	4770
	$N_{b,z,Rd}$	5230	4300	3240	2370	1770	1350	1070	860	707	591	502	431	374
	$N_{b,T,Rd}$	5520	5030	4580	4190	3880	3660	3490	3360	3260	3180	3120	3080	3040
* 533x210x122	$N_{b,y,Rd}$	5150	5150	5120	5050	4980	4910	4830	4740	4740	4670	4530	4380	4200
	$N_{b,z,Rd}$	4600	3780	2850	2080	1550	1190	936	754	620	519	440	378	328
	$N_{b,T,Rd}$	4680	4250	3830	3460	3160	2940	2770	2640	2550	2470	2410	2370	2330
* 533x210x109	$N_{b,y,Rd}$	4520	4520	4490	4430	4370	4300	4230	4160	4070	3970	3860	3730	3670
	$N_{b,z,Rd}$	3900	3350	2500	1830	1360	1040	816	658	541	452	384	329	286
	$N_{b,T,Rd}$	4100	3700	3290	2930	2630	2410	2240	2120	2020	1950	1890	1850	1810
* 533x210x101	$N_{b,y,Rd}$	4120	4120	4100	4040	3990	3930	3870	3800	3720	3630	3530	3420	3290
	$N_{b,z,Rd}$	3560	3020	2300	1680	1240	952	749	603	496	415	352	302	262
	$N_{b,T,Rd}$	3730	3360	2970	2610	2320	2100	1940	1820	1730	1660	1600	1560	1520
* 533x210x92	$N_{b,y,Rd}$	3760	3760	3730	3680	3630	3580	3520	3450	3380	3300	3210	3100	2980
	$N_{b,z,Rd}$	3230	2660	2080	1500	1110	846	665	535	439	367	311	267	232
	$N_{b,T,Rd}$	3400	3040	2650	2300	2020	1800	1640	1530	1440	1370	1310	1270	1240
* 533x210x82	$N_{b,y,Rd}$	3310	3310	3280	3240	3190	3150	3090	3030	2970	2890	2810	2720	2610
	$N_{b,z,Rd}$	2830	2300	1790	1280	946	721	565	455	373	312	264	227	197
	$N_{b,T,Rd}$	2980	2650	2280	1940	1670	1470	1320	1210	1130	1060	1010	974	942

Advance and UKB are trademarks of Corus. A fuller description of the relationship between Universal Beams (UB) and the Advance range of sections manufactured by Corus is given in note 12.

+ These sections are in addition to the range of BS 4 sections.

* Section may be a Class 4 section under axial compression.

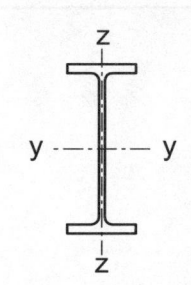

Values in *italic* type indicate that the section is a class 4 section in pure compression and allowance has been made in calculating the resistance.

For values of the compression cross-sectional resistance, $N_{c,Rd}$, see values of $N_{pl,Rd}$ in tables for axial force and bending and also see explanatory note 6.

FOR EXPLANATION OF TABLES SEE NOTE 6.

BS EN 1993-1-1:2005
BS 4-1:2005

COMPRESSION

UNIVERSAL BEAMS
Advance UKB

S355 / Advance355

Section Designation	Axis	Compression resistance $N_{b,y,Rd}$, $N_{b,z,Rd}$, $N_{b,T,Rd}$ (kN) for Buckling lengths L_{cr} (m)												
		2.0	3.0	4.0	5.0	6.0	7.0	8.0	9.0	10.0	11.0	12.0	13.0	14.0
* 533x165x85 +	$N_{b,y,Rd}$	3370	3370	3340	3300	3250	3200	3150	3090	3020	2950	2860	2770	2660
	$N_{b,z,Rd}$	2610	1940	1270	874	631	475	370	296	243	202	171	146	127
	$N_{b,T,Rd}$	2890	2480	2110	1820	1620	1480	1380	1310	1260	1220	1190	1170	1150
* 533x165x74 +	$N_{b,y,Rd}$	2960	2960	2940	2900	2860	2810	2760	2710	2650	2580	2500	2410	2310
	$N_{b,z,Rd}$	2250	1630	1060	719	517	389	302	242	198	165	139	119	103
	$N_{b,T,Rd}$	2520	2120	1750	1470	1270	1140	1050	985	937	900	872	850	832
* 533x165x66 +	$N_{b,y,Rd}$	2520	2520	2500	2470	2430	2390	2350	2300	2250	2190	2130	2050	1970
	$N_{b,z,Rd}$	1900	1360	881	598	429	322	251	200	164	136	115	98.8	85.6
	$N_{b,T,Rd}$	2130	1770	1430	1180	1000	885	803	744	701	669	644	624	608
457x191x161 +	$N_{b,y,Rd}$	7110	7110	7010	6900	6780	6660	6510	6350	6170	5950	5710	5440	5140
	$N_{b,z,Rd}$	6060	4920	3660	2660	1970	1510	1190	955	785	657	557	478	415
	$N_{b,T,Rd}$	6500	6100	5800	5590	5450	5350	5270	5220	5180	5150	5130	5110	5090
457x191x133 +	$N_{b,y,Rd}$	5860	5860	5780	5690	5590	5480	5360	5220	5060	4880	4670	4440	4180
	$N_{b,z,Rd}$	4960	3980	2930	2110	1560	1190	936	753	619	517	439	377	327
	$N_{b,T,Rd}$	5300	4890	4560	4310	4130	4000	3910	3840	3780	3740	3710	3690	3670
457x191x106 +	$N_{b,y,Rd}$	4660	4650	4580	4510	4430	4340	4240	4130	3990	3840	3670	3470	3260
	$N_{b,z,Rd}$	3900	3090	2240	1610	1180	901	707	569	467	390	331	284	246
	$N_{b,T,Rd}$	4160	3760	3400	3110	2890	2740	2620	2540	2470	2420	2380	2350	2330
* 457x191x98	$N_{b,y,Rd}$	4200	4200	4140	4120	4100	4020	3930	3820	3700	3560	3400	3230	3030
	$N_{b,z,Rd}$	3620	2870	2080	1490	1100	838	657	529	434	363	308	264	229
	$N_{b,T,Rd}$	3760	3390	3040	2760	2550	2390	2280	2190	2130	2080	2040	2010	1990
* 457x191x89	$N_{b,y,Rd}$	3770	3770	3710	3650	3590	3520	3440	3350	3300	3240	3100	2930	2750
	$N_{b,z,Rd}$	3290	2590	1870	1340	987	751	589	474	389	325	276	236	205
	$N_{b,T,Rd}$	3360	3000	2660	2380	2160	2010	1890	1810	1750	1700	1660	1630	1600
* 457x191x82	$N_{b,y,Rd}$	3470	3470	3420	3360	3300	3240	3160	3080	2980	2870	2750	2700	2520
	$N_{b,z,Rd}$	2900	2370	1690	1200	882	670	525	422	346	289	245	210	182
	$N_{b,T,Rd}$	3080	2730	2390	2100	1880	1730	1610	1530	1460	1420	1380	1350	1320
* 457x191x74	$N_{b,y,Rd}$	3090	3090	3040	2990	2940	2880	2820	2750	2660	2570	2450	2330	2190
	$N_{b,z,Rd}$	2590	2120	1520	1080	792	602	471	379	311	259	220	189	164
	$N_{b,T,Rd}$	2730	2410	2080	1800	1590	1440	1330	1240	1180	1140	1100	1070	1050
* 457x191x67	$N_{b,y,Rd}$	2740	2740	2700	2650	2610	2560	2500	2430	2360	2270	2170	2060	1940
	$N_{b,z,Rd}$	2290	1800	1340	946	692	525	411	330	271	226	192	164	143
	$N_{b,T,Rd}$	2420	2120	1810	1540	1340	1190	1090	1010	952	908	874	847	825

Advance and UKB are trademarks of Corus. A fuller description of the relationship between Universal Beams (UB) and the Advance range of sections manufactured by Corus is given in note 12.

+ These sections are in addition to the range of BS 4 sections.

* Section may be a Class 4 section under axial compression.

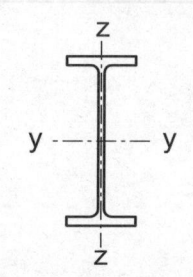

Values in *italic* type indicate that the section is a class 4 section in pure compression and allowance has been made in calculating the resistance.

For values of the compression cross-sectional resistance, $N_{c,Rd}$, see values of $N_{pl,Rd}$ in tables for axial force and bending and also see explanatory note 6.

FOR EXPLANATION OF TABLES SEE NOTE 6.

| BS EN 1993-1-1:2005 | | COMPRESSION | S355 / Advance355 |
| BS 4-1:2005 | | | |

COMPRESSION

UNIVERSAL BEAMS
Advance UKB

Section Designation	Axis	Compression resistance $N_{b,y,Rd}$, $N_{b,z,Rd}$, $N_{b,T,Rd}$ (kN) for Buckling lengths L_{cr} (m)												
		1.0	1.5	2.0	2.5	3.0	3.5	4.0	5.0	6.0	7.0	8.0	9.0	10.0
* 457x152x82	$N_{b,y,Rd}$	3460	3460	3460	3460	3450	3430	3400	3350	3290	3220	3150	3070	3040
	$N_{b,z,Rd}$	3240	3040	2700	2260	1840	1480	1200	820	591	445	346	277	227
	$N_{b,T,Rd}$	3320	3130	2940	2740	2560	2390	2250	2030	1880	1780	1710	1660	1620
* 457x152x74	$N_{b,y,Rd}$	3040	3040	3040	3040	3040	3020	2990	2950	2890	2840	2770	2700	2620
	$N_{b,z,Rd}$	2840	2600	2360	2010	1630	1310	1060	722	520	391	305	244	199
	$N_{b,T,Rd}$	2920	2750	2570	2390	2210	2050	1910	1700	1550	1450	1380	1330	1290
* 457x152x67	$N_{b,y,Rd}$	2770	2770	2770	2770	2760	2740	2720	2680	2630	2580	2520	2450	2370
	$N_{b,z,Rd}$	2580	2350	2070	1810	1450	1160	935	636	457	343	267	214	175
	$N_{b,T,Rd}$	2650	2490	2320	2140	1960	1790	1650	1430	1280	1190	1120	1070	1030
* 457x152x60	$N_{b,y,Rd}$	2390	2390	2390	2390	2390	2370	2360	2320	2280	2230	2180	2120	2060
	$N_{b,z,Rd}$	2230	2040	1790	1500	1270	1010	815	554	398	299	232	186	152
	$N_{b,T,Rd}$	2290	2150	2000	1840	1670	1510	1380	1170	1030	938	874	827	793
* 457x152x52	$N_{b,y,Rd}$	2030	2030	2030	2030	2030	2020	2000	1970	1930	1890	1850	1800	1740
	$N_{b,z,Rd}$	1890	1720	1500	1250	1050	833	668	452	324	243	189	151	123
	$N_{b,T,Rd}$	1950	1820	1690	1540	1380	1240	1110	920	793	707	648	607	576
406x178x85 +	$N_{b,y,Rd}$	3760	3760	3760	3760	3740	3710	3670	3610	3530	3440	3340	3220	3090
	$N_{b,z,Rd}$	3610	3370	3090	2760	2390	2020	1690	1200	876	665	521	418	343
	$N_{b,T,Rd}$	3670	3490	3310	3140	2960	2800	2660	2420	2250	2130	2050	1980	1930
* 406x178x74	$N_{b,y,Rd}$	3220	3220	3220	3220	3200	3180	3150	3090	3020	2950	2860	2850	2730
	$N_{b,z,Rd}$	3090	2880	2720	2410	2060	1730	1440	1010	739	560	438	352	289
	$N_{b,T,Rd}$	3140	2980	2820	2660	2490	2330	2190	1950	1780	1660	1570	1510	1460
* 406x178x67	$N_{b,y,Rd}$	2860	2860	2860	2860	2850	2820	2800	2750	2690	2620	2550	2460	2350
	$N_{b,z,Rd}$	2740	2560	2340	2160	1840	1540	1280	897	654	496	388	311	255
	$N_{b,T,Rd}$	2790	2650	2500	2350	2190	2030	1890	1660	1490	1370	1280	1220	1170
* 406x178x60	$N_{b,y,Rd}$	2500	2500	2500	2500	2490	2470	2440	2400	2350	2290	2230	2150	2060
	$N_{b,z,Rd}$	2400	2240	2050	1830	1640	1370	1130	795	580	439	344	276	226
	$N_{b,T,Rd}$	2430	2310	2180	2040	1890	1750	1610	1390	1230	1110	1030	970	926
* 406x178x54	$N_{b,y,Rd}$	2230	2230	2230	2230	2210	2190	2170	2130	2090	2040	1980	1910	1820
	$N_{b,z,Rd}$	2130	1980	1810	1600	1430	1180	978	681	495	375	293	235	192
	$N_{b,T,Rd}$	2160	2050	1930	1800	1660	1520	1390	1170	1010	902	824	768	726

Advance and UKB are trademarks of Corus. A fuller description of the relationship between Universal Beams (UB) and the Advance range of sections manufactured by Corus is given in note 12.

+ These sections are in addition to the range of BS 4 sections.

* Section may be a Class 4 section under axial compression.

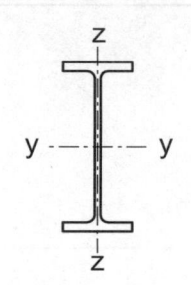

Values in *italic* type indicate that the section is a class 4 section in pure compression and allowance has been made in calculating the resistance.

For values of the compression cross-sectional resistance, $N_{c,Rd}$, see values of $N_{pl,Rd}$ in tables for axial force and bending and also see explanatory note 6.

FOR EXPLANATION OF TABLES SEE NOTE 6.

BS EN 1993-1-1:2005
BS 4-1:2005

COMPRESSION

S355 / Advance355

UNIVERSAL BEAMS
Advance UKB

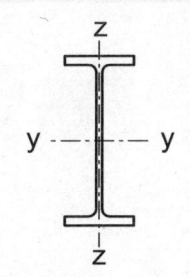

Section Designation	Axis	Compression resistance $N_{b,y,Rd}$, $N_{b,z,Rd}$, $N_{b,T,Rd}$ (kN) for Buckling lengths L_{cr} (m)												
		1.0	1.5	2.0	2.5	3.0	3.5	4.0	5.0	6.0	7.0	8.0	9.0	10.0
* 406x140x53 +	$N_{b,y,Rd}$	2200	2200	2200	2200	2180	2160	2140	2100	2060	2010	1950	1880	1790
	$N_{b,z,Rd}$	2030	1820	1570	1330	1050	827	663	448	321	241	187	149	122
	$N_{b,T,Rd}$	2090	1950	1800	1640	1490	1350	1240	1070	964	892	842	807	781
* 406x140x46	$N_{b,y,Rd}$	1820	1820	1820	1820	1810	1800	1780	1750	1710	1670	1620	1570	1500
	$N_{b,z,Rd}$	1690	1520	1310	1080	892	703	563	380	272	204	158	126	103
	$N_{b,T,Rd}$	1730	1620	1490	1350	1210	1080	979	825	724	658	613	581	557
* 406x140x39	$N_{b,y,Rd}$	1500	1500	1500	1500	1490	1470	1460	1430	1400	1370	1330	1280	1230
	$N_{b,z,Rd}$	1370	1230	1050	846	698	545	434	292	208	156	121	96.7	78.9
	$N_{b,T,Rd}$	1420	1320	1200	1080	952	839	743	605	517	459	420	392	372
* 356x171x67	$N_{b,y,Rd}$	3030	3030	3030	3020	2990	2960	2930	2860	2790	2690	2580	2450	2290
	$N_{b,z,Rd}$	2890	2690	2450	2160	1840	1540	1280	897	654	496	388	311	255
	$N_{b,T,Rd}$	2890	2750	2600	2450	2300	2170	2050	1860	1730	1630	1570	1520	1480
* 356x171x57	$N_{b,y,Rd}$	2470	2470	2470	2460	2440	2420	2390	2340	2270	2200	2150	2060	1930
	$N_{b,z,Rd}$	2360	2200	2060	1810	1530	1270	1050	736	536	405	317	254	208
	$N_{b,T,Rd}$	2400	2270	2140	2000	1860	1730	1610	1420	1280	1190	1120	1070	1040
* 356x171x51	$N_{b,y,Rd}$	2170	2170	2170	2160	2140	2120	2100	2050	1990	1930	1850	1760	1650
	$N_{b,z,Rd}$	2070	1920	1750	1600	1350	1120	923	644	468	354	277	222	182
	$N_{b,T,Rd}$	2100	1990	1870	1740	1610	1480	1360	1180	1050	955	890	844	809
* 356x171x45	$N_{b,y,Rd}$	1880	1880	1880	1870	1850	1840	1820	1770	1730	1670	1600	1520	1420
	$N_{b,z,Rd}$	1790	1660	1510	1330	1160	952	783	543	394	298	233	186	153
	$N_{b,T,Rd}$	1820	1720	1610	1490	1370	1250	1140	961	836	750	689	646	613
* 356x127x39	$N_{b,y,Rd}$	1600	1600	1600	1590	1580	1560	1540	1510	1470	1420	1360	1290	1200
	$N_{b,z,Rd}$	1440	1260	1040	825	628	487	386	258	184	137	106	84.9	69.3
	$N_{b,T,Rd}$	1490	1370	1240	1110	991	892	813	704	637	593	563	543	527
* 356x127x33	$N_{b,y,Rd}$	1310	1310	1310	1300	1290	1270	1260	1230	1200	1160	1110	1050	980
	$N_{b,z,Rd}$	1170	1010	823	661	500	386	305	203	145	108	83.7	66.7	54.4
	$N_{b,T,Rd}$	1220	1110	998	878	768	677	606	507	447	408	382	364	350

Advance and UKB are trademarks of Corus. A fuller description of the relationship between Universal Beams (UB) and the Advance range of sections manufactured by Corus is given in note 12.

+ These sections are in addition to the range of BS 4 sections.

* Section may be a Class 4 section under axial compression.

Values in *italic* type indicate that the section is a class 4 section in pure compression and allowance has been made in calculating the resistance.

For values of the compression cross-sectional resistance, $N_{c,Rd}$, see values of $N_{pl,Rd}$ in tables for axial force and bending and also see explanatory note 6.

FOR EXPLANATION OF TABLES SEE NOTE 6.

COMPRESSION

BS EN 1993-1-1:2005
BS 4-1:2005

S355 / Advance355

UNIVERSAL BEAMS
Advance UKB

Section Designation	Axis	Compression resistance $N_{b,y,Rd}$, $N_{b,z,Rd}$, $N_{b,T,Rd}$ (kN) for Buckling lengths L_{cr} (m)												
		1.0	1.5	2.0	2.5	3.0	3.5	4.0	5.0	6.0	7.0	8.0	9.0	10.0
305x165x54	$N_{b,y,Rd}$	2440	2440	2440	2410	2390	2360	2330	2250	2170	2060	1940	1780	1610
	$N_{b,z,Rd}$	2320	2160	1960	1720	1460	1210	1010	703	512	388	303	243	199
	$N_{b,T,Rd}$	2360	2230	2100	1980	1860	1750	1650	1500	1400	1320	1270	1240	1210
* 305x165x46	$N_{b,y,Rd}$	*2000*	*2000*	*2000*	*1980*	*1960*	*1930*	*1910*	*1850*	*1790*	*1700*	*1650*	*1520*	*1380*
	$N_{b,z,Rd}$	*1910*	*1770*	*1660*	*1460*	*1240*	*1030*	*848*	*592*	*431*	*326*	*255*	*205*	*168*
	$N_{b,T,Rd}$	*1930*	*1830*	*1720*	*1600*	*1490*	*1390*	*1290*	*1140*	*1040*	*971*	*921*	*885*	*859*
* 305x165x40	$N_{b,y,Rd}$	*1710*	*1710*	*1710*	*1690*	*1670*	*1650*	*1630*	*1590*	*1530*	*1460*	*1370*	*1270*	*1190*
	$N_{b,z,Rd}$	*1630*	*1520*	*1380*	*1220*	*1070*	*884*	*730*	*509*	*370*	*280*	*219*	*175*	*144*
	$N_{b,T,Rd}$	*1650*	*1560*	*1460*	*1360*	*1250*	*1150*	*1060*	*912*	*812*	*744*	*695*	*661*	*635*
305x127x48	$N_{b,y,Rd}$	2170	2170	2170	2140	2120	2090	2060	1990	1910	1810	1680	1530	1370
	$N_{b,z,Rd}$	1940	1680	1360	1050	800	621	493	330	235	176	136	109	88.9
	$N_{b,T,Rd}$	2020	1880	1740	1610	1510	1420	1360	1270	1210	1180	1150	1140	1120
305x127x42	$N_{b,y,Rd}$	1900	1900	1890	1870	1850	1820	1790	1740	1660	1570	1460	1330	1190
	$N_{b,z,Rd}$	1690	1460	1170	894	682	529	419	280	200	149	116	92.4	75.4
	$N_{b,T,Rd}$	1760	1620	1480	1350	1240	1150	1080	985	927	889	864	846	833
* 305x127x37	$N_{b,y,Rd}$	*1610*	*1610*	*1610*	*1590*	*1570*	*1550*	*1530*	*1480*	*1460*	*1380*	*1280*	*1160*	*1040*
	$N_{b,z,Rd}$	*1460*	*1280*	*1020*	*778*	*592*	*459*	*363*	*243*	*173*	*129*	*100*	*79.9*	*65.2*
	$N_{b,T,Rd}$	*1490*	*1370*	*1250*	*1120*	*1020*	*934*	*868*	*777*	*721*	*685*	*660*	*643*	*631*
* 305x102x33	$N_{b,y,Rd}$	*1380*	*1380*	*1380*	*1360*	*1350*	*1330*	*1310*	*1270*	*1220*	*1160*	*1090*	*1050*	*939*
	$N_{b,z,Rd}$	*1160*	*969*	*695*	*496*	*365*	*277*	*218*	*144*	*102*	*75.6*	*58.5*	*46.6*	*37.9*
	$N_{b,T,Rd}$	*1240*	*1110*	*979*	*866*	*778*	*712*	*664*	*601*	*564*	*541*	*525*	*514*	*506*
* 305x102x28	$N_{b,y,Rd}$	*1150*	*1150*	*1150*	*1130*	*1120*	*1110*	*1090*	*1060*	*1020*	*965*	*903*	*830*	*783*
	$N_{b,z,Rd}$	*962*	*783*	*570*	*404*	*296*	*224*	*176*	*116*	*81.9*	*61.0*	*47.1*	*37.5*	*30.5*
	$N_{b,T,Rd}$	*1030*	*912*	*792*	*684*	*601*	*539*	*493*	*434*	*400*	*378*	*364*	*353*	*346*
* 305x102x25	$N_{b,y,Rd}$	*988*	*988*	*986*	*975*	*963*	*951*	*938*	*908*	*872*	*827*	*771*	*706*	*648*
	$N_{b,z,Rd}$	*815*	*648*	*464*	*324*	*236*	*179*	*140*	*92.0*	*65.0*	*48.3*	*37.3*	*29.7*	*24.2*
	$N_{b,T,Rd}$	*879*	*772*	*657*	*556*	*477*	*420*	*379*	*326*	*296*	*276*	*263*	*255*	*248*

Advance and UKB are trademarks of Corus. A fuller description of the relationship between Universal Beams (UB) and the Advance range of sections manufactured by Corus is given in note 12.

* Section may be a Class 4 section under axial compression.

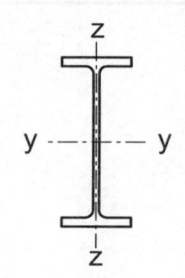

Values in *italic* type indicate that the section is a class 4 section in pure compression and allowance has been made in calculating the resistance.

For values of the compression cross-sectional resistance, $N_{c,Rd}$, see values of $N_{pl,Rd}$ in tables for axial force and bending and also see explanatory note 6.

FOR EXPLANATION OF TABLES SEE NOTE 6.

BS EN 1993-1-1:2005
BS 4-1:2005

COMPRESSION

S355 / Advance355

UNIVERSAL BEAMS
Advance UKB

Section Designation	Axis	Compression resistance $N_{b,y,Rd}$, $N_{b,z,Rd}$, $N_{b,T,Rd}$ (kN) for Buckling lengths L_{cr} (m)												
		1.0	1.5	2.0	2.5	3.0	3.5	4.0	5.0	6.0	7.0	8.0	9.0	10.0
254x146x43	$N_{b,y,Rd}$	1950	1950	1930	1900	1870	1840	1810	1730	1630	1500	1350	1190	1030
	$N_{b,z,Rd}$	1820	1670	1480	1250	1020	829	675	463	335	252	197	157	129
	$N_{b,T,Rd}$	1850	1740	1640	1530	1440	1370	1310	1210	1150	1110	1090	1070	1050
* 254x146x37	$N_{b,y,Rd}$	*1650*	*1650*	1630	1630	1610	1590	1560	1490	1400	1290	1150	1010	875
	$N_{b,z,Rd}$	1570	1430	1260	1060	869	702	571	391	282	213	166	133	109
	$N_{b,T,Rd}$	1570	1470	1370	1270	1180	1100	1040	938	874	832	802	781	765
* 254x146x31	$N_{b,y,Rd}$	*1370*	*1370*	*1360*	*1340*	*1320*	*1290*	*1270*	*1240*	*1160*	*1060*	*941*	*819*	*707*
	$N_{b,z,Rd}$	*1280*	*1190*	*1040*	*865*	*698*	*560*	*453*	*309*	*223*	*168*	*130*	*104*	*85.3*
	$N_{b,T,Rd}$	1300	1210	1120	1020	934	853	785	685	621	578	548	528	512
* 254x102x28	$N_{b,y,Rd}$	*1240*	*1240*	*1230*	*1210*	1200	1200	1190	1130	1060	963	855	745	642
	$N_{b,z,Rd}$	1080	860	627	451	333	254	199	132	93.3	69.5	53.7	42.8	34.9
	$N_{b,T,Rd}$	1120	1010	899	808	738	687	649	599	569	551	538	530	523
* 254x102x25	$N_{b,y,Rd}$	*1090*	*1090*	*1080*	*1060*	*1040*	*1030*	*1010*	*983*	*927*	*842*	*743*	*644*	*553*
	$N_{b,z,Rd}$	946	741	532	380	279	212	167	110	77.8	57.9	44.8	35.6	29.0
	$N_{b,T,Rd}$	972	867	761	670	600	549	511	463	434	416	404	395	389
* 254x102x22	$N_{b,y,Rd}$	*934*	*934*	*924*	*910*	*896*	*880*	*863*	*821*	*793*	*725*	*636*	*548*	*470*
	$N_{b,z,Rd}$	793	623	439	310	227	172	135	88.7	62.7	46.7	36.1	28.7	23.4
	$N_{b,T,Rd}$	829	731	629	541	474	426	391	345	319	303	292	284	278
203x133x30	$N_{b,y,Rd}$	1360	1350	1330	1300	1270	1240	1210	1120	994	853	717	599	503
	$N_{b,z,Rd}$	1250	1120	961	782	620	493	396	268	193	145	112	89.9	73.5
	$N_{b,T,Rd}$	1270	1190	1100	1020	958	904	861	801	763	738	721	709	700
203x133x25	$N_{b,y,Rd}$	1140	1130	1110	1090	1060	1040	1010	926	821	700	586	488	409
	$N_{b,z,Rd}$	1040	931	791	639	504	398	319	216	155	116	90.3	72.1	58.9
	$N_{b,T,Rd}$	1060	982	900	820	750	692	646	582	541	515	497	485	475
203x102x23	$N_{b,y,Rd}$	1040	1040	1020	998	976	951	921	846	746	634	529	440	369
	$N_{b,z,Rd}$	897	735	553	404	301	230	181	120	85.3	63.6	49.2	39.2	32.0
	$N_{b,T,Rd}$	940	854	776	714	667	632	607	573	554	541	533	527	522
178x102x19	$N_{b,y,Rd}$	863	851	833	813	790	764	731	647	544	444	361	295	245
	$N_{b,z,Rd}$	742	610	459	336	251	192	151	100	71.1	53.0	41.0	32.7	26.6
	$N_{b,T,Rd}$	774	701	635	581	541	511	490	461	445	434	427	422	418
152x89x16	$N_{b,y,Rd}$	720	703	685	664	638	606	566	469	371	291	232	188	155
	$N_{b,z,Rd}$	595	460	327	232	170	129	101	66.7	47.2	35.1	27.1	21.6	17.6
	$N_{b,T,Rd}$	634	575	528	495	472	456	444	429	421	415	412	409	408
127x76x13	$N_{b,y,Rd}$	580	563	543	519	487	446	399	302	226	173	136	109	89.5
	$N_{b,z,Rd}$	455	325	218	151	109	82.4	64.3	42.2	29.8	22.1	17.1	13.6	11.1
	$N_{b,T,Rd}$	507	468	442	426	416	409	404	398	395	392	391	390	389

Advance and UKB are trademarks of Corus. A fuller description of the relationship between Universal Beams (UB) and the Advance range of sections manufactured by Corus is given in note 12.

* Section may be a Class 4 section under axial compression.

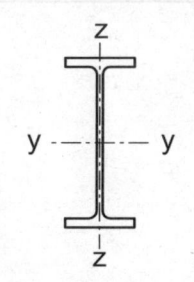

Values in *italic* type indicate that the section is a class 4 section in pure compression and allowance has been made in calculating the resistance.

For values of the compression cross-sectional resistance, $N_{c,Rd}$, see values of $N_{pl,Rd}$ in tables for axial force and bending and also see explanatory note 6.

FOR EXPLANATION OF TABLES SEE NOTE 6.

COMPRESSION

S355 / Advance355

BS EN 1993-1-1:2005
BS 4-1:2005

UNIVERSAL COLUMNS
Advance UKC

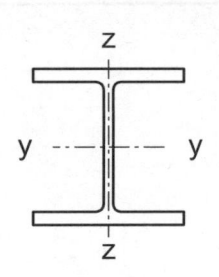

Section Designation	Axis	Compression resistance $N_{b,y,Rd}$, $N_{b,z,Rd}$, $N_{b,T,Rd}$ (kN) for Buckling lengths L_{cr} (m)												
		2.0	3.0	4.0	5.0	6.0	7.0	8.0	9.0	10.0	11.0	12.0	13.0	14.0
356x406x634	$N_{b,y,Rd}$	26300	26200	25600	24900	24200	23500	22700	21800	20900	19800	18800	17600	16500
	$N_{b,z,Rd}$	25900	24400	22800	21100	19300	17400	15600	13800	12200	10800	9510	8430	7510
	$N_{b,T,Rd}$	26300	25700	25300	25100	24900	24800	24800	24700	24700	24600	24600	24600	24600
356x406x551	$N_{b,y,Rd}$	22800	22700	22200	21600	21000	20300	19600	18800	17900	17000	16000	15000	14000
	$N_{b,z,Rd}$	22500	21100	19700	18300	16700	15000	13400	11900	10500	9230	8150	7220	6430
	$N_{b,T,Rd}$	22700	22100	21700	21500	21300	21200	21100	21100	21000	21000	21000	21000	20900
356x406x467	$N_{b,y,Rd}$	19900	19800	19300	18700	18200	17500	16900	16100	15300	14400	13500	12600	11700
	$N_{b,z,Rd}$	19600	18300	17100	15700	14300	12800	11300	9980	8760	7690	6770	5990	5320
	$N_{b,T,Rd}$	19700	19100	18600	18400	18200	18100	18000	17900	17900	17800	17800	17800	17800
356x406x393	$N_{b,y,Rd}$	16800	16600	16200	15700	15200	14700	14100	13400	12700	12000	11200	10400	9590
	$N_{b,z,Rd}$	16400	15400	14300	13100	11900	10600	9370	8220	7190	6300	5540	4890	4340
	$N_{b,T,Rd}$	16500	15900	15400	15100	14900	14800	14700	14600	14600	14500	14500	14500	14400
356x406x340	$N_{b,y,Rd}$	14500	14400	14000	13600	13100	12600	12100	11500	10900	10200	9510	8810	8120
	$N_{b,z,Rd}$	14200	13300	12300	11300	10200	9100	8020	7020	6140	5370	4720	4170	3700
	$N_{b,T,Rd}$	14200	13600	13200	12800	12600	12500	12300	12200	12200	12100	12100	12100	12000
356x406x287	$N_{b,y,Rd}$	12600	12500	12100	11700	11300	10900	10400	9870	9290	8670	8040	7410	6800
	$N_{b,z,Rd}$	12300	11500	10600	9720	8740	7750	6800	5930	5170	4510	3960	3490	3090
	$N_{b,T,Rd}$	12300	11700	11200	10900	10600	10400	10300	10200	10100	10000	9940	9900	9860
356x406x235	$N_{b,y,Rd}$	10300	10200	9880	9570	9230	8870	8460	8010	7530	7010	6490	5970	5470
	$N_{b,z,Rd}$	10000	9370	8660	7900	7100	6280	5500	4790	4170	3630	3180	2810	2490
	$N_{b,T,Rd}$	10000	9440	8990	8620	8330	8100	7920	7790	7680	7590	7520	7460	7410
356x368x202	$N_{b,y,Rd}$	8870	8740	8480	8210	7910	7590	7230	6840	6420	5970	5510	5060	4630
	$N_{b,z,Rd}$	8560	7940	7290	6580	5830	5100	4410	3810	3290	2850	2490	2180	1930
	$N_{b,T,Rd}$	8530	8030	7600	7240	6960	6740	6560	6420	6310	6220	6150	6090	6040
356x368x177	$N_{b,y,Rd}$	7800	7680	7450	7200	6940	6650	6330	5970	5590	5190	4780	4390	4010
	$N_{b,z,Rd}$	7520	6970	6390	5760	5110	4450	3850	3320	2860	2480	2170	1900	1680
	$N_{b,T,Rd}$	7490	7010	6600	6240	5950	5710	5510	5360	5230	5130	5050	4980	4920
356x368x153	$N_{b,y,Rd}$	6730	6620	6420	6210	5980	5730	5450	5140	4800	4460	4100	3760	3430
	$N_{b,z,Rd}$	6480	6010	5500	4960	4390	3820	3300	2840	2450	2130	1850	1630	1440
	$N_{b,T,Rd}$	6440	6010	5620	5270	4970	4710	4510	4340	4200	4090	4000	3920	3860
356x368x129	$N_{b,y,Rd}$	5660	5560	5390	5210	5010	4790	4550	4290	4000	3710	3400	3110	2840
	$N_{b,z,Rd}$	5450	5050	4620	4160	3670	3200	2760	2370	2040	1770	1540	1350	1190
	$N_{b,T,Rd}$	5410	5030	4670	4330	4040	3780	3560	3380	3240	3120	3020	2940	2870

Advance and UKC are trademarks of Corus. A fuller description of the relationship between Universal Columns (UC) and the Advance range of sections manufactured by Corus is given in note 12.

For values of the compression cross-sectional resistance, $N_{c,Rd}$, see values of $N_{pl,Rd}$ in tables for axial force and bending and also see explanatory note 6.

FOR EXPLANATION OF TABLES SEE NOTE 6.

COMPRESSION

UNIVERSAL COLUMNS
Advance UKC

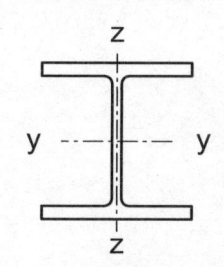

BS EN 1993-1-1:2005
BS 4-1:2005

S355 / Advance355

Section Designation	Axis	Compression resistance $N_{b,y,Rd}$, $N_{b,z,Rd}$, $N_{b,T,Rd}$ (kN) for Buckling lengths L_{cr} (m)												
		2.0	3.0	4.0	5.0	6.0	7.0	8.0	9.0	10.0	11.0	12.0	13.0	14.0
305x305x283	$N_{b,y,Rd}$	12100	11800	11400	11000	10600	10100	9540	8930	8290	7620	6960	6330	5750
	$N_{b,z,Rd}$	11400	10400	9360	8220	7070	5990	5060	4280	3650	3130	2710	2370	2080
	$N_{b,T,Rd}$	11700	11200	11000	10800	10700	10700	10600	10600	10600	10500	10500	10500	10500
305x305x240	$N_{b,y,Rd}$	10600	10300	9960	9580	9170	8710	8200	7640	7050	6440	5860	5300	4790
	$N_{b,z,Rd}$	9930	9050	8080	7050	6010	5070	4260	3590	3050	2610	2260	1970	1730
	$N_{b,T,Rd}$	10100	9660	9380	9190	9070	8980	8930	8880	8850	8830	8810	8790	8780
305x305x198	$N_{b,y,Rd}$	8690	8470	8180	7860	7510	7120	6680	6200	5700	5190	4700	4250	3830
	$N_{b,z,Rd}$	8160	7420	6610	5740	4880	4100	3440	2900	2460	2110	1820	1590	1390
	$N_{b,T,Rd}$	8260	7830	7520	7310	7170	7070	6990	6940	6900	6870	6840	6820	6810
305x305x158	$N_{b,y,Rd}$	6930	6740	6500	6240	5950	5630	5260	4870	4460	4050	3650	3290	2960
	$N_{b,z,Rd}$	6490	5880	5220	4520	3830	3200	2680	2250	1910	1630	1410	1230	1080
	$N_{b,T,Rd}$	6530	6120	5800	5560	5390	5260	5170	5090	5040	4990	4960	4930	4910
305x305x137	$N_{b,y,Rd}$	6000	5830	5610	5380	5130	4840	4520	4170	3810	3450	3110	2790	2510
	$N_{b,z,Rd}$	5610	5080	4500	3880	3280	2740	2290	1920	1630	1390	1200	1050	918
	$N_{b,T,Rd}$	5630	5240	4920	4670	4480	4340	4230	4140	4080	4030	3990	3950	3930
305x305x118	$N_{b,y,Rd}$	5180	5020	4830	4630	4410	4160	3880	3570	3260	2950	2650	2380	2140
	$N_{b,z,Rd}$	4830	4370	3860	3330	2800	2340	1950	1640	1390	1180	1020	889	780
	$N_{b,T,Rd}$	4830	4460	4150	3890	3680	3520	3400	3300	3230	3170	3120	3080	3050
305x305x97	$N_{b,y,Rd}$	4370	4220	4060	3880	3690	3460	3210	2950	2670	2400	2150	1930	1730
	$N_{b,z,Rd}$	4050	3650	3220	2750	2300	1910	1590	1330	1120	959	826	719	630
	$N_{b,T,Rd}$	4050	3700	3390	3120	2900	2720	2580	2470	2380	2310	2250	2210	2170
254x254x167	$N_{b,y,Rd}$	7300	7020	6710	6360	5960	5510	5010	4500	4000	3540	3130	2780	2470
	$N_{b,z,Rd}$	6680	5910	5060	4200	3420	2780	2270	1880	1580	1340	1150	1000	875
	$N_{b,T,Rd}$	6900	6610	6440	6340	6280	6230	6210	6180	6170	6160	6150	6140	6140
254x254x132	$N_{b,y,Rd}$	5750	5520	5260	4980	4650	4270	3870	3460	3060	2700	2380	2100	1870
	$N_{b,z,Rd}$	5240	4630	3940	3250	2640	2130	1740	1440	1210	1030	881	764	668
	$N_{b,T,Rd}$	5370	5070	4880	4750	4670	4620	4580	4550	4530	4510	4500	4490	4480
254x254x107	$N_{b,y,Rd}$	4640	4450	4240	3990	3720	3400	3060	2720	2400	2100	1850	1630	1450
	$N_{b,z,Rd}$	4230	3720	3160	2590	2090	1690	1380	1140	955	810	694	602	526
	$N_{b,T,Rd}$	4300	4000	3790	3650	3550	3480	3430	3390	3360	3340	3320	3310	3300
254x254x89	$N_{b,y,Rd}$	3860	3690	3510	3310	3070	2810	2520	2240	1970	1730	1520	1340	1180
	$N_{b,z,Rd}$	3510	3080	2610	2140	1720	1390	1130	938	785	665	571	494	432
	$N_{b,T,Rd}$	3540	3250	3030	2870	2760	2670	2610	2560	2530	2500	2480	2460	2450
254x254x73	$N_{b,y,Rd}$	3260	3120	2960	2780	2580	2340	2090	1850	1620	1420	1240	1090	966
	$N_{b,z,Rd}$	2960	2580	2170	1770	1410	1140	925	762	637	540	463	401	350
	$N_{b,T,Rd}$	2960	2680	2440	2260	2120	2020	1950	1890	1840	1810	1780	1760	1750

Advance and UKC are trademarks of Corus. A fuller description of the relationship between Universal Columns (UC) and the Advance range of sections manufactured by Corus is given in note 12.

For values of the compression cross-sectional resistance, $N_{c,Rd}$, see values of $N_{pl,Rd}$ in tables for axial force and bending and also see explanatory note 6.

FOR EXPLANATION OF TABLES SEE NOTE 6.

COMPRESSION

BS EN 1993-1-1:2005
BS 4-1:2005

S355 / Advance355

UNIVERSAL COLUMNS
Advance UKC

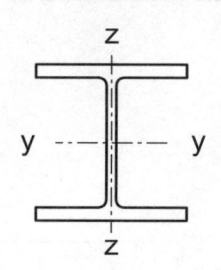

Section Designation	Axis	Compression resistance $N_{b,y,Rd}$, $N_{b,z,Rd}$, $N_{b,T,Rd}$ (kN) for Buckling lengths L_{cr} (m)												
		1.0	1.5	2.0	2.5	3.0	3.5	4.0	5.0	6.0	7.0	8.0	9.0	10.0
203x203x127 +	$N_{b,y,Rd}$	5590	5590	5460	5320	5180	5030	4870	4500	4070	3600	3130	2700	2320
	$N_{b,z,Rd}$	5490	5160	4810	4430	4040	3630	3220	2500	1940	1520	1220	998	829
	$N_{b,T,Rd}$	5540	5340	5210	5120	5060	5020	4980	4950	4920	4910	4900	4890	4890
203x203x113 +	$N_{b,y,Rd}$	5000	5000	4880	4760	4630	4490	4340	4000	3600	3170	2750	2360	2030
	$N_{b,z,Rd}$	4910	4610	4290	3950	3590	3220	2860	2210	1710	1340	1080	879	730
	$N_{b,T,Rd}$	4940	4750	4610	4520	4450	4400	4370	4320	4290	4280	4270	4260	4250
203x203x100 +	$N_{b,y,Rd}$	4380	4370	4270	4160	4040	3920	3780	3470	3120	2740	2360	2020	1740
	$N_{b,z,Rd}$	4290	4030	3750	3450	3130	2800	2480	1910	1470	1160	926	755	627
	$N_{b,T,Rd}$	4310	4130	3990	3890	3820	3770	3730	3680	3650	3630	3610	3600	3590
203x203x86	$N_{b,y,Rd}$	3800	3780	3690	3590	3490	3380	3260	2980	2670	2330	2000	1710	1460
	$N_{b,z,Rd}$	3710	3480	3230	2970	2690	2400	2120	1630	1260	986	789	644	534
	$N_{b,T,Rd}$	3720	3550	3410	3310	3230	3170	3120	3060	3020	3000	2980	2970	2960
203x203x71	$N_{b,y,Rd}$	3120	3110	3030	2950	2860	2770	2670	2440	2170	1890	1620	1390	1180
	$N_{b,z,Rd}$	3050	2860	2650	2430	2200	1960	1730	1330	1020	801	640	522	433
	$N_{b,T,Rd}$	3050	2890	2760	2650	2570	2500	2450	2370	2330	2290	2270	2260	2250
203x203x60	$N_{b,y,Rd}$	2710	2690	2620	2550	2470	2380	2290	2080	1830	1580	1340	1140	968
	$N_{b,z,Rd}$	2640	2470	2280	2080	1870	1660	1450	1100	844	659	526	428	355
	$N_{b,T,Rd}$	2640	2480	2350	2240	2150	2070	2010	1910	1850	1810	1780	1760	1740
203x203x52	$N_{b,y,Rd}$	2350	2340	2270	2210	2140	2070	1980	1800	1580	1360	1160	980	833
	$N_{b,z,Rd}$	2290	2140	1980	1800	1620	1430	1260	952	728	568	453	369	306
	$N_{b,T,Rd}$	2280	2150	2020	1910	1810	1730	1670	1570	1500	1450	1420	1390	1370
203x203x46	$N_{b,y,Rd}$	2080	2070	2010	1950	1890	1820	1750	1580	1390	1190	1010	855	726
	$N_{b,z,Rd}$	2030	1890	1740	1590	1430	1260	1100	832	635	495	395	321	266
	$N_{b,T,Rd}$	2020	1890	1770	1670	1570	1490	1420	1310	1240	1190	1150	1120	1100
152x152x51 +	$N_{b,y,Rd}$	2310	2250	2170	2080	1990	1880	1760	1490	1220	986	803	661	551
	$N_{b,z,Rd}$	2160	1960	1730	1490	1260	1050	879	625	461	352	277	224	184
	$N_{b,T,Rd}$	2190	2080	2000	1950	1910	1880	1870	1840	1830	1820	1810	1810	1810
152x152x44 +	$N_{b,y,Rd}$	1990	1930	1860	1790	1700	1600	1500	1260	1030	831	675	555	463
	$N_{b,z,Rd}$	1860	1680	1480	1280	1070	894	745	529	390	297	234	189	155
	$N_{b,T,Rd}$	1880	1770	1680	1620	1580	1550	1530	1500	1480	1470	1470	1460	1460
152x152x37	$N_{b,y,Rd}$	1670	1620	1560	1490	1420	1340	1250	1050	849	684	555	456	380
	$N_{b,z,Rd}$	1550	1400	1240	1060	889	738	614	435	320	244	192	155	127
	$N_{b,T,Rd}$	1570	1460	1380	1310	1270	1230	1200	1170	1150	1130	1120	1120	1110
152x152x30	$N_{b,y,Rd}$	1360	1320	1270	1210	1150	1080	1010	839	679	545	442	362	302
	$N_{b,z,Rd}$	1260	1140	999	854	714	592	492	347	256	195	153	123	102
	$N_{b,T,Rd}$	1260	1170	1080	1020	963	922	891	847	820	802	790	782	775
152x152x23	$N_{b,y,Rd}$	1040	999	960	916	867	812	751	618	495	395	319	261	217
	$N_{b,z,Rd}$	955	856	746	632	524	431	356	250	183	140	110	88.3	72.6
	$N_{b,T,Rd}$	957	873	795	727	671	626	590	541	510	489	475	465	458

Advance and UKC are trademarks of Corus. A fuller description of the relationship between Universal Columns (UC) and the Advance range of sections manufactured by Corus is given in note 12.

+ These sections are in addition to the range of BS 4 sections.

For values of the compression cross-sectional resistance, $N_{c,Rd}$, see values of $N_{pl,Rd}$ in tables for axial force and bending and also see explanatory note 6.

FOR EXPLANATION OF TABLES SEE NOTE 6.

| BS EN 1993-1-1:2005 |
| BS EN 10210-2: 2006 |

COMPRESSION

S355 / Celsius® 355

HOT-FINISHED CIRCULAR HOLLOW SECTIONS

Celsius® CHS

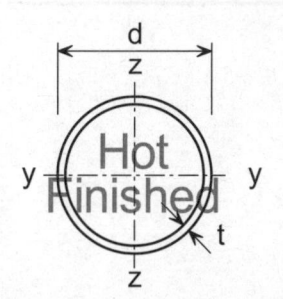

Designation		Mass	Compression resistance $N_{b,Rd}$ (kN) for Buckling lengths L_{cr} (m)											
Outside Diameter d mm	Wall Thk t mm	per Metre kg/m	1.0	1.5	2.0	2.5	3.0	3.5	4.0	5.0	6.0	7.0	8.0	9.0	10.0
26.9	3.2	1.87	29.8	14.3	8.24	5.35	3.75	2.77	2.13	1.37	0.959	0.707	0.542	0.429	0.348
33.7	2.6	1.99	48.4	24.7	14.5	9.49	6.68	4.95	3.81	2.46	1.72	1.27	0.974	0.771	0.626
	3.2	2.41	56.9	28.9	17.0	11.1	7.79	5.77	4.44	2.87	2.00	1.48	1.13	0.899	0.729
	4.0	2.93	67.3	34.0	19.9	13.0	9.12	6.76	5.21	3.36	2.35	1.73	1.33	1.05	0.854
42.4	2.6	2.55	82.5	48.6	29.5	19.5	13.8	10.2	7.91	5.12	3.58	2.65	2.03	1.61	1.31
	3.2	3.09	98.7	57.6	34.8	23.0	16.3	12.1	9.33	6.04	4.23	3.12	2.40	1.90	1.54
	4.0	3.79	119	68.1	41.0	27.0	19.1	14.2	11.0	7.09	4.96	3.66	2.82	2.23	1.81
	5.0	4.61	141	79.7	47.8	31.5	22.3	16.5	12.8	8.25	5.77	4.26	3.28	2.60	2.11
48.3	3.2	3.56	126	82.5	51.5	34.4	24.4	18.2	14.1	9.14	6.40	4.73	3.64	2.89	2.34
	4.0	4.37	153	98.7	61.3	40.8	29.0	21.6	16.7	10.8	7.58	5.61	4.31	3.42	2.78
	5.0	5.34	185	117	72.3	48.1	34.1	25.4	19.6	12.7	8.92	6.59	5.07	4.02	3.26
60.3	3.2	4.51	177	140	96.3	66.4	47.9	35.9	27.9	18.2	12.8	9.46	7.29	5.78	4.70
	4.0	5.55	218	170	117	80.4	57.9	43.4	33.7	22.0	15.4	11.4	8.80	6.99	5.68
	5.0	6.82	266	205	139	95.4	68.5	51.4	39.9	26.0	18.2	13.5	10.4	8.25	6.71
76.1	2.9	5.24	218	194	156	116	86.6	66.0	51.7	34.0	24.0	17.8	13.8	10.9	8.90
	3.2	5.75	240	213	171	127	94.5	72.1	56.5	37.1	26.2	19.5	15.0	11.9	9.71
	4.0	7.11	296	261	208	154	115	87.2	68.3	44.9	31.7	23.5	18.1	14.4	11.7
	5.0	8.77	365	321	254	187	139	106	82.6	54.3	38.3	28.4	21.9	17.4	14.2
88.9	3.2	6.76	289	266	232	187	145	112	89.0	59.1	41.9	31.2	24.1	19.2	15.6
	4.0	8.38	358	330	286	229	177	137	109	72.0	51.1	38.0	29.4	23.4	19.0
	5.0	10.3	441	405	350	279	215	166	131	87.2	61.8	46.0	35.5	28.3	23.0
	6.3	12.8	544	498	427	338	259	201	158	105	74.4	55.3	42.7	34.0	27.7
114.3	3.2	8.77	386	368	343	309	265	219	180	123	88.8	66.6	51.7	41.2	33.7
	3.6	9.83	430	410	383	344	295	244	200	137	98.6	73.9	57.4	45.8	37.4
	4.0	10.9	478	456	425	381	326	270	221	151	109	81.4	63.2	50.4	41.2
	5.0	13.5	591	563	524	469	400	330	270	185	132	99.3	77.1	61.5	50.2
	6.3	16.8	735	699	649	579	491	403	329	224	161	121	93.5	74.6	60.9
139.7	5.0	16.6	740	715	684	643	589	522	450	325	239	181	141	113	92.5
	6.3	20.7	921	889	849	797	728	643	553	398	292	221	172	138	113
	8.0	26.0	1150	1110	1060	995	905	796	682	489	357	270	211	169	138
	10.0	32.0	1420	1370	1300	1220	1100	966	824	588	429	324	253	203	166
168.3	5.0	20.1	907	883	856	823	782	730	666	524	400	309	244	196	161
	6.3	25.2	1130	1100	1070	1030	974	907	826	647	493	380	300	241	198
	8.0	31.6	1420	1380	1340	1290	1220	1130	1030	800	608	469	369	297	244
	10.0	39.0	1750	1700	1650	1580	1500	1390	1260	973	737	567	446	359	295
	12.5	48.0	2160	2090	2030	1940	1830	1690	1530	1170	887	681	535	431	354
193.7	5.0	23.3	1050	1030	1000	974	940	897	845	713	572	453	362	294	243
	6.3	29.1	1320	1290	1260	1220	1180	1120	1060	888	711	562	449	364	301
	8.0	36.6	1660	1620	1580	1530	1480	1410	1320	1110	884	697	556	451	372
	10.0	45.3	2050	2000	1950	1890	1820	1730	1620	1350	1080	846	674	547	451
	12.5	55.9	2530	2470	2400	2330	2240	2130	1990	1650	1300	1020	814	660	544

Celsius® is a trademark of Corus. A fuller description of the relationship between Hot Finished Circular Hollow Sections (HFCHS) and the Celsius® range of sections manufactured by Corus is given in note 12.

For values of the compression cross-sectional resistance, $N_{c,Rd}$, see values of $N_{pl,Rd}$ in tables for axial force and bending and also see explanatory note 6.

FOR EXPLANATION OF TABLES SEE NOTE 6.

▓ Check availability

| BS EN 1993-1-1:2005 |
| BS EN 10210-2: 2006 |

COMPRESSION

S355 / Celsius® 355

HOT-FINISHED CIRCULAR HOLLOW SECTIONS

Celsius® CHS

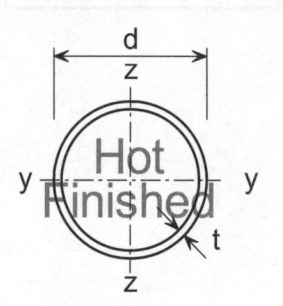

Designation		Mass per Metre	Compression resistance $N_{b,Rd}$ (kN) for Buckling lengths L_{cr} (m)												
Outside Diameter d mm	Wall Thk t mm	kg/m	2.0	3.0	4.0	5.0	6.0	7.0	8.0	9.0	10.0	11.0	12.0	13.0	14.0
219.1	5.0	26.4	1150	1100	1020	903	763	624	508	417	347	292	248	214	186
	6.3	33.1	1440	1370	1270	1130	950	776	631	518	430	362	308	265	231
	8.0	41.6	1820	1730	1600	1410	1190	968	786	644	535	450	383	330	287
	10.0	51.6	2250	2130	1970	1740	1450	1180	958	784	650	547	466	401	348
	12.5	63.7	2770	2630	2420	2120	1770	1430	1160	950	787	662	563	485	421
	14.2	71.8	3120	2960	2720	2380	1970	1600	1290	1050	874	735	625	538	467
	16.0	80.1	3480	3290	3020	2640	2180	1760	1420	1160	961	807	687	591	514
244.5	8.0	46.7	2050	1970	1860	1700	1490	1260	1050	874	731	618	528	456	397
	10.0	57.8	2550	2440	2300	2100	1840	1550	1290	1070	894	756	646	557	485
	12.5	71.5	3150	3010	2830	2580	2250	1890	1570	1300	1080	916	782	675	588
	14.2	80.6	3560	3400	3190	2910	2530	2120	1750	1450	1210	1020	874	754	657
	16.0	90.2	3970	3790	3560	3230	2800	2350	1940	1600	1340	1130	963	831	723
273.0	6.3	41.4	1840	1780	1700	1590	1460	1280	1100	937	794	677	582	504	441
	8.0	52.3	2320	2240	2140	2010	1830	1610	1380	1170	992	845	726	629	549
	10.0	64.9	2880	2780	2650	2480	2260	1980	1700	1440	1220	1040	890	771	673
	12.5	80.3	3550	3420	3270	3050	2770	2430	2070	1750	1480	1260	1080	935	816
	14.2	90.6	4000	3860	3680	3430	3110	2720	2310	1950	1650	1400	1200	1040	910
	16.0	101	4490	4320	4120	3840	3470	3030	2570	2170	1830	1560	1330	1150	1010
323.9	6.3	49.3	2220	2160	2090	2000	1890	1750	1590	1410	1230	1070	931	814	716
	8.0	62.3	2800	2720	2630	2530	2390	2210	2000	1770	1550	1350	1170	1030	903
	10.0	77.4	3470	3380	3270	3130	2950	2730	2470	2180	1900	1650	1440	1260	1100
	12.5	96.0	4290	4170	4030	3860	3640	3360	3030	2670	2320	2020	1750	1530	1340
	14.2	108	4860	4720	4560	4370	4120	3800	3420	3020	2630	2280	1980	1730	1520
	16.0	121	5450	5300	5120	4900	4610	4250	3810	3350	2910	2520	2190	1910	1680
355.6	14.2	120	5380	5240	5090	4920	4700	4420	4080	3690	3280	2890	2540	2240	1980
	16.0	134	6050	5890	5720	5520	5270	4950	4560	4120	3660	3220	2820	2480	2190
406.4	6.3 *	62.2	$	$	$	$	$	$	$	$	$	$	$	$	$
	8.0	78.6	3550	3490	3410	3320	3210	3090	2940	2750	2540	2310	2080	1870	1670
	10.0	97.8	4440	4360	4260	4140	4010	3850	3660	3420	3150	2870	2580	2310	2070
	12.5	121	5500	5400	5280	5130	4970	4770	4520	4220	3880	3520	3170	2830	2530
	14.2	137	6210	6100	5960	5800	5610	5380	5100	4770	4390	3980	3580	3200	2860
	16.0	154	6960	6830	6670	6490	6270	6010	5690	5310	4880	4420	3970	3550	3170
457.0	8.0	88.6	4010	3970	3890	3810	3720	3610	3480	3320	3140	2930	2700	2470	2250
	10.0	110	4970	4920	4820	4720	4600	4460	4300	4100	3870	3610	3330	3040	2760
	12.5	137	6210	6140	6020	5890	5740	5570	5360	5110	4820	4490	4130	3770	3420
	14.2	155	7030	6950	6810	6670	6500	6300	6060	5780	5450	5080	4680	4270	3870
	16.0	174	7880	7790	7640	7470	7280	7050	6780	6460	6090	5660	5210	4750	4300
508.0	10.0	123	5540	5510	5420	5320	5210	5080	4940	4770	4580	4350	4090	3810	3530
	12.5	153	6920	6890	6770	6640	6500	6350	6170	5950	5700	5420	5090	4740	4380
	14.2	173	7810	7770	7640	7490	7340	7160	6960	6720	6440	6110	5740	5350	4940
	16.0	194	8770	8720	8570	8410	8230	8030	7800	7530	7210	6840	6420	5970	5510

Celsius® is a trademark of Corus. A fuller description of the relationship between Hot Finished Circular Hollow Sections (HFCHS) and the Celsius® range of sections manufactured by Corus is given in note 12.

* Section is a Class 4 section under axial compression.

$ indicates that the section is a class 4 section and no compression resistance is calculated.

For values of the compression cross-sectional resistance, $N_{c,Rd}$, see values of $N_{pl,Rd}$ in tables for axial force and bending and also see explanatory note 6.

FOR EXPLANATION OF TABLES SEE NOTE 6.

Check availability

| BS EN 1993-1-1:2005 |
| BS EN 10210-2: 2006 |

COMPRESSION

S355 / Celsius® 355

HOT-FINISHED SQUARE HOLLOW SECTIONS

Celsius® SHS

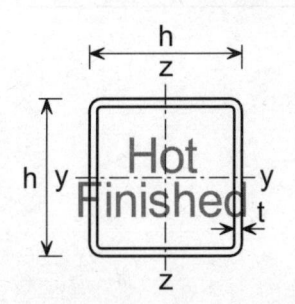

Designation		Mass	Compression resistance $N_{b,Rd}$ (kN) for Buckling lengths L_{cr} (m)											
Size	Wall Thk	per Metre												
h x h mm	t mm	kg/m	1.0	1.5	2.0	2.5	3.0	3.5	4.0	5.0	6.0	7.0	8.0	9.0	10.0
40x40	3.0	3.41	116	71.7	44.0	29.2	20.7	15.4	11.9	7.72	5.40	3.99	3.07	2.43	1.98
	3.2	3.61	122	75.2	46.1	30.6	21.7	16.1	12.5	8.08	5.65	4.18	3.21	2.55	2.07
	4.0	4.39	145	87.5	53.3	35.3	25.0	18.6	14.4	9.31	6.51	4.81	3.70	2.93	2.38
	5.0	5.28	171	101	61.0	40.3	28.5	21.2	16.4	10.6	7.42	5.48	4.21	3.34	2.71
50x50	3.0	4.35	168	127	85.1	58.1	41.7	31.2	24.2	15.8	11.1	8.19	6.30	5.00	4.06
	3.2	4.62	178	134	89.5	61.1	43.8	32.8	25.4	16.6	11.6	8.60	6.62	5.25	4.27
	4.0	5.64	216	160	106	71.9	51.5	38.5	29.9	19.4	13.6	10.1	7.77	6.16	5.01
	5.0	6.85	260	189	124	83.9	60.0	44.9	34.8	22.6	15.9	11.7	9.03	7.17	5.82
	6.3	8.31	311	220	142	95.9	68.4	51.1	39.6	25.7	18.0	13.3	10.3	8.15	6.62
60x60	3.0	5.29	216	184	138	98.8	72.2	54.6	42.6	27.9	19.6	14.6	11.2	8.91	7.25
	3.2	5.62	229	195	146	104	76.1	57.5	44.9	29.4	20.7	15.3	11.8	9.39	7.64
	4.0	6.90	280	236	175	124	90.6	68.4	53.3	34.9	24.5	18.2	14.0	11.1	9.06
	5.0	8.42	340	284	208	147	107	80.6	62.8	41.0	28.9	21.4	16.5	13.1	10.6
	6.3	10.3	413	340	245	172	124	93.8	73.0	47.7	33.5	24.8	19.1	15.2	12.4
	8.0	12.5	500	402	283	197	142	107	83.0	54.2	38.1	28.2	21.7	17.2	14.0
70x70	3.6	7.40	311	279	230	175	131	100	78.9	52.0	36.7	27.3	21.1	16.8	13.6
	5.0	9.99	417	373	303	228	170	130	102	67.2	47.5	35.2	27.2	21.6	17.6
	6.3	12.3	511	453	363	271	201	153	120	79.0	55.8	41.4	32.0	25.4	20.7
	8.0	15.0	625	548	431	317	235	178	139	91.6	64.6	47.9	37.0	29.4	23.9
80x80	3.6	8.53	367	340	298	243	190	149	118	78.5	55.7	41.5	32.1	25.5	20.8
	4.0	9.41	403	373	327	266	207	162	128	85.4	60.6	45.1	34.9	27.8	22.6
	5.0	11.6	493	455	397	321	249	194	154	102	72.4	53.9	41.7	33.2	27.0
	6.3	14.2	606	557	482	385	297	231	182	121	85.8	63.9	49.4	39.3	32.0
	8.0	17.5	747	683	584	461	353	273	215	142	101	75.0	58.0	46.1	37.5
90x90	3.6	9.66	419	395	361	312	256	205	165	111	79.4	59.3	46.0	36.6	29.9
	4.0	10.7	463	437	398	343	281	225	181	122	86.9	64.9	50.3	40.1	32.7
	5.0	13.1	568	534	485	416	338	270	216	146	104	77.5	60.0	47.8	39.0
	6.3	16.2	703	660	597	508	411	327	262	176	125	93.5	72.4	57.6	47.0
	8.0	20.1	867	812	729	614	492	389	311	208	148	110	85.5	68.1	55.5
100x100	4.0	11.9	523	498	465	418	358	296	242	166	119	89.5	69.5	55.4	45.2
	5.0	14.7	643	612	569	509	434	357	292	200	143	107	83.4	66.5	54.3
	6.3	18.2	796	757	702	625	529	434	353	241	173	129	100	80.1	65.3
	8.0	22.6	987	936	866	765	643	524	425	289	207	155	120	95.9	78.2
	10.0	27.4	1190	1130	1040	910	757	612	495	335	240	179	139	111	90.4

Celsius® is a trademark of Corus. A fuller description of the relationship between Hot Finished Square Hollow Sections (HFSHS) and the Celsius® range of sections manufactured by Corus is given in note 12.

For values of the compression cross-sectional resistance, $N_{c,Rd}$, see values of $N_{pl,Rd}$ in tables for axial force and bending and also see explanatory note 6.

FOR EXPLANATION OF TABLES SEE NOTE 6.

BS EN 1993-1-1:2005
BS EN 10210-2: 2006

COMPRESSION

S355 / Celsius® 355

HOT-FINISHED SQUARE HOLLOW SECTIONS

Celsius® SHS

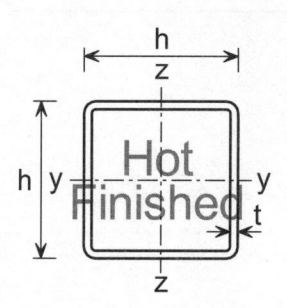

Designation		Mass per Metre	Compression resistance $N_{b,Rd}$ (kN) for Buckling lengths L_{cr} (m)												
Size h x h mm	Wall Thk t mm	kg/m	2.0	3.0	4.0	5.0	6.0	7.0	8.0	9.0	10.0	11.0	12.0	13.0	14.0
120x120	5.0	17.8	729	623	470	337	247	187	146	117	95.5	79.5	67.2	57.6	49.9
	6.3	22.2	903	767	574	410	300	227	177	141	116	96.4	81.5	69.8	60.4
	8.0	27.6	1120	947	702	499	364	275	214	172	140	117	98.7	84.5	73.2
	10.0	33.7	1360	1140	833	589	428	323	252	201	165	137	116	99.1	85.8
	12.5	40.9	1640	1350	973	683	495	373	290	232	190	158	133	114	98.8
140x140	5.0	21.0	883	797	662	508	383	294	231	186	153	127	108	92.5	80.2
	6.3	26.1	1100	990	818	624	470	360	283	227	186	156	132	113	97.9
	8.0	32.6	1370	1230	1010	763	572	438	344	276	227	189	160	137	119
	10.0	40.0	1670	1490	1210	911	680	520	408	327	268	224	189	162	141
	12.5	48.7	2030	1800	1440	1080	801	611	478	384	315	262	222	190	165
150x150	5.0	22.6	959	880	756	601	462	358	282	228	187	156	133	114	98.7
	6.3	28.1	1190	1090	937	741	568	440	347	280	230	192	163	140	121
	8.0	35.1	1490	1360	1160	911	696	537	423	341	280	234	198	170	148
	10.0	43.1	1820	1660	1400	1090	831	640	504	406	334	279	236	202	175
	12.5	52.7	2220	2010	1680	1300	984	756	595	479	393	328	278	238	207
160x160	5.0	24.1	1030	961	848	697	548	429	341	276	227	190	161	138	120
	6.3	30.1	1290	1200	1050	862	675	528	419	339	279	234	198	170	148
	8.0	37.6	1610	1490	1310	1060	830	647	513	415	342	286	242	208	180
	10.0	46.3	1980	1820	1590	1280	996	775	614	496	408	341	289	248	215
	12.5	56.6	2410	2220	1920	1540	1180	919	727	587	482	403	342	293	254
	14.2	63.3	2700	2470	2130	1690	1300	1010	794	641	527	440	373	320	278
180x180	6.3	34.0	1480	1390	1270	1100	905	726	585	477	395	331	282	242	211
	8.0	42.7	1850	1750	1590	1370	1120	899	723	589	487	409	347	299	260
	10.0	52.5	2280	2140	1950	1670	1360	1080	869	708	585	491	417	359	311
	12.5	64.4	2790	2620	2370	2020	1630	1300	1040	844	697	584	497	427	371
	14.2	72.2	3120	2930	2640	2230	1800	1420	1140	926	764	641	544	468	406
	16.0	80.2	3460	3230	2900	2450	1960	1550	1240	1000	829	695	590	507	440
200x200	5.0 *	30.4	1220	1170	1100	1010	882	746	619	514	430	364	311	268	234
	6.3	38.0	1670	1590	1480	1340	1150	953	782	645	537	453	386	333	290
	8.0	47.7	2090	1990	1860	1670	1430	1180	967	796	663	559	476	410	357
	10.0	58.8	2570	2450	2280	2040	1740	1430	1170	962	800	674	574	495	430
	12.5	72.3	3160	3010	2790	2480	2100	1720	1410	1150	959	807	687	592	515
	14.2	81.1	3530	3360	3110	2760	2330	1900	1550	1270	1050	887	756	651	566
	16.0	90.3	3940	3740	3460	3060	2570	2090	1700	1390	1160	972	827	712	619

Celsius® is a trademark of Corus. A fuller description of the relationship between Hot Finished Square Hollow Sections (HFSHS) and the Celsius® range of sections manufactured by Corus is given in note 12.

* Section may be a Class 4 section under axial compression.

For values of the compression cross-sectional resistance, $N_{c,Rd}$, see values of $N_{pl,Rd}$ in tables for axial force and bending and also see explanatory note 6.

FOR EXPLANATION OF TABLES SEE NOTE 6.   Check availability

COMPRESSION

BS EN 1993-1-1:2005
BS EN 10210-2: 2006

S355 / Celsius® 355

HOT-FINISHED SQUARE HOLLOW SECTIONS

Celsius® SHS

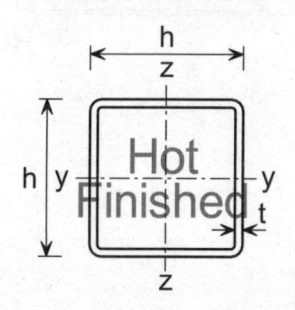

Designation		Mass per Metre	Compression resistance $N_{b,Rd}$ (kN) for Buckling lengths L_{cr} (m)											
Size h x h mm	Wall Thk t mm	kg/m	2.0	3.0	4.0	5.0	6.0	7.0	8.0	9.0	10.0	11.0	12.0	13.0	14.0
250x250	6.3 *	47.9	*1960*	*1900*	*1830*	*1740*	*1620*	*1480*	*1310*	*1130*	*976*	*841*	*727*	*633*	*555*
	8.0	60.3	2690	2600	2490	2360	2170	1950	1700	1450	1240	1060	915	795	695
	10.0	74.5	3320	3210	3070	2900	2670	2390	2070	1770	1510	1290	1110	966	845
	12.5	91.9	4090	3950	3780	3560	3270	2910	2520	2150	1830	1560	1350	1170	1020
	14.2	103	4610	4450	4260	4010	3670	3260	2820	2400	2040	1740	1500	1300	1130
	16.0	115	5130	4950	4740	4450	4070	3600	3100	2640	2240	1910	1640	1420	1240
260x260	6.3 *	49.9	*1990*	*1940*	*1870*	*1790*	*1680*	*1550*	*1390*	*1230*	*1070*	*923*	*802*	*700*	*615*
	8.0	62.8	2810	2720	2620	2490	2320	2100	1860	1610	1380	1190	1030	895	784
	10.0	77.7	3470	3360	3230	3070	2850	2580	2270	1960	1680	1450	1250	1090	952
	12.5	95.8	4270	4140	3980	3770	3500	3160	2770	2390	2050	1760	1520	1320	1150
	14.2	108	4800	4640	4460	4220	3910	3510	3070	2640	2260	1940	1670	1450	1270
	16.0	120	5350	5180	4970	4700	4350	3900	3400	2920	2490	2130	1840	1600	1400
300x300	6.3 *	57.8	*2110*	*2060*	*2010*	*1960*	*1890*	*1800*	*1700*	*1570*	*1430*	*1290*	*1150*	*1020*	*911*
	8.0 *	72.8	*3110*	*3040*	*2950*	*2850*	*2730*	*2570*	*2380*	*2160*	*1920*	*1700*	*1490*	*1320*	*1160*
	10.0	90.2	4060	3960	3840	3700	3520	3300	3030	2720	2410	2110	1850	1620	1430
	12.5	112	5010	4880	4740	4560	4340	4060	3720	3330	2940	2580	2250	1980	1740
	14.2	126	5650	5500	5330	5130	4870	4550	4160	3720	3280	2870	2510	2200	1940
	16.0	141	6320	6150	5960	5730	5440	5070	4620	4120	3620	3170	2760	2420	2130
350x350	8.0 *	85.4	*3320*	*3270*	*3200*	*3130*	*3040*	*2940*	*2820*	*2670*	*2500*	*2300*	*2100*	*1900*	*1720*
	10.0	106	4790	4700	4600	4470	4330	4150	3940	3680	3380	3070	2760	2470	2210
	12.5	131	5930	5810	5680	5520	5330	5110	4830	4500	4130	3730	3350	2990	2670
	14.2	148	6710	6580	6420	6250	6040	5780	5470	5100	4670	4230	3790	3380	3020
	16.0	166	7490	7340	7170	6970	6730	6440	6090	5660	5180	4680	4190	3730	3330
400x400	10.0 *	122	*5010*	*4970*	*4880*	*4780*	*4670*	*4550*	*4400*	*4230*	*4030*	*3790*	*3530*	*3260*	*2990*
	12.5	151	6820	6740	6610	6470	6310	6120	5890	5630	5310	4950	4560	4170	3790
	14.2	170	7700	7620	7470	7310	7120	6900	6650	6340	5980	5570	5130	4680	4240
	16.0	191	8630	8530	8360	8170	7960	7720	7430	7080	6670	6200	5700	5200	4710
	20.0 ^	235	10400	10200	10000	9810	9560	9260	8910	8500	8000	7450	6850	6240	5660

Celsius® is a trademark of Corus. A fuller description of the relationship between Hot Finished Square Hollow Sections (HFSHS) and the Celsius® range of sections manufactured by Corus is given in note 12.

* Section may be a Class 4 section under axial compression.

Values in *italic* type indicate that the section is a class 4 section in pure compression and allowance has been made in calculating the resistance.

^ SAW process (single longitudinal seam weld, slightly proud).

For values of the compression cross-sectional resistance, $N_{c,Rd}$, see values of $N_{pl,Rd}$ in tables for axial force and bending and also see explanatory note 6.

FOR EXPLANATION OF TABLES SEE NOTE 6.

▓ Check availability

| BS EN 1993-1-1:2005 | COMPRESSION | S355 / Celsius® 355 |
| BS EN 10210-2: 2006 | | |

HOT-FINISHED RECTANGULAR HOLLOW SECTIONS

Celsius® RHS

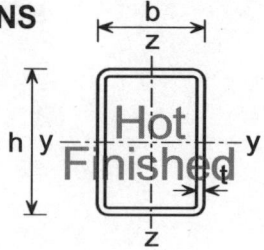

| Designation | | Mass per Metre | Axis | Compression resistance $N_{b,y,Rd}$, $N_{b,z,Rd}$ (kN) for Buckling lengths L_{cr} (m) | | | | | | | | | | | |
| Size | Wall Thk | | | | | | | | | | | | | | |
h x b mm	t mm	kg/m		1.0	1.5	2.0	2.5	3.0	3.5	4.0	5.0	6.0	7.0	8.0	9.0	10.0
50x30	3.2	3.61	y	135	95.6	61.7	41.6	29.7	22.2	17.2	11.2	7.83	5.79	4.46	3.54	2.87
			z	94.2	49.3	29.1	19.0	13.4	9.94	7.66	4.95	3.46	2.55	1.96	1.55	1.26
60x40	3.0	4.35	y	175	144	104	73.2	53.1	40.0	31.1	20.3	14.3	10.6	8.17	6.48	5.27
			z	153	99.1	61.6	41.1	29.2	21.7	16.8	10.9	7.64	5.65	4.34	3.44	2.80
	4.0	5.64	y	226	184	132	92.0	66.6	50.1	39.0	25.5	17.9	13.3	10.2	8.11	6.60
			z	196	124	76.4	50.8	36.1	26.9	20.8	13.5	9.43	6.97	5.36	4.25	3.45
	5.0	6.85	y	273	219	154	107	77.5	58.3	45.3	29.6	20.8	15.4	11.9	9.41	7.65
			z	233	144	88.5	58.8	41.7	31.0	24.0	15.5	10.9	8.03	6.18	4.90	3.98
80x40	3.2	5.62	y	238	216	182	142	108	83.0	65.4	43.2	30.6	22.7	17.6	14.0	11.4
			z	202	134	84.1	56.3	40.0	29.8	23.1	15.0	10.5	7.76	5.97	4.73	3.84
	4.0	6.90	y	291	264	221	171	129	99.4	78.2	51.6	36.5	27.1	21.0	16.7	13.6
			z	244	159	98.9	66.0	46.9	34.9	27.0	17.5	12.3	9.07	6.97	5.53	4.49
	5.0	8.42	y	354	319	265	203	153	117	92.1	60.8	42.9	31.9	24.6	19.6	15.9
			z	292	186	115	76.6	54.3	40.5	31.3	20.3	14.2	10.5	8.07	6.40	5.20
	6.3	10.3	y	431	386	316	239	179	137	107	70.8	50.0	37.2	28.7	22.8	18.6
			z	348	214	131	87.1	61.7	45.9	35.5	23.0	16.1	11.9	9.15	7.25	5.89
	8.0	12.5	y	524	464	372	277	206	157	123	81.1	57.2	42.5	32.8	26.0	21.2
			z	409	242	147	97.2	68.8	51.1	39.5	25.6	17.9	13.2	10.2	8.05	6.54
90x50	3.6	7.40	y	318	297	264	220	174	137	109	72.8	51.7	38.6	29.8	23.7	19.4
			z	292	230	159	110	79.3	59.5	46.2	30.1	21.2	15.7	12.1	9.59	7.79
	5.0	9.99	y	428	398	351	289	227	178	141	94.2	66.9	49.8	38.5	30.7	25.0
			z	389	301	205	141	101	75.8	58.9	38.4	26.9	19.9	15.4	12.2	9.90
	6.3	12.3	y	524	486	426	347	271	212	168	112	79.2	59.0	45.6	36.3	29.6
			z	473	358	240	164	117	87.9	68.2	44.4	31.2	23.1	17.7	14.1	11.4
100x50	3.0	6.71	y	292	275	252	220	181	146	118	79.7	56.9	42.5	33.0	26.3	21.4
			z	266	214	150	104	75.1	56.5	43.9	28.6	20.1	14.9	11.5	9.12	7.41
	3.2	7.13	y	310	293	268	233	192	155	125	84.3	60.2	45.0	34.9	27.8	22.7
			z	283	226	158	110	79.2	59.5	46.3	30.2	21.2	15.7	12.1	9.60	7.80
	4.0	8.78	y	382	360	329	285	234	187	151	102	72.7	54.3	42.1	33.5	27.3
			z	347	274	189	131	94.2	70.8	55.0	35.8	25.2	18.6	14.4	11.4	9.26
	5.0	10.8	y	466	439	400	344	280	224	180	121	86.6	64.7	50.1	39.9	32.5
			z	422	328	225	154	111	83.4	64.8	42.2	29.6	21.9	16.9	13.4	10.9
	6.3	13.3	y	574	540	489	417	338	269	216	145	103	77.2	59.7	47.6	38.8
			z	515	392	264	180	130	97.1	75.3	49.1	34.4	25.5	19.6	15.6	12.7
	8.0	16.3	y	705	660	593	500	401	317	254	170	121	90.3	69.8	55.6	45.3
			z	625	463	306	208	149	111	86.4	56.2	39.4	29.2	22.5	17.8	14.5

Celsius® is a trademark of Corus. A fuller description of the relationship between Hot Finished Rectangular Hollow Sections (HFRHS) and the Celsius® range of sections manufactured by Corus is given in note 12.

For values of the compression cross-sectional resistance, $N_{c,Rd}$, see values of $N_{pl,Rd}$ in tables for axial force and bending and also see explanatory note 6.

FOR EXPLANATION OF TABLES SEE NOTE 6.

COMPRESSION — S355 / Celsius® 355

BS EN 1993-1-1:2005
BS EN 10210-2: 2006

HOT-FINISHED RECTANGULAR HOLLOW SECTIONS

Celsius® RHS

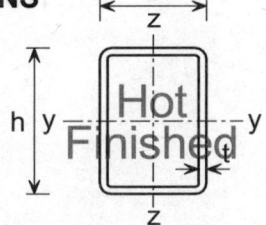

Designation		Mass per Metre	Axis	Compression resistance $N_{b,y,Rd}$, $N_{b,z,Rd}$ (kN) for Buckling lengths L_{cr} (m)												
Size h x b mm	Wall Thk t mm	kg/m		1.0	1.5	2.0	2.5	3.0	3.5	4.0	5.0	6.0	7.0	8.0	9.0	10.0
100x60	3.6	8.53	y	373	353	325	285	237	192	155	105	75.3	56.3	43.7	34.8	28.4
			z	353	307	238	173	128	96.9	75.7	49.7	35.0	26.0	20.0	15.9	12.9
	5.0	11.6	y	502	474	434	378	312	251	203	137	97.9	73.2	56.7	45.2	36.9
			z	474	408	311	225	165	125	97.4	63.9	45.0	33.4	25.7	20.4	16.6
	6.3	14.2	y	617	582	531	459	376	302	243	164	117	87.3	67.6	53.9	43.9
			z	581	495	373	267	195	148	115	75.5	53.2	39.4	30.4	24.1	19.6
	8.0	17.5	y	762	716	650	556	452	360	289	194	138	103	80.1	63.8	52.0
			z	713	598	440	312	227	171	134	87.4	61.5	45.6	35.1	27.9	22.7
120x60	3.6	9.66	y	426	409	387	357	317	271	227	159	115	86.5	67.3	53.8	44.0
			z	400	350	275	202	149	113	88.7	58.2	41.1	30.5	23.5	18.7	15.2
	5.0	13.1	y	578	554	523	480	424	360	300	209	151	114	88.6	70.8	57.8
			z	541	469	363	264	194	147	115	75.5	53.2	39.5	30.4	24.2	19.7
	6.3	16.2	y	716	685	646	590	518	437	363	252	182	137	106	85.0	69.4
			z	667	572	436	314	230	174	136	89.2	62.8	46.6	35.9	28.5	23.2
	8.0	20.1	y	884	845	794	722	629	528	436	301	217	163	127	101	82.7
			z	819	694	518	370	270	204	159	104	73.3	54.4	41.9	33.3	27.1
120x80	5.0	14.7	y	650	625	593	550	492	425	358	253	184	138	108	86.2	70.5
			z	631	588	522	433	342	269	214	143	101	75.6	58.5	46.6	38.0
	6.3	18.2	y	805	773	733	678	604	519	436	306	222	167	130	104	85.2
			z	781	726	640	526	413	323	257	171	121	90.5	70.0	55.7	45.4
	8.0	22.6	y	998	957	905	833	737	628	525	367	266	200	156	124	102
			z	967	895	783	636	495	386	306	204	144	108	83.2	66.2	53.9
	10.0	27.4	y	1210	1160	1090	998	877	742	617	429	310	233	181	145	118
			z	1170	1070	929	743	574	445	352	234	165	123	95.2	75.7	61.7
150x100	5.0	18.6	y	835	812	785	753	712	659	596	461	349	268	211	170	139
			z	818	782	734	668	581	487	402	278	200	150	117	93.3	76.2
	6.3	23.1	y	1040	1010	976	935	882	815	734	565	426	327	257	207	170
			z	1020	971	910	824	712	594	489	337	243	182	141	113	92.2
	8.0	28.9	y	1290	1260	1210	1160	1090	1010	904	690	519	398	312	251	206
			z	1270	1210	1130	1020	873	724	594	408	293	220	171	136	111
	10.0	35.3	y	1580	1530	1480	1410	1320	1210	1080	819	614	469	368	296	243
			z	1540	1470	1370	1220	1040	855	698	477	343	257	199	159	130
	12.5	42.8	y	1920	1860	1790	1700	1590	1450	1290	963	718	548	430	345	283
			z	1870	1780	1640	1450	1220	997	810	551	395	296	229	183	149

Celsius® is a trademark of Corus. A fuller description of the relationship between Hot Finished Rectangular Hollow Sections (HFRHS) and the Celsius® range of sections manufactured by Corus is given in note 12.

For values of the compression cross-sectional resistance, $N_{c,Rd}$, see values of $N_{pl,Rd}$ in tables for axial force and bending and also see explanatory note 6.

FOR EXPLANATION OF TABLES SEE NOTE 6.

BS EN 1993-1-1:2005
BS EN 10210-2: 2006

COMPRESSION

S355 / Celsius® 355

HOT-FINISHED RECTANGULAR HOLLOW SECTIONS

Celsius® RHS

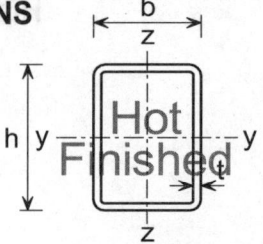

Designation		Mass per Metre	Axis	Compression resistance $N_{b,y,Rd}$, $N_{b,z,Rd}$ (kN) for Buckling lengths L_{cr} (m)											
Size h x b mm	Wall Thk t mm	kg/m		1.0	1.5	2.0	2.5	3.0	3.5	4.0	5.0	6.0	7.0	8.0	9.0	10.0
150x125	4.0 *	16.6	y	742	729	706	680	646	603	551	434	332	256	202	163	134
			z	722	700	673	639	595	538	474	352	262	199	156	125	103
	5.0	20.6	y	925	900	872	839	796	743	677	532	406	313	247	199	163
			z	917	888	853	807	748	673	588	433	320	243	190	153	125
	6.3	25.6	y	1150	1120	1080	1040	987	918	835	652	496	383	301	243	199
			z	1140	1100	1060	1000	924	828	722	528	390	296	232	186	152
	8.0	32.0	y	1440	1400	1350	1300	1230	1140	1030	801	607	467	368	296	243
			z	1430	1380	1320	1250	1150	1020	888	647	476	361	282	226	185
	10.0	39.2	y	1760	1710	1650	1580	1490	1380	1240	957	723	555	437	351	288
			z	1740	1680	1610	1510	1390	1230	1060	768	563	427	333	267	219
	12.5	47.7	y	2140	2080	2010	1920	1800	1660	1490	1130	852	653	513	412	338
			z	2120	2040	1950	1830	1670	1470	1260	901	659	498	389	311	255
160x80	4.0 *	14.4	y	611	595	578	578	560	522	476	374	286	221	174	140	115
			z	588	553	503	431	351	280	225	151	108	80.5	62.4	49.7	40.5
	5.0	17.8	y	801	779	755	725	688	641	583	456	348	268	211	170	140
			z	769	719	645	543	434	343	274	183	131	97.4	75.4	60.0	48.9
	6.3	22.2	y	994	967	937	899	852	791	718	559	425	327	257	207	170
			z	953	890	795	664	528	416	331	222	158	117	90.9	72.4	59.0
	8.0	27.6	y	1240	1210	1170	1120	1060	978	884	682	516	397	312	251	206
			z	1190	1100	977	806	635	498	396	264	188	140	108	86.1	70.1
	10.0	33.7	y	1510	1470	1420	1360	1280	1180	1060	811	611	468	368	296	243
			z	1440	1340	1170	954	745	582	461	307	218	162	125	99.9	81.4
200x100	5.0 *	22.6	y	957	943	924	902	902	893	851	743	615	496	401	327	271
			z	935	898	850	784	697	597	501	351	254	192	149	119	97.4
	6.3	28.1	y	1270	1250	1220	1190	1150	1110	1060	920	759	611	493	402	333
			z	1240	1180	1110	1020	891	752	624	432	312	235	182	146	119
	8.0	35.1	y	1590	1560	1530	1490	1440	1380	1320	1140	934	750	604	492	407
			z	1550	1480	1390	1260	1090	917	757	523	377	283	220	176	143
	10.0	43.1	y	1950	1910	1870	1820	1760	1690	1600	1380	1120	899	722	588	486
			z	1890	1810	1690	1530	1320	1090	900	619	445	334	259	207	169
	12.5	52.7	y	2380	2340	2280	2220	2140	2050	1940	1660	1340	1070	857	697	576
			z	2310	2200	2050	1830	1560	1290	1050	720	517	387	301	240	196

Celsius® is a trademark of Corus. A fuller description of the relationship between Hot Finished Rectangular Hollow Sections (HFRHS) and the Celsius® range of sections manufactured by Corus is given in note 12.

* Section may be a Class 4 section under axial compression.

Values in *italic* type indicate that the section is a class 4 section in pure compression and allowance has been made in calculating the resistance.

For values of the compression cross-sectional resistance, $N_{c,Rd}$, see values of $N_{pl,Rd}$ in tables for axial force and bending and also see explanatory note 6.

FOR EXPLANATION OF TABLES SEE NOTE 6.   Check availability

BS EN 1993-1-1:2005				COMPRESSION											S355 / Celsius® 355	

HOT-FINISHED RECTANGULAR HOLLOW SECTIONS

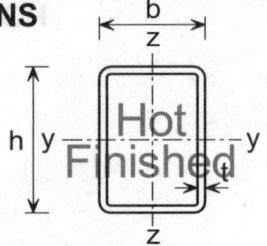

Celsius® RHS

Designation		Mass	Axis	Compression resistance $N_{b,y,Rd}$, $N_{b,z,Rd}$ (kN) for Buckling lengths L_{cr} (m)												
Size h x b mm	Wall Thk t mm	per Metre kg/m		2.0	3.0	4.0	5.0	6.0	7.0	8.0	9.0	10.0	11.0	12.0	13.0	14.0
200x120	5.0 *	24.1	y	*994*	*965*	*920*	*811*	*679*	*552*	*448*	*366*	*304*	*256*	*218*	*187*	*163*
			z	*947*	*837*	*669*	*497*	*369*	*281*	*220*	*177*	*145*	*121*	*102*	*87.7*	*75.9*
	6.3	30.1	y	1310	1240	1140	1010	839	680	551	451	374	314	267	230	200
			z	1240	1080	844	617	455	345	270	216	177	148	125	107	92.7
	8.0	37.6	y	1640	1550	1430	1250	1040	839	678	554	459	386	328	282	245
			z	1550	1350	1040	756	556	422	329	264	216	180	152	130	113
	10.0	46.3	y	2010	1900	1740	1520	1250	1010	815	665	551	463	393	339	294
			z	1900	1630	1250	900	660	500	390	313	256	213	180	154	134
	14.2	63.3	y	2750	2590	2350	2030	1650	1320	1060	865	715	600	510	438	381
			z	2580	2180	1620	1160	845	638	498	398	326	271	229	196	170
200x150	8.0	41.4	y	1810	1720	1590	1410	1190	968	787	645	536	450	384	330	287
			z	1770	1630	1410	1130	870	675	534	431	354	296	251	216	187
	10.0	51.0	y	2220	2110	1950	1720	1440	1170	948	776	644	542	461	397	345
			z	2170	1990	1710	1360	1050	811	641	517	425	355	301	258	224
250x120	10.0	54.1	y	2390	2300	2180	2020	1800	1550	1310	1090	921	781	668	578	504
			z	2230	1940	1500	1100	807	612	478	383	314	262	221	190	164
	12.5	66.4	y	2930	2820	2670	2460	2190	1870	1570	1310	1100	934	799	690	602
			z	2730	2350	1790	1300	952	721	563	451	369	307	260	223	193
	14.2	74.5	y	3290	3160	2980	2750	2430	2080	1740	1450	1210	1030	879	759	662
			z	3050	2610	1980	1420	1040	787	614	492	402	335	283	243	210
250x150	5.0 *	30.4	y	*1170*	*1130*	*1080*	*1030*	*952*	*858*	*796*	*673*	*570*	*486*	*417*	*361*	*315*
			z	*1130*	*1060*	*958*	*814*	*657*	*522*	*418*	*340*	*280*	*235*	*200*	*172*	*149*
	6.3 *	38.0	y	*1600*	*1540*	*1540*	*1450*	*1320*	*1150*	*987*	*834*	*706*	*601*	*516*	*446*	*390*
			z	*1550*	*1440*	*1280*	*1060*	*833*	*654*	*520*	*421*	*347*	*291*	*247*	*212*	*184*
	8.0	47.7	y	2120	2040	1940	1820	1640	1440	1230	1030	874	743	638	552	482
			z	2040	1890	1650	1340	1040	813	644	521	429	359	304	261	226
	10.0	58.8	y	2610	2510	2390	2230	2010	1750	1490	1250	1060	900	772	668	583
			z	2510	2320	2010	1620	1260	977	773	625	514	430	364	313	271
	12.5	72.3	y	3200	3080	2930	2720	2450	2120	1800	1510	1270	1080	927	801	699
			z	3080	2830	2450	1950	1510	1170	923	745	612	512	434	372	323
	14.2	81.1	y	3580	3440	3270	3030	2720	2350	1980	1660	1400	1190	1020	880	768
			z	3440	3150	2710	2150	1650	1280	1010	812	668	558	473	406	352
	16.0	90.3	y	3990	3840	3640	3370	3010	2600	2190	1830	1540	1310	1120	966	843
			z	3830	3500	2990	2350	1800	1390	1100	884	727	607	514	441	383

Celsius® is a trademark of Corus. A fuller description of the relationship between Hot Finished Rectangular Hollow Sections (HFRHS) and the Celsius® range of sections manufactured by Corus is given in note 12.

* Section may be a Class 4 section under axial compression.

Values in *italic* type indicate that the section is a class 4 section in pure compression and allowance has been made in calculating the resistance.

For values of the compression cross-sectional resistance, $N_{c,Rd}$, see values of $N_{pl,Rd}$ in tables for axial force and bending and also see explanatory note 6.

FOR EXPLANATION OF TABLES SEE NOTE 6.

▬ Check availability

COMPRESSION

BS EN 1993-1-1:2005
BS EN 10210-2: 2006

S355 / Celsius® 355

HOT-FINISHED RECTANGULAR HOLLOW SECTIONS

Celsius® RHS

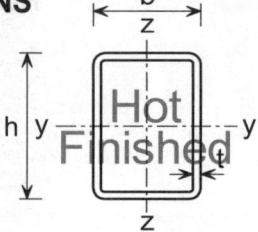

Designation		Mass per Metre	Axis	Compression resistance $N_{b,y,Rd}$, $N_{b,z,Rd}$ (kN) for Buckling lengths L_{cr} (m)												
Size h x b mm	Wall Thk t mm	kg/m		2.0	3.0	4.0	5.0	6.0	7.0	8.0	9.0	10.0	11.0	12.0	13.0	14.0
250x200	10.0	66.7	y	2960	2860	2730	2570	2350	2070	1780	1520	1290	1100	943	817	714
			z	2930	2790	2610	2360	2030	1690	1390	1150	955	805	687	592	516
	12.5	82.1	y	3660	3530	3370	3160	2880	2530	2170	1840	1560	1330	1140	987	862
			z	3610	3440	3220	2890	2480	2050	1680	1390	1160	974	830	715	623
	14.2	92.3	y	4110	3970	3780	3540	3220	2830	2420	2040	1730	1470	1260	1090	956
			z	4060	3860	3600	3230	2760	2280	1860	1530	1270	1070	915	789	686
260x140	5.0 *	30.4	y	*1140*	*1110*	*1070*	*1010*	*948*	*863*	*764*	*700*	*594*	*507*	*436*	*378*	*330*
			z	*1100*	*1020*	*910*	*756*	*599*	*471*	*375*	*304*	*250*	*210*	*178*	*153*	*133*
	6.3 *	38.0	y	*1570*	*1520*	*1460*	*1440*	*1340*	*1180*	*1020*	*867*	*736*	*628*	*539*	*468*	*409*
			z	*1510*	*1390*	*1210*	*977*	*758*	*590*	*467*	*377*	*310*	*259*	*220*	*189*	*164*
	8.0	47.7	y	2120	2050	1950	1830	1670	1470	1270	1070	910	776	666	577	504
			z	2030	1850	1580	1240	947	731	577	465	382	319	270	232	201
	10.0	58.8	y	2610	2520	2400	2250	2050	1800	1540	1300	1100	940	807	699	610
			z	2490	2270	1920	1500	1140	879	692	558	458	383	324	278	241
	12.5	72.3	y	3210	3090	2950	2750	2490	2180	1860	1570	1330	1130	968	838	731
			z	3050	2770	2320	1790	1360	1040	822	661	543	453	384	329	285
	14.2	81.1	y	3580	3450	3290	3070	2770	2420	2050	1730	1460	1240	1070	922	805
			z	3410	3080	2560	1970	1490	1140	898	723	593	495	419	359	312
	16.0	90.3	y	4000	3850	3660	3410	3070	2670	2260	1900	1600	1360	1170	1010	882
			z	3800	3420	2820	2160	1620	1240	976	785	644	537	455	390	338
300x100	8.0 *	47.7	y	2130	2060	1990	1890	1750	1590	1400	1210	1040	890	769	668	585
			z	*1840*	*1500*	*1070*	*752*	*545*	*410*	*319*	*255*	*208*	*173*	*147*	*125*	*109*
	10.0	58.8	y	2620	2540	2440	2320	2150	1940	1700	1470	1260	1080	931	809	708
			z	2330	1860	1300	901	650	489	380	303	248	206	174	149	129
	14.2	81.1	y	3600	3490	3340	3160	2920	2610	2270	1950	1660	1420	1230	1060	931
			z	3160	2440	1660	1140	820	615	478	381	311	259	218	187	162
300x150	8.0 *	54.0	y	2410	2350	2270	2170	2040	1870	1680	1470	1280	1100	958	836	734
			z	*2240*	*2080*	*1850*	*1530*	*1200*	*945*	*752*	*609*	*502*	*420*	*356*	*306*	*266*
	10.0	66.7	y	2980	2900	2800	2670	2510	2300	2050	1790	1550	1340	1160	1020	891
			z	2850	2640	2310	1880	1470	1140	908	734	604	505	429	368	319
	12.5	82.1	y	3690	3580	3450	3290	3090	2820	2510	2190	1900	1640	1420	1230	1080
			z	3520	3250	2830	2280	1770	1370	1090	878	722	604	512	440	381
	14.2	92.3	y	4140	4020	3870	3690	3450	3150	2800	2430	2100	1810	1570	1370	1200
			z	3950	3640	3150	2520	1950	1510	1200	966	794	664	563	483	419
	16.0	103	y	4600	4460	4290	4090	3810	3470	3070	2670	2300	1980	1710	1490	1310
			z	4380	4020	3460	2750	2120	1640	1300	1050	860	719	609	523	453

Celsius® is a trademark of Corus. A fuller description of the relationship between Hot Finished Rectangular Hollow Sections (HFRHS) and the Celsius® range of sections manufactured by Corus is given in note 12.

* Section may be a Class 4 section under axial compression.

Values in *italic* type indicate that the section is a class 4 section in pure compression and allowance has been made in calculating the resistance.

For values of the compression cross-sectional resistance, $N_{c,Rd}$, see values of $N_{pl,Rd}$ in tables for axial force and bending and also see explanatory note 6.

FOR EXPLANATION OF TABLES SEE NOTE 6.

Check availability

BS EN 1993-1-1:2005
BS EN 10210-2: 2006

COMPRESSION

S355 / Celsius® 355

HOT-FINISHED RECTANGULAR HOLLOW SECTIONS

Celsius® RHS

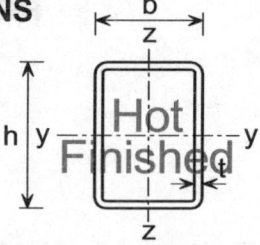

Designation		Mass	Axis	Compression resistance $N_{b,y,Rd}$, $N_{b,z,Rd}$ (kN) for Buckling lengths L_{cr} (m)												
Size h x b mm	Wall Thk t mm	per Metre kg/m		2.0	3.0	4.0	5.0	6.0	7.0	8.0	9.0	10.0	11.0	12.0	13.0	14.0
300x200	6.3 *	47.9	y	1910	1860	1800	1740	1660	1560	1440	1380	1210	1050	916	801	705
			z	1870	1800	1710	1580	1420	1220	1030	863	726	615	527	456	397
	8.0 *	60.3	y	2690	2630	2550	2450	2320	2150	1950	1730	1520	1320	1150	1010	887
			z	2570	2460	2320	2130	1870	1580	1310	1090	912	771	659	569	496
	10.0	74.5	y	3340	3250	3150	3020	2850	2650	2390	2120	1850	1610	1400	1230	1080
			z	3280	3130	2940	2670	2320	1950	1610	1330	1110	938	800	690	601
	12.5	91.9	y	4120	4000	3870	3700	3490	3220	2900	2560	2230	1930	1680	1470	1290
			z	4030	3850	3610	3270	2820	2360	1940	1600	1340	1130	962	830	722
	14.2	103	y	4650	4520	4370	4180	3940	3640	3280	2890	2510	2180	1900	1660	1450
			z	4550	4340	4060	3670	3160	2630	2160	1780	1490	1250	1070	921	802
	16.0	115	y	5170	5030	4850	4640	4370	4030	3620	3180	2760	2390	2080	1810	1590
			z	5060	4830	4510	4060	3480	2890	2370	1950	1620	1370	1170	1010	876
300x250	8.0 *	66.5	y	2970	2920	2830	2720	2580	2410	2200	1970	1740	1520	1330	1160	1030
			z	2890	2800	2690	2560	2380	2160	1900	1650	1410	1210	1050	913	800
	10.0	82.4	y	3700	3610	3490	3360	3190	2970	2710	2420	2130	1860	1620	1420	1250
			z	3680	3560	3420	3240	3000	2700	2360	2030	1730	1490	1280	1110	975
	12.5	102	y	4580	4460	4320	4150	3940	3660	3330	2960	2600	2270	1980	1730	1530
			z	4550	4400	4220	3990	3690	3310	2880	2470	2110	1810	1560	1350	1180
	14.2	115	y	5150	5010	4850	4650	4410	4090	3710	3300	2890	2510	2190	1920	1690
			z	5110	4940	4740	4470	4120	3690	3210	2750	2340	2010	1730	1500	1310
	16.0	128	y	5740	5590	5410	5180	4900	4540	4110	3640	3180	2770	2410	2110	1850
			z	5700	5510	5280	4980	4580	4090	3550	3030	2580	2210	1900	1650	1440
350x150	5.0 *	38.3	y	1240	1220	1190	1160	1130	1090	1040	985	919	845	769	694	625
			z	1200	1140	1060	944	802	660	539	443	368	310	264	227	198
	6.3 *	47.9	y	1730	1700	1660	1620	1570	1500	1430	1340	1230	1120	1030	947	838
			z	1670	1580	1450	1260	1040	840	678	554	459	385	328	282	245
	8.0 *	60.3	y	2450	2400	2330	2260	2180	2080	2070	1910	1710	1510	1330	1180	1040
			z	2340	2190	1980	1670	1340	1070	852	692	572	479	407	350	304
	10.0	74.5	y	3360	3280	3190	3080	2950	2780	2580	2340	2090	1850	1630	1440	1270
			z	3190	2960	2610	2140	1680	1310	1040	842	694	580	492	423	367
	12.5	91.9	y	4140	4040	3920	3790	3620	3420	3160	2860	2550	2250	1980	1750	1540
			z	3930	3640	3180	2590	2020	1570	1250	1010	830	694	589	505	439
	14.2	103	y	4670	4550	4420	4270	4080	3840	3540	3210	2850	2510	2210	1940	1720
			z	4430	4090	3560	2870	2230	1740	1370	1110	914	764	648	556	483
	16.0	115	y	5200	5070	4920	4750	4530	4260	3920	3540	3140	2770	2430	2140	1890
			z	4920	4530	3930	3150	2430	1890	1500	1210	993	830	704	604	524

Celsius® is a trademark of Corus. A fuller description of the relationship between Hot Finished Rectangular Hollow Sections (HFRHS) and the Celsius® range of sections manufactured by Corus is given in note 12.

* Section may be a Class 4 section under axial compression.

Values in *italic* type indicate that the section is a class 4 section in pure compression and allowance has been made in calculating the resistance.

For values of the compression cross-sectional resistance, $N_{c,Rd}$, see values of $N_{pl,Rd}$ in tables for axial force and bending and also see explanatory note 6.

FOR EXPLANATION OF TABLES SEE NOTE 6.

Check availability

| BS EN 1993-1-1:2005 |
| BS EN 10210-2: 2006 |

COMPRESSION

S355 / Celsius® 355

HOT-FINISHED RECTANGULAR HOLLOW SECTIONS

Celsius® RHS

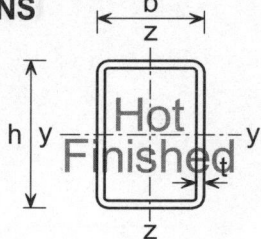

Designation		Mass per Metre	Axis	Compression resistance $N_{b,y,Rd}$, $N_{b,z,Rd}$ (kN) for Buckling lengths L_{cr} (m)												
Size h x b mm	Wall Thk t mm	kg/m		2.0	3.0	4.0	5.0	6.0	7.0	8.0	9.0	10.0	11.0	12.0	13.0	14.0
350x250	5.0 *	46.1	y	1400	1390	1360	1330	1300	1270	1230	1180	1120	1050	977	899	822
			z	1400	1360	1330	1290	1230	1170	1090	1000	901	801	709	627	556
	6.3 *	57.8	y	2090	2060	2020	1970	1920	1850	1770	1680	1570	1450	1320	1200	1080
			z	2080	2020	1960	1890	1800	1680	1530	1370	1210	1060	925	812	715
	8.0 *	72.8	y	3020	2960	2890	2820	2730	2610	2500	2450	2230	2000	1790	1590	1410
			z	2990	2900	2800	2680	2520	2310	2070	1810	1570	1360	1180	1030	901
	10.0	90.2	y	4080	3990	3890	3780	3640	3470	3260	3020	2740	2460	2190	1950	1730
			z	4030	3910	3760	3570	3320	3000	2640	2280	1960	1680	1450	1260	1110
	12.5	112	y	5040	4930	4800	4660	4490	4270	4010	3700	3360	3010	2670	2370	2110
			z	4970	4820	4630	4390	4070	3680	3230	2780	2380	2040	1760	1530	1340
	14.2	126	y	5680	5550	5410	5240	5050	4800	4500	4150	3750	3360	2980	2640	2350
			z	5600	5420	5210	4930	4570	4110	3590	3090	2640	2270	1950	1700	1490
	16.0	141	y	6350	6200	6040	5860	5630	5360	5010	4610	4160	3720	3300	2920	2590
			z	6260	6060	5820	5500	5090	4570	3990	3420	2920	2510	2160	1880	1640
400x120	5.0 *	39.8	y	1150	1140	1120	1100	1070	1050	1010	978	935	885	829	770	709
			z	1090	1020	919	774	620	491	392	318	262	220	187	160	139
	6.3 *	49.9	y	1630	1620	1590	1550	1510	1470	1420	1350	1280	1200	1110	1010	922
			z	1540	1430	1250	1010	791	616	489	395	325	272	231	198	172
	8.0 *	62.8	y	2350	2320	2270	2210	2150	2080	1990	1880	1750	1680	1570	1400	1250
			z	2200	2000	1690	1320	1000	773	609	490	403	336	285	244	212
	10.0 *	77.7	y	3260	3200	3130	3110	3110	3000	2830	2620	2390	2150	1920	1710	1520
			z	3020	2690	2190	1640	1230	938	736	591	485	404	342	293	254
	12.5	95.8	y	4330	4240	4130	4010	3870	3690	3480	3220	2930	2630	2350	2090	1860
			z	3970	3470	2720	2000	1470	1120	877	703	576	480	406	348	301
	14.2	108	y	4860	4760	4640	4500	4340	4140	3890	3590	3270	2930	2610	2320	2060
			z	4440	3860	3000	2190	1610	1220	955	765	627	522	442	378	328
	16.0	120	y	5430	5310	5180	5020	4840	4610	4320	3990	3620	3240	2880	2560	2270
			z	4940	4280	3290	2390	1750	1330	1040	832	681	567	480	411	356

Celsius® is a trademark of Corus. A fuller description of the relationship between Hot Finished Rectangular Hollow Sections (HFRHS) and the Celsius® range of sections manufactured by Corus is given in note 12.

* Section may be a Class 4 section under axial compression.

Values in *italic* type indicate that the section is a class 4 section in pure compression and allowance has been made in calculating the resistance.

For values of the compression cross-sectional resistance, $N_{c,Rd}$, see values of $N_{pl,Rd}$ in tables for axial force and bending and also see explanatory note 6.

FOR EXPLANATION OF TABLES SEE NOTE 6.

Check availability

BS EN 1993-1-1:2005
BS EN 10210-2: 2006

COMPRESSION

S355 / Celsius® 355

HOT-FINISHED RECTANGULAR HOLLOW SECTIONS

Celsius® RHS

Designation		Mass per Metre	Axis	Compression resistance $N_{b,y,Rd}$, $N_{b,z,Rd}$ (kN) for Buckling lengths L_{cr} (m)												
Size	Wall Thk			2.0	3.0	4.0	5.0	6.0	7.0	8.0	9.0	10.0	11.0	12.0	13.0	14.0
h x b mm	t mm	kg/m														
400x150	5.0 *	42.2	y	1250	1240	1220	1200	1170	1150	1110	1070	1030	976	916	852	787
			z	1220	1160	1090	991	860	720	595	492	411	347	296	255	222
	6.3 *	52.8	y	1770	1750	1720	1680	1640	1600	1540	1480	1400	1320	1220	1120	1020
			z	1710	1620	1510	1340	1130	925	753	618	513	432	368	317	276
	8.0 *	66.5	y	2520	2490	2440	2380	2320	2240	2150	2040	1910	1780	1730	1550	1390
			z	2420	2280	2080	1800	1470	1180	949	774	640	537	457	393	341
	10.0 *	82.4	y	3480	3420	3350	3300	3300	3220	3050	2850	2610	2370	2130	1900	1700
			z	3320	3100	2780	2330	1860	1460	1170	948	782	655	556	478	415
	12.5	102	y	4620	4530	4420	4300	4150	3980	3760	3510	3210	2910	2610	2330	2080
			z	4370	4050	3570	2910	2280	1780	1410	1140	942	788	668	574	498
	14.2	115	y	5180	5080	4960	4820	4660	4460	4210	3920	3590	3240	2900	2580	2300
			z	4900	4540	3970	3220	2510	1960	1550	1250	1030	864	732	629	546
	16.0	128	y	5790	5670	5530	5380	5190	4960	4680	4350	3970	3580	3200	2850	2540
			z	5470	5050	4400	3550	2760	2140	1700	1370	1130	944	800	687	596
400x200	8.0 *	72.8	y	2800	2770	2720	2660	2590	2510	2420	2310	2180	2030	1950	1800	1620
			z	2750	2650	2530	2360	2140	1870	1590	1350	1140	968	830	719	627
	10.0 *	90.2	y	3840	3780	3700	3610	3610	3580	3410	3210	2970	2720	2460	2210	1980
			z	3750	3600	3410	3140	2800	2400	2010	1680	1410	1190	1020	883	769
	12.5	112	y	5040	4960	4850	4720	4580	4410	4190	3940	3650	3330	3010	2700	2420
			z	4910	4700	4420	4040	3540	2980	2470	2050	1720	1450	1240	1070	931
	14.2	126	y	5680	5580	5460	5320	5150	4950	4710	4420	4090	3730	3360	3020	2700
			z	5530	5290	4970	4530	3950	3320	2750	2280	1900	1610	1370	1190	1030
	16.0	141	y	6350	6240	6100	5940	5750	5530	5250	4920	4540	4140	3730	3340	2990
			z	6180	5910	5540	5040	4380	3670	3030	2510	2090	1770	1510	1300	1130
400x300	8.0 *	85.4	y	3290	3270	3210	3140	3070	2990	2900	2780	2650	2500	2330	2150	1970
			z	3290	3220	3140	3050	2940	2810	2650	2450	2230	2010	1790	1590	1420
	10.0 *	106	y	4550	4490	4410	4310	4240	4240	4100	3890	3650	3390	3100	2820	2550
			z	4540	4430	4310	4170	4000	3780	3520	3210	2880	2560	2260	1990	1770
	12.5	131	y	5930	5850	5730	5600	5450	5270	5060	4800	4500	4160	3810	3450	3120
			z	5910	5760	5600	5400	5160	4860	4480	4060	3610	3180	2790	2460	2170
	14.2	148	y	6710	6620	6480	6330	6160	5950	5710	5410	5070	4680	4280	3880	3500
			z	6690	6520	6330	6110	5840	5500	5070	4590	4080	3600	3160	2780	2460
	16.0	166	y	7490	7390	7230	7060	6870	6640	6360	6020	5630	5190	4740	4290	3870
			z	7460	7270	7060	6810	6500	6110	5630	5080	4510	3970	3490	3070	2710

Celsius® is a trademark of Corus. A fuller description of the relationship between Hot Finished Rectangular Hollow Sections (HFRHS) and the Celsius® range of sections manufactured by Corus is given in note 12.

* Section may be a Class 4 section under axial compression.

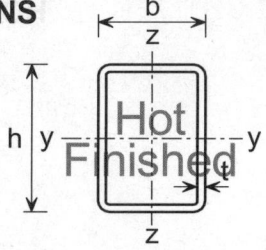

Values in *italic* type indicate that the section is a class 4 section in pure compression and allowance has been made in calculating the resistance.

For values of the compression cross-sectional resistance, $N_{c,Rd}$, see values of $N_{pl,Rd}$ in tables for axial force and bending and also see explanatory note 6.

FOR EXPLANATION OF TABLES SEE NOTE 6.

▓ Check availability

BS EN 1993-1-1:2005
BS EN 10210-2: 2006

COMPRESSION

S355 / Celsius® 355

HOT-FINISHED RECTANGULAR HOLLOW SECTIONS

Celsius® RHS

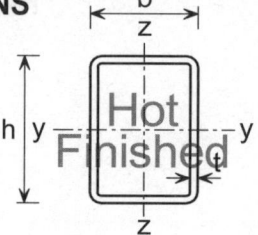

Designation		Mass per Metre	Axis	Compression resistance $N_{b,y,Rd}$, $N_{b,z,Rd}$ (kN) for Buckling lengths L_{cr} (m)												
Size h x b mm	Wall Thk t mm	kg/m		2.0	3.0	4.0	5.0	6.0	7.0	8.0	9.0	10.0	11.0	12.0	13.0	14.0
450x250	8.0 *	85.4	y	3150	3140	3090	3040	2980	2910	2840	2750	2650	2540	2400	2260	2110
			z	3130	3050	2960	2850	2710	2540	2330	2090	1850	1620	1420	1240	1100
	10.0 *	106	y	4300	4270	4200	4120	4030	3940	3820	3690	3530	3450	3350	3080	2820
			z	4260	4140	4010	3840	3630	3350	3030	2670	2330	2020	1760	1540	1350
	12.5	131	y	5930	5880	5770	5650	5520	5370	5190	4970	4720	4440	4120	3790	3460
			z	5860	5680	5470	5210	4860	4420	3920	3400	2930	2520	2180	1900	1660
	14.2	148	y	6710	6650	6520	6390	6240	6060	5860	5610	5330	5000	4640	4260	3890
			z	6630	6430	6180	5880	5480	4970	4390	3800	3270	2810	2430	2110	1850
	16.0	166	y	7490	7420	7280	7130	6960	6760	6530	6250	5930	5550	5140	4720	4310
			z	7400	7170	6890	6540	6090	5510	4850	4190	3590	3090	2670	2320	2030
500x200	8.0 *	85.4	y	2910	2910	2870	2830	2780	2730	2680	2610	2540	2460	2360	2260	2140
			z	2870	2770	2660	2520	2330	2100	1830	1580	1350	1160	997	866	758
	10.0 *	106	y	4030	4020	3960	3900	3830	3750	3660	3560	3450	3310	3160	2990	2830
			z	3950	3810	3640	3410	3110	2730	2340	1980	1680	1430	1230	1060	930
	12.5 *	131	y	5540	5520	5430	5330	5250	5250	5250	5100	4890	4640	4360	4060	3750
			z	5420	5210	4930	4560	4070	3500	2940	2460	2070	1750	1500	1300	1130
	14.2	148	y	6710	6670	6560	6430	6300	6140	5970	5760	5510	5230	4910	4570	4220
			z	6540	6260	5910	5410	4760	4030	3350	2790	2330	1970	1680	1450	1270
	16.0	166	y	7490	7450	7320	7180	7030	6850	6650	6420	6140	5820	5460	5070	4680
			z	7290	6980	6580	6010	5260	4440	3690	3060	2560	2160	1850	1590	1390
500x300	8.0 *	97.9	y	3390	3390	3350	3310	3260	3200	3140	3080	3000	2910	2820	2710	2580
			z	3390	3330	3260	3180	3080	2970	2830	2660	2470	2260	2040	1840	1650
	10.0 *	122	y	4740	4740	4670	4600	4520	4440	4340	4240	4120	3970	3810	3630	3430
			z	4740	4640	4530	4400	4250	4070	3850	3580	3270	2950	2640	2360	2100
	12.5 *	151	y	6430	6420	6320	6220	6100	6030	6030	5970	5750	5510	5220	4910	4580
			z	6420	6280	6110	5930	5700	5410	5070	4650	4200	3750	3330	2950	2610
	14.2	170	y	7700	7680	7560	7430	7280	7130	6940	6730	6490	6210	5880	5530	5150
			z	7680	7500	7290	7050	6760	6380	5930	5390	4830	4280	3770	3330	2940
	16.0	191	y	8630	8600	8460	8310	8150	7970	7770	7530	7250	6930	6560	6160	5730
			z	8600	8390	8160	7880	7550	7120	6600	6000	5350	4730	4170	3680	3250
	20.0 ^	235	y	10400	10300	10200	9980	9790	9580	9340	9060	8730	8350	7920	7450	6940
			z	10300	10100	9790	9460	9050	8540	7910	7180	6410	5660	4990	4400	3890

Celsius® is a trademark of Corus. A fuller description of the relationship between Hot Finished Rectangular Hollow Sections (HFRHS) and the Celsius® range of sections manufactured by Corus is given in note 12.

* Section may be a Class 4 section under axial compression.

Values in *italic* type indicate that the section is a class 4 section in pure compression and allowance has been made in calculating the resistance.

^ SAW process (single longitudinal seam weld, slightly proud).

For values of the compression cross-sectional resistance, $N_{c,Rd}$, see values of $N_{pl,Rd}$ in tables for axial force and bending and also see explanatory note 6.

FOR EXPLANATION OF TABLES SEE NOTE 6.   Check availability

BS EN 1993-1-1:2005
BS EN 10210-2: 2006

COMPRESSION

S355 / Celsius® 355

HOT-FINISHED ELLIPTICAL HOLLOW SECTIONS

Celsius® OHS

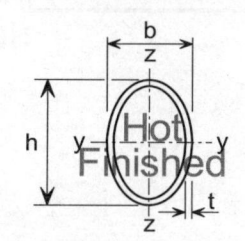

Designation		Mass per Metre	Axis	Compression resistance $N_{b,y,Rd}$, $N_{b,z,Rd}$ (kN) for Buckling lengths L_{cr} (m)												
Size h x b mm	Wall Thk t mm	kg/m		1.0	1.5	2.0	2.5	3.0	3.5	4.0	5.0	6.0	7.0	8.0	9.0	10.0
150x75	4 *	10.7	y	424	411	394	373	345	310	271	199	147	112	87.4	70.1	57.4
			z	404	368	313	246	188	145	114	75.7	53.5	39.8	30.8	24.5	19.9
	5 *	13.3	y	587	566	541	507	461	406	348	249	182	138	108	86.2	70.5
			z	555	499	410	311	234	179	141	92.7	65.5	48.6	37.5	29.8	24.3
	6.3	16.5	y	732	705	673	629	571	501	428	306	223	169	132	105	86.2
			z	690	616	501	377	282	215	169	111	78.5	58.3	45.0	35.8	29.1
200x100	5 *	17.9	y	698	684	668	649	626	599	565	480	387	307	246	200	165
			z	677	645	602	541	464	384	315	216	155	116	90.3	72.0	58.8
	6.3 *	22.3	y	975	952	927	897	861	817	762	627	493	386	307	248	205
			z	941	891	821	720	600	486	393	267	191	143	111	88.2	72.0
	8	28	y	1260	1230	1200	1160	1110	1050	972	790	616	480	381	308	253
			z	1220	1150	1050	910	747	600	483	326	233	174	135	107	87.6
	10	34.5	y	1560	1520	1480	1430	1360	1280	1190	960	746	580	460	371	306
			z	1500	1410	1280	1100	897	717	576	388	277	207	160	127	104
250x125	6.3 *	28.2	y	1100	1100	1080	1060	1030	1000	973	893	786	667	556	462	387
			z	1090	1050	1010	951	877	783	680	496	365	277	217	174	142
	8 *	35.4	y	1560	1550	1520	1480	1450	1400	1350	1220	1040	865	710	585	487
			z	1530	1480	1410	1310	1180	1030	877	623	454	343	268	214	175
	10	43.8	y	1980	1960	1920	1870	1830	1770	1700	1520	1290	1060	870	715	595
			z	1940	1860	1770	1640	1470	1270	1070	754	548	413	322	257	210
	12.5	53.9	y	2440	2410	2360	2300	2240	2170	2080	1860	1570	1290	1050	865	719
			z	2380	2290	2170	2000	1780	1530	1280	900	653	492	383	306	250

Celsius® is a trademark of Corus. A fuller description of the relationship between Hot Finished Elliptical Hollow Sections (HFEHS) and the Celsius® range of sections manufactured by Corus is given in note 12.

For values of the compression cross-sectional resistance, $N_{c,Rd}$, see values of $N_{pl,Rd}$ in tables for axial force and bending and also see explanatory note 6.

* Section may be slender under axial compression and allowance has been made in calculating the compression resistance
FOR EXPLANATION OF TABLES SEE NOTE 6.

BS EN 1993-1-1:2005		COMPRESSION	S355 / Celsius® 355
BS EN 10210-2: 2006			

HOT-FINISHED ELLIPTICAL HOLLOW SECTIONS

Celsius® OHS

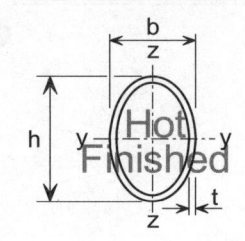

Designation		Mass per Metre	Axis	Compression resistance $N_{b,y,Rd}$, $N_{b,z,Rd}$ (kN) for Buckling lengths L_{cr} (m)												
Size	Wall Thk			2.0	3.0	4.0	5.0	6.0	7.0	8.0	9.0	10.0	11.0	12.0	13.0	14.0
h x b mm	t mm	kg/m														
300x150	8 *	42.8	y	1700	1650	1580	1490	1380	1240	1080	931	796	682	588	511	447
			z	1620	1480	1260	986	753	581	458	369	303	253	215	184	160
	10 *	53	y	2340	2260	2160	2020	1840	1620	1390	1180	996	848	728	631	551
			z	2220	1990	1630	1240	931	713	559	450	369	308	260	223	194
	12.5	65.5	y	2910	2800	2670	2500	2270	1990	1700	1430	1210	1030	887	768	670
			z	2740	2450	1990	1500	1120	857	673	540	443	369	313	268	232
	16	82.5	y	3650	3520	3350	3130	2830	2470	2100	1770	1500	1270	1090	944	824
			z	3440	3050	2450	1830	1360	1040	812	652	534	445	377	323	280
400x200	8 *	57.6	y	2010	1980	1930	1890	1830	1760	1680	1580	1460	1330	1210	1080	971
			z	1960	1880	1770	1620	1420	1210	1000	833	697	589	503	435	379
	10 *	71.5	y	2790	2730	2670	2590	2500	2390	2250	2090	1910	1720	1540	1370	1220
			z	2710	2580	2410	2160	1850	1530	1260	1040	862	727	620	534	465
	12.5 *	88.6	y	3870	3780	3680	3560	3420	3240	3030	2770	2500	2220	1970	1740	1540
			z	3730	3530	3250	2860	2380	1930	1560	1280	1060	890	757	652	566
	16	112	y	5060	4940	4800	4640	4440	4190	3880	3530	3150	2790	2450	2160	1910
			z	4880	4600	4200	3640	2990	2400	1930	1580	1300	1090	931	800	695
500x250	10 *	90	y	3150	3140	3090	3030	2970	2900	2830	2730	2630	2510	2370	2210	2060
			z	3120	3020	2910	2770	2590	2360	2100	1820	1570	1350	1170	1020	894
	12.5 *	112	y	4350	4320	4240	4160	4070	3960	3840	3690	3520	3330	3110	2870	2640
			z	4290	4140	3970	3750	3460	3090	2690	2300	1960	1680	1440	1250	1100
	16 *	142	y	6240	6170	6050	5920	5770	5600	5390	5150	4860	4530	4170	3810	3460
			z	6120	5890	5610	5230	4720	4120	3500	2950	2490	2120	1810	1570	1370

Celsius® is a trademark of Corus. A fuller description of the relationship between Hot Finished Elliptical Hollow Sections (HFEHS) and the Celsius® range of sections manufactured by Corus is given in note 12.

For values of the compression cross-sectional resistance, $N_{c,Rd}$, see values of $N_{pl,Rd}$ in tables for axial force and bending and also see explanatory note 6.

* Section may be slender under axial compression and allowance has been made in calculating the compression resistance
FOR EXPLANATION OF TABLES SEE NOTE 6.

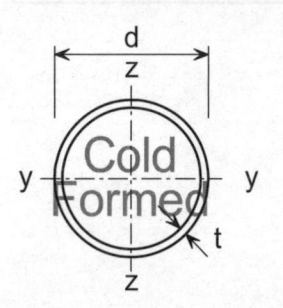

BS EN 1993-1-1:2005
BS EN 10219-2: 2006

COMPRESSION

S355 / Hybox® 355

COLD FORMED CIRCULAR HOLLOW SECTIONS

Hybox® CHS

Designation		Mass	Compression resistance $N_{b,Rd}$ (kN) for Buckling lengths L_{cr} (m)											
Outside Diameter d mm	Wall Thk t mm	per Metre kg/m	1.0	1.5	2.0	2.5	3.0	3.5	4.0	5.0	6.0	7.0	8.0	9.0	10.0
33.7	3.0	2.27	44.5	24.0	14.6	9.74	6.95	5.20	4.04	2.63	1.85	1.37	1.06	0.841	0.684
42.4	4.0	3.79	96.4	57.2	35.9	24.3	17.5	13.2	10.3	6.72	4.74	3.52	2.72	2.16	1.76
48.3	3.0	3.35	99.1	64.4	42.0	28.9	21.0	15.9	12.4	8.18	5.79	4.31	3.33	2.66	2.16
	3.5	3.87	113	73.1	47.5	32.7	23.7	17.9	14.0	9.23	6.53	4.86	3.76	2.99	2.44
	4.0	4.37	127	81.1	52.6	36.1	26.2	19.8	15.5	10.2	7.20	5.36	4.14	3.30	2.69
60.3	3.0	4.24	145	107	75.4	53.8	39.8	30.5	24.0	16.0	11.4	8.49	6.58	5.25	4.29
	4.0	5.55	189	138	96.6	68.8	50.8	38.9	30.6	20.3	14.5	10.8	8.38	6.68	5.46
76.1	3.0	5.41	205	168	131	99.0	75.7	59.1	47.1	31.8	22.8	17.1	13.3	10.7	8.73
	4.0	7.11	269	219	169	127	97.1	75.7	60.3	40.6	29.1	21.9	17.0	13.6	11.1
88.9	3.0	6.36	253	218	179	143	113	89.8	72.5	49.7	35.9	27.1	21.2	17.0	13.9
	3.5	7.37	293	252	207	164	130	103	83.2	56.9	41.1	31.0	24.2	19.4	15.9
	4.0	8.38	333	286	234	186	146	116	93.8	64.1	46.3	35.0	27.3	21.9	17.9
	5.0	10.3	410	351	286	226	178	141	114	77.7	56.1	42.3	33.0	26.5	21.7
	6.3	12.8	505	430	349	275	215	171	137	93.7	67.6	51.0	39.8	31.9	26.1
114.3	3.0	8.23	348	315	278	240	202	168	140	99.8	73.6	56.2	44.2	35.7	29.4
	3.5	9.56	404	365	322	277	233	194	162	115	84.7	64.7	50.9	41.1	33.8
	4.0	10.9	459	415	366	315	264	220	183	130	95.7	73.0	57.5	46.3	38.1
	5.0	13.5	568	512	451	387	325	270	224	159	117	89.2	70.1	56.5	46.5
	6.0	16.0	672	605	532	455	381	315	262	185	136	104	81.6	65.8	54.1
139.7	4.0	13.4	585	542	496	447	395	344	297	220	166	129	102	83.1	68.7
	5.0	16.6	724	671	614	552	487	424	365	271	204	158	126	102	84.2
	6.0	19.8	860	796	727	653	575	500	430	318	240	185	147	119	98.6
	8.0	26.0	1130	1040	949	850	747	646	554	408	307	237	188	153	126
	10.0	32.0	1380	1280	1160	1040	908	784	671	493	370	285	226	183	151
168.3	4.0	16.2	722	680	636	590	541	490	438	344	269	213	171	140	117
	5.0	20.1	900	847	793	735	673	608	544	426	333	263	212	173	144
	6.0	24.0	1070	1010	942	872	798	721	644	503	392	310	249	204	170
	8.0	31.6	1410	1320	1240	1140	1040	940	838	653	508	400	321	263	218
	10.0	39.0	1730	1630	1520	1400	1280	1150	1020	794	616	485	389	318	264
	12.5	48.0	2130	2000	1860	1720	1560	1400	1240	960	743	584	468	382	317
193.7	4.0	18.7	845	805	763	718	671	621	570	468	379	306	250	207	173
	4.5	21.0	948	903	855	805	752	696	638	524	423	342	279	231	193
	5.0	23.3	1050	1000	947	891	832	770	706	579	467	377	308	254	213
	6.0	27.8	1260	1200	1130	1060	993	919	841	689	556	448	365	302	253
	8.0	36.6	1660	1570	1490	1400	1300	1200	1100	899	723	582	474	391	327
	10.0	45.3	2050	1940	1840	1720	1600	1480	1350	1100	880	708	576	475	397
	12.5	55.9	2520	2390	2260	2120	1970	1810	1650	1340	1070	858	697	574	480
219.1	4.5	23.8	1080	1040	996	947	896	843	786	670	559	463	384	321	271
	5.0	26.4	1190	1160	1100	1050	993	933	871	742	618	512	424	354	299
	6.0	31.5	1430	1380	1320	1250	1190	1110	1040	884	737	609	504	421	355
	8.0	41.6	1890	1820	1740	1650	1560	1470	1370	1160	963	794	657	548	462
	10.0	51.6	2330	2250	2150	2040	1930	1810	1680	1420	1180	970	802	668	563
	12.0	61.3	2770	2680	2550	2420	2280	2140	1980	1680	1390	1140	939	782	659
	12.5	63.7	2880	2780	2650	2510	2370	2220	2060	1740	1440	1180	974	811	683
	16.0	80.1	3620	3490	3320	3140	2960	2770	2560	2150	1770	1450	1190	993	835

Hybox® is a trademark of Corus. A fuller description of the relationship between Cold Formed Circular Hollow Sections (CFCHS) and the Hybox® range of sections manufactured by Corus is given in note 12.

For values of the compression cross-sectional resistance, $N_{c,Rd}$, see values of $N_{pl,Rd}$ in tables for axial force and bending and also see explanatory note 6.

FOR EXPLANATION OF TABLES SEE NOTE 6.

BS EN 1993-1-1:2005
BS EN 10219-2: 2006

COMPRESSION

S355 / Hybox® 355

COLD FORMED CIRCULAR HOLLOW SECTIONS

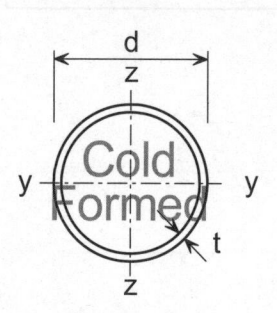

Hybox® CHS

Designation		Mass per Metre	Compression resistance $N_{b,Rd}$ (kN) for Buckling lengths L_{cr} (m)												
Outside Diameter d mm	Wall Thk t mm	kg/m	2.0	3.0	4.0	5.0	6.0	7.0	8.0	9.0	10.0	11.0	12.0	13.0	14.0
244.5	5.0	29.5	1260	1150	1030	907	778	659	556	471	401	344	298	260	228
	6.0	35.3	1510	1380	1230	1080	927	785	662	559	476	409	354	308	271
	8.0	46.7	1990	1810	1620	1420	1220	1030	865	731	621	533	461	402	354
	10.0	57.8	2460	2240	2010	1750	1500	1260	1060	895	761	652	564	492	432
	12.0	68.8	2930	2660	2380	2070	1760	1490	1250	1050	893	765	662	577	507
	12.5	71.5	3040	2770	2470	2150	1830	1540	1290	1090	924	792	684	597	524
	16.0	90.2	3830	3480	3090	2680	2280	1910	1600	1350	1140	978	844	736	646
273.0	5.0	33.0	1440	1330	1220	1090	963	836	720	619	533	461	402	352	311
	6.0	39.5	1720	1590	1450	1300	1150	995	856	735	633	547	477	418	369
	8.0	52.3	2270	2100	1910	1720	1510	1310	1120	963	828	716	623	546	482
	10.0	64.9	2810	2600	2370	2120	1860	1610	1380	1180	1020	879	765	670	591
	12.0	77.2	3350	3090	2810	2510	2200	1900	1630	1400	1200	1040	900	788	695
	12.5	80.3	3470	3200	2910	2600	2280	1970	1690	1440	1240	1070	930	814	718
	16.0	101	4380	4030	3660	3260	2850	2450	2100	1790	1540	1320	1150	1010	888
323.9	5.0 *	39.3	$	$	$	$	$	$	$	$	$	$	$	$	$
	6.0	47.0	2090	1960	1830	1690	1540	1380	1230	1090	955	840	741	656	583
	8.0	62.3	2770	2600	2430	2240	2040	1830	1630	1440	1270	1110	982	869	773
	10.0	77.4	3440	3230	3010	2770	2520	2260	2010	1770	1550	1370	1200	1060	946
	12.0	92.3	4110	3850	3590	3300	3000	2690	2380	2090	1840	1610	1420	1260	1120
	12.5	96.0	4250	3980	3710	3410	3100	2780	2460	2170	1900	1670	1470	1300	1150
	16.0	121	5390	5050	4700	4320	3920	3500	3100	2720	2380	2090	1840	1630	1440
355.6	5.0 *	43.2	$	$	$	$	$	$	$	$	$	$	$	$	$
	6.0	51.7	2330	2200	2070	1940	1790	1640	1480	1330	1190	1060	943	841	753
	8.0	68.6	3080	2910	2740	2560	2370	2160	1950	1750	1560	1390	1240	1100	986
	10.0	85.2	3840	3630	3410	3180	2940	2680	2420	2170	1930	1720	1530	1360	1210
	12.0	102	4580	4330	4070	3800	3500	3200	2890	2590	2300	2050	1820	1620	1450
	12.5	106	4750	4490	4220	3930	3620	3300	2980	2660	2370	2100	1870	1660	1490
	16.0	134	6010	5680	5330	4960	4570	4160	3740	3340	2970	2630	2340	2080	1860
406.4	6.0 *	59.2	$	$	$	$	$	$	$	$	$	$	$	$	$
	8.0	78.6	3550	3410	3240	3060	2880	2680	2480	2270	2070	1870	1690	1530	1380
	10.0	97.8	4440	4260	4040	3820	3590	3340	3080	2820	2570	2320	2100	1890	1710
	12.0	117	5290	5070	4820	4550	4280	3980	3680	3360	3060	2770	2500	2260	2040
	12.5	121	5500	5270	5010	4730	4430	4130	3800	3480	3160	2860	2580	2320	2100
	16.0	154	6960	6660	6320	5960	5590	5200	4790	4370	3970	3580	3230	2910	2620
457.0	6.0 *	66.7	$	$	$	$	$	$	$	$	$	$	$	$	$
	8.0	88.6	4010	3920	3750	3570	3400	3210	3010	2800	2600	2390	2190	2010	1830
	10.0	110	4970	4850	4640	4420	4200	3960	3720	3460	3200	2950	2700	2470	2250
	12.0	132	5960	5810	5560	5300	5030	4740	4440	4130	3820	3520	3220	2940	2680
	12.5	137	6210	6050	5790	5520	5240	4940	4630	4310	3980	3660	3350	3060	2790
	16.0	174	7880	7670	7340	6990	6630	6250	5850	5440	5030	4620	4220	3860	3520
508.0	6.0 *	74.3	$	$	$	$	$	$	$	$	$	$	$	$	$
	8.0 *	98.6	$	$	$	$	$	$	$	$	$	$	$	$	$
	10.0	123	5540	5470	5260	5050	4830	4600	4370	4120	3860	3600	3350	3100	2860
	12.0	147	6640	6560	6300	6050	5780	5510	5220	4920	4610	4300	3990	3690	3410
	12.5	153	6920	6840	6570	6310	6030	5740	5440	5130	4810	4480	4160	3850	3550
	16.0	194	8770	8650	8320	7980	7630	7260	6880	6480	6070	5650	5250	4850	4470

Hybox® is a trademark of Corus. A fuller description of the relationship between Cold Formed Circular Hollow Sections (CFCHS) and the Hybox® range of sections manufactured by Corus is given in note 12.
* Section is a Class 4 section under axial compression.
$ indicates that the section is a class 4 section and no compression resistance is calculated.
For values of the compression cross-sectional resistance, $N_{c,Rd}$, see values of $N_{pl,Rd}$ in tables for axial force and bending and also see explanatory note 6.
FOR EXPLANATION OF TABLES SEE NOTE 6.

BS EN 1993-1-1:2005
BS EN 10219-2: 2006

COMPRESSION

S355 / Hybox® 355

COLD FORMED SQUARE HOLLOW SECTIONS

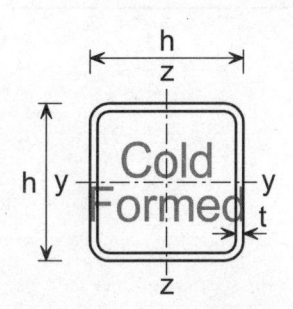

Hybox® SHS

Designation		Mass per Metre	Compression resistance $N_{b,Rd}$ (kN) for Buckling lengths L_{cr} (m)												
Size	Wall Thk														
h x h	t		1.0	1.5	2.0	2.5	3.0	3.5	4.0	5.0	6.0	7.0	8.0	9.0	10.0
mm	mm	kg/m													
25x25	2.0	1.36	21.2	10.9	6.52	4.32	3.07	2.29	1.77	1.15	0.809	0.599	0.461	0.366	0.298
	2.5	1.64	24.4	12.5	7.45	4.93	3.50	2.61	2.02	1.31	0.921	0.682	0.525	0.417	0.339
	3.0	1.89	27.0	13.7	8.16	5.39	3.82	2.85	2.21	1.43	1.01	0.744	0.573	0.455	0.369
30x30	2.5	2.03	40.3	21.9	13.3	8.88	6.33	4.74	3.68	2.40	1.69	1.25	0.965	0.767	0.624
	3.0	2.36	45.7	24.6	15.0	9.98	7.11	5.32	4.13	2.69	1.89	1.40	1.08	0.860	0.699
40x40	2.0	2.31	65.8	41.7	26.9	18.4	13.3	10.1	7.87	5.18	3.66	2.73	2.11	1.68	1.37
	2.5	2.82	79.1	49.5	31.8	21.8	15.7	11.9	9.27	6.09	4.31	3.20	2.48	1.97	1.61
	3.0	3.30	91.6	57.0	36.5	24.9	18.0	13.6	10.6	6.97	4.92	3.66	2.83	2.25	1.84
	4.0	4.20	113	69.0	43.8	29.8	21.5	16.2	12.6	8.30	5.86	4.36	3.37	2.68	2.18
50x50	2.5	3.60	120	85.9	59.2	41.8	30.8	23.5	18.4	12.2	8.69	6.49	5.03	4.01	3.27
	3.0	4.25	140	100	68.7	48.5	35.6	27.1	21.3	14.1	10.0	7.50	5.81	4.63	3.78
	4.0	5.45	178	125	84.8	59.6	43.7	33.2	26.1	17.3	12.3	9.16	7.09	5.65	4.61
	5.0	6.56	210	145	97.9	68.5	50.1	38.1	29.9	19.8	14.0	10.5	8.09	6.45	5.26
60x60	3.0	5.19	189	148	110	80.5	60.5	46.7	37.0	24.8	17.7	13.3	10.3	8.23	6.73
	4.0	6.71	242	188	138	101	75.5	58.2	46.1	30.8	22.0	16.5	12.8	10.2	8.35
	5.0	8.13	292	224	163	118	88.5	68.1	53.8	36.0	25.6	19.2	14.9	11.9	9.73
70x70	2.5	5.17	200	167	132	102	78.9	61.9	49.6	33.6	24.2	18.2	14.2	11.4	9.30
	3.0	6.13	236	197	155	119	92.0	72.1	57.7	39.1	28.1	21.1	16.5	13.2	10.8
	3.5	7.06	271	225	177	136	105	82.0	65.6	44.4	31.9	24.0	18.7	15.0	12.2
	4.0	7.97	304	252	198	151	116	91.0	72.8	49.2	35.4	26.6	20.7	16.6	13.6
	5.0	9.70	371	305	238	181	139	108	86.5	58.4	41.9	31.5	24.5	19.6	16.1
80x80	3.0	7.07	284	246	204	164	130	104	84.2	57.8	41.9	31.6	24.7	19.8	16.3
	3.5	8.16	327	283	234	188	149	119	96.2	66.0	47.8	36.1	28.2	22.6	18.5
	4.0	9.22	367	316	261	209	165	132	106	73.0	52.8	39.9	31.1	25.0	20.5
	5.0	11.3	450	387	318	253	200	159	128	87.8	63.5	47.9	37.4	30.0	24.6
	6.0	13.2	523	447	366	289	227	181	146	99.4	71.8	54.2	42.3	33.9	27.8
90x90	3.0	8.01	330	294	253	211	173	141	116	80.8	59.0	44.8	35.2	28.3	23.2
	3.5	9.26	382	339	292	243	199	162	133	92.6	67.6	51.3	40.2	32.4	26.6
	4.0	10.5	430	381	327	272	222	180	148	103	75.0	57.0	44.7	35.9	29.5
	5.0	12.8	528	467	399	330	268	218	178	124	90.2	68.4	53.6	43.1	35.4
	6.0	15.1	617	544	463	382	310	251	205	142	103	78.4	61.4	49.4	40.5
100x100	3.0	8.96	377	342	302	260	219	183	153	108	79.9	61.0	48.0	38.7	31.9
	4.0	11.7	492	445	392	337	283	235	196	139	102	77.9	61.3	49.4	40.7
	5.0	14.4	606	547	481	411	344	286	237	168	123	94.1	74.0	59.6	49.0
	6.0	17.0	710	639	560	477	398	329	273	193	142	108	84.8	68.3	56.2
	8.0	21.4	888	795	692	584	483	397	328	230	168	128	101	81.1	66.6
120x120	4.0	14.2	617	571	521	468	412	357	307	227	171	132	105	85.0	70.3
	5.0	17.5	763	705	642	575	505	437	375	276	208	161	127	103	85.3
	6.0	20.7	897	828	754	673	590	509	436	321	241	186	147	119	98.6
	8.0	26.4	1140	1050	949	843	734	630	537	392	293	226	179	145	120
	10.0	31.8	1370	1260	1130	1000	868	740	628	456	340	262	207	167	138
140x140	4.0	16.8	742	696	648	597	543	486	431	333	258	203	162	133	110
	5.0	20.7	919	861	802	738	670	599	531	409	316	248	199	162	135
	6.0	24.5	1080	1020	945	868	787	703	621	478	368	289	231	189	157
	8.0	31.4	1390	1300	1200	1100	993	883	777	593	455	356	284	232	192
	10.0	38.1	1680	1570	1450	1320	1190	1060	925	702	537	419	335	272	226

Hybox® is a trademark of Corus. A fuller description of the relationship between Cold Formed Square Hollow Sections (CFSHS) and the Hybox® range of sections manufactured by Corus is given in note 12.

For values of the compression cross-sectional resistance, $N_{c,Rd}$, see values of $N_{pl,Rd}$ in tables for axial force and bending and also see explanatory note 6.

FOR EXPLANATION OF TABLES SEE NOTE 6.

BS EN 1993-1-1:2005
BS EN 10219-2: 2006

COMPRESSION

S355 / Hybox® 355

COLD FORMED SQUARE HOLLOW SECTIONS

Hybox® SHS

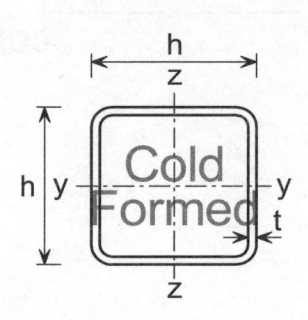

Designation		Mass per Metre	Compression resistance $N_{b,Rd}$ (kN) for Buckling lengths L_{cr} (m)												
Size h x h mm	Wall Thk t mm	kg/m	2.0	3.0	4.0	5.0	6.0	7.0	8.0	9.0	10.0	11.0	12.0	13.0	14.0
150x150	4.0 *	18.0	679	584	481	384	303	241	195	160	133	113	96.5	83.5	72.9
	5.0	22.3	881	751	612	482	378	300	241	198	165	139	119	103	89.7
	6.0	26.4	1040	885	718	565	442	350	282	231	192	162	138	120	104
	8.0	33.9	1330	1120	904	706	550	434	349	285	237	200	171	148	129
	10.0	41.3	1610	1350	1080	840	652	514	412	337	280	236	201	174	152
160x160	4.0 *	19.3	712	625	530	434	350	283	230	190	159	135	116	100	87.8
	5.0	23.8	959	832	693	558	444	355	288	237	198	167	143	124	108
	6.0	28.3	1130	982	816	656	521	416	337	277	232	196	168	145	127
	8.0	36.5	1450	1250	1030	825	652	520	420	345	288	243	208	180	157
	10.0	44.4	1770	1510	1240	987	777	618	499	409	341	288	246	213	186
180x180	5.0	27.0	1120	993	857	717	588	481	395	328	276	234	202	175	153
	6.0	32.1	1320	1170	1010	845	692	565	464	385	323	275	236	205	179
	8.0	41.5	1700	1510	1290	1080	877	713	584	484	406	345	296	257	225
	10.0	50.7	2080	1840	1570	1300	1050	854	699	579	485	412	353	306	268
	12.0	58.5	2380	2100	1780	1460	1180	952	777	642	537	456	391	339	296
	12.5	60.5	2460	2160	1830	1500	1210	977	797	658	551	467	401	347	304
200x200	5.0 *	30.1	1170	1060	952	831	710	599	504	425	362	310	268	234	205
	6.0	35.8	1510	1370	1210	1040	877	732	610	512	433	370	319	278	244
	8.0	46.5	1950	1760	1560	1330	1120	931	775	649	549	468	404	351	308
	10.0	57.0	2390	2150	1890	1620	1350	1120	930	778	657	561	483	420	369
	12.0	66.0	2760	2480	2170	1840	1530	1260	1050	874	737	628	541	470	412
	12.5	68.3	2850	2560	2240	1900	1580	1300	1080	898	757	645	556	483	423
250x250	6.0 *	45.2	1770	1650	1530	1400	1260	1120	984	860	750	656	575	507	450
	8.0	59.1	2580	2390	2200	1990	1770	1540	1340	1160	999	867	757	665	587
	10.0	72.7	3170	2940	2700	2430	2160	1880	1630	1400	1210	1050	917	805	711
	12.0	84.8	3690	3420	3130	2810	2480	2160	1860	1600	1380	1200	1040	914	807
	12.5	88.0	3820	3540	3240	2910	2570	2230	1930	1660	1430	1230	1080	943	833
300x300	6.0 *	54.7	1920	1830	1740	1640	1530	1420	1310	1190	1080	974	876	788	710
	8.0 *	71.6	3040	2870	2700	2510	2320	2110	1910	1710	1520	1350	1200	1070	953
	10.0	88.4	3960	3730	3500	3250	2980	2700	2420	2150	1900	1680	1490	1320	1180
	12.0	104	4620	4360	4080	3780	3460	3130	2800	2490	2200	1940	1720	1530	1360
	12.5	108	4800	4520	4230	3920	3590	3250	2910	2580	2280	2020	1780	1580	1410
350x350	8.0 *	84.2	3250	3150	3000	2850	2700	2530	2360	2180	2010	1830	1670	1520	1380
	10.0	104	4720	4520	4290	4050	3790	3530	3250	2970	2690	2430	2190	1980	1780
	12.0	123	5540	5290	5010	4730	4420	4100	3770	3440	3110	2810	2520	2270	2050
	12.5	127	5750	5490	5210	4910	4590	4260	3920	3570	3230	2910	2620	2360	2120
400x400	8.0 *	96.7	3390	3360	3230	3110	2980	2840	2700	2550	2400	2250	2090	1940	1800
	10.0 *	120	4940	4840	4650	4440	4230	4010	3780	3540	3300	3060	2820	2590	2380
	12.0	141	6390	6230	5960	5680	5390	5080	4760	4430	4100	3770	3450	3150	2870
	12.5	147	6640	6470	6190	5900	5600	5280	4950	4600	4260	3910	3580	3270	2990

Hybox® is a trademark of Corus. A fuller description of the relationship between Cold Formed Square Hollow Sections (CFSHS) and the Hybox® range of sections manufactured by Corus is given in note 12.

* Section may be a Class 4 section under axial compression.

Values in *italic* type indicate that the section is a class 4 section in pure compression and allowance has been made in calculating the resistance.

For values of the compression cross-sectional resistance, $N_{c,Rd}$, see values of $N_{pl,Rd}$ in tables for axial force and bending and also see explanatory note 6.

FOR EXPLANATION OF TABLES SEE NOTE 6.

| BS EN 1993-1-1:2005 |
| BS EN 10219-2: 2006 |

COMPRESSION

S355 / Hybox® 355

COLD FORMED RECTANGULAR HOLLOW SECTIONS

Hybox® RHS

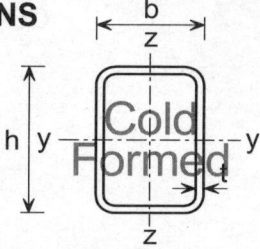

Designation		Mass per Metre	Axis	Compression resistance $N_{b,y,Rd}$, $N_{b,z,Rd}$ (kN) for Buckling lengths L_{cr} (m)											
Size h x b mm	Wall Thk t mm	kg/m		1.0	1.5	2.0	2.5	3.0	3.5	4.0	5.0	6.0	7.0	8.0	9.0	10.0
50x25	2.0	2.15	y	67.6	46.0	30.7	21.4	15.6	11.9	9.30	6.14	4.35	3.25	2.51	2.00	1.63
			z	38.0	20.0	12.1	8.03	5.71	4.27	3.31	2.16	1.51	1.12	0.864	0.686	0.558
	3.0	3.07	y	94.1	62.8	41.5	28.8	21.0	15.9	12.4	8.21	5.82	4.33	3.35	2.67	2.18
			z	51.1	26.6	16.0	10.6	7.54	5.63	4.36	2.84	1.99	1.48	1.14	0.903	0.734
50x30	2.5	2.82	y	89.2	61.1	41.0	28.6	20.9	15.9	12.4	8.22	5.83	4.35	3.36	2.68	2.19
			z	61.7	34.5	21.2	14.2	10.2	7.62	5.92	3.87	2.73	2.02	1.56	1.24	1.01
	3.0	3.30	y	104	70.6	47.2	32.9	24.0	18.2	14.3	9.44	6.69	4.99	3.86	3.08	2.51
			z	70.1	38.8	23.8	15.9	11.4	8.52	6.62	4.32	3.04	2.26	1.74	1.38	1.13
	4.0	4.20	y	129	85.9	56.8	39.4	28.7	21.7	17.0	11.2	7.96	5.93	4.59	3.65	2.98
			z	85.3	46.5	28.4	19.0	13.5	10.1	7.87	5.13	3.61	2.68	2.07	1.64	1.34
60x30	3.0	3.77	y	130	96.9	68.5	49.1	36.4	27.9	22.0	14.6	10.4	7.77	6.03	4.81	3.93
			z	82.7	46.2	28.4	19.0	13.6	10.2	7.94	5.19	3.65	2.71	2.09	1.66	1.35
	4.0	4.83	y	164	120	84.1	59.9	44.2	33.8	26.6	17.7	12.6	9.40	7.29	5.81	4.75
			z	100	55.1	33.7	22.5	16.1	12.0	9.35	6.11	4.30	3.19	2.46	1.95	1.59
60x40	3.0	4.25	y	150	115	82.7	59.9	44.6	34.3	27.1	18.1	12.9	9.65	7.49	5.98	4.88
			z	124	79.5	51.6	35.5	25.7	19.4	15.2	10.0	7.08	5.27	4.07	3.24	2.64
	4.0	5.45	y	191	143	102	73.7	54.7	42.0	33.1	22.1	15.7	11.8	9.12	7.28	5.95
			z	155	97.7	62.9	43.1	31.2	23.5	18.4	12.1	8.55	6.36	4.92	3.92	3.19
	5.0	6.56	y	227	168	119	85.3	63.2	48.4	38.2	25.4	18.1	13.5	10.5	8.36	6.83
			z	181	112	71.6	48.9	35.3	26.6	20.8	13.7	9.65	7.18	5.55	4.42	3.60
70x40	3.0	4.72	y	177	143	109	81.7	62.1	48.2	38.4	25.8	18.5	13.9	10.8	8.64	7.07
			z	140	90.6	59.1	40.7	29.5	22.4	17.5	11.5	8.15	6.07	4.69	3.74	3.05
	4.0	6.08	y	226	181	137	102	77.5	60.1	47.8	32.1	23.0	17.2	13.4	10.7	8.76
			z	175	112	72.4	49.7	36.0	27.2	21.3	14.0	9.90	7.37	5.69	4.53	3.69
70x50	3.0	5.19	y	197	161	125	94.4	72.2	56.3	44.9	30.3	21.7	16.3	12.7	10.2	8.32
			z	176	129	89.7	63.8	47.1	36.0	28.4	18.8	13.4	10.0	7.76	6.19	5.05
	4.0	6.71	y	253	206	158	119	90.5	70.5	56.1	37.8	27.1	20.4	15.8	12.7	10.4
			z	225	162	112	79.2	58.3	44.5	35.0	23.2	16.5	12.3	9.56	7.62	6.22
80x40	3.0	5.19	y	202	170	136	106	82.2	64.7	51.9	35.3	25.4	19.1	14.9	11.9	9.79
			z	155	101	66.3	45.7	33.2	25.1	19.7	13.0	9.18	6.83	5.29	4.21	3.43
	4.0	6.71	y	260	217	172	133	103	80.8	64.8	43.9	31.6	23.8	18.5	14.8	12.1
			z	197	127	82.4	56.7	41.1	31.1	24.3	16.0	11.3	8.43	6.52	5.19	4.23
	5.0	8.13	y	314	261	205	157	121	94.9	75.9	51.3	36.9	27.8	21.6	17.3	14.2
			z	233	148	95.2	65.2	47.2	35.7	27.9	18.3	13.0	9.64	7.45	5.93	4.83
80x50	3.0	5.66	y	223	189	154	121	94.3	74.6	60.1	40.9	29.5	22.3	17.4	13.9	11.4
			z	194	142	100.0	71.3	52.7	40.3	31.8	21.1	15.0	11.2	8.71	6.95	5.67
	4.0	7.34	y	288	243	196	153	119	94.2	75.7	51.5	37.1	28.0	21.8	17.5	14.3
			z	248	181	126	89.6	66.1	50.5	39.7	26.4	18.8	14.0	10.9	8.67	7.08
	5.0	8.91	y	348	293	234	182	141	111	89.0	60.5	43.5	32.8	25.6	20.5	16.8
			z	299	214	148	105	77.1	58.8	46.3	30.7	21.8	16.3	12.6	10.1	8.21

Hybox® is a trademark of Corus. A fuller description of the relationship between Cold Formed Rectangular Hollow Sections (CFRHS) and the Hybox® range of sections manufactured by Corus is given in note 12.

For values of the compression cross-sectional resistance, $N_{c,Rd}$, see values of $N_{pl,Rd}$ in tables for axial force and bending and also see explanatory note 6.

FOR EXPLANATION OF TABLES SEE NOTE 6.

BS EN 1993-1-1:2005
BS EN 10219-2: 2006

COMPRESSION

S355 / Hybox® 355

COLD FORMED RECTANGULAR HOLLOW SECTIONS

Hybox® RHS

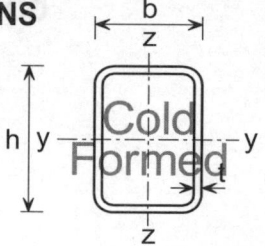

Designation		Mass per Metre	Axis	Compression resistance $N_{b,y,Rd}$, $N_{b,z,Rd}$ (kN) for Buckling lengths L_{cr} (m)												
Size h x b mm	Wall Thk t mm	kg/m		1.0	1.5	2.0	2.5	3.0	3.5	4.0	5.0	6.0	7.0	8.0	9.0	10.0
80x60	3.0	6.13	y	243	209	171	136	107	84.8	68.4	46.8	33.8	25.5	19.9	16.0	13.1
			z	227	180	136	101	76.0	58.9	46.8	31.4	22.5	16.8	13.1	10.5	8.56
	4.0	7.97	y	313	267	217	171	134	106	85.6	58.4	42.1	31.8	24.8	19.9	16.3
			z	291	229	171	126	95.0	73.5	58.3	39.1	27.9	20.9	16.3	13.0	10.6
	5.0	9.70	y	383	325	262	206	161	127	102	69.5	50.2	37.8	29.5	23.6	19.4
			z	354	278	206	151	113	87.6	69.4	46.5	33.2	24.9	19.3	15.4	12.6
90x50	3.0	6.13	y	248	217	182	148	119	95.4	77.6	53.5	38.8	29.4	23.0	18.5	15.1
			z	211	157	111	79.1	58.6	44.8	35.3	23.5	16.7	12.5	9.70	7.74	6.32
	4.0	7.97	y	320	278	232	188	150	120	97.3	67.0	48.5	36.7	28.7	23.0	18.9
			z	270	197	138	98.3	72.6	55.5	43.7	29.0	20.7	15.4	12.0	9.55	7.79
	5.0	9.70	y	390	338	281	225	179	143	116	79.5	57.6	43.5	34.0	27.3	22.4
			z	328	237	165	117	86.1	65.8	51.7	34.3	24.4	18.2	14.1	11.3	9.20
100x40	3.0	6.13	y	252	223	190	158	128	104	85.3	59.2	43.2	32.8	25.7	20.6	16.9
			z	186	124	81.4	56.3	41.0	31.1	24.3	16.0	11.4	8.46	6.54	5.21	4.25
	4.0	7.97	y	324	286	243	200	162	131	107	74.3	54.1	41.0	32.1	25.8	21.2
			z	236	153	100	69.2	50.2	38.0	29.7	19.6	13.9	10.3	7.98	6.36	5.18
	5.0	9.70	y	396	348	294	241	194	156	127	88.1	64.0	48.5	38.0	30.5	25.0
			z	284	182	118	81.3	58.9	44.6	34.8	22.9	16.2	12.1	9.34	7.43	6.06
100x50	3.0	6.60	y	273	243	210	176	144	118	96.8	67.6	49.4	37.5	29.4	23.7	19.5
			z	229	170	121	86.5	64.1	49.1	38.7	25.8	18.3	13.7	10.6	8.49	6.93
	4.0	8.59	y	353	313	269	224	183	149	122	85.1	62.1	47.2	37.0	29.7	24.4
			z	294	216	152	109	80.4	61.5	48.5	32.2	22.9	17.1	13.3	10.6	8.66
	5.0	10.5	y	432	382	327	271	220	179	146	102	74.1	56.2	44.0	35.4	29.1
			z	356	259	181	128	94.7	72.3	57.0	37.8	26.9	20.1	15.6	12.4	10.1
	6.0	12.3	y	501	441	376	309	251	203	166	115	83.6	63.4	49.6	39.9	32.8
			z	410	295	204	145	106	81.2	63.9	42.4	30.1	22.5	17.4	13.9	11.3
100x60	3.0	7.07	y	294	263	229	193	160	131	108	75.8	55.5	42.3	33.2	26.7	22.0
			z	264	212	161	120	91.2	70.9	56.3	37.9	27.1	20.4	15.8	12.7	10.3
	3.5	8.16	y	339	303	263	221	182	150	123	86.3	63.2	48.1	37.7	30.4	25.0
			z	304	243	184	137	104	80.7	64.1	43.1	30.8	23.1	18.0	14.4	11.8
	4.0	9.22	y	381	339	294	247	203	166	137	95.8	70.1	53.3	41.8	33.6	27.6
			z	341	272	205	153	115	89.5	71.1	47.7	34.2	25.6	19.9	15.9	13.0
	5.0	11.3	y	467	416	359	300	246	201	165	115	84.2	63.9	50.1	40.3	33.1
			z	416	329	246	182	137	106	84.4	56.6	40.5	30.3	23.6	18.8	15.4
	6.0	13.2	y	543	481	414	344	281	229	188	131	95.3	72.3	56.7	45.6	37.5
			z	482	379	281	207	156	120	95.5	64.0	45.7	34.3	26.6	21.3	17.4
100x80	3.0	8.01	y	336	302	266	227	190	157	130	92.1	67.7	51.7	40.6	32.7	26.9
			z	324	282	237	192	154	123	100	69.1	50.1	37.9	29.7	23.8	19.5
	4.0	10.5	y	437	392	344	293	244	201	167	118	86.3	65.8	51.7	41.7	34.3
			z	420	365	305	246	196	157	128	87.7	63.6	48.1	37.6	30.2	24.7
	5.0	12.8	y	537	482	421	357	296	244	202	142	104	79.2	62.2	50.1	41.2
			z	516	447	371	298	237	189	153	105	76.2	57.6	45.0	36.1	29.6

Hybox® is a trademark of Corus. A fuller description of the relationship between Cold Formed Rectangular Hollow Sections (CFRHS) and the Hybox® range of sections manufactured by Corus is given in note 12.
For values of the compression cross-sectional resistance, $N_{c,Rd}$, see values of $N_{pl,Rd}$ in tables for axial force and bending and also see explanatory note 6.
FOR EXPLANATION OF TABLES SEE NOTE 6.

BS EN 1993-1-1:2005
BS EN 10219-2: 2006

COMPRESSION

S355 / Hybox® 355

COLD FORMED RECTANGULAR HOLLOW SECTIONS

Hybox® RHS

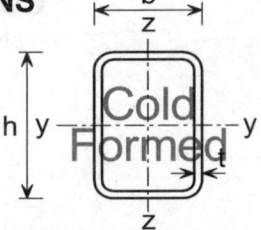

Designation		Mass per Metre	Axis	Compression resistance $N_{b,y,Rd}$, $N_{b,z,Rd}$ (kN) for Buckling lengths L_{cr} (m)											
Size h x b mm	Wall Thk t mm	kg/m		1.0	1.5	2.0	2.5	3.0	3.5	4.0	5.0	6.0	7.0	8.0	9.0	10.0
120x40	3.0 *	7.07	y	283	272	242	210	178	150	125	89.5	66.2	50.6	39.9	32.2	26.5
			z	207	141	94.2	65.6	47.9	36.4	28.5	18.8	13.4	9.95	7.70	6.14	5.01
	4.0	9.22	y	388	352	312	270	228	191	159	113	83.7	64.0	50.4	40.7	33.5
			z	277	182	120	82.7	60.1	45.5	35.6	23.5	16.6	12.4	9.58	7.63	6.22
	5.0	11.3	y	476	431	381	327	276	230	191	136	100.0	76.4	60.1	48.5	39.9
			z	333	215	140	96.5	70.0	53.0	41.4	27.3	19.3	14.4	11.1	8.85	7.21
120x60	3.0 *	8.01	y	323	314	282	249	214	182	154	111	82.9	63.7	50.3	40.7	33.5
			z	285	234	181	138	105	82.1	65.5	44.2	31.7	23.8	18.5	14.8	12.1
	3.5	9.26	y	396	363	326	287	247	210	177	128	95.1	73.0	57.7	46.6	38.4
			z	347	280	214	160	122	94.7	75.4	50.7	36.3	27.3	21.2	17.0	13.9
	4.0	10.5	y	446	408	366	322	276	234	198	143	106	81.3	64.2	51.9	42.8
			z	390	314	239	179	136	105	83.8	56.3	40.3	30.3	23.5	18.8	15.4
	5.0	12.8	y	549	501	449	392	336	284	239	172	128	97.8	77.2	62.3	51.4
			z	477	381	288	214	162	125	99.7	66.9	47.9	35.9	27.9	22.3	18.3
	6.0	15.1	y	641	584	522	455	388	327	274	197	146	112	88.0	71.1	58.6
			z	555	441	330	244	184	143	113	76.0	54.4	40.8	31.7	25.3	20.7
120x80	4.0	11.7	y	503	463	419	371	322	276	235	171	128	98.3	77.8	62.9	51.9
			z	474	414	348	283	226	182	148	102	74.1	56.0	43.8	35.2	28.9
	5.0	14.4	y	621	570	514	455	394	336	286	207	155	119	94.1	76.1	62.8
			z	583	508	425	344	275	221	179	123	89.4	67.7	52.9	42.5	34.8
	6.0	17.0	y	727	666	600	529	457	389	329	238	178	136	108	87.2	71.9
			z	682	592	493	397	316	253	205	141	102	77.2	60.3	48.4	39.7
	8.0	21.4	y	910	830	743	650	556	470	395	284	211	162	127	103	84.8
			z	851	732	602	480	379	302	244	167	121	91.0	71.1	57.0	46.8
140x80	3.0 *	9.90	y	387	363	338	311	301	271	237	180	137	107	85.3	69.4	57.5
			z	361	321	278	233	191	156	128	89.6	65.5	49.8	39.0	31.4	25.8
	4.0	13.0	y	569	530	489	445	399	352	307	232	177	138	110	89.4	74.0
			z	527	462	390	319	257	207	169	117	84.7	64.2	50.2	40.3	33.1
	5.0	16.0	y	702	654	603	547	489	430	375	282	215	167	133	108	89.6
			z	649	568	478	389	313	251	205	141	103	77.6	60.7	48.8	40.0
	6.0	18.9	y	825	767	706	640	570	501	435	326	248	193	153	125	103
			z	761	663	556	451	360	289	235	162	117	88.8	69.4	55.7	45.7
	8.0	23.9	y	1040	964	883	796	705	614	531	394	298	231	183	149	123
			z	956	826	685	549	435	347	281	193	140	105	82.4	66.1	54.2
	10.0	28.7	y	1250	1150	1050	943	830	719	618	456	343	265	210	171	141
			z	1140	980	804	638	503	400	322	220	159	120	93.9	75.3	61.7

Hybox® is a trademark of Corus. A fuller description of the relationship between Cold Formed Rectangular Hollow Sections (CFRHS) and the Hybox® range of sections manufactured by Corus is given in note 12.

* Section may be a Class 4 section under axial compression.

Values in *italic* type indicate that the section is a class 4 section in pure compression and allowance has been made in calculating the resistance.

For values of the compression cross-sectional resistance, $N_{c,Rd}$, see values of $N_{pl,Rd}$ in tables for axial force and bending and also see explanatory note 6.

FOR EXPLANATION OF TABLES SEE NOTE 6.

BS EN 1993-1-1:2005			COMPRESSION									S355 / Hybox® 355		

COLD FORMED RECTANGULAR HOLLOW SECTIONS

Hybox® RHS

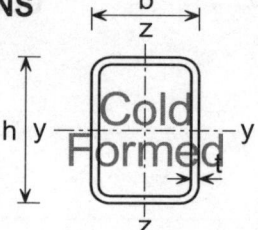

Designation		Mass per Metre	Axis	Compression resistance $N_{b,y,Rd}$, $N_{b,z,Rd}$ (kN) for Buckling lengths L_{cr} (m)											
Size h x b mm	Wall Thk t mm	kg/m		1.0	1.5	2.0	2.5	3.0	3.5	4.0	5.0	6.0	7.0	8.0	9.0	10.0
150x100	3.0 *	11.3	y	439	415	390	363	335	306	298	232	180	142	114	93.3	77.6
			z	421	387	351	311	271	232	198	144	108	82.9	65.6	53.1	43.8
	4.0 *	14.9	y	659	619	578	533	486	437	388	301	234	184	148	121	100
			z	612	558	499	436	373	315	265	190	141	108	85.2	68.9	56.7
	5.0	18.3	y	816	766	713	658	598	537	476	369	286	225	180	147	122
			z	779	707	629	546	463	389	326	232	172	131	104	83.6	68.9
	6.0	21.7	y	961	901	839	772	702	629	557	430	332	261	209	171	142
			z	917	832	738	639	541	453	379	270	199	152	120	96.8	79.7
	8.0	27.7	y	1220	1140	1060	973	879	783	690	528	406	318	254	207	172
			z	1160	1050	928	797	670	557	464	329	242	185	146	117	96.6
	10.0	33.4	y	1470	1380	1270	1160	1050	928	814	618	473	370	295	240	199
			z	1400	1260	1110	943	788	652	541	382	280	214	168	135	111
160x80	4.0 *	14.2	y	597	569	557	516	472	426	381	298	232	183	147	121	100
			z	548	485	416	345	281	228	187	130	94.8	71.9	56.4	45.3	37.2
	5.0	17.5	y	783	736	688	636	581	523	466	364	283	223	179	147	122
			z	715	627	530	433	349	281	229	158	115	87.1	68.2	54.8	45.0
	6.0	20.7	y	922	866	808	746	680	612	544	423	328	258	207	170	141
			z	840	735	619	504	405	325	265	183	133	100	78.6	63.1	51.8
	8.0	26.4	y	1170	1100	1020	937	850	761	673	518	400	314	251	205	170
			z	1060	922	769	620	494	395	321	220	160	121	94.4	75.8	62.1
180x80	4.0 *	15.5	y	620	592	561	528	504	498	453	367	293	235	190	157	131
			z	568	507	439	369	303	248	205	143	105	79.5	62.4	50.2	41.3
	5.0	19.1	y	863	817	770	721	669	614	557	449	358	286	232	191	160
			z	781	687	582	478	386	312	254	176	128	97.0	75.9	61.0	50.1
	6.0	22.6	y	1020	963	907	848	786	720	653	525	417	333	270	222	185
			z	919	806	681	557	448	362	295	204	148	112	87.7	70.4	57.8
	8.0	28.9	y	1300	1220	1150	1070	990	903	815	649	513	408	330	271	226
			z	1170	1020	850	688	550	441	358	247	179	135	106	85.0	69.7
	10.0	35.0	y	1570	1480	1390	1290	1190	1080	968	765	601	477	384	315	262
			z	1400	1210	1000	805	638	510	412	283	205	155	121	97.0	79.5

Hybox® is a trademark of Corus. A fuller description of the relationship between Cold Formed Rectangular Hollow Sections (CFRHS) and the Hybox® range of sections manufactured by Corus is given in note 12.

* Section may be a Class 4 section under axial compression.

Values in *italic* type indicate that the section is a class 4 section in pure compression and allowance has been made in calculating the resistance.

For values of the compression cross-sectional resistance, $N_{c,Rd}$, see values of $N_{pl,Rd}$ in tables for axial force and bending and also see explanatory note 6.

FOR EXPLANATION OF TABLES SEE NOTE 6.

COMPRESSION

BS EN 1993-1-1:2005
BS EN 10219-2: 2006

S355 / Hybox® 355

COLD FORMED RECTANGULAR HOLLOW SECTIONS

Hybox® RHS

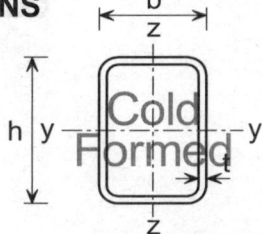

Designation		Mass per Metre	Axis	Compression resistance $N_{b,y,Rd}$, $N_{b,z,Rd}$ (kN) for Buckling lengths L_{cr} (m)											
Size h x b mm	Wall Thk t mm	kg/m		2.0	3.0	4.0	5.0	6.0	7.0	8.0	9.0	10.0	11.0	12.0	13.0	14.0
180x100	4.0 *	16.8	y	616	546	503	411	331	267	217	179	150	127	109	94.5	82.6
			z	535	411	298	217	162	125	98.6	79.8	65.9	55.2	47.0	40.4	35.2
	5.0	20.7	y	841	735	620	505	405	326	265	219	183	155	133	115	101
			z	718	535	379	272	201	154	122	98.2	80.9	67.8	57.6	49.5	43.1
	6.0	24.5	y	992	866	728	592	474	381	310	255	214	181	155	134	117
			z	844	626	442	316	234	179	141	114	93.9	78.7	66.8	57.5	50.0
	8.0	31.4	y	1260	1100	915	738	588	471	382	314	262	222	190	165	144
			z	1070	780	545	388	286	219	172	139	114	95.9	81.4	70.0	60.8
	10.0	38.1	y	1530	1320	1090	875	694	554	448	368	307	260	223	193	168
			z	1280	922	638	452	333	254	200	161	133	111	94.3	81.1	70.4
200x100	4.0 *	18.0	y	643	582	514	480	400	328	270	224	189	161	138	120	105
			z	554	433	320	235	176	136	108	87.2	72.0	60.5	51.5	44.3	38.6
	5.0 *	22.3	y	893	823	712	597	491	402	330	275	231	196	169	147	128
			z	740	563	406	294	219	168	133	107	88.5	74.2	63.1	54.3	47.2
	6.0	26.4	y	1090	971	838	701	576	470	387	321	270	230	197	171	150
			z	914	680	482	346	256	196	155	125	103	86.3	73.3	63.1	54.8
	8.0	33.9	y	1390	1240	1060	881	719	585	479	397	333	283	243	211	185
			z	1160	853	599	427	316	242	190	154	127	106	90.0	77.4	67.3
	10.0	41.3	y	1690	1490	1270	1050	854	693	566	469	393	334	286	248	217
			z	1390	1010	704	500	368	281	222	179	147	123	105	89.9	78.1
200x120	4.0 *	19.3	y	699	634	563	514	441	364	301	251	211	180	155	135	118
			z	637	530	418	321	248	194	155	127	105	88.6	75.6	65.3	56.9
	5.0 *	23.8	y	955	890	775	655	543	446	369	307	259	220	190	165	144
			z	851	695	536	405	309	241	192	156	129	109	92.8	80.0	69.7
	6.0	28.3	y	1180	1050	914	771	638	524	432	360	303	258	222	193	169
			z	1050	849	645	482	366	284	226	184	152	128	109	93.7	81.6
	8.0	36.5	y	1510	1340	1160	975	802	656	540	449	377	321	276	239	210
			z	1350	1080	810	602	455	352	280	227	188	158	134	116	101
	10.0	44.4	y	1830	1630	1400	1170	956	780	640	531	446	379	326	283	248
			z	1630	1290	963	712	536	415	329	267	221	185	158	136	118
200x150	4.0 *	21.2	y	764	696	623	544	465	392	330	279	237	203	176	153	135
			z	731	643	545	448	362	292	238	197	165	140	120	104	90.9
	5.0 *	26.2	y	1050	989	869	741	619	513	426	356	300	256	221	192	168
			z	998	865	720	579	461	368	299	246	205	174	149	129	112
	6.0	31.1	y	1300	1170	1030	873	728	602	499	417	352	300	258	224	197
			z	1240	1060	875	696	549	437	353	290	241	204	174	151	132
	8.0	40.2	y	1680	1500	1310	1110	923	760	628	524	442	376	324	282	247
			z	1590	1360	1110	880	692	549	443	363	302	255	218	189	165
	10.0	49.1	y	2040	1830	1590	1340	1110	909	750	624	526	448	385	334	293
			z	1940	1650	1340	1050	825	653	526	431	359	303	259	224	195

Hybox® is a trademark of Corus. A fuller description of the relationship between Cold Formed Rectangular Hollow Sections (CFRHS) and the Hybox® range of sections manufactured by Corus is given in note 12.

* Section may be a Class 4 section under axial compression.

Values in *italic* type indicate that the section is a class 4 section in pure compression and allowance has been made in calculating the resistance.

For values of the compression cross-sectional resistance, $N_{c,Rd}$, see values of $N_{pl,Rd}$ in tables for axial force and bending and also see explanatory note 6.

FOR EXPLANATION OF TABLES SEE NOTE 6.

| BS EN 1993-1-1:2005 |
| BS EN 10219-2: 2006 |

COMPRESSION

S355 / Hybox® 355

COLD FORMED RECTANGULAR HOLLOW SECTIONS

Hybox® RHS

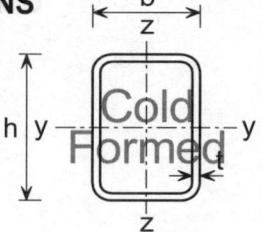

Designation		Mass per Metre	Axis	Compression resistance $N_{b,y,Rd}$, $N_{b,z,Rd}$ (kN) for Buckling lengths L_{cr} (m)												
Size h x b mm	Wall Thk t mm	kg/m		2.0	3.0	4.0	5.0	6.0	7.0	8.0	9.0	10.0	11.0	12.0	13.0	14.0
250x150	5.0 *	30.1	y	1140	1060	973	882	805	746	640	548	471	407	354	310	273
			z	*1060*	*934*	*795*	*655*	*530*	*429*	*351*	*290*	*243*	*206*	*177*	*153*	*134*
	6.0 *	35.8	y	1450	1340	1300	1160	1020	881	755	646	555	479	416	365	322
			z	*1340*	*1170*	*985*	*800*	*641*	*515*	*419*	*345*	*289*	*245*	*210*	*181*	*159*
	8.0	46.5	y	2010	1850	1680	1500	1310	1120	960	819	702	606	526	461	406
			z	1850	1600	1320	1050	832	663	536	440	367	310	266	230	201
	10.0	57.0	y	2460	2260	2050	1820	1580	1360	1160	986	844	727	632	552	487
			z	2260	1940	1590	1270	997	793	640	525	437	370	316	273	239
	12.0	66.0	y	2840	2600	2350	2080	1800	1540	1300	1110	946	814	706	617	543
			z	2610	2230	1810	1430	1120	890	717	587	489	413	353	305	266
	12.5	68.3	y	2930	2690	2430	2140	1850	1580	1340	1140	972	836	725	633	557
			z	2700	2300	1870	1470	1150	913	735	602	501	423	362	313	273
300x100	6.0 *	35.8	y	1320	1240	1160	1070	972	956	849	738	641	558	489	430	381
			z	*1090*	*863*	*644*	*476*	*359*	*277*	*220*	*179*	*148*	*124*	*105*	*90.9*	*79.1*
	8.0 *	46.5	y	2040	1890	1740	1580	1410	1240	1080	934	809	704	615	541	478
			z	*1570*	*1190*	*854*	*617*	*459*	*353*	*279*	*225*	*186*	*156*	*132*	*114*	*99.0*
	10.0	57.0	y	2490	2320	2130	1930	1720	1510	1310	1130	978	850	742	652	577
			z	1970	1460	1030	738	547	419	330	266	220	184	156	134	117
	12.5	68.3	y	2970	2760	2520	2270	2010	1750	1510	1300	1120	970	846	742	655
			z	2320	1690	1180	837	617	472	371	300	247	207	175	151	131
300x200	6.0 *	45.2	y	1760	1660	1560	1450	1340	1220	1190	1050	929	818	722	639	569
			z	*1680*	*1550*	*1400*	*1240*	*1080*	*927*	*789*	*672*	*575*	*495*	*430*	*376*	*331*
	8.0 *	59.1	y	2620	2460	2300	2120	1930	1740	1540	1360	1200	1050	930	823	732
			z	*2430*	*2220*	*1980*	*1730*	*1480*	*1250*	*1050*	*888*	*755*	*647*	*560*	*488*	*429*
	10.0	72.7	y	3230	3030	2820	2600	2370	2120	1890	1660	1460	1280	1130	1000	889
			z	3080	2800	2490	2160	1830	1540	1290	1080	918	786	679	591	519
	12.0	84.8	y	3760	3520	3270	3010	2730	2440	2160	1900	1660	1460	1280	1130	1010
			z	3580	3250	2880	2490	2100	1760	1470	1230	1040	892	770	670	588
	12.5	88.0	y	3890	3640	3390	3110	2810	2510	2220	1940	1700	1490	1310	1160	1030
			z	3710	3360	2980	2570	2170	1810	1510	1270	1080	921	795	692	607

Hybox® is a trademark of Corus. A fuller description of the relationship between Cold Formed Rectangular Hollow Sections (CFRHS) and the Hybox® range of sections manufactured by Corus is given in note 12.

* Section may be a Class 4 section under axial compression.

Values in *italic* type indicate that the section is a class 4 section in pure compression and allowance has been made in calculating the resistance.

For values of the compression cross-sectional resistance, $N_{c,Rd}$, see values of $N_{pl,Rd}$ in tables for axial force and bending and also see explanatory note 6.

FOR EXPLANATION OF TABLES SEE NOTE 6.

BS EN 1993-1-1:2005
BS EN 10219-2: 2006

COMPRESSION

S355 / Hybox® 355

COLD FORMED RECTANGULAR HOLLOW SECTIONS

Hybox® RHS

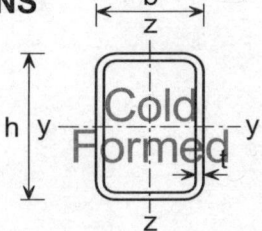

Designation		Mass per Metre	Axis	Compression resistance $N_{b,y,Rd}$, $N_{b,z,Rd}$ (kN) for Buckling lengths L_{cr} (m)												
Size h x b mm	Wall Thk t mm	kg/m		2.0	3.0	4.0	5.0	6.0	7.0	8.0	9.0	10.0	11.0	12.0	13.0	14.0
400x200	8.0 *	71.6	y	2750	2680	2560	2440	2310	2180	2040	1910	1910	1750	1580	1430	1300
			z	2630	2420	2210	1970	1720	1490	1270	1090	933	805	700	613	540
	10.0 *	88.4	y	3760	3640	3550	3480	3270	3050	2830	2600	2370	2150	1950	1760	1590
			z	3570	3270	2940	2590	2230	1900	1610	1360	1160	1000	867	757	666
	12.0	104	y	4690	4500	4280	4040	3800	3540	3270	3000	2730	2470	2230	2020	1820
			z	4410	4010	3580	3120	2660	2240	1880	1590	1350	1150	998	870	764
	12.5	108	y	4860	4670	4440	4200	3940	3670	3400	3110	2830	2570	2320	2090	1890
			z	4570	4160	3710	3230	2750	2320	1950	1640	1390	1190	1030	899	790
450x250	8.0 *	84.2	y	3080	3060	2940	2830	2720	2590	2470	2340	2200	2070	1930	1790	1760
			z	3040	2860	2680	2490	2280	2070	1850	1640	1450	1290	1140	1010	901
	10.0 *	104	y	4230	4170	4010	3840	3670	3490	3400	3370	3130	2900	2670	2450	2240
			z	4140	3890	3620	3330	3020	2710	2400	2110	1850	1630	1430	1270	1120
	12.0 *	123	y	5460	5420	5190	4960	4720	4460	4200	3920	3640	3360	3090	2830	2590
			z	5210	4870	4510	4120	3710	3290	2890	2520	2200	1920	1680	1480	1320
	12.5	127	y	5750	5630	5390	5150	4900	4630	4360	4070	3780	3490	3210	2940	2690
			z	5590	5220	4820	4390	3940	3490	3050	2650	2310	2010	1760	1550	1380
500x300	8.0 *	96.7	y	3320	3320	3240	3140	3030	2920	2810	2700	2580	2460	2330	2200	2070
			z	3320	3200	3040	2880	2720	2540	2350	2170	1980	1800	1630	1480	1340
	10.0 *	120	y	4670	4670	4520	4360	4200	4040	3870	3690	3510	3320	3210	3190	2960
			z	4670	4450	4220	3970	3710	3440	3160	2880	2600	2340	2100	1890	1700
	12.0 *	141	y	5920	5900	5690	5480	5280	5280	5120	4850	4570	4280	4000	3720	3450
			z	5910	5600	5290	4960	4620	4250	3870	3500	3140	2810	2510	2250	2020
	12.5 *	147	y	6250	6230	6010	5880	5850	5590	5320	5040	4750	4450	4150	3860	3580
			z	6240	5910	5580	5230	4860	4460	4060	3670	3290	2940	2630	2350	2110

Hybox® is a trademark of Corus. A fuller description of the relationship between Cold Formed Rectangular Hollow Sections (CFRHS) and the Hybox® range of sections manufactured by Corus is given in note 12.

* Section may be a Class 4 section under axial compression.

Values in *italic* type indicate that the section is a class 4 section in pure compression and allowance has been made in calculating the resistance.

For values of the compression cross-sectional resistance, $N_{c,Rd}$, see values of $N_{pl,Rd}$ in tables for axial force and bending and also see explanatory note 6.

FOR EXPLANATION OF TABLES SEE NOTE 6.

BS EN 1993-1-1:2005
BS 4-1:2005

COMPRESSION

S355 / Advance355

PARALLEL FLANGE CHANNELS
Advance UKPFC

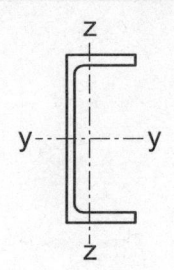

Subject to concentric axial compression

Section Designation	Axis	Compression resistance $N_{b,y,Rd}$, $N_{b,z,Rd}$, $N_{b,T,Rd}$ (kN) for Buckling lengths L_{cr} (m)												
		1.0	1.5	2.0	2.5	3.0	3.5	4.0	5.0	6.0	7.0	8.0	9.0	10.0
430x100x64	$N_{b,y,Rd}$	2830	2830	2830	2830	2780	2720	2660	2550	2430	2300	2170	2030	1890
	$N_{b,z,Rd}$	2490	2140	1750	1390	1100	872	704	481	348	263	205	164	135
	$N_{b,T,Rd}$	2520	2250	2010	1810	1660	1540	1460	1340	1270	1220	1180	1150	1130
380x100x54	$N_{b,y,Rd}$	2370	2370	2370	2350	2300	2240	2190	2080	1970	1850	1720	1590	1460
	$N_{b,z,Rd}$	2100	1820	1500	1210	957	764	619	424	307	232	181	146	119
	$N_{b,T,Rd}$	2100	1870	1660	1490	1370	1270	1200	1110	1040	1000	969	941	914
300x100x46	$N_{b,y,Rd}$	2000	2000	1980	1930	1870	1820	1760	1640	1510	1380	1240	1110	986
	$N_{b,z,Rd}$	1780	1550	1290	1050	834	668	542	373	270	204	160	128	105
	$N_{b,T,Rd}$	1750	1560	1400	1290	1200	1130	1080	1010	959	912	865	816	762
300x90x41	$N_{b,y,Rd}$	1870	1870	1850	1800	1740	1690	1630	1510	1390	1260	1130	1000	887
	$N_{b,z,Rd}$	1610	1350	1070	828	641	504	404	274	197	149	116	92.7	75.9
	$N_{b,T,Rd}$	1600	1410	1260	1140	1060	1010	963	902	859	821	782	740	693
260x90x35	$N_{b,y,Rd}$	1580	1580	1530	1480	1430	1380	1320	1200	1080	956	836	727	633
	$N_{b,z,Rd}$	1360	1150	918	714	555	437	351	238	172	129	101	80.8	66.2
	$N_{b,T,Rd}$	1330	1170	1040	944	877	829	792	737	693	651	606	559	510
260x75x28	$N_{b,y,Rd}$	1250	1250	1210	1170	1130	1080	1040	943	843	742	647	561	487
	$N_{b,z,Rd}$	1000	783	579	425	319	246	195	131	93.3	69.9	54.3	43.4	35.4
	$N_{b,T,Rd}$	1010	863	752	676	625	589	563	526	500	475	450	421	389
230x90x32	$N_{b,y,Rd}$	1460	1450	1390	1340	1290	1230	1170	1050	921	796	682	584	502
	$N_{b,z,Rd}$	1260	1070	859	671	523	413	332	226	163	123	95.6	76.6	62.8
	$N_{b,T,Rd}$	1220	1070	955	877	821	779	746	690	638	585	530	475	423
230x75x26	$N_{b,y,Rd}$	1160	1150	1110	1070	1020	979	932	831	728	627	537	459	394
	$N_{b,z,Rd}$	941	743	554	409	308	238	189	126	90.4	67.8	52.7	42.1	34.4
	$N_{b,T,Rd}$	935	806	715	655	613	584	561	525	491	456	417	376	336

Advance and UKPFC are trademarks of Corus. A fuller description of the relationship between Parallel Flange Channels and the Advance range of sections manufactured by Corus is given in note 12.

$N_{b,T,Rd}$ is the lower of torsional and torsional-flexural buckling resistance

For values of the compression cross-sectional resistance, $N_{c,Rd}$, see values of $N_{pl,Rd}$ in tables for axial force and bending and also see explanatory note 6.

FOR EXPLANATION OF TABLES SEE NOTE 6.

BS EN 1993-1-1:2005
BS 4-1:2005

COMPRESSION

S355 / Advance355

PARALLEL FLANGE CHANNELS
Advance UKPFC

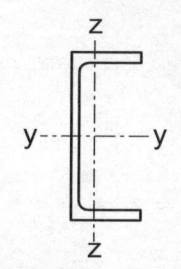

Subject to concentric axial compression

Section Designation	Axis	Compression resistance $N_{b,y,Rd}$, $N_{b,z,Rd}$, $N_{b,T,Rd}$ (kN) for Buckling lengths L_{cr} (m)												
		1.0	1.5	2.0	2.5	3.0	3.5	4.0	5.0	6.0	7.0	8.0	9.0	10.0
200x90x30	$N_{b,y,Rd}$	1350	1320	1260	1210	1150	1090	1020	889	756	635	533	449	381
	$N_{b,z,Rd}$	1170	990	800	626	489	386	310	211	152	115	89.6	71.8	58.8
	$N_{b,T,Rd}$	1110	973	879	814	766	728	693	629	564	499	438	382	333
200x75x23	$N_{b,y,Rd}$	1060	1040	995	950	904	856	805	698	593	497	417	351	298
	$N_{b,z,Rd}$	866	689	517	383	289	224	178	119	85.3	64.0	49.7	39.8	32.5
	$N_{b,T,Rd}$	845	735	662	613	579	553	530	487	442	394	347	303	264
180x90x26	$N_{b,y,Rd}$	1180	1140	1090	1030	973	912	849	718	595	490	405	338	285
	$N_{b,z,Rd}$	1020	869	703	551	430	340	273	186	134	101	79.0	63.3	51.8
	$N_{b,T,Rd}$	947	822	735	675	629	593	560	499	439	383	331	287	248
180x75x20	$N_{b,y,Rd}$	919	887	844	800	754	706	655	551	455	373	308	256	216
	$N_{b,z,Rd}$	749	594	445	330	249	193	153	103	73.3	55.0	42.7	34.2	27.9
	$N_{b,T,Rd}$	720	617	548	502	469	444	421	380	337	295	256	221	191
150x90x24	$N_{b,y,Rd}$	1070	1010	955	892	825	754	683	547	433	346	280	230	192
	$N_{b,z,Rd}$	938	796	643	504	394	311	250	170	123	92.7	72.3	58.0	47.5
	$N_{b,T,Rd}$	839	728	653	598	554	515	477	406	341	286	240	203	173
150x75x18	$N_{b,y,Rd}$	804	760	715	668	617	564	510	408	323	257	208	171	143
	$N_{b,z,Rd}$	661	527	396	294	222	172	137	91.6	65.6	49.2	38.2	30.6	25.0
	$N_{b,T,Rd}$	614	526	469	431	400	374	349	300	254	214	180	152	130
125x65x15	$N_{b,y,Rd}$	648	603	556	506	453	399	348	262	200	155	124	101	83.4
	$N_{b,z,Rd}$	510	379	268	192	142	109	85.8	57.1	40.6	30.4	23.6	18.8	15.4
	$N_{b,T,Rd}$	493	434	395	364	334	304	275	220	175	141	115	94.7	79.3
100x50x10	$N_{b,y,Rd}$	432	391	347	300	254	213	178	127	93.5	71.5	56.3	45.4	37.4
	$N_{b,z,Rd}$	297	191	124	85.2	61.8	46.7	36.5	24.0	17.0	12.7	9.79	7.79	6.35
	$N_{b,T,Rd}$	332	299	271	242	211	183	157	116	87.8	68.2	54.3	44.1	36.5

Advance and UKPFC are trademarks of Corus. A fuller description of the relationship between Parallel Flange Channels and the Advance range of sections manufactured by Corus is given in note 12.

$N_{b,T,Rd}$ is the lower of torsional and torsional-flexural buckling resistance

For values of the compression cross-sectional resistance, $N_{c,Rd}$, see values of $N_{pl,Rd}$ in tables for axial force and bending and also see explanatory note 6.

FOR EXPLANATION OF TABLES SEE NOTE 6.

COMPRESSION

S355 / Advance355

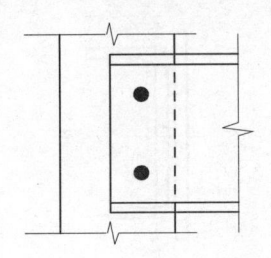

BS EN 1993-1-1:2005
BS 4-1:2005

PARALLEL FLANGE CHANNELS
Advance UKPFC

Connected through web

One row of fasteners with
two or more fasteners across the web

Section Designation	Axis	Compression resistance $N_{b,y,Rd}$, $N_{b,z,Rd}$, $N_{b,T,Rd}$ (kN) for System length, L (m)												
		1.0	1.5	2.0	2.5	3.0	3.5	4.0	5.0	6.0	7.0	8.0	9.0	10.0
430x100x64	$N_{b,y,Rd}$	2830	2830	2830	2830	2780	2720	2660	2550	2430	2300	2170	2030	1890
	$N_{b,z,Rd}$	1870	1600	1360	1150	976	834	704	481	348	263	205	164	135
	$N_{b,T,Rd}$	2520	2250	2010	1810	1660	1540	1460	1340	1270	1220	1180	1150	1130
380x100x54	$N_{b,y,Rd}$	2370	2370	2370	2350	2300	2240	2190	2080	1970	1850	1720	1590	1460
	$N_{b,z,Rd}$	1580	1360	1160	986	841	721	619	424	307	232	181	146	119
	$N_{b,T,Rd}$	2100	1870	1660	1490	1370	1270	1200	1110	1040	1000	969	941	914
300x100x46	$N_{b,y,Rd}$	2000	2000	1980	1930	1870	1820	1760	1640	1510	1380	1240	1110	986
	$N_{b,z,Rd}$	1340	1160	994	848	725	623	539	373	270	204	160	128	105
	$N_{b,T,Rd}$	1750	1560	1400	1290	1200	1130	1080	1010	959	912	865	816	762
300x90x41	$N_{b,y,Rd}$	1870	1870	1850	1800	1740	1690	1630	1510	1390	1260	1130	1000	887
	$N_{b,z,Rd}$	1200	1010	847	707	593	502	404	274	197	149	116	92.7	75.9
	$N_{b,T,Rd}$	1600	1410	1260	1140	1060	1010	963	902	859	821	782	740	693
260x90x35	$N_{b,y,Rd}$	1580	1580	1530	1480	1430	1380	1320	1200	1080	956	836	727	633
	$N_{b,z,Rd}$	1020	863	723	605	509	432	351	238	172	129	101	80.8	66.2
	$N_{b,T,Rd}$	1330	1170	1040	944	877	829	792	737	693	651	606	559	510
260x75x28	$N_{b,y,Rd}$	1250	1250	1210	1170	1130	1080	1040	943	843	742	647	561	487
	$N_{b,z,Rd}$	749	605	486	394	319	246	195	131	93.3	69.9	54.3	43.4	35.4
	$N_{b,T,Rd}$	1010	863	752	676	625	589	563	526	500	475	450	421	389
230x90x32	$N_{b,y,Rd}$	1460	1450	1390	1340	1290	1230	1170	1050	921	796	682	584	502
	$N_{b,z,Rd}$	945	802	674	565	477	405	332	226	163	123	95.6	76.6	62.8
	$N_{b,T,Rd}$	1220	1070	955	877	821	779	746	690	638	585	530	475	423
230x75x26	$N_{b,y,Rd}$	1160	1150	1110	1070	1020	979	932	831	728	627	537	459	394
	$N_{b,z,Rd}$	704	572	461	375	308	238	189	126	90.4	67.8	52.7	42.1	34.4
	$N_{b,T,Rd}$	935	806	715	655	613	584	561	525	491	456	417	376	336

Advance and UKPFC are trademarks of Corus. A fuller description of the relationship between Parallel Flange Channels and the Advance range of sections manufactured by Corus is given in note 12.

$N_{b,T,Rd}$ is the lower of torsional and torsional-flexural buckling resistance

For values of the compression cross-sectional resistance, $N_{c,Rd}$, see values of $N_{pl,Rd}$ in tables for axial force and bending and also see explanatory note 6.

FOR EXPLANATION OF TABLES SEE NOTE 6.

BS EN 1993-1-1:2005 / BS 4-1:2005		**COMPRESSION**									S355 / Advance355			

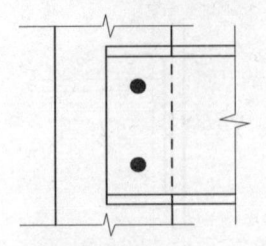

PARALLEL FLANGE CHANNELS
Advance UKPFC

Connected through web

One row of fasteners with two or more fasteners across the web

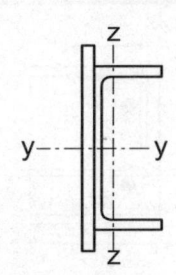

Section Designation	Axis	Compression resistance $N_{b,y,Rd}$, $N_{b,z,Rd}$, $N_{b,T,Rd}$ (kN) for System length, L (m)												
		1.0	1.5	2.0	2.5	3.0	3.5	4.0	5.0	6.0	7.0	8.0	9.0	10.0
200x90x30	$N_{b,y,Rd}$	1350	1320	1260	1210	1150	1090	1020	889	756	635	533	449	381
	$N_{b,z,Rd}$	876	744	626	526	444	377	310	211	152	115	89.6	71.8	58.8
	$N_{b,T,Rd}$	1110	973	879	814	766	728	693	629	564	499	438	382	333
200x75x23	$N_{b,y,Rd}$	1060	1040	995	950	904	856	805	698	593	497	417	351	298
	$N_{b,z,Rd}$	648	528	428	349	287	224	178	119	85.3	64.0	49.7	39.8	32.5
	$N_{b,T,Rd}$	845	735	662	613	579	553	530	487	442	394	347	303	264
180x90x26	$N_{b,y,Rd}$	1180	1140	1090	1030	973	912	849	718	595	490	405	338	285
	$N_{b,z,Rd}$	768	653	550	462	390	332	273	186	134	101	79.0	63.3	51.8
	$N_{b,T,Rd}$	947	822	735	675	629	593	560	499	439	383	331	287	248
180x75x20	$N_{b,y,Rd}$	919	887	844	800	754	706	655	551	455	373	308	256	216
	$N_{b,z,Rd}$	560	456	369	301	248	193	153	103	73.3	55.0	42.7	34.2	27.9
	$N_{b,T,Rd}$	720	617	548	502	469	444	421	380	337	295	256	221	191
150x90x24	$N_{b,y,Rd}$	1070	1010	955	892	825	754	683	547	433	346	280	230	192
	$N_{b,z,Rd}$	703	598	503	423	357	304	250	170	123	92.7	72.3	58.0	47.5
	$N_{b,T,Rd}$	839	728	653	598	554	515	477	406	341	286	240	203	173
150x75x18	$N_{b,y,Rd}$	804	760	715	668	617	564	510	408	323	257	208	171	143
	$N_{b,z,Rd}$	495	404	327	267	220	172	137	91.6	65.6	49.2	38.2	30.6	25.0
	$N_{b,T,Rd}$	614	526	469	431	400	374	349	300	254	214	180	152	130
125x65x15	$N_{b,y,Rd}$	648	603	556	506	453	399	348	262	200	155	124	101	83.4
	$N_{b,z,Rd}$	382	300	236	187	142	109	85.8	57.1	40.6	30.4	23.6	18.8	15.4
	$N_{b,T,Rd}$	493	434	395	364	334	304	275	220	175	141	115	94.7	79.3
100x50x10	$N_{b,y,Rd}$	432	391	347	300	254	213	178	127	93.5	71.5	56.3	45.4	37.4
	$N_{b,z,Rd}$	228	166	124	85.2	61.8	46.7	36.5	24.0	17.0	12.7	9.79	7.79	6.35
	$N_{b,T,Rd}$	332	299	271	242	211	183	157	116	87.8	68.2	54.3	44.1	36.5

Advance and UKPFC are trademarks of Corus. A fuller description of the relationship between Parallel Flange Channels and the Advance range of sections manufactured by Corus is given in note 12.

$N_{b,T,Rd}$ is the lower of torsional and torsional-flexural buckling resistance

For values of the compression cross-sectional resistance, $N_{c,Rd}$, see values of $N_{pl,Rd}$ in tables for axial force and bending and also see explanatory note 6.

FOR EXPLANATION OF TABLES SEE NOTE 6.

BS EN 1993-1-1:2005
BS EN 10056-1:1999

COMPRESSION

EQUAL ANGLES
Advance UKA - Equal Angles

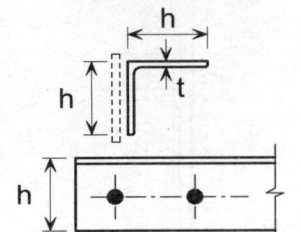

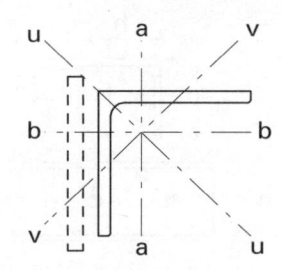

S355 / Advance355

Two or more bolts in line
or equivalent welded at each end

Section Designation		Area	Radius of Gyration			Buckling mode	Flexural (F) and torsional (T) buckling resistances (kN) for System length, L (m)												
			Axis a-a	Axis b-b	Axis v-v		1.0	1.5	2.0	2.5	3.0	3.5	4.0	5.0	6.0	7.0	8.0	9.0	10.0
h x h mm	t mm	cm²	cm	cm	cm														
200x200	24	90.6	6.06	6.06	3.90	F	2540	2410	2240	2010	1780	1560	1370	1060	836	672	550	459	388
						T	2770	2770	2770	2770	2770	2770	2770	2770	2770	2770	2770	2770	2770
	* 20	76.3	6.11	6.11	3.92	F	*2140*	*2030*	*1890*	*1700*	*1500*	*1320*	*1160*	*899*	*709*	*570*	*467*	*389*	*329*
						T	2200	2200	2200	2200	2200	2200	2200	2200	2200	2200	2200	2200	2200
	* 18	69.1	6.13	6.13	3.90	F	*1940*	*1840*	*1710*	*1530*	*1360*	*1190*	*1050*	*809*	*637*	*512*	*420*	*350*	*296*
						T	1910	1910	1910	1910	1910	1910	1910	1910	1910	1910	1910	1910	1910
	* 16	61.8	6.16	6.16	3.94	F	*1670*	*1590*	*1480*	*1340*	*1190*	*1050*	*927*	*721*	*571*	*460*	*378*	*315*	*267*
						T	1560	1560	1560	1560	1560	1560	1560	1560	1560	1560	1560	1560	1560
150x150	18 +	51.2	4.55	4.55	2.93	F	1390	1270	1090	924	776	653	554	408	312	245	198	163	136
						T	1570	1570	1570	1570	1570	1570	1570	1570	1570	1570	1570	1570	1570
	* 15	43.0	4.57	4.57	2.93	F	*1200*	*1090*	*935*	*788*	*660*	*555*	*470*	*346*	*264*	*207*	*167*	*137*	*115*
						T	1280	1280	1280	1280	1280	1280	1280	1280	1280	1280	1280	1280	1280
	* 12	34.8	4.60	4.60	2.95	F	909	836	725	617	521	440	374	277	212	167	135	111	93.1
						T	887	887	887	887	887	887	887	887	887	887	887	887	887
	* 10	29.3	4.62	4.62	2.97	F	673	630	556	481	412	352	301	226	174	138	112	92.4	77.6
						T	608	608	608	608	608	608	608	608	608	608	608	608	608
120x120	15 +	34.0	3.63	3.63	2.34	F	909	769	622	499	402	329	273	195	146	113	90.5	73.9	61.4
						T	1080	1080	1080	1080	1080	1080	1080	1080	1080	1080	1080	1080	1080
	* 12	27.5	3.65	3.65	2.35	F	736	624	505	405	327	268	222	159	119	92.4	73.8	60.2	50.1
						T	817	817	817	817	817	817	817	817	817	817	817	817	817
	* 10	23.2	3.67	3.67	2.36	F	600	513	419	337	273	224	186	134	100	78.0	62.3	50.9	42.3
						T	618	618	618	618	618	618	618	618	618	618	618	618	618
	* 8 +	18.8	3.71	3.71	2.38	F	419	369	309	254	209	173	145	105	79.7	62.3	49.9	40.9	34.1
						T	389	389	389	389	389	389	389	389	389	389	389	389	389
100x100	15 +	28.0	2.99	2.99	1.94	F	706	557	427	329	259	208	170	119	88.4	68.0	53.9	43.7	36.2
						T	923	923	923	923	923	923	923	923	923	923	923	923	923
	12	22.7	3.02	3.02	1.94	F	573	452	346	267	210	168	138	96.8	71.6	55.1	43.7	35.5	29.4
						T	715	715	715	715	715	715	715	715	715	715	715	715	715
	* 10	19.2	3.04	3.04	1.95	F	*485*	*384*	*294*	*227*	*179*	*143*	*117*	*82.6*	*61.1*	*47.0*	*37.3*	*30.3*	*25.1*
						T	573	573	573	573	573	573	573	573	573	573	573	573	573
	* 8	15.5	3.06	3.06	1.96	F	*372*	*298*	*231*	*180*	*142*	*115*	*94.0*	*66.3*	*49.2*	*37.9*	*30.1*	*24.5*	*20.3*
						T	398	398	398	398	398	398	398	398	398	398	398	398	398

Advance and UKA are trademarks of Corus. A fuller description of the relationship between Angles and the Advance range of sections manufactured by Corus is given in note 12.

\+ These sections are in addition to the range of BS EN 10056-1 sections.

* Section is Class 4 under axial compression.

Values in *italic* type indicate that the section is a class 4 section in pure compression and allowance has been made in calculating the resistance.

For values of the compression cross-sectional resistance, $N_{c,Rd}$, see values of $N_{pl,Rd}$ in tables for axial force and bending and also see explanatory note 6.

FOR EXPLANATION OF TABLES SEE NOTE 6.

BS EN 1993-1-1:2005
BS EN 10056-1:1999

COMPRESSION

S355 / Advance355

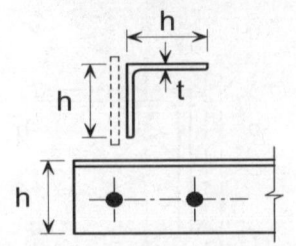

EQUAL ANGLES
Advance UKA - Equal Angles

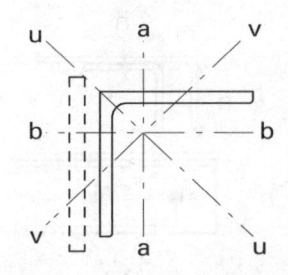

Two or more bolts in line
or equivalent welded at each end

Section Designation		Area	Radius of Gyration			Buckling mode	Flexural (F) and torsional (T) buckling resistances (kN) for System length, L (m)											
h x h mm	t mm	cm²	Axis a-a cm	Axis b-b cm	Axis v-v cm		1.0	1.5	2.0	2.5	3.0	3.5	4.0	5.0	6.0	7.0	8.0	9.0	10.0
90x90	12 +	20.3	2.71	2.71	1.75	F	489	371	276	209	162	129	105	73.1	53.8	41.2	32.5	26.4	21.8
						T	655	655	655	655	655	655	655	655	655	655	655	655	655
	10	17.1	2.72	2.72	1.75	F	412	312	232	176	137	109	88.4	61.6	45.3	34.7	27.4	22.2	18.3
						T	528	528	528	528	528	528	528	528	528	528	528	528	528
	* 8	13.9	2.74	2.74	1.76	F	*336*	*255*	*190*	*144*	*112*	*89.1*	*72.5*	*50.5*	*37.2*	*28.5*	*22.5*	*18.2*	*15.1*
						T	396	396	396	396	396	396	396	396	396	396	396	396	396
	* 7	12.2	2.75	2.75	1.77	F	*276*	*214*	*162*	*124*	*96.5*	*77.2*	*63.0*	*44.1*	*32.5*	*25.0*	*19.8*	*16.0*	*13.3*
						T	305	305	305	305	305	305	305	305	305	305	305	305	305
80x80	10	15.1	2.41	2.41	1.55	F	340	246	177	132	101	79.6	64.3	44.4	32.4	24.7	19.5	15.7	13.0
						T	480	480	480	480	480	480	480	480	480	480	480	480	480
	* 8	12.3	2.43	2.43	1.56	F	*278*	*202*	*146*	*108*	*83.0*	*65.5*	*52.9*	*36.5*	*26.7*	*20.4*	*16.1*	*13.0*	*10.7*
						T	367	367	367	367	367	367	367	367	367	367	367	367	367
75x75	* 8	11.4	2.27	2.27	1.46	F	*247*	*174*	*124*	*91.2*	*69.5*	*54.6*	*44.0*	*30.3*	*22.1*	*16.8*	*13.2*	*10.6*	*8.77*
						T	347	347	347	347	347	347	347	347	347	347	347	347	347
	* 6	8.73	2.29	2.29	1.47	F	*182*	*130*	*93.4*	*69.2*	*52.9*	*41.7*	*33.7*	*23.2*	*17.0*	*12.9*	*10.2*	*8.21*	*6.77*
						T	224	224	224	224	224	224	224	224	224	224	224	224	224
70x70	* 7	9.40	2.12	2.12	1.36	F	*194*	*133*	*93.0*	*67.8*	*51.4*	*40.2*	*32.3*	*22.1*	*16.1*	*12.2*	*9.57*	*7.71*	*6.34*
						T	281	281	281	281	281	281	281	281	281	281	281	281	281
	* 6	8.13	2.13	2.13	1.37	F	*167*	*115*	*80.7*	*59.0*	*44.8*	*35.0*	*28.2*	*19.3*	*14.0*	*10.7*	*8.37*	*6.75*	*5.55*
						T	225	225	225	225	225	225	225	225	225	225	225	225	225
65x65	7	8.73	1.96	1.96	1.26	F	170	113	77.8	56.2	42.3	32.9	26.4	18.0	13.0	9.86	7.73	6.22	5.11
						T	264	264	264	264	264	264	264	264	264	264	264	264	264
60x60	8	9.03	1.80	1.80	1.16	F	164	106	71.5	51.2	38.3	29.7	23.7	16.1	11.6	8.77	6.86	5.51	4.53
						T	292	292	292	292	292	292	292	292	292	292	292	292	292
	* 6	6.91	1.82	1.82	1.17	F	*127*	*81.8*	*55.4*	*39.7*	*29.7*	*23.1*	*18.4*	*12.5*	*9.02*	*6.82*	*5.33*	*4.29*	*3.52*
						T	207	207	207	207	207	207	207	207	207	207	207	207	207
	* 5	5.82	1.82	1.82	1.17	F	*104*	*67.9*	*46.2*	*33.1*	*24.8*	*19.3*	*15.4*	*10.5*	*7.57*	*5.72*	*4.48*	*3.60*	*2.96*
						T	157	157	157	157	157	157	157	157	157	157	157	157	157
50x50	6	5.69	1.50	1.50	0.968	F	86.6	52.4	34.4	24.2	17.9	13.8	10.9	7.33	5.26	3.96	3.09	2.47	2.03
						T	180	180	180	180	180	180	180	180	180	180	180	180	180
	* 5	4.80	1.51	1.51	0.973	F	*73.4*	*44.5*	*29.3*	*20.6*	*15.2*	*11.7*	*9.28*	*6.24*	*4.48*	*3.37*	*2.63*	*2.11*	*1.73*
						T	144	144	144	144	144	144	144	144	144	144	144	144	144
	* 4	3.89	1.52	1.52	0.979	F	*58.0*	*35.6*	*23.6*	*16.6*	*12.3*	*9.50*	*7.54*	*5.08*	*3.65*	*2.75*	*2.15*	*1.72*	*1.41*
						T	101	101	101	101	101	101	101	101	101	101	101	101	101

Advance and UKA are trademarks of Corus. A fuller description of the relationship between Angles and the Advance range of sections manufactured by Corus is given in note 12.

+ These sections are in addition to the range of BS EN 10056-1 sections.

* Section is Class 4 under axial compression.

Values in *italic* type indicate that the section is a class 4 section in pure compression and allowance has been made in calculating the resistance.

For values of the compression cross-sectional resistance, $N_{c,Rd}$, see values of $N_{pl,Rd}$ in tables for axial force and bending and also see explanatory note 6.

FOR EXPLANATION OF TABLES SEE NOTE 6.

BS EN 1993-1-1:2005
BS EN 10056-1:1999

COMPRESSION

UNEQUAL ANGLES
Advance UKA - Unequal Angles

S355 / Advance355

Short leg attached

Two or more bolts in line
or equivalent welded at each end

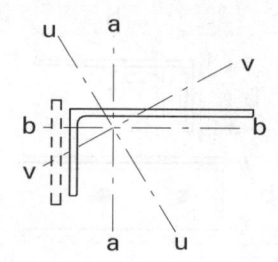

Section Designation		Area	Radius of Gyration			Buckling mode	Flexural (F) and torsional (T) buckling resistances (kN) for System length, L (m)												
h x b	t		Axis a-a	Axis b-b	Axis v-v		1.0	1.5	2.0	2.5	3.0	3.5	4.0	5.0	6.0	7.0	8.0	9.0	10.0
mm	mm	cm^2	cm	cm	cm														
200x150	*18 +	60.1	6.30	4.38	3.22	F	*1620*	*1490*	*1350*	*1170*	*1000*	*854*	*731*	*547*	*422*	*334*	*270*	*223*	*187*
						T	1710	1710	1710	1710	1710	1710	1710	1710	1710	1710	1710	1710	1710
	*15	50.5	6.33	4.40	3.23	F	*1250*	*1160*	*1060*	*933*	*804*	*691*	*595*	*449*	*348*	*276*	*224*	*186*	*156*
						T	1240	1240	1240	1240	1240	1240	1240	1240	1240	1240	1240	1240	1240
	*12	40.8	6.36	4.44	3.25	F	*860*	*805*	*745*	*674*	*591*	*515*	*449*	*344*	*270*	*216*	*176*	*146*	*124*
						T	767	767	767	767	767	767	767	767	767	767	767	767	767
200x100	*15	43.0	6.40	2.64	2.12	F	*960*	*818*	*675*	*536*	*430*	*350*	*289*	*206*	*154*	*119*	*95.0*	*77.5*	*64.3*
						T	1070	1070	1070	1070	1070	1070	1070	1070	1070	1070	1070	1070	1070
	*12	34.8	6.43	2.67	2.14	F	*669*	*582*	*497*	*405*	*329*	*271*	*226*	*163*	*122*	*95.3*	*76.2*	*62.3*	*51.8*
						T	671	671	671	671	671	671	671	671	671	671	671	671	671
	*10	29.2	6.46	2.68	2.15	F	*491*	*434*	*377*	*316*	*261*	*217*	*182*	*132*	*100*	*78.4*	*62.9*	*51.5*	*43.0*
						T	446	446	446	446	446	446	446	446	446	446	446	446	446
150x90	15	33.9	4.74	2.46	1.93	F	817	672	514	396	311	249	204	143	106	81.5	64.6	52.5	43.4
						T	1040	1040	1040	1040	1040	1040	1040	1040	1040	1040	1040	1040	1040
	*12	27.5	4.77	2.49	1.94	F	*628*	*524*	*406*	*315*	*249*	*200*	*164*	*116*	*85.8*	*66.1*	*52.4*	*42.6*	*35.3*
						T	733	733	733	733	733	733	733	733	733	733	733	733	733
	*10	23.2	4.80	2.51	1.95	F	*472*	*402*	*321*	*253*	*202*	*164*	*135*	*95.7*	*71.3*	*55.1*	*43.8*	*35.7*	*29.6*
						T	507	507	507	507	507	507	507	507	507	507	507	507	507
150x75	15	31.7	4.75	1.94	1.58	F	692	526	381	284	218	172	139	96.2	70.4	53.7	42.3	34.2	28.2
						T	974	974	974	974	974	974	974	974	974	974	974	974	974
	*12	25.7	4.78	1.97	1.59	F	*536*	*414*	*303*	*227*	*175*	*139*	*112*	*78.0*	*57.2*	*43.7*	*34.5*	*27.9*	*23.0*
						T	686	686	686	686	686	686	686	686	686	686	686	686	686
	*10	21.7	4.81	1.99	1.60	F	*407*	*326*	*244*	*185*	*144*	*114*	*93.2*	*65.0*	*47.9*	*36.7*	*29.0*	*23.5*	*19.4*
						T	475	475	475	475	475	475	475	475	475	475	475	475	475
125x75	12	22.7	3.95	2.05	1.61	F	508	384	279	209	160	127	103	71.1	52.1	39.8	31.4	25.3	20.9
						T	688	688	688	688	688	688	688	688	688	688	688	688	688
	*10	19.1	3.97	2.07	1.61	F	*407*	*311*	*229*	*172*	*133*	*105*	*85.3*	*59.2*	*43.4*	*33.2*	*26.2*	*21.2*	*17.5*
						T	509	509	509	509	509	509	509	509	509	509	509	509	509
	*8	15.5	4.00	2.09	1.63	F	*289*	*232*	*175*	*134*	*104*	*83.4*	*68.0*	*47.6*	*35.1*	*26.9*	*21.3*	*17.3*	*14.3*
						T	323	323	323	323	323	323	323	323	323	323	323	323	323

Advance and UKA are trademarks of Corus. A fuller description of the relationship between Angles and the Advance range of sections manufactured by Corus is given in note 12.

+ These sections are in addition to the range of BS EN 10056-1 sections.

* Section is Class 4 under axial compression.

Values in *italic* type indicate that the section is a class 4 section in pure compression and allowance has been made in calculating the resistance.

For values of the compression cross-sectional resistance, $N_{c,Rd}$, see values of $N_{pl,Rd}$ in tables for axial force and bending and also see explanatory note 6.

FOR EXPLANATION OF TABLES SEE NOTE 6.

COMPRESSION

S355 / Advance355

BS EN 1993-1-1:2005
BS EN 10056-1:1999

UNEQUAL ANGLES
Advance UKA - Unequal Angles

Short leg attached

Two or more bolts in line
or equivalent welded at each end

Section Designation		Area	Radius of Gyration			Buckling mode	Flexural (F) and torsional (T) buckling resistances (kN) for System length, L (m)											
h x b mm	t mm	cm²	Axis a-a cm	Axis b-b cm	Axis v-v cm		1.0	1.5	2.0	2.5	3.0	3.5	4.0	5.0	6.0	7.0	8.0	9.0	10.0
100x75	12	19.7	3.10	2.14	1.59	F	450	329	239	178	137	108	87.4	60.4	44.2	33.8	26.6	21.5	17.7
						T	630	630	630	630	630	630	630	630	630	630	630	630	630
	10	16.6	3.12	2.16	1.59	F	380	277	201	150	115	91.0	73.6	50.9	37.3	28.5	22.4	18.1	14.9
						T	505	505	505	505	505	505	505	505	505	505	505	505	505
	* 8	13.5	3.14	2.18	1.60	F	294	219	160	120	92.9	73.6	59.7	41.4	30.4	23.2	18.3	14.8	12.2
						T	356	356	356	356	356	356	356	356	356	356	356	356	356
100x65	10 +	15.6	3.14	1.81	1.39	F	327	226	159	116	88.2	69.1	55.5	38.1	27.7	21.0	16.5	13.3	11.0
						T	478	478	478	478	478	478	478	478	478	478	478	478	478
	* 8 +	12.7	3.16	1.83	1.40	F	256	180	128	93.8	71.5	56.1	45.2	31.1	22.6	17.2	13.5	10.9	9.00
						T	338	338	338	338	338	338	338	338	338	338	338	338	338
	* 7 +	11.2	3.17	1.83	1.40	F	209	151	109	80.4	61.6	48.5	39.1	27.0	19.7	15.0	11.8	9.55	7.87
						T	259	259	259	259	259	259	259	259	259	259	259	259	259
100x50	* 8	11.4	3.19	1.31	1.06	F	184	116	77.7	55.3	41.2	31.9	25.4	17.2	12.4	9.33	7.29	5.85	4.80
						T	304	304	304	304	304	304	304	304	304	304	304	304	304
	* 6	8.71	3.21	1.33	1.07	F	124	82.5	56.5	40.7	30.6	23.8	19.1	13.0	9.40	7.11	5.57	4.48	3.68
						T	168	168	168	168	168	168	168	168	168	168	168	168	168
80x60	* 7	9.38	2.51	1.74	1.28	F	185	124	85.3	61.7	46.6	36.3	29.1	19.8	14.4	10.9	8.54	6.87	5.65
						T	270	270	270	270	270	270	270	270	270	270	270	270	270
80x40	8	9.01	2.53	1.03	0.84	F	116	67.6	43.5	30.2	22.2	16.9	13.4	8.93	6.39	4.79	3.73	2.98	2.44
						T	277	277	277	277	277	277	277	277	277	277	277	277	277
	* 6	6.89	2.55	1.05	0.85	F	85.6	50.6	32.9	23.0	16.9	13.0	10.2	6.86	4.92	3.69	2.88	2.30	1.88
						T	172	172	172	172	172	172	172	172	172	172	172	172	172
75x50	8	9.41	2.35	1.40	1.07	F	159	99.3	66.2	47.0	35.0	27.0	21.5	14.5	10.4	7.88	6.16	4.94	4.05
						T	293	293	293	293	293	293	293	293	293	293	293	293	293
	* 6	7.19	2.37	1.42	1.08	F	118	74.9	50.4	35.9	26.8	20.7	16.5	11.2	8.07	6.09	4.76	3.82	3.14
						T	191	191	191	191	191	191	191	191	191	191	191	191	191
70x50	* 6	6.89	2.20	1.43	1.07	F	115	72.2	48.2	34.3	25.5	19.7	15.7	10.6	7.64	5.76	4.50	3.61	2.96
						T	195	195	195	195	195	195	195	195	195	195	195	195	195
65x50	* 5	5.54	2.05	1.47	1.07	F	88.7	56.5	38.0	27.1	20.2	15.7	12.5	8.45	6.10	4.60	3.60	2.89	2.37
						T	139	139	139	139	139	139	139	139	139	139	139	139	139
60x40	6	5.68	1.88	1.12	0.86	F	75.1	43.9	28.3	19.7	14.5	11.1	8.74	5.84	4.18	3.14	2.44	1.95	1.60
						T	174	174	174	174	174	174	174	174	174	174	174	174	174
	* 5	4.79	1.89	1.13	0.86	F	62.8	36.9	23.9	16.7	12.3	9.38	7.41	4.96	3.55	2.67	2.08	1.66	1.36
						T	133	133	133	133	133	133	133	133	133	133	133	133	133

Advance and UKA are trademarks of Corus. A fuller description of the relationship between Angles and the Advance range of sections manufactured by Corus is given in note 12.

+ These sections are in addition to the range of BS EN 10056-1 sections.

* Section is Class 4 under axial compression.

Values in *italic* type indicate that the section is a class 4 section in pure compression and allowance has been made in calculating the resistance.

For values of the compression cross-sectional resistance, $N_{c,Rd}$, see values of $N_{pl,Rd}$ in tables for axial force and bending and also see explanatory note 6.

FOR EXPLANATION OF TABLES SEE NOTE 6.

BS EN 1993-1-1:2005							COMPRESSION									S355 / Advance355	
BS EN 10056-1:1999																	

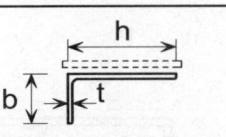

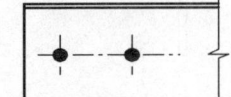

UNEQUAL ANGLES
Advance UKA - Unequal Angles

Long leg attached

Two or more bolts in line or equivalent welded at each end

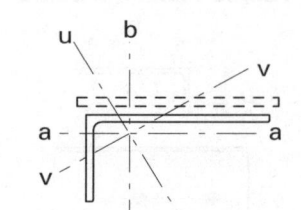

Section Designation		Area	Radius of Gyration			Buckling mode	Flexural (F) and torsional (T) buckling resistances (kN) for System length, L (m)												
			Axis a-a	Axis b-b	Axis v-v		1.0	1.5	2.0	2.5	3.0	3.5	4.0	5.0	6.0	7.0	8.0	9.0	10.0
h x b mm	t mm	cm²	cm	cm	cm														
200x150	* 18 +	60.1	4.38	6.30	3.22	F	1620	1490	1350	1170	1000	854	731	547	422	334	270	223	187
						T	1710	1710	1710	1710	1710	1710	1710	1710	1710	1710	1710	1710	1710
	* 15	50.5	4.40	6.33	3.23	F	1250	1160	1060	933	804	691	595	449	348	276	224	186	156
						T	1240	1240	1240	1240	1240	1240	1240	1240	1240	1240	1240	1240	1240
	* 12	40.8	4.44	6.36	3.25	F	860	805	745	674	591	515	449	344	270	216	176	146	124
						T	767	767	767	767	767	767	767	767	767	767	767	767	767
200x100	* 15	43.0	2.64	6.40	2.12	F	960	818	675	536	430	350	289	206	154	119	95.0	77.5	64.3
						T	1070	1070	1070	1070	1070	1070	1070	1070	1070	1070	1070	1070	1070
	* 12	34.8	2.67	6.43	2.14	F	669	582	497	405	329	271	226	163	122	95.3	76.2	62.3	51.8
						T	671	671	671	671	671	671	671	671	671	671	671	671	671
	* 10	29.2	2.68	6.46	2.15	F	491	434	377	316	261	217	182	132	100	78.4	62.9	51.5	43.0
						T	446	446	446	446	446	446	446	446	446	446	446	446	446
150x90	15	33.9	2.46	4.74	1.93	F	817	672	514	396	311	249	204	143	106	81.5	64.6	52.5	43.4
						T	1040	1040	1040	1040	1040	1040	1040	1040	1040	1040	1040	1040	1040
	* 12	27.5	2.49	4.77	1.94	F	628	524	406	315	249	200	164	116	85.8	66.1	52.4	42.6	35.3
						T	733	733	733	733	733	733	733	733	733	733	733	733	733
	* 10	23.2	2.51	4.80	1.95	F	472	402	321	253	202	164	135	95.7	71.3	55.1	43.8	35.7	29.6
						T	507	507	507	507	507	507	507	507	507	507	507	507	507
150x75	15	31.7	1.94	4.75	1.58	F	692	526	381	284	218	172	139	96.2	70.4	53.7	42.3	34.2	28.2
						T	974	974	974	974	974	974	974	974	974	974	974	974	974
	* 12	25.7	1.97	4.78	1.59	F	536	414	303	227	175	139	112	78.0	57.2	43.7	34.5	27.9	23.0
						T	686	686	686	686	686	686	686	686	686	686	686	686	686
	* 10	21.7	1.99	4.81	1.60	F	407	326	244	185	144	114	93.2	65.0	47.9	36.7	29.0	23.5	19.4
						T	475	475	475	475	475	475	475	475	475	475	475	475	475
125x75	12	22.7	2.05	3.95	1.61	F	508	384	279	209	160	127	103	71.1	52.1	39.8	31.4	25.3	20.9
						T	688	688	688	688	688	688	688	688	688	688	688	688	688
	* 10	19.1	2.07	3.97	1.61	F	407	311	229	172	133	105	85.3	59.2	43.4	33.2	26.2	21.2	17.5
						T	509	509	509	509	509	509	509	509	509	509	509	509	509
	* 8	15.5	2.09	4.00	1.63	F	289	232	175	134	104	83.4	68.0	47.6	35.1	26.9	21.3	17.3	14.3
						T	323	323	323	323	323	323	323	323	323	323	323	323	323

Advance and UKA are trademarks of Corus. A fuller description of the relationship between Angles and the Advance range of sections manufactured by Corus is given in note 12.

+ These sections are in addition to the range of BS EN 10056-1 sections.

* Section is Class 4 under axial compression.

Values in *italic* type indicate that the section is a class 4 section in pure compression and allowance has been made in calculating the resistance.

For values of the compression cross-sectional resistance, $N_{c,Rd}$, see values of $N_{pl,Rd}$ in tables for axial force and bending and also see explanatory note 6.

FOR EXPLANATION OF TABLES SEE NOTE 6.

| BS EN 1993-1-1:2005 |
| BS EN 10056-1:1999 |

COMPRESSION

S355 / Advance355

UNEQUAL ANGLES
Advance UKA - Unequal Angles

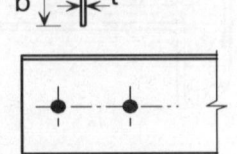

Long leg attached

Two or more bolts in line
or equivalent welded at each end

Section Designation		Area	Radius of Gyration			Buckling mode	Flexural (F) and torsional (T) buckling resistances (kN) for System length, L (m)												
			Axis a-a	Axis b-b	Axis v-v		1.0	1.5	2.0	2.5	3.0	3.5	4.0	5.0	6.0	7.0	8.0	9.0	10.0
h x b mm	t mm	cm²	cm	cm	cm														
100x75	12	19.7	2.14	3.10	1.59	F	450	329	239	178	137	108	87.4	60.4	44.2	33.8	26.6	21.5	17.7
						T	630	630	630	630	630	630	630	630	630	630	630	630	630
	10	16.6	2.16	3.12	1.59	F	380	277	201	150	115	91.0	73.6	50.9	37.3	28.5	22.4	18.1	14.9
						T	505	505	505	505	505	505	505	505	505	505	505	505	505
	* 8	13.5	2.18	3.14	1.60	F	*294*	*219*	*160*	*120*	*92.9*	*73.6*	*59.7*	*41.4*	*30.4*	*23.2*	*18.3*	*14.8*	*12.2*
						T	356	356	356	356	356	356	356	356	356	356	356	356	356
100x65	10 +	15.6	1.81	3.14	1.39	F	327	226	159	116	88.2	69.1	55.5	38.1	27.7	21.0	16.5	13.3	11.0
						T	478	478	478	478	478	478	478	478	478	478	478	478	478
	* 8 +	12.7	1.83	3.16	1.40	F	*256*	*180*	*128*	*93.8*	*71.5*	*56.1*	*45.2*	*31.1*	*22.6*	*17.2*	*13.5*	*10.9*	*9.00*
						T	338	338	338	338	338	338	338	338	338	338	338	338	338
	* 7 +	11.2	1.83	3.17	1.40	F	*209*	*151*	*109*	*80.4*	*61.6*	*48.5*	*39.1*	*27.0*	*19.7*	*15.0*	*11.8*	*9.55*	*7.87*
						T	259	259	259	259	259	259	259	259	259	259	259	259	259
100x50	* 8	11.4	1.31	3.19	1.06	F	*184*	*116*	*77.7*	*55.3*	*41.2*	*31.9*	*25.4*	*17.2*	*12.4*	*9.33*	*7.29*	*5.85*	*4.80*
						T	304	304	304	304	304	304	304	304	304	304	304	304	304
	* 6	8.71	1.33	3.21	1.07	F	*124*	*82.5*	*56.5*	*40.7*	*30.6*	*23.8*	*19.1*	*13.0*	*9.40*	*7.11*	*5.57*	*4.48*	*3.68*
						T	168	168	168	168	168	168	168	168	168	168	168	168	168
80x60	* 7	9.38	1.74	2.51	1.28	F	*185*	*124*	*85.3*	*61.7*	*46.6*	*36.3*	*29.1*	*19.8*	*14.4*	*10.9*	*8.54*	*6.87*	*5.65*
						T	270	270	270	270	270	270	270	270	270	270	270	270	270
80x40	8	9.01	1.03	2.53	0.838	F	116	67.6	43.5	30.2	22.2	16.9	13.4	8.93	6.39	4.79	3.73	2.98	2.44
						T	277	277	277	277	277	277	277	277	277	277	277	277	277
	* 6	6.89	1.05	2.55	0.845	F	*85.6*	*50.6*	*32.9*	*23.0*	*16.9*	*13.0*	*10.2*	*6.86*	*4.92*	*3.69*	*2.88*	*2.30*	*1.88*
						T	172	172	172	172	172	172	172	172	172	172	172	172	172
75x50	8	9.41	1.40	2.35	1.07	F	159	99.3	66.2	47.0	35.0	27.0	21.5	14.5	10.4	7.88	6.16	4.94	4.05
						T	293	293	293	293	293	293	293	293	293	293	293	293	293
	* 6	7.19	1.42	2.37	1.08	F	*118*	*74.9*	*50.4*	*35.9*	*26.8*	*20.7*	*16.5*	*11.2*	*8.07*	*6.09*	*4.76*	*3.82*	*3.14*
						T	191	191	191	191	191	191	191	191	191	191	191	191	191
70x50	* 6	6.89	1.43	2.20	1.07	F	*115*	*72.2*	*48.2*	*34.3*	*25.5*	*19.7*	*15.7*	*10.6*	*7.64*	*5.76*	*4.50*	*3.61*	*2.96*
						T	195	195	195	195	195	195	195	195	195	195	195	195	195
65x50	* 5	5.54	1.47	2.05	1.07	F	*88.7*	*56.5*	*38.0*	*27.1*	*20.2*	*15.7*	*12.5*	*8.45*	*6.10*	*4.60*	*3.60*	*2.89*	*2.37*
						T	139	139	139	139	139	139	139	139	139	139	139	139	139
60x40	6	5.68	1.12	1.88	0.855	F	75.1	43.9	28.3	19.7	14.5	11.1	8.74	5.84	4.18	3.14	2.44	1.95	1.60
						T	174	174	174	174	174	174	174	174	174	174	174	174	174
	* 5	4.79	1.13	1.89	0.860	F	*62.8*	*36.9*	*23.9*	*16.7*	*12.3*	*9.38*	*7.41*	*4.96*	*3.55*	*2.67*	*2.08*	*1.66*	*1.36*
						T	133	133	133	133	133	133	133	133	133	133	133	133	133

Advance and UKA are trademarks of Corus. A fuller description of the relationship between Angles and the Advance range of sections manufactured by Corus is given in note 12.

+ These sections are in addition to the range of BS EN 10056-1 sections.

* Section is Class 4 under axial compression.

Values in *italic* type indicate that the section is a class 4 section in pure compression and allowance has been made in calculating the resistance.

For values of the compression cross-sectional resistance, $N_{c,Rd}$, see values of $N_{pl,Rd}$ in tables for axial force and bending and also see explanatory note 6.

FOR EXPLANATION OF TABLES SEE NOTE 6.

BS EN 1993-1-1:2005
BS EN 10056-1:1999

TENSION

EQUAL ANGLES
Advance UKA - Equal Angles

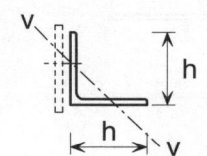

S355 / Advance355

Section Designation		Mass per Metre	Radius of Gyration Axis v-v	Gross Area	Weld or Bolt Size	Holes Deducted From Angle		Equivalent Tension Area	Tension Resistance $N_{t,Rd}$
h x h mm	t mm	kg	cm	cm²		No.	Diameter mm	cm²	kN
200x200	24	71.1	3.90	90.6	Weld	0	-	77.8	2680
					M24	1	26	67.2	2320
					M24	2	26	60.4	2080
					M20	3	22	56.7	1960
	20	59.9	3.92	76.3	Weld	0	-	65.4	2260
					M24	1	26	56.4	1950
					M24	2	26	50.7	1750
					M20	3	22	47.6	1640
	18	54.3	3.90	69.1	Weld	0	-	59.2	2040
					M24	1	26	51.0	1760
					M24	2	26	45.9	1580
					M20	3	22	43.1	1490
	16	48.5	3.94	61.8	Weld	0	-	52.9	1880
					M24	1	26	45.5	1620
					M24	2	26	40.9	1450
					M20	3	22	38.5	1370
150x150	18 +	40.1	2.93	51.2	Weld	0	-	43.9	1520
					M24	1	26	36.7	1260
					M20	2	22	33.1	1140
	15	33.8	2.93	43.0	Weld	0	-	36.9	1310
					M24	1	26	30.7	1090
					M20	2	22	27.7	985
	12	27.3	2.95	34.8	Weld	0	-	29.8	1060
					M24	1	26	24.8	879
					M20	2	22	22.4	795
	10	23.0	2.97	29.3	Weld	0	-	25.0	888
					M24	1	26	20.8	738
					M20	2	22	18.8	668
120x120	15 +	26.6	2.34	34.0	Weld	0	-	29.2	1040
					M24	1	26	23.5	835
					M20	1	22	24.2	858
	12	21.6	2.35	27.5	Weld	0	-	23.6	837
					M24	1	26	19.0	673
					M20	1	22	19.5	692
	10	18.2	2.36	23.2	Weld	0	-	19.8	704
					M24	1	26	15.9	566
					M20	1	22	16.4	581
	8 +	14.7	2.38	18.8	Weld	0	-	16.0	569
					M24	1	26	12.9	457
					M20	1	22	13.2	469

Advance and UKA are trademarks of Corus. A fuller description of the relationship between Angles and the Advance range of sections manufactured by Corus is given in note 12.

+ These sections are in addition to the range of BS EN 10056-1 sections.

FOR EXPLANATION OF TABLES SEE NOTE 7.

BS EN 1993-1-1:2005
BS EN 10056-1:1999

TENSION

S355 / Advance355

EQUAL ANGLES
Advance UKA - Equal Angles

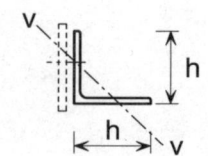

Section Designation		Mass per Metre	Radius of Gyration Axis v-v	Gross Area	Weld or Bolt Size	Holes Deducted From Angle		Equivalent Tension Area	Tension Resistance
h x h	t					No.	Diameter		$N_{t,Rd}$
mm	mm	kg	cm	cm²			mm	cm²	kN
100x100	15 +	21.9	1.94	28.0	Weld	0	-	24.1	856
					M24	1	26	18.7	664
					M20	1	22	19.4	688
	12	17.8	1.94	22.7	Weld	0	-	19.5	692
					M24	1	26	15.1	537
					M20	1	22	15.6	555
	10	15.0	1.95	19.2	Weld	0	-	16.4	584
					M24	1	26	12.7	452
					M20	1	22	13.2	468
	8	12.2	1.96	15.5	Weld	0	-	13.3	470
					M24	1	26	10.3	364
					M20	1	22	10.6	377
90x90	12 +	15.9	1.75	20.3	Weld	0	-	17.5	619
					M20	1	22	13.7	487
					M16	1	18	14.3	506
	10	13.4	1.75	17.1	Weld	0	-	14.7	521
					M20	1	22	11.5	409
					M16	1	18	12.0	425
	8	10.9	1.76	13.9	Weld	0	-	11.9	422
					M20	1	22	9.33	331
					M16	1	18	9.69	344
	7	9.61	1.77	12.2	Weld	0	-	10.4	370
					M20	1	22	8.19	291
					M16	1	18	8.49	302
80x80	10	11.9	1.55	15.1	Weld	0	-	13.0	460
					M20	1	22	9.93	353
					M16	1	18	10.4	368
	8	9.63	1.56	12.3	Weld	0	-	10.5	374
					M20	1	22	8.05	286
					M16	1	18	8.41	298
75x75	8	8.99	1.46	11.4	Weld	0	-	9.78	347
					M20	1	22	7.36	261
					M16	1	18	7.72	274
	6	6.85	1.47	8.73	Weld	0	-	7.46	265
					M20	1	22	5.61	199
					M16	1	18	5.88	209

Advance and UKA are trademarks of Corus. A fuller description of the relationship between Angles and the Advance range of sections manufactured by Corus is given in note 12.

+ These sections are in addition to the range of BS EN 10056-1 sections.

FOR EXPLANATION OF TABLES SEE NOTE 7.

TENSION

S355 / Advance355

BS EN 1993-1-1:2005
BS EN 10056-1:1999

EQUAL ANGLES
Advance UKA - Equal Angles

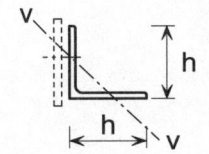

Section Designation		Mass per Metre	Radius of Gyration Axis v-v	Gross Area	Weld or Bolt Size	Holes Deducted From Angle		Equivalent Tension Area	Tension Resistance
h x h mm	t mm	kg	cm	cm²		No.	Diameter mm	cm²	$N_{t,Rd}$ kN
70x70	7	7.38	1.36	9.40	Weld	0	-	8.05	286
					M20	1	22	5.95	211
					M16	1	18	6.25	222
	6	6.38	1.37	8.13	Weld	0	-	6.95	247
					M20	1	22	5.13	182
					M16	1	18	5.40	192
65x65	7	6.83	1.26	8.73	Weld	0	-	7.48	265
					M20	1	22	5.40	192
					M16	1	18	5.71	203
60x60	8	7.09	1.16	9.03	Weld	0	-	7.76	276
					M16	1	18	5.81	206
	6	5.42	1.17	6.91	Weld	0	-	5.92	210
					M16	1	18	4.43	157
	5	4.57	1.17	5.82	Weld	0	-	4.97	177
					M16	1	18	3.72	132
50x50	6	4.47	0.968	5.69	Weld	0	-	4.88	173
					M12	1	14	3.72	132
	5	3.77	0.973	4.80	Weld	0	-	4.11	146
					M12	1	14	3.13	111
	4	3.06	0.979	3.89	Weld	0	-	3.32	118
					M12	1	14	2.53	89.8
45x45	4.5	3.06	0.870	3.90	Weld	0	-	3.34	118
					M12	1	14	2.47	87.8
40x40	5	2.97	0.773	3.79	Weld	0	-	3.25	115
					M12	1	14	2.33	82.5
	4	2.42	0.777	3.08	Weld	0	-	2.64	93.6
					M12	1	14	1.88	66.9
35x35	4	2.09	0.678	2.67	Weld	0	-	2.29	81.3
					M12	1	14	1.56	55.3
30x30	4	1.78	0.577	2.27	Weld	0	-	1.95	69.2
					M12	1	14	1.24	44.0
	3	1.36	0.581	1.74	Weld	0	-	1.49	52.8
					M12	1	14	0.948	33.7
25x25	4	1.45	0.482	1.85	Weld	0	-	1.60	56.6
					M12	1	14	0.909	32.3
	3	1.12	0.484	1.42	Weld	0	-	1.22	43.3
					M12	1	14	0.698	24.8
20x20	3	0.882	0.383	1.12	Weld	0	-	0.964	34.2
					M12	1	14	0.458	16.3

Advance and UKA are trademarks of Corus. A fuller description of the relationship between Angles and the Advance range of sections manufactured by Corus is given in note 12.

FOR EXPLANATION OF TABLES SEE NOTE 7.

BS EN 1993-1-1:2005
BS EN 10056-1:1999

TENSION

S355 / Advance355

UNEQUAL ANGLES
Advance UKA - Unequal Angles

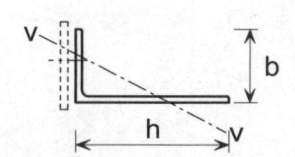

Short leg attached

Section Designation		Mass per Metre	Radius of Gyration Axis v-v	Gross Area	Weld or Bolt Size	Holes Deducted From Angle		Equivalent Tension Area	Tension Resistance
h x b	t					No.	Diameter		$N_{t,Rd}$
mm	mm	kg	cm	cm²			mm	cm²	kN
200x150	18 +	47.1	3.22	60.1	Weld	0	-	50.2	1730
					M24	1	26	41.1	1420
					M20	2	22	37.5	1300
	15	39.6	3.23	50.5	Weld	0	-	42.1	1490
					M24	1	26	34.5	1220
					M20	2	22	31.5	1120
	12	32.0	3.25	40.8	Weld	0	-	34	1210
					M24	1	26	27.8	986
					M20	2	22	25.4	901
200x100	15	33.8	2.12	43.0	Weld	0	-	34.6	1230
					M24	1	26	26.2	930
					M20	1	22	26.9	954
	12	27.3	2.14	34.8	Weld	0	-	28	993
					M24	1	26	21.2	751
					M20	1	22	21.7	770
	10	23.0	2.15	29.2	Weld	0	-	23.4	832
					M24	1	26	17.7	630
					M20	1	22	18.2	645
150x90	15	26.6	1.93	33.9	Weld	0	-	27.8	986
					M20	1	22	21.4	760
					M16	1	18	22.1	784
	12	21.6	1.94	27.5	Weld	0	-	22.5	798
					M20	1	22	17.3	615
					M16	1	18	17.9	634
	10	18.2	1.95	23.2	Weld	0	-	18.9	672
					M20	1	22	14.6	518
					M16	1	18	15	533
150x75	15	24.8	1.58	31.7	Weld	0	-	25.6	908
					M20	1	22	19	673
					M16	1	18	19.6	697
	12	20.2	1.59	25.7	Weld	0	-	20.7	734
					M20	1	22	15.3	545
					M16	1	18	15.9	564
	10	17.0	1.60	21.7	Weld	0	-	17.4	619
					M20	1	22	12.9	459
					M16	1	18	13.4	475

Advance and UKA are trademarks of Corus. A fuller description of the relationship between Angles and the Advance range of sections manufactured by Corus is given in note 12.

+ These sections are in addition to the range of BS EN 10056-1 sections.
FOR EXPLANATION OF TABLES SEE NOTE 7.

| BS EN 1993-1-1:2005 | TENSION | S355 / Advance355 |
| BS EN 10056-1:1999 | | |

UNEQUAL ANGLES
Advance UKA - Unequal Angles

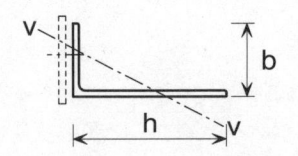

Short leg attached

Section Designation		Mass per Metre	Radius of Gyration Axis v-v	Gross Area	Weld or Bolt Size	Holes Deducted From Angle		Equivalent Tension Area	Tension Resistance $N_{t,Rd}$
h x b mm	t mm	kg	cm	cm²		No.	Diameter mm	cm²	kN
125x75	12	17.8	1.61	22.7	Weld	0	-	18.6	660
					M20	1	22	13.8	492
					M16	1	18	14.4	510
	10	15.0	1.61	19.1	Weld	0	-	15.6	555
					M20	1	22	11.6	413
					M16	1	18	12.1	428
	8	12.2	1.63	15.5	Weld	0	-	12.7	449
					M20	1	22	9.41	334
					M16	1	18	9.77	347
100x75	12	15.4	1.59	19.7	Weld	0	-	16.5	585
					M20	1	22	12.3	438
					M16	1	18	12.9	457
	10	13.0	1.59	16.6	Weld	0	-	13.9	492
					M20	1	22	10.4	368
					M16	1	18	10.8	384
	8	10.6	1.60	13.5	Weld	0	-	11.3	399
					M20	1	22	8.41	299
					M16	1	18	8.77	311
100x65	10 +	12.3	1.39	15.6	Weld	0	-	12.9	457
					M20	1	22	9.28	329
					M16	1	18	9.72	345
	8 +	9.94	1.40	12.7	Weld	0	-	10.5	371
					M20	1	22	7.53	267
					M16	1	18	7.89	280
	7 +	8.77	1.40	11.2	Weld	0	-	9.21	327
					M20	1	22	6.64	236
					M16	1	18	6.94	247
100x50	8	8.97	1.06	11.4	Weld	0	-	9.18	326
					M12	1	14	6.87	244
	6	6.84	1.07	8.71	Weld	0	-	7	248
					M12	1	14	5.23	186
80x60	7	7.36	1.28	9.38	Weld	0	-	7.83	278
					M16	1	18	5.82	207

Advance and UKA are trademarks of Corus. A fuller description of the relationship between Angles and the Advance range of sections manufactured by Corus is given in note 12.

\+ These sections are in addition to the range of BS EN 10056-1 sections.
FOR EXPLANATION OF TABLES SEE NOTE 7.

BS EN 1993-1-1:2005
BS EN 10056-1:1999

TENSION

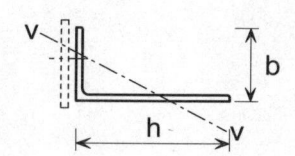

S355 / Advance355

UNEQUAL ANGLES
Advance UKA - Unequal Angles

Short leg attached

Section Designation h x b mm	t mm	Mass per Metre kg	Radius of Gyration Axis v-v cm	Gross Area cm²	Weld or Bolt Size	Holes Deducted From Angle No.	Holes Deducted From Angle Diameter mm	Equivalent Tension Area cm²	Tension Resistance $N_{t,Rd}$ kN
80x40	8	7.07	0.838	9.01	Weld	0	-	7.27	258
					M12	1	14	5.19	184
	6	5.41	0.845	6.89	Weld	0	-	5.54	197
					M12	1	14	3.96	141
75x50	8	7.39	1.07	9.41	Weld	0	-	7.79	276
					M12	1	14	5.87	208
	6	5.65	1.08	7.19	Weld	0	-	5.93	211
					M12	1	14	4.47	159
70x50	6	5.41	1.07	6.89	Weld	0	-	5.72	203
					M12	1	14	4.32	153
65x50	5	4.35	1.07	5.54	Weld	0	-	4.63	164
					M12	1	14	3.5	124
60x40	6	4.46	0.855	5.68	Weld	0	-	4.7	167
					M12	1	14	3.36	119
	5	3.76	0.860	4.79	Weld	0	-	3.95	140
					M12	1	14	2.83	100
60x30	5	3.36	0.633	4.28	Weld	0	-	3.45	122
					M12	1	14	2.27	80.6
50x30	5	2.96	0.639	3.78	Weld	0	-	3.1	110
					M12	1	14	2.02	71.7
45x30	4	2.25	0.640	2.87	Weld	0	-	2.37	84.1
					M12	1	14	1.54	54.6
40x25	4	1.93	0.534	2.46	Weld	0	-	2.02	71.8
					M12	1	14	1.21	43.1
40x20	4	1.77	0.417	2.26	Weld	0	-	1.82	64.7
					M12	1	14	0.994	35.3
30x20	4	1.46	0.421	1.86	Weld	0	-	1.54	54.7
					M12	1	14	0.794	28.2
	3	1.12	0.424	1.43	Weld	0	-	1.18	41.9
					M12	1	14	0.613	21.8

Advance and UKA are trademarks of Corus. A fuller description of the relationship between Angles and the Advance range of sections manufactured by Corus is given in note 12.

FOR EXPLANATION OF TABLES SEE NOTE 7.

BS EN 1993-1-1:2005
BS EN 10056-1:1999

TENSION

S355 / Advance355

UNEQUAL ANGLES
Advance UKA - Unequal Angles

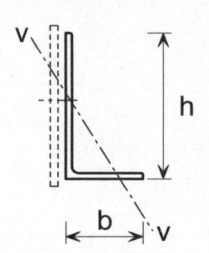

Long leg attached

Section Designation		Mass per Metre	Radius of Gyration Axis v-v	Gross Area	Weld or Bolt Size	Holes Deducted From Angle		Equivalent Tension Area	Tension Resistance
h x b mm	t mm	kg	cm	cm²		No.	Diameter mm	cm²	$N_{t,Rd}$ kN
200x150	18 +	47.1	3.22	60.1	Weld	0	-	52.9	1820
					M24	1	26	46.5	1600
					M24	2	26	41.4	1430
					M20	3	22	38.6	1330
	15	39.6	3.23	50.5	Weld	0	-	44.4	1570
					M24	1	26	39.0	1380
					M24	2	26	34.7	1230
					M20	3	22	32.4	1150
	12	32.0	3.25	40.8	Weld	0	-	35.8	1270
					M24	1	26	31.4	1110
					M24	2	26	27.9	992
					M20	3	22	26.1	926
200x100	15	33.8	2.12	43.0	Weld	0	-	39.1	1390
					M24	1	26	35.2	1250
					M24	2	26	30.9	1100
					M20	3	22	28.6	1020
	12	27.3	2.14	34.8	Weld	0	-	31.6	1120
					M24	1	26	28.4	1010
					M24	2	26	24.9	885
					M20	3	22	23.1	820
	10	23.0	2.15	29.2	Weld	0	-	26.4	939
					M24	1	26	23.7	843
					M24	2	26	20.9	741
					M20	3	22	19.3	687
150x90	15	26.6	1.93	33.9	Weld	0	-	30.5	1080
					M24	1	26	26.2	929
					M20	2	22	23.2	823
	12	21.6	1.94	27.5	Weld	0	-	24.7	875
					M24	1	26	21.1	750
					M20	2	22	18.7	665
	10	18.2	1.95	23.2	Weld	0	-	20.7	736
					M24	1	26	17.7	630
					M20	2	22	15.8	559
150x75	15	24.8	1.58	31.7	Weld	0	-	28.9	1030
					M24	1	26	25.1	890
					M20	2	22	22.1	784
	12	20.2	1.59	25.7	Weld	0	-	23.4	830
					M24	1	26	20.2	718
					M20	2	22	17.8	633
	10	17.0	1.60	21.7	Weld	0	-	19.7	699
					M24	1	26	17.0	603
					M20	2	22	15.0	533

Advance and UKA are trademarks of Corus. A fuller description of the relationship between Angles and the Advance range of sections manufactured by Corus is given in note 12.

+ These sections are in addition to the range of BS EN 10056-1 sections.
FOR EXPLANATION OF TABLES SEE NOTE 7.

| BS EN 1993-1-1:2005 |
| BS EN 10056-1:1999 |

TENSION

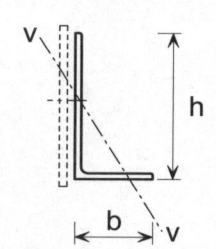

S355 / Advance355

UNEQUAL ANGLES
Advance UKA - Unequal Angles

Long leg attached

Section Designation		Mass per Metre	Radius of Gyration Axis v-v	Gross Area	Weld or Bolt Size	Holes Deducted From Angle		Equivalent Tension Area	Tension Resistance
h x b	t					No.	Diameter		$N_{t,Rd}$
mm	mm	kg	cm	cm²			mm	cm²	kN
125x75	12	17.8	1.61	22.7	Weld	0	-	20.4	724
					M24	1	26	16.9	601
					M20	2	22	14.5	516
	10	15.0	1.61	19.1	Weld	0	-	17.1	608
					M24	1	26	14.2	504
					M20	2	22	12.2	433
	8	12.2	1.63	15.5	Weld	0	-	13.9	492
					M24	1	26	11.5	407
					M20	2	22	9.88	351
100x75	12	15.4	1.59	19.7	Weld	0	-	17.4	617
					M24	1	26	13.6	483
					M20	1	22	14.1	502
	10	13.0	1.59	16.6	Weld	0	-	14.6	519
					M24	1	26	11.4	406
					M20	1	22	11.9	422
	8	10.6	1.60	13.5	Weld	0	-	11.9	421
					M24	1	26	9.26	329
					M20	1	22	9.61	341
100x65	10 +	12.3	1.39	15.6	Weld	0	-	13.9	494
					M24	1	26	10.9	388
					M20	1	22	11.4	404
	8 +	9.94	1.40	12.7	Weld	0	-	11.3	401
					M24	1	26	8.86	315
					M20	1	22	9.21	327
	7 +	8.77	1.40	11.2	Weld	0	-	9.94	353
					M24	1	26	7.80	277
					M20	1	22	8.11	288
100x50	8	8.97	1.06	11.4	Weld	0	-	10.4	368
					M24	1	26	8.21	292
					M20	1	22	8.56	304
	6	6.84	1.07	8.71	Weld	0	-	7.90	280
					M24	1	26	6.24	221
					M20	1	22	6.50	231
80x60	7	7.36	1.28	9.38	Weld	0	-	8.25	293
					M20	1	22	6.36	226
					M16	1	18	6.66	237

Advance and UKA are trademarks of Corus. A fuller description of the relationship between Angles and the Advance range of sections manufactured by Corus is given in note 12.

+ These sections are in addition to the range of BS EN 10056-1 sections.
FOR EXPLANATION OF TABLES SEE NOTE 7.

| BS EN 1993-1-1:2005 |
| BS EN 10056-1:1999 |

TENSION

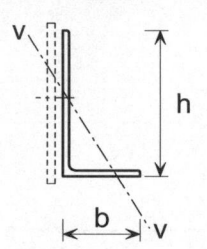

UNEQUAL ANGLES
Advance UKA - Unequal Angles

S355 / Advance355

Long leg attached

Section Designation		Mass per Metre	Radius of Gyration Axis v-v	Gross Area	Weld or Bolt Size	Holes Deducted From Angle		Equivalent Tension Area	Tension Resistance $N_{t,Rd}$
h x b mm	t mm	kg	cm	cm²		No.	Diameter mm	cm²	kN
80x40	8	7.07	0.838	9.01	Weld	0	-	8.23	292
					M20	1	22	6.41	228
					M16	1	18	6.76	240
	6	5.41	0.845	6.89	Weld	0	-	6.26	222
					M20	1	22	4.87	173
					M16	1	18	5.14	182
75x50	8	7.39	1.07	9.41	Weld	0	-	8.39	298
					M20	1	22	6.37	226
					M16	1	18	6.72	239
	6	5.65	1.08	7.19	Weld	0	-	6.38	227
					M20	1	22	4.84	172
					M16	1	18	5.11	181
70x50	6	5.41	1.07	6.89	Weld	0	-	6.08	216
					M20	1	22	4.51	160
					M16	1	18	4.78	170
65x50	5	4.35	1.07	5.54	Weld	0	-	4.85	172
					M20	1	22	3.51	125
					M16	1	18	3.73	132
60x40	6	4.46	0.855	5.68	Weld	0	-	5.06	179
					M16	1	18	3.81	135
	5	3.76	0.860	4.79	Weld	0	-	4.25	151
					M16	1	18	3.21	114
60x30	5	3.36	0.633	4.28	Weld	0	-	3.90	138
					M16	1	18	2.95	105
50x30	5	2.96	0.639	3.78	Weld	0	-	3.40	121
					M12	1	14	2.62	93.0
45x30	4	2.25	0.640	2.87	Weld	0	-	2.55	90.5
					M12	1	14	1.90	67.4
40x25	4	1.93	0.534	2.46	Weld	0	-	2.20	78.2
					M12	1	14	1.57	55.9
40x20	4	1.77	0.417	2.26	Weld	0	-	2.06	73.2
					M12	1	14	1.47	52.3
30x20	4	1.46	0.421	1.86	Weld	0	-	1.66	59.0
					M12	1	14	1.03	36.7
	3	1.12	0.424	1.43	Weld	0	-	1.27	45.1
					M12	1	14	0.793	28.2

Advance and UKA are trademarks of Corus. A fuller description of the relationship between Angles and the Advance range of sections manufactured by Corus is given in note 12.

FOR EXPLANATION OF TABLES SEE NOTE 7.

BS EN 1993-1-1:2005 / BS 4-1:2005						**BENDING** **UNIVERSAL BEAMS** **Advance UKB**									S355 / Advance355

Designation Cross section resistance (kNm) Classification	$C_1^{(1)}$	Buckling Resistance Moment $M_{b,Rd}$ (kNm) for Length between lateral restraints, L (m)												Second Moment of Area y-y axis I_y cm^4
		2.0	3.0	4.0	5.0	6.0	7.0	8.0	9.0	10.0	11.0	12.0	13.0	14.0	
1016x305x487 + $M_{c,y,Rd}$ = 7770 $M_{c,z,Rd}$ = 938 Class = 1	1.00	7770	7240	6380	5650	5030	4520	4090	3740	3440	3190	2970	2780	2620	1020000
	1.50	7770	7770	7660	7040	6480	5970	5510	5100	4740	4420	4130	3880	3640	
	2.00	7770	7770	7770	7770	7460	7010	6590	6200	5840	5500	5200	4910	4650	
	2.50	7770	7770	7770	7770	7770	7760	7400	7040	6710	6390	6090	5810	5540	
	2.75	7770	7770	7770	7770	7770	7770	7720	7390	7070	6770	6480	6200	5940	
1016x305x437 + $M_{c,y,Rd}$ = 6960 $M_{c,z,Rd}$ = 826 Class = 1	1.00	6960	6430	5630	4950	4380	3910	3520	3200	2930	2700	2510	2340	2200	910000
	1.50	6960	6960	6790	6210	5680	5190	4770	4390	4050	3750	3490	3260	3050	
	2.00	6960	6960	6960	6960	6570	6140	5740	5370	5020	4710	4420	4160	3920	
	2.50	6960	6960	6960	6960	6960	6840	6480	6140	5810	5510	5220	4960	4710	
	2.75	6960	6960	6960	6960	6960	6960	6780	6460	6150	5850	5570	5310	5060	
1016x305x393 + $M_{c,y,Rd}$ = 6210 $M_{c,z,Rd}$ = 726 Class = 1	1.00	6210	5690	4950	4320	3800	3360	3010	2720	2480	2270	2100	1960	1830	808000
	1.50	6210	6210	6010	5460	4960	4500	4100	3750	3440	3170	2930	2720	2530	
	2.00	6210	6210	6210	6200	5770	5360	4980	4620	4300	4000	3740	3490	3270	
	2.50	6210	6210	6210	6210	6210	5990	5650	5320	5010	4720	4450	4200	3960	
	2.75	6210	6210	6210	6210	6210	6210	5920	5610	5310	5030	4760	4510	4280	
1016x305x349 + $M_{c,y,Rd}$ = 5720 $M_{c,z,Rd}$ = 669 Class = 1	1.00	5720	5190	4500	3900	3400	2980	2650	2380	2150	1970	1810	1680	1560	723000
	1.50	5720	5720	5480	4950	4460	4020	3630	3290	3000	2740	2510	2320	2140	
	2.00	5720	5720	5720	5650	5230	4820	4440	4090	3770	3490	3230	3000	2790	
	2.50	5720	5720	5720	5720	5720	5420	5070	4740	4430	4150	3880	3630	3410	
	2.75	5720	5720	5720	5720	5720	5660	5330	5020	4720	4440	4170	3920	3700	
1016x305x314 + $M_{c,y,Rd}$ = 5120 $M_{c,z,Rd}$ = 591 Class = 1	1.00	5120	4610	3980	3420	2960	2590	2280	2030	1830	1670	1530	1410	1310	644000
	1.50	5120	5120	4860	4370	3920	3500	3140	2830	2550	2320	2110	1940	1780	
	2.00	5120	5120	5120	5010	4610	4220	3860	3530	3240	2970	2730	2520	2330	
	2.50	5120	5120	5120	5120	5100	4770	4440	4120	3830	3550	3300	3080	2870	
	2.75	5120	5120	5120	5120	5120	4990	4670	4370	4080	3820	3560	3330	3120	
1016x305x272 + $M_{c,y,Rd}$ = 4430 $M_{c,z,Rd}$ = 507 Class = 1	1.00	4430	3970	3400	2910	2500	2170	1900	1680	1500	1360	1240	1140	1050	554000
	1.50	4430	4430	4170	3740	3320	2950	2620	2340	2090	1880	1700	1550	1430	
	2.00	4430	4430	4430	4290	3930	3570	3240	2940	2670	2430	2210	2020	1860	
	2.50	4430	4430	4430	4430	4360	4050	3740	3450	3180	2920	2690	2490	2300	
	2.75	4430	4430	4430	4430	4430	4240	3950	3670	3400	3150	2920	2700	2510	
1016x305x249 + $M_{c,y,Rd}$ = 3920 $M_{c,z,Rd}$ = 429 Class = 1	1.00	3920	3460	2940	2500	2130	1820	1580	1390	1240	1110	1010	924	851	481000
	1.50	3920	3920	3630	3230	2840	2500	2200	1940	1720	1530	1370	1250	1160	
	2.00	3920	3920	3920	3730	3380	3050	2740	2460	2210	1990	1800	1630	1480	
	2.50	3920	3920	3920	3920	3780	3480	3190	2910	2650	2420	2210	2020	1840	
	2.75	3920	3920	3920	3920	3920	3660	3380	3110	2850	2620	2400	2200	2020	

Advance and UKB are trademarks of Corus. A fuller description of the relationship between Universal Beams (UB) and the Advance range of sections manufactured by Corus is given in note 12.

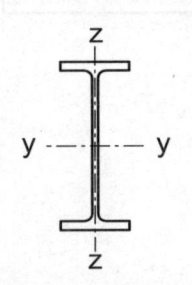

+ These sections are in addition to the range of BS 4 sections.
(1) C_1 is the factor dependent on the loading and end restraints.
Section classification given applies to members subject to bending about the y-y axis.
FOR EXPLANATION OF TABLES SEE NOTE 8.

BENDING

UNIVERSAL BEAMS
Advance UKB

S355 / Advance355

BS EN 1993-1-1:2005
BS 4-1:2005

Designation / Cross section resistance (kNm) / Classification	$C_1^{(1)}$	Buckling Resistance Moment $M_{b,Rd}$ (kNm) for Length between lateral restraints, L (m)													Second Moment of Area y-y axis I_y cm^4
		2.0	3.0	4.0	5.0	6.0	7.0	8.0	9.0	10.0	11.0	12.0	13.0	14.0	
1016x305x222 +	1.00	3380	2930	2470	2080	1750	1490	1280	1120	989	884	798	726	667	408000
	1.50	3380	3380	3080	2710	2360	2050	1780	1560	1360	1200	1080	993	917	
$M_{c,y,Rd}$ = 3380	2.00	3380	3380	3380	3150	2830	2530	2250	1990	1770	1570	1400	1260	1130	
$M_{c,z,Rd}$ = 352	2.50	3380	3380	3380	3380	3190	2910	2640	2380	2140	1930	1740	1570	1420	
Class = 1	2.75	3380	3380	3380	3380	3330	3070	2800	2550	2310	2100	1900	1730	1570	
914x419x388	1.00	6090	6090	5860	5470	5100	4720	4360	4020	3710	3430	3180	2950	2760	720000
	1.50	6090	6090	6090	6090	6040	5760	5470	5170	4880	4590	4320	4060	3820	
$M_{c,y,Rd}$ = 6090	2.00	6090	6090	6090	6090	6090	6090	6090	5940	5700	5460	5210	4970	4730	
$M_{c,z,Rd}$ = 1150	2.50	6090	6090	6090	6090	6090	6090	6090	6090	6090	6080	5870	5660	5450	
Class = 1	2.75	6090	6090	6090	6090	6090	6090	6090	6090	6090	6090	6090	5940	5750	
914x419x343	1.00	5340	5340	5110	4760	4420	4070	3740	3430	3140	2890	2660	2460	2280	626000
	1.50	5340	5340	5340	5340	5260	5000	4720	4440	4170	3900	3640	3400	3180	
$M_{c,y,Rd}$ = 5340	2.00	5340	5340	5340	5340	5340	5340	5340	5140	4900	4670	4430	4200	3970	
$M_{c,z,Rd}$ = 997	2.50	5340	5340	5340	5340	5340	5340	5340	5340	5340	5230	5030	4820	4610	
Class = 1	2.75	5340	5340	5340	5340	5340	5340	5340	5340	5340	5340	5270	5080	4880	
914x305x289	1.00	4340	4080	3680	3280	2900	2560	2260	2010	1810	1640	1490	1370	1270	504000
	1.50	4340	4340	4330	4030	3710	3390	3070	2780	2520	2290	2090	1910	1750	
$M_{c,y,Rd}$ = 4340	2.00	4340	4340	4340	4340	4250	3990	3710	3430	3170	2920	2690	2480	2290	
$M_{c,z,Rd}$ = 552	2.50	4340	4340	4340	4340	4340	4340	4180	3940	3690	3460	3230	3010	2810	
Class = 1	2.75	4340	4340	4340	4340	4340	4340	4340	4140	3910	3690	3470	3250	3050	
914x305x253	1.00	3770	3530	3170	2810	2460	2150	1890	1670	1490	1340	1210	1110	1020	436000
	1.50	3770	3770	3750	3470	3180	2870	2580	2310	2080	1870	1680	1530	1400	
$M_{c,y,Rd}$ = 3770	2.00	3770	3770	3770	3770	3660	3400	3140	2880	2630	2400	2190	2000	1830	
$M_{c,z,Rd}$ = 473	2.50	3770	3770	3770	3770	3770	3770	3560	3330	3090	2870	2650	2450	2270	
Class = 1	2.75	3770	3770	3770	3770	3770	3770	3730	3510	3290	3070	2860	2660	2470	
914x305x224	1.00	3290	3050	2730	2400	2080	1800	1570	1370	1220	1090	980	891	817	376000
	1.50	3290	3290	3240	2990	2710	2430	2160	1920	1700	1510	1350	1220	1130	
$M_{c,y,Rd}$ = 3290	2.00	3290	3290	3290	3290	3140	2900	2650	2400	2170	1960	1770	1600	1450	
$M_{c,z,Rd}$ = 401	2.50	3290	3290	3290	3290	3290	3240	3030	2800	2580	2370	2170	1980	1810	
Class = 1	2.75	3290	3290	3290	3290	3290	3290	3180	2970	2760	2550	2350	2160	1990	
914x305x201	1.00	2880	2650	2350	2050	1770	1520	1310	1140	999	887	796	721	654	325000
	1.50	2880	2880	2820	2580	2320	2060	1810	1590	1390	1230	1090	997	916	
$M_{c,y,Rd}$ = 2880	2.00	2880	2880	2880	2880	2710	2480	2240	2010	1800	1600	1430	1280	1150	
$M_{c,z,Rd}$ = 339	2.50	2880	2880	2880	2880	2880	2790	2580	2370	2150	1950	1770	1600	1450	
Class = 1	2.75	2880	2880	2880	2880	2880	2880	2720	2520	2310	2110	1930	1750	1600	

Advance and UKB are trademarks of Corus. A fuller description of the relationship between Universal Beams (UB) and the Advance range of sections manufactured by Corus is given in note 12.

[1] C_1 is the factor dependent on the loading and end restraints.

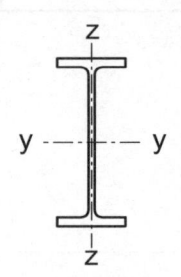

Section classification given applies to members subject to bending about the y-y axis.

FOR EXPLANATION OF TABLES SEE NOTE 8.

BS EN 1993-1-1:2005 BS 4-1:2005														

BENDING
UNIVERSAL BEAMS
Advance UKB

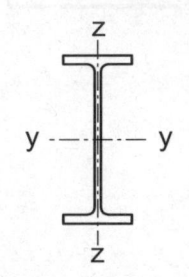

S355 / Advance355

Designation Cross section resistance (kNm) Classification	$C_1^{(1)}$	Buckling Resistance Moment $M_{b,Rd}$ (kNm) for Length between lateral restraints, L (m)												Second Moment of Area y-y axis I_y cm^4
		2.0	3.0	4.0	5.0	6.0	7.0	8.0	9.0	10.0	11.0	12.0	13.0	14.0	
838x292x226	1.00	3160	2930	2620	2310	2020	1760	1540	1360	1220	1100	996	912	841	340000
	1.50	3160	3160	3110	2880	2620	2360	2120	1900	1700	1530	1380	1250	1160	
$M_{c,y,Rd}$ = 3160	2.00	3160	3160	3160	3160	3030	2810	2590	2370	2160	1970	1800	1640	1510	
$M_{c,z,Rd}$ = 418	2.50	3160	3160	3160	3160	3160	3140	2950	2750	2550	2360	2180	2020	1870	
Class = 1	2.75	3160	3160	3160	3160	3160	3160	3090	2910	2720	2540	2360	2190	2040	
838x292x194	1.00	2640	2420	2150	1870	1620	1390	1200	1050	930	831	749	681	624	279000
	1.50	2640	2640	2570	2350	2120	1890	1670	1470	1300	1150	1030	940	867	
$M_{c,y,Rd}$ = 2640	2.00	2640	2640	2640	2640	2480	2270	2060	1860	1670	1500	1350	1220	1100	
$M_{c,z,Rd}$ = 336	2.50	2640	2640	2640	2640	2640	2550	2370	2180	2000	1820	1660	1510	1380	
Class = 1	2.75	2640	2640	2640	2640	2640	2640	2500	2320	2140	1970	1810	1660	1520	
838x292x176	1.00	2350	2140	1890	1640	1400	1200	1030	892	784	696	625	566	510	246000
	1.50	2350	2350	2270	2070	1850	1630	1430	1250	1090	959	860	785	721	
$M_{c,y,Rd}$ = 2350	2.00	2350	2350	2350	2350	2170	1980	1780	1590	1410	1260	1120	1000	899	
$M_{c,z,Rd}$ = 290	2.50	2350	2350	2350	2350	2350	2240	2060	1880	1700	1540	1390	1250	1130	
Class = 1	2.75	2350	2350	2350	2350	2350	2340	2180	2000	1830	1670	1520	1380	1250	
762x267x197	1.00	2470	2220	1960	1700	1470	1280	1110	985	880	794	723	664	614	240000
	1.50	2470	2470	2370	2160	1940	1740	1540	1380	1230	1100	995	913	850	
$M_{c,y,Rd}$ = 2470	2.00	2470	2470	2470	2460	2280	2100	1910	1740	1580	1440	1310	1190	1090	
$M_{c,z,Rd}$ = 331	2.50	2470	2470	2470	2470	2470	2370	2210	2040	1890	1740	1600	1480	1360	
Class = 1	2.75	2470	2470	2470	2470	2470	2470	2330	2170	2020	1880	1740	1610	1490	
762x267x173	1.00	2140	1910	1670	1430	1220	1050	908	795	705	632	572	523	478	205000
	1.50	2140	2140	2030	1840	1630	1440	1260	1110	981	871	787	725	671	
$M_{c,y,Rd}$ = 2140	2.00	2140	2140	2140	2100	1930	1760	1580	1420	1270	1140	1030	926	839	
$M_{c,z,Rd}$ = 278	2.50	2140	2140	2140	2140	2140	2000	1840	1680	1540	1400	1270	1160	1060	
Class = 1	2.75	2140	2140	2140	2140	2140	2100	1950	1800	1650	1520	1390	1270	1170	
762x267x147	1.00	1770	1570	1360	1150	971	821	702	609	535	475	427	383	345	169000
	1.50	1780	1780	1660	1490	1310	1140	981	849	738	654	593	542	499	
$M_{c,y,Rd}$ = 1780	2.00	1780	1780	1780	1720	1560	1400	1240	1100	966	853	755	676	626	
$M_{c,z,Rd}$ = 223	2.50	1780	1780	1780	1780	1750	1610	1460	1320	1180	1060	947	850	764	
Class = 1	2.75	1780	1780	1780	1780	1780	1690	1560	1410	1280	1150	1040	938	847	
762x267x134	1.00	1630	1430	1230	1030	861	722	612	527	461	408	361	321	289	151000
	1.50	1650	1650	1520	1350	1170	1000	856	732	631	564	509	463	425	
$M_{c,y,Rd}$ = 1650	2.00	1650	1650	1650	1570	1410	1250	1090	953	829	723	635	581	535	
$M_{c,z,Rd}$ = 202	2.50	1650	1650	1650	1650	1590	1450	1300	1160	1020	904	801	710	634	
Class = 1	2.75	1650	1650	1650	1650	1650	1530	1390	1250	1110	991	883	788	704	

Advance and UKB are trademarks of Corus. A fuller description of the relationship between Universal Beams (UB) and the Advance range of sections manufactured by Corus is given in note 12.

(1) C_1 is the factor dependent on the loading and end restraints.
Section classification given applies to members subject to bending about the y-y axis.
FOR EXPLANATION OF TABLES SEE NOTE 8.

BS EN 1993-1-1:2005
BS 4-1:2005

BENDING

UNIVERSAL BEAMS
Advance UKB

S355 / Advance355

Designation / Cross section resistance (kNm) / Classification	C_1 [1]	Buckling Resistance Moment $M_{b,Rd}$ (kNm) for Length between lateral restraints, L (m)													Second Moment of Area y-y axis I_y cm^4
		2.0	3.0	4.0	5.0	6.0	7.0	8.0	9.0	10.0	11.0	12.0	13.0	14.0	
686x254x170	1.00	1940	1720	1510	1310	1130	976	854	755	676	611	558	513	475	170000
	1.50	1940	1940	1840	1670	1500	1340	1190	1060	944	848	766	707	658	
$M_{c,y,Rd}$ = 1940	2.00	1940	1940	1940	1910	1770	1620	1480	1340	1220	1100	1010	919	842	
$M_{c,z,Rd}$ = 280	2.50	1940	1940	1940	1940	1940	1840	1710	1580	1460	1340	1240	1140	1050	
Class = 1	2.75	1940	1940	1940	1940	1940	1920	1800	1680	1560	1450	1340	1250	1160	
686x254x152	1.00	1720	1520	1330	1140	971	833	723	635	565	508	462	423	388	150000
	1.50	1720	1720	1620	1460	1300	1150	1010	888	786	700	635	586	544	
$M_{c,y,Rd}$ = 1730	2.00	1720	1720	1720	1680	1540	1400	1260	1140	1020	918	828	749	681	
$M_{c,z,Rd}$ = 245	2.50	1720	1720	1720	1720	1720	1600	1470	1350	1230	1120	1030	938	859	
Class = 1	2.75	1720	1720	1720	1720	1720	1680	1560	1440	1330	1220	1120	1030	946	
686x254x140	1.00	1560	1380	1200	1020	864	736	635	555	491	440	398	362	329	136000
	1.50	1570	1570	1470	1320	1160	1020	886	775	680	603	550	506	468	
$M_{c,y,Rd}$ = 1570	2.00	1570	1570	1570	1520	1390	1250	1120	996	887	792	709	637	585	
$M_{c,z,Rd}$ = 220	2.50	1570	1570	1570	1570	1550	1430	1310	1190	1080	976	884	802	729	
Class = 1	2.75	1570	1570	1570	1570	1570	1510	1390	1280	1170	1060	968	882	806	
686x254x125	1.00	1360	1200	1030	868	728	614	525	455	400	356	320	286	259	118000
	1.50	1380	1380	1270	1130	987	852	734	633	550	492	446	408	376	
$M_{c,y,Rd}$ = 1380	2.00	1380	1380	1380	1310	1190	1060	934	821	722	637	563	510	473	
$M_{c,z,Rd}$ = 187	2.50	1380	1380	1380	1380	1340	1220	1100	991	886	792	709	635	572	
Class = 1	2.75	1380	1380	1380	1380	1380	1290	1180	1070	962	866	779	702	634	
610x305x238	1.00	2580	2490	2290	2090	1910	1740	1590	1450	1340	1240	1150	1070	1000	209000
	1.50	2580	2580	2580	2510	2370	2220	2080	1940	1820	1700	1590	1500	1400	
$M_{c,y,Rd}$ = 2580	2.00	2580	2580	2580	2580	2580	2540	2430	2310	2200	2090	1980	1880	1780	
$M_{c,z,Rd}$ = 543	2.50	2580	2580	2580	2580	2580	2580	2580	2570	2480	2380	2290	2190	2100	
Class = 1	2.75	2580	2580	2580	2580	2580	2580	2580	2580	2580	2500	2410	2320	2240	
610x305x179	1.00	1910	1830	1660	1500	1340	1200	1080	968	876	798	733	677	628	153000
	1.50	1910	1910	1910	1820	1700	1570	1440	1320	1210	1110	1020	945	874	
$M_{c,y,Rd}$ = 1910	2.00	1910	1910	1910	1910	1910	1820	1710	1600	1500	1400	1300	1220	1130	
$M_{c,z,Rd}$ = 395	2.50	1910	1910	1910	1910	1910	1910	1910	1820	1720	1630	1540	1450	1370	
Class = 1	2.75	1910	1910	1910	1910	1910	1910	1910	1900	1820	1730	1640	1560	1480	
610x305x149	1.00	1580	1500	1360	1220	1080	957	847	753	675	610	555	509	470	126000
	1.50	1580	1580	1580	1490	1380	1260	1150	1040	940	852	775	707	647	
$M_{c,y,Rd}$ = 1580	2.00	1580	1580	1580	1580	1570	1480	1380	1270	1180	1080	998	919	848	
$M_{c,z,Rd}$ = 323	2.50	1580	1580	1580	1580	1580	1580	1540	1460	1370	1280	1190	1110	1040	
Class = 1	2.75	1580	1580	1580	1580	1580	1580	1580	1530	1450	1360	1280	1200	1130	

Advance and UKB are trademarks of Corus. A fuller description of the relationship between Universal Beams (UB) and the Advance range of sections manufactured by Corus is given in note 12.

[1] C_1 is the factor dependent on the loading and end restraints.

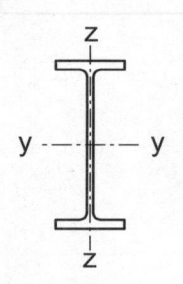

Section classification given applies to members subject to bending about the y-y axis.

FOR EXPLANATION OF TABLES SEE NOTE 8.

BS EN 1993-1-1:2005 / BS 4-1:2005						**BENDING** UNIVERSAL BEAMS Advance UKB								**S355 / Advance355**

Designation / Cross section resistance (kNm) / Classification	$C_1^{(1)}$	Buckling Resistance Moment $M_{b,Rd}$ (kNm) for Length between lateral restraints, L (m)												Second Moment of Area y-y axis I_y cm^4
		2.0	3.0	4.0	5.0	6.0	7.0	8.0	9.0	10.0	11.0	12.0	13.0	14.0	
610x229x140	1.00	1390	1220	1050	896	764	659	575	509	457	414	378	349	321	112000
	1.50	1430	1430	1310	1170	1030	911	803	712	634	568	521	483	451	
$M_{c,y,Rd}$ = 1430	2.00	1430	1430	1430	1360	1240	1120	1010	914	825	747	678	617	564	
$M_{c,z,Rd}$ = 211	2.50	1430	1430	1430	1430	1390	1290	1190	1090	1000	917	841	773	712	
Class = 1	2.75	1430	1430	1430	1430	1430	1360	1260	1170	1080	995	918	848	784	
610x229x125	1.00	1230	1080	919	775	654	558	484	425	379	342	311	284	259	98600
	1.50	1270	1270	1150	1020	890	775	676	593	523	470	431	398	370	
$M_{c,y,Rd}$ = 1270	2.00	1270	1270	1270	1190	1080	965	860	767	685	613	552	498	463	
$M_{c,z,Rd}$ = 185	2.50	1270	1270	1270	1270	1220	1120	1020	924	837	759	690	628	574	
Class = 1	2.75	1270	1270	1270	1270	1270	1180	1080	993	907	828	757	692	635	
610x229x113	1.00	1100	952	807	673	563	476	409	357	317	284	256	231	210	87300
	1.50	1130	1120	1010	890	771	663	572	496	434	393	359	330	306	
$M_{c,y,Rd}$ = 1130	2.00	1130	1130	1130	1040	938	832	733	646	570	505	450	413	384	
$M_{c,z,Rd}$ = 162	2.50	1130	1130	1130	1130	1060	969	873	784	703	631	567	512	463	
Class = 1	2.75	1130	1130	1130	1130	1120	1030	935	847	765	691	625	566	514	
610x229x101	1.00	980	843	705	579	477	399	340	294	259	229	203	182	165	75800
	1.50	1020	1000	894	775	659	558	473	404	358	322	292	268	247	
$M_{c,y,Rd}$ = 1020	2.00	1020	1020	1020	919	812	707	613	531	461	403	366	337	312	
$M_{c,z,Rd}$ = 142	2.50	1020	1020	1020	1020	931	833	739	652	575	508	450	401	371	
Class = 1	2.75	1020	1020	1020	1020	979	887	795	709	630	560	499	446	400	
610x178x100 +	1.00	803	611	470	372	305	258	223	196	175	159	145	134	124	72500
	1.50	959	790	640	518	424	352	303	269	242	221	203	188	175	
$M_{c,y,Rd}$ = 961	2.00	961	913	775	650	545	459	391	336	301	275	254	236	220	
$M_{c,z,Rd}$ = 102	2.50	961	961	879	760	654	562	485	421	368	324	300	280	262	
Class = 1	2.75	961	961	921	808	703	610	531	464	408	360	321	300	281	
610x178x92 +	1.00	728	545	413	323	262	220	189	165	147	133	121	111	103	64600
	1.50	876	711	566	450	362	297	258	228	205	185	170	157	146	
$M_{c,y,Rd}$ = 891	2.00	891	828	692	570	469	389	325	283	255	233	214	198	184	
$M_{c,z,Rd}$ = 91.6	2.50	891	891	790	672	568	480	407	348	300	275	253	235	220	
Class = 1	2.75	891	891	831	717	613	523	448	385	334	294	272	253	237	
610x178x82 +	1.00	627	464	347	268	216	179	153	133	118	106	96.0	87.9	80.2	55900
	1.50	758	609	478	374	296	243	210	184	164	148	135	124	115	
$M_{c,y,Rd}$ = 779	2.00	779	713	587	476	385	314	259	230	206	187	171	157	146	
$M_{c,z,Rd}$ = 77.4	2.50	779	779	674	565	469	390	325	274	243	221	203	188	175	
Class = 1	2.75	779	779	711	605	508	426	359	304	260	237	218	202	189	

Advance and UKB are trademarks of Corus. A fuller description of the relationship between Universal Beams (UB) and the Advance range of sections manufactured by Corus is given in note 12.

+ These sections are in addition to the range of BS 4 sections.

$^{(1)}$ C_1 is the factor dependent on the loading and end restraints.

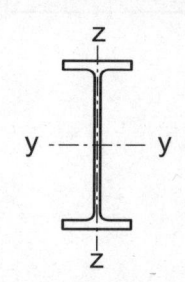

Section classification given applies to members subject to bending about the y-y axis.

FOR EXPLANATION OF TABLES SEE NOTE 8.

| BS EN 1993-1-1:2005 | | | | | | | | | | | | | | |
| BS 4-1:2005 | | | | | | | | | | | | | | |

BENDING

UNIVERSAL BEAMS
Advance UKB

S355 / Advance355

Designation Cross section resistance (kNm) Classification	$C_1^{(1)}$	Buckling Resistance Moment $M_{b,Rd}$ (kNm) for Length between lateral restraints, L (m)												Second Moment of Area y-y axis I_y cm^4
		2.0	3.0	4.0	5.0	6.0	7.0	8.0	9.0	10.0	11.0	12.0	13.0	14.0	
533x312x272 +	1.00	2710	2680	2550	2420	2280	2150	2030	1910	1800	1690	1600	1510	1430	199000
	1.50	2710	2710	2710	2710	2700	2610	2520	2420	2320	2230	2140	2050	1960	
$M_{c,y,Rd}$ = 2710	2.00	2710	2710	2710	2710	2710	2710	2710	2710	2680	2600	2530	2450	2380	
$M_{c,z,Rd}$ = 685	2.50	2710	2710	2710	2710	2710	2710	2710	2710	2710	2710	2710	2710	2680	
Class = 1	2.75	2710	2710	2710	2710	2710	2710	2710	2710	2710	2710	2710	2710	2710	
533x312x219 +	1.00	2110	2070	1950	1830	1710	1590	1470	1360	1260	1180	1100	1020	962	151000
	1.50	2110	2110	2110	2110	2060	1970	1880	1780	1690	1590	1510	1420	1340	
$M_{c,y,Rd}$ = 2110	2.00	2110	2110	2110	2110	2110	2110	2110	2060	1990	1910	1830	1760	1680	
$M_{c,z,Rd}$ = 522	2.50	2110	2110	2110	2110	2110	2110	2110	2110	2110	2110	2070	2010	1940	
Class = 1	2.75	2110	2110	2110	2110	2110	2110	2110	2110	2110	2110	2110	2110	2050	
533x312x182 +	1.00	1740	1700	1600	1490	1380	1260	1150	1050	965	887	819	760	709	123000
	1.50	1740	1740	1740	1740	1670	1580	1490	1400	1310	1220	1140	1070	997	
$M_{c,y,Rd}$ = 1740	2.00	1740	1740	1740	1740	1740	1740	1720	1650	1570	1490	1420	1340	1270	
$M_{c,z,Rd}$ = 427	2.50	1740	1740	1740	1740	1740	1740	1740	1740	1740	1690	1630	1560	1500	
Class = 1	2.75	1740	1740	1740	1740	1740	1740	1740	1740	1740	1740	1710	1650	1590	
533x312x150 +	1.00	1430	1390	1300	1210	1100	1000	903	815	737	670	613	565	520	101000
	1.50	1430	1430	1430	1420	1350	1270	1190	1100	1020	935	862	795	735	
$M_{c,y,Rd}$ = 1430	2.00	1430	1430	1430	1430	1430	1430	1380	1310	1240	1160	1090	1020	952	
$M_{c,z,Rd}$ = 348	2.50	1430	1430	1430	1430	1430	1430	1430	1430	1400	1340	1270	1210	1140	
Class = 1	2.75	1430	1430	1430	1430	1430	1430	1430	1430	1430	1410	1350	1290	1220	
533x210x138 +	1.00	1200	1040	899	771	665	581	514	461	417	382	352	326	304	86100
	1.50	1250	1240	1120	1010	900	802	717	644	582	528	481	450	422	
$M_{c,y,Rd}$ = 1250	2.00	1250	1250	1250	1180	1080	988	902	824	753	690	634	584	539	
$M_{c,z,Rd}$ = 196	2.50	1250	1250	1250	1250	1210	1130	1050	978	907	841	780	725	675	
Class = 1	2.75	1250	1250	1250	1250	1250	1190	1120	1040	975	910	849	792	740	
533x210x122	1.00	1060	916	781	662	565	489	429	382	344	313	288	266	246	76000
	1.50	1100	1090	982	873	770	678	600	533	477	429	397	369	345	
$M_{c,y,Rd}$ = 1100	2.00	1100	1100	1100	1020	932	843	761	687	622	565	515	470	431	
$M_{c,z,Rd}$ = 172	2.50	1100	1100	1100	1100	1050	974	897	824	757	695	639	589	544	
Class = 1	2.75	1100	1100	1100	1100	1100	1030	955	884	818	756	699	647	600	
533x210x109	1.00	930	801	676	566	478	409	356	315	282	256	234	213	196	66800
	1.50	976	956	857	753	656	570	498	438	388	353	325	301	281	
$M_{c,y,Rd}$ = 976	2.00	976	976	974	889	800	715	638	569	510	458	413	375	352	
$M_{c,z,Rd}$ = 150	2.50	976	976	976	976	911	834	759	689	626	569	518	473	433	
Class = 1	2.75	976	976	976	976	956	883	812	743	679	621	569	522	480	

Advance and UKB are trademarks of Corus. A fuller description of the relationship between Universal Beams (UB) and the Advance range of sections manufactured by Corus is given in note 12.

+ These sections are in addition to the range of BS 4 sections.

[1] C_1 is the factor dependent on the loading and end restraints.

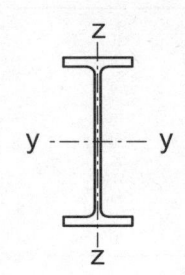

Section classification given applies to members subject to bending about the y-y axis.

FOR EXPLANATION OF TABLES SEE NOTE 8.

BS EN 1993-1-1:2005
BS 4-1:2005

BENDING

UNIVERSAL BEAMS
Advance UKB

S355 / Advance355

Designation / Cross section resistance (kNm) / Classification	$C_1^{(1)}$	\multicolumn{13}{c}{Buckling Resistance Moment $M_{b,Rd}$ (kNm) for Length between lateral restraints, L (m)}	Second Moment of Area y-y axis I_y cm^4
		2.0	3.0	4.0	5.0	6.0	7.0	8.0	9.0	10.0	11.0	12.0	13.0	14.0	
533x210x101	1.00	856	735	617	513	429	366	317	279	249	225	204	185	169	61500
	1.50	901	880	784	685	592	510	442	386	342	311	286	265	246	
$M_{c,y,Rd}$ = 901	2.00	901	901	894	812	726	644	569	504	448	400	359	331	309	
$M_{c,z,Rd}$ = 138	2.50	901	901	901	901	829	754	681	614	553	500	452	411	374	
Class = 1	2.75	901	901	901	901	872	801	730	664	603	547	498	454	415	
533x210x92	1.00	790	672	557	456	378	319	274	240	213	190	170	154	140	55200
	1.50	838	809	714	615	524	445	381	329	294	266	244	225	208	
$M_{c,y,Rd}$ = 838	2.00	838	838	820	736	649	567	494	432	379	335	305	282	263	
$M_{c,z,Rd}$ = 126	2.50	838	838	838	824	748	671	597	531	473	422	377	339	312	
Class = 1	2.75	838	838	838	838	789	715	644	577	517	464	418	377	341	
533x210x82	1.00	684	577	472	381	312	260	222	193	170	149	132	119	109	47500
	1.50	731	699	610	518	434	363	306	265	236	213	194	178	163	
$M_{c,y,Rd}$ = 731	2.00	731	731	705	625	543	467	401	345	298	267	244	225	209	
$M_{c,z,Rd}$ = 106	2.50	731	731	731	704	631	558	489	428	375	330	292	267	249	
Class = 1	2.75	731	731	731	731	668	597	529	467	413	365	324	289	267	
533x165x85 +	1.00	589	444	341	271	224	190	165	146	131	119	109	101	94.2	48500
	1.50	710	580	467	378	310	259	225	201	182	166	153	142	132	
$M_{c,y,Rd}$ = 726	2.00	726	675	569	476	399	338	289	249	225	207	191	178	167	
$M_{c,z,Rd}$ = 83.8	2.50	726	726	649	560	481	415	359	313	275	244	226	211	198	
Class = 1	2.75	726	726	681	596	518	451	393	345	304	270	242	227	213	
533x165x74 +	1.00	506	372	280	219	178	149	129	113	101	91.4	83.5	76.9	71.1	41100
	1.50	615	492	386	305	244	203	177	157	141	128	117	108	101	
$M_{c,y,Rd}$ = 642	2.00	642	578	476	388	318	262	219	195	176	161	148	137	128	
$M_{c,z,Rd}$ = 71.0	2.50	642	640	549	462	387	326	276	235	208	190	176	163	153	
Class = 1	2.75	642	642	579	494	419	356	304	261	226	204	189	176	164	
533x165x66 +	1.00	428	311	230	177	143	119	102	88.7	78.8	70.9	64.6	58.8	53.8	35000
	1.50	525	413	319	247	194	162	140	123	110	100	91.1	83.9	77.9	
$M_{c,y,Rd}$ = 554	2.00	554	489	396	317	254	205	174	154	139	126	115	107	99	
$M_{c,z,Rd}$ = 58.9	2.50	554	544	459	379	312	257	213	182	164	150	138	127	119	
Class = 1	2.75	554	554	486	408	339	282	236	199	176	161	148	137	128	
457x191x161 +	1.00	1250	1110	985	876	785	708	644	590	544	505	471	441	415	79800
	1.50	1300	1300	1210	1120	1030	955	882	817	758	705	658	615	576	
$M_{c,y,Rd}$ = 1300	2.00	1300	1300	1300	1280	1210	1140	1080	1010	952	896	843	795	750	
$M_{c,z,Rd}$ = 232	2.50	1300	1300	1300	1300	1300	1280	1220	1170	1110	1060	1000	956	909	
Class = 1	2.75	1300	1300	1300	1300	1300	1300	1280	1230	1180	1120	1080	1030	981	

Advance and UKB are trademarks of Corus. A fuller description of the relationship between Universal Beams (UB) and the Advance range of sections manufactured by Corus is given in note 12.

+ These sections are in addition to the range of BS 4 sections.

(1) C_1 is the factor dependent on the loading and end restraints.

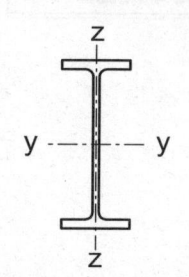

Section classification given applies to members subject to bending about the y-y axis.

FOR EXPLANATION OF TABLES SEE NOTE 8.

BS EN 1993-1-1:2005 / BS 4-1:2005						**BENDING**									S355 / Advance355

UNIVERSAL BEAMS
Advance UKB

Designation / Cross section resistance (kNm) / Classification	$C_1^{(1)}$	Buckling Resistance Moment $M_{b,Rd}$ (kNm) for Length between lateral restraints, L (m)												Second Moment of Area y-y axis I_y cm^4
		2.0	3.0	4.0	5.0	6.0	7.0	8.0	9.0	10.0	11.0	12.0	13.0	14.0	
457x191x133 +	1.00	1010	880	765	667	586	521	468	424	388	358	332	310	291	63800
	1.50	1060	1040	956	869	788	714	650	593	543	499	460	426	399	
$M_{c,y,Rd}$ = 1060	2.00	1060	1060	1060	1010	939	871	808	749	695	645	600	559	522	
$M_{c,z,Rd}$ = 185	2.50	1060	1060	1060	1060	1050	991	934	879	826	776	730	686	645	
Class = 1	2.75	1060	1060	1060	1060	1060	1040	986	934	883	834	788	744	703	
457x191x106 +	1.00	774	665	564	478	411	358	317	284	257	235	217	201	187	48900
	1.50	824	799	717	636	562	498	443	396	356	323	299	279	262	
$M_{c,y,Rd}$ = 824	2.00	824	824	818	751	684	621	563	511	465	424	388	357	328	
$M_{c,z,Rd}$ = 140	2.50	824	824	824	824	776	719	665	613	565	522	482	446	414	
Class = 1	2.75	824	824	824	824	813	761	708	658	611	567	527	490	456	
457x191x98	1.00	721	618	521	439	375	325	286	256	231	211	194	180	165	45700
	1.50	770	744	665	586	515	452	400	356	319	290	268	250	234	
$M_{c,y,Rd}$ = 770	2.00	770	770	760	695	629	567	511	461	417	379	345	316	292	
$M_{c,z,Rd}$ = 131	2.50	770	770	770	770	716	660	606	556	510	469	431	397	367	
Class = 1	2.75	770	770	770	770	752	699	648	599	553	511	472	437	405	
457x191x89	1.00	648	551	460	384	324	279	244	217	195	177	163	148	136	41000
	1.50	695	667	591	516	447	389	341	300	267	245	226	210	197	
$M_{c,y,Rd}$ = 695	2.00	695	695	679	615	551	492	438	392	351	317	286	263	247	
$M_{c,z,Rd}$ = 117	2.50	695	695	695	687	632	577	524	476	433	394	360	329	302	
Class = 1	2.75	695	695	695	695	665	613	562	515	471	431	396	364	335	
457x191x82	1.00	601	506	416	342	285	243	211	187	167	152	136	124	114	37100
	1.50	650	616	540	464	397	340	294	256	231	211	194	180	168	
$M_{c,y,Rd}$ = 650	2.00	650	650	624	559	494	434	382	337	299	267	243	226	211	
$M_{c,z,Rd}$ = 108	2.50	650	650	650	629	571	515	462	414	372	335	303	275	250	
Class = 1	2.75	650	650	650	650	603	549	498	450	407	369	335	305	278	
457x191x74	1.00	540	452	368	300	248	210	181	159	142	126	114	103	94.5	33300
	1.50	587	552	480	409	345	293	250	219	197	179	164	152	141	
$M_{c,y,Rd}$ = 587	2.00	587	587	558	495	433	376	327	286	251	223	206	191	178	
$M_{c,z,Rd}$ = 96.6	2.50	587	587	587	560	504	449	398	353	314	281	251	226	212	
Class = 1	2.75	587	587	587	585	533	481	431	385	345	310	279	252	228	
457x191x67	1.00	478	397	319	257	210	176	151	132	116	102	91.6	82.9	75.8	29400
	1.50	522	487	419	352	293	245	207	182	163	148	135	124	114	
$M_{c,y,Rd}$ = 522	2.00	522	522	490	430	370	317	272	234	203	185	170	157	146	
$M_{c,z,Rd}$ = 84.1	2.50	522	522	522	489	434	382	334	292	257	226	201	187	174	
Class = 1	2.75	522	522	522	512	461	410	363	320	283	251	224	201	188	

Advance and UKB are trademarks of Corus. A fuller description of the relationship between Universal Beams (UB) and the Advance range of sections manufactured by Corus is given in note 12.

+ These sections are in addition to the range of BS 4 sections.

(1) C_1 is the factor dependent on the loading and end restraints.

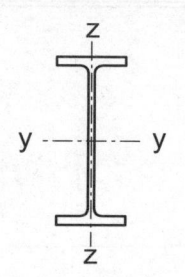

Section classification given applies to members subject to bending about the y-y axis.

FOR EXPLANATION OF TABLES SEE NOTE 8.

BS EN 1993-1-1:2005 BS 4-1:2005													

BENDING — UNIVERSAL BEAMS — Advance UKB — S355 / Advance355

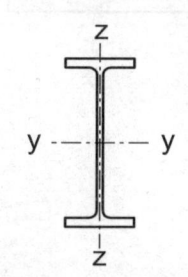

Designation / Cross section resistance (kNm) / Classification	$C_1^{(1)}$	Buckling Resistance Moment $M_{b,Rd}$ (kNm) for Length between lateral restraints, L (m)												Second Moment of Area y-y axis I_y cm^4
		1.0	1.5	2.0	2.5	3.0	3.5	4.0	5.0	6.0	7.0	8.0	9.0	10.0	
457x152x82	1.00	625	593	539	485	434	388	347	283	238	204	179	160	144	36600
	1.50	625	625	625	591	549	507	466	392	332	284	246	221	201	
$M_{c,y,Rd}$ = 625	2.00	625	625	625	625	624	590	555	486	423	369	323	285	253	
$M_{c,z,Rd}$ = 82.8	2.50	625	625	625	625	625	625	620	559	500	446	397	355	318	
Class = 1	2.75	625	625	625	625	625	625	625	590	534	480	432	389	350	
457x152x74	1.00	561	530	480	430	382	339	301	243	201	172	150	133	118	32700
	1.50	561	561	561	526	487	446	407	337	281	238	206	185	168	
$M_{c,y,Rd}$ = 561	2.00	561	561	561	561	555	522	488	421	361	311	269	235	209	
$M_{c,z,Rd}$ = 73.5	2.50	561	561	561	561	561	561	548	489	431	379	333	295	261	
Class = 1	2.75	561	561	561	561	561	561	561	517	461	410	364	324	289	
457x152x67	1.00	516	483	434	385	338	297	261	207	170	144	125	108	95.1	28900
	1.50	516	516	513	476	436	396	357	289	237	197	173	154	139	
$M_{c,y,Rd}$ = 516	2.00	516	516	516	516	501	468	433	365	307	259	220	192	174	
$M_{c,z,Rd}$ = 66.4	2.50	516	516	516	516	516	516	490	429	370	319	276	240	210	
Class = 1	2.75	516	516	516	516	516	516	513	455	399	347	303	265	233	
457x152x60	1.00	457	425	381	336	293	255	223	174	142	119	101	87.0	76.3	25500
	1.50	457	457	452	418	380	342	306	244	196	164	143	126	113	
$M_{c,y,Rd}$ = 457	2.00	457	457	457	457	439	407	374	310	256	212	178	158	143	
$M_{c,z,Rd}$ = 57.9	2.50	457	457	457	457	457	454	426	367	311	264	225	192	170	
Class = 1	2.75	457	457	457	457	457	457	447	391	337	288	247	213	185	
457x152x52	1.00	389	359	319	279	241	207	179	137	110	91.1	75.6	64.5	56.3	21400
	1.50	389	389	381	349	315	280	247	192	150	127	109	95.9	84.5	
$M_{c,y,Rd}$ = 389	2.00	389	389	389	389	367	337	306	247	198	160	137	121	109	
$M_{c,z,Rd}$ = 47.2	2.50	389	389	389	389	389	378	351	295	244	201	167	144	130	
Class = 1	2.75	389	389	389	389	389	389	370	316	265	221	186	157	139	
406x178x85 +	1.00	598	594	552	509	468	429	393	330	282	246	217	194	176	31700
	1.50	598	598	598	598	569	537	506	444	389	343	303	270	242	
$M_{c,y,Rd}$ = 598	2.00	598	598	598	598	598	598	581	530	479	431	389	351	318	
$M_{c,z,Rd}$ = 108	2.50	598	598	598	598	598	598	598	592	548	504	463	424	390	
Class = 1	2.75	598	598	598	598	598	598	598	598	576	535	495	457	423	
406x178x74	1.00	533	525	485	445	406	368	333	275	231	199	174	155	139	27300
	1.50	533	533	533	528	498	467	435	374	322	278	242	213	192	
$M_{c,y,Rd}$ = 533	2.00	533	533	533	533	533	531	505	453	401	355	314	279	249	
$M_{c,z,Rd}$ = 94.8	2.50	533	533	533	533	533	533	533	511	465	421	380	343	310	
Class = 1	2.75	533	533	533	533	533	533	533	492	449	409	372	338		

Advance and UKB are trademarks of Corus. A fuller description of the relationship between Universal Beams (UB) and the Advance range of sections manufactured by Corus is given in note 12.

[1] C_1 is the factor dependent on the loading and end restraints.

Section classification given applies to members subject to bending about the y-y axis.

FOR EXPLANATION OF TABLES SEE NOTE 8.

| BS EN 1993-1-1:2005 |
| BS 4-1:2005 |

BENDING

UNIVERSAL BEAMS
Advance UKB

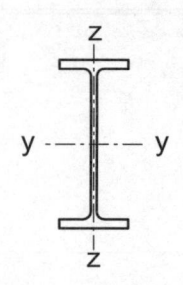

S355 / Advance355

Designation Cross section resistance (kNm) Classification	$C_1^{(1)}$	Buckling Resistance Moment $M_{b,Rd}$ (kNm) for Length between lateral restraints, L (m)												Second Moment of Area y-y axis I_y cm⁴
		1.0	1.5	2.0	2.5	3.0	3.5	4.0	5.0	6.0	7.0	8.0	9.0	10.0	
406x178x67	1.00	478	470	433	396	359	323	291	237	198	168	146	129	116	24300
	1.50	478	478	478	471	442	413	383	325	276	235	202	178	161	
$M_{c,y,Rd}$ = 478	2.00	478	478	478	478	478	472	447	396	346	302	264	232	205	
$M_{c,z,Rd}$ = 84.1	2.50	478	478	478	478	478	478	478	449	405	362	322	288	257	
Class = 1	2.75	478	478	478	478	478	478	478	471	429	388	349	314	282	
406x178x60	1.00	426	418	384	350	316	283	253	204	168	142	122	108	95.5	21600
	1.50	426	426	426	417	391	363	335	281	235	198	168	149	134	
$M_{c,y,Rd}$ = 426	2.00	426	426	426	426	426	417	393	344	297	256	221	192	168	
$M_{c,z,Rd}$ = 74.2	2.50	426	426	426	426	426	426	426	393	350	309	271	239	212	
Class = 1	2.75	426	426	426	426	426	426	426	413	372	332	295	262	233	
406x178x54	1.00	375	365	334	303	272	242	215	170	139	116	99.3	86.6	75.3	18700
	1.50	375	375	375	364	339	313	286	236	194	161	137	121	108	
$M_{c,y,Rd}$ = 375	2.00	375	375	375	375	375	361	339	292	248	210	178	152	135	
$M_{c,z,Rd}$ = 63.2	2.50	375	375	375	375	375	375	375	336	294	255	221	192	167	
Class = 1	2.75	375	375	375	375	375	375	375	354	314	276	241	211	185	
406x140x53 +	1.00	366	335	298	261	226	197	172	135	111	93.7	80.3	69.5	61.3	18300
	1.50	366	366	357	327	296	266	237	189	153	129	113	101	90.9	
$M_{c,y,Rd}$ = 366	2.00	366	366	366	366	345	319	292	242	200	167	141	127	115	
$M_{c,z,Rd}$ = 49.3	2.50	366	366	366	366	366	358	334	287	244	208	178	154	136	
Class = 1	2.75	366	366	366	366	366	366	352	307	265	228	196	170	149	
406x140x46	1.00	315	287	254	220	190	163	141	110	88.5	74.0	62.0	53.3	46.8	15700
	1.50	315	315	305	279	250	222	196	153	121	103	89.3	78.9	70.2	
$M_{c,y,Rd}$ = 315	2.00	315	315	315	315	293	268	243	197	159	130	112	99.7	89.8	
$M_{c,z,Rd}$ = 41.9	2.50	315	315	315	315	315	303	281	236	196	164	137	118	107	
Class = 1	2.75	315	315	315	315	315	315	296	253	214	180	152	130	115	
406x140x39	1.00	257	230	201	172	146	124	106	80.2	63.7	51.3	42.6	36.4	31.7	12500
	1.50	257	257	245	221	195	170	148	111	88.2	73.8	63.3	54.6	47.6	
$M_{c,y,Rd}$ = 257	2.00	257	257	257	253	231	209	186	145	113	92.4	80.0	70.4	63.0	
$M_{c,z,Rd}$ = 32.3	2.50	257	257	257	257	257	238	217	176	141	114	95.0	84.2	75.6	
Class = 1	2.75	257	257	257	257	257	250	230	190	155	126	103	90.6	81.5	

Advance and UKB are trademarks of Corus. A fuller description of the relationship between Universal Beams (UB) and the Advance range of sections manufactured by Corus is given in note 12.

+ These sections are in addition to the range of BS 4 sections.

(1) C_1 is the factor dependent on the loading and end restraints.

Section classification given applies to members subject to bending about the y-y axis.

FOR EXPLANATION OF TABLES SEE NOTE 8.

| BS EN 1993-1-1:2005 |
| BS 4-1:2005 |

BENDING

UNIVERSAL BEAMS
Advance UKB

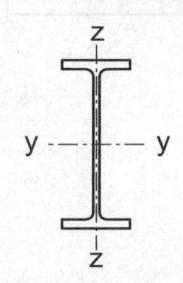

S355 / Advance355

Designation Cross section resistance (kNm) Classification	$C_1^{(1)}$	Buckling Resistance Moment $M_{b,Rd}$ (kNm) for Length between lateral restraints, L (m)												Second Moment of Area y-y axis I_y cm^4
		1.0	1.5	2.0	2.5	3.0	3.5	4.0	5.0	6.0	7.0	8.0	9.0	10.0	
356x171x67	1.00	430	422	390	358	327	297	271	226	192	166	147	131	119	19500
	1.50	430	430	430	425	401	377	353	307	266	233	205	181	163	
$M_{c,y,Rd}$ = 430	2.00	430	430	430	430	430	429	409	369	331	295	264	237	214	
$M_{c,z,Rd}$ = 86.3	2.50	430	430	430	430	430	430	430	416	382	348	317	289	264	
Class = 1	2.75	430	430	430	430	430	430	430	430	403	371	341	313	287	
356x171x57	1.00	359	350	322	294	266	239	215	176	147	126	110	97.3	87.5	16000
	1.50	359	359	359	351	329	307	284	241	205	175	152	134	121	
$M_{c,y,Rd}$ = 359	2.00	359	359	359	359	359	351	333	295	258	226	198	175	155	
$M_{c,z,Rd}$ = 70.6	2.50	359	359	359	359	359	359	359	335	302	270	242	216	194	
Class = 1	2.75	359	359	359	359	359	359	359	351	320	290	261	236	213	
356x171x51	1.00	318	310	284	258	232	208	186	150	124	105	90.7	80.0	71.0	14100
	1.50	318	318	318	309	289	268	246	206	173	146	124	111	99.8	
$M_{c,y,Rd}$ = 318	2.00	318	318	318	318	318	308	291	254	219	189	163	142	125	
$M_{c,z,Rd}$ = 61.8	2.50	318	318	318	318	318	318	318	291	258	228	201	178	157	
Class = 1	2.75	318	318	318	318	318	318	318	306	275	246	219	195	173	
356x171x45	1.00	275	266	243	220	196	174	154	122	99.7	83.5	71.7	62.5	54.5	12100
	1.50	275	275	275	265	246	227	207	170	139	115	98.9	87.5	78.4	
$M_{c,y,Rd}$ = 275	2.00	275	275	275	275	275	263	246	211	179	151	128	110	98.3	
$M_{c,z,Rd}$ = 52.2	2.50	275	275	275	275	275	275	274	244	213	184	159	138	121	
Class = 2	2.75	275	275	275	275	275	275	275	257	228	199	174	152	134	
356x127x39	1.00	231	204	176	150	128	109	94.4	73.7	60.2	50.2	42.5	36.9	32.7	10200
	1.50	234	234	217	195	172	151	132	102	83.1	71.1	62.2	55.3	49.0	
$M_{c,y,Rd}$ = 234	2.00	234	234	234	225	206	186	166	133	107	88.7	78.2	70.0	63.4	
$M_{c,z,Rd}$ = 31.6	2.50	234	234	234	234	230	213	195	162	134	111	93.6	83.3	75.8	
Class = 1	2.75	234	234	234	234	234	224	207	175	146	123	104	89.5	81.6	
356x127x33	1.00	189	165	141	118	98.9	83.3	71.2	54.5	43.5	35.3	29.7	25.6	22.6	8250
	1.50	193	193	176	155	135	116	99.6	74.6	61.0	51.6	44.5	38.5	33.9	
$M_{c,y,Rd}$ = 193	2.00	193	193	193	181	163	145	127	98.1	76.5	64.9	56.6	50.2	45.1	
$M_{c,z,Rd}$ = 24.9	2.50	193	193	193	193	184	168	151	121	96.5	77.8	67.4	60.1	54.3	
Class = 1	2.75	193	193	193	193	193	177	162	131	106	86.5	72.4	64.8	58.6	

Advance and UKB are trademarks of Corus. A fuller description of the relationship between Universal Beams (UB) and the Advance range of sections manufactured by Corus is given in note 12.

[1] C_1 is the factor dependent on the loading and end restraints.

Section classification given applies to members subject to bending about the y-y axis.

FOR EXPLANATION OF TABLES SEE NOTE 8.

| BS EN 1993-1-1:2005 |
| BS 4-1:2005 |

BENDING
UNIVERSAL BEAMS
Advance UKB

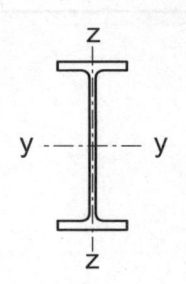

S355 / Advance355

Designation / Cross section resistance (kNm) / Classification	C_1 [1]	Buckling Resistance Moment $M_{b,Rd}$ (kNm) for Length between lateral restraints, L (m)												Second Moment of Area y-y axis I_y cm^4
		1.0	1.5	2.0	2.5	3.0	3.5	4.0	5.0	6.0	7.0	8.0	9.0	10.0	
305x165x54	1.00	300	296	279	261	242	223	205	172	146	126	111	96.3	85.2	11700
	1.50	300	300	300	300	292	278	263	232	203	178	156	138	124	
$M_{c,y,Rd}$ = 300	2.00	300	300	300	300	300	300	300	276	250	225	202	182	164	
$M_{c,z,Rd}$ = 69.6	2.50	300	300	300	300	300	300	300	300	286	264	242	221	202	
Class = 1	2.75	300	300	300	300	300	300	300	300	300	280	259	239	220	
305x165x46	1.00	256	251	236	220	203	185	168	138	116	98.7	83.9	72.5	63.9	9900
	1.50	256	256	256	256	246	233	218	189	162	139	120	106	95.7	
$M_{c,y,Rd}$ = 256	2.00	256	256	256	256	256	256	252	228	202	179	157	139	124	
$M_{c,z,Rd}$ = 58.9	2.50	256	256	256	256	256	256	256	256	234	212	191	172	155	
Class = 1	2.75	256	256	256	256	256	256	256	256	247	227	206	187	170	
305x165x40	1.00	221	216	203	188	173	156	141	114	93.4	78.0	65.2	56.0	49.2	8500
	1.50	221	221	221	221	211	198	184	156	131	111	94.2	83.7	73.8	
$M_{c,y,Rd}$ = 221	2.00	221	221	221	221	221	221	214	191	166	144	125	108	94.8	
$M_{c,z,Rd}$ = 50.4	2.50	221	221	221	221	221	221	221	216	195	173	153	136	120	
Class = 1	2.75	221	221	221	221	221	221	221	221	207	186	166	149	133	
305x127x48	1.00	251	224	199	175	154	136	121	99.5	84.3	73.1	64.6	57.8	51.5	9580
	1.50	252	252	241	221	202	184	167	139	117	100	89.3	80.7	73.7	
$M_{c,y,Rd}$ = 252	2.00	252	252	252	252	236	220	205	176	152	132	115	102	92.2	
$M_{c,z,Rd}$ = 41.2	2.50	252	252	252	252	252	247	233	207	183	162	144	128	114	
Class = 1	2.75	252	252	252	252	252	252	245	220	197	176	157	141	126	
305x127x42	1.00	216	192	168	146	127	111	97.9	79.0	66.2	57.0	49.9	43.7	38.9	8200
	1.50	218	218	205	187	168	151	136	110	91.5	78.6	69.8	62.8	57.1	
$M_{c,y,Rd}$ = 218	2.00	218	218	218	214	199	183	168	142	120	102	87.8	78.6	71.9	
$M_{c,z,Rd}$ = 34.8	2.50	218	218	218	218	218	207	194	169	146	127	110	96.9	85.6	
Class = 1	2.75	218	218	218	218	218	217	205	180	158	138	122	107	95.2	
305x127x37	1.00	189	167	145	125	107	92.9	81.4	64.8	53.8	46.0	39.4	34.5	30.6	7170
	1.50	191	191	178	161	144	128	113	90.4	73.6	63.8	56.3	50.5	45.8	
$M_{c,y,Rd}$ = 191	2.00	191	191	191	186	171	156	142	117	96.9	81.2	70.4	63.5	57.9	
$M_{c,z,Rd}$ = 30.2	2.50	191	191	191	191	191	178	165	141	119	102	87.5	75.8	68.8	
Class = 1	2.75	191	191	191	191	191	187	175	151	130	112	96.8	84.3	73.9	

Advance and UKB are trademarks of Corus. A fuller description of the relationship between Universal Beams (UB) and the Advance range of sections manufactured by Corus is given in note 12.

[1] C_1 is the factor dependent on the loading and end restraints.

Section classification given applies to members subject to bending about the y-y axis.

FOR EXPLANATION OF TABLES SEE NOTE 8.

| BS EN 1993-1-1:2005 | | | | | | | **BENDING** | | | | | | | **S355 / Advance355** |

UNIVERSAL BEAMS
Advance UKB

Designation Cross section resistance (kNm) Classification	$C_1^{(1)}$	Buckling Resistance Moment $M_{b,Rd}$ (kNm) for Length between lateral restraints, L (m)												Second Moment of Area y-y axis I_y cm^4
		1.0	1.5	2.0	2.5	3.0	3.5	4.0	5.0	6.0	7.0	8.0	9.0	10.0	
305x102x33	1.00	159	135	112	92.7	77.6	66.1	57.5	45.4	37.2	31.0	26.6	23.4	20.8	6500
	1.50	171	164	145	125	107	92.5	80.1	62.5	52.6	45.4	39.9	35.0	31.2	
$M_{c,y,Rd}$ = 171	2.00	171	171	166	150	133	117	104	81.5	65.5	57.1	50.6	45.5	41.4	
$M_{c,z,Rd}$ = 21.3	2.50	171	171	171	168	153	138	125	101	82.5	68.3	60.3	54.4	49.7	
Class = 1	2.75	171	171	171	171	161	148	134	110	91.1	75.9	64.7	58.6	53.6	
305x102x28	1.00	132	111	90.2	73.1	60.1	50.5	43.4	33.7	26.7	22.1	18.9	16.5	14.7	5370
	1.50	143	135	117	99.6	83.8	70.6	59.9	46.9	38.9	33.2	28.3	24.8	22.0	
$M_{c,y,Rd}$ = 143	2.00	143	143	136	121	105	90.7	78.4	59.4	48.8	42.1	37.0	33.0	29.3	
$M_{c,z,Rd}$ = 17.0	2.50	143	143	143	136	122	108	95.7	74.6	58.9	50.1	44.4	39.8	36.1	
Class = 1	2.75	143	143	143	143	130	116	104	82.0	65.4	53.9	47.8	43.0	39.1	
305x102x25	1.00	111	91.3	72.9	58.0	47.0	39.1	33.2	25.0	19.6	16.1	13.7	12.0	10.6	4460
	1.50	121	113	96.2	79.9	65.7	54.3	45.6	35.7	29.2	24.2	20.6	18.0	15.9	
$M_{c,y,Rd}$ = 121	2.00	121	121	113	98.0	83.4	70.6	59.7	44.6	37.0	31.6	27.5	23.9	21.2	
$M_{c,z,Rd}$ = 13.8	2.50	121	121	121	112	98.4	85.5	73.8	55.4	44.0	37.9	33.3	29.7	26.5	
Class = 1	2.75	121	121	121	118	105	92.2	80.5	61.3	47.4	40.8	35.9	32.1	29.1	
254x146x43	1.00	201	194	181	168	155	142	130	109	92.8	80.7	70.5	61.6	54.8	6540
	1.50	201	201	201	199	190	180	169	148	130	114	100	88.9	80.6	
$M_{c,y,Rd}$ = 201	2.00	201	201	201	201	201	201	196	179	161	145	130	117	106	
$M_{c,z,Rd}$ = 50.1	2.50	201	201	201	201	201	201	201	201	186	171	157	143	131	
Class = 1	2.75	201	201	201	201	201	201	201	201	196	182	169	155	143	
254x146x37	1.00	171	165	154	141	129	117	105	86.5	72.7	62.1	52.9	46.1	40.9	5540
	1.50	171	171	171	169	160	150	139	120	102	87.8	76.2	68.0	61.3	
$M_{c,y,Rd}$ = 171	2.00	171	171	171	171	171	171	163	146	129	114	100	88.9	79.1	
$M_{c,z,Rd}$ = 42.2	2.50	171	171	171	171	171	171	171	166	151	137	123	111	99.6	
Class = 1	2.75	171	171	171	171	171	171	171	171	160	146	133	121	109	
254x146x31	1.00	140	133	123	112	101	89.8	79.7	63.7	52.4	42.9	36.2	31.4	27.7	4410
	1.50	140	140	140	135	127	117	108	89.1	73.8	61.8	53.8	47.1	41.6	
$M_{c,y,Rd}$ = 140	2.00	140	140	140	140	140	136	128	111	95.2	81.4	70.0	60.6	54.7	
$M_{c,z,Rd}$ = 33.4	2.50	140	140	140	140	140	140	140	129	114	99.7	87.3	76.7	67.6	
Class = 1	2.75	140	140	140	140	140	140	140	136	122	108	95.5	84.5	75.0	
254x102x28	1.00	118	101	85.2	71.5	60.7	52.3	45.9	36.8	30.8	26.0	22.4	19.7	17.6	4000
	1.50	125	122	109	95.5	83.4	73.0	64.2	50.6	42.6	37.1	32.8	29.5	26.3	
$M_{c,y,Rd}$ = 125	2.00	125	125	124	113	102	91.6	82.1	66.4	54.5	46.3	41.3	37.3	34.1	
$M_{c,z,Rd}$ = 19.5	2.50	125	125	125	125	116	107	97.7	81.4	68.2	57.6	49.2	44.4	40.7	
Class = 1	2.75	125	125	125	125	122	113	104	88.3	74.8	63.7	54.7	47.7	43.8	

Advance and UKB are trademarks of Corus. A fuller description of the relationship between Universal Beams (UB) and the Advance range of sections manufactured by Corus is given in note 12.

[1] C_1 is the factor dependent on the loading and end restraints.

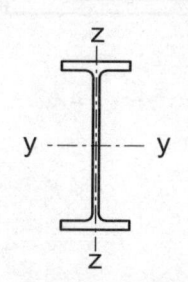

Section classification given applies to members subject to bending about the y-y axis.

FOR EXPLANATION OF TABLES SEE NOTE 8.

BS EN 1993-1-1:2005
BS 4-1:2005

BENDING

UNIVERSAL BEAMS
Advance UKB

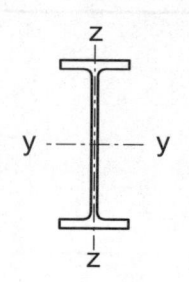

S355 / Advance355

Designation Cross section resistance (kNm) Classification	$C_1^{(1)}$	Buckling Resistance Moment $M_{b,Rd}$ (kNm) for Length between lateral restraints, L (m)												Second Moment of Area y-y axis I_y cm^4
		1.0	1.5	2.0	2.5	3.0	3.5	4.0	5.0	6.0	7.0	8.0	9.0	10.0	
254x102x25	1.00	101	86.0	71.3	58.9	49.2	42.0	36.5	28.9	23.6	19.7	16.9	14.8	13.2	3420
	1.50	109	104	91.8	79.4	68.2	58.7	50.8	39.7	33.4	28.8	25.4	22.3	19.8	
$M_{c,y,Rd}$ = 109	2.00	109	109	106	95.1	84.4	74.5	65.8	51.7	41.6	36.3	32.2	28.9	26.3	
$M_{c,z,Rd}$ = 16.3	2.50	109	109	109	107	97.2	88.0	79.2	64.2	52.4	43.4	38.3	34.6	31.6	
Class = 1	2.75	109	109	109	109	103	93.7	85.2	70.0	57.8	48.2	41.1	37.3	34.1	
254x102x22	1.00	84.8	71.0	57.8	46.9	38.6	32.5	28.0	21.8	17.4	14.4	12.3	10.8	9.59	2840
	1.50	91.9	86.7	75.3	63.9	53.8	45.5	38.7	30.3	25.2	21.6	18.5	16.2	14.4	
$M_{c,y,Rd}$ = 91.9	2.00	91.9	91.9	87.5	77.5	67.5	58.4	50.6	38.5	31.7	27.4	24.1	21.6	19.2	
$M_{c,z,Rd}$ = 13.1	2.50	91.9	91.9	91.9	87.6	78.6	69.8	61.7	48.3	38.4	32.6	28.9	25.9	23.6	
Class = 1	2.75	91.9	91.9	91.9	91.7	83.3	74.9	66.8	53.1	42.6	35.0	31.1	28.0	25.5	
203x133x30	1.00	111	105	97.6	89.4	81.1	73.3	66.3	55.0	46.6	40.2	34.5	30.2	26.9	2900
	1.50	111	111	111	108	102	95.2	88.6	76.2	65.6	56.8	49.7	44.5	40.4	
$M_{c,y,Rd}$ = 111	2.00	111	111	111	111	111	110	105	93.7	83.2	73.7	65.4	58.2	52.1	
$M_{c,z,Rd}$ = 31.2	2.50	111	111	111	111	111	111	111	107	97.6	88.5	80.0	72.4	65.5	
Class = 1	2.75	111	111	111	111	111	111	111	111	104	94.9	86.7	79.0	71.9	
203x133x25	1.00	91.6	85.9	78.9	71.4	63.8	56.7	50.5	40.8	34.0	28.1	24.0	20.9	18.6	2340
	1.50	91.6	91.6	91.6	87.2	81.2	74.9	68.6	57.2	47.8	40.5	35.6	31.4	27.9	
$M_{c,y,Rd}$ = 91.6	2.00	91.6	91.6	91.6	91.6	91.6	87.6	82.4	71.7	61.8	53.4	46.3	40.4	36.5	
$M_{c,z,Rd}$ = 25.2	2.50	91.6	91.6	91.6	91.6	91.6	91.6	91.6	83.2	74.0	65.4	57.8	51.1	45.4	
Class = 1	2.75	91.6	91.6	91.6	91.6	91.6	91.6	91.6	87.9	79.2	70.8	63.1	56.3	50.3	
203x102x23	1.00	80.4	72.5	64.2	56.0	48.8	42.8	37.9	30.7	24.9	20.9	18.1	16.0	14.3	2100
	1.50	83.1	83.1	78.6	72.1	65.4	58.9	53.0	43.3	35.9	31.3	27.2	23.9	21.4	
$M_{c,y,Rd}$ = 83.1	2.00	83.1	83.1	83.1	82.7	77.4	71.7	66.2	56.0	47.4	40.5	35.0	31.7	28.5	
$M_{c,z,Rd}$ = 17.8	2.50	83.1	83.1	83.1	83.1	83.1	81.3	76.5	67.0	58.3	50.7	44.3	38.8	34.6	
Class = 1	2.75	83.1	83.1	83.1	83.1	83.1	83.1	80.7	71.8	63.2	55.5	48.9	43.1	38.2	
178x102x19	1.00	58.7	53.0	46.9	40.9	35.5	31.1	27.6	22.3	18.1	15.2	13.1	11.6	10.3	1360
	1.50	60.7	60.7	57.4	52.6	47.7	42.9	38.6	31.5	26.1	22.7	19.7	17.3	15.5	
$M_{c,y,Rd}$ = 60.7	2.00	60.7	60.7	60.7	60.4	56.5	52.3	48.2	40.7	34.5	29.4	25.4	23.0	20.7	
$M_{c,z,Rd}$ = 14.9	2.50	60.7	60.7	60.7	60.7	60.7	59.3	55.8	48.8	42.4	36.8	32.1	28.1	25.1	
Class = 1	2.75	60.7	60.7	60.7	60.7	60.7	60.7	58.9	52.3	46.0	40.3	35.4	31.3	27.7	
152x89x16	1.00	41.3	36.8	32.2	28.0	24.4	21.5	19.2	15.6	12.8	10.8	9.39	8.31	7.45	834
	1.50	43.7	43.5	40.2	36.6	33.1	29.8	26.9	22.1	18.5	16.2	14.1	12.5	11.2	
$M_{c,y,Rd}$ = 43.7	2.00	43.7	43.7	43.7	42.5	39.6	36.7	33.8	28.7	24.4	20.9	18.2	16.5	14.9	
$M_{c,z,Rd}$ = 11.0	2.50	43.7	43.7	43.7	43.7	43.7	41.9	39.4	34.5	30.1	26.2	23.0	20.2	18.1	
Class = 1	2.75	43.7	43.7	43.7	43.7	43.7	43.7	41.6	37.0	32.7	28.8	25.4	22.4	19.9	
127x76x13	1.00	27.5	24.3	21.2	18.6	16.3	14.5	13.0	10.7	8.83	7.52	6.55	5.81	5.22	473
	1.50	29.8	29.1	26.8	24.5	22.2	20.1	18.3	15.2	12.8	11.2	9.83	8.71	7.82	
$M_{c,y,Rd}$ = 29.8	2.00	29.8	29.8	29.8	28.6	26.7	24.8	23.0	19.7	16.9	14.5	12.6	11.5	10.4	
$M_{c,z,Rd}$ = 8.17	2.50	29.8	29.8	29.8	29.8	29.8	28.4	26.8	23.6	20.7	18.2	16.0	14.1	12.6	
Class = 1	2.75	29.8	29.8	29.8	29.8	29.8	29.8	28.3	25.3	22.5	19.9	17.7	15.7	14.0	

Advance and UKB are trademarks of Corus. A fuller description of the relationship between Universal Beams (UB) and the Advance range of sections manufactured by Corus is given in note 12.

[1] C_1 is the factor dependent on the loading and end restraints.
Section classification given applies to members subject to bending about the y-y axis.
FOR EXPLANATION OF TABLES SEE NOTE 8.

BS EN 1993-1-1:2005													
BS 4-1:2005													

BENDING

UNIVERSAL COLUMNS
Advance UKC

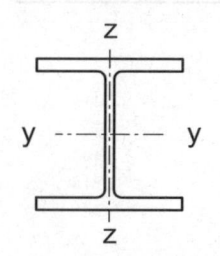

S355 / Advance355

Designation Cross section resistance (kNm) Classification	$C_1^{(1)}$	Buckling Resistance Moment $M_{b,Rd}$ (kNm) for Length between lateral restraints, L (m)												Second Moment of Area y-y axis I_y cm^4
		2.0	3.0	4.0	5.0	6.0	7.0	8.0	9.0	10.0	11.0	12.0	13.0	14.0	
356x406x634	1.00	4630	4630	4630	4630	4610	4540	4470	4410	4350	4300	4240	4190	4130	275000
	1.50	4630	4630	4630	4630	4630	4630	4630	4630	4630	4630	4630	4630	4630	
$M_{c,y,Rd}$ = 4630	2.00	4630	4630	4630	4630	4630	4630	4630	4630	4630	4630	4630	4630	4630	
$M_{c,z,Rd}$ = 2310	2.50	4630	4630	4630	4630	4630	4630	4630	4630	4630	4630	4630	4630	4630	
Class = 1	2.75	4630	4630	4630	4630	4630	4630	4630	4630	4630	4630	4630	4630	4630	
356x406x551	1.00	3920	3920	3920	3920	3880	3810	3750	3690	3640	3590	3530	3480	3430	227000
	1.50	3920	3920	3920	3920	3920	3920	3920	3920	3920	3920	3920	3920	3920	
$M_{c,y,Rd}$ = 3920	2.00	3920	3920	3920	3920	3920	3920	3920	3920	3920	3920	3920	3920	3920	
$M_{c,z,Rd}$ = 1970	2.50	3920	3920	3920	3920	3920	3920	3920	3920	3920	3920	3920	3920	3920	
Class = 1	2.75	3920	3920	3920	3920	3920	3920	3920	3920	3920	3920	3920	3920	3920	
356x406x467	1.00	3350	3350	3350	3330	3260	3200	3140	3090	3030	2980	2930	2880	2830	183000
	1.50	3350	3350	3350	3350	3350	3350	3350	3350	3350	3350	3350	3350	3340	
$M_{c,y,Rd}$ = 3350	2.00	3350	3350	3350	3350	3350	3350	3350	3350	3350	3350	3350	3350	3350	
$M_{c,z,Rd}$ = 1690	2.50	3350	3350	3350	3350	3350	3350	3350	3350	3350	3350	3350	3350	3350	
Class = 1	2.75	3350	3350	3350	3350	3350	3350	3350	3350	3350	3350	3350	3350	3350	
356x406x393	1.00	2750	2750	2750	2710	2650	2590	2540	2490	2430	2380	2340	2290	2240	147000
	1.50	2750	2750	2750	2750	2750	2750	2750	2750	2750	2750	2750	2720	2690	
$M_{c,y,Rd}$ = 2750	2.00	2750	2750	2750	2750	2750	2750	2750	2750	2750	2750	2750	2750	2750	
$M_{c,z,Rd}$ = 1390	2.50	2750	2750	2750	2750	2750	2750	2750	2750	2750	2750	2750	2750	2750	
Class = 1	2.75	2750	2750	2750	2750	2750	2750	2750	2750	2750	2750	2750	2750	2750	
356x406x340	1.00	2340	2340	2340	2290	2230	2180	2130	2070	2030	1980	1930	1890	1840	123000
	1.50	2340	2340	2340	2340	2340	2340	2340	2340	2340	2340	2300	2270	2240	
$M_{c,y,Rd}$ = 2340	2.00	2340	2340	2340	2340	2340	2340	2340	2340	2340	2340	2340	2340	2340	
$M_{c,z,Rd}$ = 1190	2.50	2340	2340	2340	2340	2340	2340	2340	2340	2340	2340	2340	2340	2340	
Class = 1	2.75	2340	2340	2340	2340	2340	2340	2340	2340	2340	2340	2340	2340	2340	
356x406x287	1.00	2010	2010	2000	1930	1880	1820	1770	1720	1670	1620	1570	1530	1480	99900
	1.50	2010	2010	2010	2010	2010	2010	2010	2010	1980	1950	1920	1880	1850	
$M_{c,y,Rd}$ = 2010	2.00	2010	2010	2010	2010	2010	2010	2010	2010	2010	2010	2010	2010	2010	
$M_{c,z,Rd}$ = 1020	2.50	2010	2010	2010	2010	2010	2010	2010	2010	2010	2010	2010	2010	2010	
Class = 1	2.75	2010	2010	2010	2010	2010	2010	2010	2010	2010	2010	2010	2010	2010	
356x406x235	1.00	1620	1620	1600	1540	1490	1440	1390	1340	1290	1250	1200	1160	1120	79100
	1.50	1620	1620	1620	1620	1620	1620	1620	1600	1560	1530	1500	1460	1430	
$M_{c,y,Rd}$ = 1620	2.00	1620	1620	1620	1620	1620	1620	1620	1620	1620	1620	1620	1620	1620	
$M_{c,z,Rd}$ = 822	2.50	1620	1620	1620	1620	1620	1620	1620	1620	1620	1620	1620	1620	1620	
Class = 1	2.75	1620	1620	1620	1620	1620	1620	1620	1620	1620	1620	1620	1620	1620	

Advance and UKC are trademarks of Corus. A fuller description of the relationship between Universal Columns (UC) and the Advance range of sections manufactured by Corus is given in note 12.

[1] C_1 is the factor dependent on the loading and end restraints.
Section classification given applies to members subject to bending about the y-y axis.
FOR EXPLANATION OF TABLES SEE NOTE 8.

| BS EN 1993-1-1:2005 BS 4-1:2005 | | BENDING UNIVERSAL COLUMNS Advance UKC | | | | | | | | | | | | | S355 / Advance355 |

Designation Cross section resistance (kNm) Classification	$C_1^{(1)}$	Buckling Resistance Moment $M_{b,Rd}$ (kNm) for Length between lateral restraints, L (m)												Second Moment of Area y-y axis I_y cm^4
		2.0	3.0	4.0	5.0	6.0	7.0	8.0	9.0	10.0	11.0	12.0	13.0	14.0	
356x368x202	1.00	1370	1370	1340	1290	1240	1190	1140	1090	1050	1000	960	920	881	66300
	1.50	1370	1370	1370	1370	1370	1370	1350	1320	1290	1250	1220	1190	1150	
$M_{c,y,Rd}$ = 1370	2.00	1370	1370	1370	1370	1370	1370	1370	1370	1370	1370	1370	1360	1340	
$M_{c,z,Rd}$ = 662	2.50	1370	1370	1370	1370	1370	1370	1370	1370	1370	1370	1370	1370	1370	
Class = 1	2.75	1370	1370	1370	1370	1370	1370	1370	1370	1370	1370	1370	1370	1370	
356x368x177	1.00	1190	1190	1160	1110	1060	1020	970	924	880	838	797	760	724	57100
	1.50	1190	1190	1190	1190	1190	1190	1160	1130	1100	1060	1030	996	962	
$M_{c,y,Rd}$ = 1190	2.00	1190	1190	1190	1190	1190	1190	1190	1190	1190	1190	1180	1160	1130	
$M_{c,z,Rd}$ = 576	2.50	1190	1190	1190	1190	1190	1190	1190	1190	1190	1190	1190	1190	1190	
Class = 1	2.75	1190	1190	1190	1190	1190	1190	1190	1190	1190	1190	1190	1190	1190	
356x368x153	1.00	1020	1020	990	946	902	857	812	769	727	687	649	614	582	48600
	1.50	1020	1020	1020	1020	1020	1020	984	952	919	885	852	819	786	
$M_{c,y,Rd}$ = 1020	2.00	1020	1020	1020	1020	1020	1020	1020	1020	1020	1020	991	964	937	
$M_{c,z,Rd}$ = 495	2.50	1020	1020	1020	1020	1020	1020	1020	1020	1020	1020	1020	1020	1020	
Class = 2	2.75	1020	1020	1020	1020	1020	1020	1020	1020	1020	1020	1020	1020	1020	
356x368x129	1.00	781	781	760	726	691	656	621	586	551	519	489	461	435	40200
	1.50	781	781	781	781	781	776	752	726	699	671	644	617	590	
$M_{c,y,Rd}$ = 781	2.00	781	781	781	781	781	781	781	781	781	773	751	729	707	
$M_{c,z,Rd}$ = 274	2.50	781	781	781	781	781	781	781	781	781	781	781	781	781	
Class = 3	2.75	781	781	781	781	781	781	781	781	781	781	781	781	781	
305x305x283	1.00	1710	1710	1680	1640	1590	1550	1510	1480	1440	1400	1370	1330	1300	78900
	1.50	1710	1710	1710	1710	1710	1710	1710	1710	1700	1680	1650	1630	1600	
$M_{c,y,Rd}$ = 1710	2.00	1710	1710	1710	1710	1710	1710	1710	1710	1710	1710	1710	1710	1710	
$M_{c,z,Rd}$ = 785	2.50	1710	1710	1710	1710	1710	1710	1710	1710	1710	1710	1710	1710	1710	
Class = 1	2.75	1710	1710	1710	1710	1710	1710	1710	1710	1710	1710	1710	1710	1710	
305x305x240	1.00	1470	1470	1430	1380	1340	1300	1260	1220	1180	1150	1110	1080	1040	64200
	1.50	1470	1470	1470	1470	1470	1470	1470	1450	1420	1400	1370	1340	1320	
$M_{c,y,Rd}$ = 1470	2.00	1470	1470	1470	1470	1470	1470	1470	1470	1470	1470	1470	1470	1470	
$M_{c,z,Rd}$ = 673	2.50	1470	1470	1470	1470	1470	1470	1470	1470	1470	1470	1470	1470	1470	
Class = 1	2.75	1470	1470	1470	1470	1470	1470	1470	1470	1470	1470	1470	1470	1470	
305x305x198	1.00	1190	1190	1140	1100	1060	1020	982	946	911	877	844	813	783	50900
	1.50	1190	1190	1190	1190	1190	1190	1170	1140	1120	1090	1070	1040	1020	
$M_{c,y,Rd}$ = 1190	2.00	1190	1190	1190	1190	1190	1190	1190	1190	1190	1190	1190	1190	1170	
$M_{c,z,Rd}$ = 545	2.50	1190	1190	1190	1190	1190	1190	1190	1190	1190	1190	1190	1190	1190	
Class = 1	2.75	1190	1190	1190	1190	1190	1190	1190	1190	1190	1190	1190	1190	1190	

Advance and UKC are trademarks of Corus. A fuller description of the relationship between Universal Columns (UC) and the Advance range of sections manufactured by Corus is given in note 12.

[1] C_1 is the factor dependent on the loading and end restraints.

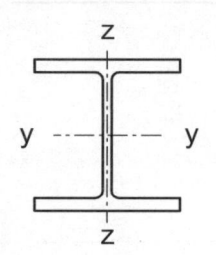

Section classification given applies to members subject to bending about the y-y axis.

FOR EXPLANATION OF TABLES SEE NOTE 8.

BS EN 1993-1-1:2005
BS 4-1:2005

BENDING

UNIVERSAL COLUMNS
Advance UKC

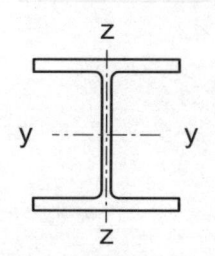

S355 / Advance355

Designation / Cross section resistance (kNm) / Classification	$C_1^{(1)}$	Buckling Resistance Moment $M_{b,Rd}$ (kNm) for Length between lateral restraints, L (m)												Second Moment of Area y-y axis I_y cm^4
		2.0	3.0	4.0	5.0	6.0	7.0	8.0	9.0	10.0	11.0	12.0	13.0	14.0	
305x305x158	1.00	925	918	877	838	801	764	729	694	662	631	601	574	548	38700
	1.50	925	925	925	925	925	910	886	860	835	809	783	758	733	
$M_{c,y,Rd}$ = 925	2.00	925	925	925	925	925	925	925	925	925	925	906	886	866	
$M_{c,z,Rd}$ = 424	2.50	925	925	925	925	925	925	925	925	925	925	925	925	925	
Class = 1	2.75	925	925	925	925	925	925	925	925	925	925	925	925	925	
305x305x137	1.00	792	783	746	709	673	637	603	570	539	510	484	459	436	32800
	1.50	792	792	792	792	792	768	743	718	692	667	642	617	593	
$M_{c,y,Rd}$ = 792	2.00	792	792	792	792	792	792	792	792	792	773	753	733	712	
$M_{c,z,Rd}$ = 363	2.50	792	792	792	792	792	792	792	792	792	792	792	792	792	
Class = 1	2.75	792	792	792	792	792	792	792	792	792	792	792	792	792	
305x305x118	1.00	675	665	630	590	562	528	495	464	435	408	384	362	342	27700
	1.50	675	675	675	675	667	644	619	593	568	543	519	495	472	
$M_{c,y,Rd}$ = 675	2.00	675	675	675	675	675	675	675	675	658	639	618	598	577	
$M_{c,z,Rd}$ = 309	2.50	675	675	675	675	675	675	675	675	675	675	675	673	656	
Class = 1	2.75	675	675	675	675	675	675	675	675	675	675	675	675	675	
305x305x97	1.00	513	506	479	451	423	395	367	342	318	296	277	260	244	22200
	1.50	513	513	513	513	505	484	463	442	420	399	378	358	340	
$M_{c,y,Rd}$ = 513	2.00	513	513	513	513	513	513	513	508	491	474	456	438	421	
$M_{c,z,Rd}$ = 170	2.50	513	513	513	513	513	513	513	513	513	513	512	498	483	
Class = 3	2.75	513	513	513	513	513	513	513	513	513	513	513	513	508	
254x254x167	1.00	836	826	794	765	738	712	687	663	639	616	594	573	552	30000
	1.50	836	836	836	836	836	836	821	804	787	769	751	734	716	
$M_{c,y,Rd}$ = 836	2.00	836	836	836	836	836	836	836	836	836	836	836	836	825	
$M_{c,z,Rd}$ = 392	2.50	836	836	836	836	836	836	836	836	836	836	836	836	836	
Class = 1	2.75	836	836	836	836	836	836	836	836	836	836	836	836	836	
254x254x132	1.00	645	630	601	574	549	525	501	479	457	436	417	399	381	22500
	1.50	645	645	645	645	645	629	613	596	578	561	544	527	510	
$M_{c,y,Rd}$ = 645	2.00	645	645	645	645	645	645	645	645	645	643	630	617	603	
$M_{c,z,Rd}$ = 303	2.50	645	645	645	645	645	645	645	645	645	645	645	645	645	
Class = 1	2.75	645	645	645	645	645	645	645	645	645	645	645	645	645	
254x254x107	1.00	512	495	469	444	419	396	374	353	334	315	299	283	269	17500
	1.50	512	512	512	512	502	485	468	451	434	418	401	385	370	
$M_{c,y,Rd}$ = 512	2.00	512	512	512	512	512	512	512	512	502	489	475	462	448	
$M_{c,z,Rd}$ = 240	2.50	512	512	512	512	512	512	512	512	512	512	512	512	506	
Class = 1	2.75	512	512	512	512	512	512	512	512	512	512	512	512	512	

Advance and UKC are trademarks of Corus. A fuller description of the relationship between Universal Columns (UC) and the Advance range of sections manufactured by Corus is given in note 12.

[1] C_1 is the factor dependent on the loading and end restraints.

Section classification given applies to members subject to bending about the y-y axis.

FOR EXPLANATION OF TABLES SEE NOTE 8.

| BS EN 1993-1-1:2005 | | | | | | | | | | | | | | | |
| BS 4-1:2005 | | | | | | | | | | | | | | | |

BENDING

UNIVERSAL COLUMNS
Advance UKC

S355 / Advance355

Designation Cross section resistance (kNm) Classification	$C_1^{(1)}$	Buckling Resistance Moment $M_{b,Rd}$ (kNm) for Length between lateral restraints, L (m)												Second Moment of Area y-y axis I_y cm^4
		2.0	3.0	4.0	5.0	6.0	7.0	8.0	9.0	10.0	11.0	12.0	13.0	14.0	
254x254x89 $M_{c,y,Rd}$ = 422 $M_{c,z,Rd}$ = 198 Class = 1	1.00	422	405	381	357	334	312	291	272	254	238	224	211	199	14300
	1.50	422	422	422	421	405	389	372	355	338	322	307	292	278	
	2.00	422	422	422	422	422	422	422	412	398	385	371	358	345	
	2.50	422	422	422	422	422	422	422	422	422	422	419	407	396	
	2.75	422	422	422	422	422	422	422	422	422	422	422	422	417	
254x254x73 $M_{c,y,Rd}$ = 352 $M_{c,z,Rd}$ = 165 Class = 2	1.00	352	334	311	288	265	243	223	205	189	176	164	153	144	11400
	1.50	352	352	352	344	328	310	293	275	259	243	228	215	202	
	2.00	352	352	352	352	352	352	341	327	312	298	284	271	257	
	2.50	352	352	352	352	352	352	352	352	351	339	327	315	303	
	2.75	352	352	352	352	352	352	352	352	352	352	345	334	323	
203x203x127 + $M_{c,y,Rd}$ = 523 $M_{c,z,Rd}$ = 243 Class = 1	1.00	523	508	488	469	452	435	419	403	388	373	359	345	332	15400
	1.50	523	523	523	523	523	517	506	495	483	471	459	447	436	
	2.00	523	523	523	523	523	523	523	523	523	523	523	516	507	
	2.50	523	523	523	523	523	523	523	523	523	523	523	523	523	
	2.75	523	523	523	523	523	523	523	523	523	523	523	523	523	
203x203x113 + $M_{c,y,Rd}$ = 459 $M_{c,z,Rd}$ = 213 Class = 1	1.00	459	441	422	404	388	371	356	341	326	312	299	287	275	13300
	1.50	459	459	459	459	457	446	435	424	412	401	389	378	366	
	2.00	459	459	459	459	459	459	459	459	459	459	450	441	432	
	2.50	459	459	459	459	459	459	459	459	459	459	459	459	459	
	2.75	459	459	459	459	459	459	459	459	459	459	459	459	459	
203x203x100 + $M_{c,y,Rd}$ = 396 $M_{c,z,Rd}$ = 184 Class = 1	1.00	396	377	359	342	326	311	296	282	268	255	243	232	222	11300
	1.50	396	396	396	396	389	378	367	356	345	333	322	311	300	
	2.00	396	396	396	396	396	396	396	396	395	386	378	369	359	
	2.50	396	396	396	396	396	396	396	396	396	396	396	396	396	
	2.75	396	396	396	396	396	396	396	396	396	396	396	396	396	
203x203x86 $M_{c,y,Rd}$ = 337 $M_{c,z,Rd}$ = 157 Class = 1	1.00	337	318	300	284	269	254	240	226	214	203	192	182	173	9450
	1.50	337	337	337	336	325	314	303	292	281	270	259	249	239	
	2.00	337	337	337	337	337	337	337	335	327	318	309	300	291	
	2.50	337	337	337	337	337	337	337	337	337	337	337	337	330	
	2.75	337	337	337	337	337	337	337	337	337	337	337	337	337	
203x203x71 $M_{c,y,Rd}$ = 276 $M_{c,z,Rd}$ = 129 Class = 1	1.00	274	256	240	224	209	195	182	171	160	150	141	133	126	7620
	1.50	276	276	276	269	258	247	236	225	215	205	195	185	176	
	2.00	276	276	276	276	276	276	272	264	255	246	237	229	220	
	2.50	276	276	276	276	276	276	276	276	276	276	269	262	254	
	2.75	276	276	276	276	276	276	276	276	276	276	276	275	268	

Advance and UKC are trademarks of Corus. A fuller description of the relationship between Universal Columns (UC) and the Advance range of sections manufactured by Corus is given in note 12.

[1] C_1 is the factor dependent on the loading and end restraints.

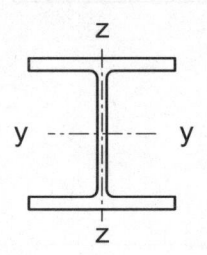

Section classification given applies to members subject to bending about the y-y axis.

FOR EXPLANATION OF TABLES SEE NOTE 8.

BS EN 1993-1-1:2005		BENDING												S355 / Advance355
BS 4-1:2005														

UNIVERSAL COLUMNS
Advance UKC

Designation / Cross section resistance (kNm) / Classification	$C_1^{(1)}$	Buckling Resistance Moment $M_{b,Rd}$ (kNm) for Length between lateral restraints, L (m)												Second Moment of Area y-y axis I_y cm^4
		1.0	1.5	2.0	2.5	3.0	3.5	4.0	5.0	6.0	7.0	8.0	9.0	10.0	
203x203x60	1.00	233	233	230	221	213	205	196	181	166	152	140	129	120	6120
	1.50	233	233	233	233	233	233	232	221	210	198	187	176	165	
$M_{c,y,Rd}$ = 233	2.00	233	233	233	233	233	233	233	233	233	229	220	210	201	
$M_{c,z,Rd}$ = 108	2.50	233	233	233	233	233	233	233	233	233	233	233	233	228	
Class = 1	2.75	233	233	233	233	233	233	233	233	233	233	233	233	233	
203x203x52	1.00	201	201	198	190	182	174	167	151	137	125	114	104	95.8	5260
	1.50	201	201	201	201	201	201	198	188	176	165	154	143	133	
$M_{c,y,Rd}$ = 201	2.00	201	201	201	201	201	201	201	201	201	193	184	174	165	
$M_{c,z,Rd}$ = 93.8	2.50	201	201	201	201	201	201	201	201	201	201	201	197	190	
Class = 1	2.75	201	201	201	201	201	201	201	201	201	201	201	201	199	
203x203x46	1.00	177	177	173	166	158	151	144	129	115	104	93.5	85.1	77.9	4570
	1.50	177	177	177	177	177	177	172	161	150	139	128	118	109	
$M_{c,y,Rd}$ = 177	2.00	177	177	177	177	177	177	177	177	173	164	155	146	137	
$M_{c,z,Rd}$ = 81.9	2.50	177	177	177	177	177	177	177	177	177	177	175	167	160	
Class = 2	2.75	177	177	177	177	177	177	177	177	177	177	177	176	169	
152x152x51 +	1.00	155	155	149	143	138	133	128	119	110	102	94.4	87.8	81.9	3230
	1.50	155	155	155	155	155	155	153	146	139	132	125	119	112	
$M_{c,y,Rd}$ = 155	2.00	155	155	155	155	155	155	155	155	155	153	147	142	136	
$M_{c,z,Rd}$ = 70.6	2.50	155	155	155	155	155	155	155	155	155	155	155	155	154	
Class = 1	2.75	155	155	155	155	155	155	155	155	155	155	155	155	155	
152x152x44 +	1.00	132	131	125	120	115	110	105	96.2	88.0	80.6	74.1	68.4	63.4	2700
	1.50	132	132	132	132	132	131	127	121	114	107	100	94.1	88.2	
$M_{c,y,Rd}$ = 132	2.00	132	132	132	132	132	132	132	132	131	125	120	115	109	
$M_{c,z,Rd}$ = 60.0	2.50	132	132	132	132	132	132	132	132	132	132	132	130	125	
Class = 1	2.75	132	132	132	132	132	132	132	132	132	132	132	132	131	
152x152x37	1.00	110	108	103	98.0	93.1	88.4	83.8	75.2	67.7	61.2	55.7	51.0	47.0	2210
	1.50	110	110	110	110	110	106	103	96.3	89.5	83.0	76.8	71.2	66.0	
$M_{c,y,Rd}$ = 110	2.00	110	110	110	110	110	110	110	110	105	99.3	93.9	88.5	83.3	
$M_{c,z,Rd}$ = 49.5	2.50	110	110	110	110	110	110	110	110	110	110	107	102	97.3	
Class = 1	2.75	110	110	110	110	110	110	110	110	110	110	110	107	103	
152x152x30	1.00	87.9	86.2	81.6	77.0	72.4	67.9	63.6	55.7	49.1	43.7	39.3	35.6	32.5	1750
	1.50	87.9	87.9	87.9	87.9	86.4	83.2	79.9	73.1	66.6	60.5	55.0	50.1	45.8	
$M_{c,y,Rd}$ = 87.9	2.00	87.9	87.9	87.9	87.9	87.9	87.9	87.9	85.1	79.7	74.2	68.9	63.9	59.3	
$M_{c,z,Rd}$ = 39.6	2.50	87.9	87.9	87.9	87.9	87.9	87.9	87.9	87.9	87.9	84.6	80.0	75.4	70.9	
Class = 1	2.75	87.9	87.9	87.9	87.9	87.9	87.9	87.9	87.9	87.9	87.9	84.5	80.2	76.0	
152x152x23	1.00	58.2	57.2	54.0	50.7	47.3	43.9	40.7	34.8	30.1	26.4	23.4	20.9	18.6	1250
	1.50	58.2	58.2	58.2	58.2	56.8	54.3	51.7	46.4	41.4	36.9	33.0	29.6	26.7	
$M_{c,y,Rd}$ = 58.2	2.00	58.2	58.2	58.2	58.2	58.2	58.2	58.2	54.8	50.4	46.1	42.1	38.4	35.1	
$M_{c,z,Rd}$ = 18.7	2.50	58.2	58.2	58.2	58.2	58.2	58.2	58.2	58.2	57.1	53.4	49.7	46.2	42.8	
Class = 3	2.75	58.2	58.2	58.2	58.2	58.2	58.2	58.2	58.2	58.2	56.4	52.9	49.5	46.2	

Advance and UKC are trademarks of Corus. A fuller description of the relationship between Universal Columns (UC) and the Advance range of sections manufactured by Corus is given in note 12.

+ These sections are in addition to the range of BS 4 sections.

(1) C_1 is the factor dependent on the loading and end restraints.

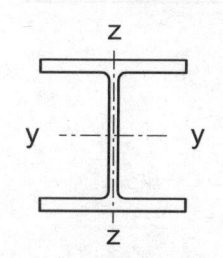

Section classification given applies to members subject to bending about the y-y axis.

FOR EXPLANATION OF TABLES SEE NOTE 8.

BENDING

JOISTS

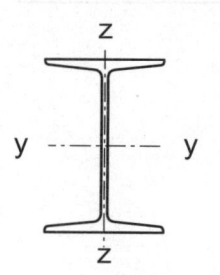

BS EN 1993-1-1:2005
BS 4-1:2005

S355

Designation Cross section resistance (kNm) Classification	$C_1^{(1)}$	Buckling Resistance Moment $M_{b,Rd}$ (kNm) for Length between lateral restraints, L (m)													Second Moment of Area y-y axis I_y cm^4
		1.0	1.5	2.0	2.5	3.0	3.5	4.0	5.0	6.0	7.0	8.0	9.0	10.0	
254x203x82 $M_{c,y,Rd}$ = 372 $M_{c,z,Rd}$ = 128 Class = 1	1.00	372	372	364	352	340	328	317	296	276	257	240	224	210	12000
	1.50	372	372	372	372	372	372	372	358	343	328	313	298	284	
	2.00	372	372	372	372	372	372	372	372	372	372	363	351	339	
	2.50	372	372	372	372	372	372	372	372	372	372	372	372	372	
	2.75	372	372	372	372	372	372	372	372	372	372	372	372	372	
254x114x37 $M_{c,y,Rd}$ = 163 $M_{c,z,Rd}$ = 28.1 Class = 1	1.00	157	139	122	107	94.6	84.5	76.1	63.5	54.5	47.7	42.5	38.3	34.4	5080
	1.50	163	163	150	138	126	115	105	88.7	75.9	65.6	58.6	53.3	48.8	
	2.00	163	163	163	158	148	139	129	113	98.2	86.1	76.0	67.4	61.0	
	2.50	163	163	163	163	163	157	148	133	118	106	94.4	84.7	76.2	
	2.75	163	163	163	163	163	163	156	141	127	115	103	93.1	84.2	
203x152x52 $M_{c,y,Rd}$ = 187 $M_{c,z,Rd}$ = 60.7 Class = 1	1.00	187	183	175	168	160	153	147	134	123	112	103	95.3	88.4	4800
	1.50	187	187	187	187	187	183	178	169	159	150	140	131	123	
	2.00	187	187	187	187	187	187	187	187	184	176	168	160	153	
	2.50	187	187	187	187	187	187	187	187	187	187	187	182	175	
	2.75	187	187	187	187	187	187	187	187	187	187	187	187	184	
152x127x37 $M_{c,y,Rd}$ = 99.0 $M_{c,z,Rd}$ = 35.4 Class = 1	1.00	99.0	95.0	90.5	86.4	82.4	78.6	74.9	68.1	61.9	56.5	51.8	47.7	44.2	1820
	1.50	99.0	99.0	99.0	99.0	97.9	95.3	92.6	87.1	81.6	76.3	71.2	66.4	61.9	
	2.00	99.0	99.0	99.0	99.0	99.0	99.0	99.0	99.0	95.2	90.8	86.4	82.0	77.6	
	2.50	99.0	99.0	99.0	99.0	99.0	99.0	99.0	99.0	99.0	99.0	97.6	93.9	90.1	
	2.75	99.0	99.0	99.0	99.0	99.0	99.0	99.0	99.0	99.0	99.0	99.0	98.6	95.2	
127x114x29 $M_{c,y,Rd}$ = 64.3 $M_{c,z,Rd}$ = 25.1 Class = 1	1.00	64.3	61.0	58.1	55.3	52.7	50.2	47.8	43.3	39.3	35.8	32.8	30.2	27.9	979
	1.50	64.3	64.3	64.3	64.3	63.0	61.2	59.4	55.8	52.1	48.6	45.2	42.1	39.2	
	2.00	64.3	64.3	64.3	64.3	64.3	64.3	64.3	64.0	61.1	58.2	55.2	52.2	49.3	
	2.50	64.3	64.3	64.3	64.3	64.3	64.3	64.3	64.3	64.3	64.3	62.6	60.1	57.5	
	2.75	64.3	64.3	64.3	64.3	64.3	64.3	64.3	64.3	64.3	64.3	64.3	63.3	60.9	
127x114x27 $M_{c,y,Rd}$ = 61.1 $M_{c,z,Rd}$ = 24.2 Class = 1	1.00	61.1	57.7	54.8	52.0	49.4	46.8	44.4	39.9	36.0	32.7	29.8	27.4	25.2	946
	1.50	61.1	61.1	61.1	61.1	59.4	57.5	55.7	51.9	48.2	44.7	41.4	38.3	35.5	
	2.00	61.1	61.1	61.1	61.1	61.1	61.1	61.1	60.0	57.0	54.0	51.0	48.0	45.1	
	2.50	61.1	61.1	61.1	61.1	61.1	61.1	61.1	61.1	61.1	60.8	58.2	55.7	53.1	
	2.75	61.1	61.1	61.1	61.1	61.1	61.1	61.1	61.1	61.1	61.1	61.1	58.8	56.4	
127x76x16 $M_{c,y,Rd}$ = 36.9 $M_{c,z,Rd}$ = 9.37 Class = 1	1.00	34.2	31.0	28.0	25.3	22.8	20.7	18.9	16.1	13.9	11.9	10.4	9.23	8.30	571
	1.50	36.9	36.7	34.6	32.4	30.2	28.1	26.1	22.5	19.6	17.1	15.2	13.8	12.5	
	2.00	36.9	36.9	36.9	36.9	35.3	33.6	31.8	28.4	25.2	22.4	20.0	17.9	16.0	
	2.50	36.9	36.9	36.9	36.9	36.9	36.9	36.1	33.1	30.1	27.3	24.7	22.4	20.3	
	2.75	36.9	36.9	36.9	36.9	36.9	36.9	36.9	35.0	32.2	29.5	26.9	24.5	22.4	

(1) C_1 is the factor dependent on the loading and end restraints.
Section classification given applies to members subject to bending about the y-y axis.
FOR EXPLANATION OF TABLES SEE NOTE 8.

BS EN 1993-1-1:2005 BS 4-1:2005	**BENDING** JOISTS													**S355**
Designation Cross section resistance (kNm) Classification	$C_1^{(1)}$	Buckling Resistance Moment $M_{b,Rd}$ (kNm) for Length between lateral restraints, L (m)												Second Moment of Area y-y axis I_y cm^4
		1.0	1.5	2.0	2.5	3.0	3.5	4.0	5.0	6.0	7.0	8.0	9.0	10.0	
114x114x27 $M_{c,y,Rd}$ = 53.6 $M_{c,z,Rd}$ = 23.4 Class = 1	1.00	53.6	51.3	49.0	46.9	44.9	43.0	41.2	37.7	34.5	31.6	29.1	26.9	24.9	736
	1.50	53.6	53.6	53.6	53.6	53.2	51.9	50.6	47.8	45.0	42.3	39.7	37.2	34.8	
	2.00	53.6	53.6	53.6	53.6	53.6	53.6	53.6	53.6	52.2	50.0	47.8	45.5	43.3	
	2.50	53.6	53.6	53.6	53.6	53.6	53.6	53.6	53.6	53.6	53.6	53.6	51.8	49.9	
	2.75	53.6	53.6	53.6	53.6	53.6	53.6	53.6	53.6	53.6	53.6	53.6	53.6	52.5	
102x102x23 $M_{c,y,Rd}$ = 40.1 $M_{c,z,Rd}$ = 18.0 Class = 1	1.00	40.0	38.0	36.3	34.7	33.2	31.7	30.3	27.6	25.2	23.1	21.2	19.5	18.1	486
	1.50	40.1	40.1	40.1	40.1	39.5	38.5	37.5	35.3	33.2	31.1	29.0	27.1	25.3	
	2.00	40.1	40.1	40.1	40.1	40.1	40.1	40.1	40.1	38.7	36.9	35.2	33.4	31.7	
	2.50	40.1	40.1	40.1	40.1	40.1	40.1	40.1	40.1	40.1	40.1	39.7	38.2	36.7	
	2.75	40.1	40.1	40.1	40.1	40.1	40.1	40.1	40.1	40.1	40.1	40.1	40.1	38.8	
102x44x7 $M_{c,y,Rd}$ = 12.6 $M_{c,z,Rd}$ = 2.14 Class = 1	1.00	8.68	6.80	5.55	4.68	4.05	3.56	3.19	2.58	2.14	1.83	1.60	1.42	1.28	153
	1.50	11.0	9.18	7.71	6.54	5.62	4.88	4.40	3.68	3.17	2.75	2.41	2.14	1.92	
	2.00	12.5	11.0	9.59	8.36	7.31	6.42	5.67	4.61	4.00	3.53	3.16	2.85	2.56	
	2.50	12.6	12.3	11.1	9.91	8.85	7.91	7.08	5.72	4.74	4.22	3.79	3.45	3.16	
	2.75	12.6	12.6	11.7	10.6	9.54	8.60	7.74	6.32	5.22	4.53	4.09	3.72	3.42	
89x89x19 $M_{c,y,Rd}$ = 29.4 $M_{c,z,Rd}$ = 13.5 Class = 1	1.00	29.1	27.7	26.4	25.3	24.2	23.1	22.1	20.1	18.4	16.8	15.4	14.2	13.2	307
	1.50	29.4	29.4	29.4	29.4	28.9	28.1	27.3	25.8	24.2	22.7	21.2	19.8	18.5	
	2.00	29.4	29.4	29.4	29.4	29.4	29.4	29.4	29.4	28.2	27.0	25.7	24.4	23.1	
	2.50	29.4	29.4	29.4	29.4	29.4	29.4	29.4	29.4	29.4	29.4	29.0	27.9	26.8	
	2.75	29.4	29.4	29.4	29.4	29.4	29.4	29.4	29.4	29.4	29.4	29.4	29.3	28.3	
76x76x15 $M_{c,y,Rd}$ = 19.2 $M_{c,z,Rd}$ = 9.16 Class = 1	1.00	18.8	17.9	17.0	16.2	15.4	14.7	14.0	12.6	11.4	10.4	9.51	8.74	8.08	172
	1.50	19.2	19.2	19.2	19.2	18.6	18.1	17.5	16.4	15.3	14.2	13.2	12.2	11.4	
	2.00	19.2	19.2	19.2	19.2	19.2	19.2	19.2	18.9	18.0	17.1	16.2	15.3	14.4	
	2.50	19.2	19.2	19.2	19.2	19.2	19.2	19.2	19.2	19.2	19.2	18.5	17.7	16.9	
	2.75	19.2	19.2	19.2	19.2	19.2	19.2	19.2	19.2	19.2	19.2	19.2	18.7	17.9	
76x76x13 $M_{c,y,Rd}$ = 17.3 $M_{c,z,Rd}$ = 7.95 Class = 1	1.00	16.7	15.7	14.8	14.0	13.2	12.4	11.7	10.4	9.24	8.32	7.55	6.90	6.32	158
	1.50	17.3	17.3	17.3	16.8	16.2	15.6	15.0	13.8	12.6	11.6	10.6	9.71	8.92	
	2.00	17.3	17.3	17.3	17.3	17.3	17.3	17.2	16.3	15.3	14.3	13.3	12.4	11.6	
	2.50	17.3	17.3	17.3	17.3	17.3	17.3	17.3	17.3	17.2	16.4	15.5	14.7	13.8	
	2.75	17.3	17.3	17.3	17.3	17.3	17.3	17.3	17.3	17.3	17.2	16.4	15.6	14.8	

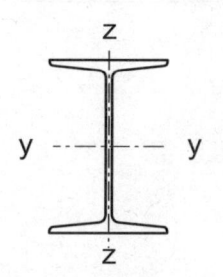

(1) C_1 is the factor dependent on the loading and end restraints.

Section classification given applies to members subject to bending about the y-y axis.

FOR EXPLANATION OF TABLES SEE NOTE 8.

BS EN 1993-1-1:2005
BS EN 10210-2: 2006

BENDING

S355 / Celsius® 355

HOT-FINISHED CIRCULAR HOLLOW SECTIONS

Celsius® CHS

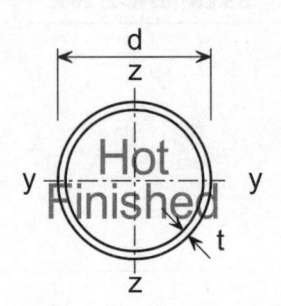

Design moment resistance and design shear resistance

Section Designation		Mass per Metre	Section Classification	Moment Resistance	Second Moment Of Area	Shear Resistance
d mm	t mm	kg/m		$M_{c,Rd}$ kNm	I_y cm⁴	$V_{c,Rd}$ kN
26.9	3.2	1.87	1	0.643	1.70	31.1
33.7	2.6	1.99	1	0.895	3.09	33.1
	3.2	2.41	1	1.06	3.60	40.1
	4.0	2.93	1	1.26	4.19	48.7
42.4	2.6	2.55	1	1.46	6.46	42.4
	3.2	3.09	1	1.75	7.62	51.4
	4.0	3.79	1	2.10	8.99	63.0
	5.0	4.61	1	2.50	10.5	76.6
48.3	3.2	3.56	1	2.31	11.6	59.1
	4.0	4.37	1	2.79	13.8	72.7
	5.0	5.34	1	3.34	16.2	88.7
60.3	3.2	4.51	1	3.69	23.5	74.9
	4.0	5.55	1	4.51	28.2	92.3
	5.0	6.82	1	5.43	33.5	113
76.1	2.9	5.24	1	5.50	44.7	87.0
	3.2	5.75	1	6.04	48.8	95.6
	4.0	7.11	1	7.38	59.1	118
	5.0	8.77	1	8.98	70.9	146
88.9	3.2	6.76	1	8.34	79.2	112
	4.0	8.38	1	10.3	96.3	140
	5.0	10.3	1	12.5	116	172
	6.3	12.8	1	15.3	140	213
114.3	3.2	8.77	2	14.0	172	146
	3.6	9.83	1	15.7	192	163
	4.0	10.9	1	17.3	211	181
	5.0	13.5	1	21.2	257	224
	6.3	16.8	1	26.1	313	279
139.7	5.0	16.6	1	32.2	481	277
	6.3	20.7	1	39.8	589	344
	8.0	26.0	1	49.3	720	432
	10.0	32.0	1	60.0	862	531
168.3	5.0	20.1	2	47.2	856	335
	6.3	25.2	1	58.6	1050	419
	8.0	31.6	1	73.1	1300	526
	10.0	39.0	1	89.1	1560	648
	12.5	48.0	1	108	1870	799
193.7	5.0	23.3	2	63.2	1320	386
	6.3	29.1	1	78.5	1630	484
	8.0	36.6	1	98.0	2020	609
	10.0	45.3	1	120	2440	753
	12.5	55.9	1	146	2930	929

Celsius® is a trademark of Corus. A fuller description of the relationship between Hot Finished Circular Hollow Sections (HFCHS) and the Celsius® range of sections manufactured by Corus is given in note 12.
FOR EXPLANATION OF TABLES SEE NOTE 8.

▓ Check availability

BENDING

S355 / Celsius® 355

BS EN 1993-1-1:2005
BS EN 10210-2: 2006

HOT-FINISHED CIRCULAR HOLLOW SECTIONS

Celsius® CHS

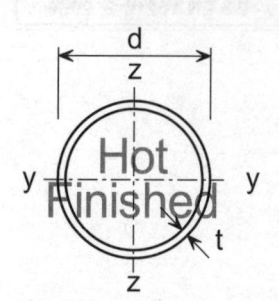

Design moment resistance and design shear resistance

Section Designation		Mass per Metre	Section Classification	Moment Resistance	Second Moment Of Area	Shear Resistance
d mm	t mm	kg/m		$M_{c,Rd}$ kNm	I_y cm⁴	$V_{c,Rd}$ kN
219.1	5.0	26.4	2	81.3	1930	438
	6.3	33.1	2	101	2390	549
	8.0	41.6	1	127	2960	693
	10.0	51.6	1	155	3600	857
	12.5	63.7	1	190	4340	1060
	14.2	71.8	1	212	4820	1190
	16.0	80.1	1	235	5300	1330
244.5	8.0	46.7	1	159	4160	775
	10.0	57.8	1	195	5070	962
	12.5	71.5	1	239	6150	1190
	14.2	80.6	1	268	6840	1340
	16.0	90.2	1	297	7530	1500
273.0	6.3	41.4	2	159	4700	689
	8.0	52.3	2	200	5850	869
	10.0	64.9	1	246	7150	1080
	12.5	80.3	1	301	8700	1330
	14.2	90.6	1	338	9700	1500
	16.0	101	1	376	10700	1680
323.9	6.3	49.3	3	174	7930	821
	8.0	62.3	2	284	9910	1040
	10.0	77.4	1	350	12200	1290
	12.5	96.0	1	431	14800	1590
	14.2	108	1	484	16600	1800
	16.0	121	1	539	18400	2020
355.6	14.2	120	1	588	22200	1980
	16.0	134	1	656	24700	2230
406.4	6.3	62.2	4	$	15800	1030
	8.0	78.6	3	347	19900	1300
	10.0	97.8	2	558	24500	1630
	12.5	121	1	689	30000	2020
	14.2	137	1	776	33700	2280
	16.0	154	1	866	37400	2560
457.0	8.0	88.6	3	442	28400	1470
	10.0	110	2	709	35100	1830
	12.5	137	2	877	43100	2280
	14.2	155	1	989	48500	2580
	16.0	174	1	1100	54000	2900
508.0	10.0	123	3	678	48500	2040
	12.5	153	2	1090	59800	2540
	14.2	173	2	1230	67200	2870
	16.0	194	1	1380	74900	3220

Celsius® is a trademark of Corus. A fuller description of the relationship between Hot Finished Circular Hollow Sections (HFCHS) and the Celsius® range of sections manufactured by Corus is given in note 12.

$ Moment resistance for a class 4 section is not calculated

FOR EXPLANATION OF TABLES SEE NOTE 8.

Check availability

BENDING

S355 / Celsius® 355

HOT-FINISHED SQUARE HOLLOW SECTIONS

Celsius® SHS

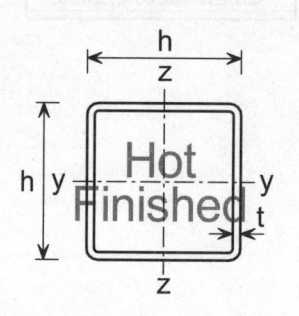

Design moment resistance and design shear resistance

Section Designation		Mass per Metre	Section Classification	Moment Resistance $M_{c,Rd}$	Second Moment Of Area I_y	Shear Resistance $V_{c,Rd}$
h x h mm	t mm	kg/m		kNm	cm^4	kN
40x40	3.0	3.41	1	2.12	9.78	44.5
	3.2	3.61	1	2.23	10.2	47.1
	4.0	4.39	1	2.64	11.8	57.3
	5.0	5.28	1	3.07	13.4	69.0
50x50	3.0	4.35	1	3.44	20.2	56.8
	3.2	4.62	1	3.62	21.2	60.3
	4.0	5.64	1	4.37	25.0	73.7
	5.0	6.85	1	5.15	28.9	89.5
	6.3	8.31	1	6.04	32.8	109
60x60	3.0	5.29	1	5.08	36.2	69.1
	3.2	5.62	1	5.40	38.2	73.4
	4.0	6.90	1	6.50	45.4	90.1
	5.0	8.42	1	7.77	53.3	110
	6.3	10.3	1	9.23	61.6	134
	8.0	12.5	1	10.8	69.7	164
70x70	3.6	7.40	1	8.27	68.6	96.5
	5.0	9.99	1	10.9	88.5	130
	6.3	12.3	1	13.1	104	160
	8.0	15.0	1	15.5	120	197
80x80	3.6	8.53	1	11.0	105	112
	4.0	9.41	1	12.1	114	123
	5.0	11.6	1	14.6	137	151
	6.3	14.2	1	17.6	162	185
	8.0	17.5	1	21.1	189	230
90x90	3.6	9.66	1	14.1	152	126
	4.0	10.7	1	15.5	166	139
	5.0	13.1	1	18.8	200	171
	6.3	16.2	1	22.8	238	212
	8.0	20.1	1	27.5	281	262
100x100	4.0	11.9	1	19.3	232	156
	5.0	14.7	1	23.6	279	192
	6.3	18.2	1	28.7	336	238
	8.0	22.6	1	34.9	400	295
	10.0	27.4	1	41.2	462	358

Celsius® is a trademark of Corus. A fuller description of the relationship between Hot Finished Square Hollow Sections (HFSHS) and the Celsius® range of sections manufactured by Corus is given in note 12.
FOR EXPLANATION OF TABLES SEE NOTE 8.

BS EN 1993-1-1:2005
BS EN 10210-2: 2006

BENDING

S355 / Celsius® 355

HOT-FINISHED SQUARE HOLLOW SECTIONS

Celsius® SHS

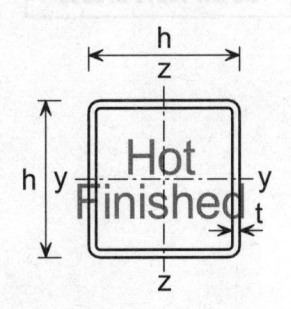

Design moment resistance and design shear resistance

Section Designation h x h mm	t mm	Mass per Metre kg/m	Section Classification	Moment Resistance $M_{c,Rd}$ kNm	Second Moment Of Area I_y cm^4	Shear Resistance $V_{c,Rd}$ kN
120x120	5.0	17.8	1	34.6	498	233
	6.3	22.2	1	42.6	603	289
	8.0	27.6	1	51.8	726	361
	10.0	33.7	1	62.1	852	440
	12.5	40.9	1	73.5	982	534
140x140	5.0	21.0	1	47.9	807	274
	6.3	26.1	1	58.9	984	341
	8.0	32.6	1	72.4	1200	426
	10.0	40.0	1	87.3	1420	522
	12.5	48.7	1	104	1650	636
150x150	5.0	22.6	2	55.4	1000	294
	6.3	28.1	1	68.2	1220	367
	8.0	35.1	1	84.1	1490	459
	10.0	43.1	1	102	1770	563
	12.5	52.7	1	121	2080	688
160x160	5.0	24.1	2	63.2	1220	315
	6.3	30.1	1	78.1	1500	392
	8.0	37.6	1	96.6	1830	492
	10.0	46.3	1	117	2190	604
	12.5	56.6	1	140	2580	739
	14.2	63.3	1	155	2810	827
180x180	6.3	34.0	1	99.8	2170	444
	8.0	42.7	1	124	2660	557
	10.0	52.5	1	151	3190	686
	12.5	64.4	1	181	3790	841
	14.2	72.2	1	201	4150	943
	16.0	80.2	1	220	4500	1040
200x200	5.0	30.4	4	81.9	2440	397
	6.3	38.0	2	124	3010	496
	8.0	47.7	1	155	3710	623
	10.0	58.8	1	189	4470	768
	12.5	72.3	1	228	5340	944
	14.2	81.1	1	253	5870	1060
	16.0	90.3	1	279	6390	1180

Celsius® is a trademark of Corus. A fuller description of the relationship between Hot Finished Square Hollow Sections (HFSHS) and the Celsius® range of sections manufactured by Corus is given in note 12.

▓ Check availability

FOR EXPLANATION OF TABLES SEE NOTE 8.

BS EN 1993-1-1:2005
BS EN 10210-2: 2006

BENDING

S355 / Celsius® 355

HOT-FINISHED SQUARE HOLLOW SECTIONS

Celsius® SHS

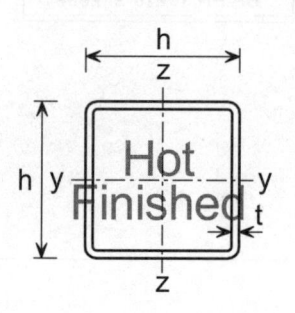

Design moment resistance and design shear resistance

Section Designation		Mass per Metre	Section Classification	Moment Resistance	Second Moment Of Area	Shear Resistance
h x h mm	t mm	kg/m		$M_{c,Rd}$ kNm	I_y cm^4	$V_{c,Rd}$ kN
250x250	6.3	47.9	4	162	6010	625
	8.0	60.3	2	246	7460	787
	10.0	74.5	1	302	9060	973
	12.5	91.9	1	368	10900	1200
	14.2	103	1	411	12100	1350
	16.0	115	1	454	13300	1510
260x260	6.3	49.9	4	173	6790	651
	8.0	62.8	2	267	8420	820
	10.0	77.7	1	328	10200	1010
	12.5	95.8	1	400	12400	1250
	14.2	108	1	447	13700	1400
	16.0	120	1	495	15100	1570
300x300	6.3	57.8	4	220	10500	754
	8.0	72.8	4	301	13100	951
	10.0	90.2	2	442	16000	1180
	12.5	112	1	541	19400	1460
	14.2	126	1	606	21600	1640
	16.0	141	1	673	23800	1830
350x350	8.0	85.4	4	391	21100	1120
	10.0	106	3	525	25900	1380
	12.5	131	1	748	31500	1710
	14.2	148	1	839	35200	1940
	16.0	166	1	934	38900	2160
400x400	10.0	122	4	656	39100	1590
	12.5	151	2	988	47800	1970
	14.2	170	1	1110	53500	2220
	16.0	191	1	1240	59300	2490
	20.0 ^	235	1	1460	71500	2990

Celsius® is a trademark of Corus. A fuller description of the relationship between Hot Finished Square Hollow Sections (HFSHS) and the Celsius® range of sections manufactured by Corus is given in note 12.

^ SAW process (single longitudinal seam weld, slightly proud)

▨ Check availability

FOR EXPLANATION OF TABLES SEE NOTE 8.

BS EN 1993-1-1:2005									
BS EN 10210-2: 2006									

BENDING

S355 / Celsius® 355

HOT-FINISHED RECTANGULAR HOLLOW SECTIONS

Celsius® RHS

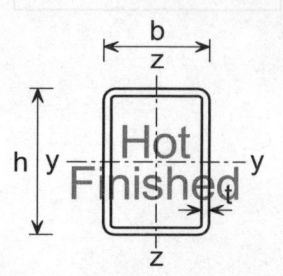

Design moment resistance, design shear resistance and limiting length

Section Designation		Mass per Metre	Classification		Moment resistance		Limiting Length	Second Moment Of Area		Shear Resistance
h x b mm	t mm	kg/m	y-y	z-z	$M_{c,y,Rd}$ kNm	$M_{c,z,Rd}$ kNm	L_c m	y-y Axis cm^4	z-z Axis cm^4	$V_{c,Rd}$ kN
50x30	3.2	3.61	1	1	2.57	1.78	2.39	14.2	6.20	58.9
60x40	3.0	4.35	1	1	3.87	2.91	3.41	26.5	13.9	68.1
	4.0	5.64	1	1	4.90	3.66	3.34	32.8	17.0	88.4
	5.0	6.85	1	1	5.82	4.33	3.26	38.1	19.5	107
80x40	3.2	5.62	1	1	6.39	3.91	3.03	57.2	18.9	97.8
	4.0	6.90	1	1	7.74	4.69	2.96	68.2	22.2	120
	5.0	8.42	1	1	9.27	5.57	2.89	80.3	25.7	146
	6.3	10.3	1	1	11.0	6.53	2.79	93.3	29.2	179
	8.0	12.5	1	1	13.0	7.53	2.65	106	32.1	219
90x50	3.6	7.40	1	1	9.66	6.39	3.99	98.3	38.7	124
	5.0	9.99	1	1	12.8	8.34	3.87	127	49.2	167
	6.3	12.3	1	1	15.3	9.94	3.79	150	57.0	206
100x50	3.0	6.71	1	2	9.69	5.96	3.85	110	36.8	117
	3.2	7.13	1	2	10.3	6.28	3.84	116	38.8	124
	4.0	8.78	1	1	12.5	7.63	3.79	140	46.2	153
	5.0	10.8	1	1	15.1	9.16	3.71	167	54.3	187
	6.3	13.3	1	1	18.2	10.9	3.61	197	63.0	231
	8.0	16.3	1	1	21.8	12.9	3.47	230	71.7	284
100x60	3.6	8.53	1	1	12.6	8.84	4.97	145	64.8	140
	5.0	11.6	1	1	16.8	11.7	4.88	189	83.6	188
	6.3	14.2	1	1	20.3	14.0	4.77	225	98.1	232
	8.0	17.5	1	1	24.4	16.7	4.64	264	113	287
120x60	3.6	9.66	1	2	16.8	10.3	4.62	227	76.3	168
	5.0	13.1	1	1	22.4	13.6	4.52	299	98.8	228
	6.3	16.2	1	1	27.2	16.4	4.41	358	116	283
	8.0	20.1	1	1	32.9	19.7	4.29	425	135	350
120x80	5.0	14.7	1	1	26.5	19.9	6.88	365	193	230
	6.3	18.2	1	1	32.3	24.2	6.78	440	230	285
	8.0	22.6	1	1	39.4	29.3	6.65	525	273	354
	10.0	27.4	1	1	46.5	34.5	6.53	609	313	429
150x100	5.0	18.6	1	2	42.2	32.0	8.72	739	392	291
	6.3	23.1	1	1	52.2	39.1	8.58	898	474	363
	8.0	28.9	1	1	63.9	47.9	8.48	1090	569	453
	10.0	35.3	1	1	76.7	57.2	8.33	1280	665	552
	12.5	42.8	1	1	90.9	67.5	8.15	1490	763	671
150x125	4.0	16.6	2	4	39.8	29.6	11.8	714	528	237
	5.0	20.6	1	2	49.0	43.0	11.7	870	656	293
	6.3	25.6	1	1	60.0	52.9	11.7	1060	798	364
	8.0	32.0	1	1	73.8	65.0	11.5	1290	966	456
	10.0	39.2	1	1	89.1	78.5	11.4	1530	1140	558
	12.5	47.7	1	1	106	93.0	11.2	1780	1330	680

Celsius® is a trademark of Corus. A fuller description of the relationship between Hot Finished Rectangular Hollow Sections (HFRHS) and the Celsius® range of sections manufactured by Corus is given in note 12.

L_c is calculated based on C_1 equal to 1.0. For other values of C_1 multiply L_c by C_1.

Lengths above the limiting length L_c should be checked for lateral torsional buckling.

Check availability

FOR EXPLANATION OF TABLES SEE NOTE 8.

BS EN 1993-1-1:2005
BS EN 10210-2: 2006

BENDING

HOT-FINISHED RECTANGULAR HOLLOW SECTIONS

Celsius® RHS

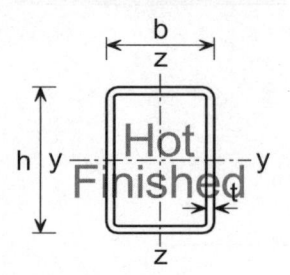

S355 / Celsius® 355

Design moment resistance, design shear resistance and limiting length

Section Designation		Mass per Metre	Classification		Moment resistance		Limiting Length	Second Moment Of Area		Shear Resistance
h x b mm	t mm	kg/m	y-y	z-z	$M_{c,y,Rd}$ kNm	$M_{c,z,Rd}$ kNm	L_c m	y-y Axis cm^4	z-z Axis cm^4	$V_{c,Rd}$ kN
160x80	4.0	14.4	1	4	33.6	17.1	6.22	612	199	251
	5.0	17.8	1	2	41.2	25.2	6.14	744	249	310
	6.3	22.2	1	1	50.4	30.8	6.07	903	299	385
	8.0	27.6	1	1	62.1	37.6	5.91	1090	356	481
	10.0	33.7	1	1	74.2	44.4	5.77	1280	411	586
200x100	5.0	22.6	1	4	65.7	33.4	7.77	1500	485	392
	6.3	28.1	1	2	80.9	49.7	7.69	1830	613	489
	8.0	35.1	1	1	100	61.1	7.55	2230	739	612
	10.0	43.1	1	1	121	73.1	7.40	2660	869	750
	12.5	52.7	1	1	145	87.0	7.22	3140	1000	917
200x120	5.0	24.1	1	4	72.8	42.1	10.1	1680	732	393
	6.3	30.1	1	2	89.8	62.8	10.0	2060	929	491
	8.0	37.6	1	1	111	77.4	9.88	2530	1130	615
	10.0	46.3	1	1	135	93.4	9.75	3030	1340	755
	14.2	63.3	1	1	179	123	9.44	3910	1690	1030
200x150	8.0	41.4	1	1	127	104	13.5	2970	1890	618
	10.0	51.0	1	1	155	126	13.4	3570	2260	760
250x120	10.0	54.1	1	1	191	113	8.86	5310	1640	954
	12.5	66.4	1	1	231	135	8.68	6330	1920	1170
	14.2	74.5	1	1	256	149	8.56	6960	2090	1310
250x150	5.0	30.4	2	4	115	60.7	12.7	3360	1380	496
	6.3	38.0	1	4	143	83.2	12.6	4140	1800	620
	8.0	47.7	1	2	178	124	12.5	5110	2300	779
	10.0	58.8	1	1	217	151	12.4	6170	2760	959
	12.5	72.3	1	1	263	182	12.2	7390	3260	1180
	14.2	81.1	1	1	292	202	12.1	8140	3580	1320
	16.0	90.3	1	1	322	222	11.9	8880	3870	1470
250x200	10.0	66.7	1	1	260	222	18.4	7610	5370	967
	12.5	82.1	1	1	315	270	18.2	9150	6440	1200
	14.2	92.3	1	1	351	300	18.1	10100	7100	1340
260x140	5.0	30.4	1	4	118	56.2	11.4	3530	1200	516
	6.3	38.0	1	4	146	77.4	11.3	4360	1580	645
	8.0	47.7	1	2	181	118	11.2	5370	2030	810
	10.0	58.8	1	1	222	143	11.0	6490	2430	998
	12.5	72.3	1	1	268	172	10.8	7770	2880	1230
	14.2	81.1	1	1	298	191	10.7	8560	3140	1370
	16.0	90.3	1	1	328	209	10.6	9340	3400	1530
300x100	8.0	47.7	1	4	194	73.3	6.14	6300	1050	935
	10.0	58.8	1	2	236	105	5.99	7610	1280	1150
	14.2	81.1	1	1	318	138	5.69	10000	1610	1580

Celsius® is a trademark of Corus. A fuller description of the relationship between Hot Finished Rectangular Hollow Sections (HFRHS) and the Celsius® range of sections manufactured by Corus is given in note 12.

L_c is calculated based on C_1 equal to 1.0. For other values of C_1 multiply L_c by C_1.
Lengths above the limiting length L_c should be checked for lateral torsional buckling.

▓ Check availability

FOR EXPLANATION OF TABLES SEE NOTE 8.

BS EN 1993-1-1:2005
BS EN 10210-2: 2006

BENDING

S355 / Celsius® 355

HOT-FINISHED RECTANGULAR HOLLOW SECTIONS

Celsius® RHS

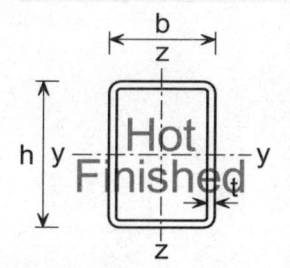

Design moment resistance, design shear resistance and limiting length

Section Designation		Mass per Metre	Classification		Moment resistance		Limiting Length	Second Moment Of Area		Shear Resistance
h x b mm	t mm	kg/m	y-y	z-z	$M_{c,y,Rd}$ kNm	$M_{c,z,Rd}$ kNm	L_c m	y-y Axis cm^4	z-z Axis cm^4	$V_{c,Rd}$ kN
300x150	8.0	54.0	1	4	235	123	11.6	8010	2640	940
	10.0	66.7	1	2	288	176	11.5	9720	3250	1160
	12.5	82.1	1	1	350	213	11.3	11700	3860	1440
	14.2	92.3	1	1	390	236	11.2	12900	4230	1610
	16.0	103	1	1	431	260	11.0	14200	4600	1790
300x200	6.3	47.9	2	4	222	129	17.6	7830	3840	750
	8.0	60.3	1	4	277	177	17.5	9720	5070	944
	10.0	74.5	1	2	339	256	17.4	11800	6280	1170
	12.5	91.9	1	1	414	311	17.2	14300	7540	1440
	14.2	103	1	1	462	347	17.1	15800	8330	1620
	16.0	115	1	1	512	383	16.9	17400	9110	1810
300x250	5.0	42.2	4	4	153	125	31.7	6790	4830	600
	6.3	52.8	4	4	207	172	29.1	8900	6390	752
	8.0	66.5	2	4	318	237	23.6	11400	8450	948
	10.0	82.4	1	2	391	345	23.4	13900	10500	1170
	12.5	102	1	1	477	421	23.3	16900	12700	1450
	14.2	115	1	1	534	470	23.1	18700	14100	1630
	16.0	128	1	1	592	521	23.0	20600	15500	1820
350x150	5.0	38.3	2	4	193	66.3	11.1	7660	1630	699
	6.3	47.9	1	4	240	93.2	11.0	9480	2180	875
	8.0	60.3	1	4	300	131	10.8	11800	2900	1100
	10.0	74.5	1	3	367	177	10.7	14300	3740	1360
	12.5	91.9	1	1	448	244	10.5	17300	4450	1680
	14.2	103	1	1	501	271	10.4	19200	4890	1890
	16.0	115	1	1	554	298	10.2	21100	5320	2110
350x250	5.0	46.1	4	4	190	130	30.4	9790	5180	702
	6.3	57.8	4	4	255	180	28.1	12800	6900	880
	8.0	72.8	2	4	397	251	22.5	16400	9200	1110
	10.0	90.2	1	3	488	339	22.4	20100	11900	1380
	12.5	112	1	1	598	474	22.2	24400	14400	1700
	14.2	126	1	1	670	530	22.1	27200	16000	1910
	16.0	141	1	1	744	588	22.0	30000	17700	2140
400x120	5.0	39.8	3	4	201	51.3	7.85	9520	1050	799
	6.3	49.9	2	4	271	72.7	7.17	11800	1420	1000
	8.0	62.8	1	4	338	103	7.06	14600	1900	1260
	10.0	77.7	1	4	415	140	6.91	17800	2440	1560
	12.5	95.8	1	2	506	207	6.73	21600	3010	1920
	14.2	108	1	1	566	229	6.61	23900	3290	2160
	16.0	120	1	1	626	252	6.48	26300	3560	2410

Celsius® is a trademark of Corus. A fuller description of the relationship between Hot Finished Rectangular Hollow Sections (HFRHS) and the Celsius® range of sections manufactured by Corus is given in note 12.

L_c is calculated based on C_1 equal to 1.0. For other values of C_1 multiply L_c by C_1.

Lengths above the limiting length L_c should be checked for lateral torsional buckling.

FOR EXPLANATION OF TABLES SEE NOTE 8.

Check availability

BS EN 1993-1-1:2005
BS EN 10210-2: 2006

BENDING

S355 / Celsius® 355

HOT-FINISHED RECTANGULAR HOLLOW SECTIONS

Celsius® RHS

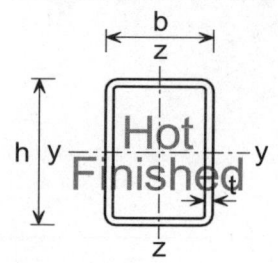

Design moment resistance, design shear resistance and limiting length

Section Designation		Mass per Metre	Classification		Moment resistance		Limiting Length	Second Moment Of Area		Shear Resistance
h x b mm	t mm	kg/m	y-y	z-z	$M_{c,y,Rd}$ kNm	$M_{c,z,Rd}$ kNm	L_c m	y-y Axis cm^4	z-z Axis cm^4	$V_{c,Rd}$ kN
400x150	5.0	42.2	3	4	222	68.2	11.1	10700	1730	800
	6.3	52.8	2	4	297	96.5	10.3	13300	2330	1000
	8.0	66.5	1	4	371	137	10.1	16500	3130	1260
	10.0	82.4	1	4	456	186	9.99	20100	4050	1560
	12.5	102	1	2	558	274	9.80	24400	5040	1940
	14.2	115	1	1	624	305	9.67	27100	5550	2180
	16.0	128	1	1	692	336	9.54	29800	6040	2430
400x200	8.0	72.8	1	4	427	197	15.7	19600	5970	1270
	10.0	90.2	1	4	525	268	15.5	23900	7760	1570
	12.5	112	1	2	644	394	15.4	29100	9740	1940
	14.2	126	1	1	721	441	15.2	32400	10800	2190
	16.0	141	1	1	801	488	15.1	35700	11800	2450
400x300	8.0	85.4	4	4	443	332	33.5	25200	15000	1280
	10.0	106	2	4	664	450	27.4	31500	19500	1580
	12.5	131	1	2	816	669	27.2	38500	24600	1960
	14.2	148	1	1	916	750	27.1	43000	27400	2210
	16.0	166	1	1	1020	834	27.0	47500	30300	2470
450x250	8.0	85.4	2	4	576	271	20.6	30100	10500	1440
	10.0	106	1	4	710	371	20.5	36900	13800	1780
	12.5	131	1	3	873	510	20.3	45000	18000	2200
	14.2	148	1	2	979	649	20.2	50300	20000	2490
	16.0	166	1	1	1090	720	20.0	55700	22000	2780
500x200	8.0	85.4	2	4	606	210	14.2	34000	6710	1600
	10.0	106	1	4	747	290	14.0	41800	8830	1980
	12.5	131	1	4	918	394	13.8	51000	11400	2440
	14.2	148	1	3	1030	470	13.7	56900	13200	2770
	16.0	166	1	2	1150	592	13.6	63000	14500	3090
500x300	8.0	97.9	4	4	604	354	31.6	43000	16700	1600
	10.0	122	2	4	921	486	25.4	53800	22000	1990
	12.5	151	1	4	1140	659	25.3	65800	28600	2460
	14.2	170	1	3	1280	787	25.2	73700	33200	2780
	16.0	191	1	2	1420	995	25.0	81800	36800	3110
	20.0 ^	235	1	1	1680	1180	25.5	98800	44100	3740

Celsius® is a trademark of Corus. A fuller description of the relationship between Hot Finished Rectangular Hollow Sections (HFRHS) and the Celsius® range of sections manufactured by Corus is given in note 12.
^ SAW process (single longitudinal seam weld, slightly proud)
L_c is calculated based on C_1 equal to 1.0. For other values of C_1 multiply L_c by C_1.
Lengths above the limiting length L_c should be checked for lateral torsional buckling.
▓ Check availability
FOR EXPLANATION OF TABLES SEE NOTE 8.

BS EN 1993-1-1:2005
BS EN 10210-2: 2006

BENDING

S355 / Celsius® 355

HOT-FINISHED ELLIPTICAL HOLLOW SECTIONS

Celsius® OHS

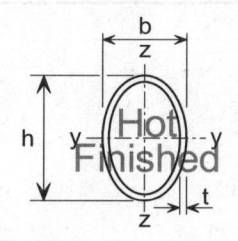

Design moment resistance, design shear resistance and limiting length

Section Designation		Mass per Metre	Classification		Moment resistance		Limiting Length	Second Moment Of Area		Shear Resistance
h x b mm	t mm	kg/m	y-y	z-z	$M_{c,y,Rd}$ kNm	$M_{c,z,Rd}$ kNm	L_c m	y-y Axis cm^4	z-z Axis cm^4	$V_{c,Rd}$ kN
150 x 75	4.0	10.7	1	4	19.9	7.59	5.75	301	101	239
	5.0	13.3	1	4	24.5	11.5	5.66	367	122	297
	6.3	16.5	1	3	30.1	13.9	5.54	448	147	371
200 x 100	5.0	17.9	1	4	44.4	16.0	7.71	897	302	400
	6.3	22.3	1	4	55.0	24.5	7.59	1100	368	500
	8.0	28.0	1	3	68.5	31.7	7.41	1360	446	630
	10.0	34.5	1	2	83.4	50.1	7.23	1640	529	779
250 x 125	6.3	28.2	1	4	87.3	31.7	9.63	2210	742	629
	8.0	35.4	1	4	109	49.1	9.47	2730	909	794
	10.0	43.8	1	3	133	61.8	9.28	3320	1090	984
	12.5	53.9	1	2	163	98.0	9.06	4000	1290	1220
300 x 150	8.0	42.8	1	4	159	60.6	11.5	4810	1620	958
	10.0	53.0	1	4	196	91.6	11.3	5870	1950	1190
	12.5	65.5	1	3	239	110	11.1	7120	2330	1470
	16.0	82.5	1	2	297	179	10.8	8730	2810	1860
400 x 200	8.0	57.6	2	4	288	84.0	15.6	11700	3970	1290
	10.0	71.5	1	4	355	128	15.4	14300	4830	1600
	12.5	88.6	1	4	437	193	15.2	17500	5840	1990
	16.0	112	1	3	547	253	14.8	21700	7140	2520
500 x 250	10.0	90.0	2	4	563	164	19.5	28500	9680	2010
	12.5	112	1	4	694	249	19.2	35000	11800	2500
	16.0	142	1	4	873	394	18.9	43700	14500	3170

Celsius® is a trademark of Corus. A fuller description of the relationship between Hot Finished Elliptical Hollow Sections (HFEHS) and the Celsius® range of sections manufactured by Corus is given in note 12.

L_c is calculated based on C_1 equal to 1.0. For other values of C_1 multiply L_c by the square root of C_1.

Lengths above the limiting length L_c should be checked for lateral torsional buckling.

FOR EXPLANATION OF TABLES SEE NOTE 8.

BS EN 1993-1-1:2005
BS EN 10219-2: 2006

BENDING

S355 / Hybox® 355

COLD-FORMED CIRCULAR HOLLOW SECTIONS

Hybox® CHS

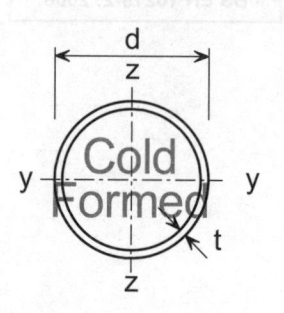

Design moment resistance and design shear resistance

Section Designation		Mass per Metre	Section Classification	Moment Resistance	Second Moment Of Area	Shear Resistance
d mm	t mm	kg/m		$M_{c,Rd}$ kNm	I_y cm^4	$V_{c,Rd}$ kN
33.7	3.0	2.27	1	1.01	3.44	37.7
42.4	4.0	3.79	1	2.10	8.99	63.0
48.3	3.0	3.35	1	2.19	11.0	55.7
	3.5	3.87	1	2.50	12.4	64.3
	4.0	4.37	1	2.79	13.8	72.7
60.3	3.0	4.24	1	3.50	22.2	70.5
	4.0	5.55	1	4.51	28.2	92.3
76.1	3.0	5.41	1	5.68	46.1	89.9
	4.0	7.11	1	7.38	59.1	118
88.9	3.0	6.36	1	7.85	74.8	106
	3.5	7.37	1	9.05	85.7	123
	4.0	8.38	1	10.3	96.3	140
	5.0	10.3	1	12.5	116	172
	6.3	12.8	1	15.3	140	213
114.3	3.0	8.23	2	13.2	163	137
	3.5	9.56	1	15.3	187	159
	4.0	10.9	1	17.3	211	181
	5.0	13.5	1	21.2	257	224
	6.0	16.0	1	25.0	300	266
139.7	4.0	13.4	2	26.2	393	223
	5.0	16.6	1	32.2	481	277
	6.0	19.8	1	38.0	564	329
	8.0	26.0	1	49.3	720	432
	10.0	32.0	1	60.0	862	531
168.3	4.0	16.2	2	38.3	697	269
	5.0	20.1	2	47.2	856	335
	6.0	24.0	1	56.1	1010	399
	8.0	31.6	1	73.1	1300	526
	10.0	39.0	1	89.1	1560	648
	12.5	48.0	1	108	1870	799
193.7	4.0	18.7	3	39.4	1070	311
	4.5	21.0	2	57.2	1200	348
	5.0	23.3	2	63.2	1320	386
	6.0	27.8	1	74.9	1560	462
	8.0	36.6	1	98.0	2020	609
	10.0	45.3	1	120	2440	753
	12.5	55.9	1	146	2930	929
219.1	4.5	23.8	3	56.4	1750	395
	5.0	26.4	2	81.3	1930	438
	6.0	31.5	2	96.9	2280	525
	8.0	41.6	1	127	2960	693
	10.0	51.6	1	155	3600	857
	12.0	61.3	1	183	4200	1020
	12.5	63.7	1	190	4340	1060
	16.0	80.1	1	235	5300	1330

Hybox® is a trademark of Corus. A fuller description of the relationship between Cold Formed Circular Hollow Sections (CFCHS) and the Hybox® range of sections manufactured by Corus is given in note 12.
FOR EXPLANATION OF TABLES SEE NOTE 8.

BS EN 1993-1-1:2005
BS EN 10219-2: 2006

BENDING

S355 / Hybox® 355

COLD-FORMED CIRCULAR HOLLOW SECTIONS

Hybox® CHS

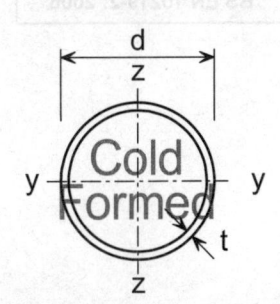

Design moment resistance and design shear resistance

Section Designation		Mass per Metre	Section Classification	Moment Resistance	Second Moment Of Area	Shear Resistance
d mm	t mm	kg/m		$M_{c,Rd}$ kNm	I_y cm^4	$V_{c,Rd}$ kN
244.5	5.0	29.5	3	78.5	2700	491
	6.0	35.3	2	121	3200	587
	8.0	46.7	1	159	4160	775
	10.0	57.8	1	195	5070	962
	12.0	68.8	1	230	5940	1140
	12.5	71.5	1	239	6150	1190
	16.0	90.2	1	297	7530	1500
273.0	5.0	33.0	3	98.3	3780	549
	6.0	39.5	2	152	4490	656
	8.0	52.3	2	200	5850	869
	10.0	64.9	1	246	7150	1080
	12.0	77.2	1	290	8400	1280
	12.5	80.3	1	301	8700	1330
	16.0	101	1	376	10700	1680
323.9	5.0	39.3	4	$	6370	654
	6.0	47.0	3	166	7570	782
	8.0	62.3	2	284	9910	1040
	10.0	77.4	1	350	12200	1290
	12.0	92.3	1	415	14300	1540
	12.5	96.0	1	431	14800	1590
	16.0	121	1	539	18400	2020
355.6	5.0	43.2	4	$	8460	719
	6.0	51.7	3	201	10100	860
	8.0	68.6	2	343	13200	1140
	10.0	85.2	2	424	16200	1420
	12.0	102	1	503	19100	1700
	12.5	106	1	523	19900	1760
	16.0	134	1	656	24700	2230
406.4	6.0	59.2	4	$	15100	985
	8.0	78.6	3	347	19900	1300
	10.0	97.8	2	558	24500	1630
	12.0	117	2	663	28900	1940
	12.5	121	1	689	30000	2020
	16.0	154	1	866	37400	2560
457.0	6.0	66.7	4	$	21600	1110
	8.0	88.6	3	442	28400	1470
	10.0	110	2	709	35100	1830
	12.0	132	2	844	41600	2190
	12.5	137	2	877	43100	2280
	16.0	174	1	1100	54000	2900
508.0	6.0	74.3	4	$	29800	1230
	8.0	98.6	4	$	39300	1640
	10.0	123	3	678	48500	2040
	12.0	147	2	1050	57500	2440
	12.5	153	2	1090	59800	2540
	16.0	194	1	1380	74900	3220

Hybox® is a trademark of Corus. A fuller description of the relationship between Cold Formed Circular Hollow Sections (CFCHS) and the Hybox® range of sections manufactured by Corus is given in note 12.
$ Moment resistance for a class 4 section is not calculated
FOR EXPLANATION OF TABLES SEE NOTE 8.

BS EN 1993-1-1:2005
BS EN 10219-2: 2006

BENDING

S355 / Hybox® 355

COLD-FORMED SQUARE HOLLOW SECTIONS

Hybox® SHS

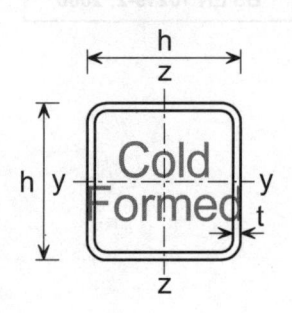

Design moment resistance and design shear resistance

Section Designation		Mass per Metre	Section Classification	Moment Resistance	Second Moment Of Area	Shear Resistance
h x h mm	t mm	kg/m		$M_{c,Rd}$ kNm	I_y cm⁴	$V_{c,Rd}$ kN
25x25	2.0	1.36	1	0.522	1.48	17.8
	2.5	1.64	1	0.607	1.69	21.4
	3.0	1.89	1	0.678	1.84	24.7
30x30	2.5	2.03	1	0.927	3.16	26.5
	3.0	2.36	1	1.05	3.50	30.8
40x40	2.0	2.31	1	1.47	6.94	30.1
	2.5	2.82	1	1.76	8.22	36.8
	3.0	3.30	1	2.03	9.32	43.1
	4.0	4.20	1	2.49	11.1	54.8
50x50	2.5	3.60	1	2.86	16.9	47.0
	3.0	4.25	1	3.33	19.5	55.4
	4.0	5.45	1	4.15	23.7	71.2
	5.0	6.56	1	4.86	27.0	85.7
60x60	3.0	5.19	1	4.97	35.1	67.7
	4.0	6.71	1	6.25	43.6	87.6
	5.0	8.13	1	7.42	50.5	107
70x70	2.5	5.17	1	5.86	49.4	67.5
	3.0	6.13	1	6.89	57.5	80.0
	3.5	7.06	1	7.88	65.1	92.1
	4.0	7.97	1	8.80	72.1	104
	5.0	9.70	1	10.5	84.6	127
80x80	3.0	7.07	1	9.16	87.8	92.3
	3.5	8.16	1	10.5	99.8	107
	4.0	9.22	1	11.8	111	120
	5.0	11.3	1	14.1	131	148
	6.0	13.2	1	16.3	149	172
90x90	3.0	8.01	2	11.7	127	105
	3.5	9.26	1	13.5	145	121
	4.0	10.5	1	15.1	162	136
	5.0	12.8	1	18.2	193	168
	6.0	15.1	1	21.1	220	197
100x100	3.0	8.96	2	14.6	177	117
	4.0	11.7	1	18.9	226	153
	5.0	14.4	1	22.9	271	189
	6.0	17.0	1	26.7	311	221
	8.0	21.4	1	32.3	366	279
120x120	4.0	14.2	2	27.8	402	185
	5.0	17.5	1	33.9	485	230
	6.0	20.7	1	39.8	562	271
	8.0	26.4	1	49.0	677	344
	10.0	31.8	1	57.5	777	416

Hybox® is a trademark of Corus. A fuller description of the relationship between Cold Formed Square Hollow Sections (CFSHS) and the Hybox® range of sections manufactured by Corus is given in note 12.
FOR EXPLANATION OF TABLES SEE NOTE 8.

BS EN 1993-1-1:2005
BS EN 10219-2: 2006

BENDING

S355 / Hybox® 355

COLD-FORMED SQUARE HOLLOW SECTIONS

Hybox® SHS

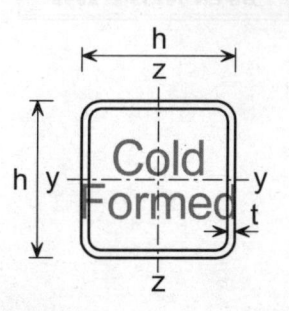

Design moment resistance and design shear resistance

Section Designation		Mass per Metre	Section Classification	Moment Resistance	Second Moment Of Area	Shear Resistance
h x h mm	t mm	kg/m		$M_{c,Rd}$ kNm	I_y cm^4	$V_{c,Rd}$ kN
140x140	4.0	16.8	3	33.1	652	218
	5.0	20.7	1	46.9	791	271
	6.0	24.5	1	55.0	920	320
	8.0	31.4	1	68.9	1130	410
	10.0	38.1	1	81.7	1310	498
150x150	4.0	18.0	4	37.0	808	235
	5.0	22.3	2	54.3	982	291
	6.0	26.4	1	63.9	1150	344
	8.0	33.9	1	80.2	1410	443
	10.0	41.3	1	95.5	1650	539
160x160	4.0	19.3	4	41.3	987	251
	5.0	23.8	2	62.1	1200	312
	6.0	28.3	1	73.1	1400	369
	8.0	36.5	1	92.3	1740	476
	10.0	44.4	1	110	2050	580
180x180	5.0	27.0	3	68.5	1740	353
	6.0	32.1	2	93.7	2040	418
	8.0	41.5	1	119	2550	541
	10.0	50.7	1	143	3020	662
	12.0	58.5	1	161	3320	763
	12.5	60.5	1	166	3410	789
200x200	5.0	30.1	4	80.7	2410	394
	6.0	35.8	2	117	2830	467
	8.0	46.5	1	149	3570	607
	10.0	57.0	1	180	4250	744
	12.0	66.0	1	204	4730	862
	12.5	68.3	1	211	4860	892
250x250	6.0	45.2	4	150	5670	590
	8.0	59.1	2	240	7230	771
	10.0	72.7	1	292	8710	949
	12.0	84.8	1	335	9860	1110
	12.5	88.0	1	346	10200	1150
300x300	6.0	54.7	4	203	9960	713
	8.0	71.6	4	293	12800	935
	10.0	88.4	2	430	15500	1160
	12.0	104	1	498	17800	1350
	12.5	108	1	515	18300	1400
350x350	8.0	84.2	4	382	20700	1100
	10.0	104	3	511	25200	1360
	12.0	123	1	692	29100	1600
	12.5	127	1	717	30000	1660
400x400	8.0	96.7	4	477	31300	1260
	10.0	120	4	640	38200	1570
	12.0	141	2	918	44300	1840
	12.5	147	2	952	45900	1920

Hybox® is a trademark of Corus. A fuller description of the relationship between Cold Formed Square Hollow Sections (CFSHS) and the Hybox® range of sections manufactured by Corus is given in note 12.
FOR EXPLANATION OF TABLES SEE NOTE 8.

| BS EN 1993-1-1:2005 |
| BS EN 10219-2: 2006 |

BENDING

COLD-FORMED RECTANGULAR HOLLOW SECTIONS

Hybox® RHS

S355 / Hybox® 355

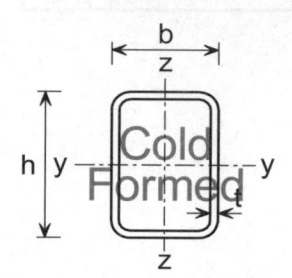

Design moment resistance, design shear resistance and limiting length

Section Designation		Mass per Metre	Classification		Moment resistance		Limiting Length	Second Moment Of Area		Shear Resistance
h x b mm	t mm	kg/m	y-y	z-z	$M_{c,y,Rd}$ kNm	$M_{c,z,Rd}$ kNm	L_c m	y-y Axis cm^4	z-z Axis cm^4	$V_{c,Rd}$ kN
50x25	2.0	2.15	1	1	1.51	0.930	1.93	8.38	2.81	37.4
	3.0	3.07	1	1	2.08	1.26	1.87	11.2	3.67	53.4
50x30	2.5	2.82	1	1	2.02	1.41	2.49	11.3	5.05	46.0
	3.0	3.30	1	1	2.33	1.63	2.46	12.8	5.70	53.9
	4.0	4.20	1	1	2.86	1.98	2.41	15.3	6.69	68.5
60x30	3.0	3.77	1	1	3.13	1.91	2.28	20.5	6.80	65.7
	4.0	4.83	1	1	3.87	2.35	2.23	24.7	8.06	84.0
60x40	3.0	4.25	1	1	3.73	2.82	3.48	25.4	13.4	66.5
	4.0	5.45	1	1	4.69	3.51	3.42	31.0	16.3	85.5
	5.0	6.56	1	1	5.47	4.08	3.36	35.3	18.4	103
70x40	3.0	4.72	1	1	4.76	3.21	3.27	37.3	15.5	78.4
	4.0	6.08	1	1	5.96	4.01	3.23	46.0	18.9	101
70x50	3.0	5.19	1	1	5.47	4.33	4.48	44.1	26.1	79.0
	4.0	6.71	1	1	6.92	5.47	4.43	54.7	32.2	102
80x40	3.0	5.19	1	1	5.86	3.62	3.11	52.3	17.6	90.3
	4.0	6.71	1	1	7.42	4.54	3.04	64.8	21.5	117
	5.0	8.13	1	1	8.77	5.33	2.99	75.1	24.6	142
80x50	3.0	5.66	1	1	6.67	4.83	4.29	61.1	29.4	90.9
	4.0	7.34	1	1	8.52	6.11	4.22	76.4	36.5	118
	5.0	8.91	1	1	10.1	7.28	4.17	89.2	42.3	144
80x60	3.0	6.13	1	1	7.53	6.18	5.48	70.0	44.9	91.5
	4.0	7.97	1	1	9.59	7.85	5.44	87.9	56.1	118
	5.0	9.70	1	1	11.4	9.37	5.41	103	65.7	145
90x50	3.0	6.13	1	2	8.02	5.33	4.09	81.9	32.7	103
	4.0	7.97	1	1	10.2	6.78	4.04	103	40.7	133
	5.0	9.70	1	1	12.2	8.06	3.97	121	47.4	163
100x40	3.0	6.13	1	2	8.41	4.40	2.78	92.3	21.7	114
	4.0	7.97	1	1	10.8	5.57	2.71	116	26.7	148
	5.0	9.70	1	1	12.8	6.57	2.66	136	30.8	182
100x50	3.0	6.60	1	2	9.48	5.82	3.91	106	36.1	115
	4.0	8.59	1	1	12.1	7.42	3.85	134	44.9	149
	5.0	10.5	1	1	14.5	8.88	3.81	158	52.5	183
	6.0	12.3	1	1	16.6	10.1	3.74	179	58.7	213
100x60	3.0	7.07	1	2	10.5	7.38	5.08	121	54.6	115
	3.5	8.16	1	1	12.0	8.45	5.06	137	61.9	133
	4.0	9.22	1	1	13.5	9.44	5.04	153	68.7	150
	5.0	11.3	1	1	16.2	11.3	4.98	181	80.8	184
	6.0	13.2	1	1	18.6	13.0	4.93	205	91.2	215
100x80	3.0	8.01	1	2	12.6	10.8	7.51	149	106	116
	4.0	10.5	1	1	16.2	13.9	7.46	189	134	151
	5.0	12.8	1	1	19.6	16.8	7.43	226	160	187

Hybox® is a trademark of Corus. A fuller description of the relationship between Cold Formed Rectangular Hollow Sections (CFRHS) and the Hybox® range of sections manufactured by Corus is given in note 12.

L_c is calculated based on C_1 equal to 1.0. For other values of C_1 multiply L_c by C_1.

Lengths above the limiting length L_c should be checked for lateral torsional buckling.

FOR EXPLANATION OF TABLES SEE NOTE 8.

BS EN 1993-1-1:2005
BS EN 10219-2: 2006

BENDING

S355 / Hybox® 355

COLD-FORMED RECTANGULAR HOLLOW SECTIONS

Hybox® RHS

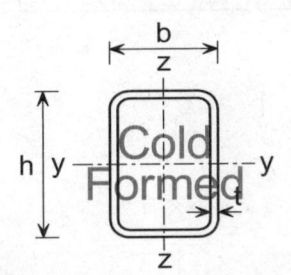

Design moment resistance, design shear resistance and limiting length

Section Designation		Mass per Metre	Classification		Moment resistance		Limiting Length	Second Moment Of Area		Shear Resistance
h x b mm	t mm	kg/m	y-y	z-z	$M_{c,y,Rd}$ kNm	$M_{c,z,Rd}$ kNm	L_c m	y-y Axis cm^4	z-z Axis cm^4	$V_{c,Rd}$ kN
120x40	3.0	7.07	1	4	11.4	4.24	2.51	148	24.7	139
	4.0	9.22	1	2	14.6	6.57	2.45	187	31.9	180
	5.0	11.3	1	1	17.5	7.81	2.39	221	36.9	221
120x60	3.0	8.01	1	4	13.9	7.10	4.72	189	61.8	139
	3.5	9.26	1	3	15.9	8.66	4.70	216	73.1	161
	4.0	10.5	1	2	17.9	11.0	4.67	241	81.2	182
	5.0	12.8	1	1	21.6	13.3	4.62	287	96.0	224
	6.0	15.1	1	1	25.1	15.3	4.56	328	109	262
120x80	4.0	11.7	1	2	21.2	16.0	7.03	295	157	183
	5.0	14.4	1	1	25.7	19.4	7.00	353	188	226
	6.0	17.0	1	1	29.9	22.5	6.95	406	215	266
	8.0	21.4	1	1	36.2	27.3	6.94	476	252	334
140x80	3.0	9.90	1	4	20.7	10.8	6.70	334	129	164
	4.0	13.0	1	3	26.8	16.0	6.65	430	180	215
	5.0	16.0	1	1	32.6	22.1	6.61	517	216	266
	6.0	18.9	1	1	38.0	25.7	6.56	597	248	313
	8.0	23.9	1	1	46.5	31.4	6.51	708	293	397
	10.0	28.7	1	1	54.0	36.6	6.43	804	330	477
150x100	3.0	11.3	2	4	26.1	14.8	8.90	461	224	177
	4.0	14.9	1	4	34.0	21.8	8.85	595	312	232
	5.0	18.3	1	2	41.5	31.3	8.78	719	384	288
	6.0	21.7	1	1	48.6	36.6	8.73	835	444	339
	8.0	27.7	1	1	60.0	45.4	8.77	1010	536	433
	10.0	33.4	1	1	70.6	53.3	8.67	1160	614	524
160x80	4.0	14.2	1	4	33.0	16.9	6.30	598	196	247
	5.0	17.5	1	2	40.1	24.7	6.25	722	244	306
	6.0	20.7	1	1	46.9	28.9	6.20	836	281	361
	8.0	26.4	1	1	57.9	35.5	6.15	1000	335	459
180x80	4.0	15.5	1	4	39.8	17.6	5.96	802	210	280
	5.0	19.1	1	3	48.6	24.2	5.89	971	272	346
	6.0	22.6	1	2	56.8	32.0	5.86	1130	314	409
	8.0	28.9	1	1	70.3	39.4	5.82	1360	377	522
	10.0	35.0	1	1	83.1	46.5	5.69	1570	429	633
180x100	4.0	16.8	1	4	44.7	23.4	8.27	926	347	281
	5.0	20.7	1	3	54.7	32.1	8.23	1120	452	348
	6.0	24.5	1	2	64.3	42.6	8.17	1310	524	411
	8.0	31.4	1	1	80.2	53.3	8.15	1600	637	527
	10.0	38.1	1	1	95.1	62.8	8.05	1860	736	640
200x100	4.0	18.0	1	4	52.5	24.2	7.93	1200	368	313
	5.0	22.3	1	4	64.3	32.9	7.89	1460	477	388
	6.0	26.4	1	2	75.6	46.9	7.83	1700	577	459
	8.0	33.9	1	1	94.8	58.6	7.80	2090	705	590
	10.0	41.3	1	1	113	69.2	7.70	2440	818	719

Hybox® is a trademark of Corus. A fuller description of the relationship between Cold Formed Rectangular Hollow Sections (CFRHS) and the Hybox® range of sections manufactured by Corus is given in note 12.
L_c is calculated based on C_1 equal to 1.0. For other values of C_1 multiply L_c by C_1.
Lengths above the limiting length L_c should be checked for lateral torsional buckling.
FOR EXPLANATION OF TABLES SEE NOTE 8.

BS EN 1993-1-1:2005
BS EN 10219-2: 2006

BENDING

S355 / Hybox® 355

COLD-FORMED
RECTANGULAR HOLLOW SECTIONS

Hybox® RHS

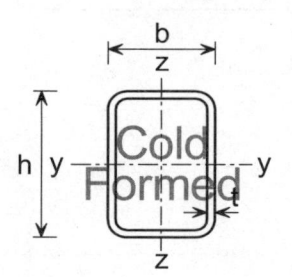

Design moment resistance, design shear resistance and limiting length

Section Designation		Mass per Metre	Classification		Moment resistance		Limiting Length	Second Moment Of Area		Shear Resistance
h x b mm	t mm	kg/m	y-y	z-z	$M_{c,y,Rd}$ kNm	$M_{c,z,Rd}$ kNm	L_c m	y-y Axis cm^4	z-z Axis cm^4	$V_{c,Rd}$ kN
200x120	4.0	19.3	2	4	58.2	30.6	10.3	1350	556	314
	5.0	23.8	1	4	71.4	41.4	10.2	1650	720	389
	6.0	28.3	1	2	84.1	58.9	10.1	1930	874	461
	8.0	36.5	1	1	106	74.2	10.2	2390	1080	594
	10.0	44.4	1	1	126	88.8	10.1	2810	1260	725
200x150	4.0	21.2	4	4	54.6	40.9	16.9	1550	923	315
	5.0	26.2	2	4	81.7	55.3	13.8	1940	1200	391
	6.0	31.1	1	2	96.2	79.2	13.8	2270	1460	464
	8.0	40.2	1	1	122	100	13.8	2830	1820	600
	10.0	49.1	1	1	147	120	13.8	3350	2140	733
250x150	5.0	30.1	2	4	114	59.8	12.8	3300	1360	492
	6.0	35.8	1	4	134	76.7	12.8	3890	1680	584
	8.0	46.5	1	2	171	121	12.8	4890	2220	758
	10.0	57.0	1	1	207	145	12.7	5820	2630	930
	12.0	66.0	1	1	234	164	12.8	6460	2920	1080
	12.5	68.3	1	1	241	169	12.7	6630	3000	1110
300x100	6.0	35.8	1	4	146	48.8	6.38	4780	748	701
	8.0	46.5	1	4	186	70.9	6.33	5980	1020	910
	10.0	57.0	1	2	224	101	6.20	7110	1220	1120
	12.5	68.3	1	1	260	117	6.12	8010	1370	1340
300x200	6.0	45.2	2	4	209	118	17.8	7370	3570	708
	8.0	59.1	1	4	269	172	17.8	9390	4930	925
	10.0	72.7	1	2	327	248	17.8	11300	6060	1140
	12.0	84.8	1	1	375	284	17.8	12800	6850	1330
	12.5	88.0	1	1	387	294	17.8	13200	7060	1380
400x200	8.0	71.6	1	4	416	192	16.0	19000	5830	1250
	10.0	88.4	1	4	509	260	15.9	23000	7540	1540
	12.0	104	1	2	588	365	15.9	26200	8980	1800
	12.5	108	1	2	608	377	15.9	27100	9260	1870
450x250	8.0	84.2	2	4	564	265	20.9	29300	10300	1410
	10.0	104	1	4	692	362	20.8	35700	13400	1750
	12.0	123	1	4	804	454	20.9	41100	16300	2060
	12.5	127	1	3	833	489	20.9	42500	17200	2140
500x300	8.0	96.7	4	4	591	346	32.1	42100	16400	1580
	10.0	120	2	4	901	474	25.8	52300	21500	1960
	12.0	141	1	4	1050	600	25.9	60600	26300	2310
	12.5	147	1	4	1090	633	25.9	62700	27500	2400

Hybox® is a trademark of Corus. A fuller description of the relationship between Cold Formed Rectangular Hollow Sections (CFRHS) and the Hybox® range of sections manufactured by Corus is given in note 12.

L_c is calculated based on C_1 equal to 1.0. For other values of C_1 multiply L_c by C_1.

Lengths above the limiting length L_c should be checked for lateral torsional buckling.

FOR EXPLANATION OF TABLES SEE NOTE 8.

BS EN 1993-1-1:2005 BS 4-1:2005						**BENDING**								S355 / Advance355	

PARALLEL FLANGE CHANNELS
Advance UKPFC

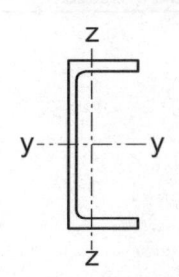

Designation / Cross section resistance (kNm) / Classification	C_1 [1]	Buckling Resistance Moment $M_{b,Rd}$ (kNm) for Length between lateral restraints, L (m)												Second Moment of Area y-y axis I_y cm⁴
		1.0	1.5	2.0	2.5	3.0	3.5	4.0	5.0	6.0	7.0	8.0	9.0	10.0	
430x100x64	1.00	422	362	310	267	233	205	183	151	129	113	100	90.2	82.2	21900
	1.50	422	422	385	346	310	280	253	211	179	154	136	123	113	
$M_{c,y,Rd}$ = 422	2.00	422	422	422	400	368	339	312	267	230	201	176	156	140	
$M_{c,z,Rd}$ = 33.8	2.50	422	422	422	422	411	385	360	315	278	246	218	195	175	
Class = 1	2.75	422	422	422	422	422	403	380	337	299	267	238	214	193	
380x100x54	1.00	322	279	239	207	181	160	144	119	102	89.0	79.3	71.6	65.3	15000
	1.50	322	322	297	267	241	218	198	166	141	122	107	97.7	89.7	
$M_{c,y,Rd}$ = 322	2.00	322	322	322	308	285	263	243	209	182	159	140	125	112	
$M_{c,z,Rd}$ = 30.8	2.50	322	322	322	322	317	297	279	246	218	194	173	156	140	
Class = 1	2.75	322	322	322	322	322	311	294	262	234	210	189	170	154	
300x100x46	1.00	221	194	169	149	132	119	108	91.1	79.0	69.9	62.8	57.0	52.3	8230
	1.50	221	221	208	189	173	159	147	126	110	97.1	86.4	77.6	71.0	
$M_{c,y,Rd}$ = 221	2.00	221	221	221	217	203	190	178	157	140	125	112	101	92.1	
$M_{c,z,Rd}$ = 51.1	2.50	221	221	221	221	221	212	202	182	165	150	136	125	114	
Class = 1	2.75	221	221	221	221	221	221	212	193	176	161	148	135	125	
300x90x41	1.00	197	166	142	123	108	95.9	86.4	72.2	62.2	54.7	49.0	44.4	40.6	7220
	1.50	202	199	179	160	145	131	119	101	86.2	75.0	66.4	60.6	55.7	
$M_{c,y,Rd}$ = 202	2.00	202	202	202	187	173	159	148	127	111	97.7	86.5	77.2	69.2	
$M_{c,z,Rd}$ = 40.5	2.50	202	202	202	202	193	181	170	151	134	119	107	96.3	87.0	
Class = 1	2.75	202	202	202	202	202	190	180	161	144	129	117	106	95.8	
260x90x35	1.00	148	125	107	93.4	82.3	73.5	66.4	55.8	48.2	42.6	38.1	34.6	31.7	4730
	1.50	151	150	135	122	110	100	91.6	77.7	67.0	58.6	51.7	47.1	43.4	
$M_{c,y,Rd}$ = 151	2.00	151	151	151	141	131	121	113	98.1	86.1	76.1	67.7	60.6	54.6	
$M_{c,z,Rd}$ = 36.2	2.50	151	151	151	151	146	138	130	115	103	92.5	83.3	75.3	68.4	
Class = 1	2.75	151	151	151	151	151	144	137	123	111	100	90.7	82.4	75.1	
260x75x28	1.00	106	86.0	71.0	59.9	51.7	45.4	40.5	33.5	28.6	25.1	22.3	20.1	18.4	3620
	1.50	116	107	92.8	80.9	71.2	63.1	56.5	46.2	38.7	34.3	30.7	27.9	25.6	
$M_{c,y,Rd}$ = 116	2.00	116	116	108	97.2	87.6	79.2	71.8	59.9	50.6	43.4	38.1	34.8	32.0	
$M_{c,z,Rd}$ = 22.0	2.50	116	116	116	109	101	92.5	85.2	72.7	62.5	54.2	47.4	41.7	37.7	
Class = 1	2.75	116	116	116	114	106	98.3	91.1	78.6	68.2	59.5	52.3	46.2	41.1	
230x90x32	1.00	124	106	91.7	80.6	71.7	64.6	58.8	49.9	43.5	38.6	34.7	31.6	29.0	3520
	1.50	126	126	114	104	95.1	87.3	80.6	69.4	60.6	53.5	47.6	42.8	39.5	
$M_{c,y,Rd}$ = 126	2.00	126	126	126	120	112	105	98.3	86.8	77.1	69.0	62.0	56.0	50.8	
$M_{c,z,Rd}$ = 35.1	2.50	126	126	126	126	125	118	112	101	91.6	83.1	75.6	69.0	63.2	
Class = 1	2.75	126	126	126	126	126	124	118	107	98.0	89.5	81.9	75.2	69.1	
230x75x26	1.00	90.3	74.6	62.7	53.7	47.0	41.7	37.6	31.4	27.1	23.9	21.4	19.3	17.7	2750
	1.50	98.7	92.0	81.1	71.9	64.2	57.7	52.3	43.7	37.2	32.3	29.2	26.6	24.5	
$M_{c,y,Rd}$ = 98.7	2.00	98.7	98.7	93.7	85.5	78.1	71.6	65.8	56.1	48.4	42.1	37.0	32.9	30.4	
$M_{c,z,Rd}$ = 22.4	2.50	98.7	98.7	98.7	95.5	88.9	82.7	77.1	67.3	59.0	52.1	46.2	41.3	37.0	
Class = 1	2.75	98.7	98.7	98.7	98.7	93.3	87.5	82.0	72.3	64.0	56.9	50.8	45.5	40.9	

Advance and UKPFC are trademarks of Corus. A fuller description of the relationship between Parallel Flange Channels and the Advance range of sections manufactured by Corus is given in note 12.

[1] C_1 is the factor dependent on the loading and end restraints.

Section classification given applies to members subject to bending about the y-y axis.

BENDING

PARALLEL FLANGE CHANNELS
Advance UKPFC

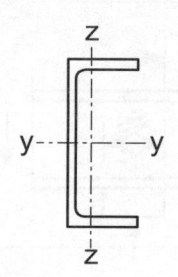

S355 / Advance355

BS EN 1993-1-1:2005
BS 4-1:2005

Designation Cross section resistance (kNm) Classification	$C_1^{(1)}$	Buckling Resistance Moment $M_{b,Rd}$ (kNm) for Length between lateral restraints, L (m)												Second Moment of Area y-y axis I_y cm⁴
		1.0	1.5	2.0	2.5	3.0	3.5	4.0	5.0	6.0	7.0	8.0	9.0	10.0	
200x90x30	1.00	102	88.1	77.3	68.7	61.9	56.3	51.6	44.4	39.0	34.8	31.5	28.7	26.4	2520
	1.50	103	103	95.6	87.9	81.1	75.3	70.1	61.3	54.3	48.4	43.6	39.4	35.9	
$M_{c,y,Rd}$ = 103	2.00	103	103	103	101	94.8	89.5	84.6	75.8	68.3	61.8	56.2	51.3	47.0	
$M_{c,z,Rd}$ = 33.5	2.50	103	103	103	103	103	100.0	95.6	87.5	80.2	73.7	67.8	62.5	57.8	
Class = 1	2.75	103	103	103	103	103	103	100	92.4	85.3	78.9	73.0	67.7	62.8	
200x75x23	1.00	74.3	62.1	53.0	46.1	40.8	36.6	33.2	28.1	24.4	21.6	19.4	17.6	16.1	1960
	1.50	80.6	76.1	67.9	61.0	55.2	50.3	46.0	39.1	33.8	29.5	26.3	24.1	22.2	
$M_{c,y,Rd}$ = 80.6	2.00	80.6	80.6	78.0	72.0	66.5	61.6	57.2	49.7	43.6	38.5	34.2	30.6	27.5	
$M_{c,z,Rd}$ = 21.5	2.50	80.6	80.6	80.6	79.9	75.1	70.6	66.4	59.0	52.6	47.1	42.3	38.2	34.6	
Class = 1	2.75	80.6	80.6	80.6	80.6	78.5	74.3	70.3	63.1	56.7	51.1	46.2	41.9	38.1	
180x90x26	1.00	81.3	70.2	61.6	54.8	49.4	44.9	41.2	35.5	31.2	27.8	25.1	23.0	21.1	1820
	1.50	82.4	82.4	76.2	70.1	64.8	60.1	55.9	49.0	43.4	38.7	34.8	31.6	28.7	
$M_{c,y,Rd}$ = 82.4	2.00	82.4	82.4	82.4	80.3	75.7	71.4	67.5	60.6	54.6	49.4	45.0	41.0	37.6	
$M_{c,z,Rd}$ = 29.6	2.50	82.4	82.4	82.4	82.4	82.4	79.8	76.3	69.8	64.1	58.9	54.2	50.0	46.2	
Class = 1	2.75	82.4	82.4	82.4	82.4	82.4	82.4	79.8	73.7	68.2	63.0	58.4	54.1	50.2	
180x75x20	1.00	57.5	48.0	40.8	35.4	31.2	28.0	25.3	21.4	18.5	16.4	14.7	13.4	12.2	1370
	1.50	62.5	58.9	52.4	47.0	42.4	38.5	35.1	29.8	25.6	22.4	20.0	18.3	16.8	
$M_{c,y,Rd}$ = 62.5	2.00	62.5	62.5	60.3	55.5	51.1	47.3	43.8	37.9	33.2	29.2	25.9	23.1	20.8	
$M_{c,z,Rd}$ = 18.4	2.50	62.5	62.5	62.5	61.6	57.8	54.3	51.0	45.1	40.1	35.8	32.1	28.9	26.1	
Class = 1	2.75	62.5	62.5	62.5	62.5	60.5	57.2	54.0	48.3	43.3	38.9	35.1	31.7	28.8	
150x90x24	1.00	63.1	55.2	49.1	44.2	40.3	37.0	34.3	29.8	26.4	23.8	21.6	19.8	18.3	1160
	1.50	63.5	63.5	60.1	55.9	52.1	48.9	45.9	40.8	36.6	33.1	30.1	27.5	25.2	
$M_{c,y,Rd}$ = 63.5	2.00	63.5	63.5	63.5	63.5	60.3	57.4	54.7	49.8	45.5	41.7	38.3	35.4	32.7	
$M_{c,z,Rd}$ = 27.3	2.50	63.5	63.5	63.5	63.5	63.5	63.5	61.2	56.8	52.7	49.0	45.6	42.5	39.7	
Class = 1	2.75	63.5	63.5	63.5	63.5	63.5	63.5	63.5	59.6	55.8	52.2	48.9	45.8	42.9	
150x75x18	1.00	43.5	36.8	31.8	27.9	24.9	22.5	20.6	17.5	15.3	13.6	12.3	11.2	10.3	861
	1.50	46.9	44.8	40.4	36.7	33.5	30.7	28.3	24.4	21.3	18.8	16.7	15.2	14.0	
$M_{c,y,Rd}$ = 46.9	2.00	46.9	46.9	46.1	42.9	40.0	37.3	34.9	30.8	27.3	24.3	21.8	19.7	17.8	
$M_{c,z,Rd}$ = 16.8	2.50	46.9	46.9	46.9	46.9	44.8	42.4	40.2	36.2	32.6	29.5	26.8	24.4	22.2	
Class = 1	2.75	46.9	46.9	46.9	46.9	46.7	44.5	42.4	38.5	35.0	31.9	29.1	26.6	24.4	
125x65x15	1.00	28.5	24.1	21.0	18.6	16.7	15.1	13.9	11.9	10.4	9.27	8.37	7.63	7.01	483
	1.50	31.9	29.7	26.9	24.5	22.4	20.7	19.1	16.5	14.5	12.8	11.4	10.3	9.57	
$M_{c,y,Rd}$ = 31.9	2.00	31.9	31.9	30.9	28.8	26.9	25.2	23.6	20.9	18.5	16.6	14.9	13.4	12.2	
$M_{c,z,Rd}$ = 11.8	2.50	31.9	31.9	31.9	31.9	30.2	28.7	27.2	24.5	22.2	20.1	18.3	16.6	15.2	
Class = 1	2.75	31.9	31.9	31.9	31.9	31.6	30.1	28.7	26.1	23.8	21.7	19.8	18.2	16.7	
100x50x10	1.00	14.3	12.0	10.3	9.11	8.14	7.37	6.73	5.75	5.02	4.46	4.02	3.66	3.36	208
	1.50	17.1	15.1	13.6	12.3	11.1	10.2	9.36	8.00	6.92	6.06	5.46	5.01	4.62	
$M_{c,y,Rd}$ = 17.4	2.00	17.4	17.2	15.9	14.7	13.6	12.6	11.7	10.2	8.98	7.93	7.05	6.30	5.72	
$M_{c,z,Rd}$ = 6.21	2.50	17.4	17.4	17.4	16.5	15.5	14.6	13.7	12.2	10.9	9.74	8.75	7.89	7.14	
Class = 1	2.75	17.4	17.4	17.4	17.2	16.3	15.4	14.6	13.1	11.8	10.6	9.57	8.67	7.88	

Advance and UKPFC are trademarks of Corus. A fuller description of the relationship between Parallel Flange Channels and the Advance range of sections manufactured by Corus is given in note 12.

(1) C_1 is the factor dependent on the loading and end restraints.

Section classification given applies to members subject to bending about the y-y axis.

WEB BEARING AND BUCKLING S355 / Advance355

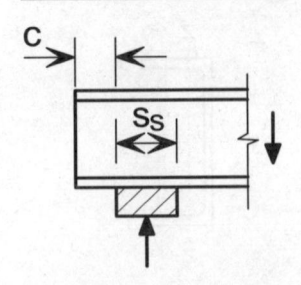

UNIVERSAL BEAMS
Advance UKB

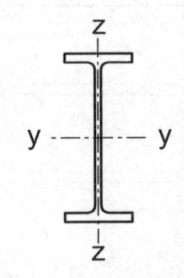

BS EN 1993-1-5: 2006
BS 4-1: 2005

Unstiffened webs

Section Designation	Design Shear Resistance $V_{c,Rd}$ kN		Design resistance of unstiffened web, F_{Rd} (kN) and limiting length, c_{lim} (mm) Stiff bearing length, s_s (mm)											
			0	10	20	30	40	50	75	100	150	200	250	300	350
1016x305x487 +	6480	F_{Rd} (c = 0)	1230	1340	1450	1570	1700	1830	2200	2600	3250	3750	4260	4760	5260
		c_{lim} (mm)	620	610	600	590	580	570	550	520	470	420	370	320	290
		F_{Rd} (c ≥ c_{lim})	4570	4680	4780	4880	4980	5080	5330	5580	6080	6580	7090	8330	8390
1016x305x437 +	5810	F_{Rd} (c = 0)	1050	1150	1250	1360	1470	1600	1930	2670	3090	3480	3860	4240	4620
		c_{lim} (mm)	620	610	600	590	580	570	550	520	470	420	370	320	310
		F_{Rd} (c ≥ c_{lim})	3860	3950	4040	4130	4220	4310	4540	4760	5990	6210	6420	6630	6830
1016x305x393 +	5240	F_{Rd} (c = 0)	894	980	1070	1640	1720	1790	1980	2180	2520	2830	3150	3460	3780
		c_{lim} (mm)	620	610	600	590	580	570	550	520	470	420	370	320	300
		F_{Rd} (c ≥ c_{lim})	3250	3330	3410	3490	3570	4440	4540	4640	4830	5020	5190	5360	5530
1016x305x349 +	4700	F_{Rd} (c = 0)	1090	1140	1190	1240	1300	1350	1500	1650	1900	2140	2380	2620	2860
		c_{lim} (mm)	620	610	600	590	580	570	550	520	470	420	370	320	290
		F_{Rd} (c ≥ c_{lim})	3170	3200	3230	3270	3300	3330	3410	3480	3630	3770	3910	4040	4160
1016x305x314 +	4240	F_{Rd} (c = 0)	879	921	964	1010	1050	1100	1220	1350	1540	1740	1940	2130	2330
		c_{lim} (mm)	620	610	600	590	580	570	550	520	470	420	370	320	270
		F_{Rd} (c ≥ c_{lim})	2540	2560	2590	2620	2640	2670	2740	2800	2920	3040	3150	3260	3370
1016x305x272 +	3680	F_{Rd} (c = 0)	648	679	711	744	778	813	904	993	1140	1290	1430	1580	1720
		c_{lim} (mm)	620	610	600	590	580	570	550	520	470	420	370	320	270
		F_{Rd} (c ≥ c_{lim})	1840	1860	1880	1900	1920	1940	2000	2040	2140	2230	2310	2380	2380
1016x305x249 +	3600	F_{Rd} (c = 0)	631	662	695	728	763	799	891	968	1120	1260	1410	1560	1700
		c_{lim} (mm)	620	610	600	590	580	570	550	520	470	420	370	320	270
		F_{Rd} (c ≥ c_{lim})	1760	1780	1800	1820	1840	1870	1920	1970	2060	2160	2250	2330	2350
1016x305x222 +	3440	F_{Rd} (c = 0)	580	610	641	673	706	740	820	890	1030	1170	1310	1440	1580
		c_{lim} (mm)	620	610	600	590	580	570	550	520	470	420	370	320	270
		F_{Rd} (c ≥ c_{lim})	1580	1600	1620	1640	1670	1690	1740	1790	1880	1970	2060	2140	2140
914x419x388	4220	F_{Rd} (c = 0)	1160	1210	1270	1330	1390	1460	1620	1790	2080	2350	2620	2890	3160
		c_{lim} (mm)	570	560	550	540	530	520	500	470	420	370	320	280	280
		F_{Rd} (c ≥ c_{lim})	3400	3430	3470	3500	3540	3570	3650	3740	3890	4050	4190	4340	4470
914x419x343	3800	F_{Rd} (c = 0)	932	978	1030	1080	1130	1180	1320	1460	1690	1910	2130	2350	2570
		c_{lim} (mm)	570	560	550	540	530	520	500	470	420	370	320	270	260
		F_{Rd} (c ≥ c_{lim})	2700	2730	2760	2790	2820	2850	2920	2990	3120	3250	3370	3490	3610

Advance and UKB are trademarks of Corus. A fuller description of the relationship between Universal Beams (UB) and the Advance range of sections manufactured by Corus is given in note 12.

+ These sections are in addition to the range of BS 4 sections

If c < c_{lim}, then use F_{Rd} value for c = 0.

FOR EXPLANATION OF TABLES SEE NOTE 9.

WEB BEARING AND BUCKLING S355 / Advance355

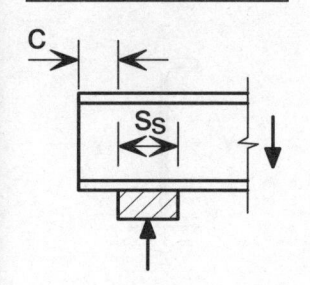

UNIVERSAL BEAMS
Advance UKB

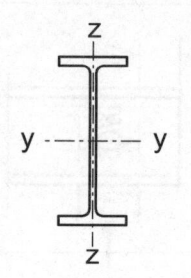

Unstiffened webs

Section Designation	Design Shear Resistance $V_{c,Rd}$ kN		Design resistance of unstiffened web, F_{Rd} (kN) and limiting length, c_{lim} (mm)											
			Stiff bearing length, s_s (mm)											
			0	10	20	30	40	50	75	100	150	200	250	300	350
914x305x289	3780	F_{Rd} (c = 0)	910	957	1000	1060	1110	1160	1300	1430	1650	1870	2090	2310	2520
		c_{lim} (mm)	580	570	560	550	540	530	510	480	430	380	330	280	250
		F_{Rd} (c ≥ c_{lim})	2610	2640	2680	2700	2740	2760	2840	2910	3050	3180	3300	3430	3540
914x305x253	3350	F_{Rd} (c = 0)	707	744	782	822	862	904	1010	1110	1280	1460	1630	1800	1970
		c_{lim} (mm)	580	570	560	550	540	530	510	480	430	380	330	280	230
		F_{Rd} (c ≥ c_{lim})	2000	2030	2050	2080	2100	2120	2180	2240	2350	2460	2560	2660	2750
914x305x224	3060	F_{Rd} (c = 0)	587	618	651	685	720	755	847	921	1070	1220	1360	1510	1650
		c_{lim} (mm)	580	570	560	550	540	530	510	480	430	380	330	280	230
		F_{Rd} (c ≥ c_{lim})	1640	1660	1680	1700	1720	1740	1790	1840	1940	2030	2120	2200	2250
914x305x201	2870	F_{Rd} (c = 0)	520	549	578	609	641	673	750	817	950	1080	1220	1350	1480
		c_{lim} (mm)	580	570	560	550	540	530	510	480	430	380	330	280	230
		F_{Rd} (c ≥ c_{lim})	1420	1440	1460	1480	1500	1520	1570	1620	1710	1790	1870	1930	1930
838x292x226	2900	F_{Rd} (c = 0)	618	652	688	725	764	803	906	993	1160	1320	1480	1640	1800
		c_{lim} (mm)	540	530	520	510	500	490	460	440	390	340	290	240	220
		F_{Rd} (c ≥ c_{lim})	1760	1780	1800	1830	1850	1870	1930	1980	2080	2180	2270	2360	2440
838x292x194	2610	F_{Rd} (c = 0)	502	531	561	593	625	658	740	808	944	1080	1220	1350	1480
		c_{lim} (mm)	540	530	520	510	500	490	460	440	390	340	290	240	200
		F_{Rd} (c ≥ c_{lim})	1400	1420	1440	1460	1480	1500	1540	1590	1680	1760	1840	1920	1920
838x292x176	2460	F_{Rd} (c = 0)	448	475	503	531	561	592	661	723	847	970	1090	1220	1330
		c_{lim} (mm)	540	530	520	510	500	490	460	440	390	340	290	240	190
		F_{Rd} (c ≥ c_{lim})	1230	1250	1270	1290	1300	1320	1370	1410	1490	1570	1640	1670	1670
762x267x197	2530	F_{Rd} (c = 0)	582	618	655	694	735	776	883	968	1140	1310	1480	1640	1810
		c_{lim} (mm)	480	470	460	450	440	430	410	380	330	280	230	200	200
		F_{Rd} (c ≥ c_{lim})	1660	1690	1710	1740	1760	1780	1840	1890	1990	2090	2190	2280	2360
762x267x173	2290	F_{Rd} (c = 0)	479	510	542	575	609	644	728	800	942	1080	1230	1370	1510
		c_{lim} (mm)	480	470	460	450	440	430	410	380	330	280	230	190	190
		F_{Rd} (c ≥ c_{lim})	1350	1370	1390	1410	1430	1450	1500	1540	1630	1720	1800	1880	1930
762x267x147	2040	F_{Rd} (c = 0)	376	401	427	453	481	510	571	629	743	857	971	1080	1190
		c_{lim} (mm)	480	470	460	450	440	430	410	380	330	280	230	180	170
		F_{Rd} (c ≥ c_{lim})	1040	1050	1070	1090	1100	1120	1160	1200	1270	1340	1410	1410	1410
762x267x134	1970	F_{Rd} (c = 0)	332	354	377	401	426	452	504	555	658	760	852	924	996
		c_{lim} (mm)	480	470	460	450	440	430	410	380	330	280	230	180	160
		F_{Rd} (c ≥ c_{lim})	903	919	935	950	965	980	1020	1050	1120	1180	1180	1180	1180

Advance and UKB are trademarks of Corus. A fuller description of the relationship between Universal Beams (UB) and the Advance range of sections manufactured by Corus is given in note 12.

If c < c_{lim}, then use F_{Rd} value for c = 0.

FOR EXPLANATION OF TABLES SEE NOTE 9.

BS EN 1993-1-5: 2006
BS 4-1: 2005

WEB BEARING AND BUCKLING — S355 / Advance355

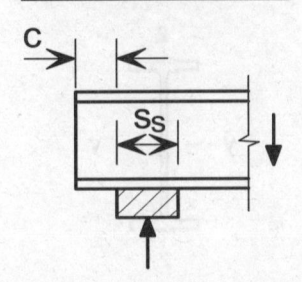

UNIVERSAL BEAMS
Advance UKB

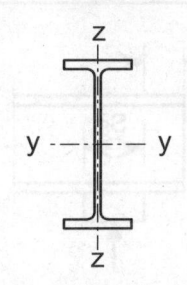

Unstiffened webs

Section Designation	Design Shear Resistance $V_{c,Rd}$ kN		Design resistance of unstiffened web, F_{Rd} (kN) and limiting length, c_{lim} (mm)												
			Stiff bearing length, s_s (mm)												
			0	10	20	30	40	50	75	100	150	200	250	300	350
686x254x170	2120	F_{Rd} (c = 0)	507	542	578	616	655	695	795	877	1040	1200	1360	1520	1690
		c_{lim} (mm)	440	430	420	410	400	390	360	340	290	240	190	190	190
		F_{Rd} (c ≥ c_{lim})	1460	1480	1500	1530	1550	1570	1620	1670	1770	1860	1950	2030	2120
686x254x152	1920	F_{Rd} (c = 0)	415	444	474	505	538	571	651	718	853	988	1120	1260	1390
		c_{lim} (mm)	440	430	420	410	400	390	360	340	290	240	190	180	180
		F_{Rd} (c ≥ c_{lim})	1180	1200	1220	1240	1250	1270	1320	1360	1440	1520	1590	1660	1690
686x254x140	1790	F_{Rd} (c = 0)	362	387	414	442	471	501	568	628	747	866	984	1100	1220
		c_{lim} (mm)	440	430	420	410	400	390	360	340	290	240	190	170	170
		F_{Rd} (c ≥ c_{lim})	1020	1040	1050	1070	1080	1100	1140	1180	1250	1320	1390	1420	1420
686x254x125	1670	F_{Rd} (c = 0)	316	339	363	388	414	441	497	550	657	762	868	974	1070
		c_{lim} (mm)	440	430	420	410	400	390	360	340	290	240	190	160	160
		F_{Rd} (c ≥ c_{lim})	874	890	906	922	937	952	988	1020	1090	1150	1200	1200	1200
610x305x238	2460	F_{Rd} (c = 0)	580	647	721	801	887	978	1230	1580	1880	2170	2460	2750	3050
		c_{lim} (mm)	390	380	370	360	350	340	310	290	240	220	220	220	220
		F_{Rd} (c ≥ c_{lim})	2040	2100	2170	2230	2290	2360	2520	2670	3180	3330	3480	3620	3750
610x305x179	1880	F_{Rd} (c = 0)	503	539	577	617	658	701	811	901	1070	1240	1420	1590	1760
		c_{lim} (mm)	390	380	370	360	350	340	310	290	240	190	190	190	190
		F_{Rd} (c ≥ c_{lim})	1470	1490	1520	1540	1560	1580	1630	1680	1780	1870	1960	2050	2130
610x305x149	1570	F_{Rd} (c = 0)	345	370	397	425	454	485	560	620	741	862	982	1100	1220
		c_{lim} (mm)	390	380	370	360	350	340	310	290	240	190	170	170	170
		F_{Rd} (c ≥ c_{lim})	991	1010	1020	1040	1060	1070	1110	1150	1220	1280	1340	1380	1380
610x229x140	1690	F_{Rd} (c = 0)	418	450	483	518	554	592	680	755	904	1050	1200	1350	1500
		c_{lim} (mm)	390	380	370	360	350	340	310	290	240	190	170	170	170
		F_{Rd} (c ≥ c_{lim})	1210	1230	1250	1270	1290	1310	1360	1400	1490	1570	1650	1720	1790
610x229x125	1520	F_{Rd} (c = 0)	340	366	394	423	453	484	554	616	739	862	985	1110	1230
		c_{lim} (mm)	390	380	370	360	350	340	310	290	240	190	160	160	160
		F_{Rd} (c ≥ c_{lim})	971	989	1010	1020	1040	1060	1100	1130	1210	1280	1340	1400	1400
610x229x113	1420	F_{Rd} (c = 0)	291	314	339	364	391	418	475	529	637	744	851	957	1060
		c_{lim} (mm)	390	380	370	360	350	340	310	290	240	190	150	150	150
		F_{Rd} (c ≥ c_{lim})	821	837	852	867	882	896	932	966	1030	1090	1140	1140	1140
610x229x101	1370	F_{Rd} (c = 0)	259	281	303	326	350	375	424	473	571	668	765	854	930
		c_{lim} (mm)	390	380	370	360	350	340	310	290	240	190	140	140	140
		F_{Rd} (c ≥ c_{lim})	719	734	748	763	776	790	823	855	915	972	978	978	978

Advance and UKB are trademarks of Corus. A fuller description of the relationship between Universal Beams (UB) and the Advance range of sections manufactured by Corus is given in note 12.

If c < c_{lim}, then use F_{Rd} value for c = 0.

FOR EXPLANATION OF TABLES SEE NOTE 9.

WEB BEARING AND BUCKLING S355 / Advance355

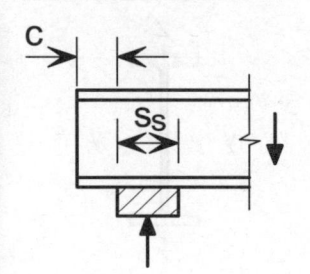

UNIVERSAL BEAMS
Advance UKB

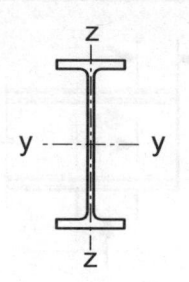

BS EN 1993-1-5: 2006
BS 4-1: 2005

Unstiffened webs

Section Designation	Design Shear Resistance $V_{c,Rd}$ kN		Design resistance of unstiffened web, F_{Rd} (kN) and limiting length, c_{lim} (mm)											
			Stiff bearing length, s_s (mm)											
			0	10	20	30	40	50	75	100	150	200	250	300	350
610x178x100 +	1450	F_{Rd} (c = 0)	296	320	346	372	400	427	484	540	651	762	873	984	1100
		c_{lim} (mm)	390	380	370	360	350	340	310	290	240	190	150	150	150
		F_{Rd} (c ≥ c_{lim})	828	845	861	877	893	909	946	982	1050	1120	1180	1200	1200
610x178x92 +	1410	F_{Rd} (c = 0)	275	298	322	348	374	397	450	503	609	714	819	923	1020
		c_{lim} (mm)	390	380	370	360	350	340	310	290	240	190	140	140	140
		F_{Rd} (c ≥ c_{lim})	759	775	791	807	822	837	873	908	974	1040	1080	1080	1080
610x178x82 +	1290	F_{Rd} (c = 0)	229	248	269	290	312	330	375	420	508	597	674	739	804
		c_{lim} (mm)	390	380	370	360	350	340	310	290	240	190	140	130	130
		F_{Rd} (c ≥ c_{lim})	622	636	650	663	676	689	720	750	807	846	846	846	846
533x312x272 +	2480	F_{Rd} (c = 0)	754	830	913	1000	1100	1200	1480	1780	2160	2520	2890	3250	3610
		c_{lim} (mm)	340	330	320	310	300	290	260	240	230	230	230	230	230
		F_{Rd} (c ≥ c_{lim})	2680	2750	2830	2900	2970	3040	3230	3410	3770	4140	4500	4860	5320
533x312x219 +	2120	F_{Rd} (c = 0)	543	610	684	764	851	944	1190	1400	1720	2030	2350	2660	2980
		c_{lim} (mm)	340	330	320	310	300	290	260	240	190	190	190	190	190
		F_{Rd} (c ≥ c_{lim})	1900	1970	2030	2090	2160	2220	2380	2540	2850	3170	3530	3680	3830
533x312x182 +	1740	F_{Rd} (c = 0)	412	467	530	598	672	867	1010	1130	1360	1590	1820	2040	2240
		c_{lim} (mm)	340	330	320	310	300	290	260	240	190	190	190	190	190
		F_{Rd} (c ≥ c_{lim})	1420	1470	1520	1580	1630	1680	2010	2070	2190	2310	2420	2520	2620
533x312x150 +	1460	F_{Rd} (c = 0)	412	446	481	518	557	596	696	776	935	1090	1250	1410	1550
		c_{lim} (mm)	340	330	320	310	300	290	260	240	190	170	170	170	170
		F_{Rd} (c ≥ c_{lim})	1210	1230	1250	1270	1290	1310	1350	1400	1490	1570	1650	1720	1800
533x210x138 +	1680	F_{Rd} (c = 0)	323	378	440	509	584	788	913	1020	1230	1450	1660	1870	2060
		c_{lim} (mm)	340	330	320	310	300	290	260	240	190	170	170	170	170
		F_{Rd} (c ≥ c_{lim})	1150	1200	1250	1300	1360	1410	1530	1850	1970	2080	2190	2290	2390
533x210x122	1450	F_{Rd} (c = 0)	398	433	469	506	545	586	677	757	917	1080	1240	1400	1530
		c_{lim} (mm)	340	330	320	310	300	290	260	240	190	160	160	160	160
		F_{Rd} (c ≥ c_{lim})	1160	1180	1210	1230	1250	1270	1320	1360	1450	1540	1620	1700	1770
533x210x109	1330	F_{Rd} (c = 0)	327	355	386	417	450	485	557	624	757	890	1020	1160	1270
		c_{lim} (mm)	340	330	320	310	300	290	260	240	190	150	150	150	150
		F_{Rd} (c ≥ c_{lim})	942	961	979	997	1020	1030	1070	1110	1190	1260	1330	1400	1450
533x210x101	1240	F_{Rd} (c = 0)	281	306	332	360	389	418	479	537	653	769	884	999	1100
		c_{lim} (mm)	340	330	320	310	300	290	260	240	190	140	140	140	140
		F_{Rd} (c ≥ c_{lim})	804	820	836	852	867	883	919	955	1020	1080	1140	1180	1180
533x210x92	1170	F_{Rd} (c = 0)	246	268	292	316	342	368	420	472	575	677	780	882	969
		c_{lim} (mm)	340	330	320	310	300	290	260	240	190	140	140	140	140
		F_{Rd} (c ≥ c_{lim})	696	711	725	739	753	767	800	832	893	949	981	981	981
533x210x82	1120	F_{Rd} (c = 0)	217	238	259	282	305	326	373	419	513	605	698	790	846
		c_{lim} (mm)	340	330	320	310	300	290	260	240	190	140	130	130	130
		F_{Rd} (c ≥ c_{lim})	604	618	632	645	658	671	702	732	788	840	846	846	846

Advance and UKB are trademarks of Corus. A fuller description of the relationship between Universal Beams (UB) and the Advance range of sections manufactured by Corus is given in note 12.

+ These sections are in addition to the range of BS 4 sections

If c < c_{lim}, then use F_{Rd} value for c = 0.

FOR EXPLANATION OF TABLES SEE NOTE 9.

BS EN 1993-1-5: 2006
BS 4-1: 2005

WEB BEARING AND BUCKLING   S355 / Advance355

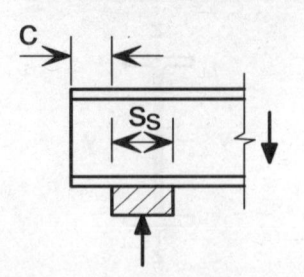

UNIVERSAL BEAMS
Advance UKB

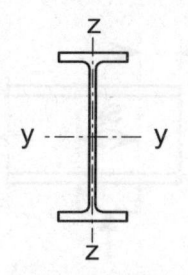

Unstiffened webs

Section Designation	Design Shear Resistance $V_{c,Rd}$ kN		Design resistance of unstiffened web, F_{Rd} (kN) and limiting length, c_{lim} (mm)											
			Stiff bearing length, s_s (mm)											
			0	10	20	30	40	50	75	100	150	200	250	300	350
533x165x85 +	1170	F_{Rd} (c = 0)	249	272	297	322	349	374	427	480	586	691	796	901	991
		c_{lim} (mm)	340	330	320	310	300	290	260	240	190	140	140	140	140
		F_{Rd} (c ≥ c_{lim})	706	722	737	752	766	780	815	848	910	969	1020	1030	1030
533x165x74 +	1120	F_{Rd} (c = 0)	219	240	262	285	309	329	377	424	520	614	709	803	867
		c_{lim} (mm)	340	330	320	310	300	290	260	240	190	140	120	120	120
		F_{Rd} (c ≥ c_{lim})	608	623	637	650	664	677	709	740	798	851	867	867	867
533x165x66 +	1020	F_{Rd} (c = 0)	182	200	218	238	256	272	313	353	433	513	578	637	679
		c_{lim} (mm)	340	330	320	310	300	290	260	240	190	140	110	110	110
		F_{Rd} (c ≥ c_{lim})	496	508	521	533	544	556	583	610	659	679	679	679	679
457x191x161 +	1810	F_{Rd} (c = 0)	468	534	608	690	778	872	1130	1280	1590	1900	2210	2520	2840
		c_{lim} (mm)	290	280	270	260	250	240	220	190	180	180	180	180	180
		F_{Rd} (c ≥ c_{lim})	1720	1780	1840	1910	1970	2030	2190	2340	2650	2960	3270	3580	3930
457x191x133 +	1510	F_{Rd} (c = 0)	352	409	473	544	622	704	894	1030	1290	1550	1820	2080	2400
		c_{lim} (mm)	290	280	270	260	250	240	220	190	150	150	150	150	170
		F_{Rd} (c ≥ c_{lim})	1270	1330	1380	1430	1480	1540	1670	1800	2060	2400	2520	2650	2800
457x191x106 +	1230	F_{Rd} (c = 0)	248	296	350	411	570	618	718	810	994	1180	1360	1520	1610
		c_{lim} (mm)	290	280	270	260	250	240	220	190	150	150	150	150	150
		F_{Rd} (c ≥ c_{lim})	882	925	969	1010	1060	1100	1350	1410	1500	1600	1680	1770	1850
457x191x98	1110	F_{Rd} (c = 0)	224	359	393	429	467	505	587	663	814	964	1120	1240	1320
		c_{lim} (mm)	290	280	270	260	250	240	220	190	150	150	150	150	150
		F_{Rd} (c ≥ c_{lim})	788	984	1000	1020	1040	1060	1100	1150	1230	1300	1380	1440	1510
457x191x89	1030	F_{Rd} (c = 0)	273	301	330	361	393	426	493	557	685	813	940	1050	1110
		c_{lim} (mm)	290	280	270	260	250	240	220	190	140	140	140	140	140
		F_{Rd} (c ≥ c_{lim})	798	815	832	849	865	881	919	956	1030	1090	1150	1210	1260
457x191x82	976	F_{Rd} (c = 0)	243	268	294	322	351	381	439	497	612	728	843	942	1000
		c_{lim} (mm)	290	280	270	260	250	240	220	190	140	130	130	130	130
		F_{Rd} (c ≥ c_{lim})	701	717	733	748	763	777	813	847	911	971	1030	1060	1060
457x191x74	895	F_{Rd} (c = 0)	199	219	241	264	289	312	360	408	503	599	694	776	811
		c_{lim} (mm)	290	280	270	260	250	240	220	190	140	120	120	120	120
		F_{Rd} (c ≥ c_{lim})	568	581	595	607	620	632	662	691	744	794	811	811	811
457x191x67	839	F_{Rd} (c = 0)	174	192	212	233	255	273	316	359	444	529	614	687	687
		c_{lim} (mm)	290	280	270	260	250	240	220	190	140	120	120	120	120
		F_{Rd} (c ≥ c_{lim})	490	503	515	527	538	549	577	603	652	687	687	687	687

Advance and UKB are trademarks of Corus. A fuller description of the relationship between Universal Beams (UB) and the Advance range of sections manufactured by Corus is given in note 12.

+ These sections are in addition to the range of BS 4 sections

If c < c_{lim}, then use F_{Rd} value for c = 0.

FOR EXPLANATION OF TABLES SEE NOTE 9.

| BS EN 1993-1-5: 2006 |
| BS 4-1: 2005 |

WEB BEARING AND BUCKLING S355 / Advance355

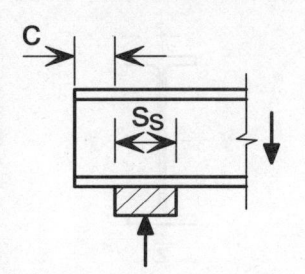

UNIVERSAL BEAMS
Advance UKB

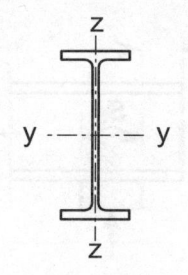

Unstiffened webs

Section Designation	Design Shear Resistance $V_{c,Rd}$ kN		Design resistance of unstiffened web, F_{Rd} (kN) and limiting length, c_{lim} (mm)											
			Stiff bearing length, s_s (mm)												
			0	10	20	30	40	50	75	100	150	200	250	300	350
457x152x82	1040	F_{Rd} (c = 0)	271	299	328	359	391	424	489	554	682	809	937	1050	1110
		c_{lim} (mm)	290	280	270	260	250	240	220	190	140	140	140	140	140
		F_{Rd} (c ≥ c_{lim})	794	811	828	845	861	877	916	953	1020	1090	1150	1210	1250
457x152x74	938	F_{Rd} (c = 0)	224	247	271	297	324	351	405	459	566	673	779	871	925
		c_{lim} (mm)	290	280	270	260	250	240	220	190	140	130	130	130	130
		F_{Rd} (c ≥ c_{lim})	648	663	677	691	705	719	752	784	843	899	951	970	970
457x152x67	899	F_{Rd} (c = 0)	196	217	239	262	287	308	356	404	500	595	690	772	807
		c_{lim} (mm)	290	280	270	260	250	240	220	190	140	120	120	120	120
		F_{Rd} (c ≥ c_{lim})	560	574	587	600	613	625	655	684	738	789	807	807	807
457x152x60	806	F_{Rd} (c = 0)	157	174	192	211	231	247	286	325	402	479	556	600	600
		c_{lim} (mm)	290	280	270	260	250	240	220	190	140	120	120	120	120
		F_{Rd} (c ≥ c_{lim})	443	454	465	476	487	497	522	545	590	600	600	600	600
457x152x52	747	F_{Rd} (c = 0)	135	150	166	183	199	212	247	281	350	411	463	499	499
		c_{lim} (mm)	290	280	270	260	250	240	220	190	140	100	100	100	100
		F_{Rd} (c ≥ c_{lim})	373	383	393	403	413	422	445	466	499	499	499	499	499
406x178x85 +	966	F_{Rd} (c = 0)	198	239	287	407	446	486	566	644	798	953	1110	1190	1270
		c_{lim} (mm)	260	250	240	230	220	210	180	160	130	130	130	130	130
		F_{Rd} (c ≥ c_{lim})	696	734	771	809	971	989	1030	1080	1160	1230	1300	1370	1440
406x178x74	858	F_{Rd} (c = 0)	229	254	282	311	341	371	431	491	610	730	849	914	971
		c_{lim} (mm)	260	250	240	230	220	210	180	160	120	120	120	120	120
		F_{Rd} (c ≥ c_{lim})	669	685	700	716	731	745	780	814	878	937	993	1050	1050
406x178x67	790	F_{Rd} (c = 0)	193	215	239	264	290	314	366	417	519	622	724	780	829
		c_{lim} (mm)	260	250	240	230	220	210	180	160	120	120	120	120	120
		F_{Rd} (c ≥ c_{lim})	558	572	586	599	612	625	656	686	741	793	840	840	840
406x178x60	709	F_{Rd} (c = 0)	154	172	191	211	232	250	292	333	416	499	581	619	619
		c_{lim} (mm)	260	250	240	230	220	210	180	160	110	110	110	110	110
		F_{Rd} (c ≥ c_{lim})	440	451	463	474	484	495	520	544	590	619	619	619	619
406x178x54	683	F_{Rd} (c = 0)	142	159	178	198	217	232	272	311	390	468	547	571	571
		c_{lim} (mm)	260	250	240	230	220	210	180	160	110	100	100	100	100
		F_{Rd} (c ≥ c_{lim})	400	411	422	433	444	454	479	503	547	571	571	571	571

Advance and UKB are trademarks of Corus. A fuller description of the relationship between Universal Beams (UB) and the Advance range of sections manufactured by Corus is given in note 12.

+ These sections are in addition to the range of BS 4 sections

If c < c_{lim}, then use F_{Rd} value for c = 0.

FOR EXPLANATION OF TABLES SEE NOTE 9.

WEB BEARING AND BUCKLING S355 / Advance355

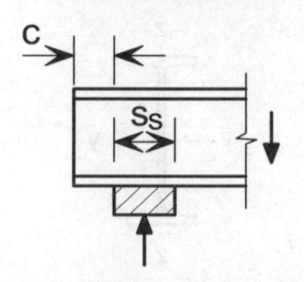

UNIVERSAL BEAMS
Advance UKB

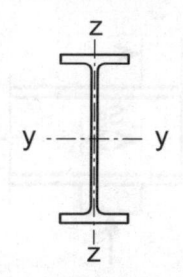

Unstiffened webs

Section Designation	Design Shear Resistance $V_{c,Rd}$ kN		Design resistance of unstiffened web, F_{Rd} (kN) and limiting length, c_{lim} (mm)												
			Stiff bearing length, s_s (mm)												
			0	10	20	30	40	50	75	100	150	200	250	300	350
406x140x53 +	709	F_{Rd} (c = 0)	151	169	188	209	230	246	288	329	412	495	577	615	615
		c_{lim} (mm)	260	250	240	230	220	210	180	160	110	110	110	110	110
		F_{Rd} (c ≥ c_{lim})	430	442	453	465	476	486	512	537	583	615	615	615	615
406x140x46	611	F_{Rd} (c = 0)	111	124	138	154	168	181	212	242	304	355	401	405	405
		c_{lim} (mm)	260	250	240	230	220	210	180	160	110	100	100	100	100
		F_{Rd} (c ≥ c_{lim})	311	320	329	337	345	353	373	391	405	405	405	405	405
406x140x39	566	F_{Rd} (c = 0)	94.9	107	120	133	144	156	183	210	258	297	335	338	338
		c_{lim} (mm)	260	250	240	230	220	210	180	160	110	90	90	90	90
		F_{Rd} (c ≥ c_{lim})	260	268	276	284	292	299	317	334	338	338	338	338	338
356x171x67	733	F_{Rd} (c = 0)	216	243	272	302	334	366	429	491	617	742	832	892	949
		c_{lim} (mm)	230	220	210	200	190	180	150	130	120	120	120	120	120
		F_{Rd} (c ≥ c_{lim})	544	657	672	688	703	717	753	786	850	909	964	1020	1040
356x171x57	646	F_{Rd} (c = 0)	166	187	211	235	261	282	332	382	481	581	652	701	746
		c_{lim} (mm)	230	220	210	200	190	180	150	130	110	110	110	110	110
		F_{Rd} (c ≥ c_{lim})	482	496	509	521	534	546	575	603	655	703	746	746	746
356x171x51	587	F_{Rd} (c = 0)	136	154	174	194	216	232	274	316	399	482	542	576	576
		c_{lim} (mm)	230	220	210	200	190	180	150	130	100	100	100	100	100
		F_{Rd} (c ≥ c_{lim})	391	402	414	424	435	445	470	494	538	576	576	576	576
356x171x45	549	F_{Rd} (c = 0)	119	135	153	171	188	203	241	278	352	427	480	489	489
		c_{lim} (mm)	230	220	210	200	190	180	150	130	90	90	90	90	90
		F_{Rd} (c ≥ c_{lim})	334	345	355	366	375	385	408	430	470	489	489	489	489
356x127x39	527	F_{Rd} (c = 0)	105	119	135	152	167	180	213	246	313	379	415	415	415
		c_{lim} (mm)	230	220	210	200	190	180	150	130	90	90	90	90	90
		F_{Rd} (c ≥ c_{lim})	298	307	316	325	334	342	363	382	415	415	415	415	415
356x127x33	472	F_{Rd} (c = 0)	84.4	96.6	110	123	134	145	173	200	255	298	316	316	316
		c_{lim} (mm)	230	220	210	200	190	180	150	130	80	80	80	80	80
		F_{Rd} (c ≥ c_{lim})	234	242	250	258	265	272	290	306	316	316	316	316	316
305x165x54	545	F_{Rd} (c = 0)	166	190	216	243	271	297	352	408	518	617	671	720	767
		c_{lim} (mm)	190	180	170	160	150	140	120	110	110	110	110	110	110
		F_{Rd} (c ≥ c_{lim})	495	508	522	535	548	560	590	619	673	722	769	803	803
305x165x46	461	F_{Rd} (c = 0)	117	135	153	173	194	210	250	290	370	441	480	503	503
		c_{lim} (mm)	190	180	170	160	150	140	120	100	100	100	100	100	100
		F_{Rd} (c ≥ c_{lim})	345	355	365	374	384	393	415	436	476	503	503	503	503
305x165x40	411	F_{Rd} (c = 0)	92.0	106	121	137	153	166	198	230	294	351	367	367	367
		c_{lim} (mm)	190	180	170	160	150	140	120	90	90	90	90	90	90
		F_{Rd} (c ≥ c_{lim})	266	275	283	291	299	307	325	342	367	367	367	367	367

Advance and UKB are trademarks of Corus. A fuller description of the relationship between Universal Beams (UB) and the Advance range of sections manufactured by Corus is given in note 12.

+ These sections are in addition to the range of BS 4 sections

If c < c_{lim}, then use F_{Rd} value for c = 0.

FOR EXPLANATION OF TABLES SEE NOTE 9.

WEB BEARING AND BUCKLING   S355 / Advance355

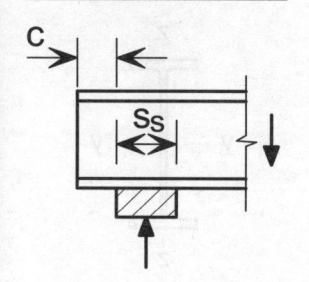

UNIVERSAL BEAMS
Advance UKB

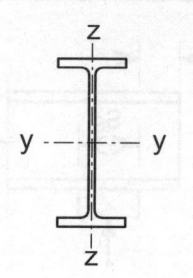

Unstiffened webs

Section Designation	Design Shear Resistance $V_{c,Rd}$ kN		Design resistance of unstiffened web, F_{Rd} (kN) and limiting length, c_{lim} (mm)											
			\multicolumn{12}{c}{Stiff bearing length, s_s (mm)}
			0	10	20	30	40	50	75	100	150	200	250	300	350
305x127x48	612	F_{Rd} (c = 0)	118	154	198	248	295	327	443	515	659	788	858	924	985
		c_{lim} (mm)	190	180	170	160	150	140	120	100	100	100	100	100	100
		F_{Rd} (c ≥ c_{lim})	423	455	487	519	551	583	740	778	850	916	978	1040	1090
305x127x42	542	F_{Rd} (c = 0)	95.8	128	212	240	266	289	346	403	517	618	674	726	775
		c_{lim} (mm)	190	180	170	160	150	140	120	90	90	90	90	90	90
		F_{Rd} (c ≥ c_{lim})	340	368	396	425	524	538	571	602	660	713	762	808	822
305x127x37	481	F_{Rd} (c = 0)	124	144	165	188	207	225	270	315	405	485	529	570	583
		c_{lim} (mm)	190	180	170	160	150	140	120	90	90	90	90	90	90
		F_{Rd} (c ≥ c_{lim})	279	370	382	393	405	416	442	467	513	555	583	583	583
305x102x33	452	F_{Rd} (c = 0)	106	122	140	160	175	190	228	266	341	412	450	462	462
		c_{lim} (mm)	200	190	180	170	160	150	120	100	90	90	90	90	90
		F_{Rd} (c ≥ c_{lim})	303	314	324	334	344	353	376	397	436	462	462	462	462
305x102x28	407	F_{Rd} (c = 0)	85.1	99.0	114	129	141	154	185	217	279	338	351	351	351
		c_{lim} (mm)	200	190	180	170	160	150	120	100	80	80	80	80	80
		F_{Rd} (c ≥ c_{lim})	239	248	257	265	274	282	301	319	351	351	351	351	351
305x102x25	386	F_{Rd} (c = 0)	77.5	90.7	105	117	129	141	170	200	258	313	316	316	316
		c_{lim} (mm)	200	190	180	170	160	150	120	100	70	70	70	70	70
		F_{Rd} (c ≥ c_{lim})	212	221	230	238	246	254	273	290	316	316	316	316	316
254x146x43	415	F_{Rd} (c = 0)	104	132	192	219	248	271	327	382	493	555	604	650	693
		c_{lim} (mm)	160	150	140	130	120	110	100	100	100	100	100	100	100
		F_{Rd} (c ≥ c_{lim})	359	384	453	466	478	490	519	546	596	643	686	727	728
254x146x37	361	F_{Rd} (c = 0)	106	124	144	166	187	204	246	289	374	421	460	495	496
		c_{lim} (mm)	160	150	140	130	120	110	90	90	90	90	90	90	90
		F_{Rd} (c ≥ c_{lim})	314	325	335	345	355	364	387	408	448	484	496	496	496
254x146x31	336	F_{Rd} (c = 0)	91.1	108	127	147	162	178	217	255	332	376	411	427	427
		c_{lim} (mm)	160	150	140	130	120	110	90	80	80	80	80	80	80
		F_{Rd} (c ≥ c_{lim})	264	274	284	294	303	312	334	354	391	425	427	427	427

Advance and UKB are trademarks of Corus. A fuller description of the relationship between Universal Beams (UB) and the Advance range of sections manufactured by Corus is given in note 12.

If c < c_{lim}, then use F_{Rd} value for c = 0.

FOR EXPLANATION OF TABLES SEE NOTE 9.

BS EN 1993-1-5: 2006
BS 4-1: 2005

WEB BEARING AND BUCKLING   S355 / Advance355

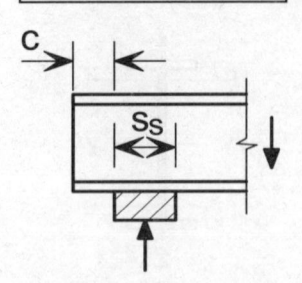

UNIVERSAL BEAMS
Advance UKB

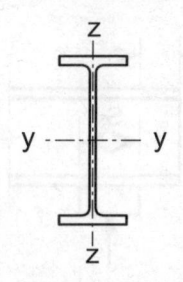

Unstiffened webs

Section Designation	Design Shear Resistance $V_{c,Rd}$ kN		Design resistance of unstiffened web, F_{Rd} (kN) and limiting length, c_{lim} (mm)											
			Stiff bearing length, s_s (mm)											
			0	10	20	30	40	50	75	100	150	200	250	300	350
254x102x28	365	F_{Rd} (c = 0)	98.7	117	137	158	175	191	233	275	358	408	447	477	477
		c_{lim} (mm)	170	160	150	140	130	120	90	80	80	80	80	80	80
		F_{Rd} (c ≥ c_{lim})	225	299	310	320	330	340	364	386	426	463	477	477	477
254x102x25	341	F_{Rd} (c = 0)	87.0	104	123	140	155	170	208	246	321	367	402	413	413
		c_{lim} (mm)	170	160	150	140	130	120	90	70	70	70	70	70	70
		F_{Rd} (c ≥ c_{lim})	183	259	269	279	289	298	320	341	378	413	413	413	413
254x102x22	320	F_{Rd} (c = 0)	76.4	91.8	109	123	137	150	185	219	287	329	354	354	354
		c_{lim} (mm)	170	160	150	140	130	120	90	70	60	60	60	60	60
		F_{Rd} (c ≥ c_{lim})	144	223	233	242	251	260	280	299	334	354	354	354	354
203x133x30	299	F_{Rd} (c = 0)	70.5	96.8	129	166	191	213	270	343	426	476	521	562	601
		c_{lim} (mm)	130	120	110	100	90	80	70	80	80	80	80	80	80
		F_{Rd} (c ≥ c_{lim})	243	266	289	311	334	357	413	447	495	538	578	616	628
203x133x25	263	F_{Rd} (c = 0)	54.0	77.9	125	146	163	181	224	268	333	373	409	443	447
		c_{lim} (mm)	130	120	110	100	90	80	70	70	70	70	70	70	70
		F_{Rd} (c ≥ c_{lim})	184	204	225	245	289	299	322	343	382	418	447	447	447
203x102x23	254	F_{Rd} (c = 0)	54.7	94.7	114	134	150	166	205	245	303	339	372	390	390
		c_{lim} (mm)	130	120	110	100	90	80	70	70	70	70	70	70	70
		F_{Rd} (c ≥ c_{lim})	190	210	250	259	268	276	297	316	350	382	390	390	390
178x102x19	203	F_{Rd} (c = 0)	43.7	77.3	94.9	112	126	140	176	212	252	283	311	312	312
		c_{lim} (mm)	110	100	90	80	70	60	60	60	60	60	60	60	60
		F_{Rd} (c ≥ c_{lim})	151	168	200	208	216	224	241	258	288	312	312	312	312
152x89x16	167	F_{Rd} (c = 0)	38.6	57.8	90.6	107	122	137	174	205	239	268	295	301	301
		c_{lim} (mm)	100	90	80	70	60	60	60	60	60	60	60	60	60
		F_{Rd} (c ≥ c_{lim})	134	150	166	193	201	208	226	242	271	298	301	301	301
127x76x13	131	F_{Rd} (c = 0)	33.3	50.4	72.1	89.6	104	118	154	177	207	234	257	259	259
		c_{lim} (mm)	80	70	60	50	50	50	50	60	60	60	60	60	60
		F_{Rd} (c ≥ c_{lim})	116	130	144	163	170	176	192	208	234	258	259	259	259

Advance and UKB are trademarks of Corus. A fuller description of the relationship between Universal Beams (UB) and the Advance range of sections manufactured by Corus is given in note 12.

If c < c_{lim}, then use F_{Rd} value for c = 0.

FOR EXPLANATION OF TABLES SEE NOTE 9.

BS EN 1993-1-5: 2006
BS 4-1: 2005

WEB BEARING AND BUCKLING

S355 / Advance355

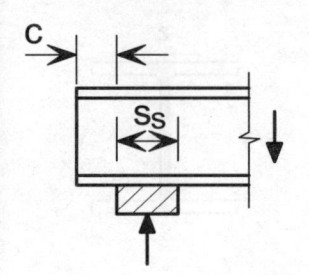

UNIVERSAL COLUMNS
Advance UKC

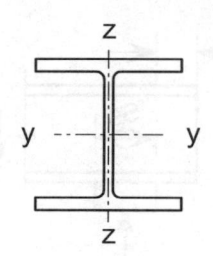

Unstiffened webs

Section Designation	Design Shear Resistance $V_{c,Rd}$ kN		Design resistance of unstiffened web, F_{Rd} (kN) and limiting length, c_{lim} (mm)											
			Stiff bearing length, s_s (mm)											
			0	10	20	30	40	50	75	100	150	200	250	300	350
356x406x634	4040	F_{Rd} (c = 0)	2510	2670	2840	3020	3210	3400	3930	4500	5740	6650	7420	8200	8970
		c_{lim} (mm)	390	390	390	390	390	390	390	390	390	390	390	390	390
		F_{Rd} (c ≥ c_{lim})	9490	9650	9800	9960	10100	10300	10700	11000	11800	12600	13400	14100	14900
356x406x551	3490	F_{Rd} (c = 0)	2060	2200	2350	2510	2680	2850	3330	3840	4960	5650	6330	7020	7700
		c_{lim} (mm)	350	350	350	350	350	350	350	350	350	350	350	350	350
		F_{Rd} (c ≥ c_{lim})	7670	7810	7940	8080	8220	8360	8700	9040	9720	10400	11100	11800	12500
356x406x467	3000	F_{Rd} (c = 0)	1670	1790	1930	2070	2220	2370	2800	3250	4160	4760	5360	5960	6560
		c_{lim} (mm)	320	320	320	320	320	320	320	320	320	320	320	320	320
		F_{Rd} (c ≥ c_{lim})	6110	6230	6350	6470	6590	6710	7010	7310	7910	8510	9110	9710	10300
356x406x393	2520	F_{Rd} (c = 0)	1300	1410	1520	1640	1770	1910	2280	2680	3380	3890	4400	4920	5430
		c_{lim} (mm)	280	280	280	280	280	280	280	280	280	280	280	280	280
		F_{Rd} (c ≥ c_{lim})	4690	4790	4890	5000	5100	5200	5460	5710	6220	6740	7250	7760	8280
356x406x340	2160	F_{Rd} (c = 0)	1050	1140	1240	1350	1470	1590	1920	2270	2820	3270	3720	4160	4610
		c_{lim} (mm)	260	260	260	260	260	260	260	260	260	260	260	260	260
		F_{Rd} (c ≥ c_{lim})	3740	3830	3920	4010	4100	4190	4410	4630	5080	5520	5970	6410	6860
356x406x287	1870	F_{Rd} (c = 0)	846	927	1020	1110	1210	1320	1610	1930	2360	2760	3140	3540	3920
		c_{lim} (mm)	230	230	230	230	230	230	230	230	230	230	230	230	230
		F_{Rd} (c ≥ c_{lim})	2960	3040	3120	3200	3270	3350	3550	3740	4130	4520	4910	5300	5690
356x406x235	1500	F_{Rd} (c = 0)	628	695	768	847	931	1020	1260	1520	1840	2160	2480	2790	3110
		c_{lim} (mm)	220	210	210	210	210	210	210	210	210	210	210	210	210
		F_{Rd} (c ≥ c_{lim})	2160	2220	2290	2350	2410	2480	2640	2790	3110	3430	3750	4060	4380
356x368x202	1340	F_{Rd} (c = 0)	518	578	644	716	793	876	1100	1300	1590	1870	2160	2440	2720
		c_{lim} (mm)	220	210	200	190	190	190	190	190	190	190	190	190	190
		F_{Rd} (c ≥ c_{lim})	1770	1830	1890	1940	2000	2060	2200	2340	2630	2910	3200	3480	3760
356x368x177	1180	F_{Rd} (c = 0)	425	478	536	600	668	741	938	1100	1350	1600	1840	2090	2340
		c_{lim} (mm)	220	210	200	190	180	170	170	170	170	170	170	170	170
		F_{Rd} (c ≥ c_{lim})	1440	1490	1540	1590	1640	1690	1810	1940	2180	2430	2680	2800	2920
356x368x153	1000	F_{Rd} (c = 0)	341	386	436	491	551	614	785	906	1120	1330	1540	1720	1820
		c_{lim} (mm)	220	210	200	190	180	170	160	160	160	160	160	170	170
		F_{Rd} (c ≥ c_{lim})	1140	1180	1220	1270	1310	1350	1460	1560	1730	1830	1920	2020	2110
356x368x129	839	F_{Rd} (c = 0)	264	303	346	430	470	512	618	701	868	1040	1140	1220	1290
		c_{lim} (mm)	220	210	200	190	180	170	150	150	150	150	150	150	150
		F_{Rd} (c ≥ c_{lim})	873	909	1000	1020	1040	1060	1100	1140	1210	1280	1350	1420	1480

Advance and UKC are trademarks of Corus. A fuller description of the relationship between Universal Columns (UC) and the Advance range of sections manufactured by Corus is given in note 12.

If $c < c_{lim}$, then use F_{Rd} value for c = 0.

FOR EXPLANATION OF TABLES SEE NOTE 9.

BS EN 1993-1-5: 2006
BS 4-1: 2005

WEB BEARING AND BUCKLING — S355 / Advance355

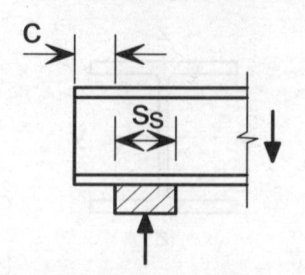

UNIVERSAL COLUMNS
Advance UKC

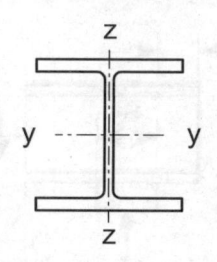

Unstiffened webs

Section Designation	Design Shear Resistance $V_{c,Rd}$ kN		Design resistance of unstiffened web, F_{Rd} (kN) and limiting length, c_{lim} (mm) Stiff bearing length, s_s (mm)											
			0	10	20	30	40	50	75	100	150	200	250	300	350
305x305x283	1950	F_{Rd} (c = 0)	971	1060	1170	1280	1390	1520	1860	2220	2720	3170	3620	4070	4520
		c_{lim} (mm)	250	250	250	250	250	250	250	250	250	250	250	250	250
		F_{Rd} (c ≥ c_{lim})	3540	3630	3720	3810	3900	3990	4210	4440	4880	5330	5780	6230	6680
305x305x240	1710	F_{Rd} (c = 0)	787	870	962	1060	1170	1280	1580	1910	2300	2700	3100	3490	3890
		c_{lim} (mm)	220	220	220	220	220	220	220	220	220	220	220	220	220
		F_{Rd} (c ≥ c_{lim})	2820	2900	2980	3060	3140	3220	3420	3620	4020	4410	4810	5200	5600
305x305x198	1400	F_{Rd} (c = 0)	594	663	740	823	913	1010	1270	1500	1830	2160	2490	2820	3150
		c_{lim} (mm)	200	200	200	200	200	200	200	200	200	200	200	200	200
		F_{Rd} (c ≥ c_{lim})	2090	2160	2220	2290	2360	2420	2590	2750	3080	3410	3740	4070	4400
305x305x158	1130	F_{Rd} (c = 0)	428	486	550	621	698	780	1000	1150	1420	1700	1970	2240	2510
		c_{lim} (mm)	190	180	170	170	170	170	170	170	170	170	170	170	170
		F_{Rd} (c ≥ c_{lim})	1480	1540	1590	1650	1700	1760	1890	2030	2300	2570	2840	3120	3390
305x305x137	984	F_{Rd} (c = 0)	346	397	454	517	585	658	846	965	1200	1440	1680	1920	2160
		c_{lim} (mm)	190	180	170	160	150	150	150	150	150	150	150	150	150
		F_{Rd} (c ≥ c_{lim})	1180	1230	1280	1330	1380	1420	1540	1660	1900	2140	2380	2610	2780
305x305x118	856	F_{Rd} (c = 0)	277	322	372	428	488	553	702	806	1010	1220	1430	1630	1820
		c_{lim} (mm)	190	180	170	160	150	140	140	140	140	140	140	140	140
		F_{Rd} (c ≥ c_{lim})	939	980	1020	1060	1100	1150	1250	1350	1560	1780	1880	1980	2080
305x305x97	721	F_{Rd} (c = 0)	213	251	294	343	395	451	564	652	828	1010	1100	1170	1240
		c_{lim} (mm)	190	180	170	160	150	140	120	120	120	130	130	130	130
		F_{Rd} (c ≥ c_{lim})	709	745	780	815	850	885	998	1040	1120	1210	1280	1350	1410
254x254x167	1180	F_{Rd} (c = 0)	552	622	700	785	877	975	1240	1440	1770	2100	2440	2770	3100
		c_{lim} (mm)	190	190	190	190	190	190	190	190	190	190	190	190	190
		F_{Rd} (c ≥ c_{lim})	1980	2050	2110	2180	2250	2310	2480	2640	2970	3310	3640	3970	4300
254x254x132	918	F_{Rd} (c = 0)	390	447	510	580	655	735	948	1080	1340	1610	1870	2140	2400
		c_{lim} (mm)	160	160	160	160	160	160	160	160	160	160	160	160	160
		F_{Rd} (c ≥ c_{lim})	1370	1420	1480	1530	1580	1640	1770	1900	2160	2430	2690	2950	3220
254x254x107	751	F_{Rd} (c = 0)	288	335	389	449	514	584	738	849	1070	1290	1510	1730	1950
		c_{lim} (mm)	160	150	140	140	140	140	140	140	140	140	140	140	140
		F_{Rd} (c ≥ c_{lim})	995	1040	1080	1130	1170	1220	1330	1440	1660	1880	2100	2320	2540
254x254x89	607	F_{Rd} (c = 0)	217	255	299	348	401	458	573	662	840	1020	1200	1380	1470
		c_{lim} (mm)	160	150	140	130	130	130	130	130	130	130	130	130	130
		F_{Rd} (c ≥ c_{lim})	736	772	807	843	878	914	1000	1090	1270	1420	1500	1590	1660
254x254x73	525	F_{Rd} (c = 0)	167	200	239	282	329	379	465	541	694	832	902	967	1030
		c_{lim} (mm)	160	150	140	130	120	110	110	110	110	120	120	120	120
		F_{Rd} (c ≥ c_{lim})	558	589	620	650	681	711	803	840	910	982	1040	1100	1150

Advance and UKC are trademarks of Corus. A fuller description of the relationship between Universal Columns (UC) and the Advance range of sections manufactured by Corus is given in note 12.

If c < c_{lim}, then use F_{Rd} value for c = 0.

FOR EXPLANATION OF TABLES SEE NOTE 9.

WEB BEARING AND BUCKLING

BS EN 1993-1-5: 2006
BS 4-1: 2005

S355 / Advance355

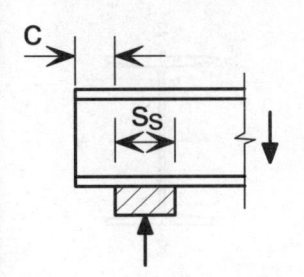

UNIVERSAL COLUMNS
Advance UKC

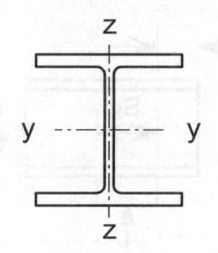

Unstiffened webs

Section Designation	Design Shear Resistance $V_{c,Rd}$ kN		Design resistance of unstiffened web, F_{Rd} (kN) and limiting length, c_{lim} (mm)												
			Stiff bearing length, s_s (mm)												
			0	10	20	30	40	50	75	100	150	200	250	300	350
203x203x127 +	893	F_{Rd} (c = 0)	457	524	599	681	770	866	1110	1270	1580	1900	2210	2520	2830
		c_{lim} (mm)	170	170	170	170	170	170	170	170	170	170	170	170	170
		F_{Rd} (c ≥ c_{lim})	1670	1730	1790	1860	1920	1980	2140	2290	2600	2920	3230	3540	3850
203x203x113 +	812	F_{Rd} (c = 0)	386	446	514	590	672	759	967	1110	1390	1670	1950	2230	2510
		c_{lim} (mm)	160	160	160	160	160	160	160	160	160	160	160	160	160
		F_{Rd} (c ≥ c_{lim})	1390	1450	1510	1560	1620	1680	1820	1960	2240	2520	2800	3080	3360
203x203x100 +	709	F_{Rd} (c = 0)	319	373	435	503	577	656	827	952	1200	1450	1700	1950	2200
		c_{lim} (mm)	140	140	140	140	140	140	140	140	140	140	140	140	140
		F_{Rd} (c ≥ c_{lim})	1140	1190	1240	1290	1340	1390	1520	1640	1890	2140	2390	2640	2890
203x203x86	619	F_{Rd} (c = 0)	258	305	360	421	487	557	693	803	1020	1240	1460	1680	1900
		c_{lim} (mm)	130	130	130	130	130	130	130	130	130	130	130	130	130
		F_{Rd} (c ≥ c_{lim})	909	952	996	1040	1080	1130	1240	1350	1570	1780	2000	2220	2440
203x203x71	483	F_{Rd} (c = 0)	192	229	273	321	374	430	530	616	789	961	1130	1310	1480
		c_{lim} (mm)	130	120	120	120	120	120	120	120	120	120	120	120	120
		F_{Rd} (c ≥ c_{lim})	662	696	731	765	800	834	920	1010	1180	1350	1520	1640	1720
203x203x60	455	F_{Rd} (c = 0)	157	194	237	286	339	389	472	555	722	889	1060	1220	1350
		c_{lim} (mm)	130	120	110	100	100	100	100	100	100	100	100	100	100
		F_{Rd} (c ≥ c_{lim})	538	572	605	638	672	705	788	872	1040	1210	1340	1420	1500
203x203x52	385	F_{Rd} (c = 0)	126	157	194	236	281	318	389	459	599	739	830	893	952
		c_{lim} (mm)	130	120	110	100	90	90	90	90	90	90	100	100	100
		F_{Rd} (c ≥ c_{lim})	427	455	483	511	539	567	637	707	815	879	944	1000	1050
203x203x46	347	F_{Rd} (c = 0)	106	134	169	207	249	277	341	405	533	628	684	737	786
		c_{lim} (mm)	130	120	110	100	90	90	90	90	90	90	90	90	90
		F_{Rd} (c ≥ c_{lim})	355	381	406	432	457	483	547	604	663	723	772	819	864
152x152x51 +	408	F_{Rd} (c = 0)	164	208	260	319	383	427	525	622	818	1010	1210	1400	1600
		c_{lim} (mm)	100	100	100	100	100	100	100	100	100	100	100	100	100
		F_{Rd} (c ≥ c_{lim})	586	625	665	704	743	782	879	977	1170	1370	1560	1760	1950
152x152x44 +	350	F_{Rd} (c = 0)	131	169	215	267	321	354	439	523	692	860	1030	1200	1370
		c_{lim} (mm)	100	90	90	90	90	90	90	90	90	90	90	90	90
		F_{Rd} (c ≥ c_{lim})	463	497	531	565	598	632	716	801	969	1140	1310	1480	1640
152x152x37	292	F_{Rd} (c = 0)	101	134	173	218	257	285	356	427	569	711	853	995	1100
		c_{lim} (mm)	100	90	80	80	80	80	80	80	80	80	80	80	80
		F_{Rd} (c ≥ c_{lim})	352	381	409	437	466	494	565	636	778	920	1060	1130	1200
152x152x30	238	F_{Rd} (c = 0)	74.4	101	134	171	198	221	278	336	451	568	623	673	719
		c_{lim} (mm)	100	90	80	70	70	70	70	70	70	70	70	70	70
		F_{Rd} (c ≥ c_{lim})	254	277	300	323	346	369	427	485	585	642	690	736	778
152x152x23	204	F_{Rd} (c = 0)	50.7	75.3	107	133	154	175	226	278	381	444	488	528	566
		c_{lim} (mm)	100	90	80	70	60	50	50	50	50	60	60	60	60
		F_{Rd} (c ≥ c_{lim})	171	192	213	233	254	274	326	377	442	491	531	568	603

Advance and UKC are trademarks of Corus. A fuller description of the relationship between Universal Columns (UC) and the Advance range of sections manufactured by Corus is given in note 12.

+ These sections are in addition to the range of BS 4 sections

If c < c_{lim}, then use F_{Rd} value for c = 0.

FOR EXPLANATION OF TABLES SEE NOTE 9.

WEB BEARING AND BUCKLING

BS EN 1993-1-5: 2006
BS 4-1: 2005

S355

JOISTS

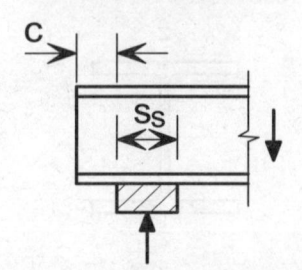

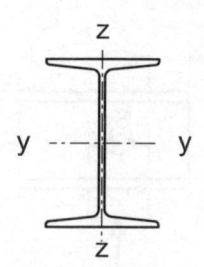

Unstiffened webs

Section Designation	Design Shear Resistance $V_{c,Rd}$ kN		Design resistance of unstiffened web, F_{Rd} (kN) and limiting length, c_{lim} (mm)											
			Stiff bearing length, s_s (mm)												
			0	10	20	30	40	50	75	100	150	200	250	300	350
254x203x82	676	F_{Rd} (c = 0)	221	259	302	351	403	458	576	664	840	1020	1190	1370	1480
		c_{lim} (mm)	150	140	130	130	130	130	130	130	130	130	130	130	140
		F_{Rd} (c ≥ c_{lim})	765	800	836	871	906	941	1030	1120	1290	1440	1530	1610	1690
254x114x37	455	F_{Rd} (c = 0)	94.7	125	163	206	242	269	361	425	552	617	674	727	776
		c_{lim} (mm)	160	150	140	130	120	110	90	90	90	90	90	90	90
		F_{Rd} (c ≥ c_{lim})	337	364	391	418	445	472	567	599	657	711	761	808	852
203x152x52	456	F_{Rd} (c = 0)	148	182	222	267	315	363	440	517	670	824	977	1130	1230
		c_{lim} (mm)	120	110	110	110	110	110	110	110	110	110	110	110	110
		F_{Rd} (c ≥ c_{lim})	521	551	582	613	643	674	751	828	981	1140	1240	1310	1380
152x127x37	388	F_{Rd} (c = 0)	120	163	215	274	318	355	447	540	724	909	1090	1280	1460
		c_{lim} (mm)	90	80	80	80	80	80	80	80	80	80	80	80	80
		F_{Rd} (c ≥ c_{lim})	438	475	512	549	586	623	715	807	992	1180	1360	1550	1730
127x114x29	298	F_{Rd} (c = 0)	98.6	141	195	248	284	320	411	501	683	864	1040	1230	1410
		c_{lim} (mm)	70	70	70	70	70	70	70	70	70	70	70	70	70
		F_{Rd} (c ≥ c_{lim})	362	398	434	471	507	543	634	724	905	1090	1270	1450	1630
127x114x27	230	F_{Rd} (c = 0)	83.2	114	151	193	223	249	315	380	512	643	774	906	1040
		c_{lim} (mm)	70	70	70	70	70	70	70	70	70	70	70	70	70
		F_{Rd} (c ≥ c_{lim})	295	322	348	374	400	427	492	558	689	821	952	1080	1160
127x76x16	181	F_{Rd} (c = 0)	49.8	73.5	103	130	150	170	219	269	369	468	515	558	597
		c_{lim} (mm)	80	70	60	60	60	60	60	60	60	60	60	60	60
		F_{Rd} (c ≥ c_{lim})	179	199	219	239	258	278	328	378	473	522	564	603	640
114x114x27	289	F_{Rd} (c = 0)	88.5	128	179	226	260	294	378	462	631	800	968	1140	1310
		c_{lim} (mm)	70	60	60	60	60	60	60	60	60	60	60	60	60
		F_{Rd} (c ≥ c_{lim})	323	356	390	424	457	491	575	660	828	997	1170	1330	1500
102x102x23	238	F_{Rd} (c = 0)	80.3	121	172	215	248	282	367	451	619	788	957	1120	1290
		c_{lim} (mm)	60	60	60	60	60	60	60	60	60	60	60	60	60
		F_{Rd} (c ≥ c_{lim})	297	330	364	398	432	465	550	634	803	971	1140	1310	1480
102x44x7	106	F_{Rd} (c = 0)	21.2	41.4	60.5	75.8	91.0	106	144	183	258	293	324	353	379
		c_{lim} (mm)	60	50	40	40	40	40	40	40	40	40	40	40	40
		F_{Rd} (c ≥ c_{lim})	78.5	93.8	109	124	140	155	193	231	284	316	345	372	388
89x89x19	214	F_{Rd} (c = 0)	72.2	113	166	203	237	271	355	439	608	777	945	1110	1280
		c_{lim} (mm)	60	60	60	60	60	60	60	60	60	60	60	60	60
		F_{Rd} (c ≥ c_{lim})	271	305	338	372	406	440	524	608	777	946	1110	1280	1450
76x76x15	164	F_{Rd} (c = 0)	56.3	96.1	143	174	206	238	317	396	553	711	869	1030	1180
		c_{lim} (mm)	50	50	50	50	50	50	50	50	50	50	50	50	50
		F_{Rd} (c ≥ c_{lim})	212	244	275	307	339	370	449	528	686	844	1000	1160	1320
76x76x13	111	F_{Rd} (c = 0)	41.6	63.4	91.3	113	131	149	195	240	330	421	511	602	663
		c_{lim} (mm)	50	50	50	50	50	50	50	50	50	50	50	50	60
		F_{Rd} (c ≥ c_{lim})	148	166	184	202	220	239	284	329	420	510	601	662	705

If c < c_{lim}, then use F_{Rd} value for c = 0.

FOR EXPLANATION OF TABLES SEE NOTE 9.

BS EN 1993-1-1:2005
BS EN 10210-2:2006

WEB BEARING AND BUCKLING

S355 / Celsius® 355

HOT-FINISHED SQUARE HOLLOW SECTIONS

Celsius® SHS

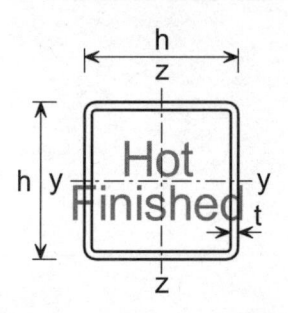

Unstiffened webs

Designation		Mass per Metre	Bearing				Buckling				Shear Resistance
Size	Wall Thickness		End Bearing		Continuous Over Bearing		End Bearing or Continuous Over Bearing				
							Without Welded Flange Plate		With Welded Flange Plate		
			Beam Factor	Stiff Bearing Factor	Beam Factor	Stiff Bearing Factor	Beam Factor	Stiff Bearing Factor	Beam Factor	Stiff Bearing Factor	
h x h	t		C_1	C_2	C_1	C_2	C_1	C_2	C_1	C_2	$V_{c,Rd}$
mm	mm	kg	kN	kN/mm	kN	kN/mm	kN	kN/mm	kN	kN/mm	kN
40 x 40	3.0	3.40	12.8	2.13	32.0	2.13	29.3	0.732	77.1	1.93	44.5
	3.2	3.60	14.5	2.27	36.4	2.27	31.9	0.797	83.6	2.09	47.1
	4.0	4.40	22.7	2.84	56.8	2.84	42.7	1.07	109	2.74	57.3
	5.0	5.30	35.5	3.55	88.8	3.55	56.9	1.42	142	3.54	69.0
50 x 50	3.0	4.40	12.8	2.13	32.0	2.13	33.8	0.676	89.9	1.80	56.8
	3.2	4.60	14.5	2.27	36.4	2.27	36.9	0.739	98.1	1.96	60.3
	4.0	5.60	22.7	2.84	56.8	2.84	49.8	0.997	131	2.61	73.7
	5.0	6.90	35.5	3.55	88.8	3.55	66.7	1.33	171	3.42	89.5
	6.3	8.30	56.4	4.47	141	4.47	89.8	1.80	223	4.47	109
60 x 60	3.0	5.30	12.8	2.13	32.0	2.13	37.5	0.626	99.5	1.66	69.1
	3.2	5.60	14.5	2.27	36.4	2.27	41.2	0.687	110	1.83	73.4
	4.0	6.90	22.7	2.84	56.8	2.84	56.2	0.937	149	2.48	90.1
	5.0	8.40	35.5	3.55	88.8	3.55	75.7	1.26	198	3.30	110
	6.3	10.3	56.4	4.47	141	4.47	102	1.70	261	4.35	134
	8.0	12.5	90.9	5.68	227	5.68	139	2.32	343	5.72	164
70 x 70	3.6	7.40	18.4	2.56	46.0	2.56	53.2	0.760	141	2.02	96.5
	5.0	10.0	35.5	3.55	88.8	3.55	84.0	1.20	222	3.17	130
	6.3	12.3	56.4	4.47	141	4.47	114	1.63	296	4.22	160
	8.0	15.0	90.9	5.68	227	5.68	155	2.22	392	5.59	197
80 x 80	3.6	8.50	18.4	2.56	46.0	2.56	57.0	0.713	150	1.87	112
	4.0	9.40	22.7	2.84	56.8	2.84	66.7	0.834	177	2.21	123
	5.0	11.6	35.5	3.55	88.8	3.55	91.5	1.14	243	3.04	151
	6.3	14.2	56.4	4.47	141	4.47	125	1.56	328	4.10	185
	8.0	17.5	90.9	5.68	227	5.68	171	2.13	438	5.47	230
90 x 90	3.6	9.70	18.4	2.56	46.0	2.56	60.1	0.668	155	1.72	126
	4.0	10.7	22.7	2.84	56.8	2.84	70.8	0.787	186	2.06	139
	5.0	13.1	35.5	3.55	88.8	3.55	98.3	1.09	261	2.90	171
	6.3	16.2	56.4	4.47	141	4.47	135	1.50	357	3.97	212
	8.0	20.1	90.9	5.68	227	5.68	185	2.06	481	5.35	262
100 x 100	4.0	11.9	22.7	2.84	56.8	2.84	74.2	0.742	191	1.91	156
	5.0	14.7	35.5	3.55	88.8	3.55	104	1.04	276	2.76	192
	6.3	18.2	56.4	4.47	141	4.47	145	1.45	384	3.84	238
	8.0	22.6	90.9	5.68	227	5.68	199	1.99	522	5.22	295
	10.0	27.4	142	7.10	355	7.10	267	2.67	684	6.84	358

Celsius® is a trademark of Corus. A fuller description of the relationship between Hot Finished Square Hollow Sections (HFSHS) and the Celsius® range of sections manufactured by Corus is given in note 12.

For bearing or buckling the web resistance = $C_1 + b_1 C_2$

Where b_1 is the stiff bearing length.

The beam component for end bearing assumes a sealing plate (thickness at least equal to the wall of the section) is welded to the end of the section by a continuous fillet weld.

FOR EXPLANATION OF TABLES SEE NOTE 9

WEB BEARING AND BUCKLING

S355 / Celsius® 355

BS EN 1993-1-1:2005
BS EN 10210-2:2006

HOT-FINISHED SQUARE HOLLOW SECTIONS

Celsius® SHS

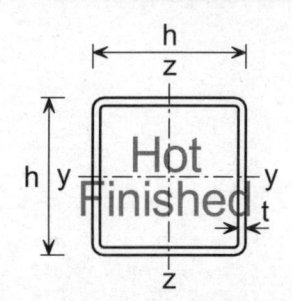

Unstiffened webs

Designation		Mass per Metre	Bearing				Buckling				Shear Resistance
Size	Wall Thickness		End Bearing		Continuous Over Bearing		End Bearing or Continuous Over Bearing				
							Without Welded Flange Plate		With Welded Flange Plate		
			Beam Factor	Stiff Bearing Factor	Beam Factor	Stiff Bearing Factor	Beam Factor	Stiff Bearing Factor	Beam Factor	Stiff Bearing Factor	
h x h	t		C_1	C_2	C_1	C_2	C_1	C_2	C_1	C_2	$V_{c,Rd}$
mm	mm	kg	kN	kN/mm	kN	kN/mm	kN	kN/mm	kN	kN/mm	kN
120 x 120	5.0	17.8	35.5	3.55	88.8	3.55	114	0.950	296	2.47	233
	6.3	22.2	56.4	4.47	141	4.47	161	1.34	428	3.57	289
	8.0	27.6	90.9	5.68	227	5.68	225	1.87	596	4.97	361
	10.0	33.7	142	7.10	355	7.10	303	2.52	791	6.59	440
	12.5	40.9	222	8.88	555	8.88	405	3.37	1030	8.61	534
140 x 140	5.0	21.0	35.5	3.55	88.8	3.55	121	0.864	303	2.16	274
	6.3	26.1	56.4	4.47	141	4.47	175	1.25	459	3.28	341
	8.0	32.6	90.9	5.68	227	5.68	247	1.77	658	4.70	426
	10.0	40.0	142	7.10	355	7.10	336	2.40	888	6.34	522
	12.5	48.7	222	8.88	555	8.88	451	3.22	1170	8.37	636
150 x 150	5.0	22.6	35.5	3.55	88.8	3.55	123	0.823	303	2.02	294
	6.3	28.1	56.4	4.47	141	4.47	180	1.20	469	3.13	367
	8.0	35.1	90.9	5.68	227	5.68	258	1.72	684	4.56	459
	10.0	43.1	142	7.10	355	7.10	351	2.34	932	6.21	563
	12.5	52.7	222	8.88	555	8.88	473	3.16	1240	8.24	688
160 x 160	5.0	24.1	35.5	3.55	88.8	3.55	125	0.783	300	1.88	315
	6.3	30.1	56.4	4.47	141	4.47	185	1.16	476	2.97	392
	8.0	37.6	90.9	5.68	227	5.68	267	1.67	707	4.42	492
	10.0	46.3	142	7.10	355	7.10	366	2.29	973	6.08	604
	12.5	56.6	222	8.88	555	8.88	495	3.09	1300	8.12	739
	14.2	63.3	286	10.1	716	10.1	585	3.66	1520	9.49	827
180 x 180	6.3	34.0	56.4	4.47	141	4.47	193	1.07	481	2.67	444
	8.0	42.7	90.9	5.68	227	5.68	283	1.57	743	4.13	557
	10.0	52.5	142	7.10	355	7.10	393	2.18	1040	5.81	686
	12.5	64.4	222	8.88	555	8.88	535	2.97	1420	7.86	841
	14.2	72.2	286	10.1	716	10.1	634	3.52	1660	9.24	943
	16.0	80.2	364	11.4	909	11.4	742	4.12	1930	10.7	1040
200 x 200	5.0	30.4	35.5	3.55	88.8	3.55	128	0.642	278	1.39	397
	6.3	38.0	56.4	4.47	141	4.47	199	0.993	477	2.39	496
	8.0	47.7	90.9	5.68	227	5.68	297	1.48	765	3.83	623
	10.0	58.8	142	7.10	355	7.10	417	2.09	1100	5.53	768
	12.5	72.3	222	8.88	555	8.88	572	2.86	1520	7.60	944
	14.2	81.1	286	10.1	716	10.1	680	3.40	1800	8.99	1060
	16.0	90.3	364	11.4	909	11.4	797	3.99	2090	10.4	1180

Celsius® is a trademark of Corus. A fuller description of the relationship between Hot Finished Square Hollow Sections (HFSHS) and the Celsius® range of sections manufactured by Corus is given in note 12.

For bearing or buckling the web resistance $= C_1 + b_1 C_2$

Where b_1 is the stiff bearing length.

The beam component for end bearing assumes a sealing plate (thickness at least equal to the wall of the section) is welded to the end of the section by a continuous fillet weld.

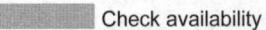

FOR EXPLANATION OF TABLES SEE NOTE 9

▨ Check availability

BS EN 1993-1-1:2005
BS EN 10210-2:2006

WEB BEARING AND BUCKLING

S355 / Celsius® 355

HOT-FINISHED SQUARE HOLLOW SECTIONS

Celsius® SHS

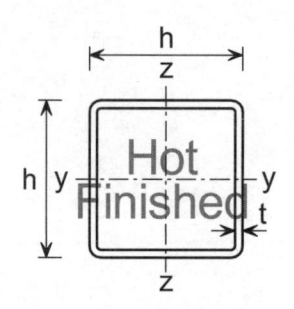

Unstiffened webs

Designation		Mass per Metre	Bearing				Buckling				Shear Resistance
Size	Wall Thickness		End Bearing		Continuous Over Bearing		End Bearing or Continuous Over Bearing				
							Without Welded Flange Plate		With Welded Flange Plate		
			Beam Factor	Stiff Bearing Factor	Beam Factor	Stiff Bearing Factor	Beam Factor	Stiff Bearing Factor	Beam Factor	Stiff Bearing Factor	
h x h	t		C_1	C_2	C_1	C_2	C_1	C_2	C_1	C_2	$V_{c,Rd}$
mm	mm	kg	kN	kN/mm	kN	kN/mm	kN	kN/mm	kN	kN/mm	kN
250 x 250	6.3	47.9	56.4	4.47	141	4.47	204	0.816	444	1.77	625
	8.0	60.3	90.9	5.68	227	5.68	319	1.28	771	3.08	787
	10.0	74.5	142	7.10	355	7.10	464	1.86	1200	4.78	973
	12.5	91.9	222	8.88	555	8.88	652	2.61	1730	6.91	1200
	14.2	103	286	10.1	716	10.1	782	3.13	2080	8.32	1350
	16.0	115	364	11.4	909	11.4	923	3.69	2450	9.81	1510
260 x 260	6.3	49.9	56.4	4.47	141	4.47	204	0.784	435	1.67	651
	8.0	62.8	90.9	5.68	227	5.68	322	1.24	766	2.95	820
	10.0	77.7	142	7.10	355	7.10	471	1.81	1200	4.63	1010
	12.5	95.8	222	8.88	555	8.88	665	2.56	1760	6.76	1250
	14.2	108	286	10.1	716	10.1	800	3.08	2130	8.19	1400
	16.0	120	364	11.4	909	11.4	946	3.64	2520	9.67	1570
300 x 300	6.3	57.8	56.4	4.47	141	4.47	202	0.673	401	1.34	754
	8.0	72.8	90.9	5.68	227	5.68	328	1.09	733	2.44	951
	10.0	90.2	142	7.10	355	7.10	494	1.65	1210	4.03	1180
	12.5	112	222	8.88	555	8.88	713	2.38	1850	6.17	1460
	14.2	126	286	10.1	716	10.1	865	2.88	2280	7.61	1640
	16.0	141	364	11.4	909	11.4	1030	3.43	2740	9.13	1830
350 x 350	8.0	85.4	90.9	5.68	227	5.68	328	0.938	680	1.94	1120
	10.0	106	142	7.10	355	7.10	509	1.45	1180	3.36	1380
	12.5	131	222	8.88	555	8.88	756	2.16	1890	5.41	1710
	14.2	148	286	10.1	716	10.1	930	2.66	2400	6.87	1940
	16.0	166	364	11.4	909	11.4	1120	3.19	2940	8.40	2160
400 x 400	10.0	122	142	7.10	355	7.10	514	1.28	1110	2.78	1590
	12.5	151	222	8.88	555	8.88	783	1.96	1880	4.69	1970
	14.2	170	286	10.1	716	10.1	977	2.44	2440	6.11	2220
	16.0	191	364	11.4	909	11.4	1190	2.97	3060	7.65	2490
	20.0 ^	235	552	13.8	1380	13.8	1620	4.06	4320	10.8	2990

Celsius® is a trademark of Corus. A fuller description of the relationship between Hot Finished Square Hollow Sections (HFSHS) and the Celsius® range of sections manufactured by Corus is given in note 12.

For bearing or buckling the web resistance = $C_1 + b_1 C_2$

Where b_1 is the stiff bearing length.

The beam component for end bearing assumes a sealing plate (thickness at least equal to the wall of the section) is welded to the end of the section by a continuous fillet weld.

^ SAW process (single longitudinal seam weld, slightly proud)

FOR EXPLANATION OF TABLES SEE NOTE 9

▨ Check availability

WEB BEARING AND BUCKLING

BS EN 1993-1-1:2005
BS EN 10210-2:2006

S355 / Celsius® 355

HOT-FINISHED RECTANGULAR HOLLOW SECTIONS

Celsius® RHS

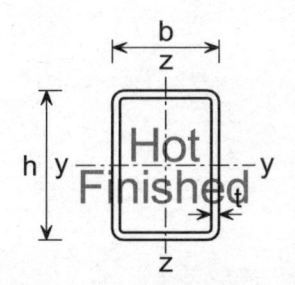

Unstiffened webs

Designation		Mass per Metre	Bearing				Buckling				Shear Resistance
Size	Wall Thickness		End Bearing		Continuous Over Bearing		End Bearing or Continuous Over Bearing				
							Without Welded Flange Plate		With Welded Flange Plate		
			Beam Factor	Stiff Bearing Factor	Beam Factor	Stiff Bearing Factor	Beam Factor	Stiff Bearing Factor	Beam Factor	Stiff Bearing Factor	
h x b	t		C_1	C_2	C_1	C_2	C_1	C_2	C_1	C_2	$V_{c,Rd}$
50 x 30	3.2	3.6	14.5	2.30	36.4	2.30	48.2	1.00	98.1	2.00	58.9
60 x 40	3.0	4.4	12.8	2.13	32.0	2.13	46.6	0.777	99.5	1.66	68.1
	4.0	5.6	22.7	2.84	56.8	2.84	69.5	1.16	149	2.48	88.4
	5.0	6.9	35.5	3.55	88.8	3.55	93.5	1.56	198	3.30	107
80 x 40	3.2	5.6	14.5	2.27	36.4	2.27	67.9	0.848	122	1.53	97.8
	4.0	6.9	22.7	2.84	56.8	2.84	95.4	1.19	177	2.21	120
	5.0	8.4	35.5	3.55	88.8	3.55	131	1.63	243	3.04	146
	6.3	10.3	56.4	4.47	141	4.47	179	2.23	328	4.10	179
	8.0	12.5	90.9	5.68	227	5.68	246	3.07	438	5.47	219
90 x 50	3.6	7.4	18.4	2.56	46.0	2.56	81.8	0.909	155	1.72	124
	5.0	10.0	35.5	3.55	88.8	3.55	133	1.48	261	2.90	167
	6.3	12.3	56.4	4.47	141	4.47	183	2.03	357	3.97	206
100 x 50	3.0	6.7	12.8	2.13	32.0	2.13	64.0	0.640	107	1.07	117
	3.2	7.1	14.5	2.27	36.4	2.27	72.2	0.722	123	1.23	124
	4.0	8.8	22.7	2.84	56.8	2.84	106	1.06	191	1.91	153
	5.0	10.8	35.5	3.55	88.8	3.55	149	1.49	276	2.76	187
	6.3	13.3	56.4	4.47	141	4.47	206	2.06	384	3.84	231
	8.0	16.3	90.9	5.68	227	5.68	285	2.85	522	5.22	284
100 x 60	3.6	8.5	18.4	2.56	46.0	2.56	81.8	0.818	157	1.57	140
	5.0	11.6	35.5	3.55	88.8	3.55	137	1.37	276	2.76	188
	6.3	14.2	56.4	4.47	141	4.47	189	1.89	384	3.84	232
	8.0	17.5	90.9	5.68	227	5.68	260	2.60	522	5.22	287
120 x 60	3.6	9.7	18.4	2.56	46.0	2.56	92.2	0.768	154	1.29	168
	5.0	13.1	35.5	3.55	88.8	3.55	163	1.36	296	2.47	228
	6.3	16.2	56.4	4.47	141	4.47	230	1.92	428	3.57	283
	8.0	20.1	90.9	5.68	227	5.68	321	2.67	596	4.97	350
120 x 80	5.0	14.7	35.5	3.55	88.8	3.55	142	1.18	296	2.47	230
	6.3	18.2	56.4	4.47	141	4.47	200	1.67	428	3.57	285
	8.0	22.6	90.9	5.68	227	5.68	278	2.32	596	4.97	354
	10.0	27.4	142	7.10	355	7.10	374	3.12	791	6.59	429
150 x 100	5.0	18.6	35.5	3.55	88.8	3.55	153	1.02	303	2.02	291
	6.3	23.1	56.4	4.47	141	4.47	224	1.50	469	3.13	363
	8.0	28.9	90.9	5.68	227	5.68	320	2.13	684	4.56	453
	10.0	35.3	142	7.10	355	7.10	435	2.90	932	6.21	552
	12.5	42.8	222	8.88	555	8.88	584	3.90	1240	8.24	671

Celsius® is a trademark of Corus. A fuller description of the relationship between Hot Finished Rectangular Hollow Sections (HFRHS) and the Celsius® range of sections manufactured by Corus is given in note 12.

For bearing or buckling the web resistance = $C_1 + b_1 C_2$

Where b_1 is the stiff bearing length.

The beam component for end bearing assumes a sealing plate (thickness at least equal to the wall of the section) is welded to the end of the section by a continuous fillet weld.

FOR EXPLANATION OF TABLES SEE NOTE 9

BS EN 1993-1-1:2005
BS EN 10210-2:2006

WEB BEARING AND BUCKLING

S355 / Celsius® 355

HOT-FINISHED RECTANGULAR HOLLOW SECTIONS

Celsius® RHS

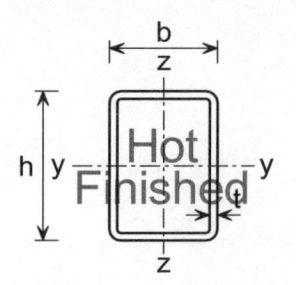

Unstiffened webs

Designation		Mass per Metre	Bearing				Buckling				Shear Resistance
Size	Wall Thickness		End Bearing		Continuous Over Bearing		End Bearing or Continuous Over Bearing				
							Without Welded Flange Plate		With Welded Flange Plate		
			Beam Factor	Stiff Bearing Factor	Beam Factor	Stiff Bearing Factor	Beam Factor	Stiff Bearing Factor	Beam Factor	Stiff Bearing Factor	
h x b	t		C_1	C_2	C_1	C_2	C_1	C_2	C_1	C_2	$V_{c,Rd}$
150 x 125	4.0	16.6	22.7	2.84	56.8	2.84	90.4	0.603	183	1.22	237
	5.0	20.6	35.5	3.55	88.8	3.55	137	0.910	303	2.02	293
	6.3	25.6	56.4	4.47	141	4.47	200	1.33	469	3.13	364
	8.0	32.0	90.9	5.68	227	5.68	284	1.90	684	4.56	456
	10.0	39.2	142	7.10	355	7.10	387	2.58	932	6.21	558
	12.5	47.7	222	8.88	555	8.88	521	3.47	1240	8.24	680
160 x 80	4.0	14.4	22.7	2.84	56.8	2.84	114	0.711	178	1.11	251
	5.0	17.8	35.5	3.55	88.8	3.55	177	1.11	300	1.88	310
	6.3	22.2	56.4	4.47	141	4.47	265	1.65	476	2.97	385
	8.0	27.6	90.9	5.68	227	5.68	382	2.39	707	4.42	481
	10.0	33.7	142	7.10	355	7.10	523	3.27	973	6.08	586
200 x 100	5.0	22.6	35.5	3.55	88.8	3.55	178	0.888	278	1.39	392
	6.3	28.1	56.4	4.47	141	4.47	281	1.40	477	2.39	489
	8.0	35.1	90.9	5.68	227	5.68	424	2.12	765	3.83	612
	10.0	43.1	142	7.10	355	7.10	596	2.98	1100	5.53	750
	12.5	52.7	222	8.88	555	8.88	817	4.08	1520	7.60	917
200 x 120	5.0	24.1	35.5	3.55	88.8	3.55	165	0.825	278	1.39	393
	6.3	30.1	56.4	4.47	141	4.47	259	1.29	477	2.39	491
	8.0	37.6	90.9	5.68	227	5.68	389	1.95	765	3.83	615
	10.0	46.3	142	7.10	355	7.10	546	2.73	1100	5.53	755
	14.2	63.3	286	10.1	716	10.1	887	4.43	1800	8.99	1030
200 x 150	8.0	41.4	90.9	5.68	227	5.68	348	1.74	765	3.83	618
	10.0	51.0	142	7.10	355	7.10	487	2.44	1100	5.53	760
250 x 120	10.0	54.1	142	7.10	355	7.10	675	2.70	1200	4.78	954
	12.5	66.4	222	8.88	555	8.88	950	3.80	1730	6.91	1170
	14.2	74.5	286	10.1	716	10.1	1140	4.56	2080	8.32	1310
250 x 150	5.0	30.4	35.5	3.55	88.8	3.55	159	0.635	244	0.977	496
	6.3	38.0	56.4	4.47	141	4.47	262	1.05	444	1.77	620
	8.0	47.7	90.9	5.68	227	5.68	416	1.66	771	3.08	779
	10.0	58.8	142	7.10	355	7.10	608	2.43	1200	4.78	959
	12.5	72.3	222	8.88	555	8.88	853	3.41	1730	6.91	1180
	14.2	81.1	286	10.1	716	10.1	1020	4.09	2080	8.32	1320
	16.0	90.3	364	11.4	909	11.4	1200	4.82	2450	9.81	1470

Celsius® is a trademark of Corus. A fuller description of the relationship between Hot Finished Rectangular Hollow Sections (HFRHS) and the Celsius® range of sections manufactured by Corus is given in note 12.

For bearing or buckling the web resistance = $C_1 + b_1 C_2$

Where b_1 is the stiff bearing length.

The beam component for end bearing assumes a sealing plate (thickness at least equal to the wall of the section) is welded to the end of the section by a continuous fillet weld.

FOR EXPLANATION OF TABLES SEE NOTE 9

Check availability

WEB BEARING AND BUCKLING

S355 / Celsius® 355

BS EN 1993-1-1:2005
BS EN 10210-2:2006

HOT-FINISHED RECTANGULAR HOLLOW SECTIONS

Celsius® RHS

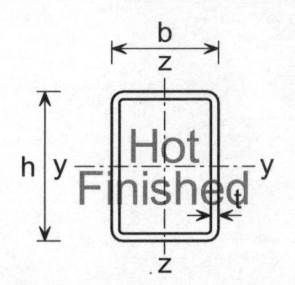

Unstiffened webs

Designation		Mass per Metre	Bearing				Buckling				Shear Resistance
Size	Wall Thickness		End Bearing		Continuous Over Bearing		End Bearing or Continuous Over Bearing				
							Without Welded Flange Plate		With Welded Flange Plate		
			Beam Factor	Stiff Bearing Factor	Beam Factor	Stiff Bearing Factor	Beam Factor	Stiff Bearing Factor	Beam Factor	Stiff Bearing Factor	
h x b	t		C_1	C_2	C_1	C_2	C_1	C_2	C_1	C_2	$V_{c,Rd}$
250 x 200	10.0	66.7	142	7.10	355	7.10	525	2.10	1200	4.78	967
	12.5	82.1	222	8.88	555	8.88	736	2.94	1730	6.91	1200
	14.2	92.3	286	10.1	716	10.1	882	3.53	2080	8.32	1340
260 x 140	5.0	30.4	35.5	3.55	88.8	3.55	163	0.628	238	0.915	516
	6.3	38.0	56.4	4.47	141	4.47	273	1.05	435	1.67	645
	8.0	47.7	90.9	5.68	227	5.68	440	1.69	766	2.95	810
	10.0	58.8	142	7.10	355	7.10	650	2.50	1200	4.63	998
	12.5	72.3	222	8.88	555	8.88	919	3.53	1760	6.76	1230
	14.2	81.1	286	10.1	716	10.1	1100	4.25	2130	8.19	1370
	16.0	90.3	364	11.4	909	11.4	1300	5.01	2520	9.67	1530
300 x 100	8.0	47.7	90.9	5.68	227	5.68	527	1.76	733	2.44	935
	10.0	58.8	142	7.10	355	7.10	821	2.74	1210	4.03	1150
	14.2	81.1	286	10.1	716	10.1	1480	4.93	2280	7.61	1580
300 x 150	8.0	54.0	90.9	5.68	227	5.68	457	1.52	733	2.44	940
	10.0	66.7	142	7.10	355	7.10	700	2.33	1210	4.03	1160
	12.5	82.1	222	8.88	555	8.88	1020	3.39	1850	6.17	1440
	14.2	92.3	286	10.1	716	10.1	1240	4.13	2280	7.61	1610
	16.0	103	364	11.4	909	11.4	1470	4.91	2740	9.13	1790
300 x 200	6.3	47.9	56.4	4.47	141	4.47	245	0.815	401	1.34	750
	8.0	60.3	90.9	5.68	227	5.68	404	1.35	733	2.44	944
	10.0	74.5	142	7.10	355	7.10	613	2.04	1210	4.03	1170
	12.5	91.9	222	8.88	555	8.88	886	2.95	1850	6.17	1440
	14.2	103	286	10.1	716	10.1	1080	3.59	2280	7.61	1620
	16.0	115	364	11.4	909	11.4	1280	4.26	2740	9.13	1810
300 x 250	5.0	42.2	35.5	3.55	88.8	3.55	132	0.439	214	0.713	600
	6.3	52.8	56.4	4.47	141	4.47	221	0.738	401	1.34	752
	8.0	66.5	90.9	5.68	227	5.68	362	1.21	733	2.44	948
	10.0	82.4	142	7.10	355	7.10	546	1.82	1210	4.03	1170
	12.5	102	222	8.88	555	8.88	789	2.63	1850	6.17	1450
	14.2	115	286	10.1	716	10.1	957	3.19	2280	7.61	1630
	16.0	128	364	11.4	909	11.4	1140	3.79	2740	9.13	1820

Celsius® is a trademark of Corus. A fuller description of the relationship between Hot Finished Rectangular Hollow Sections (HFRHS) and the Celsius® range of sections manufactured by Corus is given in note 12.

For bearing or buckling the web resistance = $C_1 + b_1 C_2$

Where b_1 is the stiff bearing length.

The beam component for end bearing assumes a sealing plate (thickness at least equal to the wall of the section) is welded to the end of the section by a continuous fillet weld.

FOR EXPLANATION OF TABLES SEE NOTE 9

Check availability

WEB BEARING AND BUCKLING

BS EN 1993-1-1:2005
BS EN 10210-2:2006

S355 / Celsius® 355

HOT-FINISHED RECTANGULAR HOLLOW SECTIONS

Celsius® RHS

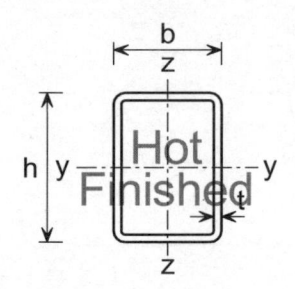

Unstiffened webs

Designation		Mass per Metre	Bearing				Buckling				Shear Resistance
Size	Wall Thickness		End Bearing		Continuous Over Bearing		End Bearing or Continuous Over Bearing				
							Without Welded Flange Plate		With Welded Flange Plate		
			Beam Factor	Stiff Bearing Factor	Beam Factor	Stiff Bearing Factor	Beam Factor	Stiff Bearing Factor	Beam Factor	Stiff Bearing Factor	
h x b	t		C_1	C_2	C_1	C_2	C_1	C_2	C_1	C_2	$V_{c,Rd}$
350 x 150	5.0	38.3	35.5	3.55	88.8	3.55	152	0.435	189	0.541	699
	6.3	47.9	56.4	4.47	141	4.47	271	0.775	360	1.03	875
	8.0	60.3	90.9	5.68	227	5.68	473	1.35	680	1.94	1100
	10.0	74.5	142	7.10	355	7.10	758	2.17	1180	3.36	1360
	12.5	91.9	222	8.88	555	8.88	1150	3.28	1890	5.41	1680
	14.2	103	286	10.1	716	10.1	1420	4.06	2400	6.87	1890
	16.0	115	364	11.4	909	11.4	1720	4.90	2940	8.40	2110
350 x 250	5.0	46.1	35.5	3.55	88.8	3.55	132	0.376	189	0.541	702
	6.3	57.8	56.4	4.47	141	4.47	228	0.653	360	1.03	880
	8.0	72.8	90.9	5.68	227	5.68	388	1.11	680	1.94	1110
	10.0	90.2	142	7.10	355	7.10	608	1.74	1180	3.36	1380
	12.5	112	222	8.88	555	8.88	907	2.59	1890	5.41	1700
	14.2	126	286	10.1	716	10.1	1120	3.19	2400	6.87	1910
	16.0	141	364	11.4	909	11.4	1340	3.83	2940	8.40	2140
400 x 120	5.0	39.8	35.5	3.55	88.8	3.55	149	0.373	169	0.423	799
	6.3	49.9	56.4	4.47	141	4.47	275	0.687	325	0.813	1000
	8.0	62.8	90.9	5.68	227	5.68	500	1.25	626	1.56	1260
	10.0	77.7	142	7.10	355	7.10	840	2.10	1110	2.78	1560
	12.5	95.8	222	8.88	555	8.88	1340	3.35	1880	4.69	1920
	14.2	108	286	10.1	716	10.1	1700	4.25	2440	6.11	2160
	16.0	120	364	11.4	909	11.4	2090	5.23	3060	7.65	2410
400 x 150	5.0	42.2	35.5	3.55	88.8	3.55	144	0.360	169	0.423	800
	6.3	52.8	56.4	4.47	141	4.47	263	0.657	325	0.813	1000
	8.0	66.5	90.9	5.68	227	5.68	473	1.18	626	1.56	1260
	10.0	82.4	142	7.10	355	7.10	786	1.97	1110	2.78	1560
	12.5	102	222	8.88	555	8.88	1240	3.10	1880	4.69	1940
	14.2	115	286	10.1	716	10.1	1570	3.92	2440	6.11	2180
	16.0	128	364	11.4	909	11.4	1920	4.80	3060	7.65	2430
400 x 200	8.0	72.8	90.9	5.68	227	5.68	434	1.08	626	1.56	1270
	10.0	90.2	142	7.10	355	7.10	711	1.78	1110	2.78	1570
	12.5	112	222	8.88	555	8.88	1110	2.77	1880	4.69	1940
	14.2	126	286	10.1	716	10.1	1390	3.48	2440	6.11	2190
	16.0	141	364	11.4	909	11.4	1700	4.24	3060	7.65	2450

Celsius® is a trademark of Corus. A fuller description of the relationship between Hot Finished Rectangular Hollow Sections (HFRHS) and the Celsius® range of sections manufactured by Corus is given in note 12.

For bearing or buckling the web resistance $= C_1 + b_1 C_2$

Where b_1 is the stiff bearing length.

The beam component for end bearing assumes a sealing plate (thickness at least equal to the wall of the section) is welded to the end of the section by a continuous fillet weld.

FOR EXPLANATION OF TABLES SEE NOTE 9

Check availability

| BS EN 1993-1-1:2005 | | WEB BEARING AND BUCKLING | | | | | | | | S355 / Celsius® 355 |

HOT-FINISHED RECTANGULAR HOLLOW SECTIONS

Celsius® RHS

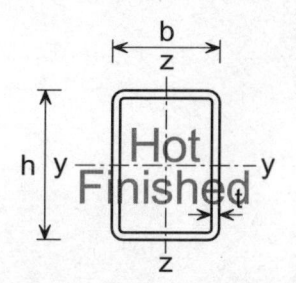

Unstiffened webs

Designation		Mass per Metre	Bearing				Buckling				Shear Resistance
Size	Wall Thickness		End Bearing		Continuous Over Bearing		End Bearing or Continuous Over Bearing				
							Without Welded Flange Plate		With Welded Flange Plate		
			Beam Factor	Stiff Bearing Factor	Beam Factor	Stiff Bearing Factor	Beam Factor	Stiff Bearing Factor	Beam Factor	Stiff Bearing Factor	
h x b	t		C_1	C_2	C_1	C_2	C_1	C_2	C_1	C_2	$V_{c,Rd}$
400 x 300	8.0	85.4	90.9	5.68	227	5.68	371	0.928	626	1.56	1280
	10.0	106	142	7.10	355	7.10	596	1.49	1110	2.78	1580
	12.5	131	222	8.88	555	8.88	915	2.29	1880	4.69	1960
	14.2	148	286	10.1	716	10.1	1140	2.86	2440	6.11	2210
	16.0	166	364	11.4	909	11.4	1390	3.48	3060	7.65	2470
450 x 250	8.0	85.4	90.9	5.68	227	5.68	402	0.894	575	1.28	1440
	10.0	106	142	7.10	355	7.10	670	1.49	1040	2.32	1780
	12.5	131	222	8.88	555	8.88	1070	2.37	1820	4.04	2200
	14.2	148	286	10.1	716	10.1	1360	3.03	2420	5.39	2490
	16.0	166	364	11.4	909	11.4	1680	3.74	3100	6.90	2780
500 x 200	8.0	85.4	90.9	5.68	227	5.68	421	0.842	531	1.06	1600
	10.0	106	142	7.10	355	7.10	726	1.45	977	1.95	1980
	12.5	131	222	8.88	555	8.88	1200	2.41	1740	3.48	2440
	14.2	148	286	10.1	716	10.1	1570	3.14	2360	4.73	2770
	16.0	166	364	11.4	909	11.4	1980	3.95	3080	6.17	3090
500 x 300	8.0	97.9	90.9	5.68	227	5.68	376	0.752	531	1.06	1600
	10.0	122	142	7.10	355	7.10	635	1.27	977	1.95	1990
	12.5	151	222	8.88	555	8.88	1030	2.06	1740	3.48	2460
	14.2	170	286	10.1	716	10.1	1330	2.66	2360	4.73	2780
	16.0	191	364	11.4	909	11.4	1660	3.33	3080	6.17	3110
	20.0 ^	235	552	13.8	1380	13.8	2380	4.75	4700	9.39	3740

Celsius® is a trademark of Corus. A fuller description of the relationship between Hot Finished Rectangular Hollow Sections (HFRHS) and the Celsius® range of sections manufactured by Corus is given in note 12.

For bearing or buckling the web resistance = $C_1 + b_1 C_2$

Where b_1 is the stiff bearing length.

The beam component for end bearing assumes a sealing plate (thickness at least equal to the wall of the section) is welded to the end of the section by a continuous fillet weld.

^ SAW process (single longitudinal seam weld, slightly proud)

FOR EXPLANATION OF TABLES SEE NOTE 9

Check availability

BS EN 1993-1-1:2005
BS EN 10219-2:2006

WEB BEARING AND BUCKLING

S355 / Hybox® 355

COLD FORMED SQUARE HOLLOW SECTIONS

Hybox® SHS

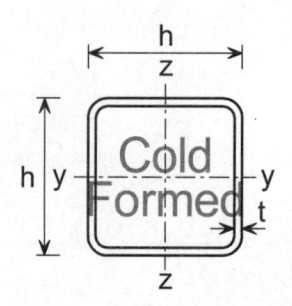

Unstiffened webs

Designation		Mass per Metre	Bearing				Buckling				Shear Resistance
			End Bearing		Continuous Over Bearing		End Bearing or Continuous Over Bearing				
							Without Welded Flange Plate		With Welded Flange Plate		
Size	Wall Thickness		Beam Factor	Stiff Bearing Factor	Beam Factor	Stiff Bearing Factor	Beam Factor	Stiff Bearing Factor	Beam Factor	Stiff Bearing Factor	
h x h	t		C_1	C_2	C_1	C_2	C_1	C_2	C_1	C_2	$V_{c,Rd}$
mm	mm	kg	kN	kN/mm	kN	kN/mm	kN	kN/mm	kN	kN/mm	kN
25 x 25	2.0	1.4	5.7	1.42	14.2	1.42	12.5	0.498	32.7	1.31	17.8
	2.5	1.6	8.9	1.78	22.2	1.78	16.7	0.667	42.8	1.71	21.4
	3.0	1.9	12.8	2.13	32.0	2.13	21.1	0.844	52.8	2.11	24.7
30 x 30	2.5	2.0	8.9	1.78	22.2	1.78	18.9	0.631	49.4	1.65	26.5
	3.0	2.4	12.8	2.13	32.0	2.13	24.0	0.800	61.6	2.05	30.8
40 x 40	2.0	2.3	5.7	1.42	14.2	1.42	16.7	0.417	44.2	1.11	30.1
	2.5	2.8	8.9	1.78	22.2	1.78	22.9	0.572	60.8	1.52	36.8
	3.0	3.3	12.8	2.13	32.0	2.13	29.3	0.732	77.1	1.93	43.1
	4.0	4.2	22.7	2.84	56.8	2.84	42.7	1.07	109	2.74	54.8
50 x 50	2.5	3.6	8.9	1.78	22.2	1.78	26.1	0.521	69.1	1.38	47.0
	3.0	4.3	12.8	2.13	32.0	2.13	33.8	0.676	89.9	1.80	55.4
	4.0	5.5	22.7	2.84	56.8	2.84	49.8	0.997	131	2.61	71.2
	5.0	6.6	35.5	3.55	88.8	3.55	66.7	1.33	171	3.42	85.7
60 x 60	3.0	5.2	12.8	2.13	32.0	2.13	37.5	0.626	99.5	1.66	67.7
	4.0	6.7	22.7	2.84	56.8	2.84	56.2	0.937	149	2.48	87.6
	5.0	8.1	35.5	3.55	88.8	3.55	75.7	1.26	198	3.30	107
70 x 70	2.5	5.2	8.9	1.78	22.2	1.78	30.2	0.432	75.8	1.08	67.5
	3.0	6.1	12.8	2.13	32.0	2.13	40.5	0.579	106	1.51	80.0
	3.5	7.1	17.4	2.49	43.5	2.49	51.1	0.730	135	1.93	92.1
	4.0	8.0	22.7	2.84	56.8	2.84	61.9	0.884	165	2.35	104
	5.0	9.7	35.5	3.55	88.8	3.55	84.0	1.20	222	3.17	127
80 x 80	3.0	7.1	12.8	2.13	32.0	2.13	42.8	0.535	109	1.36	92.3
	3.5	8.2	17.4	2.49	43.5	2.49	54.6	0.683	143	1.79	107
	4.0	9.2	22.7	2.84	56.8	2.84	66.7	0.834	177	2.21	120
	5.0	11.3	35.5	3.55	88.8	3.55	91.5	1.14	243	3.04	148
	6.0	13.2	51.1	4.26	128	4.26	117	1.46	308	3.86	172
90 x 90	3.0	8.0	12.8	2.13	32.0	2.13	44.4	0.494	109	1.21	105
	3.5	9.3	17.4	2.49	43.5	2.49	57.5	0.639	147	1.64	121
	4.0	10.5	22.7	2.84	56.8	2.84	70.8	0.787	186	2.06	136
	5.0	12.8	35.5	3.55	88.8	3.55	98.3	1.09	261	2.90	168
	6.0	15.1	51.1	4.26	128	4.26	127	1.41	335	3.73	197

Hybox® is a trademark of Corus. A fuller description of the relationship between Cold Formed Square Hollow Sections (CFSHS) and the Hybox® range of sections manufactured by Corus is given in note 12.

For bearing or buckling the web resistance = $C_1 + b_1 C_2$

Where b_1 is the stiff bearing length.

The beam component for end bearing assumes a sealing plate (thickness at least equal to the wall of the section) is welded to the end of the section by a continuous fillet weld.

FOR EXPLANATION OF TABLES SEE NOTE 9.

BS EN 1993-1-1:2005
BS EN 10219-2:2006

WEB BEARING AND BUCKLING

S355 / Hybox® 355

COLD FORMED SQUARE HOLLOW SECTIONS

Hybox® SHS

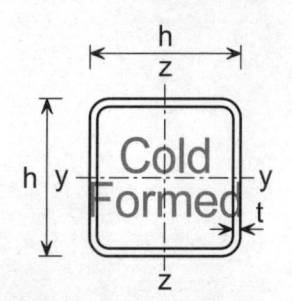

Unstiffened webs

Designation		Mass per Metre	Bearing				Buckling				Shear Resistance
Size	Wall Thickness		End Bearing		Continuous Over Bearing		End Bearing or Continuous Over Bearing				
							Without Welded Flange Plate		With Welded Flange Plate		
			Beam Factor	Stiff Bearing Factor	Beam Factor	Stiff Bearing Factor	Beam Factor	Stiff Bearing Factor	Beam Factor	Stiff Bearing Factor	
$h \times h$	t		C_1	C_2	C_1	C_2	C_1	C_2	C_1	C_2	$V_{c,Rd}$
mm	mm	kg	kN	kN/mm	kN	kN/mm	kN	kN/mm	kN	kN/mm	kN
100 x 100	3.0	9.0	12.8	2.13	32.0	2.13	45.5	0.455	107	1.07	117
	4.0	11.7	22.7	2.84	56.8	2.84	74.2	0.742	191	1.91	153
	5.0	14.4	35.5	3.55	88.8	3.55	104	1.04	276	2.76	189
	6.0	17.0	51.1	4.26	128	4.26	135	1.35	359	3.59	221
	8.0	21.4	90.9	5.68	227	5.68	199	1.99	522	5.22	279
120 x 120	4.0	14.2	22.7	2.84	56.8	2.84	79.0	0.658	194	1.61	185
	5.0	17.5	35.5	3.55	88.8	3.55	114	0.950	296	2.47	230
	6.0	20.7	51.1	4.26	128	4.26	150	1.25	398	3.32	271
	8.0	26.4	90.9	5.68	227	5.68	225	1.87	596	4.97	344
	10.0	31.8	142	7.10	355	7.10	303	2.52	791	6.59	416
140 x 140	4.0	16.8	22.7	2.84	56.8	2.84	81.4	0.582	188	1.34	218
	5.0	20.7	35.5	3.55	88.8	3.55	121	0.864	303	2.16	271
	6.0	24.5	51.1	4.26	128	4.26	162	1.16	423	3.02	320
	8.0	31.4	90.9	5.68	227	5.68	247	1.77	658	4.70	410
	10.0	38.1	142	7.10	355	7.10	336	2.40	888	6.34	498
150 x 150	4.0	18.0	22.7	2.84	56.8	2.84	82.0	0.547	183	1.22	235
	5.0	22.3	35.5	3.55	88.8	3.55	123	0.823	303	2.02	291
	6.0	26.4	51.1	4.26	128	4.26	167	1.11	430	2.87	344
	8.0	33.9	90.9	5.68	227	5.68	258	1.72	684	4.56	443
	10.0	41.3	142	7.10	355	7.10	351	2.34	932	6.21	539
160 x 160	4.0	19.3	22.7	2.84	56.8	2.84	82.2	0.514	178	1.11	251
	5.0	23.8	35.5	3.55	88.8	3.55	125	0.783	300	1.88	312
	6.0	28.3	51.1	4.26	128	4.26	171	1.07	435	2.72	369
	8.0	36.5	90.9	5.68	227	5.68	267	1.67	707	4.42	476
	10.0	44.4	142	7.10	355	7.10	366	2.29	973	6.08	580
180 x 180	5.0	27.0	35.5	3.55	88.8	3.55	128	0.709	291	1.62	353
	6.0	32.1	51.1	4.26	128	4.26	178	0.987	436	2.42	418
	8.0	41.5	90.9	5.68	227	5.68	283	1.57	743	4.13	541
	10.0	50.7	142	7.10	355	7.10	393	2.18	1040	5.81	662
	12.0	58.5	204	8.52	511	8.52	506	2.81	1340	7.45	763
	12.5	60.5	222	8.88	555	8.88	535	2.97	1420	7.86	789

Hybox® is a trademark of Corus. A fuller description of the relationship between Cold Formed Square Hollow Sections (CFSHS) and the Hybox® range of sections manufactured by Corus is given in note 12.

For bearing or buckling the web resistance = $C_1 + b_1 C_2$

Where b_1 is the stiff bearing length.

The beam component for end bearing assumes a sealing plate (thickness at least equal to the wall of the section) is welded to the end of the section by a continuous fillet weld.

FOR EXPLANATION OF TABLES SEE NOTE 9.

WEB BEARING AND BUCKLING

S355 / Hybox® 355

BS EN 1993-1-1:2005
BS EN 10219-2:2006

COLD FORMED SQUARE HOLLOW SECTIONS

Hybox® SHS

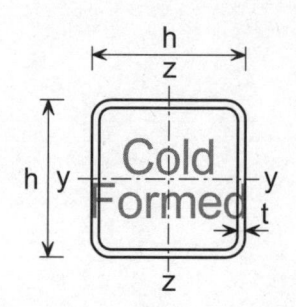

Unstiffened webs

Designation		Mass per Metre	Bearing				Buckling				Shear Resistance
Size	Wall Thickness		End Bearing		Continuous Over Bearing		End Bearing or Continuous Over Bearing				
							Without Welded Flange Plate		With Welded Flange Plate		
			Beam Factor	Stiff Bearing Factor	Beam Factor	Stiff Bearing Factor	Beam Factor	Stiff Bearing Factor	Beam Factor	Stiff Bearing Factor	
h x h	t		C_1	C_2	C_1	C_2	C_1	C_2	C_1	C_2	$V_{c,Rd}$
mm	mm	kg	kN	kN/mm	kN	kN/mm	kN	kN/mm	kN	kN/mm	kN
200 x 200	5.0	30.1	35.5	3.55	88.8	3.55	128	0.642	278	1.39	394
	6.0	35.8	51.1	4.26	128	4.26	182	0.909	429	2.14	467
	8.0	46.5	90.9	5.68	227	5.68	297	1.48	765	3.83	607
	10.0	57.0	142	7.10	355	7.10	417	2.09	1100	5.53	744
	12.0	66.0	204	8.52	511	8.52	541	2.70	1440	7.19	862
	12.5	68.3	222	8.88	555	8.88	572	2.86	1520	7.60	892
250 x 250	6.0	45.2	51.1	4.26	128	4.26	185	0.740	393	1.57	590
	8.0	59.1	90.9	5.68	227	5.68	319	1.28	771	3.08	771
	10.0	72.7	142	7.10	355	7.10	464	1.86	1200	4.78	949
	12.0	84.8	204	8.52	511	8.52	614	2.45	1620	6.49	1110
	12.5	88.0	222	8.88	555	8.88	652	2.61	1730	6.91	1150
300 x 300	6.0	54.7	51.1	4.26	128	4.26	182	0.606	352	1.17	713
	8.0	71.6	90.9	5.68	227	5.68	328	1.09	733	2.44	935
	10.0	88.4	142	7.10	355	7.10	494	1.65	1210	4.03	1160
	12.0	104	204	8.52	511	8.52	668	2.23	1720	5.74	1350
	12.5	108	222	8.88	555	8.88	713	2.38	1850	6.17	1400
350 x 350	8.0	84.2	90.9	5.68	227	5.68	328	0.938	680	1.94	1100
	10.0	104	142	7.10	355	7.10	509	1.45	1180	3.36	1360
	12.0	123	204	8.52	511	8.52	705	2.01	1740	4.99	1600
	12.5	127	222	8.88	555	8.88	756	2.16	1890	5.41	1660
400 x 400	8.0	96.7	90.9	5.68	227	5.68	323	0.808	626	1.56	1260
	10.0	120	142	7.10	355	7.10	514	1.28	1110	2.78	1570
	12.0	141	204	8.52	511	8.52	727	1.82	1710	4.29	1840
	12.5	147	222	8.88	555	8.88	783	1.96	1880	4.69	1920

Hybox® is a trademark of Corus. A fuller description of the relationship between Cold Formed Square Hollow Sections (CFSHS) and the Hybox® range of sections manufactured by Corus is given in note 12.

For bearing or buckling the web resistance = $C_1 + b_1 C_2$

Where b_1 is the stiff bearing length.

The beam component for end bearing assumes a sealing plate (thickness at least equal to the wall of the section) is welded to the end of the section by a continuous fillet weld.

FOR EXPLANATION OF TABLES SEE NOTE 9.

BS EN 1993-1-1:2005
BS EN 10219-2:2006

WEB BEARING AND BUCKLING

S355 / Hybox® 355

COLD FORMED RECTANGULAR HOLLOW SECTIONS

Hybox® RHS

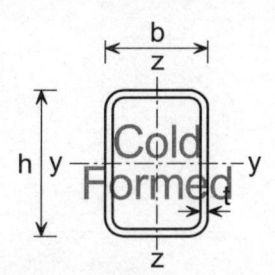

Unstiffened webs

Designation		Mass per Metre	Bearing				Buckling				Shear Resistance
			End Bearing		Continuous Over Bearing		End Bearing or Continuous Over Bearing				
							Without Welded Flange Plate		With Welded Flange Plate		
Size	Wall Thickness		Beam Factor	Stiff Bearing Factor	Beam Factor	Stiff Bearing Factor	Beam Factor	Stiff Bearing Factor	Beam Factor	Stiff Bearing Factor	
$h \times b$	t		C_1	C_2	C_1	C_2	C_1	C_2	C_1	C_2	$V_{c,Rd}$
mm	mm	kg	kN	kN/mm	kN	kN/mm	kN	kN/mm	kN	kN/mm	kN
50 x 25	2.0	2.2	5.7	1.42	14.2	1.42	26.5	0.530	47.8	0.956	37.4
	3.0	3.1	12.8	2.13	32.0	2.13	48.2	0.965	89.9	1.80	53.4
50 x 30	2.5	2.8	8.9	1.78	22.2	1.78	34.1	0.683	69.1	1.38	46.0
	3.0	3.3	12.8	2.13	32.0	2.13	44.1	0.883	89.9	1.80	53.9
	4.0	4.2	22.7	2.84	56.8	2.84	64.9	1.30	131	2.61	68.5
60 x 30	3.0	3.8	12.8	2.13	32.0	2.13	53.7	0.894	99.5	1.66	65.7
	4.0	4.8	22.7	2.84	56.8	2.84	80.2	1.34	149	2.48	84.0
60 x 40	3.0	4.3	12.8	2.13	32.0	2.13	46.6	0.777	99.5	1.66	66.5
	4.0	5.5	22.7	2.84	56.8	2.84	69.5	1.16	149	2.48	85.5
	5.0	6.6	35.5	3.55	88.8	3.55	93.5	1.56	198	3.30	103
70 x 40	3.0	4.7	12.8	2.13	32.0	2.13	54.4	0.777	106	1.51	78.4
	4.0	6.1	22.7	2.84	56.8	2.84	82.8	1.18	165	2.35	101
70 x 50	3.0	5.2	12.8	2.13	32.0	2.13	48.7	0.695	106	1.51	79.0
	4.0	6.7	22.7	2.84	56.8	2.84	74.0	1.06	165	2.35	102
80 x 40	3.0	5.2	12.8	2.13	32.0	2.13	61.0	0.763	109	1.36	90.3
	4.0	6.7	22.7	2.84	56.8	2.84	95.4	1.19	177	2.21	117
	5.0	8.1	35.5	3.55	88.8	3.55	131	1.63	243	3.04	142
80 x 50	3.0	5.7	12.8	2.13	32.0	2.13	55.0	0.687	109	1.36	90.9
	4.0	7.3	22.7	2.84	56.8	2.84	85.6	1.07	177	2.21	118
	5.0	8.9	35.5	3.55	88.8	3.55	117	1.46	243	3.04	144
80 x 60	3.0	6.1	12.8	2.13	32.0	2.13	50.1	0.627	109	1.36	91.5
	4.0	8.0	22.7	2.84	56.8	2.84	78.0	0.975	177	2.21	118
	5.0	9.7	35.5	3.55	88.8	3.55	107	1.33	243	3.04	145
90 x 50	3.0	6.1	12.8	2.13	32.0	2.13	60.1	0.668	109	1.21	103
	4.0	8.0	22.7	2.84	56.8	2.84	96.4	1.07	186	2.06	133
	5.0	9.7	35.5	3.55	88.8	3.55	133	1.48	261	2.90	163

Hybox® is a trademark of Corus. A fuller description of the relationship between Cold Formed Rectangular Hollow Sections (CFRHS) and the Hybox® range of sections manufactured by Corus is given in note 12.

For bearing or buckling the web resistance $= C_1 + b_1 C_2$

Where b_1 is the stiff bearing length.

The beam component for end bearing assumes a sealing plate (thickness at least equal to the wall of the section) is welded to the end of the section by a continuous fillet weld.

FOR EXPLANATION OF TABLES SEE NOTE 9.

WEB BEARING AND BUCKLING

S355 / Hybox® 355

BS EN 1993-1-1:2005
BS EN 10219-2:2006

COLD FORMED RECTANGULAR HOLLOW SECTIONS

Hybox® RHS

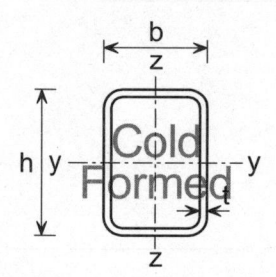

Unstiffened webs

Designation		Mass per Metre	Bearing				Buckling				Shear Resistance
Size	Wall Thickness		End Bearing		Continuous Over Bearing		End Bearing or Continuous Over Bearing				
							Without Welded Flange Plate		With Welded Flange Plate		
			Beam Factor	Stiff Bearing Factor	Beam Factor	Stiff Bearing Factor	Beam Factor	Stiff Bearing Factor	Beam Factor	Stiff Bearing Factor	
h x b	t		C_1	C_2	C_1	C_2	C_1	C_2	C_1	C_2	$V_{c,Rd}$
mm	mm	kg	kN	kN/mm	kN	kN/mm	kN	kN/mm	kN	kN/mm	kN
100 x 40	3.0	6.1	12.8	2.13	32.0	2.13	69.9	0.699	107	1.07	114
	4.0	8.0	22.7	2.84	56.8	2.84	117	1.17	191	1.91	148
	5.0	9.7	35.5	3.55	88.8	3.55	165	1.65	276	2.76	182
100 x 50	3.0	6.6	12.8	2.13	32.0	2.13	64.0	0.640	107	1.07	115
	4.0	8.6	22.7	2.84	56.8	2.84	106	1.06	191	1.91	149
	5.0	10.5	35.5	3.55	88.8	3.55	149	1.49	276	2.76	183
	6.0	12.3	51.1	4.26	128	4.26	193	1.93	359	3.59	213
100 x 60	3.0	7.1	12.8	2.13	32.0	2.13	59.1	0.591	107	1.07	115
	3.5	8.2	17.4	2.49	43.5	2.49	78.0	0.780	149	1.49	133
	4.0	9.2	22.7	2.84	56.8	2.84	97.3	0.973	191	1.91	150
	5.0	11.3	35.5	3.55	88.8	3.55	137	1.37	276	2.76	184
	6.0	13.2	51.1	4.26	128	4.26	177	1.77	359	3.59	215
100 x 80	3.0	8.0	12.8	2.13	32.0	2.13	51.3	0.513	107	1.07	116
	4.0	10.5	22.7	2.84	56.8	2.84	84.0	0.840	191	1.91	151
	5.0	12.8	35.5	3.55	88.8	3.55	118	1.18	276	2.76	187
120 x 40	3.0	7.1	12.8	2.13	32.0	2.13	73.4	0.611	100	0.835	139
	4.0	9.2	22.7	2.84	56.8	2.84	131	1.10	194	1.61	180
	5.0	11.3	35.5	3.55	88.8	3.55	193	1.61	296	2.47	221
120 x 60	3.0	8.0	12.8	2.13	32.0	2.13	64.0	0.533	100	0.835	139
	3.5	9.3	17.4	2.49	43.5	2.49	87.3	0.728	145	1.21	161
	4.0	10.5	22.7	2.84	56.8	2.84	112	0.934	194	1.61	182
	5.0	12.8	35.5	3.55	88.8	3.55	163	1.36	296	2.47	224
	6.0	15.1	51.1	4.26	128	4.26	215	1.79	398	3.32	262
120 x 80	4.0	11.7	22.7	2.84	56.8	2.84	98.0	0.817	194	1.61	183
	5.0	14.4	35.5	3.55	88.8	3.55	142	1.18	296	2.47	226
	6.0	17.0	51.1	4.26	128	4.26	186	1.55	398	3.32	266
	8.0	21.4	90.9	5.68	227	5.68	278	2.32	596	4.97	334
140 x 80	3.0	9.9	12.8	2.13	32.0	2.13	59.2	0.423	92.0	0.657	164
	4.0	13.0	22.7	2.84	56.8	2.84	108	0.771	188	1.34	215
	5.0	16.0	35.5	3.55	88.8	3.55	162	1.16	303	2.16	266
	6.0	18.9	51.1	4.26	128	4.26	218	1.55	423	3.02	313
	8.0	23.9	90.9	5.68	227	5.68	331	2.37	658	4.70	397
	10.0	28.7	142	7.10	355	7.10	449	3.21	888	6.34	477

Hybox® is a trademark of Corus. A fuller description of the relationship between Cold Formed Rectangular Hollow Sections (CFRHS) and the Hybox® range of sections manufactured by Corus is given in note 12.

For bearing or buckling the web resistance = $C_1 + b_1 C_2$

Where b_1 is the stiff bearing length.

The beam component for end bearing assumes a sealing plate (thickness at least equal to the wall of the section) is welded to the end of the section by a continuous fillet weld.

FOR EXPLANATION OF TABLES SEE NOTE 9.

| BS EN 1993-1-1:2005 |
| BS EN 10219-2:2006 |

WEB BEARING AND BUCKLING

S355 / Hybox® 355

COLD FORMED RECTANGULAR HOLLOW SECTIONS

Hybox® RHS

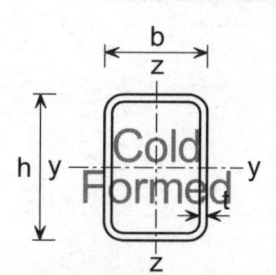

Unstiffened webs

Designation		Mass per Metre	Bearing				Buckling				Shear Resistance
			End Bearing		Continuous Over Bearing		End Bearing or Continuous Over Bearing				
							Without Welded Flange Plate		With Welded Flange Plate		
Size	Wall Thickness		Beam Factor	Stiff Bearing Factor	Beam Factor	Stiff Bearing Factor	Beam Factor	Stiff Bearing Factor	Beam Factor	Stiff Bearing Factor	
h x b	t		C_1	C_2	C_1	C_2	C_1	C_2	C_1	C_2	$V_{c,Rd}$
mm	mm	kg	kN	kN/mm	kN	kN/mm	kN	kN/mm	kN	kN/mm	kN
150 x 100	3.0	11.3	12.8	2.13	32.0	2.13	54.8	0.366	88.0	0.586	177
	4.0	14.9	22.7	2.84	56.8	2.84	101	0.673	183	1.22	232
	5.0	18.3	35.5	3.55	88.8	3.55	153	1.02	303	2.02	288
	6.0	21.7	51.1	4.26	128	4.26	208	1.39	430	2.87	339
	8.0	27.7	90.9	5.68	227	5.68	320	2.13	684	4.56	433
	10.0	33.4	142	7.10	355	7.10	435	2.90	932	6.21	524
160 x 80	4.0	14.2	22.7	2.84	56.8	2.84	114	0.711	178	1.11	247
	5.0	17.5	35.5	3.55	88.8	3.55	177	1.11	300	1.88	306
	6.0	20.7	51.1	4.26	128	4.26	244	1.53	435	2.72	361
	8.0	26.4	90.9	5.68	227	5.68	382	2.39	707	4.42	459
180 x 80	4.0	15.5	22.7	2.84	56.8	2.84	116	0.645	167	0.929	280
	5.0	19.1	35.5	3.55	88.8	3.55	187	1.04	291	1.62	346
	6.0	22.6	51.1	4.26	128	4.26	265	1.47	436	2.42	409
	8.0	28.9	90.9	5.68	227	5.68	427	2.37	743	4.13	522
	10.0	35.0	142	7.10	355	7.10	593	3.30	1040	5.81	633
180 x 100	4.0	16.8	22.7	2.84	56.8	2.84	107	0.596	167	0.929	281
	5.0	20.7	35.5	3.55	88.8	3.55	171	0.949	291	1.62	348
	6.0	24.5	51.1	4.26	128	4.26	241	1.34	436	2.42	411
	8.0	31.4	90.9	5.68	227	5.68	386	2.14	743	4.13	527
	10.0	38.1	142	7.10	355	7.10	534	2.97	1040	5.81	640
200 x 100	4.0	18.0	22.7	2.84	56.8	2.84	108	0.542	156	0.782	313
	5.0	22.3	35.5	3.55	88.8	3.55	178	0.888	278	1.39	388
	6.0	26.4	51.1	4.26	128	4.26	256	1.28	429	2.14	459
	8.0	33.9	90.9	5.68	227	5.68	424	2.12	765	3.83	590
	10.0	41.3	142	7.10	355	7.10	596	2.98	1100	5.53	719
200 x 120	4.0	19.3	22.7	2.84	56.8	2.84	102	0.508	156	0.782	314
	5.0	23.8	35.5	3.55	88.8	3.55	165	0.825	278	1.39	389
	6.0	28.3	51.1	4.26	128	4.26	236	1.18	429	2.14	461
	8.0	36.5	90.9	5.68	227	5.68	389	1.95	765	3.83	594
	10.0	44.4	142	7.10	355	7.10	546	2.73	1100	5.53	725
200 x 150	4.0	21.2	22.7	2.84	56.8	2.84	92.8	0.464	156	0.782	315
	5.0	26.2	35.5	3.55	88.8	3.55	149	0.745	278	1.39	391
	6.0	31.1	51.1	4.26	128	4.26	212	1.06	429	2.14	464
	8.0	40.2	90.9	5.68	227	5.68	348	1.74	765	3.83	600
	10.0	49.1	142	7.10	355	7.10	487	2.44	1100	5.53	733

Hybox® is a trademark of Corus. A fuller description of the relationship between Cold Formed Rectangular Hollow Sections (CFRHS) and the Hybox® range of sections manufactured by Corus is given in note 12.

For bearing or buckling the web resistance = $C_1 + b_1 C_2$

Where b_1 is the stiff bearing length.

The beam component for end bearing assumes a sealing plate (thickness at least equal to the wall of the section) is welded to the end of the section by a continuous fillet weld.

FOR EXPLANATION OF TABLES SEE NOTE 9.

BS EN 1993-1-1:2005
BS EN 10219-2:2006

WEB BEARING AND BUCKLING

S355 / Hybox® 355

COLD FORMED RECTANGULAR HOLLOW SECTIONS

Hybox® RHS

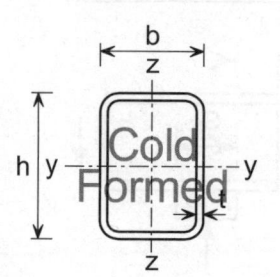

Unstiffened webs

Designation		Mass per Metre	Bearing				Buckling				Shear Resistance
Size	Wall Thickness		End Bearing		Continuous Over Bearing		End Bearing or Continuous Over Bearing				
							Without Welded Flange Plate		With Welded Flange Plate		
			Beam Factor	Stiff Bearing Factor	Beam Factor	Stiff Bearing Factor	Beam Factor	Stiff Bearing Factor	Beam Factor	Stiff Bearing Factor	
h x b	t		C_1	C_2	C_1	C_2	C_1	C_2	C_1	C_2	$V_{c,Rd}$
mm	mm	kg	kN	kN/mm	kN	kN/mm	kN	kN/mm	kN	kN/mm	kN
250 x 150	5.0	30.1	35.5	3.55	88.8	3.55	159	0.635	244	0.977	492
	6.0	35.8	51.1	4.26	128	4.26	237	0.947	393	1.57	584
	8.0	46.5	90.9	5.68	227	5.68	416	1.66	771	3.08	758
	10.0	57.0	142	7.10	355	7.10	608	2.43	1200	4.78	930
	12.0	66.0	204	8.52	511	8.52	804	3.22	1620	6.49	1080
	12.5	68.3	222	8.88	555	8.88	853	3.41	1730	6.91	1110
300 x 100	6.0	35.8	51.1	4.26	128	4.26	274	0.915	352	1.17	701
	8.0	46.5	90.9	5.68	227	5.68	527	1.76	733	2.44	910
	10.0	57.0	142	7.10	355	7.10	821	2.74	1210	4.03	1120
	12.5	68.3	222	8.88	555	8.88	1210	4.03	1850	6.17	1340
300 x 200	6.0	45.2	51.1	4.26	128	4.26	219	0.731	352	1.17	708
	8.0	59.1	90.9	5.68	227	5.68	404	1.35	733	2.44	925
	10.0	72.7	142	7.10	355	7.10	613	2.04	1210	4.03	1140
	12.0	84.8	204	8.52	511	8.52	831	2.77	1720	5.74	1330
	12.5	88.0	222	8.88	555	8.88	886	2.95	1850	6.17	1380
400 x 200	8.0	71.6	90.9	5.68	227	5.68	434	1.08	626	1.56	1250
	10.0	88.4	142	7.10	355	7.10	711	1.78	1110	2.78	1540
	12.0	104	204	8.52	511	8.52	1020	2.56	1710	4.29	1800
	12.5	108	222	8.88	555	8.88	1110	2.77	1880	4.69	1870
450 x 250	8.0	84.2	90.9	5.68	227	5.68	402	0.894	575	1.28	1410
	10.0	104	142	7.10	355	7.10	670	1.49	1040	2.32	1750
	12.0	123	204	8.52	511	8.52	984	2.19	1650	3.67	2060
	12.5	127	222	8.88	555	8.88	1070	2.37	1820	4.04	2140
500 x 300	8.0	96.7	90.9	5.68	227	5.68	376	0.752	531	1.06	1580
	10.0	120	142	7.10	355	7.10	635	1.27	977	1.95	1960
	12.0	141	204	8.52	511	8.52	947	1.89	1570	3.14	2310
	12.5	147	222	8.88	555	8.88	1030	2.06	1740	3.48	2400

Hybox® is a trademark of Corus. A fuller description of the relationship between Cold Formed Rectangular Hollow Sections (CFRHS) and the Hybox® range of sections manufactured by Corus is given in note 12.

For bearing or buckling the web resistance $= C_1 + b_1 C_2$

Where b_1 is the stiff bearing length.

The beam component for end bearing assumes a sealing plate (thickness at least equal to the wall of the section) is welded to the end of the section by a continuous fillet weld.

FOR EXPLANATION OF TABLES SEE NOTE 9.

BS EN 1993-1-5: 200
BS 4-1: 2005

WEB BEARING AND BUCKLING — S355 / Advance355

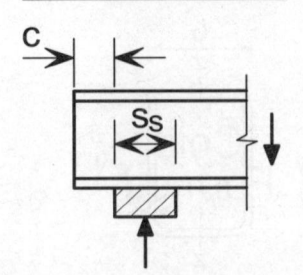

PARALLEL FLANGE CHANNELS
Advance UKPFC

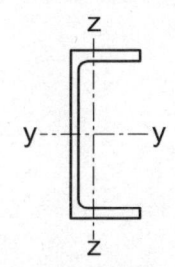

Unstiffened webs

Section Designation	Design Shear Resistance $V_{c,Rd}$ kN		Design resistance of unstiffened web, F_{Rd} (kN) and limiting length, c_{lim} (mm)											
			Stiff bearing length, s_s (mm)											
			0	10	20	30	40	50	75	100	150	200	250	300	350
430x100x64	977	F_{Rd} (c = 0)	154	196	247	396	436	467	545	622	775	928	1080	1180	1250
		c_{lim} (mm)	270	260	250	240	230	220	190	170	120	120	120	120	120
		F_{Rd} (c ≥ c_{lim})	579	617	655	693	731	769	998	1040	1130	1200	1280	1350	1410
380x100x54	757	F_{Rd} (c = 0)	132	168	279	311	345	371	437	502	632	761	866	930	990
		c_{lim} (mm)	230	220	210	200	190	180	160	130	110	110	110	110	110
		F_{Rd} (c ≥ c_{lim})	487	520	552	585	720	736	774	811	879	943	1000	1060	1110
300x100x46	577	F_{Rd} (c = 0)	121	156	198	246	295	326	404	481	637	801	872	939	1000
		c_{lim} (mm)	180	170	160	150	140	130	110	90	90	100	100	100	100
		F_{Rd} (c ≥ c_{lim})	444	475	506	537	568	599	677	782	856	938	1000	1060	1110
300x90x41	575	F_{Rd} (c = 0)	111	147	192	242	284	316	396	476	636	802	875	943	1010
		c_{lim} (mm)	180	170	160	150	140	130	110	90	90	100	100	100	100
		F_{Rd} (c ≥ c_{lim})	412	444	476	508	540	572	652	771	847	934	997	1060	1110
260x90x35	451	F_{Rd} (c = 0)	94.3	127	167	212	247	275	346	417	559	676	739	797	851
		c_{lim} (mm)	160	150	140	130	120	110	80	80	80	90	90	90	90
		F_{Rd} (c ≥ c_{lim})	346	375	403	431	460	488	559	642	708	780	835	887	936
260x75x28	397	F_{Rd} (c = 0)	69.0	98.2	135	196	217	238	290	343	447	508	556	600	641
		c_{lim} (mm)	160	150	140	130	120	110	90	80	80	80	80	80	80
		F_{Rd} (c ≥ c_{lim})	255	280	305	329	414	426	455	482	533	579	621	656	656
230x90x32	380	F_{Rd} (c = 0)	91.3	122	159	201	236	262	329	395	528	636	695	749	800
		c_{lim} (mm)	140	130	120	110	100	90	80	80	80	90	90	90	90
		F_{Rd} (c ≥ c_{lim})	333	359	386	413	439	466	532	606	668	733	785	833	879
230x75x26	333	F_{Rd} (c = 0)	69.3	96.1	129	185	206	226	278	330	420	469	514	555	593
		c_{lim} (mm)	140	130	120	110	100	90	80	80	80	80	80	80	80
		F_{Rd} (c ≥ c_{lim})	254	277	300	323	384	395	422	447	493	536	575	605	605
200x90x30	315	F_{Rd} (c = 0)	88.2	116	151	190	224	249	311	373	497	599	655	707	755
		c_{lim} (mm)	120	110	100	90	80	80	80	80	80	90	90	90	90
		F_{Rd} (c ≥ c_{lim})	319	344	369	394	418	443	505	573	632	691	740	786	829
200x75x23	275	F_{Rd} (c = 0)	66.6	91.2	122	156	179	201	267	319	387	432	473	511	546
		c_{lim} (mm)	120	110	100	90	80	70	80	80	80	80	80	80	80
		F_{Rd} (c ≥ c_{lim})	242	263	284	305	352	356	387	411	454	493	530	557	557

Advance and UKPFC are trademarks of Corus. A fuller description of the relationship between Parallel Flange Channels (PFC) and the Advance range of sections manufactured by Corus is given in note 12.

If c < c_{lim}, then use F_{Rd} value for c = 0.

Resistances assume no eccentricity of the applied force relative to the web.

FOR EXPLANATION OF TABLES SEE NOTE 9.

WEB BEARING AND BUCKLING   S355 / Advance355

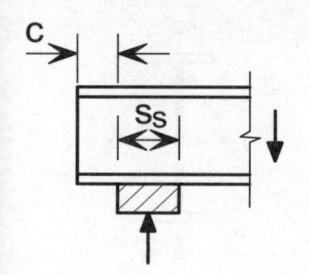

PARALLEL FLANGE CHANNELS
Advance UKPFC

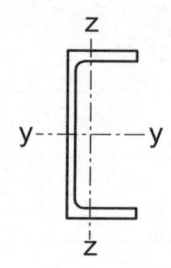

Unstiffened webs

Section Designation	Design Shear Resistance $V_{c,Rd}$ kN		Design resistance of unstiffened web, F_{Rd} (kN) and limiting length, c_{lim} (mm)												
			Stiff bearing length, s_s (mm)												
			0	10	20	30	40	50	75	100	150	200	250	300	350
180x90x26	267	F_{Rd} (c = 0)	75.9	102	135	172	200	223	280	338	453	540	591	638	682
		c_{lim} (mm)	110	100	90	80	80	80	80	80	80	80	80	80	80
		F_{Rd} (c ≥ c_{lim})	272	295	318	342	365	388	445	508	562	616	662	704	744
180x75x20	247	F_{Rd} (c = 0)	55.9	81.1	113	143	164	186	239	292	398	447	491	531	568
		c_{lim} (mm)	110	100	90	80	70	60	60	60	70	70	70	70	70
		F_{Rd} (c ≥ c_{lim})	203	224	245	267	288	309	363	407	460	502	542	578	604
150x90x24	226	F_{Rd} (c = 0)	72.9	99.5	132	170	195	218	276	334	449	565	652	704	753
		c_{lim} (mm)	90	80	70	70	70	70	70	70	70	70	80	80	80
		F_{Rd} (c ≥ c_{lim})	261	285	308	331	354	377	435	492	608	672	726	774	819
150x75x18	196	F_{Rd} (c = 0)	51.0	74.1	103	131	150	170	219	267	368	413	454	492	526
		c_{lim} (mm)	90	80	70	60	60	60	60	60	70	70	70	70	70
		F_{Rd} (c ≥ c_{lim})	183	203	222	242	261	281	330	375	423	463	500	534	566
125x65x15	166	F_{Rd} (c = 0)	45.1	68.7	98.7	122	142	161	210	259	357	453	498	540	579
		c_{lim} (mm)	80	70	60	60	60	60	60	60	60	60	60	60	60
		F_{Rd} (c ≥ c_{lim})	165	184	204	223	243	262	311	360	454	503	544	583	619
100x50x10	117	F_{Rd} (c = 0)	33.7	55.9	83.2	101	119	136	181	225	314	403	460	500	536
		c_{lim} (mm)	60	50	50	50	50	50	50	50	50	50	50	50	50
		F_{Rd} (c ≥ c_{lim})	126	143	161	179	197	214	259	303	392	455	497	534	568

Advance and UKPFC are trademarks of Corus. A fuller description of the relationship between Parallel Flange Channels (PFC) and the Advance range of sections manufactured by Corus is given in note 12.

If c < c_{lim}, then use F_{Rd} value for c = 0.

Resistances assume no eccentricity of the applied force relative to the web.

FOR EXPLANATION OF TABLES SEE NOTE 9.

BS EN 1993-1-5: 2006
BS 4-1: 2005

| BS EN 1993-1-1:2005 BS 4-1:2005 | **AXIAL FORCE & BENDING** | S355 / Advance355 |

UNIVERSAL BEAMS
Advance UKB

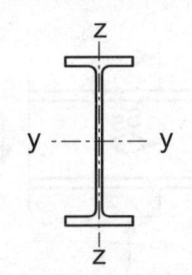

Cross-section resistance check

Section Designation and Axial Resistance $N_{pl,Rd}$ (kN)	n Limit Class 3 Class 2	\multicolumn{12}{c}{Moment Resistance $M_{c,y,Rd}$, $M_{c,z,Rd}$ (kNm) and Reduced Moment Resistance $M_{N,y,Rd}$, $M_{N,z,Rd}$ (kNm) for Ratios of Design Axial Force to Design Axial Plastic Resistance $n = N_{Ed}/N_{pl,Rd}$}											
		n	0.0	0.1	0.2	0.3	0.4	0.5	0.6	0.7	0.8	0.9	1.0
1016x305x487 + $N_{pl,Rd}$ = 20800	n/a **1.00**	$M_{c,y,Rd}$	7770	7770	7770	7770	7770	7770	7770	7770	7770	7770	7770
		$M_{c,z,Rd}$	938	938	938	938	938	938	938	938	938	938	938
		$M_{N,y,Rd}$	7770	7770	7770	7080	6060	5050	4040	3030	2020	1010	0
		$M_{N,z,Rd}$	938	938	938	938	938	933	876	754	567	316	0
1016x305x437 + $N_{pl,Rd}$ = 18700	1.00 **0.409**	$M_{c,y,Rd}$	6960	6960	6960	6960	6960	5940	5940	5940	5940	5940	5940
		$M_{c,z,Rd}$	826	826	826	826	826	514	514	514	514	514	514
		$M_{N,y,Rd}$	6960	6960	6960	6340	5430	-	-	-	-	-	-
		$M_{N,z,Rd}$	826	826	826	826	826	-	-	-	-	-	-
1016x305x393 + $N_{pl,Rd}$ = 16800	0.983 **0.341**	$M_{c,y,Rd}$	6210	6210	6210	6210	5330	5330	5330	5330	5330	5330	$
		$M_{c,z,Rd}$	726	726	726	726	453	453	453	453	453	453	$
		$M_{N,y,Rd}$	6210	6210	6210	5670	-	-	-	-	-	-	-
		$M_{N,z,Rd}$	726	726	726	726	-	-	-	-	-	-	-
1016x305x349 + $N_{pl,Rd}$ = 15400	0.764 **0.231**	$M_{c,y,Rd}$	5720	5720	5720	4950	4950	4950	4950	4950	✗	✗	$
		$M_{c,z,Rd}$	669	669	669	422	422	422	422	422	✗	✗	$
		$M_{N,y,Rd}$	5720	5720	5720	-	-	-	-	-	-	-	-
		$M_{N,z,Rd}$	669	669	669	-	-	-	-	-	-	-	-
1016x305x314 + $N_{pl,Rd}$ = 13800	0.644 **0.177**	$M_{c,y,Rd}$	5120	5120	4440	4440	4440	4440	4440	✗	✗	✗	$
		$M_{c,z,Rd}$	591	591	373	373	373	373	373	✗	✗	✗	$
		$M_{N,y,Rd}$	5120	5120	-	-	-	-	-	-	-	-	-
		$M_{N,z,Rd}$	591	591	-	-	-	-	-	-	-	-	-
1016x305x272 + $N_{pl,Rd}$ = 12000	0.488 **0.105**	$M_{c,y,Rd}$	4430	4430	3860	3860	3860	✗	✗	✗	✗	$	$
		$M_{c,z,Rd}$	507	507	322	322	322	✗	✗	✗	✗	$	$
		$M_{N,y,Rd}$	4430	4430	-	-	-	-	-	-	-	-	-
		$M_{N,z,Rd}$	507	507	-	-	-	-	-	-	-	-	-
1016x305x249 + $N_{pl,Rd}$ = 10900	0.488 **0.115**	$M_{c,y,Rd}$	3920	3920	3390	3390	3390	✗	✗	✗	✗	$	$
		$M_{c,z,Rd}$	429	429	270	270	270	✗	✗	✗	✗	$	$
		$M_{N,y,Rd}$	3920	3920	-	-	-	-	-	-	-	-	-
		$M_{N,z,Rd}$	429	429	-	-	-	-	-	-	-	-	-

Advance and UKB are trademarks of Corus. A fuller description of the relationship between Universal Beams (UB) and the Advance range of sections manufactured by Corus is given in note 12.

+ These sections are in addition to the range of BS 4 sections

N_{Ed} = Design value of the axial force.

$n = N_{Ed} / N_{pl,Rd}$

✗ Section becomes class 4, see note 10.

$ For these values of $N_{Ed} / N_{pl,Rd}$ the section would be overloaded due to N_{Ed} alone even when M_{Ed} is zero, because N_{Ed} would exceed the local buckling resistance of the section.

- Not applicable for class 3 and class 4 sections.

The values in this table are conservative for tension as the more onerous compression section classification limits have been used.

FOR EXPLANATION OF TABLES SEE NOTE 10.

| BS EN 1993-1-1:2005 | | AXIAL FORCE & BENDING | | | | | | | | | | | | S355 / Advance355 |
| BS 4-1:2005 | | | | | | | | | | | | | | |

UNIVERSAL BEAMS
Advance UKB

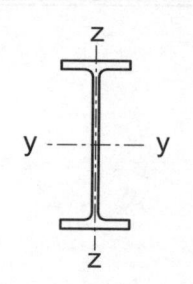

Member buckling check

Section Designation and Resistances (kN, kNm)	n Limit	Compression Resistance $N_{b,y,Rd}$, $N_{b,z,Rd}$ (kN) and Buckling Resistance Moment $M_{b,Rd}$ (kNm) for Varying buckling lengths L (m) within the limiting value of $n = N_{Ed} / N_{pl,Rd}$													
		L (m)	2.0	3.0	4.0	5.0	6.0	7.0	8.0	9.0	10.0	11.0	12.0	13.0	14.0
1016x305x487 + $N_{pl,Rd}$ = 20800 $f_y W_{el,y}$ = 6610 $f_y W_{el,z}$ = 580	1.00 1.00	$N_{b,y,Rd}$ $N_{b,z,Rd}$ $M_{b,Rd}$	20800 18800 7770	20800 16500 7240	20800 14100 6380	20800 11600 5650	20800 9400 5030	20600 7610 4520	20400 6220 4090	20200 5140 3740	19900 4310 3440	19700 3660 3190	19400 3140 2970	19200 2720 2780	18900 2380 2620
1016x305x437 + $N_{pl,Rd}$ = 18700 $f_y W_{el,y}$ = 5940 $f_y W_{el,z}$ = 514	1.00 1.00 0.409	$N_{b,y,Rd}$ $N_{b,z,Rd}$ $M_{b,Rd}$ $M_{b,Rd}$	18700 16800 5940 6960	18700 14800 5670 6430	18700 12500 5030 5630	18700 10300 4480 4950	18700 8320 4010 4380	18500 6720 3610 3910	18300 5480 3280 3520	18100 4530 3000 3200	17900 3790 2760 2930	17700 3220 2560 2700	17400 2760 2380 2510	17200 2390 2230 2340	17000 2090 2100 2200
* 1016x305x393 + $N_{pl,Rd}$ = 16800 $f_y W_{el,y}$ = 5330 $f_y W_{el,z}$ = 453	0.983 0.983 0.341	$N_{b,y,Rd}$ $N_{b,z,Rd}$ $M_{b,Rd}$ $M_{b,Rd}$	16800 15100 5330 6210	16800 13200 5040 5690	16800 11100 4440 4950	16800 9110 3930 4320	16800 7330 3490 3800	16600 5910 3120 3360	16400 4810 2820 3010	16200 3970 2560 2720	16000 3320 2340 2480	15800 2820 2160 2270	15600 2420 2010 2100	15400 2090 1870 1960	15200 1830 1760 1830
* 1016x305x349 + $N_{pl,Rd}$ = 15400 $f_y W_{el,y}$ = 4950 $f_y W_{el,z}$ = 422	0.764 0.764 0.231	$N_{b,y,Rd}$ $N_{b,z,Rd}$ $M_{b,Rd}$ $M_{b,Rd}$	15400 14200 4950 5720	15400 12800 4640 5190	15400 11100 4070 4500	15400 9150 3570 3900	15400 7320 3140 3400	15300 5840 2790 2980	15200 4710 2500 2650	15000 3860 2250 2380	14900 3210 2050 2150	14800 2700 1880 1970	14700 2300 1740 1810	14600 1990 1610 1680	14400 1730 1510 1560
* 1016x305x314 + $N_{pl,Rd}$ = 13800 $f_y W_{el,y}$ = 4440 $f_y W_{el,z}$ = 373	0.644 0.644 0.177	$N_{b,y,Rd}$ $N_{b,z,Rd}$ $M_{b,Rd}$ $M_{b,Rd}$	13800 12800 4440 5120	13800 11500 4130 4610	13800 9910 3610 3980	13800 8130 3150 3420	13800 6480 2750 2960	13700 5160 2430 2590	13600 4160 2160 2280	13500 3400 1940 2030	13400 2830 1750 1830	13300 2380 1600 1670	13200 2030 1470 1530	13100 1750 1360 1410	13000 1520 1270 1310
* 1016x305x272 + $N_{pl,Rd}$ = 12000 $f_y W_{el,y}$ = 3860 $f_y W_{el,z}$ = 322	0.488 0.488 0.105	$N_{b,y,Rd}$ $N_{b,z,Rd}$ $M_{b,Rd}$ $M_{b,Rd}$	12000 11100 3860 4430	12000 9960 3570 3970	12000 8580 3100 3400	12000 7030 2690 2910	12000 5600 2340 2500	11900 4460 2040 2170	11800 3590 1800 1900	11700 2940 1600 1680	11600 2440 1440 1500	11500 2050 1310 1360	11400 1750 1200 1240	11300 1510 1100 1140	11200 1320 1020 1050
* 1016x305x249 + $N_{pl,Rd}$ = 10900 $f_y W_{el,y}$ = 3390 $f_y W_{el,z}$ = 270	0.488 0.488 0.115	$N_{b,y,Rd}$ $N_{b,z,Rd}$ $M_{b,Rd}$ $M_{b,Rd}$	10900 10000 3390 3920	10900 8950 3100 3460	10900 7600 2670 2940	10900 6120 2300 2500	10900 4820 1980 2130	10900 3810 1720 1820	10800 3060 1500 1580	10700 2490 1330 1390	10600 2070 1190 1240	10500 1740 1070 1110	10400 1480 975 1010	10300 1280 894 924	10200 1110 826 851

Advance and UKB are trademarks of Corus. A fuller description of the relationship between Universal Beams (UB) and the Advance range of sections manufactured by Corus is given in note 12.

+ These sections are in addition to the range of BS 4 sections

$n = N_{Ed} / N_{pl,Rd}$

* The section can become class 4 under axial compression only. Under combined axial compression and bending the section becomes class 4 when the class 3 $N_{Ed} / N_{pl,Rd}$ limit is exceeded.

Under combined axial compression and bending the resistances are only valid up to the given $N_{Ed} / N_{pl,Rd}$ limit. For higher values of $n = N_{Ed}/N_{pl,Rd}$ the section would be overloaded due to N_{Ed} alone even when M_{Ed} is zero, because N_{Ed} would exceed the local buckling resistance of the section.

FOR EXPLANATION OF TABLES SEE NOTE 10.

| BS EN 1993-1-1:2005 / BS 4-1:2005 | **AXIAL FORCE & BENDING** | **S355 / Advance355** |

UNIVERSAL BEAMS
Advance UKB

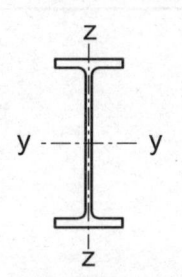

Cross-section resistance check

Section Designation and Axial Resistance $N_{pl,Rd}$ (kN)	n Limit Class 3 / **Class 2**	Moment Resistance $M_{c,y,Rd}$, $M_{c,z,Rd}$ (kNm) and Reduced Moment Resistance $M_{N,y,Rd}$, $M_{N,z,Rd}$ (kNm) for Ratios of Design Axial Force to Design Axial Plastic Resistance $n = N_{Ed}/N_{pl,Rd}$											
		n	0.0	0.1	0.2	0.3	0.4	0.5	0.6	0.7	0.8	0.9	1.0
1016x305x222 + $N_{pl,Rd}$ = 9760	0.458 **0.108**	$M_{c,y,Rd}$	3380	3380	2900	2900	2900	✗	✗	✗	✗	$	$
		$M_{c,z,Rd}$	352	352	219	219	219	✗	✗	✗	✗	$	$
		$M_{N,y,Rd}$	3380	3380	-	-	-	-	-	-	-	-	-
		$M_{N,z,Rd}$	352	352	-	-	-	-	-	-	-	-	-
914x419x388 $N_{pl,Rd}$ = 17000	0.892 **0.244**	$M_{c,y,Rd}$	6090	6090	6090	5390	5390	5390	5390	5390	5390	✗	$
		$M_{c,z,Rd}$	1150	1150	1150	746	746	746	746	746	746	✗	$
		$M_{N,y,Rd}$	6090	6090	6010	-	-	-	-	-	-	-	-
		$M_{N,z,Rd}$	1150	1150	1150	-	-	-	-	-	-	-	-
914x419x343 $N_{pl,Rd}$ = 15100	0.762 **0.198**	$M_{c,y,Rd}$	5340	5340	4740	4740	4740	4740	4740	4740	✗	✗	$
		$M_{c,z,Rd}$	997	997	645	645	645	645	645	645	✗	✗	$
		$M_{N,y,Rd}$	5340	5340	-	-	-	-	-	-	-	-	-
		$M_{N,z,Rd}$	997	997	-	-	-	-	-	-	-	-	-
914x305x289 $N_{pl,Rd}$ = 12700	0.730 **0.229**	$M_{c,y,Rd}$	4340	4340	4340	3750	3750	3750	3750	3750	✗	✗	$
		$M_{c,z,Rd}$	552	552	552	350	350	350	350	350	✗	✗	$
		$M_{N,y,Rd}$	4340	4340	4340	-	-	-	-	-	-	-	-
		$M_{N,z,Rd}$	552	552	552	-	-	-	-	-	-	-	-
914x305x253 $N_{pl,Rd}$ = 11100	0.591 **0.163**	$M_{c,y,Rd}$	3770	3770	3280	3280	3280	3280	✗	✗	✗	$	$
		$M_{c,z,Rd}$	473	473	300	300	300	300	✗	✗	✗	$	$
		$M_{N,y,Rd}$	3770	3770	-	-	-	-	-	-	-	-	-
		$M_{N,z,Rd}$	473	473	-	-	-	-	-	-	-	-	-
914x305x224 $N_{pl,Rd}$ = 9870	0.503 **0.124**	$M_{c,y,Rd}$	3290	3290	2850	2850	2850	✗	✗	✗	✗	$	$
		$M_{c,z,Rd}$	401	401	255	255	255	✗	✗	✗	✗	$	$
		$M_{N,y,Rd}$	3290	3290	-	-	-	-	-	-	-	-	-
		$M_{N,z,Rd}$	401	401	-	-	-	-	-	-	-	-	-
914x305x201 $N_{pl,Rd}$ = 8830	0.452 **0.104**	$M_{c,y,Rd}$	2880	2880	2490	2490	2490	✗	✗	✗	✗	$	$
		$M_{c,z,Rd}$	339	339	214	214	214	✗	✗	✗	✗	$	$
		$M_{N,y,Rd}$	2880	2880	-	-	-	-	-	-	-	-	-
		$M_{N,z,Rd}$	339	339	-	-	-	-	-	-	-	-	-

Advance and UKB are trademarks of Corus. A fuller description of the relationship between Universal Beams (UB) and the Advance range of sections manufactured by Corus is given in note 12.

+ These sections are in addition to the range of BS 4 sections

N_{Ed} = Design value of the axial force.

n = $N_{Ed} / N_{pl,Rd}$

✗ Section becomes class 4, see note 10.

$ For these values of $N_{Ed} / N_{pl,Rd}$ the section would be overloaded due to N_{Ed} alone even when M_{Ed} is zero, because N_{Ed} would exceed the local buckling resistance of the section.

- Not applicable for class 3 and class 4 sections.

The values in this table are conservative for tension as the more onerous compression section classification limits have been used.

FOR EXPLANATION OF TABLES SEE NOTE 10.

AXIAL FORCE & BENDING

BS EN 1993-1-1:2005
BS 4-1:2005

S355 / Advance355

UNIVERSAL BEAMS
Advance UKB

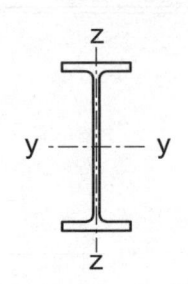

Member buckling check

Section Designation and Resistances (kN, kNm)	n Limit		Compression Resistance $N_{b,y,Rd}$, $N_{b,z,Rd}$ (kN) and Buckling Resistance Moment $M_{b,Rd}$ (kNm) for Varying buckling lengths L (m) within the limiting value of $n = N_{Ed} / N_{pl,Rd}$												
		L (m)	2.0	3.0	4.0	5.0	6.0	7.0	8.0	9.0	10.0	11.0	12.0	13.0	14.0
* 1016x305x222 +	0.458	$N_{b,y,Rd}$	9760	9760	9760	9760	9760	9680	9610	9530	9450	9370	9280	9190	9100
$N_{pl,Rd}$ = 9760		$N_{b,z,Rd}$	8870	7830	6530	5160	4020	3150	2520	2050	1690	1420	1210	1040	908
$f_y W_{el,y}$ = 2900	0.458	$M_{b,Rd}$	2900	2610	2240	1910	1630	1400	1220	1070	949	851	770	703	647
$f_y W_{el,z}$ = 219	**0.108**	$M_{b,Rd}$	3380	2930	2470	2080	1750	1490	1280	1120	989	884	798	726	667
* 914x419x388	0.892	$N_{b,y,Rd}$	17000	17000	17000	17000	17000	16900	16800	16600	16500	16400	16200	16100	15900
$N_{pl,Rd}$ = 17000		$N_{b,z,Rd}$	16600	15800	14800	13600	12300	10800	9360	8050	6910	5960	5170	4510	3970
$f_y W_{el,y}$ = 5390	0.892	$M_{b,Rd}$	5390	5390	5260	4950	4640	4330	4040	3750	3490	3240	3020	2820	2640
$f_y W_{el,z}$ = 746	**0.244**	$M_{b,Rd}$	6090	6090	5860	5470	5100	4720	4360	4020	3710	3430	3180	2950	2760
* 914x419x343	0.762	$N_{b,y,Rd}$	15100	15100	15100	15100	15100	14900	14800	14700	14600	14500	14300	14200	14000
$N_{pl,Rd}$ = 15100		$N_{b,z,Rd}$	14700	13900	13000	12000	10700	9440	8150	6990	5990	5160	4470	3900	3430
$f_y W_{el,y}$ = 4740	0.762	$M_{b,Rd}$	4740	4740	4600	4320	4030	3750	3470	3210	2960	2740	2540	2360	2200
$f_y W_{el,z}$ = 645	**0.198**	$M_{b,Rd}$	5340	5340	5110	4760	4420	4070	3740	3430	3140	2890	2660	2460	2280
* 914x305x289	0.730	$N_{b,y,Rd}$	12700	12700	12700	12700	12700	12600	12500	12400	12300	12200	12000	11900	11800
$N_{pl,Rd}$ = 12700		$N_{b,z,Rd}$	11800	10700	9250	7650	6140	4910	3970	3250	2700	2280	1940	1680	1460
$f_y W_{el,y}$ = 3750	0.730	$M_{b,Rd}$	3750	3600	3290	2970	2660	2380	2130	1910	1730	1570	1440	1330	1230
$f_y W_{el,z}$ = 350	**0.229**	$M_{b,Rd}$	4340	4080	3680	3280	2900	2560	2260	2010	1810	1640	1490	1370	1270
* 914x305x253	0.591	$N_{b,y,Rd}$	11100	11100	11100	11100	11100	11000	10900	10900	10800	10700	10600	10400	10300
$N_{pl,Rd}$ = 11100		$N_{b,z,Rd}$	10300	9310	8050	6620	5290	4220	3400	2780	2310	1950	1660	1430	1250
$f_y W_{el,y}$ = 3280	0.591	$M_{b,Rd}$	3280	3130	2840	2550	2270	2010	1780	1590	1430	1290	1170	1080	993
$f_y W_{el,z}$ = 300	**0.163**	$M_{b,Rd}$	3770	3530	3170	2810	2460	2150	1890	1670	1490	1340	1210	1110	1020
* 914x305x224	0.503	$N_{b,y,Rd}$	9870	9870	9870	9870	9840	9760	9680	9600	9510	9420	9330	9230	9130
$N_{pl,Rd}$ = 9870		$N_{b,z,Rd}$	9090	8170	7010	5710	4530	3600	2900	2370	1960	1650	1410	1220	1060
$f_y W_{el,y}$ = 2850	0.503	$M_{b,Rd}$	2850	2710	2450	2190	1930	1690	1490	1310	1170	1050	951	867	797
$f_y W_{el,z}$ = 255	**0.124**	$M_{b,Rd}$	3290	3050	2730	2400	2080	1800	1570	1370	1220	1090	980	891	817
* 914x305x201	0.452	$N_{b,y,Rd}$	8830	8830	8830	8830	8800	8730	8660	8580	8500	8420	8330	8240	8150
$N_{pl,Rd}$ = 8830		$N_{b,z,Rd}$	8090	7220	6120	4930	3880	3060	2450	2000	1660	1390	1190	1020	891
$f_y W_{el,y}$ = 2490	0.452	$M_{b,Rd}$	2490	2340	2110	1870	1640	1420	1240	1090	962	859	773	702	642
$f_y W_{el,z}$ = 214	**0.104**	$M_{b,Rd}$	2880	2650	2350	2050	1770	1520	1310	1140	999	887	796	721	654

Advance and UKB are trademarks of Corus. A fuller description of the relationship between Universal Beams (UB) and the Advance range of sections manufactured by Corus is given in note 12.

+ These sections are in addition to the range of BS 4 sections

$n = N_{Ed} / N_{pl,Rd}$

* The section can become class 4 under axial compression only. Under combined axial compression and bending the section becomes class 4 when the class 3 $N_{Ed} / N_{pl,Rd}$ limit is exceeded.

Under combined axial compression and bending the resistances are only valid up to the given $N_{Ed} / N_{pl,Rd}$ limit. For higher values of $n = N_{Ed}/N_{pl,Rd}$ the section would be overloaded due to N_{Ed} alone even when M_{Ed} is zero, because N_{Ed} would exceed the local buckling resistance of the section.

FOR EXPLANATION OF TABLES SEE NOTE 10.

BS EN 1993-1-1:2005
BS 4-1:2005

AXIAL FORCE & BENDING

S355 / Advance355

UNIVERSAL BEAMS
Advance UKB

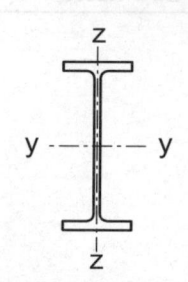

Cross-section resistance check

Section Designation and Axial Resistance $N_{pl,Rd}$ (kN)	n Limit Class 3 Class 2	Moment Resistance $M_{c,y,Rd}$, $M_{c,z,Rd}$ (kNm) and Reduced Moment Resistance $M_{N,y,Rd}$, $M_{N,z,Rd}$ (kNm) for Ratios of Design Axial Force to Design Axial Plastic Resistance $n = N_{Ed}/N_{pl,Rd}$											
		n	0.0	0.1	0.2	0.3	0.4	0.5	0.6	0.7	0.8	0.9	1.0
838x292x226 $N_{pl,Rd}$ = 9970	0.599 **0.160**	$M_{c,y,Rd}$	3160	3160	2750	2750	2750	2750	✗	✗	✗	✗	$
		$M_{c,z,Rd}$	418	418	267	267	267	267	✗	✗	✗	✗	$
		$M_{N,y,Rd}$	3160	3160	-	-	-	-	-	-	-	-	-
		$M_{N,z,Rd}$	418	418	-	-	-	-	-	-	-	-	-
838x292x194 $N_{pl,Rd}$ = 8520	0.503 **0.123**	$M_{c,y,Rd}$	2640	2640	2290	2290	2290	✗	✗	✗	✗	$	$
		$M_{c,z,Rd}$	336	336	214	214	214	✗	✗	✗	✗	$	$
		$M_{N,y,Rd}$	2640	2640	-	-	-	-	-	-	-	-	-
		$M_{N,z,Rd}$	336	336	-	-	-	-	-	-	-	-	-
838x292x176 $N_{pl,Rd}$ = 7730	0.456 **0.104**	$M_{c,y,Rd}$	2350	2350	2030	2030	2030	✗	✗	✗	✗	$	$
		$M_{c,z,Rd}$	290	290	185	185	185	✗	✗	✗	✗	$	$
		$M_{N,y,Rd}$	2350	2350	-	-	-	-	-	-	-	-	-
		$M_{N,z,Rd}$	290	290	-	-	-	-	-	-	-	-	-
762x267x197 $N_{pl,Rd}$ = 8660	0.682 **0.201**	$M_{c,y,Rd}$	2470	2470	2470	2150	2150	2150	2150	✗	✗	✗	$
		$M_{c,z,Rd}$	331	331	331	210	210	210	210	✗	✗	✗	$
		$M_{N,y,Rd}$	2470	2470	2470	-	-	-	-	-	-	-	-
		$M_{N,z,Rd}$	331	331	331	-	-	-	-	-	-	-	-
762x267x173 $N_{pl,Rd}$ = 7590	0.584 **0.161**	$M_{c,y,Rd}$	2140	2140	1860	1860	1860	1860	✗	✗	✗	$	$
		$M_{c,z,Rd}$	278	278	177	177	177	177	✗	✗	✗	$	$
		$M_{N,y,Rd}$	2140	2140	-	-	-	-	-	-	-	-	-
		$M_{N,z,Rd}$	278	278	-	-	-	-	-	-	-	-	-
762x267x147 $N_{pl,Rd}$ = 6450	0.470 **0.110**	$M_{c,y,Rd}$	1780	1780	1540	1540	1540	✗	✗	✗	✗	$	$
		$M_{c,z,Rd}$	223	223	142	142	142	✗	✗	✗	✗	$	$
		$M_{N,y,Rd}$	1780	1780	-	-	-	-	-	-	-	-	-
		$M_{N,z,Rd}$	223	223	-	-	-	-	-	-	-	-	-
762x267x134 $N_{pl,Rd}$ = 6070	0.397 **0.073**	$M_{c,y,Rd}$	1650	1430	1430	1430	✗	✗	✗	✗	✗	$	$
		$M_{c,z,Rd}$	202	129	129	129	✗	✗	✗	✗	✗	$	$
		$M_{N,y,Rd}$	1650	-	-	-	-	-	-	-	-	-	-
		$M_{N,z,Rd}$	202	-	-	-	-	-	-	-	-	-	-

Advance and UKB are trademarks of Corus. A fuller description of the relationship between Universal Beams (UB) and the Advance range of sections manufactured by Corus is given in note 12.

N_{Ed} = Design value of the axial force.

$n = N_{Ed} / N_{pl,Rd}$

✗ Section becomes class 4, see note 10.

$ For these values of $N_{Ed} / N_{pl,Rd}$ the section would be overloaded due to N_{Ed} alone even when M_{Ed} is zero, because N_{Ed} would exceed the local buckling resistance of the section.

- Not applicable for class 3 and class 4 sections.

The values in this table are conservative for tension as the more onerous compression section classification limits have been used.

FOR EXPLANATION OF TABLES SEE NOTE 10.

BS EN 1993-1-1:2005 / BS 4-1:2005		AXIAL FORCE & BENDING													S355 / Advance355

UNIVERSAL BEAMS
Advance UKB

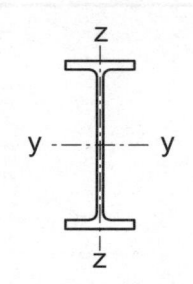

Member buckling check

Section Designation and Resistances (kN, kNm)	n Limit	Compression Resistance $N_{b,y,Rd}$, $N_{b,z,Rd}$ (kN) and Buckling Resistance Moment $M_{b,Rd}$ (kNm) for Varying buckling lengths L (m) within the limiting value of $n = N_{Ed} / N_{pl,Rd}$													
		L (m)	2.0	3.0	4.0	5.0	6.0	7.0	8.0	9.0	10.0	11.0	12.0	13.0	14.0
* 838x292x226 $N_{pl,Rd}$ = 9970 $f_y W_{el,y}$ = 2750 $f_y W_{el,z}$ = 267	0.599 0.599 **0.160**	$N_{b,y,Rd}$ $N_{b,z,Rd}$ $M_{b,Rd}$ $M_{b,Rd}$	9970 9190 2750 3160	9970 8260 2610 2930	9970 7080 2360 2620	9970 5770 2110 2310	9910 4580 1870 2020	9830 3640 1660 1760	9740 2930 1470 1540	9650 2390 1310 1360	9560 1980 1170 1220	9460 1670 1060 1100	9360 1420 966 996	9250 1230 887 912	9130 1070 819 841
* 838x292x194 $N_{pl,Rd}$ = 8520 $f_y W_{el,y}$ = 2290 $f_y W_{el,z}$ = 214	0.503 0.503 **0.123**	$N_{b,y,Rd}$ $N_{b,z,Rd}$ $M_{b,Rd}$ $M_{b,Rd}$	8520 7800 2290 2640	8520 6960 2150 2420	8520 5900 1930 2150	8520 4740 1710 1870	8460 3730 1500 1620	8390 2950 1310 1390	8320 2360 1150 1200	8240 1930 1010 1050	8150 1600 898 930	8070 1340 805 831	7980 1140 728 749	7880 985 664 681	7770 857 610 624
* 838x292x176 $N_{pl,Rd}$ = 7730 $f_y W_{el,y}$ = 2030 $f_y W_{el,z}$ = 185	0.456 0.456 **0.104**	$N_{b,y,Rd}$ $N_{b,z,Rd}$ $M_{b,Rd}$ $M_{b,Rd}$	7730 7040 2030 2350	7730 6240 1900 2140	7730 5230 1700 1890	7730 4170 1500 1630	7670 3250 1300 1400	7600 2560 1130 1200	7530 2050 979 1030	7460 1670 857 892	7380 1380 757 784	7300 1160 675 696	7220 987 608 625	7130 850 552 566	7030 739 505 510
* 762x267x197 $N_{pl,Rd}$ = 8660 $f_y W_{el,y}$ = 2150 $f_y W_{el,z}$ = 210	0.682 0.682 **0.201**	$N_{b,y,Rd}$ $N_{b,z,Rd}$ $M_{b,Rd}$ $M_{b,Rd}$	8660 7840 2150 2470	8660 6890 1980 2220	8660 5700 1770 1960	8640 4480 1570 1700	8560 3470 1370 1470	8480 2720 1200 1280	8390 2170 1060 1110	8300 1760 945 985	8210 1460 849 880	8110 1220 769 794	8000 1040 703 723	7880 896 647 664	7760 779 599 614
* 762x267x173 $N_{pl,Rd}$ = 7590 $f_y W_{el,y}$ = 1860 $f_y W_{el,z}$ = 177	0.584 0.584 **0.161**	$N_{b,y,Rd}$ $N_{b,z,Rd}$ $M_{b,Rd}$ $M_{b,Rd}$	7590 6830 1860 2140	7590 5980 1700 1910	7590 4900 1510 1670	7570 3810 1320 1430	7500 2940 1150 1220	7430 2290 994 1050	7350 1820 868 908	7270 1480 766 795	7180 1220 682 705	7090 1030 614 632	7000 873 557 572	6890 752 510 523	6780 654 471 478
* 762x267x147 $N_{pl,Rd}$ = 6450 $f_y W_{el,y}$ = 1540 $f_y W_{el,z}$ = 142	0.470 0.470 **0.110**	$N_{b,y,Rd}$ $N_{b,z,Rd}$ $M_{b,Rd}$ $M_{b,Rd}$	6450 5770 1540 1770	6450 4990 1400 1570	6450 4030 1230 1360	6430 3100 1060 1150	6370 2370 911 971	6300 1840 781 821	6240 1460 674 702	6170 1190 588 609	6090 979 519 535	6020 821 463 475	5930 698 417 427	5840 601 379 383	5740 522 345 345
* 762x267x134 $N_{pl,Rd}$ = 6070 $f_y W_{el,y}$ = 1430 $f_y W_{el,z}$ = 129	0.397 0.397 **0.073**	$N_{b,y,Rd}$ $N_{b,z,Rd}$ $M_{b,Rd}$ $M_{b,Rd}$	6070 5380 1430 1630	6070 4610 1280 1430	6070 3670 1120 1230	6040 2790 956 1030	5980 2120 811 861	5920 1640 688 722	5860 1300 589 612	5790 1050 510 527	5720 867 448 461	5640 727 397 408	5550 618 357 361	5460 531 321 321	5360 462 289 289

Advance and UKB are trademarks of Corus. A fuller description of the relationship between Universal Beams (UB) and the Advance range of sections manufactured by Corus is given in note 12.

$n = N_{Ed} / N_{pl,Rd}$

* The section can become class 4 under axial compression only. Under combined axial compression and bending the section becomes class 4 when the class 3 $N_{Ed} / N_{pl,Rd}$ limit is exceeded.

Under combined axial compression and bending the resistances are only valid up to the given $N_{Ed} / N_{pl,Rd}$ limit. For higher values of $n = N_{Ed}/N_{pl,Rd}$ the section would be overloaded due to N_{Ed} alone even when M_{Ed} is zero, because N_{Ed} would exceed the local buckling resistance of the section.

FOR EXPLANATION OF TABLES SEE NOTE 10.

| BS EN 1993-1-1:2005 / BS 4-1:2005 | **AXIAL FORCE & BENDING** | **S355 / Advance355** |

UNIVERSAL BEAMS
Advance UKB

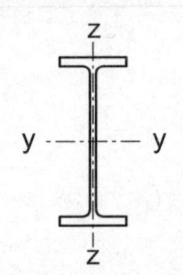

Cross-section resistance check

Section Designation and Axial Resistance $N_{pl,Rd}$ (kN)	n Limit Class 3 / Class 2	Moment Resistance $M_{c,y,Rd}$, $M_{c,z,Rd}$ (kNm) and Reduced Moment Resistance $M_{N,y,Rd}$, $M_{N,z,Rd}$ (kNm) for Ratios of Design Axial Force to Design Axial Plastic Resistance $n = N_{Ed}/N_{pl,Rd}$											
		n	0.0	0.1	0.2	0.3	0.4	0.5	0.6	0.7	0.8	0.9	1.0
686x254x170 $N_{pl,Rd}$ = 7490	0.726 **0.213**	$M_{c,y,Rd}$	1940	1940	1940	1700	1700	1700	1700	1700	✗	✗	$
		$M_{c,z,Rd}$	280	280	280	179	179	179	179	179	✗	✗	$
		$M_{N,y,Rd}$	1940	1940	1940	-	-	-	-	-	-	-	-
		$M_{N,z,Rd}$	280	280	280	-	-	-	-	-	-	-	-
686x254x152 $N_{pl,Rd}$ = 6690	0.616 **0.166**	$M_{c,y,Rd}$	1730	1730	1510	1510	1510	1510	1510	✗	✗	✗	$
		$M_{c,z,Rd}$	245	245	157	157	157	157	157	✗	✗	✗	$
		$M_{N,y,Rd}$	1730	1730	-	-	-	-	-	-	-	-	-
		$M_{N,z,Rd}$	245	245	-	-	-	-	-	-	-	-	-
686x254x140 $N_{pl,Rd}$ = 6140	0.548 **0.138**	$M_{c,y,Rd}$	1570	1570	1380	1380	1380	1380	✗	✗	✗	$	$
		$M_{c,z,Rd}$	220	220	141	141	141	141	✗	✗	✗	$	$
		$M_{N,y,Rd}$	1570	1570	-	-	-	-	-	-	-	-	-
		$M_{N,z,Rd}$	220	220	-	-	-	-	-	-	-	-	-
686x254x125 $N_{pl,Rd}$ = 5490	0.489 **0.115**	$M_{c,y,Rd}$	1380	1380	1200	1200	1200	✗	✗	✗	✗	$	$
		$M_{c,z,Rd}$	187	187	119	119	119	✗	✗	✗	✗	$	$
		$M_{N,y,Rd}$	1380	1380	-	-	-	-	-	-	-	-	-
		$M_{N,z,Rd}$	187	187	-	-	-	-	-	-	-	-	-
610x305x238 $N_{pl,Rd}$ = 10500	n/a **1.00**	$M_{c,y,Rd}$	2580	2580	2580	2580	2580	2580	2580	2580	2580	2580	2580
		$M_{c,z,Rd}$	543	543	543	543	543	543	543	543	543	543	543
		$M_{N,y,Rd}$	2580	2580	2510	2200	1880	1570	1260	942	628	314	0
		$M_{N,z,Rd}$	543	543	543	543	540	515	465	387	284	155	0
610x305x179 $N_{pl,Rd}$ = 7870	0.858 **0.222**	$M_{c,y,Rd}$	1910	1910	1910	1700	1700	1700	1700	1700	1700	✗	$
		$M_{c,z,Rd}$	395	395	395	256	256	256	256	256	256	✗	$
		$M_{N,y,Rd}$	1910	1910	1870	-	-	-	-	-	-	-	-
		$M_{N,z,Rd}$	395	395	395	-	-	-	-	-	-	-	-
610x305x149 $N_{pl,Rd}$ = 6560	0.636 **0.141**	$M_{c,y,Rd}$	1580	1580	1420	1420	1420	1420	1420	✗	✗	✗	$
		$M_{c,z,Rd}$	323	323	211	211	211	211	211	✗	✗	✗	$
		$M_{N,y,Rd}$	1580	1580	-	-	-	-	-	-	-	-	-
		$M_{N,z,Rd}$	323	323	-	-	-	-	-	-	-	-	-

Advance and UKB are trademarks of Corus. A fuller description of the relationship between Universal Beams (UB) and the Advance range of sections manufactured by Corus is given in note 12.

N_{Ed} = Design value of the axial force.

$n = N_{Ed} / N_{pl,Rd}$

✗ Section becomes class 4, see note 10.

$ For these values of $N_{Ed} / N_{pl,Rd}$ the section would be overloaded due to N_{Ed} alone even when M_{Ed} is zero, because N_{Ed} would exceed the local buckling resistance of the section.

- Not applicable for class 3 and class 4 sections.

The values in this table are conservative for tension as the more onerous compression section classification limits have been used.

FOR EXPLANATION OF TABLES SEE NOTE 10.

BS EN 1993-1-1:2005
BS 4-1:2005

AXIAL FORCE & BENDING

S355 / Advance355

UNIVERSAL BEAMS
Advance UKB

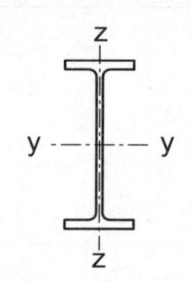

Member buckling check

Section Designation and Resistances (kN, kNm)	n Limit		Compression Resistance $N_{b,y,Rd}$, $N_{b,z,Rd}$ (kN) and Buckling Resistance Moment $M_{b,Rd}$ (kNm) for Varying buckling lengths L (m) within the limiting value of $n = N_{Ed}/N_{pl,Rd}$											
		L (m)	2.0	3.0	4.0	5.0	6.0	7.0	8.0	9.0	10.0	11.0	12.0	13.0	14.0
* 686x254x170	0.726	$N_{b,y,Rd}$	7490	7490	7490	7440	7360	7280	7190	7100	7010	6900	6790	6670	6530
$N_{pl,Rd}$ = 7490		$N_{b,z,Rd}$	6730	5870	4790	3720	2860	2230	1770	1440	1190	996	847	729	634
$f_y W_{el,y}$ = 1700	0.726	$M_{b,Rd}$	1700	1550	1370	1210	1060	925	816	727	654	593	543	500	464
$f_y W_{el,z}$ = 179	0.213	$M_{b,Rd}$	1940	1730	1510	1310	1130	976	854	755	676	611	558	513	475
* 686x254x152	0.616	$N_{b,y,Rd}$	6690	6690	6690	6650	6580	6500	6430	6350	6260	6160	6060	5950	5820
$N_{pl,Rd}$ = 6690		$N_{b,z,Rd}$	6000	5210	4230	3270	2500	1950	1550	1260	1040	870	740	636	553
$f_y W_{el,y}$ = 1510	0.616	$M_{b,Rd}$	1510	1370	1210	1050	913	792	693	613	548	494	450	413	382
$f_y W_{el,z}$ = 157	0.166	$M_{b,Rd}$	1720	1520	1330	1140	971	833	723	635	565	508	462	423	388
* 686x254x140	0.548	$N_{b,y,Rd}$	6140	6140	6140	6100	6030	5960	5890	5820	5740	5650	5550	5450	5330
$N_{pl,Rd}$ = 6140		$N_{b,z,Rd}$	5490	4750	3830	2950	2250	1750	1390	1130	929	779	662	570	495
$f_y W_{el,y}$ = 1380	0.548	$M_{b,Rd}$	1380	1240	1090	946	814	701	610	536	477	428	389	355	328
$f_y W_{el,z}$ = 141	0.138	$M_{b,Rd}$	1560	1380	1200	1020	864	736	635	555	491	440	398	362	329
* 686x254x125	0.489	$N_{b,y,Rd}$	5490	5490	5490	5440	5380	5320	5260	5190	5110	5030	4940	4850	4740
$N_{pl,Rd}$ = 5490		$N_{b,z,Rd}$	4870	4180	3330	2530	1920	1490	1180	955	788	660	561	483	419
$f_y W_{el,y}$ = 1200	0.489	$M_{b,Rd}$	1200	1070	938	806	686	586	505	440	389	347	314	286	259
$f_y W_{el,z}$ = 119	0.115	$M_{b,Rd}$	1360	1200	1030	868	728	614	525	455	400	356	320	286	259
610x305x238	1.00	$N_{b,y,Rd}$	10500	10500	10500	10300	10200	10100	9980	9840	9690	9530	9350	9150	8930
$N_{pl,Rd}$ = 10500		$N_{b,z,Rd}$	9860	9080	8110	6960	5780	4730	3870	3200	2670	2260	1940	1670	1460
$f_y W_{el,y}$ = 2270	1.00	$M_{b,Rd}$	2580	2490	2290	2090	1910	1740	1590	1450	1340	1240	1150	1070	1010
$f_y W_{el,z}$ = 351															
* 610x305x179	0.858	$N_{b,y,Rd}$	7870	7870	7870	7780	7690	7600	7500	7390	7270	7150	7010	6850	6680
$N_{pl,Rd}$ = 7870		$N_{b,z,Rd}$	7390	6780	6030	5140	4230	3440	2810	2320	1940	1640	1400	1210	1060
$f_y W_{el,y}$ = 1700	0.858	$M_{b,Rd}$	1700	1650	1520	1380	1250	1130	1020	924	841	770	709	657	611
$f_y W_{el,z}$ = 256	0.222	$M_{b,Rd}$	1910	1830	1660	1500	1350	1200	1080	968	876	798	733	677	628
* 610x305x149	0.636	$N_{b,y,Rd}$	6560	6560	6550	6480	6410	6330	6240	6150	6050	5950	5830	5700	5550
$N_{pl,Rd}$ = 6560		$N_{b,z,Rd}$	6150	5640	5000	4240	3480	2830	2310	1900	1590	1340	1150	990	863
$f_y W_{el,y}$ = 1420	0.636	$M_{b,Rd}$	1420	1370	1250	1130	1010	905	808	723	652	591	540	496	459
$f_y W_{el,z}$ = 211	0.141	$M_{b,Rd}$	1580	1510	1360	1220	1080	957	847	753	675	610	555	509	470

Advance and UKB are trademarks of Corus. A fuller description of the relationship between Universal Beams (UB) and the Advance range of sections manufactured by Corus is given in note 12.

$n = N_{Ed} / N_{pl,Rd}$

* The section can become class 4 under axial compression only. Under combined axial compression and bending the section becomes class 4 when the class 3 $N_{Ed} / N_{pl,Rd}$ limit is exceeded.

Under combined axial compression and bending the resistances are only valid up to the given $N_{Ed} / N_{pl,Rd}$ limit. For higher values of $n = N_{Ed}/N_{pl,Rd}$ the section would be overloaded due to N_{Ed} alone even when M_{Ed} is zero, because N_{Ed} would exceed the local buckling resistance of the section.

FOR EXPLANATION OF TABLES SEE NOTE 10.

| BS EN 1993-1-1:2005 |
| BS 4-1:2005 |

AXIAL FORCE & BENDING   S355 / Advance355

UNIVERSAL BEAMS
Advance UKB

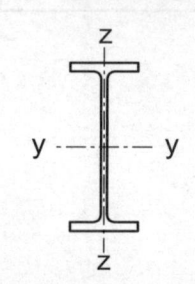

Cross-section resistance check

Section Designation and Axial Resistance $N_{pl,Rd}$ (kN)	n Limit Class 3 / **Class 2**		Moment Resistance $M_{c,y,Rd}$, $M_{c,z,Rd}$ (kNm) and Reduced Moment Resistance $M_{N,y,Rd}$, $M_{N,z,Rd}$ (kNm) for Ratios of Design Axial Force to Design Axial Plastic Resistance $n = N_{Ed}/N_{pl,Rd}$										
		n	0.0	0.1	0.2	0.3	0.4	0.5	0.6	0.7	0.8	0.9	1.0
610x229x140 $N_{pl,Rd}$ = 6140	0.744 **0.217**	$M_{c,y,Rd}$	1430	1430	1430	1250	1250	1250	1250	1250	✗	✗	$
		$M_{c,z,Rd}$	211	211	211	135	135	135	135	135	✗	✗	$
		$M_{N,y,Rd}$	1430	1430	1430	-	-	-	-	-	-	-	-
		$M_{N,z,Rd}$	211	211	211	-	-	-	-	-	-	-	-
610x229x125 $N_{pl,Rd}$ = 5490	0.630 **0.169**	$M_{c,y,Rd}$	1270	1270	1110	1110	1110	1110	1110	✗	✗	✗	$
		$M_{c,z,Rd}$	185	185	118	118	118	118	118	✗	✗	✗	$
		$M_{N,y,Rd}$	1270	1270	-	-	-	-	-	-	-	-	-
		$M_{N,z,Rd}$	185	185	-	-	-	-	-	-	-	-	-
610x229x113 $N_{pl,Rd}$ = 4970	0.554 **0.138**	$M_{c,y,Rd}$	1130	1130	992	992	992	992	✗	✗	✗	$	$
		$M_{c,z,Rd}$	162	162	104	104	104	104	✗	✗	✗	$	$
		$M_{N,y,Rd}$	1130	1130	-	-	-	-	-	-	-	-	-
		$M_{N,z,Rd}$	162	162	-	-	-	-	-	-	-	-	-
610x229x101 $N_{pl,Rd}$ = 4580	0.483 **0.111**	$M_{c,y,Rd}$	1020	1020	893	893	893	✗	✗	✗	✗	$	$
		$M_{c,z,Rd}$	142	142	90.9	90.9	90.9	✗	✗	✗	✗	$	$
		$M_{N,y,Rd}$	1020	1020	-	-	-	-	-	-	-	-	-
		$M_{N,z,Rd}$	142	142	-	-	-	-	-	-	-	-	-
610x178x100 + $N_{pl,Rd}$ = 4420	0.573 **0.169**	$M_{c,y,Rd}$	961	961	824	824	824	824	✗	✗	✗	$	$
		$M_{c,z,Rd}$	102	102	63.8	63.8	63.8	63.8	✗	✗	✗	$	$
		$M_{N,y,Rd}$	961	961	-	-	-	-	-	-	-	-	-
		$M_{N,z,Rd}$	102	102	-	-	-	-	-	-	-	-	-
610x178x92 + $N_{pl,Rd}$ = 4150	0.520 **0.148**	$M_{c,y,Rd}$	891	891	760	760	760	760	✗	✗	✗	$	$
		$M_{c,z,Rd}$	91.6	91.6	57.2	57.2	57.2	57.2	✗	✗	✗	$	$
		$M_{N,y,Rd}$	891	891	-	-	-	-	-	-	-	-	-
		$M_{N,z,Rd}$	91.6	91.6	-	-	-	-	-	-	-	-	-
610x178x82 + $N_{pl,Rd}$ = 3690	0.436 **0.103**	$M_{c,y,Rd}$	779	779	663	663	663	✗	✗	✗	✗	$	$
		$M_{c,z,Rd}$	77.4	77.4	48.3	48.3	48.3	✗	✗	✗	✗	$	$
		$M_{N,y,Rd}$	779	779	-	-	-	-	-	-	-	-	-
		$M_{N,z,Rd}$	77.4	77.4	-	-	-	-	-	-	-	-	-

Advance and UKB are trademarks of Corus. A fuller description of the relationship between Universal Beams (UB) and the Advance range of sections manufactured by Corus is given in note 12.

+ These sections are in addition to the range of BS 4 sections

N_{Ed} = Design value of the axial force.

$n = N_{Ed}/N_{pl,Rd}$

✗ Section becomes class 4, see note 10.

$ For these values of $N_{Ed}/N_{pl,Rd}$ the section would be overloaded due to N_{Ed} alone even when M_{Ed} is zero, because N_{Ed} would exceed the local buckling resistance of the section.

- Not applicable for class 3 and class 4 sections.

The values in this table are conservative for tension as the more onerous compression section classification limits have been used.

FOR EXPLANATION OF TABLES SEE NOTE 10.

| BS EN 1993-1-1:2005 | AXIAL FORCE & BENDING | S355 / Advance355 |
| BS 4-1:2005 | | |

UNIVERSAL BEAMS
Advance UKB

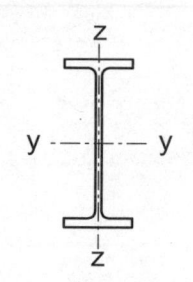

Member buckling check

Section Designation and Resistances (kN, kNm)	n Limit	Compression Resistance $N_{b,y,Rd}$, $N_{b,z,Rd}$ (kN) and Buckling Resistance Moment $M_{b,Rd}$ (kNm) for Varying buckling lengths L (m) within the limiting value of $n = N_{Ed} / N_{pl,Rd}$												
		L (m)	2.0	3.0	4.0	5.0	6.0	7.0	8.0	9.0	10.0	11.0	12.0	13.0	14.0
* 610x229x140	0.744	$N_{b,y,Rd}$	6140	6140	6130	6060	5990	5910	5830	5740	5640	5540	5420	5290	5140
$N_{pl,Rd}$ = 6140		$N_{b,z,Rd}$	5390	4560	3570	2670	2020	1550	1230	993	818	685	582	500	434
$f_y W_{el,y}$ = 1250	0.744	$M_{b,Rd}$	1240	1100	963	834	721	628	553	492	443	403	369	341	316
$f_y W_{el,z}$ = 135	**0.217**	$M_{b,Rd}$	1390	1220	1050	896	764	659	575	509	457	414	378	349	321
* 610x229x125	0.630	$N_{b,y,Rd}$	5490	5490	5480	5410	5350	5280	5210	5130	5040	4940	4840	4720	4580
$N_{pl,Rd}$ = 5490		$N_{b,z,Rd}$	4800	4040	3140	2350	1770	1360	1070	868	714	598	508	437	379
$f_y W_{el,y}$ = 1110	0.630	$M_{b,Rd}$	1100	971	844	724	619	534	466	412	369	333	304	280	259
$f_y W_{el,z}$ = 118	**0.169**	$M_{b,Rd}$	1230	1080	919	775	654	558	484	425	379	342	311	284	259
* 610x229x113	0.554	$N_{b,y,Rd}$	4970	4970	4960	4900	4840	4780	4710	4630	4550	4460	4360	4250	4130
$N_{pl,Rd}$ = 4970		$N_{b,z,Rd}$	4330	3620	2790	2070	1550	1190	941	760	626	524	444	382	332
$f_y W_{el,y}$ = 992	0.554	$M_{b,Rd}$	976	859	742	630	534	457	395	347	308	277	252	231	210
$f_y W_{el,z}$ = 104	**0.138**	$M_{b,Rd}$	1100	952	807	673	563	476	409	357	317	284	256	231	210
* 610x229x101	0.483	$N_{b,y,Rd}$	4580	4580	4560	4510	4450	4390	4320	4250	4170	4080	3990	3880	3750
$N_{pl,Rd}$ = 4580		$N_{b,z,Rd}$	3940	3240	2440	1790	1330	1020	805	649	534	447	379	325	283
$f_y W_{el,y}$ = 893	0.483	$M_{b,Rd}$	871	761	649	544	455	384	329	286	253	226	203	182	165
$f_y W_{el,z}$ = 90.9	**0.111**	$M_{b,Rd}$	980	843	705	579	477	399	340	294	259	229	203	182	165
* 610x178x100 +	0.573	$N_{b,y,Rd}$	4420	4420	4400	4350	4290	4230	4170	4100	4020	3940	3840	3730	3610
$N_{pl,Rd}$ = 4420		$N_{b,z,Rd}$	3420	2430	1620	1120	812	613	478	383	314	261	221	190	164
$f_y W_{el,y}$ = 824	0.573	$M_{b,Rd}$	717	560	439	353	292	248	215	190	170	155	142	131	122
$f_y W_{el,z}$ = 63.8	**0.169**	$M_{b,Rd}$	803	611	470	372	305	258	223	196	175	159	145	134	124
* 610x178x92 +	0.520	$N_{b,y,Rd}$	4150	4150	4130	4080	4020	3970	3900	3830	3760	3670	3580	3470	3340
$N_{pl,Rd}$ = 4150		$N_{b,z,Rd}$	3140	2170	1430	980	707	533	415	332	272	227	192	164	142
$f_y W_{el,y}$ = 760	0.520	$M_{b,Rd}$	649	500	387	307	251	212	182	160	143	129	118	109	101
$f_y W_{el,z}$ = 57.2	**0.148**	$M_{b,Rd}$	728	545	413	323	262	220	189	165	147	133	121	111	103
* 610x178x82 +	0.436	$N_{b,y,Rd}$	3690	3690	3670	3620	3580	3520	3470	3400	3330	3260	3170	3070	2960
$N_{pl,Rd}$ = 3690		$N_{b,z,Rd}$	2740	1860	1210	828	596	449	349	280	229	191	161	138	120
$f_y W_{el,y}$ = 663	0.436	$M_{b,Rd}$	559	426	325	255	207	173	148	129	115	103	93.7	86.0	79.5
$f_y W_{el,z}$ = 48.3	**0.103**	$M_{b,Rd}$	627	464	347	268	216	179	153	133	118	106	96.0	87.9	80.2

Advance and UKB are trademarks of Corus. A fuller description of the relationship between Universal Beams (UB) and the Advance range of sections manufactured by Corus is given in note 12.

+ These sections are in addition to the range of BS 4 sections

$n = N_{Ed} / N_{pl,Rd}$

* The section can become class 4 under axial compression only. Under combined axial compression and bending the section becomes class 4 when the bs class 3 $N_{Ed} / N_{pl,Rd}$ limit is exceeded.

Under combined axial compression and bending the resistances are only valid up to the given $N_{Ed} / N_{pl,Rd}$ limit. For higher values of $n=N_{Ed}/N_{pl,Rd}$ the section would be overloaded due to N_{Ed} alone even when M_{Ed} is zero, because N_{Ed} would exceed the local buckling resistance of the section.

FOR EXPLANATION OF TABLES SEE NOTE 10.

| BS EN 1993-1-1:2005 / BS 4-1:2005 | **AXIAL FORCE & BENDING** | **S355 / Advance355** |

UNIVERSAL BEAMS
Advance UKB

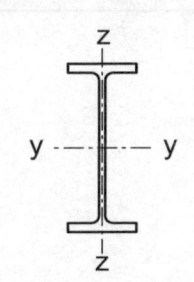

Cross-section resistance check

Section Designation and Axial Resistance $N_{pl,Rd}$ (kN)	n Limit Class 3 / **Class 2**	Moment Resistance $M_{c,y,Rd}$, $M_{c,z,Rd}$ (kNm) and Reduced Moment Resistance $M_{N,y,Rd}$, $M_{N,z,Rd}$ (kNm) for Ratios of Design Axial Force to Design Axial Plastic Resistance $n = N_{Ed} / N_{pl,Rd}$											
		n	0.0	0.1	0.2	0.3	0.4	0.5	0.6	0.7	0.8	0.9	1.0
533x312x272 + $N_{pl,Rd}$ = 12000	n/a **1.00**	$M_{c,y,Rd}$	2710	2710	2710	2710	2710	2710	2710	2710	2710	2710	2710
		$M_{c,z,Rd}$	685	685	685	685	685	685	685	685	685	685	685
		$M_{N,y,Rd}$	2710	2710	2570	2250	1920	1600	1280	962	642	321	0
		$M_{N,z,Rd}$	685	685	685	685	673	632	563	465	339	184	0
533x312x219 + $N_{pl,Rd}$ = 9630	n/a **1.00**	$M_{c,y,Rd}$	2110	2110	2110	2110	2110	2110	2110	2110	2110	2110	2110
		$M_{c,z,Rd}$	522	522	522	522	522	522	522	522	522	522	522
		$M_{N,y,Rd}$	2110	2110	2030	1770	1520	1270	1010	761	507	254	0
		$M_{N,z,Rd}$	522	522	522	522	517	490	440	365	267	145	0
533x312x182 + $N_{pl,Rd}$ = 7970	n/a **1.00**	$M_{c,y,Rd}$	1740	1740	1740	1740	1740	1740	1740	1740	1740	1740	1740
		$M_{c,z,Rd}$	427	427	427	427	427	427	427	427	427	427	427
		$M_{N,y,Rd}$	1740	1740	1670	1460	1250	1040	835	626	418	209	0
		$M_{N,z,Rd}$	427	427	427	427	423	401	359	298	218	119	0
533x312x150 + $N_{pl,Rd}$ = 6620	0.886 **0.220**	$M_{c,y,Rd}$	1430	1430	1430	1280	1280	1280	1280	1280	1280	✘	$
		$M_{c,z,Rd}$	348	348	348	227	227	227	227	227	227	✘	$
		$M_{N,y,Rd}$	1430	1430	1380	-	-	-	-	-	-	-	-
		$M_{N,z,Rd}$	348	348	348	-	-	-	-	-	-	-	-
533x210x138 + $N_{pl,Rd}$ = 6070	1.00 **0.374**	$M_{c,y,Rd}$	1250	1250	1250	1250	1080	1080	1080	1080	1080	1080	1080
		$M_{c,z,Rd}$	196	196	196	196	125	125	125	125	125	125	125
		$M_{N,y,Rd}$	1250	1250	1250	1110	-	-	-	-	-	-	-
		$M_{N,z,Rd}$	196	196	196	196	-	-	-	-	-	-	-
533x210x122 $N_{pl,Rd}$ = 5350	0.886 **0.272**	$M_{c,y,Rd}$	1100	1100	1100	964	964	964	964	964	964	✘	$
		$M_{c,z,Rd}$	173	173	173	110	110	110	110	110	110	✘	$
		$M_{N,y,Rd}$	1100	1100	1100	-	-	-	-	-	-	-	-
		$M_{N,z,Rd}$	173	173	173	-	-	-	-	-	-	-	-
533x210x109 $N_{pl,Rd}$ = 4800	0.766 **0.224**	$M_{c,y,Rd}$	976	976	976	855	855	855	855	855	✘	✘	$
		$M_{c,z,Rd}$	150	150	150	96.3	96.3	96.3	96.3	96.3	✘	✘	$
		$M_{N,y,Rd}$	976	976	976	-	-	-	-	-	-	-	-
		$M_{N,z,Rd}$	150	150	150	-	-	-	-	-	-	-	-

Advance and UKB are trademarks of Corus. A fuller description of the relationship between Universal Beams (UB) and the Advance range of sections manufactured by Corus is given in note 12.

+ These sections are in addition to the range of BS 4 sections

N_{Ed} = Design value of the axial force.

$n = N_{Ed} / N_{pl,Rd}$

✘ Section becomes class 4, see note 10.

$ For these values of $N_{Ed} / N_{pl,Rd}$ the section would be overloaded due to N_{Ed} alone even when M_{Ed} is zero, because N_{Ed} would exceed the local buckling resistance of the section.

- Not applicable for class 3 and class 4 sections.

The values in this table are conservative for tension as the more onerous compression section classification limits have been used.

FOR EXPLANATION OF TABLES SEE NOTE 10.

| BS EN 1993-1-1:2005 |
| BS 4-1:2005 |

AXIAL FORCE & BENDING

S355 / Advance355

UNIVERSAL BEAMS
Advance UKB

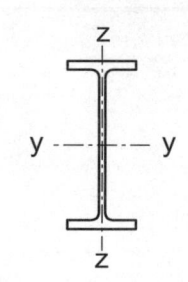

Member buckling check

Section Designation and Resistances (kN, kNm)	n Limit	Compression Resistance $N_{b,y,Rd}$, $N_{b,z,Rd}$ (kN) and Buckling Resistance Moment $M_{b,Rd}$ (kNm) for Varying buckling lengths L (m) within the limiting value of $n = N_{Ed} / N_{pl,Rd}$													
		L (m)	2.0	3.0	4.0	5.0	6.0	7.0	8.0	9.0	10.0	11.0	12.0	13.0	14.0
533x312x272 +	1.00	$N_{b,y,Rd}$	12000	12000	12000	11800	11700	11500	11300	11100	10900	10700	10500	10200	9840
$N_{pl,Rd}$ = 12000		$N_{b,z,Rd}$	11400	10600	9600	8410	7120	5910	4890	4060	3410	2900	2480	2150	1880
$f_y W_{el,y}$ = 2380	1.00	$M_{b,Rd}$	2710	2680	2550	2410	2280	2150	2030	1910	1790	1690	1590	1510	1430
$f_y W_{el,z}$ = 444															
533x312x219 +	1.00	$N_{b,y,Rd}$	9630	9630	9580	9460	9340	9200	9060	8900	8730	8530	8310	8070	7790
$N_{pl,Rd}$ = 9630		$N_{b,z,Rd}$	9120	8440	7600	6600	5530	4560	3760	3110	2610	2210	1900	1640	1430
$f_y W_{el,y}$ = 1860	1.00	$M_{b,Rd}$	2110	2070	1950	1830	1710	1590	1470	1360	1260	1180	1100	1020	962
$f_y W_{el,z}$ = 339															
533x312x182 +	1.00	$N_{b,y,Rd}$	7970	7970	7930	7830	7720	7610	7490	7360	7210	7050	6860	6660	6420
$N_{pl,Rd}$ = 7970		$N_{b,z,Rd}$	7540	6960	6260	5410	4530	3720	3060	2530	2120	1800	1540	1330	1160
$f_y W_{el,y}$ = 1550	1.00	$M_{b,Rd}$	1740	1700	1600	1490	1370	1260	1150	1050	965	887	819	760	709
$f_y W_{el,z}$ = 278															
* 533x312x150 +	0.886	$N_{b,y,Rd}$	6620	6620	6590	6500	6410	6320	6220	6110	5980	5840	5690	5510	5310
$N_{pl,Rd}$ = 6620		$N_{b,z,Rd}$	6260	5770	5170	4460	3720	3050	2500	2070	1730	1470	1250	1090	948
$f_y W_{el,y}$ = 1280	0.886	$M_{b,Rd}$	1280	1260	1190	1110	1020	939	856	778	709	649	596	550	511
$f_y W_{el,z}$ = 227	0.220	$M_{b,Rd}$	1430	1390	1300	1210	1100	1000	903	815	737	670	613	565	520
533x210x138 +	1.00	$N_{b,y,Rd}$	6070	6070	6030	5950	5860	5770	5670	5560	5440	5300	5150	4970	4770
$N_{pl,Rd}$ = 6070		$N_{b,z,Rd}$	5230	4300	3240	2370	1770	1350	1070	860	707	591	502	431	374
$f_y W_{el,y}$ = 1080	1.00	$M_{b,Rd}$	1060	937	821	715	626	552	492	444	403	370	342	318	297
$f_y W_{el,z}$ = 125	0.374	$M_{b,Rd}$	1200	1040	899	771	665	581	514	461	417	382	352	326	304
* 533x210x122	0.886	$N_{b,y,Rd}$	5350	5350	5310	5240	5160	5080	5000	4900	4790	4670	4530	4380	4200
$N_{pl,Rd}$ = 5350		$N_{b,z,Rd}$	4600	3780	2850	2080	1550	1190	936	754	620	519	440	378	328
$f_y W_{el,y}$ = 964	0.886	$M_{b,Rd}$	939	827	717	618	535	467	413	369	334	305	281	260	242
$f_y W_{el,z}$ = 110	0.272	$M_{b,Rd}$	1060	916	781	662	565	489	429	382	344	313	288	266	246
* 533x210x109	0.766	$N_{b,y,Rd}$	4800	4800	4760	4690	4630	4550	4470	4390	4290	4180	4050	3910	3750
$N_{pl,Rd}$ = 4800		$N_{b,z,Rd}$	4110	3350	2500	1830	1360	1040	816	658	541	452	384	329	286
$f_y W_{el,y}$ = 855	0.766	$M_{b,Rd}$	829	725	623	531	454	392	344	306	275	250	229	211	196
$f_y W_{el,z}$ = 96.3	0.224	$M_{b,Rd}$	930	801	676	566	478	409	356	315	282	256	234	213	196

Advance and UKB are trademarks of Corus. A fuller description of the relationship between Universal Beams (UB) and the Advance range of sections manufactured by Corus is given in note 12.

+ These sections are in addition to the range of BS 4 sections

$n = N_{Ed} / N_{pl,Rd}$

* The section can become class 4 under axial compression only. Under combined axial compression and bending the section becomes class 4 when the class 3 $N_{Ed} / N_{pl,Rd}$ limit is exceeded.

Under combined axial compression and bending the resistances are only valid up to the given $N_{Ed} / N_{pl,Rd}$ limit. For higher values of $n=N_{Ed}/N_{pl,Rd}$ the section would be overloaded due to N_{Ed} alone even when M_{Ed} is zero, because N_{Ed} would exceed the local buckling resistance of the section.

FOR EXPLANATION OF TABLES SEE NOTE 10.

| BS EN 1993-1-1:2005 | | **AXIAL FORCE & BENDING** | | | | | | | | | S355 / Advance355 | |
| BS 4-1:2005 | | | | | | | | | | | | |

UNIVERSAL BEAMS
Advance UKB

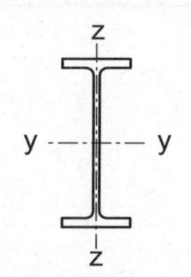

Cross-section resistance check

Section Designation and Axial Resistance $N_{pl,Rd}$ (kN)	n Limit Class 3 / Class 2	\multicolumn{12}{c}{Moment Resistance $M_{c,y,Rd}$, $M_{c,z,Rd}$ (kNm) and Reduced Moment Resistance $M_{N,y,Rd}$, $M_{N,z,Rd}$ (kNm) for Ratios of Design Axial Force to Design Axial Plastic Resistance $n = N_{Ed} / N_{pl,Rd}$}											
		n	0.0	0.1	0.2	0.3	0.4	0.5	0.6	0.7	0.8	0.9	1.0
533x210x101 $N_{pl,Rd}$ = 4450	- 0.678 **0.186**	$M_{c,y,Rd}$	901	901	791	791	791	791	791	✗	✗	✗	$
		$M_{c,z,Rd}$	138	138	88.3	88.3	88.3	88.3	88.3	✗	✗	✗	$
		$M_{N,y,Rd}$	901	901	-	-	-	-	-	-	-	-	-
		$M_{N,z,Rd}$	138	138	-	-	-	-	-	-	-	-	-
533x210x92 $N_{pl,Rd}$ = 4150	0.586 **0.150**	$M_{c,y,Rd}$	838	838	736	736	736	736	✗	✗	✗	✗	$
		$M_{c,z,Rd}$	126	126	80.9	80.9	80.9	80.9	✗	✗	✗	✗	$
		$M_{N,y,Rd}$	838	838	-	-	-	-	-	-	-	-	-
		$M_{N,z,Rd}$	126	126	-	-	-	-	-	-	-	-	-
533x210x82 $N_{pl,Rd}$ = 3730	0.533 **0.132**	$M_{c,y,Rd}$	731	731	639	639	639	639	✗	✗	✗	$	$
		$M_{c,z,Rd}$	107	107	68.2	68.2	68.2	68.2	✗	✗	✗	$	$
		$M_{N,y,Rd}$	731	731	-	-	-	-	-	-	-	-	-
		$M_{N,z,Rd}$	107	107	-	-	-	-	-	-	-	-	-
533x165x85 + $N_{pl,Rd}$ = 3730	0.624 **0.184**	$M_{c,y,Rd}$	726	726	627	627	627	627	627	✗	✗	✗	$
		$M_{c,z,Rd}$	83.8	83.8	52.8	52.8	52.8	52.8	52.8	✗	✗	✗	$
		$M_{N,y,Rd}$	726	726	-	-	-	-	-	-	-	-	-
		$M_{N,z,Rd}$	83.8	83.8	-	-	-	-	-	-	-	-	-
533x165x74 + $N_{pl,Rd}$ = 3380	0.543 **0.153**	$M_{c,y,Rd}$	642	642	551	551	551	551	✗	✗	✗	$	$
		$M_{c,z,Rd}$	71.0	71.0	44.4	44.4	44.4	44.4	✗	✗	✗	$	$
		$M_{N,y,Rd}$	642	642	-	-	-	-	-	-	-	-	-
		$M_{N,z,Rd}$	71.0	71.0	-	-	-	-	-	-	-	-	-
533x165x66 + $N_{pl,Rd}$ = 2970	0.457 **0.111**	$M_{c,y,Rd}$	554	554	474	474	474	✗	✗	✗	✗	$	$
		$M_{c,z,Rd}$	58.9	58.9	36.9	36.9	36.9	✗	✗	✗	✗	$	$
		$M_{N,y,Rd}$	554	554	-	-	-	-	-	-	-	-	-
		$M_{N,z,Rd}$	58.9	58.9	-	-	-	-	-	-	-	-	-
457x191x161 + $N_{pl,Rd}$ = 7110	n/a **1.00**	$M_{c,y,Rd}$	1300	1300	1300	1300	1300	1300	1300	1300	1300	1300	1300
		$M_{c,z,Rd}$	232	232	232	232	232	232	232	232	232	232	232
		$M_{N,y,Rd}$	1300	1300	1290	1130	966	805	644	483	322	161	0
		$M_{N,z,Rd}$	232	232	232	232	232	223	203	170	126	68.8	0

Advance and UKB are trademarks of Corus. A fuller description of the relationship between Universal Beams (UB) and the Advance range of sections manufactured by Corus is given in note 12.

\+ These sections are in addition to the range of BS 4 sections

N_{Ed} = Design value of the axial force.

$n = N_{Ed} / N_{pl,Rd}$

✗ Section becomes class 4, see note 10.

$ For these values of $N_{Ed} / N_{pl,Rd}$ the section would be overloaded due to N_{Ed} alone even when M_{Ed} is zero, because N_{Ed} would exceed the local buckling resistance of the section.

\- Not applicable for class 3 and class 4 sections.

The values in this table are conservative for tension as the more onerous compression section classification limits have been used.

FOR EXPLANATION OF TABLES SEE NOTE 10.

BS EN 1993-1-1:2005
BS 4-1:2005

AXIAL FORCE & BENDING

S355 / Advance355

UNIVERSAL BEAMS
Advance UKB

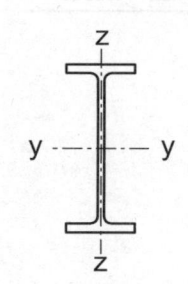

Member buckling check

Section Designation and Resistances (kN, kNm)	n Limit		Compression Resistance $N_{b,y,Rd}$, $N_{b,z,Rd}$ (kN) and Buckling Resistance Moment $M_{b,Rd}$ (kNm) for Varying buckling lengths L (m) within the limiting value of $n = N_{Ed} / N_{pl,Rd}$												
		L (m)	2.0	3.0	4.0	5.0	6.0	7.0	8.0	9.0	10.0	11.0	12.0	13.0	14.0
* 533x210x101	0.678	$N_{b,y,Rd}$	4450	4450	4420	4360	4290	4230	4150	4070	3980	3880	3760	3630	3480
$N_{pl,Rd}$ = 4450		$N_{b,z,Rd}$	3800	3090	2300	1680	1240	952	749	603	496	415	352	302	262
$f_y W_{el,y}$ = 791	0.678	$M_{b,Rd}$	765	667	570	482	409	352	307	271	243	220	201	185	169
$f_y W_{el,z}$ = 88.3	**0.186**	$M_{b,Rd}$	856	735	617	513	429	366	317	279	249	225	204	185	169
* 533x210x92	0.586	$N_{b,y,Rd}$	4150	4150	4120	4060	4000	3930	3860	3780	3690	3590	3470	3340	3200
$N_{pl,Rd}$ = 4150		$N_{b,z,Rd}$	3520	2820	2080	1500	1110	846	665	535	439	367	311	267	232
$f_y W_{el,y}$ = 736	0.586	$M_{b,Rd}$	706	611	516	431	361	307	266	233	208	187	170	154	140
$f_y W_{el,z}$ = 80.9	**0.150**	$M_{b,Rd}$	790	672	557	456	378	319	274	240	213	190	170	154	140
* 533x210x82	0.533	$N_{b,y,Rd}$	3730	3730	3690	3640	3580	3520	3450	3380	3300	3200	3090	2970	2830
$N_{pl,Rd}$ = 3730		$N_{b,z,Rd}$	3120	2470	1790	1280	946	721	565	455	373	312	264	227	197
$f_y W_{el,y}$ = 639	0.533	$M_{b,Rd}$	610	524	438	361	299	251	215	188	166	149	132	119	109
$f_y W_{el,z}$ = 68.2	**0.132**	$M_{b,Rd}$	684	577	472	381	312	260	222	193	170	149	132	119	109
* 533x165x85 +	0.624	$N_{b,y,Rd}$	3730	3730	3690	3640	3580	3520	3460	3390	3300	3210	3100	2980	2850
$N_{pl,Rd}$ = 3730		$N_{b,z,Rd}$	2810	1940	1270	874	631	475	370	296	243	202	171	146	127
$f_y W_{el,y}$ = 627	0.624	$M_{b,Rd}$	530	410	321	258	215	183	160	142	128	116	107	99	92.1
$f_y W_{el,z}$ = 52.8	**0.184**	$M_{b,Rd}$	589	444	341	271	224	190	165	146	131	119	109	101	94.2
* 533x165x74 +	0.543	$N_{b,y,Rd}$	3380	3380	3340	3290	3240	3180	3120	3050	2970	2880	2770	2650	2520
$N_{pl,Rd}$ = 3380		$N_{b,z,Rd}$	2460	1630	1060	719	517	389	302	242	198	165	139	119	103
$f_y W_{el,y}$ = 551	0.543	$M_{b,Rd}$	455	344	264	209	171	144	125	110	98.4	89.2	81.6	75.2	69.9
$f_y W_{el,z}$ = 44.4	**0.153**	$M_{b,Rd}$	506	372	280	219	178	149	129	113	101	91.4	83.5	76.9	71.1
* 533x165x66 +	0.457	$N_{b,y,Rd}$	2970	2970	2930	2890	2840	2790	2740	2670	2600	2520	2420	2310	2190
$N_{pl,Rd}$ = 2970		$N_{b,z,Rd}$	2120	1380	881	598	429	322	251	200	164	136	115	98.8	85.6
$f_y W_{el,y}$ = 474	0.457	$M_{b,Rd}$	385	287	217	170	137	115	99	86.4	76.9	69.3	63.2	58.1	53.8
$f_y W_{el,z}$ = 36.9	**0.111**	$M_{b,Rd}$	428	311	230	177	143	119	102	88.7	78.8	70.9	64.6	58.8	53.8
457x191x161 +	1.00	$N_{b,y,Rd}$	7110	7110	7010	6900	6780	6660	6510	6350	6170	5950	5710	5440	5140
$N_{pl,Rd}$ = 7110		$N_{b,z,Rd}$	6060	4920	3660	2660	1970	1510	1190	955	785	657	557	478	415
$f_y W_{el,y}$ = 1120	**1.00**	$M_{b,Rd}$	1250	1110	985	876	785	708	644	590	544	505	471	441	415
$f_y W_{el,z}$ = 147															

Advance and UKB are trademarks of Corus. A fuller description of the relationship between Universal Beams (UB) and the Advance range of sections manufactured by Corus is given in note 12.

+ These sections are in addition to the range of BS 4 sections

$n = N_{Ed} / N_{pl,Rd}$

* The section can become class 4 under axial compression only. Under combined axial compression and bending the section becomes class 4 when the class 3 $N_{Ed} / N_{pl,Rd}$ limit is exceeded.

Under combined axial compression and bending the resistances are only valid up to the given $N_{Ed} / N_{pl,Rd}$ limit. For higher values of $n = N_{Ed}/N_{pl,Rd}$ the section would be overloaded due to N_{Ed} alone even when M_{Ed} is zero, because N_{Ed} would exceed the local buckling resistance of the section.

FOR EXPLANATION OF TABLES SEE NOTE 10.

| BS EN 1993-1-1:2005 / BS 4-1:2005 | **AXIAL FORCE & BENDING** | **S355 / Advance355** |

UNIVERSAL BEAMS
Advance UKB

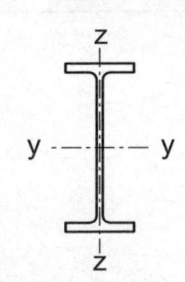

Cross-section resistance check

Section Designation and Axial Resistance $N_{pl,Rd}$ (kN)	n Limit Class 3 / Class 2		Moment Resistance $M_{c,y,Rd}$, $M_{c,z,Rd}$ (kNm) and Reduced Moment Resistance $M_{N,y,Rd}$, $M_{N,z,Rd}$ (kNm) for Ratios of Design Axial Force to Design Axial Plastic Resistance $n = N_{Ed}/N_{pl,Rd}$										
		n	0.0	0.1	0.2	0.3	0.4	0.5	0.6	0.7	0.8	0.9	1.0
457x191x133 + $N_{pl,Rd}$ = 5860	n/a **1.00**	$M_{c,y,Rd}$	1060	1060	1060	1060	1060	1060	1060	1060	1060	1060	1060
		$M_{c,z,Rd}$	185	185	185	185	185	185	185	185	185	185	185
		$M_{N,y,Rd}$	1060	1060	1050	922	790	658	527	395	263	132	0
		$M_{N,z,Rd}$	185	185	185	185	185	179	163	137	101	55.7	0
457x191x106 + $N_{pl,Rd}$ = 4660	1.00 **0.359**	$M_{c,y,Rd}$	824	824	824	824	719	719	719	719	719	719	719
		$M_{c,z,Rd}$	140	140	140	140	89.4	89.4	89.4	89.4	89.4	89.4	89.4
		$M_{N,y,Rd}$	824	824	824	725	-	-	-	-	-	-	-
		$M_{N,z,Rd}$	140	140	140	140	-	-	-	-	-	-	-
457x191x98 $N_{pl,Rd}$ = 4310	0.954 **0.287**	$M_{c,y,Rd}$	770	770	770	675	675	675	675	675	675	675	$
		$M_{c,z,Rd}$	131	131	131	83.8	83.8	83.8	83.8	83.8	83.8	83.8	$
		$M_{N,y,Rd}$	770	770	768	-	-	-	-	-	-	-	-
		$M_{N,z,Rd}$	131	131	131	-	-	-	-	-	-	-	-
457x191x89 $N_{pl,Rd}$ = 3930	0.839 **0.242**	$M_{c,y,Rd}$	695	695	695	611	611	611	611	611	611	✗	$
		$M_{c,z,Rd}$	117	117	117	75.2	75.2	75.2	75.2	75.2	75.2	✗	$
		$M_{N,y,Rd}$	695	695	695	-	-	-	-	-	-	-	-
		$M_{N,z,Rd}$	117	117	117	-	-	-	-	-	-	-	-
457x191x82 $N_{pl,Rd}$ = 3690	0.745 **0.210**	$M_{c,y,Rd}$	650	650	650	572	572	572	572	572	✗	✗	$
		$M_{c,z,Rd}$	108	108	108	69.6	69.6	69.6	69.6	69.6	✗	✗	$
		$M_{N,y,Rd}$	650	650	650	-	-	-	-	-	-	-	-
		$M_{N,z,Rd}$	108	108	108	-	-	-	-	-	-	-	-
457x191x74 $N_{pl,Rd}$ = 3360	0.632 **0.161**	$M_{c,y,Rd}$	587	587	518	518	518	518	518	✗	✗	✗	$
		$M_{c,z,Rd}$	96.6	96.6	62.5	62.5	62.5	62.5	62.5	✗	✗	✗	$
		$M_{N,y,Rd}$	587	587	-	-	-	-	-	-	-	-	-
		$M_{N,z,Rd}$	96.6	96.6	-	-	-	-	-	-	-	-	-
457x191x67 $N_{pl,Rd}$ = 3040	0.569 **0.139**	$M_{c,y,Rd}$	522	522	460	460	460	460	✗	✗	✗	✗	$
		$M_{c,z,Rd}$	84.1	84.1	54.3	54.3	54.3	54.3	✗	✗	✗	✗	$
		$M_{N,y,Rd}$	522	522	-	-	-	-	-	-	-	-	-
		$M_{N,z,Rd}$	84.1	84.1	-	-	-	-	-	-	-	-	-

Advance and UKB are trademarks of Corus. A fuller description of the relationship between Universal Beams (UB) and the Advance range of sections manufactured by Corus is given in note 12.

+ These sections are in addition to the range of BS 4 sections

N_{Ed} = Design value of the axial force.

$n = N_{Ed} / N_{pl,Rd}$

✗ Section becomes class 4, see note 10.

$ For these values of $N_{Ed} / N_{pl,Rd}$ the section would be overloaded due to N_{Ed} alone even when M_{Ed} is zero, because N_{Ed} would exceed the local buckling resistance of the section.

- Not applicable for class 3 and class 4 sections.

The values in this table are conservative for tension as the more onerous compression section classification limits have been used.

FOR EXPLANATION OF TABLES SEE NOTE 10.

BS EN 1993-1-1:2005
BS 4-1:2005

AXIAL FORCE & BENDING

S355 / Advance355

UNIVERSAL BEAMS
Advance UKB

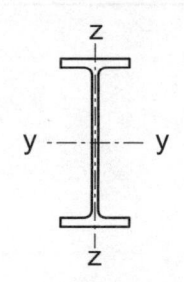

Member buckling check

Section Designation and Resistances (kN, kNm)	n Limit		Compression Resistance $N_{b,y,Rd}$, $N_{b,z,Rd}$ (kN) and Buckling Resistance Moment $M_{b,Rd}$ (kNm) for Varying buckling lengths L (m) within the limiting value of $n = N_{Ed} / N_{pl,Rd}$											
		L (m)	2.0	3.0	4.0	5.0	6.0	7.0	8.0	9.0	10.0	11.0	12.0	13.0	14.0
457x191x133 +	1.00	$N_{b,y,Rd}$	5860	5860	5780	5690	5590	5480	5360	5220	5060	4880	4670	4440	4180
$N_{pl,Rd}$ = 5860		$N_{b,z,Rd}$	4960	3980	2930	2110	1560	1190	936	753	619	517	439	377	327
$f_y W_{el,y}$ = 917	1.00	$M_{b,Rd}$	1010	880	765	667	586	521	468	424	388	358	332	310	291
$f_y W_{el,z}$ = 118															
457x191x106 +	1.00	$N_{b,y,Rd}$	4660	4650	4580	4510	4430	4340	4240	4130	3990	3840	3670	3470	3260
$N_{pl,Rd}$ = 4660		$N_{b,z,Rd}$	3900	3090	2240	1610	1180	901	707	569	467	390	331	284	246
$f_y W_{el,y}$ = 719	1.00	$M_{b,Rd}$	688	601	519	448	389	342	305	274	249	229	211	197	184
$f_y W_{el,z}$ = 89.4	0.359	$M_{b,Rd}$	774	665	564	478	411	358	317	284	257	235	217	201	187
* 457x191x98	0.954	$N_{b,y,Rd}$	4310	4310	4250	4180	4100	4020	3930	3820	3700	3560	3400	3230	3030
$N_{pl,Rd}$ = 4310		$N_{b,z,Rd}$	3620	2870	2080	1490	1100	838	657	529	434	363	308	264	229
$f_y W_{el,y}$ = 675	0.954	$M_{b,Rd}$	645	561	482	413	356	312	276	248	225	206	190	176	164
$f_y W_{el,z}$ = 83.8	0.287	$M_{b,Rd}$	721	618	521	439	375	325	286	256	231	211	194	180	165
* 457x191x89	0.839	$N_{b,y,Rd}$	3930	3930	3870	3810	3740	3660	3580	3480	3370	3240	3100	2930	2750
$N_{pl,Rd}$ = 3930		$N_{b,z,Rd}$	3290	2590	1870	1340	987	751	589	474	389	325	276	236	205
$f_y W_{el,y}$ = 611	0.839	$M_{b,Rd}$	581	502	427	362	309	268	236	211	190	173	159	148	136
$f_y W_{el,z}$ = 75.2	0.242	$M_{b,Rd}$	648	551	460	384	324	279	244	217	195	177	163	148	136
* 457x191x82	0.745	$N_{b,y,Rd}$	3690	3680	3630	3570	3500	3430	3340	3250	3140	3010	2860	2700	2520
$N_{pl,Rd}$ = 3690		$N_{b,z,Rd}$	3060	2370	1690	1200	882	670	525	422	346	289	245	210	182
$f_y W_{el,y}$ = 572	0.745	$M_{b,Rd}$	539	462	388	324	274	235	205	182	164	149	136	124	114
$f_y W_{el,z}$ = 69.6	0.210	$M_{b,Rd}$	601	506	416	342	285	243	211	187	167	152	136	124	114
* 457x191x74	0.632	$N_{b,y,Rd}$	3360	3350	3300	3240	3180	3120	3040	2950	2850	2740	2600	2450	2290
$N_{pl,Rd}$ = 3360		$N_{b,z,Rd}$	2770	2140	1520	1080	792	602	471	379	311	259	220	189	164
$f_y W_{el,y}$ = 518	0.632	$M_{b,Rd}$	486	414	345	285	238	203	176	155	139	126	114	103	94.5
$f_y W_{el,z}$ = 62.5	0.161	$M_{b,Rd}$	540	452	368	300	248	210	181	159	142	126	114	103	94.5
* 457x191x67	0.569	$N_{b,y,Rd}$	3040	3030	2980	2930	2870	2810	2740	2660	2560	2450	2330	2190	2040
$N_{pl,Rd}$ = 3040		$N_{b,z,Rd}$	2490	1900	1340	946	692	525	411	330	271	226	192	164	143
$f_y W_{el,y}$ = 460	0.569	$M_{b,Rd}$	430	364	299	245	202	171	147	129	114	102	91.6	82.9	75.8
$f_y W_{el,z}$ = 54.3	0.139	$M_{b,Rd}$	478	397	319	257	210	176	151	132	116	102	91.6	82.9	75.8

Advance and UKB are trademarks of Corus. A fuller description of the relationship between Universal Beams (UB) and the Advance range of sections manufactured by Corus is given in note 12.

+ These sections are in addition to the range of BS 4 sections

$n = N_{Ed} / N_{pl,Rd}$

* The section can become class 4 under axial compression only. Under combined axial compression and bending the section becomes class 4 when the class 3 $N_{Ed} / N_{pl,Rd}$ limit is exceeded.

Under combined axial compression and bending the resistances are only valid up to the given $N_{Ed} / N_{pl,Rd}$ limit. For higher values of $n=N_{Ed}/N_{pl,Rd}$ the section would be overloaded due to N_{Ed} alone even when M_{Ed} is zero, because N_{Ed} would exceed the local buckling resistance of the section.

FOR EXPLANATION OF TABLES SEE NOTE 10.

| BS EN 1993-1-1:2005 BS 4-1:2005 | | **AXIAL FORCE & BENDING** | | | | | | | | | | S355 / Advance355 | |

UNIVERSAL BEAMS
Advance UKB

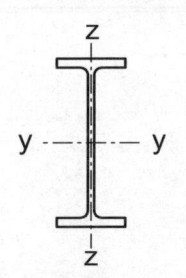

Cross-section resistance check

Section Designation and Axial Resistance $N_{pl,Rd}$ (kN)	n Limit Class 3 **Class 2**	Moment Resistance $M_{c,y,Rd}$, $M_{c,z,Rd}$ (kNm) and Reduced Moment Resistance $M_{N,y,Rd}$, $M_{N,z,Rd}$ (kNm) for Ratios of Design Axial Force to Design Axial Plastic Resistance $n = N_{Ed} / N_{pl,Rd}$											
		n	0.0	0.1	0.2	0.3	0.4	0.5	0.6	0.7	0.8	0.9	1.0
457x152x82 $N_{pl,Rd}$ = 3620	0.839 **0.263**	$M_{c,y,Rd}$	625	625	625	542	542	542	542	542	542	✘	$
		$M_{c,z,Rd}$	82.8	82.8	82.8	52.8	52.8	52.8	52.8	52.8	52.8	✘	$
		$M_{N,y,Rd}$	625	625	625	-	-	-	-	-	-	-	-
		$M_{N,z,Rd}$	82.8	82.8	82.8	-	-	-	-	-	-	-	-
457x152x74 $N_{pl,Rd}$ = 3260	0.725 **0.214**	$M_{c,y,Rd}$	561	561	561	488	488	488	488	488	✘	✘	$
		$M_{c,z,Rd}$	73.5	73.5	73.5	46.9	46.9	46.9	46.9	46.9	✘	✘	$
		$M_{N,y,Rd}$	561	561	561	-	-	-	-	-	-	-	-
		$M_{N,z,Rd}$	73.5	73.5	73.5	-	-	-	-	-	-	-	-
457x152x67 $N_{pl,Rd}$ = 3040	0.632 **0.177**	$M_{c,y,Rd}$	516	516	448	448	448	448	448	✘	✘	✘	$
		$M_{c,z,Rd}$	66.4	66.4	42.2	42.2	42.2	42.2	42.2	✘	✘	✘	$
		$M_{N,y,Rd}$	516	516	-	-	-	-	-	-	-	-	-
		$M_{N,z,Rd}$	66.4	66.4	-	-	-	-	-	-	-	-	-
457x152x60 $N_{pl,Rd}$ = 2710	0.519 **0.125**	$M_{c,y,Rd}$	457	457	398	398	398	398	✘	✘	✘	$	$
		$M_{c,z,Rd}$	57.9	57.9	36.9	36.9	36.9	36.9	✘	✘	✘	$	$
		$M_{N,y,Rd}$	457	457	-	-	-	-	-	-	-	-	-
		$M_{N,z,Rd}$	57.9	57.9	-	-	-	-	-	-	-	-	-
457x152x52 $N_{pl,Rd}$ = 2360	0.456 **0.101**	$M_{c,y,Rd}$	389	389	337	337	337	✘	✘	✘	✘	$	$
		$M_{c,z,Rd}$	47.2	47.2	30.2	30.2	30.2	✘	✘	✘	✘	$	$
		$M_{N,y,Rd}$	389	389	-	-	-	-	-	-	-	-	-
		$M_{N,z,Rd}$	47.2	47.2	-	-	-	-	-	-	-	-	-
406x178x85 + $N_{pl,Rd}$ = 3760	1.00 **0.326**	$M_{c,y,Rd}$	598	598	598	598	524	524	524	524	524	524	524
		$M_{c,z,Rd}$	108	108	108	108	69.3	69.3	69.3	69.3	69.3	69.3	69.3
		$M_{N,y,Rd}$	598	598	595	521	-	-	-	-	-	-	-
		$M_{N,z,Rd}$	108	108	108	108	-	-	-	-	-	-	-
406x178x74 $N_{pl,Rd}$ = 3350	0.851 **0.239**	$M_{c,y,Rd}$	533	533	533	470	470	470	470	470	470	✘	$
		$M_{c,z,Rd}$	94.8	94.8	94.8	61.1	61.1	61.1	61.1	61.1	61.1	✘	$
		$M_{N,y,Rd}$	533	533	530	-	-	-	-	-	-	-	-
		$M_{N,z,Rd}$	94.8	94.8	94.8	-	-	-	-	-	-	-	-

Advance and UKB are trademarks of Corus. A fuller description of the relationship between Universal Beams (UB) and the Advance range of sections manufactured by Corus is given in note 12.

+ These sections are in addition to the range of BS 4 sections

N_{Ed} = Design value of the axial force.

$n = N_{Ed} / N_{pl,Rd}$

✘ Section becomes class 4, see note 10.

$ For these values of $N_{Ed} / N_{pl,Rd}$ the section would be overloaded due to N_{Ed} alone even when M_{Ed} is zero, because N_{Ed} would exceed the local buckling resistance of the section.

- Not applicable for class 3 and class 4 sections.

The values in this table are conservative for tension as the more onerous compression section classification limits have been used.

FOR EXPLANATION OF TABLES SEE NOTE 10.

BS EN 1993-1-1:2005													
BS 4-1:2005													

AXIAL FORCE & BENDING

S355 / Advance355

UNIVERSAL BEAMS
Advance UKB

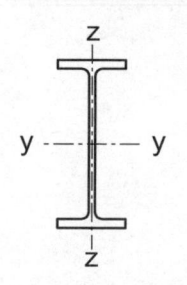

Member buckling check

Section Designation and Resistances (kN, kNm)	n Limit		Compression Resistance $N_{b,y,Rd}$, $N_{b,z,Rd}$ (kN) and Buckling Resistance Moment $M_{b,Rd}$ (kNm) for Varying buckling lengths L (m) within the limiting value of $n = N_{Ed} / N_{pl,Rd}$											
			L (m)	1.0	1.5	2.0	2.5	3.0	3.5	4.0	5.0	6.0	7.0	8.0	9.0	10.0
* 457x152x82	0.839		$N_{b,y,Rd}$	3620	3620	3620	3620	3620	3590	3560	3500	3440	3370	3290	3190	3090
$N_{pl,Rd}$ = 3620			$N_{b,z,Rd}$	3380	3080	2700	2260	1840	1480	1200	820	591	445	346	277	227
$f_y W_{el,y}$ = 542	0.839		$M_{b,Rd}$	542	525	481	439	398	359	325	270	228	198	174	156	141
$f_y W_{el,z}$ = 52.8	**0.263**		$M_{b,Rd}$	625	593	539	485	434	388	347	283	238	204	179	160	144
* 457x152x74	0.725		$N_{b,y,Rd}$	3260	3260	3260	3260	3250	3230	3200	3150	3090	3030	2950	2870	2770
$N_{pl,Rd}$ = 3260			$N_{b,z,Rd}$	3040	2760	2410	2010	1630	1310	1060	722	520	391	305	244	199
$f_y W_{el,y}$ = 488	0.725		$M_{b,Rd}$	488	470	430	390	351	315	283	232	194	167	146	130	117
$f_y W_{el,z}$ = 46.9	**0.214**		$M_{b,Rd}$	561	530	480	430	382	339	301	243	201	172	150	133	118
* 457x152x67	0.632		$N_{b,y,Rd}$	3040	3040	3040	3040	3030	3010	2980	2930	2870	2810	2740	2660	2560
$N_{pl,Rd}$ = 3040			$N_{b,z,Rd}$	2810	2540	2200	1810	1450	1160	935	636	457	343	267	214	175
$f_y W_{el,y}$ = 448	0.632		$M_{b,Rd}$	448	428	389	350	312	278	247	199	164	140	122	108	95.1
$f_y W_{el,z}$ = 42.2	**0.177**		$M_{b,Rd}$	516	483	434	385	338	297	261	207	170	144	125	108	95.1
* 457x152x60	0.519		$N_{b,y,Rd}$	2710	2710	2710	2710	2700	2670	2650	2610	2560	2500	2440	2360	2270
$N_{pl,Rd}$ = 2710			$N_{b,z,Rd}$	2500	2250	1940	1590	1270	1010	815	554	398	299	232	186	152
$f_y W_{el,y}$ = 398	0.519		$M_{b,Rd}$	398	379	343	307	272	240	212	168	137	116	99.9	87.0	76.3
$f_y W_{el,z}$ = 36.9	**0.125**		$M_{b,Rd}$	457	425	381	336	293	255	223	174	142	119	101	87.0	76.3
* 457x152x52	0.456		$N_{b,y,Rd}$	2360	2360	2360	2360	2350	2330	2320	2270	2230	2180	2120	2050	1970
$N_{pl,Rd}$ = 2360			$N_{b,z,Rd}$	2170	1940	1650	1330	1050	833	668	452	324	243	189	151	123
$f_y W_{el,y}$ = 337	0.456		$M_{b,Rd}$	337	318	287	254	223	195	170	132	107	89.0	75.6	64.5	56.3
$f_y W_{el,z}$ = 30.2	**0.101**		$M_{b,Rd}$	389	359	319	279	241	207	179	137	110	91.1	75.6	64.5	56.3
406x178x85 +	1.00		$N_{b,y,Rd}$	3760	3760	3760	3760	3740	3710	3670	3610	3530	3440	3340	3220	3090
$N_{pl,Rd}$ = 3760			$N_{b,z,Rd}$	3610	3370	3090	2760	2390	2020	1690	1200	876	665	521	418	343
$f_y W_{el,y}$ = 524	1.00		$M_{b,Rd}$	524	524	494	460	427	395	364	312	269	236	210	189	171
$f_y W_{el,z}$ = 69.3	**0.326**		$M_{b,Rd}$	598	594	552	509	468	429	393	330	282	246	217	194	176
* 406x178x74	0.851		$N_{b,y,Rd}$	3350	3350	3350	3350	3330	3300	3270	3210	3140	3060	2970	2850	2730
$N_{pl,Rd}$ = 3350			$N_{b,z,Rd}$	3200	2990	2720	2410	2060	1730	1440	1010	739	560	438	352	289
$f_y W_{el,y}$ = 470	0.851		$M_{b,Rd}$	470	470	437	404	372	341	312	261	222	192	169	151	136
$f_y W_{el,z}$ = 61.1	**0.239**		$M_{b,Rd}$	533	525	485	445	406	368	333	275	231	199	174	155	139

Advance and UKB are trademarks of Corus. A fuller description of the relationship between Universal Beams (UB) and the Advance range of sections manufactured by Corus is given in note 12.

+ These sections are in addition to the range of BS 4 sections

$n = N_{Ed} / N_{pl,Rd}$

* The section can become class 4 under axial compression only. Under combined axial compression and bending the section becomes class 4 when the class 3 $N_{Ed} / N_{pl,Rd}$ limit is exceeded.

Under combined axial compression and bending the resistances are only valid up to the given $N_{Ed} / N_{pl,Rd}$ limit. For higher values of $n=N_{Ed}/N_{pl,Rd}$ the section would be overloaded due to N_{Ed} alone even when M_{Ed} is zero, because N_{Ed} would exceed the local buckling resistance of the section.

FOR EXPLANATION OF TABLES SEE NOTE 10.

| BS EN 1993-1-1:2005 / BS 4-1:2005 | | **AXIAL FORCE & BENDING** | | | | | | | | | **S355 / Advance355** | |

UNIVERSAL BEAMS
Advance UKB

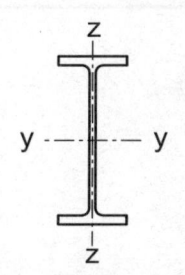

Cross-section resistance check

Section Designation and Axial Resistance $N_{pl,Rd}$ (kN)	n Limit **Class 3** **Class 2**		Moment Resistance $M_{c,y,Rd}$, $M_{c,z,Rd}$ (kNm) and Reduced Moment Resistance $M_{N,y,Rd}$, $M_{N,z,Rd}$ (kNm) for Ratios of Design Axial Force to Design Axial Plastic Resistance $n = N_{Ed}/N_{pl,Rd}$										
		n	0.0	0.1	0.2	0.3	0.4	0.5	0.6	0.7	0.8	0.9	1.0
406x178x67 $N_{pl,Rd}$ = 3040	0.752 **0.203**	$M_{c,y,Rd}$	478	478	478	422	422	422	422	422	✗	✗	$
		$M_{c,z,Rd}$	84.1	84.1	84.1	54.3	54.3	54.3	54.3	54.3	✗	✗	$
		$M_{N,y,Rd}$	478	478	478	-	-	-	-	-	-	-	-
		$M_{N,z,Rd}$	84.1	84.1	84.1	-	-	-	-	-	-	-	-
406x178x60 $N_{pl,Rd}$ = 2720	0.624 **0.151**	$M_{c,y,Rd}$	426	426	377	377	377	377	377	✗	✗	✗	$
		$M_{c,z,Rd}$	74.2	74.2	47.9	47.9	47.9	47.9	47.9	✗	✗	✗	$
		$M_{N,y,Rd}$	426	426	-	-	-	-	-	-	-	-	-
		$M_{N,z,Rd}$	74.2	74.2	-	-	-	-	-	-	-	-	-
406x178x54 $N_{pl,Rd}$ = 2450	0.595 **0.150**	$M_{c,y,Rd}$	375	375	330	330	330	330	✗	✗	✗	✗	$
		$M_{c,z,Rd}$	63.2	63.2	40.8	40.8	40.8	40.8	✗	✗	✗	✗	$
		$M_{N,y,Rd}$	375	375	-	-	-	-	-	-	-	-	-
		$M_{N,z,Rd}$	63.2	63.2	-	-	-	-	-	-	-	-	-
406x140x53 + $N_{pl,Rd}$ = 2410	0.624 **0.170**	$M_{c,y,Rd}$	366	366	319	319	319	319	319	✗	✗	✗	$
		$M_{c,z,Rd}$	49.3	49.3	31.6	31.6	31.6	31.6	31.6	✗	✗	✗	$
		$M_{N,y,Rd}$	366	366	-	-	-	-	-	-	-	-	-
		$M_{N,z,Rd}$	49.3	49.3	-	-	-	-	-	-	-	-	-
406x140x46 $N_{pl,Rd}$ = 2080	0.467 **0.097**	$M_{c,y,Rd}$	315	276	276	276	276	✗	✗	✗	✗	$	$
		$M_{c,z,Rd}$	41.9	27.0	27.0	27.0	27.0	✗	✗	✗	✗	$	$
		$M_{N,y,Rd}$	315	-	-	-	-	-	-	-	-	-	-
		$M_{N,z,Rd}$	41.9	-	-	-	-	-	-	-	-	-	-
406x140x39 $N_{pl,Rd}$ = 1760	0.410 **0.078**	$M_{c,y,Rd}$	257	223	223	223	223	✗	✗	✗	✗	$	$
		$M_{c,z,Rd}$	32.3	20.6	20.6	20.6	20.6	✗	✗	✗	✗	$	$
		$M_{N,y,Rd}$	257	-	-	-	-	-	-	-	-	-	-
		$M_{N,z,Rd}$	32.3	-	-	-	-	-	-	-	-	-	-

Advance and UKB are trademarks of Corus. A fuller description of the relationship between Universal Beams (UB) and the Advance range of sections manufactured by Corus is given in note 12.

+ These sections are in addition to the range of BS 4 sections

N_{Ed} = Design value of the axial force.

$n = N_{Ed} / N_{pl,Rd}$

✗ Section becomes class 4, see note 10.

$ For these values of $N_{Ed} / N_{pl,Rd}$ the section would be overloaded due to N_{Ed} alone even when M_{Ed} is zero, because N_{Ed} would exceed the local buckling resistance of the section.

- Not applicable for class 3 and class 4 sections.

The values in this table are conservative for tension as the more onerous compression section classification limits have been used.

FOR EXPLANATION OF TABLES SEE NOTE 10.

BS EN 1993-1-1:2005
BS 4-1:2005

AXIAL FORCE & BENDING

S355 / Advance355

UNIVERSAL BEAMS
Advance UKB

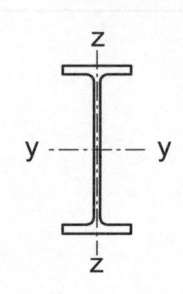

Member buckling check

Section Designation and Resistances (kN, kNm)	n Limit		Compression Resistance $N_{b,y,Rd}$, $N_{b,z,Rd}$ (kN) and Buckling Resistance Moment $M_{b,Rd}$ (kNm) for Varying buckling lengths L (m) within the limiting value of $n = N_{Ed} / N_{pl,Rd}$												
		L (m)	1.0	1.5	2.0	2.5	3.0	3.5	4.0	5.0	6.0	7.0	8.0	9.0	10.0
* 406x178x67	0.752	$N_{b,y,Rd}$	3040	3040	3040	3040	3010	2990	2960	2900	2840	2760	2680	2580	2460
$N_{pl,Rd}$ = 3040		$N_{b,z,Rd}$	2890	2690	2450	2160	1840	1540	1280	897	654	496	388	311	255
$f_y W_{el,y}$ = 422	0.752	$M_{b,Rd}$	422	421	391	360	330	301	273	226	190	163	142	126	114
$f_y W_{el,z}$ = 54.3	**0.203**	$M_{b,Rd}$	478	470	433	396	359	323	291	237	198	168	146	129	116
* 406x178x60	0.624	$N_{b,y,Rd}$	2720	2720	2720	2720	2700	2670	2650	2590	2540	2470	2390	2300	2190
$N_{pl,Rd}$ = 2720		$N_{b,z,Rd}$	2590	2410	2190	1930	1640	1370	1130	795	580	439	344	276	226
$f_y W_{el,y}$ = 377	0.624	$M_{b,Rd}$	377	375	347	319	291	264	239	195	162	138	120	105	94.3
$f_y W_{el,z}$ = 47.9	**0.151**	$M_{b,Rd}$	426	418	384	350	316	283	253	204	168	142	122	108	95.5
* 406x178x54	0.595	$N_{b,y,Rd}$	2450	2450	2450	2450	2430	2410	2380	2340	2280	2220	2150	2060	1960
$N_{pl,Rd}$ = 2450		$N_{b,z,Rd}$	2330	2160	1950	1700	1430	1180	978	681	495	375	293	235	192
$f_y W_{el,y}$ = 330	0.595	$M_{b,Rd}$	330	327	302	276	251	226	202	163	134	113	97.0	85.0	75.3
$f_y W_{el,z}$ = 40.8	**0.150**	$M_{b,Rd}$	375	365	334	303	272	242	215	170	139	116	99.3	86.6	75.3
* 406x140x53 +	0.624	$N_{b,y,Rd}$	2410	2410	2410	2410	2390	2370	2350	2300	2240	2180	2110	2020	1920
$N_{pl,Rd}$ = 2410		$N_{b,z,Rd}$	2210	1970	1660	1330	1050	827	663	448	321	241	187	149	122
$f_y W_{el,y}$ = 319	0.624	$M_{b,Rd}$	319	299	269	239	211	185	164	130	108	91.4	79.4	69.5	61.3
$f_y W_{el,z}$ = 31.6	**0.170**	$M_{b,Rd}$	366	335	298	261	226	197	172	135	111	93.7	80.3	69.5	61.3
* 406x140x46	0.467	$N_{b,y,Rd}$	2080	2080	2080	2080	2060	2040	2020	1980	1940	1880	1820	1750	1660
$N_{pl,Rd}$ = 2080		$N_{b,z,Rd}$	1900	1690	1420	1140	892	703	563	380	272	204	158	126	103
$f_y W_{el,y}$ = 276	0.467	$M_{b,Rd}$	276	257	230	203	177	155	135	106	86.2	72.4	62.0	53.3	46.8
$f_y W_{el,z}$ = 27.0	**0.097**	$M_{b,Rd}$	315	287	254	220	190	163	141	110	88.5	74.0	62.0	53.3	46.8
* 406x140x39	0.410	$N_{b,y,Rd}$	1760	1760	1760	1760	1750	1730	1710	1680	1630	1590	1530	1460	1380
$N_{pl,Rd}$ = 1760		$N_{b,z,Rd}$	1590	1400	1150	903	698	545	434	292	208	156	121	96.7	78.9
$f_y W_{el,y}$ = 223	0.410	$M_{b,Rd}$	223	205	182	159	137	117	101	77.7	62.1	51.3	42.6	36.4	31.7
$f_y W_{el,z}$ = 20.6	**0.078**	$M_{b,Rd}$	257	230	201	172	146	124	106	80.2	63.7	51.3	42.6	36.4	31.7

Advance and UKB are trademarks of Corus. A fuller description of the relationship between Universal Beams (UB) and the Advance range of sections manufactured by Corus is given in note 12.

+ These sections are in addition to the range of BS 4 sections

$n = N_{Ed} / N_{pl,Rd}$

* The section can become class 4 under axial compression only. Under combined axial compression and bending the section becomes class 4 when the class 3 $N_{Ed} / N_{pl,Rd}$ limit is exceeded.

Under combined axial compression and bending the resistances are only valid up to the given $N_{Ed} / N_{pl,Rd}$ limit. For higher values of $n=N_{Ed}/N_{pl,Rd}$ the section would be overloaded due to N_{Ed} alone even when M_{Ed} is zero, because N_{Ed} would exceed the local buckling resistance of the section.

FOR EXPLANATION OF TABLES SEE NOTE 10.

| BS EN 1993-1-1:2005 | | | AXIAL FORCE & BENDING | | | | | | | | | S355 / Advance355 |
| BS 4-1:2005 | | | | | | | | | | | | |

UNIVERSAL BEAMS
Advance UKB

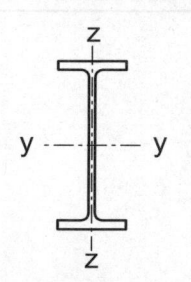

Cross-section resistance check

Section Designation and Axial Resistance $N_{pl,Rd}$ (kN)	n Limit Class 3 Class 2		Moment Resistance $M_{c,y,Rd}$, $M_{c,z,Rd}$ (kNm) and Reduced Moment Resistance $M_{N,y,Rd}$, $M_{N,z,Rd}$ (kNm) for Ratios of Design Axial Force to Design Axial Plastic Resistance $n = N_{Ed}/N_{pl,Rd}$										
		n	0.0	0.1	0.2	0.3	0.4	0.5	0.6	0.7	0.8	0.9	1.0
356x171x67 $N_{pl,Rd}$ = 3040	0.997 **0.272**	$M_{c,y,Rd}$	430	430	430	380	380	380	380	380	380	380	$
		$M_{c,z,Rd}$	86.3	86.3	86.3	55.7	55.7	55.7	55.7	55.7	55.7	55.7	$
		$M_{N,y,Rd}$	430	430	420	-	-	-	-	-	-	-	-
		$M_{N,z,Rd}$	86.3	86.3	86.3	-	-	-	-	-	-	-	-
356x171x57 $N_{pl,Rd}$ = 2580	0.832 **0.222**	$M_{c,y,Rd}$	359	359	359	318	318	318	318	318	318	✘	$
		$M_{c,z,Rd}$	70.6	70.6	70.6	45.8	45.8	45.8	45.8	45.8	45.8	✘	$
		$M_{N,y,Rd}$	359	359	355	-	-	-	-	-	-	-	-
		$M_{N,z,Rd}$	70.6	70.6	70.6	-	-	-	-	-	-	-	-
356x171x51 $N_{pl,Rd}$ = 2300	0.717 **0.181**	$M_{c,y,Rd}$	318	318	283	283	283	283	283	283	✘	✘	$
		$M_{c,z,Rd}$	61.8	61.8	40.1	40.1	40.1	40.1	40.1	40.1	✘	✘	$
		$M_{N,y,Rd}$	318	318	-	-	-	-	-	-	-	-	-
		$M_{N,z,Rd}$	61.8	61.8	-	-	-	-	-	-	-	-	-
356x171x45 $N_{pl,Rd}$ = 2030	0.651 **0.166**	$M_{c,y,Rd}$	275	275	244	244	244	244	244	✘	✘	✘	$
		$M_{c,z,Rd}$	52.2	52.2	33.7	33.7	33.7	33.7	33.7	✘	✘	✘	$
		$M_{N,y,Rd}$	275	275	-	-	-	-	-	-	-	-	-
		$M_{N,z,Rd}$	52.2	52.2	-	-	-	-	-	-	-	-	-
356x127x39 $N_{pl,Rd}$ = 1770	0.586 **0.150**	$M_{c,y,Rd}$	234	234	204	204	204	204	✘	✘	✘	✘	$
		$M_{c,z,Rd}$	31.6	31.6	20.2	20.2	20.2	20.2	✘	✘	✘	✘	$
		$M_{N,y,Rd}$	234	234	-	-	-	-	-	-	-	-	-
		$M_{N,z,Rd}$	31.6	31.6	-	-	-	-	-	-	-	-	-
356x127x33 $N_{pl,Rd}$ = 1490	0.487 **0.112**	$M_{c,y,Rd}$	193	193	168	168	168	✘	✘	✘	✘	$	$
		$M_{c,z,Rd}$	24.9	24.9	16.0	16.0	16.0	✘	✘	✘	✘	$	$
		$M_{N,y,Rd}$	193	193	-	-	-	-	-	-	-	-	-
		$M_{N,z,Rd}$	24.9	24.9	-	-	-	-	-	-	-	-	-

Advance and UKB are trademarks of Corus. A fuller description of the relationship between Universal Beams (UB) and the Advance range of sections manufactured by Corus is given in note 12.

N_{Ed} = Design value of the axial force.

$n = N_{Ed} / N_{pl,Rd}$

✘ Section becomes class 4, see note 10.

$ For these values of $N_{Ed} / N_{pl,Rd}$ the section would be overloaded due to N_{Ed} alone even when M_{Ed} is zero, because N_{Ed} would exceed the local buckling resistance of the section.

- Not applicable for class 3 and class 4 sections.

The values in this table are conservative for tension as the more onerous compression section classification limits have been used.

FOR EXPLANATION OF TABLES SEE NOTE 10.

| BS EN 1993-1-1:2005 |
| BS 4-1:2005 |

AXIAL FORCE & BENDING

S355 / Advance355

UNIVERSAL BEAMS
Advance UKB

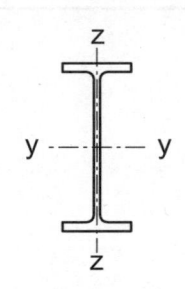

Member buckling check

Section Designation and Resistances (kN, kNm)	n Limit		Compression Resistance $N_{b,y,Rd}$, $N_{b,z,Rd}$ (kN) and Buckling Resistance Moment $M_{b,Rd}$ (kNm) for Varying buckling lengths L (m) within the limiting value of $n = N_{Ed} / N_{pl,Rd}$												
		L (m)	1.0	1.5	2.0	2.5	3.0	3.5	4.0	5.0	6.0	7.0	8.0	9.0	10.0
* 356x171x67	0.997	$N_{b,y,Rd}$	3040	3040	3040	3020	2990	2960	2930	2860	2790	2690	2580	2450	2290
$N_{pl,Rd}$ = 3040		$N_{b,z,Rd}$	2890	2690	2450	2160	1840	1540	1280	897	654	496	388	311	255
$f_y W_{el,y}$ = 380	0.997	$M_{b,Rd}$	380	379	352	326	300	276	253	215	184	161	142	128	116
$f_y W_{el,z}$ = 55.7	**0.272**	$M_{b,Rd}$	430	422	390	358	327	297	271	226	192	166	147	131	119
* 356x171x57	0.832	$N_{b,y,Rd}$	2580	2580	2580	2570	2540	2510	2490	2430	2360	2280	2180	2060	1930
$N_{pl,Rd}$ = 2580		$N_{b,z,Rd}$	2450	2280	2060	1810	1530	1270	1050	736	536	405	317	254	208
$f_y W_{el,y}$ = 318	0.832	$M_{b,Rd}$	318	315	292	268	245	223	203	168	142	122	107	95.1	85.7
$f_y W_{el,z}$ = 45.8	**0.222**	$M_{b,Rd}$	359	350	322	294	266	239	215	176	147	126	110	97.3	87.5
* 356x171x51	0.717	$N_{b,y,Rd}$	2300	2300	2300	2290	2270	2250	2220	2170	2110	2030	1940	1840	1710
$N_{pl,Rd}$ = 2300		$N_{b,z,Rd}$	2190	2030	1830	1600	1350	1120	923	644	468	354	277	222	182
$f_y W_{el,y}$ = 283	0.717	$M_{b,Rd}$	283	279	258	236	215	194	175	143	119	102	88.5	78.3	70.2
$f_y W_{el,z}$ = 40.1	**0.181**	$M_{b,Rd}$	318	310	284	258	232	208	186	150	124	105	90.7	80.0	71.0
* 356x171x45	0.651	$N_{b,y,Rd}$	2030	2030	2030	2020	2000	1980	1960	1910	1850	1780	1700	1600	1490
$N_{pl,Rd}$ = 2030		$N_{b,z,Rd}$	1920	1780	1600	1380	1160	952	783	543	394	298	233	186	153
$f_y W_{el,y}$ = 244	0.651	$M_{b,Rd}$	244	240	221	201	182	163	146	117	96.6	81.4	70.2	61.6	54.5
$f_y W_{el,z}$ = 33.7	**0.166**	$M_{b,Rd}$	275	266	243	220	196	174	154	122	99.7	83.5	71.7	62.5	54.5
* 356x127x39	0.586	$N_{b,y,Rd}$	1770	1770	1770	1760	1740	1720	1700	1660	1610	1540	1470	1380	1280
$N_{pl,Rd}$ = 1770		$N_{b,z,Rd}$	1570	1350	1080	825	628	487	386	258	184	137	106	84.9	69.3
$f_y W_{el,y}$ = 204	0.586	$M_{b,Rd}$	204	183	161	139	120	104	90.7	71.5	58.7	49.8	42.5	36.9	32.7
$f_y W_{el,z}$ = 20.2	**0.150**	$M_{b,Rd}$	231	204	176	150	128	109	94.4	73.7	60.2	50.2	42.5	36.9	32.7
* 356x127x33	0.487	$N_{b,y,Rd}$	1490	1490	1490	1480	1470	1450	1430	1400	1350	1300	1230	1150	1060
$N_{pl,Rd}$ = 1490		$N_{b,z,Rd}$	1320	1120	878	661	500	386	305	203	145	108	83.7	66.7	54.4
$f_y W_{el,y}$ = 168	0.487	$M_{b,Rd}$	167	148	129	110	93.5	79.7	68.6	53.0	42.8	35.3	29.7	25.6	22.6
$f_y W_{el,z}$ = 16.0	**0.112**	$M_{b,Rd}$	189	165	141	118	98.9	83.3	71.2	54.5	43.5	35.3	29.7	25.6	22.6

Advance and UKB are trademarks of Corus. A fuller description of the relationship between Universal Beams (UB) and the Advance range of sections manufactured by Corus is given in note 12.

$n = N_{Ed} / N_{pl,Rd}$

* The section can become class 4 under axial compression only. Under combined axial compression and bending the section becomes class 4 when the class 3 $N_{Ed} / N_{pl,Rd}$ limit is exceeded.

Under combined axial compression and bending the resistances are only valid up to the given $N_{Ed} / N_{pl,Rd}$ limit. For higher values of $n=N_{Ed}/N_{pl,Rd}$ the section would be overloaded due to N_{Ed} alone even when M_{Ed} is zero, because N_{Ed} would exceed the local buckling resistance of the section.

FOR EXPLANATION OF TABLES SEE NOTE 10.

| BS EN 1993-1-1:2005 / BS 4-1:2005 | **AXIAL FORCE & BENDING** | S355 / Advance355 |

UNIVERSAL BEAMS
Advance UKB

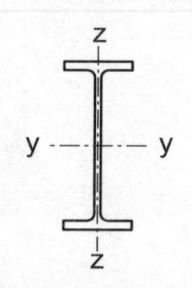

Cross-section resistance check

Section Designation and Axial Resistance $N_{pl,Rd}$ (kN)	n Limit Class 3 Class 2	Moment Resistance $M_{c,y,Rd}$, $M_{c,z,Rd}$ (kNm) and Reduced Moment Resistance $M_{N,y,Rd}$, $M_{N,z,Rd}$ (kNm) for Ratios of Design Axial Force to Design Axial Plastic Resistance $n = N_{Ed} / N_{pl,Rd}$											
		n	0.0	0.1	0.2	0.3	0.4	0.5	0.6	0.7	0.8	0.9	1.0
305x165x54 $N_{pl,Rd}$ = 2440	1.00 **0.260**	$M_{c,y,Rd}$	300	300	300	268	268	268	268	268	268	268	268
		$M_{c,z,Rd}$	69.6	69.6	69.6	45.1	45.1	45.1	45.1	45.1	45.1	45.1	45.1
		$M_{N,y,Rd}$	300	300	289	-	-	-	-	-	-	-	-
		$M_{N,z,Rd}$	69.6	69.6	69.6	-	-	-	-	-	-	-	-
305x165x46 $N_{pl,Rd}$ = 2080	0.795 **0.180**	$M_{c,y,Rd}$	256	256	229	229	229	229	229	229	✘	✘	$
		$M_{c,z,Rd}$	58.9	58.9	38.3	38.3	38.3	38.3	38.3	38.3	✘	✘	$
		$M_{N,y,Rd}$	256	256	-	-	-	-	-	-	-	-	-
		$M_{N,z,Rd}$	58.9	58.9	-	-	-	-	-	-	-	-	-
305x165x40 $N_{pl,Rd}$ = 1820	0.660 **0.138**	$M_{c,y,Rd}$	221	221	199	199	199	199	199	✘	✘	✘	$
		$M_{c,z,Rd}$	50.4	50.4	33.0	33.0	33.0	33.0	33.0	✘	✘	✘	$
		$M_{N,y,Rd}$	221	221	-	-	-	-	-	-	-	-	-
		$M_{N,z,Rd}$	50.4	50.4	-	-	-	-	-	-	-	-	-
305x127x48 $N_{pl,Rd}$ = 2170	n/a **1.00**	$M_{c,y,Rd}$	252	252	252	252	252	252	252	252	252	252	252
		$M_{c,z,Rd}$	41.2	41.2	41.2	41.2	41.2	41.2	41.2	41.2	41.2	41.2	41.2
		$M_{N,y,Rd}$	252	252	252	225	193	160	128	96.3	64.2	32.1	0
		$M_{N,z,Rd}$	41.2	41.2	41.2	41.2	41.2	40.5	37.4	31.8	23.7	13.1	0
305x127x42 $N_{pl,Rd}$ = 1900	1.00 **0.348**	$M_{c,y,Rd}$	218	218	218	218	190	190	190	190	190	190	190
		$M_{c,z,Rd}$	34.8	34.8	34.8	34.8	22.4	22.4	22.4	22.4	22.4	22.4	22.4
		$M_{N,y,Rd}$	218	218	218	195	-	-	-	-	-	-	-
		$M_{N,z,Rd}$	34.8	34.8	34.8	34.8	-	-	-	-	-	-	-
305x127x37 $N_{pl,Rd}$ = 1680	0.872 **0.272**	$M_{c,y,Rd}$	191	191	191	167	167	167	167	167	167	✘	$
		$M_{c,z,Rd}$	30.2	30.2	30.2	19.2	19.2	19.2	19.2	19.2	19.2	✘	$
		$M_{N,y,Rd}$	191	191	191	-	-	-	-	-	-	-	-
		$M_{N,z,Rd}$	30.2	30.2	30.2	-	-	-	-	-	-	-	-

Advance and UKB are trademarks of Corus. A fuller description of the relationship between Universal Beams (UB) and the Advance range of sections manufactured by Corus is given in note 12.

N_{Ed} = Design value of the axial force.

$n = N_{Ed} / N_{pl,Rd}$

✘ Section becomes class 4, see note 10.

$ For these values of $N_{Ed} / N_{pl,Rd}$ the section would be overloaded due to N_{Ed} alone even when M_{Ed} is zero, because N_{Ed} would exceed the local buckling resistance of the section.

- Not applicable for class 3 and class 4 sections.

The values in this table are conservative for tension as the more onerous compression section classification limits have been used.

FOR EXPLANATION OF TABLES SEE NOTE 10.

BS EN 1993-1-1:2005
BS 4-1:2005

AXIAL FORCE & BENDING

S355 / Advance355

UNIVERSAL BEAMS
Advance UKB

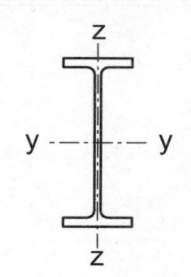

Member buckling check

Compression Resistance $N_{b,y,Rd}$, $N_{b,z,Rd}$ (kN) and Buckling Resistance Moment $M_{b,Rd}$ (kNm) for Varying buckling lengths L (m) within the limiting value of $n = N_{Ed} / N_{pl,Rd}$

Section Designation and Resistances (kN, kNm)	n Limit		L (m) 1.0	1.5	2.0	2.5	3.0	3.5	4.0	5.0	6.0	7.0	8.0	9.0	10.0
305x165x54	1.00	$N_{b,y,Rd}$	2440	2440	2440	2410	2390	2360	2330	2250	2170	2060	1940	1780	1610
$N_{pl,Rd}$ = 2440		$N_{b,z,Rd}$	2320	2160	1960	1720	1460	1210	1010	703	512	388	303	243	199
$f_y W_{el,y}$ = 268	1.00	$M_{b,Rd}$	268	266	252	238	223	207	192	164	141	123	108	96.3	85.2
$f_y W_{el,z}$ = 45.1	0.260	$M_{b,Rd}$	300	296	279	261	242	223	205	172	146	126	111	96.3	85.2
* 305x165x46	0.795	$N_{b,y,Rd}$	2080	2080	2080	2060	2040	2010	1980	1920	1850	1760	1650	1520	1380
$N_{pl,Rd}$ = 2080		$N_{b,z,Rd}$	1980	1840	1670	1460	1240	1030	848	592	431	326	255	205	168
$f_y W_{el,y}$ = 229	0.795	$M_{b,Rd}$	229	227	215	202	188	173	159	133	112	96.3	83.9	72.5	63.9
$f_y W_{el,z}$ = 38.3	0.180	$M_{b,Rd}$	256	251	236	220	203	185	168	138	116	98.7	83.9	72.5	63.9
* 305x165x40	0.660	$N_{b,y,Rd}$	1820	1820	1820	1800	1780	1760	1730	1680	1610	1530	1440	1320	1190
$N_{pl,Rd}$ = 1820		$N_{b,z,Rd}$	1730	1600	1450	1260	1070	884	730	509	370	280	219	175	144
$f_y W_{el,y}$ = 199	0.660	$M_{b,Rd}$	199	196	185	173	160	147	133	109	90.9	77.1	65.2	56.0	49.2
$f_y W_{el,z}$ = 33.0	0.138	$M_{b,Rd}$	221	216	203	188	173	156	141	114	93.4	78.0	65.2	56.0	49.2
305x127x48	1.00	$N_{b,y,Rd}$	2170	2170	2170	2140	2120	2090	2060	1990	1910	1810	1680	1530	1370
$N_{pl,Rd}$ = 2170		$N_{b,z,Rd}$	1940	1680	1360	1050	800	621	493	330	235	176	136	109	88.9
$f_y W_{el,y}$ = 219	1.00	$M_{b,Rd}$	251	224	199	175	154	136	121	99.5	84.3	73.1	64.6	57.8	51.5
$f_y W_{el,z}$ = 26.3															
305x127x42	1.00	$N_{b,y,Rd}$	1900	1900	1890	1870	1850	1820	1790	1740	1660	1570	1460	1330	1190
$N_{pl,Rd}$ = 1900		$N_{b,z,Rd}$	1690	1460	1170	894	682	529	419	280	200	149	116	92.4	75.4
$f_y W_{el,y}$ = 190	1.00	$M_{b,Rd}$	190	171	152	134	118	105	93.4	76.2	64.2	55.5	49.0	43.7	38.9
$f_y W_{el,z}$ = 22.4	0.348	$M_{b,Rd}$	216	192	168	146	127	111	97.9	79.0	66.2	57.0	49.9	43.7	38.9
* 305x127x37	0.872	$N_{b,y,Rd}$	1680	1680	1670	1650	1630	1610	1580	1530	1470	1380	1280	1160	1040
$N_{pl,Rd}$ = 1680		$N_{b,z,Rd}$	1490	1280	1020	778	592	459	363	243	173	129	100	79.9	65.2
$f_y W_{el,y}$ = 167	0.872	$M_{b,Rd}$	167	150	132	116	101	88.3	78.0	62.7	52.3	44.9	39.4	34.5	30.6
$f_y W_{el,z}$ = 19.2	0.272	$M_{b,Rd}$	189	167	145	125	107	92.9	81.4	64.8	53.8	46.0	39.4	34.5	30.6

Advance and UKB are trademarks of Corus. A fuller description of the relationship between Universal Beams (UB) and the Advance range of sections manufactured by Corus is given in note 12.

$n = N_{Ed} / N_{pl,Rd}$

* The section can become class 4 under axial compression only. Under combined axial compression and bending the section becomes class 4 when the class 3 $N_{Ed} / N_{pl,Rd}$ limit is exceeded.

Under combined axial compression and bending the resistances are only valid up to the given $N_{Ed} / N_{pl,Rd}$ limit. For higher values of $n=N_{Ed}/N_{pl,Rd}$ the section would be overloaded due to N_{Ed} alone even when M_{Ed} is zero, because N_{Ed} would exceed the local buckling resistance of the section.

FOR EXPLANATION OF TABLES SEE NOTE 10.

BS EN 1993-1-1:2005
BS 4-1:2005

AXIAL FORCE & BENDING

S355 / Advance355

UNIVERSAL BEAMS
Advance UKB

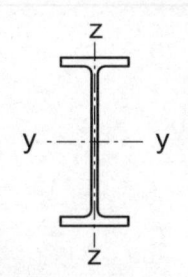

Cross-section resistance check

Section Designation and Axial Resistance $N_{pl,Rd}$ (kN)	n Limit Class 3 / **Class 2**		Moment Resistance $M_{c,y,Rd}$, $M_{c,z,Rd}$ (kNm) and Reduced Moment Resistance $M_{N,y,Rd}$, $M_{N,z,Rd}$ (kNm) for Ratios of Design Axial Force to Design Axial Plastic Resistance $n = N_{Ed} / N_{pl,Rd}$										
		n	0.0	0.1	0.2	0.3	0.4	0.5	0.6	0.7	0.8	0.9	1.0
305x102x33 $N_{pl,Rd} = 1480$	0.726 **0.226**	$M_{c,y,Rd}$	171	171	171	148	148	148	148	148	✗	✗	$
		$M_{c,z,Rd}$	21.3	21.3	21.3	13.5	13.5	13.5	13.5	13.5	✗	✗	$
		$M_{N,y,Rd}$	171	171	171	-	-	-	-	-	-	-	-
		$M_{N,z,Rd}$	21.3	21.3	21.3	-	-	-	-	-	-	-	-
305x102x28 $N_{pl,Rd} = 1270$	0.615 **0.182**	$M_{c,y,Rd}$	143	143	124	124	124	124	124	✗	✗	$	$
		$M_{c,z,Rd}$	17.0	17.0	11.0	11.0	11.0	11.0	11.0	✗	✗	$	$
		$M_{N,y,Rd}$	143	143	-	-	-	-	-	-	-	-	-
		$M_{N,z,Rd}$	17.0	17.0	-	-	-	-	-	-	-	-	-
305x102x25 $N_{pl,Rd} = 1120$	0.578 **0.179**	$M_{c,y,Rd}$	121	121	104	104	104	104	✗	✗	✗	$	$
		$M_{c,z,Rd}$	13.8	13.8	8.52	8.52	8.52	8.52	✗	✗	✗	$	$
		$M_{N,y,Rd}$	121	121	-	-	-	-	-	-	-	-	-
		$M_{N,z,Rd}$	13.8	13.8	-	-	-	-	-	-	-	-	-
254x146x43 $N_{pl,Rd} = 1950$	n/a **1.00**	$M_{c,y,Rd}$	201	201	201	201	201	201	201	201	201	201	201
		$M_{c,z,Rd}$	50.1	50.1	50.1	50.1	50.1	50.1	50.1	50.1	50.1	50.1	50.1
		$M_{N,y,Rd}$	201	201	191	167	143	119	95.5	71.6	47.8	23.9	0
		$M_{N,z,Rd}$	50.1	50.1	50.1	50.1	49.3	46.5	41.5	34.3	25.0	13.6	0
254x146x37 $N_{pl,Rd} = 1680$	0.975 **0.233**	$M_{c,y,Rd}$	171	171	171	154	154	154	154	154	154	154	$
		$M_{c,z,Rd}$	42.2	42.2	42.2	27.7	27.7	27.7	27.7	27.7	27.7	27.7	$
		$M_{N,y,Rd}$	171	171	164	-	-	-	-	-	-	-	-
		$M_{N,z,Rd}$	42.2	42.2	42.2	-	-	-	-	-	-	-	-
254x146x31 $N_{pl,Rd} = 1410$	0.904 **0.238**	$M_{c,y,Rd}$	140	140	140	125	125	125	125	125	125	125	$
		$M_{c,z,Rd}$	33.4	33.4	33.4	21.7	21.7	21.7	21.7	21.7	21.7	21.7	$
		$M_{N,y,Rd}$	140	140	137	-	-	-	-	-	-	-	-
		$M_{N,z,Rd}$	33.4	33.4	33.4	-	-	-	-	-	-	-	-
254x102x28 $N_{pl,Rd} = 1280$	0.934 **0.295**	$M_{c,y,Rd}$	125	125	125	109	109	109	109	109	109	109	$
		$M_{c,z,Rd}$	19.5	19.5	19.5	12.4	12.4	12.4	12.4	12.4	12.4	12.4	$
		$M_{N,y,Rd}$	125	125	125	-	-	-	-	-	-	-	-
		$M_{N,z,Rd}$	19.5	19.5	19.5	-	-	-	-	-	-	-	-

Advance and UKB are trademarks of Corus. A fuller description of the relationship between Universal Beams (UB) and the Advance range of sections manufactured by Corus is given in note 12.

N_{Ed} = Design value of the axial force.

$n = N_{Ed} / N_{pl,Rd}$

✗ Section becomes class 4, see note 10.

$ For these values of $N_{Ed} / N_{pl,Rd}$ the section would be overloaded due to N_{Ed} alone even when M_{Ed} is zero, because N_{Ed} would exceed the local buckling resistance of the section.

- Not applicable for class 3 and class 4 sections.

The values in this table are conservative for tension as the more onerous compression section classification limits have been used.

FOR EXPLANATION OF TABLES SEE NOTE 10.

| BS EN 1993-1-1:2005 |
| BS 4-1:2005 |

AXIAL FORCE & BENDING

S355 / Advance355

UNIVERSAL BEAMS
Advance UKB

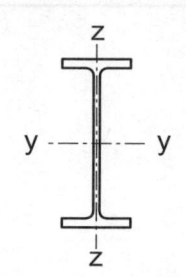

Member buckling check

Section Designation and Resistances (kN, kNm)	n Limit		Compression Resistance $N_{b,y,Rd}$, $N_{b,z,Rd}$ (kN) and Buckling Resistance Moment $M_{b,Rd}$ (kNm) for Varying buckling lengths L (m) within the limiting value of n = N_{Ed} / $N_{pl,Rd}$											
		L (m)	1.0	1.5	2.0	2.5	3.0	3.5	4.0	5.0	6.0	7.0	8.0	9.0	10.0
* 305x102x33	0.726	$N_{b,y,Rd}$	1480	1480	1480	1460	1450	1430	1410	1360	1300	1230	1150	1050	939
$N_{pl,Rd}$ = 1480		$N_{b,z,Rd}$	1240	969	695	496	365	277	218	144	102	75.6	58.5	46.6	37.9
$f_y W_{el,y}$ = 148	0.726	$M_{b,Rd}$	141	122	103	87.0	73.8	63.5	55.5	44.2	36.8	31.0	26.6	23.4	20.8
$f_y W_{el,z}$ = 13.5	**0.226**	$M_{b,Rd}$	159	135	112	92.7	77.6	66.1	57.5	45.4	37.2	31.0	26.6	23.4	20.8
* 305x102x28	0.615	$N_{b,y,Rd}$	1270	1270	1270	1260	1240	1220	1200	1160	1110	1050	970	879	783
$N_{pl,Rd}$ = 1270		$N_{b,z,Rd}$	1050	807	570	404	296	224	176	116	81.9	61.0	47.1	37.5	30.5
$f_y W_{el,y}$ = 124	0.615	$M_{b,Rd}$	117	99.9	83.3	68.8	57.4	48.7	42.0	32.9	26.7	22.1	18.9	16.5	14.7
$f_y W_{el,z}$ = 11.0	**0.182**	$M_{b,Rd}$	132	111	90.2	73.1	60.1	50.5	43.4	33.7	26.7	22.1	18.9	16.5	14.7
* 305x102x25	0.578	$N_{b,y,Rd}$	1120	1120	1120	1100	1090	1070	1060	1020	971	911	838	755	669
$N_{pl,Rd}$ = 1120		$N_{b,z,Rd}$	901	672	464	324	236	179	140	92.0	65.0	48.3	37.3	29.7	24.2
$f_y W_{el,y}$ = 104	0.578	$M_{b,Rd}$	97.0	82.0	67.3	54.7	44.9	37.7	32.2	24.9	19.6	16.1	13.7	12.0	10.6
$f_y W_{el,z}$ = 8.52	**0.179**	$M_{b,Rd}$	111	91.3	72.9	58.0	47.0	39.1	33.2	25.0	19.6	16.1	13.7	12.0	10.6
254x146x43	1.00	$N_{b,y,Rd}$	1950	1950	1930	1900	1870	1840	1810	1730	1630	1500	1350	1190	1030
$N_{pl,Rd}$ = 1950		$N_{b,z,Rd}$	1820	1670	1480	1250	1020	829	675	463	335	252	197	157	129
$f_y W_{el,y}$ = 179	**1.00**	$M_{b,Rd}$	201	194	181	168	155	142	130	109	92.8	80.7	70.5	61.6	54.8
$f_y W_{el,z}$ = 32.7															
* 254x146x37	0.975	$N_{b,y,Rd}$	1680	1680	1660	1640	1610	1590	1560	1490	1400	1290	1150	1010	875
$N_{pl,Rd}$ = 1680		$N_{b,z,Rd}$	1570	1430	1260	1060	869	702	571	391	282	213	166	133	109
$f_y W_{el,y}$ = 154	0.975	$M_{b,Rd}$	154	149	140	130	120	110	100	83.4	70.6	61.1	52.9	46.1	40.9
$f_y W_{el,z}$ = 27.7	**0.233**	$M_{b,Rd}$	171	165	154	141	129	117	105	86.5	72.7	62.1	52.9	46.1	40.9
* 254x146x31	0.904	$N_{b,y,Rd}$	1410	1410	1390	1370	1350	1330	1300	1240	1160	1060	941	819	707
$N_{pl,Rd}$ = 1410		$N_{b,z,Rd}$	1310	1190	1040	865	698	560	453	309	223	168	130	104	85.3
$f_y W_{el,y}$ = 125	0.904	$M_{b,Rd}$	125	120	112	103	94.1	84.8	76.0	61.6	51.2	42.9	36.2	31.4	27.7
$f_y W_{el,z}$ = 21.7	**0.238**	$M_{b,Rd}$	140	133	123	112	101	89.8	79.7	63.7	52.4	42.9	36.2	31.4	27.7
* 254x102x28	0.934	$N_{b,y,Rd}$	1280	1280	1270	1250	1230	1210	1190	1130	1060	963	855	745	642
$N_{pl,Rd}$ = 1280		$N_{b,z,Rd}$	1080	860	627	451	333	254	199	132	93.3	69.5	53.7	42.8	34.9
$f_y W_{el,y}$ = 109	0.934	$M_{b,Rd}$	105	91.5	78.5	67.1	57.6	50.2	44.3	35.8	30.0	25.9	22.4	19.7	17.6
$f_y W_{el,z}$ = 12.4	**0.295**	$M_{b,Rd}$	118	101	85.2	71.5	60.7	52.3	45.9	36.8	30.8	26.0	22.4	19.7	17.6

Advance and UKB are trademarks of Corus. A fuller description of the relationship between Universal Beams (UB) and the Advance range of sections manufactured by Corus is given in note 12.

n = N_{Ed} / $N_{pl,Rd}$

* The section can become class 4 under axial compression only. Under combined axial compression and bending the section becomes class 4 when the class 3 N_{Ed} / $N_{pl,Rd}$ limit is exceeded.

Under combined axial compression and bending the resistances are only valid up to the given N_{Ed} / $N_{pl,Rd}$ limit. For higher values of n=N_{Ed}/$N_{pl,Rd}$ the section would be overloaded due to N_{Ed} alone even when M_{Ed} is zero, because N_{Ed} would exceed the local buckling resistance of the section.

FOR EXPLANATION OF TABLES SEE NOTE 10.

| BS EN 1993-1-1:2005 / BS 4-1:2005 | | **AXIAL FORCE & BENDING** | | | | | | | | | | | S355 / Advance355 |

UNIVERSAL BEAMS
Advance UKB

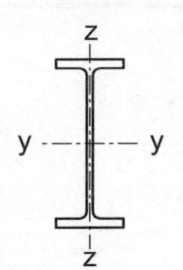

Cross-section resistance check

Section Designation and Axial Resistance $N_{pl,Rd}$ (kN)	n Limit Class 3 Class 2	Moment Resistance $M_{c,y,Rd}$, $M_{c,z,Rd}$ (kNm) and Reduced Moment Resistance $M_{N,y,Rd}$, $M_{N,z,Rd}$ (kNm) for Ratios of Design Axial Force to Design Axial Plastic Resistance $n = N_{Ed} / N_{pl,Rd}$											
		n	0.0	0.1	0.2	0.3	0.4	0.5	0.6	0.7	0.8	0.9	1.0
254x102x25 $N_{pl,Rd}$ = 1140	0.866 **0.285**	$M_{c,y,Rd}$	109	109	109	94.4	94.4	94.4	94.4	94.4	94.4	✗	$
		$M_{c,z,Rd}$	16.3	16.3	16.3	10.3	10.3	10.3	10.3	10.3	10.3	✗	$
		$M_{N,y,Rd}$	109	109	109	-	-	-	-	-	-	-	-
		$M_{N,z,Rd}$	16.3	16.3	16.3	-	-	-	-	-	-	-	-
254x102x22 $N_{pl,Rd}$ = 994	0.797 **0.274**	$M_{c,y,Rd}$	91.9	91.9	91.9	79.5	79.5	79.5	79.5	79.5	✗	✗	$
		$M_{c,z,Rd}$	13.1	13.1	13.1	8.17	8.17	8.17	8.17	8.17	✗	✗	$
		$M_{N,y,Rd}$	91.9	91.9	91.9	-	-	-	-	-	-	-	-
		$M_{N,z,Rd}$	13.1	13.1	13.1	-	-	-	-	-	-	-	-
203x133x30 $N_{pl,Rd}$ = 1360	n/a **1.00**	$M_{c,y,Rd}$	111	111	111	111	111	111	111	111	111	111	111
		$M_{c,z,Rd}$	31.2	31.2	31.2	31.2	31.2	31.2	31.2	31.2	31.2	31.2	31.2
		$M_{N,y,Rd}$	111	111	107	93.3	80.0	66.6	53.3	40.0	26.7	13.3	0
		$M_{N,z,Rd}$	31.2	31.2	31.2	31.2	30.9	29.2	26.1	21.6	15.8	8.59	0
203x133x25 $N_{pl,Rd}$ = 1140	n/a **1.00**	$M_{c,y,Rd}$	91.6	91.6	91.6	91.6	91.6	91.6	91.6	91.6	91.6	91.6	91.6
		$M_{c,z,Rd}$	25.2	25.2	25.2	25.2	25.2	25.2	25.2	25.2	25.2	25.2	25.2
		$M_{N,y,Rd}$	91.6	91.6	88.8	77.7	66.6	55.5	44.4	33.3	22.2	11.1	0
		$M_{N,z,Rd}$	25.2	25.2	25.2	25.2	25.1	23.9	21.5	17.9	13.1	7.17	0
203x102x23 $N_{pl,Rd}$ = 1040	1.00 **0.303**	$M_{c,y,Rd}$	83.1	83.1	83.1	83.1	73.5	73.5	73.5	73.5	73.5	73.5	73.5
		$M_{c,z,Rd}$	17.8	17.8	17.8	17.8	11.4	11.4	11.4	11.4	11.4	11.4	11.4
		$M_{N,y,Rd}$	83.1	83.1	80.8	70.7	-	-	-	-	-	-	-
		$M_{N,z,Rd}$	17.8	17.8	17.8	17.8	-	-	-	-	-	-	-
178x102x19 $N_{pl,Rd}$ = 863	n/a **1.00**	$M_{c,y,Rd}$	60.7	60.7	60.7	60.7	60.7	60.7	60.7	60.7	60.7	60.7	60.7
		$M_{c,z,Rd}$	14.9	14.9	14.9	14.9	14.9	14.9	14.9	14.9	14.9	14.9	14.9
		$M_{N,y,Rd}$	60.7	60.7	58.6	51.3	43.9	36.6	29.3	22.0	14.6	7.32	0
		$M_{N,z,Rd}$	14.9	14.9	14.9	14.9	14.8	14.1	12.6	10.5	7.69	4.19	0
152x89x16 $N_{pl,Rd}$ = 721	n/a **1.00**	$M_{c,y,Rd}$	43.7	43.7	43.7	43.7	43.7	43.7	43.7	43.7	43.7	43.7	43.7
		$M_{c,z,Rd}$	11.0	11.0	11.0	11.0	11.0	11.0	11.0	11.0	11.0	11.0	11.0
		$M_{N,y,Rd}$	43.7	43.7	41.8	36.5	31.3	26.1	20.9	15.7	10.4	5.22	0
		$M_{N,z,Rd}$	11.0	11.0	11.0	11.0	10.9	10.3	9.19	7.63	5.57	3.03	0
127x76x13 $N_{pl,Rd}$ = 586	n/a **1.00**	$M_{c,y,Rd}$	29.8	29.8	29.8	29.8	29.8	29.8	29.8	29.8	29.8	29.8	29.8
		$M_{c,z,Rd}$	8.17	8.17	8.17	8.17	8.17	8.17	8.17	8.17	8.17	8.17	8.17
		$M_{N,y,Rd}$	29.8	29.8	28.1	24.6	21.0	17.5	14.0	10.5	7.02	3.51	0
		$M_{N,z,Rd}$	8.17	8.17	8.17	8.16	8.00	7.50	6.66	5.50	4.00	2.17	0

Advance and UKB are trademarks of Corus. A fuller description of the relationship between Universal Beams (UB) and the Advance range of sections manufactured by Corus is given in note 12.

N_{Ed} = Design value of the axial force.

$n = N_{Ed} / N_{pl,Rd}$

✗ Section becomes class 4, see note 10.

$ For these values of $N_{Ed} / N_{pl,Rd}$ the section would be overloaded due to N_{Ed} alone even when M_{Ed} is zero, because N_{Ed} would exceed the local buckling resistance of the section.

- Not applicable for class 3 and class 4 sections.

The values in this table are conservative for tension as the more onerous compression section classification limits have been used.

FOR EXPLANATION OF TABLES SEE NOTE 10.

| BS EN 1993-1-1:2005 |
| BS 4-1:2005 |

AXIAL FORCE & BENDING
S355 / Advance355

UNIVERSAL BEAMS
Advance UKB

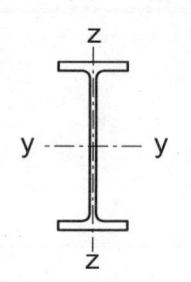

Member buckling check

Section Designation and Resistances (kN, kNm)	n Limit		Compression Resistance $N_{b,y,Rd}$, $N_{b,z,Rd}$ (kN) and Buckling Resistance Moment $M_{b,Rd}$ (kNm) for Varying buckling lengths L (m) within the limiting value of $n = N_{Ed} / N_{pl,Rd}$											
		L (m)	1.0	1.5	2.0	2.5	3.0	3.5	4.0	5.0	6.0	7.0	8.0	9.0	10.0
* 254x102x25	0.866	$N_{b,y,Rd}$	1140	1140	1120	1110	1090	1070	1050	995	927	842	743	644	553
$N_{pl,Rd}$ = 1140		$N_{b,z,Rd}$	946	741	532	380	279	212	167	110	77.8	57.9	44.8	35.6	29.0
$f_y W_{el,y}$ = 94.4	0.866	$M_{b,Rd}$	90.0	77.7	65.8	55.3	46.9	40.3	35.3	28.1	23.4	19.7	16.9	14.8	13.2
$f_y W_{el,z}$ = 10.3	0.285	$M_{b,Rd}$	101	86.0	71.3	58.9	49.2	42.0	36.5	28.9	23.6	19.7	16.9	14.8	13.2
* 254x102x22	0.797	$N_{b,y,Rd}$	994	994	981	966	950	932	913	866	803	725	636	548	470
$N_{pl,Rd}$ = 994		$N_{b,z,Rd}$	814	623	439	310	227	172	135	88.7	62.7	46.7	36.1	28.7	23.4
$f_y W_{el,y}$ = 79.5	0.797	$M_{b,Rd}$	75.1	64.1	53.4	44.2	36.9	31.4	27.1	21.3	17.4	14.4	12.3	10.8	9.59
$f_y W_{el,z}$ = 8.17	0.274	$M_{b,Rd}$	84.8	71.0	57.8	46.9	38.6	32.5	28.0	21.8	17.4	14.4	12.3	10.8	9.59
203x133x30	1.00	$N_{b,y,Rd}$	1360	1350	1330	1300	1270	1240	1210	1120	994	853	717	599	503
$N_{pl,Rd}$ = 1360		$N_{b,z,Rd}$	1250	1120	961	782	620	493	396	268	193	145	112	89.9	73.5
$f_y W_{el,y}$ = 99.4	1.00	$M_{b,Rd}$	111	105	97.6	89.4	81.1	73.3	66.3	55.0	46.6	40.2	34.5	30.2	26.9
$f_y W_{el,z}$ = 20.2															
203x133x25	1.00	$N_{b,y,Rd}$	1140	1130	1110	1090	1060	1040	1010	926	821	700	586	488	409
$N_{pl,Rd}$ = 1140		$N_{b,z,Rd}$	1040	931	791	639	504	398	319	216	155	116	90.3	72.1	58.9
$f_y W_{el,y}$ = 81.7	1.00	$M_{b,Rd}$	91.6	85.9	78.9	71.4	63.8	56.7	50.5	40.8	34.0	28.1	24.0	20.9	18.6
$f_y W_{el,z}$ = 16.3															
203x102x23	1.00	$N_{b,y,Rd}$	1040	1040	1020	998	976	951	921	846	746	634	529	440	369
$N_{pl,Rd}$ = 1040		$N_{b,z,Rd}$	897	735	553	404	301	230	181	120	85.3	63.6	49.2	39.2	32.0
$f_y W_{el,y}$ = 73.5	1.00	$M_{b,Rd}$	71.9	65.6	59.0	52.3	46.2	41.0	36.6	30.0	24.9	20.9	18.1	16.0	14.3
$f_y W_{el,z}$ = 11.4	0.303	$M_{b,Rd}$	80.4	72.5	64.2	56.0	48.8	42.8	37.9	30.7	24.9	20.9	18.1	16.0	14.3
178x102x19	1.00	$N_{b,y,Rd}$	863	851	833	813	790	764	731	647	544	444	361	295	245
$N_{pl,Rd}$ = 863		$N_{b,z,Rd}$	742	610	459	336	251	192	151	100	71.1	53.0	41.0	32.7	26.6
$f_y W_{el,y}$ = 54.3	1.00	$M_{b,Rd}$	58.7	53.0	46.9	40.9	35.5	31.1	27.6	22.3	18.1	15.2	13.1	11.6	10.3
$f_y W_{el,z}$ = 9.59															
152x89x16	1.00	$N_{b,y,Rd}$	720	703	685	664	638	606	566	469	371	291	232	188	155
$N_{pl,Rd}$ = 721		$N_{b,z,Rd}$	595	460	327	232	170	129	101	66.7	47.2	35.1	27.1	21.6	17.6
$f_y W_{el,y}$ = 38.7	1.00	$M_{b,Rd}$	41.3	36.8	32.2	28.0	24.4	21.5	19.2	15.6	12.8	10.8	9.39	8.31	7.45
$f_y W_{el,z}$ = 7.10															
127x76x13	1.00	$N_{b,y,Rd}$	580	563	543	519	487	446	399	302	226	173	136	109	89.5
$N_{pl,Rd}$ = 586		$N_{b,z,Rd}$	455	325	218	151	109	82.4	64.3	42.2	29.8	22.1	17.1	13.6	11.1
$f_y W_{el,y}$ = 26.6	1.00	$M_{b,Rd}$	27.5	24.3	21.2	18.6	16.3	14.5	13.0	10.7	8.83	7.52	6.55	5.81	5.22
$f_y W_{el,z}$ = 5.33															

Advance and UKB are trademarks of Corus. A fuller description of the relationship between Universal Beams (UB) and the Advance range of sections manufactured by Corus is given in note 12.

$n = N_{Ed} / N_{pl,Rd}$

* The section can become class 4 under axial compression only. Under combined axial compression and bending the section becomes class 4 when the class 3 $N_{Ed} / N_{pl,Rd}$ limit is exceeded.

Under combined axial compression and bending the resistances are only valid up to the given $N_{Ed} / N_{pl,Rd}$ limit. For higher values of $n=N_{Ed}/N_{pl,Rd}$ the section would be overloaded due to N_{Ed} alone even when M_{Ed} is zero, because N_{Ed} would exceed the local buckling resistance of the section.

FOR EXPLANATION OF TABLES SEE NOTE 10.

BS EN 1993-1-1:2005
BS 4-1:2005

AXIAL FORCE & BENDING

S355 / Advance355

UNIVERSAL COLUMNS
Advance UKC

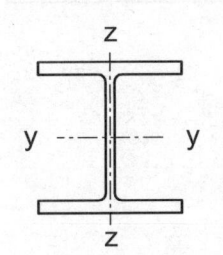

Cross-section resistance check

Section Designation and Axial Resistance $N_{pl,Rd}$ (kN)	n Limit Class 3 Class 2	Moment Resistance $M_{c,y,Rd}$, $M_{c,z,Rd}$ (kNm) and Reduced Moment Resistance $M_{N,y,Rd}$, $M_{N,z,Rd}$ (kNm) for Ratios of Design Axial Force to Design Axial Plastic Resistance $n = N_{Ed}/N_{pl,Rd}$											
		n	0.0	0.1	0.2	0.3	0.4	0.5	0.6	0.7	0.8	0.9	1.0
356x406x634 $N_{pl,Rd} = 26300$	n/a 1.00	$M_{c,y,Rd}$	4630	4630	4630	4630	4630	4630	4630	4630	4630	4630	4630
		$M_{c,z,Rd}$	2310	2310	2310	2310	2310	2310	2310	2310	2310	2310	2310
		$M_{N,y,Rd}$	4630	4610	4090	3580	3070	2560	2050	1540	1020	512	0
		$M_{N,z,Rd}$	2310	2310	2310	2270	2160	1970	1720	1400	1000	536	0
356x406x551 $N_{pl,Rd} = 22800$	n/a 1.00	$M_{c,y,Rd}$	3920	3920	3920	3920	3920	3920	3920	3920	3920	3920	3920
		$M_{c,z,Rd}$	1970	1970	1970	1970	1970	1970	1970	1970	1970	1970	1970
		$M_{N,y,Rd}$	3920	3910	3480	3040	2610	2170	1740	1300	870	435	0
		$M_{N,z,Rd}$	1970	1970	1970	1940	1840	1690	1470	1190	857	459	0
356x406x467 $N_{pl,Rd} = 19900$	n/a 1.00	$M_{c,y,Rd}$	3350	3350	3350	3350	3350	3350	3350	3350	3350	3350	3350
		$M_{c,z,Rd}$	1690	1690	1690	1690	1690	1690	1690	1690	1690	1690	1690
		$M_{N,y,Rd}$	3350	3340	2970	2600	2230	1860	1490	1110	743	372	0
		$M_{N,z,Rd}$	1690	1690	1690	1660	1580	1450	1260	1020	735	394	0
356x406x393 $N_{pl,Rd} = 16800$	n/a 1.00	$M_{c,y,Rd}$	2750	2750	2750	2750	2750	2750	2750	2750	2750	2750	2750
		$M_{c,z,Rd}$	1390	1390	1390	1390	1390	1390	1390	1390	1390	1390	1390
		$M_{N,y,Rd}$	2750	2750	2450	2140	1840	1530	1220	919	612	306	0
		$M_{N,z,Rd}$	1390	1390	1390	1370	1300	1200	1040	848	609	326	0
356x406x340 $N_{pl,Rd} = 14500$	n/a 1.00	$M_{c,y,Rd}$	2340	2340	2340	2340	2340	2340	2340	2340	2340	2340	2340
		$M_{c,z,Rd}$	1190	1190	1190	1190	1190	1190	1190	1190	1190	1190	1190
		$M_{N,y,Rd}$	2340	2340	2090	1830	1560	1300	1040	782	521	261	0
		$M_{N,z,Rd}$	1190	1190	1190	1170	1110	1020	891	724	520	279	0
356x406x287 $N_{pl,Rd} = 12600$	n/a 1.00	$M_{c,y,Rd}$	2010	2010	2010	2010	2010	2010	2010	2010	2010	2010	2010
		$M_{c,z,Rd}$	1020	1020	1020	1020	1020	1020	1020	1020	1020	1020	1020
		$M_{N,y,Rd}$	2010	2010	1790	1560	1340	1120	893	670	447	223	0
		$M_{N,z,Rd}$	1020	1020	1020	1000	956	877	766	623	447	240	0
356x406x235 $N_{pl,Rd} = 10300$	n/a 1.00	$M_{c,y,Rd}$	1620	1620	1620	1620	1620	1620	1620	1620	1620	1620	1620
		$M_{c,z,Rd}$	822	822	822	822	822	822	822	822	822	822	822
		$M_{N,y,Rd}$	1620	1620	1440	1260	1080	900	720	540	360	180	0
		$M_{N,z,Rd}$	822	822	822	810	772	708	618	502	361	193	0

Advance and UKC are trademarks of Corus. A fuller description of the relationship between Universal Columns (UC) and the Advance range of sections manufactured by Corus is given in note 12.

N_{Ed} = Design value of the axial force.

$n = N_{Ed} / N_{pl,Rd}$

The values in this table are conservative for tension as the more onerous compression section classification limits have been used.
FOR EXPLANATION OF TABLES SEE NOTE 10.

| BS EN 1993-1-1:2005 / BS 4-1:2005 | AXIAL FORCE & BENDING | S355 / Advance355 |

UNIVERSAL COLUMNS
Advance UKC

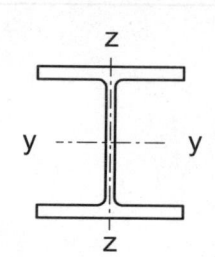

Member buckling check

Section Designation and Resistances (kN, kNm)	n Limit	Compression Resistance $N_{b,y,Rd}$, $N_{b,z,Rd}$ (kN) and Buckling Resistance Moment $M_{b,Rd}$ (kNm) for Varying buckling lengths L (m) within the limiting value of $n = N_{Ed} / N_{pl,Rd}$													
		L (m)	2.0	3.0	4.0	5.0	6.0	7.0	8.0	9.0	10.0	11.0	12.0	13.0	14.0
356x406x634 $N_{pl,Rd}$ = 26300 $f_y W_{el,y}$ = 3760 $f_y W_{el,z}$ = 1500	1.00 / 1.00	$N_{b,y,Rd}$ $N_{b,z,Rd}$ $M_{b,Rd}$	26300 25900 4630	26200 24400 4630	25600 22800 4630	24900 21100 4630	24200 19300 4610	23500 17400 4540	22700 15600 4470	21800 13800 4410	20900 12200 4350	19800 10800 4300	18800 9510 4240	17600 8430 4190	16500 7510 4130
356x406x551 $N_{pl,Rd}$ = 22800 $f_y W_{el,y}$ = 3240 $f_y W_{el,z}$ = 1280	1.00 / 1.00	$N_{b,y,Rd}$ $N_{b,z,Rd}$ $M_{b,Rd}$	22800 22500 3920	22700 21100 3920	22200 19700 3920	21600 18300 3920	21000 16700 3880	20300 15000 3810	19600 13400 3750	18800 11900 3690	17900 10500 3640	17000 9230 3590	16000 8150 3530	15000 7220 3480	14000 6430 3430
356x406x467 $N_{pl,Rd}$ = 19900 $f_y W_{el,y}$ = 2810 $f_y W_{el,z}$ = 1100	1.00 / 1.00	$N_{b,y,Rd}$ $N_{b,z,Rd}$ $M_{b,Rd}$	19900 19600 3350	19800 18300 3350	19300 17100 3350	18700 15700 3330	18200 14300 3260	17500 12800 3200	16900 11300 3140	16100 9980 3090	15300 8760 3030	14400 7690 2980	13500 6770 2930	12600 5990 2880	11700 5320 2830
356x406x393 $N_{pl,Rd}$ = 16800 $f_y W_{el,y}$ = 2340 $f_y W_{el,z}$ = 911	1.00 / 1.00	$N_{b,y,Rd}$ $N_{b,z,Rd}$ $M_{b,Rd}$	16800 16400 2750	16600 15400 2750	16200 14300 2750	15700 13100 2710	15200 11900 2650	14700 10600 2590	14100 9370 2540	13400 8220 2490	12700 7190 2430	12000 6300 2380	11200 5540 2340	10400 4890 2290	9590 4340 2240
356x406x340 $N_{pl,Rd}$ = 14500 $f_y W_{el,y}$ = 2020 $f_y W_{el,z}$ = 779	1.00 / 1.00	$N_{b,y,Rd}$ $N_{b,z,Rd}$ $M_{b,Rd}$	14500 14200 2340	14400 13300 2340	14000 12300 2340	13600 11300 2290	13100 10200 2230	12600 9100 2180	12100 8020 2130	11500 7020 2070	10900 6140 2030	10200 5370 1980	9510 4720 1930	8810 4170 1890	8120 3700 1840
356x406x287 $N_{pl,Rd}$ = 12600 $f_y W_{el,y}$ = 1750 $f_y W_{el,z}$ = 669	1.00 / 1.00	$N_{b,y,Rd}$ $N_{b,z,Rd}$ $M_{b,Rd}$	12600 12300 2010	12500 11500 2010	12100 10600 2000	11700 9720 1930	11300 8740 1880	10900 7750 1820	10400 6800 1770	9870 5930 1720	9290 5170 1670	8670 4510 1620	8040 3960 1570	7410 3490 1530	6800 3090 1480
356x406x235 $N_{pl,Rd}$ = 10300 $f_y W_{el,y}$ = 1430 $f_y W_{el,z}$ = 542	1.00 / 1.00	$N_{b,y,Rd}$ $N_{b,z,Rd}$ $M_{b,Rd}$	10300 10000 1620	10200 9370 1620	9880 8660 1600	9570 7900 1540	9230 7100 1490	8870 6280 1440	8460 5500 1390	8010 4790 1340	7530 4170 1290	7010 3630 1250	6490 3180 1200	5970 2810 1160	5470 2490 1120

Advance and UKC are trademarks of Corus. A fuller description of the relationship between Universal Columns (UC) and the Advance range of sections manufactured by Corus is given in note 12.

$n = N_{Ed} / N_{pl,Rd}$

Under combined axial compression and bending the resistances are only valid up to the given $N_{Ed} / N_{pl,Rd}$ limit. For higher values of $n = N_{Ed}/N_{pl,Rd}$ the section would be overloaded due to N_{Ed} alone even when M_{Ed} is zero, because N_{Ed} would exceed the local buckling resistance of the section.

FOR EXPLANATION OF TABLES SEE NOTE 10.

| BS EN 1993-1-1:2005 BS 4-1:2005 | **AXIAL FORCE & BENDING** | **S355 / Advance355** |

UNIVERSAL COLUMNS
Advance UKC

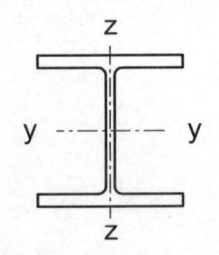

Cross-section resistance check

Section Designation and Axial Resistance $N_{pl,Rd}$ (kN)	n Limit Class 3 Class 2	Moment Resistance $M_{c,y,Rd}$, $M_{c,z,Rd}$ (kNm) and Reduced Moment Resistance $M_{N,y,Rd}$, $M_{N,z,Rd}$ (kNm) for Ratios of Design Axial Force to Design Axial Plastic Resistance $n = N_{Ed} / N_{pl,Rd}$											
		n	0.0	0.1	0.2	0.3	0.4	0.5	0.6	0.7	0.8	0.9	1.0
356x368x202 $N_{pl,Rd}$ = 8870	n/a 1.00	$M_{c,y,Rd}$	1370	1370	1370	1370	1370	1370	1370	1370	1370	1370	1370
		$M_{c,z,Rd}$	662	662	662	662	662	662	662	662	662	662	662
		$M_{N,y,Rd}$	1370	1370	1230	1070	920	767	613	460	307	153	0
		$M_{N,z,Rd}$	662	662	662	654	625	574	502	409	294	158	0
356x368x177 $N_{pl,Rd}$ = 7800	n/a 1.00	$M_{c,y,Rd}$	1190	1190	1190	1190	1190	1190	1190	1190	1190	1190	1190
		$M_{c,z,Rd}$	576	576	576	576	576	576	576	576	576	576	576
		$M_{N,y,Rd}$	1190	1190	1070	935	802	668	534	401	267	134	0
		$M_{N,z,Rd}$	576	576	576	570	544	500	438	356	256	138	0
356x368x153 $N_{pl,Rd}$ = 6730	n/a 1.00	$M_{c,y,Rd}$	1020	1020	1020	1020	1020	1020	1020	1020	1020	1020	1020
		$M_{c,z,Rd}$	495	495	495	495	495	495	495	495	495	495	495
		$M_{N,y,Rd}$	1020	1020	916	802	687	573	458	344	229	115	0
		$M_{N,z,Rd}$	495	495	495	489	467	429	375	306	220	118	0
356x368x129 $N_{pl,Rd}$ = 5660	1.00 0.00	$M_{c,y,Rd}$	781	781	781	781	781	781	781	781	781	781	781
		$M_{c,z,Rd}$	274	274	274	274	274	274	274	274	274	274	274
		$M_{N,y,Rd}$	-	-	-	-	-	-	-	-	-	-	-
		$M_{N,z,Rd}$	-	-	-	-	-	-	-	-	-	-	-
305x305x283 $N_{pl,Rd}$ = 12100	n/a 1.00	$M_{c,y,Rd}$	1710	1710	1710	1710	1710	1710	1710	1710	1710	1710	1710
		$M_{c,z,Rd}$	785	785	785	785	785	785	785	785	785	785	785
		$M_{N,y,Rd}$	1710	1710	1530	1340	1150	956	765	573	382	191	0
		$M_{N,z,Rd}$	785	785	785	775	739	679	594	483	347	186	0
305x305x240 $N_{pl,Rd}$ = 10600	n/a 1.00	$M_{c,y,Rd}$	1470	1470	1470	1470	1470	1470	1470	1470	1470	1470	1470
		$M_{c,z,Rd}$	673	673	673	673	673	673	673	673	673	673	673
		$M_{N,y,Rd}$	1470	1470	1310	1150	985	821	657	493	328	164	0
		$M_{N,z,Rd}$	673	673	673	665	636	584	511	416	299	161	0
305x305x198 $N_{pl,Rd}$ = 8690	n/a 1.00	$M_{c,y,Rd}$	1190	1190	1190	1190	1190	1190	1190	1190	1190	1190	1190
		$M_{c,z,Rd}$	545	545	545	545	545	545	545	545	545	545	545
		$M_{N,y,Rd}$	1190	1190	1060	932	798	665	532	399	266	133	0
		$M_{N,z,Rd}$	545	545	545	539	515	474	415	338	243	130	0

Advance and UKC are trademarks of Corus. A fuller description of the relationship between Universal Columns (UC) and the Advance range of sections manufactured by Corus is given in note 12.

N_{Ed} = Design value of the axial force.

$n = N_{Ed} / N_{pl,Rd}$

- Not applicable for class 3 and class 4 sections.

The values in this table are conservative for tension as the more onerous compression section classification limits have been used.

FOR EXPLANATION OF TABLES SEE NOTE 10.

| BS EN 1993-1-1:2005 |
| BS 4-1:2005 |

AXIAL FORCE & BENDING

S355 / Advance355

UNIVERSAL COLUMNS
Advance UKC

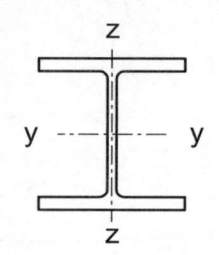

Member buckling check

Section Designation and Resistances (kN, kNm)	n Limit	Compression Resistance $N_{b,y,Rd}$, $N_{b,z,Rd}$ (kN) and Buckling Resistance Moment $M_{b,Rd}$ (kNm) for Varying buckling lengths L (m) within the limiting value of $n = N_{Ed} / N_{pl,Rd}$												
		L (m)	2.0	3.0	4.0	5.0	6.0	7.0	8.0	9.0	10.0	11.0	12.0	13.0	14.0
356x368x202 $N_{pl,Rd}$ = 8870 $f_y W_{el,y}$ = 1220 $f_y W_{el,z}$ = 436	1.00 1.00	$N_{b,y,Rd}$ $N_{b,z,Rd}$ $M_{b,Rd}$	8870 8560 1370	8740 7940 1370	8480 7290 1340	8210 6580 1290	7910 5830 1240	7590 5100 1190	7230 4410 1140	6840 3810 1090	6420 3290 1050	5970 2850 1000	5510 2490 960	5060 2180 920	4630 1930 881
356x368x177 $N_{pl,Rd}$ = 7800 $f_y W_{el,y}$ = 1070 $f_y W_{el,z}$ = 380	1.00 1.00	$N_{b,y,Rd}$ $N_{b,z,Rd}$ $M_{b,Rd}$	7800 7520 1190	7680 6970 1190	7450 6390 1160	7200 5760 1110	6940 5110 1060	6650 4450 1020	6330 3850 970	5970 3320 924	5590 2860 880	5190 2480 838	4780 2170 797	4390 1900 760	4010 1680 724
356x368x153 $N_{pl,Rd}$ = 6730 $f_y W_{el,y}$ = 926 $f_y W_{el,z}$ = 327	1.00 1.00	$N_{b,y,Rd}$ $N_{b,z,Rd}$ $M_{b,Rd}$	6730 6480 1020	6620 6010 1020	6420 5500 990	6210 4960 946	5980 4390 902	5730 3820 857	5450 3300 812	5140 2840 769	4800 2450 727	4460 2130 687	4100 1850 649	3760 1630 614	3430 1440 582
356x368x129 $N_{pl,Rd}$ = 5660 $f_y W_{el,y}$ = 781 $f_y W_{el,z}$ = 274	1.00 1.00	$N_{b,y,Rd}$ $N_{b,z,Rd}$ $M_{b,Rd}$	5660 5450 781	5560 5050 781	5390 4620 760	5210 4160 726	5010 3670 691	4790 3200 656	4550 2760 621	4290 2370 586	4000 2040 551	3710 1770 519	3400 1540 489	3110 1350 461	2840 1190 435
305x305x283 $N_{pl,Rd}$ = 12100 $f_y W_{el,y}$ = 1450 $f_y W_{el,z}$ = 512	1.00 1.00	$N_{b,y,Rd}$ $N_{b,z,Rd}$ $M_{b,Rd}$	12100 11400 1710	11800 10400 1710	11400 9360 1680	11000 8220 1640	10600 7070 1590	10100 5990 1550	9540 5060 1510	8930 4280 1480	8290 3650 1440	7620 3130 1400	6960 2710 1370	6330 2370 1330	5750 2080 1300
305x305x240 $N_{pl,Rd}$ = 10600 $f_y W_{el,y}$ = 1260 $f_y W_{el,z}$ = 440	1.00 1.00	$N_{b,y,Rd}$ $N_{b,z,Rd}$ $M_{b,Rd}$	10600 9930 1470	10300 9050 1470	9960 8080 1430	9580 7050 1380	9170 6010 1340	8710 5070 1300	8200 4260 1260	7640 3590 1220	7050 3050 1180	6440 2610 1150	5860 2260 1110	5300 1970 1080	4790 1730 1040
305x305x198 $N_{pl,Rd}$ = 8690 $f_y W_{el,y}$ = 1030 $f_y W_{el,z}$ = 358	1.00 1.00	$N_{b,y,Rd}$ $N_{b,z,Rd}$ $M_{b,Rd}$	8690 8160 1190	8470 7420 1190	8180 6610 1140	7860 5740 1100	7510 4880 1060	7120 4100 1020	6680 3440 982	6200 2900 946	5700 2460 911	5190 2110 877	4700 1820 844	4250 1590 813	3830 1390 783

Advance and UKC are trademarks of Corus. A fuller description of the relationship between Universal Columns (UC) and the Advance range of sections manufactured by Corus is given in note 12.

$n = N_{Ed} / N_{pl,Rd}$

Under combined axial compression and bending the resistances are only valid up to the given $N_{Ed} / N_{pl,Rd}$ limit. For higher values of $n = N_{Ed}/N_{pl,Rd}$ the section would be overloaded due to N_{Ed} alone even when M_{Ed} is zero, because N_{Ed} would exceed the local buckling resistance of the section.

FOR EXPLANATION OF TABLES SEE NOTE 10.

| BS EN 1993-1-1:2005 BS 4-1:2005 | **AXIAL FORCE & BENDING** UNIVERSAL COLUMNS Advance UKC |

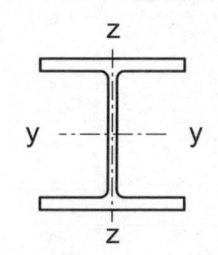

Cross-section resistance check

Section Designation and Axial Resistance $N_{pl,Rd}$ (kN)	n Limit Class 3 Class 2	Moment Resistance $M_{c,y,Rd}$, $M_{c,z,Rd}$ (kNm) and Reduced Moment Resistance $M_{N,y,Rd}$, $M_{N,z,Rd}$ (kNm) for Ratios of Design Axial Force to Design Axial Plastic Resistance $n = N_{Ed}/N_{pl,Rd}$											
		n	0.0	0.1	0.2	0.3	0.4	0.5	0.6	0.7	0.8	0.9	1.0
305x305x158 $N_{pl,Rd}$ = 6930	n/a 1.00	$M_{c,y,Rd}$	925	925	925	925	925	925	925	925	925	925	925
		$M_{c,z,Rd}$	424	424	424	424	424	424	424	424	424	424	424
		$M_{N,y,Rd}$	925	925	834	730	626	521	417	313	209	104	0
		$M_{N,z,Rd}$	424	424	424	420	403	371	325	265	191	103	0
305x305x137 $N_{pl,Rd}$ = 6000	n/a 1.00	$M_{c,y,Rd}$	792	792	792	792	792	792	792	792	792	792	792
		$M_{c,z,Rd}$	363	363	363	363	363	363	363	363	363	363	363
		$M_{N,y,Rd}$	792	792	716	626	537	447	358	268	179	89.5	0
		$M_{N,z,Rd}$	363	363	363	360	345	318	279	228	164	88.1	0
305x305x118 $N_{pl,Rd}$ = 5180	n/a 1.00	$M_{c,y,Rd}$	675	675	675	675	675	675	675	675	675	675	675
		$M_{c,z,Rd}$	309	309	309	309	309	309	309	309	309	309	309
		$M_{N,y,Rd}$	675	675	612	535	459	382	306	229	153	76.5	0
		$M_{N,z,Rd}$	309	309	309	307	294	272	238	194	140	75.3	0
305x305x97 $N_{pl,Rd}$ = 4370	1.00 0.00	$M_{c,y,Rd}$	513	513	513	513	513	513	513	513	513	513	513
		$M_{c,z,Rd}$	170	170	170	170	170	170	170	170	170	170	170
		$M_{N,y,Rd}$	-	-	-	-	-	-	-	-	-	-	-
		$M_{N,z,Rd}$	-	-	-	-	-	-	-	-	-	-	-
254x254x167 $N_{pl,Rd}$ = 7350	n/a 1.00	$M_{c,y,Rd}$	836	836	836	836	836	836	836	836	836	836	836
		$M_{c,z,Rd}$	392	392	392	392	392	392	392	392	392	392	392
		$M_{N,y,Rd}$	836	836	748	654	561	467	374	280	187	93.5	0
		$M_{N,z,Rd}$	392	392	392	387	370	340	297	242	174	93.1	0
254x254x132 $N_{pl,Rd}$ = 5800	n/a 1.00	$M_{c,y,Rd}$	645	645	645	645	645	645	645	645	645	645	645
		$M_{c,z,Rd}$	303	303	303	303	303	303	303	303	303	303	303
		$M_{N,y,Rd}$	645	645	577	505	433	361	289	217	144	72.2	0
		$M_{N,z,Rd}$	303	303	303	299	286	263	230	187	134	72.1	0
254x254x107 $N_{pl,Rd}$ = 4690	n/a 1.00	$M_{c,y,Rd}$	512	512	512	512	512	512	512	512	512	512	512
		$M_{c,z,Rd}$	240	240	240	240	240	240	240	240	240	240	240
		$M_{N,y,Rd}$	512	512	460	403	345	288	230	173	115	57.5	0
		$M_{N,z,Rd}$	240	240	240	238	228	209	183	149	107	57.7	0

Advance and UKC are trademarks of Corus. A fuller description of the relationship between Universal Columns (UC) and the Advance range of sections manufactured by Corus is given in note 12.

N_{Ed} = Design value of the axial force.

$n = N_{Ed}/N_{pl,Rd}$

- Not applicable for class 3 and class 4 sections.

The values in this table are conservative for tension as the more onerous compression section classification limits have been used.

FOR EXPLANATION OF TABLES SEE NOTE 10.

BS EN 1993-1-1:2005
BS 4-1:2005

AXIAL FORCE & BENDING

S355 / Advance355

UNIVERSAL COLUMNS
Advance UKC

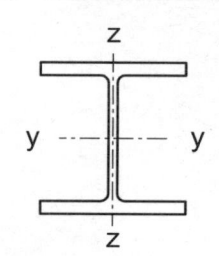

Member buckling check

Section Designation and Resistances (kN, kNm)	n Limit		Compression Resistance $N_{b,y,Rd}$, $N_{b,z,Rd}$ (kN) and Buckling Resistance Moment $M_{b,Rd}$ (kNm) for Varying buckling lengths L (m) within the limiting value of $n = N_{Ed} / N_{pl,Rd}$											
		L (m)	1.0	1.5	2.0	2.5	3.0	3.5	4.0	5.0	6.0	7.0	8.0	9.0	10.0
305x305x158 $N_{pl,Rd}$ = 6930 $f_y W_{el,y}$ = 817 $f_y W_{el,z}$ = 279	1.00 1.00	$N_{b,y,Rd}$ $N_{b,z,Rd}$ $M_{b,Rd}$	6930 6930 925	6930 6780 925	6930 6490 925	6860 6190 925	6740 5880 918	6620 5560 897	6500 5220 877	6240 4520 838	5950 3830 801	5630 3200 764	5260 2680 729	4870 2250 694	4460 1910 662
305x305x137 $N_{pl,Rd}$ = 6000 $f_y W_{el,y}$ = 706 $f_y W_{el,z}$ = 239	1.00 1.00	$N_{b,y,Rd}$ $N_{b,z,Rd}$ $M_{b,Rd}$	6000 6000 792	6000 5860 792	6000 5610 792	5930 5350 792	5830 5080 783	5720 4800 764	5610 4500 746	5380 3880 709	5130 3280 673	4840 2740 637	4520 2290 603	4170 1920 570	3810 1630 539
305x305x118 $N_{pl,Rd}$ = 5180 $f_y W_{el,y}$ = 607 $f_y W_{el,z}$ = 203	1.00 1.00	$N_{b,y,Rd}$ $N_{b,z,Rd}$ $M_{b,Rd}$	5180 5180 675	5180 5050 675	5180 4830 675	5110 4600 675	5020 4370 665	4930 4120 648	4830 3860 630	4630 3330 596	4410 2800 562	4160 2340 528	3880 1950 495	3570 1640 464	3260 1390 435
305x305x97 $N_{pl,Rd}$ = 4370 $f_y W_{el,y}$ = 513 $f_y W_{el,z}$ = 170	1.00 1.00	$N_{b,y,Rd}$ $N_{b,z,Rd}$ $M_{b,Rd}$	4370 4370 513	4370 4240 513	4370 4050 513	4300 3860 513	4220 3650 506	4140 3440 492	4060 3220 479	3880 2750 451	3690 2300 423	3460 1910 395	3210 1590 367	2950 1330 342	2670 1120 318
254x254x167 $N_{pl,Rd}$ = 7350 $f_y W_{el,y}$ = 716 $f_y W_{el,z}$ = 257	1.00 1.00	$N_{b,y,Rd}$ $N_{b,z,Rd}$ $M_{b,Rd}$	7350 7350 836	7350 7030 836	7300 6680 836	7160 6300 836	7020 5910 826	6860 5490 809	6710 5060 794	6360 4200 765	5960 3420 738	5510 2780 712	5010 2270 687	4500 1880 663	4000 1580 639
254x254x132 $N_{pl,Rd}$ = 5800 $f_y W_{el,y}$ = 563 $f_y W_{el,z}$ = 199	1.00 1.00	$N_{b,y,Rd}$ $N_{b,z,Rd}$ $M_{b,Rd}$	5800 5800 645	5800 5530 645	5750 5240 645	5630 4940 645	5520 4630 630	5390 4290 615	5260 3940 601	4980 3250 574	4650 2640 549	4270 2130 525	3870 1740 501	3460 1440 479	3060 1210 457
254x254x107 $N_{pl,Rd}$ = 4690 $f_y W_{el,y}$ = 453 $f_y W_{el,z}$ = 158	1.00 1.00	$N_{b,y,Rd}$ $N_{b,z,Rd}$ $M_{b,Rd}$	4690 4690 512	4690 4470 512	4640 4230 512	4550 3980 509	4450 3720 495	4350 3440 482	4240 3160 469	3990 2590 444	3720 2090 419	3400 1690 396	3060 1380 374	2720 1140 353	2400 955 334

Advance and UKC are trademarks of Corus. A fuller description of the relationship between Universal Columns (UC) and the Advance range of sections manufactured by Corus is given in note 12.

$n = N_{Ed} / N_{pl,Rd}$

Under combined axial compression and bending the resistances are only valid up to the given $N_{Ed} / N_{pl,Rd}$ limit. For higher values of $n=N_{Ed}/N_{pl,Rd}$ the section would be overloaded due to N_{Ed} alone even when M_{Ed} is zero, because N_{Ed} would exceed the local buckling resistance of the section.

FOR EXPLANATION OF TABLES SEE NOTE 10.

BS EN 1993-1-1:2005
BS 4-1:2005

AXIAL FORCE & BENDING

S355 / Advance355

UNIVERSAL COLUMNS
Advance UKC

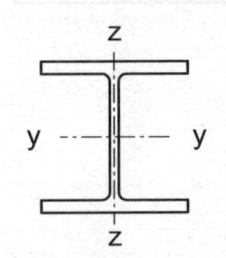

Cross-section resistance check

Section Designation and Axial Resistance $N_{pl,Rd}$ (kN)	n Limit Class 3 Class 2	Moment Resistance $M_{c,y,Rd}$, $M_{c,z,Rd}$ (kNm) and Reduced Moment Resistance $M_{N,y,Rd}$, $M_{N,z,Rd}$ (kNm) for Ratios of Design Axial Force to Design Axial Plastic Resistance $n = N_{Ed} / N_{pl,Rd}$											
		n	0.0	0.1	0.2	0.3	0.4	0.5	0.6	0.7	0.8	0.9	1.0
254x254x89 $N_{pl,Rd}$ = 3900	n/a 1.00	$M_{c,y,Rd}$	422	422	422	422	422	422	422	422	422	422	422
		$M_{c,z,Rd}$	198	198	198	198	198	198	198	198	198	198	198
		$M_{N,y,Rd}$	422	422	379	331	284	237	189	142	94.6	47.3	0
		$M_{N,z,Rd}$	198	198	198	196	187	172	151	123	88.3	47.4	0
254x254x73 $N_{pl,Rd}$ = 3310	n/a 1.00	$M_{c,y,Rd}$	352	352	352	352	352	352	352	352	352	352	352
		$M_{c,z,Rd}$	165	165	165	165	165	165	165	165	165	165	165
		$M_{N,y,Rd}$	352	352	317	278	238	198	159	119	79.3	39.6	0
		$M_{N,z,Rd}$	165	165	165	164	157	144	126	103	74.1	39.8	0
203x203x127 + $N_{pl,Rd}$ = 5590	n/a 1.00	$M_{c,y,Rd}$	523	523	523	523	523	523	523	523	523	523	523
		$M_{c,z,Rd}$	243	243	243	243	243	243	243	243	243	243	243
		$M_{N,y,Rd}$	523	523	467	408	350	292	233	175	117	58.3	0
		$M_{N,z,Rd}$	243	243	243	240	228	210	183	149	107	57.3	0
203x203x113 + $N_{pl,Rd}$ = 5000	n/a 1.00	$M_{c,y,Rd}$	459	459	459	459	459	459	459	459	459	459	459
		$M_{c,z,Rd}$	213	213	213	213	213	213	213	213	213	213	213
		$M_{N,y,Rd}$	459	459	411	359	308	257	205	154	103	51.3	0
		$M_{N,z,Rd}$	213	213	213	211	201	185	162	132	94.6	50.7	0
203x203x100 + $N_{pl,Rd}$ = 4380	n/a 1.00	$M_{c,y,Rd}$	396	396	396	396	396	396	396	396	396	396	396
		$M_{c,z,Rd}$	184	184	184	184	184	184	184	184	184	184	184
		$M_{N,y,Rd}$	396	396	355	311	266	222	178	133	88.8	44.4	0
		$M_{N,z,Rd}$	184	184	184	182	174	160	140	114	81.9	44.0	0
203x203x86 $N_{pl,Rd}$ = 3800	n/a 1.00	$M_{c,y,Rd}$	337	337	337	337	337	337	337	337	337	337	337
		$M_{c,z,Rd}$	157	157	157	157	157	157	157	157	157	157	157
		$M_{N,y,Rd}$	337	337	303	265	227	189	152	114	75.8	37.9	0
		$M_{N,z,Rd}$	157	157	157	156	149	137	120	97.8	70.4	37.8	0
203x203x71 $N_{pl,Rd}$ = 3120	n/a 1.00	$M_{c,y,Rd}$	276	276	276	276	276	276	276	276	276	276	276
		$M_{c,z,Rd}$	129	129	129	129	129	129	129	129	129	129	129
		$M_{N,y,Rd}$	276	276	246	216	185	154	123	92.4	61.6	30.8	0
		$M_{N,z,Rd}$	129	129	129	127	121	112	97.5	79.3	57.0	30.6	0

Advance and UKC are trademarks of Corus. A fuller description of the relationship between Universal Columns (UC) and the Advance range of sections manufactured by Corus is given in note 12.

+ These sections are in addition to the range of BS 4 sections

N_{Ed} = Design value of the axial force.

$n = N_{Ed} / N_{pl,Rd}$

The values in this table are conservative for tension as the more onerous compression section classification limits have been used.

FOR EXPLANATION OF TABLES SEE NOTE 10.

BS EN 1993-1-1:2005
BS 4-1:2005

AXIAL FORCE & BENDING

S355 / Advance355

UNIVERSAL COLUMNS
Advance UKC

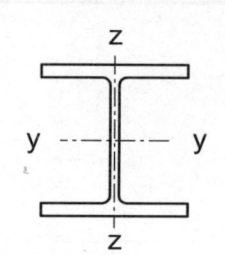

Member buckling check

Section Designation and Resistances (kN, kNm)	n Limit		Compression Resistance $N_{b,y,Rd}$, $N_{b,z,Rd}$ (kN) and Buckling Resistance Moment $M_{b,Rd}$ (kNm) for Varying buckling lengths L (m) within the limiting value of $n = N_{Ed}/N_{pl,Rd}$												
		L (m)	1.0	1.5	2.0	2.5	3.0	3.5	4.0	5.0	6.0	7.0	8.0	9.0	10.0
254x254x89 $N_{pl,Rd}$ = 3900 $f_y W_{el,y}$ = 378 $f_y W_{el,z}$ = 131	1.00 1.00	$N_{b,y,Rd}$ $N_{b,z,Rd}$ $M_{b,Rd}$	3900 3900 422	3900 3710 422	3860 3510 422	3780 3300 417	3690 3080 405	3610 2850 393	3510 2610 381	3310 2140 357	3070 1720 334	2810 1390 312	2520 1130 291	2240 938 272	1970 785 254
254x254x73 $N_{pl,Rd}$ = 3310 $f_y W_{el,y}$ = 319 $f_y W_{el,z}$ = 109	1.00 1.00	$N_{b,y,Rd}$ $N_{b,z,Rd}$ $M_{b,Rd}$	3310 3300 352	3310 3130 352	3260 2960 352	3190 2780 345	3120 2580 334	3040 2380 322	2960 2170 311	2780 1770 288	2580 1410 265	2340 1140 243	2090 925 223	1850 762 205	1620 637 189
203x203x127 + $N_{pl,Rd}$ = 5590 $f_y W_{el,y}$ = 441 $f_y W_{el,z}$ = 159	1.00 1.00	$N_{b,y,Rd}$ $N_{b,z,Rd}$ $M_{b,Rd}$	5590 5490 523	5590 5160 523	5460 4810 523	5320 4430 519	5180 4040 508	5030 3630 497	4870 3220 488	4500 2500 469	4070 1940 452	3600 1520 435	3130 1220 419	2700 998 403	2320 829 388
203x203x113 + $N_{pl,Rd}$ = 5000 $f_y W_{el,y}$ = 391 $f_y W_{el,z}$ = 139	1.00 1.00	$N_{b,y,Rd}$ $N_{b,z,Rd}$ $M_{b,Rd}$	5000 4910 459	5000 4610 459	4880 4290 459	4760 3950 452	4630 3590 441	4490 3220 431	4340 2860 422	4000 2210 404	3600 1710 388	3170 1340 371	2750 1080 356	2360 879 341	2030 730 326
203x203x100 + $N_{pl,Rd}$ = 4380 $f_y W_{el,y}$ = 341 $f_y W_{el,z}$ = 121	1.00 1.00	$N_{b,y,Rd}$ $N_{b,z,Rd}$ $M_{b,Rd}$	4380 4290 396	4370 4030 396	4270 3750 396	4160 3450 387	4040 3130 377	3920 2800 368	3780 2480 359	3470 1910 342	3120 1470 326	2740 1160 311	2360 926 296	2020 755 282	1740 627 268
203x203x86 $N_{pl,Rd}$ = 3800 $f_y W_{el,y}$ = 293 $f_y W_{el,z}$ = 103	1.00 1.00	$N_{b,y,Rd}$ $N_{b,z,Rd}$ $M_{b,Rd}$	3800 3710 337	3780 3480 337	3690 3230 337	3590 2970 327	3490 2690 318	3380 2400 309	3260 2120 300	2980 1630 284	2670 1260 269	2330 986 254	2000 789 240	1710 644 226	1460 534 214
203x203x71 $N_{pl,Rd}$ = 3120 $f_y W_{el,y}$ = 244 $f_y W_{el,z}$ = 84.8	1.00 1.00	$N_{b,y,Rd}$ $N_{b,z,Rd}$ $M_{b,Rd}$	3120 3050 276	3110 2860 276	3030 2650 274	2950 2430 265	2860 2200 256	2770 1960 248	2670 1730 240	2440 1330 224	2170 1020 209	1890 801 195	1620 640 182	1390 522 171	1180 433 160

Advance and UKC are trademarks of Corus. A fuller description of the relationship between Universal Columns (UC) and the Advance range of sections manufactured by Corus is given in note 12.

+ These sections are in addition to the range of BS 4 sections

$n = N_{Ed} / N_{pl,Rd}$

Under combined axial compression and bending the resistances are only valid up to the given $N_{Ed}/N_{pl,Rd}$ limit. For higher values of $n=N_{Ed}/N_{pl,Rd}$ the section would be overloaded due to N_{Ed} alone even when M_{Ed} is zero, because N_{Ed} would exceed the local buckling resistance of the section.

FOR EXPLANATION OF TABLES SEE NOTE 10.

AXIAL FORCE & BENDING

BS EN 1993-1-1:2005
BS 4-1:2005

S355 / Advance355

UNIVERSAL COLUMNS
Advance UKC

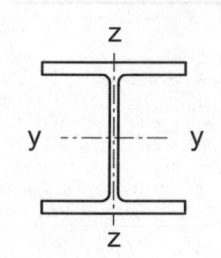

Cross-section resistance check

Section Designation and Axial Resistance $N_{pl,Rd}$ (kN)	n Limit Class 3 Class 2		Moment Resistance $M_{c,y,Rd}$, $M_{c,z,Rd}$ (kNm) and Reduced Moment Resistance $M_{N,y,Rd}$, $M_{N,z,Rd}$ (kNm) for Ratios of Design Axial Force to Design Axial Plastic Resistance $n = N_{Ed} / N_{pl,Rd}$										
		n	0.0	0.1	0.2	0.3	0.4	0.5	0.6	0.7	0.8	0.9	1.0
203x203x60 $N_{pl,Rd}$ = 2710	n/a 1.00	$M_{c,y,Rd}$	233	233	233	233	233	233	233	233	233	233	233
		$M_{c,z,Rd}$	108	108	108	108	108	108	108	108	108	108	108
		$M_{N,y,Rd}$	233	233	211	185	158	132	106	79.2	52.8	26.4	0
		$M_{N,z,Rd}$	108	108	108	108	103	95.4	83.7	68.3	49.3	26.5	0
203x203x52 $N_{pl,Rd}$ = 2350	n/a 1.00	$M_{c,y,Rd}$	201	201	201	201	201	201	201	201	201	201	201
		$M_{c,z,Rd}$	93.8	93.8	93.8	93.8	93.8	93.8	93.8	93.8	93.8	93.8	93.8
		$M_{N,y,Rd}$	201	201	182	159	137	114	91.0	68.3	45.5	22.8	0
		$M_{N,z,Rd}$	93.8	93.8	93.8	93.0	89.2	82.2	72.1	58.8	42.4	22.8	0
203x203x46 $N_{pl,Rd}$ = 2080	n/a 1.00	$M_{c,y,Rd}$	177	177	177	177	177	177	177	177	177	177	177
		$M_{c,z,Rd}$	81.9	81.9	81.9	81.9	81.9	81.9	81.9	81.9	81.9	81.9	81.9
		$M_{N,y,Rd}$	177	177	160	140	120	100	80.1	60.1	40.1	20.0	0
		$M_{N,z,Rd}$	81.9	81.9	81.9	81.4	78.2	72.2	63.4	51.8	37.3	20.1	0
152x152x51 + $N_{pl,Rd}$ = 2310	n/a 1.00	$M_{c,y,Rd}$	155	155	155	155	155	155	155	155	155	155	155
		$M_{c,z,Rd}$	70.6	70.6	70.6	70.6	70.6	70.6	70.6	70.6	70.6	70.6	70.6
		$M_{N,y,Rd}$	155	155	142	124	106	88.4	70.8	53.1	35.4	17.7	0
		$M_{N,z,Rd}$	70.6	70.6	70.6	70.2	67.6	62.5	54.9	44.9	32.4	17.4	0
152x152x44 + $N_{pl,Rd}$ = 1990	n/a 1.00	$M_{c,y,Rd}$	132	132	132	132	132	132	132	132	132	132	132
		$M_{c,z,Rd}$	60.0	60.0	60.0	60.0	60.0	60.0	60.0	60.0	60.0	60.0	60.0
		$M_{N,y,Rd}$	132	132	120	105	90.3	75.2	60.2	45.1	30.1	15.0	0
		$M_{N,z,Rd}$	60.0	60.0	60.0	59.7	57.4	53.1	46.7	38.2	27.5	14.8	0
152x152x37 $N_{pl,Rd}$ = 1670	n/a 1.00	$M_{c,y,Rd}$	110	110	110	110	110	110	110	110	110	110	110
		$M_{c,z,Rd}$	49.5	49.5	49.5	49.5	49.5	49.5	49.5	49.5	49.5	49.5	49.5
		$M_{N,y,Rd}$	110	110	100.0	87.5	75.0	62.5	50.0	37.5	25.0	12.5	0
		$M_{N,z,Rd}$	49.5	49.5	49.5	49.3	47.5	43.9	38.6	31.6	22.8	12.3	0
152x152x30 $N_{pl,Rd}$ = 1360	n/a 1.00	$M_{c,y,Rd}$	87.9	87.9	87.9	87.9	87.9	87.9	87.9	87.9	87.9	87.9	87.9
		$M_{c,z,Rd}$	39.6	39.6	39.6	39.6	39.6	39.6	39.6	39.6	39.6	39.6	39.6
		$M_{N,y,Rd}$	87.9	87.9	80.4	70.3	60.3	50.2	40.2	30.1	20.1	10.0	0
		$M_{N,z,Rd}$	39.6	39.6	39.6	39.4	38.0	35.2	31.0	25.3	18.3	9.85	0
152x152x23 $N_{pl,Rd}$ = 1040	1.00 0.00	$M_{c,y,Rd}$	58.2	58.2	58.2	58.2	58.2	58.2	58.2	58.2	58.2	58.2	58.2
		$M_{c,z,Rd}$	18.7	18.7	18.7	18.7	18.7	18.7	18.7	18.7	18.7	18.7	18.7
		$M_{N,y,Rd}$	-	-	-	-	-	-	-	-	-	-	-
		$M_{N,z,Rd}$	-	-	-	-	-	-	-	-	-	-	-

Advance and UKC are trademarks of Corus. A fuller description of the relationship between Universal Columns (UC) and the Advance range of sections manufactured by Corus is given in note 12.

+ These sections are in addition to the range of BS 4 sections

N_{Ed} = Design value of the axial force.

$n = N_{Ed} / N_{pl,Rd}$

- Not applicable for class 3 and class 4 sections.

The values in this table are conservative for tension as the more onerous compression section classification limits have been used.

FOR EXPLANATION OF TABLES SEE NOTE 10.

| BS EN 1993-1-1:2005 / BS 4-1:2005 | AXIAL FORCE & BENDING | S355 / Advance355 |

UNIVERSAL COLUMNS
Advance UKC

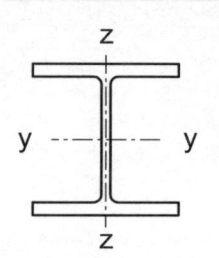

Member buckling check

Section Designation and Resistances (kN, kNm)	n Limit	Compression Resistance $N_{b,y,Rd}$, $N_{b,z,Rd}$ (kN) and Buckling Resistance Moment $M_{b,Rd}$ (kNm) for Varying buckling lengths L (m) within the limiting value of $n = N_{Ed} / N_{pl,Rd}$													
		L (m)	1.0	1.5	2.0	2.5	3.0	3.5	4.0	5.0	6.0	7.0	8.0	9.0	10.0
203x203x60 $N_{pl,Rd}$ = 2710 $f_y W_{el,y}$ = 207 $f_y W_{el,z}$ = 71.2	1.00 1.00	$N_{b,y,Rd}$ $N_{b,z,Rd}$ $M_{b,Rd}$	2710 2640 233	2690 2470 233	2620 2280 230	2550 2080 221	2470 1870 213	2380 1660 205	2290 1450 196	2080 1100 181	1830 844 166	1580 659 152	1340 526 140	1140 428 129	968 355 120
203x203x52 $N_{pl,Rd}$ = 2350 $f_y W_{el,y}$ = 181 $f_y W_{el,z}$ = 61.8	1.00 1.00	$N_{b,y,Rd}$ $N_{b,z,Rd}$ $M_{b,Rd}$	2350 2290 201	2340 2140 201	2270 1980 198	2210 1800 190	2140 1620 182	2070 1430 174	1980 1260 167	1800 952 151	1580 728 137	1360 568 125	1160 453 114	980 369 104	833 306 95.8
203x203x46 $N_{pl,Rd}$ = 2080 $f_y W_{el,y}$ = 160 $f_y W_{el,z}$ = 54.0	1.00 1.00	$N_{b,y,Rd}$ $N_{b,z,Rd}$ $M_{b,Rd}$	2080 2030 177	2070 1890 177	2010 1740 173	1950 1590 166	1890 1430 158	1820 1260 151	1750 1100 144	1580 832 129	1390 635 115	1190 495 104	1010 395 93.5	855 321 85.1	726 266 77.9
152x152x51 + $N_{pl,Rd}$ = 2310 $f_y W_{el,y}$ = 135 $f_y W_{el,z}$ = 46.2	1.00 1.00	$N_{b,y,Rd}$ $N_{b,z,Rd}$ $M_{b,Rd}$	2310 2160 155	2250 1960 155	2170 1730 149	2080 1490 143	1990 1260 138	1880 1050 133	1760 879 128	1490 625 119	1220 461 110	986 352 102	803 277 94.4	661 224 87.8	551 184 81.9
152x152x44 + $N_{pl,Rd}$ = 1990 $f_y W_{el,y}$ = 116 $f_y W_{el,z}$ = 39.1	1.00 1.00	$N_{b,y,Rd}$ $N_{b,z,Rd}$ $M_{b,Rd}$	1990 1860 132	1930 1680 131	1860 1480 125	1790 1280 120	1700 1070 115	1600 894 110	1500 745 105	1260 529 96.2	1030 390 88.0	831 297 80.6	675 234 74.1	555 189 68.4	463 155 63.4
152x152x37 $N_{pl,Rd}$ = 1670 $f_y W_{el,y}$ = 97.0 $f_y W_{el,z}$ = 32.5	1.00 1.00	$N_{b,y,Rd}$ $N_{b,z,Rd}$ $M_{b,Rd}$	1670 1550 110	1620 1400 108	1560 1240 103	1490 1060 98.0	1420 889 93.1	1340 738 88.4	1250 614 83.8	1050 435 75.2	849 320 67.7	684 244 61.2	555 192 55.7	456 155 51.0	380 127 47.0
152x152x30 $N_{pl,Rd}$ = 1360 $f_y W_{el,y}$ = 78.8 $f_y W_{el,z}$ = 26.0	1.00 1.00	$N_{b,y,Rd}$ $N_{b,z,Rd}$ $M_{b,Rd}$	1360 1260 87.9	1320 1140 86.2	1270 999 81.6	1210 854 77.0	1150 714 72.4	1080 592 67.9	1010 492 63.6	839 347 55.7	679 256 49.1	545 195 43.7	442 153 39.3	362 123 35.6	302 102 32.5
152x152x23 $N_{pl,Rd}$ = 1040 $f_y W_{el,y}$ = 58.2 $f_y W_{el,z}$ = 18.7	1.00 1.00	$N_{b,y,Rd}$ $N_{b,z,Rd}$ $M_{b,Rd}$	1040 955 58.2	999 856 57.2	960 746 54.0	916 632 50.7	867 524 47.3	812 431 43.9	751 356 40.7	618 250 34.8	495 183 30.1	395 140 26.4	319 110 23.4	261 88.3 20.9	217 72.6 18.6

Advance and UKC are trademarks of Corus. A fuller description of the relationship between Universal Columns (UC) and the Advance range of sections manufactured by Corus is given in note 12.

+ These sections are in addition to the range of BS 4 sections

$n = N_{Ed} / N_{pl,Rd}$

Under combined axial compression and bending the resistances are only valid up to the given $N_{Ed} / N_{pl,Rd}$ limit. For higher values of $n = N_{Ed}/N_{pl,Rd}$ the section would be overloaded due to N_{Ed} alone even when M_{Ed} is zero, because N_{Ed} would exceed the local buckling resistance of the section.

FOR EXPLANATION OF TABLES SEE NOTE 10.

BS EN 1993-1-1:2005 / BS 4-1:2005	**AXIAL FORCE & BENDING**											S355

JOISTS

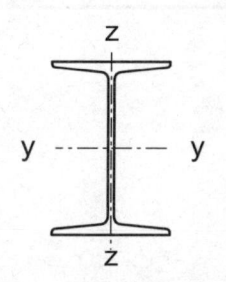

Cross-section resistance check

Section Designation and Axial Resistance $N_{pl,Rd}$ (kN)	n Limit Class 3 Class 2	\multicolumn{12}{l|}{Moment Resistance $M_{c,y,Rd}$, $M_{c,z,Rd}$ (kNm) and Reduced Moment Resistance $M_{N,y,Rd}$, $M_{N,z,Rd}$ (kNm) for Ratios of Design Axial Force to Design Axial Plastic Resistance $n = N_{Ed} / N_{pl,Rd}$}											
		n	0.0	0.1	0.2	0.3	0.4	0.5	0.6	0.7	0.8	0.9	1.0
254x203x82 $N_{pl,Rd}$ = 3620	n/a 1.00	$M_{c,y,Rd}$	372	372	372	372	372	372	372	372	372	372	372
		$M_{c,z,Rd}$	128	128	128	128	128	128	128	128	128	128	128
		$M_{N,y,Rd}$	372	372	336	294	252	210	168	126	84.0	42.0	0
		$M_{N,z,Rd}$	128	128	128	127	122	112	98.4	80.3	57.8	31.1	0
254x114x37 $N_{pl,Rd}$ = 1680	n/a 1.00	$M_{c,y,Rd}$	163	163	163	163	163	163	163	163	163	163	163
		$M_{c,z,Rd}$	28.1	28.1	28.1	28.1	28.1	28.1	28.1	28.1	28.1	28.1	28.1
		$M_{N,y,Rd}$	163	163	161	141	121	101	80.5	60.4	40.3	20.1	0
		$M_{N,z,Rd}$	28.1	28.1	28.1	28.1	28.1	27.0	24.6	20.6	15.2	8.34	0
203x152x52 $N_{pl,Rd}$ = 2300	n/a 1.00	$M_{c,y,Rd}$	187	187	187	187	187	187	187	187	187	187	187
		$M_{c,z,Rd}$	60.7	60.7	60.7	60.7	60.7	60.7	60.7	60.7	60.7	60.7	60.7
		$M_{N,y,Rd}$	187	187	170	149	128	106	85.1	63.8	42.5	21.3	0
		$M_{N,z,Rd}$	60.7	60.7	60.7	60.4	58.2	53.8	47.3	38.7	27.9	15.0	0
152x127x37 $N_{pl,Rd}$ = 1690	n/a 1.00	$M_{c,y,Rd}$	99.0	99.0	99.0	99.0	99.0	99.0	99.0	99.0	99.0	99.0	99.0
		$M_{c,z,Rd}$	35.4	35.4	35.4	35.4	35.4	35.4	35.4	35.4	35.4	35.4	35.4
		$M_{N,y,Rd}$	99.0	99.0	92.9	81.3	69.7	58.1	46.4	34.8	23.2	11.6	0
		$M_{N,z,Rd}$	35.4	35.4	35.4	35.4	34.6	32.4	28.8	23.7	17.2	9.33	0
127x114x29 $N_{pl,Rd}$ = 1330	n/a 1.00	$M_{c,y,Rd}$	64.3	64.3	64.3	64.3	64.3	64.3	64.3	64.3	64.3	64.3	64.3
		$M_{c,z,Rd}$	25.1	25.1	25.1	25.1	25.1	25.1	25.1	25.1	25.1	25.1	25.1
		$M_{N,y,Rd}$	64.3	64.3	60.4	52.8	45.3	37.7	30.2	22.6	15.1	7.55	0
		$M_{N,z,Rd}$	25.1	25.1	25.1	25.1	24.6	23.0	20.5	16.9	12.3	6.64	0
127x114x27 $N_{pl,Rd}$ = 1210	n/a 1.00	$M_{c,y,Rd}$	61.1	61.1	61.1	61.1	61.1	61.1	61.1	61.1	61.1	61.1	61.1
		$M_{c,z,Rd}$	24.2	24.2	24.2	24.2	24.2	24.2	24.2	24.2	24.2	24.2	24.2
		$M_{N,y,Rd}$	61.1	61.1	55.4	48.5	41.6	34.7	27.7	20.8	13.9	6.93	0
		$M_{N,z,Rd}$	24.2	24.2	24.2	24.1	23.1	21.3	18.7	15.3	11.0	5.94	0
127x76x16 $N_{pl,Rd}$ = 749	n/a 1.00	$M_{c,y,Rd}$	36.9	36.9	36.9	36.9	36.9	36.9	36.9	36.9	36.9	36.9	36.9
		$M_{c,z,Rd}$	9.37	9.37	9.37	9.37	9.37	9.37	9.37	9.37	9.37	9.37	9.37
		$M_{N,y,Rd}$	36.9	36.9	34.9	30.5	26.2	21.8	17.4	13.1	8.72	4.36	0
		$M_{N,z,Rd}$	9.37	9.37	9.37	9.37	9.20	8.64	7.69	6.36	4.63	2.51	0

N_{Ed} = Design value of the axial force.
$n = N_{Ed} / N_{pl,Rd}$
The values in this table are conservative for tension as the more onerous compression section classification limits have been used.
FOR EXPLANATION OF TABLES SEE NOTE 10.

| BS EN 1993-1-1:2005 / BS 4-1:2005 | **AXIAL FORCE & BENDING** — **JOISTS** | **S355** |

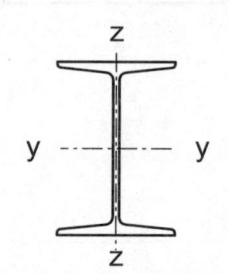

Member buckling check

Section Designation and Resistances (kN, kNm)	n Limit		Compression Resistance $N_{b,y,Rd}$, $N_{b,z,Rd}$ (kN) and Buckling Resistance Moment $M_{b,Rd}$ (kNm) for Varying buckling lengths L (m) within the limiting value of $n = N_{Ed} / N_{pl,Rd}$												
		L (m)	1.0	1.5	2.0	2.5	3.0	3.5	4.0	5.0	6.0	7.0	8.0	9.0	10.0
254x203x82 $N_{pl,Rd}$ = 3620 $f_y W_{el,y}$ = 327 $f_y W_{el,z}$ = 77.3	1.00 — 1.00	$N_{b,y,Rd}$ $N_{b,z,Rd}$ $M_{b,Rd}$	3620 3520 372	3620 3330 372	3590 3120 364	3540 2860 352	3490 2560 340	3430 2240 328	3370 1930 317	3220 1410 296	3030 1050 276	2790 805 257	2500 634 240	2200 511 224	1910 420 210
254x114x37 $N_{pl,Rd}$ = 1680 $f_y W_{el,y}$ = 142 $f_y W_{el,z}$ = 16.7	1.00 — 1.00	$N_{b,y,Rd}$ $N_{b,z,Rd}$ $M_{b,Rd}$	1680 1450 157	1680 1190 139	1660 903 122	1640 663 107	1610 495 94.6	1580 379 84.5	1550 299 76.1	1480 198 63.5	1380 141 54.5	1250 105 47.7	1110 81.2 42.5	964 64.7 38.3	830 52.7 34.4
203x152x52 $N_{pl,Rd}$ = 2300 $f_y W_{el,y}$ = 163 $f_y W_{el,z}$ = 36.9	1.00 — 1.00	$N_{b,y,Rd}$ $N_{b,z,Rd}$ $M_{b,Rd}$	2300 2160 187	2280 1980 183	2240 1750 175	2200 1490 168	2150 1220 160	2100 992 153	2040 808 147	1880 556 134	1670 402 123	1430 303 112	1190 236 103	997 189 95.3	837 155 88.4
152x127x37 $N_{pl,Rd}$ = 1690 $f_y W_{el,y}$ = 84.8 $f_y W_{el,z}$ = 21.2	1.00 — 1.00	$N_{b,y,Rd}$ $N_{b,z,Rd}$ $M_{b,Rd}$	1680 1450 99.0	1620 1230 95.0	1550 982 90.5	1470 764 86.4	1380 594 82.4	1280 468 78.6	1170 375 74.9	946 255 68.1	746 184 61.9	590 138 56.5	473 108 51.8	386 86.5 47.7	320 70.8 44.2
127x114x29 $N_{pl,Rd}$ = 1330 $f_y W_{el,y}$ = 54.7 $f_y W_{el,z}$ = 15.0	1.00 — 1.00	$N_{b,y,Rd}$ $N_{b,z,Rd}$ $M_{b,Rd}$	1300 1110 64.3	1240 902 61.0	1170 694 58.1	1080 523 55.3	989 398 52.7	882 310 50.2	774 247 47.8	581 167 43.3	438 119 39.3	338 89.7 35.8	267 69.8 32.8	216 55.8 30.2	178 45.7 27.9
127x114x27 $N_{pl,Rd}$ = 1210 $f_y W_{el,y}$ = 52.9 $f_y W_{el,z}$ = 14.7	1.00 — 1.00	$N_{b,y,Rd}$ $N_{b,z,Rd}$ $M_{b,Rd}$	1190 1030 61.1	1140 845 57.7	1070 659 54.8	1000 502 52.0	919 385 49.4	825 301 46.8	728 240 44.4	552 162 39.9	419 116 36.0	324 87.5 32.7	256 68.1 29.8	207 54.5 27.4	171 44.6 25.2
127x76x16 $N_{pl,Rd}$ = 749 $f_y W_{el,y}$ = 32.0 $f_y W_{el,z}$ = 5.68	1.00 — 1.00	$N_{b,y,Rd}$ $N_{b,z,Rd}$ $M_{b,Rd}$	741 556 34.2	718 377 31.0	692 246 28.0	658 168 25.3	615 121 22.8	560 91.0 20.7	496 70.9 18.9	371 46.4 16.1	277 32.7 13.9	211 24.3 11.9	165 18.7 10.4	133 14.9 9.23	109 12.1 8.30

$n = N_{Ed} / N_{pl,Rd}$

Under combined axial compression and bending the resistances are only valid up to the given $N_{Ed} / N_{pl,Rd}$ limit. For higher values of $n = N_{Ed}/N_{pl,Rd}$ the section would be overloaded due to N_{Ed} alone even when M_{Ed} is zero, because N_{Ed} would exceed the local buckling resistance of the section.

FOR EXPLANATION OF TABLES SEE NOTE 10.

| BS EN 1993-1-1:2005 BS 4-1:2005 | **AXIAL FORCE & BENDING** | | | | | | | | | | | | S355 |

JOISTS

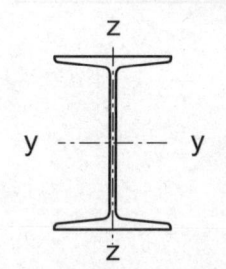

Cross-section resistance check

Section Designation and Axial Resistance $N_{pl,Rd}$ (kN)	n Limit Class 3 Class 2		Moment Resistance $M_{c,y,Rd}$, $M_{c,z,Rd}$ (kNm) and Reduced Moment Resistance $M_{N,y,Rd}$, $M_{N,z,Rd}$ (kNm) for Ratios of Design Axial Force to Design Axial Plastic Resistance $n = N_{Ed} / N_{pl,Rd}$										
		n	0.0	0.1	0.2	0.3	0.4	0.5	0.6	0.7	0.8	0.9	1.0
114x114x27 $N_{pl,Rd}$ = 1220	n/a 1.00	$M_{c,y,Rd}$	53.6	53.6	53.6	53.6	53.6	53.6	53.6	53.6	53.6	53.6	53.6
		$M_{c,z,Rd}$	23.4	23.4	23.4	23.4	23.4	23.4	23.4	23.4	23.4	23.4	23.4
		$M_{N,y,Rd}$	53.6	53.6	50.2	43.9	37.6	31.4	25.1	18.8	12.5	6.27	0
		$M_{N,z,Rd}$	23.4	23.4	23.4	23.4	22.8	21.3	18.9	15.6	11.3	6.12	0
102x102x23 $N_{pl,Rd}$ = 1040	n/a 1.00	$M_{c,y,Rd}$	40.1	40.1	40.1	40.1	40.1	40.1	40.1	40.1	40.1	40.1	40.1
		$M_{c,z,Rd}$	18.0	18.0	18.0	18.0	18.0	18.0	18.0	18.0	18.0	18.0	18.0
		$M_{N,y,Rd}$	40.1	40.1	37.4	32.8	28.1	23.4	18.7	14.0	9.36	4.68	0
		$M_{N,z,Rd}$	18.0	18.0	18.0	18.0	17.5	16.3	14.5	11.9	8.65	4.68	0
102x44x7 $N_{pl,Rd}$ = 337	n/a 1.00	$M_{c,y,Rd}$	12.6	12.6	12.6	12.6	12.6	12.6	12.6	12.6	12.6	12.6	12.6
		$M_{c,z,Rd}$	2.14	2.14	2.14	2.14	2.14	2.14	2.14	2.14	2.14	2.14	2.14
		$M_{N,y,Rd}$	12.6	12.6	12.6	11.2	9.60	8.00	6.40	4.80	3.20	1.60	0
		$M_{N,z,Rd}$	2.14	2.14	2.14	2.14	2.14	2.11	1.95	1.66	1.24	0.684	0
89x89x19 $N_{pl,Rd}$ = 884	n/a 1.00	$M_{c,y,Rd}$	29.4	29.4	29.4	29.4	29.4	29.4	29.4	29.4	29.4	29.4	29.4
		$M_{c,z,Rd}$	13.5	13.5	13.5	13.5	13.5	13.5	13.5	13.5	13.5	13.5	13.5
		$M_{N,y,Rd}$	29.4	29.4	27.5	24.1	20.6	17.2	13.8	10.3	6.88	3.44	0
		$M_{N,z,Rd}$	13.5	13.5	13.5	13.5	13.2	12.3	10.9	9.02	6.55	3.55	0
76x76x15 $N_{pl,Rd}$ = 678	n/a 1.00	$M_{c,y,Rd}$	19.2	19.2	19.2	19.2	19.2	19.2	19.2	19.2	19.2	19.2	19.2
		$M_{c,z,Rd}$	9.16	9.16	9.16	9.16	9.16	9.16	9.16	9.16	9.16	9.16	9.16
		$M_{N,y,Rd}$	19.2	19.2	18.1	15.8	13.6	11.3	9.04	6.78	4.52	2.26	0
		$M_{N,z,Rd}$	9.16	9.16	9.16	9.16	8.96	8.39	7.45	6.14	4.47	2.42	0
76x76x13 $N_{pl,Rd}$ = 575	n/a 1.00	$M_{c,y,Rd}$	17.3	17.3	17.3	17.3	17.3	17.3	17.3	17.3	17.3	17.3	17.3
		$M_{c,z,Rd}$	7.95	7.95	7.95	7.95	7.95	7.95	7.95	7.95	7.95	7.95	7.95
		$M_{N,y,Rd}$	17.3	17.3	15.5	13.5	11.6	9.66	7.73	5.79	3.86	1.93	0
		$M_{N,z,Rd}$	7.95	7.95	7.95	7.85	7.49	6.88	6.01	4.89	3.52	1.89	0

N_{Ed} = Design value of the axial force.

$n = N_{Ed} / N_{pl,Rd}$

The values in this table are conservative for tension as the more onerous compression section classification limits have been used.
FOR EXPLANATION OF TABLES SEE NOTE 10.

BS EN 1993-1-1:2005
BS 4-1:2005

AXIAL FORCE & BENDING

JOISTS

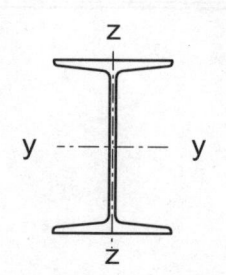

S355

Member buckling check

Section Designation and Resistances (kN, kNm)	n Limit	Compression Resistance $N_{b,y,Rd}$, $N_{b,z,Rd}$ (kN) and Buckling Resistance Moment $M_{b,Rd}$ (kNm) for Varying buckling lengths L (m) within the limiting value of n = N_{Ed} / $N_{pl,Rd}$												
		L (m)	1.0	1.5	2.0	2.5	3.0	3.5	4.0	5.0	6.0	7.0	8.0	9.0	10.0
114x114x27 $N_{pl,Rd}$ = 1220 $f_y W_{el,y}$ = 45.8 $f_y W_{el,z}$ = 13.9	1.00 \ \ 1.00	$N_{b,y,Rd}$ $N_{b,z,Rd}$ $M_{b,Rd}$	1190 1020 53.6	1120 834 51.3	1050 643 49.0	954 485 46.9	849 370 44.9	738 288 43.0	632 230 41.2	459 155 37.7	341 111 34.5	260 83.3 31.6	205 64.9 29.1	165 51.9 26.9	136 42.4 24.9
102x102x23 $N_{pl,Rd}$ = 1040 $f_y W_{el,y}$ = 33.9 $f_y W_{el,z}$ = 10.8	1.00 \ \ 1.00	$N_{b,y,Rd}$ $N_{b,z,Rd}$ $M_{b,Rd}$	995 834 40.0	928 651 38.0	847 480 36.3	751 352 34.7	644 264 33.2	541 204 31.7	451 162 30.3	318 108 27.6	232 77.2 25.2	176 57.8 23.1	138 44.9 21.2	111 35.9 19.5	90.7 29.3 18.1
102x44x7 $N_{pl,Rd}$ = 337 $f_y W_{el,y}$ = 10.7 $f_y W_{el,z}$ = 1.25	1.00 \ \ 1.00	$N_{b,y,Rd}$ $N_{b,z,Rd}$ $M_{b,Rd}$	328 123 8.68	313 61.3 6.80	293 36.1 5.55	265 23.6 4.68	229 16.7 4.05	191 12.4 3.56	158 9.56 3.19	109 6.19 2.58	78.1 4.33 2.14	58.6 3.20 1.83	45.5 2.46 1.60	36.4 1.95 1.42	29.7 1.58 1.28
89x89x19 $N_{pl,Rd}$ = 884 $f_y W_{el,y}$ = 24.5 $f_y W_{el,z}$ = 8.09	1.00 \ \ 1.00	$N_{b,y,Rd}$ $N_{b,z,Rd}$ $M_{b,Rd}$	828 669 29.1	757 492 27.7	669 345 26.4	566 246 25.3	463 182 24.2	375 139 23.1	305 110 22.1	210 72.9 20.1	151 51.9 18.4	114 38.8 16.8	88.8 30.1 15.4	71.1 24.0 14.2	58.2 19.6 13.2
76x76x15 $N_{pl,Rd}$ = 678 $f_y W_{el,y}$ = 16.0 $f_y W_{el,z}$ = 5.40	1.00 \ \ 1.00	$N_{b,y,Rd}$ $N_{b,z,Rd}$ $M_{b,Rd}$	618 476 18.8	548 327 17.9	460 220 17.0	367 153 16.2	287 112 15.4	225 85.2 14.7	180 66.9 14.0	122 44.2 12.6	87.0 31.3 11.4	65.2 23.4 10.4	50.6 18.1 9.51	40.4 14.4 8.74	33.0 11.8 8.08
76x76x13 $N_{pl,Rd}$ = 575 $f_y W_{el,y}$ = 14.7 $f_y W_{el,z}$ = 4.83	1.00 \ \ 1.00	$N_{b,y,Rd}$ $N_{b,z,Rd}$ $M_{b,Rd}$	528 406 16.7	473 279 15.7	403 188 14.8	326 131 14.0	257 96.1 13.2	204 73.0 12.4	163 57.3 11.7	111 37.9 10.4	79.3 26.9 9.24	59.5 20.0 8.32	46.3 15.5 7.55	37.0 12.4 6.90	30.2 10.1 6.32

n = N_{Ed} / $N_{pl,Rd}$

Under combined axial compression and bending the resistances are only valid up to the given N_{Ed} / $N_{pl,Rd}$ limit. For higher values of n=N_{Ed}/$N_{pl,Rd}$ the section would be overloaded due to N_{Ed} alone even when M_{Ed} is zero, because N_{Ed} would exceed the local buckling resistance of the section.

FOR EXPLANATION OF TABLES SEE NOTE 10.

BS EN 1993-1-1:2005
BS EN 10210-2: 2006

AXIAL FORCE & BENDING

S355 / Celsius® 355

HOT-FINISHED CIRCULAR HOLLOW SECTIONS

Celsius® CHS

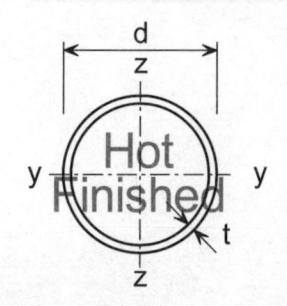

Cross-section resistance check

Section Designation		Mass per Metre	Axial resistance		Moment Resistance $M_{c,Rd}$ (kNm) and Reduced Moment Resistance $M_{N,Rd}$ (kNm) for Ratios of Design Axial Force to Design Axial Plastic Resistance $n = N_{Ed} / N_{pl,Rd}$										
D mm	t mm	kg	$N_{pl,Rd}$ kN	n	0.0	0.1	0.2	0.3	0.4	0.5	0.6	0.7	0.8	0.9	1.0
26.9	3.2	1.87	84.5	$M_{c,Rd}$	0.643	0.643	0.643	0.643	0.643	0.643	0.643	0.643	0.643	0.643	0.643
				$M_{N,Rd}$	0.643	0.635	0.611	0.573	0.520	0.454	0.378	0.292	0.199	0.101	0
33.7	2.6	1.99	90.2	$M_{c,Rd}$	0.895	0.895	0.895	0.895	0.895	0.895	0.895	0.895	0.895	0.895	0.895
				$M_{N,Rd}$	0.895	0.884	0.851	0.797	0.724	0.633	0.526	0.406	0.276	0.140	0
	3.2	2.41	109	$M_{c,Rd}$	1.06	1.06	1.06	1.06	1.06	1.06	1.06	1.06	1.06	1.06	1.06
				$M_{N,Rd}$	1.06	1.05	1.01	0.946	0.859	0.751	0.624	0.482	0.328	0.166	0
	4.0	2.93	132	$M_{c,Rd}$	1.26	1.26	1.26	1.26	1.26	1.26	1.26	1.26	1.26	1.26	1.26
				$M_{N,Rd}$	1.26	1.24	1.20	1.12	1.02	0.891	0.741	0.572	0.389	0.197	0
42.4	2.6	2.55	115	$M_{c,Rd}$	1.46	1.46	1.46	1.46	1.46	1.46	1.46	1.46	1.46	1.46	1.46
				$M_{N,Rd}$	1.46	1.44	1.39	1.30	1.18	1.03	0.860	0.664	0.452	0.229	0
	3.2	3.09	140	$M_{c,Rd}$	1.75	1.75	1.75	1.75	1.75	1.75	1.75	1.75	1.75	1.75	1.75
				$M_{N,Rd}$	1.75	1.73	1.66	1.56	1.42	1.24	1.03	0.795	0.541	0.274	0
	4.0	3.79	171	$M_{c,Rd}$	2.10	2.10	2.10	2.10	2.10	2.10	2.10	2.10	2.10	2.10	2.10
				$M_{N,Rd}$	2.10	2.08	2.00	1.87	1.70	1.49	1.24	0.954	0.649	0.329	0
	5.0	4.61	208	$M_{c,Rd}$	2.50	2.50	2.50	2.50	2.50	2.50	2.50	2.50	2.50	2.50	2.50
				$M_{N,Rd}$	2.50	2.47	2.38	2.23	2.02	1.77	1.47	1.13	0.772	0.391	0
48.3	3.2	3.56	161	$M_{c,Rd}$	2.31	2.31	2.31	2.31	2.31	2.31	2.31	2.31	2.31	2.31	2.31
				$M_{N,Rd}$	2.31	2.29	2.20	2.06	1.87	1.64	1.36	1.05	0.715	0.362	0
	4.0	4.37	198	$M_{c,Rd}$	2.79	2.79	2.79	2.79	2.79	2.79	2.79	2.79	2.79	2.79	2.79
				$M_{N,Rd}$	2.79	2.76	2.66	2.49	2.26	1.98	1.64	1.27	0.863	0.437	0
	5.0	5.34	241	$M_{c,Rd}$	3.34	3.34	3.34	3.34	3.34	3.34	3.34	3.34	3.34	3.34	3.34
				$M_{N,Rd}$	3.34	3.30	3.18	2.98	2.71	2.36	1.97	1.52	1.03	0.523	0
60.3	3.2	4.51	204	$M_{c,Rd}$	3.69	3.69	3.69	3.69	3.69	3.69	3.69	3.69	3.69	3.69	3.69
				$M_{N,Rd}$	3.69	3.65	3.51	3.29	2.99	2.61	2.17	1.68	1.14	0.578	0
	4.0	5.55	251	$M_{c,Rd}$	4.51	4.51	4.51	4.51	4.51	4.51	4.51	4.51	4.51	4.51	4.51
				$M_{N,Rd}$	4.51	4.45	4.29	4.02	3.65	3.19	2.65	2.05	1.39	0.705	0
	5.0	6.82	308	$M_{c,Rd}$	5.43	5.43	5.43	5.43	5.43	5.43	5.43	5.43	5.43	5.43	5.43
				$M_{N,Rd}$	5.43	5.36	5.17	4.84	4.39	3.84	3.19	2.47	1.68	0.850	0
76.1	2.9	5.24	237	$M_{c,Rd}$	5.50	5.50	5.50	5.50	5.50	5.50	5.50	5.50	5.50	5.50	5.50
				$M_{N,Rd}$	5.50	5.43	5.23	4.90	4.45	3.89	3.23	2.50	1.70	0.861	0
	3.2	5.75	260	$M_{c,Rd}$	6.04	6.04	6.04	6.04	6.04	6.04	6.04	6.04	6.04	6.04	6.04
				$M_{N,Rd}$	6.04	5.96	5.74	5.38	4.88	4.27	3.55	2.74	1.86	0.944	0
	4.0	7.11	322	$M_{c,Rd}$	7.38	7.38	7.38	7.38	7.38	7.38	7.38	7.38	7.38	7.38	7.38
				$M_{N,Rd}$	7.38	7.29	7.02	6.58	5.97	5.22	4.34	3.35	2.28	1.16	0
	5.0	8.77	398	$M_{c,Rd}$	8.98	8.98	8.98	8.98	8.98	8.98	8.98	8.98	8.98	8.98	8.98
				$M_{N,Rd}$	8.98	8.87	8.54	8.00	7.27	6.35	5.28	4.08	2.78	1.41	0

Celsius® is a trademark of Corus. A fuller description of the relationship between Hot Finished Circular Hollow Sections (HFCHS) and the Celsius® range of sections manufactured by Corus is given in note 12.

N_{Ed} = Design value of the axial force.

$n = N_{Ed} / N_{pl,Rd}$

$N_{pl,Rd}$ is the axial force resistance

FOR EXPLANATION OF TABLES SEE NOTE 10.

BS EN 1993-1-1:2005			AXIAL FORCE & BENDING										S355 / Celsius® 355	
BS EN 10210-2: 2006														

HOT-FINISHED CIRCULAR HOLLOW SECTIONS

Celsius® CHS

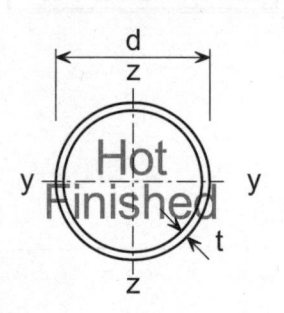

Member buckling check

Section Designation & Resistance (kNm)		Mass per Metre kg	Compression Resistance $N_{b,Rd}$ (kN) for Varying buckling lengths (m)											
D mm	t mm		1.0	1.5	2.0	2.5	3.0	3.5	4.0	5.0	6.0	7.0	8.0	9.0	10.0
26.9	3.2 f_yW_{el} = 0.451	1.87	29.8	14.3	8.24	5.35	3.75	2.77	2.13	1.37	0.959	0.707	0.542	0.429	0.348
33.7	2.6 f_yW_{el} = 0.653	1.99	48.4	24.7	14.5	9.49	6.68	4.95	3.81	2.46	1.72	1.27	0.974	0.771	0.626
	3.2 f_yW_{el} = 0.760	2.41	56.9	28.9	17.0	11.1	7.79	5.77	4.44	2.87	2.00	1.48	1.13	0.899	0.729
	4.0 f_yW_{el} = 0.884	2.93	67.3	34.0	19.9	13.0	9.12	6.76	5.21	3.36	2.35	1.73	1.33	1.05	0.854
42.4	2.6 f_yW_{el} = 1.08	2.55	82.5	48.6	29.5	19.5	13.8	10.2	7.91	5.12	3.58	2.65	2.03	1.61	1.31
	3.2 f_yW_{el} = 1.27	3.09	98.7	57.6	34.8	23.0	16.3	12.1	9.33	6.04	4.23	3.12	2.40	1.90	1.54
	4.0 f_yW_{el} = 1.51	3.79	119	68.1	41.0	27.0	19.1	14.2	11.0	7.09	4.96	3.66	2.82	2.23	1.81
	5.0 f_yW_{el} = 1.75	4.61	141	79.7	47.8	31.5	22.3	16.5	12.8	8.25	5.77	4.26	3.28	2.60	2.11
48.3	3.2 f_yW_{el} = 1.70	3.56	126	82.5	51.5	34.4	24.4	18.2	14.1	9.14	6.40	4.73	3.64	2.89	2.34
	4.0 f_yW_{el} = 2.02	4.37	153	98.7	61.3	40.8	29.0	21.6	16.7	10.8	7.58	5.61	4.31	3.42	2.78
	5.0 f_yW_{el} = 2.37	5.34	185	117	72.3	48.1	34.1	25.4	19.6	12.7	8.92	6.59	5.07	4.02	3.26
60.3	3.2 f_yW_{el} = 2.76	4.51	177	140	96.3	66.4	47.9	35.9	27.9	18.2	12.8	9.46	7.29	5.78	4.70
	4.0 f_yW_{el} = 3.32	5.55	218	170	117	80.4	57.9	43.4	33.7	22.0	15.4	11.4	8.80	6.99	5.68
	5.0 f_yW_{el} = 3.94	6.82	266	205	139	95.4	68.5	51.4	39.9	26.0	18.2	13.5	10.4	8.25	6.71
76.1	2.9 f_yW_{el} = 4.19	5.24	218	194	156	116	86.6	66.0	51.7	34.0	24.0	17.8	13.8	10.9	8.90
	3.2 f_yW_{el} = 4.54	5.75	240	213	171	127	94.5	72.1	56.5	37.1	26.2	19.5	15.0	11.9	9.71
	4.0 f_yW_{el} = 5.50	7.11	296	261	208	154	115	87.2	68.3	44.9	31.7	23.5	18.1	14.4	11.7
	5.0 f_yW_{el} = 6.60	8.77	365	321	254	187	139	106	82.6	54.3	38.3	28.4	21.9	17.4	14.2

Celsius® is a trademark of Corus. A fuller description of the relationship between Hot Finished Circular Hollow Sections (HFCHS) and the Celsius® range of sections manufactured by Corus is given in note 12.

$M_{b,Rd}$ should be taken as equal to $M_{c,Rd}$.

$n = N_{Ed} / N_{pl,Rd}$

FOR EXPLANATION OF TABLES SEE NOTE 10.

| BS EN 1993-1-1:2005 |
| BS EN 10210-2: 2006 |

AXIAL FORCE & BENDING

S355 / Celsius® 355

HOT-FINISHED CIRCULAR HOLLOW SECTIONS

Celsius® CHS

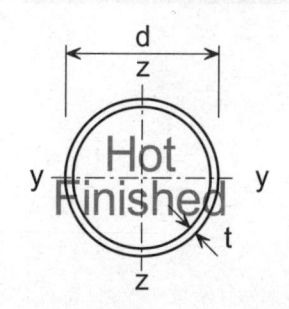

Cross-section resistance check

Section Designation		Mass per Metre	Axial resistance		Moment Resistance $M_{c,Rd}$ (kNm) and Reduced Moment Resistance $M_{N,Rd}$ (kNm) for Ratios of Design Axial Force to Design Axial Plastic Resistance $n = N_{Ed}/N_{pl,Rd}$										
D mm	t mm	kg	$N_{pl,Rd}$ kN	n	0.0	0.1	0.2	0.3	0.4	0.5	0.6	0.7	0.8	0.9	1.0
88.9	3.2	6.76	306	$M_{c,Rd}$	8.34	8.34	8.34	8.34	8.34	8.34	8.34	8.34	8.34	8.34	8.34
				$M_{N,Rd}$	8.34	8.24	7.93	7.43	6.75	5.90	4.90	3.79	2.58	1.31	0
	4.0	8.38	380	$M_{c,Rd}$	10.3	10.3	10.3	10.3	10.3	10.3	10.3	10.3	10.3	10.3	10.3
				$M_{N,Rd}$	10.3	10.1	9.76	9.14	8.30	7.25	6.03	4.66	3.17	1.60	0
	5.0	10.3	469	$M_{c,Rd}$	12.5	12.5	12.5	12.5	12.5	12.5	12.5	12.5	12.5	12.5	12.5
				$M_{N,Rd}$	12.5	12.3	11.9	11.1	10.1	8.84	7.34	5.67	3.86	1.95	0
	6.3	12.8	579	$M_{c,Rd}$	15.3	15.3	15.3	15.3	15.3	15.3	15.3	15.3	15.3	15.3	15.3
				$M_{N,Rd}$	15.3	15.1	14.6	13.6	12.4	10.8	8.99	6.95	4.73	2.39	0
114.3	3.2	8.77	398	$M_{c,Rd}$	14.0	14.0	14.0	14.0	14.0	14.0	14.0	14.0	14.0	14.0	14.0
				$M_{N,Rd}$	14.0	13.8	13.3	12.5	11.3	9.92	8.24	6.37	4.33	2.19	0
	3.6	9.83	444	$M_{c,Rd}$	15.7	15.7	15.7	15.7	15.7	15.7	15.7	15.7	15.7	15.7	15.7
				$M_{N,Rd}$	15.7	15.5	14.9	13.9	12.7	11.1	9.20	7.11	4.84	2.45	0
	4.0	10.9	493	$M_{c,Rd}$	17.3	17.3	17.3	17.3	17.3	17.3	17.3	17.3	17.3	17.3	17.3
				$M_{N,Rd}$	17.3	17.1	16.4	15.4	14.0	12.2	10.2	7.85	5.34	2.70	0
	5.0	13.5	611	$M_{c,Rd}$	21.2	21.2	21.2	21.2	21.2	21.2	21.2	21.2	21.2	21.2	21.2
				$M_{N,Rd}$	21.2	21.0	20.2	18.9	17.2	15.0	12.5	9.64	6.56	3.32	0
	6.3	16.8	760	$M_{c,Rd}$	26.1	26.1	26.1	26.1	26.1	26.1	26.1	26.1	26.1	26.1	26.1
				$M_{N,Rd}$	26.1	25.8	24.8	23.3	21.1	18.5	15.4	11.9	8.07	4.09	0
139.7	5.0	16.6	753	$M_{c,Rd}$	32.2	32.2	32.2	32.2	32.2	32.2	32.2	32.2	32.2	32.2	32.2
				$M_{N,Rd}$	32.2	31.8	30.7	28.7	26.1	22.8	18.9	14.6	9.96	5.04	0
	6.3	20.7	937	$M_{c,Rd}$	39.8	39.8	39.8	39.8	39.8	39.8	39.8	39.8	39.8	39.8	39.8
				$M_{N,Rd}$	39.8	39.3	37.8	35.4	32.2	28.1	23.4	18.1	12.3	6.22	0
	8.0	26.0	1180	$M_{c,Rd}$	49.3	49.3	49.3	49.3	49.3	49.3	49.3	49.3	49.3	49.3	49.3
				$M_{N,Rd}$	49.3	48.7	46.9	44.0	39.9	34.9	29.0	22.4	15.2	7.72	0
	10.0	32.0	1440	$M_{c,Rd}$	60.0	60.0	60.0	60.0	60.0	60.0	60.0	60.0	60.0	60.0	60.0
				$M_{N,Rd}$	60.0	59.3	57.1	53.5	48.5	42.4	35.3	27.2	18.5	9.39	0
168.3	5.0	20.1	912	$M_{c,Rd}$	47.2	47.2	47.2	47.2	47.2	47.2	47.2	47.2	47.2	47.2	47.2
				$M_{N,Rd}$	47.2	46.6	44.9	42.1	38.2	33.4	27.8	21.4	14.6	7.39	0
	6.3	25.2	1140	$M_{c,Rd}$	58.6	58.6	58.6	58.6	58.6	58.6	58.6	58.6	58.6	58.6	58.6
				$M_{N,Rd}$	58.6	57.9	55.7	52.2	47.4	41.4	34.4	26.6	18.1	9.16	0
	8.0	31.6	1430	$M_{c,Rd}$	73.1	73.1	73.1	73.1	73.1	73.1	73.1	73.1	73.1	73.1	73.1
				$M_{N,Rd}$	73.1	72.2	69.6	65.2	59.2	51.7	43.0	33.2	22.6	11.4	0
	10.0	39.0	1760	$M_{c,Rd}$	89.1	89.1	89.1	89.1	89.1	89.1	89.1	89.1	89.1	89.1	89.1
				$M_{N,Rd}$	89.1	88.0	84.7	79.4	72.1	63.0	52.4	40.5	27.5	13.9	0
	12.5	48.0	2170	$M_{c,Rd}$	108	108	108	108	108	108	108	108	108	108	108
				$M_{N,Rd}$	108	107	103	96.2	87.3	76.3	63.4	49.0	33.3	16.9	0

Celsius® is a trademark of Corus. A fuller description of the relationship between Hot Finished Circular Hollow Sections (HFCHS) and the Celsius® range of sections manufactured by Corus is given in note 12.

N_{Ed} = Design value of the axial force.

$n = N_{Ed}/N_{pl,Rd}$

$N_{pl,Rd}$ is the axial force resistance

▨ Check availability

FOR EXPLANATION OF TABLES SEE NOTE 10.

AXIAL FORCE & BENDING

S355 / Celsius® 355

HOT-FINISHED CIRCULAR HOLLOW SECTIONS

Celsius® CHS

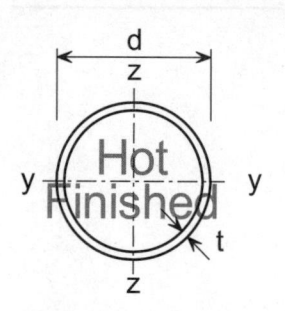

Member buckling check

Section Designation & Resistance (kNm)		Mass per Metre	Compression Resistance $N_{b,Rd}$ (kN) for Varying buckling lengths (m)												
D mm	t mm	kg	1.0	1.5	2.0	2.5	3.0	3.5	4.0	5.0	6.0	7.0	8.0	9.0	10.0
88.9	3.2 $f_y W_{el} = 6.32$	6.76	289	266	232	187	145	112	89.0	59.1	41.9	31.2	24.1	19.2	15.6
	4.0 $f_y W_{el} = 7.70$	8.38	358	330	286	229	177	137	109	72.0	51.1	38.0	29.4	23.4	19.0
	5.0 $f_y W_{el} = 9.30$	10.3	441	405	350	279	215	166	131	87.2	61.8	46.0	35.5	28.3	23.0
	6.3 $f_y W_{el} = 11.2$	12.8	544	498	427	338	259	201	158	105	74.4	55.3	42.7	34.0	27.7
114.3	3.2 $f_y W_{el} = 10.7$	8.77	386	368	343	309	265	219	180	123	88.8	66.6	51.7	41.2	33.7
	3.6 $f_y W_{el} = 11.9$	9.83	430	410	383	344	295	244	200	137	98.6	73.9	57.4	45.8	37.4
	4.0 $f_y W_{el} = 13.1$	10.9	478	456	425	381	326	270	221	151	109	81.4	63.2	50.4	41.2
	5.0 $f_y W_{el} = 16.0$	13.5	591	563	524	469	400	330	270	185	132	99.3	77.1	61.5	50.2
	6.3 $f_y W_{el} = 19.4$	16.8	735	699	649	579	491	403	329	224	161	121	93.5	74.6	60.9
139.7	5.0 $f_y W_{el} = 24.4$	16.6	740	715	684	643	589	522	450	325	239	181	141	113	92.5
	6.3 $f_y W_{el} = 29.9$	20.7	921	889	849	797	728	643	553	398	292	221	172	138	113
	8.0 $f_y W_{el} = 36.6$	26.0	1150	1110	1060	995	905	796	682	489	357	270	211	169	138
	10.0 $f_y W_{el} = 43.7$	32.0	1420	1370	1300	1220	1100	966	824	588	429	324	253	203	166
168.3	5.0 $f_y W_{el} = 36.2$	20.1	907	883	856	823	782	730	666	524	400	309	244	196	161
	6.3 $f_y W_{el} = 44.4$	25.2	1130	1100	1070	1030	974	907	826	647	493	380	300	241	198
	8.0 $f_y W_{el} = 54.7$	31.6	1420	1380	1340	1290	1220	1130	1030	800	608	469	369	297	244
	10.0 $f_y W_{el} = 66.0$	39.0	1750	1700	1650	1580	1500	1390	1260	973	737	567	446	359	295
	12.5 $f_y W_{el} = 78.8$	48.0	2160	2090	2030	1940	1830	1690	1530	1170	887	681	535	431	354

Celsius® is a trademark of Corus. A fuller description of the relationship between Hot Finished Circular Hollow Sections (HFCHS) and the Celsius® range of sections manufactured by Corus is given in note 12.

$M_{b,Rd}$ should be taken as equal to $M_{c,Rd}$.

$n = N_{Ed} / N_{pl,Rd}$

▓ Check availability

FOR EXPLANATION OF TABLES SEE NOTE 10.

BS EN 1993-1-1:2005
BS EN 10210-2: 2006

AXIAL FORCE & BENDING

S355 / Celsius® 355

HOT-FINISHED CIRCULAR HOLLOW SECTIONS

Celsius® CHS

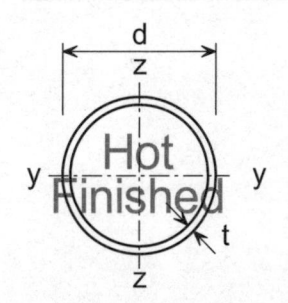

Cross-section resistance check

Section Designation		Mass per Metre	Axial resistance	Moment Resistance $M_{c,Rd}$ (kNm) and Reduced Moment Resistance $M_{N,Rd}$ (kNm) for Ratios of Design Axial Force to Design Axial Plastic Resistance $n = N_{Ed} / N_{pl,Rd}$											
D mm	t mm	kg	$N_{pl,Rd}$ kN	n	0.0	0.1	0.2	0.3	0.4	0.5	0.6	0.7	0.8	0.9	1.0
193.7	5.0	23.3	1050	$M_{c,Rd}$	63.2	63.2	63.2	63.2	63.2	63.2	63.2	63.2	63.2	63.2	63.2
				$M_{N,Rd}$	63.2	62.4	60.1	56.3	51.1	44.7	37.1	28.7	19.5	9.89	0
	6.3	29.1	1320	$M_{c,Rd}$	78.5	78.5	78.5	78.5	78.5	78.5	78.5	78.5	78.5	78.5	78.5
				$M_{N,Rd}$	78.5	77.5	74.6	69.9	63.5	55.5	46.1	35.6	24.2	12.3	0
	8.0	36.6	1660	$M_{c,Rd}$	98.0	98.0	98.0	98.0	98.0	98.0	98.0	98.0	98.0	98.0	98.0
				$M_{N,Rd}$	98.0	96.8	93.2	87.3	79.3	69.3	57.6	44.5	30.3	15.3	0
	10.0	45.3	2050	$M_{c,Rd}$	120	120	120	120	120	120	120	120	120	120	120
				$M_{N,Rd}$	120	119	114	107	97.1	84.8	70.5	54.5	37.1	18.8	0
	12.5	55.9	2530	$M_{c,Rd}$	146	146	146	146	146	146	146	146	146	146	146
				$M_{N,Rd}$	146	144	139	130	118	103	85.8	66.2	45.1	22.8	0
219.1	5.0	26.4	1190	$M_{c,Rd}$	81.3	81.3	81.3	81.3	81.3	81.3	81.3	81.3	81.3	81.3	81.3
				$M_{N,Rd}$	81.3	80.3	77.3	72.4	65.8	57.5	47.8	36.9	25.1	12.7	0
	6.3	33.1	1490	$M_{c,Rd}$	101	101	101	101	101	101	101	101	101	101	101
				$M_{N,Rd}$	101	99.9	96.2	90.1	81.9	71.5	59.5	45.9	31.3	15.8	0
	8.0	41.6	1890	$M_{c,Rd}$	127	127	127	127	127	127	127	127	127	127	127
				$M_{N,Rd}$	127	125	121	113	103	89.6	74.5	57.5	39.2	19.8	0
	10.0	51.6	2330	$M_{c,Rd}$	155	155	155	155	155	155	155	155	155	155	155
				$M_{N,Rd}$	155	154	148	139	126	110	91.4	70.6	48.0	24.3	0
	12.5	63.7	2880	$M_{c,Rd}$	190	190	190	190	190	190	190	190	190	190	190
				$M_{N,Rd}$	190	187	180	169	153	134	111	86.1	58.6	29.7	0
	14.2	71.8	3240	$M_{c,Rd}$	212	212	212	212	212	212	212	212	212	212	212
				$M_{N,Rd}$	212	209	202	189	171	150	125	96.2	65.5	33.2	0
	16.0	80.1	3620	$M_{c,Rd}$	235	235	235	235	235	235	235	235	235	235	235
				$M_{N,Rd}$	235	232	223	209	190	166	138	107	72.5	36.7	0
244.5	8.0	46.7	2110	$M_{c,Rd}$	159	159	159	159	159	159	159	159	159	159	159
				$M_{N,Rd}$	159	157	151	142	129	112	93.5	72.2	49.1	24.9	0
	10.0	57.8	2620	$M_{c,Rd}$	195	195	195	195	195	195	195	195	195	195	195
				$M_{N,Rd}$	195	193	186	174	158	138	115	88.6	60.3	30.5	0
	12.5	71.5	3230	$M_{c,Rd}$	239	239	239	239	239	239	239	239	239	239	239
				$M_{N,Rd}$	239	236	227	213	193	169	140	108	73.8	37.4	0
	14.2	80.6	3660	$M_{c,Rd}$	268	268	268	268	268	268	268	268	268	268	268
				$M_{N,Rd}$	268	264	255	238	217	189	157	122	82.7	41.9	0
	16.0	90.2	4080	$M_{c,Rd}$	297	297	297	297	297	297	297	297	297	297	297
				$M_{N,Rd}$	297	293	283	265	240	210	175	135	91.8	46.5	0

Celsius® is a trademark of Corus. A fuller description of the relationship between Hot Finished Circular Hollow Sections (HFCHS) and the Celsius® range of sections manufactured by Corus is given in note 12.

N_{Ed} = Design value of the axial force.

$n = N_{Ed} / N_{pl,Rd}$

$N_{pl,Rd}$ is the axial force resistance

▬ Check availability

FOR EXPLANATION OF TABLES SEE NOTE 10.

AXIAL FORCE & BENDING

BS EN 1993-1-1:2005
BS EN 10210-2: 2006

S355 / Celsius® 355

HOT-FINISHED CIRCULAR HOLLOW SECTIONS

Celsius® CHS

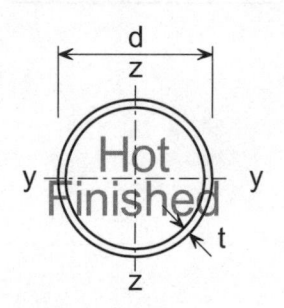

Member buckling check

Section Designation & Resistance (kNm)		Mass per Metre kg	Compression Resistance $N_{b,Rd}$ (kN) for Varying buckling lengths (m)												
D mm	t mm		1.0	1.5	2.0	2.5	3.0	3.5	4.0	5.0	6.0	7.0	8.0	9.0	10.0
193.7	5.0 f_yW_{el} = 48.3	23.3	1050	1030	1000	974	940	897	845	713	572	453	362	294	243
	6.3 f_yW_{el} = 59.6	29.1	1320	1290	1260	1220	1180	1120	1060	888	711	562	449	364	301
	8.0 f_yW_{el} = 73.8	36.6	1660	1620	1580	1530	1480	1410	1320	1110	884	697	556	451	372
	10.0 f_yW_{el} = 89.5	45.3	2050	2000	1950	1890	1820	1730	1620	1350	1080	846	674	547	451
	12.5 f_yW_{el} = 108	55.9	2530	2470	2400	2330	2240	2130	1990	1650	1300	1020	814	660	544
219.1	5.0 f_yW_{el} = 62.5	26.4	1190	1180	1150	1130	1100	1060	1020	903	763	624	508	417	347
	6.3 f_yW_{el} = 77.4	33.1	1490	1470	1440	1410	1370	1330	1270	1130	950	776	631	518	430
	8.0 f_yW_{el} = 95.9	41.6	1890	1860	1820	1780	1730	1670	1600	1410	1190	968	786	644	535
	10.0 f_yW_{el} = 116	51.6	2330	2300	2250	2200	2130	2060	1970	1740	1450	1180	958	784	650
	12.5 f_yW_{el} = 141	63.7	2880	2840	2770	2710	2630	2530	2420	2120	1770	1430	1160	950	787
	14.2 f_yW_{el} = 156	71.8	3240	3190	3120	3050	2960	2850	2720	2380	1970	1600	1290	1050	874
	16.0 f_yW_{el} = 171	80.1	3620	3560	3480	3400	3290	3170	3020	2640	2180	1760	1420	1160	961
244.5	8.0 f_yW_{el} = 121	46.7	2110	2090	2050	2010	1970	1920	1860	1700	1490	1260	1050	874	731
	10.0 f_yW_{el} = 147	57.8	2620	2600	2550	2500	2440	2370	2300	2100	1840	1550	1290	1070	894
	12.5 f_yW_{el} = 179	71.5	3230	3210	3150	3080	3010	2930	2830	2580	2250	1890	1570	1300	1080
	14.2 f_yW_{el} = 198	80.6	3660	3620	3560	3480	3400	3310	3190	2910	2530	2120	1750	1450	1210
	16.0 f_yW_{el} = 219	90.2	4080	4040	3970	3890	3790	3680	3560	3230	2800	2350	1940	1600	1340

Celsius® is a trademark of Corus. A fuller description of the relationship between Hot Finished Circular Hollow Sections (HFCHS) and the Celsius® range of sections manufactured by Corus is given in note 12.

$M_{b,Rd}$ should be taken as equal to $M_{c,Rd}$.

$n = N_{Ed} / N_{pl,Rd}$

▨ Check availability

FOR EXPLANATION OF TABLES SEE NOTE 10.

BS EN 1993-1-1:2005
BS EN 10210-2: 2006

AXIAL FORCE & BENDING

S355 / Celsius® 355

HOT-FINISHED CIRCULAR HOLLOW SECTIONS

Celsius® CHS

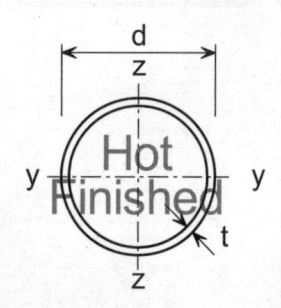

Cross-section resistance check

Section Designation		Mass per Metre	Axial resistance	Moment Resistance $M_{c,Rd}$ (kNm) and Reduced Moment Resistance $M_{N,Rd}$ (kNm) for Ratios of Design Axial Force to Design Axial Plastic Resistance $n = N_{Ed} / N_{pl,Rd}$											
D mm	t mm	kg	$N_{pl,Rd}$ kN	n	0.0	0.1	0.2	0.3	0.4	0.5	0.6	0.7	0.8	0.9	1.0
273	6.3	41.4	1870	$M_{c,Rd}$	159	159	159	159	159	159	159	159	159	159	159
				$M_{N,Rd}$	159	157	151	142	129	112	93.5	72.2	49.1	24.9	0
	8.0	52.3	2360	$M_{c,Rd}$	200	200	200	200	200	200	200	200	200	200	200
				$M_{N,Rd}$	200	197	190	178	161	141	117	90.6	61.7	31.2	0
	10.0	64.9	2930	$M_{c,Rd}$	246	246	246	246	246	246	246	246	246	246	246
				$M_{N,Rd}$	246	243	234	219	199	174	144	112	75.9	38.4	0
	12.5	80.3	3620	$M_{c,Rd}$	301	301	301	301	301	301	301	301	301	301	301
				$M_{N,Rd}$	301	298	287	269	244	213	177	137	93.1	47.1	0
	14.2	90.6	4080	$M_{c,Rd}$	338	338	338	338	338	338	338	338	338	338	338
				$M_{N,Rd}$	338	334	321	301	273	239	199	153	104	52.9	0
	16.0	101	4580	$M_{c,Rd}$	376	376	376	376	376	376	376	376	376	376	376
				$M_{N,Rd}$	376	371	357	335	304	266	221	171	116	58.8	0
323.9	6.3	49.3	2230	$M_{c,Rd}$	174	174	174	174	174	174	174	174	174	174	174
				$M_{N,Rd}$	-	-	-	-	-	-	-	-	-	-	-
	8.0	62.3	2820	$M_{c,Rd}$	284	284	284	284	284	284	284	284	284	284	284
				$M_{N,Rd}$	284	280	270	253	229	201	167	129	87.7	44.4	0
	10.0	77.4	3500	$M_{c,Rd}$	350	350	350	350	350	350	350	350	350	350	350
				$M_{N,Rd}$	350	346	333	312	283	248	206	159	108	54.8	0
	12.5	96.0	4330	$M_{c,Rd}$	431	431	431	431	431	431	431	431	431	431	431
				$M_{N,Rd}$	431	425	410	384	348	304	253	195	133	67.4	0
	14.2	108	4900	$M_{c,Rd}$	484	484	484	484	484	484	484	484	484	484	484
				$M_{N,Rd}$	484	478	460	431	391	342	284	220	150	75.7	0
	16.0	121	5500	$M_{c,Rd}$	539	539	539	539	539	539	539	539	539	539	539
				$M_{N,Rd}$	539	532	513	480	436	381	317	245	167	84.3	0
355.6	14.2	120	5400	$M_{c,Rd}$	588	588	588	588	588	588	588	588	588	588	588
				$M_{N,Rd}$	588	581	559	524	476	416	346	267	182	92.0	0
	16.0	134	6070	$M_{c,Rd}$	656	656	656	656	656	656	656	656	656	656	656
				$M_{N,Rd}$	656	648	624	584	530	464	385	298	203	103	0

Celsius® is a trademark of Corus. A fuller description of the relationship between Hot Finished Circular Hollow Sections (HFCHS) and the Celsius® range of sections manufactured by Corus is given in note 12.

N_{Ed} = Design value of the axial force.

$n = N_{Ed} / N_{pl,Rd}$

$N_{pl,Rd}$ is the axial force resistance

- Not applicable for class 3 and class 4 sections.

▨ Check availability

FOR EXPLANATION OF TABLES SEE NOTE 10.

| BS EN 1993-1-1:2005 BS EN 10210-2: 2006 | **AXIAL FORCE & BENDING** | S355 / Celsius® 355 |

HOT-FINISHED CIRCULAR HOLLOW SECTIONS

Celsius® CHS

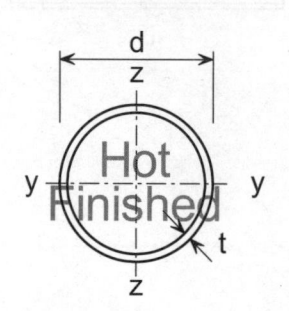

Member buckling check

Section Designation & Resistance (kNm)		Mass per Metre	Compression Resistance $N_{b,Rd}$ (kN) for Varying buckling lengths (m)											
D mm	t mm	kg	2.0	3.0	4.0	5.0	6.0	7.0	8.0	9.0	10.0	11.0	12.0	13.0	14.0
273	6.3 $f_y W_{el} = 122$	41.4	1840	1780	1700	1590	1460	1280	1100	937	794	677	582	504	441
	8.0 $f_y W_{el} = 152$	52.3	2320	2240	2140	2010	1830	1610	1380	1170	992	845	726	629	549
	10.0 $f_y W_{el} = 186$	64.9	2880	2780	2650	2480	2260	1980	1700	1440	1220	1040	890	771	673
	12.5 $f_y W_{el} = 226$	80.3	3550	3420	3270	3050	2770	2430	2070	1750	1480	1260	1080	935	816
	14.2 $f_y W_{el} = 252$	90.6	4000	3860	3680	3430	3110	2720	2310	1950	1650	1400	1200	1040	910
	16.0 $f_y W_{el} = 278$	101	4490	4320	4120	3840	3470	3030	2570	2170	1830	1560	1330	1150	1010
323.9	6.3 $f_y W_{el} = 174$	49.3	2220	2160	2090	2000	1890	1750	1590	1410	1230	1070	931	814	716
	8.0 $f_y W_{el} = 217$	62.3	2800	2720	2630	2530	2390	2210	2000	1770	1550	1350	1170	1030	903
	10.0 $f_y W_{el} = 267$	77.4	3470	3380	3270	3130	2950	2730	2470	2180	1900	1650	1440	1260	1100
	12.5 $f_y W_{el} = 326$	96.0	4290	4170	4030	3860	3640	3360	3030	2670	2320	2020	1750	1530	1340
	14.2 $f_y W_{el} = 364$	108	4860	4720	4560	4370	4120	3800	3420	3020	2630	2280	1980	1730	1520
	16.0 $f_y W_{el} = 403$	121	5450	5300	5120	4900	4610	4250	3810	3350	2910	2520	2190	1910	1680
355.6	14.2 $f_y W_{el} = 444$	120	5380	5240	5090	4920	4700	4420	4080	3690	3280	2890	2540	2240	1980
	16.0 $f_y W_{el} = 492$	134	6050	5890	5720	5520	5270	4950	4560	4120	3660	3220	2820	2480	2190

Celsius® is a trademark of Corus. A fuller description of the relationship between Hot Finished Circular Hollow Sections (HFCHS) and the Celsius® range of sections manufactured by Corus is given in note 12.

$M_{b,Rd}$ should be taken as equal to $M_{c,Rd}$.

$n = N_{Ed} / N_{pl,Rd}$

▓▓▓ Check availability

FOR EXPLANATION OF TABLES SEE NOTE 10.

| BS EN 1993-1-1:2005 |
| BS EN 10210-2: 2006 |

AXIAL FORCE & BENDING

S355 / Celsius® 355

HOT-FINISHED CIRCULAR HOLLOW SECTIONS

Celsius® CHS

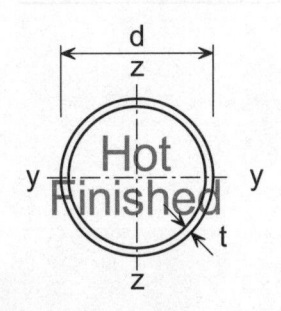

Cross-section resistance check

Section Designation		Mass per Metre	Axial resistance $N_{pl,Rd}$		Moment Resistance $M_{c,Rd}$ (kNm) and Reduced Moment Resistance $M_{N,Rd}$ (kNm) for Ratios of Design Axial Force to Design Axial Plastic Resistance $n = N_{Ed} / N_{pl,Rd}$										
D mm	t mm	kg	kN	n	0.0	0.1	0.2	0.3	0.4	0.5	0.6	0.7	0.8	0.9	1.0
406.4	* 6.3	62.2	2810	$M_{c,Rd}$	$	$	$	$	$	$	$	$	$	$	$
				$M_{N,Rd}$	-	-	-	-	-	-	-	-	-	-	-
	8.0	78.6	3550	$M_{c,Rd}$	347	347	347	347	347	347	347	347	347	347	347
				$M_{N,Rd}$	-	-	-	-	-	-	-	-	-	-	-
	10.0	97.8	4440	$M_{c,Rd}$	558	558	558	558	558	558	558	558	558	558	558
				$M_{N,Rd}$	558	551	531	497	451	395	328	253	172	87.3	0
	12.5	121	5500	$M_{c,Rd}$	689	689	689	689	689	689	689	689	689	689	689
				$M_{N,Rd}$	689	680	655	614	557	487	405	313	213	108	0
	14.2	137	6210	$M_{c,Rd}$	776	776	776	776	776	776	776	776	776	776	776
				$M_{N,Rd}$	776	766	738	691	628	548	456	352	240	121	0
	16.0	154	6960	$M_{c,Rd}$	866	866	866	866	866	866	866	866	866	866	866
				$M_{N,Rd}$	866	856	824	772	701	612	509	393	268	136	0
457	8.0	88.6	4010	$M_{c,Rd}$	442	442	442	442	442	442	442	442	442	442	442
				$M_{N,Rd}$	-	-	-	-	-	-	-	-	-	-	-
	10.0	110	4970	$M_{c,Rd}$	709	709	709	709	709	709	709	709	709	709	709
				$M_{N,Rd}$	709	701	675	632	574	502	417	322	219	111	0
	12.5	137	6210	$M_{c,Rd}$	877	877	877	877	877	877	877	877	877	877	877
				$M_{N,Rd}$	877	866	834	781	709	620	515	398	271	137	0
	14.2	155	7030	$M_{c,Rd}$	989	989	989	989	989	989	989	989	989	989	989
				$M_{N,Rd}$	989	977	940	881	800	699	581	449	306	155	0
	16.0	174	7880	$M_{c,Rd}$	1110	1110	1110	1110	1110	1110	1110	1110	1110	1110	1110
				$M_{N,Rd}$	1110	1090	1050	985	894	781	650	502	341	173	0
508	10.0	123	5540	$M_{c,Rd}$	678	678	678	678	678	678	678	678	678	678	678
				$M_{N,Rd}$	-	-	-	-	-	-	-	-	-	-	-
	12.5	153	6920	$M_{c,Rd}$	1090	1090	1090	1090	1090	1090	1090	1090	1090	1090	1090
				$M_{N,Rd}$	1090	1080	1040	971	882	771	641	495	337	170	0
	14.2	173	7810	$M_{c,Rd}$	1230	1230	1230	1230	1230	1230	1230	1230	1230	1230	1230
				$M_{N,Rd}$	1230	1210	1170	1100	995	869	723	558	380	192	0
	16.0	194	8770	$M_{c,Rd}$	1380	1380	1380	1380	1380	1380	1380	1380	1380	1380	1380
				$M_{N,Rd}$	1380	1360	1310	1230	1110	972	808	624	425	215	0

Celsius® is a trademark of Corus. A fuller description of the relationship between Hot Finished Circular Hollow Sections (HFCHS) and the Celsius® range of sections manufactured by Corus is given in note 12.

* The section is a class 4 section.

N_{Ed} = Design value of the axial force.

$n = N_{Ed} / N_{pl,Rd}$

$N_{pl,Rd}$ is the axial force resistance

- Not applicable for class 3 and class 4 sections.

$ $M_{c,Rd}$ is not calculated for class 4 sections.

▨ Check availability

FOR EXPLANATION OF TABLES SEE NOTE 10.

BS EN 1993-1-1:2005
BS EN 10210-2: 2006

AXIAL FORCE & BENDING

S355 / Celsius® 355

HOT-FINISHED CIRCULAR HOLLOW SECTIONS

Celsius® CHS

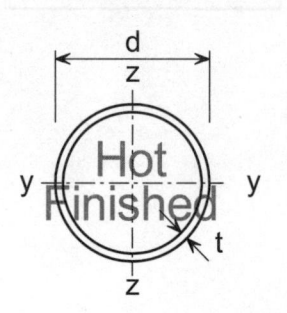

Member buckling check

Section Designation & Resistance (kNm)		Mass per Metre kg	Compression Resistance $N_{b,Rd}$ (kN) for Varying buckling lengths (m)												
D mm	t mm		2.0	3.0	4.0	5.0	6.0	7.0	8.0	9.0	10.0	11.0	12.0	13.0	14.0
406.4	* 6.3 $f_yW_{el} = 277$	62.2	-	-	-	-	-	-	-	-	-	-	-	-	-
	8.0 $f_yW_{el} = 347$	78.6	3550	3490	3410	3320	3210	3090	2940	2750	2540	2310	2080	1870	1670
	10.0 $f_yW_{el} = 428$	97.8	4440	4360	4260	4140	4010	3850	3660	3420	3150	2870	2580	2310	2070
	12.5 $f_yW_{el} = 525$	121	5500	5400	5280	5130	4970	4770	4520	4220	3880	3520	3170	2830	2530
	14.2 $f_yW_{el} = 589$	137	6210	6100	5960	5800	5610	5380	5100	4770	4390	3980	3580	3200	2860
	16.0 $f_yW_{el} = 654$	154	6960	6830	6670	6490	6270	6010	5690	5310	4880	4420	3970	3550	3170
457	8.0 $f_yW_{el} = 442$	88.6	4010	3970	3890	3810	3720	3610	3480	3320	3140	2930	2700	2470	2250
	10.0 $f_yW_{el} = 545$	110	4970	4920	4820	4720	4600	4460	4300	4100	3870	3610	3330	3040	2760
	12.5 $f_yW_{el} = 670$	137	6210	6140	6020	5890	5740	5570	5360	5110	4820	4490	4130	3770	3420
	14.2 $f_yW_{el} = 753$	155	7030	6950	6810	6670	6500	6300	6060	5780	5450	5080	4680	4270	3870
	16.0 $f_yW_{el} = 838$	174	7880	7790	7640	7470	7280	7050	6780	6460	6090	5660	5210	4750	4300
508	10.0 $f_yW_{el} = 678$	123	5540	5510	5420	5320	5210	5080	4940	4770	4580	4350	4090	3810	3530
	12.5 $f_yW_{el} = 835$	153	6920	6890	6770	6640	6500	6350	6170	5950	5700	5420	5090	4740	4380
	14.2 $f_yW_{el} = 939$	173	7810	7770	7640	7490	7340	7160	6960	6720	6440	6110	5740	5350	4940
	16.0 $f_yW_{el} = 1050$	194	8770	8720	8570	8410	8230	8030	7800	7530	7210	6840	6420	5970	5510

Celsius® is a trademark of Corus. A fuller description of the relationship between Hot Finished Circular Hollow Sections (HFCHS) and the Celsius® range of sections manufactured by Corus is given in note 12.

* The section can become a class 4 section.

$M_{b,Rd}$ should be taken as equal to $M_{c,Rd}$.

$n = N_{Ed} / N_{pl,Rd}$

$N_{b,Rd}$ values for class 4 sections are not calculated.

▓ Check availability

FOR EXPLANATION OF TABLES SEE NOTE 10.

| BS EN 1993-1-1:2005 / BS EN 10210-2:2006 | **AXIAL FORCE & BENDING** | S355 / Celsius® 355 |

HOT-FINISHED SQUARE HOLLOW SECTIONS

Celsius® SHS

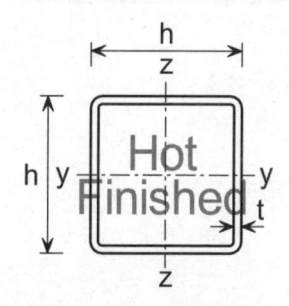

Cross-section resistance check

Section Designation h x h (mm)	t (mm)	Mass per Metre (kg)	Axial Resistance $N_{pl,Rd}$ (kN)	n limit Class 3 / Class 2		Moment Resistance $M_{c,Rd}$ (kNm) and Reduced Moment Resistance $M_{N,Rd}$ (kNm) for Ratios of Design Axial Force to Design Axial Plastic Resistance $n = N_{Ed}/N_{pl,Rd}$										
					n	0.0	0.1	0.2	0.3	0.4	0.5	0.6	0.7	0.8	0.9	1.0
40x40	3.0	3.41	154	n/a	$M_{c,Rd}$	2.12	2.12	2.12	2.12	2.12	2.12	2.12	2.12	2.12	2.12	2.12
				1.00	$M_{N,Rd}$	2.12	2.12	2.12	1.91	1.64	1.36	1.09	0.819	0.546	0.273	0
	3.2	3.61	163	n/a	$M_{c,Rd}$	2.23	2.23	2.23	2.23	2.23	2.23	2.23	2.23	2.23	2.23	2.23
				1.00	$M_{N,Rd}$	2.23	2.23	2.23	2.01	1.72	1.43	1.15	0.859	0.573	0.286	0
	4.0	4.39	198	n/a	$M_{c,Rd}$	2.64	2.64	2.64	2.64	2.64	2.64	2.64	2.64	2.64	2.64	2.64
				1.00	$M_{N,Rd}$	2.64	2.64	2.64	2.35	2.02	1.68	1.34	1.01	0.672	0.336	0
	5.0	5.28	239	n/a	$M_{c,Rd}$	3.07	3.07	3.07	3.07	3.07	3.07	3.07	3.07	3.07	3.07	3.07
				1.00	$M_{N,Rd}$	3.07	3.07	3.07	2.70	2.31	1.93	1.54	1.16	0.771	0.386	0
50x50	3.0	4.35	197	n/a	$M_{c,Rd}$	3.44	3.44	3.44	3.44	3.44	3.44	3.44	3.44	3.44	3.44	3.44
				1.00	$M_{N,Rd}$	3.44	3.44	3.44	3.13	2.68	2.23	1.79	1.34	0.894	0.447	0
	3.2	4.62	209	n/a	$M_{c,Rd}$	3.62	3.62	3.62	3.62	3.62	3.62	3.62	3.62	3.62	3.62	3.62
				1.00	$M_{N,Rd}$	3.62	3.62	3.62	3.28	2.81	2.34	1.88	1.41	0.938	0.469	0
	4.0	5.64	255	n/a	$M_{c,Rd}$	4.37	4.37	4.37	4.37	4.37	4.37	4.37	4.37	4.37	4.37	4.37
				1.00	$M_{N,Rd}$	4.37	4.37	4.37	3.93	3.37	2.81	2.24	1.68	1.12	0.561	0
	5.0	6.85	310	n/a	$M_{c,Rd}$	5.15	5.15	5.15	5.15	5.15	5.15	5.15	5.15	5.15	5.15	5.15
				1.00	$M_{N,Rd}$	5.15	5.15	5.15	4.58	3.93	3.27	2.62	1.96	1.31	0.655	0
	6.3	8.31	376	n/a	$M_{c,Rd}$	6.04	6.04	6.04	6.04	6.04	6.04	6.04	6.04	6.04	6.04	6.04
				1.00	$M_{N,Rd}$	6.04	6.04	6.04	5.30	4.54	3.79	3.03	2.27	1.51	0.757	0
60x60	3.0	5.29	239	n/a	$M_{c,Rd}$	5.08	5.08	5.08	5.08	5.08	5.08	5.08	5.08	5.08	5.08	5.08
				1.00	$M_{N,Rd}$	5.08	5.08	5.08	4.63	3.97	3.31	2.65	1.99	1.32	0.662	0
	3.2	5.62	254	n/a	$M_{c,Rd}$	5.40	5.40	5.40	5.40	5.40	5.40	5.40	5.40	5.40	5.40	5.40
				1.00	$M_{N,Rd}$	5.40	5.40	5.40	4.92	4.21	3.51	2.81	2.11	1.40	0.702	0
	4.0	6.90	312	n/a	$M_{c,Rd}$	6.50	6.50	6.50	6.50	6.50	6.50	6.50	6.50	6.50	6.50	6.50
				1.00	$M_{N,Rd}$	6.50	6.50	6.50	5.88	5.04	4.20	3.36	2.52	1.68	0.840	0
	5.0	8.42	380	n/a	$M_{c,Rd}$	7.77	7.77	7.77	7.77	7.77	7.77	7.77	7.77	7.77	7.77	7.77
				1.00	$M_{N,Rd}$	7.77	7.77	7.77	6.97	5.98	4.98	3.99	2.99	1.99	0.996	0
	6.3	10.3	465	n/a	$M_{c,Rd}$	9.23	9.23	9.23	9.23	9.23	9.23	9.23	9.23	9.23	9.23	9.23
				1.00	$M_{N,Rd}$	9.23	9.23	9.23	8.19	7.02	5.85	4.68	3.51	2.34	1.17	0
	8.0	12.5	568	n/a	$M_{c,Rd}$	10.8	10.8	10.8	10.8	10.8	10.8	10.8	10.8	10.8	10.8	10.8
				1.00	$M_{N,Rd}$	10.8	10.8	10.8	9.44	8.09	6.75	5.40	4.05	2.70	1.35	0
70x70	3.6	7.40	334	n/a	$M_{c,Rd}$	8.27	8.27	8.27	8.27	8.27	8.27	8.27	8.27	8.27	8.27	8.27
				1.00	$M_{N,Rd}$	8.27	8.27	8.27	7.54	6.47	5.39	4.31	3.23	2.16	1.08	0
	5.0	9.99	451	n/a	$M_{c,Rd}$	10.9	10.9	10.9	10.9	10.9	10.9	10.9	10.9	10.9	10.9	10.9
				1.00	$M_{N,Rd}$	10.9	10.9	10.9	9.87	8.46	7.05	5.64	4.23	2.82	1.41	0
	6.3	12.3	554	n/a	$M_{c,Rd}$	13.1	13.1	13.1	13.1	13.1	13.1	13.1	13.1	13.1	13.1	13.1
				1.00	$M_{N,Rd}$	13.1	13.1	13.1	11.7	10.0	8.37	6.69	5.02	3.35	1.67	0
	8.0	15.0	682	n/a	$M_{c,Rd}$	15.5	15.5	15.5	15.5	15.5	15.5	15.5	15.5	15.5	15.5	15.5
				1.00	$M_{N,Rd}$	15.5	15.5	15.5	13.7	11.8	9.82	7.86	5.89	3.93	1.96	0

Celsius® is a trademark of Corus. A fuller description of the relationship between Hot Finished Square Hollow Sections (HFSHS) and the Celsius® range of sections manufactured by Corus is given in note 12.

N_{Ed} = Design value of the axial force.

$n = N_{Ed} / N_{pl,Rd}$

FOR EXPLANATION OF TABLES SEE NOTE 10.

BS EN 1993-1-1:2005
BS EN 10210-2: 2006

AXIAL FORCE & BENDING

S355 / Celsius® 355

HOT-FINISHED SQUARE HOLLOW SECTIONS

Celsius® SHS

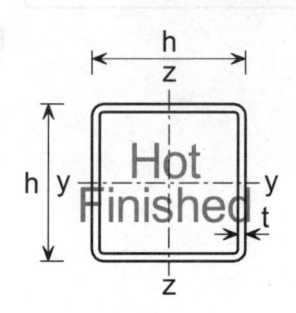

Member buckling check

Section Designation & Resistance (kNm)		n Limit	Compression Resistance $N_{b,Rd}$ (kN) for Varying buckling lengths (m) within the limiting value of $n = N_{Ed} / N_{pl,Rd}$											
h x h mm	t mm		1.0	1.5	2.0	2.5	3.0	3.5	4.0	5.0	6.0	7.0	8.0	9.0	10.0
40x40	3.0 $f_yW_{el} = 1.74$	1.00	116	71.7	44.0	29.2	20.7	15.4	11.9	7.72	5.40	3.99	3.07	2.43	1.98
	3.2 $f_yW_{el} = 1.81$	1.00	122	75.2	46.1	30.6	21.7	16.1	12.5	8.08	5.65	4.18	3.21	2.55	2.07
	4.0 $f_yW_{el} = 2.10$	1.00	145	87.5	53.3	35.3	25.0	18.6	14.4	9.31	6.51	4.81	3.70	2.93	2.38
	5.0 $f_yW_{el} = 2.37$	1.00	171	101	61.0	40.3	28.5	21.2	16.4	10.6	7.42	5.48	4.21	3.34	2.71
50x50	3.0 $f_yW_{el} = 2.87$	1.00	168	127	85.1	58.1	41.7	31.2	24.2	15.8	11.1	8.19	6.30	5.00	4.06
	3.2 $f_yW_{el} = 3.01$	1.00	178	134	89.5	61.1	43.8	32.8	25.4	16.6	11.6	8.60	6.62	5.25	4.27
	4.0 $f_yW_{el} = 3.55$	1.00	216	160	106	71.9	51.5	38.5	29.9	19.4	13.6	10.1	7.77	6.16	5.01
	5.0 $f_yW_{el} = 4.12$	1.00	260	189	124	83.9	60.0	44.9	34.8	22.6	15.9	11.7	9.03	7.17	5.82
	6.3 $f_yW_{el} = 4.65$	1.00	311	220	142	95.9	68.4	51.1	39.6	25.7	18.0	13.3	10.3	8.15	6.62
60x60	3.0 $f_yW_{el} = 4.30$	1.00	216	184	138	98.8	72.2	54.6	42.6	27.9	19.6	14.6	11.2	8.91	7.25
	3.2 $f_yW_{el} = 4.51$	1.00	229	195	146	104	76.1	57.5	44.9	29.4	20.7	15.3	11.8	9.39	7.64
	4.0 $f_yW_{el} = 5.36$	1.00	280	236	175	124	90.6	68.4	53.3	34.9	24.5	18.2	14.0	11.1	9.06
	5.0 $f_yW_{el} = 6.32$	1.00	340	284	208	147	107	80.6	62.8	41.0	28.9	21.4	16.5	13.1	10.6
	6.3 $f_yW_{el} = 7.28$	1.00	413	340	245	172	124	93.8	73.0	47.7	33.5	24.8	19.1	15.2	12.4
	8.0 $f_yW_{el} = 8.24$	1.00	500	402	283	197	142	107	83.0	54.2	38.1	28.2	21.7	17.2	14.0
70x70	3.6 $f_yW_{el} = 6.96$	1.00	311	279	230	175	131	100	78.9	52.0	36.7	27.3	21.1	16.8	13.6
	5.0 $f_yW_{el} = 8.98$	1.00	417	373	303	228	170	130	102	67.2	47.5	35.2	27.2	21.6	17.6
	6.3 $f_yW_{el} = 10.5$	1.00	511	453	363	271	201	153	120	79.0	55.8	41.4	32.0	25.4	20.7
	8.0 $f_yW_{el} = 12.1$	1.00	625	548	431	317	235	178	139	91.6	64.6	47.9	37.0	29.4	23.9

Celsius® is a trademark of Corus. A fuller description of the relationship between Hot Finished Square Hollow Sections (HFSHS) and the Celsius® range of sections manufactured by Corus is given in note 12.

$n = N_{Ed} / N_{pl,Rd}$

Under combined axial compression and bending the resistances are only valid up to the given $N_{Ed} / N_{pl,Rd}$ limit. For higher values of $n = N_{Ed} / N_{pl,Rd}$ the section would be overloaded due to N_{Ed} alone even when M_{Ed} is zero, because N_{Ed} would exceed the local buckling resistance of the section.

$M_{b,Rd}$ should be taken as equal to $M_{c,Rd}$.

Axial force resistance $N_{pl,Rd}$ which is equal to Af_y is given in the cross-section resistance check table opposite.

FOR EXPLANATION OF TABLES SEE NOTE 10.

AXIAL FORCE & BENDING

BS EN 1993-1-1:2005
BS EN 10210-2: 2006

S355 / Celsius® 355

HOT-FINISHED SQUARE HOLLOW SECTIONS

Celsius® SHS

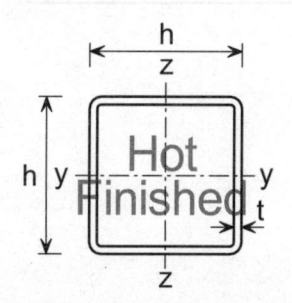

Cross-section resistance check

Section Designation h x h (mm)	t (mm)	Mass per Metre (kg)	Axial Resistance $N_{pl,Rd}$ (kN)	n limit Class 3 / Class 2		Moment Resistance $M_{c,Rd}$ (kNm) and Reduced Moment Resistance $M_{N,Rd}$ (kNm) for Ratios of Design Axial Force to Design Axial Plastic Resistance $n = N_{Ed} / N_{pl,Rd}$										
					n	0.0	0.1	0.2	0.3	0.4	0.5	0.6	0.7	0.8	0.9	1.0
80x80	3.6	8.53	387	n/a	$M_{c,Rd}$	11.0	11.0	11.0	11.0	11.0	11.0	11.0	11.0	11.0	11.0	11.0
				1.00	$M_{N,Rd}$	11.0	11.0	11.0	10.1	8.64	7.20	5.76	4.32	2.88	1.44	0
	4.0	9.41	426	n/a	$M_{c,Rd}$	12.1	12.1	12.1	12.1	12.1	12.1	12.1	12.1	12.1	12.1	12.1
				1.00	$M_{N,Rd}$	12.1	12.1	12.1	11.0	9.45	7.87	6.30	4.72	3.15	1.57	0
	5.0	11.6	522	n/a	$M_{c,Rd}$	14.6	14.6	14.6	14.6	14.6	14.6	14.6	14.6	14.6	14.6	14.6
				1.00	$M_{N,Rd}$	14.6	14.6	14.6	13.2	11.3	9.45	7.56	5.67	3.78	1.89	0
	6.3	14.2	643	n/a	$M_{c,Rd}$	17.6	17.6	17.6	17.6	17.6	17.6	17.6	17.6	17.6	17.6	17.6
				1.00	$M_{N,Rd}$	17.6	17.6	17.6	15.9	13.6	11.3	9.07	6.80	4.53	2.27	0
	8.0	17.5	795	n/a	$M_{c,Rd}$	21.1	21.1	21.1	21.1	21.1	21.1	21.1	21.1	21.1	21.1	21.1
				1.00	$M_{N,Rd}$	21.1	21.1	21.1	18.8	16.1	13.4	10.8	8.06	5.38	2.69	0
90x90	3.6	9.66	437	n/a	$M_{c,Rd}$	14.1	14.1	14.1	14.1	14.1	14.1	14.1	14.1	14.1	14.1	14.1
				1.00	$M_{N,Rd}$	14.1	14.1	14.1	12.9	11.1	9.23	7.38	5.54	3.69	1.85	0
	4.0	10.7	483	n/a	$M_{c,Rd}$	15.5	15.5	15.5	15.5	15.5	15.5	15.5	15.5	15.5	15.5	15.5
				1.00	$M_{N,Rd}$	15.5	15.5	15.5	14.2	12.1	10.1	8.10	6.07	4.05	2.02	0
	5.0	13.1	593	n/a	$M_{c,Rd}$	18.8	18.8	18.8	18.8	18.8	18.8	18.8	18.8	18.8	18.8	18.8
				1.00	$M_{N,Rd}$	18.8	18.8	18.8	17.1	14.7	12.2	9.78	7.34	4.89	2.45	0
	6.3	16.2	735	n/a	$M_{c,Rd}$	22.8	22.8	22.8	22.8	22.8	22.8	22.8	22.8	22.8	22.8	22.8
				1.00	$M_{N,Rd}$	22.8	22.8	22.8	20.6	17.7	14.7	11.8	8.85	5.90	2.95	0
	8.0	20.1	909	n/a	$M_{c,Rd}$	27.5	27.5	27.5	27.5	27.5	27.5	27.5	27.5	27.5	27.5	27.5
				1.00	$M_{N,Rd}$	27.5	27.5	27.5	24.7	21.2	17.6	14.1	10.6	7.05	3.53	0
100x100	4.0	11.9	540	n/a	$M_{c,Rd}$	19.3	19.3	19.3	19.3	19.3	19.3	19.3	19.3	19.3	19.3	19.3
				1.00	$M_{N,Rd}$	19.3	19.3	19.3	17.7	15.2	12.7	10.1	7.59	5.06	2.53	0
	5.0	14.7	664	n/a	$M_{c,Rd}$	23.6	23.6	23.6	23.6	23.6	23.6	23.6	23.6	23.6	23.6	23.6
				1.00	$M_{N,Rd}$	23.6	23.6	23.6	21.5	18.4	15.4	12.3	9.22	6.14	3.07	0
	6.3	18.2	824	n/a	$M_{c,Rd}$	28.7	28.7	28.7	28.7	28.7	28.7	28.7	28.7	28.7	28.7	28.7
				1.00	$M_{N,Rd}$	28.7	28.7	28.7	26.1	22.3	18.6	14.9	11.2	7.44	3.72	0
	8.0	22.6	1020	n/a	$M_{c,Rd}$	34.9	34.9	34.9	34.9	34.9	34.9	34.9	34.9	34.9	34.9	34.9
				1.00	$M_{N,Rd}$	34.9	34.9	34.9	31.4	26.9	22.4	17.9	13.4	8.96	4.48	0
	10.0	27.4	1240	n/a	$M_{c,Rd}$	41.2	41.2	41.2	41.2	41.2	41.2	41.2	41.2	41.2	41.2	41.2
				1.00	$M_{N,Rd}$	41.2	41.2	41.2	36.6	31.4	26.2	20.9	15.7	10.5	5.24	0

Celsius® is a trademark of Corus. A fuller description of the relationship between Hot Finished Square Hollow Sections (HFSHS) and the Celsius® range of sections manufactured by Corus is given in note 12.

N_{Ed} = Design value of the axial force.

$n = N_{Ed} / N_{pl,Rd}$

FOR EXPLANATION OF TABLES SEE NOTE 10.

BS EN 1993-1-1:2005			AXIAL FORCE & BENDING										S355 / Celsius® 355

HOT-FINISHED SQUARE HOLLOW SECTIONS

Celsius® SHS

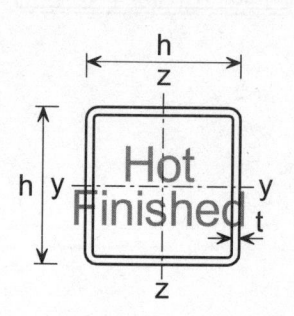

Member buckling check

Section Designation & Resistance (kNm)		n Limit	Compression Resistance $N_{b,Rd}$ (kN) for Varying buckling lengths (m) within the limiting value of $n = N_{Ed} / N_{pl,Rd}$											
h x h mm	t mm		1.0	1.5	2.0	2.5	3.0	3.5	4.0	5.0	6.0	7.0	8.0	9.0	10.0
80x80	3.6 f_yW_{el} = 9.30	1.00	367	340	298	243	190	149	118	78.5	55.7	41.5	32.1	25.5	20.8
	4.0 f_yW_{el} = 10.2	1.00	403	373	327	266	207	162	128	85.4	60.6	45.1	34.9	27.8	22.6
	5.0 f_yW_{el} = 12.1	1.00	493	455	397	321	249	194	154	102	72.4	53.9	41.7	33.2	27.0
	6.3 f_yW_{el} = 14.4	1.00	606	557	482	385	297	231	182	121	85.8	63.9	49.4	39.3	32.0
	8.0 f_yW_{el} = 16.8	1.00	747	683	584	461	353	273	215	142	101	75.0	58.0	46.1	37.5
90x90	3.6 f_yW_{el} = 12.0	1.00	419	395	361	312	256	205	165	111	79.4	59.3	46.0	36.6	29.9
	4.0 f_yW_{el} = 13.1	1.00	463	437	398	343	281	225	181	122	86.9	64.9	50.3	40.1	32.7
	5.0 f_yW_{el} = 15.8	1.00	568	534	485	416	338	270	216	146	104	77.5	60.0	47.8	39.0
	6.3 f_yW_{el} = 18.8	1.00	703	660	597	508	411	327	262	176	125	93.5	72.4	57.6	47.0
	8.0 f_yW_{el} = 22.2	1.00	867	812	729	614	492	389	311	208	148	110	85.5	68.1	55.5
100x100	4.0 f_yW_{el} = 16.5	1.00	523	498	465	418	358	296	242	166	119	89.5	69.5	55.4	45.2
	5.0 f_yW_{el} = 19.8	1.00	643	612	569	509	434	357	292	200	143	107	83.4	66.5	54.3
	6.3 f_yW_{el} = 23.8	1.00	796	757	702	625	529	434	353	241	173	129	100	80.1	65.3
	8.0 f_yW_{el} = 28.4	1.00	987	936	866	765	643	524	425	289	207	155	120	95.9	78.2
	10.0 f_yW_{el} = 32.8	1.00	1190	1130	1040	910	757	612	495	335	240	179	139	111	90.4

Celsius® is a trademark of Corus. A fuller description of the relationship between Hot Finished Square Hollow Sections (HFSHS) and the Celsius® range of sections manufactured by Corus is given in note 12.

$n = N_{Ed} / N_{pl,Rd}$

Under combined axial compression and bending the resistances are only valid up to the given $N_{Ed} / N_{pl,Rd}$ limit. For higher values of $n = N_{Ed} / N_{pl,Rd}$ the section would be overloaded due to N_{Ed} alone even when M_{Ed} is zero, because N_{Ed} would exceed the local buckling resistance of the section.

$M_{b,Rd}$ should be taken as equal to $M_{c,Rd}$.

Axial force resistance $N_{pl,Rd}$ which is equal to Af_y is given in the cross-section resistance check table opposite.

FOR EXPLANATION OF TABLES SEE NOTE 10.

BS EN 1993-1-1:2005
BS EN 10210-2: 2006

AXIAL FORCE & BENDING

S355 / Celsius® 355

HOT-FINISHED SQUARE HOLLOW SECTIONS

Celsius® SHS

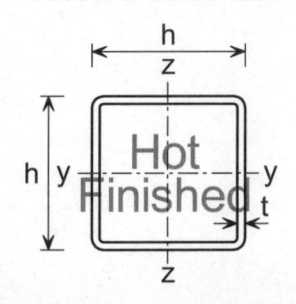

Cross-section resistance check

Section Designation		Mass per Metre	Axial Resistance $N_{pl,Rd}$	n limit Class 3	Moment Resistance $M_{c,Rd}$ (kNm) and Reduced Moment Resistance $M_{N,Rd}$ (kNm) for Ratios of Design Axial Force to Design Axial Plastic Resistance $n = N_{Ed} / N_{pl,Rd}$											
h x h mm	t mm	kg	kN	Class 2	n	0.0	0.1	0.2	0.3	0.4	0.5	0.6	0.7	0.8	0.9	1.0
120x120	5.0	17.8	806	n/a	$M_{c,Rd}$	34.6	34.6	34.6	34.6	34.6	34.6	34.6	34.6	34.6	34.6	34.6
				1.00	$M_{N,Rd}$	34.6	34.6	34.6	31.7	27.2	22.7	18.1	13.6	9.07	4.53	0
	6.3	22.2	1000	n/a	$M_{c,Rd}$	42.6	42.6	42.6	42.6	42.6	42.6	42.6	42.6	42.6	42.6	42.6
				1.00	$M_{N,Rd}$	42.6	42.6	42.6	38.8	33.3	27.7	22.2	16.6	11.1	5.55	0
	8.0	27.6	1250	n/a	$M_{c,Rd}$	51.8	51.8	51.8	51.8	51.8	51.8	51.8	51.8	51.8	51.8	51.8
				1.00	$M_{N,Rd}$	51.8	51.8	51.8	47.0	40.2	33.5	26.8	20.1	13.4	6.71	0
	10.0	33.7	1520	n/a	$M_{c,Rd}$	62.1	62.1	62.1	62.1	62.1	62.1	62.1	62.1	62.1	62.1	62.1
				1.00	$M_{N,Rd}$	62.1	62.1	62.1	55.8	47.8	39.8	31.9	23.9	15.9	7.97	0
	12.5	40.9	1850	n/a	$M_{c,Rd}$	73.5	73.5	73.5	73.5	73.5	73.5	73.5	73.5	73.5	73.5	73.5
				1.00	$M_{N,Rd}$	73.5	73.5	73.5	65.3	56.0	46.6	37.3	28.0	18.7	9.33	0
140x140	5.0	21.0	948	n/a	$M_{c,Rd}$	47.9	47.9	47.9	47.9	47.9	47.9	47.9	47.9	47.9	47.9	47.9
				1.00	$M_{N,Rd}$	47.9	47.9	47.9	44.0	37.7	31.4	25.2	18.9	12.6	6.29	0
	6.3	26.1	1180	n/a	$M_{c,Rd}$	58.9	58.9	58.9	58.9	58.9	58.9	58.9	58.9	58.9	58.9	58.9
				1.00	$M_{N,Rd}$	58.9	58.9	58.9	53.9	46.2	38.5	30.8	23.1	15.4	7.70	0
	8.0	32.6	1480	n/a	$M_{c,Rd}$	72.4	72.4	72.4	72.4	72.4	72.4	72.4	72.4	72.4	72.4	72.4
				1.00	$M_{N,Rd}$	72.4	72.4	72.4	65.9	56.5	47.1	37.7	28.2	18.8	9.41	0
	10.0	40.0	1810	n/a	$M_{c,Rd}$	87.3	87.3	87.3	87.3	87.3	87.3	87.3	87.3	87.3	87.3	87.3
				1.00	$M_{N,Rd}$	87.3	87.3	87.3	78.9	67.6	56.3	45.1	33.8	22.5	11.3	0
	12.5	48.7	2200	n/a	$M_{c,Rd}$	104	104	104	104	104	104	104	104	104	104	104
				1.00	$M_{N,Rd}$	104	104	104	93.1	79.8	66.5	53.2	39.9	26.6	13.3	0
150x150	5.0	22.6	1020	n/a	$M_{c,Rd}$	55.4	55.4	55.4	55.4	55.4	55.4	55.4	55.4	55.4	55.4	55.4
				1.00	$M_{N,Rd}$	55.4	55.4	55.4	50.9	43.6	36.4	29.1	21.8	14.5	7.27	0
	6.3	28.1	1270	n/a	$M_{c,Rd}$	68.2	68.2	68.2	68.2	68.2	68.2	68.2	68.2	68.2	68.2	68.2
				1.00	$M_{N,Rd}$	68.2	68.2	68.2	62.5	53.5	44.6	35.7	26.8	17.8	8.92	0
	8.0	35.1	1590	n/a	$M_{c,Rd}$	84.1	84.1	84.1	84.1	84.1	84.1	84.1	84.1	84.1	84.1	84.1
				1.00	$M_{N,Rd}$	84.1	84.1	84.1	76.7	65.7	54.8	43.8	32.9	21.9	11.0	0
	10.0	43.1	1950	n/a	$M_{c,Rd}$	102	102	102	102	102	102	102	102	102	102	102
				1.00	$M_{N,Rd}$	102	102	102	91.9	78.8	65.7	52.5	39.4	26.3	13.1	0
	12.5	52.7	2380	n/a	$M_{c,Rd}$	121	121	121	121	121	121	121	121	121	121	121
				1.00	$M_{N,Rd}$	121	121	121	109	93.5	77.9	62.3	46.7	31.2	15.6	0

Celsius® is a trademark of Corus. A fuller description of the relationship between Hot Finished Square Hollow Sections (HFSHS) and the Celsius® range of sections manufactured by Corus is given in note 12.

N_{Ed} = Design value of the axial force.

$n = N_{Ed} / N_{pl,Rd}$

FOR EXPLANATION OF TABLES SEE NOTE 10.

BS EN 1993-1-1:2005
BS EN 10210-2: 2006

AXIAL FORCE & BENDING

S355 / Celsius® 355

HOT-FINISHED SQUARE HOLLOW SECTIONS

Celsius® SHS

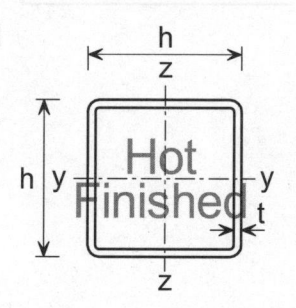

Member buckling check

Section Designation & Resistance (kNm)		n Limit	Compression Resistance $N_{b,Rd}$ (kN) for Varying buckling lengths (m) within the limiting value of $n = N_{Ed} / N_{pl,Rd}$											
h x h mm	t mm		2.0	3.0	4.0	5.0	6.0	7.0	8.0	9.0	10.0	11.0	12.0	13.0	14.0
120x120	5.0 $f_yW_{el} = 29.5$	1.00	729	623	470	337	247	187	146	117	95.5	79.5	67.2	57.6	49.9
	6.3 $f_yW_{el} = 35.5$	1.00	903	767	574	410	300	227	177	141	116	96.4	81.5	69.8	60.4
	8.0 $f_yW_{el} = 43.0$	1.00	1120	947	702	499	364	275	214	172	140	117	98.7	84.5	73.2
	10.0 $f_yW_{el} = 50.4$	1.00	1360	1140	833	589	428	323	252	201	165	137	116	99.1	85.8
	12.5 $f_yW_{el} = 58.2$	1.00	1640	1350	973	683	495	373	290	232	190	158	133	114	98.8
140x140	5.0 $f_yW_{el} = 40.8$	1.00	883	797	662	508	383	294	231	186	153	127	108	92.5	80.2
	6.3 $f_yW_{el} = 50.1$	1.00	1100	990	818	624	470	360	283	227	186	156	132	113	97.9
	8.0 $f_yW_{el} = 60.7$	1.00	1370	1230	1010	763	572	438	344	276	227	189	160	137	119
	10.0 $f_yW_{el} = 71.7$	1.00	1670	1490	1210	911	680	520	408	327	268	224	189	162	141
	12.5 $f_yW_{el} = 83.8$	1.00	2030	1800	1440	1080	801	611	478	384	315	262	222	190	165
150x150	5.0 $f_yW_{el} = 47.6$	1.00	959	880	756	601	462	358	282	228	187	156	133	114	98.7
	6.3 $f_yW_{el} = 57.9$	1.00	1190	1090	937	741	568	440	347	280	230	192	163	140	121
	8.0 $f_yW_{el} = 70.6$	1.00	1490	1360	1160	911	696	537	423	341	280	234	198	170	148
	10.0 $f_yW_{el} = 83.8$	1.00	1820	1660	1400	1090	831	640	504	406	334	279	236	202	175
	12.5 $f_yW_{el} = 98.3$	1.00	2220	2010	1680	1300	984	756	595	479	393	328	278	238	207

Celsius® is a trademark of Corus. A fuller description of the relationship between Hot Finished Square Hollow Sections (HFSHS) and the Celsius® range of sections manufactured by Corus is given in note 12.

$n = N_{Ed} / N_{pl,Rd}$

Under combined axial compression and bending the resistances are only valid up to the given $N_{Ed} / N_{pl,Rd}$ limit. For higher values of $n = N_{Ed} / N_{pl,Rd}$ the section would be overloaded due to N_{Ed} alone even when M_{Ed} is zero, because N_{Ed} would exceed the local buckling resistance of the section.

$M_{b,Rd}$ should be taken as equal to $M_{c,Rd}$.

Axial force resistance $N_{pl,Rd}$ which is equal to Af_y is given in the cross-section resistance check table opposite.

FOR EXPLANATION OF TABLES SEE NOTE 10.

BS EN 1993-1-1:2005
BS EN 10210-2: 2006

AXIAL FORCE & BENDING

S355 / Celsius® 355

HOT-FINISHED SQUARE HOLLOW SECTIONS

Celsius® SHS

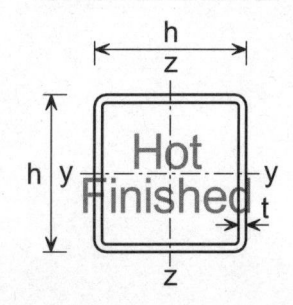

Cross-section resistance check

Section Designation		Mass per Metre	Axial Resistance $N_{pl,Rd}$	n limit Class 3	Moment Resistance $M_{c,Rd}$ (kNm) and Reduced Moment Resistance $M_{N,Rd}$ (kNm) for Ratios of Design Axial Force to Design Axial Plastic Resistance $n = N_{Ed} / N_{pl,Rd}$											
h x h mm	t mm	kg	kN	Class 2	n	0.0	0.1	0.2	0.3	0.4	0.5	0.6	0.7	0.8	0.9	1.0
160x160	5.0	24.1	1090	n/a	$M_{c,Rd}$	63.2	63.2	63.2	63.2	63.2	63.2	63.2	63.2	63.2	63.2	63.2
				1.00	$M_{N,Rd}$	63.2	63.2	63.2	58.2	49.8	41.5	33.2	24.9	16.6	8.31	0
	6.3	30.1	1360	n/a	$M_{c,Rd}$	78.1	78.1	78.1	78.1	78.1	78.1	78.1	78.1	78.1	78.1	78.1
				1.00	$M_{N,Rd}$	78.1	78.1	78.1	71.6	61.4	51.2	40.9	30.7	20.5	10.2	0
	8.0	37.6	1700	n/a	$M_{c,Rd}$	96.6	96.6	96.6	96.6	96.6	96.6	96.6	96.6	96.6	96.6	96.6
				1.00	$M_{N,Rd}$	96.6	96.6	96.6	88.2	75.6	63.0	50.4	37.8	25.2	12.6	0
	10.0	46.3	2090	n/a	$M_{c,Rd}$	117	117	117	117	117	117	117	117	117	117	117
				1.00	$M_{N,Rd}$	117	117	117	106	90.8	75.7	60.5	45.4	30.3	15.1	0
	12.5	56.6	2560	n/a	$M_{c,Rd}$	140	140	140	140	140	140	140	140	140	140	140
				1.00	$M_{N,Rd}$	140	140	140	126	108	90.2	72.2	54.1	36.1	18.0	0
	14.2	63.3	2860	n/a	$M_{c,Rd}$	155	155	155	155	155	155	155	155	155	155	155
				1.00	$M_{N,Rd}$	155	155	155	139	119	99.0	79.2	59.4	39.6	19.8	0
180x180	6.3	34.0	1540	n/a	$M_{c,Rd}$	99.8	99.8	99.8	99.8	99.8	99.8	99.8	99.8	99.8	99.8	99.8
				1.00	$M_{N,Rd}$	99.8	99.8	99.8	91.7	78.6	65.5	52.4	39.3	26.2	13.1	0
	8.0	42.7	1930	n/a	$M_{c,Rd}$	124	124	124	124	124	124	124	124	124	124	124
				1.00	$M_{N,Rd}$	124	124	124	113	97.2	81.0	64.8	48.6	32.4	16.2	0
	10.0	52.5	2370	n/a	$M_{c,Rd}$	151	151	151	151	151	151	151	151	151	151	151
				1.00	$M_{N,Rd}$	151	151	151	137	117	97.9	78.3	58.7	39.1	19.6	0
	12.5	64.4	2910	n/a	$M_{c,Rd}$	181	181	181	181	181	181	181	181	181	181	181
				1.00	$M_{N,Rd}$	181	181	181	164	141	117	93.7	70.3	46.9	23.4	0
	14.2	72.2	3270	n/a	$M_{c,Rd}$	201	201	201	201	201	201	201	201	201	201	201
				1.00	$M_{N,Rd}$	201	201	201	181	155	129	103	77.5	51.7	25.8	0
	16.0	80.2	3620	n/a	$M_{c,Rd}$	220	220	220	220	220	220	220	220	220	220	220
				1.00	$M_{N,Rd}$	220	220	220	197	169	141	113	84.5	56.4	28.2	0
200x200	5.0	30.4	1370	*	$M_{c,Rd}$	✗	✗	✗	✗	✗	✗	✗	✗	✗	✗	$
					$M_{N,Rd}$	-	-	-	-	-	-	-	-	-	-	-
	6.3	38.0	1720	n/a	$M_{c,Rd}$	124	124	124	124	124	124	124	124	124	124	124
				1.00	$M_{N,Rd}$	124	124	124	114	98.0	81.7	65.4	49.0	32.7	16.3	0
	8.0	47.7	2160	n/a	$M_{c,Rd}$	155	155	155	155	155	155	155	155	155	155	155
				1.00	$M_{N,Rd}$	155	155	155	142	122	101	81.1	60.8	40.6	20.3	0
	10.0	58.8	2660	n/a	$M_{c,Rd}$	189	189	189	189	189	189	189	189	189	189	189
				1.00	$M_{N,Rd}$	189	189	189	172	147	123	98.3	73.7	49.2	24.6	0
	12.5	72.3	3270	n/a	$M_{c,Rd}$	228	228	228	228	228	228	228	228	228	228	228
				1.00	$M_{N,Rd}$	228	228	228	207	178	148	118	88.8	59.2	29.6	0
	14.2	81.1	3660	n/a	$M_{c,Rd}$	253	253	253	253	253	253	253	253	253	253	253
				1.00	$M_{N,Rd}$	253	253	253	229	196	163	131	98.0	65.4	32.7	0
	16.0	90.3	4080	n/a	$M_{c,Rd}$	279	279	279	279	279	279	279	279	279	279	279
				1.00	$M_{N,Rd}$	279	279	279	251	215	179	143	107	71.6	35.8	0

Celsius® is a trademark of Corus. A fuller description of the relationship between Hot Finished Square Hollow Sections (HFSHS) and the Celsius® range of sections manufactured by Corus is given in note 12.

* The section is a class 4 section and is independent of the design axial force N_{Ed}. Values of $M_{c,Rd}$ are calculated based on class 4 section properties and are displayed in *italic*.

N_{Ed} = Design value of the axial force.

$n = N_{Ed} / N_{pl,Rd}$

✗ Section becomes class 4, see note 10.

$ For these values of $n = N_{Ed} / N_{pl,Rd}$ the section would be overloaded due to N_{Ed} alone even when M_{Ed} is zero, because N_{Ed} would exceed the local buckling resistance of the section.

- Not applicable for class 3 and class 4 sections.

FOR EXPLANATION OF TABLES SEE NOTE 10.   ▓ Check availability

AXIAL FORCE & BENDING

BS EN 1993-1-1:2005
BS EN 10210-2: 2006

S355 / Celsius® 355

HOT-FINISHED SQUARE HOLLOW SECTIONS

Celsius® SHS

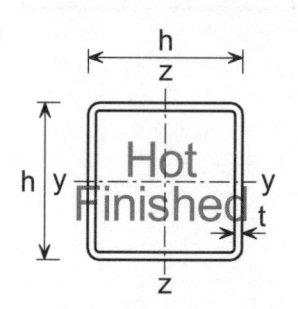

Member buckling check

Section Designation & Resistance (kNm)		n Limit	Compression Resistance $N_{b,Rd}$ (kN) for Varying buckling lengths (m) within the limiting value of $n = N_{Ed} / N_{pl,Rd}$											
h x h mm	t mm		2.0	3.0	4.0	5.0	6.0	7.0	8.0	9.0	10.0	11.0	12.0	13.0	14.0
160x160	5.0 f_yW_{el} = 54.3	1.00	1030	961	848	697	548	429	341	276	227	190	161	138	120
	6.3 f_yW_{el} = 66.4	1.00	1290	1200	1050	862	675	528	419	339	279	234	198	170	148
	8.0 f_yW_{el} = 81.3	1.00	1610	1490	1310	1060	830	647	513	415	342	286	242	208	180
	10.0 f_yW_{el} = 96.9	1.00	1980	1820	1590	1280	996	775	614	496	408	341	289	248	215
	12.5 f_yW_{el} = 114	1.00	2410	2220	1920	1540	1180	919	727	587	482	403	342	293	254
	14.2 f_yW_{el} = 125	1.00	2700	2470	2130	1690	1300	1010	794	641	527	440	373	320	278
180x180	6.3 f_yW_{el} = 85.6	1.00	1480	1390	1270	1100	905	726	585	477	395	331	282	242	211
	8.0 f_yW_{el} = 105	1.00	1850	1750	1590	1370	1120	899	723	589	487	409	347	299	260
	10.0 f_yW_{el} = 126	1.00	2280	2140	1950	1670	1360	1080	869	708	585	491	417	359	311
	12.5 f_yW_{el} = 149	1.00	2790	2620	2370	2020	1630	1300	1040	844	697	584	497	427	371
	14.2 f_yW_{el} = 164	1.00	3120	2930	2640	2230	1800	1420	1140	926	764	641	544	468	406
	16.0 f_yW_{el} = 178	1.00	3460	3230	2900	2450	1960	1550	1240	1000	829	695	590	507	440
200x200	5.0 f_yW_{el} = 87.0	*	*1220*	*1170*	*1100*	*1010*	*882*	*746*	*619*	*514*	*430*	*364*	*311*	*268*	*234*
	6.3 f_yW_{el} = 107	1.00	1670	1590	1480	1340	1150	953	782	645	537	453	386	333	290
	8.0 f_yW_{el} = 132	1.00	2090	1990	1860	1670	1430	1180	967	796	663	559	476	410	357
	10.0 f_yW_{el} = 159	1.00	2570	2450	2280	2040	1740	1430	1170	962	800	674	574	495	430
	12.5 f_yW_{el} = 190	1.00	3160	3010	2790	2480	2100	1720	1410	1150	959	807	687	592	515
	14.2 f_yW_{el} = 208	1.00	3530	3360	3110	2760	2330	1900	1550	1270	1050	887	756	651	566
	16.0 f_yW_{el} = 227	1.00	3940	3740	3460	3060	2570	2090	1700	1390	1160	972	827	712	619

Celsius® is a trademark of Corus. A fuller description of the relationship between Hot Finished Square Hollow Sections (HFSHS) and the Celsius® range of sections manufactured by Corus is given in note 12.

$n = N_{Ed} / N_{pl,Rd}$

* The section is a Class 4 section.

Under combined axial compression and bending the resistances are only valid up to the given $N_{Ed} / N_{pl,Rd}$ limit. For higher values of $n = N_{Ed} / N_{pl,Rd}$ the section would be overloaded due to N_{Ed} alone even when M_{Ed} is zero, because N_{Ed} would exceed the local buckling resistance of the section.

$M_{b,Rd}$ should be taken as equal to $M_{c,Rd}$.

Axial force resistance $N_{pl,Rd}$ which is equal to Af_y is given in the cross-section resistance check table opposite.

$N_{b,Rd}$ values in *italic type* indicate that the section is class 4 and allowance has been made in calculating $N_{b,Rd}$.

FOR EXPLANATION OF TABLES SEE NOTE 10.   ▨ Check availability

AXIAL FORCE & BENDING

BS EN 1993-1-1:2005
BS EN 10210-2: 2006

S355 / Celsius® 355

HOT-FINISHED SQUARE HOLLOW SECTIONS

Celsius® SHS

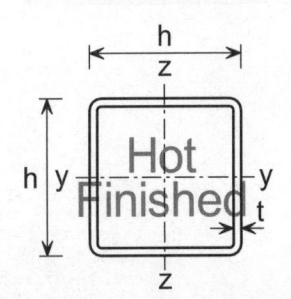

Cross-section resistance check

Section Designation		Mass per Metre	Axial Resistance $N_{pl,Rd}$	n limit Class 3	Moment Resistance $M_{c,Rd}$ (kNm) and Reduced Moment Resistance $M_{N,Rd}$ (kNm) for Ratios of Design Axial Force to Design Axial Plastic Resistance $n = N_{Ed} / N_{pl,Rd}$											
h x h mm	t mm	kg	kN	Class 2	n	0.0	0.1	0.2	0.3	0.4	0.5	0.6	0.7	0.8	0.9	1.0
250x250	6.3	47.9	2170	*	$M_{c,Rd}$	✗	✗	✗	✗	✗	✗	✗	✗	✗	✗	$
					$M_{N,Rd}$	-	-	-	-	-	-	-	-	-	-	-
	8.0	60.3	2730	n/a	$M_{c,Rd}$	246	246	246	246	246	246	246	246	246	246	246
				1.00	$M_{N,Rd}$	246	246	246	227	194	162	130	97.2	64.8	32.4	0
	10.0	74.5	3370	n/a	$M_{c,Rd}$	302	302	302	302	302	302	302	302	302	302	302
				1.00	$M_{N,Rd}$	302	302	302	277	237	198	158	119	79.1	39.6	0
	12.5	91.9	4150	n/a	$M_{c,Rd}$	368	368	368	368	368	368	368	368	368	368	368
				1.00	$M_{N,Rd}$	368	368	368	336	288	240	192	144	96.0	48.0	0
	14.2	103	4690	n/a	$M_{c,Rd}$	411	411	411	411	411	411	411	411	411	411	411
				1.00	$M_{N,Rd}$	411	411	411	374	321	267	214	160	107	53.5	0
	16.0	115	5220	n/a	$M_{c,Rd}$	454	454	454	454	454	454	454	454	454	454	454
				1.00	$M_{N,Rd}$	454	454	454	412	353	294	235	177	118	58.9	0
260x260	6.3	49.9	2250	*	$M_{c,Rd}$	✗	✗	✗	✗	✗	✗	✗	✗	✗	$	$
					$M_{N,Rd}$	-	-	-	-	-	-	-	-	-	-	-
	8.0	62.8	2840	n/a	$M_{c,Rd}$	267	267	267	267	267	267	267	267	267	267	267
				1.00	$M_{N,Rd}$	267	267	267	246	211	176	141	106	70.3	35.2	0
	10.0	77.7	3510	n/a	$M_{c,Rd}$	328	328	328	328	328	328	328	328	328	328	328
				1.00	$M_{N,Rd}$	328	328	328	301	258	215	172	129	86.0	43.0	0
	12.5	95.8	4330	n/a	$M_{c,Rd}$	400	400	400	400	400	400	400	400	400	400	400
				1.00	$M_{N,Rd}$	400	400	400	365	313	261	209	157	104	52.2	0
	14.2	108	4860	n/a	$M_{c,Rd}$	447	447	447	447	447	447	447	447	447	447	447
				1.00	$M_{N,Rd}$	447	447	447	407	349	290	232	174	116	58.1	0
	16.0	120	5430	n/a	$M_{c,Rd}$	495	495	495	495	495	495	495	495	495	495	495
				1.00	$M_{N,Rd}$	495	495	495	449	385	321	256	192	128	64.1	0
300x300	6.3	57.8	2610	*	$M_{c,Rd}$	✗	✗	✗	✗	✗	✗	✗	✗	✗	$	$
					$M_{N,Rd}$	-	-	-	-	-	-	-	-	-	-	-
	8.0	72.8	3290	*	$M_{c,Rd}$	✗	✗	✗	✗	✗	✗	✗	✗	✗	✗	$
					$M_{N,Rd}$	-	-	-	-	-	-	-	-	-	-	-
	10.0	90.2	4080	n/a	$M_{c,Rd}$	442	442	442	442	442	442	442	442	442	442	442
				1.00	$M_{N,Rd}$	442	442	442	407	349	291	233	174	116	58.1	0
	12.5	112	5040	n/a	$M_{c,Rd}$	541	541	541	541	541	541	541	541	541	541	541
				1.00	$M_{N,Rd}$	541	541	541	496	425	354	283	213	142	70.9	0
	14.2	126	5680	n/a	$M_{c,Rd}$	606	606	606	606	606	606	606	606	606	606	606
				1.00	$M_{N,Rd}$	606	606	606	554	475	396	317	237	158	79.1	0
	16.0	141	6350	n/a	$M_{c,Rd}$	673	673	673	673	673	673	673	673	673	673	673
				1.00	$M_{N,Rd}$	673	673	673	613	525	438	350	263	175	87.6	0

Celsius® is a trademark of Corus. A fuller description of the relationship between Hot Finished Square Hollow Sections (HFSHS) and the Celsius® range of sections manufactured by Corus is given in note 12.

* The section is a class 4 section and is independent of the design axial force N_{Ed}. Values of $M_{c,Rd}$ are calculated based on class 4 section properties and are displayed in *italic*.

N_{Ed} = Design value of the axial force.

$n = N_{Ed} / N_{pl,Rd}$

✗ Section becomes class 4, see note 10.

$ For these values of $n = N_{Ed} / N_{pl,Rd}$ the section would be overloaded due to N_{Ed} alone even when M_{Ed} is zero, because N_{Ed} would exceed the local buckling resistance of the section.

- Not applicable for class 3 and class 4 sections.

FOR EXPLANATION OF TABLES SEE NOTE 10.

Check availability

BS EN 1993-1-1:2005
BS EN 10210-2: 2006

AXIAL FORCE & BENDING

S355 / Celsius® 355

HOT-FINISHED SQUARE HOLLOW SECTIONS

Celsius® SHS

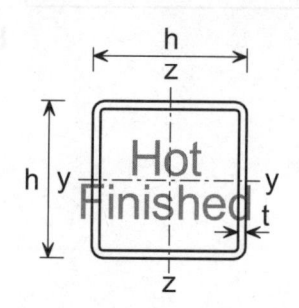

Member buckling check

Section Designation & Resistance (kNm)		n Limit	Compression Resistance $N_{b,Rd}$ (kN) for Varying buckling lengths (m) within the limiting value of $n = N_{Ed} / N_{pl,Rd}$											
h x h mm	t mm		2.0	3.0	4.0	5.0	6.0	7.0	8.0	9.0	10.0	11.0	12.0	13.0	14.0
250x250	6.3 $f_y W_{el}$ = 171	*	1960	1900	1830	1740	1620	1480	1310	1130	976	841	727	633	555
	8.0 $f_y W_{el}$ = 212	1.00	2690	2600	2490	2360	2170	1950	1700	1450	1240	1060	915	795	695
	10.0 $f_y W_{el}$ = 257	1.00	3320	3210	3070	2900	2670	2390	2070	1770	1510	1290	1110	966	845
	12.5 $f_y W_{el}$ = 310	1.00	4090	3950	3780	3560	3270	2910	2520	2150	1830	1560	1350	1170	1020
	14.2 $f_y W_{el}$ = 343	1.00	4610	4450	4260	4010	3670	3260	2820	2400	2040	1740	1500	1300	1130
	16.0 $f_y W_{el}$ = 377	1.00	5130	4950	4740	4450	4070	3600	3100	2640	2240	1910	1640	1420	1240
260x260	6.3 $f_y W_{el}$ = 185	*	1990	1940	1870	1790	1680	1550	1390	1230	1070	923	802	700	615
	8.0 $f_y W_{el}$ = 230	1.00	2810	2720	2620	2490	2320	2100	1860	1610	1380	1190	1030	895	784
	10.0 $f_y W_{el}$ = 280	1.00	3470	3360	3230	3070	2850	2580	2270	1960	1680	1450	1250	1090	952
	12.5 $f_y W_{el}$ = 338	1.00	4270	4140	3980	3770	3500	3160	2770	2390	2050	1760	1520	1320	1150
	14.2 $f_y W_{el}$ = 375	1.00	4800	4640	4460	4220	3910	3510	3070	2640	2260	1940	1670	1450	1270
	16.0 $f_y W_{el}$ = 411	1.00	5350	5180	4970	4700	4350	3900	3400	2920	2490	2130	1840	1600	1400
300x300	6.3 $f_y W_{el}$ = 250	*	2110	2060	2010	1960	1890	1800	1700	1570	1430	1290	1150	1020	911
	8.0 $f_y W_{el}$ = 311	*	3110	3040	2950	2850	2730	2570	2380	2160	1920	1700	1490	1320	1160
	10.0 $f_y W_{el}$ = 379	1.00	4060	3960	3840	3700	3520	3300	3030	2720	2410	2110	1850	1620	1430
	12.5 $f_y W_{el}$ = 460	1.00	5010	4880	4740	4560	4340	4060	3720	3330	2940	2580	2250	1980	1740
	14.2 $f_y W_{el}$ = 512	1.00	5650	5500	5330	5130	4870	4550	4160	3720	3280	2870	2510	2200	1940
	16.0 $f_y W_{el}$ = 564	1.00	6320	6150	5960	5730	5440	5070	4620	4120	3620	3170	2760	2420	2130

Celsius® is a trademark of Corus. A fuller description of the relationship between Hot Finished Square Hollow Sections (HFSHS) and the Celsius® range of sections manufactured by Corus is given in note 12.

$n = N_{Ed} / N_{pl,Rd}$

* The section is a Class 4 section.

Under combined axial compression and bending the resistances are only valid up to the given $N_{Ed} / N_{pl,Rd}$ limit. For higher values of $n = N_{Ed} / N_{pl,Rd}$ the section would be overloaded due to N_{Ed} alone even when M_{Ed} is zero, because N_{Ed} would exceed the local buckling resistance of the section.

$M_{b,Rd}$ should be taken as equal to $M_{c,Rd}$.

Axial force resistance $N_{pl,Rd}$ which is equal to Af_y is given in the cross-section resistance check table opposite.

$N_{b,Rd}$ values in *italic type* indicate that the section is class 4 and allowance has been made in calculating $N_{b,Rd}$.

FOR EXPLANATION OF TABLES SEE NOTE 10.   ■ Check availability

AXIAL FORCE & BENDING

BS EN 1993-1-1:2005
BS EN 10210-2: 2006

S355 / Celsius® 355

HOT-FINISHED SQUARE HOLLOW SECTIONS

Celsius® SHS

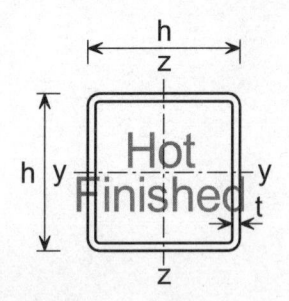

Cross-section resistance check

Section Designation		Mass per Metre	Axial Resistance	n limit	Moment Resistance $M_{c,Rd}$ (kNm) and Reduced Moment Resistance $M_{N,Rd}$ (kNm) for Ratios of Design Axial Force to Design Axial Plastic Resistance $n = N_{Ed} / N_{pl,Rd}$											
h x h mm	t mm	kg	$N_{pl,Rd}$ kN	Class 3 Class 2	n	0.0	0.1	0.2	0.3	0.4	0.5	0.6	0.7	0.8	0.9	1.0
350x350	8.0	85.4	3870	*	$M_{c,Rd}$	✗	✗	✗	✗	✗	✗	✗	✗	✗	$	$
					$M_{N,Rd}$	-	-	-	-	-	-	-	-	-	-	-
	10.0	106	4790	1.00	$M_{c,Rd}$	525	525	525	525	525	525	525	525	525	525	525
				0.00	$M_{N,Rd}$	-	-	-	-	-	-	-	-	-	-	-
	12.5	131	5930	n/a	$M_{c,Rd}$	748	748	748	748	748	748	748	748	748	748	748
				1.00	$M_{N,Rd}$	748	748	748	687	589	491	393	294	196	98.2	0
	14.2	148	6710	n/a	$M_{c,Rd}$	839	839	839	839	839	839	839	839	839	839	839
				1.00	$M_{N,Rd}$	839	839	839	770	660	550	440	330	220	110	0
	16.0	166	7490	n/a	$M_{c,Rd}$	934	934	934	934	934	934	934	934	934	934	934
				1.00	$M_{N,Rd}$	934	934	934	854	732	610	488	366	244	122	0
400x400	10.0	122	5500	*	$M_{c,Rd}$	✗	✗	✗	✗	✗	✗	✗	✗	✗	✗	$
					$M_{N,Rd}$	-	-	-	-	-	-	-	-	-	-	-
	12.5	151	6820	n/a	$M_{c,Rd}$	988	988	988	988	988	988	988	988	988	988	988
				1.00	$M_{N,Rd}$	988	988	988	909	779	649	520	390	260	130	0
	14.2	170	7700	n/a	$M_{c,Rd}$	1110	1110	1110	1110	1110	1110	1110	1110	1110	1110	1110
				1.00	$M_{N,Rd}$	1110	1110	1110	1020	874	729	583	437	291	146	0
	16.0	191	8630	n/a	$M_{c,Rd}$	1240	1240	1240	1240	1240	1240	1240	1240	1240	1240	1240
				1.00	$M_{N,Rd}$	1240	1240	1240	1130	972	810	648	486	324	162	0
	20.0 ^	235	10400	n/a	$M_{c,Rd}$	1470	1470	1470	1470	1470	1470	1470	1470	1470	1470	1470
				1.00	$M_{N,Rd}$	1470	1470	1470	1340	1150	956	764	573	382	191	0

Celsius® is a trademark of Corus. A fuller description of the relationship between Hot Finished Square Hollow Sections (HFSHS) and the Celsius® range of sections manufactured by Corus is given in note 12.

* The section is a class 4 section and is independent of the design axial force N_{Ed}. Values of $M_{c,Rd}$ are calculated based on class 4 section properties and are displayed in *italic*.

N_{Ed} = Design value of the axial force.

$n = N_{Ed} / N_{pl,Rd}$

✗ Section becomes class 4, see note 10.

$ For these values of $n = N_{Ed} / N_{pl,Rd}$ the section would be overloaded due to N_{Ed} alone even when M_{Ed} is zero, because N_{Ed} would exceed the local buckling resistance of the section.

- Not applicable for class 3 and class 4 sections.

^ SAW process (single longitudinal seam weld, slightly proud).

FOR EXPLANATION OF TABLES SEE NOTE 10.

Check availability

BS EN 1993-1-1:2005
BS EN 10210-2: 2006

AXIAL FORCE & BENDING

S355 / Celsius® 355

HOT-FINISHED SQUARE HOLLOW SECTIONS

Celsius® SHS

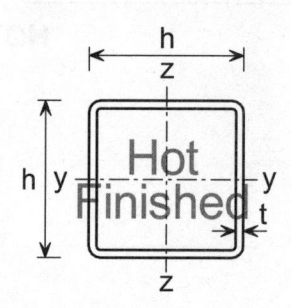

Member buckling check

Section Designation & Resistance (kNm)		n Limit	Compression Resistance $N_{b,Rd}$ (kN) for Varying buckling lengths (m) within the limiting value of $n = N_{Ed} / N_{pl,Rd}$												
h x h mm	t mm		2.0	3.0	4.0	5.0	6.0	7.0	8.0	9.0	10.0	11.0	12.0	13.0	14.0
350x350	8.0 $f_yW_{el} = 428$	*	3320	3270	3200	3130	3040	2940	2820	2670	2500	2300	2100	1900	1720
	10.0 $f_yW_{el} = 525$	1.00	4790	4700	4600	4470	4330	4150	3940	3680	3380	3070	2760	2470	2210
	12.5 $f_yW_{el} = 640$	1.00	5930	5810	5680	5520	5330	5110	4830	4500	4130	3730	3350	2990	2670
	14.2 $f_yW_{el} = 714$	1.00	6710	6580	6420	6250	6040	5780	5470	5100	4670	4230	3790	3380	3020
	16.0 $f_yW_{el} = 790$	1.00	7490	7340	7170	6970	6730	6440	6090	5660	5180	4680	4190	3730	3330
400x400	10.0 $f_yW_{el} = 694$	*	5010	4970	4880	4780	4670	4550	4400	4230	4030	3790	3530	3260	2990
	12.5 $f_yW_{el} = 849$	1.00	6820	6740	6610	6470	6310	6120	5890	5630	5310	4950	4560	4170	3790
	14.2 $f_yW_{el} = 950$	1.00	7700	7620	7470	7310	7120	6900	6650	6340	5980	5570	5130	4680	4240
	16.0 $f_yW_{el} = 1050$	1.00	8630	8530	8360	8170	7960	7720	7430	7080	6670	6200	5700	5200	4710
	20.0 ^ $f_yW_{el} = 1230$	1.00	10400	10200	10000	9810	9560	9260	8910	8500	8000	7450	6850	6240	5660

Celsius® is a trademark of Corus. A fuller description of the relationship between Hot Finished Square Hollow Sections (HFSHS) and the Celsius® range of sections manufactured by Corus is given in note 12.

$n = N_{Ed} / N_{pl,Rd}$

* The section is a Class 4 section.

Under combined axial compression and bending the resistances are only valid up to the given $N_{Ed} / N_{pl,Rd}$ limit. For higher values of $n = N_{Ed} / N_{pl,Rd}$ the section would be overloaded due to N_{Ed} alone even when M_{Ed} is zero, because N_{Ed} would exceed the local buckling resistance of the section.

$M_{b,Rd}$ should be taken as equal to $M_{c,Rd}$.

Axial force resistance $N_{pl,Rd}$ which is equal to Af_y is given in the cross-section resistance check table opposite.

$N_{b,Rd}$ values in *italic type* indicate that the section is class 4 and allowance has been made in calculating $N_{b,Rd}$.

^ SAW process (single longitudinal seam weld, slightly proud).

FOR EXPLANATION OF TABLES SEE NOTE 10.

▮ Check availability

BS EN 1993-1-1:2005
BS EN 10210-2: 2006

AXIAL FORCE & BENDING

S355 / Celsius® 355

HOT-FINISHED RECTANGULAR HOLLOW SECTIONS

Celsius® RHS

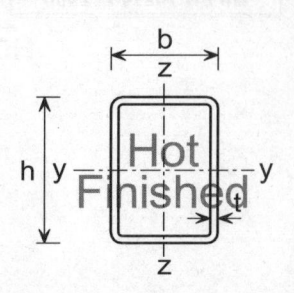

Cross-section resistance check

Section Designation h x b (mm)	t (mm)	Mass per Metre (kg)	Axial Resistance $N_{pl,Rd}$ (kN)	n Limit Class 3 **Class 2** Axis y-y	n Limit Class 3 **Class 2** Axis z-z		n =	0.0	0.1	0.2	0.3	0.4	0.5	0.6	0.7	0.8	0.9	1.0
50x30	3.2	3.61	163			$M_{c,y,Rd}$		2.57	2.57	2.57	2.57	2.57	2.57	2.57	2.57	2.57	2.57	2.57
				n/a	n/a	$M_{c,z,Rd}$		1.78	1.78	1.78	1.78	1.78	1.78	1.78	1.78	1.78	1.78	1.78
				1.00	**1.00**	$M_{N,y,Rd}$		2.57	2.57	2.57	2.40	2.06	1.72	1.37	1.03	0.686	0.343	0
						$M_{N,z,Rd}$		1.78	1.78	1.67	1.47	1.26	1.05	0.837	0.628	0.419	0.209	0
60x40	3.0	4.35	197			$M_{c,y,Rd}$		3.87	3.87	3.87	3.87	3.87	3.87	3.87	3.87	3.87	3.87	3.87
				n/a	n/a	$M_{c,z,Rd}$		2.91	2.91	2.91	2.91	2.91	2.91	2.91	2.91	2.91	2.91	2.91
				1.00	**1.00**	$M_{N,y,Rd}$		3.87	3.87	3.87	3.61	3.10	2.58	2.06	1.55	1.03	0.516	0
						$M_{N,z,Rd}$		2.91	2.91	2.82	2.47	2.11	1.76	1.41	1.06	0.705	0.352	0
	4.0	5.64	255			$M_{c,y,Rd}$		4.90	4.90	4.90	4.90	4.90	4.90	4.90	4.90	4.90	4.90	4.90
				n/a	n/a	$M_{c,z,Rd}$		3.66	3.66	3.66	3.66	3.66	3.66	3.66	3.66	3.66	3.66	3.66
				1.00	**1.00**	$M_{N,y,Rd}$		4.90	4.90	4.90	4.57	3.92	3.27	2.61	1.96	1.31	0.653	0
						$M_{N,z,Rd}$		3.66	3.66	3.51	3.07	2.63	2.19	1.75	1.32	0.877	0.439	0
	5.0	6.85	310			$M_{c,y,Rd}$		5.82	5.82	5.82	5.82	5.82	5.82	5.82	5.82	5.82	5.82	5.82
				n/a	n/a	$M_{c,z,Rd}$		4.33	4.33	4.33	4.33	4.33	4.33	4.33	4.33	4.33	4.33	4.33
				1.00	**1.00**	$M_{N,y,Rd}$		5.82	5.82	5.82	5.43	4.66	3.88	3.11	2.33	1.55	0.776	0
						$M_{N,z,Rd}$		4.33	4.33	4.11	3.59	3.08	2.57	2.05	1.54	1.03	0.513	0
80x40	3.2	5.62	254			$M_{c,y,Rd}$		6.39	6.39	6.39	6.39	6.39	6.39	6.39	6.39	6.39	6.39	6.39
				n/a	n/a	$M_{c,z,Rd}$		3.91	3.91	3.91	3.91	3.91	3.91	3.91	3.91	3.91	3.91	3.91
				1.00	**1.00**	$M_{N,y,Rd}$		6.39	6.39	6.39	5.96	5.11	4.26	3.41	2.56	1.70	0.852	0
						$M_{N,z,Rd}$		3.91	3.91	3.64	3.19	2.73	2.28	1.82	1.37	0.911	0.455	0
	4.0	6.90	312			$M_{c,y,Rd}$		7.74	7.74	7.74	7.74	7.74	7.74	7.74	7.74	7.74	7.74	7.74
				n/a	n/a	$M_{c,z,Rd}$		4.69	4.69	4.69	4.69	4.69	4.69	4.69	4.69	4.69	4.69	4.69
				1.00	**1.00**	$M_{N,y,Rd}$		7.74	7.74	7.74	7.22	6.19	5.16	4.13	3.10	2.06	1.03	0
						$M_{N,z,Rd}$		4.69	4.69	4.34	3.80	3.25	2.71	2.17	1.63	1.08	0.542	0
	5.0	8.42	380			$M_{c,y,Rd}$		9.27	9.27	9.27	9.27	9.27	9.27	9.27	9.27	9.27	9.27	9.27
				n/a	n/a	$M_{c,z,Rd}$		5.57	5.57	5.57	5.57	5.57	5.57	5.57	5.57	5.57	5.57	5.57
				1.00	**1.00**	$M_{N,y,Rd}$		9.27	9.27	9.27	8.65	7.41	6.18	4.94	3.71	2.47	1.24	0
						$M_{N,z,Rd}$		5.57	5.57	5.10	4.46	3.83	3.19	2.55	1.91	1.28	0.638	0
	6.3	10.3	465			$M_{c,y,Rd}$		11.0	11.0	11.0	11.0	11.0	11.0	11.0	11.0	11.0	11.0	11.0
				n/a	n/a	$M_{c,z,Rd}$		6.53	6.53	6.53	6.53	6.53	6.53	6.53	6.53	6.53	6.53	6.53
				1.00	**1.00**	$M_{N,y,Rd}$		11.0	11.0	11.0	10.3	8.83	7.36	5.89	4.42	2.94	1.47	0
						$M_{N,z,Rd}$		6.53	6.53	5.91	5.17	4.43	3.69	2.95	2.21	1.48	0.738	0
	8.0	12.5	568			$M_{c,y,Rd}$		13.0	13.0	13.0	13.0	13.0	13.0	13.0	13.0	13.0	13.0	13.0
				n/a	n/a	$M_{c,z,Rd}$		7.53	7.53	7.53	7.53	7.53	7.53	7.53	7.53	7.53	7.53	7.53
				1.00	**1.00**	$M_{N,y,Rd}$		13.0	13.0	13.0	12.1	10.4	8.64	6.91	5.18	3.46	1.73	0
						$M_{N,z,Rd}$		7.53	7.53	6.69	5.85	5.02	4.18	3.34	2.51	1.67	0.836	0

Celsius® is a trademark of Corus. A fuller description of the relationship between Hot Finished Rectangular Hollow Sections (HFRHS) and the Celsius® range of sections manufactured by Corus is given in note 12.
N_{Ed} = Design value of the axial force.
$n = N_{Ed} / N_{pl,Rd}$
FOR EXPLANATION OF TABLES SEE NOTE 10.

| BS EN 1993-1-1:2005 |
| BS EN 10210-2: 2006 |

AXIAL FORCE & BENDING

S355 / Celsius® 355

HOT-FINISHED RECTANGULAR HOLLOW SECTIONS

Celsius® RHS

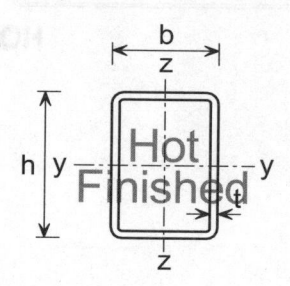

Member buckling check

Section Designation & Resistances (kNm)		n Limit	Compression Resistance $N_{b,y,Rd}$, $N_{b,z,Rd}$ (kN) and Buckling Resistance Moment $M_{b,Rd}$ (kNm) for Varying buckling lengths L (m) within the limiting value of n = N_{Ed} / $N_{pl,Rd}$												
h x b mm	t mm		L (m)	1.0	1.5	2.0	2.5	3.0	3.5	4.0	5.0	6.0	7.0	8.0	9.0	10.0
50x30	3.2	1.00	$N_{b,y,Rd}$	135	95.6	61.7	41.6	29.7	22.2	17.2	11.2	7.83	5.79	4.46	3.54	2.87
	$f_y W_{el,y}$ = 2.02		$N_{b,z,Rd}$	94.2	49.3	29.1	19.0	13.4	9.94	7.66	4.95	3.46	2.55	1.96	1.55	1.26
	$f_y W_{el,z}$ = 1.47	1.00	$M_{b,Rd}$	2.57	2.57	2.57	2.55	2.47	2.39	2.32	2.19	2.08	1.98	1.89	1.81	1.74
60x40	3.0	1.00	$N_{b,y,Rd}$	175	144	104	73.2	53.1	40.0	31.1	20.3	14.3	10.6	8.17	6.48	5.27
	$f_y W_{el,y}$ = 3.13		$N_{b,z,Rd}$	153	99.1	61.6	41.1	29.2	21.7	16.8	10.9	7.64	5.65	4.34	3.44	2.80
	$f_y W_{el,z}$ = 2.47	1.00	$M_{b,Rd}$	3.87	3.87	3.87	3.87	3.87	3.85	3.76	3.59	3.45	3.32	3.20	3.09	2.98
	4.0	1.00	$N_{b,y,Rd}$	226	184	132	92.0	66.6	50.1	39.0	25.5	17.9	13.3	10.2	8.11	6.60
	$f_y W_{el,y}$ = 3.87		$N_{b,z,Rd}$	196	124	76.4	50.8	36.1	26.9	20.8	13.5	9.43	6.97	5.36	4.25	3.45
	$f_y W_{el,z}$ = 3.02	1.00	$M_{b,Rd}$	4.90	4.90	4.90	4.90	4.90	4.86	4.74	4.53	4.34	4.17	4.02	3.88	3.75
	5.0	1.00	$N_{b,y,Rd}$	273	219	154	107	77.5	58.3	45.3	29.6	20.8	15.4	11.9	9.41	7.65
	$f_y W_{el,y}$ = 4.51		$N_{b,z,Rd}$	233	144	88.5	58.8	41.7	31.0	24.0	15.5	10.9	8.03	6.18	4.90	3.98
	$f_y W_{el,z}$ = 3.47	1.00	$M_{b,Rd}$	5.82	5.82	5.82	5.82	5.82	5.75	5.61	5.35	5.13	4.93	4.74	4.58	4.42
80x40	3.2	1.00	$N_{b,y,Rd}$	238	216	182	142	108	83.0	65.4	43.2	30.6	22.7	17.6	14.0	11.4
	$f_y W_{el,y}$ = 5.08		$N_{b,z,Rd}$	202	134	84.1	56.3	40.0	29.8	23.1	15.0	10.5	7.76	5.97	4.73	3.84
	$f_y W_{el,z}$ = 3.36	1.00	$M_{b,Rd}$	6.39	6.39	6.39	6.39	6.39	6.23	6.07	5.78	5.53	5.30	5.09	4.90	4.73
	4.0	1.00	$N_{b,y,Rd}$	291	264	221	171	129	99.4	78.2	51.6	36.5	27.1	21.0	16.7	13.6
	$f_y W_{el,y}$ = 6.07		$N_{b,z,Rd}$	244	159	98.9	66.0	46.9	34.9	27.0	17.5	12.3	9.07	6.97	5.53	4.49
	$f_y W_{el,z}$ = 3.94	1.00	$M_{b,Rd}$	7.74	7.74	7.74	7.74	7.72	7.51	7.31	6.96	6.66	6.38	6.13	5.89	5.68
	5.0	1.00	$N_{b,y,Rd}$	354	319	265	203	153	117	92.1	60.8	42.9	31.9	24.6	19.6	15.9
	$f_y W_{el,y}$ = 7.14		$N_{b,z,Rd}$	292	186	115	76.6	54.3	40.5	31.3	20.3	14.2	10.5	8.07	6.40	5.20
	$f_y W_{el,z}$ = 4.58	1.00	$M_{b,Rd}$	9.27	9.27	9.27	9.27	9.21	8.95	8.71	8.29	7.92	7.58	7.28	7.00	6.74
	6.3	1.00	$N_{b,y,Rd}$	431	386	316	239	179	137	107	70.8	50.0	37.2	28.7	22.8	18.6
	$f_y W_{el,y}$ = 8.27		$N_{b,z,Rd}$	348	214	131	87.1	61.7	45.9	35.5	23.0	16.1	11.9	9.15	7.25	5.89
	$f_y W_{el,z}$ = 5.18	1.00	$M_{b,Rd}$	11.0	11.0	11.0	11.0	10.9	10.6	10.3	9.79	9.34	8.94	8.57	8.23	7.92
	8.0	1.00	$N_{b,y,Rd}$	524	464	372	277	206	157	123	81.1	57.2	42.5	32.8	26.0	21.2
	$f_y W_{el,y}$ = 9.41		$N_{b,z,Rd}$	409	242	147	97.2	68.8	51.1	39.5	25.6	17.9	13.2	10.2	8.05	6.54
	$f_y W_{el,z}$ = 5.72	1.00	$M_{b,Rd}$	13.0	13.0	13.0	13.0	12.7	12.3	12.0	11.4	10.8	10.3	9.89	9.49	9.12

Celsius® is a trademark of Corus. A fuller description of the relationship between Hot Finished Rectangular Hollow Sections (HFRHS) and the Celsius® range of sections manufactured by Corus is given in note 12.

n = N_{Ed} / $N_{pl,Rd}$

Under combined axial compression and bending the resistances are only valid up to the given N_{Ed} / $N_{pl,Rd}$ limit. For higher values of n = N_{Ed} / $N_{pl,Rd}$ the section would be overloaded due to N_{Ed} alone even when M_{Ed} is zero, because N_{Ed} would exceed the local buckling resistance of the section.

Axial force resistance $N_{pl,Rd}$ which is equal to Af_y is given in the cross-section resistance check table opposite.

FOR EXPLANATION OF TABLES SEE NOTE 10.

AXIAL FORCE & BENDING

S355 / Celsius® 355

BS EN 1993-1-1:2005
BS EN 10210-2: 2006

HOT-FINISHED RECTANGULAR HOLLOW SECTIONS

Celsius® RHS

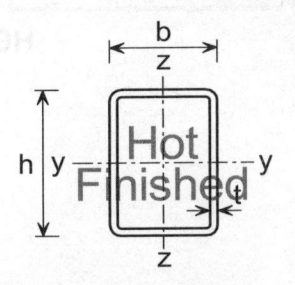

Cross-section resistance check

Section Designation		Mass per Metre	Axial Resistance	n Limit Class 3 Class 2		Moment Resistance $M_{c,y,Rd}$, $M_{c,z,Rd}$ (kNm) and Reduced Moment Resistance $M_{N,y,Rd}$, $M_{N,z,Rd}$ (kNm) for Ratios of Design Axial Force to Design Axial Plastic Resistance $n = N_{Ed} / N_{pl,Rd}$											
h x b	t		$N_{pl,Rd}$	Axis		n	0.0	0.1	0.2	0.3	0.4	0.5	0.6	0.7	0.8	0.9	1.0
mm	mm	kg	kN	y-y	z-z												
90x50	3.6	7.40	334	n/a 1.00	n/a 1.00	$M_{c,y,Rd}$	9.66	9.66	9.66	9.66	9.66	9.66	9.66	9.66	9.66	9.66	9.66
						$M_{c,z,Rd}$	6.39	6.39	6.39	6.39	6.39	6.39	6.39	6.39	6.39	6.39	6.39
						$M_{N,y,Rd}$	9.66	9.66	9.66	9.01	7.72	6.44	5.15	3.86	2.57	1.29	0
						$M_{N,z,Rd}$	6.39	6.39	6.06	5.30	4.54	3.79	3.03	2.27	1.51	0.757	0
	5.0	9.99	451	n/a 1.00	n/a 1.00	$M_{c,y,Rd}$	12.8	12.8	12.8	12.8	12.8	12.8	12.8	12.8	12.8	12.8	12.8
						$M_{c,z,Rd}$	8.34	8.34	8.34	8.34	8.34	8.34	8.34	8.34	8.34	8.34	8.34
						$M_{N,y,Rd}$	12.8	12.8	12.8	11.9	10.2	8.52	6.82	5.11	3.41	1.70	0
						$M_{N,z,Rd}$	8.34	8.34	7.81	6.84	5.86	4.88	3.91	2.93	1.95	0.976	0
	6.3	12.3	554	n/a 1.00	n/a 1.00	$M_{c,y,Rd}$	15.3	15.3	15.3	15.3	15.3	15.3	15.3	15.3	15.3	15.3	15.3
						$M_{c,z,Rd}$	9.94	9.94	9.94	9.94	9.94	9.94	9.94	9.94	9.94	9.94	9.94
						$M_{N,y,Rd}$	15.3	15.3	15.3	14.3	12.3	10.2	8.18	6.13	4.09	2.04	0
						$M_{N,z,Rd}$	9.94	9.94	9.21	8.06	6.91	5.76	4.60	3.45	2.30	1.15	0
100x50	3.0	6.71	303	n/a 1.00	n/a 1.00	$M_{c,y,Rd}$	9.69	9.69	9.69	9.69	9.69	9.69	9.69	9.69	9.69	9.69	9.69
						$M_{c,z,Rd}$	5.96	5.96	5.96	5.96	5.96	5.96	5.96	5.96	5.96	5.96	5.96
						$M_{N,y,Rd}$	9.69	9.69	9.69	9.05	7.75	6.46	5.17	3.88	2.58	1.29	0
						$M_{N,z,Rd}$	5.96	5.96	5.60	4.90	4.20	3.50	2.80	2.10	1.40	0.701	0
	3.2	7.13	322	n/a 1.00	n/a 1.00	$M_{c,y,Rd}$	10.3	10.3	10.3	10.3	10.3	10.3	10.3	10.3	10.3	10.3	10.3
						$M_{c,z,Rd}$	6.28	6.28	6.28	6.28	6.28	6.28	6.28	6.28	6.28	6.28	6.28
						$M_{N,y,Rd}$	10.3	10.3	10.3	9.58	8.21	6.84	5.47	4.10	2.74	1.37	0
						$M_{N,z,Rd}$	6.28	6.28	5.90	5.16	4.42	3.69	2.95	2.21	1.47	0.737	0
	4.0	8.78	398	n/a 1.00	n/a 1.00	$M_{c,y,Rd}$	12.5	12.5	12.5	12.5	12.5	12.5	12.5	12.5	12.5	12.5	12.5
						$M_{c,z,Rd}$	7.63	7.63	7.63	7.63	7.63	7.63	7.63	7.63	7.63	7.63	7.63
						$M_{N,y,Rd}$	12.5	12.5	12.5	11.7	10.00	8.33	6.66	5.00	3.33	1.67	0
						$M_{N,z,Rd}$	7.63	7.63	7.12	6.23	5.34	4.45	3.56	2.67	1.78	0.890	0
	5.0	10.8	486	n/a 1.00	n/a 1.00	$M_{c,y,Rd}$	15.1	15.1	15.1	15.1	15.1	15.1	15.1	15.1	15.1	15.1	15.1
						$M_{c,z,Rd}$	9.16	9.16	9.16	9.16	9.16	9.16	9.16	9.16	9.16	9.16	9.16
						$M_{N,y,Rd}$	15.1	15.1	15.1	14.1	12.1	10.1	8.07	6.05	4.03	2.02	0
						$M_{N,z,Rd}$	9.16	9.16	8.47	7.41	6.35	5.29	4.24	3.18	2.12	1.06	0
	6.3	13.3	600	n/a 1.00	n/a 1.00	$M_{c,y,Rd}$	18.2	18.2	18.2	18.2	18.2	18.2	18.2	18.2	18.2	18.2	18.2
						$M_{c,z,Rd}$	10.9	10.9	10.9	10.9	10.9	10.9	10.9	10.9	10.9	10.9	10.9
						$M_{N,y,Rd}$	18.2	18.2	18.2	17.0	14.6	12.1	9.71	7.28	4.86	2.43	0
						$M_{N,z,Rd}$	10.9	10.9	10.0	8.77	7.52	6.26	5.01	3.76	2.51	1.25	0
	8.0	16.3	738	n/a 1.00	n/a 1.00	$M_{c,y,Rd}$	21.8	21.8	21.8	21.8	21.8	21.8	21.8	21.8	21.8	21.8	21.8
						$M_{c,z,Rd}$	12.9	12.9	12.9	12.9	12.9	12.9	12.9	12.9	12.9	12.9	12.9
						$M_{N,y,Rd}$	21.8	21.8	21.8	20.3	17.4	14.5	11.6	8.72	5.81	2.91	0
						$M_{N,z,Rd}$	12.9	12.9	11.7	10.2	8.74	7.28	5.83	4.37	2.91	1.46	0

Celsius® is a trademark of Corus. A fuller description of the relationship between Hot Finished Rectangular Hollow Sections (HFRHS) and the Celsius® range of sections manufactured by Corus is given in note 12.

N_{Ed} = Design value of the axial force.

$n = N_{Ed} / N_{pl,Rd}$

FOR EXPLANATION OF TABLES SEE NOTE 10.

| BS EN 1993-1-1:2005 / BS EN 10210-2: 2006 | **AXIAL FORCE & BENDING** | **S355 / Celsius® 355** |

HOT-FINISHED RECTANGULAR HOLLOW SECTIONS

Celsius® RHS

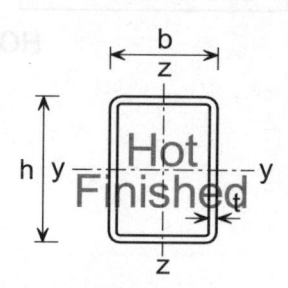

Member buckling check

Section Designation & Resistances (kNm)		n Limit	Compression Resistance $N_{b,y,Rd}$, $N_{b,z,Rd}$ (kN) and Buckling Resistance Moment $M_{b,Rd}$ (kNm) for Varying buckling lengths L (m) within the limiting value of n = N_{Ed} / $N_{pl,Rd}$												
h x b mm	t mm		L (m)	1.0	1.5	2.0	2.5	3.0	3.5	4.0	5.0	6.0	7.0	8.0	9.0	10.0
90x50	3.6	1.00	$N_{b,y,Rd}$	318	297	264	220	174	137	109	72.8	51.7	38.6	29.8	23.7	19.4
	$f_y W_{el,y}$ = 7.74		$N_{b,z,Rd}$	292	230	159	110	79.3	59.5	46.2	30.1	21.2	15.7	12.1	9.59	7.79
	$f_y W_{el,z}$ = 5.50	1.00	$M_{b,Rd}$	9.66	9.66	9.66	9.66	9.66	9.66	9.65	9.26	8.92	8.61	8.33	8.06	7.82
	5.0	1.00	$N_{b,y,Rd}$	428	398	351	289	227	178	141	94.2	66.9	49.8	38.5	30.7	25.0
	$f_y W_{el,y}$ = 10.0		$N_{b,z,Rd}$	389	301	205	141	101	75.8	58.9	38.4	26.9	19.9	15.4	12.2	9.90
	$f_y W_{el,z}$ = 6.99	1.00	$M_{b,Rd}$	12.8	12.8	12.8	12.8	12.8	12.8	12.7	12.2	11.7	11.3	10.9	10.6	10.3
	6.3	1.00	$N_{b,y,Rd}$	524	486	426	347	271	212	168	112	79.2	59.0	45.6	36.3	29.6
	$f_y W_{el,y}$ = 11.8		$N_{b,z,Rd}$	473	358	240	164	117	87.9	68.2	44.4	31.2	23.1	17.7	14.1	11.4
	$f_y W_{el,z}$ = 8.09	1.00	$M_{b,Rd}$	15.3	15.3	15.3	15.3	15.3	15.3	15.2	14.6	14.0	13.5	13.0	12.6	12.2
100x50	3.0	1.00	$N_{b,y,Rd}$	292	275	252	220	181	146	118	79.7	56.9	42.5	33.0	26.3	21.4
	$f_y W_{el,y}$ = 7.77		$N_{b,z,Rd}$	266	214	150	104	75.1	56.5	43.9	28.6	20.1	14.9	11.5	9.12	7.41
	$f_y W_{el,z}$ = 5.22	1.00	$M_{b,Rd}$	9.69	9.69	9.69	9.69	9.69	9.69	9.63	9.23	8.88	8.57	8.28	8.02	7.77
	3.2	1.00	$N_{b,y,Rd}$	310	293	268	233	192	155	125	84.3	60.2	45.0	34.9	27.8	22.7
	$f_y W_{el,y}$ = 8.24		$N_{b,z,Rd}$	283	226	158	110	79.2	59.5	46.3	30.2	21.2	15.7	12.1	9.60	7.80
	$f_y W_{el,z}$ = 5.50	1.00	$M_{b,Rd}$	10.3	10.3	10.3	10.3	10.3	10.3	10.2	9.77	9.40	9.06	8.76	8.48	8.22
	4.0	1.00	$N_{b,y,Rd}$	382	360	329	285	234	187	151	102	72.7	54.3	42.1	33.5	27.3
	$f_y W_{el,y}$ = 9.90		$N_{b,z,Rd}$	347	274	189	131	94.2	70.8	55.0	35.8	25.2	18.6	14.4	11.4	9.26
	$f_y W_{el,z}$ = 6.57	1.00	$M_{b,Rd}$	12.5	12.5	12.5	12.5	12.5	12.5	12.4	11.9	11.4	11.0	10.6	10.3	9.96
	5.0	1.00	$N_{b,y,Rd}$	466	439	400	344	280	224	180	121	86.6	64.7	50.1	39.9	32.5
	$f_y W_{el,y}$ = 11.8		$N_{b,z,Rd}$	422	328	225	154	111	83.4	64.8	42.2	29.6	21.9	16.9	13.4	10.9
	$f_y W_{el,z}$ = 7.70	1.00	$M_{b,Rd}$	15.1	15.1	15.1	15.1	15.1	15.1	14.9	14.3	13.7	13.2	12.8	12.4	12.0
	6.3	1.00	$N_{b,y,Rd}$	574	540	489	417	338	269	216	145	103	77.2	59.7	47.6	38.8
	$f_y W_{el,y}$ = 14.0		$N_{b,z,Rd}$	515	392	264	180	130	97.1	75.3	49.1	34.4	25.5	19.6	15.6	12.7
	$f_y W_{el,z}$ = 8.95	1.00	$M_{b,Rd}$	18.2	18.2	18.2	18.2	18.2	18.2	17.9	17.1	16.4	15.8	15.3	14.8	14.3
	8.0	1.00	$N_{b,y,Rd}$	705	660	593	500	401	317	254	170	121	90.3	69.8	55.6	45.3
	$f_y W_{el,y}$ = 16.3		$N_{b,z,Rd}$	625	463	306	208	149	111	86.4	56.2	39.4	29.2	22.5	17.8	14.5
	$f_y W_{el,z}$ = 10.2	1.00	$M_{b,Rd}$	21.8	21.8	21.8	21.8	21.8	21.8	21.2	20.3	19.5	18.8	18.1	17.5	16.9

Celsius® is a trademark of Corus. A fuller description of the relationship between Hot Finished Rectangular Hollow Sections (HFRHS) and the Celsius® range of sections manufactured by Corus is given in note 12.

n = N_{Ed} / $N_{pl,Rd}$

Under combined axial compression and bending the resistances are only valid up to the given N_{Ed} / $N_{pl,Rd}$ limit. For higher values of n = N_{Ed} / $N_{pl,Rd}$ the section would be overloaded due to N_{Ed} alone even when M_{Ed} is zero, because N_{Ed} would exceed the local buckling resistance of the section.

Axial force resistance $N_{pl,Rd}$ which is equal to Af_y is given in the cross-section resistance check table opposite.

FOR EXPLANATION OF TABLES SEE NOTE 10.

AXIAL FORCE & BENDING

S355 / Celsius® 355

BS EN 1993-1-1:2005
BS EN 10210-2: 2006

HOT-FINISHED RECTANGULAR HOLLOW SECTIONS

Celsius® RHS

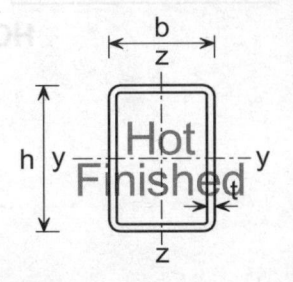

Cross-section resistance check

Section Designation		Mass per Metre	Axial Resistance	n Limit Class 3 Class 2		Moment Resistance $M_{c,y,Rd}$, $M_{c,z,Rd}$ (kNm) and Reduced Moment Resistance $M_{N,y,Rd}$, $M_{N,z,Rd}$ (kNm) for Ratios of Design Axial Force to Design Axial Plastic Resistance $n = N_{Ed}/N_{pl,Rd}$											
h x b	t		$N_{pl,Rd}$	Axis		n	0.0	0.1	0.2	0.3	0.4	0.5	0.6	0.7	0.8	0.9	1.0
mm	mm	kg	kN	y-y	z-z												
100x60	3.6	8.53	387			$M_{c,y,Rd}$	12.6	12.6	12.6	12.6	12.6	12.6	12.6	12.6	12.6	12.6	12.6
				n/a	n/a	$M_{c,z,Rd}$	8.84	8.84	8.84	8.84	8.84	8.84	8.84	8.84	8.84	8.84	8.84
				1.00	1.00	$M_{N,y,Rd}$	12.6	12.6	12.6	11.8	10.1	8.43	6.74	5.06	3.37	1.69	0
						$M_{N,z,Rd}$	8.84	8.84	8.52	7.45	6.39	5.32	4.26	3.19	2.13	1.06	0
	5.0	11.6	522			$M_{c,y,Rd}$	16.8	16.8	16.8	16.8	16.8	16.8	16.8	16.8	16.8	16.8	16.8
				n/a	n/a	$M_{c,z,Rd}$	11.7	11.7	11.7	11.7	11.7	11.7	11.7	11.7	11.7	11.7	11.7
				1.00	1.00	$M_{N,y,Rd}$	16.8	16.8	16.8	15.7	13.5	11.2	8.97	6.73	4.49	2.24	0
						$M_{N,z,Rd}$	11.7	11.7	11.1	9.73	8.34	6.95	5.56	4.17	2.78	1.39	0
	6.3	14.2	643			$M_{c,y,Rd}$	20.3	20.3	20.3	20.3	20.3	20.3	20.3	20.3	20.3	20.3	20.3
				n/a	n/a	$M_{c,z,Rd}$	14.0	14.0	14.0	14.0	14.0	14.0	14.0	14.0	14.0	14.0	14.0
				1.00	1.00	$M_{N,y,Rd}$	20.3	20.3	20.3	19.0	16.3	13.6	10.8	8.14	5.42	2.71	0
						$M_{N,z,Rd}$	14.0	14.0	13.2	11.6	9.92	8.27	6.61	4.96	3.31	1.65	0
	8.0	17.5	795			$M_{c,y,Rd}$	24.4	24.4	24.4	24.4	24.4	24.4	24.4	24.4	24.4	24.4	24.4
				n/a	n/a	$M_{c,z,Rd}$	16.7	16.7	16.7	16.7	16.7	16.7	16.7	16.7	16.7	16.7	16.7
				1.00	1.00	$M_{N,y,Rd}$	24.4	24.4	24.4	22.8	19.5	16.3	13.0	9.76	6.50	3.25	0
						$M_{N,z,Rd}$	16.7	16.7	15.6	13.7	11.7	9.75	7.80	5.85	3.90	1.95	0
120x60	3.6	9.66	437			$M_{c,y,Rd}$	16.8	16.8	16.8	16.8	16.8	16.8	16.8	16.8	16.8	16.8	16.8
				n/a	n/a	$M_{c,z,Rd}$	10.3	10.3	10.3	10.3	10.3	10.3	10.3	10.3	10.3	10.3	10.3
				1.00	1.00	$M_{N,y,Rd}$	16.8	16.8	16.8	15.6	13.4	11.2	8.94	6.70	4.47	2.23	0
						$M_{N,z,Rd}$	10.3	10.3	9.64	8.44	7.23	6.03	4.82	3.62	2.41	1.21	0
	5.0	13.1	593			$M_{c,y,Rd}$	22.4	22.4	22.4	22.4	22.4	22.4	22.4	22.4	22.4	22.4	22.4
				n/a	n/a	$M_{c,z,Rd}$	13.6	13.6	13.6	13.6	13.6	13.6	13.6	13.6	13.6	13.6	13.6
				1.00	1.00	$M_{N,y,Rd}$	22.4	22.4	22.4	20.9	17.9	14.9	11.9	8.96	5.97	2.99	0
						$M_{N,z,Rd}$	13.6	13.6	12.7	11.1	9.52	7.93	6.35	4.76	3.17	1.59	0
	6.3	16.2	735			$M_{c,y,Rd}$	27.2	27.2	27.2	27.2	27.2	27.2	27.2	27.2	27.2	27.2	27.2
				n/a	n/a	$M_{c,z,Rd}$	16.4	16.4	16.4	16.4	16.4	16.4	16.4	16.4	16.4	16.4	16.4
				1.00	1.00	$M_{N,y,Rd}$	27.2	27.2	27.2	25.4	21.8	18.2	14.5	10.9	7.26	3.63	0
						$M_{N,z,Rd}$	16.4	16.4	15.2	13.3	11.4	9.50	7.60	5.70	3.80	1.90	0
	8.0	20.1	909			$M_{c,y,Rd}$	32.9	32.9	32.9	32.9	32.9	32.9	32.9	32.9	32.9	32.9	32.9
				n/a	n/a	$M_{c,z,Rd}$	19.7	19.7	19.7	19.7	19.7	19.7	19.7	19.7	19.7	19.7	19.7
				1.00	1.00	$M_{N,y,Rd}$	32.9	32.9	32.9	30.7	26.3	21.9	17.6	13.2	8.78	4.39	0
						$M_{N,z,Rd}$	19.7	19.7	18.0	15.7	13.5	11.2	8.99	6.74	4.50	2.25	0

Celsius® is a trademark of Corus. A fuller description of the relationship between Hot Finished Rectangular Hollow Sections (HFRHS) and the Celsius® range of sections manufactured by Corus is given in note 12.

N_{Ed} = Design value of the axial force.

$n = N_{Ed} / N_{pl,Rd}$

FOR EXPLANATION OF TABLES SEE NOTE 10.

BS EN 1993-1-1:2005
BS EN 10210-2: 2006

AXIAL FORCE & BENDING

S355 / Celsius® 355

HOT-FINISHED RECTANGULAR HOLLOW SECTIONS

Celsius® RHS

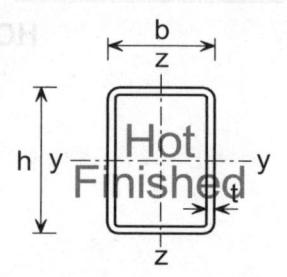

Member buckling check

Section Designation & Resistances (kNm)		n Limit	Compression Resistance $N_{b,y,Rd}$, $N_{b,z,Rd}$ (kN) and Buckling Resistance Moment $M_{b,Rd}$ (kNm) for Varying buckling lengths L (m) within the limiting value of n = N_{Ed} / $N_{pl,Rd}$												
h x b mm	t mm		L (m)	1.0	1.5	2.0	2.5	3.0	3.5	4.0	5.0	6.0	7.0	8.0	9.0	10.0
100x60	3.6	1.00	$N_{b,y,Rd}$	373	353	325	285	237	192	155	105	75.3	56.3	43.7	34.8	28.4
	$f_y W_{el,y}$ = 10.3		$N_{b,z,Rd}$	353	307	238	173	128	96.9	75.7	49.7	35.0	26.0	20.0	15.9	12.9
	$f_y W_{el,z}$ = 7.67	1.00	$M_{b,Rd}$	12.6	12.6	12.6	12.6	12.6	12.6	12.6	12.6	12.2	11.8	11.5	11.2	10.9
	5.0	1.00	$N_{b,y,Rd}$	502	474	434	378	312	251	203	137	97.9	73.2	56.7	45.2	36.9
	$f_y W_{el,y}$ = 13.4		$N_{b,z,Rd}$	474	408	311	225	165	125	97.4	63.9	45.0	33.4	25.7	20.4	16.6
	$f_y W_{el,z}$ = 9.90	1.00	$M_{b,Rd}$	16.8	16.8	16.8	16.8	16.8	16.8	16.8	16.8	16.2	15.7	15.2	14.8	14.4
	6.3	1.00	$N_{b,y,Rd}$	617	582	531	459	376	302	243	164	117	87.3	67.6	53.9	43.9
	$f_y W_{el,y}$ = 16.0		$N_{b,z,Rd}$	581	495	373	267	195	148	115	75.5	53.2	39.4	30.4	24.1	19.6
	$f_y W_{el,z}$ = 11.6	1.00	$M_{b,Rd}$	20.3	20.3	20.3	20.3	20.3	20.3	20.3	20.2	19.5	18.9	18.3	17.8	17.3
	8.0	1.00	$N_{b,y,Rd}$	762	716	650	556	452	360	289	194	138	103	80.1	63.8	52.0
	$f_y W_{el,y}$ = 18.7		$N_{b,z,Rd}$	713	598	440	312	227	171	134	87.4	61.5	45.6	35.1	27.9	22.7
	$f_y W_{el,z}$ = 13.4	1.00	$M_{b,Rd}$	24.4	24.4	24.4	24.4	24.4	24.4	24.4	24.1	23.3	22.5	21.8	21.2	20.6
120x60	3.6	1.00	$N_{b,y,Rd}$	426	409	387	357	317	271	227	159	115	86.5	67.3	53.8	44.0
	$f_y W_{el,y}$ = 13.5		$N_{b,z,Rd}$	400	350	275	202	149	113	88.7	58.2	41.1	30.5	23.5	18.7	15.2
	$f_y W_{el,z}$ = 9.02	1.00	$M_{b,Rd}$	16.8	16.8	16.8	16.8	16.8	16.8	16.8	16.5	16.0	15.5	15.0	14.6	14.2
	5.0	1.00	$N_{b,y,Rd}$	578	554	523	480	424	360	300	209	151	114	88.6	70.8	57.8
	$f_y W_{el,y}$ = 17.7		$N_{b,z,Rd}$	541	469	363	264	194	147	115	75.5	53.2	39.5	30.4	24.2	19.7
	$f_y W_{el,z}$ = 11.7	1.00	$M_{b,Rd}$	22.4	22.4	22.4	22.4	22.4	22.4	22.4	22.0	21.2	20.6	19.9	19.4	18.8
	6.3	1.00	$N_{b,y,Rd}$	716	685	646	590	518	437	363	252	182	137	106	85.0	69.4
	$f_y W_{el,y}$ = 21.2		$N_{b,z,Rd}$	667	572	436	314	230	174	136	89.2	62.8	46.6	35.9	28.5	23.2
	$f_y W_{el,z}$ = 13.8	1.00	$M_{b,Rd}$	27.2	27.2	27.2	27.2	27.2	27.2	27.2	26.6	25.7	24.9	24.1	23.4	22.7
	8.0	1.00	$N_{b,y,Rd}$	884	845	794	722	629	528	436	301	217	163	127	101	82.7
	$f_y W_{el,y}$ = 25.1		$N_{b,z,Rd}$	819	694	518	370	270	204	159	104	73.3	54.4	41.9	33.3	27.1
	$f_y W_{el,z}$ = 16.0	1.00	$M_{b,Rd}$	32.9	32.9	32.9	32.9	32.9	32.9	32.9	32.0	30.9	29.8	28.9	28.0	27.2

Celsius® is a trademark of Corus. A fuller description of the relationship between Hot Finished Rectangular Hollow Sections (HFRHS) and the Celsius® range of sections manufactured by Corus is given in note 12.

n = N_{Ed} / $N_{pl,Rd}$

Under combined axial compression and bending the resistances are only valid up to the given N_{Ed} / $N_{pl,Rd}$ limit. For higher values of n = N_{Ed} / $N_{pl,Rd}$ the section would be overloaded due to N_{Ed} alone even when M_{Ed} is zero, because N_{Ed} would exceed the local buckling resistance of the section.

Axial force resistance $N_{pl,Rd}$ which is equal to Af_y is given in the cross-section resistance check table opposite.
FOR EXPLANATION OF TABLES SEE NOTE 10.

BS EN 1993-1-1:2005
BS EN 10210-2: 2006

AXIAL FORCE & BENDING

S355 / Celsius® 355

HOT-FINISHED RECTANGULAR HOLLOW SECTIONS

Celsius® RHS

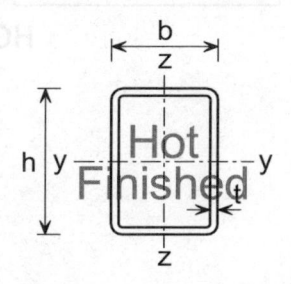

Cross-section resistance check

Moment Resistance $M_{c,y,Rd}$, $M_{c,z,Rd}$ (kNm) and Reduced Moment Resistance $M_{N,y,Rd}$, $M_{N,z,Rd}$ (kNm) for Ratios of Design Axial Force to Design Axial Plastic Resistance $n = N_{Ed} / N_{pl,Rd}$

Section Designation h x b (mm)	t (mm)	Mass per Metre (kg)	Axial Resistance $N_{pl,Rd}$ (kN)	n Limit Class 3 / Class 2 Axis y-y	n Limit Axis z-z		n = 0.0	0.1	0.2	0.3	0.4	0.5	0.6	0.7	0.8	0.9	1.0
120x80	5.0	14.7	664	n/a	n/a	$M_{c,y,Rd}$	26.5	26.5	26.5	26.5	26.5	26.5	26.5	26.5	26.5	26.5	26.5
						$M_{c,z,Rd}$	19.9	19.9	19.9	19.9	19.9	19.9	19.9	19.9	19.9	19.9	19.9
				1.00	1.00	$M_{N,y,Rd}$	26.5	26.5	26.5	24.7	21.2	17.7	14.1	10.6	7.06	3.53	0
						$M_{N,z,Rd}$	19.9	19.9	19.4	17.0	14.6	12.1	9.70	7.28	4.85	2.43	0
	6.3	18.2	824	n/a	n/a	$M_{c,y,Rd}$	32.3	32.3	32.3	32.3	32.3	32.3	32.3	32.3	32.3	32.3	32.3
						$M_{c,z,Rd}$	24.2	24.2	24.2	24.2	24.2	24.2	24.2	24.2	24.2	24.2	24.2
				1.00	1.00	$M_{N,y,Rd}$	32.3	32.3	32.3	30.2	25.8	21.5	17.2	12.9	8.61	4.31	0
						$M_{N,z,Rd}$	24.2	24.2	23.5	20.5	17.6	14.7	11.7	8.79	5.86	2.93	0
	8.0	22.6	1020	n/a	n/a	$M_{c,y,Rd}$	39.4	39.4	39.4	39.4	39.4	39.4	39.4	39.4	39.4	39.4	39.4
						$M_{c,z,Rd}$	29.3	29.3	29.3	29.3	29.3	29.3	29.3	29.3	29.3	29.3	29.3
				1.00	1.00	$M_{N,y,Rd}$	39.4	39.4	39.4	36.8	31.5	26.3	21.0	15.8	10.5	5.25	0
						$M_{N,z,Rd}$	29.3	29.3	28.2	24.6	21.1	17.6	14.1	10.6	7.04	3.52	0
	10.0	27.4	1240	n/a	n/a	$M_{c,y,Rd}$	46.5	46.5	46.5	46.5	46.5	46.5	46.5	46.5	46.5	46.5	46.5
						$M_{c,z,Rd}$	34.5	34.5	34.5	34.5	34.5	34.5	34.5	34.5	34.5	34.5	34.5
				1.00	1.00	$M_{N,y,Rd}$	46.5	46.5	46.5	43.4	37.2	31.0	24.8	18.6	12.4	6.20	0
						$M_{N,z,Rd}$	34.5	34.5	32.7	28.7	24.6	20.5	16.4	12.3	8.19	4.09	0
150x100	5.0	18.6	841	n/a	n/a	$M_{c,y,Rd}$	42.2	42.2	42.2	42.2	42.2	42.2	42.2	42.2	42.2	42.2	42.2
						$M_{c,z,Rd}$	32.0	32.0	32.0	32.0	32.0	32.0	32.0	32.0	32.0	32.0	32.0
				1.00	1.00	$M_{N,y,Rd}$	42.2	42.2	42.2	39.4	33.8	28.2	22.5	16.9	11.3	5.63	0
						$M_{N,z,Rd}$	32.0	32.0	31.3	27.4	23.5	19.6	15.7	11.8	7.84	3.92	0
	6.3	23.1	1050	n/a	n/a	$M_{c,y,Rd}$	52.2	52.2	52.2	52.2	52.2	52.2	52.2	52.2	52.2	52.2	52.2
						$M_{c,z,Rd}$	39.1	39.1	39.1	39.1	39.1	39.1	39.1	39.1	39.1	39.1	39.1
				1.00	1.00	$M_{N,y,Rd}$	52.2	52.2	52.2	48.7	41.7	34.8	27.8	20.9	13.9	6.96	0
						$M_{N,z,Rd}$	39.1	39.1	38.1	33.3	28.6	23.8	19.0	14.3	9.52	4.76	0
	8.0	28.9	1310	n/a	n/a	$M_{c,y,Rd}$	63.9	63.9	63.9	63.9	63.9	63.9	63.9	63.9	63.9	63.9	63.9
						$M_{c,z,Rd}$	47.9	47.9	47.9	47.9	47.9	47.9	47.9	47.9	47.9	47.9	47.9
				1.00	1.00	$M_{N,y,Rd}$	63.9	63.9	63.9	59.6	51.1	42.6	34.1	25.6	17.0	8.52	0
						$M_{N,z,Rd}$	47.9	47.9	46.4	40.6	34.8	29.0	23.2	17.4	11.6	5.80	0
	10.0	35.3	1590	n/a	n/a	$M_{c,y,Rd}$	76.7	76.7	76.7	76.7	76.7	76.7	76.7	76.7	76.7	76.7	76.7
						$M_{c,z,Rd}$	57.2	57.2	57.2	57.2	57.2	57.2	57.2	57.2	57.2	57.2	57.2
				1.00	1.00	$M_{N,y,Rd}$	76.7	76.7	76.7	71.6	61.3	51.1	40.9	30.7	20.4	10.2	0
						$M_{N,z,Rd}$	57.2	57.2	54.8	48.0	41.1	34.3	27.4	20.6	13.7	6.85	0
	12.5	42.8	1940	n/a	n/a	$M_{c,y,Rd}$	90.9	90.9	90.9	90.9	90.9	90.9	90.9	90.9	90.9	90.9	90.9
						$M_{c,z,Rd}$	67.5	67.5	67.5	67.5	67.5	67.5	67.5	67.5	67.5	67.5	67.5
				1.00	1.00	$M_{N,y,Rd}$	90.9	90.9	90.9	84.8	72.7	60.6	48.5	36.4	24.2	12.1	0
						$M_{N,z,Rd}$	67.5	67.5	64.0	56.0	48.0	40.0	32.0	24.0	16.0	8.00	0

Celsius® is a trademark of Corus. A fuller description of the relationship between Hot Finished Rectangular Hollow Sections (HFRHS) and the Celsius® range of sections manufactured by Corus is given in note 12.

N_{Ed} = Design value of the axial force.

$n = N_{Ed} / N_{pl,Rd}$

FOR EXPLANATION OF TABLES SEE NOTE 10.

| BS EN 1993-1-1:2005 |
| BS EN 10210-2: 2006 |

AXIAL FORCE & BENDING — S355 / Celsius® 355

HOT-FINISHED RECTANGULAR HOLLOW SECTIONS

Celsius® RHS

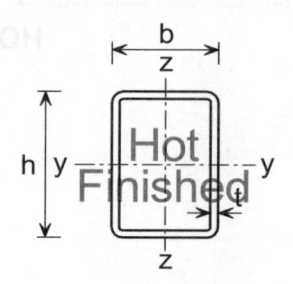

Member buckling check

Section Designation & Resistances (kNm)		n Limit	Compression Resistance $N_{b,y,Rd}$, $N_{b,z,Rd}$ (kN) and Buckling Resistance Moment $M_{b,Rd}$ (kNm) for Varying buckling lengths L (m) within the limiting value of n = N_{Ed} / $N_{pl,Rd}$												
h x b mm	t mm		L (m)	1.0	1.5	2.0	2.5	3.0	3.5	4.0	5.0	6.0	7.0	8.0	9.0	10.0
120x80	5.0	1.00	$N_{b,y,Rd}$	650	625	593	550	492	425	358	253	184	138	108	86.2	70.5
	$f_y W_{el,y}$ = 21.6		$N_{b,z,Rd}$	631	588	522	433	342	269	214	143	101	75.6	58.5	46.6	38.0
	$f_y W_{el,z}$ = 17.1	1.00	$M_{b,Rd}$	26.5	26.5	26.5	26.5	26.5	26.5	26.5	26.5	26.5	26.4	25.8	25.2	24.6
	6.3	1.00	$N_{b,y,Rd}$	805	773	733	678	604	519	436	306	222	167	130	104	85.2
	$f_y W_{el,y}$ = 26.0		$N_{b,z,Rd}$	781	726	640	526	413	323	257	171	121	90.5	70.0	55.7	45.4
	$f_y W_{el,z}$ = 20.4	1.00	$M_{b,Rd}$	32.3	32.3	32.3	32.3	32.3	32.3	32.3	32.3	32.3	32.1	31.4	30.6	30.0
	8.0	1.00	$N_{b,y,Rd}$	998	957	905	833	737	628	525	367	266	200	156	124	102
	$f_y W_{el,y}$ = 31.1		$N_{b,z,Rd}$	967	895	783	636	495	386	306	204	144	108	83.2	66.2	53.9
	$f_y W_{el,z}$ = 24.2	1.00	$M_{b,Rd}$	39.4	39.4	39.4	39.4	39.4	39.4	39.4	39.4	39.4	39.1	38.1	37.2	36.4
	10.0	1.00	$N_{b,y,Rd}$	1210	1160	1090	998	877	742	617	429	310	233	181	145	118
	$f_y W_{el,y}$ = 36.2		$N_{b,z,Rd}$	1170	1070	929	743	574	445	352	234	165	123	95.2	75.7	61.7
	$f_y W_{el,z}$ = 27.7	1.00	$M_{b,Rd}$	46.5	46.5	46.5	46.5	46.5	46.5	46.5	46.5	46.5	45.9	44.8	43.8	42.8
150x100	5.0	1.00	$N_{b,y,Rd}$	835	812	785	753	712	659	596	461	349	268	211	170	139
	$f_y W_{el,y}$ = 35.0		$N_{b,z,Rd}$	818	782	734	668	581	487	402	278	200	150	117	93.3	76.2
	$f_y W_{el,z}$ = 27.9	1.00	$M_{b,Rd}$	42.2	42.2	42.2	42.2	42.2	42.2	42.2	42.2	42.2	42.2	42.2	42.0	41.2
	6.3	1.00	$N_{b,y,Rd}$	1040	1010	976	935	882	815	734	565	426	327	257	207	170
	$f_y W_{el,y}$ = 42.6		$N_{b,z,Rd}$	1020	971	910	824	712	594	489	337	243	182	141	113	92.2
	$f_y W_{el,z}$ = 33.7	1.00	$M_{b,Rd}$	52.2	52.2	52.2	52.2	52.2	52.2	52.2	52.2	52.2	52.2	52.2	51.7	50.8
	8.0	1.00	$N_{b,y,Rd}$	1290	1260	1210	1160	1090	1010	904	690	519	398	312	251	206
	$f_y W_{el,y}$ = 51.5		$N_{b,z,Rd}$	1270	1210	1130	1020	873	724	594	408	293	220	171	136	111
	$f_y W_{el,z}$ = 40.5	1.00	$M_{b,Rd}$	63.9	63.9	63.9	63.9	63.9	63.9	63.9	63.9	63.9	63.9	63.9	63.2	62.0
	10.0	1.00	$N_{b,y,Rd}$	1580	1530	1480	1410	1320	1210	1080	819	614	469	368	296	243
	$f_y W_{el,y}$ = 60.7		$N_{b,z,Rd}$	1540	1470	1370	1220	1040	855	698	477	343	257	199	159	130
	$f_y W_{el,z}$ = 47.2	1.00	$M_{b,Rd}$	76.7	76.7	76.7	76.7	76.7	76.7	76.7	76.7	76.7	76.7	76.7	75.6	74.2
	12.5	1.00	$N_{b,y,Rd}$	1920	1860	1790	1700	1590	1450	1290	963	718	548	430	345	283
	$f_y W_{el,y}$ = 70.3		$N_{b,z,Rd}$	1870	1780	1640	1450	1220	997	810	551	395	296	229	183	149
	$f_y W_{el,z}$ = 54.3	1.00	$M_{b,Rd}$	90.9	90.9	90.9	90.9	90.9	90.9	90.9	90.9	90.9	90.9	90.9	89.3	87.5

Celsius® is a trademark of Corus. A fuller description of the relationship between Hot Finished Rectangular Hollow Sections (HFRHS) and the Celsius® range of sections manufactured by Corus is given in note 12.

n = N_{Ed} / $N_{pl,Rd}$

Under combined axial compression and bending the resistances are only valid up to the given N_{Ed} / $N_{pl,Rd}$ limit. For higher values of n = N_{Ed} / $N_{pl,Rd}$ the section would be overloaded due to N_{Ed} alone even when M_{Ed} is zero, because N_{Ed} would exceed the local buckling resistance of the section.

Axial force resistance $N_{pl,Rd}$ which is equal to Af_y is given in the cross-section resistance check table opposite.

FOR EXPLANATION OF TABLES SEE NOTE 10.

BS EN 1993-1-1:2005
BS EN 10210-2: 2006

AXIAL FORCE & BENDING

S355 / Celsius® 355

HOT-FINISHED RECTANGULAR HOLLOW SECTIONS

Celsius® RHS

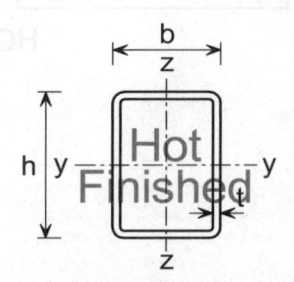

Cross-section resistance check

Section Designation		Mass per Metre	Axial Resistance	n Limit Class 3 **Class 2**		Moment Resistance $M_{c,y,Rd}$, $M_{c,z,Rd}$ (kNm) and Reduced Moment Resistance $M_{N,y,Rd}$, $M_{N,z,Rd}$ (kNm) for Ratios of Design Axial Force to Design Axial Plastic Resistance $n = N_{Ed} / N_{pl,Rd}$											
h x b	t		$N_{pl,Rd}$	Axis		n	0.0	0.1	0.2	0.3	0.4	0.5	0.6	0.7	0.8	0.9	1.0
mm	mm	kg	kN	y-y	z-z												
150x125	4.0	16.6	753			$M_{c,y,Rd}$	39.8	39.8	39.8	39.8	39.8	33.8	33.8	33.8	33.8	33.8	$
				0.986	*	$M_{c,z,Rd}$	✗	✗	✗	✗	✗	✗	✗	✗	✗	✗	$
				0.421		$M_{N,y,Rd}$	39.8	39.8	39.8	37.1	31.8	-	-	-	-	-	-
						$M_{N,z,Rd}$	-	-	-	-	-	-	-	-	-	-	-
	5.0	20.6	930			$M_{c,y,Rd}$	49.0	49.0	49.0	49.0	49.0	49.0	49.0	49.0	49.0	49.0	49.0
				n/a	n/a	$M_{c,z,Rd}$	43.0	43.0	43.0	43.0	43.0	43.0	43.0	43.0	43.0	43.0	43.0
				1.00	**1.00**	$M_{N,y,Rd}$	49.0	49.0	49.0	45.7	39.2	32.7	26.1	19.6	13.1	6.53	0
						$M_{N,z,Rd}$	43.0	43.0	43.0	38.2	32.8	27.3	21.9	16.4	10.9	5.46	0
	6.3	25.6	1160			$M_{c,y,Rd}$	60.0	60.0	60.0	60.0	60.0	60.0	60.0	60.0	60.0	60.0	60.0
				n/a	n/a	$M_{c,z,Rd}$	52.9	52.9	52.9	52.9	52.9	52.9	52.9	52.9	52.9	52.9	52.9
				1.00	**1.00**	$M_{N,y,Rd}$	60.0	60.0	60.0	56.0	48.0	40.0	32.0	24.0	16.0	8.00	0
						$M_{N,z,Rd}$	52.9	52.9	52.9	46.9	40.2	33.5	26.8	20.1	13.4	6.70	0
	8.0	32.0	1450			$M_{c,y,Rd}$	73.8	73.8	73.8	73.8	73.8	73.8	73.8	73.8	73.8	73.8	73.8
				n/a	n/a	$M_{c,z,Rd}$	65.0	65.0	65.0	65.0	65.0	65.0	65.0	65.0	65.0	65.0	65.0
				1.00	**1.00**	$M_{N,y,Rd}$	73.8	73.8	73.8	68.9	59.1	49.2	39.4	29.5	19.7	9.85	0
						$M_{N,z,Rd}$	65.0	65.0	65.0	57.3	49.1	40.9	32.7	24.5	16.4	8.18	0
	10.0	39.2	1770			$M_{c,y,Rd}$	89.1	89.1	89.1	89.1	89.1	89.1	89.1	89.1	89.1	89.1	89.1
				n/a	n/a	$M_{c,z,Rd}$	78.5	78.5	78.5	78.5	78.5	78.5	78.5	78.5	78.5	78.5	78.5
				1.00	**1.00**	$M_{N,y,Rd}$	89.1	89.1	89.1	83.1	71.2	59.4	47.5	35.6	23.7	11.9	0
						$M_{N,z,Rd}$	78.5	78.5	78.4	68.6	58.8	49.0	39.2	29.4	19.6	9.80	0
	12.5	47.7	2160			$M_{c,y,Rd}$	106	106	106	106	106	106	106	106	106	106	106
				n/a	n/a	$M_{c,z,Rd}$	93.0	93.0	93.0	93.0	93.0	93.0	93.0	93.0	93.0	93.0	93.0
				1.00	**1.00**	$M_{N,y,Rd}$	106	106	106	98.2	84.1	70.1	56.1	42.1	28.0	14.0	0
						$M_{N,z,Rd}$	93.0	93.0	92.0	80.5	69.0	57.5	46.0	34.5	23.0	11.5	0

Celsius® is a trademark of Corus. A fuller description of the relationship between Hot Finished Rectangular Hollow Sections (HFRHS) and the Celsius® range of sections manufactured by Corus is given in note 12.

* The section is a class 4 section about the appropriate axis and is independent of the design axial force N_{Ed}. Values of $M_{c,Rd}$ are calculated based on class 4 section properties and are displayed in *italic*.

N_{Ed} = Design value of the axial force.

$n = N_{Ed} / N_{pl,Rd}$

✗ Section becomes class 4, see note 10.

$ For these values of $N_{Ed} / N_{pl,Rd}$ the section would be overloaded due to N_{Ed} alone even when M_{Ed} is zero, because N_{Ed} would exceed the local buckling resistance of the section.

- Not applicable for class 3 and class 4 sections sections.

FOR EXPLANATION OF TABLES SEE NOTE 10.

Check availability

BS EN 1993-1-1:2005
BS EN 10210-2: 2006

AXIAL FORCE & BENDING

S355 / Celsius® 355

HOT-FINISHED RECTANGULAR HOLLOW SECTIONS

Celsius® RHS

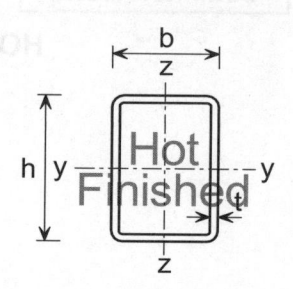

Member buckling check

Section Designation & Resistances (kNm)		n Limit	Compression Resistance $N_{b,y,Rd}$, $N_{b,z,Rd}$ (kN) and Buckling Resistance Moment $M_{b,Rd}$ (kNm) for Varying buckling lengths L (m) within the limiting value of n = N_{Ed} / $N_{pl,Rd}$												
h x b mm	t mm		L (m)	1.0	1.5	2.0	2.5	3.0	3.5	4.0	5.0	6.0	7.0	8.0	9.0	10.0
150x125	§ 4.0	0.986	$N_{b,y,Rd}$	748	729	706	680	646	603	551	434	332	256	202	163	134
	$f_y W_{el,y}$ = 33.8		$N_{b,z,Rd}$	743	719	691	655	608	548	480	355	263	200	156	125	103
	$f_y W_{el,z}$ = 30.6	0.986	$M_{b,Rd}$	33.8	33.8	33.8	33.8	33.8	33.8	33.8	33.8	33.8	33.8	33.8	33.8	33.8
		0.421	$M_{b,Rd}$	39.8	39.8	39.8	39.8	39.8	39.8	39.8	39.8	39.8	39.8	39.8	39.8	39.8
	5.0	1.00	$N_{b,y,Rd}$	925	900	872	839	796	743	677	532	406	313	247	199	163
	$f_y W_{el,y}$ = 41.2		$N_{b,z,Rd}$	917	888	853	807	748	673	588	433	320	243	190	153	125
	$f_y W_{el,z}$ = 37.3	1.00	$M_{b,Rd}$	49.0	49.0	49.0	49.0	49.0	49.0	49.0	49.0	49.0	49.0	49.0	49.0	49.0
	6.3	1.00	$N_{b,y,Rd}$	1150	1120	1080	1040	987	918	835	652	496	383	301	243	199
	$f_y W_{el,y}$ = 50.1		$N_{b,z,Rd}$	1140	1100	1060	1000	924	828	722	528	390	296	232	186	152
	$f_y W_{el,z}$ = 45.4	1.00	$M_{b,Rd}$	60.0	60.0	60.0	60.0	60.0	60.0	60.0	60.0	60.0	60.0	60.0	60.0	60.0
	8.0	1.00	$N_{b,y,Rd}$	1440	1400	1350	1300	1230	1140	1030	801	607	467	368	296	243
	$f_y W_{el,y}$ = 61.1		$N_{b,z,Rd}$	1430	1380	1320	1250	1150	1020	888	647	476	361	282	226	185
	$f_y W_{el,z}$ = 55.0	1.00	$M_{b,Rd}$	73.8	73.8	73.8	73.8	73.8	73.8	73.8	73.8	73.8	73.8	73.8	73.8	73.8
	10.0	1.00	$N_{b,y,Rd}$	1760	1710	1650	1580	1490	1380	1240	957	723	555	437	351	288
	$f_y W_{el,y}$ = 72.4		$N_{b,z,Rd}$	1740	1680	1610	1510	1390	1230	1060	768	563	427	333	267	219
	$f_y W_{el,z}$ = 65.0	1.00	$M_{b,Rd}$	89.1	89.1	89.1	89.1	89.1	89.1	89.1	89.1	89.1	89.1	89.1	89.1	89.1
	12.5	1.00	$N_{b,y,Rd}$	2140	2080	2010	1920	1800	1660	1490	1130	852	653	513	412	338
	$f_y W_{el,y}$ = 84.5		$N_{b,z,Rd}$	2120	2040	1950	1830	1670	1470	1260	901	659	498	389	311	255
	$f_y W_{el,z}$ = 75.3	1.00	$M_{b,Rd}$	106	106	106	106	106	106	106	106	106	106	106	106	106

Celsius® is a trademark of Corus. A fuller description of the relationship between Hot Finished Rectangular Hollow Sections (HFRHS) and the Celsius® range of sections manufactured by Corus is given in note 12.

n = N_{Ed} / $N_{pl,Rd}$

Under combined axial compression and bending the resistances are only valid up to the given N_{Ed} / $N_{pl,Rd}$ limit. For higher values of n = N_{Ed} / $N_{pl,Rd}$ the section would be overloaded due to N_{Ed} alone even when M_{Ed} is zero, because N_{Ed} would exceed the local buckling resistance of the section.

Axial force resistance $N_{pl,Rd}$ which is equal to Af_y is given in the cross-section resistance check table opposite.

§ The section can be a class 4 section but no allowance has been made in calculating $N_{b,y,Rd}$ and $N_{b,z,Rd}$.

FOR EXPLANATION OF TABLES SEE NOTE 10.

Check availability

BS EN 1993-1-1:2005
BS EN 10210-2: 2006

AXIAL FORCE & BENDING

S355 / Celsius® 355

HOT-FINISHED RECTANGULAR HOLLOW SECTIONS

Celsius® RHS

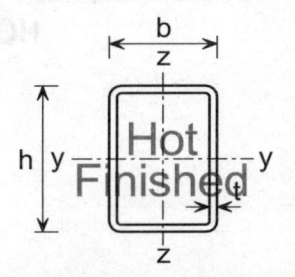

Cross-section resistance check

Section Designation		Mass per Metre	Axial Resistance	n Limit Class 3 Class 2		Moment Resistance $M_{c,y,Rd}$, $M_{c,z,Rd}$ (kNm) and Reduced Moment Resistance $M_{N,y,Rd}$, $M_{N,z,Rd}$ (kNm) for Ratios of Design Axial Force to Design Axial Plastic Resistance n = N_{Ed} / $N_{pl,Rd}$											
h x b	t		$N_{pl,Rd}$	Axis		n	0.0	0.1	0.2	0.3	0.4	0.5	0.6	0.7	0.8	0.9	1.0
mm	mm	kg	kN	y-y	z-z												
160x80	4.0	14.4	653			$M_{c,y,Rd}$	33.6	33.6	33.6	33.6	33.6	27.2	27.2	27.2	27.2	✗	$
				0.885	*	$M_{c,z,Rd}$	✗	✗	✗	✗	✗	✗	✗	✗	✗	✗	$
				0.448		$M_{N,y,Rd}$	33.6	33.6	33.6	31.4	26.9	-	-	-	-	-	-
						$M_{N,z,Rd}$	-	-	-	-	-	-	-	-	-	-	-
	5.0	17.8	806			$M_{c,y,Rd}$	41.2	41.2	41.2	41.2	41.2	41.2	41.2	41.2	41.2	41.2	41.2
				n/a	n/a	$M_{c,z,Rd}$	25.2	25.2	25.2	25.2	25.2	25.2	25.2	25.2	25.2	25.2	25.2
				1.00	1.00	$M_{N,y,Rd}$	41.2	41.2	41.2	38.4	32.9	27.5	22.0	16.5	11.0	5.49	0
						$M_{N,z,Rd}$	25.2	25.2	23.7	20.7	17.8	14.8	11.8	8.88	5.92	2.96	0
	6.3	22.2	1000			$M_{c,y,Rd}$	50.4	50.4	50.4	50.4	50.4	50.4	50.4	50.4	50.4	50.4	50.4
				n/a	n/a	$M_{c,z,Rd}$	30.8	30.8	30.8	30.8	30.8	30.8	30.8	30.8	30.8	30.8	30.8
				1.00	1.00	$M_{N,y,Rd}$	50.4	50.4	50.4	47.0	40.3	33.6	26.9	20.2	13.4	6.72	0
						$M_{N,z,Rd}$	30.8	30.8	28.7	25.2	21.6	18.0	14.4	10.8	7.19	3.59	0
	8.0	27.6	1250			$M_{c,y,Rd}$	62.1	62.1	62.1	62.1	62.1	62.1	62.1	62.1	62.1	62.1	62.1
				n/a	n/a	$M_{c,z,Rd}$	37.6	37.6	37.6	37.6	37.6	37.6	37.6	37.6	37.6	37.6	37.6
				1.00	1.00	$M_{N,y,Rd}$	62.1	62.1	62.1	58.0	49.7	41.4	33.1	24.9	16.6	8.28	0
						$M_{N,z,Rd}$	37.6	37.6	34.9	30.5	26.1	21.8	17.4	13.1	8.71	4.36	0
	10.0	33.7	1520			$M_{c,y,Rd}$	74.2	74.2	74.2	74.2	74.2	74.2	74.2	74.2	74.2	74.2	74.2
				n/a	n/a	$M_{c,z,Rd}$	44.4	44.4	44.4	44.4	44.4	44.4	44.4	44.4	44.4	44.4	44.4
				1.00	1.00	$M_{N,y,Rd}$	74.2	74.2	74.2	69.2	59.4	49.5	39.6	29.7	19.8	9.89	0
						$M_{N,z,Rd}$	44.4	44.4	40.7	35.6	30.5	25.4	20.3	15.2	10.2	5.08	0

Celsius® is a trademark of Corus. A fuller description of the relationship between Hot Finished Rectangular Hollow Sections (HFRHS) and the Celsius® range of sections manufactured by Corus is given in note 12.

* The section is a class 4 section about the appropriate axis and is independent of the design axial force N_{Ed}. Values of $M_{c,Rd}$ are calculated based on class 4 section properties and are displayed in *italic*.

N_{Ed} = Design value of the axial force.

n = N_{Ed} / $N_{pl,Rd}$

✗ Section becomes class 4, see note 10.

$ For these values of N_{Ed} / $N_{pl,Rd}$ the section would be overloaded due to N_{Ed} alone even when M_{Ed} is zero, because N_{Ed} would exceed the local buckling resistance of the section.

- Not applicable for class 3 and class 4 sections sections.

FOR EXPLANATION OF TABLES SEE NOTE 10.

| BS EN 1993-1-1:2005 |
| BS EN 10210-2: 2006 |

AXIAL FORCE & BENDING

S355 / Celsius® 355

HOT-FINISHED RECTANGULAR HOLLOW SECTIONS

Celsius® RHS

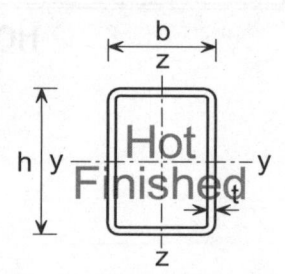

Member buckling check

Section Designation & Resistances (kNm)		n Limit	Compression Resistance $N_{b,y,Rd}$, $N_{b,z,Rd}$ (kN) and Buckling Resistance Moment $M_{b,Rd}$ (kNm) for Varying buckling lengths L (m) within the limiting value of $n = N_{Ed} / N_{pl,Rd}$												
h x b mm	t mm		L (m)	1.0	1.5	2.0	2.5	3.0	3.5	4.0	5.0	6.0	7.0	8.0	9.0	10.0
160x80	§ 4.0	0.885	$N_{b,y,Rd}$	649	632	613	589	560	522	476	374	286	221	174	140	115
	$f_yW_{el,y}$ = 27.2		$N_{b,z,Rd}$	624	585	527	445	358	284	227	152	108	80.8	62.5	49.8	40.6
	$f_yW_{el,z}$ = 18.4	0.885	$M_{b,Rd}$	27.2	27.2	27.2	27.2	27.2	27.2	27.2	27.2	27.2	27.2	27.0	26.4	25.9
		0.448	$M_{b,Rd}$	33.6	33.6	33.6	33.6	33.6	33.6	33.6	33.6	33.6	32.9	32.1	31.3	30.6
	5.0	1.00	$N_{b,y,Rd}$	801	779	755	725	688	641	583	456	348	268	211	170	140
	$f_yW_{el,y}$ = 33.0		$N_{b,z,Rd}$	769	719	645	543	434	343	274	183	131	97.4	75.4	60.0	48.9
	$f_yW_{el,z}$ = 22.1	**1.00**	$M_{b,Rd}$	41.2	41.2	41.2	41.2	41.2	41.2	41.2	41.2	41.2	40.2	39.2	38.3	37.4
	6.3	1.00	$N_{b,y,Rd}$	994	967	937	899	852	791	718	559	425	327	257	207	170
	$f_yW_{el,y}$ = 40.1		$N_{b,z,Rd}$	953	890	795	664	528	416	331	222	158	117	90.9	72.4	59.0
	$f_yW_{el,z}$ = 26.6	**1.00**	$M_{b,Rd}$	50.4	50.4	50.4	50.4	50.4	50.4	50.4	50.4	50.4	49.1	47.9	46.7	45.6
	8.0	1.00	$N_{b,y,Rd}$	1240	1210	1170	1120	1060	978	884	682	516	397	312	251	206
	$f_yW_{el,y}$ = 48.3		$N_{b,z,Rd}$	1190	1100	977	806	635	498	396	264	188	140	108	86.1	70.1
	$f_yW_{el,z}$ = 31.6	**1.00**	$M_{b,Rd}$	62.1	62.1	62.1	62.1	62.1	62.1	62.1	62.1	62.0	60.2	58.7	57.2	55.9
	10.0	1.00	$N_{b,y,Rd}$	1510	1470	1420	1360	1280	1180	1060	811	611	468	368	296	243
	$f_yW_{el,y}$ = 57.2		$N_{b,z,Rd}$	1440	1340	1170	954	745	582	461	307	218	162	125	99.9	81.4
	$f_yW_{el,z}$ = 36.6	**1.00**	$M_{b,Rd}$	74.2	74.2	74.2	74.2	74.2	74.2	74.2	74.2	73.7	71.6	69.7	68.0	66.4

Celsius® is a trademark of Corus. A fuller description of the relationship between Hot Finished Rectangular Hollow Sections (HFRHS) and the Celsius® range of sections manufactured by Corus is given in note 12.

$n = N_{Ed} / N_{pl,Rd}$

Under combined axial compression and bending the resistances are only valid up to the given $N_{Ed} / N_{pl,Rd}$ limit. For higher values of $n = N_{Ed} / N_{pl,Rd}$ the section would be overloaded due to N_{Ed} alone even when M_{Ed} is zero, because N_{Ed} would exceed the local buckling resistance of the section.

Axial force resistance $N_{pl,Rd}$ which is equal to Af_y is given in the cross-section resistance check table opposite.

§ The section can be a class 4 section but no allowance has been made in calculating $N_{b,y,Rd}$ and $N_{b,z,Rd}$.

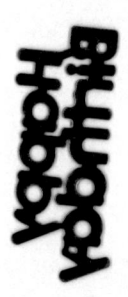

FOR EXPLANATION OF TABLES SEE NOTE 10.

| BS EN 1993-1-1:2005 |
| BS EN 10210-2: 2006 |

AXIAL FORCE & BENDING

S355 / Celsius® 355

HOT-FINISHED RECTANGULAR HOLLOW SECTIONS

Celsius® RHS

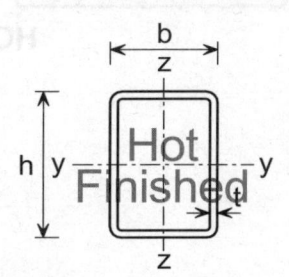

Cross-section resistance check

Section Designation		Mass per Metre	Axial Resistance	n Limit Class 3 / Class 2		Moment Resistance $M_{c,y,Rd}$, $M_{c,z,Rd}$ (kNm) and Reduced Moment Resistance $M_{N,y,Rd}$, $M_{N,z,Rd}$ (kNm) for Ratios of Design Axial Force to Design Axial Plastic Resistance $n = N_{Ed} / N_{pl,Rd}$											
h x b	t		$N_{pl,Rd}$	Axis		n	0.0	0.1	0.2	0.3	0.4	0.5	0.6	0.7	0.8	0.9	1.0
mm	mm	kg	kN	y-y	z-z												
200x100	5.0	22.6	1020	0.885	*	$M_{c,y,Rd}$	65.7	65.7	65.7	65.7	65.7	52.9	52.9	52.9	52.9	✘	$
						$M_{c,z,Rd}$	✘	✘	✘	✘	✘	✘	✘	✘	✘	✘	$
				0.449		$M_{N,y,Rd}$	65.7	65.7	65.7	61.3	52.5	-	-	-	-	-	-
						$M_{N,z,Rd}$	-	-	-	-	-	-	-	-	-	-	-
	6.3	28.1	1270	n/a	n/a	$M_{c,y,Rd}$	80.9	80.9	80.9	80.9	80.9	80.9	80.9	80.9	80.9	80.9	80.9
						$M_{c,z,Rd}$	49.7	49.7	49.7	49.7	49.7	49.7	49.7	49.7	49.7	49.7	49.7
				1.00	1.00	$M_{N,y,Rd}$	80.9	80.9	80.9	75.5	64.8	54.0	43.2	32.4	21.6	10.8	0
						$M_{N,z,Rd}$	49.7	49.7	46.7	40.8	35.0	29.2	23.3	17.5	11.7	5.83	0
	8.0	35.1	1590	n/a	n/a	$M_{c,y,Rd}$	100	100	100	100	100	100	100	100	100	100	100
						$M_{c,z,Rd}$	61.1	61.1	61.1	61.1	61.1	61.1	61.1	61.1	61.1	61.1	61.1
				1.00	1.00	$M_{N,y,Rd}$	100	100	100	93.4	80.1	66.7	53.4	40.0	26.7	13.3	0
						$M_{N,z,Rd}$	61.1	61.1	57.0	49.9	42.7	35.6	28.5	21.4	14.2	7.12	0
	10.0	43.1	1950	n/a	n/a	$M_{c,y,Rd}$	121	121	121	121	121	121	121	121	121	121	121
						$M_{c,z,Rd}$	73.1	73.1	73.1	73.1	73.1	73.1	73.1	73.1	73.1	73.1	73.1
				1.00	1.00	$M_{N,y,Rd}$	121	121	121	113	96.8	80.7	64.6	48.4	32.3	16.1	0
						$M_{N,z,Rd}$	73.1	73.1	67.7	59.2	50.8	42.3	33.8	25.4	16.9	8.46	0
	12.5	52.7	2380	n/a	n/a	$M_{c,y,Rd}$	145	145	145	145	145	145	145	145	145	145	145
						$M_{c,z,Rd}$	87.0	87.0	87.0	87.0	87.0	87.0	87.0	87.0	87.0	87.0	87.0
				1.00	1.00	$M_{N,y,Rd}$	145	145	145	135	116	96.6	77.2	57.9	38.6	19.3	0
						$M_{N,z,Rd}$	87.0	87.0	79.7	69.8	59.8	49.8	39.9	29.9	19.9	9.97	0

Celsius® is a trademark of Corus. A fuller description of the relationship between Hot Finished Rectangular Hollow Sections (HFRHS) and the Celsius® range of sections manufactured by Corus is given in note 12.

* The section is a class 4 section about the appropriate axis and is independent of the design axial force N_{Ed}. Values of $M_{c,Rd}$ are calculated based on class 4 section properties and are displayed in *italic*.

N_{Ed} = Design value of the axial force.

$n = N_{Ed} / N_{pl,Rd}$

✘ Section becomes class 4, see note 10.

$ For these values of $N_{Ed} / N_{pl,Rd}$ the section would be overloaded due to N_{Ed} alone even when M_{Ed} is zero, because N_{Ed} would exceed the local buckling resistance of the section.

- Not applicable for class 3 and class 4 sections sections.

FOR EXPLANATION OF TABLES SEE NOTE 10.

AXIAL FORCE & BENDING

S355 / Celsius® 355

BS EN 1993-1-1:2005
BS EN 10210-2: 2006

HOT-FINISHED RECTANGULAR HOLLOW SECTIONS

Celsius® RHS

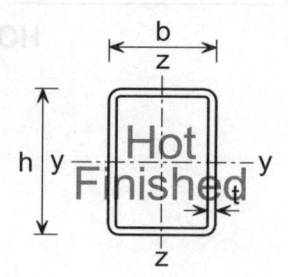

Member buckling check

Section Designation & Resistances (kNm)		n Limit	Compression Resistance $N_{b,y,Rd}$, $N_{b,z,Rd}$ (kN) and Buckling Resistance Moment $M_{b,Rd}$ (kNm) for Varying buckling lengths L (m) within the limiting value of $n = N_{Ed} / N_{pl,Rd}$												
h x b mm	t mm		L (m)	1.0	1.5	2.0	2.5	3.0	3.5	4.0	5.0	6.0	7.0	8.0	9.0	10.0
200x100	§ 5.0	0.885	$N_{b,y,Rd}$	1020	1000	980	956	927	893	851	743	615	496	401	327	271
	$f_y W_{el,y}$ = 52.9		$N_{b,z,Rd}$	993	951	897	822	722	612	509	354	256	192	150	119	97.6
	$f_y W_{el,z}$ = 35.9	0.885	$M_{b,Rd}$	52.9	52.9	52.9	52.9	52.9	52.9	52.9	52.9	52.9	52.9	52.9	52.9	52.6
		0.449	$M_{b,Rd}$	65.7	65.7	65.7	65.7	65.7	65.7	65.7	65.7	65.7	65.7	65.3	64.0	62.7
	6.3	1.00	$N_{b,y,Rd}$	1270	1250	1220	1190	1150	1110	1060	920	759	611	493	402	333
	$f_y W_{el,y}$ = 65.0		$N_{b,z,Rd}$	1240	1180	1110	1020	891	752	624	432	312	235	182	146	119
	$f_y W_{el,z}$ = 43.7	1.00	$M_{b,Rd}$	80.9	80.9	80.9	80.9	80.9	80.9	80.9	80.9	80.9	80.9	80.4	78.7	77.1
	8.0	1.00	$N_{b,y,Rd}$	1590	1560	1530	1490	1440	1380	1320	1140	934	750	604	492	407
	$f_y W_{el,y}$ = 79.2		$N_{b,z,Rd}$	1550	1480	1390	1260	1090	917	757	523	377	283	220	176	143
	$f_y W_{el,z}$ = 52.5	1.00	$M_{b,Rd}$	100	100	100	100	100	100	100	100	100	100	99.1	97.0	95.0
	10.0	1.00	$N_{b,y,Rd}$	1950	1910	1870	1820	1760	1690	1600	1380	1120	899	722	588	486
	$f_y W_{el,y}$ = 94.4		$N_{b,z,Rd}$	1890	1810	1690	1530	1320	1090	900	619	445	334	259	207	169
	$f_y W_{el,z}$ = 61.8	1.00	$M_{b,Rd}$	121	121	121	121	121	121	121	121	121	121	119	117	114
	12.5	1.00	$N_{b,y,Rd}$	2380	2340	2280	2220	2140	2050	1940	1660	1340	1070	857	697	576
	$f_y W_{el,y}$ = 111		$N_{b,z,Rd}$	2310	2200	2050	1830	1560	1290	1050	720	517	387	301	240	196
	$f_y W_{el,z}$ = 71.4	1.00	$M_{b,Rd}$	145	145	145	145	145	145	145	145	145	145	142	139	136

Celsius® is a trademark of Corus. A fuller description of the relationship between Hot Finished Rectangular Hollow Sections (HFRHS) and the Celsius® range of sections manufactured by Corus is given in note 12.

$n = N_{Ed} / N_{pl,Rd}$

Under combined axial compression and bending the resistances are only valid up to the given $N_{Ed} / N_{pl,Rd}$ limit. For higher values of $n = N_{Ed} / N_{pl,Rd}$ the section would be overloaded due to N_{Ed} alone even when M_{Ed} is zero, because N_{Ed} would exceed the local buckling resistance of the section.

Axial force resistance $N_{pl,Rd}$ which is equal to Af_y is given in the cross-section resistance check table opposite.

§ The section can be a class 4 section but no allowance has been made in calculating $N_{b,y,Rd}$ and $N_{b,z,Rd}$.

FOR EXPLANATION OF TABLES SEE NOTE 10.

BS EN 1993-1-1:2005																
BS EN 10210-2: 2006																

AXIAL FORCE & BENDING
S355 / Celsius® 355
HOT-FINISHED RECTANGULAR HOLLOW SECTIONS
Celsius® RHS

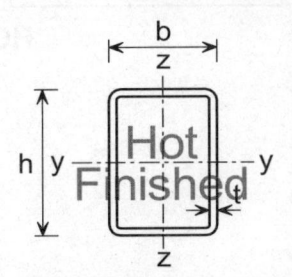

Cross-section resistance check

Section Designation		Mass per Metre	Axial Resistance	n Limit Class 3 Class 2		Moment Resistance $M_{c,y,Rd}$, $M_{c,z,Rd}$ (kNm) and Reduced Moment Resistance $M_{N,y,Rd}$, $M_{N,z,Rd}$ (kNm) for Ratios of Design Axial Force to Design Axial Plastic Resistance $n = N_{Ed} / N_{pl,Rd}$											
h x b	t		$N_{pl,Rd}$	Axis		n	0.0	0.1	0.2	0.3	0.4	0.5	0.6	0.7	0.8	0.9	1.0
mm	mm	kg	kN	y-y	z-z												
200x120	5.0	24.1	1090	0.885	*	$M_{c,y,Rd}$	72.8	72.8	72.8	72.8	72.8	59.6	59.6	59.6	59.6	✗	$
						$M_{c,z,Rd}$	✗	✗	✗	✗	✗	✗	✗	✗	✗	✗	$
				0.420		$M_{N,y,Rd}$	72.8	72.8	72.8	67.9	58.2	-	-	-	-	-	-
						$M_{N,z,Rd}$	-	-	-	-	-	-	-	-	-	-	-
	6.3	30.1	1360	n/a	n/a	$M_{c,y,Rd}$	89.8	89.8	89.8	89.8	89.8	89.8	89.8	89.8	89.8	89.8	89.8
						$M_{c,z,Rd}$	62.8	62.8	62.8	62.8	62.8	62.8	62.8	62.8	62.8	62.8	62.8
				1.00	1.00	$M_{N,y,Rd}$	89.8	89.8	89.8	83.8	71.9	59.9	47.9	35.9	24.0	12.0	0
						$M_{N,z,Rd}$	62.8	62.8	60.6	53.1	45.5	37.9	30.3	22.7	15.2	7.58	0
	8.0	37.6	1700	n/a	n/a	$M_{c,y,Rd}$	111	111	111	111	111	111	111	111	111	111	111
						$M_{c,z,Rd}$	77.4	77.4	77.4	77.4	77.4	77.4	77.4	77.4	77.4	77.4	77.4
				1.00	1.00	$M_{N,y,Rd}$	111	111	111	104	88.9	74.1	59.3	44.4	29.6	14.8	0
						$M_{N,z,Rd}$	77.4	77.4	74.3	65.0	55.7	46.4	37.1	27.9	18.6	9.29	0
	10.0	46.3	2090	n/a	n/a	$M_{c,y,Rd}$	135	135	135	135	135	135	135	135	135	135	135
						$M_{c,z,Rd}$	93.4	93.4	93.4	93.4	93.4	93.4	93.4	93.4	93.4	93.4	93.4
				1.00	1.00	$M_{N,y,Rd}$	135	135	135	126	108	89.7	71.8	53.8	35.9	17.9	0
						$M_{N,z,Rd}$	93.4	93.4	89.0	77.8	66.7	55.6	44.5	33.4	22.2	11.1	0
	14.2	63.3	2860	n/a	n/a	$M_{c,y,Rd}$	179	179	179	179	179	179	179	179	179	179	179
						$M_{c,z,Rd}$	123	123	123	123	123	123	123	123	123	123	123
				1.00	1.00	$M_{N,y,Rd}$	179	179	179	167	143	119	95.2	71.4	47.6	23.8	0
						$M_{N,z,Rd}$	123	123	115	101	86.5	72.1	57.7	43.3	28.8	14.4	0
200x150	8.0	41.4	1870	n/a	n/a	$M_{c,y,Rd}$	127	127	127	127	127	127	127	127	127	127	127
						$M_{c,z,Rd}$	104	104	104	104	104	104	104	104	104	104	104
				1.00	1.00	$M_{N,y,Rd}$	127	127	127	119	102	85.0	68.0	51.0	34.0	17.0	0
						$M_{N,z,Rd}$	104	104	104	91.0	78.0	65.0	52.0	39.0	26.0	13.0	0
	10.0	51.0	2300	n/a	n/a	$M_{c,y,Rd}$	155	155	155	155	155	155	155	155	155	155	155
						$M_{c,z,Rd}$	126	126	126	126	126	126	126	126	126	126	126
				1.00	1.00	$M_{N,y,Rd}$	155	155	155	144	124	103	82.5	61.9	41.3	20.6	0
						$M_{N,z,Rd}$	126	126	125	109	93.8	78.2	62.6	46.9	31.3	15.6	0

Celsius® is a trademark of Corus. A fuller description of the relationship between Hot Finished Rectangular Hollow Sections (HFRHS) and the Celsius® range of sections manufactured by Corus is given in note 12.

* The section is a class 4 section about the appropriate axis and is independent of the design axial force N_{Ed}. Values of $M_{c,Rd}$ are calculated based on class 4 section properties and are displayed in *italic*.

N_{Ed} = Design value of the axial force.

$n = N_{Ed} / N_{pl,Rd}$

✗ Section becomes class 4, see note 10.

$ For these values of $N_{Ed} / N_{pl,Rd}$ the section would be overloaded due to N_{Ed} alone even when M_{Ed} is zero, because N_{Ed} would exceed the local buckling resistance of the section.

- Not applicable for class 3 and class 4 sections sections.

FOR EXPLANATION OF TABLES SEE NOTE 10.

Check availability

AXIAL FORCE & BENDING

BS EN 1993-1-1:2005
BS EN 10210-2: 2006

S355 / Celsius® 355

HOT-FINISHED RECTANGULAR HOLLOW SECTIONS

Celsius® RHS

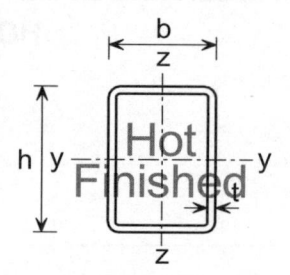

Member buckling check

Section Designation & Resistances (kNm)		n Limit	Compression Resistance $N_{b,y,Rd}$, $N_{b,z,Rd}$ (kN) and Buckling Resistance Moment $M_{b,Rd}$ (kNm) for Varying buckling lengths L (m) within the limiting value of n = N_{Ed} / $N_{pl,Rd}$												
h x b mm	t mm		L (m)	2.0	3.0	4.0	5.0	6.0	7.0	8.0	9.0	10.0	11.0	12.0	13.0	14.0
200x120	§ 5.0	0.885	$N_{b,y,Rd}$	1050	997	920	811	679	552	448	366	304	256	218	187	163
	$f_y W_{el,y}$ = 59.6		$N_{b,z,Rd}$	998	874	686	504	372	283	221	178	145	121	102	87.8	76.1
	$f_y W_{el,z}$ = 45.1	0.885	$M_{b,Rd}$	59.6	59.6	59.6	59.6	59.6	59.6	59.6	59.6	59.6	59.6	59.6	59.1	58.3
		0.420	$M_{b,Rd}$	72.8	72.8	72.8	72.8	72.8	72.8	72.8	72.8	72.8	71.7	70.5	69.4	68.4
	6.3	1.00	$N_{b,y,Rd}$	1310	1240	1140	1010	839	680	551	451	374	314	267	230	200
	$f_y W_{el,y}$ = 73.5		$N_{b,z,Rd}$	1240	1080	844	617	455	345	270	216	177	148	125	107	92.7
	$f_y W_{el,z}$ = 55.0	1.00	$M_{b,Rd}$	89.8	89.8	89.8	89.8	89.8	89.8	89.8	89.8	89.8	88.3	86.9	85.5	84.3
	8.0	1.00	$N_{b,y,Rd}$	1640	1550	1430	1250	1040	839	678	554	459	386	328	282	245
	$f_y W_{el,y}$ = 89.8		$N_{b,z,Rd}$	1550	1350	1040	756	556	422	329	264	216	180	152	130	113
	$f_y W_{el,z}$ = 66.7	1.00	$M_{b,Rd}$	111	111	111	111	111	111	111	111	111	109	107	106	104
	10.0	1.00	$N_{b,y,Rd}$	2010	1900	1740	1520	1250	1010	815	665	551	463	393	339	294
	$f_y W_{el,y}$ = 108		$N_{b,z,Rd}$	1900	1630	1250	900	660	500	390	313	256	213	180	154	134
	$f_y W_{el,z}$ = 79.2	1.00	$M_{b,Rd}$	135	135	135	135	135	135	135	135	134	132	130	127	126
	14.2	1.00	$N_{b,y,Rd}$	2750	2590	2350	2030	1650	1320	1060	865	715	600	510	438	381
	$f_y W_{el,y}$ = 139		$N_{b,z,Rd}$	2580	2180	1620	1160	845	638	498	398	326	271	229	196	170
	$f_y W_{el,z}$ = 100	1.00	$M_{b,Rd}$	179	179	179	179	179	179	179	179	177	174	171	168	165
200x150	8.0	1.00	$N_{b,y,Rd}$	1810	1720	1590	1410	1190	968	787	645	536	450	384	330	287
	$f_y W_{el,y}$ = 105		$N_{b,z,Rd}$	1770	1630	1410	1130	870	675	534	431	354	296	251	216	187
	$f_y W_{el,z}$ = 89.8	1.00	$M_{b,Rd}$	127	127	127	127	127	127	127	127	127	127	127	127	127
	10.0	1.00	$N_{b,y,Rd}$	2220	2110	1950	1720	1440	1170	948	776	644	542	461	397	345
	$f_y W_{el,y}$ = 127		$N_{b,z,Rd}$	2170	1990	1710	1360	1050	811	641	517	425	355	301	258	224
	$f_y W_{el,z}$ = 107	1.00	$M_{b,Rd}$	155	155	155	155	155	155	155	155	155	155	155	155	154

Celsius® is a trademark of Corus. A fuller description of the relationship between Hot Finished Rectangular Hollow Sections (HFRHS) and the Celsius® range of sections manufactured by Corus is given in note 12.

n = N_{Ed} / $N_{pl,Rd}$

Under combined axial compression and bending the resistances are only valid up to the given N_{Ed} / $N_{pl,Rd}$ limit. For higher values of n = N_{Ed} / $N_{pl,Rd}$ the section would be overloaded due to N_{Ed} alone even when M_{Ed} is zero, because N_{Ed} would exceed the local buckling resistance of the section.

Axial force resistance $N_{pl,Rd}$ which is equal to Af_y is given in the cross-section resistance check table opposite.

§ The section can be a class 4 section but no allowance has been made in calculating $N_{b,y,Rd}$ and $N_{b,z,Rd}$.

FOR EXPLANATION OF TABLES SEE NOTE 10.

Check availability

BS EN 1993-1-1:2005
BS EN 10210-2: 2006

AXIAL FORCE & BENDING

S355 / Celsius® 355

HOT-FINISHED RECTANGULAR HOLLOW SECTIONS

Celsius® RHS

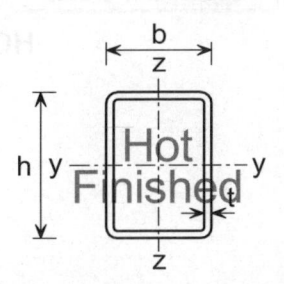

Cross-section resistance check

Section Designation h x b (mm)	t (mm)	Mass per Metre (kg)	Axial Resistance $N_{pl,Rd}$ (kN)	n Limit Class 3 / Class 2 Axis y-y	z-z		n	0.0	0.1	0.2	0.3	0.4	0.5	0.6	0.7	0.8	0.9	1.0
250x120	10.0	54.1	2450	n/a 1.00	n/a 1.00		$M_{c,y,Rd}$ $M_{c,z,Rd}$ $M_{N,y,Rd}$ $M_{N,z,Rd}$	191 113 191 113	191 113 191 113	191 113 191 105	191 113 179 91.6	191 113 153 78.5	191 113 128 65.4	191 113 102 52.3	191 113 76.5 39.3	191 113 51.0 26.2	191 113 25.5 13.1	191 113 0 0
	12.5	66.4	3000	n/a 1.00	n/a 1.00		$M_{c,y,Rd}$ $M_{c,z,Rd}$ $M_{N,y,Rd}$ $M_{N,z,Rd}$	231 135 231 135	231 135 231 135	231 135 231 124	231 135 216 109	231 135 185 93.3	231 135 154 77.8	231 135 123 62.2	231 135 92.4 46.7	231 135 61.6 31.1	231 135 30.8 15.6	231 135 0 0
	14.2	74.5	3370	n/a 1.00	n/a 1.00		$M_{c,y,Rd}$ $M_{c,z,Rd}$ $M_{N,y,Rd}$ $M_{N,z,Rd}$	256 149 256 149	256 149 256 149	256 149 256 137	256 149 239 120	256 149 205 103	256 149 171 85.5	256 149 137 68.4	256 149 103 51.3	256 149 68.3 34.2	256 149 34.2 17.1	256 149 0 0
250x150	5.0	30.4	1370	0.591 0.224	*		$M_{c,y,Rd}$ $M_{c,z,Rd}$ $M_{N,y,Rd}$ $M_{N,z,Rd}$	115 ✗ 115 -	115 ✗ 115 -	115 ✗ 115 -	95.5 ✗ - -	95.5 ✗ - -	95.5 ✗ - -	✗ ✗ - -	✗ ✗ - -	✗ ✗ - -	$ $ - -	$ $ - -
	6.3	38.0	1720	0.897 0.427	*		$M_{c,y,Rd}$ $M_{c,z,Rd}$ $M_{N,y,Rd}$ $M_{N,z,Rd}$	143 ✗ 143 -	143 ✗ 143 -	143 ✗ 143 -	143 ✗ 133 -	143 ✗ 114 -	118 ✗ - -	118 ✗ - -	118 ✗ - -	118 ✗ - -	✗ ✗ - -	$ $ - -
	8.0	47.7	2160	n/a 1.00	n/a 1.00		$M_{c,y,Rd}$ $M_{c,z,Rd}$ $M_{N,y,Rd}$ $M_{N,z,Rd}$	178 124 178 124	178 124 178 124	178 124 178 120	178 124 166 105	178 124 142 89.9	178 124 119 74.9	178 124 94.9 60.0	178 124 71.1 45.0	178 124 47.4 30.0	178 124 23.7 15.0	178 124 0 0
	10.0	58.8	2660	n/a 1.00	n/a 1.00		$M_{c,y,Rd}$ $M_{c,z,Rd}$ $M_{N,y,Rd}$ $M_{N,z,Rd}$	217 151 217 151	217 151 217 151	217 151 217 145	217 151 202 127	217 151 174 109	217 151 145 90.7	217 151 116 72.6	217 151 86.8 54.4	217 151 57.8 36.3	217 151 28.9 18.1	217 151 0 0
	12.5	72.3	3270	n/a 1.00	n/a 1.00		$M_{c,y,Rd}$ $M_{c,z,Rd}$ $M_{N,y,Rd}$ $M_{N,z,Rd}$	263 182 263 182	263 182 263 182	263 182 263 174	263 182 245 152	263 182 210 130	263 182 175 109	263 182 140 87.0	263 182 105 65.2	263 182 70.1 43.5	263 182 35.0 21.7	263 182 0 0
	14.2	81.1	3660	n/a 1.00	n/a 1.00		$M_{c,y,Rd}$ $M_{c,z,Rd}$ $M_{N,y,Rd}$ $M_{N,z,Rd}$	292 202 292 202	292 202 292 202	292 202 292 192	292 202 273 168	292 202 234 144	292 202 195 120	292 202 156 95.8	292 202 117 71.9	292 202 77.9 47.9	292 202 39.0 24.0	292 202 0 0
	16.0	90.3	4080	n/a 1.00	n/a 1.00		$M_{c,y,Rd}$ $M_{c,z,Rd}$ $M_{N,y,Rd}$ $M_{N,z,Rd}$	322 222 322 222	322 222 322 222	322 222 322 209	322 222 300 183	322 222 257 157	322 222 214 131	322 222 172 105	322 222 129 78.5	322 222 85.8 52.3	322 222 42.9 26.2	322 222 0 0

Celsius® is a trademark of Corus. A fuller description of the relationship between Hot Finished Rectangular Hollow Sections (HFRHS) and the Celsius® range of sections manufactured by Corus is given in note 12.

* The section is a class 4 section about the appropriate axis and is independent of the design axial force N_{Ed}. Values of $M_{c,Rd}$ are calculated based on class 4 section properties and are displayed in *italic*.

N_{Ed} = Design value of the axial force.

$n = N_{Ed} / N_{pl,Rd}$

✗ Section becomes class 4, see note 10.

$ For these values of $N_{Ed} / N_{pl,Rd}$ the section would be overloaded due to N_{Ed} alone even when M_{Ed} is zero, because N_{Ed} would exceed the local buckling resistance of the section.

- Not applicable for class 3 and class 4 sections sections.

FOR EXPLANATION OF TABLES SEE NOTE 10.

Check availability

BS EN 1993-1-1:2005
BS EN 10210-2: 2006

AXIAL FORCE & BENDING

S355 / Celsius® 355

HOT-FINISHED RECTANGULAR HOLLOW SECTIONS

Celsius® RHS

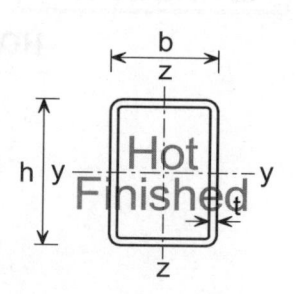

Member buckling check

Section Designation & Resistances (kNm)		n Limit	Compression Resistance $N_{b,y,Rd}$, $N_{b,z,Rd}$ (kN) and Buckling Resistance Moment $M_{b,Rd}$ (kNm) for Varying buckling lengths L (m) within the limiting value of $n = N_{Ed} / N_{pl,Rd}$												
h x b mm	t mm		L (m)	2.0	3.0	4.0	5.0	6.0	7.0	8.0	9.0	10.0	11.0	12.0	13.0	14.0
250x120	10.0	1.00	$N_{b,y,Rd}$	2390	2300	2180	2020	1800	1550	1310	1090	921	781	668	578	504
	$f_y W_{el,y} = 151$		$N_{b,z,Rd}$	2230	1940	1500	1100	807	612	478	383	314	262	221	190	164
	$f_y W_{el,z} = 96.9$	1.00	$M_{b,Rd}$	191	191	191	191	191	191	191	191	187	184	181	178	175
	12.5	1.00	$N_{b,y,Rd}$	2930	2820	2670	2460	2190	1870	1570	1310	1100	934	799	690	602
	$f_y W_{el,y} = 180$		$N_{b,z,Rd}$	2730	2350	1790	1300	952	721	563	451	369	307	260	223	193
	$f_y W_{el,z} = 114$	1.00	$M_{b,Rd}$	231	231	231	231	231	231	231	230	225	221	217	214	210
	14.2	1.00	$N_{b,y,Rd}$	3290	3160	2980	2750	2430	2080	1740	1450	1210	1030	879	759	662
	$f_y W_{el,y} = 197$		$N_{b,z,Rd}$	3050	2610	1980	1420	1040	787	614	492	402	335	283	243	210
	$f_y W_{el,z} = 124$	1.00	$M_{b,Rd}$	256	256	256	256	256	256	256	254	249	245	240	236	232
250x150	§ 5.0	0.591	$N_{b,y,Rd}$	1350	1300	1240	1160	1060	930	796	673	570	486	417	361	315
	$f_y W_{el,y} = 95.5$		$N_{b,z,Rd}$	1300	1210	1070	874	685	536	426	344	284	237	201	173	150
	$f_y W_{el,z} = 72.4$	0.591	$M_{b,Rd}$	95.5	95.5	95.5	95.5	95.5	95.5	95.5	95.5	95.5	95.5	95.5	95.5	95.5
		0.224	$M_{b,Rd}$	115	115	115	115	115	115	115	115	115	115	115	115	113
	§ 6.3	0.897	$N_{b,y,Rd}$	1690	1630	1550	1450	1320	1150	987	834	706	601	516	446	390
	$f_y W_{el,y} = 118$		$N_{b,z,Rd}$	1630	1510	1320	1080	845	660	523	423	349	292	247	212	184
	$f_y W_{el,z} = 88.8$	0.897	$M_{b,Rd}$	118	118	118	118	118	118	118	118	118	118	118	118	118
		0.427	$M_{b,Rd}$	143	143	143	143	143	143	143	143	143	143	143	142	140
	8.0	1.00	$N_{b,y,Rd}$	2120	2040	1940	1820	1640	1440	1230	1030	874	743	638	552	482
	$f_y W_{el,y} = 145$		$N_{b,z,Rd}$	2040	1890	1650	1340	1040	813	644	521	429	359	304	261	226
	$f_y W_{el,z} = 109$	1.00	$M_{b,Rd}$	178	178	178	178	178	178	178	178	178	178	178	177	174
	10.0	1.00	$N_{b,y,Rd}$	2610	2510	2390	2230	2010	1750	1490	1250	1060	900	772	668	583
	$f_y W_{el,y} = 175$		$N_{b,z,Rd}$	2510	2320	2010	1620	1260	977	773	625	514	430	364	313	271
	$f_y W_{el,z} = 130$	1.00	$M_{b,Rd}$	217	217	217	217	217	217	217	217	217	217	217	215	212
	12.5	1.00	$N_{b,y,Rd}$	3200	3080	2930	2720	2450	2120	1800	1510	1270	1080	927	801	699
	$f_y W_{el,y} = 210$		$N_{b,z,Rd}$	3080	2830	2450	1950	1510	1170	923	745	612	512	434	372	323
	$f_y W_{el,z} = 154$	1.00	$M_{b,Rd}$	263	263	263	263	263	263	263	263	263	263	263	260	256
	14.2	1.00	$N_{b,y,Rd}$	3580	3440	3270	3030	2720	2350	1980	1660	1400	1190	1020	880	768
	$f_y W_{el,y} = 231$		$N_{b,z,Rd}$	3440	3150	2710	2150	1650	1280	1010	812	668	558	473	406	352
	$f_y W_{el,z} = 169$	1.00	$M_{b,Rd}$	292	292	292	292	292	292	292	292	292	292	292	288	284
	16.0	1.00	$N_{b,y,Rd}$	3990	3840	3640	3370	3010	2600	2190	1830	1540	1310	1120	966	843
	$f_y W_{el,y} = 252$		$N_{b,z,Rd}$	3830	3500	2990	2350	1800	1390	1100	884	727	607	514	441	383
	$f_y W_{el,z} = 183$	1.00	$M_{b,Rd}$	322	322	322	322	322	322	322	322	322	322	321	317	312

Celsius® is a trademark of Corus. A fuller description of the relationship between Hot Finished Rectangular Hollow Sections (HFRHS) and the Celsius® range of sections manufactured by Corus is given in note 12.

$n = N_{Ed} / N_{pl,Rd}$

Under combined axial compression and bending the resistances are only valid up to the given $N_{Ed} / N_{pl,Rd}$ limit. For higher values of $n = N_{Ed} / N_{pl,Rd}$ the section would be overloaded due to N_{Ed} alone even when M_{Ed} is zero, because N_{Ed} would exceed the local buckling resistance of the section.

Axial force resistance $N_{pl,Rd}$ which is equal to Af_y is given in the cross-section resistance check table opposite.

§ The section can be a class 4 section but no allowance has been made in calculating $N_{b,y,Rd}$ and $N_{b,z,Rd}$.

FOR EXPLANATION OF TABLES SEE NOTE 10.

■ Check availability

BS EN 1993-1-1:2005
BS EN 10210-2: 2006

AXIAL FORCE & BENDING

S355 / Celsius® 355

HOT-FINISHED RECTANGULAR HOLLOW SECTIONS

Celsius® RHS

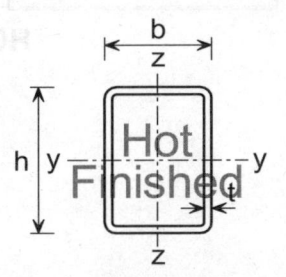

Cross-section resistance check

Section Designation h x b (mm)	t (mm)	Mass per Metre (kg)	Axial Resistance $N_{pl,Rd}$ (kN)	n Limit Class 3 / Class 2 Axis y-y	n Limit Class 3 / Class 2 Axis z-z		n = 0.0	0.1	0.2	0.3	0.4	0.5	0.6	0.7	0.8	0.9	1.0
250x200	10.0	66.7	3010	n/a / 1.00	n/a / 1.00	$M_{c,y,Rd}$	260	260	260	260	260	260	260	260	260	260	260
						$M_{c,z,Rd}$	222	222	222	222	222	222	222	222	222	222	222
						$M_{N,y,Rd}$	260	260	260	242	208	173	138	104	69.2	34.6	0
						$M_{N,z,Rd}$	222	222	222	196	168	140	112	83.9	55.9	28.0	0
	12.5	82.1	3730	n/a / 1.00	n/a / 1.00	$M_{c,y,Rd}$	315	315	315	315	315	315	315	315	315	315	315
						$M_{c,z,Rd}$	270	270	270	270	270	270	270	270	270	270	270
						$M_{N,y,Rd}$	315	315	315	294	252	210	168	126	84.1	42.0	0
						$M_{N,z,Rd}$	270	270	270	237	203	169	135	101	67.7	33.8	0
	14.2	92.3	4190	n/a / 1.00	n/a / 1.00	$M_{c,y,Rd}$	351	351	351	351	351	351	351	351	351	351	351
						$M_{c,z,Rd}$	300	300	300	300	300	300	300	300	300	300	300
						$M_{N,y,Rd}$	351	351	351	328	281	234	187	141	93.7	46.9	0
						$M_{N,z,Rd}$	300	300	300	263	225	188	150	113	75.0	37.5	0
260x140	5.0	30.4	1370	0.546 / 0.202	*	$M_{c,y,Rd}$	118	118	118	96.6	96.6	96.6	✗	✗	✗	$	$
						$M_{c,z,Rd}$	✗	✗	✗	✗	✗	✗	✗	✗	✗	$	$
						$M_{N,y,Rd}$	118	118	118	-	-	-	-	-	-	-	-
						$M_{N,z,Rd}$	-	-	-	-	-	-	-	-	-	-	-
	6.3	38.0	1720	0.839 / 0.405	*	$M_{c,y,Rd}$	146	146	146	146	146	119	119	119	119	✗	$
						$M_{c,z,Rd}$	✗	✗	✗	✗	✗	✗	✗	✗	✗	✗	$
						$M_{N,y,Rd}$	146	146	146	136	117	-	-	-	-	-	-
						$M_{N,z,Rd}$	-	-	-	-	-	-	-	-	-	-	-
	8.0	47.7	2160	n/a / 1.00	n/a / 1.00	$M_{c,y,Rd}$	181	181	181	181	181	181	181	181	181	181	181
						$M_{c,z,Rd}$	118	118	118	118	118	118	118	118	118	118	118
						$M_{N,y,Rd}$	181	181	181	169	145	121	96.7	72.6	48.4	24.2	0
						$M_{N,z,Rd}$	118	118	112	97.7	83.7	69.8	55.8	41.9	27.9	14.0	0
	10.0	58.8	2660	n/a / 1.00	n/a / 1.00	$M_{c,y,Rd}$	222	222	222	222	222	222	222	222	222	222	222
						$M_{c,z,Rd}$	143	143	143	143	143	143	143	143	143	143	143
						$M_{N,y,Rd}$	222	222	222	207	177	148	118	88.6	59.1	29.5	0
						$M_{N,z,Rd}$	143	143	135	118	101	84.2	67.4	50.5	33.7	16.8	0
	12.5	72.3	3270	n/a / 1.00	n/a / 1.00	$M_{c,y,Rd}$	268	268	268	268	268	268	268	268	268	268	268
						$M_{c,z,Rd}$	172	172	172	172	172	172	172	172	172	172	172
						$M_{N,y,Rd}$	268	268	268	250	215	179	143	107	71.6	35.8	0
						$M_{N,z,Rd}$	172	172	162	141	121	101	80.8	60.6	40.4	20.2	0
	14.2	81.1	3660	n/a / 1.00	n/a / 1.00	$M_{c,y,Rd}$	298	298	298	298	298	298	298	298	298	298	298
						$M_{c,z,Rd}$	191	191	191	191	191	191	191	191	191	191	191
						$M_{N,y,Rd}$	298	298	298	278	239	199	159	119	79.5	39.8	0
						$M_{N,z,Rd}$	191	191	178	155	133	111	88.8	66.6	44.4	22.2	0
	16.0	90.3	4080	n/a / 1.00	n/a / 1.00	$M_{c,y,Rd}$	328	328	328	328	328	328	328	328	328	328	328
						$M_{c,z,Rd}$	209	209	209	209	209	209	209	209	209	209	209
						$M_{N,y,Rd}$	328	328	328	306	263	219	175	131	87.6	43.8	0
						$M_{N,z,Rd}$	209	209	194	170	145	121	96.9	72.7	48.4	24.2	0

Celsius® is a trademark of Corus. A fuller description of the relationship between Hot Finished Rectangular Hollow Sections (HFRHS) and the Celsius® range of sections manufactured by Corus is given in note 12.

* The section is a class 4 section about the appropriate axis and is independent of the design axial force N_{Ed}. Values of $M_{c,Rd}$ are calculated based on class 4 section properties and are displayed in *italic*.

N_{Ed} = Design value of the axial force.

n = N_{Ed} / $N_{pl,Rd}$

✗ Section becomes class 4, see note 10.

$ For these values of N_{Ed} / $N_{pl,Rd}$ the section would be overloaded due to N_{Ed} alone even when M_{Ed} is zero, because N_{Ed} would exceed the local buckling resistance of the section.

- Not applicable for class 3 and class 4 sections sections.

FOR EXPLANATION OF TABLES SEE NOTE 10.

Check availability

BS EN 1993-1-1:2005
BS EN 10210-2: 2006

AXIAL FORCE & BENDING

S355 / Celsius® 355

HOT-FINISHED RECTANGULAR HOLLOW SECTIONS

Celsius® RHS

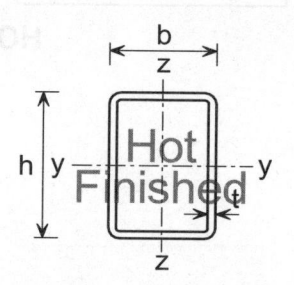

Member buckling check

Section Designation & Resistances (kNm)		n Limit	Compression Resistance $N_{b,y,Rd}$, $N_{b,z,Rd}$ (kN) and Buckling Resistance Moment $M_{b,Rd}$ (kNm) for Varying buckling lengths L (m) within the limiting value of $n = N_{Ed} / N_{pl,Rd}$												
h x b mm	t mm		L (m)	2.0	3.0	4.0	5.0	6.0	7.0	8.0	9.0	10.0	11.0	12.0	13.0	14.0
250x200	10.0	1.00	$N_{b,y,Rd}$	2960	2860	2730	2570	2350	2070	1780	1520	1290	1100	943	817	714
	$f_y W_{el,y}$ = 216		$N_{b,z,Rd}$	2930	2790	2610	2360	2030	1690	1390	1150	955	805	687	592	516
	$f_y W_{el,z}$ = 191	1.00	$M_{b,Rd}$	260	260	260	260	260	260	260	260	260	260	260	260	260
	12.5	1.00	$N_{b,y,Rd}$	3660	3530	3370	3160	2880	2530	2170	1840	1560	1330	1140	987	862
	$f_y W_{el,y}$ = 260		$N_{b,z,Rd}$	3610	3440	3220	2890	2480	2050	1680	1390	1160	974	830	715	623
	$f_y W_{el,z}$ = 229	1.00	$M_{b,Rd}$	315	315	315	315	315	315	315	315	315	315	315	315	315
	14.2	1.00	$N_{b,y,Rd}$	4110	3970	3780	3540	3220	2830	2420	2040	1730	1470	1260	1090	956
	$f_y W_{el,y}$ = 287		$N_{b,z,Rd}$	4060	3860	3600	3230	2760	2280	1860	1530	1270	1070	915	789	686
	$f_y W_{el,z}$ = 252	1.00	$M_{b,Rd}$	351	351	351	351	351	351	351	351	351	351	351	351	351
260x140	§ 5.0	0.546	$N_{b,y,Rd}$	1350	1300	1250	1170	1080	953	822	700	594	507	436	378	330
	$f_y W_{el,y}$ = 96.6		$N_{b,z,Rd}$	1290	1190	1020	812	624	484	382	308	253	212	179	154	134
	$f_y W_{el,z}$ = 68.5	0.546	$M_{b,Rd}$	96.6	96.6	96.6	96.6	96.6	96.6	96.6	96.6	96.6	96.6	96.6	96.6	96.4
		0.202	$M_{b,Rd}$	118	118	118	118	118	118	118	118	118	118	118	116	115	113
	§ 6.3	0.839	$N_{b,y,Rd}$	1690	1630	1560	1460	1340	1180	1020	867	736	628	539	468	409
	$f_y W_{el,y}$ = 119		$N_{b,z,Rd}$	1620	1480	1270	1000	770	596	470	379	312	261	221	189	164
	$f_y W_{el,z}$ = 84.1	0.839	$M_{b,Rd}$	119	119	119	119	119	119	119	119	119	119	119	119	119
		0.405	$M_{b,Rd}$	146	146	146	146	146	146	146	146	146	146	144	142	140
	8.0	1.00	$N_{b,y,Rd}$	2120	2050	1950	1830	1670	1470	1270	1070	910	776	666	577	504
	$f_y W_{el,y}$ = 147		$N_{b,z,Rd}$	2030	1850	1580	1240	947	731	577	465	382	319	270	232	201
	$f_y W_{el,z}$ = 103	1.00	$M_{b,Rd}$	181	181	181	181	181	181	181	181	181	181	179	176	174
	10.0	1.00	$N_{b,y,Rd}$	2610	2520	2400	2250	2050	1800	1540	1300	1100	940	807	699	610
	$f_y W_{el,y}$ = 177		$N_{b,z,Rd}$	2490	2270	1920	1500	1140	879	692	558	458	383	324	278	241
	$f_y W_{el,z}$ = 123	1.00	$M_{b,Rd}$	222	222	222	222	222	222	222	222	222	222	218	215	212
	12.5	1.00	$N_{b,y,Rd}$	3210	3090	2950	2750	2490	2180	1860	1570	1330	1130	968	838	731
	$f_y W_{el,y}$ = 212		$N_{b,z,Rd}$	3050	2770	2320	1790	1360	1040	822	661	543	453	384	329	285
	$f_y W_{el,z}$ = 146	1.00	$M_{b,Rd}$	268	268	268	268	268	268	268	268	268	268	263	260	256
	14.2	1.00	$N_{b,y,Rd}$	3580	3450	3290	3070	2770	2420	2050	1730	1460	1240	1070	922	805
	$f_y W_{el,y}$ = 234		$N_{b,z,Rd}$	3410	3080	2560	1970	1490	1140	898	723	593	495	419	359	312
	$f_y W_{el,z}$ = 159	1.00	$M_{b,Rd}$	298	298	298	298	298	298	298	298	298	297	292	288	284
	16.0	1.00	$N_{b,y,Rd}$	4000	3850	3660	3410	3070	2670	2260	1900	1600	1360	1170	1010	882
	$f_y W_{el,y}$ = 255		$N_{b,z,Rd}$	3800	3420	2820	2160	1620	1240	976	785	644	537	455	390	338
	$f_y W_{el,z}$ = 173	1.00	$M_{b,Rd}$	328	328	328	328	328	328	328	328	328	326	321	316	312

Celsius® is a trademark of Corus. A fuller description of the relationship between Hot Finished Rectangular Hollow Sections (HFRHS) and the Celsius® range of sections manufactured by Corus is given in note 12.

$n = N_{Ed} / N_{pl,Rd}$

Under combined axial compression and bending the resistances are only valid up to the given $N_{Ed} / N_{pl,Rd}$ limit. For higher values of $n = N_{Ed} / N_{pl,Rd}$ the section would be overloaded due to N_{Ed} alone even when M_{Ed} is zero, because N_{Ed} would exceed the local buckling resistance of the section.

Axial force resistance $N_{pl,Rd}$ which is equal to Af_y is given in the cross-section resistance check table opposite.

§ The section can be a class 4 section but no allowance has been made in calculating $N_{b,y,Rd}$ and $N_{b,z,Rd}$.

FOR EXPLANATION OF TABLES SEE NOTE 10.

■ Check availability

BS EN 1993-1-1:2005
BS EN 10210-2: 2006

AXIAL FORCE & BENDING

S355 / Celsius® 355

HOT-FINISHED RECTANGULAR HOLLOW SECTIONS

Celsius® RHS

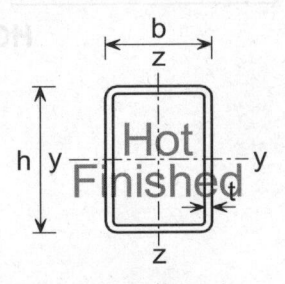

Cross-section resistance check

Section Designation		Mass per Metre	Axial Resistance	n Limit Class 3 Class 2		Moment Resistance $M_{c,y,Rd}$, $M_{c,z,Rd}$ (kNm) and Reduced Moment Resistance $M_{N,y,Rd}$, $M_{N,z,Rd}$ (kNm) for Ratios of Design Axial Force to Design Axial Plastic Resistance $n = N_{Ed}/N_{pl,Rd}$											
h x b	t		$N_{pl,Rd}$	Axis		n	0.0	0.1	0.2	0.3	0.4	0.5	0.6	0.7	0.8	0.9	1.0
mm	mm	kg	kN	y-y	z-z												
300x100	8.0	47.7	2160	0.986	*	$M_{c,y,Rd}$	194	194	194	194	194	194	149	149	149	149	$
						$M_{c,z,Rd}$	✗	✗	✗	✗	✗	✗	✗	✗	✗	✗	$
				0.587		$M_{N,y,Rd}$	194	194	194	181	155	129	-	-	-	-	-
						$M_{N,z,Rd}$	-	-	-	-	-	-	-	-	-	-	-
	10.0	58.8	2660	n/a	n/a	$M_{c,y,Rd}$	236	236	236	236	236	236	236	236	236	236	236
						$M_{c,z,Rd}$	105	105	105	105	105	105	105	105	105	105	105
				1.00	1.00	$M_{N,y,Rd}$	236	236	236	221	189	158	126	94.6	63.0	31.5	0
						$M_{N,z,Rd}$	105	105	93.3	81.7	70.0	58.3	46.7	35.0	23.3	11.7	0
	14.2	81.1	3660	n/a	n/a	$M_{c,y,Rd}$	318	318	318	318	318	318	318	318	318	318	318
						$M_{c,z,Rd}$	138	138	138	138	138	138	138	138	138	138	138
				1.00	1.00	$M_{N,y,Rd}$	318	318	318	297	254	212	170	127	84.8	42.4	0
						$M_{N,z,Rd}$	138	136	121	106	90.9	75.8	60.6	45.5	30.3	15.2	0
300x150	8.0	54.0	2440	0.986	*	$M_{c,y,Rd}$	235	235	235	235	235	235	190	190	190	190	$
						$M_{c,z,Rd}$	✗	✗	✗	✗	✗	✗	✗	✗	✗	✗	$
				0.519		$M_{N,y,Rd}$	235	235	235	220	188	157	-	-	-	-	-
						$M_{N,z,Rd}$	-	-	-	-	-	-	-	-	-	-	-
	10.0	66.7	3010	n/a	n/a	$M_{c,y,Rd}$	288	288	288	288	288	288	288	288	288	288	288
						$M_{c,z,Rd}$	176	176	176	176	176	176	176	176	176	176	176
				1.00	1.00	$M_{N,y,Rd}$	288	288	288	269	230	192	154	115	76.8	38.4	0
						$M_{N,z,Rd}$	176	176	165	144	124	103	82.5	61.9	41.3	20.6	0
	12.5	82.1	3730	n/a	n/a	$M_{c,y,Rd}$	350	350	350	350	350	350	350	350	350	350	350
						$M_{c,z,Rd}$	213	213	213	213	213	213	213	213	213	213	213
				1.00	1.00	$M_{N,y,Rd}$	350	350	350	327	280	233	187	140	93.3	46.7	0
						$M_{N,z,Rd}$	213	213	199	174	149	124	99.4	74.6	49.7	24.9	0
	14.2	92.3	4190	n/a	n/a	$M_{c,y,Rd}$	390	390	390	390	390	390	390	390	390	390	390
						$M_{c,z,Rd}$	236	236	236	236	236	236	236	236	236	236	236
				1.00	1.00	$M_{N,y,Rd}$	390	390	390	364	312	260	208	156	104	52.0	0
						$M_{N,z,Rd}$	236	236	220	192	165	137	110	82.4	54.9	27.5	0
	16.0	103	4650	n/a	n/a	$M_{c,y,Rd}$	431	431	431	431	431	431	431	431	431	431	431
						$M_{c,z,Rd}$	260	260	260	260	260	260	260	260	260	260	260
				1.00	1.00	$M_{N,y,Rd}$	431	431	431	402	344	287	230	172	115	57.4	0
						$M_{N,z,Rd}$	260	260	240	210	180	150	120	90.0	60.0	30.0	0

Celsius® is a trademark of Corus. A fuller description of the relationship between Hot Finished Rectangular Hollow Sections (HFRHS) and the Celsius® range of sections manufactured by Corus is given in note 12.

* The section is a class 4 section about the appropriate axis and is independent of the design axial force N_{Ed}. Values of $M_{c,Rd}$ are calculated based on class 4 section properties and are displayed in *italic*.

N_{Ed} = Design value of the axial force.

$n = N_{Ed} / N_{pl,Rd}$

✗ Section becomes class 4, see note 10.

$ For these values of $N_{Ed} / N_{pl,Rd}$ the section would be overloaded due to N_{Ed} alone even when M_{Ed} is zero, because N_{Ed} would exceed the local buckling resistance of the section.

- Not applicable for class 3 and class 4 sections sections.

FOR EXPLANATION OF TABLES SEE NOTE 10.

Check availability

| BS EN 1993-1-1:2005 |
| BS EN 10210-2: 2006 |

AXIAL FORCE & BENDING

S355 / Celsius® 355

HOT-FINISHED RECTANGULAR HOLLOW SECTIONS

Celsius® RHS

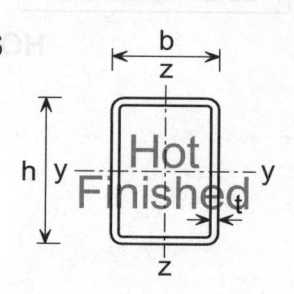

Member buckling check

Compression Resistance $N_{b,y,Rd}$, $N_{b,z,Rd}$ (kN) and Buckling Resistance Moment $M_{b,Rd}$ (kNm) for Varying buckling lengths L (m) within the limiting value of $n = N_{Ed}/N_{pl,Rd}$

Section Designation & Resistances (kNm)		n Limit		L (m)	2.0	3.0	4.0	5.0	6.0	7.0	8.0	9.0	10.0	11.0	12.0	13.0	14.0
h x b mm	t mm																
300x100	§ 8.0	0.986	$N_{b,y,Rd}$		2130	2060	1990	1890	1750	1590	1400	1210	1040	890	769	668	585
	$f_yW_{el,y}$ = 149		$N_{b,z,Rd}$		1900	1540	1090	756	547	411	320	255	209	174	147	126	109
	$f_yW_{el,z}$ = 76.7	0.986	$M_{b,Rd}$		149	149	149	149	149	149	149	146	143	140	138	135	133
		0.587	$M_{b,Rd}$		194	194	194	194	194	189	185	180	176	172	168	165	161
	10.0	1.00	$N_{b,y,Rd}$		2620	2540	2440	2320	2150	1940	1700	1470	1260	1080	931	809	708
	$f_yW_{el,y}$ = 180		$N_{b,z,Rd}$		2330	1860	1300	901	650	489	380	303	248	206	174	149	129
	$f_yW_{el,z}$ = 90.5	1.00	$M_{b,Rd}$		236	236	236	236	236	230	224	218	213	209	204	200	196
	14.2	1.00	$N_{b,y,Rd}$		3600	3490	3340	3160	2920	2610	2270	1950	1660	1420	1230	1060	931
	$f_yW_{el,y}$ = 237		$N_{b,z,Rd}$		3160	2440	1660	1140	820	615	478	381	311	259	218	187	162
	$f_yW_{el,z}$ = 114	1.00	$M_{b,Rd}$		318	318	318	318	315	306	298	291	284	277	271	265	259
300x150	§ 8.0	0.986	$N_{b,y,Rd}$		2420	2350	2270	2170	2040	1870	1680	1470	1280	1100	958	836	734
	$f_yW_{el,y}$ = 190		$N_{b,z,Rd}$		2320	2150	1890	1550	1220	951	755	611	503	421	357	306	266
	$f_yW_{el,z}$ = 128	0.986	$M_{b,Rd}$		190	190	190	190	190	190	190	190	190	190	190	190	190
		0.519	$M_{b,Rd}$		235	235	235	235	235	235	235	235	235	235	234	231	227
	10.0	1.00	$N_{b,y,Rd}$		2980	2900	2800	2670	2510	2300	2050	1790	1550	1340	1160	1020	891
	$f_yW_{el,y}$ = 230		$N_{b,z,Rd}$		2850	2640	2310	1880	1470	1140	908	734	604	505	429	368	319
	$f_yW_{el,z}$ = 154	1.00	$M_{b,Rd}$		288	288	288	288	288	288	288	288	288	288	286	282	278
	12.5	1.00	$N_{b,y,Rd}$		3690	3580	3450	3290	3090	2820	2510	2190	1900	1640	1420	1230	1080
	$f_yW_{el,y}$ = 277		$N_{b,z,Rd}$		3520	3250	2830	2280	1770	1370	1090	878	722	604	512	440	381
	$f_yW_{el,z}$ = 182	1.00	$M_{b,Rd}$		350	350	350	350	350	350	350	350	350	350	346	341	336
	14.2	1.00	$N_{b,y,Rd}$		4140	4020	3870	3690	3450	3150	2800	2430	2100	1810	1570	1370	1200
	$f_yW_{el,y}$ = 306		$N_{b,z,Rd}$		3950	3640	3150	2520	1950	1510	1200	966	794	664	563	483	419
	$f_yW_{el,z}$ = 200	1.00	$M_{b,Rd}$		390	390	390	390	390	390	390	390	390	390	385	380	374
	16.0	1.00	$N_{b,y,Rd}$		4600	4460	4290	4090	3810	3470	3070	2670	2300	1980	1710	1490	1310
	$f_yW_{el,y}$ = 335		$N_{b,z,Rd}$		4380	4020	3460	2750	2120	1640	1300	1050	860	719	609	523	453
	$f_yW_{el,z}$ = 218	1.00	$M_{b,Rd}$		431	431	431	431	431	431	431	431	431	431	424	418	412

Celsius® is a trademark of Corus. A fuller description of the relationship between Hot Finished Rectangular Hollow Sections (HFRHS) and the Celsius® range of sections manufactured by Corus is given in note 12.

$n = N_{Ed} / N_{pl,Rd}$

Under combined axial compression and bending the resistances are only valid up to the given $N_{Ed} / N_{pl,Rd}$ limit. For higher values of $n = N_{Ed} / N_{pl,Rd}$ the section would be overloaded due to N_{Ed} alone even when M_{Ed} is zero, because N_{Ed} would exceed the local buckling resistance of the section.

Axial force resistance $N_{pl,Rd}$ which is equal to Af_y is given in the cross-section resistance check table opposite.

§ The section can be a class 4 section but no allowance has been made in calculating $N_{b,y,Rd}$ and $N_{b,z,Rd}$.

FOR EXPLANATION OF TABLES SEE NOTE 10.

▨ Check availability

AXIAL FORCE & BENDING

BS EN 1993-1-1:2005
BS EN 10210-2: 2006

S355 / Celsius® 355

HOT-FINISHED RECTANGULAR HOLLOW SECTIONS

Celsius® RHS

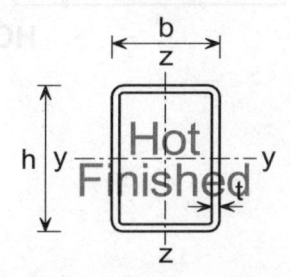

Cross-section resistance check

Section Designation		Mass per Metre	Axial Resistance	n Limit Class 3 **Class 2**		Moment Resistance $M_{c,y,Rd}$, $M_{c,z,Rd}$ (kNm) and Reduced Moment Resistance $M_{N,y,Rd}$, $M_{N,z,Rd}$ (kNm) for Ratios of Design Axial Force to Design Axial Plastic Resistance $n = N_{Ed}/N_{pl,Rd}$											
h x b	t		$N_{pl,Rd}$	Axis		n	0.0	0.1	0.2	0.3	0.4	0.5	0.6	0.7	0.8	0.9	1.0
mm	mm	kg	kN	y-y	z-z												
300x200	6.3	47.9	2170	0.649 **0.251**	*	$M_{c,y,Rd}$	222	222	222	185	185	185	185	×	×	$	$
						$M_{c,z,Rd}$	×	×	×	×	×	×	×	×	×	$	$
						$M_{N,y,Rd}$	222	222	222	-	-	-	-	-	-	-	-
						$M_{N,z,Rd}$	-	-	-	-	-	-	-	-	-	-	-
	8.0	60.3	2730	0.986 **0.465**	*	$M_{c,y,Rd}$	277	277	277	277	277	230	230	230	230	230	$
						$M_{c,z,Rd}$	×	×	×	×	×	×	×	×	×	×	$
						$M_{N,y,Rd}$	277	277	277	258	221	-	-	-	-	-	-
						$M_{N,z,Rd}$	-	-	-	-	-	-	-	-	-	-	-
	10.0	74.5	3370	n/a **1.00**	n/a **1.00**	$M_{c,y,Rd}$	339	339	339	339	339	339	339	339	339	339	339
						$M_{c,z,Rd}$	256	256	256	256	256	256	256	256	256	256	256
						$M_{N,y,Rd}$	339	339	339	317	272	226	181	136	90.5	45.3	0
						$M_{N,z,Rd}$	256	256	251	220	188	157	125	94.1	62.7	31.4	0
	12.5	91.9	4150	n/a **1.00**	n/a **1.00**	$M_{c,y,Rd}$	414	414	414	414	414	414	414	414	414	414	414
						$M_{c,z,Rd}$	311	311	311	311	311	311	311	311	311	311	311
						$M_{N,y,Rd}$	414	414	414	386	331	276	221	165	110	55.1	0
						$M_{N,z,Rd}$	311	311	304	266	228	190	152	114	75.9	37.9	0
	14.2	103	4690	n/a **1.00**	n/a **1.00**	$M_{c,y,Rd}$	462	462	462	462	462	462	462	462	462	462	462
						$M_{c,z,Rd}$	347	347	347	347	347	347	347	347	347	347	347
						$M_{N,y,Rd}$	462	462	462	431	370	308	247	185	123	61.6	0
						$M_{N,z,Rd}$	347	347	338	295	253	211	169	127	84.4	42.2	0
	16.0	115	5220	n/a **1.00**	n/a **1.00**	$M_{c,y,Rd}$	512	512	512	512	512	512	512	512	512	512	512
						$M_{c,z,Rd}$	383	383	383	383	383	383	383	383	383	383	383
						$M_{N,y,Rd}$	512	512	512	477	409	341	273	205	136	68.2	0
						$M_{N,z,Rd}$	383	383	371	325	278	232	186	139	92.8	46.4	0

Celsius® is a trademark of Corus. A fuller description of the relationship between Hot Finished Rectangular Hollow Sections (HFRHS) and the Celsius® range of sections manufactured by Corus is given in note 12.

* The section is a class 4 section about the appropriate axis and is independent of the design axial force N_{Ed}. Values of $M_{c,Rd}$ are calculated based on class 4 section properties and are displayed in *italic*.

N_{Ed} = Design value of the axial force.

$n = N_{Ed} / N_{pl,Rd}$

× Section becomes class 4, see note 10.

$ For these values of $N_{Ed} / N_{pl,Rd}$ the section would be overloaded due to N_{Ed} alone even when M_{Ed} is zero, because N_{Ed} would exceed the local buckling resistance of the section.

- Not applicable for class 3 and class 4 sections sections.

FOR EXPLANATION OF TABLES SEE NOTE 10.

Check availability

BS EN 1993-1-1:2005
BS EN 10210-2: 2006

AXIAL FORCE & BENDING

S355 / Celsius® 355

HOT-FINISHED RECTANGULAR HOLLOW SECTIONS

Celsius® RHS

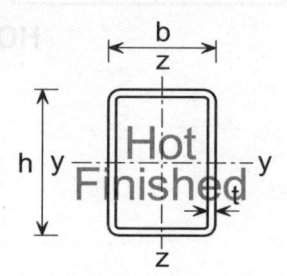

Member buckling check

Section Designation & Resistances (kNm)		n Limit	Compression Resistance $N_{b,y,Rd}$, $N_{b,z,Rd}$ (kN) and Buckling Resistance Moment $M_{b,Rd}$ (kNm) for Varying buckling lengths L (m) within the limiting value of n = $N_{Ed} / N_{pl,Rd}$													
h x b mm	t mm		L (m)	2.0	3.0	4.0	5.0	6.0	7.0	8.0	9.0	10.0	11.0	12.0	13.0	14.0
300x200	§ 6.3	0.649	$N_{b,y,Rd}$	2150	2090	2030	1940	1840	1710	1550	1380	1210	1050	916	801	705
	$f_y W_{el,y}$ = 185		$N_{b,z,Rd}$	2110	2020	1900	1740	1520	1280	1060	883	738	624	533	460	401
	$f_y W_{el,z}$ = 149	0.649	$M_{b,Rd}$	185	185	185	185	185	185	185	185	185	185	185	185	185
		0.251	$M_{b,Rd}$	222	222	222	222	222	222	222	222	222	222	222	222	222
	§ 8.0	0.986	$N_{b,y,Rd}$	2710	2630	2550	2450	2320	2150	1950	1730	1520	1320	1150	1010	887
	$f_y W_{el,y}$ = 230		$N_{b,z,Rd}$	2650	2540	2390	2180	1900	1600	1320	1100	916	774	661	570	497
	$f_y W_{el,z}$ = 184	0.986	$M_{b,Rd}$	230	230	230	230	230	230	230	230	230	230	230	230	230
		0.465	$M_{b,Rd}$	277	277	277	277	277	277	277	277	277	277	277	277	277
	10.0	1.00	$N_{b,y,Rd}$	3340	3250	3150	3020	2850	2650	2390	2120	1850	1610	1400	1230	1080
	$f_y W_{el,y}$ = 280		$N_{b,z,Rd}$	3280	3130	2940	2670	2320	1950	1610	1330	1110	938	800	690	601
	$f_y W_{el,z}$ = 223	1.00	$M_{b,Rd}$	339	339	339	339	339	339	339	339	339	339	339	339	339
	12.5	1.00	$N_{b,y,Rd}$	4120	4000	3870	3700	3490	3220	2900	2560	2230	1930	1680	1470	1290
	$f_y W_{el,y}$ = 338		$N_{b,z,Rd}$	4030	3850	3610	3270	2820	2360	1940	1600	1340	1130	962	830	722
	$f_y W_{el,z}$ = 268	1.00	$M_{b,Rd}$	414	414	414	414	414	414	414	414	414	414	414	414	414
	14.2	1.00	$N_{b,y,Rd}$	4650	4520	4370	4180	3940	3640	3280	2890	2510	2180	1900	1660	1450
	$f_y W_{el,y}$ = 375		$N_{b,z,Rd}$	4550	4340	4060	3670	3160	2630	2160	1780	1490	1250	1070	921	802
	$f_y W_{el,z}$ = 296	1.00	$M_{b,Rd}$	462	462	462	462	462	462	462	462	462	462	462	462	462
	16.0	1.00	$N_{b,y,Rd}$	5170	5030	4850	4640	4370	4030	3620	3180	2760	2390	2080	1810	1590
	$f_y W_{el,y}$ = 411		$N_{b,z,Rd}$	5060	4830	4510	4060	3480	2890	2370	1950	1620	1370	1170	1010	876
	$f_y W_{el,z}$ = 323	1.00	$M_{b,Rd}$	512	512	512	512	512	512	512	512	512	512	512	512	512

Celsius® is a trademark of Corus. A fuller description of the relationship between Hot Finished Rectangular Hollow Sections (HFRHS) and the Celsius® range of sections manufactured by Corus is given in note 12.

n = $N_{Ed} / N_{pl,Rd}$

Under combined axial compression and bending the resistances are only valid up to the given $N_{Ed} / N_{pl,Rd}$ limit. For higher values of n = $N_{Ed} / N_{pl,Rd}$ the section would be overloaded due to N_{Ed} alone even when M_{Ed} is zero, because N_{Ed} would exceed the local buckling resistance of the section.

Axial force resistance $N_{pl,Rd}$ which is equal to Af_y is given in the cross-section resistance check table opposite.

§ The section can be a class 4 section but no allowance has been made in calculating $N_{b,y,Rd}$ and $N_{b,z,Rd}$.

FOR EXPLANATION OF TABLES SEE NOTE 10.

Check availability

AXIAL FORCE & BENDING

BS EN 1993-1-1:2005
BS EN 10210-2: 2006

S355 / Celsius® 355

HOT-FINISHED RECTANGULAR HOLLOW SECTIONS

Celsius® RHS

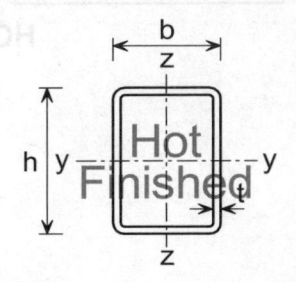

Cross-section resistance check

Section Designation		Mass per Metre	Axial Resistance	n Limit Class 3 / Class 2		Moment Resistance $M_{c,y,Rd}$, $M_{c,z,Rd}$ (kNm) and Reduced Moment Resistance $M_{N,y,Rd}$, $M_{N,z,Rd}$ (kNm) for Ratios of Design Axial Force to Design Axial Plastic Resistance $n = N_{Ed} / N_{pl,Rd}$											
h x b	t		$N_{pl,Rd}$	Axis		n	0.0	0.1	0.2	0.3	0.4	0.5	0.6	0.7	0.8	0.9	1.0
mm	mm	kg	kN	y-y	z-z												
300x250	5.0	42.2	1910	*	*	$M_{c,y,Rd}$	✗	✗	✗	✗	✗	✗	✗	✗	$	$	$
						$M_{c,z,Rd}$	✗	✗	✗	✗	✗	✗	✗	✗	$	$	$
						$M_{N,y,Rd}$	-	-	-	-	-	-	-	-	-	-	-
						$M_{N,z,Rd}$	-	-	-	-	-	-	-	-	-	-	-
	6.3	52.8	2390	*	*	$M_{c,y,Rd}$	✗	✗	✗	✗	✗	✗	✗	✗	✗	$	$
						$M_{c,z,Rd}$	✗	✗	✗	✗	✗	✗	✗	✗	✗	$	$
						$M_{N,y,Rd}$	-	-	-	-	-	-	-	-	-	-	-
						$M_{N,z,Rd}$	-	-	-	-	-	-	-	-	-	-	-
	8.0	66.5	3010	0.986 / **0.421**	*	$M_{c,y,Rd}$	318	318	318	318	318	270	270	270	270	270	$
						$M_{c,z,Rd}$	✗	✗	✗	✗	✗	✗	✗	✗	✗	✗	$
						$M_{N,y,Rd}$	318	318	318	297	254	-	-	-	-	-	-
						$M_{N,z,Rd}$	-	-	-	-	-	-	-	-	-	-	-
	10.0	82.4	3730	n/a / 1.00	n/a / 1.00	$M_{c,y,Rd}$	391	391	391	391	391	391	391	391	391	391	391
						$M_{c,z,Rd}$	345	345	345	345	345	345	345	345	345	345	345
						$M_{N,y,Rd}$	391	391	391	365	313	261	208	156	104	52.1	0
						$M_{N,z,Rd}$	345	345	345	307	263	219	175	132	87.7	43.9	0
	12.5	102	4620	n/a / 1.00	n/a / 1.00	$M_{c,y,Rd}$	477	477	477	477	477	477	477	477	477	477	477
						$M_{c,z,Rd}$	421	421	421	421	421	421	421	421	421	421	421
						$M_{N,y,Rd}$	477	477	477	446	382	318	255	191	127	63.7	0
						$M_{N,z,Rd}$	421	421	421	373	320	267	213	160	107	53.4	0
	14.2	115	5180	n/a / 1.00	n/a / 1.00	$M_{c,y,Rd}$	534	534	534	534	534	534	534	534	534	534	534
						$M_{c,z,Rd}$	470	470	470	470	470	470	470	470	470	470	470
						$M_{N,y,Rd}$	534	534	534	499	427	356	285	214	142	71.2	0
						$M_{N,z,Rd}$	470	470	470	416	356	297	238	178	119	59.4	0
	16.0	128	5790	n/a / 1.00	n/a / 1.00	$M_{c,y,Rd}$	592	592	592	592	592	592	592	592	592	592	592
						$M_{c,z,Rd}$	521	521	521	521	521	521	521	521	521	521	521
						$M_{N,y,Rd}$	592	592	592	553	474	395	316	237	158	79.0	0
						$M_{N,z,Rd}$	521	521	521	459	393	328	262	197	131	65.6	0

Celsius® is a trademark of Corus. A fuller description of the relationship between Hot Finished Rectangular Hollow Sections (HFRHS) and the Celsius® range of sections manufactured by Corus is given in note 12.

* The section is a class 4 section about the appropriate axis and is independent of the design axial force N_{Ed}. Values of $M_{c,Rd}$ are calculated based on class 4 section properties and are displayed in *italic*.

N_{Ed} = Design value of the axial force.

$n = N_{Ed} / N_{pl,Rd}$

✗ Section becomes class 4, see note 10.

$ For these values of $N_{Ed} / N_{pl,Rd}$ the section would be overloaded due to N_{Ed} alone even when M_{Ed} is zero, because N_{Ed} would exceed the local buckling resistance of the section.

- Not applicable for class 3 and class 4 sections sections.

FOR EXPLANATION OF TABLES SEE NOTE 10.

▬ Check availability

| BS EN 1993-1-1:2005 | AXIAL FORCE & BENDING | S355 / Celsius® 355 |
| BS EN 10210-2: 2006 | | |

HOT-FINISHED RECTANGULAR HOLLOW SECTIONS

Celsius® RHS

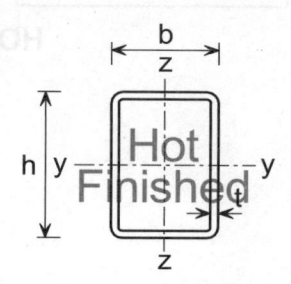

Member buckling check

Section Designation & Resistances (kNm)		n Limit	Compression Resistance $N_{b,y,Rd}$, $N_{b,z,Rd}$ (kN) and Buckling Resistance Moment $M_{b,Rd}$ (kNm) for Varying buckling lengths L (m) within the limiting value of $n = N_{Ed} / N_{pl,Rd}$												
h x b	t		L (m)	2.0	3.0	4.0	5.0	6.0	7.0	8.0	9.0	10.0	11.0	12.0	13.0	14.0
mm	mm															
300x250	♦ 5.0	*	$N_{b,y,Rd}$	1380	1350	1320	1280	1240	1190	1130	1050	964	872	783	699	624
	$f_y W_{el,y}$ = 175		$N_{b,z,Rd}$	1370	1340	1300	1250	1200	1120	1040	934	830	730	641	564	498
	$f_y W_{el,z}$ = 159	*	$M_{b,Rd}$	153	153	153	153	153	153	153	153	153	153	153	153	153
	♦ 6.3	*	$N_{b,y,Rd}$	2040	1990	1940	1880	1800	1710	1590	1460	1310	1170	1030	911	807
	$f_y W_{el,y}$ = 218		$N_{b,z,Rd}$	2030	1970	1910	1820	1720	1590	1430	1260	1100	955	830	725	637
	$f_y W_{el,z}$ = 197	*	$M_{b,Rd}$	207	207	207	207	207	207	207	207	207	207	207	207	207
	§ 8.0	0.986	$N_{b,y,Rd}$	2990	2920	2830	2720	2580	2410	2200	1970	1740	1520	1330	1160	1030
	$f_y W_{el,y}$ = 270		$N_{b,z,Rd}$	2970	2880	2760	2620	2430	2200	1930	1660	1420	1220	1050	916	802
	$f_y W_{el,z}$ = 245	0.986	$M_{b,Rd}$	270	270	270	270	270	270	270	270	270	270	270	270	270
		0.421	$M_{b,Rd}$	318	318	318	318	318	318	318	318	318	318	318	318	318
	10.0	1.00	$N_{b,y,Rd}$	3700	3610	3490	3360	3190	2970	2710	2420	2130	1860	1620	1420	1250
	$f_y W_{el,y}$ = 329		$N_{b,z,Rd}$	3680	3560	3420	3240	3000	2700	2360	2030	1730	1490	1280	1110	975
	$f_y W_{el,z}$ = 298	1.00	$M_{b,Rd}$	391	391	391	391	391	391	391	391	391	391	391	391	391
	12.5	1.00	$N_{b,y,Rd}$	4580	4460	4320	4150	3940	3660	3330	2960	2600	2270	1980	1730	1530
	$f_y W_{el,y}$ = 399		$N_{b,z,Rd}$	4550	4400	4220	3990	3690	3310	2880	2470	2110	1810	1560	1350	1180
	$f_y W_{el,z}$ = 360	1.00	$M_{b,Rd}$	477	477	477	477	477	477	477	477	477	477	477	477	477
	14.2	1.00	$N_{b,y,Rd}$	5150	5010	4850	4650	4410	4090	3710	3300	2890	2510	2190	1920	1690
	$f_y W_{el,y}$ = 443		$N_{b,z,Rd}$	5110	4940	4740	4470	4120	3690	3210	2750	2340	2010	1730	1500	1310
	$f_y W_{el,z}$ = 400	1.00	$M_{b,Rd}$	534	534	534	534	534	534	534	534	534	534	534	534	534
	16.0	1.00	$N_{b,y,Rd}$	5740	5590	5410	5180	4900	4540	4110	3640	3180	2770	2410	2110	1850
	$f_y W_{el,y}$ = 488		$N_{b,z,Rd}$	5700	5510	5280	4980	4580	4090	3550	3030	2580	2210	1900	1650	1440
	$f_y W_{el,z}$ = 439	1.00	$M_{b,Rd}$	592	592	592	592	592	592	592	592	592	592	592	592	592

Celsius® is a trademark of Corus. A fuller description of the relationship between Hot Finished Rectangular Hollow Sections (HFRHS) and the Celsius® range of sections manufactured by Corus is given in note 12.

$n = N_{Ed} / N_{pl,Rd}$

* The section is a class 4 section about the y-y axis and is independent of the design axial force N_{Ed}.

Under combined axial compression and bending the resistances are only valid up to the given $N_{Ed} / N_{pl,Rd}$ limit. For higher values of $n = N_{Ed} / N_{pl,Rd}$ the section would be overloaded due to N_{Ed} alone even when M_{Ed} is zero, because N_{Ed} would exceed the local buckling resistance of the section.

Axial force resistance $N_{pl,Rd}$ which is equal to Af_y is given in the cross-section resistance check table opposite.

§ The section can be a class 4 section but no allowance has been made in calculating $N_{b,y,Rd}$ and $N_{b,z,Rd}$.

♦ For this section, resistances $N_{b,Rd}$ and $M_{b,Rd}$ are calculated based on class 4 section properties and are displayed in *italic*.

FOR EXPLANATION OF TABLES SEE NOTE 10.   Check availability

BS EN 1993-1-1:2005
BS EN 10210-2: 2006

AXIAL FORCE & BENDING

S355 / Celsius® 355

HOT-FINISHED RECTANGULAR HOLLOW SECTIONS

Celsius® RHS

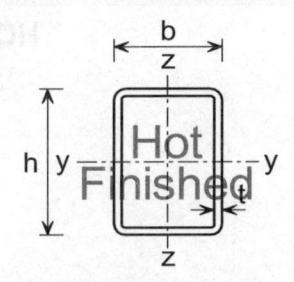

Cross-section resistance check

Section Designation h x b (mm)	t (mm)	Mass per Metre (kg)	Axial Resistance $N_{pl,Rd}$ (kN)	n Limit Class 3 / **Class 2** Axis y-y	Axis z-z		n =	0.0	0.1	0.2	0.3	0.4	0.5	0.6	0.7	0.8	0.9	1.0
350x150	5.0	38.3	1730	0.265 **0.004**	*	$M_{c,y,Rd}$		193	155	155	✗	✗	✗	✗	✗	$	$	$
						$M_{c,z,Rd}$		✗	✗	✗	✗	✗	✗	✗	✗	$	$	$
						$M_{N,y,Rd}$		193	-	-	-	-	-	-	-	-	-	-
						$M_{N,z,Rd}$		-	-	-	-	-	-	-	-	-	-	-
	6.3	47.9	2170	0.475 **0.164**	*	$M_{c,y,Rd}$		240	240	192	192	192	✗	✗	✗	✗	$	$
						$M_{c,z,Rd}$		✗	✗	✗	✗	✗	✗	✗	✗	✗	$	$
						$M_{N,y,Rd}$		240	240	-	-	-	-	-	-	-	-	-
						$M_{N,z,Rd}$		-	-	-	-	-	-	-	-	-	-	-
	8.0	60.3	2730	0.758 **0.377**	*	$M_{c,y,Rd}$		300	300	300	300	239	239	239	239	✗	$	$
						$M_{c,z,Rd}$		✗	✗	✗	✗	✗	✗	✗	✗	✗	$	$
						$M_{N,y,Rd}$		300	300	300	280	-	-	-	-	-	-	-
						$M_{N,z,Rd}$		-	-	-	-	-	-	-	-	-	-	-
	10.0	74.5	3370	1.00 **0.632**	1.00 **0.00**	$M_{c,y,Rd}$		367	367	367	367	367	367	367	290	290	290	290
						$M_{c,z,Rd}$		177	177	177	177	177	177	177	177	177	177	177
						$M_{N,y,Rd}$		367	367	367	343	294	245	196	-	-	-	-
						$M_{N,z,Rd}$		-	-	-	-	-	-	-	-	-	-	-
	12.5	91.9	4150	n/a **1.00**	n/a **1.00**	$M_{c,y,Rd}$		448	448	448	448	448	448	448	448	448	448	448
						$M_{c,z,Rd}$		244	244	244	244	244	244	244	244	244	244	244
						$M_{N,y,Rd}$		448	448	448	418	359	299	239	179	120	59.8	0
						$M_{N,z,Rd}$		244	244	223	195	167	139	111	83.6	55.7	27.9	0
	14.2	103	4690	n/a **1.00**	n/a **1.00**	$M_{c,y,Rd}$		501	501	501	501	501	501	501	501	501	501	501
						$M_{c,z,Rd}$		271	271	271	271	271	271	271	271	271	271	271
						$M_{N,y,Rd}$		501	501	501	468	401	334	267	200	134	66.8	0
						$M_{N,z,Rd}$		271	271	247	216	185	155	124	92.7	61.8	30.9	0
	16.0	115	5220	n/a **1.00**	n/a **1.00**	$M_{c,y,Rd}$		554	554	554	554	554	554	554	554	554	554	554
						$M_{c,z,Rd}$		298	298	298	298	298	298	298	298	298	298	298
						$M_{N,y,Rd}$		554	554	554	517	443	369	296	222	148	73.9	0
						$M_{N,z,Rd}$		298	298	271	237	203	169	135	102	67.7	33.8	0

Celsius® is a trademark of Corus. A fuller description of the relationship between Hot Finished Rectangular Hollow Sections (HFRHS) and the Celsius® range of sections manufactured by Corus is given in note 12.

* The section is a class 4 section about the appropriate axis and is independent of the design axial force N_{Ed}. Values of $M_{c,Rd}$ are calculated based on class 4 section properties and are displayed in *italic*.

N_{Ed} = Design value of the axial force.

$n = N_{Ed} / N_{pl,Rd}$

✗ Section becomes class 4, see note 10.

$ For these values of $N_{Ed} / N_{pl,Rd}$ the section would be overloaded due to N_{Ed} alone even when M_{Ed} is zero, because N_{Ed} would exceed the local buckling resistance of the section.

- Not applicable for class 3 and class 4 sections sections.

FOR EXPLANATION OF TABLES SEE NOTE 10.

Check availability

| BS EN 1993-1-1:2005 |
| BS EN 10210-2: 2006 |

AXIAL FORCE & BENDING

S355 / Celsius® 355

HOT-FINISHED RECTANGULAR HOLLOW SECTIONS

Celsius® RHS

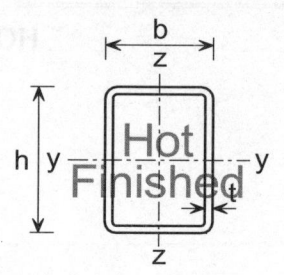

Member buckling check

Section Designation & Resistances (kNm)		n Limit	Compression Resistance $N_{b,y,Rd}$, $N_{b,z,Rd}$ (kN) and Buckling Resistance Moment $M_{b,Rd}$ (kNm) for Varying buckling lengths L (m) within the limiting value of n = $N_{Ed} / N_{pl,Rd}$													
h x b	t		L (m)	2.0	3.0	4.0	5.0	6.0	7.0	8.0	9.0	10.0	11.0	12.0	13.0	14.0
mm	mm															
350x150	§ 5.0	0.265	$N_{b,y,Rd}$	1730	1680	1640	1580	1520	1440	1340	1220	1090	970	856	756	669
	$f_y W_{el,y}$ = 155		$N_{b,z,Rd}$	1650	1540	1370	1140	905	713	568	460	379	318	270	232	201
	$f_y W_{el,z}$ = 97.3	0.265	$M_{b,Rd}$	155	155	155	155	155	155	155	155	155	155	155	155	155
		0.004	$M_{b,Rd}$	193	193	193	193	193	193	193	193	193	193	190	187	185
	§ 6.3	0.475	$N_{b,y,Rd}$	2160	2110	2050	1990	1900	1800	1670	1530	1370	1220	1070	947	838
	$f_y W_{el,y}$ = 192		$N_{b,z,Rd}$	2060	1920	1710	1410	1120	879	700	567	467	391	332	285	247
	$f_y W_{el,z}$ = 120	0.475	$M_{b,Rd}$	192	192	192	192	192	192	192	192	192	192	192	192	192
		0.164	$M_{b,Rd}$	240	240	240	240	240	240	240	240	240	240	240	236	233	229
	§ 8.0	0.758	$N_{b,y,Rd}$	2720	2650	2580	2500	2390	2260	2100	1910	1710	1510	1330	1180	1040
	$f_y W_{el,y}$ = 239		$N_{b,z,Rd}$	2590	2410	2130	1760	1390	1090	864	700	576	482	409	352	305
	$f_y W_{el,z}$ = 147	0.758	$M_{b,Rd}$	239	239	239	239	239	239	239	239	239	239	239	239	238
		0.377	$M_{b,Rd}$	300	300	300	300	300	300	300	300	300	299	294	290	286
	10.0	1.00	$N_{b,y,Rd}$	3360	3280	3190	3080	2950	2780	2580	2340	2090	1850	1630	1440	1270
	$f_y W_{el,y}$ = 290		$N_{b,z,Rd}$	3190	2960	2610	2140	1680	1310	1040	842	694	580	492	423	367
	$f_y W_{el,z}$ = 177	1.00	$M_{b,Rd}$	290	290	290	290	290	290	290	290	290	290	290	290	289
		0.632	$M_{b,Rd}$	367	367	367	367	367	367	367	367	367	366	360	355	349
	12.5	1.00	$N_{b,y,Rd}$	4140	4040	3920	3790	3620	3420	3160	2860	2550	2250	1980	1750	1540
	$f_y W_{el,y}$ = 351		$N_{b,z,Rd}$	3930	3640	3180	2590	2020	1570	1250	1010	830	694	589	505	439
	$f_y W_{el,z}$ = 211	1.00	$M_{b,Rd}$	448	448	448	448	448	448	448	448	448	445	438	431	425
	14.2	1.00	$N_{b,y,Rd}$	4670	4550	4420	4270	4080	3840	3540	3210	2850	2510	2210	1940	1720
	$f_y W_{el,y}$ = 389		$N_{b,z,Rd}$	4430	4090	3560	2870	2230	1740	1370	1110	914	764	648	556	483
	$f_y W_{el,z}$ = 231	1.00	$M_{b,Rd}$	501	501	501	501	501	501	501	501	501	496	488	480	473
	16.0	1.00	$N_{b,y,Rd}$	5200	5070	4920	4750	4530	4260	3920	3540	3140	2770	2430	2140	1890
	$f_y W_{el,y}$ = 428		$N_{b,z,Rd}$	4920	4530	3930	3150	2430	1890	1500	1210	993	830	704	604	524
	$f_y W_{el,z}$ = 252	1.00	$M_{b,Rd}$	554	554	554	554	554	554	554	554	547	538	530	522

Celsius® is a trademark of Corus. A fuller description of the relationship between Hot Finished Rectangular Hollow Sections (HFRHS) and the Celsius® range of sections manufactured by Corus is given in note 12.

n = N_{Ed} / $N_{pl,Rd}$

Under combined axial compression and bending the resistances are only valid up to the given N_{Ed} / $N_{pl,Rd}$ limit. For higher values of n = N_{Ed} / $N_{pl,Rd}$ the section would be overloaded due to N_{Ed} alone even when M_{Ed} is zero, because N_{Ed} would exceed the local buckling resistance of the section.

Axial force resistance $N_{pl,Rd}$ which is equal to Af_y is given in the cross-section resistance check table opposite.

§ The section can be a class 4 section but no allowance has been made in calculating $N_{b,y,Rd}$ and $N_{b,z,Rd}$.

FOR EXPLANATION OF TABLES SEE NOTE 10.

Check availability

| BS EN 1993-1-1:2005 / BS EN 10210-2: 2006 | AXIAL FORCE & BENDING | S355 / Celsius® 355 |

HOT-FINISHED RECTANGULAR HOLLOW SECTIONS

Celsius® RHS

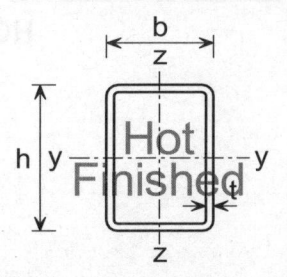

Cross-section resistance check

Section Designation		Mass per Metre	Axial Resistance	n Limit Class 3 / **Class 2**		Moment Resistance $M_{c,y,Rd}$, $M_{c,z,Rd}$ (kNm) and Reduced Moment Resistance $M_{N,y,Rd}$, $M_{N,z,Rd}$ (kNm) for Ratios of Design Axial Force to Design Axial Plastic Resistance $n = N_{Ed} / N_{pl,Rd}$											
h x b	t		$N_{pl,Rd}$	Axis		n	0.0	0.1	0.2	0.3	0.4	0.5	0.6	0.7	0.8	0.9	1.0
mm	mm	kg	kN	y-y	z-z												
350x250	5.0	46.1	2080	*	*	$M_{c,y,Rd}$	✗	✗	✗	✗	✗	✗	✗	$	$	$	$
						$M_{c,z,Rd}$	✗	✗	✗	✗	✗	✗	✗	$	$	$	$
						$M_{N,y,Rd}$	-	-	-	-	-	-	-	-	-	-	-
						$M_{N,z,Rd}$	-	-	-	-	-	-	-	-	-	-	-
	6.3	57.8	2610	*	*	$M_{c,y,Rd}$	✗	✗	✗	✗	✗	✗	✗	✗	$	$	$
						$M_{c,z,Rd}$	✗	✗	✗	✗	✗	✗	✗	✗	$	$	$
						$M_{N,y,Rd}$	-	-	-	-	-	-	-	-	-	-	-
						$M_{N,z,Rd}$	-	-	-	-	-	-	-	-	-	-	-
	8.0	72.8	3290	0.758 **0.312**	*	$M_{c,y,Rd}$	397	397	397	397	334	334	334	334	✗	✗	$
						$M_{c,z,Rd}$	✗	✗	✗	✗	✗	✗	✗	✗	✗	✗	$
						$M_{N,y,Rd}$	397	397	397	370	-	-	-	-	-	-	-
						$M_{N,z,Rd}$	-	-	-	-	-	-	-	-	-	-	-
	10.0	90.2	4080	1.00 **0.522**	1.00 **0.00**	$M_{c,y,Rd}$	488	488	488	488	488	488	408	408	408	408	408
						$M_{c,z,Rd}$	339	339	339	339	339	339	339	339	339	339	339
						$M_{N,y,Rd}$	488	488	488	456	391	325	-	-	-	-	-
						$M_{N,z,Rd}$	-	-	-	-	-	-	-	-	-	-	-
	12.5	112	5040	n/a **1.00**	n/a **1.00**	$M_{c,y,Rd}$	598	598	598	598	598	598	598	598	598	598	598
						$M_{c,z,Rd}$	474	474	474	474	474	474	474	474	474	474	474
						$M_{N,y,Rd}$	598	598	598	558	479	399	319	239	160	79.8	0
						$M_{N,z,Rd}$	474	474	469	410	352	293	234	176	117	58.6	0
	14.2	126	5680	n/a **1.00**	n/a **1.00**	$M_{c,y,Rd}$	670	670	670	670	670	670	670	670	670	670	670
						$M_{c,z,Rd}$	530	530	530	530	530	530	530	530	530	530	530
						$M_{N,y,Rd}$	670	670	670	625	536	447	357	268	179	89.3	0
						$M_{N,z,Rd}$	530	530	523	457	392	327	261	196	131	65.3	0
	16.0	141	6350	n/a **1.00**	n/a **1.00**	$M_{c,y,Rd}$	744	744	744	744	744	744	744	744	744	744	744
						$M_{c,z,Rd}$	588	588	588	588	588	588	588	588	588	588	588
						$M_{N,y,Rd}$	744	744	744	694	595	496	397	297	198	99.2	0
						$M_{N,z,Rd}$	588	588	578	506	434	361	289	217	145	72.3	0

Celsius® is a trademark of Corus. A fuller description of the relationship between Hot Finished Rectangular Hollow Sections (HFRHS) and the Celsius® range of sections manufactured by Corus is given in note 12.

* The section is a class 4 section about the appropriate axis and is independent of the design axial force N_{Ed}. Values of $M_{c,Rd}$ are calculated based on class 4 section properties and are displayed in *italic*.

N_{Ed} = Design value of the axial force.

$n = N_{Ed} / N_{pl,Rd}$

✗ Section becomes class 4, see note 10.

$ For these values of $N_{Ed} / N_{pl,Rd}$ the section would be overloaded due to N_{Ed} alone even when M_{Ed} is zero, because N_{Ed} would exceed the local buckling resistance of the section.

- Not applicable for class 3 and class 4 sections sections.

FOR EXPLANATION OF TABLES SEE NOTE 10.

▮ Check availability

BS EN 1993-1-1:2005
BS EN 10210-2: 2006

AXIAL FORCE & BENDING

S355 / Celsius® 355

HOT-FINISHED RECTANGULAR HOLLOW SECTIONS

Celsius® RHS

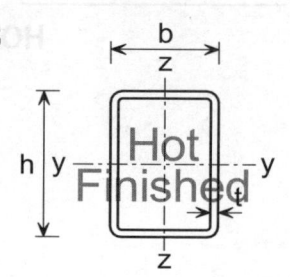

Member buckling check

Section Designation & Resistances (kNm)		n Limit	Compression Resistance $N_{b,y,Rd}$, $N_{b,z,Rd}$ (kN) and Buckling Resistance Moment $M_{b,Rd}$ (kNm) for Varying buckling lengths L (m) within the limiting value of $n = N_{Ed} / N_{pl,Rd}$													
h x b mm	t mm		L (m)	2.0	3.0	4.0	5.0	6.0	7.0	8.0	9.0	10.0	11.0	12.0	13.0	14.0
350x250	♦ 5.0	*	$N_{b,y,Rd}$	*1400*	*1390*	*1360*	*1330*	*1300*	*1270*	*1230*	*1180*	*1120*	*1050*	*977*	*899*	*822*
	$f_y W_{el,y} = 215$		$N_{b,z,Rd}$	*1400*	*1360*	*1330*	*1290*	*1230*	*1170*	*1090*	*1000*	*901*	*801*	*709*	*627*	*556*
	$f_y W_{el,z} = 181$	*	$M_{b,Rd}$	*190*	*190*	*190*	*190*	*190*	*190*	*190*	*190*	*190*	*190*	*190*	*190*	*190*
	♦ 6.3	*	$N_{b,y,Rd}$	*2090*	*2060*	*2020*	*1970*	*1920*	*1850*	*1770*	*1680*	*1570*	*1450*	*1320*	*1200*	*1080*
	$f_y W_{el,y} = 268$		$N_{b,z,Rd}$	*2080*	*2020*	*1960*	*1890*	*1800*	*1680*	*1530*	*1370*	*1210*	*1060*	*925*	*812*	*715*
	$f_y W_{el,z} = 224$	*	$M_{b,Rd}$	*255*	*255*	*255*	*255*	*255*	*255*	*255*	*255*	*255*	*255*	*255*	*255*	*255*
	§ 8.0	0.758	$N_{b,y,Rd}$	3290	3220	3140	3050	2940	2810	2640	2450	2230	2000	1790	1590	1410
	$f_y W_{el,y} = 334$		$N_{b,z,Rd}$	3250	3150	3040	2890	2690	2440	2150	1870	1600	1380	1190	1040	909
	$f_y W_{el,z} = 278$	0.758	$M_{b,Rd}$	334	334	334	334	334	334	334	334	334	334	334	334	334
		0.312	$M_{b,Rd}$	397	397	397	397	397	397	397	397	397	397	397	397	397
	10.0	1.00	$N_{b,y,Rd}$	4080	3990	3890	3780	3640	3470	3260	3020	2740	2460	2190	1950	1730
	$f_y W_{el,y} = 408$		$N_{b,z,Rd}$	4030	3910	3760	3570	3320	3000	2640	2280	1960	1680	1450	1260	1110
	$f_y W_{el,z} = 339$	1.00	$M_{b,Rd}$	408	408	408	408	408	408	408	408	408	408	408	408	408
		0.522	$M_{b,Rd}$	488	488	488	488	488	488	488	488	488	488	488	488	488
	12.5	1.00	$N_{b,y,Rd}$	5040	4930	4800	4660	4490	4270	4010	3700	3360	3010	2670	2370	2110
	$f_y W_{el,y} = 495$		$N_{b,z,Rd}$	4970	4820	4630	4390	4070	3680	3230	2780	2380	2040	1760	1530	1340
	$f_y W_{el,z} = 410$	1.00	$M_{b,Rd}$	598	598	598	598	598	598	598	598	598	598	598	598	598
	14.2	1.00	$N_{b,y,Rd}$	5680	5550	5410	5240	5050	4800	4500	4150	3750	3360	2980	2640	2350
	$f_y W_{el,y} = 552$		$N_{b,z,Rd}$	5600	5420	5210	4930	4570	4110	3590	3090	2640	2270	1950	1700	1490
	$f_y W_{el,z} = 456$	1.00	$M_{b,Rd}$	670	670	670	670	670	670	670	670	670	670	670	670	670
	16.0	1.00	$N_{b,y,Rd}$	6350	6200	6040	5860	5630	5360	5010	4610	4160	3720	3300	2920	2590
	$f_y W_{el,y} = 609$		$N_{b,z,Rd}$	6260	6060	5820	5500	5090	4570	3990	3420	2920	2510	2160	1880	1640
	$f_y W_{el,z} = 501$	1.00	$M_{b,Rd}$	744	744	744	744	744	744	744	744	744	744	744	744	744

Celsius® is a trademark of Corus. A fuller description of the relationship between Hot Finished Rectangular Hollow Sections (HFRHS) and the Celsius® range of sections manufactured by Corus is given in note 12.

$n = N_{Ed} / N_{pl,Rd}$

* The section is a class 4 section about the y-y axis and is independent of the design axial force N_{Ed}.

Under combined axial compression and bending the resistances are only valid up to the given $N_{Ed} / N_{pl,Rd}$ limit. For higher values of $n = N_{Ed} / N_{pl,Rd}$ the section would be overloaded due to N_{Ed} alone even when M_{Ed} is zero, because N_{Ed} would exceed the local buckling resistance of the section.

Axial force resistance $N_{pl,Rd}$ which is equal to Af_y is given in the cross-section resistance check table opposite.

§ The section can be a class 4 section but no allowance has been made in calculating $N_{b,y,Rd}$ and $N_{b,z,Rd}$.

♦ For this section, resistances $N_{b,Rd}$ and $M_{b,Rd}$ are calculated based on class 4 section properties and are displayed in *italic*.

FOR EXPLANATION OF TABLES SEE NOTE 10.   Check availability

| BS EN 1993-1-1:2005 / BS EN 10210-2: 2006 | AXIAL FORCE & BENDING | S355 / Celsius® 355 |

HOT-FINISHED RECTANGULAR HOLLOW SECTIONS

Celsius® RHS

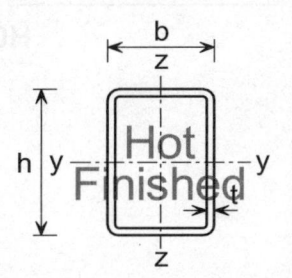

Cross-section resistance check

Section Designation		Mass per Metre	Axial Resistance	n Limit Class 3 / **Class 2**		Moment Resistance $M_{c,y,Rd}$, $M_{c,z,Rd}$ (kNm) and Reduced Moment Resistance $M_{N,y,Rd}$, $M_{N,z,Rd}$ (kNm) for Ratios of Design Axial Force to Design Axial Plastic Resistance $n = N_{Ed} / N_{pl,Rd}$											
h × b	t		$N_{pl,Rd}$	Axis		n	0.0	0.1	0.2	0.3	0.4	0.5	0.6	0.7	0.8	0.9	1.0
mm	mm	kg	kN	y-y	z-z												
400×120	5.0	39.8	1800	0.166 / **0.00**	*	$M_{c,y,Rd}$	169	169	×	×	×	×	×	$	$	$	$
						$M_{c,z,Rd}$	×	×	×	×	×	×	×	$	$	$	$
						$M_{N,y,Rd}$	-	-	-	-	-	-	-	-	-	-	-
						$M_{N,z,Rd}$	-	-	-	-	-	-	-	-	-	-	-
	6.3	49.9	2250	0.347 / **0.074**	*	$M_{c,y,Rd}$	271	209	209	209	×	×	×	×	$	$	$
						$M_{c,z,Rd}$	×	×	×	×	×	×	×	×	$	$	$
						$M_{N,y,Rd}$	271	-	-	-	-	-	-	-	-	-	-
						$M_{N,z,Rd}$	-	-	-	-	-	-	-	-	-	-	-
	8.0	62.8	2840	0.591 / **0.277**	*	$M_{c,y,Rd}$	338	338	338	260	260	260	×	×	×	$	$
						$M_{c,z,Rd}$	×	×	×	×	×	×	×	×	×	$	$
						$M_{N,y,Rd}$	338	338	338	-	-	-	-	-	-	-	-
						$M_{N,z,Rd}$	-	-	-	-	-	-	-	-	-	-	-
	10.0	77.7	3510	0.885 / **0.521**	*	$M_{c,y,Rd}$	415	415	415	415	415	415	316	316	316	×	$
						$M_{c,z,Rd}$	×	×	×	×	×	×	×	×	×	×	$
						$M_{N,y,Rd}$	415	415	415	387	332	276	-	-	-	-	-
						$M_{N,z,Rd}$	-	-	-	-	-	-	-	-	-	-	-
	12.5	95.8	4330	n/a / **1.00**	n/a / **1.00**	$M_{c,y,Rd}$	506	506	506	506	506	506	506	506	506	506	506
						$M_{c,z,Rd}$	207	207	207	207	207	207	207	207	207	207	207
						$M_{N,y,Rd}$	506	506	506	472	405	337	270	202	135	67.5	0
						$M_{N,z,Rd}$	207	205	182	159	136	114	91.0	68.2	45.5	22.7	0
	14.2	108	4860	n/a / **1.00**	n/a / **1.00**	$M_{c,y,Rd}$	566	566	566	566	566	566	566	566	566	566	566
						$M_{c,z,Rd}$	229	229	229	229	229	229	229	229	229	229	229
						$M_{N,y,Rd}$	566	566	566	528	452	377	302	226	151	75.4	0
						$M_{N,z,Rd}$	229	226	201	176	150	125	100	75.2	50.1	25.1	0
	16.0	120	5430	n/a / **1.00**	n/a / **1.00**	$M_{c,y,Rd}$	626	626	626	626	626	626	626	626	626	626	626
						$M_{c,z,Rd}$	252	252	252	252	252	252	252	252	252	252	252
						$M_{N,y,Rd}$	626	626	626	584	501	417	334	250	167	83.5	0
						$M_{N,z,Rd}$	252	247	219	192	164	137	110	82.2	54.8	27.4	0

Celsius® is a trademark of Corus. A fuller description of the relationship between Hot Finished Rectangular Hollow Sections (HFRHS) and the Celsius® range of sections manufactured by Corus is given in note 12.

* The section is a class 4 section about the appropriate axis and is independent of the design axial force N_{Ed}. Values of $M_{c,Rd}$ are calculated based on class 4 section properties and are displayed in *italic*.

N_{Ed} = Design value of the axial force.

$n = N_{Ed} / N_{pl,Rd}$

× Section becomes class 4, see note 10.

$ For these values of $N_{Ed} / N_{pl,Rd}$ the section would be overloaded due to N_{Ed} alone even when M_{Ed} is zero, because N_{Ed} would exceed the local buckling resistance of the section.

- Not applicable for class 3 and class 4 sections sections.

FOR EXPLANATION OF TABLES SEE NOTE 10.

Check availability

BS EN 1993-1-1:2005
BS EN 10210-2: 2006

AXIAL FORCE & BENDING

S355 / Celsius® 355

HOT-FINISHED RECTANGULAR HOLLOW SECTIONS

Celsius® RHS

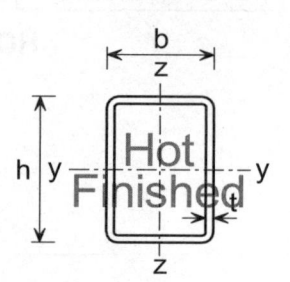

Member buckling check

Section Designation & Resistances (kNm)		n Limit	Compression Resistance $N_{b,y,Rd}$, $N_{b,z,Rd}$ (kN) and Buckling Resistance Moment $M_{b,Rd}$ (kNm) for Varying buckling lengths L (m) within the limiting value of $n = N_{Ed} / N_{pl,Rd}$												
h x b mm	t mm		L (m)	2.0	3.0	4.0	5.0	6.0	7.0	8.0	9.0	10.0	11.0	12.0	13.0	14.0
400x120	§ 5.0	0.166	$N_{b,y,Rd}$	1800	1760	1720	1680	1620	1550	1470	1370	1250	1130	1020	907	810
	$f_y W_{el,y}$ = 169		$N_{b,z,Rd}$	1670	1490	1210	915	684	523	410	330	270	225	191	164	142
	$f_y W_{el,z}$ = 84.1	0.166	$M_{b,Rd}$	169	169	169	169	169	169	169	169	167	164	161	159	156
		0.00	$M_{b,Rd}$	217	217	217	217	217	217	214	209	205	200	197	193	189
	§ 6.3	0.347	$N_{b,y,Rd}$	2250	2210	2160	2100	2030	1940	1830	1700	1560	1410	1260	1120	1000
	$f_y W_{el,y}$ = 209		$N_{b,z,Rd}$	2080	1860	1500	1130	841	642	503	404	331	276	234	200	174
	$f_y W_{el,z}$ = 103	0.347	$M_{b,Rd}$	209	209	209	209	209	209	209	209	207	203	200	196	193
		0.074	$M_{b,Rd}$	271	271	271	271	271	271	265	259	254	249	244	239	235
	§ 8.0	0.591	$N_{b,y,Rd}$	2840	2780	2710	2640	2550	2440	2300	2130	1950	1760	1570	1400	1250
	$f_y W_{el,y}$ = 260		$N_{b,z,Rd}$	2620	2320	1870	1390	1040	789	618	496	407	339	287	246	213
	$f_y W_{el,z}$ = 126	0.591	$M_{b,Rd}$	260	260	260	260	260	260	260	260	256	251	247	243	239
		0.277	$M_{b,Rd}$	338	338	338	338	338	338	330	323	316	310	304	298	292
	§ 10.0	0.885	$N_{b,y,Rd}$	3510	3440	3350	3260	3140	3000	2830	2620	2390	2150	1920	1710	1520
	$f_y W_{el,y}$ = 316		$N_{b,z,Rd}$	3230	2850	2260	1670	1240	945	740	594	486	405	343	294	255
	$f_y W_{el,z}$ = 151	0.885	$M_{b,Rd}$	316	316	316	316	316	316	316	316	311	305	300	295	290
		0.521	$M_{b,Rd}$	415	415	415	415	415	414	404	395	386	378	371	363	357
	12.5	1.00	$N_{b,y,Rd}$	4330	4240	4130	4010	3870	3690	3480	3220	2930	2630	2350	2090	1860
	$f_y W_{el,y}$ = 383		$N_{b,z,Rd}$	3970	3470	2720	2000	1470	1120	877	703	576	480	406	348	301
	$f_y W_{el,z}$ = 178	1.00	$M_{b,Rd}$	506	506	506	506	506	503	491	479	469	459	450	441	432
	14.2	1.00	$N_{b,y,Rd}$	4860	4760	4640	4500	4340	4140	3890	3590	3270	2930	2610	2320	2060
	$f_y W_{el,y}$ = 425		$N_{b,z,Rd}$	4440	3860	3000	2190	1610	1220	955	765	627	522	442	378	328
	$f_y W_{el,z}$ = 195	1.00	$M_{b,Rd}$	566	566	566	566	566	560	546	533	522	511	500	490	481
	16.0	1.00	$N_{b,y,Rd}$	5430	5310	5180	5020	4840	4610	4320	3990	3620	3240	2880	2560	2270
	$f_y W_{el,y}$ = 467		$N_{b,z,Rd}$	4940	4280	3290	2390	1750	1330	1040	832	681	567	480	411	356
	$f_y W_{el,z}$ = 211	1.00	$M_{b,Rd}$	626	626	626	626	618	602	588	575	563	551	540	529	

Celsius® is a trademark of Corus. A fuller description of the relationship between Hot Finished Rectangular Hollow Sections (HFRHS) and the Celsius® range of sections manufactured by Corus is given in note 12.

$n = N_{Ed} / N_{pl,Rd}$

Under combined axial compression and bending the resistances are only valid up to the given $N_{Ed} / N_{pl,Rd}$ limit. For higher values of $n = N_{Ed} / N_{pl,Rd}$ the section would be overloaded due to N_{Ed} alone even when M_{Ed} is zero, because N_{Ed} would exceed the local buckling resistance of the section.

Axial force resistance $N_{pl,Rd}$ which is equal to Af_y is given in the cross-section resistance check table opposite.

§ The section can be a class 4 section but no allowance has been made in calculating $N_{b,y,Rd}$ and $N_{b,z,Rd}$.

FOR EXPLANATION OF TABLES SEE NOTE 10.

Check availability

| BS EN 1993-1-1:2005 | | | | | |
| BS EN 10210-2: 2006 | | | | | |

AXIAL FORCE & BENDING

S355 / Celsius® 355

HOT-FINISHED RECTANGULAR HOLLOW SECTIONS

Celsius® RHS

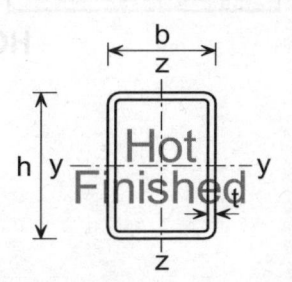

Cross-section resistance check

Section Designation		Mass per Metre	Axial Resistance	n Limit Class 3 **Class 2**		Moment Resistance $M_{c,y,Rd}$, $M_{c,z,Rd}$ (kNm) and Reduced Moment Resistance $M_{N,y,Rd}$, $M_{N,z,Rd}$ (kNm) for Ratios of Design Axial Force to Design Axial Plastic Resistance $n = N_{Ed}/N_{pl,Rd}$											
h x b	t		$N_{pl,Rd}$	Axis		n	0.0	0.1	0.2	0.3	0.4	0.5	0.6	0.7	0.8	0.9	1.0
mm	mm	kg	kN	y-y	z-z												
400x150	5.0	42.2	1910	0.166 **0.00**	*	$M_{c,y,Rd}$	190	190	✗	✗	✗	✗	✗	$	$	$	$
						$M_{c,z,Rd}$	✗	✗	✗	✗	✗	✗	✗	$	$	$	$
						$M_{N,y,Rd}$	-	-	-	-	-	-	-	-	-	-	-
						$M_{N,z,Rd}$	-	-	-	-	-	-	-	-	-	-	-
	6.3	52.8	2390	0.347 **0.070**	*	$M_{c,y,Rd}$	297	235	235	235	✗	✗	✗	✗	$	$	$
						$M_{c,z,Rd}$	✗	✗	✗	✗	✗	✗	✗	✗	$	$	$
						$M_{N,y,Rd}$	297	-	-	-	-	-	-	-	-	-	-
						$M_{N,z,Rd}$	-	-	-	-	-	-	-	-	-	-	-
	8.0	66.5	3010	0.591 **0.261**	*	$M_{c,y,Rd}$	371	371	371	293	293	293	✗	✗	✗	$	$
						$M_{c,z,Rd}$	✗	✗	✗	✗	✗	✗	✗	✗	✗	$	$
						$M_{N,y,Rd}$	371	371	371	-	-	-	-	-	-	-	-
						$M_{N,z,Rd}$	-	-	-	-	-	-	-	-	-	-	-
	10.0	82.4	3730	0.885 **0.491**	*	$M_{c,y,Rd}$	456	456	456	456	456	357	357	357	357	✗	$
						$M_{c,z,Rd}$	✗	✗	✗	✗	✗	✗	✗	✗	✗	✗	$
						$M_{N,y,Rd}$	456	456	456	426	365	-	-	-	-	-	-
						$M_{N,z,Rd}$	-	-	-	-	-	-	-	-	-	-	-
	12.5	102	4620	n/a **1.00**	n/a **1.00**	$M_{c,y,Rd}$	558	558	558	558	558	558	558	558	558	558	558
						$M_{c,z,Rd}$	274	274	274	274	274	274	274	274	274	274	274
						$M_{N,y,Rd}$	558	558	558	521	446	372	297	223	149	74.4	0
						$M_{N,z,Rd}$	274	274	248	217	186	155	124	92.9	62.0	31.0	0
	14.2	115	5180	n/a **1.00**	n/a **1.00**	$M_{c,y,Rd}$	624	624	624	624	624	624	624	624	624	624	624
						$M_{c,z,Rd}$	305	305	305	305	305	305	305	305	305	305	305
						$M_{N,y,Rd}$	624	624	624	582	499	416	333	250	166	83.2	0
						$M_{N,z,Rd}$	305	305	274	240	206	172	137	103	68.6	34.3	0
	16.0	128	5790	n/a **1.00**	n/a **1.00**	$M_{c,y,Rd}$	692	692	692	692	692	692	692	692	692	692	692
						$M_{c,z,Rd}$	336	336	336	336	336	336	336	336	336	336	336
						$M_{N,y,Rd}$	692	692	692	645	553	461	369	277	184	92.2	0
						$M_{N,z,Rd}$	336	336	301	264	226	188	151	113	75.3	37.7	0

Celsius® is a trademark of Corus. A fuller description of the relationship between Hot Finished Rectangular Hollow Sections (HFRHS) and the Celsius® range of sections manufactured by Corus is given in note 12.

* The section is a class 4 section about the appropriate axis and is independent of the design axial force N_{Ed}. Values of $M_{c,Rd}$ are calculated based on class 4 section properties and are displayed in *italic*.

N_{Ed} = Design value of the axial force.

$n = N_{Ed} / N_{pl,Rd}$

✗ Section becomes class 4, see note 10.

$ For these values of $N_{Ed} / N_{pl,Rd}$ the section would be overloaded due to N_{Ed} alone even when M_{Ed} is zero, because N_{Ed} would exceed the local buckling resistance of the section.

- Not applicable for class 3 and class 4 sections sections.

FOR EXPLANATION OF TABLES SEE NOTE 10.

Check availability

BS EN 1993-1-1:2005
BS EN 10210-2: 2006

AXIAL FORCE & BENDING

S355 / Celsius® 355

HOT-FINISHED RECTANGULAR HOLLOW SECTIONS

Celsius® RHS

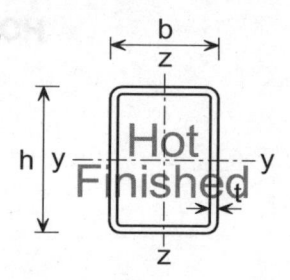

Member buckling check

Section Designation & Resistances (kNm)		n Limit	Compression Resistance $N_{b,y,Rd}$, $N_{b,z,Rd}$ (kN) and Buckling Resistance Moment $M_{b,Rd}$ (kNm) for Varying buckling lengths L (m) within the limiting value of n = $N_{Ed} / N_{pl,Rd}$												
h x b mm	t mm		L (m)	2.0	3.0	4.0	5.0	6.0	7.0	8.0	9.0	10.0	11.0	12.0	13.0	14.0
400x150	§ 5.0	0.166	$N_{b,y,Rd}$	1910	1870	1830	1780	1730	1660	1580	1480	1360	1240	1120	1000	897
	$f_y W_{el,y}$ = 190		$N_{b,z,Rd}$	1820	1700	1520	1270	1020	802	640	519	428	358	304	262	227
	$f_y W_{el,z}$ = 110	0.166	$M_{b,Rd}$	190	190	190	190	190	190	190	190	190	190	190	190	187
		0.00	$M_{b,Rd}$	238	238	238	238	238	238	238	238	238	236	232	228	225
	§ 6.3	0.347	$N_{b,y,Rd}$	2390	2350	2290	2230	2160	2070	1970	1840	1700	1540	1390	1240	1110
	$f_y W_{el,y}$ = 235		$N_{b,z,Rd}$	2280	2120	1900	1580	1260	990	789	639	527	442	375	322	280
	$f_y W_{el,z}$ = 135	0.347	$M_{b,Rd}$	235	235	235	235	235	235	235	235	235	235	235	235	232
		0.070	$M_{b,Rd}$	297	297	297	297	297	297	297	297	297	293	289	284	280
	§ 8.0	0.591	$N_{b,y,Rd}$	3010	2950	2890	2810	2720	2610	2470	2310	2130	1930	1730	1550	1390
	$f_y W_{el,y}$ = 293		$N_{b,z,Rd}$	2860	2670	2370	1970	1560	1220	973	788	649	544	461	396	344
	$f_y W_{el,z}$ = 166	0.591	$M_{b,Rd}$	293	293	293	293	293	293	293	293	293	293	293	292	288
		0.261	$M_{b,Rd}$	371	371	371	371	371	371	371	371	371	366	360	355	349
	§ 10.0	0.885	$N_{b,y,Rd}$	3730	3660	3570	3470	3360	3220	3050	2850	2610	2370	2130	1900	1700
	$f_y W_{el,y}$ = 357		$N_{b,z,Rd}$	3540	3290	2910	2400	1890	1480	1180	954	786	658	558	479	416
	$f_y W_{el,z}$ = 200	0.885	$M_{b,Rd}$	357	357	357	357	357	357	357	357	357	357	357	356	351
		0.491	$M_{b,Rd}$	456	456	456	456	456	456	456	456	456	448	441	434	428
	12.5	1.00	$N_{b,y,Rd}$	4620	4530	4420	4300	4150	3980	3760	3510	3210	2910	2610	2330	2080
	$f_y W_{el,y}$ = 432		$N_{b,z,Rd}$	4370	4050	3570	2910	2280	1780	1410	1140	942	788	668	574	498
	$f_y W_{el,z}$ = 239	1.00	$M_{b,Rd}$	558	558	558	558	558	558	558	558	556	546	537	529	521
	14.2	1.00	$N_{b,y,Rd}$	5180	5080	4960	4820	4660	4460	4210	3920	3590	3240	2900	2580	2300
	$f_y W_{el,y}$ = 481		$N_{b,z,Rd}$	4900	4540	3970	3220	2510	1960	1550	1250	1030	864	732	629	546
	$f_y W_{el,z}$ = 263	1.00	$M_{b,Rd}$	624	624	624	624	624	624	624	624	620	610	600	590	581
	16.0	1.00	$N_{b,y,Rd}$	5790	5670	5530	5380	5190	4960	4680	4350	3970	3580	3200	2850	2540
	$f_y W_{el,y}$ = 530		$N_{b,z,Rd}$	5470	5050	4400	3550	2760	2140	1700	1370	1130	944	800	687	596
	$f_y W_{el,z}$ = 286	1.00	$M_{b,Rd}$	692	692	692	692	692	692	692	692	686	674	663	652	642

Celsius® is a trademark of Corus. A fuller description of the relationship between Hot Finished Rectangular Hollow Sections (HFRHS) and the Celsius® range of sections manufactured by Corus is given in note 12.

n = $N_{Ed} / N_{pl,Rd}$

Under combined axial compression and bending the resistances are only valid up to the given $N_{Ed} / N_{pl,Rd}$ limit. For higher values of n = $N_{Ed} / N_{pl,Rd}$ the section would be overloaded due to N_{Ed} alone even when M_{Ed} is zero, because N_{Ed} would exceed the local buckling resistance of the section.

Axial force resistance $N_{pl,Rd}$ which is equal to Af_y is given in the cross-section resistance check table opposite.

§ The section can be a class 4 section but no allowance has been made in calculating $N_{b,y,Rd}$ and $N_{b,z,Rd}$.

FOR EXPLANATION OF TABLES SEE NOTE 10.

Check availability

| BS EN 1993-1-1:2005 / BS EN 10210-2: 2006 | AXIAL FORCE & BENDING | S355 / Celsius® 355 |

HOT-FINISHED RECTANGULAR HOLLOW SECTIONS

Celsius® RHS

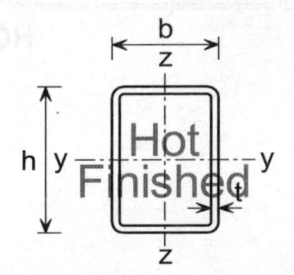

Cross-section resistance check

Section Designation		Mass per Metre	Axial Resistance	n Limit Class 3 **Class 2**		Moment Resistance $M_{c,y,Rd}$, $M_{c,z,Rd}$ (kNm) and Reduced Moment Resistance $M_{N,y,Rd}$, $M_{N,z,Rd}$ (kNm) for Ratios of Design Axial Force to Design Axial Plastic Resistance $n = N_{Ed} / N_{pl,Rd}$											
h x b	t		$N_{pl,Rd}$	Axis		n	0.0	0.1	0.2	0.3	0.4	0.5	0.6	0.7	0.8	0.9	1.0
mm	mm	kg	kN	y-y	z-z												
400x200	8.0	72.8	3290	0.591 **0.239**	*	$M_{c,y,Rd}$	427	427	427	347	347	347	✗	✗	✗	$	$
						$M_{c,z,Rd}$	✗	✗	✗	✗	✗	✗	✗	✗	✗	$	$
						$M_{N,y,Rd}$	427	427	427	-	-	-	-	-	-	-	-
						$M_{N,z,Rd}$	-	-	-	-	-	-	-	-	-	-	-
	10.0	90.2	4080	0.885 **0.448**	*	$M_{c,y,Rd}$	525	525	525	525	525	425	425	425	425	✗	$
						$M_{c,z,Rd}$	✗	✗	✗	✗	✗	✗	✗	✗	✗	✗	$
						$M_{N,y,Rd}$	525	525	525	490	420	-	-	-	-	-	-
						$M_{N,z,Rd}$	-	-	-	-	-	-	-	-	-	-	-
	12.5	112	5040	n/a **1.00**	n/a **1.00**	$M_{c,y,Rd}$	644	644	644	644	644	644	644	644	644	644	644
						$M_{c,z,Rd}$	394	394	394	394	394	394	394	394	394	394	394
						$M_{N,y,Rd}$	644	644	644	601	515	429	343	257	172	85.8	0
						$M_{N,z,Rd}$	394	394	370	324	278	231	185	139	92.6	46.3	0
	14.2	126	5680	n/a **1.00**	n/a **1.00**	$M_{c,y,Rd}$	721	721	721	721	721	721	721	721	721	721	721
						$M_{c,z,Rd}$	441	441	441	441	441	441	441	441	441	441	441
						$M_{N,y,Rd}$	721	721	721	673	577	481	385	289	192	96.2	0
						$M_{N,z,Rd}$	441	441	413	361	309	258	206	155	103	51.6	0
	16.0	141	6350	n/a **1.00**	n/a **1.00**	$M_{c,y,Rd}$	801	801	801	801	801	801	801	801	801	801	801
						$M_{c,z,Rd}$	488	488	488	488	488	488	488	488	488	488	488
						$M_{N,y,Rd}$	801	801	801	747	641	534	427	320	214	107	0
						$M_{N,z,Rd}$	488	488	455	398	341	284	228	171	114	56.9	0

Celsius® is a trademark of Corus. A fuller description of the relationship between Hot Finished Rectangular Hollow Sections (HFRHS) and the Celsius® range of sections manufactured by Corus is given in note 12.

* The section is a class 4 section about the appropriate axis and is independent of the design axial force N_{Ed}. Values of $M_{c,Rd}$ are calculated based on class 4 section properties and are displayed in *italic*.

N_{Ed} = Design value of the axial force.

$n = N_{Ed} / N_{pl,Rd}$

✗ Section becomes class 4, see note 10.

$ For these values of $N_{Ed} / N_{pl,Rd}$ the section would be overloaded due to N_{Ed} alone even when M_{Ed} is zero, because N_{Ed} would exceed the local buckling resistance of the section.

- Not applicable for class 3 and class 4 sections sections.

FOR EXPLANATION OF TABLES SEE NOTE 10.

Check availability

AXIAL FORCE & BENDING

BS EN 1993-1-1:2005
BS EN 10210-2: 2006

S355 / Celsius® 355

HOT-FINISHED RECTANGULAR HOLLOW SECTIONS

Celsius® RHS

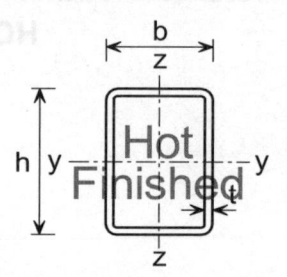

Member buckling check

Section Designation & Resistances (kNm)		n Limit	Compression Resistance $N_{b,y,Rd}$, $N_{b,z,Rd}$ (kN) and Buckling Resistance Moment $M_{b,Rd}$ (kNm) for Varying buckling lengths L (m) within the limiting value of n = N_{Ed} / $N_{pl,Rd}$												
h x b mm	t mm		L (m)	2.0	3.0	4.0	5.0	6.0	7.0	8.0	9.0	10.0	11.0	12.0	13.0	14.0
400x200	§ 8.0	0.591	$N_{b,y,Rd}$	3290	3240	3170	3090	3000	2890	2760	2600	2410	2210	2000	1800	1620
	$f_y W_{el,y}$ = 347		$N_{b,z,Rd}$	3210	3080	2910	2670	2360	2000	1670	1390	1170	987	843	728	635
	$f_y W_{el,z}$ = 236	0.591	$M_{b,Rd}$	347	347	347	347	347	347	347	347	347	347	347	347	347
		0.239	$M_{b,Rd}$	427	427	427	427	427	427	427	427	427	427	427	427	427
	§ 10.0	0.885	$N_{b,y,Rd}$	4080	4020	3930	3830	3710	3580	3410	3210	2970	2720	2460	2210	1980
	$f_y W_{el,y}$ = 425		$N_{b,z,Rd}$	3980	3810	3600	3290	2900	2460	2040	1700	1420	1200	1030	887	773
	$f_y W_{el,z}$ = 287	0.885	$M_{b,Rd}$	425	425	425	425	425	425	425	425	425	425	425	425	425
		0.448	$M_{b,Rd}$	525	525	525	525	525	525	525	525	525	525	525	525	525
	12.5	1.00	$N_{b,y,Rd}$	5040	4960	4850	4720	4580	4410	4190	3940	3650	3330	3010	2700	2420
	$f_y W_{el,y}$ = 516		$N_{b,z,Rd}$	4910	4700	4420	4040	3540	2980	2470	2050	1720	1450	1240	1070	931
	$f_y W_{el,z}$ = 346	1.00	$M_{b,Rd}$	644	644	644	644	644	644	644	644	644	644	644	644	644
	14.2	1.00	$N_{b,y,Rd}$	5680	5580	5460	5320	5150	4950	4710	4420	4090	3730	3360	3020	2700
	$f_y W_{el,y}$ = 575		$N_{b,z,Rd}$	5530	5290	4970	4530	3950	3320	2750	2280	1900	1610	1370	1190	1030
	$f_y W_{el,z}$ = 383	1.00	$M_{b,Rd}$	721	721	721	721	721	721	721	721	721	721	721	721	721
	16.0	1.00	$N_{b,y,Rd}$	6350	6240	6100	5940	5750	5530	5250	4920	4540	4140	3730	3340	2990
	$f_y W_{el,y}$ = 634		$N_{b,z,Rd}$	6180	5910	5540	5040	4380	3670	3030	2510	2090	1770	1510	1300	1130
	$f_y W_{el,z}$ = 420	1.00	$M_{b,Rd}$	801	801	801	801	801	801	801	801	801	801	801	801	801

Celsius® is a trademark of Corus. A fuller description of the relationship between Hot Finished Rectangular Hollow Sections (HFRHS) and the Celsius® range of sections manufactured by Corus is given in note 12.

n = N_{Ed} / $N_{pl,Rd}$

Under combined axial compression and bending the resistances are only valid up to the given N_{Ed} / $N_{pl,Rd}$ limit. For higher values of n = N_{Ed} / $N_{pl,Rd}$ the section would be overloaded due to N_{Ed} alone even when M_{Ed} is zero, because N_{Ed} would exceed the local buckling resistance of the section.

Axial force resistance $N_{pl,Rd}$ which is equal to Af_y is given in the cross-section resistance check table opposite.

§ The section can be a class 4 section but no allowance has been made in calculating $N_{b,y,Rd}$ and $N_{b,z,Rd}$.

FOR EXPLANATION OF TABLES SEE NOTE 10.

Check availability

AXIAL FORCE & BENDING

BS EN 1993-1-1:2005
BS EN 10210-2: 2006

S355 / Celsius® 355

HOT-FINISHED RECTANGULAR HOLLOW SECTIONS

Celsius® RHS

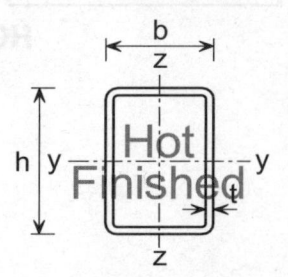

Cross-section resistance check

Section Designation h x b (mm)	t (mm)	Mass per Metre (kg)	Axial Resistance $N_{pl,Rd}$ (kN)	n Limit Class 3 / **Class 2** Axis y-y	z-z		n	0.0	0.1	0.2	0.3	0.4	0.5	0.6	0.7	0.8	0.9	1.0
400x300	8.0	85.4	3870	*	*	$M_{c,y,Rd}$		✗	✗	✗	✗	✗	✗	✗	✗	✗	$	$
						$M_{c,z,Rd}$		✗	✗	✗	✗	✗	✗	✗	✗	✗	$	$
						$M_{N,y,Rd}$		-	-	-	-	-	-	-	-	-	-	-
						$M_{N,z,Rd}$		-	-	-	-	-	-	-	-	-	-	-
	10.0	106	4790	0.885	*	$M_{c,y,Rd}$		664	664	664	664	559	559	559	559	559	✗	$
				0.382		$M_{c,z,Rd}$		✗	✗	✗	✗	✗	✗	✗	✗	✗	✗	$
						$M_{N,y,Rd}$		664	664	664	620	-	-	-	-	-	-	-
						$M_{N,z,Rd}$		-	-	-	-	-	-	-	-	-	-	-
	12.5	131	5930	n/a	n/a	$M_{c,y,Rd}$		816	816	816	816	816	816	816	816	816	816	816
				1.00	**1.00**	$M_{c,z,Rd}$		669	669	669	669	669	669	669	669	669	669	669
						$M_{N,y,Rd}$		816	816	816	761	653	544	435	326	218	109	0
						$M_{N,z,Rd}$		669	669	669	586	502	418	335	251	167	83.7	0
	14.2	148	6710	n/a	n/a	$M_{c,y,Rd}$		916	916	916	916	916	916	916	916	916	916	916
				1.00	**1.00**	$M_{c,z,Rd}$		750	750	750	750	750	750	750	750	750	750	750
						$M_{N,y,Rd}$		916	916	916	855	732	610	488	366	244	122	0
						$M_{N,z,Rd}$		750	750	750	656	562	469	375	281	187	93.7	0
	16.0	166	7490	n/a	n/a	$M_{c,y,Rd}$		1020	1020	1020	1020	1020	1020	1020	1020	1020	1020	1020
				1.00	**1.00**	$M_{c,z,Rd}$		834	834	834	834	834	834	834	834	834	834	834
						$M_{N,y,Rd}$		1020	1020	1020	951	815	679	543	408	272	136	0
						$M_{N,z,Rd}$		834	834	830	727	623	519	415	311	208	104	0

Celsius® is a trademark of Corus. A fuller description of the relationship between Hot Finished Rectangular Hollow Sections (HFRHS) and the Celsius® range of sections manufactured by Corus is given in note 12.

* The section is a class 4 section about the appropriate axis and is independent of the design axial force N_{Ed}. Values of $M_{c,Rd}$ are calculated based on class 4 section properties and are displayed in *italic*.

N_{Ed} = Design value of the axial force.

n = N_{Ed} / $N_{pl,Rd}$

✗ Section becomes class 4, see note 10.

$ For these values of N_{Ed} / $N_{pl,Rd}$ the section would be overloaded due to N_{Ed} alone even when M_{Ed} is zero, because N_{Ed} would exceed the local buckling resistance of the section.

- Not applicable for class 3 and class 4 sections sections.

FOR EXPLANATION OF TABLES SEE NOTE 10.

Check availability

BS EN 1993-1-1:2005
BS EN 10210-2: 2006

AXIAL FORCE & BENDING

S355 / Celsius® 355

HOT-FINISHED RECTANGULAR HOLLOW SECTIONS

Celsius® RHS

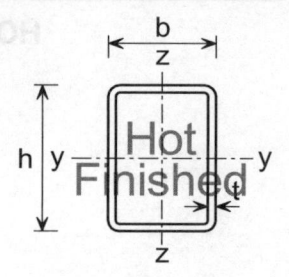

Member buckling check

Section Designation & Resistances (kNm)		n Limit	Compression Resistance $N_{b,y,Rd}$, $N_{b,z,Rd}$ (kN) and Buckling Resistance Moment $M_{b,Rd}$ (kNm) for Varying buckling lengths L (m) within the limiting value of $n = N_{Ed} / N_{pl,Rd}$													
h x b mm	t mm		L (m)	2.0	3.0	4.0	5.0	6.0	7.0	8.0	9.0	10.0	11.0	12.0	13.0	14.0
400x300	♦ 8.0	*	$N_{b,y,Rd}$	*3290*	*3270*	*3210*	*3140*	*3070*	*2990*	*2900*	*2780*	*2650*	*2500*	*2330*	*2150*	*1970*
	$f_y W_{el,y}$ = 456		$N_{b,z,Rd}$	*3290*	*3220*	*3140*	*3050*	*2940*	*2810*	*2650*	*2450*	*2230*	*2010*	*1790*	*1590*	*1420*
	$f_y W_{el,z}$ = 392	*	$M_{b,Rd}$	*443*	*443*	*443*	*443*	*443*	*443*	*443*	*443*	*443*	*443*	*443*	*443*	*443*
	§ 10.0	0.885	$N_{b,y,Rd}$	4790	4730	4640	4530	4410	4270	4100	3890	3650	3390	3100	2820	2550
	$f_y W_{el,y}$ = 559		$N_{b,z,Rd}$	4780	4660	4530	4370	4180	3940	3650	3300	2950	2600	2290	2020	1780
	$f_y W_{el,z}$ = 479	0.885	$M_{b,Rd}$	559	559	559	559	559	559	559	559	559	559	559	559	559
		0.382	$M_{b,Rd}$	664	664	664	664	664	664	664	664	664	664	664	664	664
	12.5	1.00	$N_{b,y,Rd}$	5930	5850	5730	5600	5450	5270	5060	4800	4500	4160	3810	3450	3120
	$f_y W_{el,y}$ = 683		$N_{b,z,Rd}$	5910	5760	5600	5400	5160	4860	4480	4060	3610	3180	2790	2460	2170
	$f_y W_{el,z}$ = 583	1.00	$M_{b,Rd}$	816	816	816	816	816	816	816	816	816	816	816	816	816
	14.2	1.00	$N_{b,y,Rd}$	6710	6620	6480	6330	6160	5950	5710	5410	5070	4680	4280	3880	3500
	$f_y W_{el,y}$ = 763		$N_{b,z,Rd}$	6690	6520	6330	6110	5840	5500	5070	4590	4080	3600	3160	2780	2460
	$f_y W_{el,z}$ = 649	1.00	$M_{b,Rd}$	916	916	916	916	916	916	916	916	916	916	916	916	916
	16.0	1.00	$N_{b,y,Rd}$	7490	7390	7230	7060	6870	6640	6360	6020	5630	5190	4740	4290	3870
	$f_y W_{el,y}$ = 844		$N_{b,z,Rd}$	7460	7270	7060	6810	6500	6110	5630	5080	4510	3970	3490	3070	2710
	$f_y W_{el,z}$ = 717	1.00	$M_{b,Rd}$	1020	1020	1020	1020	1020	1020	1020	1020	1020	1020	1020	1020	1020

Celsius® is a trademark of Corus. A fuller description of the relationship between Hot Finished Rectangular Hollow Sections (HFRHS) and the Celsius® range of sections manufactured by Corus is given in note 12.

$n = N_{Ed} / N_{pl,Rd}$

* The section is a class 4 section about the y-y axis and is independent of the design axial force N_{Ed}.

Under combined axial compression and bending the resistances are only valid up to the given $N_{Ed} / N_{pl,Rd}$ limit. For higher values of $n = N_{Ed} / N_{pl,Rd}$ the section would be overloaded due to N_{Ed} alone even when M_{Ed} is zero, because N_{Ed} would exceed the local buckling resistance of the section.

Axial force resistance $N_{pl,Rd}$ which is equal to Af_y is given in the cross-section resistance check table opposite.

§ The section can be a class 4 section but no allowance has been made in calculating $N_{b,y,Rd}$ and $N_{b,z,Rd}$.

♦ For this section, resistances $N_{b,Rd}$ and $M_{b,Rd}$ are calculated based on class 4 section properties and are displayed in *italic*.

FOR EXPLANATION OF TABLES SEE NOTE 10.   Check availability

BS EN 1993-1-1:2005
BS EN 10210-2: 2006

AXIAL FORCE & BENDING

S355 / Celsius® 355

HOT-FINISHED RECTANGULAR HOLLOW SECTIONS

Celsius® RHS

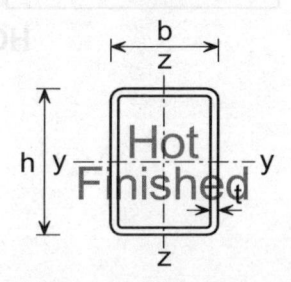

Cross-section resistance check

Section Designation		Mass per Metre	Axial Resistance	n Limit Class 3 **Class 2**		Moment Resistance $M_{c,y,Rd}$, $M_{c,z,Rd}$ (kNm) and Reduced Moment Resistance $M_{N,y,Rd}$, $M_{N,z,Rd}$ (kNm) for Ratios of Design Axial Force to Design Axial Plastic Resistance $n = N_{Ed} / N_{pl,Rd}$											
h x b	t		$N_{pl,Rd}$	Axis		n	0.0	0.1	0.2	0.3	0.4	0.5	0.6	0.7	0.8	0.9	1.0
mm	mm	kg	kN	y-y	z-z												
450x250	8.0	85.4	3870			$M_{c,y,Rd}$	576	576	475	475	475	✘	✘	✘	✘	$	$
				0.463	*	$M_{c,z,Rd}$	✘	✘	✘	✘	✘	✘	✘	✘	✘	$	$
				0.141		$M_{N,y,Rd}$	576	576	-	-	-	-	-	-	-	-	-
						$M_{N,z,Rd}$	-	-	-	-	-	-	-	-	-	-	-
	10.0	106	4790			$M_{c,y,Rd}$	710	710	710	710	582	582	582	582	✘	$	$
				0.720	*	$M_{c,z,Rd}$	✘	✘	✘	✘	✘	✘	✘	✘	✘	$	$
				0.319		$M_{N,y,Rd}$	710	710	710	663	-	-	-	-	-	-	-
						$M_{N,z,Rd}$	-	-	-	-	-	-	-	-	-	-	-
	12.5	131	5930			$M_{c,y,Rd}$	873	873	873	873	873	873	710	710	710	710	710
				1.00	1.00	$M_{c,z,Rd}$	510	510	510	510	510	510	510	510	510	510	510
				0.546	**0.00**	$M_{N,y,Rd}$	873	873	873	814	698	582	-	-	-	-	-
						$M_{N,z,Rd}$	-	-	-	-	-	-	-	-	-	-	-
	14.2	148	6710			$M_{c,y,Rd}$	979	979	979	979	979	979	979	979	979	979	979
				n/a	n/a	$M_{c,z,Rd}$	649	649	649	649	649	649	649	649	649	649	649
				1.00	**1.00**	$M_{N,y,Rd}$	979	979	979	914	784	653	522	392	261	131	0
						$M_{N,z,Rd}$	649	649	619	542	464	387	310	232	155	77.4	0
	16.0	166	7490			$M_{c,y,Rd}$	1090	1090	1090	1090	1090	1090	1090	1090	1090	1090	1090
				n/a	n/a	$M_{c,z,Rd}$	720	720	720	720	720	720	720	720	720	720	720
				1.00	**1.00**	$M_{N,y,Rd}$	1090	1090	1090	1020	872	727	581	436	291	145	0
						$M_{N,z,Rd}$	720	720	685	599	514	428	342	257	171	85.6	0

Celsius® is a trademark of Corus. A fuller description of the relationship between Hot Finished Rectangular Hollow Sections (HFRHS) and the Celsius® range of sections manufactured by Corus is given in note 12.

* The section is a class 4 section about the appropriate axis and is independent of the design axial force N_{Ed}. Values of $M_{c,Rd}$ are calculated based on class 4 section properties and are displayed in *italic*.

N_{Ed} = Design value of the axial force.

$n = N_{Ed} / N_{pl,Rd}$

✘ Section becomes class 4, see note 10.

$ For these values of $N_{Ed} / N_{pl,Rd}$ the section would be overloaded due to N_{Ed} alone even when M_{Ed} is zero, because N_{Ed} would exceed the local buckling resistance of the section.

- Not applicable for class 3 and class 4 sections sections.

FOR EXPLANATION OF TABLES SEE NOTE 10.   Check availability

| BS EN 1993-1-1:2005 |
| BS EN 10210-2: 2006 |

AXIAL FORCE & BENDING — S355 / Celsius® 355

HOT-FINISHED RECTANGULAR HOLLOW SECTIONS

Celsius® RHS

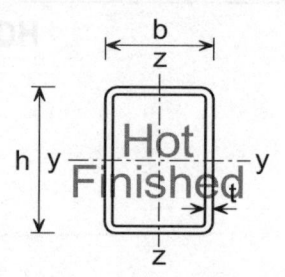

Member buckling check

Section Designation & Resistances (kNm)		n Limit	Compression Resistance $N_{b,y,Rd}$, $N_{b,z,Rd}$ (kN) and Buckling Resistance Moment $M_{b,Rd}$ (kNm) for Varying buckling lengths L (m) within the limiting value of $n = N_{Ed} / N_{pl,Rd}$												
h x b mm	t mm		L (m)	2.0	3.0	4.0	5.0	6.0	7.0	8.0	9.0	10.0	11.0	12.0	13.0	14.0
450x250	§ 8.0	0.463	$N_{b,y,Rd}$	3870	3840	3770	3690	3610	3510	3400	3260	3100	2920	2720	2510	2300
	$f_y W_{el,y} = 475$		$N_{b,z,Rd}$	3830	3720	3580	3420	3200	2930	2610	2280	1970	1700	1470	1280	1120
	$f_y W_{el,z} = 345$	0.463	$M_{b,Rd}$	475	475	475	475	475	475	475	475	475	475	475	475	475
		0.141	$M_{b,Rd}$	576	576	576	576	576	576	576	576	576	576	576	576	576
	§ 10.0	0.720	$N_{b,y,Rd}$	4790	4750	4670	4570	4460	4340	4200	4030	3830	3600	3350	3080	2820
	$f_y W_{el,y} = 582$		$N_{b,z,Rd}$	4740	4600	4430	4220	3950	3600	3200	2780	2400	2070	1790	1560	1370
	$f_y W_{el,z} = 421$	0.720	$M_{b,Rd}$	582	582	582	582	582	582	582	582	582	582	582	582	582
		0.319	$M_{b,Rd}$	710	710	710	710	710	710	710	710	710	710	710	710	710
	12.5	1.00	$N_{b,y,Rd}$	5930	5880	5770	5650	5520	5370	5190	4970	4720	4440	4120	3790	3460
	$f_y W_{el,y} = 710$		$N_{b,z,Rd}$	5860	5680	5470	5210	4860	4420	3920	3400	2930	2520	2180	1900	1660
	$f_y W_{el,z} = 510$	1.00	$M_{b,Rd}$	710	710	710	710	710	710	710	710	710	710	710	710	710
		0.546	$M_{b,Rd}$	873	873	873	873	873	873	873	873	873	873	873	873	873
	14.2	1.00	$N_{b,y,Rd}$	6710	6650	6520	6390	6240	6060	5860	5610	5330	5000	4640	4260	3890
	$f_y W_{el,y} = 794$		$N_{b,z,Rd}$	6630	6430	6180	5880	5480	4970	4390	3800	3270	2810	2430	2110	1850
	$f_y W_{el,z} = 568$	1.00	$M_{b,Rd}$	979	979	979	979	979	979	979	979	979	979	979	979	979
	16.0	1.00	$N_{b,y,Rd}$	7490	7420	7280	7130	6960	6760	6530	6250	5930	5550	5140	4720	4310
	$f_y W_{el,y} = 879$		$N_{b,z,Rd}$	7400	7170	6890	6540	6090	5510	4850	4190	3590	3090	2670	2320	2030
	$f_y W_{el,z} = 626$	1.00	$M_{b,Rd}$	1090	1090	1090	1090	1090	1090	1090	1090	1090	1090	1090	1090	1090

Celsius® is a trademark of Corus. A fuller description of the relationship between Hot Finished Rectangular Hollow Sections (HFRHS) and the Celsius® range of sections manufactured by Corus is given in note 12.

$n = N_{Ed} / N_{pl,Rd}$

Under combined axial compression and bending the resistances are only valid up to the given $N_{Ed} / N_{pl,Rd}$ limit. For higher values of $n = N_{Ed} / N_{pl,Rd}$ the section would be overloaded due to N_{Ed} alone even when M_{Ed} is zero, because N_{Ed} would exceed the local buckling resistance of the section.

Axial force resistance $N_{pl,Rd}$ which is equal to Af_y is given in the cross-section resistance check table opposite.

§ The section can be a class 4 section but no allowance has been made in calculating $N_{b,y,Rd}$ and $N_{b,z,Rd}$.

FOR EXPLANATION OF TABLES SEE NOTE 10.

Check availability

BS EN 1993-1-1:2005
BS EN 10210-2: 2006

AXIAL FORCE & BENDING

S355 / Celsius® 355

HOT-FINISHED RECTANGULAR HOLLOW SECTIONS

Celsius® RHS

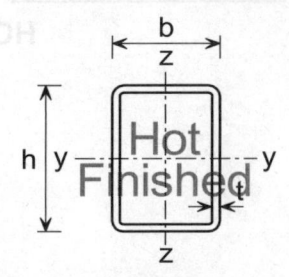

Cross-section resistance check

Section Designation		Mass per Metre	Axial Resistance	n Limit Class 3 Class 2		Moment Resistance $M_{c,y,Rd}$, $M_{c,z,Rd}$ (kNm) and Reduced Moment Resistance $M_{N,y,Rd}$, $M_{N,z,Rd}$ (kNm) for Ratios of Design Axial Force to Design Axial Plastic Resistance $n = N_{Ed}/N_{pl,Rd}$											
h x b	t		$N_{pl,Rd}$	Axis		n	0.0	0.1	0.2	0.3	0.4	0.5	0.6	0.7	0.8	0.9	1.0
mm	mm	kg	kN	y-y	z-z												
500x200	8.0	85.4	3870	0.361 **0.079**	*	$M_{c,y,Rd}$	606	484	484	484	✗	✗	✗	✗	$	$	$
						$M_{c,z,Rd}$	✗	✗	✗	✗	✗	✗	✗	✗	$	$	$
						$M_{N,y,Rd}$	606	-	-	-	-	-	-	-	-	-	-
						$M_{N,z,Rd}$	-	-	-	-	-	-	-	-	-	-	-
	10.0	106	4790	0.591 **0.256**	*	$M_{c,y,Rd}$	747	747	747	593	593	593	✗	✗	✗	$	$
						$M_{c,z,Rd}$	✗	✗	✗	✗	✗	✗	✗	✗	✗	$	$
						$M_{N,y,Rd}$	747	747	747	-	-	-	-	-	-	-	-
						$M_{N,z,Rd}$	-	-	-	-	-	-	-	-	-	-	-
	12.5	131	5930	0.885 **0.482**	*	$M_{c,y,Rd}$	918	918	918	918	918	723	723	723	723	✗	$
						$M_{c,z,Rd}$	✗	✗	✗	✗	✗	✗	✗	✗	✗	✗	$
						$M_{N,y,Rd}$	918	918	918	857	734	-	-	-	-	-	-
						$M_{N,z,Rd}$	-	-	-	-	-	-	-	-	-	-	-
	14.2	148	6710	1.00 **0.636**	1.00 **0.00**	$M_{c,y,Rd}$	1030	1030	1030	1030	1030	1030	1030	809	809	809	809
						$M_{c,z,Rd}$	470	470	470	470	470	470	470	470	470	470	470
						$M_{N,y,Rd}$	1030	1030	1030	962	825	687	550	-	-	-	-
						$M_{N,z,Rd}$	-	-	-	-	-	-	-	-	-	-	-
	16.0	166	7490	n/a **1.00**	n/a **1.00**	$M_{c,y,Rd}$	1150	1150	1150	1150	1150	1150	1150	1150	1150	1150	1150
						$M_{c,z,Rd}$	592	592	592	592	592	592	592	592	592	592	592
						$M_{N,y,Rd}$	1150	1150	1150	1070	918	765	612	459	306	153	0
						$M_{N,z,Rd}$	592	592	539	472	404	337	270	202	135	67.4	0

Celsius® is a trademark of Corus. A fuller description of the relationship between Hot Finished Rectangular Hollow Sections (HFRHS) and the Celsius® range of sections manufactured by Corus is given in note 12.

* The section is a class 4 section about the appropriate axis and is independent of the design axial force N_{Ed}. Values of $M_{c,Rd}$ are calculated based on class 4 section properties and are displayed in *italic*.

N_{Ed} = Design value of the axial force.

$n = N_{Ed} / N_{pl,Rd}$

✗ Section becomes class 4, see note 10.

$ For these values of $N_{Ed} / N_{pl,Rd}$ the section would be overloaded due to N_{Ed} alone even when M_{Ed} is zero, because N_{Ed} would exceed the local buckling resistance of the section.

- Not applicable for class 3 and class 4 sections sections.

FOR EXPLANATION OF TABLES SEE NOTE 10.

▬ Check availability

BS EN 1993-1-1:2005
BS EN 10210-2: 2006

AXIAL FORCE & BENDING

S355 / Celsius® 355

HOT-FINISHED RECTANGULAR HOLLOW SECTIONS

Celsius® RHS

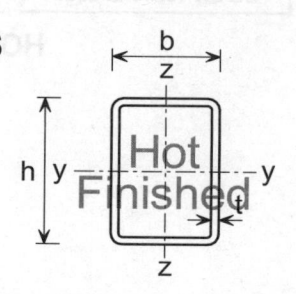

Member buckling check

Section Designation & Resistances (kNm)		n Limit	Compression Resistance $N_{b,y,Rd}$, $N_{b,z,Rd}$ (kN) and Buckling Resistance Moment $M_{b,Rd}$ (kNm) for Varying buckling lengths L (m) within the limiting value of $n = N_{Ed} / N_{pl,Rd}$												
h x b mm	t mm		L (m)	2.0	3.0	4.0	5.0	6.0	7.0	8.0	9.0	10.0	11.0	12.0	13.0	14.0
500x200	§ 8.0	0.361	$N_{b,y,Rd}$	3870	3850	3790	3720	3640	3550	3460	3340	3210	3050	2870	2680	2480
	$f_y W_{el,y}$ = 484		$N_{b,z,Rd}$	3780	3630	3440	3170	2820	2420	2030	1690	1420	1200	1030	889	775
	$f_y W_{el,z}$ = 289	0.361	$M_{b,Rd}$	484	484	484	484	484	484	484	484	484	484	484	484	484
		0.079	$M_{b,Rd}$	606	606	606	606	606	606	606	606	606	606	606	606	606
	§ 10.0	0.591	$N_{b,y,Rd}$	4790	4770	4690	4600	4510	4400	4270	4130	3960	3760	3540	3300	3050
	$f_y W_{el,y}$ = 593		$N_{b,z,Rd}$	4680	4490	4240	3910	3460	2950	2470	2060	1730	1460	1250	1080	942
	$f_y W_{el,z}$ = 351	0.591	$M_{b,Rd}$	593	593	593	593	593	593	593	593	593	593	593	593	593
		0.256	$M_{b,Rd}$	747	747	747	747	747	747	747	747	747	747	747	747	747
	§ 12.5	0.885	$N_{b,y,Rd}$	5930	5900	5800	5690	5570	5440	5280	5100	4890	4640	4360	4060	3750
	$f_y W_{el,y}$ = 723		$N_{b,z,Rd}$	5780	5540	5230	4800	4230	3600	3000	2490	2090	1770	1510	1300	1140
	$f_y W_{el,z}$ = 424	0.885	$M_{b,Rd}$	723	723	723	723	723	723	723	723	723	723	723	723	723
		0.482	$M_{b,Rd}$	918	918	918	918	918	918	918	918	918	918	918	918	916
	14.2	1.00	$N_{b,y,Rd}$	6710	6670	6560	6430	6300	6140	5970	5760	5510	5230	4910	4570	4220
	$f_y W_{el,y}$ = 809		$N_{b,z,Rd}$	6540	6260	5910	5410	4760	4030	3350	2790	2330	1970	1680	1450	1270
	$f_y W_{el,z}$ = 470	1.00	$M_{b,Rd}$	809	809	809	809	809	809	809	809	809	809	809	809	809
		0.636	$M_{b,Rd}$	1030	1030	1030	1030	1030	1030	1030	1030	1030	1030	1030	1030	1030
	16.0	1.00	$N_{b,y,Rd}$	7490	7450	7320	7180	7030	6850	6650	6420	6140	5820	5460	5070	4680
	$f_y W_{el,y}$ = 895		$N_{b,z,Rd}$	7290	6980	6580	6010	5260	4440	3690	3060	2560	2160	1850	1590	1390
	$f_y W_{el,z}$ = 516	1.00	$M_{b,Rd}$	1150	1150	1150	1150	1150	1150	1150	1150	1150	1150	1150	1150	1140

Celsius® is a trademark of Corus. A fuller description of the relationship between Hot Finished Rectangular Hollow Sections (HFRHS) and the Celsius® range of sections manufactured by Corus is given in note 12.

$n = N_{Ed} / N_{pl,Rd}$

Under combined axial compression and bending the resistances are only valid up to the given $N_{Ed} / N_{pl,Rd}$ limit. For higher values of $n = N_{Ed} / N_{pl,Rd}$ the section would be overloaded due to N_{Ed} alone even when M_{Ed} is zero, because N_{Ed} would exceed the local buckling resistance of the section.

Axial force resistance $N_{pl,Rd}$ which is equal to Af_y is given in the cross-section resistance check table opposite.

§ The section can be a class 4 section but no allowance has been made in calculating $N_{b,y,Rd}$ and $N_{b,z,Rd}$.

FOR EXPLANATION OF TABLES SEE NOTE 10.

Check availability

BS EN 1993-1-1:2005
BS EN 10210-2: 2006

AXIAL FORCE & BENDING

S355 / Celsius® 355

HOT-FINISHED RECTANGULAR HOLLOW SECTIONS

Celsius® RHS

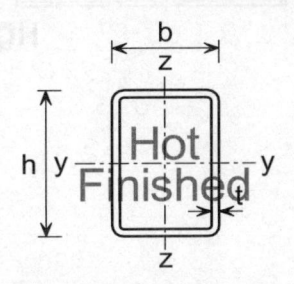

Cross-section resistance check

Section Designation		Mass per Metre	Axial Resistance	n Limit Class 3 Class 2		Moment Resistance $M_{c,y,Rd}$, $M_{c,z,Rd}$ (kNm) and Reduced Moment Resistance $M_{N,y,Rd}$, $M_{N,z,Rd}$ (kNm) for Ratios of Design Axial Force to Design Axial Plastic Resistance $n = N_{Ed} / N_{pl,Rd}$											
h x b	t		$N_{pl,Rd}$	Axis		n	0.0	0.1	0.2	0.3	0.4	0.5	0.6	0.7	0.8	0.9	1.0
mm	mm	kg	kN	y-y	z-z												
500x300	8.0	97.9	4440	*	*	$M_{c,y,Rd}$	✗	✗	✗	✗	✗	✗	✗	✗	$	$	$
						$M_{c,z,Rd}$	✗	✗	✗	✗	✗	✗	✗	✗	$	$	$
						$M_{N,y,Rd}$	-	-	-	-	-	-	-	-	-	-	-
						$M_{N,z,Rd}$	-	-	-	-	-	-	-	-	-	-	-
	10.0	122	5500	0.591	*	$M_{c,y,Rd}$	921	921	921	763	763	763	✗	✗	✗	$	$
				0.223		$M_{c,z,Rd}$	✗	✗	✗	✗	✗	✗	✗	✗	✗	$	$
						$M_{N,y,Rd}$	921	921	921	-	-	-	-	-	-	-	-
						$M_{N,z,Rd}$	-	-	-	-	-	-	-	-	-	-	-
	12.5	151	6820	0.885	*	$M_{c,y,Rd}$	1130	1130	1130	1130	1130	935	935	935	935	✗	$
				0.419		$M_{c,z,Rd}$	✗	✗	✗	✗	✗	✗	✗	✗	✗	✗	$
						$M_{N,y,Rd}$	1130	1130	1130	1060	908	-	-	-	-	-	-
						$M_{N,z,Rd}$	-	-	-	-	-	-	-	-	-	-	-
	14.2	170	7700	1.00	1.00	$M_{c,y,Rd}$	1280	1280	1280	1280	1280	1280	1050	1050	1050	1050	1050
				0.554	**0.00**	$M_{c,z,Rd}$	787	787	787	787	787	787	787	787	787	787	787
						$M_{N,y,Rd}$	1280	1280	1280	1190	1020	850	-	-	-	-	-
						$M_{N,z,Rd}$	-	-	-	-	-	-	-	-	-	-	-
	16.0	191	8630	n/a	n/a	$M_{c,y,Rd}$	1420	1420	1420	1420	1420	1420	1420	1420	1420	1420	1420
				1.00	**1.00**	$M_{c,z,Rd}$	995	995	995	995	995	995	995	995	995	995	995
						$M_{N,y,Rd}$	1420	1420	1420	1330	1140	948	758	569	379	190	0
						$M_{N,z,Rd}$	995	995	960	840	720	600	480	360	240	120	0
	20.0 ^	235	10400	n/a	n/a	$M_{c,y,Rd}$	1690	1690	1690	1690	1690	1690	1690	1690	1690	1690	1690
				1.00	**1.00**	$M_{c,z,Rd}$	1180	1180	1180	1180	1180	1180	1180	1180	1180	1180	1180
						$M_{N,y,Rd}$	1690	1690	1690	1570	1350	1120	899	674	449	225	0
						$M_{N,z,Rd}$	1180	1180	1130	988	847	705	564	423	282	141	0

Celsius® is a trademark of Corus. A fuller description of the relationship between Hot Finished Rectangular Hollow Sections (HFRHS) and the Celsius® range of sections manufactured by Corus is given in note 12.

* The section is a class 4 section about the appropriate axis and is independent of the design axial force N_{Ed}. Values of $M_{c,Rd}$ are calculated based on class 4 section properties and are displayed in *italic*.

N_{Ed} = Design value of the axial force.

$n = N_{Ed} / N_{pl,Rd}$

✗ Section becomes class 4, see note 10.

$ For these values of $N_{Ed} / N_{pl,Rd}$ the section would be overloaded due to N_{Ed} alone even when M_{Ed} is zero, because N_{Ed} would exceed the local buckling resistance of the section.

- Not applicable for class 3 and class 4 sections sections.

^ SAW process (single longitudinal seam weld, slightly proud).

FOR EXPLANATION OF TABLES SEE NOTE 10.

▓ Check availability

BS EN 1993-1-1:2005
BS EN 10210-2: 2006

AXIAL FORCE & BENDING

S355 / Celsius® 355

HOT-FINISHED RECTANGULAR HOLLOW SECTIONS

Celsius® RHS

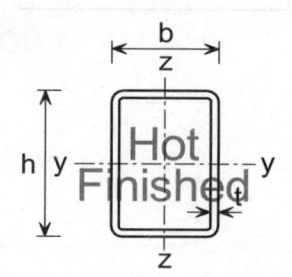

Member buckling check

Section Designation & Resistances (kNm)		n Limit	Compression Resistance $N_{b,y,Rd}$, $N_{b,z,Rd}$ (kN) and Buckling Resistance Moment $M_{b,Rd}$ (kNm) for Varying buckling lengths L (m) within the limiting value of n = $N_{Ed}/N_{pl,Rd}$												
h x b	t		L (m)	2.0	3.0	4.0	5.0	6.0	7.0	8.0	9.0	10.0	11.0	12.0	13.0	14.0
mm	mm															
500x300	♦ 8.0	*	$N_{b,y,Rd}$	3390	3390	3350	3310	3260	3200	3140	3080	3000	2910	2820	2710	2580
	$f_y W_{el,y}$ = 621		$N_{b,z,Rd}$	3390	3330	3260	3180	3080	2970	2830	2660	2470	2260	2040	1840	1650
	$f_y W_{el,z}$ = 472	*	$M_{b,Rd}$	604	604	604	604	604	604	604	604	604	604	604	604	604
	§ 10.0	0.591	$N_{b,y,Rd}$	5500	5490	5400	5310	5210	5100	4970	4830	4660	4460	4230	3980	3720
	$f_y W_{el,y}$ = 763		$N_{b,z,Rd}$	5490	5360	5220	5050	4850	4590	4280	3910	3510	3120	2760	2440	2160
	$f_y W_{el,z}$ = 578	0.591	$M_{b,Rd}$	763	763	763	763	763	763	763	763	763	763	763	763	763
		0.223	$M_{b,Rd}$	921	921	921	921	921	921	921	921	921	921	921	921	921
	§ 12.5	0.885	$N_{b,y,Rd}$	6820	6800	6690	6570	6450	6310	6150	5970	5750	5510	5220	4910	4580
	$f_y W_{el,y}$ = 935		$N_{b,z,Rd}$	6800	6640	6460	6250	5990	5670	5270	4810	4310	3820	3380	2980	2640
	$f_y W_{el,z}$ = 705	0.885	$M_{b,Rd}$	935	935	935	935	935	935	935	935	935	935	935	935	935
		0.419	$M_{b,Rd}$	1130	1130	1130	1130	1130	1130	1130	1130	1130	1130	1130	1130	1130
	14.2	1.00	$N_{b,y,Rd}$	7700	7680	7560	7430	7280	7130	6940	6730	6490	6210	5880	5530	5150
	$f_y W_{el,y}$ = 1050		$N_{b,z,Rd}$	7680	7500	7290	7050	6760	6380	5930	5390	4830	4280	3770	3330	2940
	$f_y W_{el,z}$ = 787	1.00	$M_{b,Rd}$	1050	1050	1050	1050	1050	1050	1050	1050	1050	1050	1050	1050	1050
		0.554	$M_{b,Rd}$	1280	1280	1280	1280	1280	1280	1280	1280	1280	1280	1280	1280	1280
	16.0	1.00	$N_{b,y,Rd}$	8630	8600	8460	8310	8150	7970	7770	7530	7250	6930	6560	6160	5730
	$f_y W_{el,y}$ = 1160		$N_{b,z,Rd}$	8600	8390	8160	7880	7550	7120	6600	6000	5350	4730	4170	3680	3250
	$f_y W_{el,z}$ = 870	1.00	$M_{b,Rd}$	1420	1420	1420	1420	1420	1420	1420	1420	1420	1420	1420	1420	1420
	20.0 ^	1.00	$N_{b,y,Rd}$	10400	10300	10200	9980	9790	9580	9340	9060	8730	8350	7920	7450	6940
	$f_y W_{el,y}$ = 1360		$N_{b,z,Rd}$	10300	10100	9790	9460	9050	8540	7910	7180	6410	5660	4990	4400	3890
	$f_y W_{el,z}$ = 1010	1.00	$M_{b,Rd}$	1690	1690	1690	1690	1690	1690	1690	1690	1690	1690	1690	1690	1690

Celsius® is a trademark of Corus. A fuller description of the relationship between Hot Finished Rectangular Hollow Sections (HFRHS) and the Celsius® range of sections manufactured by Corus is given in note 12.

n = $N_{Ed} / N_{pl,Rd}$

* The section is a class 4 section about the y-y axis and is independent of the design axial force N_{Ed}.

Under combined axial compression and bending the resistances are only valid up to the given $N_{Ed} / N_{pl,Rd}$ limit. For higher values of n = $N_{Ed} / N_{pl,Rd}$ the section would be overloaded due to N_{Ed} alone even when M_{Ed} is zero, because N_{Ed} would exceed the local buckling resistance of the section.

Axial force resistance $N_{pl,Rd}$ which is equal to Af_y is given in the cross-section resistance check table opposite.

§ The section can be a class 4 section but no allowance has been made in calculating $N_{b,y,Rd}$ and $N_{b,z,Rd}$.

♦ For this section, resistances $N_{b,Rd}$ and $M_{b,Rd}$ are calculated based on class 4 section properties and are displayed in *italic*.

^ SAW process (single longitudinal seam weld, slightly proud).

FOR EXPLANATION OF TABLES SEE NOTE 10.

Check availability

BS EN 1993-1-1:2005
BS EN 10210-2: 2006

AXIAL FORCE & BENDING

S355 / Celsius® 355

HOT-FINISHED ELLIPTICAL HOLLOW SECTIONS

Celsius® OHS

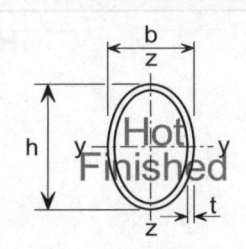

Cross-section resistance check

Section Designation h x b (mm)	t (mm)	Mass per Metre (kg)	Axial Resistance $N_{pl,Rd}$ (kN)	Section classification	Moment Resistance $M_{c,y,Rd}$, $M_{c,z,Rd}$ (kNm)	
150x75	4 *	10.7	384	4	$M_{c,y,Rd}$	11.3
					$M_{c,z,Rd}$	7.59
	5 *	13.3	596	4	$M_{c,y,Rd}$	17.2
					$M_{c,z,Rd}$	11.5
	6.3	16.5	746	3	$M_{c,y,Rd}$	21.2
					$M_{c,z,Rd}$	13.9
200x100	5 *	17.9	603	4	$M_{c,y,Rd}$	23.7
					$M_{c,z,Rd}$	16.0
	6.3 *	22.3	946	4	$M_{c,y,Rd}$	36.6
					$M_{c,z,Rd}$	24.5
	8	28.0	1270	3	$M_{c,y,Rd}$	48.3
					$M_{c,z,Rd}$	31.7
	10	34.5	1560	2	$M_{c,y,Rd}$	83.4
					$M_{c,z,Rd}$	50.1
250x125	6.3 *	28.2	957	4	$M_{c,y,Rd}$	46.9
					$M_{c,z,Rd}$	31.7
	8 *	35.4	1530	4	$M_{c,y,Rd}$	74.1
					$M_{c,z,Rd}$	49.1
	10	43.8	1980	3	$M_{c,y,Rd}$	94.1
					$M_{c,z,Rd}$	61.8
	12.5	53.9	2440	2	$M_{c,y,Rd}$	163
					$M_{c,z,Rd}$	98.0

Celsius® is a trademark of Corus. A fuller description of the relationship between Hot Finished Elliptical Hollow Sections (HFEHS) and the Celsius® range of sections manufactured by Corus is given in note 12.

* The section is a Class 4 section.

FOR EXPLANATION OF TABLES SEE NOTE 10.

| BS EN 1993-1-1:2005 |
| BS EN 10210-2: 2006 |

AXIAL FORCE & BENDING

S355 / Celsius® 355

HOT-FINISHED ELLIPTICAL HOLLOW SECTIONS

Celsius® OHS

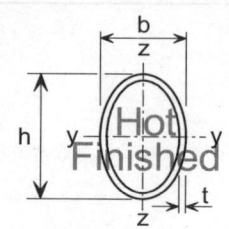

Member buckling check

Section Designation & Resistances (kNm)		Compression Resistance $N_{b,y,Rd}$, $N_{b,z,Rd}$ (kN) and Buckling Resistance Moment $M_{b,Rd}$ (kNm) for Varying buckling lengths L (m) within the limiting value of $n = N_{Ed} / N_{pl,Rd}$													
h x b mm	t mm	L (m)	1.0	1.5	2.0	2.5	3.0	3.5	4.0	5.0	6.0	7.0	8.0	9.0	10.0
150x75	4	$N_{b,y,Rd}$	379	368	355	338	317	289	257	194	145	110	86.6	69.6	57.0
	$f_{y,red}W_{el,y}$ = 11.3	$N_{b,z,Rd}$	362	335	292	236	183	143	113	75.1	53.3	39.7	30.7	24.4	19.9
	$f_{y,red}W_{el,z}$ = 7.59	$M_{b,Rd}$	11.3	11.3	11.3	11.3	11.2	11.0	10.9	10.6	10.4	10.2	9.98	9.80	9.64
	5	$N_{b,y,Rd}$	585	564	539	505	460	405	347	249	182	138	108	86.2	70.5
	$f_{y,red}W_{el,y}$ = 17.2	$N_{b,z,Rd}$	553	497	409	311	234	179	141	92.6	65.4	48.6	37.5	29.8	24.3
	$f_{y,red}W_{el,z}$ = 11.5	$M_{b,Rd}$	17.2	17.2	17.2	16.9	16.6	16.4	16.1	15.7	15.3	15.0	14.7	14.4	14.1
	6.3	$N_{b,y,Rd}$	732	705	673	629	571	501	428	306	223	169	132	105	86.2
	$f_y W_{el,y}$ = 21	$N_{b,z,Rd}$	690	616	501	377	282	215	169	111	78.5	58.3	45.0	35.8	29.1
	$f_y W_{el,z}$ = 13.8	$M_{b,Rd}$	21.2	21.2	21.2	20.8	20.4	20.1	19.8	19.3	18.8	18.4	18.0	17.6	17.3
200x100	5	$N_{b,y,Rd}$	603	593	580	566	549	529	505	442	367	297	240	196	163
	$f_{y,red}W_{el,y}$ = 23.7	$N_{b,z,Rd}$	588	563	532	488	430	365	304	212	153	115	89.6	71.6	58.5
	$f_{y,red}W_{el,z}$ = 16	$M_{b,Rd}$	23.7	23.7	23.7	23.7	23.7	23.7	23.5	23.1	22.6	22.3	21.9	21.6	21.3
	6.3	$N_{b,y,Rd}$	945	924	900	872	838	796	745	618	489	384	306	248	204
	$f_{y,red}W_{el,y}$ = 36.6	$N_{b,z,Rd}$	913	866	800	706	592	482	391	266	190	143	111	88.1	71.9
	$f_{y,red}W_{el,z}$ = 24.5	$M_{b,Rd}$	36.6	36.6	36.6	36.6	36.5	36.0	35.6	34.8	34.1	33.5	32.9	32.3	31.8
	8	$N_{b,y,Rd}$	1260	1230	1200	1160	1110	1050	972	790	616	480	381	308	253
	$f_y W_{el,y}$ = 45.3	$N_{b,z,Rd}$	1220	1150	1050	910	747	600	483	326	233	174	135	107	87.6
	$f_y W_{el,z}$ = 29.7	$M_{b,Rd}$	48.3	48.3	48.3	48.3	47.8	47.1	46.5	45.5	44.5	43.6	42.8	42.1	41.4
	10	$N_{b,y,Rd}$	1560	1520	1480	1430	1360	1280	1190	960	746	580	460	371	306
	$f_y W_{el,y}$ = 54.6	$N_{b,z,Rd}$	1500	1410	1280	1100	897	717	576	388	277	207	160	127	104
	$f_y W_{el,z}$ = 35.3	$M_{b,Rd}$	83.4	83.4	82.7	81.1	79.7	78.4	77.2	75.0	73.1	71.3	69.7	68.2	66.8
250x125	6.3	$N_{b,y,Rd}$	957	953	938	921	903	882	859	800	722	628	533	449	379
	$f_{y,red}W_{el,y}$ = 46.9	$N_{b,z,Rd}$	946	918	885	843	788	719	639	480	358	273	214	172	141
	$f_{y,red}W_{el,z}$ = 31.7	$M_{b,Rd}$	46.9	46.9	46.9	46.9	46.9	46.9	46.9	46.5	45.8	45.1	44.5	43.9	43.4
	8	$N_{b,y,Rd}$	1530	1510	1480	1450	1410	1370	1320	1200	1030	858	706	583	486
	$f_{y,red}W_{el,y}$ = 74.1	$N_{b,z,Rd}$	1500	1440	1380	1290	1170	1020	870	621	453	343	267	214	175
	$f_{y,red}W_{el,z}$ = 49.1	$M_{b,Rd}$	74.1	74.1	74.1	74.1	74.1	74.1	73.3	71.8	70.5	69.3	68.3	67.3	66.3
	10	$N_{b,y,Rd}$	1980	1960	1920	1870	1830	1770	1700	1520	1290	1060	870	715	595
	$f_y W_{el,y}$ = 89.7	$N_{b,z,Rd}$	1940	1860	1770	1640	1470	1270	1070	754	548	413	322	257	210
	$f_y W_{el,z}$ = 58.9	$M_{b,Rd}$	94.1	94.1	94.1	94.1	94.1	93.6	92.6	90.7	89.0	87.5	86.1	84.7	83.5
	12.5	$N_{b,y,Rd}$	2440	2410	2360	2300	2240	2170	2080	1860	1570	1290	1050	865	719
	$f_y W_{el,y}$ = 108	$N_{b,z,Rd}$	2380	2290	2170	2000	1780	1530	1280	900	653	492	383	306	250
	$f_y W_{el,z}$ = 70	$M_{b,Rd}$	163	163	163	161	159	156	154	150	147	144	141	138	136

Celsius® is a trademark of Corus. A fuller description of the relationship between Hot Finished Elliptical Hollow Sections (HFEHS) and the Celsius® range of sections manufactured by Corus is given in note 12.

Axial force resistance $N_{pl,Rd}$ which is equal to Af_y is given in the cross-section resistance check table opposite.

FOR EXPLANATION OF TABLES SEE NOTE 10.

BS EN 1993-1-1:2005 / BS EN 10210-2: 2006		AXIAL FORCE & BENDING			S355 / Celsius® 355

HOT-FINISHED ELLIPTICAL HOLLOW SECTIONS

Celsius® OHS

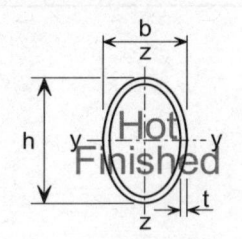

Cross-section resistance check

Section Designation		Mass per Metre	Axial Resistance	Section classification	Moment Resistance $M_{c,y,Rd}$, $M_{c,z,Rd}$ (kNm)	
h x b mm	t mm	kg	$N_{pl,Rd}$ kN			
300x150	8 *	42.8	1540	4	$M_{c,y,Rd}$	90.5
					$M_{c,z,Rd}$	60.6
	10 *	53.0	2380	4	$M_{c,y,Rd}$	138
					$M_{c,z,Rd}$	91.6
	12.5	65.5	2960	3	$M_{c,y,Rd}$	169
					$M_{c,z,Rd}$	110
	16	82.5	3730	2	$M_{c,y,Rd}$	297
					$M_{c,z,Rd}$	179
400x200	8 *	57.6	1550	4	$M_{c,y,Rd}$	124
					$M_{c,z,Rd}$	84.0
	10 *	71.5	2410	4	$M_{c,y,Rd}$	190
					$M_{c,z,Rd}$	128
	12.5 *	88.6	3730	4	$M_{c,y,Rd}$	290
					$M_{c,z,Rd}$	193
	16	112	5080	3	$M_{c,y,Rd}$	386
					$M_{c,z,Rd}$	253
500x250	10 *	90.0	2430	4	$M_{c,y,Rd}$	242
					$M_{c,z,Rd}$	164
	12.5 *	112	3750	4	$M_{c,y,Rd}$	370
					$M_{c,z,Rd}$	249
	16 *	142	6090	4	$M_{c,y,Rd}$	592
					$M_{c,z,Rd}$	394

Celsius® is a trademark of Corus. A fuller description of the relationship between Hot Finished Elliptical Hollow Sections (HFEHS) and the Celsius® range of sections manufactured by Corus is given in note 12.

* The section is a Class 4 section.

FOR EXPLANATION OF TABLES SEE NOTE 10.

| BS EN 1993-1-1:2005 |
| BS EN 10210-2: 2006 |

AXIAL FORCE & BENDING — S355 / Celsius® 355

HOT-FINISHED ELLIPTICAL HOLLOW SECTIONS

Celsius® OHS

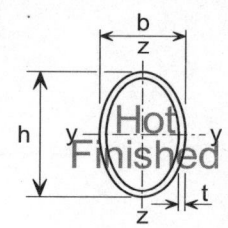

Member buckling check

Section Designation & Resistances (kNm)		Compression Resistance $N_{b,y,Rd}$, $N_{b,z,Rd}$ (kN) and Buckling Resistance Moment $M_{b,Rd}$ (kNm) for Varying buckling lengths L (m) within the limiting value of n = N_{Ed} / $N_{pl,Rd}$													
h x b (mm)	t (mm)	L (m)	2.0	3.0	4.0	5.0	6.0	7.0	8.0	9.0	10.0	11.0	12.0	13.0	14.0
300x150	8	$N_{b,y,Rd}$	1520	1480	1420	1360	1270	1160	1030	897	774	668	578	504	442
	$f_{y,red}W_{el,y}$ = 90.5	$N_{b,z,Rd}$	1450	1340	1170	945	734	572	453	366	301	252	213	183	159
	$f_{y,red}W_{el,z}$ = 60.6	$M_{b,Rd}$	90.5	90.5	90.5	90.5	89.3	88.0	86.9	85.9	84.9	83.9	83.1	82.2	81.4
	10	$N_{b,y,Rd}$	2340	2250	2150	2020	1840	1620	1390	1170	995	848	728	631	551
	$f_{y,red}W_{el,y}$ = 138	$N_{b,z,Rd}$	2210	1980	1630	1240	930	712	559	450	369	308	260	223	194
	$f_{y,red}W_{el,z}$ = 91.6	$M_{b,Rd}$	138	138	138	135	133	131	129	127	126	124	123	121	120
	12.5	$N_{b,y,Rd}$	2910	2800	2670	2500	2270	1990	1700	1430	1210	1030	887	768	670
	$f_{y,red}W_{el,y}$ = 167	$N_{b,z,Rd}$	2740	2450	1990	1500	1120	857	673	540	443	369	313	268	232
	$f_{y,red}W_{el,z}$ = 110	$M_{b,Rd}$	169	169	168	165	162	160	158	155	153	151	150	148	146
	16	$N_{b,y,Rd}$	3650	3520	3350	3130	2830	2470	2100	1770	1500	1270	1090	944	824
	$f_y W_{el,y}$ = 205	$N_{b,z,Rd}$	3440	3050	2450	1830	1360	1040	812	652	534	445	377	323	280
	$f_y W_{el,z}$ = 132	$M_{b,Rd}$	297	295	287	281	275	269	265	260	256	252	248	244	241
400x200	8	$N_{b,y,Rd}$	1550	1540	1510	1480	1440	1400	1360	1300	1230	1160	1070	987	901
	$f_{y,red}W_{el,y}$ = 124	$N_{b,z,Rd}$	1530	1470	1410	1330	1210	1070	926	787	668	570	490	425	371
	$f_{y,red}W_{el,z}$ = 84	$M_{b,Rd}$	124	124	124	124	124	124	124	123	122	121	120	119	
	10	$N_{b,y,Rd}$	2410	2370	2320	2260	2190	2110	2020	1900	1760	1610	1460	1320	1180
	$f_{y,red}W_{el,y}$ = 190	$N_{b,z,Rd}$	2350	2250	2120	1950	1720	1460	1220	1010	847	716	612	528	460
	$f_{y,red}W_{el,z}$ = 128	$M_{b,Rd}$	190	190	190	190	190	190	188	186	184	183	181	180	178
	12.5	$N_{b,y,Rd}$	3730	3650	3550	3450	3310	3150	2950	2720	2460	2200	1950	1730	1530
	$f_{y,red}W_{el,y}$ = 290	$N_{b,z,Rd}$	3600	3420	3160	2790	2340	1910	1550	1270	1050	887	755	650	565
	$f_{y,red}W_{el,z}$ = 193	$M_{b,Rd}$	290	290	290	290	289	285	282	278	275	273	270	267	265
	16.0	$N_{b,y,Rd}$	5060	4940	4800	4640	4440	4190	3880	3530	3150	2790	2450	2160	1910
	$f_y W_{el,y}$ = 359	$N_{b,z,Rd}$	4880	4600	4200	3640	2990	2400	1930	1580	1300	1090	931	800	695
	$f_y W_{el,z}$ = 236	$M_{b,Rd}$	386	386	386	386	382	377	372	367	363	359	356	352	349
500x250	10	$N_{b,y,Rd}$	2430	2430	2400	2370	2330	2290	2240	2190	2130	2060	1980	1890	1790
	$f_{y,red}W_{el,y}$ = 242	$N_{b,z,Rd}$	2420	2360	2290	2210	2110	1980	1820	1640	1450	1270	1120	982	867
	$f_{y,red}W_{el,z}$ = 164	$M_{b,Rd}$	242	242	242	242	242	242	242	242	242	242	240	239	237
	12.5	$N_{b,y,Rd}$	3750	3740	3680	3620	3540	3470	3380	3270	3150	3010	2840	2670	2480
	$f_{y,red}W_{el,y}$ = 370	$N_{b,z,Rd}$	3710	3600	3470	3310	3100	2830	2520	2190	1890	1630	1410	1230	1080
	$f_{y,red}W_{el,z}$ = 249	$M_{b,Rd}$	370	370	370	370	370	370	370	370	367	364	361	359	356
	16	$N_{b,y,Rd}$	6090	6030	5910	5790	5650	5480	5290	5050	4780	4470	4130	3780	3440
	$f_{y,red}W_{el,y}$ = 592	$N_{b,z,Rd}$	5980	5760	5490	5130	4650	4070	3470	2930	2480	2110	1810	1570	1370
	$f_{y,red}W_{el,z}$ = 394	$M_{b,Rd}$	592	592	592	592	592	591	585	579	573	568	563	558	554

Celsius® is a trademark of Corus. A fuller description of the relationship between Hot Finished Elliptical Hollow Sections (HFEHS) and the Celsius® range of sections manufactured by Corus is given in note 12.

Axial force resistance $N_{pl,Rd}$ which is equal to Af_y is given in the cross-section resistance check table opposite.

FOR EXPLANATION OF TABLES SEE NOTE 10.

| BS EN 1993-1-1:2005 |
| BS EN 10219-2: 2006 |

AXIAL FORCE & BENDING

S355 / Hybox® 355

COLD FORMED CIRCULAR HOLLOW SECTIONS

Hybox® CHS

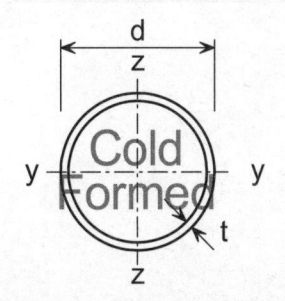

Cross-section resistance check

Section Designation		Mass per Metre	Axial resistance	Moment Resistance $M_{c,Rd}$ (kNm) and Reduced Moment Resistance $M_{N,Rd}$ (kNm) for Ratios of Design Axial Force to Design Axial Plastic Resistance $n = N_{Ed} / N_{pl,Rd}$											
D mm	t mm	kg	$N_{pl,Rd}$ kN	n	0.0	0.1	0.2	0.3	0.4	0.5	0.6	0.7	0.8	0.9	1.0
33.7	3.0	2.27	103	$M_{c,Rd}$	1.01	1.01	1.01	1.01	1.01	1.01	1.01	1.01	1.01	1.01	1.01
				$M_{N,Rd}$	1.01	0.996	0.959	0.898	0.816	0.713	0.593	0.458	0.312	0.158	0
42.4	4.0	3.79	171	$M_{c,Rd}$	2.10	2.10	2.10	2.10	2.10	2.10	2.10	2.10	2.10	2.10	2.10
				$M_{N,Rd}$	2.10	2.08	2.00	1.87	1.70	1.49	1.24	0.954	0.649	0.329	0
48.3	3.0	3.35	152	$M_{c,Rd}$	2.19	2.19	2.19	2.19	2.19	2.19	2.19	2.19	2.19	2.19	2.19
				$M_{N,Rd}$	2.19	2.16	2.08	1.95	1.77	1.55	1.29	0.994	0.677	0.343	0
	3.5	3.87	175	$M_{c,Rd}$	2.50	2.50	2.50	2.50	2.50	2.50	2.50	2.50	2.50	2.50	2.50
				$M_{N,Rd}$	2.50	2.47	2.38	2.23	2.02	1.77	1.47	1.13	0.772	0.391	0
	4.0	4.37	198	$M_{c,Rd}$	2.79	2.79	2.79	2.79	2.79	2.79	2.79	2.79	2.79	2.79	2.79
				$M_{N,Rd}$	2.79	2.76	2.66	2.49	2.26	1.98	1.64	1.27	0.863	0.437	0
60.3	3.0	4.24	192	$M_{c,Rd}$	3.50	3.50	3.50	3.50	3.50	3.50	3.50	3.50	3.50	3.50	3.50
				$M_{N,Rd}$	3.50	3.46	3.33	3.12	2.83	2.48	2.06	1.59	1.08	0.548	0
	4.0	5.55	251	$M_{c,Rd}$	4.51	4.51	4.51	4.51	4.51	4.51	4.51	4.51	4.51	4.51	4.51
				$M_{N,Rd}$	4.51	4.45	4.29	4.02	3.65	3.19	2.65	2.05	1.39	0.705	0
76.1	3.0	5.41	245	$M_{c,Rd}$	5.68	5.68	5.68	5.68	5.68	5.68	5.68	5.68	5.68	5.68	5.68
				$M_{N,Rd}$	5.68	5.61	5.40	5.06	4.60	4.02	3.34	2.58	1.76	0.889	0
	4.0	7.11	322	$M_{c,Rd}$	7.38	7.38	7.38	7.38	7.38	7.38	7.38	7.38	7.38	7.38	7.38
				$M_{N,Rd}$	7.38	7.29	7.02	6.58	5.97	5.22	4.34	3.35	2.28	1.16	0
88.9	3.0	6.36	288	$M_{c,Rd}$	7.85	7.85	7.85	7.85	7.85	7.85	7.85	7.85	7.85	7.85	7.85
				$M_{N,Rd}$	7.85	7.75	7.46	6.99	6.35	5.55	4.61	3.56	2.42	1.23	0
	3.5	7.37	333	$M_{c,Rd}$	9.05	9.05	9.05	9.05	9.05	9.05	9.05	9.05	9.05	9.05	9.05
				$M_{N,Rd}$	9.05	8.94	8.61	8.07	7.32	6.40	5.32	4.11	2.80	1.42	0
	4.0	8.38	380	$M_{c,Rd}$	10.3	10.3	10.3	10.3	10.3	10.3	10.3	10.3	10.3	10.3	10.3
				$M_{N,Rd}$	10.3	10.1	9.76	9.14	8.30	7.25	6.03	4.66	3.17	1.60	0
	5.0	10.3	469	$M_{c,Rd}$	12.5	12.5	12.5	12.5	12.5	12.5	12.5	12.5	12.5	12.5	12.5
				$M_{N,Rd}$	12.5	12.3	11.9	11.1	10.1	8.84	7.34	5.67	3.86	1.95	0
	6.3	12.8	579	$M_{c,Rd}$	15.3	15.3	15.3	15.3	15.3	15.3	15.3	15.3	15.3	15.3	15.3
				$M_{N,Rd}$	15.3	15.1	14.6	13.6	12.4	10.8	8.99	6.95	4.73	2.39	0
114.3	3.0	8.23	373	$M_{c,Rd}$	13.2	13.2	13.2	13.2	13.2	13.2	13.2	13.2	13.2	13.2	13.2
				$M_{N,Rd}$	13.2	13.0	12.6	11.8	10.7	9.34	7.76	6.00	4.08	2.07	0
	3.5	9.56	433	$M_{c,Rd}$	15.3	15.3	15.3	15.3	15.3	15.3	15.3	15.3	15.3	15.3	15.3
				$M_{N,Rd}$	15.3	15.1	14.5	13.6	12.3	10.8	8.97	6.93	4.72	2.39	0
	4.0	10.9	493	$M_{c,Rd}$	17.3	17.3	17.3	17.3	17.3	17.3	17.3	17.3	17.3	17.3	17.3
				$M_{N,Rd}$	17.3	17.1	16.4	15.4	14.0	12.2	10.2	7.85	5.34	2.70	0
	5.0	13.5	611	$M_{c,Rd}$	21.2	21.2	21.2	21.2	21.2	21.2	21.2	21.2	21.2	21.2	21.2
				$M_{N,Rd}$	21.2	21.0	20.2	18.9	17.2	15.0	12.5	9.64	6.56	3.32	0
	6.0	16.0	724	$M_{c,Rd}$	25.0	25.0	25.0	25.0	25.0	25.0	25.0	25.0	25.0	25.0	25.0
				$M_{N,Rd}$	25.0	24.7	23.8	22.3	20.2	17.7	14.7	11.3	7.72	3.91	0

Hybox® is a trademark of Corus. A fuller description of the relationship between Cold Formed Circular Hollow Sections (CFCHS) and the Hybox® range of sections manufactured by Corus is given in note 12.

N_{Ed} = Design value of the axial force.

$n = N_{Ed} / N_{pl,Rd}$

$N_{pl,Rd}$ is the axial force resistance

FOR EXPLANATION OF TABLES SEE NOTE 10.

BS EN 1993-1-1:2005
BS EN 10219-2: 2006

AXIAL FORCE & BENDING

S355 / Hybox® 355

COLD FORMED CIRCULAR HOLLOW SECTIONS

Hybox® CHS

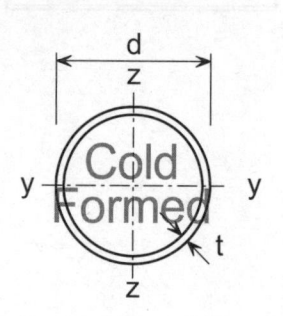

Member buckling check

Section Designation & Resistance (kNm)		Mass per Metre	Compression Resistance $N_{b,Rd}$ (kN) for Varying buckling lengths (m)												
D mm	t mm	kg	1.0	1.5	2.0	2.5	3.0	3.5	4.0	5.0	6.0	7.0	8.0	9.0	10.0
33.7	3.0 $f_y W_{el}$ = 0.724	2.27	44.5	24.0	14.6	9.74	6.95	5.20	4.04	2.63	1.85	1.37	1.06	0.841	0.684
42.4	4.0 $f_y W_{el}$ = 1.51	3.79	96.4	57.2	35.9	24.3	17.5	13.2	10.3	6.72	4.74	3.52	2.72	2.16	1.76
48.3	3.0 $f_y W_{el}$ = 1.62	3.35	99.1	64.4	42.0	28.9	21.0	15.9	12.4	8.18	5.79	4.31	3.33	2.66	2.16
	3.5 $f_y W_{el}$ = 1.83	3.87	113	73.1	47.5	32.7	23.7	17.9	14.0	9.23	6.53	4.86	3.76	2.99	2.44
	4.0 $f_y W_{el}$ = 2.02	4.37	127	81.1	52.6	36.1	26.2	19.8	15.5	10.2	7.20	5.36	4.14	3.30	2.69
60.3	3.0 $f_y W_{el}$ = 2.62	4.24	145	107	75.4	53.8	39.8	30.5	24.0	16.0	11.4	8.49	6.58	5.25	4.29
	4.0 $f_y W_{el}$ = 3.32	5.55	189	138	96.6	68.8	50.8	38.9	30.6	20.3	14.5	10.8	8.38	6.68	5.46
76.1	3.0 $f_y W_{el}$ = 4.30	5.41	205	168	131	99.0	75.7	59.1	47.1	31.8	22.8	17.1	13.3	10.7	8.73
	4.0 $f_y W_{el}$ = 5.50	7.11	269	219	169	127	97.1	75.7	60.3	40.6	29.1	21.9	17.0	13.6	11.1
88.9	3.0 $f_y W_{el}$ = 5.96	6.36	253	218	179	143	113	89.8	72.5	49.7	35.9	27.1	21.2	17.0	13.9
	3.5 $f_y W_{el}$ = 6.85	7.37	293	252	207	164	130	103	83.2	56.9	41.1	31.0	24.2	19.4	15.9
	4.0 $f_y W_{el}$ = 7.70	8.38	333	286	234	186	146	116	93.8	64.1	46.3	35.0	27.3	21.9	17.9
	5.0 $f_y W_{el}$ = 9.30	10.3	410	351	286	226	178	141	114	77.7	56.1	42.3	33.0	26.5	21.7
	6.3 $f_y W_{el}$ = 11.2	12.8	505	430	349	275	215	171	137	93.7	67.6	51.0	39.8	31.9	26.1
114.3	3.0 $f_y W_{el}$ = 10.1	8.23	348	315	278	240	202	168	140	99.8	73.6	56.2	44.2	35.7	29.4
	3.5 $f_y W_{el}$ = 11.6	9.56	404	365	322	277	233	194	162	115	84.7	64.7	50.9	41.1	33.8
	4.0 $f_y W_{el}$ = 13.1	10.9	459	415	366	315	264	220	183	130	95.7	73.0	57.5	46.3	38.1
	5.0 $f_y W_{el}$ = 16.0	13.5	568	512	451	387	325	270	224	159	117	89.2	70.1	56.5	46.5
	6.0 $f_y W_{el}$ = 18.6	16.0	672	605	532	455	381	315	262	185	136	104	81.6	65.8	54.1

Hybox® is a trademark of Corus. A fuller description of the relationship between Cold Formed Circular Hollow Sections (CFCHS) and the Hybox® range of sections manufactured by Corus is given in note 12.

$M_{b,Rd}$ should be taken as equal to $M_{c,Rd}$.

$n = N_{Ed} / N_{pl,Rd}$

FOR EXPLANATION OF TABLES SEE NOTE 10.

BS EN 1993-1-1:2005
BS EN 10219-2: 2006

AXIAL FORCE & BENDING

S355 / Hybox® 355

COLD FORMED CIRCULAR HOLLOW SECTIONS

Hybox® CHS

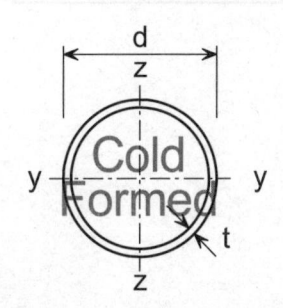

Cross-section resistance check

Section Designation		Mass per Metre	Axial resistance	Moment Resistance $M_{c,Rd}$ (kNm) and Reduced Moment Resistance $M_{N,Rd}$ (kNm) for Ratios of Design Axial Force to Design Axial Plastic Resistance $n = N_{Ed} / N_{pl,Rd}$											
D mm	t mm	kg	$N_{pl,Rd}$ kN	n	0.0	0.1	0.2	0.3	0.4	0.5	0.6	0.7	0.8	0.9	1.0
139.7	4.0	13.4	607	$M_{c,Rd}$	26.2	26.2	26.2	26.2	26.2	26.2	26.2	26.2	26.2	26.2	26.2
				$M_{N,Rd}$	26.2	25.8	24.9	23.3	21.2	18.5	15.4	11.9	8.08	4.09	0
	5.0	16.6	753	$M_{c,Rd}$	32.2	32.2	32.2	32.2	32.2	32.2	32.2	32.2	32.2	32.2	32.2
				$M_{N,Rd}$	32.2	31.8	30.7	28.7	26.1	22.8	18.9	14.6	9.96	5.04	0
	6.0	19.8	895	$M_{c,Rd}$	38.0	38.0	38.0	38.0	38.0	38.0	38.0	38.0	38.0	38.0	38.0
				$M_{N,Rd}$	38.0	37.5	36.1	33.8	30.7	26.9	22.3	17.2	11.7	5.94	0
	8.0	26.0	1180	$M_{c,Rd}$	49.3	49.3	49.3	49.3	49.3	49.3	49.3	49.3	49.3	49.3	49.3
				$M_{N,Rd}$	49.3	48.7	46.9	44.0	39.9	34.9	29.0	22.4	15.2	7.72	0
	10.0	32.0	1440	$M_{c,Rd}$	60.0	60.0	60.0	60.0	60.0	60.0	60.0	60.0	60.0	60.0	60.0
				$M_{N,Rd}$	60.0	59.3	57.1	53.5	48.5	42.4	35.3	27.2	18.5	9.39	0
168.3	4.0	16.2	731	$M_{c,Rd}$	38.3	38.3	38.3	38.3	38.3	38.3	38.3	38.3	38.3	38.3	38.3
				$M_{N,Rd}$	38.3	37.9	36.5	34.2	31.0	27.1	22.5	17.4	11.8	6.00	0
	5.0	20.1	912	$M_{c,Rd}$	47.2	47.2	47.2	47.2	47.2	47.2	47.2	47.2	47.2	47.2	47.2
				$M_{N,Rd}$	47.2	46.6	44.9	42.1	38.2	33.4	27.8	21.4	14.6	7.39	0
	6.0	24.0	1090	$M_{c,Rd}$	56.1	56.1	56.1	56.1	56.1	56.1	56.1	56.1	56.1	56.1	56.1
				$M_{N,Rd}$	56.1	55.4	53.3	50.0	45.4	39.7	33.0	25.5	17.3	8.77	0
	8.0	31.6	1430	$M_{c,Rd}$	73.1	73.1	73.1	73.1	73.1	73.1	73.1	73.1	73.1	73.1	73.1
				$M_{N,Rd}$	73.1	72.2	69.6	65.2	59.2	51.7	43.0	33.2	22.6	11.4	0
	10.0	39.0	1760	$M_{c,Rd}$	89.1	89.1	89.1	89.1	89.1	89.1	89.1	89.1	89.1	89.1	89.1
				$M_{N,Rd}$	89.1	88.0	84.7	79.4	72.1	63.0	52.4	40.5	27.5	13.9	0
	12.5	48.0	2170	$M_{c,Rd}$	108	108	108	108	108	108	108	108	108	108	108
				$M_{N,Rd}$	108	107	103	96.2	87.3	76.3	63.4	49.0	33.3	16.9	0
193.7	4.0	18.7	845	$M_{c,Rd}$	39.4	39.4	39.4	39.4	39.4	39.4	39.4	39.4	39.4	39.4	39.4
				$M_{N,Rd}$	-	-	-	-	-	-	-	-	-	-	-
	4.5	21.0	948	$M_{c,Rd}$	57.2	57.2	57.2	57.2	57.2	57.2	57.2	57.2	57.2	57.2	57.2
				$M_{N,Rd}$	57.2	56.5	54.4	50.9	46.2	40.4	33.6	25.9	17.7	8.94	0
	5.0	23.3	1050	$M_{c,Rd}$	63.2	63.2	63.2	63.2	63.2	63.2	63.2	63.2	63.2	63.2	63.2
				$M_{N,Rd}$	63.2	62.4	60.1	56.3	51.1	44.7	37.1	28.7	19.5	9.89	0
	6.0	27.8	1260	$M_{c,Rd}$	74.9	74.9	74.9	74.9	74.9	74.9	74.9	74.9	74.9	74.9	74.9
				$M_{N,Rd}$	74.9	74.0	71.2	66.7	60.6	53.0	44.0	34.0	23.1	11.7	0
	8.0	36.6	1660	$M_{c,Rd}$	98.0	98.0	98.0	98.0	98.0	98.0	98.0	98.0	98.0	98.0	98.0
				$M_{N,Rd}$	98.0	96.8	93.2	87.3	79.3	69.3	57.6	44.5	30.3	15.3	0
	10.0	45.3	2050	$M_{c,Rd}$	120	120	120	120	120	120	120	120	120	120	120
				$M_{N,Rd}$	120	119	114	107	97.1	84.8	70.5	54.5	37.1	18.8	0
	12.5	55.9	2530	$M_{c,Rd}$	146	146	146	146	146	146	146	146	146	146	146
				$M_{N,Rd}$	146	144	139	130	118	103	85.8	66.2	45.1	22.8	0

Hybox® is a trademark of Corus. A fuller description of the relationship between Cold Formed Circular Hollow Sections (CFCHS) and the Hybox® range of sections manufactured by Corus is given in note 12.

N_{Ed} = Design value of the axial force.

$n = N_{Ed} / N_{pl,Rd}$

$N_{pl,Rd}$ is the axial force resistance

- Not applicable for class 3 and class 4 sections.

FOR EXPLANATION OF TABLES SEE NOTE 10.

BS EN 1993-1-1:2005
BS EN 10219-2: 2006

AXIAL FORCE & BENDING

S355 / Hybox® 355

COLD FORMED CIRCULAR HOLLOW SECTIONS

Hybox® CHS

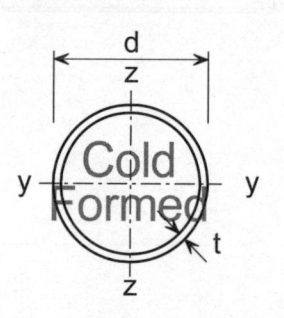

Member buckling check

Section Designation & Resistance (kNm)		Mass per Metre	Compression Resistance $N_{b,Rd}$ (kN) for Varying buckling lengths (m)												
D mm	t mm	kg	2.0	3.0	4.0	5.0	6.0	7.0	8.0	9.0	10.0	11.0	12.0	13.0	14.0
139.7	4.0 $f_y W_{el} = 20.0$	13.4	496	395	297	220	166	129	102	83.1	68.7	57.7	49.2	42.4	36.9
	5.0 $f_y W_{el} = 24.4$	16.6	614	487	365	271	204	158	126	102	84.2	70.8	60.3	51.9	45.2
	6.0 $f_y W_{el} = 28.7$	19.8	727	575	430	318	240	185	147	119	98.6	82.8	70.5	60.7	52.9
	8.0 $f_y W_{el} = 36.6$	26.0	949	747	554	408	307	237	188	153	126	106	90.1	77.6	67.5
	10.0 $f_y W_{el} = 43.7$	32.0	1160	908	671	493	370	285	226	183	151	127	108	93.1	81.0
168.3	4.0 $f_y W_{el} = 29.4$	16.2	636	541	438	344	269	213	171	140	117	98.4	84.1	72.7	63.4
	5.0 $f_y W_{el} = 36.2$	20.1	793	673	544	426	333	263	212	173	144	122	104	89.8	78.4
	6.0 $f_y W_{el} = 42.6$	24.0	942	798	644	503	392	310	249	204	170	143	122	106	92.1
	8.0 $f_y W_{el} = 54.7$	31.6	1240	1040	838	653	508	400	321	263	218	184	157	136	119
	10.0 $f_y W_{el} = 66.0$	39.0	1520	1280	1020	794	616	485	389	318	264	223	190	164	143
	12.5 $f_y W_{el} = 78.8$	48.0	1860	1560	1240	960	743	584	468	382	317	267	228	197	172
193.7	4.0 $f_y W_{el} = 39.4$	18.7	763	671	570	468	379	306	250	207	173	147	126	109	95.4
	4.5 $f_y W_{el} = 44.0$	21.0	855	752	638	524	423	342	279	231	193	164	140	122	106
	5.0 $f_y W_{el} = 48.3$	23.3	947	832	706	579	467	377	308	254	213	181	155	134	117
	6.0 $f_y W_{el} = 57.2$	27.8	1130	993	841	689	556	448	365	302	253	214	184	159	139
	8.0 $f_y W_{el} = 73.8$	36.6	1490	1300	1100	899	723	582	474	391	327	277	238	206	180
	10.0 $f_y W_{el} = 89.5$	45.3	1840	1600	1350	1100	880	708	576	475	397	336	288	250	218
	12.5 $f_y W_{el} = 108$	55.9	2260	1970	1650	1340	1070	858	697	574	480	406	348	301	263

Hybox® is a trademark of Corus. A fuller description of the relationship between Cold Formed Circular Hollow Sections (CFCHS) and the Hybox® range of sections manufactured by Corus is given in note 12.

$M_{b,Rd}$ should be taken as equal to $M_{c,Rd}$.

$n = N_{Ed} / N_{pl,Rd}$

FOR EXPLANATION OF TABLES SEE NOTE 10.

BS EN 1993-1-1:2005
BS EN 10219-2: 2006

AXIAL FORCE & BENDING

S355 / Hybox® 355

COLD FORMED CIRCULAR HOLLOW SECTIONS

Hybox® CHS

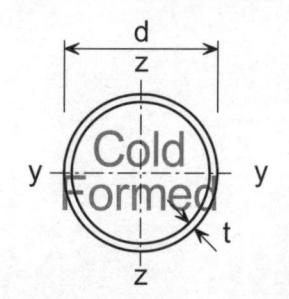

Cross-section resistance check

Section Designation		Mass per Metre	Axial resistance	Moment Resistance $M_{c,Rd}$ (kNm) and Reduced Moment Resistance $M_{N,Rd}$ (kNm) for Ratios of Design Axial Force to Design Axial Plastic Resistance $n = N_{Ed} / N_{pl,Rd}$											
D mm	t mm	kg	$N_{pl,Rd}$ kN	n	0.0	0.1	0.2	0.3	0.4	0.5	0.6	0.7	0.8	0.9	1.0
219.1	4.5	23.8	1080	$M_{c,Rd}$	56.4	56.4	56.4	56.4	56.4	56.4	56.4	56.4	56.4	56.4	56.4
				$M_{N,Rd}$	-	-	-	-	-	-	-	-	-	-	-
	5.0	26.4	1190	$M_{c,Rd}$	81.3	81.3	81.3	81.3	81.3	81.3	81.3	81.3	81.3	81.3	81.3
				$M_{N,Rd}$	81.3	80.3	77.3	72.4	65.8	57.5	47.8	36.9	25.1	12.7	0
	6.0	31.5	1430	$M_{c,Rd}$	96.9	96.9	96.9	96.9	96.9	96.9	96.9	96.9	96.9	96.9	96.9
				$M_{N,Rd}$	96.9	95.7	92.2	86.4	78.4	68.5	57.0	44.0	29.9	15.2	0
	8.0	41.6	1890	$M_{c,Rd}$	127	127	127	127	127	127	127	127	127	127	127
				$M_{N,Rd}$	127	125	121	113	103	89.6	74.5	57.5	39.2	19.8	0
	10.0	51.6	2330	$M_{c,Rd}$	155	155	155	155	155	155	155	155	155	155	155
				$M_{N,Rd}$	155	154	148	139	126	110	91.4	70.6	48.0	24.3	0
	12.0	61.3	2770	$M_{c,Rd}$	183	183	183	183	183	183	183	183	183	183	183
				$M_{N,Rd}$	183	181	174	163	148	129	107	83.0	56.5	28.6	0
	12.5	63.7	2880	$M_{c,Rd}$	190	190	190	190	190	190	190	190	190	190	190
				$M_{N,Rd}$	190	187	180	169	153	134	111	86.1	58.6	29.7	0
	16.0	80.1	3620	$M_{c,Rd}$	235	235	235	235	235	235	235	235	235	235	235
				$M_{N,Rd}$	235	232	223	209	190	166	138	107	72.5	36.7	0
244.5	5.0	29.5	1330	$M_{c,Rd}$	78.5	78.5	78.5	78.5	78.5	78.5	78.5	78.5	78.5	78.5	78.5
				$M_{N,Rd}$	-	-	-	-	-	-	-	-	-	-	-
	6.0	35.3	1600	$M_{c,Rd}$	121	121	121	121	121	121	121	121	121	121	121
				$M_{N,Rd}$	121	120	115	108	97.9	85.6	71.2	55.0	37.4	18.9	0
	8.0	46.7	2110	$M_{c,Rd}$	159	159	159	159	159	159	159	159	159	159	159
				$M_{N,Rd}$	159	157	151	142	129	112	93.5	72.2	49.1	24.9	0
	10.0	57.8	2620	$M_{c,Rd}$	195	195	195	195	195	195	195	195	195	195	195
				$M_{N,Rd}$	195	193	186	174	158	138	115	88.6	60.3	30.5	0
	12.0	68.8	3110	$M_{c,Rd}$	230	230	230	230	230	230	230	230	230	230	230
				$M_{N,Rd}$	230	228	219	205	186	163	135	105	71.2	36.0	0
	12.5	71.5	3230	$M_{c,Rd}$	239	239	239	239	239	239	239	239	239	239	239
				$M_{N,Rd}$	239	236	227	213	193	169	140	108	73.8	37.4	0
	16.0	90.2	4080	$M_{c,Rd}$	297	297	297	297	297	297	297	297	297	297	297
				$M_{N,Rd}$	297	293	283	265	240	210	175	135	91.8	46.5	0

Hybox® is a trademark of Corus. A fuller description of the relationship between Cold Formed Circular Hollow Sections (CFCHS) and the Hybox® range of sections manufactured by Corus is given in note 12.

N_{Ed} = Design value of the axial force.

$n = N_{Ed} / N_{pl,Rd}$

$N_{pl,Rd}$ is the axial force resistance

- Not applicable for class 3 and class 4 sections.

FOR EXPLANATION OF TABLES SEE NOTE 10.

BS EN 1993-1-1:2005
BS EN 10219-2: 2006

AXIAL FORCE & BENDING

S355 / Hybox® 355

COLD FORMED CIRCULAR HOLLOW SECTIONS

Hybox® CHS

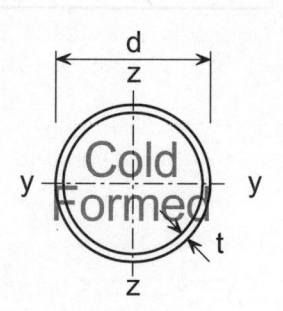

Member buckling check

Section Designation & Resistance (kNm)		Mass per Metre	Compression Resistance $N_{b,Rd}$ (kN) for Varying buckling lengths (m)												
D mm	t mm	kg	2.0	3.0	4.0	5.0	6.0	7.0	8.0	9.0	10.0	11.0	12.0	13.0	14.0
219.1	4.5 $f_y W_{el} = 56.4$	23.8	996	896	786	670	559	463	384	321	271	231	199	173	152
	5.0 $f_y W_{el} = 62.5$	26.4	1100	993	871	742	618	512	424	354	299	255	220	191	167
	6.0 $f_y W_{el} = 73.8$	31.5	1320	1190	1040	884	737	609	504	421	355	303	261	227	199
	8.0 $f_y W_{el} = 95.9$	41.6	1740	1560	1370	1160	963	794	657	548	462	394	339	295	258
	10.0 $f_y W_{el} = 116$	51.6	2150	1930	1680	1420	1180	970	802	668	563	480	413	359	314
	12.0 $f_y W_{el} = 136$	61.3	2550	2280	1980	1680	1390	1140	939	782	659	561	483	419	367
	12.5 $f_y W_{el} = 141$	63.7	2650	2370	2060	1740	1440	1180	974	811	683	581	500	434	380
	16.0 $f_y W_{el} = 171$	80.1	3320	2960	2560	2150	1770	1450	1190	993	835	711	611	530	464
244.5	5.0 $f_y W_{el} = 78.5$	29.5	1260	1150	1030	907	778	659	556	471	401	344	298	260	228
	6.0 $f_y W_{el} = 93.0$	35.3	1510	1380	1230	1080	927	785	662	559	476	409	354	308	271
	8.0 $f_y W_{el} = 121$	46.7	1990	1810	1620	1420	1220	1030	865	731	621	533	461	402	354
	10.0 $f_y W_{el} = 147$	57.8	2460	2240	2010	1750	1500	1260	1060	895	761	652	564	492	432
	12.0 $f_y W_{el} = 173$	68.8	2930	2660	2380	2070	1760	1490	1250	1050	893	765	662	577	507
	12.5 $f_y W_{el} = 179$	71.5	3040	2770	2470	2150	1830	1540	1290	1090	924	792	684	597	524
	16.0 $f_y W_{el} = 219$	90.2	3830	3480	3090	2680	2280	1910	1600	1350	1140	978	844	736	646

Hybox® is a trademark of Corus. A fuller description of the relationship between Cold Formed Circular Hollow Sections (CFCHS) and the Hybox® range of sections manufactured by Corus is given in note 12.

$M_{b,Rd}$ should be taken as equal to $M_{c,Rd}$.

$n = N_{Ed} / N_{pl,Rd}$

FOR EXPLANATION OF TABLES SEE NOTE 10.

BS EN 1993-1-1:2005
BS EN 10219-2: 2006

AXIAL FORCE & BENDING

S355 / Hybox® 355

COLD FORMED CIRCULAR HOLLOW SECTIONS

Hybox® CHS

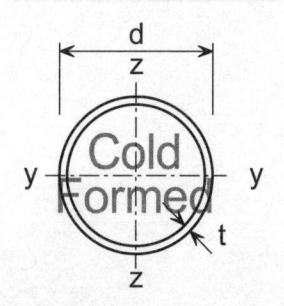

Cross-section resistance check

Section Designation		Mass per Metre	Axial resistance		Moment Resistance $M_{c,Rd}$ (kNm) and Reduced Moment Resistance $M_{N,Rd}$ (kNm) for Ratios of Design Axial Force to Design Axial Plastic Resistance $n = N_{Ed} / N_{pl,Rd}$										
D mm	t mm	kg	$N_{pl,Rd}$ kN	n	0.0	0.1	0.2	0.3	0.4	0.5	0.6	0.7	0.8	0.9	1.0
273	5.0	33.0	1490	$M_{c,Rd}$	98.3	98.3	98.3	98.3	98.3	98.3	98.3	98.3	98.3	98.3	98.3
				$M_{N,Rd}$	-	-	-	-	-	-	-	-	-	-	-
	6.0	39.5	1790	$M_{c,Rd}$	152	152	152	152	152	152	152	152	152	152	152
				$M_{N,Rd}$	152	150	145	135	123	107	89.3	69.0	47.0	23.8	0
	8.0	52.3	2360	$M_{c,Rd}$	200	200	200	200	200	200	200	200	200	200	200
				$M_{N,Rd}$	200	197	190	178	161	141	117	90.6	61.7	31.2	0
	10.0	64.9	2930	$M_{c,Rd}$	246	246	246	246	246	246	246	246	246	246	246
				$M_{N,Rd}$	246	243	234	219	199	174	144	112	75.9	38.4	0
	12.0	77.2	3490	$M_{c,Rd}$	290	290	290	290	290	290	290	290	290	290	290
				$M_{N,Rd}$	290	287	276	259	235	205	171	132	89.7	45.4	0
	12.5	80.3	3620	$M_{c,Rd}$	301	301	301	301	301	301	301	301	301	301	301
				$M_{N,Rd}$	301	298	287	269	244	213	177	137	93.1	47.1	0
	16.0	101	4580	$M_{c,Rd}$	376	376	376	376	376	376	376	376	376	376	376
				$M_{N,Rd}$	376	371	357	335	304	266	221	171	116	58.8	0
323.9	*5.0	39.3	1780	$M_{c,Rd}$	$	$	$	$	$	$	$	$	$	$	$
				$M_{N,Rd}$	-	-	-	-	-	-	-	-	-	-	-
	6.0	47.0	2130	$M_{c,Rd}$	166	166	166	166	166	166	166	166	166	166	166
				$M_{N,Rd}$	-	-	-	-	-	-	-	-	-	-	-
	8.0	62.3	2820	$M_{c,Rd}$	284	284	284	284	284	284	284	284	284	284	284
				$M_{N,Rd}$	284	280	270	253	229	201	167	129	87.7	44.4	0
	10.0	77.4	3500	$M_{c,Rd}$	350	350	350	350	350	350	350	350	350	350	350
				$M_{N,Rd}$	350	346	333	312	283	248	206	159	108	54.8	0
	12.0	92.3	4190	$M_{c,Rd}$	415	415	415	415	415	415	415	415	415	415	415
				$M_{N,Rd}$	415	410	394	369	335	293	244	188	128	64.9	0
	12.5	96.0	4330	$M_{c,Rd}$	431	431	431	431	431	431	431	431	431	431	431
				$M_{N,Rd}$	431	425	410	384	348	304	253	195	133	67.4	0
	16.0	121	5500	$M_{c,Rd}$	539	539	539	539	539	539	539	539	539	539	539
				$M_{N,Rd}$	539	532	513	480	436	381	317	245	167	84.3	0

Hybox® is a trademark of Corus. A fuller description of the relationship between Cold Formed Circular Hollow Sections (CFCHS) and the Hybox® range of sections manufactured by Corus is given in note 12.

* The section is a class 4 section.

N_{Ed} = Design value of the axial force.

$n = N_{Ed} / N_{pl,Rd}$

$N_{pl,Rd}$ is the axial force resistance

- Not applicable for class 3 and class 4 sections.

$ $M_{c,Rd}$ is not calculated for class 4 sections.

FOR EXPLANATION OF TABLES SEE NOTE 10.

BS EN 1993-1-1:2005
BS EN 10219-2: 2006

AXIAL FORCE & BENDING

S355 / Hybox® 355

COLD FORMED CIRCULAR HOLLOW SECTIONS

Hybox® CHS

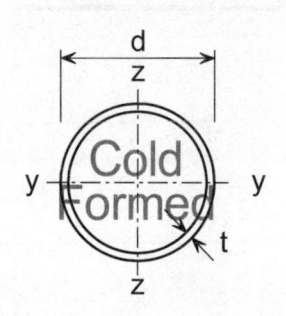

Member buckling check

Section Designation & Resistance (kNm)		Mass per Metre	Compression Resistance $N_{b,Rd}$ (kN) for Varying buckling lengths (m)												
D mm	t mm	kg	2.0	3.0	4.0	5.0	6.0	7.0	8.0	9.0	10.0	11.0	12.0	13.0	14.0
273	5.0 $f_y W_{el} = 98.3$	33.0	1440	1330	1220	1090	963	836	720	619	533	461	402	352	311
	6.0 $f_y W_{el} = 117$	39.5	1720	1590	1450	1300	1150	995	856	735	633	547	477	418	369
	8.0 $f_y W_{el} = 152$	52.3	2270	2100	1910	1720	1510	1310	1120	963	828	716	623	546	482
	10.0 $f_y W_{el} = 186$	64.9	2810	2600	2370	2120	1860	1610	1380	1180	1020	879	765	670	591
	12.0 $f_y W_{el} = 218$	77.2	3350	3090	2810	2510	2200	1900	1630	1400	1200	1040	900	788	695
	12.5 $f_y W_{el} = 226$	80.3	3470	3200	2910	2600	2280	1970	1690	1440	1240	1070	930	814	718
	16.0 $f_y W_{el} = 278$	101	4380	4030	3660	3260	2850	2450	2100	1790	1540	1320	1150	1010	888
323.9	* 5.0 $f_y W_{el} = 140$	39.3	-	-	-	-	-	-	-	-	-	-	-	-	-
	6.0 $f_y W_{el} = 166$	47.0	2090	1960	1830	1690	1540	1380	1230	1090	955	840	741	656	583
	8.0 $f_y W_{el} = 217$	62.3	2770	2600	2430	2240	2040	1830	1630	1440	1270	1110	982	869	773
	10.0 $f_y W_{el} = 267$	77.4	3440	3230	3010	2770	2520	2260	2010	1770	1550	1370	1200	1060	946
	12.0 $f_y W_{el} = 314$	92.3	4110	3850	3590	3300	3000	2690	2380	2090	1840	1610	1420	1260	1120
	12.5 $f_y W_{el} = 326$	96.0	4250	3980	3710	3410	3100	2780	2460	2170	1900	1670	1470	1300	1150
	16.0 $f_y W_{el} = 403$	121	5390	5050	4700	4320	3920	3500	3100	2720	2380	2090	1840	1630	1440

Hybox® is a trademark of Corus. A fuller description of the relationship between Cold Formed Circular Hollow Sections (CFCHS) and the Hybox® range of sections manufactured by Corus is given in note 12.

* The section can become a class 4 section.

$M_{b,Rd}$ should be taken as equal to $M_{c,Rd}$.

$n = N_{Ed} / N_{pl,Rd}$

$N_{b,Rd}$ values for class 4 sections are not calculated.

FOR EXPLANATION OF TABLES SEE NOTE 10.

| BS EN 1993-1-1:2005 |
| BS EN 10219-2: 2006 |

AXIAL FORCE & BENDING

S355 / Hybox® 355

COLD FORMED CIRCULAR HOLLOW SECTIONS

Hybox® CHS

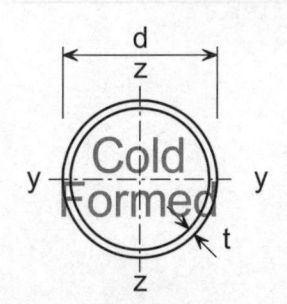

Cross-section resistance check

Section Designation		Mass per Metre	Axial resistance $N_{pl,Rd}$		Moment Resistance $M_{c,Rd}$ (kNm) and Reduced Moment Resistance $M_{N,Rd}$ (kNm) for Ratios of Design Axial Force to Design Axial Plastic Resistance $n = N_{Ed} / N_{pl,Rd}$										
D mm	t mm	kg	kN	n	0.0	0.1	0.2	0.3	0.4	0.5	0.6	0.7	0.8	0.9	1.0
355.6	* 5.0	43.2	1960	$M_{c,Rd}$	$	$	$	$	$	$	$	$	$	$	$
				$M_{N,Rd}$	-	-	-	-	-	-	-	-	-	-	-
	6.0	51.7	2340	$M_{c,Rd}$	201	201	201	201	201	201	201	201	201	201	201
				$M_{N,Rd}$	-	-	-	-	-	-	-	-	-	-	-
	8.0	68.6	3100	$M_{c,Rd}$	343	343	343	343	343	343	343	343	343	343	343
				$M_{N,Rd}$	343	339	326	306	278	243	202	156	106	53.7	0
	10.0	85.2	3870	$M_{c,Rd}$	424	424	424	424	424	424	424	424	424	424	424
				$M_{N,Rd}$	424	419	403	378	343	300	249	193	131	66.4	0
	12.0	102	4620	$M_{c,Rd}$	503	503	503	503	503	503	503	503	503	503	503
				$M_{N,Rd}$	503	497	478	448	407	356	296	228	155	78.7	0
	12.5	106	4790	$M_{c,Rd}$	523	523	523	523	523	523	523	523	523	523	523
				$M_{N,Rd}$	523	516	497	466	423	370	307	237	161	81.7	0
	16.0	134	6070	$M_{c,Rd}$	656	656	656	656	656	656	656	656	656	656	656
				$M_{N,Rd}$	656	648	624	584	530	464	385	298	203	103	0
406.4	* 6.0	59.2	2680	$M_{c,Rd}$	$	$	$	$	$	$	$	$	$	$	$
				$M_{N,Rd}$	-	-	-	-	-	-	-	-	-	-	-
	8.0	78.6	3550	$M_{c,Rd}$	347	347	347	347	347	347	347	347	347	347	347
				$M_{N,Rd}$	-	-	-	-	-	-	-	-	-	-	-
	10.0	97.8	4440	$M_{c,Rd}$	558	558	558	558	558	558	558	558	558	558	558
				$M_{N,Rd}$	558	551	531	497	451	395	328	253	172	87.3	0
	12.0	117	5290	$M_{c,Rd}$	663	663	663	663	663	663	663	663	663	663	663
				$M_{N,Rd}$	663	655	630	591	536	469	390	301	205	104	0
	12.5	121	5500	$M_{c,Rd}$	689	689	689	689	689	689	689	689	689	689	689
				$M_{N,Rd}$	689	680	655	614	557	487	405	313	213	108	0
	16.0	154	6960	$M_{c,Rd}$	866	866	866	866	866	866	866	866	866	866	866
				$M_{N,Rd}$	866	856	824	772	701	612	509	393	268	136	0

Hybox® is a trademark of Corus. A fuller description of the relationship between Cold Formed Circular Hollow Sections (CFCHS) and the Hybox® range of sections manufactured by Corus is given in note 12.

* The section is a class 4 section.
N_{Ed} = Design value of the axial force.
$n = N_{Ed} / N_{pl,Rd}$
$N_{pl,Rd}$ is the axial force resistance
- Not applicable for class 3 and class 4 sections.
$ $M_{c,Rd}$ is not calculated for class 4 sections.
FOR EXPLANATION OF TABLES SEE NOTE 10.

| BS EN 1993-1-1:2005 |
| BS EN 10219-2: 2006 |

AXIAL FORCE & BENDING

S355 / Hybox® 355

COLD FORMED CIRCULAR HOLLOW SECTIONS

Hybox® CHS

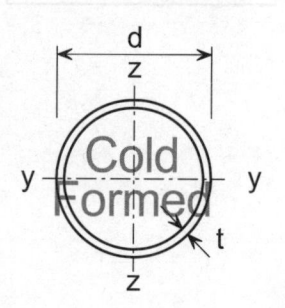

Member buckling check

Section Designation & Resistance (kNm)		Mass per Metre	Compression Resistance $N_{b,Rd}$ (kN) for Varying buckling lengths (m)												
D mm	t mm	kg	2.0	3.0	4.0	5.0	6.0	7.0	8.0	9.0	10.0	11.0	12.0	13.0	14.0
355.6	* 5.0 $f_y W_{el} = 169$	43.2	-	-	-	-	-	-	-	-	-	-	-	-	-
	6.0 $f_y W_{el} = 201$	51.7	2330	2200	2070	1940	1790	1640	1480	1330	1190	1060	943	841	753
	8.0 $f_y W_{el} = 263$	68.6	3080	2910	2740	2560	2370	2160	1950	1750	1560	1390	1240	1100	986
	10.0 $f_y W_{el} = 324$	85.2	3840	3630	3410	3180	2940	2680	2420	2170	1930	1720	1530	1360	1210
	12.0 $f_y W_{el} = 382$	102	4580	4330	4070	3800	3500	3200	2890	2590	2300	2050	1820	1620	1450
	12.5 $f_y W_{el} = 397$	106	4750	4490	4220	3930	3620	3300	2980	2660	2370	2100	1870	1660	1490
	16.0 $f_y W_{el} = 492$	134	6010	5680	5330	4960	4570	4160	3740	3340	2970	2630	2340	2080	1860
406.4	* 6.0 $f_y W_{el} = 264$	59.2	-	-	-	-	-	-	-	-	-	-	-	-	-
	8.0 $f_y W_{el} = 347$	78.6	3550	3410	3240	3060	2880	2680	2480	2270	2070	1870	1690	1530	1380
	10.0 $f_y W_{el} = 428$	97.8	4440	4260	4040	3820	3590	3340	3080	2820	2570	2320	2100	1890	1710
	12.0 $f_y W_{el} = 506$	117	5290	5070	4820	4550	4280	3980	3680	3360	3060	2770	2500	2260	2040
	12.5 $f_y W_{el} = 525$	121	5500	5270	5010	4730	4430	4130	3800	3480	3160	2860	2580	2320	2100
	16.0 $f_y W_{el} = 654$	154	6960	6660	6320	5960	5590	5200	4790	4370	3970	3580	3230	2910	2620

Hybox® is a trademark of Corus. A fuller description of the relationship between Cold Formed Circular Hollow Sections (CFCHS) and the Hybox® range of sections manufactured by Corus is given in note 12.

* The section can become a class 4 section.

$M_{b,Rd}$ should be taken as equal to $M_{c,Rd}$.

$n = N_{Ed} / N_{pl,Rd}$

$N_{b,Rd}$ values for class 4 sections are not calculated.

FOR EXPLANATION OF TABLES SEE NOTE 10.

| BS EN 1993-1-1:2005 |
| BS EN 10219-2: 2006 |

AXIAL FORCE & BENDING

S355 / Hybox® 355

COLD FORMED CIRCULAR HOLLOW SECTIONS

Hybox® CHS

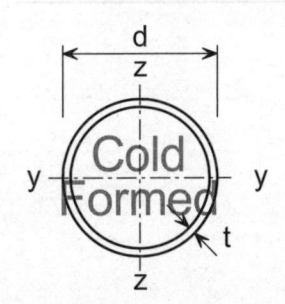

Cross-section resistance check

Section Designation		Mass per Metre	Axial resistance	Moment Resistance $M_{c,Rd}$ (kNm) and Reduced Moment Resistance $M_{N,Rd}$ (kNm) for Ratios of Design Axial Force to Design Axial Plastic Resistance $n = N_{Ed} / N_{pl,Rd}$											
D mm	t mm	kg	$N_{pl,Rd}$ kN	n	0.0	0.1	0.2	0.3	0.4	0.5	0.6	0.7	0.8	0.9	1.0
457	* 6.0	66.7	3020	$M_{c,Rd}$	$	$	$	$	$	$	$	$	$	$	$
				$M_{N,Rd}$	-	-	-	-	-	-	-	-	-	-	-
	8.0	88.6	4010	$M_{c,Rd}$	442	442	442	442	442	442	442	442	442	442	442
				$M_{N,Rd}$	-	-	-	-	-	-	-	-	-	-	-
	10.0	110	4970	$M_{c,Rd}$	709	709	709	709	709	709	709	709	709	709	709
				$M_{N,Rd}$	709	701	675	632	574	502	417	322	219	111	0
	12.0	132	5960	$M_{c,Rd}$	844	844	844	844	844	844	844	844	844	844	844
				$M_{N,Rd}$	844	833	803	752	683	597	496	383	261	132	0
	12.5	137	6210	$M_{c,Rd}$	877	877	877	877	877	877	877	877	877	877	877
				$M_{N,Rd}$	877	866	834	781	709	620	515	398	271	137	0
	16.0	174	7880	$M_{c,Rd}$	1110	1110	1110	1110	1110	1110	1110	1110	1110	1110	1110
				$M_{N,Rd}$	1110	1090	1050	985	894	781	650	502	341	173	0
508	* 6.0	74.3	3360	$M_{c,Rd}$	$	$	$	$	$	$	$	$	$	$	$
				$M_{N,Rd}$	-	-	-	-	-	-	-	-	-	-	-
	* 8.0	98.6	4470	$M_{c,Rd}$	$	$	$	$	$	$	$	$	$	$	$
				$M_{N,Rd}$	-	-	-	-	-	-	-	-	-	-	-
	10.0	123	5540	$M_{c,Rd}$	678	678	678	678	678	678	678	678	678	678	678
				$M_{N,Rd}$	-	-	-	-	-	-	-	-	-	-	-
	12.0	147	6640	$M_{c,Rd}$	1050	1050	1050	1050	1050	1050	1050	1050	1050	1050	1050
				$M_{N,Rd}$	1050	1040	997	934	848	741	616	476	324	164	0
	12.5	153	6920	$M_{c,Rd}$	1090	1090	1090	1090	1090	1090	1090	1090	1090	1090	1090
				$M_{N,Rd}$	1090	1080	1040	971	882	771	641	495	337	170	0
	16.0	194	8770	$M_{c,Rd}$	1380	1380	1380	1380	1380	1380	1380	1380	1380	1380	1380
				$M_{N,Rd}$	1380	1360	1310	1230	1110	972	808	624	425	215	0

Hybox® is a trademark of Corus. A fuller description of the relationship between Cold Formed Circular Hollow Sections (CFCHS) and the Hybox® range of sections manufactured by Corus is given in note 12.

* The section is a class 4 section.

N_{Ed} = Design value of the axial force.

$n = N_{Ed} / N_{pl,Rd}$

$N_{pl,Rd}$ is the axial force resistance

- Not applicable for class 3 and class 4 sections.

$ $M_{c,Rd}$ is not calculated for class 4 sections.

FOR EXPLANATION OF TABLES SEE NOTE 10.

| BS EN 1993-1-1:2005 |
| BS EN 10219-2: 2006 |

AXIAL FORCE & BENDING

S355 / Hybox® 355

COLD FORMED CIRCULAR HOLLOW SECTIONS

Hybox® CHS

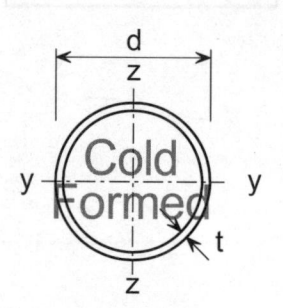

Member buckling check

Section Designation & Resistance (kNm)		Mass per Metre	Compression Resistance $N_{b,Rd}$ (kN) for Varying buckling lengths (m)											
D mm	t mm	kg	2.0	3.0	4.0	5.0	6.0	7.0	8.0	9.0	10.0	11.0	12.0	13.0	14.0
457	* 6.0 f_yW_{el} = 336	66.7	-	-	-	-	-	-	-	-	-	-	-	-	-
	8.0 f_yW_{el} = 442	88.6	4010	3920	3750	3570	3400	3210	3010	2800	2600	2390	2190	2010	1830
	10.0 f_yW_{el} = 545	110	4970	4850	4640	4420	4200	3960	3720	3460	3200	2950	2700	2470	2250
	12.0 f_yW_{el} = 646	132	5960	5810	5560	5300	5030	4740	4440	4130	3820	3520	3220	2940	2680
	12.5 f_yW_{el} = 670	137	6210	6050	5790	5520	5240	4940	4630	4310	3980	3660	3350	3060	2790
	16.0 f_yW_{el} = 838	174	7880	7670	7340	6990	6630	6250	5850	5440	5030	4620	4220	3860	3520
508	* 6.0 f_yW_{el} = 417	74.3	-	-	-	-	-	-	-	-	-	-	-	-	-
	* 8.0 f_yW_{el} = 549	98.6	-	-	-	-	-	-	-	-	-	-	-	-	-
	10.0 f_yW_{el} = 678	123	5540	5470	5260	5050	4830	4600	4370	4120	3860	3600	3350	3100	2860
	12.0 f_yW_{el} = 804	147	6640	6560	6300	6050	5780	5510	5220	4920	4610	4300	3990	3690	3410
	12.5 f_yW_{el} = 835	153	6920	6840	6570	6310	6030	5740	5440	5130	4810	4480	4160	3850	3550
	16.0 f_yW_{el} = 1050	194	8770	8650	8320	7980	7630	7260	6880	6480	6070	5650	5250	4850	4470

Hybox® is a trademark of Corus. A fuller description of the relationship between Cold Formed Circular Hollow Sections (CFCHS) and the Hybox® range of sections manufactured by Corus is given in note 12.

* The section can become a class 4 section.

$M_{b,Rd}$ should be taken as equal to $M_{c,Rd}$.

$n = N_{Ed} / N_{pl,Rd}$

$N_{b,Rd}$ values for class 4 sections are not calculated.

FOR EXPLANATION OF TABLES SEE NOTE 10.

BS EN 1993-1-1:2005
BS EN 10219-2: 2006

AXIAL FORCE & BENDING

S355 / Hybox® 355

COLD-FORMED SQUARE HOLLOW SECTIONS

Hybox® SHS

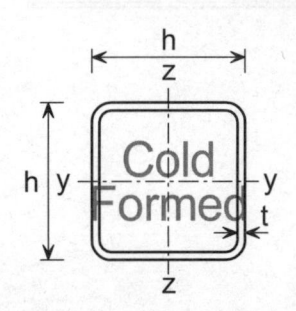

Cross-section resistance check

Section Designation h x h (mm)	t (mm)	Mass per Metre (kg)	Axial Resistance $N_{pl,Rd}$ (kN)	n limit Class 3 / Class 2		Moment Resistance $M_{c,Rd}$ (kNm) and Reduced Moment Resistance $M_{N,Rd}$ (kNm) for Ratios of Design Axial Force to Design Axial Plastic Resistance $n = N_{Ed}/N_{pl,Rd}$										
					n	0.0	0.1	0.2	0.3	0.4	0.5	0.6	0.7	0.8	0.9	1.0
25x25	2.0	1.36	61.8	n/a	$M_{c,Rd}$	0.522	0.522	0.522	0.522	0.522	0.522	0.522	0.522	0.522	0.522	0.522
				1.00	$M_{N,Rd}$	0.522	0.522	0.522	0.464	0.398	0.331	0.265	0.199	0.133	0.066	0
	2.5	1.64	74.2	n/a	$M_{c,Rd}$	0.607	0.607	0.607	0.607	0.607	0.607	0.607	0.607	0.607	0.607	0.607
				1.00	$M_{N,Rd}$	0.607	0.607	0.607	0.532	0.456	0.380	0.304	0.228	0.152	0.076	0
	3.0	1.89	85.6	n/a	$M_{c,Rd}$	0.678	0.678	0.678	0.678	0.678	0.678	0.678	0.678	0.678	0.678	0.678
				1.00	$M_{N,Rd}$	0.678	0.678	0.669	0.585	0.502	0.418	0.334	0.251	0.167	0.084	0
30x30	2.5	2.03	91.9	n/a	$M_{c,Rd}$	0.927	0.927	0.927	0.927	0.927	0.927	0.927	0.927	0.927	0.927	0.927
				1.00	$M_{N,Rd}$	0.927	0.927	0.927	0.821	0.704	0.587	0.469	0.352	0.235	0.117	0
	3.0	2.36	107	n/a	$M_{c,Rd}$	1.05	1.05	1.05	1.05	1.05	1.05	1.05	1.05	1.05	1.05	1.05
				1.00	$M_{N,Rd}$	1.05	1.05	1.05	0.921	0.789	0.658	0.526	0.395	0.263	0.132	0
40x40	2.0	2.31	104	n/a	$M_{c,Rd}$	1.47	1.47	1.47	1.47	1.47	1.47	1.47	1.47	1.47	1.47	1.47
				1.00	$M_{N,Rd}$	1.47	1.47	1.47	1.33	1.14	0.949	0.760	0.570	0.380	0.190	0
	2.5	2.82	127	n/a	$M_{c,Rd}$	1.76	1.76	1.76	1.76	1.76	1.76	1.76	1.76	1.76	1.76	1.76
				1.00	$M_{N,Rd}$	1.76	1.76	1.76	1.59	1.36	1.13	0.906	0.680	0.453	0.227	0
	3.0	3.30	149	n/a	$M_{c,Rd}$	2.03	2.03	2.03	2.03	2.03	2.03	2.03	2.03	2.03	2.03	2.03
				1.00	$M_{N,Rd}$	2.03	2.03	2.03	1.81	1.55	1.29	1.03	0.776	0.517	0.259	0
	4.0	4.20	190	n/a	$M_{c,Rd}$	2.49	2.49	2.49	2.49	2.49	2.49	2.49	2.49	2.49	2.49	2.49
				1.00	$M_{N,Rd}$	2.49	2.49	2.49	2.18	1.87	1.56	1.25	0.934	0.623	0.311	0
50x50	2.5	3.60	163	n/a	$M_{c,Rd}$	2.86	2.86	2.86	2.86	2.86	2.86	2.86	2.86	2.86	2.86	2.86
				1.00	$M_{N,Rd}$	2.86	2.86	2.86	2.60	2.23	1.85	1.48	1.11	0.742	0.371	0
	3.0	4.25	192	n/a	$M_{c,Rd}$	3.33	3.33	3.33	3.33	3.33	3.33	3.33	3.33	3.33	3.33	3.33
				1.00	$M_{N,Rd}$	3.33	3.33	3.33	3.00	2.57	2.14	1.72	1.29	0.858	0.429	0
	4.0	5.45	247	n/a	$M_{c,Rd}$	4.15	4.15	4.15	4.15	4.15	4.15	4.15	4.15	4.15	4.15	4.15
				1.00	$M_{N,Rd}$	4.15	4.15	4.15	3.69	3.16	2.64	2.11	1.58	1.05	0.527	0
	5.0	6.56	297	n/a	$M_{c,Rd}$	4.86	4.86	4.86	4.86	4.86	4.86	4.86	4.86	4.86	4.86	4.86
				1.00	$M_{N,Rd}$	4.86	4.86	4.86	4.26	3.65	3.04	2.43	1.83	1.22	0.609	0
60x60	3.0	5.19	235	n/a	$M_{c,Rd}$	4.97	4.97	4.97	4.97	4.97	4.97	4.97	4.97	4.97	4.97	4.97
				1.00	$M_{N,Rd}$	4.97	4.97	4.97	4.50	3.86	3.22	2.57	1.93	1.29	0.644	0
	4.0	6.71	304	n/a	$M_{c,Rd}$	6.25	6.25	6.25	6.25	6.25	6.25	6.25	6.25	6.25	6.25	6.25
				1.00	$M_{N,Rd}$	6.25	6.25	6.25	5.60	4.80	4.00	3.20	2.40	1.60	0.800	0
	5.0	8.13	369	n/a	$M_{c,Rd}$	7.42	7.42	7.42	7.42	7.42	7.42	7.42	7.42	7.42	7.42	7.42
				1.00	$M_{N,Rd}$	7.42	7.42	7.42	6.59	5.65	4.71	3.76	2.82	1.88	0.941	0

Hybox® is a trademark of Corus. A fuller description of the relationship between Cold Formed Square Hollow Sections (CFSHS) and the Hybox® range of sections manufactured by Corus is given in note 12.

N_{Ed} = Design value of the axial force.

$n = N_{Ed} / N_{pl,Rd}$

FOR EXPLANATION OF TABLES SEE NOTE 10.

BS EN 1993-1-1:2005
BS EN 10219-2: 2006

AXIAL FORCE & BENDING

S355 / Hybox® 355

COLD-FORMED SQUARE HOLLOW SECTIONS

Hybox® SHS

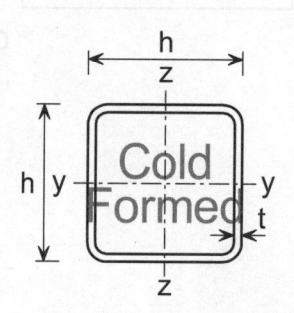

Member buckling check

Section Designation & Resistance (kNm)		n Limit	Compression Resistance $N_{b,Rd}$ (kN) for Varying buckling lengths (m) within the limiting value of $n = N_{Ed} / N_{pl,Rd}$											
h x h mm	t mm		1.0	1.5	2.0	2.5	3.0	3.5	4.0	5.0	6.0	7.0	8.0	9.0	10.0
25x25	2.0 f_yW_{el} = 0.422	1.00	21.2	10.9	6.52	4.32	3.07	2.29	1.77	1.15	0.809	0.599	0.461	0.366	0.298
	2.5 f_yW_{el} = 0.479	1.00	24.4	12.5	7.45	4.93	3.50	2.61	2.02	1.31	0.921	0.682	0.525	0.417	0.339
	3.0 f_yW_{el} = 0.522	1.00	27.0	13.7	8.16	5.39	3.82	2.85	2.21	1.43	1.01	0.744	0.573	0.455	0.369
30x30	2.5 f_yW_{el} = 0.746	1.00	40.3	21.9	13.3	8.88	6.33	4.74	3.68	2.40	1.69	1.25	0.965	0.767	0.624
	3.0 f_yW_{el} = 0.831	1.00	45.7	24.6	15.0	9.98	7.11	5.32	4.13	2.69	1.89	1.40	1.08	0.860	0.699
40x40	2.0 f_yW_{el} = 1.23	1.00	65.8	41.7	26.9	18.4	13.3	10.1	7.87	5.18	3.66	2.73	2.11	1.68	1.37
	2.5 f_yW_{el} = 1.46	1.00	79.1	49.5	31.8	21.8	15.7	11.9	9.27	6.09	4.31	3.20	2.48	1.97	1.61
	3.0 f_yW_{el} = 1.65	1.00	91.6	57.0	36.5	24.9	18.0	13.6	10.6	6.97	4.92	3.66	2.83	2.25	1.84
	4.0 f_yW_{el} = 1.97	1.00	113	69.0	43.8	29.8	21.5	16.2	12.6	8.30	5.86	4.36	3.37	2.68	2.18
50x50	2.5 f_yW_{el} = 2.41	1.00	120	85.9	59.2	41.8	30.8	23.5	18.4	12.2	8.69	6.49	5.03	4.01	3.27
	3.0 f_yW_{el} = 2.77	1.00	140	100	68.7	48.5	35.6	27.1	21.3	14.1	10.0	7.50	5.81	4.63	3.78
	4.0 f_yW_{el} = 3.37	1.00	178	125	84.8	59.6	43.7	33.2	26.1	17.3	12.3	9.16	7.09	5.65	4.61
	5.0 f_yW_{el} = 3.83	1.00	210	145	97.9	68.5	50.1	38.1	29.9	19.8	14.0	10.5	8.09	6.45	5.26
60x60	3.0 f_yW_{el} = 4.15	1.00	189	148	110	80.5	60.5	46.7	37.0	24.8	17.7	13.3	10.3	8.23	6.73
	4.0 f_yW_{el} = 5.15	1.00	242	188	138	101	75.5	58.2	46.1	30.8	22.0	16.5	12.8	10.2	8.35
	5.0 f_yW_{el} = 5.96	1.00	292	224	163	118	88.5	68.1	53.8	36.0	25.6	19.2	14.9	11.9	9.73

Hybox® is a trademark of Corus. A fuller description of the relationship between Cold Formed Square Hollow Sections (CFSHS) and the Hybox® range of sections manufactured by Corus is given in note 12.

$n = N_{Ed} / N_{pl,Rd}$

Under combined axial compression and bending the resistances are only valid up to the given $N_{Ed} / N_{pl,Rd}$ limit. For higher values of $n = N_{Ed} / N_{pl,Rd}$ the section would be overloaded due to N_{Ed} alone even when M_{Ed} is zero, because N_{Ed} would exceed the local buckling resistance of the section.

$M_{b,Rd}$ should be taken as equal to $M_{c,Rd}$.

Axial force resistance $N_{pl,Rd}$ which is equal to Af_y is given in the cross-section resistance check table opposite.

FOR EXPLANATION OF TABLES SEE NOTE 10.

BS EN 1993-1-1:2005
BS EN 10219-2: 2006

AXIAL FORCE & BENDING

S355 / Hybox® 355

COLD-FORMED SQUARE HOLLOW SECTIONS

Hybox® SHS

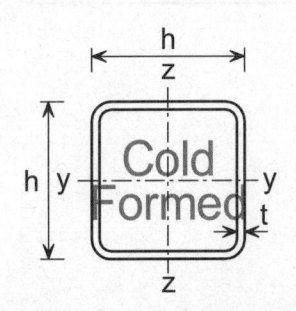

Cross-section resistance check

Section Designation		Mass per Metre	Axial Resistance	n limit	Moment Resistance $M_{c,Rd}$ (kNm) and Reduced Moment Resistance $M_{N,Rd}$ (kNm) for Ratios of Design Axial Force to Design Axial Plastic Resistance $n = N_{Ed} / N_{pl,Rd}$											
h x h mm	t mm	kg	$N_{pl,Rd}$ kN	Class 3 Class 2	n	0.0	0.1	0.2	0.3	0.4	0.5	0.6	0.7	0.8	0.9	1.0
70x70	2.5	5.17	234	n/a	$M_{c,Rd}$	5.86	5.86	5.86	5.86	5.86	5.86	5.86	5.86	5.86	5.86	5.86
				1.00	$M_{N,Rd}$	5.86	5.86	5.86	5.36	4.59	3.83	3.06	2.30	1.53	0.765	0
	3.0	6.13	277	n/a	$M_{c,Rd}$	6.89	6.89	6.89	6.89	6.89	6.89	6.89	6.89	6.89	6.89	6.89
				1.00	$M_{N,Rd}$	6.89	6.89	6.89	6.27	5.37	4.48	3.58	2.69	1.79	0.896	0
	3.5	7.06	319	n/a	$M_{c,Rd}$	7.88	7.88	7.88	7.88	7.88	7.88	7.88	7.88	7.88	7.88	7.88
				1.00	$M_{N,Rd}$	7.88	7.88	7.88	7.14	6.12	5.10	4.08	3.06	2.04	1.02	0
	4.0	7.97	359	n/a	$M_{c,Rd}$	8.80	8.80	8.80	8.80	8.80	8.80	8.80	8.80	8.80	8.80	8.80
				1.00	$M_{N,Rd}$	8.80	8.80	8.80	7.93	6.80	5.66	4.53	3.40	2.27	1.13	0
	5.0	9.70	440	n/a	$M_{c,Rd}$	10.5	10.5	10.5	10.5	10.5	10.5	10.5	10.5	10.5	10.5	10.5
				1.00	$M_{N,Rd}$	10.5	10.5	10.5	9.40	8.06	6.72	5.37	4.03	2.69	1.34	0
80x80	3.0	7.07	320	n/a	$M_{c,Rd}$	9.16	9.16	9.16	9.16	9.16	9.16	9.16	9.16	9.16	9.16	9.16
				1.00	$M_{N,Rd}$	9.16	9.16	9.16	8.37	7.17	5.98	4.78	3.59	2.39	1.20	0
	3.5	8.16	369	n/a	$M_{c,Rd}$	10.5	10.5	10.5	10.5	10.5	10.5	10.5	10.5	10.5	10.5	10.5
				1.00	$M_{N,Rd}$	10.5	10.5	10.5	9.53	8.17	6.81	5.45	4.08	2.72	1.36	0
	4.0	9.22	415	n/a	$M_{c,Rd}$	11.8	11.8	11.8	11.8	11.8	11.8	11.8	11.8	11.8	11.8	11.8
				1.00	$M_{N,Rd}$	11.8	11.8	11.8	10.6	9.11	7.60	6.08	4.56	3.04	1.52	0
	5.0	11.3	511	n/a	$M_{c,Rd}$	14.1	14.1	14.1	14.1	14.1	14.1	14.1	14.1	14.1	14.1	14.1
				1.00	$M_{N,Rd}$	14.1	14.1	14.1	12.7	10.9	9.06	7.25	5.44	3.62	1.81	0
	6.0	13.2	596	n/a	$M_{c,Rd}$	16.3	16.3	16.3	16.3	16.3	16.3	16.3	16.3	16.3	16.3	16.3
				1.00	$M_{N,Rd}$	16.3	16.3	16.3	14.5	12.4	10.3	8.28	6.21	4.14	2.07	0
90x90	3.0	8.01	362	n/a	$M_{c,Rd}$	11.7	11.7	11.7	11.7	11.7	11.7	11.7	11.7	11.7	11.7	11.7
				1.00	$M_{N,Rd}$	11.7	11.7	11.7	10.7	9.19	7.66	6.13	4.60	3.06	1.53	0
	3.5	9.26	419	n/a	$M_{c,Rd}$	13.5	13.5	13.5	13.5	13.5	13.5	13.5	13.5	13.5	13.5	13.5
				1.00	$M_{N,Rd}$	13.5	13.5	13.5	12.3	10.5	8.77	7.02	5.26	3.51	1.75	0
	4.0	10.5	472	n/a	$M_{c,Rd}$	15.1	15.1	15.1	15.1	15.1	15.1	15.1	15.1	15.1	15.1	15.1
				1.00	$M_{N,Rd}$	15.1	15.1	15.1	13.7	11.8	9.81	7.85	5.89	3.92	1.96	0
	5.0	12.8	582	n/a	$M_{c,Rd}$	18.2	18.2	18.2	18.2	18.2	18.2	18.2	18.2	18.2	18.2	18.2
				1.00	$M_{N,Rd}$	18.2	18.2	18.2	16.5	14.1	11.8	9.43	7.07	4.71	2.36	0
	6.0	15.1	682	n/a	$M_{c,Rd}$	21.1	21.1	21.1	21.1	21.1	21.1	21.1	21.1	21.1	21.1	21.1
				1.00	$M_{N,Rd}$	21.1	21.1	21.1	18.9	16.2	13.5	10.8	8.11	5.41	2.70	0

Hybox® is a trademark of Corus. A fuller description of the relationship between Cold Formed Square Hollow Sections (CFSHS) and the Hybox® range of sections manufactured by Corus is given in note 12.

N_{Ed} = Design value of the axial force.

$n = N_{Ed} / N_{pl,Rd}$

FOR EXPLANATION OF TABLES SEE NOTE 10.

BS EN 1993-1-1:2005
BS EN 10219-2: 2006

AXIAL FORCE & BENDING

S355 / Hybox® 355

COLD-FORMED SQUARE HOLLOW SECTIONS

Hybox® SHS

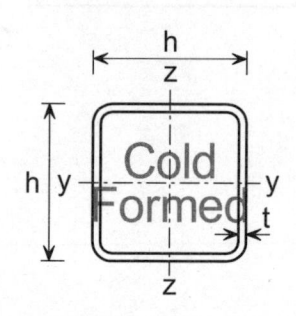

Member buckling check

Section Designation & Resistance (kNm)		n Limit	Compression Resistance $N_{b,Rd}$ (kN) for Varying buckling lengths (m) within the limiting value of $n = N_{Ed} / N_{pl,Rd}$												
h x h mm	t mm		1.0	1.5	2.0	2.5	3.0	3.5	4.0	5.0	6.0	7.0	8.0	9.0	10.0
70x70	2.5 $f_y W_{el} = 5.01$	1.00	200	167	132	102	78.9	61.9	49.6	33.6	24.2	18.2	14.2	11.4	9.30
	3.0 $f_y W_{el} = 5.82$	1.00	236	197	155	119	92.0	72.1	57.7	39.1	28.1	21.1	16.5	13.2	10.8
	3.5 $f_y W_{el} = 6.60$	1.00	271	225	177	136	105	82.0	65.6	44.4	31.9	24.0	18.7	15.0	12.2
	4.0 $f_y W_{el} = 7.31$	1.00	304	252	198	151	116	91.0	72.8	49.2	35.4	26.6	20.7	16.6	13.6
	5.0 $f_y W_{el} = 8.59$	1.00	371	305	238	181	139	108	86.5	58.4	41.9	31.5	24.5	19.6	16.1
80x80	3.0 $f_y W_{el} = 7.81$	1.00	284	246	204	164	130	104	84.2	57.8	41.9	31.6	24.7	19.8	16.3
	3.5 $f_y W_{el} = 8.88$	1.00	327	283	234	188	149	119	96.2	66.0	47.8	36.1	28.2	22.6	18.5
	4.0 $f_y W_{el} = 9.87$	1.00	367	316	261	209	165	132	106	73.0	52.8	39.9	31.1	25.0	20.5
	5.0 $f_y W_{el} = 11.7$	1.00	450	387	318	253	200	159	128	87.8	63.5	47.9	37.4	30.0	24.6
	6.0 $f_y W_{el} = 13.2$	1.00	523	447	366	289	227	181	146	99.4	71.8	54.2	42.3	33.9	27.8
90x90	3.0 $f_y W_{el} = 10.0$	1.00	330	294	253	211	173	141	116	80.8	59.0	44.8	35.2	28.3	23.2
	3.5 $f_y W_{el} = 11.4$	1.00	382	339	292	243	199	162	133	92.6	67.6	51.3	40.2	32.4	26.6
	4.0 $f_y W_{el} = 12.8$	1.00	430	381	327	272	222	180	148	103	75.0	57.0	44.7	35.9	29.5
	5.0 $f_y W_{el} = 15.2$	1.00	528	467	399	330	268	218	178	124	90.2	68.4	53.6	43.1	35.4
	6.0 $f_y W_{el} = 17.4$	1.00	617	544	463	382	310	251	205	142	103	78.4	61.4	49.4	40.5

Hybox® is a trademark of Corus. A fuller description of the relationship between Cold Formed Square Hollow Sections (CFSHS) and the Hybox® range of sections manufactured by Corus is given in note 12.

$n = N_{Ed} / N_{pl,Rd}$

Under combined axial compression and bending the resistances are only valid up to the given $N_{Ed} / N_{pl,Rd}$ limit. For higher values of $n = N_{Ed} / N_{pl,Rd}$ the section would be overloaded due to N_{Ed} alone even when M_{Ed} is zero, because N_{Ed} would exceed the local buckling resistance of the section.

$M_{b,Rd}$ should be taken as equal to $M_{c,Rd}$.

Axial force resistance $N_{pl,Rd}$ which is equal to Af_y is given in the cross-section resistance check table opposite.

FOR EXPLANATION OF TABLES SEE NOTE 10.

BS EN 1993-1-1:2005
BS EN 10219-2: 2006

AXIAL FORCE & BENDING

S355 / Hybox® 355

COLD-FORMED SQUARE HOLLOW SECTIONS

Hybox® SHS

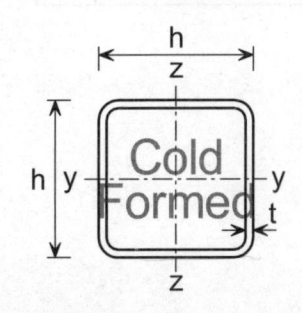

Cross-section resistance check

Section Designation		Mass per Metre	Axial Resistance $N_{pl,Rd}$	n limit Class 3	Moment Resistance $M_{c,Rd}$ (kNm) and Reduced Moment Resistance $M_{N,Rd}$ (kNm) for Ratios of Design Axial Force to Design Axial Plastic Resistance $n = N_{Ed} / N_{pl,Rd}$											
h x h mm	t mm	kg	kN	Class 2	n	0.0	0.1	0.2	0.3	0.4	0.5	0.6	0.7	0.8	0.9	1.0
100x100	3.0	8.96	405	n/a	$M_{c,Rd}$	14.6	14.6	14.6	14.6	14.6	14.6	14.6	14.6	14.6	14.6	14.6
				1.00	$M_{N,Rd}$	14.6	14.6	14.6	13.4	11.5	9.58	7.67	5.75	3.83	1.92	0
	4.0	11.7	529	n/a	$M_{c,Rd}$	18.9	18.9	18.9	18.9	18.9	18.9	18.9	18.9	18.9	18.9	18.9
				1.00	$M_{N,Rd}$	18.9	18.9	18.9	17.2	14.8	12.3	9.85	7.39	4.92	2.46	0
	5.0	14.4	653	n/a	$M_{c,Rd}$	22.9	22.9	22.9	22.9	22.9	22.9	22.9	22.9	22.9	22.9	22.9
				1.00	$M_{N,Rd}$	22.9	22.9	22.9	20.8	17.8	14.9	11.9	8.91	5.94	2.97	0
	6.0	17.0	767	n/a	$M_{c,Rd}$	26.7	26.7	26.7	26.7	26.7	26.7	26.7	26.7	26.7	26.7	26.7
				1.00	$M_{N,Rd}$	26.7	26.7	26.7	24.0	20.6	17.1	13.7	10.3	6.86	3.43	0
	8.0	21.4	966	n/a	$M_{c,Rd}$	32.3	32.3	32.3	32.3	32.3	32.3	32.3	32.3	32.3	32.3	32.3
				1.00	$M_{N,Rd}$	32.3	32.3	32.3	28.5	24.4	20.4	16.3	12.2	8.15	4.07	0
120x120	4.0	14.2	643	n/a	$M_{c,Rd}$	27.8	27.8	27.8	27.8	27.8	27.8	27.8	27.8	27.8	27.8	27.8
				1.00	$M_{N,Rd}$	27.8	27.8	27.8	25.4	21.8	18.2	14.5	10.9	7.27	3.63	0
	5.0	17.5	795	n/a	$M_{c,Rd}$	33.9	33.9	33.9	33.9	33.9	33.9	33.9	33.9	33.9	33.9	33.9
				1.00	$M_{N,Rd}$	33.9	33.9	33.9	30.9	26.5	22.1	17.6	13.2	8.82	4.41	0
	6.0	20.7	937	n/a	$M_{c,Rd}$	39.8	39.8	39.8	39.8	39.8	39.8	39.8	39.8	39.8	39.8	39.8
				1.00	$M_{N,Rd}$	39.8	39.8	39.8	36.0	30.9	25.7	20.6	15.4	10.3	5.15	0
	8.0	26.4	1190	n/a	$M_{c,Rd}$	49.0	49.0	49.0	49.0	49.0	49.0	49.0	49.0	49.0	49.0	49.0
				1.00	$M_{N,Rd}$	49.0	49.0	49.0	43.6	37.4	31.2	24.9	18.7	12.5	6.24	0
	10.0	31.8	1440	n/a	$M_{c,Rd}$	57.5	57.5	57.5	57.5	57.5	57.5	57.5	57.5	57.5	57.5	57.5
				1.00	$M_{N,Rd}$	57.5	57.5	57.5	50.6	43.4	36.1	28.9	21.7	14.5	7.23	0
140x140	4.0	16.8	756	1.00	$M_{c,Rd}$	33.1	33.1	33.1	33.1	33.1	33.1	33.1	33.1	33.1	33.1	33.1
				0.00	$M_{N,Rd}$	-	-	-	-	-	-	-	-	-	-	-
	5.0	20.7	937	n/a	$M_{c,Rd}$	46.9	46.9	46.9	46.9	46.9	46.9	46.9	46.9	46.9	46.9	46.9
				1.00	$M_{N,Rd}$	46.9	46.9	46.9	42.9	36.7	30.6	24.5	18.4	12.2	6.12	0
	6.0	24.5	1110	n/a	$M_{c,Rd}$	55.0	55.0	55.0	55.0	55.0	55.0	55.0	55.0	55.0	55.0	55.0
				1.00	$M_{N,Rd}$	55.0	55.0	55.0	50.1	42.9	35.8	28.6	21.5	14.3	7.15	0
	8.0	31.4	1420	n/a	$M_{c,Rd}$	68.9	68.9	68.9	68.9	68.9	68.9	68.9	68.9	68.9	68.9	68.9
				1.00	$M_{N,Rd}$	68.9	68.9	68.9	61.8	53.0	44.1	35.3	26.5	17.7	8.83	0
	10.0	38.1	1730	n/a	$M_{c,Rd}$	81.7	81.7	81.7	81.7	81.7	81.7	81.7	81.7	81.7	81.7	81.7
				1.00	$M_{N,Rd}$	81.7	81.7	81.7	72.5	62.2	51.8	41.4	31.1	20.7	10.4	0

Hybox® is a trademark of Corus. A fuller description of the relationship between Cold Formed Square Hollow Sections (CFSHS) and the Hybox® range of sections manufactured by Corus is given in note 12.

N_{Ed} = Design value of the axial force.

$n = N_{Ed} / N_{pl,Rd}$

- Not applicable for class 3 and class 4 sections.

FOR EXPLANATION OF TABLES SEE NOTE 10.

| BS EN 1993-1-1:2005 |
| BS EN 10219-2: 2006 |

AXIAL FORCE & BENDING

S355 / Hybox® 355

COLD-FORMED SQUARE HOLLOW SECTIONS

Hybox® SHS

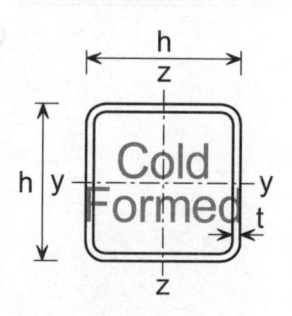

Member buckling check

Section Designation & Resistance (kNm)		n Limit	Compression Resistance $N_{b,Rd}$ (kN) for Varying buckling lengths (m) within the limiting value of $n = N_{Ed} / N_{pl,Rd}$											
h x h mm	t mm		1.0	1.5	2.0	2.5	3.0	3.5	4.0	5.0	6.0	7.0	8.0	9.0	10.0
100x100	3.0 $f_y W_{el}$ = 12.6	1.00	377	342	302	260	219	183	153	108	79.9	61.0	48.0	38.7	31.9
	4.0 $f_y W_{el}$ = 16.1	1.00	492	445	392	337	283	235	196	139	102	77.9	61.3	49.4	40.7
	5.0 $f_y W_{el}$ = 19.2	1.00	606	547	481	411	344	286	237	168	123	94.1	74.0	59.6	49.0
	6.0 $f_y W_{el}$ = 22.1	1.00	710	639	560	477	398	329	273	193	142	108	84.8	68.3	56.2
	8.0 $f_y W_{el}$ = 26.0	1.00	888	795	692	584	483	397	328	230	168	128	101	81.1	66.6
120x120	4.0 $f_y W_{el}$ = 23.8	1.00	617	571	521	468	412	357	307	227	171	132	105	85.0	70.3
	5.0 $f_y W_{el}$ = 28.7	1.00	763	705	642	575	505	437	375	276	208	161	127	103	85.3
	6.0 $f_y W_{el}$ = 33.3	1.00	897	828	754	673	590	509	436	321	241	186	147	119	98.6
	8.0 $f_y W_{el}$ = 40.1	1.00	1140	1050	949	843	734	630	537	392	293	226	179	145	120
	10.0 $f_y W_{el}$ = 45.8	1.00	1370	1260	1130	1000	868	740	628	456	340	262	207	167	138
140x140	4.0 $f_y W_{el}$ = 33.1	1.00	742	696	648	597	543	486	431	333	258	203	162	133	110
	5.0 $f_y W_{el}$ = 40.1	1.00	919	861	802	738	670	599	531	409	316	248	199	162	135
	6.0 $f_y W_{el}$ = 46.5	1.00	1080	1020	945	868	787	703	621	478	368	289	231	189	157
	8.0 $f_y W_{el}$ = 57.2	1.00	1390	1300	1200	1100	993	883	777	593	455	356	284	232	192
	10.0 $f_y W_{el}$ = 66.4	1.00	1680	1570	1450	1320	1190	1060	925	702	537	419	335	272	226

Hybox® is a trademark of Corus. A fuller description of the relationship between Cold Formed Square Hollow Sections (CFSHS) and the Hybox® range of sections manufactured by Corus is given in note 12.

$n = N_{Ed} / N_{pl,Rd}$

Under combined axial compression and bending the resistances are only valid up to the given $N_{Ed} / N_{pl,Rd}$ limit. For higher values of $n = N_{Ed} / N_{pl,Rd}$ the section would be overloaded due to N_{Ed} alone even when M_{Ed} is zero, because N_{Ed} would exceed the local buckling resistance of the section.

$M_{b,Rd}$ should be taken as equal to $M_{c,Rd}$.

Axial force resistance $N_{pl,Rd}$ which is equal to Af_y is given in the cross-section resistance check table opposite.

FOR EXPLANATION OF TABLES SEE NOTE 10.

AXIAL FORCE & BENDING

S355 / Hybox® 355

BS EN 1993-1-1:2005
BS EN 10219-2: 2006

COLD-FORMED SQUARE HOLLOW SECTIONS

Hybox® SHS

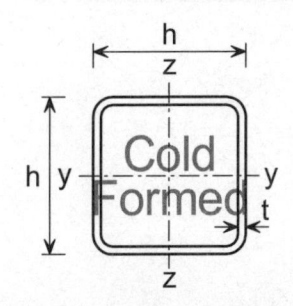

Cross-section resistance check

Section Designation h x h mm	t mm	Mass per Metre kg	Axial Resistance $N_{pl,Rd}$ kN	n limit Class 3 Class 2		Moment Resistance $M_{c,Rd}$ (kNm) and Reduced Moment Resistance $M_{N,Rd}$ (kNm) for Ratios of Design Axial Force to Design Axial Plastic Resistance n = N_{Ed} / $N_{pl,Rd}$										
					n	0.0	0.1	0.2	0.3	0.4	0.5	0.6	0.7	0.8	0.9	1.0
150x150	4.0	18.0	813	*	$M_{c,Rd}$	✗	✗	✗	✗	✗	✗	✗	✗	✗	✗	$
					$M_{N,Rd}$	-	-	-	-	-	-	-	-	-	-	-
	5.0	22.3	1010	n/a 1.00	$M_{c,Rd}$	54.3	54.3	54.3	54.3	54.3	54.3	54.3	54.3	54.3	54.3	54.3
					$M_{N,Rd}$	54.3	54.3	54.3	49.8	42.7	35.5	28.4	21.3	14.2	7.11	0
	6.0	26.4	1190	n/a 1.00	$M_{c,Rd}$	63.9	63.9	63.9	63.9	63.9	63.9	63.9	63.9	63.9	63.9	63.9
					$M_{N,Rd}$	63.9	63.9	63.9	58.3	49.9	41.6	33.3	25.0	16.6	8.32	0
	8.0	33.9	1530	n/a 1.00	$M_{c,Rd}$	80.2	80.2	80.2	80.2	80.2	80.2	80.2	80.2	80.2	80.2	80.2
					$M_{N,Rd}$	80.2	80.2	80.2	72.2	61.9	51.6	41.3	30.9	20.6	10.3	0
	10.0	41.3	1870	n/a 1.00	$M_{c,Rd}$	95.5	95.5	95.5	95.5	95.5	95.5	95.5	95.5	95.5	95.5	95.5
					$M_{N,Rd}$	95.5	95.5	95.5	85.1	73.0	60.8	48.6	36.5	24.3	12.2	0
160x160	4.0	19.3	870	*	$M_{c,Rd}$	✗	✗	✗	✗	✗	✗	✗	✗	✗	✗	$
					$M_{N,Rd}$	-	-	-	-	-	-	-	-	-	-	-
	5.0	23.8	1080	n/a 1.00	$M_{c,Rd}$	62.1	62.1	62.1	62.1	62.1	62.1	62.1	62.1	62.1	62.1	62.1
					$M_{N,Rd}$	62.1	62.1	62.1	57.0	48.8	40.7	32.6	24.4	16.3	8.14	0
	6.0	28.3	1280	n/a 1.00	$M_{c,Rd}$	73.1	73.1	73.1	73.1	73.1	73.1	73.1	73.1	73.1	73.1	73.1
					$M_{N,Rd}$	73.1	73.1	73.1	66.8	57.2	47.7	38.2	28.6	19.1	9.54	0
	8.0	36.5	1650	n/a 1.00	$M_{c,Rd}$	92.3	92.3	92.3	92.3	92.3	92.3	92.3	92.3	92.3	92.3	92.3
					$M_{N,Rd}$	92.3	92.3	92.3	83.3	71.4	59.5	47.6	35.7	23.8	11.9	0
	10.0	44.4	2010	n/a 1.00	$M_{c,Rd}$	110	110	110	110	110	110	110	110	110	110	110
					$M_{N,Rd}$	110	110	110	98.7	84.6	70.5	56.4	42.3	28.2	14.1	0
180x180	5.0	27.0	1220	1.00 0.00	$M_{c,Rd}$	68.5	68.5	68.5	68.5	68.5	68.5	68.5	68.5	68.5	68.5	68.5
					$M_{N,Rd}$	-	-	-	-	-	-	-	-	-	-	-
	6.0	32.1	1450	n/a 1.00	$M_{c,Rd}$	93.7	93.7	93.7	93.7	93.7	93.7	93.7	93.7	93.7	93.7	93.7
					$M_{N,Rd}$	93.7	93.7	93.7	85.8	73.5	61.3	49.0	36.8	24.5	12.3	0
	8.0	41.5	1870	n/a 1.00	$M_{c,Rd}$	119	119	119	119	119	119	119	119	119	119	119
					$M_{N,Rd}$	119	119	119	108	92.6	77.2	61.7	46.3	30.9	15.4	0
	10.0	50.7	2290	n/a 1.00	$M_{c,Rd}$	143	143	143	143	143	143	143	143	143	143	143
					$M_{N,Rd}$	143	143	143	129	111	92.1	73.7	55.3	36.8	18.4	0
	12.0	58.5	2640	n/a 1.00	$M_{c,Rd}$	161	161	161	161	161	161	161	161	161	161	161
					$M_{N,Rd}$	161	161	161	143	122	102	81.6	61.2	40.8	20.4	0
	12.5	60.5	2730	n/a 1.00	$M_{c,Rd}$	166	166	166	166	166	166	166	166	166	166	166
					$M_{N,Rd}$	166	166	166	146	126	105	83.7	62.8	41.9	20.9	0

Hybox® is a trademark of Corus. A fuller description of the relationship between Cold Formed Square Hollow Sections (CFSHS) and the Hybox® range of sections manufactured by Corus is given in note 12.

* The section is a class 4 section and is independent of the design axial force N_{Ed}. Values of $M_{c,Rd}$ are calculated based on class 4 section properties and are displayed in *italic*.

N_{Ed} = Design value of the axial force.

n = N_{Ed} / $N_{pl,Rd}$

✗ Section becomes class 4, see note 10.

$ For these values of n = N_{Ed} / $N_{pl,Rd}$ the section would be overloaded due to N_{Ed} alone even when M_{Ed} is zero, because N_{Ed} would exceed the local buckling resistance of the section.

- Not applicable for class 3 and class 4 sections.

FOR EXPLANATION OF TABLES SEE NOTE 10.

BS EN 1993-1-1:2005
BS EN 10219-2: 2006

AXIAL FORCE & BENDING

S355 / Hybox® 355

COLD-FORMED SQUARE HOLLOW SECTIONS

Hybox® SHS

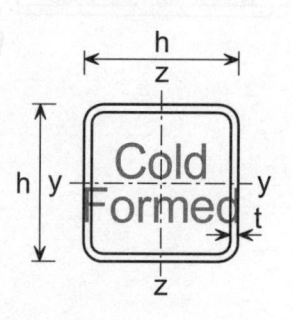

Member buckling check

Section Designation & Resistance (kNm)		n Limit	Compression Resistance $N_{b,Rd}$ (kN) for Varying buckling lengths (m) within the limiting value of $n = N_{Ed} / N_{pl,Rd}$												
h x h mm	t mm		2.0	3.0	4.0	5.0	6.0	7.0	8.0	9.0	10.0	11.0	12.0	13.0	14.0
150x150	4.0 $f_y W_{el} = 38.3$	*	*679*	*584*	*481*	*384*	*303*	*241*	*195*	*160*	*133*	*113*	*96.5*	*83.5*	*72.9*
	5.0 $f_y W_{el} = 46.5$	1.00	881	751	612	482	378	300	241	198	165	139	119	103	89.7
	6.0 $f_y W_{el} = 54.3$	1.00	1040	885	718	565	442	350	282	231	192	162	138	120	104
	8.0 $f_y W_{el} = 66.7$	1.00	1330	1120	904	706	550	434	349	285	237	200	171	148	129
	10.0 $f_y W_{el} = 78.1$	1.00	1610	1350	1080	840	652	514	412	337	280	236	201	174	152
160x160	4.0 $f_y W_{el} = 43.7$	*	*712*	*625*	*530*	*434*	*350*	*283*	*230*	*190*	*159*	*135*	*116*	*100*	*87.8*
	5.0 $f_y W_{el} = 53.3$	1.00	959	832	693	558	444	355	288	237	198	167	143	124	108
	6.0 $f_y W_{el} = 62.5$	1.00	1130	982	816	656	521	416	337	277	232	196	168	145	127
	8.0 $f_y W_{el} = 77.4$	1.00	1450	1250	1030	825	652	520	420	345	288	243	208	180	157
	10.0 $f_y W_{el} = 90.9$	1.00	1770	1510	1240	987	777	618	499	409	341	288	246	213	186
180x180	5.0 $f_y W_{el} = 68.5$	1.00	1120	993	857	717	588	481	395	328	276	234	202	175	153
	6.0 $f_y W_{el} = 80.2$	1.00	1320	1170	1010	845	692	565	464	385	323	275	236	205	179
	8.0 $f_y W_{el} = 100$	1.00	1700	1510	1290	1080	877	713	584	484	406	345	296	257	225
	10.0 $f_y W_{el} = 119$	1.00	2080	1840	1570	1300	1050	854	699	579	485	412	353	306	268
	12.0 $f_y W_{el} = 131$	1.00	2380	2100	1780	1460	1180	952	777	642	537	456	391	339	296
	12.5 $f_y W_{el} = 134$	1.00	2460	2160	1830	1500	1210	977	797	658	551	467	401	347	304

Hybox® is a trademark of Corus. A fuller description of the relationship between Cold Formed Square Hollow Sections (CFSHS) and the Hybox® range of sections manufactured by Corus is given in note 12.

$n = N_{Ed} / N_{pl,Rd}$

* The section is a Class 4 section.

Under combined axial compression and bending the resistances are only valid up to the given $N_{Ed} / N_{pl,Rd}$ limit. For higher values of $n = N_{Ed} / N_{pl,Rd}$ the section would be overloaded due to N_{Ed} alone even when M_{Ed} is zero, because N_{Ed} would exceed the local buckling resistance of the section.

$M_{b,Rd}$ should be taken as equal to $M_{c,Rd}$.

Axial force resistance $N_{pl,Rd}$ which is equal to Af_y is given in the cross-section resistance check table opposite.

$N_{b,Rd}$ values in *italic type* indicate that the section is class 4 and allowance has been made in calculating $N_{b,Rd}$.

FOR EXPLANATION OF TABLES SEE NOTE 10.

AXIAL FORCE & BENDING

BS EN 1993-1-1:2005
BS EN 10219-2: 2006

S355 / Hybox® 355

COLD-FORMED SQUARE HOLLOW SECTIONS

Hybox® SHS

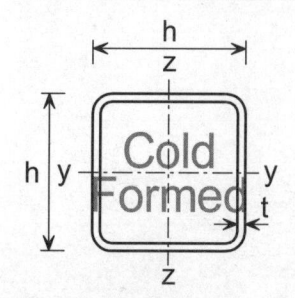

Cross-section resistance check

Section Designation h x h mm	t mm	Mass per Metre kg	Axial Resistance $N_{pl,Rd}$ kN	n limit Class 3 Class 2		Moment Resistance $M_{c,Rd}$ (kNm) and Reduced Moment Resistance $M_{N,Rd}$ (kNm) for Ratios of Design Axial Force to Design Axial Plastic Resistance n = N_{Ed} / $N_{pl,Rd}$										
					n	0.0	0.1	0.2	0.3	0.4	0.5	0.6	0.7	0.8	0.9	1.0
200x200	5.0	30.1	1360	*	$M_{c,Rd}$	✗	✗	✗	✗	✗	✗	✗	✗	✗	✗	$
					$M_{N,Rd}$	-	-	-	-	-	-	-	-	-	-	-
	6.0	35.8	1620	n/a	$M_{c,Rd}$	117	117	117	117	117	117	117	117	117	117	117
				1.00	$M_{N,Rd}$	117	117	117	107	92.1	76.8	61.4	46.1	30.7	15.4	0
	8.0	46.5	2100	n/a	$M_{c,Rd}$	149	149	149	149	149	149	149	149	149	149	149
				1.00	$M_{N,Rd}$	149	149	149	136	116	97.0	77.6	58.2	38.8	19.4	0
	10.0	57.0	2580	n/a	$M_{c,Rd}$	180	180	180	180	180	180	180	180	180	180	180
				1.00	$M_{N,Rd}$	180	180	180	163	140	116	93.0	69.8	46.5	23.3	0
	12.0	66.0	2990	n/a	$M_{c,Rd}$	204	204	204	204	204	204	204	204	204	204	204
				1.00	$M_{N,Rd}$	204	204	204	182	156	130	104	78.1	52.1	26.0	0
	12.5	68.3	3090	n/a	$M_{c,Rd}$	211	211	211	211	211	211	211	211	211	211	211
				1.00	$M_{N,Rd}$	211	211	211	187	161	134	107	80.3	53.6	26.8	0
250x250	6.0	45.2	2040	*	$M_{c,Rd}$	✗	✗	✗	✗	✗	✗	✗	✗	✗	$	$
					$M_{N,Rd}$	-	-	-	-	-	-	-	-	-	-	-
	8.0	59.1	2670	n/a	$M_{c,Rd}$	240	240	240	240	240	240	240	240	240	240	240
				1.00	$M_{N,Rd}$	240	240	240	219	188	157	125	94.0	62.7	31.3	0
	10.0	72.7	3290	n/a	$M_{c,Rd}$	292	292	292	292	292	292	292	292	292	292	292
				1.00	$M_{N,Rd}$	292	292	292	265	227	189	152	114	75.8	37.9	0
	12.0	84.8	3830	n/a	$M_{c,Rd}$	335	335	335	335	335	335	335	335	335	335	335
				1.00	$M_{N,Rd}$	335	335	335	302	259	215	172	129	86.2	43.1	0
	12.5	88.0	3980	n/a	$M_{c,Rd}$	346	346	346	346	346	346	346	346	346	346	346
				1.00	$M_{N,Rd}$	346	346	346	311	267	222	178	133	88.9	44.4	0
300x300	6.0	54.7	2470	*	$M_{c,Rd}$	✗	✗	✗	✗	✗	✗	✗	$	$	$	$
					$M_{N,Rd}$	-	-	-	-	-	-	-	-	-	-	-
	8.0	71.6	3240	*	$M_{c,Rd}$	✗	✗	✗	✗	✗	✗	✗	✗	✗	✗	$
					$M_{N,Rd}$	-	-	-	-	-	-	-	-	-	-	-
	10.0	88.4	4010	n/a	$M_{c,Rd}$	430	430	430	430	430	430	430	430	430	430	430
				1.00	$M_{N,Rd}$	430	430	430	393	337	281	225	168	112	56.2	0
	12.0	104	4690	n/a	$M_{c,Rd}$	498	498	498	498	498	498	498	498	498	498	498
				1.00	$M_{N,Rd}$	498	498	498	451	386	322	258	193	129	64.4	0
	12.5	108	4860	n/a	$M_{c,Rd}$	515	515	515	515	515	515	515	515	515	515	515
				1.00	$M_{N,Rd}$	515	515	515	466	399	333	266	200	133	66.6	0

Hybox® is a trademark of Corus. A fuller description of the relationship between Cold Formed Square Hollow Sections (CFSHS) and the Hybox® range of sections manufactured by Corus is given in note 12.

* The section is a class 4 section and is independent of the design axial force N_{Ed}. Values of $M_{c,Rd}$ are calculated based on class 4 section properties and are displayed in *italic*.

N_{Ed} = Design value of the axial force.

n = N_{Ed} / $N_{pl,Rd}$

✗ Section becomes class 4, see note 10.

$ For these values of n = N_{Ed} / $N_{pl,Rd}$ the section would be overloaded due to N_{Ed} alone even when M_{Ed} is zero, because N_{Ed} would exceed the local buckling resistance of the section.

- Not applicable for class 3 and class 4 sections.

FOR EXPLANATION OF TABLES SEE NOTE 10.

AXIAL FORCE & BENDING

BS EN 1993-1-1:2005
BS EN 10219-2: 2006

S355 / Hybox® 355

COLD-FORMED SQUARE HOLLOW SECTIONS

Hybox® SHS

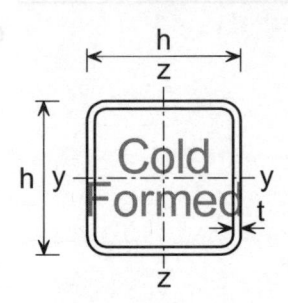

Member buckling check

Section Designation & Resistance (kNm)		n Limit	Compression Resistance $N_{b,Rd}$ (kN) for Varying buckling lengths (m) within the limiting value of $n = N_{Ed} / N_{pl,Rd}$												
h x h mm	t mm		2.0	3.0	4.0	5.0	6.0	7.0	8.0	9.0	10.0	11.0	12.0	13.0	14.0
200x200	5.0 $f_yW_{el} = 85.6$	*	*1170*	*1060*	*952*	*831*	*710*	*599*	*504*	*425*	*362*	*310*	*268*	*234*	*205*
	6.0 $f_yW_{el} = 100$	1.00	1510	1370	1210	1040	877	732	610	512	433	370	319	278	244
	8.0 $f_yW_{el} = 127$	1.00	1950	1760	1560	1330	1120	931	775	649	549	468	404	351	308
	10.0 $f_yW_{el} = 151$	1.00	2390	2150	1890	1620	1350	1120	930	778	657	561	483	420	369
	12.0 $f_yW_{el} = 168$	1.00	2760	2480	2170	1840	1530	1260	1050	874	737	628	541	470	412
	12.5 $f_yW_{el} = 173$	1.00	2850	2560	2240	1900	1580	1300	1080	898	757	645	556	483	423
250x250	6.0 $f_yW_{el} = 161$	*	*1770*	*1650*	*1530*	*1400*	*1260*	*1120*	*984*	*860*	*750*	*656*	*575*	*507*	*450*
	8.0 $f_yW_{el} = 205$	1.00	2580	2390	2200	1990	1770	1540	1340	1160	999	867	757	665	587
	10.0 $f_yW_{el} = 247$	1.00	3170	2940	2700	2430	2160	1880	1630	1400	1210	1050	917	805	711
	12.0 $f_yW_{el} = 280$	1.00	3690	3420	3130	2810	2480	2160	1860	1600	1380	1200	1040	914	807
	12.5 $f_yW_{el} = 289$	1.00	3820	3540	3240	2910	2570	2230	1930	1660	1430	1230	1080	943	833
300x300	6.0 $f_yW_{el} = 236$	*	*1920*	*1830*	*1740*	*1640*	*1530*	*1420*	*1310*	*1190*	*1080*	*974*	*876*	*788*	*710*
	8.0 $f_yW_{el} = 303$	*	*3040*	*2870*	*2700*	*2510*	*2320*	*2110*	*1910*	*1710*	*1520*	*1350*	*1200*	*1070*	*953*
	10.0 $f_yW_{el} = 367$	1.00	3960	3730	3500	3250	2980	2700	2420	2150	1900	1680	1490	1320	1180
	12.0 $f_yW_{el} = 420$	1.00	4620	4360	4080	3780	3460	3130	2800	2490	2200	1940	1720	1530	1360
	12.5 $f_yW_{el} = 434$	1.00	4800	4520	4230	3920	3590	3250	2910	2580	2280	2020	1780	1580	1410

Hybox® is a trademark of Corus. A fuller description of the relationship between Cold Formed Square Hollow Sections (CFSHS) and the Hybox® range of sections manufactured by Corus is given in note 12.

$n = N_{Ed} / N_{pl,Rd}$

* The section is a Class 4 section.

Under combined axial compression and bending the resistances are only valid up to the given $N_{Ed} / N_{pl,Rd}$ limit. For higher values of $n = N_{Ed} / N_{pl,Rd}$ the section would be overloaded due to N_{Ed} alone even when M_{Ed} is zero, because N_{Ed} would exceed the local buckling resistance of the section.

$M_{b,Rd}$ should be taken as equal to $M_{c,Rd}$.

Axial force resistance $N_{pl,Rd}$ which is equal to Af_y is given in the cross-section resistance check table opposite.

$N_{b,Rd}$ values in *italic type* indicate that the section is class 4 and allowance has been made in calculating $N_{b,Rd}$.

FOR EXPLANATION OF TABLES SEE NOTE 10.

BS EN 1993-1-1:2005
BS EN 10219-2: 2006

AXIAL FORCE & BENDING

S355 / Hybox® 355

COLD-FORMED SQUARE HOLLOW SECTIONS

Hybox® SHS

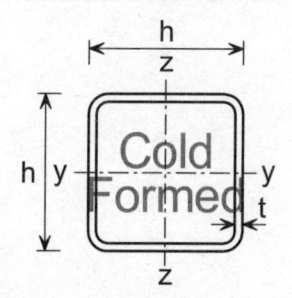

Cross-section resistance check

Section Designation h x h mm	t mm	Mass per Metre kg	Axial Resistance $N_{pl,Rd}$ kN	n limit Class 3 **Class 2**		Moment Resistance $M_{c,Rd}$ (kNm) and Reduced Moment Resistance $M_{N,Rd}$ (kNm) for Ratios of Design Axial Force to Design Axial Plastic Resistance $n = N_{Ed}/N_{pl,Rd}$										
					n	0.0	0.1	0.2	0.3	0.4	0.5	0.6	0.7	0.8	0.9	1.0
350x350	8.0	84.2	3800	*	$M_{c,Rd}$	×	×	×	×	×	×	×	×	×	$	$
					$M_{N,Rd}$	-	-	-	-	-	-	-	-	-	-	-
	10.0	104	4720	1.00 **0.00**	$M_{c,Rd}$	511	511	511	511	511	511	511	511	511	511	511
					$M_{N,Rd}$	-	-	-	-	-	-	-	-	-	-	-
	12.0	123	5540	n/a **1.00**	$M_{c,Rd}$	692	692	692	692	692	692	692	692	692	692	692
					$M_{N,Rd}$	692	692	692	630	540	450	360	270	180	89.9	0
	12.5	127	5750	n/a **1.00**	$M_{c,Rd}$	717	717	717	717	717	717	717	717	717	717	717
					$M_{N,Rd}$	717	717	717	652	559	466	372	279	186	93.1	0
400x400	8.0	96.7	4370	*	$M_{c,Rd}$	×	×	×	×	×	×	×	×	$	$	$
					$M_{N,Rd}$	-	-	-	-	-	-	-	-	-	-	-
	10.0	120	5430	*	$M_{c,Rd}$	×	×	×	×	×	×	×	×	×	$	$
					$M_{N,Rd}$	-	-	-	-	-	-	-	-	-	-	-
	12.0	141	6390	n/a **1.00**	$M_{c,Rd}$	918	918	918	918	918	918	918	918	918	918	918
					$M_{N,Rd}$	918	918	918	839	719	599	479	359	240	120	0
	12.5	147	6640	n/a **1.00**	$M_{c,Rd}$	952	952	952	952	952	952	952	952	952	952	952
					$M_{N,Rd}$	952	952	952	869	745	621	496	372	248	124	0

Hybox® is a trademark of Corus. A fuller description of the relationship between Cold Formed Square Hollow Sections (CFSHS) and the Hybox® range of sections manufactured by Corus is given in note 12.

* The section is a class 4 section and is independent of the design axial force N_{Ed}. Values of $M_{c,Rd}$ are calculated based on class 4 section properties and are displayed in *italic*.

N_{Ed} = Design value of the axial force.

$n = N_{Ed} / N_{pl,Rd}$

× Section becomes class 4, see note 10.

$ For these values of $n = N_{Ed} / N_{pl,Rd}$ the section would be overloaded due to N_{Ed} alone even when M_{Ed} is zero, because N_{Ed} would exceed the local buckling resistance of the section.

- Not applicable for class 3 and class 4 sections.

FOR EXPLANATION OF TABLES SEE NOTE 10.

AXIAL FORCE & BENDING

S355 / Hybox® 355

BS EN 1993-1-1:2005
BS EN 10219-2: 2006

COLD-FORMED SQUARE HOLLOW SECTIONS

Hybox® SHS

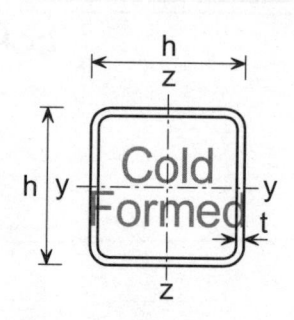

Member buckling check

Section Designation & Resistance (kNm)		n Limit	Compression Resistance $N_{b,Rd}$ (kN) for Varying buckling lengths (m) within the limiting value of $n = N_{Ed} / N_{pl,Rd}$												
h x h mm	t mm		2.0	3.0	4.0	5.0	6.0	7.0	8.0	9.0	10.0	11.0	12.0	13.0	14.0
350x350	8.0 f_yW_{el} = 420	*	*3250*	*3150*	*3000*	*2850*	*2700*	*2530*	*2360*	*2180*	*2010*	*1830*	*1670*	*1520*	*1380*
	10.0 f_yW_{el} = 511	1.00	4720	4520	4290	4050	3790	3530	3250	2970	2690	2430	2190	1980	1780
	12.0 f_yW_{el} = 589	1.00	5540	5290	5010	4730	4420	4100	3770	3440	3110	2810	2520	2270	2050
	12.5 f_yW_{el} = 610	1.00	5750	5490	5210	4910	4590	4260	3920	3570	3230	2910	2620	2360	2120
400x400	8.0 f_yW_{el} = 555	*	*3390*	*3360*	*3230*	*3110*	*2980*	*2840*	*2700*	*2550*	*2400*	*2250*	*2090*	*1940*	*1800*
	10.0 f_yW_{el} = 678	*	*4940*	*4840*	*4650*	*4440*	*4230*	*4010*	*3780*	*3540*	*3300*	*3060*	*2820*	*2590*	*2380*
	12.0 f_yW_{el} = 787	1.00	6390	6230	5960	5680	5390	5080	4760	4430	4100	3770	3450	3150	2870
	12.5 f_yW_{el} = 814	1.00	6640	6470	6190	5900	5600	5280	4950	4600	4260	3910	3580	3270	2990

Hybox® is a trademark of Corus. A fuller description of the relationship between Cold Formed Square Hollow Sections (CFSHS) and the Hybox® range of sections manufactured by Corus is given in note 12.

$n = N_{Ed} / N_{pl,Rd}$

* The section is a Class 4 section.

Under combined axial compression and bending the resistances are only valid up to the given $N_{Ed} / N_{pl,Rd}$ limit. For higher values of $n = N_{Ed} / N_{pl,Rd}$ the section would be overloaded due to N_{Ed} alone even when M_{Ed} is zero, because N_{Ed} would exceed the local buckling resistance of the section.

$M_{b,Rd}$ should be taken as equal to $M_{c,Rd}$.

Axial force resistance $N_{pl,Rd}$ which is equal to Af_y is given in the cross-section resistance check table opposite.

$N_{b,Rd}$ values in *italic type* indicate that the section is class 4 and allowance has been made in calculating $N_{b,Rd}$.

FOR EXPLANATION OF TABLES SEE NOTE 10.

| BS EN 1993-1-1:2005 |
| BS EN 10219-2: 2006 |

AXIAL FORCE & BENDING

S355 / Hybox® 355

COLD-FORMED RECTANGULAR HOLLOW SECTIONS

Hybox® RHS

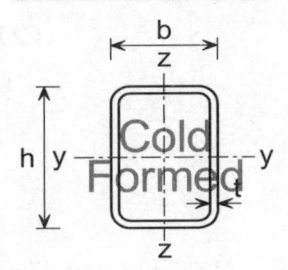

Cross-section resistance check

Section Designation h x b	t	Mass per Metre	Axial Resistance $N_{pl,Rd}$	n Limit Class 3 / **Class 2** Axis y-y	n Limit z-z		n	0.0	0.1	0.2	0.3	0.4	0.5	0.6	0.7	0.8	0.9	1.0
mm	mm	kg	kN															
50x25	2.0	2.15	97.3	n/a **1.00**	n/a **1.00**	$M_{c,y,Rd}$		1.51	1.51	1.51	1.51	1.51	1.51	1.51	1.51	1.51	1.51	1.51
						$M_{c,z,Rd}$		0.930	0.930	0.930	0.930	0.930	0.930	0.930	0.930	0.930	0.930	0.930
						$M_{N,y,Rd}$		1.51	1.51	1.51	1.41	1.21	1.01	0.807	0.605	0.403	0.202	0
						$M_{N,z,Rd}$		0.930	0.930	0.860	0.753	0.645	0.538	0.430	0.323	0.215	0.108	0
	3.0	3.07	139	n/a **1.00**	n/a **1.00**	$M_{c,y,Rd}$		2.08	2.08	2.08	2.08	2.08	2.08	2.08	2.08	2.08	2.08	2.08
						$M_{c,z,Rd}$		1.26	1.26	1.26	1.26	1.26	1.26	1.26	1.26	1.26	1.26	1.26
						$M_{N,y,Rd}$		2.08	2.08	2.08	1.94	1.66	1.39	1.11	0.832	0.555	0.277	0
						$M_{N,z,Rd}$		1.26	1.26	1.14	1.00	0.858	0.715	0.572	0.429	0.286	0.143	0
50x30	2.5	2.82	127	n/a **1.00**	n/a **1.00**	$M_{c,y,Rd}$		2.02	2.02	2.02	2.02	2.02	2.02	2.02	2.02	2.02	2.02	2.02
						$M_{c,z,Rd}$		1.41	1.41	1.41	1.41	1.41	1.41	1.41	1.41	1.41	1.41	1.41
						$M_{N,y,Rd}$		2.02	2.02	2.02	1.89	1.62	1.35	1.08	0.809	0.540	0.270	0
						$M_{N,z,Rd}$		1.41	1.41	1.33	1.17	0.999	0.833	0.666	0.500	0.333	0.167	0
	3.0	3.30	149	n/a **1.00**	n/a **1.00**	$M_{c,y,Rd}$		2.33	2.33	2.33	2.33	2.33	2.33	2.33	2.33	2.33	2.33	2.33
						$M_{c,z,Rd}$		1.63	1.63	1.63	1.63	1.63	1.63	1.63	1.63	1.63	1.63	1.63
						$M_{N,y,Rd}$		2.33	2.33	2.33	2.18	1.87	1.55	1.24	0.933	0.622	0.311	0
						$M_{N,z,Rd}$		1.63	1.63	1.52	1.33	1.14	0.949	0.760	0.570	0.380	0.190	0
	4.0	4.20	190	n/a **1.00**	n/a **1.00**	$M_{c,y,Rd}$		2.86	2.86	2.86	2.86	2.86	2.86	2.86	2.86	2.86	2.86	2.86
						$M_{c,z,Rd}$		1.98	1.98	1.98	1.98	1.98	1.98	1.98	1.98	1.98	1.98	1.98
						$M_{N,y,Rd}$		2.86	2.86	2.86	2.67	2.29	1.91	1.52	1.14	0.762	0.381	0
						$M_{N,z,Rd}$		1.98	1.98	1.81	1.59	1.36	1.13	0.907	0.680	0.453	0.227	0
60x30	3.0	3.77	171	n/a **1.00**	n/a **1.00**	$M_{c,y,Rd}$		3.13	3.13	3.13	3.13	3.13	3.13	3.13	3.13	3.13	3.13	3.13
						$M_{c,z,Rd}$		1.91	1.91	1.91	1.91	1.91	1.91	1.91	1.91	1.91	1.91	1.91
						$M_{N,y,Rd}$		3.13	3.13	3.13	2.92	2.50	2.09	1.67	1.25	0.835	0.417	0
						$M_{N,z,Rd}$		1.91	1.91	1.75	1.53	1.31	1.09	0.876	0.657	0.438	0.219	0
	4.0	4.83	218	n/a **1.00**	n/a **1.00**	$M_{c,y,Rd}$		3.87	3.87	3.87	3.87	3.87	3.87	3.87	3.87	3.87	3.87	3.87
						$M_{c,z,Rd}$		2.35	2.35	2.35	2.35	2.35	2.35	2.35	2.35	2.35	2.35	2.35
						$M_{N,y,Rd}$		3.87	3.87	3.87	3.61	3.10	2.58	2.06	1.55	1.03	0.516	0
						$M_{N,z,Rd}$		2.35	2.35	2.11	1.85	1.58	1.32	1.06	0.792	0.528	0.264	0
60x40	3.0	4.25	192	n/a **1.00**	n/a **1.00**	$M_{c,y,Rd}$		3.73	3.73	3.73	3.73	3.73	3.73	3.73	3.73	3.73	3.73	3.73
						$M_{c,z,Rd}$		2.82	2.82	2.82	2.82	2.82	2.82	2.82	2.82	2.82	2.82	2.82
						$M_{N,y,Rd}$		3.73	3.73	3.73	3.48	2.98	2.49	1.99	1.49	0.994	0.497	0
						$M_{N,z,Rd}$		2.82	2.82	2.71	2.37	2.03	1.69	1.35	1.02	0.677	0.338	0
	4.0	5.45	247	n/a **1.00**	n/a **1.00**	$M_{c,y,Rd}$		4.69	4.69	4.69	4.69	4.69	4.69	4.69	4.69	4.69	4.69	4.69
						$M_{c,z,Rd}$		3.51	3.51	3.51	3.51	3.51	3.51	3.51	3.51	3.51	3.51	3.51
						$M_{N,y,Rd}$		4.69	4.69	4.69	4.37	3.75	3.12	2.50	1.87	1.25	0.625	0
						$M_{N,z,Rd}$		3.51	3.51	3.32	2.91	2.49	2.08	1.66	1.25	0.831	0.415	0
	5.0	6.56	297	n/a **1.00**	n/a **1.00**	$M_{c,y,Rd}$		5.47	5.47	5.47	5.47	5.47	5.47	5.47	5.47	5.47	5.47	5.47
						$M_{c,z,Rd}$		4.08	4.08	4.08	4.08	4.08	4.08	4.08	4.08	4.08	4.08	4.08
						$M_{N,y,Rd}$		5.47	5.47	5.47	5.10	4.37	3.64	2.92	2.19	1.46	0.729	0
						$M_{N,z,Rd}$		4.08	4.08	3.80	3.33	2.85	2.38	1.90	1.43	0.951	0.475	0

Hybox® is a trademark of Corus. A fuller description of the relationship between Cold Formed Rectangular Hollow Sections (CFRHS) and the Hybox® range of sections manufactured by Corus is given in note 12.

N_{Ed} = Design value of the axial force.

$n = N_{Ed} / N_{pl,Rd}$

FOR EXPLANATION OF TABLES SEE NOTE 10.

| BS EN 1993-1-1:2005 |
| BS EN 10219-2: 2006 |

AXIAL FORCE & BENDING

S355 / Hybox® 355

COLD-FORMED RECTANGULAR HOLLOW SECTIONS

Hybox® RHS

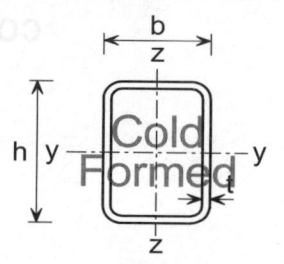

Member buckling check

Section Designation & Resistances (kNm)		n Limit	Compression Resistance $N_{b,y,Rd}$, $N_{b,z,Rd}$ (kN) and Buckling Resistance Moment $M_{b,Rd}$ (kNm) for Varying buckling lengths L (m) within the limiting value of $n = N_{Ed} / N_{pl,Rd}$													
h x b mm	t mm		L (m)	1.0	1.5	2.0	2.5	3.0	3.5	4.0	5.0	6.0	7.0	8.0	9.0	10.0
50x25	2.0	1.00	$N_{b,y,Rd}$	67.6	46.0	30.7	21.4	15.6	11.9	9.30	6.14	4.35	3.25	2.51	2.00	1.63
	$f_y W_{el,y} = 1.19$		$N_{b,z,Rd}$	38.0	20.0	12.1	8.03	5.71	4.27	3.31	2.16	1.51	1.12	0.864	0.686	0.558
	$f_y W_{el,z} = 0.799$	1.00	$M_{b,Rd}$	1.51	1.51	1.50	1.44	1.39	1.34	1.29	1.21	1.14	1.08	1.02	0.974	0.929
	3.0	1.00	$N_{b,y,Rd}$	94.1	62.8	41.5	28.8	21.0	15.9	12.4	8.21	5.82	4.33	3.35	2.67	2.18
	$f_y W_{el,y} = 1.59$		$N_{b,z,Rd}$	51.1	26.6	16.0	10.6	7.54	5.63	4.36	2.84	1.99	1.48	1.14	0.903	0.734
	$f_y W_{el,z} = 1.04$	1.00	$M_{b,Rd}$	2.08	2.08	2.06	1.97	1.89	1.83	1.76	1.65	1.56	1.47	1.39	1.32	1.26
50x30	2.5	1.00	$N_{b,y,Rd}$	89.2	61.1	41.0	28.6	20.9	15.9	12.4	8.22	5.83	4.35	3.36	2.68	2.19
	$f_y W_{el,y} = 1.60$		$N_{b,z,Rd}$	61.7	34.5	21.2	14.2	10.2	7.62	5.92	3.87	2.73	2.02	1.56	1.24	1.01
	$f_y W_{el,z} = 1.20$	1.00	$M_{b,Rd}$	2.02	2.02	2.02	2.02	1.96	1.90	1.84	1.74	1.66	1.58	1.51	1.45	1.39
	3.0	1.00	$N_{b,y,Rd}$	104	70.6	47.2	32.9	24.0	18.2	14.3	9.44	6.69	4.99	3.86	3.08	2.51
	$f_y W_{el,y} = 1.82$		$N_{b,z,Rd}$	70.1	38.8	23.8	15.9	11.4	8.52	6.62	4.32	3.04	2.26	1.74	1.38	1.13
	$f_y W_{el,z} = 1.35$	1.00	$M_{b,Rd}$	2.33	2.33	2.33	2.33	2.25	2.18	2.12	2.00	1.91	1.82	1.74	1.66	1.59
	4.0	1.00	$N_{b,y,Rd}$	129	85.9	56.8	39.4	28.7	21.7	17.0	11.2	7.96	5.93	4.59	3.65	2.98
	$f_y W_{el,y} = 2.17$		$N_{b,z,Rd}$	85.3	46.5	28.4	19.0	13.5	10.1	7.87	5.13	3.61	2.68	2.07	1.64	1.34
	$f_y W_{el,z} = 1.58$	1.00	$M_{b,Rd}$	2.86	2.86	2.86	2.84	2.74	2.66	2.58	2.44	2.32	2.21	2.11	2.02	1.94
60x30	3.0	1.00	$N_{b,y,Rd}$	130	96.9	68.5	49.1	36.4	27.9	22.0	14.6	10.4	7.77	6.03	4.81	3.93
	$f_y W_{el,y} = 2.42$		$N_{b,z,Rd}$	82.7	46.2	28.4	19.0	13.6	10.2	7.94	5.19	3.65	2.71	2.09	1.66	1.35
	$f_y W_{el,z} = 1.61$	1.00	$M_{b,Rd}$	3.13	3.13	3.13	3.08	2.97	2.88	2.79	2.64	2.50	2.38	2.27	2.17	2.07
	4.0	1.00	$N_{b,y,Rd}$	164	120	84.1	59.9	44.2	33.8	26.6	17.7	12.6	9.40	7.29	5.81	4.75
	$f_y W_{el,y} = 2.92$		$N_{b,z,Rd}$	100	55.1	33.7	22.5	16.1	12.0	9.35	6.11	4.30	3.19	2.46	1.95	1.59
	$f_y W_{el,z} = 1.91$	1.00	$M_{b,Rd}$	3.87	3.87	3.87	3.79	3.66	3.54	3.43	3.24	3.07	2.91	2.78	2.65	2.54
60x40	3.0	1.00	$N_{b,y,Rd}$	150	115	82.7	59.9	44.6	34.3	27.1	18.1	12.9	9.65	7.49	5.98	4.88
	$f_y W_{el,y} = 3.00$		$N_{b,z,Rd}$	124	79.5	51.6	35.5	25.7	19.4	15.2	10.0	7.08	5.27	4.07	3.24	2.64
	$f_y W_{el,z} = 2.39$	1.00	$M_{b,Rd}$	3.73	3.73	3.73	3.73	3.73	3.72	3.64	3.48	3.34	3.21	3.10	2.99	2.89
	4.0	1.00	$N_{b,y,Rd}$	191	143	102	73.7	54.7	42.0	33.1	22.1	15.7	11.8	9.12	7.28	5.95
	$f_y W_{el,y} = 3.66$		$N_{b,z,Rd}$	155	97.7	62.9	43.1	31.2	23.5	18.4	12.1	8.55	6.36	4.92	3.92	3.19
	$f_y W_{el,z} = 2.89$	1.00	$M_{b,Rd}$	4.69	4.69	4.69	4.69	4.69	4.67	4.55	4.35	4.18	4.02	3.87	3.74	3.61
	5.0	1.00	$N_{b,y,Rd}$	227	168	119	85.3	63.2	48.4	38.2	25.4	18.1	13.5	10.5	8.36	6.83
	$f_y W_{el,y} = 4.19$		$N_{b,z,Rd}$	181	112	71.6	48.9	35.3	26.6	20.8	13.7	9.65	7.18	5.55	4.42	3.60
	$f_y W_{el,z} = 3.27$	1.00	$M_{b,Rd}$	5.47	5.47	5.47	5.47	5.47	5.43	5.30	5.06	4.85	4.67	4.50	4.34	4.19

Hybox® is a trademark of Corus. A fuller description of the relationship between Cold Formed Rectangular Hollow Sections (CFRHS) and the Hybox® range of sections manufactured by Corus is given in note 12.

$n = N_{Ed} / N_{pl,Rd}$

Under combined axial compression and bending the resistances are only valid up to the given $N_{Ed} / N_{pl,Rd}$ limit. For higher values of $n = N_{Ed} / N_{pl,Rd}$ the section would be overloaded due to NEd alone even when MEd is zero, because NEd would exceed the local buckling resistance of the section.

Axial force resistance $N_{pl,Rd}$ which is equal to Af_y is given in the cross-section resistance check table opposite.

FOR EXPLANATION OF TABLES SEE NOTE 10.

| BS EN 1993-1-1:2005 |
| BS EN 10219-2: 2006 |

AXIAL FORCE & BENDING

S355 / Hybox® 355

COLD-FORMED RECTANGULAR HOLLOW SECTIONS

Hybox® RHS

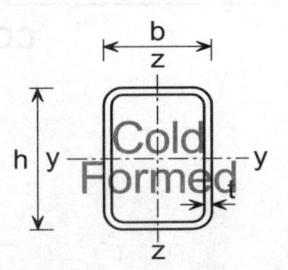

Cross-section resistance check

Section Designation h x b (mm)	t (mm)	Mass per Metre (kg)	Axial Resistance $N_{pl,Rd}$ (kN)	n Limit Class 3 / Class 2 Axis y-y	Axis z-z		n = 0.0	0.1	0.2	0.3	0.4	0.5	0.6	0.7	0.8	0.9	1.0
70x40	3.0	4.72	213	n/a	n/a	$M_{c,y,Rd}$	4.76	4.76	4.76	4.76	4.76	4.76	4.76	4.76	4.76	4.76	4.76
				1.00	1.00	$M_{c,z,Rd}$	3.21	3.21	3.21	3.21	3.21	3.21	3.21	3.21	3.21	3.21	3.21
						$M_{N,y,Rd}$	4.76	4.76	4.76	4.44	3.81	3.17	2.54	1.90	1.27	0.634	0
						$M_{N,z,Rd}$	3.21	3.21	3.03	2.65	2.27	1.89	1.51	1.13	0.756	0.378	0
	4.0	6.08	275	n/a	n/a	$M_{c,y,Rd}$	5.96	5.96	5.96	5.96	5.96	5.96	5.96	5.96	5.96	5.96	5.96
				1.00	1.00	$M_{c,z,Rd}$	4.01	4.01	4.01	4.01	4.01	4.01	4.01	4.01	4.01	4.01	4.01
						$M_{N,y,Rd}$	5.96	5.96	5.96	5.57	4.77	3.98	3.18	2.39	1.59	0.795	0
						$M_{N,z,Rd}$	4.01	4.01	3.73	3.26	2.79	2.33	1.86	1.40	0.932	0.466	0
70x50	3.0	5.19	235	n/a	n/a	$M_{c,y,Rd}$	5.47	5.47	5.47	5.47	5.47	5.47	5.47	5.47	5.47	5.47	5.47
				1.00	1.00	$M_{c,z,Rd}$	4.33	4.33	4.33	4.33	4.33	4.33	4.33	4.33	4.33	4.33	4.33
						$M_{N,y,Rd}$	5.47	5.47	5.47	5.10	4.37	3.64	2.92	2.19	1.46	0.729	0
						$M_{N,z,Rd}$	4.33	4.33	4.24	3.71	3.18	2.65	2.12	1.59	1.06	0.530	0
	4.0	6.71	304	n/a	n/a	$M_{c,y,Rd}$	6.92	6.92	6.92	6.92	6.92	6.92	6.92	6.92	6.92	6.92	6.92
				1.00	1.00	$M_{c,z,Rd}$	5.47	5.47	5.47	5.47	5.47	5.47	5.47	5.47	5.47	5.47	5.47
						$M_{N,y,Rd}$	6.92	6.92	6.92	6.46	5.54	4.62	3.69	2.77	1.85	0.923	0
						$M_{N,z,Rd}$	5.47	5.47	5.29	4.62	3.96	3.30	2.64	1.98	1.32	0.661	0
80x40	3.0	5.19	235	n/a	n/a	$M_{c,y,Rd}$	5.86	5.86	5.86	5.86	5.86	5.86	5.86	5.86	5.86	5.86	5.86
				1.00	1.00	$M_{c,z,Rd}$	3.62	3.62	3.62	3.62	3.62	3.62	3.62	3.62	3.62	3.62	3.62
						$M_{N,y,Rd}$	5.86	5.86	5.86	5.47	4.69	3.91	3.12	2.34	1.56	0.781	0
						$M_{N,z,Rd}$	3.62	3.62	3.36	2.94	2.52	2.10	1.68	1.26	0.839	0.420	0
	4.0	6.71	304	n/a	n/a	$M_{c,y,Rd}$	7.42	7.42	7.42	7.42	7.42	7.42	7.42	7.42	7.42	7.42	7.42
				1.00	1.00	$M_{c,z,Rd}$	4.54	4.54	4.54	4.54	4.54	4.54	4.54	4.54	4.54	4.54	4.54
						$M_{N,y,Rd}$	7.42	7.42	7.42	6.92	5.94	4.95	3.96	2.97	1.98	0.989	0
						$M_{N,z,Rd}$	4.54	4.54	4.16	3.64	3.12	2.60	2.08	1.56	1.04	0.520	0
	5.0	8.13	369	n/a	n/a	$M_{c,y,Rd}$	8.77	8.77	8.77	8.77	8.77	8.77	8.77	8.77	8.77	8.77	8.77
				1.00	1.00	$M_{c,z,Rd}$	5.33	5.33	5.33	5.33	5.33	5.33	5.33	5.33	5.33	5.33	5.33
						$M_{N,y,Rd}$	8.77	8.77	8.77	8.18	7.01	5.85	4.68	3.51	2.34	1.17	0
						$M_{N,z,Rd}$	5.33	5.33	4.82	4.21	3.61	3.01	2.41	1.81	1.20	0.602	0
80x50	3.0	5.66	256	n/a	n/a	$M_{c,y,Rd}$	6.67	6.67	6.67	6.67	6.67	6.67	6.67	6.67	6.67	6.67	6.67
				1.00	1.00	$M_{c,z,Rd}$	4.83	4.83	4.83	4.83	4.83	4.83	4.83	4.83	4.83	4.83	4.83
						$M_{N,y,Rd}$	6.67	6.67	6.67	6.23	5.34	4.45	3.56	2.67	1.78	0.890	0
						$M_{N,z,Rd}$	4.83	4.83	4.64	4.06	3.48	2.90	2.32	1.74	1.16	0.580	0
	4.0	7.34	332	n/a	n/a	$M_{c,y,Rd}$	8.52	8.52	8.52	8.52	8.52	8.52	8.52	8.52	8.52	8.52	8.52
				1.00	1.00	$M_{c,z,Rd}$	6.11	6.11	6.11	6.11	6.11	6.11	6.11	6.11	6.11	6.11	6.11
						$M_{N,y,Rd}$	8.52	8.52	8.52	7.95	6.82	5.68	4.54	3.41	2.27	1.14	0
						$M_{N,z,Rd}$	6.11	6.11	5.80	5.07	4.35	3.62	2.90	2.17	1.45	0.725	0
	5.0	8.91	405	n/a	n/a	$M_{c,y,Rd}$	10.1	10.1	10.1	10.1	10.1	10.1	10.1	10.1	10.1	10.1	10.1
				1.00	1.00	$M_{c,z,Rd}$	7.28	7.28	7.28	7.28	7.28	7.28	7.28	7.28	7.28	7.28	7.28
						$M_{N,y,Rd}$	10.1	10.1	10.1	9.44	8.09	6.75	5.40	4.05	2.70	1.35	0
						$M_{N,z,Rd}$	7.28	7.28	6.84	5.99	5.13	4.28	3.42	2.57	1.71	0.855	0

Hybox® is a trademark of Corus. A fuller description of the relationship between Cold Formed Rectangular Hollow Sections (CFRHS) and the Hybox® range of sections manufactured by Corus is given in note 12.

N_{Ed} = Design value of the axial force.

$n = N_{Ed} / N_{pl,Rd}$

FOR EXPLANATION OF TABLES SEE NOTE 10.

BS EN 1993-1-1:2005
BS EN 10219-2: 2006

AXIAL FORCE & BENDING

S355 / Hybox® 355

COLD-FORMED RECTANGULAR HOLLOW SECTIONS

Hybox® RHS

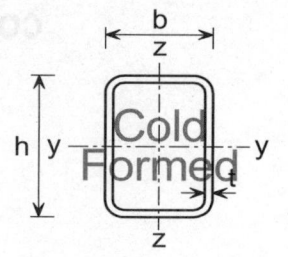

Member buckling check

Section Designation & Resistances (kNm)		n Limit	Compression Resistance $N_{b,y,Rd}$, $N_{b,z,Rd}$ (kN) and Buckling Resistance Moment $M_{b,Rd}$ (kNm) for Varying buckling lengths L (m) within the limiting value of $n = N_{Ed} / N_{pl,Rd}$												
h x b (mm)	t (mm)		L (m)	1.0	1.5	2.0	2.5	3.0	3.5	4.0	5.0	6.0	7.0	8.0	9.0	10.0
70x40	3.0	1.00	$N_{b,y,Rd}$	177	143	109	81.7	62.1	48.2	38.4	25.8	18.5	13.9	10.8	8.64	7.07
	$f_y W_{el,y}$ = 3.80		$N_{b,z,Rd}$	140	90.6	59.1	40.7	29.5	22.4	17.5	11.5	8.15	6.07	4.69	3.74	3.05
	$f_y W_{el,z}$ = 2.75	1.00	$M_{b,Rd}$	4.76	4.76	4.76	4.76	4.76	4.70	4.59	4.38	4.20	4.03	3.88	3.74	3.62
	4.0	1.00	$N_{b,y,Rd}$	226	181	137	102	77.5	60.1	47.8	32.1	23.0	17.2	13.4	10.7	8.76
	$f_y W_{el,y}$ = 4.65		$N_{b,z,Rd}$	175	112	72.4	49.7	36.0	27.2	21.3	14.0	9.90	7.37	5.69	4.53	3.69
	$f_y W_{el,z}$ = 3.35	1.00	$M_{b,Rd}$	5.96	5.96	5.96	5.96	5.96	5.88	5.73	5.47	5.24	5.04	4.85	4.67	4.51
70x50	3.0	1.00	$N_{b,y,Rd}$	197	161	125	94.4	72.2	56.3	44.9	30.3	21.7	16.3	12.7	10.2	8.32
	$f_y W_{el,y}$ = 4.47		$N_{b,z,Rd}$	176	129	89.7	63.8	47.1	36.0	28.4	18.8	13.4	10.0	7.76	6.19	5.05
	$f_y W_{el,z}$ = 3.69	1.00	$M_{b,Rd}$	5.47	5.47	5.47	5.47	5.47	5.47	5.47	5.36	5.17	5.01	4.85	4.71	4.58
	4.0	1.00	$N_{b,y,Rd}$	253	206	158	119	90.5	70.5	56.1	37.8	27.1	20.4	15.8	12.7	10.4
	$f_y W_{el,y}$ = 5.54		$N_{b,z,Rd}$	225	162	112	79.2	58.3	44.5	35.0	23.2	16.5	12.3	9.56	7.62	6.22
	$f_y W_{el,z}$ = 4.58	1.00	$M_{b,Rd}$	6.92	6.92	6.92	6.92	6.92	6.92	6.92	6.77	6.54	6.32	6.13	5.95	5.78
80x40	3.0	1.00	$N_{b,y,Rd}$	202	170	136	106	82.2	64.7	51.9	35.3	25.4	19.1	14.9	11.9	9.79
	$f_y W_{el,y}$ = 4.65		$N_{b,z,Rd}$	155	101	66.3	45.7	33.2	25.1	19.7	13.0	9.18	6.83	5.29	4.21	3.43
	$f_y W_{el,z}$ = 3.12	1.00	$M_{b,Rd}$	5.86	5.86	5.86	5.86	5.86	5.73	5.59	5.33	5.10	4.89	4.71	4.53	4.37
	4.0	1.00	$N_{b,y,Rd}$	260	217	172	133	103	80.8	64.8	43.9	31.6	23.8	18.5	14.8	12.1
	$f_y W_{el,y}$ = 5.75		$N_{b,z,Rd}$	197	127	82.4	56.7	41.1	31.1	24.3	16.0	11.3	8.43	6.52	5.19	4.23
	$f_y W_{el,z}$ = 3.80	1.00	$M_{b,Rd}$	7.42	7.42	7.42	7.42	7.42	7.23	7.05	6.72	6.42	6.16	5.92	5.70	5.50
	5.0	1.00	$N_{b,y,Rd}$	314	261	205	157	121	94.9	75.9	51.3	36.9	27.8	21.6	17.3	14.2
	$f_y W_{el,y}$ = 6.67		$N_{b,z,Rd}$	233	148	95.2	65.2	47.2	35.7	27.9	18.3	13.0	9.64	7.45	5.93	4.83
	$f_y W_{el,z}$ = 4.37	1.00	$M_{b,Rd}$	8.77	8.77	8.77	8.77	8.76	8.52	8.30	7.91	7.56	7.24	6.96	6.70	6.45
80x50	3.0	1.00	$N_{b,y,Rd}$	223	189	154	121	94.3	74.6	60.1	40.9	29.5	22.3	17.4	13.9	11.4
	$f_y W_{el,y}$ = 5.43		$N_{b,z,Rd}$	194	142	100.0	71.3	52.7	40.3	31.8	21.1	15.0	11.2	8.71	6.95	5.67
	$f_y W_{el,z}$ = 4.19	1.00	$M_{b,Rd}$	6.67	6.67	6.67	6.67	6.67	6.67	6.67	6.49	6.26	6.05	5.86	5.69	5.52
	4.0	1.00	$N_{b,y,Rd}$	288	243	196	153	119	94.2	75.7	51.5	37.1	28.0	21.8	17.5	14.3
	$f_y W_{el,y}$ = 6.78		$N_{b,z,Rd}$	248	181	126	89.6	66.1	50.5	39.7	26.4	18.8	14.0	10.9	8.67	7.08
	$f_y W_{el,z}$ = 5.18	1.00	$M_{b,Rd}$	8.52	8.52	8.52	8.52	8.52	8.52	8.52	8.26	7.97	7.70	7.45	7.23	7.02
	5.0	1.00	$N_{b,y,Rd}$	348	293	234	182	141	111	89.0	60.5	43.5	32.8	25.6	20.5	16.8
	$f_y W_{el,y}$ = 7.92		$N_{b,z,Rd}$	299	214	148	105	77.1	58.8	46.3	30.7	21.8	16.3	12.6	10.1	8.21
	$f_y W_{el,z}$ = 6.00	1.00	$M_{b,Rd}$	10.1	10.1	10.1	10.1	10.1	10.1	10.1	9.79	9.44	9.12	8.83	8.56	8.31

Hybox® is a trademark of Corus. A fuller description of the relationship between Cold Formed Rectangular Hollow Sections (CFRHS) and the Hybox® range of sections manufactured by Corus is given in note 12.

$n = N_{Ed} / N_{pl,Rd}$

Under combined axial compression and bending the resistances are only valid up to the given $N_{Ed} / N_{pl,Rd}$ limit. For higher values of $n = N_{Ed} / N_{pl,Rd}$ the section would be overloaded due to NEd alone even when MEd is zero, because NEd would exceed the local buckling resistance of the section.

Axial force resistance $N_{pl,Rd}$ which is equal to Af_y is given in the cross-section resistance check table opposite.

FOR EXPLANATION OF TABLES SEE NOTE 10.

BS EN 1993-1-1:2005
BS EN 10219-2: 2006

AXIAL FORCE & BENDING

S355 / Hybox® 355

COLD-FORMED RECTANGULAR HOLLOW SECTIONS

Hybox® RHS

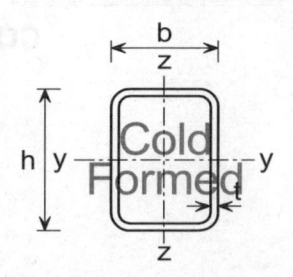

Cross-section resistance check

Section Designation		Mass per Metre	Axial Resistance	n Limit Class 3 Class 2		Moment Resistance $M_{c,y,Rd}$, $M_{c,z,Rd}$ (kNm) and Reduced Moment Resistance $M_{N,y,Rd}$, $M_{N,z,Rd}$ (kNm) for Ratios of Design Axial Force to Design Axial Plastic Resistance $n = N_{Ed} / N_{pl,Rd}$											
h x b	t		$N_{pl,Rd}$	Axis		n	0.0	0.1	0.2	0.3	0.4	0.5	0.6	0.7	0.8	0.9	1.0
mm	mm	kg	kN	y-y	z-z												
80x60	3.0	6.13	277			$M_{c,y,Rd}$	7.53	7.53	7.53	7.53	7.53	7.53	7.53	7.53	7.53	7.53	7.53
				n/a	n/a	$M_{c,z,Rd}$	6.18	6.18	6.18	6.18	6.18	6.18	6.18	6.18	6.18	6.18	6.18
				1.00	1.00	$M_{N,y,Rd}$	7.53	7.53	7.53	7.02	6.02	5.02	4.01	3.01	2.01	1.00	0
						$M_{N,z,Rd}$	6.18	6.18	6.12	5.36	4.59	3.83	3.06	2.30	1.53	0.765	0
	4.0	7.97	359			$M_{c,y,Rd}$	9.59	9.59	9.59	9.59	9.59	9.59	9.59	9.59	9.59	9.59	9.59
				n/a	n/a	$M_{c,z,Rd}$	7.85	7.85	7.85	7.85	7.85	7.85	7.85	7.85	7.85	7.85	7.85
				1.00	1.00	$M_{N,y,Rd}$	9.59	9.59	9.59	8.95	7.67	6.39	5.11	3.83	2.56	1.28	0
						$M_{N,z,Rd}$	7.85	7.85	7.68	6.72	5.76	4.80	3.84	2.88	1.92	0.960	0
	5.0	9.70	440			$M_{c,y,Rd}$	11.4	11.4	11.4	11.4	11.4	11.4	11.4	11.4	11.4	11.4	11.4
				n/a	n/a	$M_{c,z,Rd}$	9.37	9.37	9.37	9.37	9.37	9.37	9.37	9.37	9.37	9.37	9.37
				1.00	1.00	$M_{N,y,Rd}$	11.4	11.4	11.4	10.7	9.14	7.62	6.10	4.57	3.05	1.52	0
						$M_{N,z,Rd}$	9.37	9.37	9.11	7.98	6.84	5.70	4.56	3.42	2.28	1.14	0
90x50	3.0	6.13	277			$M_{c,y,Rd}$	8.02	8.02	8.02	8.02	8.02	8.02	8.02	8.02	8.02	8.02	8.02
				n/a	n/a	$M_{c,z,Rd}$	5.33	5.33	5.33	5.33	5.33	5.33	5.33	5.33	5.33	5.33	5.33
				1.00	1.00	$M_{N,y,Rd}$	8.02	8.02	8.02	7.49	6.42	5.35	4.28	3.21	2.14	1.07	0
						$M_{N,z,Rd}$	5.33	5.33	5.04	4.41	3.78	3.15	2.52	1.89	1.26	0.630	0
	4.0	7.97	359			$M_{c,y,Rd}$	10.2	10.2	10.2	10.2	10.2	10.2	10.2	10.2	10.2	10.2	10.2
				n/a	n/a	$M_{c,z,Rd}$	6.78	6.78	6.78	6.78	6.78	6.78	6.78	6.78	6.78	6.78	6.78
				1.00	1.00	$M_{N,y,Rd}$	10.2	10.2	10.2	9.54	8.18	6.82	5.45	4.09	2.73	1.36	0
						$M_{N,z,Rd}$	6.78	6.78	6.33	5.54	4.75	3.96	3.17	2.38	1.58	0.792	0
	5.0	9.70	440			$M_{c,y,Rd}$	12.2	12.2	12.2	12.2	12.2	12.2	12.2	12.2	12.2	12.2	12.2
				n/a	n/a	$M_{c,z,Rd}$	8.06	8.06	8.06	8.06	8.06	8.06	8.06	8.06	8.06	8.06	8.06
				1.00	1.00	$M_{N,y,Rd}$	12.2	12.2	12.2	11.4	9.77	8.14	6.51	4.88	3.26	1.63	0
						$M_{N,z,Rd}$	8.06	8.06	7.47	6.54	5.60	4.67	3.74	2.80	1.87	0.934	0
100x40	3.0	6.13	277			$M_{c,y,Rd}$	8.41	8.41	8.41	8.41	8.41	8.41	8.41	8.41	8.41	8.41	8.41
				n/a	n/a	$M_{c,z,Rd}$	4.40	4.40	4.40	4.40	4.40	4.40	4.40	4.40	4.40	4.40	4.40
				1.00	1.00	$M_{N,y,Rd}$	8.41	8.41	8.41	7.85	6.73	5.61	4.49	3.37	2.24	1.12	0
						$M_{N,z,Rd}$	4.40	4.40	3.98	3.49	2.99	2.49	1.99	1.49	0.996	0.498	0
	4.0	7.97	359			$M_{c,y,Rd}$	10.8	10.8	10.8	10.8	10.8	10.8	10.8	10.8	10.8	10.8	10.8
				n/a	n/a	$M_{c,z,Rd}$	5.57	5.57	5.57	5.57	5.57	5.57	5.57	5.57	5.57	5.57	5.57
				1.00	1.00	$M_{N,y,Rd}$	10.8	10.8	10.8	10.0	8.61	7.17	5.74	4.30	2.87	1.43	0
						$M_{N,z,Rd}$	5.57	5.57	4.98	4.35	3.73	3.11	2.49	1.87	1.24	0.622	0
	5.0	9.70	440			$M_{c,y,Rd}$	12.8	12.8	12.8	12.8	12.8	12.8	12.8	12.8	12.8	12.8	12.8
				n/a	n/a	$M_{c,z,Rd}$	6.57	6.57	6.57	6.57	6.57	6.57	6.57	6.57	6.57	6.57	6.57
				1.00	1.00	$M_{N,y,Rd}$	12.8	12.8	12.8	12.0	10.3	8.54	6.83	5.13	3.42	1.71	0
						$M_{N,z,Rd}$	6.57	6.54	5.82	5.09	4.36	3.64	2.91	2.18	1.45	0.727	0

Hybox® is a trademark of Corus. A fuller description of the relationship between Cold Formed Rectangular Hollow Sections (CFRHS) and the Hybox® range of sections manufactured by Corus is given in note 12.

N_{Ed} = Design value of the axial force.

$n = N_{Ed} / N_{pl,Rd}$

FOR EXPLANATION OF TABLES SEE NOTE 10.

| BS EN 1993-1-1:2005 |
| BS EN 10219-2: 2006 |

AXIAL FORCE & BENDING

S355 / Hybox® 355

COLD-FORMED RECTANGULAR HOLLOW SECTIONS

Hybox® RHS

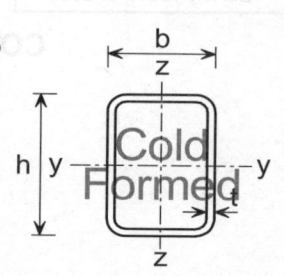

Member buckling check

Section Designation & Resistances (kNm)		n Limit	Compression Resistance $N_{b,y,Rd}$, $N_{b,z,Rd}$ (kN) and Buckling Resistance Moment $M_{b,Rd}$ (kNm) for Varying buckling lengths L (m) within the limiting value of n = N_{Ed} / $N_{pl,Rd}$												
h x b mm	t mm		L (m)	1.0	1.5	2.0	2.5	3.0	3.5	4.0	5.0	6.0	7.0	8.0	9.0	10.0
80x60	3.0	1.00	$N_{b,y,Rd}$	243	209	171	136	107	84.8	68.4	46.8	33.8	25.5	19.9	16.0	13.1
	$f_y W_{el,y}$ = 6.21		$N_{b,z,Rd}$	227	180	136	101	76.0	58.9	46.8	31.4	22.5	16.8	13.1	10.5	8.56
	$f_y W_{el,z}$ = 5.33	1.00	$M_{b,Rd}$	7.53	7.53	7.53	7.53	7.53	7.53	7.53	7.53	7.41	7.19	7.00	6.82	6.65
	4.0	1.00	$N_{b,y,Rd}$	313	267	217	171	134	106	85.6	58.4	42.1	31.8	24.8	19.9	16.3
	$f_y W_{el,y}$ = 7.81		$N_{b,z,Rd}$	291	229	171	126	95.0	73.5	58.3	39.1	27.9	20.9	16.3	13.0	10.6
	$f_y W_{el,z}$ = 6.64	1.00	$M_{b,Rd}$	9.59	9.59	9.59	9.59	9.59	9.59	9.59	9.59	9.42	9.15	8.90	8.67	8.45
	5.0	1.00	$N_{b,y,Rd}$	383	325	262	206	161	127	102	69.5	50.2	37.8	29.5	23.6	19.4
	$f_y W_{el,y}$ = 9.16		$N_{b,z,Rd}$	354	278	206	151	113	87.6	69.4	46.5	33.2	24.9	19.3	15.4	12.6
	$f_y W_{el,z}$ = 7.77	1.00	$M_{b,Rd}$	11.4	11.4	11.4	11.4	11.4	11.4	11.4	11.4	11.2	10.9	10.6	10.3	10.1
90x50	3.0	1.00	$N_{b,y,Rd}$	248	217	182	148	119	95.4	77.6	53.5	38.8	29.4	23.0	18.5	15.1
	$f_y W_{el,y}$ = 6.46		$N_{b,z,Rd}$	211	157	111	79.1	58.6	44.8	35.3	23.5	16.7	12.5	9.70	7.74	6.32
	$f_y W_{el,z}$ = 4.65	1.00	$M_{b,Rd}$	8.02	8.02	8.02	8.02	8.02	8.02	8.02	7.73	7.45	7.19	6.96	6.75	6.55
	4.0	1.00	$N_{b,y,Rd}$	320	278	232	188	150	120	97.3	67.0	48.5	36.7	28.7	23.0	18.9
	$f_y W_{el,y}$ = 8.09		$N_{b,z,Rd}$	270	197	138	98.3	72.6	55.5	43.7	29.0	20.7	15.4	12.0	9.55	7.79
	$f_y W_{el,z}$ = 5.79	1.00	$M_{b,Rd}$	10.2	10.2	10.2	10.2	10.2	10.2	10.2	9.83	9.47	9.14	8.84	8.57	8.31
	5.0	1.00	$N_{b,y,Rd}$	390	338	281	225	179	143	116	79.5	57.6	43.5	34.0	27.3	22.4
	$f_y W_{el,y}$ = 9.51		$N_{b,z,Rd}$	328	237	165	117	86.1	65.8	51.7	34.3	24.4	18.2	14.1	11.3	9.20
	$f_y W_{el,z}$ = 6.71	1.00	$M_{b,Rd}$	12.2	12.2	12.2	12.2	12.2	12.2	12.2	11.7	11.3	10.9	10.5	10.2	9.88
100x40	3.0	1.00	$N_{b,y,Rd}$	252	223	190	158	128	104	85.3	59.2	43.2	32.8	25.7	20.6	16.9
	$f_y W_{el,y}$ = 6.57		$N_{b,z,Rd}$	186	124	81.4	56.3	41.0	31.1	24.3	16.0	11.4	8.46	6.54	5.21	4.25
	$f_y W_{el,z}$ = 3.83	1.00	$M_{b,Rd}$	8.41	8.41	8.41	8.41	8.30	8.07	7.85	7.46	7.12	6.81	6.53	6.27	6.04
	4.0	1.00	$N_{b,y,Rd}$	324	286	243	200	162	131	107	74.3	54.1	41.0	32.1	25.8	21.2
	$f_y W_{el,y}$ = 8.20		$N_{b,z,Rd}$	236	153	100	69.2	50.2	38.0	29.7	19.6	13.9	10.3	7.98	6.36	5.18
	$f_y W_{el,z}$ = 4.72	1.00	$M_{b,Rd}$	10.8	10.8	10.8	10.8	10.6	10.3	9.98	9.48	9.04	8.64	8.28	7.95	7.64
	5.0	1.00	$N_{b,y,Rd}$	396	348	294	241	194	156	127	88.1	64.0	48.5	38.0	30.5	25.0
	$f_y W_{el,y}$ = 9.62		$N_{b,z,Rd}$	284	182	118	81.3	58.9	44.6	34.8	22.9	16.2	12.1	9.34	7.43	6.06
	$f_y W_{el,z}$ = 5.47	1.00	$M_{b,Rd}$	12.8	12.8	12.8	12.8	12.5	12.2	11.8	11.2	10.7	10.2	9.79	9.40	9.03

Hybox® is a trademark of Corus. A fuller description of the relationship between Cold Formed Rectangular Hollow Sections (CFRHS) and the Hybox® range of sections manufactured by Corus is given in note 12.

n = N_{Ed} / $N_{pl,Rd}$

Under combined axial compression and bending the resistances are only valid up to the given N_{Ed} / $N_{pl,Rd}$ limit. For higher values of n = N_{Ed} / $N_{pl,Rd}$ the section would be overloaded due to NEd alone even when MEd is zero, because NEd would exceed the local buckling resistance of the section.

Axial force resistance $N_{pl,Rd}$ which is equal to Af_y is given in the cross-section resistance check table opposite.

FOR EXPLANATION OF TABLES SEE NOTE 10.

BS EN 1993-1-1:2005
BS EN 10219-2: 2006

AXIAL FORCE & BENDING

S355 / Hybox® 355

COLD-FORMED RECTANGULAR HOLLOW SECTIONS

Hybox® RHS

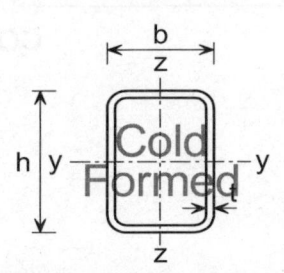

Cross-section resistance check

Section Designation h x b (mm)	t (mm)	Mass per Metre (kg)	Axial Resistance $N_{pl,Rd}$ (kN)	n Limit Class 3 Class 2 Axis y-y	n Limit Class 3 Class 2 Axis z-z		n = 0.0	0.1	0.2	0.3	0.4	0.5	0.6	0.7	0.8	0.9	1.0
100x50	3.0	6.60	299			$M_{c,y,Rd}$	9.48	9.48	9.48	9.48	9.48	9.48	9.48	9.48	9.48	9.48	9.48
				n/a	n/a	$M_{c,z,Rd}$	5.82	5.82	5.82	5.82	5.82	5.82	5.82	5.82	5.82	5.82	5.82
				1.00	1.00	$M_{N,y,Rd}$	9.48	9.48	9.48	8.85	7.58	6.32	5.06	3.79	2.53	1.26	0
						$M_{N,z,Rd}$	5.82	5.82	5.44	4.76	4.08	3.40	2.72	2.04	1.36	0.680	0
	4.0	8.59	387			$M_{c,y,Rd}$	12.1	12.1	12.1	12.1	12.1	12.1	12.1	12.1	12.1	12.1	12.1
				n/a	n/a	$M_{c,z,Rd}$	7.42	7.42	7.42	7.42	7.42	7.42	7.42	7.42	7.42	7.42	7.42
				1.00	1.00	$M_{N,y,Rd}$	12.1	12.1	12.1	11.3	9.68	8.07	6.46	4.84	3.23	1.61	0
						$M_{N,z,Rd}$	7.42	7.42	6.85	5.99	5.13	4.28	3.42	2.57	1.71	0.856	0
	5.0	10.5	476			$M_{c,y,Rd}$	14.5	14.5	14.5	14.5	14.5	14.5	14.5	14.5	14.5	14.5	14.5
				n/a	n/a	$M_{c,z,Rd}$	8.88	8.88	8.88	8.88	8.88	8.88	8.88	8.88	8.88	8.88	8.88
				1.00	1.00	$M_{N,y,Rd}$	14.5	14.5	14.5	13.5	11.6	9.66	7.72	5.79	3.86	1.93	0
						$M_{N,z,Rd}$	8.88	8.88	8.13	7.12	6.10	5.08	4.07	3.05	2.03	1.02	0
	6.0	12.3	554			$M_{c,y,Rd}$	16.6	16.6	16.6	16.6	16.6	16.6	16.6	16.6	16.6	16.6	16.6
				n/a	n/a	$M_{c,z,Rd}$	10.1	10.1	10.1	10.1	10.1	10.1	10.1	10.1	10.1	10.1	10.1
				1.00	1.00	$M_{N,y,Rd}$	16.6	16.6	16.6	15.5	13.3	11.1	8.88	6.66	4.44	2.22	0
						$M_{N,z,Rd}$	10.1	10.1	9.15	8.01	6.86	5.72	4.57	3.43	2.29	1.14	0
100x60	3.0	7.07	320			$M_{c,y,Rd}$	10.5	10.5	10.5	10.5	10.5	10.5	10.5	10.5	10.5	10.5	10.5
				n/a	n/a	$M_{c,z,Rd}$	7.38	7.38	7.38	7.38	7.38	7.38	7.38	7.38	7.38	7.38	7.38
				1.00	1.00	$M_{N,y,Rd}$	10.5	10.5	10.5	9.81	8.41	7.01	5.60	4.20	2.80	1.40	0
						$M_{N,z,Rd}$	7.38	7.38	7.09	6.21	5.32	4.43	3.55	2.66	1.77	0.886	0
	3.5	8.16	369			$M_{c,y,Rd}$	12.0	12.0	12.0	12.0	12.0	12.0	12.0	12.0	12.0	12.0	12.0
				n/a	n/a	$M_{c,z,Rd}$	8.45	8.45	8.45	8.45	8.45	8.45	8.45	8.45	8.45	8.45	8.45
				1.00	1.00	$M_{N,y,Rd}$	12.0	12.0	12.0	11.2	9.60	8.00	6.40	4.80	3.20	1.60	0
						$M_{N,z,Rd}$	8.45	8.45	8.08	7.07	6.06	5.05	4.04	3.03	2.02	1.01	0
	4.0	9.22	415			$M_{c,y,Rd}$	13.5	13.5	13.5	13.5	13.5	13.5	13.5	13.5	13.5	13.5	13.5
				n/a	n/a	$M_{c,z,Rd}$	9.44	9.44	9.44	9.44	9.44	9.44	9.44	9.44	9.44	9.44	9.44
				1.00	1.00	$M_{N,y,Rd}$	13.5	13.5	13.5	12.6	10.8	8.97	7.18	5.38	3.59	1.79	0
						$M_{N,z,Rd}$	9.44	9.44	8.97	7.85	6.73	5.61	4.49	3.36	2.24	1.12	0
	5.0	11.3	511			$M_{c,y,Rd}$	16.2	16.2	16.2	16.2	16.2	16.2	16.2	16.2	16.2	16.2	16.2
				n/a	n/a	$M_{c,z,Rd}$	11.3	11.3	11.3	11.3	11.3	11.3	11.3	11.3	11.3	11.3	11.3
				1.00	1.00	$M_{N,y,Rd}$	16.2	16.2	16.2	15.1	13.0	10.8	8.63	6.48	4.32	2.16	0
						$M_{N,z,Rd}$	11.3	11.3	10.7	9.36	8.02	6.68	5.35	4.01	2.67	1.34	0
	6.0	13.2	596			$M_{c,y,Rd}$	18.6	18.6	18.6	18.6	18.6	18.6	18.6	18.6	18.6	18.6	18.6
				n/a	n/a	$M_{c,z,Rd}$	13.0	13.0	13.0	13.0	13.0	13.0	13.0	13.0	13.0	13.0	13.0
				1.00	1.00	$M_{N,y,Rd}$	18.6	18.6	18.6	17.4	14.9	12.4	9.94	7.46	4.97	2.49	0
						$M_{N,z,Rd}$	13.0	13.0	12.1	10.6	9.10	7.58	6.06	4.55	3.03	1.52	0

Hybox® is a trademark of Corus. A fuller description of the relationship between Cold Formed Rectangular Hollow Sections (CFRHS) and the Hybox® range of sections manufactured by Corus is given in note 12.

N_{Ed} = Design value of the axial force.

$n = N_{Ed} / N_{pl,Rd}$

FOR EXPLANATION OF TABLES SEE NOTE 10.

| BS EN 1993-1-1:2005 | | | AXIAL FORCE & BENDING | | | | | | | | | | | S355 / Hybox® 355 | |
| BS EN 10219-2: 2006 | | | | | | | | | | | | | | | |

COLD-FORMED RECTANGULAR HOLLOW SECTIONS

Hybox® RHS

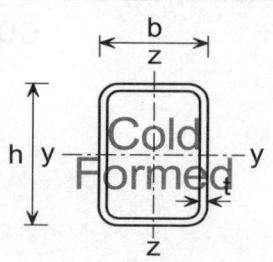

Member buckling check

Section Designation & Resistances (kNm)		n Limit	Compression Resistance $N_{b,y,Rd}$, $N_{b,z,Rd}$ (kN) and Buckling Resistance Moment $M_{b,Rd}$ (kNm) for Varying buckling lengths L (m) within the limiting value of n = $N_{Ed}/N_{pl,Rd}$												
h x b mm	t mm		L (m)	1.0	1.5	2.0	2.5	3.0	3.5	4.0	5.0	6.0	7.0	8.0	9.0	10.0
100x50	3.0	1.00	$N_{b,y,Rd}$	273	243	210	176	144	118	96.8	67.6	49.4	37.5	29.4	23.7	19.5
	$f_y W_{el,y}$ = 7.56		$N_{b,z,Rd}$	229	170	121	86.5	64.1	49.1	38.7	25.8	18.3	13.7	10.6	8.49	6.93
	$f_y W_{el,z}$ = 5.11	1.00	$M_{b,Rd}$	9.48	9.48	9.48	9.48	9.48	9.48	9.44	9.05	8.71	8.41	8.13	7.87	7.63
	4.0	1.00	$N_{b,y,Rd}$	353	313	269	224	183	149	122	85.1	62.1	47.2	37.0	29.7	24.4
	$f_y W_{el,y}$ = 9.51		$N_{b,z,Rd}$	294	216	152	109	80.4	61.5	48.5	32.2	22.9	17.1	13.3	10.6	8.66
	$f_y W_{el,z}$ = 6.39	1.00	$M_{b,Rd}$	12.1	12.1	12.1	12.1	12.1	12.1	12.0	11.5	11.1	10.7	10.3	10.0	9.70
	5.0	1.00	$N_{b,y,Rd}$	432	382	327	271	220	179	146	102	74.1	56.2	44.0	35.4	29.1
	$f_y W_{el,y}$ = 11.2		$N_{b,z,Rd}$	356	259	181	128	94.7	72.3	57.0	37.8	26.9	20.1	15.6	12.4	10.1
	$f_y W_{el,z}$ = 7.46	1.00	$M_{b,Rd}$	14.5	14.5	14.5	14.5	14.5	14.5	14.4	13.8	13.2	12.8	12.3	11.9	11.6
	6.0	1.00	$N_{b,y,Rd}$	501	441	376	309	251	203	166	115	83.6	63.4	49.6	39.9	32.8
	$f_y W_{el,y}$ = 12.7		$N_{b,z,Rd}$	410	295	204	145	106	81.2	63.9	42.4	30.1	22.5	17.4	13.9	11.3
	$f_y W_{el,z}$ = 8.34	1.00	$M_{b,Rd}$	16.6	16.6	16.6	16.6	16.6	16.6	16.5	15.8	15.2	14.6	14.1	13.7	13.2
100x60	3.0	1.00	$N_{b,y,Rd}$	294	263	229	193	160	131	108	75.8	55.5	42.3	33.2	26.7	22.0
	$f_y W_{el,y}$ = 8.56		$N_{b,z,Rd}$	264	212	161	120	91.2	70.9	56.3	37.9	27.1	20.4	15.8	12.7	10.3
	$f_y W_{el,z}$ = 6.46	1.00	$M_{b,Rd}$	10.5	10.5	10.5	10.5	10.5	10.5	10.5	10.5	10.2	9.89	9.61	9.35	9.11
	3.5	1.00	$N_{b,y,Rd}$	339	303	263	221	182	150	123	86.3	63.2	48.1	37.7	30.4	25.0
	$f_y W_{el,y}$ = 9.73		$N_{b,z,Rd}$	304	243	184	137	104	80.7	64.1	43.1	30.8	23.1	18.0	14.4	11.8
	$f_y W_{el,z}$ = 7.31	1.00	$M_{b,Rd}$	12.0	12.0	12.0	12.0	12.0	12.0	12.0	12.0	11.6	11.3	11.0	10.7	10.4
	4.0	1.00	$N_{b,y,Rd}$	381	339	294	247	203	166	137	95.8	70.1	53.3	41.8	33.6	27.6
	$f_y W_{el,y}$ = 10.8		$N_{b,z,Rd}$	341	272	205	153	115	89.5	71.1	47.7	34.2	25.6	19.9	15.9	13.0
	$f_y W_{el,z}$ = 8.13	1.00	$M_{b,Rd}$	13.5	13.5	13.5	13.5	13.5	13.5	13.5	13.0	12.6	12.3	11.9	11.6
	5.0	1.00	$N_{b,y,Rd}$	467	416	359	300	246	201	165	115	84.2	63.9	50.1	40.3	33.1
	$f_y W_{el,y}$ = 12.9		$N_{b,z,Rd}$	416	329	246	182	137	106	84.4	56.6	40.5	30.3	23.6	18.8	15.4
	$f_y W_{el,z}$ = 9.55	1.00	$M_{b,Rd}$	16.2	16.2	16.2	16.2	16.2	16.2	16.2	16.2	15.7	15.2	14.7	14.3	14.0
	6.0	1.00	$N_{b,y,Rd}$	543	481	414	344	281	229	188	131	95.3	72.3	56.7	45.6	37.5
	$f_y W_{el,y}$ = 14.6		$N_{b,z,Rd}$	482	379	281	207	156	120	95.5	64.0	45.7	34.3	26.6	21.3	17.4
	$f_y W_{el,z}$ = 10.8	1.00	$M_{b,Rd}$	18.6	18.6	18.6	18.6	18.6	18.6	18.6	18.6	18.0	17.4	16.9	16.5	16.0

Hybox® is a trademark of Corus. A fuller description of the relationship between Cold Formed Rectangular Hollow Sections (CFRHS) and the Hybox® range of sections manufactured by Corus is given in note 12.

n = $N_{Ed}/N_{pl,Rd}$

Under combined axial compression and bending the resistances are only valid up to the given $N_{Ed}/N_{pl,Rd}$ limit. For higher values of n = NEd / Npl,Rd the section would be overloaded due to NEd alone even when MEd is zero, because NEd would exceed the local buckling resistance of the section.

Axial force resistance $N_{pl,Rd}$ which is equal to Af_y is given in the cross-section resistance check table opposite.

FOR EXPLANATION OF TABLES SEE NOTE 10.

BS EN 1993-1-1:2005
BS EN 10219-2: 2006

AXIAL FORCE & BENDING

S355 / Hybox® 355

COLD-FORMED RECTANGULAR HOLLOW SECTIONS

Hybox® RHS

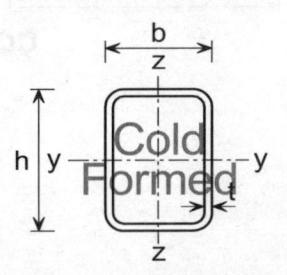

Cross-section resistance check

Section Designation h x b (mm)	t (mm)	Mass per Metre (kg)	Axial Resistance $N_{pl,Rd}$ (kN)	n Limit Class 3 / Class 2 Axis y-y	n Limit Class 3 / Class 2 Axis z-z		n = 0.0	0.1	0.2	0.3	0.4	0.5	0.6	0.7	0.8	0.9	1.0
100x80	3.0	8.01	362	n/a / 1.00	n/a / 1.00	$M_{c,y,Rd}$	12.6	12.6	12.6	12.6	12.6	12.6	12.6	12.6	12.6	12.6	12.6
						$M_{c,z,Rd}$	10.8	10.8	10.8	10.8	10.8	10.8	10.8	10.8	10.8	10.8	10.8
						$M_{N,y,Rd}$	12.6	12.6	12.6	11.7	10.1	8.38	6.70	5.03	3.35	1.68	0
						$M_{N,z,Rd}$	10.8	10.8	10.8	9.51	8.15	6.79	5.44	4.08	2.72	1.36	0
	4.0	10.5	472	n/a / 1.00	n/a / 1.00	$M_{c,y,Rd}$	16.2	16.2	16.2	16.2	16.2	16.2	16.2	16.2	16.2	16.2	16.2
						$M_{c,z,Rd}$	13.9	13.9	13.9	13.9	13.9	13.9	13.9	13.9	13.9	13.9	13.9
						$M_{N,y,Rd}$	16.2	16.2	16.2	15.1	13.0	10.8	8.63	6.48	4.32	2.16	0
						$M_{N,z,Rd}$	13.9	13.9	13.9	12.2	10.4	8.69	6.95	5.21	3.48	1.74	0
	5.0	12.8	582	n/a / 1.00	n/a / 1.00	$M_{c,y,Rd}$	19.6	19.6	19.6	19.6	19.6	19.6	19.6	19.6	19.6	19.6	19.6
						$M_{c,z,Rd}$	16.8	16.8	16.8	16.8	16.8	16.8	16.8	16.8	16.8	16.8	16.8
						$M_{N,y,Rd}$	19.6	19.6	19.6	18.3	15.6	13.0	10.4	7.82	5.22	2.61	0
						$M_{N,z,Rd}$	16.8	16.8	16.7	14.6	12.5	10.4	8.33	6.25	4.16	2.08	0
120x40	3.0	7.07	320	0.885 / 0.515	*	$M_{c,y,Rd}$	11.4	11.4	11.4	11.4	11.4	11.4	8.77	8.77	8.77	✗	$
						$M_{c,z,Rd}$	✗	✗	✗	✗	✗	✗	✗	✗	✗	✗	$
						$M_{N,y,Rd}$	11.4	11.4	11.4	10.7	9.14	7.62	-	-	-	-	-
						$M_{N,z,Rd}$	-	-	-	-	-	-	-	-	-	-	-
	4.0	9.22	415	n/a / 1.00	n/a / 1.00	$M_{c,y,Rd}$	14.6	14.6	14.6	14.6	14.6	14.6	14.6	14.6	14.6	14.6	14.6
						$M_{c,z,Rd}$	6.57	6.57	6.57	6.57	6.57	6.57	6.57	6.57	6.57	6.57	6.57
						$M_{N,y,Rd}$	14.6	14.6	14.6	13.7	11.7	9.75	7.80	5.85	3.90	1.95	0
						$M_{N,z,Rd}$	6.57	6.49	5.77	5.05	4.33	3.61	2.89	2.16	1.44	0.722	0
	5.0	11.3	511	n/a / 1.00	n/a / 1.00	$M_{c,y,Rd}$	17.5	17.5	17.5	17.5	17.5	17.5	17.5	17.5	17.5	17.5	17.5
						$M_{c,z,Rd}$	7.81	7.81	7.81	7.81	7.81	7.81	7.81	7.81	7.81	7.81	7.81
						$M_{N,y,Rd}$	17.5	17.5	17.5	16.4	14.0	11.7	9.35	7.01	4.68	2.34	0
						$M_{N,z,Rd}$	7.81	7.67	6.82	5.96	5.11	4.26	3.41	2.56	1.70	0.852	0

Moment Resistance $M_{c,y,Rd}$, $M_{c,z,Rd}$ (kNm) and Reduced Moment Resistance $M_{N,y,Rd}$, $M_{N,z,Rd}$ (kNm) for Ratios of Design Axial Force to Design Axial Plastic Resistance $n = N_{Ed} / N_{pl,Rd}$

Hybox® is a trademark of Corus. A fuller description of the relationship between Cold Formed Rectangular Hollow Sections (CFRHS) and the Hybox® range of sections manufactured by Corus is given in note 12.

* The section is a class 4 section about the appropriate axis and is independent of the design axial force N_{Ed}. Values of $M_{c,Rd}$ are calculated based on class 4 section properties and are displayed in *italic*.

N_{Ed} = Design value of the axial force.

$n = N_{Ed} / N_{pl,Rd}$

✗ Section becomes class 4, see note 10.

$ For these values of $N_{Ed} / N_{pl,Rd}$ the section would be overloaded due to N_{Ed} alone even when M_{Ed} is zero, because N_{Ed} would exceed the local buckling resistance of the section.

- Not applicable for class 3 and class 4 sections.

FOR EXPLANATION OF TABLES SEE NOTE 10.

BS EN 1993-1-1:2005
BS EN 10219-2: 2006

AXIAL FORCE & BENDING

S355 / Hybox® 355

COLD-FORMED RECTANGULAR HOLLOW SECTIONS

Hybox® RHS

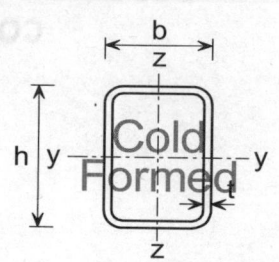

Member buckling check

Section Designation & Resistances (kNm)		n Limit	Compression Resistance $N_{b,y,Rd}$, $N_{b,z,Rd}$ (kN) and Buckling Resistance Moment $M_{b,Rd}$ (kNm) for Varying buckling lengths L (m) within the limiting value of n = N_{Ed} / $N_{pl,Rd}$													
h x b mm	t mm		L (m)	1.0	1.5	2.0	2.5	3.0	3.5	4.0	5.0	6.0	7.0	8.0	9.0	10.0
100x80	3.0	1.00	$N_{b,y,Rd}$	336	302	266	227	190	157	130	92.1	67.7	51.7	40.6	32.7	26.9
	$f_yW_{el,y}$ = 10.6		$N_{b,z,Rd}$	324	282	237	192	154	123	100	69.1	50.1	37.9	29.7	23.8	19.5
	$f_yW_{el,z}$ = 9.37	1.00	$M_{b,Rd}$	12.6	12.6	12.6	12.6	12.6	12.6	12.6	12.6	12.6	12.6	12.4	12.2	11.9
	4.0	1.00	$N_{b,y,Rd}$	437	392	344	293	244	201	167	118	86.3	65.8	51.7	41.7	34.3
	$f_yW_{el,y}$ = 13.5		$N_{b,z,Rd}$	420	365	305	246	196	157	128	87.7	63.6	48.1	37.6	30.2	24.7
	$f_yW_{el,z}$ = 11.9	1.00	$M_{b,Rd}$	16.2	16.2	16.2	16.2	16.2	16.2	16.2	16.2	16.2	16.2	16.0	15.6	15.3
	5.0	1.00	$N_{b,y,Rd}$	537	482	421	357	296	244	202	142	104	79.2	62.2	50.1	41.2
	$f_yW_{el,y}$ = 16.0		$N_{b,z,Rd}$	516	447	371	298	237	189	153	105	76.2	57.6	45.0	36.1	29.6
	$f_yW_{el,z}$ = 14.2	1.00	$M_{b,Rd}$	19.6	19.6	19.6	19.6	19.6	19.6	19.6	19.6	19.6	19.6	19.3	18.9	18.5
120x40	§ 3.0	0.885	$N_{b,y,Rd}$	300	272	242	210	178	150	125	89.5	66.2	50.6	39.9	32.2	26.5
	$f_yW_{el,y}$ = 8.77		$N_{b,z,Rd}$	217	145	95.7	66.3	48.3	36.6	28.7	18.9	13.4	9.98	7.73	6.15	5.02
	$f_yW_{el,z}$ = 4.58	0.885	$M_{b,Rd}$	8.77	8.77	8.77	8.77	8.77	8.67	8.45	8.07	7.74	7.43	7.16	6.90	6.67
		0.515	$M_{b,Rd}$	11.4	11.4	11.4	11.4	11.1	10.7	10.4	9.88	9.39	8.96	8.57	8.21	7.88
	4.0	1.00	$N_{b,y,Rd}$	388	352	312	270	228	191	159	113	83.7	64.0	50.4	40.7	33.5
	$f_yW_{el,y}$ = 11.0		$N_{b,z,Rd}$	277	182	120	82.7	60.1	45.5	35.6	23.5	16.6	12.4	9.58	7.63	6.22
	$f_yW_{el,z}$ = 5.64	1.00	$M_{b,Rd}$	14.6	14.6	14.6	14.6	14.1	13.7	13.3	12.6	11.9	11.4	10.9	10.4	9.98
	5.0	1.00	$N_{b,y,Rd}$	476	431	381	327	276	230	191	136	100.0	76.4	60.1	48.5	39.9
	$f_yW_{el,y}$ = 13.1		$N_{b,z,Rd}$	333	215	140	96.5	70.0	53.0	41.4	27.3	19.3	14.4	11.1	8.85	7.21
	$f_yW_{el,z}$ = 6.57	1.00	$M_{b,Rd}$	17.5	17.5	17.5	17.4	16.8	16.3	15.8	15.0	14.2	13.5	12.9	12.4	11.8

Hybox® is a trademark of Corus. A fuller description of the relationship between Cold Formed Rectangular Hollow Sections (CFRHS) and the Hybox® range of sections manufactured by Corus is given in note 12.

n = N_{Ed} / $N_{pl,Rd}$

Under combined axial compression and bending the resistances are only valid up to the given N_{Ed} / $N_{pl,Rd}$ limit. For higher values of n = NEd / Npl,Rd the section would be overloaded due to NEd alone even when MEd is zero, because NEd would exceed the local buckling resistance of the section.

Axial force resistance $N_{pl,Rd}$ which is equal to Af_y is given in the cross-section resistance check table opposite.

§ The section can be a class 4 section but no allowance has been made in calculating $N_{b,y,Rd}$ and $N_{b,z,Rd}$.

FOR EXPLANATION OF TABLES SEE NOTE 10.

BS EN 1993-1-1:2005
BS EN 10219-2: 2006

AXIAL FORCE & BENDING

S355 / Hybox® 355

COLD-FORMED RECTANGULAR HOLLOW SECTIONS

Hybox® RHS

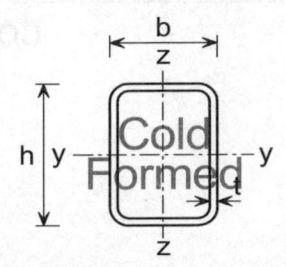

Cross-section resistance check

Section Designation h x b (mm)	Mass per Metre t (mm)	Mass per Metre (kg)	Axial Resistance $N_{pl,Rd}$ (kN)	n Limit Class 3 / **Class 2** Axis y-y	n Limit Class 3 / **Class 2** Axis z-z	Moment	n=0.0	0.1	0.2	0.3	0.4	0.5	0.6	0.7	0.8	0.9	1.0
120x60	3.0	8.01	362	0.885 **0.455**	*	$M_{c,y,Rd}$	13.9	13.9	13.9	13.9	13.9	11.2	11.2	11.2	11.2	✗	$
						$M_{c,z,Rd}$	✗	✗	✗	✗	✗	✗	✗	✗	✗	✗	$
						$M_{N,y,Rd}$	13.9	13.9	13.9	13.0	11.1	-	-	-	-	-	-
						$M_{N,z,Rd}$	-	-	-	-	-	-	-	-	-	-	-
	3.5	9.26	419	1.00 **0.635**	1.00 **0.00**	$M_{c,y,Rd}$	15.9	15.9	15.9	15.9	15.9	15.9	15.9	12.7	12.7	12.7	12.7
						$M_{c,z,Rd}$	8.66	8.66	8.66	8.66	8.66	8.66	8.66	8.66	8.66	8.66	8.66
						$M_{N,y,Rd}$	15.9	15.9	15.9	14.9	12.8	10.6	8.50	-	-	-	-
						$M_{N,z,Rd}$	-	-	-	-	-	-	-	-	-	-	-
	4.0	10.5	472	n/a **1.00**	n/a **1.00**	$M_{c,y,Rd}$	17.9	17.9	17.9	17.9	17.9	17.9	17.9	17.9	17.9	17.9	17.9
						$M_{c,z,Rd}$	11.0	11.0	11.0	11.0	11.0	11.0	11.0	11.0	11.0	11.0	11.0
						$M_{N,y,Rd}$	17.9	17.9	17.9	16.7	14.3	12.0	9.56	7.17	4.78	2.39	0
						$M_{N,z,Rd}$	11.0	11.0	10.3	8.98	7.69	6.41	5.13	3.85	2.56	1.28	0
	5.0	12.8	582	n/a **1.00**	n/a **1.00**	$M_{c,y,Rd}$	21.6	21.6	21.6	21.6	21.6	21.6	21.6	21.6	21.6	21.6	21.6
						$M_{c,z,Rd}$	13.3	13.3	13.3	13.3	13.3	13.3	13.3	13.3	13.3	13.3	13.3
						$M_{N,y,Rd}$	21.6	21.6	21.6	20.2	17.3	14.4	11.5	8.65	5.77	2.88	0
						$M_{N,z,Rd}$	13.3	13.3	12.3	10.7	9.20	7.67	6.13	4.60	3.07	1.53	0
	6.0	15.1	682	n/a **1.00**	n/a **1.00**	$M_{c,y,Rd}$	25.1	25.1	25.1	25.1	25.1	25.1	25.1	25.1	25.1	25.1	25.1
						$M_{c,z,Rd}$	15.3	15.3	15.3	15.3	15.3	15.3	15.3	15.3	15.3	15.3	15.3
						$M_{N,y,Rd}$	25.1	25.1	25.1	23.4	20.1	16.7	13.4	10.0	6.68	3.34	0
						$M_{N,z,Rd}$	15.3	15.3	14.0	12.2	10.5	8.74	6.99	5.25	3.50	1.75	0
120x80	4.0	11.7	529	n/a **1.00**	n/a **1.00**	$M_{c,y,Rd}$	21.2	21.2	21.2	21.2	21.2	21.2	21.2	21.2	21.2	21.2	21.2
						$M_{c,z,Rd}$	16.0	16.0	16.0	16.0	16.0	16.0	16.0	16.0	16.0	16.0	16.0
						$M_{N,y,Rd}$	21.2	21.2	21.2	19.8	17.0	14.2	11.3	8.49	5.66	2.83	0
						$M_{N,z,Rd}$	16.0	16.0	15.6	13.7	11.7	9.76	7.81	5.86	3.90	1.95	0
	5.0	14.4	653	n/a **1.00**	n/a **1.00**	$M_{c,y,Rd}$	25.7	25.7	25.7	25.7	25.7	25.7	25.7	25.7	25.7	25.7	25.7
						$M_{c,z,Rd}$	19.4	19.4	19.4	19.4	19.4	19.4	19.4	19.4	19.4	19.4	19.4
						$M_{N,y,Rd}$	25.7	25.7	25.7	24.0	20.6	17.1	13.7	10.3	6.85	3.43	0
						$M_{N,z,Rd}$	19.4	19.4	18.8	16.5	14.1	11.8	9.40	7.05	4.70	2.35	0
	6.0	17.0	767	n/a **1.00**	n/a **1.00**	$M_{c,y,Rd}$	29.9	29.9	29.9	29.9	29.9	29.9	29.9	29.9	29.9	29.9	29.9
						$M_{c,z,Rd}$	22.5	22.5	22.5	22.5	22.5	22.5	22.5	22.5	22.5	22.5	22.5
						$M_{N,y,Rd}$	29.9	29.9	29.9	27.9	23.9	20.0	16.0	12.0	7.98	3.99	0
						$M_{N,z,Rd}$	22.5	22.5	21.6	18.9	16.2	13.5	10.8	8.12	5.41	2.71	0
	8.0	21.4	966	n/a **1.00**	n/a **1.00**	$M_{c,y,Rd}$	36.2	36.2	36.2	36.2	36.2	36.2	36.2	36.2	36.2	36.2	36.2
						$M_{c,z,Rd}$	27.3	27.3	27.3	27.3	27.3	27.3	27.3	27.3	27.3	27.3	27.3
						$M_{N,y,Rd}$	36.2	36.2	36.2	33.8	29.0	24.1	19.3	14.5	9.66	4.83	0
						$M_{N,z,Rd}$	27.3	27.3	25.6	22.4	19.2	16.0	12.8	9.60	6.40	3.20	0

Hybox® is a trademark of Corus. A fuller description of the relationship between Cold Formed Rectangular Hollow Sections (CFRHS) and the Hybox® range of sections manufactured by Corus is given in note 12.

* The section is a class 4 section about the appropriate axis and is independent of the design axial force N_{Ed}. Values of $M_{c,Rd}$ are calculated based on class 4 section properties and are displayed in *italic*.

N_{Ed} = Design value of the axial force.

n = $N_{Ed} / N_{pl,Rd}$

✗ Section becomes class 4, see note 10.

$ For these values of $N_{Ed} / N_{pl,Rd}$ the section would be overloaded due to N_{Ed} alone even when M_{Ed} is zero, because N_{Ed} would exceed the local buckling resistance of the section.

- Not applicable for class 3 and class 4 sections.

FOR EXPLANATION OF TABLES SEE NOTE 10.

| BS EN 1993-1-1:2005 | AXIAL FORCE & BENDING | S355 / Hybox® 355 |
| BS EN 10219-2: 2006 | | |

COLD-FORMED RECTANGULAR HOLLOW SECTIONS

Hybox® RHS

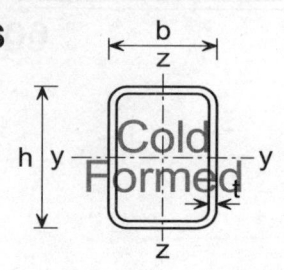

Member buckling check

Section Designation & Resistances (kNm)		n Limit	Compression Resistance $N_{b,y,Rd}$, $N_{b,z,Rd}$ (kN) and Buckling Resistance Moment $M_{b,Rd}$ (kNm) for Varying buckling lengths L (m) within the limiting value of $n = N_{Ed} / N_{pl,Rd}$												
h x b mm	t mm		L (m)	1.0	1.5	2.0	2.5	3.0	3.5	4.0	5.0	6.0	7.0	8.0	9.0	10.0
120x60	§ 3.0	0.885	$N_{b,y,Rd}$	343	314	282	249	214	182	154	111	82.9	63.7	50.3	40.7	33.5
	$f_y W_{el,y}$ = 11.2		$N_{b,z,Rd}$	301	244	187	140	107	83.0	66.1	44.5	31.9	23.9	18.6	14.9	12.2
	$f_y W_{el,z}$ = 7.63	0.885	$M_{b,Rd}$	11.2	11.2	11.2	11.2	11.2	11.2	11.2	11.2	11.1	10.8	10.5	10.3	10.0
		0.455	$M_{b,Rd}$	13.9	13.9	13.9	13.9	13.9	13.9	13.9	13.8	13.3	12.9	12.5	12.2	11.8
	3.5	1.00	$N_{b,y,Rd}$	396	363	326	287	247	210	177	128	95.1	73.0	57.7	46.6	38.4
	$f_y W_{el,y}$ = 12.7		$N_{b,z,Rd}$	347	280	214	160	122	94.7	75.4	50.7	36.3	27.3	21.2	17.0	13.9
	$f_y W_{el,z}$ = 8.66	1.00	$M_{b,Rd}$	12.7	12.7	12.7	12.7	12.7	12.7	12.7	12.7	12.7	12.3	12.0	11.7	11.4
		0.635	$M_{b,Rd}$	15.9	15.9	15.9	15.9	15.9	15.9	15.9	15.8	15.2	14.8	14.3	13.9	13.5
	4.0	1.00	$N_{b,y,Rd}$	446	408	366	322	276	234	198	143	106	81.3	64.2	51.9	42.8
	$f_y W_{el,y}$ = 14.2		$N_{b,z,Rd}$	390	314	239	179	136	105	83.8	56.3	40.3	30.3	23.5	18.8	15.4
	$f_y W_{el,z}$ = 9.62	1.00	$M_{b,Rd}$	17.9	17.9	17.9	17.9	17.9	17.9	17.9	17.7	17.1	16.6	16.1	15.6	15.2
	5.0	1.00	$N_{b,y,Rd}$	549	501	449	392	336	284	239	172	128	97.8	77.2	62.3	51.4
	$f_y W_{el,y}$ = 17.0		$N_{b,z,Rd}$	477	381	288	214	162	125	99.7	66.9	47.9	35.9	27.9	22.3	18.3
	$f_y W_{el,z}$ = 11.4	1.00	$M_{b,Rd}$	21.6	21.6	21.6	21.6	21.6	21.6	21.6	21.3	20.6	19.9	19.3	18.8	18.3
	6.0	1.00	$N_{b,y,Rd}$	641	584	522	455	388	327	274	197	146	112	88.0	71.1	58.6
	$f_y W_{el,y}$ = 19.4		$N_{b,z,Rd}$	555	441	330	244	184	143	113	76.0	54.4	40.8	31.7	25.3	20.7
	$f_y W_{el,z}$ = 12.9	1.00	$M_{b,Rd}$	25.1	25.1	25.1	25.1	25.1	25.1	25.1	24.7	23.8	23.1	22.4	21.7	21.1
120x80	4.0	1.00	$N_{b,y,Rd}$	503	463	419	371	322	276	235	171	128	98.3	77.8	62.9	51.9
	$f_y W_{el,y}$ = 17.4		$N_{b,z,Rd}$	474	414	348	283	226	182	148	102	74.1	56.0	43.8	35.2	28.9
	$f_y W_{el,z}$ = 14.0	1.00	$M_{b,Rd}$	21.2	21.2	21.2	21.2	21.2	21.2	21.2	21.2	21.2	21.2	20.7	20.3	19.8
	5.0	1.00	$N_{b,y,Rd}$	621	570	514	455	394	336	286	207	155	119	94.1	76.1	62.8
	$f_y W_{el,y}$ = 20.9		$N_{b,z,Rd}$	583	508	425	344	275	221	179	123	89.4	67.7	52.9	42.5	34.8
	$f_y W_{el,z}$ = 16.6	1.00	$M_{b,Rd}$	25.7	25.7	25.7	25.7	25.7	25.7	25.7	25.7	25.7	25.7	25.1	24.5	24.0
	6.0	1.00	$N_{b,y,Rd}$	727	666	600	529	457	389	329	238	178	136	108	87.2	71.9
	$f_y W_{el,y}$ = 24.0		$N_{b,z,Rd}$	682	592	493	397	316	253	205	141	102	77.2	60.3	48.4	39.7
	$f_y W_{el,z}$ = 19.1	1.00	$M_{b,Rd}$	29.9	29.9	29.9	29.9	29.9	29.9	29.9	29.9	29.9	29.9	29.2	28.5	27.9
	8.0	1.00	$N_{b,y,Rd}$	910	830	743	650	556	470	395	284	211	162	127	103	84.8
	$f_y W_{el,y}$ = 28.2		$N_{b,z,Rd}$	851	732	602	480	379	302	244	167	121	91.0	71.1	57.0	46.8
	$f_y W_{el,z}$ = 22.3	1.00	$M_{b,Rd}$	36.2	36.2	36.2	36.2	36.2	36.2	36.2	36.2	36.2	36.2	35.3	34.5	33.8

Hybox® is a trademark of Corus. A fuller description of the relationship between Cold Formed Rectangular Hollow Sections (CFRHS) and the Hybox® range of sections manufactured by Corus is given in note 12.

$n = N_{Ed} / N_{pl,Rd}$

Under combined axial compression and bending the resistances are only valid up to the given $N_{Ed} / N_{pl,Rd}$ limit. For higher values of $n = N_{Ed} / N_{pl,Rd}$ the section would be overloaded due to NEd alone even when MEd is zero, because NEd would exceed the local buckling resistance of the section.

Axial force resistance $N_{pl,Rd}$ which is equal to Af_y is given in the cross-section resistance check table opposite.

§ The section can be a class 4 section but no allowance has been made in calculating $N_{b,y,Rd}$ and $N_{b,z,Rd}$.

FOR EXPLANATION OF TABLES SEE NOTE 10.

AXIAL FORCE & BENDING

BS EN 1993-1-1:2005
BS EN 10219-2: 2006

S355 / Hybox® 355

COLD-FORMED RECTANGULAR HOLLOW SECTIONS

Hybox® RHS

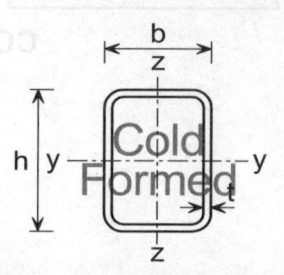

Cross-section resistance check

Section Designation		Mass per Metre	Axial Resistance	n Limit Class 3 / Class 2		Moment Resistance $M_{c,y,Rd}$, $M_{c,z,Rd}$ (kNm) and Reduced Moment Resistance $M_{N,y,Rd}$, $M_{N,z,Rd}$ (kNm) for Ratios of Design Axial Force to Design Axial Plastic Resistance $n = N_{Ed} / N_{pl,Rd}$											
h x b	t		$N_{pl,Rd}$	Axis													
				y-y	z-z	n	0.0	0.1	0.2	0.3	0.4	0.5	0.6	0.7	0.8	0.9	1.0
mm	mm	kg	kN														
140x80	3.0	9.90	447	0.674 **0.288**	*	$M_{c,y,Rd}$	20.7	20.7	20.7	17.0	17.0	17.0	17.0	×	×	$	$
						$M_{c,z,Rd}$	×	×	×	×	×	×	×	×	×	$	$
						$M_{N,y,Rd}$	20.7	20.7	20.7	-	-	-	-	-	-	-	-
						$M_{N,z,Rd}$	-	-	-	-	-	-	-	-	-	-	-
	4.0	13.0	586	1.00 **0.582**	1.00 **0.00**	$M_{c,y,Rd}$	26.8	26.8	26.8	26.8	26.8	26.8	21.8	21.8	21.8	21.8	21.8
						$M_{c,z,Rd}$	16.0	16.0	16.0	16.0	16.0	16.0	16.0	16.0	16.0	16.0	16.0
						$M_{N,y,Rd}$	26.8	26.8	26.8	25.0	21.4	17.9	-	-	-	-	-
						$M_{N,z,Rd}$	-	-	-	-	-	-	-	-	-	-	-
	5.0	16.0	724	n/a **1.00**	n/a **1.00**	$M_{c,y,Rd}$	32.6	32.6	32.6	32.6	32.6	32.6	32.6	32.6	32.6	32.6	32.6
						$M_{c,z,Rd}$	22.1	22.1	22.1	22.1	22.1	22.1	22.1	22.1	22.1	22.1	22.1
						$M_{N,y,Rd}$	32.6	32.6	32.6	30.4	26.1	21.7	17.4	13.0	8.69	4.35	0
						$M_{N,z,Rd}$	22.1	22.1	21.0	18.3	15.7	13.1	10.5	7.86	5.24	2.62	0
	6.0	18.9	852	n/a **1.00**	n/a **1.00**	$M_{c,y,Rd}$	38.0	38.0	38.0	38.0	38.0	38.0	38.0	38.0	38.0	38.0	38.0
						$M_{c,z,Rd}$	25.7	25.7	25.7	25.7	25.7	25.7	25.7	25.7	25.7	25.7	25.7
						$M_{N,y,Rd}$	38.0	38.0	38.0	35.5	30.4	25.3	20.3	15.2	10.1	5.06	0
						$M_{N,z,Rd}$	25.7	25.7	24.2	21.2	18.1	15.1	12.1	9.07	6.05	3.02	0
	8.0	23.9	1080	n/a **1.00**	n/a **1.00**	$M_{c,y,Rd}$	46.5	46.5	46.5	46.5	46.5	46.5	46.5	46.5	46.5	46.5	46.5
						$M_{c,z,Rd}$	31.4	31.4	31.4	31.4	31.4	31.4	31.4	31.4	31.4	31.4	31.4
						$M_{N,y,Rd}$	46.5	46.5	46.5	43.4	37.2	31.0	24.8	18.6	12.4	6.20	0
						$M_{N,z,Rd}$	31.4	31.4	28.9	25.3	21.7	18.1	14.5	10.8	7.23	3.61	0
	10.0	28.7	1300	n/a **1.00**	n/a **1.00**	$M_{c,y,Rd}$	54.0	54.0	54.0	54.0	54.0	54.0	54.0	54.0	54.0	54.0	54.0
						$M_{c,z,Rd}$	36.6	36.6	36.6	36.6	36.6	36.6	36.6	36.6	36.6	36.6	36.6
						$M_{N,y,Rd}$	54.0	54.0	54.0	50.4	43.2	36.0	28.8	21.6	14.4	7.19	0
						$M_{N,z,Rd}$	36.6	36.6	33.1	29.0	24.9	20.7	16.6	12.4	8.29	4.14	0

Hybox® is a trademark of Corus. A fuller description of the relationship between Cold Formed Rectangular Hollow Sections (CFRHS) and the Hybox® range of sections manufactured by Corus is given in note 12.

* The section is a class 4 section about the appropriate axis and is independent of the design axial force N_{Ed}. Values of Mc,Rd are calculated based on class 4 section properties and are displayed in *italic*.

N_{Ed} = Design value of the axial force.

$n = N_{Ed} / N_{pl,Rd}$

× Section becomes class 4, see note 10.

$ For these values of $N_{Ed} / N_{pl,Rd}$ the section would be overloaded due to N_{Ed} alone even when M_{Ed} is zero, because N_{Ed} would exceed the local buckling resistance of the section.

- Not applicable for class 3 and class 4 sections sections.

FOR EXPLANATION OF TABLES SEE NOTE 10.

| BS EN 1993-1-1:2005 |
| BS EN 10219-2: 2006 |

AXIAL FORCE & BENDING — S355 / Hybox® 355

COLD-FORMED RECTANGULAR HOLLOW SECTIONS

Hybox® RHS

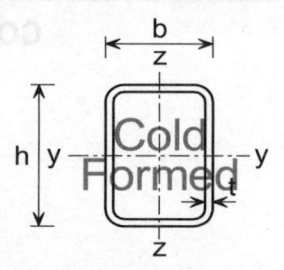

Member buckling check

Section Designation & Resistances (kNm)		n Limit	Compression Resistance $N_{b,y,Rd}$, $N_{b,z,Rd}$ (kN) and Buckling Resistance Moment $M_{b,Rd}$ (kNm) for Varying buckling lengths L (m) within the limiting value of $n = N_{Ed} / N_{pl,Rd}$												
h x b	t		L (m)	1.0	1.5	2.0	2.5	3.0	3.5	4.0	5.0	6.0	7.0	8.0	9.0	10.0
mm	mm															
140x80	§ 3.0	0.674	$N_{b,y,Rd}$	435	406	375	342	307	271	237	180	137	107	85.3	69.4	57.5
	$f_y W_{el,y}$ = 17.0		$N_{b,z,Rd}$	404	355	301	248	200	162	132	91.4	66.5	50.4	39.4	31.7	26.0
	$f_y W_{el,z}$ = 12.5	0.674	$M_{b,Rd}$	17.0	17.0	17.0	17.0	17.0	17.0	17.0	17.0	17.0	17.0	17.0	16.7	16.3
		0.288	$M_{b,Rd}$	20.7	20.7	20.7	20.7	20.7	20.7	20.7	20.7	20.7	20.5	20.0	19.5	19.1
	4.0	1.00	$N_{b,y,Rd}$	569	530	489	445	399	352	307	232	177	138	110	89.4	74.0
	$f_y W_{el,y}$ = 21.8		$N_{b,z,Rd}$	527	462	390	319	257	207	169	117	84.7	64.2	50.2	40.3	33.1
	$f_y W_{el,z}$ = 16.0	1.00	$M_{b,Rd}$	21.8	21.8	21.8	21.8	21.8	21.8	21.8	21.8	21.8	21.8	21.8	21.4	21.0
		0.582	$M_{b,Rd}$	26.8	26.8	26.8	26.8	26.8	26.8	26.8	26.8	26.8	26.6	25.9	25.3	24.8
	5.0	1.00	$N_{b,y,Rd}$	702	654	603	547	489	430	375	282	215	167	133	108	89.6
	$f_y W_{el,y}$ = 26.2		$N_{b,z,Rd}$	649	568	478	389	313	251	205	141	103	77.6	60.7	48.8	40.0
	$f_y W_{el,z}$ = 19.2	**1.00**	$M_{b,Rd}$	32.6	32.6	32.6	32.6	32.6	32.6	32.6	32.6	32.6	32.3	31.5	30.7	30.1
	6.0	1.00	$N_{b,y,Rd}$	825	767	706	640	570	501	435	326	248	193	153	125	103
	$f_y W_{el,y}$ = 30.3		$N_{b,z,Rd}$	761	663	556	451	360	289	235	162	117	88.8	69.4	55.7	45.7
	$f_y W_{el,z}$ = 22.0	**1.00**	$M_{b,Rd}$	38.0	38.0	38.0	38.0	38.0	38.0	38.0	38.0	38.0	37.6	36.6	35.8	35.0
	8.0	1.00	$N_{b,y,Rd}$	1040	964	883	796	705	614	531	394	298	231	183	149	123
	$f_y W_{el,y}$ = 35.9		$N_{b,z,Rd}$	956	826	685	549	435	347	281	193	140	105	82.4	66.1	54.2
	$f_y W_{el,z}$ = 26.0	**1.00**	$M_{b,Rd}$	46.5	46.5	46.5	46.5	46.5	46.5	46.5	46.5	46.5	45.9	44.8	43.7	42.8
	10.0	1.00	$N_{b,y,Rd}$	1250	1150	1050	943	830	719	618	456	343	265	210	171	141
	$f_y W_{el,y}$ = 40.8		$N_{b,z,Rd}$	1140	980	804	638	503	400	322	220	159	120	93.9	75.3	61.7
	$f_y W_{el,z}$ = 29.3	**1.00**	$M_{b,Rd}$	54.0	54.0	54.0	54.0	54.0	54.0	54.0	54.0	54.0	53.2	51.8	50.6	49.5

Hybox® is a trademark of Corus. A fuller description of the relationship between Cold Formed Rectangular Hollow Sections (CFRHS) and the Hybox® range of sections manufactured by Corus is given in note 12.

$n = N_{Ed} / N_{pl,Rd}$

Under combined axial compression and bending the resistances are only valid up to the given $N_{Ed} / N_{pl,Rd}$ limit. For higher values of $n = N_{Ed} / N_{pl,Rd}$ the section would be overloaded due to NEd alone even when MEd is zero, because NEd would exceed the local buckling resistance of the section.

Axial force resistance $N_{pl,Rd}$ which is equal to Af_y is given in the cross-section resistance check table opposite.

§ The section can be a class 4 section but no allowance has been made in calculating $N_{b,y,Rd}$ and $N_{b,z,Rd}$.

FOR EXPLANATION OF TABLES SEE NOTE 10.

BS EN 1993-1-1:2005
BS EN 10219-2: 2006

AXIAL FORCE & BENDING

S355 / Hybox® 355

COLD-FORMED RECTANGULAR HOLLOW SECTIONS

Hybox® RHS

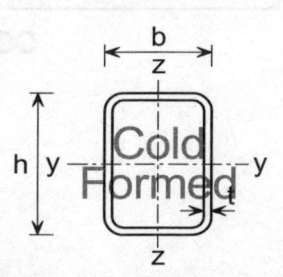

Cross-section resistance check

Section Designation		Mass per Metre	Axial Resistance	n Limit Class 3 Class 2		Moment Resistance $M_{c,y,Rd}$, $M_{c,z,Rd}$ (kNm) and Reduced Moment Resistance $M_{N,y,Rd}$, $M_{N,z,Rd}$ (kNm) for Ratios of Design Axial Force to Design Axial Plastic Resistance $n = N_{Ed} / N_{pl,Rd}$											
h x b	t		$N_{pl,Rd}$	Axis		n	0.0	0.1	0.2	0.3	0.4	0.5	0.6	0.7	0.8	0.9	1.0
mm	mm	kg	kN	y-y	z-z												
150x100	3.0	11.3	511	0.591	*	$M_{c,y,Rd}$	26.1	26.1	26.1	21.8	21.8	21.8	✗	✗	✗	$	$
						$M_{c,z,Rd}$	✗	✗	✗	✗	✗	✗	✗	✗	✗	$	$
				0.216		$M_{N,y,Rd}$	26.1	26.1	26.1	-	-	-	-	-	-	-	-
						$M_{N,z,Rd}$	-	-	-	-	-	-	-	-	-	-	-
	4.0	14.9	671	0.986	*	$M_{c,y,Rd}$	34.0	34.0	34.0	34.0	34.0	28.2	28.2	28.2	28.2	28.2	$
						$M_{c,z,Rd}$	✗	✗	✗	✗	✗	✗	✗	✗	✗	✗	$
				0.472		$M_{N,y,Rd}$	34.0	34.0	34.0	31.7	27.2	-	-	-	-	-	-
						$M_{N,z,Rd}$	-	-	-	-	-	-	-	-	-	-	-
	5.0	18.3	831	n/a	n/a	$M_{c,y,Rd}$	41.5	41.5	41.5	41.5	41.5	41.5	41.5	41.5	41.5	41.5	41.5
						$M_{c,z,Rd}$	31.3	31.3	31.3	31.3	31.3	31.3	31.3	31.3	31.3	31.3	31.3
				1.00	**1.00**	$M_{N,y,Rd}$	41.5	41.5	41.5	38.8	33.2	27.7	22.2	16.6	11.1	5.54	0
						$M_{N,z,Rd}$	31.3	31.3	30.6	26.7	22.9	19.1	15.3	11.5	7.64	3.82	0
	6.0	21.7	980	n/a	n/a	$M_{c,y,Rd}$	48.6	48.6	48.6	48.6	48.6	48.6	48.6	48.6	48.6	48.6	48.6
						$M_{c,z,Rd}$	36.6	36.6	36.6	36.6	36.6	36.6	36.6	36.6	36.6	36.6	36.6
				1.00	**1.00**	$M_{N,y,Rd}$	48.6	48.6	48.6	45.4	38.9	32.4	25.9	19.5	13.0	6.48	0
						$M_{N,z,Rd}$	36.6	36.6	35.4	31.0	26.6	22.1	17.7	13.3	8.85	4.43	0
	8.0	27.7	1250	n/a	n/a	$M_{c,y,Rd}$	60.0	60.0	60.0	60.0	60.0	60.0	60.0	60.0	60.0	60.0	60.0
						$M_{c,z,Rd}$	45.4	45.4	45.4	45.4	45.4	45.4	45.4	45.4	45.4	45.4	45.4
				1.00	**1.00**	$M_{N,y,Rd}$	60.0	60.0	60.0	56.0	48.0	40.0	32.0	24.0	16.0	8.00	0
						$M_{N,z,Rd}$	45.4	45.4	43.2	37.8	32.4	27.0	21.6	16.2	10.8	5.40	0
	10.0	33.4	1510	n/a	n/a	$M_{c,y,Rd}$	70.6	70.6	70.6	70.6	70.6	70.6	70.6	70.6	70.6	70.6	70.6
						$M_{c,z,Rd}$	53.3	53.3	53.3	53.3	53.3	53.3	53.3	53.3	53.3	53.3	53.3
				1.00	**1.00**	$M_{N,y,Rd}$	70.6	70.6	70.6	65.9	56.5	47.1	37.7	28.3	18.8	9.42	0
						$M_{N,z,Rd}$	53.3	53.3	50.0	43.7	37.5	31.2	25.0	18.7	12.5	6.25	0

Hybox® is a trademark of Corus. A fuller description of the relationship between Cold Formed Rectangular Hollow Sections (CFRHS) and the Hybox® range of sections manufactured by Corus is given in note 12.

* The section is a class 4 section about the appropriate axis and is independent of the design axial force N_{Ed}. Values of Mc,Rd are calculated based on class 4 section properties and are displayed in *italic*.

N_{Ed} = Design value of the axial force.

$n = N_{Ed} / N_{pl,Rd}$

✗ Section becomes class 4, see note 10.

$ For these values of $N_{Ed} / N_{pl,Rd}$ the section would be overloaded due to N_{Ed} alone even when M_{Ed} is zero, because N_{Ed} would exceed the local buckling resistance of the section.

- Not applicable for class 3 and class 4 sections sections.

FOR EXPLANATION OF TABLES SEE NOTE 10.

BS EN 1993-1-1:2005
BS EN 10219-2: 2006

AXIAL FORCE & BENDING

S355 / Hybox® 355

COLD-FORMED RECTANGULAR HOLLOW SECTIONS

Hybox® RHS

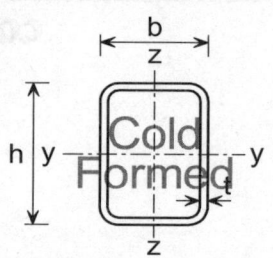

Member buckling check

Section Designation & Resistances (kNm)		n Limit	Compression Resistance $N_{b,y,Rd}$, $N_{b,z,Rd}$ (kN) and Buckling Resistance Moment $M_{b,Rd}$ (kNm) for Varying buckling lengths L (m) within the limiting value of $n = N_{Ed}/N_{pl,Rd}$												
h x b mm	t mm		L (m)	1.0	1.5	2.0	2.5	3.0	3.5	4.0	5.0	6.0	7.0	8.0	9.0	10.0
150x100	§ 3.0	0.591	$N_{b,y,Rd}$	503	473	441	408	372	335	298	232	180	142	114	93.3	77.6
	$f_yW_{el,y} = 21.8$		$N_{b,z,Rd}$	481	439	392	342	292	246	207	149	110	84.5	66.6	53.8	44.3
	$f_yW_{el,z} = 17.6$	0.591	$M_{b,Rd}$	21.8	21.8	21.8	21.8	21.8	21.8	21.8	21.8	21.8	21.8	21.8	21.8	21.8
		0.216	$M_{b,Rd}$	26.1	26.1	26.1	26.1	26.1	26.1	26.1	26.1	26.1	26.1	26.1	26.0	25.6
	§ 4.0	0.986	$N_{b,y,Rd}$	659	619	578	533	486	437	388	301	234	184	148	121	100
	$f_yW_{el,y} = 28.2$		$N_{b,z,Rd}$	630	573	511	445	379	319	267	191	142	109	85.5	69.1	56.9
	$f_yW_{el,z} = 22.6$	0.986	$M_{b,Rd}$	28.2	28.2	28.2	28.2	28.2	28.2	28.2	28.2	28.2	28.2	28.2	28.2	28.2
		0.472	$M_{b,Rd}$	34.0	34.0	34.0	34.0	34.0	34.0	34.0	34.0	34.0	34.0	34.0	34.0	33.9	33.2
	5.0	1.00	$N_{b,y,Rd}$	816	766	713	658	598	537	476	369	286	225	180	147	122
	$f_yW_{el,y} = 34.0$		$N_{b,z,Rd}$	779	707	629	546	463	389	326	232	172	131	104	83.6	68.9
	$f_yW_{el,z} = 27.3$	1.00	$M_{b,Rd}$	41.5	41.5	41.5	41.5	41.5	41.5	41.5	41.5	41.5	41.5	41.5	41.4	40.6
	6.0	1.00	$N_{b,y,Rd}$	961	901	839	772	702	629	557	430	332	261	209	171	142
	$f_yW_{el,y} = 39.4$		$N_{b,z,Rd}$	917	832	738	639	541	453	379	270	199	152	120	96.8	79.7
	$f_yW_{el,z} = 31.5$	1.00	$M_{b,Rd}$	48.6	48.6	48.6	48.6	48.6	48.6	48.6	48.6	48.6	48.6	48.6	48.4	47.5
	8.0	1.00	$N_{b,y,Rd}$	1220	1140	1060	973	879	783	690	528	406	318	254	207	172
	$f_yW_{el,y} = 47.6$		$N_{b,z,Rd}$	1160	1050	928	797	670	557	464	329	242	185	146	117	96.6
	$f_yW_{el,z} = 38.0$	1.00	$M_{b,Rd}$	60.0	60.0	60.0	60.0	60.0	60.0	60.0	60.0	60.0	60.0	60.0	59.7	58.6
	10.0	1.00	$N_{b,y,Rd}$	1470	1380	1270	1160	1050	928	814	618	473	370	295	240	199
	$f_yW_{el,y} = 55.0$		$N_{b,z,Rd}$	1400	1260	1110	943	788	652	541	382	280	214	168	135	111
	$f_yW_{el,z} = 43.7$	1.00	$M_{b,Rd}$	70.6	70.6	70.6	70.6	70.6	70.6	70.6	70.6	70.6	70.6	70.6	70.2	68.9

Hybox® is a trademark of Corus. A fuller description of the relationship between Cold Formed Rectangular Hollow Sections (CFRHS) and the Hybox® range of sections manufactured by Corus is given in note 12.

$n = N_{Ed}/N_{pl,Rd}$

Under combined axial compression and bending the resistances are only valid up to the given $N_{Ed}/N_{pl,Rd}$ limit. For higher values of $n = NEd/Npl,Rd$ the section would be overloaded due to NEd alone even when MEd is zero, because NEd would exceed the local buckling resistance of the section.

Axial force resistance $N_{pl,Rd}$ which is equal to Af_y is given in the cross-section resistance check table opposite.

§ The section can be a class 4 section but no allowance has been made in calculating $N_{b,y,Rd}$ and $N_{b,z,Rd}$.

FOR EXPLANATION OF TABLES SEE NOTE 10.

BS EN 1993-1-1:2005
BS EN 10219-2: 2006

AXIAL FORCE & BENDING

S355 / Hybox® 355

COLD-FORMED RECTANGULAR HOLLOW SECTIONS

Hybox® RHS

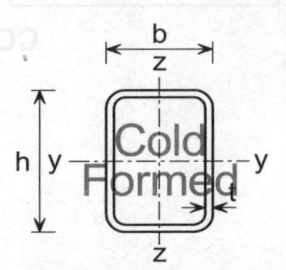

Cross-section resistance check

Section Designation h x b (mm)	t (mm)	Mass per Metre (kg)	Axial Resistance $N_{pl,Rd}$ (kN)	n Limit Class 3 / **Class 2** Axis y-y	n Limit Class 3 / **Class 2** Axis z-z		n = 0.0	0.1	0.2	0.3	0.4	0.5	0.6	0.7	0.8	0.9	1.0
160x80	4.0	14.2	643	0.885 **0.456**	*	$M_{c,y,Rd}$	33.0	33.0	33.0	33.0	33.0	26.5	26.5	26.5	26.5	✗	$
						$M_{c,z,Rd}$	✗	✗	✗	✗	✗	✗	✗	✗	✗	✗	$
						$M_{N,y,Rd}$	33.0	33.0	33.0	30.8	26.4	-	-	-	-	-	-
						$M_{N,z,Rd}$	-	-	-	-	-	-	-	-	-	-	-
	5.0	17.5	795	n/a **1.00**	n/a **1.00**	$M_{c,y,Rd}$	40.1	40.1	40.1	40.1	40.1	40.1	40.1	40.1	40.1	40.1	40.1
						$M_{c,z,Rd}$	24.7	24.7	24.7	24.7	24.7	24.7	24.7	24.7	24.7	24.7	24.7
						$M_{N,y,Rd}$	40.1	40.1	40.1	37.4	32.1	26.7	21.4	16.0	10.7	5.35	0
						$M_{N,z,Rd}$	24.7	24.7	23.1	20.2	17.3	14.4	11.5	8.66	5.77	2.89	0
	6.0	20.7	937	n/a **1.00**	n/a **1.00**	$M_{c,y,Rd}$	46.9	46.9	46.9	46.9	46.9	46.9	46.9	46.9	46.9	46.9	46.9
						$M_{c,z,Rd}$	28.9	28.9	28.9	28.9	28.9	28.9	28.9	28.9	28.9	28.9	28.9
						$M_{N,y,Rd}$	46.9	46.9	46.9	43.7	37.5	31.2	25.0	18.7	12.5	6.25	0
						$M_{N,z,Rd}$	28.9	28.9	26.7	23.4	20.1	16.7	13.4	10.0	6.68	3.34	0
	8.0	26.4	1190	n/a **1.00**	n/a **1.00**	$M_{c,y,Rd}$	57.9	57.9	57.9	57.9	57.9	57.9	57.9	57.9	57.9	57.9	57.9
						$M_{c,z,Rd}$	35.5	35.5	35.5	35.5	35.5	35.5	35.5	35.5	35.5	35.5	35.5
						$M_{N,y,Rd}$	57.9	57.9	57.9	54.0	46.3	38.6	30.9	23.1	15.4	7.72	0
						$M_{N,z,Rd}$	35.5	35.5	32.2	28.2	24.2	20.1	16.1	12.1	8.06	4.03	0
180x80	4.0	15.5	699	0.720 **0.350**	*	$M_{c,y,Rd}$	39.8	39.8	39.8	39.8	31.6	31.6	31.6	31.6	✗	$	$
						$M_{c,z,Rd}$	✗	✗	✗	✗	✗	✗	✗	✗	✗	$	$
						$M_{N,y,Rd}$	39.8	39.8	39.8	37.1	-	-	-	-	-	-	-
						$M_{N,z,Rd}$	-	-	-	-	-	-	-	-	-	-	-
	5.0	19.1	866	1.00 **0.597**	1.00 **0.00**	$M_{c,y,Rd}$	48.6	48.6	48.6	48.6	48.6	48.6	38.3	38.3	38.3	38.3	38.3
						$M_{c,z,Rd}$	24.2	24.2	24.2	24.2	24.2	24.2	24.2	24.2	24.2	24.2	24.2
						$M_{N,y,Rd}$	48.6	48.6	48.6	45.4	38.9	32.4	-	-	-	-	-
						$M_{N,z,Rd}$	-	-	-	-	-	-	-	-	-	-	-
	6.0	22.6	1020	n/a **1.00**	n/a **1.00**	$M_{c,y,Rd}$	56.8	56.8	56.8	56.8	56.8	56.8	56.8	56.8	56.8	56.8	56.8
						$M_{c,z,Rd}$	32.0	32.0	32.0	32.0	32.0	32.0	32.0	32.0	32.0	32.0	32.0
						$M_{N,y,Rd}$	56.8	56.8	56.8	53.0	45.4	37.9	30.3	22.7	15.1	7.57	0
						$M_{N,z,Rd}$	32.0	32.0	29.3	25.6	22.0	18.3	14.6	11.0	7.32	3.66	0
	8.0	28.9	1310	n/a **1.00**	n/a **1.00**	$M_{c,y,Rd}$	70.3	70.3	70.3	70.3	70.3	70.3	70.3	70.3	70.3	70.3	70.3
						$M_{c,z,Rd}$	39.4	39.4	39.4	39.4	39.4	39.4	39.4	39.4	39.4	39.4	39.4
						$M_{N,y,Rd}$	70.3	70.3	70.3	65.6	56.2	46.9	37.5	28.1	18.7	9.37	0
						$M_{N,z,Rd}$	39.4	39.4	35.4	30.9	26.5	22.1	17.7	13.3	8.84	4.42	0
	10.0	35.0	1580	n/a **1.00**	n/a **1.00**	$M_{c,y,Rd}$	83.1	83.1	83.1	83.1	83.1	83.1	83.1	83.1	83.1	83.1	83.1
						$M_{c,z,Rd}$	46.5	46.5	46.5	46.5	46.5	46.5	46.5	46.5	46.5	46.5	46.5
						$M_{N,y,Rd}$	83.1	83.1	83.1	77.5	66.5	55.4	44.3	33.2	22.2	11.1	0
						$M_{N,z,Rd}$	46.5	46.3	41.2	36.0	30.9	25.7	20.6	15.4	10.3	5.15	0

Hybox® is a trademark of Corus. A fuller description of the relationship between Cold Formed Rectangular Hollow Sections (CFRHS) and the Hybox® range of sections manufactured by Corus is given in note 12.

* The section is a class 4 section about the appropriate axis and is independent of the design axial force N_{Ed}. Values of $M_{c,Rd}$ are calculated based on class 4 section properties and are displayed in *italic*.

N_{Ed} = Design value of the axial force.

$n = N_{Ed} / N_{pl,Rd}$

✗ Section becomes class 4, see note 10.

$ For these values of $N_{Ed} / N_{pl,Rd}$ the section would be overloaded due to N_{Ed} alone even when M_{Ed} is zero, because N_{Ed} would exceed the local buckling resistance of the section.

- Not applicable for class 3 and class 4 sections sections.

FOR EXPLANATION OF TABLES SEE NOTE 10.

BS EN 1993-1-1:2005
BS EN 10219-2: 2006

AXIAL FORCE & BENDING

S355 / Hybox® 355

COLD-FORMED RECTANGULAR HOLLOW SECTIONS

Hybox® RHS

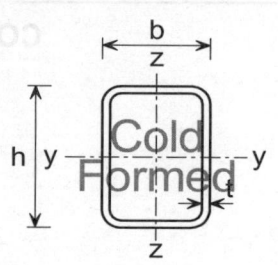

Member buckling check

Section Designation & Resistances (kNm)		n Limit	Compression Resistance $N_{b,y,Rd}$, $N_{b,z,Rd}$ (kN) and Buckling Resistance Moment $M_{b,Rd}$ (kNm) for Varying buckling lengths L (m) within the limiting value of $n = N_{Ed}/N_{pl,Rd}$												
h x b	t		L (m)	1.0	1.5	2.0	2.5	3.0	3.5	4.0	5.0	6.0	7.0	8.0	9.0	10.0
mm	mm															
160x80	§ 4.0	0.885	$N_{b,y,Rd}$	633	596	557	516	472	426	381	298	232	183	147	121	100
	$f_yW_{el,y}$ = 26.5		$N_{b,z,Rd}$	580	510	433	356	287	232	190	131	95.5	72.4	56.6	45.5	37.4
	$f_yW_{el,z}$ = 18.1	0.885	$M_{b,Rd}$	26.5	26.5	26.5	26.5	26.5	26.5	26.5	26.5	26.5	26.5	26.4	25.9	25.3
		0.456	$M_{b,Rd}$	33.0	33.0	33.0	33.0	33.0	33.0	33.0	33.0	33.0	32.4	31.6	30.8	30.1
	5.0	1.00	$N_{b,y,Rd}$	783	736	688	636	581	523	466	364	283	223	179	147	122
	$f_yW_{el,y}$ = 32.0		$N_{b,z,Rd}$	715	627	530	433	349	281	229	158	115	87.1	68.2	54.8	45.0
	$f_yW_{el,z}$ = 21.7	1.00	$M_{b,Rd}$	40.1	40.1	40.1	40.1	40.1	40.1	40.1	40.1	39.3	38.3	37.4	36.5	
	6.0	1.00	$N_{b,y,Rd}$	922	866	808	746	680	612	544	423	328	258	207	170	141
	$f_yW_{el,y}$ = 37.3		$N_{b,z,Rd}$	840	735	619	504	405	325	265	183	133	100	78.6	63.1	51.8
	$f_yW_{el,z}$ = 24.9	1.00	$M_{b,Rd}$	46.9	46.9	46.9	46.9	46.9	46.9	46.9	46.9	46.9	45.9	44.7	43.6	42.6
	8.0	1.00	$N_{b,y,Rd}$	1170	1100	1020	937	850	761	673	518	400	314	251	205	170
	$f_yW_{el,y}$ = 44.4		$N_{b,z,Rd}$	1060	922	769	620	494	395	321	220	160	121	94.4	75.8	62.1
	$f_yW_{el,z}$ = 29.7	1.00	$M_{b,Rd}$	57.9	57.9	57.9	57.9	57.9	57.9	57.9	57.9	57.9	56.5	55.1	53.8	52.5
180x80	§ 4.0	0.720	$N_{b,y,Rd}$	697	661	623	584	542	498	453	367	293	235	190	157	131
	$f_yW_{el,y}$ = 31.6		$N_{b,z,Rd}$	633	558	475	392	318	257	210	146	106	80.5	63.0	50.7	41.6
	$f_yW_{el,z}$ = 20.1	0.720	$M_{b,Rd}$	31.6	31.6	31.6	31.6	31.6	31.6	31.6	31.6	31.6	31.6	31.3	30.6	30.0
		0.350	$M_{b,Rd}$	39.8	39.8	39.8	39.8	39.8	39.8	39.8	39.8	39.7	38.6	37.6	36.7	35.8
	5.0	1.00	$N_{b,y,Rd}$	863	817	770	721	669	614	557	449	358	286	232	191	160
	$f_yW_{el,y}$ = 38.3		$N_{b,z,Rd}$	781	687	582	478	386	312	254	176	128	97.0	75.9	61.0	50.1
	$f_yW_{el,z}$ = 24.2	1.00	$M_{b,Rd}$	38.3	38.3	38.3	38.3	38.3	38.3	38.3	38.3	38.3	38.3	37.9	37.1	36.3
		0.597	$M_{b,Rd}$	48.6	48.6	48.6	48.6	48.6	48.6	48.6	48.6	48.5	47.1	45.9	44.8	43.7
	6.0	1.00	$N_{b,y,Rd}$	1020	963	907	848	786	720	653	525	417	333	270	222	185
	$f_yW_{el,y}$ = 44.4		$N_{b,z,Rd}$	919	806	681	557	448	362	295	204	148	112	87.7	70.4	57.8
	$f_yW_{el,z}$ = 27.9	1.00	$M_{b,Rd}$	56.8	56.8	56.8	56.8	56.8	56.8	56.8	56.8	56.6	55.0	53.6	52.2	51.0
	8.0	1.00	$N_{b,y,Rd}$	1300	1220	1150	1070	990	903	815	649	513	408	330	271	226
	$f_yW_{el,y}$ = 53.6		$N_{b,z,Rd}$	1170	1020	850	688	550	441	358	247	179	135	106	85.0	69.7
	$f_yW_{el,z}$ = 33.4	1.00	$M_{b,Rd}$	70.3	70.3	70.3	70.3	70.3	70.3	70.3	70.3	69.9	68.0	66.2	64.5	63.0
	10.0	1.00	$N_{b,y,Rd}$	1570	1480	1390	1290	1190	1080	968	765	601	477	384	315	262
	$f_yW_{el,y}$ = 61.8		$N_{b,z,Rd}$	1400	1210	1000	805	638	510	412	283	205	155	121	97.0	79.5
	$f_yW_{el,z}$ = 38.0	1.00	$M_{b,Rd}$	83.1	83.1	83.1	83.1	83.1	83.1	83.1	83.1	82.3	80.0	77.8	75.9	74.0

Hybox® is a trademark of Corus. A fuller description of the relationship between Cold Formed Rectangular Hollow Sections (CFRHS) and the Hybox® range of sections manufactured by Corus is given in note 12.

$n = N_{Ed}/N_{pl,Rd}$

Under combined axial compression and bending the resistances are only valid up to the given $N_{Ed}/N_{pl,Rd}$ limit. For higher values of $n = N_{Ed}/N_{pl,Rd}$ the section would be overloaded due to NEd alone even when MEd is zero, because NEd would exceed the local buckling resistance of the section.

Axial force resistance $N_{pl,Rd}$ which is equal to Af_y is given in the cross-section resistance check table opposite.

§ The section can be a class 4 section but no allowance has been made in calculating $N_{b,y,Rd}$ and $N_{b,z,Rd}$.

FOR EXPLANATION OF TABLES SEE NOTE 10.

BS EN 1993-1-1:2005
BS EN 10219-2: 2006

AXIAL FORCE & BENDING

S355 / Hybox® 355

COLD-FORMED RECTANGULAR HOLLOW SECTIONS

Hybox® RHS

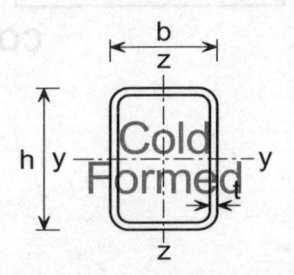

Cross-section resistance check

Section Designation		Mass per Metre	Axial Resistance	n Limit Class 3 **Class 2**		Moment Resistance $M_{c,y,Rd}$, $M_{c,z,Rd}$ (kNm) and Reduced Moment Resistance $M_{N,y,Rd}$, $M_{N,z,Rd}$ (kNm) for Ratios of Design Axial Force to Design Axial Plastic Resistance $n = N_{Ed} / N_{pl,Rd}$											
h x b	t		$N_{pl,Rd}$	Axis		n	0.0	0.1	0.2	0.3	0.4	0.5	0.6	0.7	0.8	0.9	1.0
mm	mm	kg	kN	y-y	z-z												
200x100	4.0	18.0	813	0.591 **0.242**	*	$M_{c,y,Rd}$	52.5	52.5	52.5	42.6	42.6	42.6	✘	✘	✘	$	$
						$M_{c,z,Rd}$	✘	✘	✘	✘	✘	✘	✘	✘	✘	$	$
						$M_{N,y,Rd}$	52.5	52.5	52.5	-	-	-	-	-	-	-	-
						$M_{N,z,Rd}$	-	-	-	-	-	-	-	-	-	-	-
	5.0	22.3	1010	0.885 **0.454**	*	$M_{c,y,Rd}$	64.3	64.3	64.3	64.3	64.3	51.8	51.8	51.8	51.8	✘	$
						$M_{c,z,Rd}$	✘	✘	✘	✘	✘	✘	✘	✘	✘	✘	$
						$M_{N,y,Rd}$	64.3	64.3	64.3	60.0	51.4	-	-	-	-	-	-
						$M_{N,z,Rd}$	-	-	-	-	-	-	-	-	-	-	-
	6.0	26.4	1190	n/a **1.00**	n/a **1.00**	$M_{c,y,Rd}$	75.6	75.6	75.6	75.6	75.6	75.6	75.6	75.6	75.6	75.6	75.6
						$M_{c,z,Rd}$	46.9	46.9	46.9	46.9	46.9	46.9	46.9	46.9	46.9	46.9	46.9
						$M_{N,y,Rd}$	75.6	75.6	75.6	70.6	60.5	50.4	40.3	30.2	20.2	10.1	0
						$M_{N,z,Rd}$	46.9	46.9	43.7	38.3	32.8	27.3	21.9	16.4	10.9	5.47	0
	8.0	33.9	1530	n/a **1.00**	n/a **1.00**	$M_{c,y,Rd}$	94.8	94.8	94.8	94.8	94.8	94.8	94.8	94.8	94.8	94.8	94.8
						$M_{c,z,Rd}$	58.6	58.6	58.6	58.6	58.6	58.6	58.6	58.6	58.6	58.6	58.6
						$M_{N,y,Rd}$	94.8	94.8	94.8	88.5	75.8	63.2	50.6	37.9	25.3	12.6	0
						$M_{N,z,Rd}$	58.6	58.6	53.8	47.1	40.4	33.6	26.9	20.2	13.5	6.73	0
	10.0	41.3	1870	n/a **1.00**	n/a **1.00**	$M_{c,y,Rd}$	113	113	113	113	113	113	113	113	113	113	113
						$M_{c,z,Rd}$	69.2	69.2	69.2	69.2	69.2	69.2	69.2	69.2	69.2	69.2	69.2
						$M_{N,y,Rd}$	113	113	113	105	90.3	75.3	60.2	45.2	30.1	15.1	0
						$M_{N,z,Rd}$	69.2	69.2	62.9	55.1	47.2	39.3	31.5	23.6	15.7	7.86	0

Hybox® is a trademark of Corus. A fuller description of the relationship between Cold Formed Rectangular Hollow Sections (CFRHS) and the Hybox® range of sections manufactured by Corus is given in note 12.

* The section is a class 4 section about the appropriate axis and is independent of the design axial force N_{Ed}. Values of Mc,Rd are calculated based on class 4 section properties and are displayed in *italic*.

N_{Ed} = Design value of the axial force.

$n = N_{Ed} / N_{pl,Rd}$

✘ Section becomes class 4, see note 10.

$ For these values of $N_{Ed} / N_{pl,Rd}$ the section would be overloaded due to N_{Ed} alone even when M_{Ed} is zero, because N_{Ed} would exceed the local buckling resistance of the section.

- Not applicable for class 3 and class 4 sections sections.

FOR EXPLANATION OF TABLES SEE NOTE 10.

BS EN 1993-1-1:2005
BS EN 10219-2: 2006

AXIAL FORCE & BENDING

S355 / Hybox® 355

COLD-FORMED RECTANGULAR HOLLOW SECTIONS

Hybox® RHS

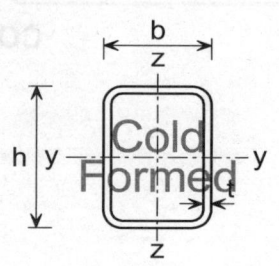

Member buckling check

Section Designation & Resistances (kNm)		n Limit	Compression Resistance $N_{b,y,Rd}$, $N_{b,z,Rd}$ (kN) and Buckling Resistance Moment $M_{b,Rd}$ (kNm) for Varying buckling lengths L (m) within the limiting value of $n = N_{Ed}/N_{pl,Rd}$													
h x b	t		L (m)	2.0	3.0	4.0	5.0	6.0	7.0	8.0	9.0	10.0	11.0	12.0	13.0	14.0
mm	mm															
200x100	§ 4.0	0.591	$N_{b,y,Rd}$	746	665	577	485	400	328	270	224	189	161	138	120	105
	$f_yW_{el,y}$ = 42.6		$N_{b,z,Rd}$	629	474	338	244	181	139	110	88.6	73.0	61.2	52.0	44.8	38.9
	$f_yW_{el,z}$ = 29.2	0.591	$M_{b,Rd}$	42.6	42.6	42.6	42.6	42.6	42.6	42.6	42.6	42.4	41.7	41.0	40.4	39.8
		0.242	$M_{b,Rd}$	52.5	52.5	52.5	52.5	52.5	52.5	52.5	51.4	50.3	49.4	48.5	47.6	46.8
	§ 5.0	0.885	$N_{b,y,Rd}$	923	823	712	597	491	402	330	275	231	196	169	147	128
	$f_yW_{el,y}$ = 51.8		$N_{b,z,Rd}$	777	582	414	298	221	169	134	108	89.0	74.6	63.4	54.5	47.4
	$f_yW_{el,z}$ = 35.3	0.885	$M_{b,Rd}$	51.8	51.8	51.8	51.8	51.8	51.8	51.8	51.8	51.6	50.8	49.9	49.1	48.4
		0.454	$M_{b,Rd}$	64.3	64.3	64.3	64.3	64.3	64.3	64.1	62.8	61.5	60.3	59.2	58.1	57.1
	6.0	1.00	$N_{b,y,Rd}$	1090	971	838	701	576	470	387	321	270	230	197	171	150
	$f_yW_{el,y}$ = 60.4		$N_{b,z,Rd}$	914	680	482	346	256	196	155	125	103	86.3	73.3	63.1	54.8
	$f_yW_{el,z}$ = 40.8	**1.00**	$M_{b,Rd}$	75.6	75.6	75.6	75.6	75.6	75.6	75.3	73.7	72.3	70.9	69.6	68.3	67.1
	8.0	1.00	$N_{b,y,Rd}$	1390	1240	1060	881	719	585	479	397	333	283	243	211	185
	$f_yW_{el,y}$ = 74.2		$N_{b,z,Rd}$	1160	853	599	427	316	242	190	154	127	106	90.0	77.4	67.3
	$f_yW_{el,z}$ = 50.1	**1.00**	$M_{b,Rd}$	94.8	94.8	94.8	94.8	94.8	94.8	94.4	92.4	90.5	88.8	87.1	85.6	84.1
	10.0	1.00	$N_{b,y,Rd}$	1690	1490	1270	1050	854	693	566	469	393	334	286	248	217
	$f_yW_{el,y}$ = 86.6		$N_{b,z,Rd}$	1390	1010	704	500	368	281	222	179	147	123	105	89.9	78.1
	$f_yW_{el,z}$ = 58.2	**1.00**	$M_{b,Rd}$	113	113	113	113	113	113	112	110	108	105	103	102	99.8

Hybox® is a trademark of Corus. A fuller description of the relationship between Cold Formed Rectangular Hollow Sections (CFRHS) and the Hybox® range of sections manufactured by Corus is given in note 12.

$n = N_{Ed}/N_{pl,Rd}$

Under combined axial compression and bending the resistances are only valid up to the given $N_{Ed}/N_{pl,Rd}$ limit. For higher values of n = NEd / Npl,Rd the section would be overloaded due to NEd alone even when MEd is zero, because NEd would exceed the local buckling resistance of the section.

Axial force resistance $N_{pl,Rd}$ which is equal to Af_y is given in the cross-section resistance check table opposite.

§ The section can be a class 4 section but no allowance has been made in calculating $N_{b,y,Rd}$ and $N_{b,z,Rd}$.

FOR EXPLANATION OF TABLES SEE NOTE 10.

BS EN 1993-1-1:2005
BS EN 10219-2: 2006

AXIAL FORCE & BENDING

S355 / Hybox® 355

COLD-FORMED RECTANGULAR HOLLOW SECTIONS

Hybox® RHS

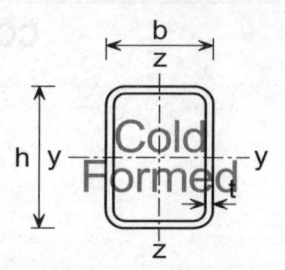

Cross-section resistance check

Section Designation		Mass per Metre	Axial Resistance	n Limit Class 3 Class 2		Moment Resistance $M_{c,y,Rd}$, $M_{c,z,Rd}$ (kNm) and Reduced Moment Resistance $M_{N,y,Rd}$, $M_{N,z,Rd}$ (kNm) for Ratios of Design Axial Force to Design Axial Plastic Resistance $n = N_{Ed} / N_{pl,Rd}$											
h x b	t		$N_{pl,Rd}$	Axis		n	0.0	0.1	0.2	0.3	0.4	0.5	0.6	0.7	0.8	0.9	1.0
mm	mm	kg	kN	y-y	z-z												
200x120	4.0	19.3	870	0.591	*	$M_{c,y,Rd}$	58.2	58.2	58.2	47.9	47.9	47.9	✘	✘	✘	$	$
						$M_{c,z,Rd}$	✘	✘	✘	✘	✘	✘	✘	✘	✘	$	$
				0.226		$M_{N,y,Rd}$	58.2	58.2	58.2	-	-	-	-	-	-	-	-
						$M_{N,z,Rd}$	-	-	-	-	-	-	-	-	-	-	-
	5.0	23.8	1080	0.885	*	$M_{c,y,Rd}$	71.4	71.4	71.4	71.4	71.4	58.6	58.6	58.6	58.6	✘	$
						$M_{c,z,Rd}$	✘	✘	✘	✘	✘	✘	✘	✘	✘	✘	$
				0.424		$M_{N,y,Rd}$	71.4	71.4	71.4	66.6	57.1	-	-	-	-	-	-
						$M_{N,z,Rd}$	-	-	-	-	-	-	-	-	-	-	-
	6.0	28.3	1280	n/a	n/a	$M_{c,y,Rd}$	84.1	84.1	84.1	84.1	84.1	84.1	84.1	84.1	84.1	84.1	84.1
						$M_{c,z,Rd}$	58.9	58.9	58.9	58.9	58.9	58.9	58.9	58.9	58.9	58.9	58.9
				1.00	**1.00**	$M_{N,y,Rd}$	84.1	84.1	84.1	78.5	67.3	56.1	44.9	33.7	22.4	11.2	0
						$M_{N,z,Rd}$	58.9	58.9	56.6	49.5	42.4	35.4	28.3	21.2	14.1	7.07	0
	8.0	36.5	1650	n/a	n/a	$M_{c,y,Rd}$	106	106	106	106	106	106	106	106	106	106	106
						$M_{c,z,Rd}$	74.2	74.2	74.2	74.2	74.2	74.2	74.2	74.2	74.2	74.2	74.2
				1.00	**1.00**	$M_{N,y,Rd}$	106	106	106	98.7	84.6	70.5	56.4	42.3	28.2	14.1	0
						$M_{N,z,Rd}$	74.2	74.2	70.3	61.5	52.7	43.9	35.1	26.3	17.6	8.78	0
	10.0	44.4	2010	n/a	n/a	$M_{c,y,Rd}$	126	126	126	126	126	126	126	126	126	126	126
						$M_{c,z,Rd}$	88.8	88.8	88.8	88.8	88.8	88.8	88.8	88.8	88.8	88.8	88.8
				1.00	**1.00**	$M_{N,y,Rd}$	126	126	126	118	101	84.3	67.4	50.6	33.7	16.9	0
						$M_{N,z,Rd}$	88.8	88.8	83.2	72.8	62.4	52.0	41.6	31.2	20.8	10.4	0

Hybox® is a trademark of Corus. A fuller description of the relationship between Cold Formed Rectangular Hollow Sections (CFRHS) and the Hybox® range of sections manufactured by Corus is given in note 12.

* The section is a class 4 section about the appropriate axis and is independent of the design axial force N_{Ed}. Values of Mc,Rd are calculated based on class 4 section properties and are displayed in *italic*.

N_{Ed} = Design value of the axial force.

$n = N_{Ed} / N_{pl,Rd}$

✘ Section becomes class 4, see note 10.

$ For these values of $N_{Ed} / N_{pl,Rd}$ the section would be overloaded due to N_{Ed} alone even when M_{Ed} is zero, because N_{Ed} would exceed the local buckling resistance of the section.

- Not applicable for class 3 and class 4 sections sections.

FOR EXPLANATION OF TABLES SEE NOTE 10.

BS EN 1993-1-1:2005
BS EN 10219-2: 2006

AXIAL FORCE & BENDING

S355 / Hybox® 355

COLD-FORMED RECTANGULAR HOLLOW SECTIONS

Hybox® RHS

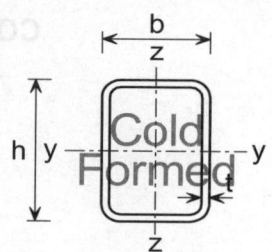

Member buckling check

Section Designation & Resistances (kNm)		n Limit	Compression Resistance $N_{b,y,Rd}$, $N_{b,z,Rd}$ (kN) and Buckling Resistance Moment $M_{b,Rd}$ (kNm) for Varying buckling lengths L (m) within the limiting value of $n = N_{Ed} / N_{pl,Rd}$													
h x b mm	t mm		L (m)	2.0	3.0	4.0	5.0	6.0	7.0	8.0	9.0	10.0	11.0	12.0	13.0	14.0
200x120	§ 4.0	0.591	$N_{b,y,Rd}$	802	719	628	532	441	364	301	251	211	180	155	135	118
	$f_yW_{el,y}$ = 47.9		$N_{b,z,Rd}$	723	586	448	337	256	199	159	129	107	89.8	76.5	66.0	57.5
	$f_yW_{el,z}$ = 36.6	0.591	$M_{b,Rd}$	47.9	47.9	47.9	47.9	47.9	47.9	47.9	47.9	47.9	47.9	47.9	47.6	46.9
		0.226	$M_{b,Rd}$	58.2	58.2	58.2	58.2	58.2	58.2	58.2	58.2	58.2	57.5	56.6	55.7	54.9
	§ 5.0	0.885	$N_{b,y,Rd}$	994	890	775	655	543	446	369	307	259	220	190	165	144
	$f_yW_{el,y}$ = 58.6		$N_{b,z,Rd}$	893	721	550	412	313	243	193	157	130	109	93.2	80.4	70.0
	$f_yW_{el,z}$ = 44.4	0.885	$M_{b,Rd}$	58.6	58.6	58.6	58.6	58.6	58.6	58.6	58.6	58.6	58.6	58.6	58.1	57.4
		0.424	$M_{b,Rd}$	71.4	71.4	71.4	71.4	71.4	71.4	71.4	71.4	70.4	69.3	68.2	67.2
	6.0	1.00	$N_{b,y,Rd}$	1180	1050	914	771	638	524	432	360	303	258	222	193	169
	$f_yW_{el,y}$ = 68.5		$N_{b,z,Rd}$	1050	849	645	482	366	284	226	184	152	128	109	93.7	81.6
	$f_yW_{el,z}$ = 51.8	1.00	$M_{b,Rd}$	84.1	84.1	84.1	84.1	84.1	84.1	84.1	84.1	84.1	82.9	81.6	80.4	79.2
	8.0	1.00	$N_{b,y,Rd}$	1510	1340	1160	975	802	656	540	449	377	321	276	239	210
	$f_yW_{el,y}$ = 84.8		$N_{b,z,Rd}$	1350	1080	810	602	455	352	280	227	188	158	134	116	101
	$f_yW_{el,z}$ = 63.9	1.00	$M_{b,Rd}$	106	106	106	106	106	106	106	106	106	104	103	101	99.6
	10.0	1.00	$N_{b,y,Rd}$	1830	1630	1400	1170	956	780	640	531	446	379	326	283	248
	$f_yW_{el,y}$ = 99.8		$N_{b,z,Rd}$	1630	1290	963	712	536	415	329	267	221	185	158	136	118
	$f_yW_{el,z}$ = 74.6	1.00	$M_{b,Rd}$	126	126	126	126	126	126	126	126	126	124	122	121	119

Hybox® is a trademark of Corus. A fuller description of the relationship between Cold Formed Rectangular Hollow Sections (CFRHS) and the Hybox® range of sections manufactured by Corus is given in note 12.

$n = N_{Ed} / N_{pl,Rd}$

Under combined axial compression and bending the resistances are only valid up to the given $N_{Ed} / N_{pl,Rd}$ limit. For higher values of $n = N_{Ed} / N_{pl,Rd}$ the section would be overloaded due to NEd alone even when MEd is zero, because NEd would exceed the local buckling resistance of the section.

Axial force resistance $N_{pl,Rd}$ which is equal to Af_y is given in the cross-section resistance check table opposite.

§ The section can be a class 4 section but no allowance has been made in calculating $N_{b,y,Rd}$ and $N_{b,z,Rd}$.

FOR EXPLANATION OF TABLES SEE NOTE 10.

BS EN 1993-1-1:2005
BS EN 10219-2: 2006

AXIAL FORCE & BENDING

S355 / Hybox® 355

COLD-FORMED RECTANGULAR HOLLOW SECTIONS

Hybox® RHS

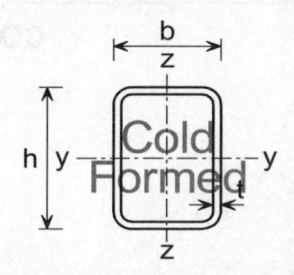

Cross-section resistance check

Section Designation		Mass per Metre	Axial Resistance	n Limit Class 3 Class 2		Moment Resistance $M_{c,y,Rd}$, $M_{c,z,Rd}$ (kNm) and Reduced Moment Resistance $M_{N,y,Rd}$, $M_{N,z,Rd}$ (kNm) for Ratios of Design Axial Force to Design Axial Plastic Resistance $n = N_{Ed} / N_{pl,Rd}$											
h x b	t		$N_{pl,Rd}$	Axis		n	0.0	0.1	0.2	0.3	0.4	0.5	0.6	0.7	0.8	0.9	1.0
mm	mm	kg	kN	y-y	z-z												
200x150	4.0	21.2	955	*	*	$M_{c,y,Rd}$	✗	✗	✗	✗	✗	✗	✗	✗	✗	$	$
						$M_{c,z,Rd}$	✗	✗	✗	✗	✗	✗	✗	✗	✗	$	$
						$M_{N,y,Rd}$	-	-	-	-	-	-	-	-	-	-	-
						$M_{N,z,Rd}$	-	-	-	-	-	-	-	-	-	-	-
	5.0	26.2	1190	0.885	*	$M_{c,y,Rd}$	81.7	81.7	81.7	81.7	68.5	68.5	68.5	68.5	68.5	✗	$
				0.386		$M_{c,z,Rd}$	✗	✗	✗	✗	✗	✗	✗	✗	✗	✗	$
						$M_{N,y,Rd}$	81.7	81.7	81.7	76.2	-	-	-	-	-	-	-
						$M_{N,z,Rd}$	-	-	-	-	-	-	-	-	-	-	-
	6.0	31.1	1410	n/a 1.00	n/a 1.00	$M_{c,y,Rd}$	96.2	96.2	96.2	96.2	96.2	96.2	96.2	96.2	96.2	96.2	96.2
						$M_{c,z,Rd}$	79.2	79.2	79.2	79.2	79.2	79.2	79.2	79.2	79.2	79.2	79.2
						$M_{N,y,Rd}$	96.2	96.2	96.2	89.8	77.0	64.1	51.3	38.5	25.7	12.8	0
						$M_{N,z,Rd}$	79.2	79.2	78.9	69.0	59.1	49.3	39.4	29.6	19.7	9.86	0
	8.0	40.2	1820	n/a 1.00	n/a 1.00	$M_{c,y,Rd}$	122	122	122	122	122	122	122	122	122	122	122
						$M_{c,z,Rd}$	100	100	100	100	100	100	100	100	100	100	100
						$M_{N,y,Rd}$	122	122	122	114	97.7	81.4	65.1	48.8	32.6	16.3	0
						$M_{N,z,Rd}$	100	100	98.9	86.6	74.2	61.8	49.5	37.1	24.7	12.4	0
	10.0	49.1	2220	n/a 1.00	n/a 1.00	$M_{c,y,Rd}$	147	147	147	147	147	147	147	147	147	147	147
						$M_{c,z,Rd}$	120	120	120	120	120	120	120	120	120	120	120
						$M_{N,y,Rd}$	147	147	147	137	117	97.7	78.2	58.6	39.1	19.5	0
						$M_{N,z,Rd}$	120	120	117	103	88.1	73.4	58.7	44.1	29.4	14.7	0

Hybox® is a trademark of Corus. A fuller description of the relationship between Cold Formed Rectangular Hollow Sections (CFRHS) and the Hybox® range of sections manufactured by Corus is given in note 12.

* The section is a class 4 section about the appropriate axis and is independent of the design axial force N_{Ed}. Values of Mc,Rd are calculated based on class 4 section properties and are displayed in *italic*.

N_{Ed} = Design value of the axial force.

$n = N_{Ed} / N_{pl,Rd}$

✗ Section becomes class 4, see note 10.

$ For these values of $N_{Ed} / N_{pl,Rd}$ the section would be overloaded due to N_{Ed} alone even when M_{Ed} is zero, because N_{Ed} would exceed the local buckling resistance of the section.

- Not applicable for class 3 and class 4 sections sections.

FOR EXPLANATION OF TABLES SEE NOTE 10.

BS EN 1993-1-1:2005
BS EN 10219-2: 2006

AXIAL FORCE & BENDING

S355 / Hybox® 355

COLD-FORMED RECTANGULAR HOLLOW SECTIONS

Hybox® RHS

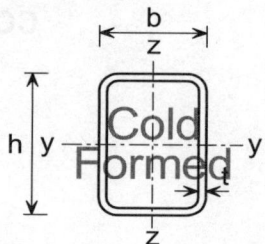

Member buckling check

Section Designation & Resistances (kNm)		n Limit	Compression Resistance $N_{b,y,Rd}$, $N_{b,z,Rd}$ (kN) and Buckling Resistance Moment $M_{b,Rd}$ (kNm) for Varying buckling lengths L (m) within the limiting value of $n = N_{Ed} / N_{pl,Rd}$													
h x b mm	t mm		L (m)	2.0	3.0	4.0	5.0	6.0	7.0	8.0	9.0	10.0	11.0	12.0	13.0	14.0
200x150	♦ 4.0	*	$N_{b,y,Rd}$	764	696	623	544	465	392	330	279	237	203	176	153	135
	$f_y W_{el,y} = 56.1$		$N_{b,z,Rd}$	731	643	545	448	362	292	238	197	165	140	120	104	90.9
	$f_y W_{el,z} = 48.3$	*	$M_{b,Rd}$	54.6	54.6	54.6	54.6	54.6	54.6	54.6	54.6	54.6	54.6	54.6	54.6	54.6
	§ 5.0	0.885	$N_{b,y,Rd}$	1100	989	869	741	619	513	426	356	300	256	221	192	168
	$f_y W_{el,y} = 68.5$		$N_{b,z,Rd}$	1050	901	743	593	468	373	302	248	207	175	149	129	113
	$f_y W_{el,z} = 58.9$	0.885	$M_{b,Rd}$	68.5	68.5	68.5	68.5	68.5	68.5	68.5	68.5	68.5	68.5	68.5	68.5	68.5
		0.386	$M_{b,Rd}$	81.7	81.7	81.7	81.7	81.7	81.7	81.7	81.7	81.7	81.7	81.7	81.7	81.5
	6.0	1.00	$N_{b,y,Rd}$	1300	1170	1030	873	728	602	499	417	352	300	258	224	197
	$f_y W_{el,y} = 80.6$		$N_{b,z,Rd}$	1240	1060	875	696	549	437	353	290	241	204	174	151	132
	$f_y W_{el,z} = 68.9$	1.00	$M_{b,Rd}$	96.2	96.2	96.2	96.2	96.2	96.2	96.2	96.2	96.2	96.2	96.2	96.2	96.0
	8.0	1.00	$N_{b,y,Rd}$	1680	1500	1310	1110	923	760	628	524	442	376	324	282	247
	$f_y W_{el,y} = 100$		$N_{b,z,Rd}$	1590	1360	1110	880	692	549	443	363	302	255	218	189	165
	$f_y W_{el,z} = 85.9$	1.00	$M_{b,Rd}$	122	122	122	122	122	122	122	122	122	122	122	122	122
	10.0	1.00	$N_{b,y,Rd}$	2040	1830	1590	1340	1110	909	750	624	526	448	385	334	293
	$f_y W_{el,y} = 119$		$N_{b,z,Rd}$	1940	1650	1340	1050	825	653	526	431	359	303	259	224	195
	$f_y W_{el,z} = 102$	1.00	$M_{b,Rd}$	147	147	147	147	147	147	147	147	147	147	147	147	146

Hybox® is a trademark of Corus. A fuller description of the relationship between Cold Formed Rectangular Hollow Sections (CFRHS) and the Hybox® range of sections manufactured by Corus is given in note 12.

$n = N_{Ed} / N_{pl,Rd}$

* The section is a class 4 section about the y-y axis and is independent of the design axial force N_{Ed}.

Under combined axial compression and bending the resistances are only valid up to the given $N_{Ed} / N_{pl,Rd}$ limit. For higher values of n = NEd / Npl,Rd the section would be overloaded due to NEd alone even when MEd is zero, because NEd would exceed the local buckling resistance of the section.

Axial force resistance $N_{pl,Rd}$ which is equal to Af_y is given in the cross-section resistance check table opposite.

§ The section can be a class 4 section but no allowance has been made in calculating $N_{b,y,Rd}$ and $N_{b,z,Rd}$.

♦ For this section, resistances $N_{b,Rd}$ and $M_{b,Rd}$ are calculated based on class 4 section properties and are displayed in *italic*.

FOR EXPLANATION OF TABLES SEE NOTE 10.

BS EN 1993-1-1:2005
BS EN 10219-2: 2006

AXIAL FORCE & BENDING

S355 / Hybox® 355

COLD-FORMED RECTANGULAR HOLLOW SECTIONS

Hybox® RHS

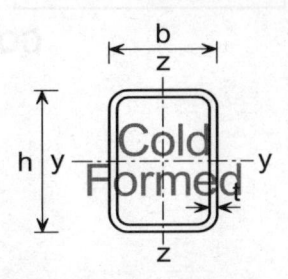

Cross-section resistance check

Section Designation		Mass per Metre	Axial Resistance	n Limit Class 3 **Class 2**		Moment Resistance $M_{c,y,Rd}$, $M_{c,z,Rd}$ (kNm) and Reduced Moment Resistance $M_{N,y,Rd}$, $M_{N,z,Rd}$ (kNm) for Ratios of Design Axial Force to Design Axial Plastic Resistance $n = N_{Ed} / N_{pl,Rd}$											
h x b	t		$N_{pl,Rd}$	Axis		n	0.0	0.1	0.2	0.3	0.4	0.5	0.6	0.7	0.8	0.9	1.0
mm	mm	kg	kN	y-y	z-z												
250x150	5.0	30.1	1360	0.591 **0.225**	*	$M_{c,y,Rd}$	114	114	114	93.7	93.7	93.7	✗	✗	✗	$	$
						$M_{c,z,Rd}$	✗	✗	✗	✗	✗	✗	✗	✗	✗	$	$
						$M_{N,y,Rd}$	114	114	114	-	-	-	-	-	-	-	-
						$M_{N,z,Rd}$	-	-	-	-	-	-	-	-	-	-	-
	6.0	35.8	1620	0.826 **0.385**	*	$M_{c,y,Rd}$	134	134	134	134	110	110	110	110	110	✗	$
						$M_{c,z,Rd}$	✗	✗	✗	✗	✗	✗	✗	✗	✗	$	$
						$M_{N,y,Rd}$	134	134	134	125	-	-	-	-	-	-	-
						$M_{N,z,Rd}$	-	-	-	-	-	-	-	-	-	-	-
	8.0	46.5	2100	n/a **1.00**	n/a **1.00**	$M_{c,y,Rd}$	171	171	171	171	171	171	171	171	171	171	171
						$M_{c,z,Rd}$	121	121	121	121	121	121	121	121	121	121	121
						$M_{N,y,Rd}$	171	171	171	160	137	114	91.3	68.4	45.6	22.8	0
						$M_{N,z,Rd}$	121	121	115	101	86.4	72.0	57.6	43.2	28.8	14.4	0
	10.0	57.0	2580	n/a **1.00**	n/a **1.00**	$M_{c,y,Rd}$	207	207	207	207	207	207	207	207	207	207	207
						$M_{c,z,Rd}$	145	145	145	145	145	145	145	145	145	145	145
						$M_{N,y,Rd}$	207	207	207	193	165	138	110	82.6	55.1	27.5	0
						$M_{N,z,Rd}$	145	145	138	120	103	86.0	68.8	51.6	34.4	17.2	0
	12.0	66.0	2990	n/a **1.00**	n/a **1.00**	$M_{c,y,Rd}$	234	234	234	234	234	234	234	234	234	234	234
						$M_{c,z,Rd}$	164	164	164	164	164	164	164	164	164	164	164
						$M_{N,y,Rd}$	234	234	234	218	187	156	125	93.4	62.3	31.1	0
						$M_{N,z,Rd}$	164	164	153	134	115	95.9	76.7	57.6	38.4	19.2	0
	12.5	68.3	3090	n/a **1.00**	n/a **1.00**	$M_{c,y,Rd}$	241	241	241	241	241	241	241	241	241	241	241
						$M_{c,z,Rd}$	169	169	169	169	169	169	169	169	169	169	169
						$M_{N,y,Rd}$	241	241	241	225	193	160	128	96.3	64.2	32.1	0
						$M_{N,z,Rd}$	169	169	158	138	118	98.5	78.8	59.1	39.4	19.7	0

Hybox® is a trademark of Corus. A fuller description of the relationship between Cold Formed Rectangular Hollow Sections (CFRHS) and the Hybox® range of sections manufactured by Corus is given in note 12.

* The section is a class 4 section about the appropriate axis and is independent of the design axial force N_{Ed}. Values of Mc,Rd are calculated based on class 4 section properties and are displayed in *italic*.

N_{Ed} = Design value of the axial force.

$n = N_{Ed} / N_{pl,Rd}$

✗ Section becomes class 4, see note 10.

$ For these values of $N_{Ed} / N_{pl,Rd}$ the section would be overloaded due to N_{Ed} alone even when M_{Ed} is zero, because N_{Ed} would exceed the local buckling resistance of the section.

- Not applicable for class 3 and class 4 sections sections.

FOR EXPLANATION OF TABLES SEE NOTE 10.

BS EN 1993-1-1:2005
BS EN 10219-2: 2006

AXIAL FORCE & BENDING

S355 / Hybox® 355

COLD-FORMED RECTANGULAR HOLLOW SECTIONS

Hybox® RHS

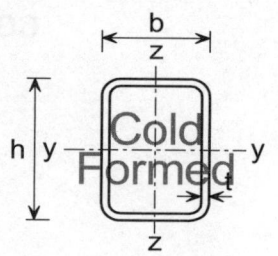

Member buckling check

Section Designation & Resistances (kNm)		n Limit	Compression Resistance $N_{b,y,Rd}$, $N_{b,z,Rd}$ (kN) and Buckling Resistance Moment $M_{b,Rd}$ (kNm) for Varying buckling lengths L (m) within the limiting value of n = $N_{Ed} / N_{pl,Rd}$												
h x b mm	t mm		L (m)	2.0	3.0	4.0	5.0	6.0	7.0	8.0	9.0	10.0	11.0	12.0	13.0	14.0
250x150	§ 5.0	0.591	$N_{b,y,Rd}$	1310	1210	1100	983	863	746	640	548	471	407	354	310	273
	$f_y W_{el,y}$ = 93.7		$N_{b,z,Rd}$	1210	1050	873	702	558	446	362	297	248	210	180	156	136
	$f_y W_{el,z}$ = 71.4	0.591	$M_{b,Rd}$	93.7	93.7	93.7	93.7	93.7	93.7	93.7	93.7	93.7	93.7	93.7	93.7	93.7
		0.225	$M_{b,Rd}$	114	114	114	114	114	114	114	114	114	114	114	113	112
	§ 6.0	0.826	$N_{b,y,Rd}$	1550	1430	1300	1160	1020	881	755	646	555	479	416	365	322
	$f_y W_{el,y}$ = 110		$N_{b,z,Rd}$	1440	1240	1030	828	657	525	425	349	292	247	211	183	160
	$f_y W_{el,z}$ = 83.8	0.826	$M_{b,Rd}$	110	110	110	110	110	110	110	110	110	110	110	110	110
		0.385	$M_{b,Rd}$	134	134	134	134	134	134	134	134	134	134	134	134	132
	8.0	1.00	$N_{b,y,Rd}$	2010	1850	1680	1500	1310	1120	960	819	702	606	526	461	406
	$f_y W_{el,y}$ = 139		$N_{b,z,Rd}$	1850	1600	1320	1050	832	663	536	440	367	310	266	230	201
	$f_y W_{el,z}$ = 105	1.00	$M_{b,Rd}$	171	171	171	171	171	171	171	171	171	171	171	171	168
	10.0	1.00	$N_{b,y,Rd}$	2460	2260	2050	1820	1580	1360	1160	986	844	727	632	552	487
	$f_y W_{el,y}$ = 165		$N_{b,z,Rd}$	2260	1940	1590	1270	997	793	640	525	437	370	316	273	239
	$f_y W_{el,z}$ = 125	1.00	$M_{b,Rd}$	207	207	207	207	207	207	207	207	207	207	207	206	203
	12.0	1.00	$N_{b,y,Rd}$	2840	2600	2350	2080	1800	1540	1300	1110	946	814	706	617	543
	$f_y W_{el,y}$ = 184		$N_{b,z,Rd}$	2610	2230	1810	1430	1120	890	717	587	489	413	353	305	266
	$f_y W_{el,z}$ = 138	1.00	$M_{b,Rd}$	234	234	234	234	234	234	234	234	234	234	234	233	230
	12.5	1.00	$N_{b,y,Rd}$	2930	2690	2430	2140	1850	1580	1340	1140	972	836	725	633	557
	$f_y W_{el,y}$ = 189		$N_{b,z,Rd}$	2700	2300	1870	1470	1150	913	735	602	501	423	362	313	273
	$f_y W_{el,z}$ = 142	1.00	$M_{b,Rd}$	241	241	241	241	241	241	241	241	241	241	241	240	237

Hybox® is a trademark of Corus. A fuller description of the relationship between Cold Formed Rectangular Hollow Sections (CFRHS) and the Hybox® range of sections manufactured by Corus is given in note 12.

n = $N_{Ed} / N_{pl,Rd}$

Under combined axial compression and bending the resistances are only valid up to the given $N_{Ed} / N_{pl,Rd}$ limit. For higher values of n = NEd / Npl,Rd the section would be overloaded due to NEd alone even when MEd is zero, because NEd would exceed the local buckling resistance of the section.

Axial force resistance $N_{pl,Rd}$ which is equal to Af_y is given in the cross-section resistance check table opposite.

§ The section can be a class 4 section but no allowance has been made in calculating $N_{b,y,Rd}$ and $N_{b,z,Rd}$.

FOR EXPLANATION OF TABLES SEE NOTE 10.

AXIAL FORCE & BENDING

BS EN 1993-1-1:2005
BS EN 10219-2: 2006

S355 / Hybox® 355

COLD-FORMED RECTANGULAR HOLLOW SECTIONS

Hybox® RHS

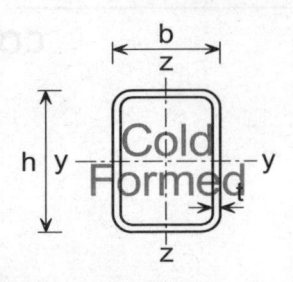

Cross-section resistance check

Moment Resistance $M_{c,y,Rd}$, $M_{c,z,Rd}$ (kNm) and Reduced Moment Resistance $M_{N,y,Rd}$, $M_{N,z,Rd}$ (kNm) for Ratios of Design Axial Force to Design Axial Plastic Resistance $n = N_{Ed} / N_{pl,Rd}$

Section Designation h x b (mm)	t (mm)	Mass per Metre (kg)	Axial Resistance $N_{pl,Rd}$ (kN)	n Limit Class 3 / Class 2 Axis y-y	n Limit Class 3 / Class 2 Axis z-z	n	0.0	0.1	0.2	0.3	0.4	0.5	0.6	0.7	0.8	0.9	1.0
300x100	6.0	35.8	1620	0.591 / **0.273**	*	$M_{c,y,Rd}$	146	146	146	113	113	113	✗	✗	✗	$	$
						$M_{c,z,Rd}$	✗	✗	✗	✗	✗	✗	✗	✗	✗	$	$
						$M_{N,y,Rd}$	146	146	146	-	-	-	-	-	-	-	-
						$M_{N,z,Rd}$	-	-	-	-	-	-	-	-	-	-	-
	8.0	46.5	2100	0.986 / **0.603**	*	$M_{c,y,Rd}$	186	186	186	186	186	186	186	142	142	142	$
						$M_{c,z,Rd}$	✗	✗	✗	✗	✗	✗	✗	✗	✗	✗	$
						$M_{N,y,Rd}$	186	186	186	173	149	124	99.0	-	-	-	-
						$M_{N,z,Rd}$	-	-	-	-	-	-	-	-	-	-	-
	10.0	57.0	2580	n/a / **1.00**	n/a / **1.00**	$M_{c,y,Rd}$	224	224	224	224	224	224	224	224	224	224	224
						$M_{c,z,Rd}$	101	101	101	101	101	101	101	101	101	101	101
						$M_{N,y,Rd}$	224	224	224	209	179	149	119	89.6	59.7	29.9	0
						$M_{N,z,Rd}$	101	99.7	88.6	77.6	66.5	55.4	44.3	33.2	22.2	11.1	0
	12.5	68.3	3090	n/a / **1.00**	n/a / **1.00**	$M_{c,y,Rd}$	260	260	260	260	260	260	260	260	260	260	260
						$M_{c,z,Rd}$	117	117	117	117	117	117	117	117	117	117	117
						$M_{N,y,Rd}$	260	260	260	243	208	173	139	104	69.3	34.6	0
						$M_{N,z,Rd}$	117	113	101	88.1	75.5	62.9	50.3	37.7	25.2	12.6	0
300x200	6.0	45.2	2040	0.591 / **0.216**	*	$M_{c,y,Rd}$	209	209	209	174	174	174	✗	✗	✗	$	$
						$M_{c,z,Rd}$	✗	✗	✗	✗	✗	✗	✗	✗	✗	$	$
						$M_{N,y,Rd}$	209	209	209	-	-	-	-	-	-	-	-
						$M_{N,z,Rd}$	-	-	-	-	-	-	-	-	-	-	-
	8.0	59.1	2670	0.986 / **0.475**	*	$M_{c,y,Rd}$	269	269	269	269	269	222	222	222	222	222	$
						$M_{c,z,Rd}$	✗	✗	✗	✗	✗	✗	✗	✗	✗	✗	$
						$M_{N,y,Rd}$	269	269	269	251	215	-	-	-	-	-	-
						$M_{N,z,Rd}$	-	-	-	-	-	-	-	-	-	-	-
	10.0	72.7	3290	n/a / **1.00**	n/a / **1.00**	$M_{c,y,Rd}$	327	327	327	327	327	327	327	327	327	327	327
						$M_{c,z,Rd}$	248	248	248	248	248	248	248	248	248	248	248
						$M_{N,y,Rd}$	327	327	327	305	262	218	174	131	87.2	43.6	0
						$M_{N,z,Rd}$	248	248	241	211	180	150	120	90.2	60.1	30.1	0
	12.0	84.8	3830	n/a / **1.00**	n/a / **1.00**	$M_{c,y,Rd}$	375	375	375	375	375	375	375	375	375	375	375
						$M_{c,z,Rd}$	284	284	284	284	284	284	284	284	284	284	284
						$M_{N,y,Rd}$	375	375	375	350	300	250	200	150	100.0	50.0	0
						$M_{N,z,Rd}$	284	284	273	239	205	171	136	102	68.2	34.1	0
	12.5	88.0	3980	n/a / **1.00**	n/a / **1.00**	$M_{c,y,Rd}$	387	387	387	387	387	387	387	387	387	387	387
						$M_{c,z,Rd}$	294	294	294	294	294	294	294	294	294	294	294
						$M_{N,y,Rd}$	387	387	387	361	310	258	207	155	103	51.6	0
						$M_{N,z,Rd}$	294	294	282	246	211	176	141	106	70.4	35.2	0

Hybox® is a trademark of Corus. A fuller description of the relationship between Cold Formed Rectangular Hollow Sections (CFRHS) and the Hybox® range of sections manufactured by Corus is given in note 12.

* The section is a class 4 section about the appropriate axis and is independent of the design axial force N_{Ed}. Values of $M_{c,Rd}$ are calculated based on class 4 section properties and are displayed in *italic*.

N_{Ed} = Design value of the axial force.

$n = N_{Ed} / N_{pl,Rd}$

✗ Section becomes class 4, see note 10.

$ For these values of $N_{Ed} / N_{pl,Rd}$ the section would be overloaded due to N_{Ed} alone even when M_{Ed} is zero, because N_{Ed} would exceed the local buckling resistance of the section.

- Not applicable for class 3 and class 4 sections sections.

FOR EXPLANATION OF TABLES SEE NOTE 10.

BS EN 1993-1-1:2005
BS EN 10219-2: 2006

AXIAL FORCE & BENDING

S355 / Hybox® 355

COLD-FORMED RECTANGULAR HOLLOW SECTIONS

Hybox® RHS

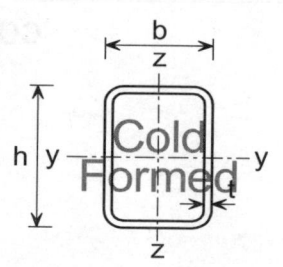

Member buckling check

Section Designation & Resistances (kNm)		n Limit	Compression Resistance $N_{b,y,Rd}$, $N_{b,z,Rd}$ (kN) and Buckling Resistance Moment $M_{b,Rd}$ (kNm) for Varying buckling lengths L (m) within the limiting value of $n = N_{Ed}/N_{pl,Rd}$												
h x b mm	t mm		L (m)	2.0	3.0	4.0	5.0	6.0	7.0	8.0	9.0	10.0	11.0	12.0	13.0	14.0
300x100	§ 6.0	0.591	$N_{b,y,Rd}$	1570	1470	1350	1230	1100	973	849	738	641	558	489	430	381
	$f_y W_{el,y} = 113$		$N_{b,z,Rd}$	1260	958	689	498	370	285	225	182	150	126	107	91.9	79.9
	$f_y W_{el,z} = 59.6$	0.591	$M_{b,Rd}$	113	113	113	113	113	113	113	111	109	107	105	103	101
		0.273	$M_{b,Rd}$	146	146	146	146	146	144	140	137	134	131	128	125	123
	§ 8.0	0.986	$N_{b,y,Rd}$	2040	1890	1740	1580	1410	1240	1080	934	809	704	615	541	478
	$f_y W_{el,y} = 142$		$N_{b,z,Rd}$	1620	1220	866	623	462	355	280	226	186	156	133	114	99.2
	$f_y W_{el,z} = 74.2$	0.986	$M_{b,Rd}$	142	142	142	142	142	142	142	140	137	134	132	130	127
		0.603	$M_{b,Rd}$	186	186	186	186	186	182	178	174	170	166	162	159	156
	10.0	1.00	$N_{b,y,Rd}$	2490	2320	2130	1930	1720	1510	1310	1130	978	850	742	652	577
	$f_y W_{el,y} = 168$		$N_{b,z,Rd}$	1970	1460	1030	738	547	419	330	266	220	184	156	134	117
	$f_y W_{el,z} = 87.0$	1.00	$M_{b,Rd}$	224	224	224	224	224	219	214	209	204	199	195	191	187
	12.5	1.00	$N_{b,y,Rd}$	2970	2760	2520	2270	2010	1750	1510	1300	1120	970	846	742	655
	$f_y W_{el,y} = 190$		$N_{b,z,Rd}$	2320	1690	1180	837	617	472	371	300	247	207	175	151	131
	$f_y W_{el,z} = 97.6$	1.00	$M_{b,Rd}$	260	260	260	260	260	254	247	241	236	230	225	221	216
300x200	§ 6.0	0.591	$N_{b,y,Rd}$	2010	1890	1770	1630	1490	1340	1190	1050	929	818	722	639	569
	$f_y W_{el,y} = 174$		$N_{b,z,Rd}$	1920	1750	1570	1370	1170	985	828	698	594	509	440	384	337
	$f_y W_{el,z} = 141$	0.591	$M_{b,Rd}$	174	174	174	174	174	174	174	174	174	174	174	174	174
		0.216	$M_{b,Rd}$	209	209	209	209	209	209	209	209	209	209	209	209	209
	§ 8.0	0.986	$N_{b,y,Rd}$	2620	2460	2300	2120	1930	1740	1540	1360	1200	1050	930	823	732
	$f_y W_{el,y} = 222$		$N_{b,z,Rd}$	2510	2280	2030	1770	1510	1270	1060	895	760	651	563	490	431
	$f_y W_{el,z} = 179$	0.986	$M_{b,Rd}$	222	222	222	222	222	222	222	222	222	222	222	222	222
		0.475	$M_{b,Rd}$	269	269	269	269	269	269	269	269	269	269	269	269	269
	10.0	1.00	$N_{b,y,Rd}$	3230	3030	2820	2600	2370	2120	1890	1660	1460	1280	1130	1000	889
	$f_y W_{el,y} = 268$		$N_{b,z,Rd}$	3080	2800	2490	2160	1830	1540	1290	1080	918	786	679	591	519
	$f_y W_{el,z} = 215$	1.00	$M_{b,Rd}$	327	327	327	327	327	327	327	327	327	327	327	327	327
	12.0	1.00	$N_{b,y,Rd}$	3760	3520	3270	3010	2730	2440	2160	1900	1660	1460	1280	1130	1010
	$f_y W_{el,y} = 303$		$N_{b,z,Rd}$	3580	3250	2880	2490	2100	1760	1470	1230	1040	892	770	670	588
	$f_y W_{el,z} = 243$	1.00	$M_{b,Rd}$	375	375	375	375	375	375	375	375	375	375	375	375	375
	12.5	1.00	$N_{b,y,Rd}$	3890	3640	3390	3110	2810	2510	2220	1940	1700	1490	1310	1160	1030
	$f_y W_{el,y} = 312$		$N_{b,z,Rd}$	3710	3360	2980	2570	2170	1810	1510	1270	1080	921	795	692	607
	$f_y W_{el,z} = 251$	1.00	$M_{b,Rd}$	387	387	387	387	387	387	387	387	387	387	387	387	387

Hybox® is a trademark of Corus. A fuller description of the relationship between Cold Formed Rectangular Hollow Sections (CFRHS) and the Hybox® range of sections manufactured by Corus is given in note 12.

$n = N_{Ed}/N_{pl,Rd}$

Under combined axial compression and bending the resistances are only valid up to the given $N_{Ed}/N_{pl,Rd}$ limit. For higher values of n = NEd / Npl,Rd the section would be overloaded due to NEd alone even when MEd is zero, because NEd would exceed the local buckling resistance of the section.

Axial force resistance $N_{pl,Rd}$ which is equal to Af_y is given in the cross-section resistance check table opposite.

§ The section can be a class 4 section but no allowance has been made in calculating $N_{b,y,Rd}$ and $N_{b,z,Rd}$.

FOR EXPLANATION OF TABLES SEE NOTE 10.

BS EN 1993-1-1:2005
BS EN 10219-2: 2006

AXIAL FORCE & BENDING

S355 / Hybox® 355

COLD-FORMED RECTANGULAR HOLLOW SECTIONS

Hybox® RHS

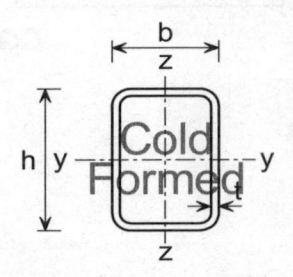

Cross-section resistance check

Section Designation		Mass per Metre	Axial Resistance	n Limit Class 3 **Class 2**		Moment Resistance $M_{c,y,Rd}$, $M_{c,z,Rd}$ (kNm) and Reduced Moment Resistance $M_{N,y,Rd}$, $M_{N,z,Rd}$ (kNm) for Ratios of Design Axial Force to Design Axial Plastic Resistance $n = N_{Ed} / N_{pl,Rd}$											
h x b	t		$N_{pl,Rd}$	Axis		n	0.0	0.1	0.2	0.3	0.4	0.5	0.6	0.7	0.8	0.9	1.0
mm	mm	kg	kN	y-y	z-z												
400x200	8.0	71.6	3240	0.591 **0.243**	*	$M_{c,y,Rd}$	416	416	416	337	337	337	✗	✗	✗	$	$
						$M_{c,z,Rd}$	✗	✗	✗	✗	✗	✗	✗	✗	✗	$	$
						$M_{N,y,Rd}$	416	416	416	-	-	-	-	-	-	-	-
						$M_{N,z,Rd}$	-	-	-	-	-	-	-	-	-	-	-
	10.0	88.4	4010	0.885 **0.456**	*	$M_{c,y,Rd}$	509	509	509	509	509	408	408	408	408	✗	$
						$M_{c,z,Rd}$	✗	✗	✗	✗	✗	✗	✗	✗	✗	✗	$
						$M_{N,y,Rd}$	509	509	509	475	407	-	-	-	-	-	-
						$M_{N,z,Rd}$	-	-	-	-	-	-	-	-	-	-	-
	12.0	104	4690	n/a **1.00**	n/a **1.00**	$M_{c,y,Rd}$	588	588	588	588	588	588	588	588	588	588	588
						$M_{c,z,Rd}$	365	365	365	365	365	365	365	365	365	365	365
						$M_{N,y,Rd}$	588	588	588	549	470	392	314	235	157	78.4	0
						$M_{N,z,Rd}$	365	365	338	296	253	211	169	127	84.4	42.2	0
	12.5	108	4860	n/a **1.00**	n/a **1.00**	$M_{c,y,Rd}$	608	608	608	608	608	608	608	608	608	608	608
						$M_{c,z,Rd}$	377	377	377	377	377	377	377	377	377	377	377
						$M_{N,y,Rd}$	608	608	608	568	487	406	325	243	162	81.1	0
						$M_{N,z,Rd}$	377	377	349	305	262	218	174	131	87.2	43.6	0
450x250	8.0	84.2	3800	0.463 **0.144**	*	$M_{c,y,Rd}$	564	564	463	463	463	✗	✗	✗	✗	$	$
						$M_{c,z,Rd}$	✗	✗	✗	✗	✗	✗	✗	✗	✗	$	$
						$M_{N,y,Rd}$	564	564	-	-	-	-	-	-	-	-	-
						$M_{N,z,Rd}$	-	-	-	-	-	-	-	-	-	-	-
	10.0	104	4720	0.720 **0.324**	*	$M_{c,y,Rd}$	692	692	692	692	564	564	564	564	✗	$	$
						$M_{c,z,Rd}$	✗	✗	✗	✗	✗	✗	✗	✗	✗	$	$
						$M_{N,y,Rd}$	692	692	692	645	-	-	-	-	-	-	-
						$M_{N,z,Rd}$	-	-	-	-	-	-	-	-	-	-	-
	12.0	123	5540	0.986 **0.515**	*	$M_{c,y,Rd}$	804	804	804	804	804	804	649	649	649	649	$
						$M_{c,z,Rd}$	✗	✗	✗	✗	✗	✗	✗	✗	✗	✗	$
						$M_{N,y,Rd}$	804	804	804	750	643	536	-	-	-	-	-
						$M_{N,z,Rd}$	-	-	-	-	-	-	-	-	-	-	-
	12.5	127	5750	1.00 **0.562**	1.00 **0.00**	$M_{c,y,Rd}$	833	833	833	833	833	833	671	671	671	671	671
						$M_{c,z,Rd}$	489	489	489	489	489	489	489	489	489	489	489
						$M_{N,y,Rd}$	833	833	833	777	666	555	-	-	-	-	-
						$M_{N,z,Rd}$	-	-	-	-	-	-	-	-	-	-	-

Hybox® is a trademark of Corus. A fuller description of the relationship between Cold Formed Rectangular Hollow Sections (CFRHS) and the Hybox® range of sections manufactured by Corus is given in note 12.

* The section is a class 4 section about the appropriate axis and is independent of the design axial force N_{Ed}. Values of Mc,Rd are calculated based on class 4 section properties and are displayed in *italic*.

N_{Ed} = Design value of the axial force.

$n = N_{Ed} / N_{pl,Rd}$

✗ Section becomes class 4, see note 10.

$ For these values of $N_{Ed} / N_{pl,Rd}$ the section would be overloaded due to N_{Ed} alone even when M_{Ed} is zero, because N_{Ed} would exceed the local buckling resistance of the section.

- Not applicable for class 3 and class 4 sections sections.

FOR EXPLANATION OF TABLES SEE NOTE 10.

BS EN 1993-1-1:2005
BS EN 10219-2: 2006

AXIAL FORCE & BENDING

S355 / Hybox® 355

COLD-FORMED RECTANGULAR HOLLOW SECTIONS

Hybox® RHS

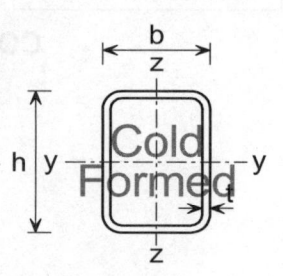

Member buckling check

Section Designation & Resistances (kNm)		n Limit	Compression Resistance $N_{b,y,Rd}$, $N_{b,z,Rd}$ (kN) and Buckling Resistance Moment $M_{b,Rd}$ (kNm) for Varying buckling lengths L (m) within the limiting value of $n = N_{Ed} / N_{pl,Rd}$												
h x b mm	t mm		L (m)	2.0	3.0	4.0	5.0	6.0	7.0	8.0	9.0	10.0	11.0	12.0	13.0	14.0
400x200	§ 8.0	0.591	$N_{b,y,Rd}$	3240	3120	2970	2810	2650	2470	2290	2110	1920	1750	1580	1430	1300
	$f_y W_{el,y} = 337$		$N_{b,z,Rd}$	3060	2790	2500	2200	1880	1600	1350	1140	969	831	719	628	552
	$f_y W_{el,z} = 231$	0.591	$M_{b,Rd}$	337	337	337	337	337	337	337	337	337	337	337	337	337
		0.243	$M_{b,Rd}$	416	416	416	416	416	416	416	416	416	416	416	416	416
	§ 10.0	0.885	$N_{b,y,Rd}$	4010	3860	3670	3480	3270	3050	2830	2600	2370	2150	1950	1760	1590
	$f_y W_{el,y} = 408$		$N_{b,z,Rd}$	3780	3450	3090	2700	2310	1950	1640	1390	1180	1010	875	764	671
	$f_y W_{el,z} = 279$	0.885	$M_{b,Rd}$	408	408	408	408	408	408	408	408	408	408	408	408	408
		0.456	$M_{b,Rd}$	509	509	509	509	509	509	509	509	509	509	509	509	509
	12.0	1.00	$N_{b,y,Rd}$	4690	4500	4280	4040	3800	3540	3270	3000	2730	2470	2230	2020	1820
	$f_y W_{el,y} = 466$		$N_{b,z,Rd}$	4410	4010	3580	3120	2660	2240	1880	1590	1350	1150	998	870	764
	$f_y W_{el,z} = 319$	1.00	$M_{b,Rd}$	588	588	588	588	588	588	588	588	588	588	588	588	588
	12.5	1.00	$N_{b,y,Rd}$	4860	4670	4440	4200	3940	3670	3400	3110	2830	2570	2320	2090	1890
	$f_y W_{el,y} = 481$		$N_{b,z,Rd}$	4570	4160	3710	3230	2750	2320	1950	1640	1390	1190	1030	899	790
	$f_y W_{el,z} = 329$	1.00	$M_{b,Rd}$	608	608	608	608	608	608	608	608	608	608	608	608	608
450x250	§ 8.0	0.463	$N_{b,y,Rd}$	3800	3730	3570	3420	3250	3080	2900	2720	2530	2340	2160	1980	1820
	$f_y W_{el,y} = 463$		$N_{b,z,Rd}$	3700	3460	3200	2930	2640	2340	2060	1800	1570	1370	1200	1060	938
	$f_y W_{el,z} = 338$	0.463	$M_{b,Rd}$	463	463	463	463	463	463	463	463	463	463	463	463	463
		0.144	$M_{b,Rd}$	564	564	564	564	564	564	564	564	564	564	564	564	564
	§ 10.0	0.720	$N_{b,y,Rd}$	4720	4630	4430	4240	4040	3820	3600	3370	3130	2900	2670	2450	2240
	$f_y W_{el,y} = 564$		$N_{b,z,Rd}$	4600	4290	3970	3630	3260	2890	2530	2210	1920	1680	1470	1290	1150
	$f_y W_{el,z} = 411$	0.720	$M_{b,Rd}$	564	564	564	564	564	564	564	564	564	564	564	564	564
		0.324	$M_{b,Rd}$	692	692	692	692	692	692	692	692	692	692	692	692	692
	§ 12.0	0.986	$N_{b,y,Rd}$	5540	5420	5190	4960	4720	4460	4200	3920	3640	3360	3090	2830	2590
	$f_y W_{el,y} = 649$		$N_{b,z,Rd}$	5390	5020	4640	4230	3800	3360	2940	2560	2220	1940	1700	1500	1320
	$f_y W_{el,z} = 473$	0.986	$M_{b,Rd}$	649	649	649	649	649	649	649	649	649	649	649	649	649
		0.515	$M_{b,Rd}$	804	804	804	804	804	804	804	804	804	804	804	804	804
	12.5	1.00	$N_{b,y,Rd}$	5750	5630	5390	5150	4900	4630	4360	4070	3780	3490	3210	2940	2690
	$f_y W_{el,y} = 671$		$N_{b,z,Rd}$	5590	5220	4820	4390	3940	3490	3050	2650	2310	2010	1760	1550	1380
	$f_y W_{el,z} = 489$	1.00	$M_{b,Rd}$	671	671	671	671	671	671	671	671	671	671	671	671	671
		0.562	$M_{b,Rd}$	833	833	833	833	833	833	833	833	833	833	833	833	833

Hybox® is a trademark of Corus. A fuller description of the relationship between Cold Formed Rectangular Hollow Sections (CFRHS) and the Hybox® range of sections manufactured by Corus is given in note 12.

$n = N_{Ed} / N_{pl,Rd}$

Under combined axial compression and bending the resistances are only valid up to the given $N_{Ed} / N_{pl,Rd}$ limit. For higher values of $n = N_{Ed} / N_{pl,Rd}$ the section would be overloaded due to NEd alone even when MEd is zero, because NEd would exceed the local buckling resistance of the section.

Axial force resistance $N_{pl,Rd}$ which is equal to Af_y is given in the cross-section resistance check table opposite.

§ The section can be a class 4 section but no allowance has been made in calculating $N_{b,y,Rd}$ and $N_{b,z,Rd}$.

FOR EXPLANATION OF TABLES SEE NOTE 10.

| BS EN 1993-1-1:2005 |
| BS EN 10219-2: 2006 |

AXIAL FORCE & BENDING

S355 / Hybox® 355

COLD-FORMED RECTANGULAR HOLLOW SECTIONS

Hybox® RHS

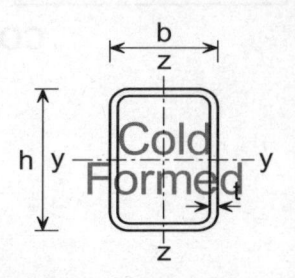

Cross-section resistance check

Section Designation		Mass per Metre	Axial Resistance	n Limit Class 3 Class 2		Moment Resistance $M_{c,y,Rd}$, $M_{c,z,Rd}$ (kNm) and Reduced Moment Resistance $M_{N,y,Rd}$, $M_{N,z,Rd}$ (kNm) for Ratios of Design Axial Force to Design Axial Plastic Resistance $n = N_{Ed} / N_{pl,Rd}$											
h x b	t		$N_{pl,Rd}$	Axis		n	0.0	0.1	0.2	0.3	0.4	0.5	0.6	0.7	0.8	0.9	1.0
mm	mm	kg	kN	y-y	z-z												
500x300	8.0	96.7	4370	*	*	$M_{c,y,Rd}$	✗	✗	✗	✗	✗	✗	✗	✗	$	$	$
						$M_{c,z,Rd}$	✗	✗	✗	✗	✗	✗	✗	✗	$	$	$
						$M_{N,y,Rd}$	-	-	-	-	-	-	-	-	-	-	-
						$M_{N,z,Rd}$	-	-	-	-	-	-	-	-	-	-	-
	10.0	120	5430	0.591	*	$M_{c,y,Rd}$	901	901	901	743	743	743	✗	✗	✗	$	$
						$M_{c,z,Rd}$	✗	✗	✗	✗	✗	✗	✗	✗	✗	$	$
				0.226		$M_{N,y,Rd}$	901	901	901	-	-	-	-	-	-	-	-
						$M_{N,z,Rd}$	-	-	-	-	-	-	-	-	-	-	-
	12.0	141	6390	0.826	*	$M_{c,y,Rd}$	1050	1050	1050	1050	861	861	861	861	861	✗	$
						$M_{c,z,Rd}$	✗	✗	✗	✗	✗	✗	✗	✗	✗	✗	$
				0.390		$M_{N,y,Rd}$	1050	1050	1050	981	-	-	-	-	-	-	-
						$M_{N,z,Rd}$	-	-	-	-	-	-	-	-	-	-	-
	12.5	147	6640	0.885	*	$M_{c,y,Rd}$	1090	1090	1090	1090	1090	891	891	891	891	✗	$
						$M_{c,z,Rd}$	✗	✗	✗	✗	✗	✗	✗	✗	✗	✗	$
				0.431		$M_{N,y,Rd}$	1090	1090	1090	1020	872	-	-	-	-	-	-
						$M_{N,z,Rd}$	-	-	-	-	-	-	-	-	-	-	-

Hybox® is a trademark of Corus. A fuller description of the relationship between Cold Formed Rectangular Hollow Sections (CFRHS) and the Hybox® range of sections manufactured by Corus is given in note 12.

* The section is a class 4 section about the appropriate axis and is independent of the design axial force N_{Ed}. Values of Mc,Rd are calculated based on class 4 section properties and are displayed in *italic*.

N_{Ed} = Design value of the axial force.

$n = N_{Ed} / N_{pl,Rd}$

✗ Section becomes class 4, see note 10.

$ For these values of $N_{Ed} / N_{pl,Rd}$ the section would be overloaded due to N_{Ed} alone even when M_{Ed} is zero, because N_{Ed} would exceed the local buckling resistance of the section.

- Not applicable for class 3 and class 4 sections sections.

FOR EXPLANATION OF TABLES SEE NOTE 10.

BS EN 1993-1-1:2005
BS EN 10219-2: 2006

AXIAL FORCE & BENDING

S355 / Hybox® 355

COLD-FORMED RECTANGULAR HOLLOW SECTIONS

Hybox® RHS

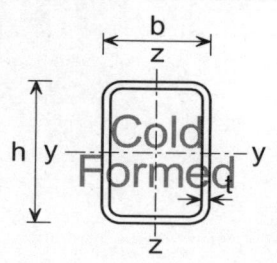

Member buckling check

Section Designation & Resistances (kNm)		n Limit	Compression Resistance $N_{b,y,Rd}$, $N_{b,z,Rd}$ (kN) and Buckling Resistance Moment $M_{b,Rd}$ (kNm) for Varying buckling lengths L (m) within the limiting value of $n = N_{Ed} / N_{pl,Rd}$													
h x b mm	t mm		L (m)	2.0	3.0	4.0	5.0	6.0	7.0	8.0	9.0	10.0	11.0	12.0	13.0	14.0
500x300	♦ 8.0	*	$N_{b,y,Rd}$	3320	3320	3240	3140	3030	2920	2810	2700	2580	2460	2330	2200	2070
	$f_y W_{el,y} = 608$		$N_{b,z,Rd}$	3320	3200	3040	2880	2720	2540	2350	2170	1980	1800	1630	1480	1340
	$f_y W_{el,z} = 464$	*	$M_{b,Rd}$	591	591	591	591	591	591	591	591	591	591	591	591	591
	§ 10.0	0.591	$N_{b,y,Rd}$	5430	5400	5200	5010	4800	4590	4370	4150	3910	3670	3430	3190	2960
	$f_y W_{el,y} = 743$		$N_{b,z,Rd}$	5410	5120	4820	4510	4170	3820	3470	3120	2790	2480	2210	1980	1770
	$f_y W_{el,z} = 567$	0.591	$M_{b,Rd}$	743	743	743	743	743	743	743	743	743	743	743	743	743
		0.226	$M_{b,Rd}$	901	901	901	901	901	901	901	901	901	901	901	901	901
	§ 12.0	0.826	$N_{b,y,Rd}$	6390	6340	6110	5880	5630	5380	5120	4850	4570	4280	4000	3720	3450
	$f_y W_{el,y} = 861$		$N_{b,z,Rd}$	6350	6010	5660	5290	4890	4480	4050	3640	3250	2890	2580	2300	2060
	$f_y W_{el,z} = 656$	0.826	$M_{b,Rd}$	861	861	861	861	861	861	861	861	861	861	861	861	861
		0.390	$M_{b,Rd}$	1050	1050	1050	1050	1050	1050	1050	1050	1050	1050	1050	1050	1050
	§ 12.5	0.885	$N_{b,y,Rd}$	6640	6590	6350	6100	5850	5590	5320	5040	4750	4450	4150	3860	3580
	$f_y W_{el,y} = 891$		$N_{b,z,Rd}$	6600	6240	5880	5490	5080	4650	4210	3780	3370	3010	2680	2390	2140
	$f_y W_{el,z} = 679$	0.885	$M_{b,Rd}$	891	891	891	891	891	891	891	891	891	891	891	891	891
		0.431	$M_{b,Rd}$	1090	1090	1090	1090	1090	1090	1090	1090	1090	1090	1090	1090	1090

Hybox® is a trademark of Corus. A fuller description of the relationship between Cold Formed Rectangular Hollow Sections (CFRHS) and the Hybox® range of sections manufactured by Corus is given in note 12.

$n = N_{Ed} / N_{pl,Rd}$

* The section is a class 4 section about the y-y axis and is independent of the design axial force N_{Ed}.

Under combined axial compression and bending the resistances are only valid up to the given $N_{Ed} / N_{pl,Rd}$ limit. For higher values of n = NEd / Npl,Rd the section would be overloaded due to NEd alone even when MEd is zero, because NEd would exceed the local buckling resistance of the section.

Axial force resistance $N_{pl,Rd}$ which is equal to Af_y is given in the cross-section resistance check table opposite.

§ The section can be a class 4 section but no allowance has been made in calculating $N_{b,y,Rd}$ and $N_{b,z,Rd}$.

♦ For this section, resistances $N_{b,Rd}$ and $M_{b,Rd}$ are calculated based on class 4 section properties and are displayed in *italic*.

FOR EXPLANATION OF TABLES SEE NOTE 10.

| BS EN 1993-1-1:2005 BS 4-1:2005 | **AXIAL FORCE & BENDING** | | | | | | | | | | S355 / Advance355 | |

PARALLEL FLANGE CHANNEL
Advance UKPFC

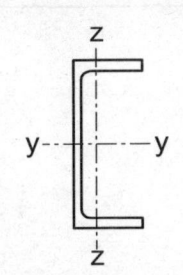

Cross-section resistance check

Section Designation and Axial Resistance $N_{pl,Rd}$ (kN)	n Limit Class 3 Class 2	Moment Resistance $M_{c,y,Rd}$, $M_{c,z,Rd}$ (kNm) and Reduced Moment Resistance $M_{N,y,Rd}$, $M_{N,z,Rd}$ (kNm) for Ratios of Design Axial Force to Design Axial Plastic Resistance $n = N_{Ed} / N_{pl,Rd}$											
		n	0.0	0.1	0.2	0.3	0.4	0.5	0.6	0.7	0.8	0.9	1.0
430x100x64 $N_{pl,Rd}$ = 2830	1.00 **0.443**	$M_{c,y,Rd}$	422	422	422	422	422	352	352	352	352	352	352
		$M_{c,z,Rd}$	60.7	60.7	60.7	60.7	60.7	33.8	33.8	33.8	33.8	33.8	33.8
		$M_{N,y,Rd}$											
		$M_{N,z,Rd}$											
380x100x54 $N_{pl,Rd}$ = 2370	1.00 **0.392**	$M_{c,y,Rd}$	322	322	322	322	273	273	273	273	273	273	273
		$M_{c,z,Rd}$	55.5	55.5	55.5	55.5	30.8	30.8	30.8	30.8	30.8	30.8	30.8
		$M_{N,y,Rd}$											
		$M_{N,z,Rd}$											
300x100x46 $N_{pl,Rd}$ = 2000	n/a **1.00**	$M_{c,y,Rd}$	221	221	221	221	221	221	221	221	221	221	221
		$M_{c,z,Rd}$	51.1	51.1	51.1	51.1	51.1	51.1	51.1	51.1	51.1	51.1	51.1
		$M_{N,y,Rd}$											
		$M_{N,z,Rd}$											
300x90x41 $N_{pl,Rd}$ = 1870	n/a **1.00**	$M_{c,y,Rd}$	202	202	202	202	202	202	202	202	202	202	202
		$M_{c,z,Rd}$	40.5	40.5	40.5	40.5	40.5	40.5	40.5	40.5	40.5	40.5	40.5
		$M_{N,y,Rd}$											
		$M_{N,z,Rd}$											
260x90x35 $N_{pl,Rd}$ = 1580	n/a **1.00**	$M_{c,y,Rd}$	151	151	151	151	151	151	151	151	151	151	151
		$M_{c,z,Rd}$	36.2	36.2	36.2	36.2	36.2	36.2	36.2	36.2	36.2	36.2	36.2
		$M_{N,y,Rd}$											
		$M_{N,z,Rd}$											
260x75x28 $N_{pl,Rd}$ = 1250	n/a **1.00**	$M_{c,y,Rd}$	116	116	116	116	116	116	116	116	116	116	116
		$M_{c,z,Rd}$	22.0	22.0	22.0	22.0	22.0	22.0	22.0	22.0	22.0	22.0	22.0
		$M_{N,y,Rd}$											
		$M_{N,z,Rd}$											
230x90x32 $N_{pl,Rd}$ = 1460	n/a **1.00**	$M_{c,y,Rd}$	126	126	126	126	126	126	126	126	126	126	126
		$M_{c,z,Rd}$	35.1	35.1	35.1	35.1	35.1	35.1	35.1	35.1	35.1	35.1	35.1
		$M_{N,y,Rd}$											
		$M_{N,z,Rd}$											
230x75x26 $N_{pl,Rd}$ = 1160	n/a **1.00**	$M_{c,y,Rd}$	98.7	98.7	98.7	98.7	98.7	98.7	98.7	98.7	98.7	98.7	98.7
		$M_{c,z,Rd}$	22.4	22.4	22.4	22.4	22.4	22.4	22.4	22.4	22.4	22.4	22.4
		$M_{N,y,Rd}$											
		$M_{N,z,Rd}$											

Advance and UKPFC are trademarks of Corus. A fuller description of the relationship between Parallel Flange Channels and the Advance range of sections manufactured by Corus is given in note 12.

N_{Ed} = Design value of the axial force.

$n = N_{Ed} / N_{pl,Rd}$

The values in this table are conservative for tension as the more onerous compression section classification limits have been used.

Reduced moment resistance $M_{N,y,Rd}$ and $M_{N,z,Rd}$ are not calculated for channels.

FOR EXPLANATION OF TABLES SEE NOTE 10.

BS EN 1993-1-1:2005
BS 4-1:2005

AXIAL FORCE & BENDING

S355 / Advance355

PARALLEL FLANGE CHANNEL
Advance UKPFC

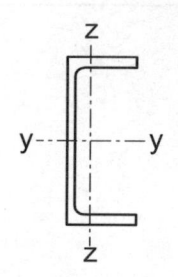

Member buckling check

Section Designation and Resistances (kN, kNm)	n Limit	Compression Resistance $N_{b,y,Rd}$, $N_{b,z,Rd}$ (kN) and Buckling Resistance Moment $M_{b,Rd}$ (kNm) for Varying buckling lengths L (m) within the limiting value of $n = N_{Ed} / N_{pl,Rd}$													
		L (m)	2.0	3.0	4.0	5.0	6.0	7.0	8.0	9.0	10.0	11.0	12.0	13.0	14.0
430x100x64 $N_{pl,Rd}$ = 2830 $f_y W_{el,y}$ = 352 $f_y W_{el,z}$ = 33.8	1.00	$N_{b,y,Rd}$	2830	2780	2660	2550	2430	2300	2170	2030	1890	1750	1610	1480	1360
		$N_{b,z,Rd}$	1750	1100	704	481	348	263	205	164	135	113	95.3	81.7	70.9
	1.00	$M_{b,Rd}$	275	213	171	143	122	108	96.0	86.8	79.4	73.1	67.9	63.3	59.4
	0.443	$M_{b,Rd}$	310	233	183	151	129	113	100	90.2	82.2	75.6	70.1	65.3	61.2
380x100x54 $N_{pl,Rd}$ = 2370 $f_y W_{el,y}$ = 273 $f_y W_{el,z}$ = 30.8	1.00	$N_{b,y,Rd}$	2370	2300	2190	2080	1970	1850	1720	1590	1460	1340	1220	1110	1010
		$N_{b,z,Rd}$	1500	957	619	424	307	232	181	146	119	99.6	84.4	72.4	62.8
	1.00	$M_{b,Rd}$	215	167	135	113	97.0	85.3	76.3	69.1	63.2	58.3	54.1	50.5	47.4
	0.392	$M_{b,Rd}$	239	181	144	119	102	89.0	79.3	71.6	65.3	60.1	55.7	52.0	48.7
300x100x46 $N_{pl,Rd}$ = 2000 $f_y W_{el,y}$ = 189 $f_y W_{el,z}$ = 28.2	1.00	$N_{b,y,Rd}$	1980	1870	1760	1640	1510	1380	1240	1110	986	875	777	692	618
		$N_{b,z,Rd}$	1290	834	542	373	270	204	160	128	105	87.8	74.4	63.9	55.4
	1.00	$M_{b,Rd}$	169	132	108	91.1	79.0	69.9	62.8	57.0	52.3	48.3	45.0	42.0	39.5
300x90x41 $N_{pl,Rd}$ = 1870 $f_y W_{el,y}$ = 171 $f_y W_{el,z}$ = 22.4	1.00	$N_{b,y,Rd}$	1850	1740	1630	1510	1390	1260	1130	1000	887	785	695	617	550
		$N_{b,z,Rd}$	1070	641	404	274	197	149	116	92.7	75.9	63.3	53.6	45.9	39.8
	1.00	$M_{b,Rd}$	142	108	86.4	72.2	62.2	54.7	49.0	44.4	40.6	37.4	34.7	32.4	30.4
260x90x35 $N_{pl,Rd}$ = 1580 $f_y W_{el,y}$ = 129 $f_y W_{el,z}$ = 20.0	1.00	$N_{b,y,Rd}$	1530	1430	1320	1200	1080	956	836	727	633	552	483	426	377
		$N_{b,z,Rd}$	918	555	351	238	172	129	101	80.8	66.2	55.2	46.7	40.1	34.7
	1.00	$M_{b,Rd}$	107	82.3	66.4	55.8	48.2	42.6	38.1	34.6	31.7	29.2	27.2	25.4	23.8
260x75x28 $N_{pl,Rd}$ = 1250 $f_y W_{el,y}$ = 98.7 $f_y W_{el,z}$ = 12.2	1.00	$N_{b,y,Rd}$	1210	1130	1040	943	843	742	647	561	487	424	370	326	288
		$N_{b,z,Rd}$	579	319	195	131	93.3	69.9	54.3	43.4	35.4	29.5	24.9	21.4	18.5
	1.00	$M_{b,Rd}$	71.0	51.7	40.5	33.5	28.6	25.1	22.3	20.1	18.4	16.9	15.7	14.6	13.7
230x90x32 $N_{pl,Rd}$ = 1460 $f_y W_{el,y}$ = 109 $f_y W_{el,z}$ = 19.5	1.00	$N_{b,y,Rd}$	1390	1290	1170	1050	921	796	682	584	502	434	377	330	291
		$N_{b,z,Rd}$	859	523	332	226	163	123	95.6	76.6	62.8	52.4	44.3	38.0	33.0
	1.00	$M_{b,Rd}$	91.7	71.7	58.8	49.9	43.5	38.6	34.7	31.6	29.0	26.8	25.0	23.3	21.9
230x75x26 $N_{pl,Rd}$ = 1160 $f_y W_{el,y}$ = 84.8 $f_y W_{el,z}$ = 12.4	1.00	$N_{b,y,Rd}$	1110	1020	932	831	728	627	537	459	394	340	296	259	228
		$N_{b,z,Rd}$	554	308	189	126	90.4	67.8	52.7	42.1	34.4	28.7	24.2	20.8	18.0
	1.00	$M_{b,Rd}$	62.7	47.0	37.6	31.4	27.1	23.9	21.4	19.3	17.7	16.3	15.1	14.1	13.3

Advance and UKPFC are trademarks of Corus. A fuller description of the relationship between Parallel Flange Channels and the Advance range of sections manufactured by Corus is given in note 12.

$n = N_{Ed} / N_{pl,Rd}$

Under combined axial compression and bending the resistances are only valid up to the given $N_{Ed} / N_{pl,Rd}$ limit. For higher values of $n = N_{Ed} / N_{pl,Rd}$ the section would be overloaded due to N_{Ed} alone even when M_{Ed} is zero, because N_{Ed} would exceed the local buckling resistance of the section.

FOR EXPLANATION OF TABLES SEE NOTE 10.

| BS EN 1993-1-1:2005 / BS 4-1:2005 | **AXIAL FORCE & BENDING** | **S355 / Advance355** |

PARALLEL FLANGE CHANNEL
Advance UKPFC

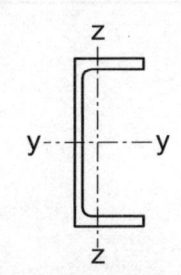

Cross-section resistance check

Section Designation and Axial Resistance $N_{pl,Rd}$ (kN)	n Limit Class 3 Class 2	Moment Resistance $M_{c,y,Rd}$, $M_{c,z,Rd}$ (kNm) and Reduced Moment Resistance $M_{N,y,Rd}$, $M_{N,z,Rd}$ (kNm) for Ratios of Design Axial Force to Design Axial Plastic Resistance $n = N_{Ed} / N_{pl,Rd}$											
		n	0.0	0.1	0.2	0.3	0.4	0.5	0.6	0.7	0.8	0.9	1.0
200x90x30 $N_{pl,Rd}$ = 1350	n/a **1.00**	$M_{c,y,Rd}$	103	103	103	103	103	103	103	103	103	103	103
		$M_{c,z,Rd}$	33.5	33.5	33.5	33.5	33.5	33.5	33.5	33.5	33.5	33.5	33.5
		$M_{N,y,Rd}$											
		$M_{N,z,Rd}$											
200x75x23 $N_{pl,Rd}$ = 1060	n/a **1.00**	$M_{c,y,Rd}$	80.6	80.6	80.6	80.6	80.6	80.6	80.6	80.6	80.6	80.6	80.6
		$M_{c,z,Rd}$	21.5	21.5	21.5	21.5	21.5	21.5	21.5	21.5	21.5	21.5	21.5
		$M_{N,y,Rd}$											
		$M_{N,z,Rd}$											
180x90x26 $N_{pl,Rd}$ = 1180	n/a **1.00**	$M_{c,y,Rd}$	82.4	82.4	82.4	82.4	82.4	82.4	82.4	82.4	82.4	82.4	82.4
		$M_{c,z,Rd}$	29.6	29.6	29.6	29.6	29.6	29.6	29.6	29.6	29.6	29.6	29.6
		$M_{N,y,Rd}$											
		$M_{N,z,Rd}$											
180x75x20 $N_{pl,Rd}$ = 919	n/a **1.00**	$M_{c,y,Rd}$	62.5	62.5	62.5	62.5	62.5	62.5	62.5	62.5	62.5	62.5	62.5
		$M_{c,z,Rd}$	18.4	18.4	18.4	18.4	18.4	18.4	18.4	18.4	18.4	18.4	18.4
		$M_{N,y,Rd}$											
		$M_{N,z,Rd}$											
150x90x24 $N_{pl,Rd}$ = 1080	n/a **1.00**	$M_{c,y,Rd}$	63.5	63.5	63.5	63.5	63.5	63.5	63.5	63.5	63.5	63.5	63.5
		$M_{c,z,Rd}$	27.3	27.3	27.3	27.3	27.3	27.3	27.3	27.3	27.3	27.3	27.3
		$M_{N,y,Rd}$											
		$M_{N,z,Rd}$											
150x75x18 $N_{pl,Rd}$ = 809	n/a **1.00**	$M_{c,y,Rd}$	46.9	46.9	46.9	46.9	46.9	46.9	46.9	46.9	46.9	46.9	46.9
		$M_{c,z,Rd}$	16.8	16.8	16.8	16.8	16.8	16.8	16.8	16.8	16.8	16.8	16.8
		$M_{N,y,Rd}$											
		$M_{N,z,Rd}$											
125x65x15 $N_{pl,Rd}$ = 667	n/a **1.00**	$M_{c,y,Rd}$	31.9	31.9	31.9	31.9	31.9	31.9	31.9	31.9	31.9	31.9	31.9
		$M_{c,z,Rd}$	11.8	11.8	11.8	11.8	11.8	11.8	11.8	11.8	11.8	11.8	11.8
		$M_{N,y,Rd}$											
		$M_{N,z,Rd}$											
100x50x10 $N_{pl,Rd}$ = 462	n/a **1.00**	$M_{c,y,Rd}$	17.4	17.4	17.4	17.4	17.4	17.4	17.4	17.4	17.4	17.4	17.4
		$M_{c,z,Rd}$	6.21	6.21	6.21	6.21	6.21	6.21	6.21	6.21	6.21	6.21	6.21
		$M_{N,y,Rd}$											
		$M_{N,z,Rd}$											

Advance and UKPFC are trademarks of Corus. A fuller description of the relationship between Parallel Flange Channels and the Advance range of sections manufactured by Corus is given in note 12.

N_{Ed} = Design value of the axial force.

$n = N_{Ed} / N_{pl,Rd}$

The values in this table are conservative for tension as the more onerous compression section classification limits have been used.

Reduced moment resistance $M_{N,y,Rd}$ and $M_{N,z,Rd}$ are not calculated for channels.

FOR EXPLANATION OF TABLES SEE NOTE 10.

BS EN 1993-1-1:2005
BS 4-1:2005

AXIAL FORCE & BENDING

S355 / Advance355

PARALLEL FLANGE CHANNEL
Advance UKPFC

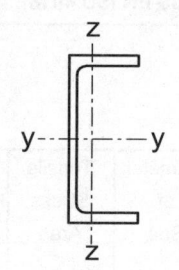

Member buckling check

Section Designation and Resistances (kN, kNm)	n Limit		Compression Resistance $N_{b,y,Rd}$, $N_{b,z,Rd}$ (kN) and Buckling Resistance Moment $M_{b,Rd}$ (kNm) for Varying buckling lengths L (m) within the limiting value of $n = N_{Ed} / N_{pl,Rd}$												
		L (m)	1.0	1.5	2.0	2.5	3.0	3.5	4.0	5.0	6.0	7.0	8.0	9.0	10.0
200x90x30 $N_{pl,Rd}$ = 1350 $f_y W_{el,y}$ = 89.5 $f_y W_{el,z}$ = 19.0	1.00 1.00	$N_{b,y,Rd}$ $N_{b,z,Rd}$ $M_{b,Rd}$	1350 1170 102	1320 990 88.1	1260 800 77.3	1210 626 68.7	1150 489 61.9	1090 386 56.3	1020 310 51.6	889 211 44.4	756 152 39.0	635 115 34.8	533 89.6 31.5	449 71.8 28.7	381 58.8 26.4
200x75x23 $N_{pl,Rd}$ = 1060 $f_y W_{el,y}$ = 69.6 $f_y W_{el,z}$ = 12.0	1.00 1.00	$N_{b,y,Rd}$ $N_{b,z,Rd}$ $M_{b,Rd}$	1060 866 74.3	1040 689 62.1	995 517 53.0	950 383 46.1	904 289 40.8	856 224 36.6	805 178 33.2	698 119 28.1	593 85.3 24.4	497 64.0 21.6	417 49.7 19.4	351 39.8 17.6	298 32.5 16.1
180x90x26 $N_{pl,Rd}$ = 1180 $f_y W_{el,y}$ = 71.7 $f_y W_{el,z}$ = 16.8	1.00 1.00	$N_{b,y,Rd}$ $N_{b,z,Rd}$ $M_{b,Rd}$	1180 1020 81.3	1140 869 70.2	1090 703 61.6	1030 551 54.8	973 430 49.4	912 340 44.9	849 273 41.2	718 186 35.5	595 134 31.2	490 101 27.8	405 79.0 25.1	338 63.3 23.0	285 51.8 21.1
180x75x20 $N_{pl,Rd}$ = 919 $f_y W_{el,y}$ = 54.0 $f_y W_{el,z}$ = 10.2	1.00 1.00	$N_{b,y,Rd}$ $N_{b,z,Rd}$ $M_{b,Rd}$	919 749 57.5	887 594 48.0	844 445 40.8	800 330 35.4	754 249 31.2	706 193 28.0	655 153 25.3	551 103 21.4	455 73.3 18.5	373 55.0 16.4	308 42.7 14.7	256 34.2 13.4	216 27.9 12.2
150x90x24 $N_{pl,Rd}$ = 1080 $f_y W_{el,y}$ = 55.0 $f_y W_{el,z}$ = 15.8	1.00 1.00	$N_{b,y,Rd}$ $N_{b,z,Rd}$ $M_{b,Rd}$	1070 938 63.1	1010 796 55.2	955 643 49.1	892 504 44.2	825 394 40.3	754 311 37.0	683 250 34.3	547 170 29.8	433 123 26.4	346 92.7 23.8	280 72.3 21.6	230 58.0 19.8	192 47.5 18.3
150x75x18 $N_{pl,Rd}$ = 809 $f_y W_{el,y}$ = 40.8 $f_y W_{el,z}$ = 9.44	1.00 1.00	$N_{b,y,Rd}$ $N_{b,z,Rd}$ $M_{b,Rd}$	804 661 43.5	760 527 36.8	715 396 31.8	668 294 27.9	617 222 24.9	564<.br>172 22.5	510 137 20.6	408 91.6 17.5	323 65.6 15.3	257 49.2 13.6	208 38.2 12.3	171 30.6 11.2	143 25.0 10.3
125x65x15 $N_{pl,Rd}$ = 667 $f_y W_{el,y}$ = 27.4 $f_y W_{el,z}$ = 6.67	1.00 1.00	$N_{b,y,Rd}$ $N_{b,z,Rd}$ $M_{b,Rd}$	648 510 28.5	603 379 24.1	556 268 21.0	506 192 18.6	453 142 16.7	399 109 15.1	348 85.8 13.9	262 57.1 11.9	200 40.6 10.4	155 30.4 9.27	124 23.6 8.37	101 18.8 7.63	83.4 15.4 7.01
100x50x10 $N_{pl,Rd}$ = 462 $f_y W_{el,y}$ = 14.7 $f_y W_{el,z}$ = 3.51	1.00 1.00	$N_{b,y,Rd}$ $N_{b,z,Rd}$ $M_{b,Rd}$	432 297 14.3	391 191 12.0	347 124 10.3	300 85.2 9.11	254 61.8 8.14	213 46.7 7.37	178 36.5 6.73	127 24.0 5.75	93.5 17.0 5.02	71.5 12.7 4.46	56.3 9.79 4.02	45.4 7.79 3.66	37.4 6.35 3.36

Advance and UKPFC are trademarks of Corus. A fuller description of the relationship between Parallel Flange Channels and the Advance range of sections manufactured by Corus is given in note 12.

$n = N_{Ed} / N_{pl,Rd}$

Under combined axial compression and bending the resistances are only valid up to the given $N_{Ed} / N_{pl,Rd}$ limit. For higher values of $n = N_{Ed} / N_{pl,Rd}$ the section would be overloaded due to N_{Ed} alone even when M_{Ed} is zero, because N_{Ed} would exceed the local buckling resistance of the section.

FOR EXPLANATION OF TABLES SEE NOTE 10.

BS EN 1993-1-8:2005
BS EN ISO 4016
BS EN ISO 4018

BOLT RESISTANCES

S355

Non Preloaded bolts

Class 4.6 hexagon head bolts

Diameter of Bolt	Tensile Stress Area	Tension Resistance	Shear Resistance		Bolts in tension
			Single Shear	Double Shear	Min thickness for punching shear
d mm	A_s mm^2	$F_{t,Rd}$ kN	$F_{v,Rd}$ kN	$2 \times F_{v,Rd}$ kN	t_{min} mm
12	84.3	24.3	13.8	27.5	1.9
16	157	45.2	30.1	60.3	2.8
20	245	70.6	47.0	94.1	3.4
24	353	102	67.8	136	4.1
30	561	162	108	215	5.1

Diameter of Bolt	Minimum				Bearing Resistance (kN)										
	Edge distance	End distance	Pitch	Gauge											
					Thickness in mm of ply, t										
d mm	e_2 mm	e_1 mm	p_1 mm	p_2 mm	5	6	7	8	9	10	12	15	20	25	30
12	20	25	35	40	29.7	35.6	41.5	47.4	53.4	59.3	71.2	89.0	119	148	178
16	25	35	50	50	39.0	46.8	54.6	62.4	70.2	78.0	93.6	117	156	195	234
20	30	40	60	60	48.3	57.9	67.6	77.2	86.9	96.5	116	145	193	241	290
24	35	50	70	70	**57.5**	68.9	80.4	91.9	103	115	138	172	230	287	345
30	45	60	85	90	**72.4**	**86.9**	**101**	116	130	145	174	217	290	362	434

For M12 bolts the design shear resistance $F_{v,Rd}$ has been calculated as 0.85 times the value given in BS EN 1993-1-8, Table 3.4 (§3.6.1(5))
See clause 3.7(1) of BS EN 1993-1-8: 2005 for calculation of the design resistance of a group of fasteners.
For bolts with cut threads that do not comply with EN 1090, the given values for tension and shear should be multiplied by 0.85
Values of bearing resistance in **bold** are less than the single shear resistance of the bolt.
Values of bearing resistance in *italic* are greater than the double shear resistance of the bolt.
Bearing values assume standard clearance holes.
If oversize or short slotted holes are used, bearing values should be multiplied by 0.8.
If long slotted or kidney shaped holes are used, bearing values should be multiplied by 0.6.
In single lap joints with only one bolt row, the design bearing resistance for each bolt should be limited to $1.5 f_u d\, t/\gamma_{M2}$
FOR EXPLANATION OF TABLES SEE NOTE 11.

BS EN 1993-1-8:2005
BS EN ISO 4014
BS EN ISO 4017

BOLT RESISTANCES

Non Preloaded bolts

Class 8.8 hexagon head bolts

S355

Diameter of Bolt	Tensile Stress Area	Tension Resistance	Shear Resistance		Bolts in tension
			Single Shear	Double Shear	Min thickness for punching shear
d mm	A_s mm²	$F_{t,Rd}$ kN	$F_{v,Rd}$ kN	$2 \times F_{v,Rd}$ kN	t_{min} mm
12	84.3	48.6	27.5	55.0	3.7
16	157	90.4	60.3	121	5.5
20	245	141	94.1	188	6.8
24	353	203	136	271	8.2
30	561	323	215	431	10.1

Diameter of Bolt	Minimum				Bearing Resistance (kN)										
	Edge distance	End distance	Pitch	Gauge	Thickness in mm of ply, t										
d mm	e_2 mm	e_1 mm	p_1 mm	p_2 mm	5	6	7	8	9	10	12	15	20	25	30
12	20	25	35	40	29.7	35.6	41.5	47.4	53.4	59.3	71.2	89.0	119	148	178
16	25	35	50	50	**39.0**	**46.8**	**54.6**	62.4	70.2	78.0	93.6	117	*156*	*195*	*234*
20	30	40	60	60	**48.3**	**57.9**	**67.6**	**77.2**	**86.9**	96.5	116	145	*193*	*241*	*290*
24	35	50	70	70	**57.5**	**68.9**	**80.4**	**91.9**	**103**	115	138	172	230	*287*	*345*
30	45	60	85	90	**72.4**	**86.9**	**101**	**116**	**130**	**145**	174	217	290	362	*434*

Diameter of Bolt	Minimum				Bearing Resistance (kN)										
	Edge distance	End distance	Pitch	Gauge	Thickness in mm of ply, t										
d mm	e_2 mm	e_1 mm	p_1 mm	p_2 mm	5	6	7	8	9	10	12	15	20	25	30
12	25	40	50	45	48.3	*58.0*	*67.7*	*77.3*	*87.0*	*96.7*	*116*	*145*	*193*	*242*	*290*
16	30	50	65	55	66.8	80.2	*93.6*	*107*	*120*	*134*	*160*	*201*	*267*	*334*	*401*
20	35	60	80	70	**85.5**	103	120	137	154	*171*	*205*	*256*	*342*	*427*	*513*
24	40	75	95	80	**104**	**125**	146	167	187	208	250	*312*	*416*	*521*	*625*
30	50	90	115	100	**128**	**154**	**179**	**205**	231	256	308	385	*513*	*641*	*769*

For M12 bolts the design shear resistance $F_{v,Rd}$ has been calculated as 0.85 times the value given in BS EN 1993-1-8, Table 3.4 (§3.6.1(5))
See clause 3.7(1) of BS EN 1993-1-8: 2005 for calculation of the design resistance of a group of fasteners.
For bolts with cut threads that do not comply with EN 1090, the given values for tension and shear should be multiplied by 0.85
Values of bearing resistance in **bold** are less than the single shear resistance of the bolt.
Values of bearing resistance in *italic* are greater than the double shear resistance of the bolt.
Bearing values assume standard clearance holes.
If oversize or short slotted holes are used, bearing values should be multiplied by 0.8.
If long slotted or kidney shaped holes are used, bearing values should be multiplied by 0.6.
In single lap joints with only one bolt row, the design bearing resistance for each bolt should be limited to $1.5 f_u d\, t/\gamma_{M2}$
FOR EXPLANATION OF TABLES SEE NOTE 11.

| BS EN 1993-1-8:2005 |
| BS EN ISO 4014 |
| BS EN ISO 4017 |

BOLT RESISTANCES

S355

Non Preloaded bolts

Class 10.9 hexagon head bolts

Diameter of Bolt	Tensile Stress Area	Tension Resistance	Shear Resistance		Bolts in tension
			Single Shear	Double Shear	Min thickness for punching shear
d mm	A_s mm²	$F_{t,Rd}$ kN	$F_{v,Rd}$ kN	$2 \times F_{v,Rd}$ kN	t_{min} mm
12	84.3	60.7	28.7	57.3	4.6
16	157	113	62.8	126	6.9
20	245	176	98.0	196	8.5
24	353	254	141	282	10.2
30	561	404	224	449	12.7

Diameter of Bolt	Minimum				Bearing Resistance (kN)										
	Edge distance	End distance	Pitch	Gauge	Thickness in mm of ply, t										
d mm	e_2 mm	e_1 mm	p_1 mm	p_2 mm	5	6	7	8	9	10	12	15	20	25	30
12	20	25	35	40	29.7	35.6	41.5	47.4	53.4	59.3	71.2	89.0	119	148	178
16	25	35	50	50	**39.0**	**46.8**	54.6	62.4	70.2	78.0	93.6	117	*156*	*195*	*234*
20	30	40	60	60	**48.3**	**57.9**	**67.6**	**77.2**	86.9	96.5	116	145	193	*241*	*290*
24	35	50	70	70	**57.5**	**68.9**	**80.4**	**91.9**	103	115	138	172	230	287	*345*
30	45	60	85	90	**72.4**	**86.9**	**101**	**116**	**130**	**145**	174	217	290	362	434

Diameter of Bolt	Minimum				Bearing Resistance (kN)										
	Edge distance	End distance	Pitch	Gauge	Thickness in mm of ply, t										
d mm	e_2 mm	e_1 mm	p_1 mm	p_2 mm	5	6	7	8	9	10	12	15	20	25	30
12	25	40	50	45	48.3	*58.0*	*67.7*	*77.3*	*87.0*	*96.7*	*116*	*145*	*193*	*242*	*290*
16	30	50	65	55	66.8	80.2	93.6	107	120	134	*160*	*201*	*267*	*334*	*401*
20	35	60	80	70	**85.5**	103	120	137	154	171	205	*256*	*342*	*427*	*513*
24	40	75	95	80	**104**	**125**	146	167	187	208	250	312	*416*	*521*	*625*
30	50	90	115	100	**128**	**154**	**179**	**205**	231	256	308	385	*513*	*641*	*769*

For M12 bolts the design shear resistance $F_{v,Rd}$ has been calculated as 0.85 times the value given in BS EN 1993-1-8, Table 3.4 (§3.6.1(5))
See clause 3.7(1) of BS EN 1993-1-8: 2005 for calculation of the design resistance of a group of fasteners.
For bolts with cut threads that do not comply with EN 1090, the given values for tension and shear should be multiplied by 0.85
Values of bearing resistance in **bold** are less than the single shear resistance of the bolt.
Values of bearing resistance in *italic* are greater than the double shear resistance of the bolt.
Bearing values assume standard clearance holes.
If oversize or short slotted holes are used, bearing values should be multiplied by 0.8.
If long slotted or kidney shaped holes are used, bearing values should be multiplied by 0.6.
In single lap joints with only one bolt row, the design bearing resistance for each bolt should be limited to $1.5 f_u d t / \gamma_{M2}$
FOR EXPLANATION OF TABLES SEE NOTE 11.

| BS EN 1993-1-8:2005 |
| BS EN ISO 4016 |
| BS EN ISO 4018 |

BOLT RESISTANCES

S355

Non Preloaded bolts

Class 4.6 countersunk bolts

Diameter of Bolt	Tensile Stress Area	Tension Resistance	Shear Resistance		Bolts in tension
			Single Shear	Double Shear	Min thickness for punching shear
d	A_s	$F_{t,Rd}$	$F_{v,Rd}$	$2 \times F_{v,Rd}$	t_{min}
mm	mm²	kN	kN	kN	mm
12	84.3	17.0	13.8	27.5	1.3
16	157	31.7	30.1	60.3	1.9
20	245	49.4	47.0	94.1	2.4
24	353	71.2	67.8	136	2.9
30	561	113	108	215	3.6

Diameter of Bolt	Minimum				Bearing Resistance (kN)									
	Edge distance	End distance	Pitch	Gauge										
d	e_2	e_1	p_1	p_2	Thickness in mm of ply, t									
mm	mm	mm	mm	mm	5	6	7	8	9	10	12	15	20	25	30
12	20	25	35	40	**11.9**	17.8	23.7	29.7	35.6	41.5	53.4	71.2	*101*	*130*	*160*
16	25	35	50	50	**7.80**	**15.6**	**23.4**	31.2	39.0	46.8	62.4	85.8	*125*	*164*	*203*
20	30	40	60	60	**0**	**9.65**	**19.3**	**29.0**	38.6	48.3	67.6	96.5	*145*	*193*	*241*
24	35	50	70	70	**0**	**0**	**11.5**	**23.0**	**34.5**	**46.0**	68.9	103	*161*	*218*	*276*
30	45	60	85	90	**0**	**0**	**0**	**7.24**	**21.7**	**36.2**	**65.2**	109	*181*	*253*	*326*

For M12 bolts the design shear resistance $F_{v,Rd}$ has been calculated as 0.85 times the value given in BS EN 1993-1-8, Table 3.4 (§3.6.1(5))
See clause 3.7(1) of BS EN 1993-1-8: 2005 for calculation of the design resistance of a group of fasteners.
For bolts with cut threads that do not comply with EN 1090, the given values for tension and shear should be multiplied by 0.85
Values of bearing resistance in **bold** are less than the single shear resistance of the bolt.
Values of bearing resistance in *italic* are greater than the double shear resistance of the bolt.
Bearing values assume standard clearance holes.
If oversize or short slotted holes are used, bearing values should be multiplied by 0.8.
If long slotted or kidney shaped holes are used, bearing values should be multiplied by 0.6.
In single lap joints with only one bolt row, the design bearing resistance for each bolt should be limited to $1.5 f_u \, d \, t / \gamma_{M2}$
FOR EXPLANATION OF TABLES SEE NOTE 11

BS EN 1993-1-8:2005
BS EN ISO 4014
BS EN ISO 4017

BOLT RESISTANCES

S355

Non Preloaded bolts

Class 8.8 countersunk bolts

Diameter of Bolt	Tensile Stress Area	Tension Resistance	Shear Resistance		Bolts in tension
			Single Shear	Double Shear	Min thickness for punching shear
d mm	A_s mm^2	$F_{t,Rd}$ kN	$F_{v,Rd}$ kN	$2 \times F_{v,Rd}$ kN	t_{min} mm
12	84.3	34.0	27.5	55.0	2.6
16	157	63.3	60.3	121	3.9
20	245	98.8	94.1	188	4.8
24	353	142	136	271	5.7
30	561	226	215	431	7.1

Diameter of Bolt	Minimum				Bearing Resistance (kN)										
	Edge distance	End distance	Pitch	Gauge	Thickness in mm of ply, t										
d mm	e_2 mm	e_1 mm	p_1 mm	p_2 mm	5	6	7	8	9	10	12	15	20	25	30
12	20	25	35	40	11.9	17.8	23.7	29.7	35.6	41.5	53.4	71.2	*101*	*130*	*160*
16	25	35	50	50	**7.80**	15.6	23.4	31.2	39.0	46.8	62.4	85.8	*125*	*164*	*203*
20	30	40	60	60	**0**	9.65	19.3	29.0	38.6	48.3	67.6	96.5	*145*	*193*	*241*
24	35	50	70	70	**0**	**0**	11.5	23.0	34.5	46.0	68.9	103	*161*	*218*	*276*
30	45	60	85	90	**0**	**0**	**0**	7.24	21.7	36.2	65.2	109	*181*	*253*	*326*

Diameter of Bolt	Minimum				Bearing Resistance (kN)										
	Edge distance	End distance	Pitch	Gauge	Thickness in mm of ply, t										
d mm	e_2 mm	e_1 mm	p_1 mm	p_2 mm	5	6	7	8	9	10	12	15	20	25	30
12	25	45	55	45	22.6	33.8	45.1	56.4	67.7	79.0	102	*135*	*192*	*248*	*305*
16	30	55	70	55	**15.0**	30.1	45.1	60.2	75.2	90.2	120	*165*	*241*	*316*	*391*
20	35	70	85	70	**0**	18.8	37.6	56.4	75.2	94.0	132	*188*	*282*	*376*	*470*
24	40	80	100	80	**0**	**0**	22.6	45.1	67.7	90.2	135	203	*316*	*429*	*541*
30	50	100	125	100	**0**	**0**	**0**	14.1	42.3	70.5	127	212	*353*	*494*	*635*

For M12 bolts the design shear resistance $F_{v,Rd}$ has been calculated as 0.85 times the value given in BS EN 1993-1-8, Table 3.4 (§3.6.1(5))
See clause 3.7(1) of BS EN 1993-1-8: 2005 for calculation of the design resistance of a group of fasteners.
For bolts with cut threads that do not comply with EN 1090, the given values for tension and shear should be multiplied by 0.85
Values of bearing resistance in **bold** are less than the single shear resistance of the bolt.
Values of bearing resistance in *italic* are greater than the double shear resistance of the bolt.
Bearing values assume standard clearance holes.
If oversize or short slotted holes are used, bearing values should be multiplied by 0.8.
If long slotted or kidney shaped holes are used, bearing values should be multiplied by 0.6.
In single lap joints with only one bolt row, the design bearing resistance for each bolt should be limited to $1.5 f_u d t/\gamma_{M2}$
FOR EXPLANATION OF TABLES SEE NOTE 11

BS EN 1993-1-8:2005
BS EN ISO 4014
BS EN ISO 4017

BOLT RESISTANCES

S355

Non Preloaded bolts

Class 10.9 countersunk bolts

Diameter of Bolt	Tensile Stress Area	Tension Resistance	Shear Resistance		Bolts in tension
			Single Shear	Double Shear	Min thickness for punching shear
d	A_s	$F_{t,Rd}$	$F_{v,Rd}$	$2 \times F_{v,Rd}$	t_{min}
mm	mm²	kN	kN	kN	mm
12	84.3	42.5	28.7	57.3	3.2
16	157	79.1	62.8	126	4.8
20	245	123	98.0	196	6.0
24	353	178	141	282	7.2
30	561	283	224	449	8.9

Diameter of Bolt	Minimum				Bearing Resistance (kN)										
	Edge distance	End distance	Pitch	Gauge											
d	e_2	e_1	p_1	p_2	Thickness in mm of ply, t										
mm	mm	mm	mm	mm	5	6	7	8	9	10	12	15	20	25	30
12	20	25	35	40	**11.9**	**17.8**	**23.7**	29.7	35.6	41.5	53.4	71.2	*101*	*130*	*160*
16	25	35	50	50	**7.80**	**15.6**	**23.4**	**31.2**	39.0	46.8	62.4	85.8	*125*	*164*	*203*
20	30	40	60	60	0	**9.65**	**19.3**	**29.0**	38.6	48.3	67.6	96.5	*145*	*193*	*241*
24	35	50	70	70	0	0	**11.5**	**23.0**	**34.5**	46.0	68.9	*103*	*161*	*218*	*276*
30	45	60	85	90	0	0	0	**7.24**	**21.7**	**36.2**	**65.2**	*109*	*181*	*253*	*326*

Diameter of Bolt	Minimum				Bearing Resistance (kN)										
	Edge distance	End distance	Pitch	Gauge											
	e_2	e_1	p_1	p_2	Thickness in mm of ply, t										
mm	mm	mm	mm	mm	5	6	7	8	9	10	12	15	20	25	30
12	25	45	55	45	**22.6**	33.8	45.1	56.4	67.7	79.0	*102*	*135*	*192*	*248*	*305*
16	30	55	70	55	**15.0**	**30.1**	**45.1**	**60.2**	75.2	90.2	120	*165*	*241*	*316*	*391*
20	35	70	85	70	0	**18.8**	**37.6**	**56.4**	75.2	94.0	132	188	*282*	*376*	*470*
24	40	80	100	80	0	0	**22.6**	**45.1**	**67.7**	90.2	135	203	*316*	*429*	*541*
30	50	100	125	100	0	0	0	**14.1**	**42.3**	**70.5**	**127**	212	353	*494*	*635*

For M12 bolts the design shear resistance $F_{v,Rd}$ has been calculated as 0.85 times the value given in BS EN 1993-1-8, Table 3.4 (§3.6.1(5))

See clause 3.7(1) of BS EN 1993-1-8: 2005 for calculation of the design resistance of a group of fasteners.

For bolts with cut threads that do not comply with EN 1090, the given values for tension and shear should be multiplied by 0.85

Values of bearing resistance in **bold** are less than the single shear resistance of the bolt.

Values of bearing resistance in *italic* are greater than the double shear resistance of the bolt.

Bearing values assume standard clearance holes.

If oversize or short slotted holes are used, bearing values should be multiplied by 0.8.

If long slotted or kidney shaped holes are used, bearing values should be multiplied by 0.6.

In single lap joints with only one bolt row, the design bearing resistance for each bolt should be limited to $1.5 f_u d t / \gamma_{M2}$

FOR EXPLANATION OF TABLES SEE NOTE 11

BS EN 1993-1-8:2005
BS EN 14399:2005
EN 1090:2008

BOLT RESISTANCES

S355

Preloaded bolts at serviceability limit state

Class 8.8 hexagon head bolts

Diameter of Bolt	Tensile Stress Area	Tension Resistance	Shear Resistance		Bolts in tension	Slip Resistance $\mu = 0.5$	
			Single Shear	Double Shear	Min thickness for punching shear	Single Shear	Double Shear
d mm	A_s mm^2	$F_{t,Rd}$ kN	$F_{v,Rd}$ kN	$2 \times F_{v,Rd}$ kN	t_{min} mm	kN	kN
12	84.3	48.6	27.5	55.0	3.24	21.5	42.9
16	157	90.4	60.3	121	4.88	40.0	79.9
20	245	141	94.1	188	6.42	62.4	125
24	353	203	136	271	7.17	89.9	180
30	561	323	215	431	9.30	143	286

Diameter of Bolt	Minimum				Bearing Resistance (kN)										
	Edge distance	End distance	Pitch	Gauge	Thickness in mm of ply, t										
d mm	e_2 mm	e_1 mm	p_1 mm	p_2 mm	5	6	7	8	9	10	12	15	20	25	30
12	20	40	50	40	44.5	53.4	62.3	71.2	80.1	89.0	107	133	178	222	267
16	25	50	65	50	**58.5**	70.2	81.9	93.6	105	117	140	176	234	293	351
20	30	60	80	60	**72.4**	**86.9**	101	116	130	145	174	217	290	362	434
24	35	75	95	70	**86.2**	**103**	**121**	138	155	172	207	259	345	431	517
30	45	90	115	90	**109**	**130**	**152**	**174**	**195**	217	261	326	434	543	652

For M12 bolts the design shear resistance $F_{v,Rd}$ has been calculated as 0.85 times the value given in BS EN 1993-1-8, Table 3.4 (§3.6.1(5))
See clause 3.7(1) of BS EN 1993-1-8: 2005 for calculation of the design resistance of a group of fasteners.
For bolts with cut threads that do not comply with EN 1090, the given values for tension and shear should be multiplied by 0.85
Values of bearing resistance in **bold** are less than the single shear resistance of the bolt.
Values of bearing resistance in *italic* are greater than the double shear resistance of the bolt.
The tension resistance, the shear resistance and the bearing resistance should be greater than the design ultimate force
The slip resistance should be greater than the design force at serviceability
In single lap joints with only one bolt row, the design bearing resistance for each bolt should be limited to $1.5 f_u d t / \gamma_{M2}$
Values have been calculated assuming $k_s = 1$ and $\mu = 0.5$. See BS EN 1993-1-8, section 3.9 for other values of k_s and μ
FOR EXPLANATION OF TABLES SEE NOTE 11

BS EN 1993-1-8:2005
BS EN 14399:2005
EN 1090:2008

BOLT RESISTANCES

S355

Preloaded bolts at serviceability limit state

Class 10.9 hexagon head bolts

Diameter of Bolt	Tensile Stress Area	Tension Resistance	Shear Resistance		Bolts in tension	Slip Resistance $\mu = 0.5$	
			Single Shear	Double Shear	Min thickness for punching shear	Single Shear	Double Shear
d mm	A_s mm²	$F_{t,Rd}$ kN	$F_{v,Rd}$ kN	$2 \times F_{v,Rd}$ kN	t_{min} mm	kN	kN
16	157	113	62.8	126	6.10	50.0	99.9
20	245	176	98.0	196	8.03	78.0	156
24	353	254	141	282	8.97	112	225
30	561	404	224	449	11.6	179	357

Diameter of Bolt	Minimum				Bearing Resistance (kN)										
	Edge distance	End distance	Pitch	Gauge	Thickness in mm of ply, t										
d mm	e_2 mm	e_1 mm	p_1 mm	p_2 mm	5	6	7	8	9	10	12	15	20	25	30
16	25	50	65	50	**58.5**	**70.2**	81.9	93.6	105	117	*140*	*176*	*234*	*293*	*351*
20	30	60	80	60	**72.4**	**86.9**	101	116	130	145	174	*217*	*290*	*362*	*434*
24	35	75	95	70	**86.2**	**103**	**121**	**138**	155	172	207	259	*345*	*431*	*517*
30	45	90	115	90	**109**	**130**	**152**	**174**	**195**	**217**	261	326	434	*543*	*652*

For M12 bolts the design shear resistance $F_{v,Rd}$ has been calculated as 0.85 times the value given in BS EN 1993-1-8, Table 3.4 (§3.6.1(5))
See clause 3.7(1) of BS EN 1993-1-8: 2005 for calculation of the design resistance of a group of fasteners.
For bolts with cut threads that do not comply with EN 1090, the given values for tension and shear should be multiplied by 0.85
Values of bearing resistance in **bold** are less than the single shear resistance of the bolt.
Values of bearing resistance in *italic* are greater than the double shear resistance of the bolt.
The tension resistance, the shear resistance and the bearing resistance should be greater than the design ultimate force
The slip resistance should be greater than the design force at serviceability
In single lap joints with only one bolt row, the design bearing resistance for each bolt should be limited to $1.5 f_u d t/\gamma_{M2}$
Values have been calculated assuming $k_s=1$ and $\mu=0.5$. See BS EN 1993-1-8, section 3.9 for other values of k_s and μ
FOR EXPLANATION OF TABLES SEE NOTE 11

BS EN 1993-1-8:2005
BS EN 14399:2005
EN 1090:2008

BOLT RESISTANCES

S355

Preloaded bolts at ultimate limit state

Class 8.8 hexagon head bolts

Diameter of Bolt	Tensile Stress Area	Bolts in tension		Slip Resistance							
		Tension Resistance	Min thcks for punching shear	$\mu = 0.2$		$\mu = 0.3$		$\mu = 0.4$		$\mu = 0.5$	
				Single Shear	Double Shear	Single Shear	Double Shear	Single Shear	Double Shear	Single Shear	Double Shear
d mm	A_s mm^2	$F_{t,Rd}$ kN	t_{min} mm	kN	kN	kN	kN	kN	kN	kN	kN
12	84.3	48.6	3.24	7.55	15.1	11.3	22.7	15.1	30.2	18.9	37.8
16	157	90.4	4.88	14.1	28.1	21.1	42.2	28.1	56.3	35.2	70.3
20	245	141	6.42	22.0	43.9	32.9	65.9	43.9	87.8	54.9	110
24	353	203	7.17	31.6	63.3	47.4	94.9	63.3	127	79.1	158
30	561	323	9.30	50.3	101	75.4	151	101	201	126	251

Diameter of Bolt	Minimum				Bearing Resistance (kN)									
	Edge distance	End distance	Pitch	Gauge										
					Thickness in mm of ply, t									
d mm	e_2 mm	e_1 mm	p_1 mm	p_2 mm	5	6	7	8	9	10	12	15	20	25	30
12	20	40	50	40	44.5	53.4	62.3	71.2	80.1	89.0	107	133	178	222	267
16	25	50	65	50	**58.5**	70.2	81.9	93.6	105	117	140	176	234	293	351
20	30	60	80	60	**72.4**	**86.9**	101	116	130	145	174	217	290	362	434
24	35	75	95	70	**86.2**	**103**	**121**	138	155	172	207	259	345	431	517
30	45	90	115	90	**109**	**130**	**152**	**174**	**195**	217	261	326	434	543	652

For bolts with cut threads that do not comply with EN 1090, the given values for tension resistance and minimum thickness to avoid punching should be multiplied by 0.85
Values of bearing resistance in **bold** are less than the single shear resistance of the bolt.
Values of bearing resistance in *italic* are greater than the double shear resistance of the bolt.
In single lap joints with only one bolt row, the design bearing resistance for each bolt should be limited to $1.5 f_u d t / \gamma_{M2}$
FOR EXPLANATION OF TABLES SEE NOTE 11

BS EN 1993-1-8:2005
BS EN 14399:2005
EN 1090:2008

BOLT RESISTANCES

S355

Preloaded bolts at ultimate limit state

Class 10.9 hexagon head bolts

Diameter of Bolt	Tensile Stress Area	Bolts in tension		Slip Resistance							
		Tension Resistance	Min thcks for punching shear	$\mu = 0.2$		$\mu = 0.3$		$\mu = 0.4$		$\mu = 0.5$	
				Single Shear	Double Shear	Single Shear	Double Shear	Single Shear	Double Shear	Single Shear	Double Shear
d mm	A_s mm²	$F_{t,Rd}$ kN	t_{min} mm	kN	kN	kN	kN	kN	kN	kN	kN
16	157	113	6.10	17.6	35.2	26.4	52.8	35.2	70.3	44.0	87.9
20	245	176	8.03	27.4	54.9	41.2	82.3	54.9	110	68.6	137
24	353	254	8.97	39.5	79.1	59.3	119	79.1	158	98.8	198
30	561	404	11.6	62.8	126	94.2	188	126	251	157	314

Diameter of Bolt	Minimum				Bearing Resistance (kN)									
	Edge distance	End distance	Pitch	Gauge										
					Thickness in mm of ply, t									
d mm	e_2 mm	e_1 mm	p_1 mm	p_2 mm	5	6	7	8	9	10	12	15	20	25	30
16	25	50	65	50	**58.5**	70.2	81.9	93.6	105	117	*140*	*176*	*234*	*293*	*351*
20	30	60	80	60	**72.4**	**86.9**	101	116	130	145	174	*217*	*290*	*362*	*434*
24	35	75	95	70	**86.2**	**103**	**121**	**138**	155	172	207	259	*345*	*431*	*517*
30	45	90	115	90	**109**	**130**	**152**	**174**	**195**	**217**	261	326	434	*543*	*652*

For bolts with cut threads that do not comply with EN 1090, the given values for tension resistance and minimum thickness to avoid punching should be multiplied by 0.85

Values of bearing resistance in **bold** are less than the single shear resistance of the bolt.

Values of bearing resistance in *italic* are greater than the double shear resistance of the bolt.

In single lap joints with only one bolt row, the design bearing resistance for each bolt should be limited to $1.5 f_u d\, t/\gamma_{M2}$

FOR EXPLANATION OF TABLES SEE NOTE 11

BOLT RESISTANCES

S355

BS EN 1993-1-8:2005
BS EN 14399:2005
EN 1090:2008

Preloaded bolts at serviceability limit state

Class 8.8 countersunk bolts

Diameter of Bolt	Tensile Stress Area	Tension Resistance	Shear Resistance		Bolts in tension	Slip Resistance $\mu = 0.5$	
			Single Shear	Double Shear	Min thickness for punching shear	Single Shear	Double Shear
d mm	A_s mm²	kN	$F_{v,Rd}$ kN	$2 \times F_{v,Rd}$ kN	t_{min} mm	kN	kN
12	84.3	34.0	27.5	55.0	2.27	21.5	42.9
16	157	63.3	60.3	121	3.41	40.0	79.9
20	245	98.8	94.1	188	4.50	62.4	125
24	353	142	136	271	5.02	89.9	180
30	561	226	215	431	6.51	143	286

Diameter of Bolt	Minimum				Bearing Resistance (kN)										
	Edge distance	End distance	Pitch	Gauge	Thickness in mm of ply, t										
d mm	e_2 mm	e_1 mm	p_1 mm	p_2 mm	5	6	7	8	9	10	12	15	20	25	30
12	20	40	50	40	17.8	26.7	35.6	44.5	53.4	62.3	80.1	107	*151*	*196*	*240*
16	25	50	65	50	**11.7**	23.4	35.1	46.8	58.5	70.2	93.6	129	*187*	*246*	*304*
20	30	60	80	60	0	**14.5**	29.0	43.4	57.9	72.4	101	145	*217*	*290*	*362*
24	35	75	95	70	0	0	**17.2**	**34.5**	51.7	68.9	**103**	155	*241*	*327*	*414*
30	45	90	115	90	0	0	0	**10.9**	**32.6**	**54.3**	**97.7**	163	272	*380*	*489*

For M12 bolts the design shear resistance $F_{v,Rd}$ has been calculated as 0,85 times the value given in BS EN 1993-1-8, Table 3.4 (§3.6.1(5))
See clause 3.7(1) of BS EN 1993-1-8: 2005 for calculation of the design resistance of a group of fasteners.
For bolts with cut threads that do not comply with EN 1090, the given values for tension and shear should be multiplied by 0.85
Values of bearing resistance in **bold** are less than the single shear resistance of the bolt.
Values of bearing resistance in *italic* are greater than the double shear resistance of the bolt.
The tension resistance, the shear resistance and the bearing resistance should be greater than the design ultimate force
The slip resistance should be greater than the design force at serviceability
In single lap joints with only one bolt row, the design bearing resistance for each bolt should be limited to $1.5 f_u \, d \, t / \gamma_{M2}$
Values have been calculated assuming $k_s=1$ and $\mu=0.5$. See BS EN 1993-1-8, section 3.9 for other values of k_s and μ
FOR EXPLANATION OF TABLES SEE NOTE 11

BS EN 1993-1-8:2005
BS EN 14399:2005
EN 1090:2008

BOLT RESISTANCES

S355

Preloaded bolts at serviceability limit state

Class 10.9 countersunk bolts

Diameter of Bolt	Tensile Stress Area	Tension Resistance	Shear Resistance		Bolts in tension	Slip Resistance $\mu = 0.5$	
			Single Shear	Double Shear	Min thickness for punching shear	Single Shear	Double Shear
d mm	A_s mm^2	kN	$F_{v,Rd}$ kN	$2 \times F_{v,Rd}$ kN	t_{min} mm	kN	kN
16	157	79.1	62.8	126	4.27	50.0	99.9
20	245	123	98.0	196	5.62	78.0	156
24	353	178	141	282	6.28	112	225
30	561	283	224	449	8.14	179	357

Diameter of Bolt	Minimum				Bearing Resistance (kN)										
	Edge distance	End distance	Pitch	Gauge											
					Thickness in mm of ply, t										
d mm	e_2 mm	e_1 mm	p_1 mm	p_2 mm	5	6	7	8	9	10	12	15	20	25	30
16	25	50	65	50	**11.7**	**23.4**	**35.1**	**46.8**	**58.5**	**70.2**	93.6	*129*	*187*	*246*	*304*
20	30	60	80	60	0	**14.5**	**29.0**	**43.4**	**57.9**	**72.4**	101	145	*217*	*290*	*362*
24	35	75	95	70	0	0	**17.2**	**34.5**	**51.7**	**68.9**	103	155	241	*327*	*414*
30	45	90	115	90	0	0	0	**10.9**	**32.6**	**54.3**	**97.7**	163	272	380	*489*

For M12 bolts the design shear resistance $F_{v,Rd}$ has been calculated as 0,85 times the value given in BS EN 1993-1-8, Table 3.4 (§3.6.1(5))
See clause 3.7(1) of BS EN 1993-1-8: 2005 for calculation of the design resistance of a group of fasteners.
For bolts with cut threads that do not comply with EN 1090, the given values for tension and shear should be multiplied by 0.85
Values of bearing resistance in **bold** are less than the single shear resistance of the bolt.
Values of bearing resistance in *italic* are greater than the double shear resistance of the bolt.
The tension resistance, the shear resistance and the bearing resistance should be greater than the design ultimate force
The slip resistance should be greater than the design force at serviceability
In single lap joints with only one bolt row, the design bearing resistance for each bolt should be limited to $1.5 f_u d t / \gamma_{M2}$
Values have been calculated assuming $k_s=1$ and $\mu=0.5$. See BS EN 1993-1-8, section 3.9 for other values of k_s and μ
FOR EXPLANATION OF TABLES SEE NOTE 11

BS EN 1993-1-8:2005
BS EN 14399:2005
EN 1090:2008

BOLT RESISTANCES

S355

Preloaded bolts at ultimate limit state

Class 8.8 countersunk bolts

Diameter of Bolt	Tensile Stress Area	Bolts in tension		Slip Resistance							
		Tension Resistance	Min thcks for punching shear	$\mu = 0.2$		$\mu = 0.3$		$\mu = 0.4$		$\mu = 0.5$	
				Single Shear	Double Shear	Single Shear	Double Shear	Single Shear	Double Shear	Single Shear	Double Shear
d mm	A_s mm²	$F_{t,Rd}$ kN	t_{min} mm	kN	kN	kN	kN	kN	kN	kN	kN
12	84.3	34.0	2.27	7.55	15.1	11.3	22.7	15.1	30.2	18.9	37.8
16	157	63.3	3.41	14.1	28.1	21.1	42.2	28.1	56.3	35.2	70.3
20	245	98.8	4.50	22.0	43.9	32.9	65.9	43.9	87.8	54.9	110
24	353	142	5.02	31.6	63.3	47.4	94.9	63.3	127	79.1	158
30	561	226	6.51	50.3	101	75.4	151	101	201	126	251

Diameter of Bolt	Edge distance	End distance	Pitch	Gauge	Bearing Resistance (kN)										
					Thickness in mm of ply, t										
d mm	e_2 mm	e_1 mm	p_1 mm	p_2 mm	5	6	7	8	9	10	12	15	20	25	30
12	20	40	50	40	**17.8**	**26.7**	35.6	44.5	53.4	62.3	80.1	*107*	*151*	*196*	*240*
16	25	50	65	50	**11.7**	**23.4**	**35.1**	**46.8**	58.5	70.2	93.6	*129*	*187*	*246*	*304*
20	30	60	80	60	0	**14.5**	**29.0**	**43.4**	57.9	72.4	101	145	*217*	*290*	*362*
24	35	75	95	70	0	0	**17.2**	**34.5**	**51.7**	**68.9**	**103**	155	241	*327*	*414*
30	45	90	115	90	0	0	0	**10.9**	**32.6**	**54.3**	**97.7**	**163**	272	380	*489*

For bolts with cut threads that do not comply with EN 1090, the given values for tension resistance and minimum thickness to avoid punching should be multiplied by 0.85
Values of bearing resistance in **bold** are less than the single shear resistance of the bolt.
Values of bearing resistance in *italic* are greater than the double shear resistance of the bolt.
In single lap joints with only one bolt row, the design bearing resistance for each bolt should be limited to $1.5 f_u d\, t/\gamma_{M2}$
FOR EXPLANATION OF TABLES SEE NOTE 11

BS EN 1993-1-8:2005
BS EN 14399:2005
EN 1090:2008

BOLT RESISTANCES

S355

Preloaded bolts at ultimate limit state

Class 10.9 countersunk bolts

Diameter of Bolt	Tensile Stress Area	Bolts in tension		Slip Resistance							
		Tension Resistance	Min thcks for punching shear	$\mu = 0.2$		$\mu = 0.3$		$\mu = 0.4$		$\mu = 0.5$	
				Single Shear	Double Shear	Single Shear	Double Shear	Single Shear	Double Shear	Single Shear	Double Shear
d mm	A_s mm²	$F_{t,Rd}$ kN	t_{min} mm	kN	kN	kN	kN	kN	kN	kN	kN
16	157	79.1	4.27	17.6	35.2	26.4	52.8	35.2	70.3	44.0	87.9
20	245	123	5.62	27.4	54.9	41.2	82.3	54.9	110	68.6	137
24	353	178	6.28	39.5	79.1	59.3	119	79.1	158	98.8	198
30	561	283	8.14	62.8	126	94.2	188	126	251	157	314

Diameter of Bolt	Edge distance	End distance	Pitch	Gauge	Bearing Resistance (kN)									
					Thickness in mm of ply, t									
d mm	e_2 mm	e_1 mm	p_1 mm	p_2 mm	5	6	7	8	9	10	12	15	20	25	30
16	25	50	65	50	**11.7**	**23.4**	**35.1**	**46.8**	**58.5**	70.2	93.6	*129*	*187*	*246*	*304*
20	30	60	80	60	0	**14.5**	**29.0**	**43.4**	**57.9**	72.4	101	145	217	*290*	*362*
24	35	75	95	70	0	0	**17.2**	**34.5**	**51.7**	**68.9**	103	155	241	327	*414*
30	45	90	115	90	0	0	0	**10.9**	**32.6**	**54.3**	**97.7**	163	272	380	489

For bolts with cut threads that do not comply with EN 1090, the given values for tension resistance and minimum thickness to avoid punching should be multiplied by 0.85

Values of bearing resistance in **bold** are less than the single shear resistance of the bolt.

Values of bearing resistance in *italic* are greater than the double shear resistance of the bolt.

In single lap joints with only one bolt row, the design bearing resistance for each bolt should be limited to $1.5 f_u\, d\, t/\gamma_{M2}$

FOR EXPLANATION OF TABLES SEE NOTE 11

FILLET WELDS

S355

BS EN 1993-1-8

Design weld resistances

Leg Length s mm	Throat Thickness a mm	Longitudinal resistance $F_{w,L,Rd}$ kN/mm	Transverse resistance $F_{w,T,Rd}$ kN/mm
3.0	2.1	0.51	0.62
4.0	2.8	0.68	0.83
5.0	3.5	0.84	1.03
6.0	4.2	1.01	1.24
8.0	5.6	1.35	1.65
10.0	7.0	1.69	2.07
12.0	8.4	2.03	2.48
15.0	10.5	2.53	3.10
18.0	12.6	3.04	3.72
20.0	14.0	3.38	4.14
22.0	15.4	3.71	4.55
25.0	17.5	4.22	5.17

FOR EXPLANATION OF TABLES SEE NOTE 11.2